Einführung in die Finanzmathematik

Jürgen Tietze

Einführung in die Finanzmathematik

Klassische Verfahren und neuere Entwicklungen: Effektivzins- und Renditeberechnung, Investitionsrechnung, Derivative Finanzinstrumente

12., erweiterte Auflage

Jürgen Tietze
Fachbereich Wirtschaftswissenschaften
FH Aachen
Aachen, Deutschland
tietze@fh-aachen.de

ISBN 978-3-658-07156-1 ISBN 978-3-658-07157-8 (eBook)
DOI 10.1007/978-3-658-07157-8

Die Deutsche Nationalbibliothek verzeichnet diese Publikation in der Deutschen Nationalbibliografie; detaillierte bibliografische Daten sind im Internet über http://dnb.d-nb.de abrufbar.

Springer Spektrum

Gedruckt auf säurefreiem und chlorfrei gebleichtem Papier

Springer Fachmedien Wiesbaden ist Teil der Fachverlagsgruppe Springer Science+Business Media
(www.springer.com)

Vorwort zur 12. Auflage

Die Finanzmathematik stellt das quantitative Instrumentarium bereit für die Bewertung zukünftiger oder vergangener Zahlungsströme und eignet sich daher vor allem für die vielfältigen Probleme des Bank- und Kreditwesens. Finanzmathematische Methoden sind weiterhin unverzichtbare Hilfsmittel für weite Bereiche von Investition, Finanzierung, Wirtschaftlichkeitsrechnung und Optimalplanung. Weitere wichtige Anwendungsmöglichkeiten der Finanzmathematik liegen in verwandten Gebieten wie etwa Steuern, Versicherungswesen, Volkswirtschaftslehre oder Rechnungswesen.

Das vorliegende Lehrbuch umfasst neben den klassischen Verfahren der Finanzmathematik wie Zins-/Renten-/Tilgungs-/Kurs- und Investitionsrechnung schwerpunktmäßig die *(immer wieder diskutierten)* verschiedenen in der Praxis vorkommenden Effektivzinsberechnungsverfahren und leitet daraus wesentliche Aspekte zur „richtigen" Verzinsung von Kapital ab. Das einleitende Kapitel über Prozentrechnung trägt vielen leidvollen Erfahrungen Rechnung, die der Autor als Lehrender oder Prüfer machen musste: Offenbar enthält die Prozentrechnung selbst für wachsame Studenten ungeahnte Tücken, ganz zu schweigen von dem, was man tagtäglich andernorts mit den „Prozenten" anrichtet *(einige Kostproben enthält etwa Seite 1 ...)*. Weiterhin wird – wie unten näher ausgeführt – auf Fragen der Risikoanalyse und moderner derivativer Finanzinstrumente eingegangen.

Ich habe mich bemüht, die in der „Einführung in die angewandte Wirtschaftsmathematik"[1] bewährte *(auf Verständnis durch zwar stets anschaulich motivierte, aber dennoch korrekte mathematische Begründung abzielende)* breite und ausführliche Darstellungsweise beizubehalten. Die im vorliegenden Buch behandelten klassischen Verfahren der Finanzmathematik werden konsequent auf das übergeordnete Äquivalenzprinzip der Finanzmathematik ausgerichtet, die Fülle der Detailprobleme wird so unter einem einheitlichen Konzept abgehandelt. Möglicherweise gelingt es sogar, mancher Leserin *(oder manchem Leser)* die Einsicht zu vermitteln, dass das Grundgerüst der klassischen Finanzmathematik aus zwei bis drei mathematischen „Formeln", dem Zahlungsstrahl *(als Hilfe zur Veranschaulichung)* und einer einzigen Idee *(nämlich dem Äquivalenzprinzip)* besteht.

Das Buch – vorrangig für das Selbststudium konzipiert – wendet sich sowohl an den Praktiker, der mit Geldgeschäften zu tun hat, als auch an Studierende der Volks- und Betriebswirtschaftslehre, die im Selbststudium die notwendigen finanzmathematischen Grundlagen verstehen und einüben wollen. Ich hoffe ebenso, dass das Buch auch für den Lehrenden von Nutzen ist – manch unkonventionelles Beispiel oder eigenwillige Darstellungsweise ergänzt möglicherweise die eigene Ideenpalette.

Die notwendigen Grundlagen der Elementarmathematik *(außer der Prozentrechnung)* werden hier vorausgesetzt, lassen sich allerdings problemlos nacharbeiten *(z.B. mit der „Einführung in die angewandte Wirtschaftsmathematik"[1])*. Notwendiges Hilsmittel zum Nachvollziehen der Beispiele oder zum Lösen der Probleme ist die sachkundige Verwendung eines elektronischen Taschenrechners *(er muss mit Potenzen und Logarithmen umgehen können; empfehlenswert – wenn auch nicht zwingend erforderlich – für die Effektivzinsberechnung ist die Möglichkeit, den Rechner frei programmieren zu können)*. Die im Text vorkommenden Beispiele habe ich mit einem herkömmlichen Taschenrechner durchgerechnet, dabei Zwischenergebnisse ungerundet weiterverarbeitet und lediglich bei Bedarf das Endresultat angemessen gerundet.

---

[1] Tietze, J.: Einführung in die angewandte Wirtschaftsmathematik, Wiesbaden, 17. Auflage 2013

Der Text enthält Hunderte von Beispielen und Übungsaufgaben, die dem Lernenden Hinweise über seine Stoff- und Problembeherrschung, dem Lehrenden Anregungen zur Gestaltung und Weiterführung eigener didaktischer Ideen und dem Praktiker Fallbeispiele zur Lösung eigener Problemstellung liefern sollen. Während die Beispiele ausführlich dargestellt und bis zur Lösung durchgerechnet sind, sollen die Aufgaben zu selbständiger Arbeit ermutigen. Die Kurz-Lösungen der Aufgaben finden sich im Anhang dieses Buches. Die ausführlichen Herleitungen *(sie hätten den Rahmen dieses Buches gesprengt)* aller Lösungen finden sich – neben vielen weiteren Übungen und Testklausuren incl. Lösungen – in einem separaten Übungsbuch:

Tietze, J.: Übungsbuch zur Finanzmathematik – Aufgaben, Testklausuren und ausführliche Lösungen. 7., überarbeitete und erweiterte Auflage, Wiesbaden 2011, ISBN 978-3-8348-1575-0

Zum *Gebrauch* des Buches: Um die Lesbarkeit des Textes zu verbessern, wurde die äußere Form strukturiert:

Definitionen, Regeln, Sätze und wichtige Ergebnisse sind jeweils eingerahmt.

***Bemerkungen** sind in schräger Schrifttype gehalten.*

| **Beispiele** sind mit einem senkrechten Strichbalken am linken Rand gekennzeichnet.

Definitionen *(Def.)*, Sätze, Bemerkungen *(Bem.)*, Formeln, Tabellen *(Tab.)*, Beispiele *(Bsp.)*, Aufgaben *(Aufg.)* und Abbildungen *(Abb.)* sind in jedem erststelligen Unterkapitel ohne Rücksicht auf den Typ fortlaufend durchnumeriert. So folgen etwa in Kap. 2.3 nacheinander Def. 2.3.11, Formel (2.3.12), Bsp. 2.3.13, Bsp. 2.3.14, Formel (2.3.15), Bem. 2.3.16 und Aufg. 2.3.17 usw.

Ein * an einer Aufgabe weist auf einen etwas erhöhten Schwierigkeitsgrad hin.

Mein Dank gilt den Mitarbeiterinnen und Mitarbeitern des Springer Spektrum Verlags und hier besonders Frau Ulrike Schmickler-Hirzebruch für die jahrelange gute Zusammenarbeit.

Die hiermit vorliegende 12. Auflage wurde erneut sorgfältig durchgesehen, in vielen Details verbessert und durch die Aufnahme eines Lösungsanhangs erweitert. Seit der 5. Auflage wurden wesentliche Erweiterungen hinzugefügt: Hinzugekommen sind Kap. 2.4 *(Inflation und Verzinsung)*, Kap. 3.9 *(Renten mit veränderlichen Raten)* sowie Kap. 7 *(Duration-Konzept)* und Kap. 8 *(Futures und Optionen)*. Mit den beiden zuletzt genannten Kapiteln weicht das vorliegende, zunächst „klassisch" konzipierte Buch von der impliziten Voraussetzung sicherer zukünftiger Daten ab und wendet sich Aspekten der Risikoanalyse *(Kap. 7 – Duration und Convexity)* zu und beschäftigt sich mit der Einführung in moderne derivative Finanzinstrumente *(Kap. 8 – Futures und Optionen)*.

Da es ein fehlerfreies Mathematikbuch nicht gibt, gehe ich davon aus, dass sich gewisse Ungereimtheiten hartnäckig verborgen gehalten haben oder hinzu gekommen sind. Auch wenn es in der Mathematik seit alters her ein menschliches Vorrecht des Irrens gibt – das auch der Autor für sich in Anspruch nimmt –, bitte ich alle Leserinnen und Leser um Rückmeldung *(z.B. via E-Mail: tietze @fh-aachen.de)*, wenn ihnen Fehler oder Irrtümer auffallen oder wenn auch nur Fragen zum fachlichen Inhalt auftreten. Ich werde in allen Fällen um schnelle Antwort bemüht sein.

Aachen, im September 2014 *Jürgen Tietze*

Inhaltsverzeichnis

Abkürzungen, Variablennamen

(auf den angegebenen Seiten finden sich nähere Erläuterungen zu den jeweiligen Abkürzungen/Variablen)

$A := B$	A ist definitionsgemäß gleich B
$B =: A$	A ist definitionsgemäß gleich B
$\triangleq$	entspricht
%,‰	Prozent, Promille 2ff
$1+i$	Zuwachsfaktor 3, Aufzinsungsfaktor 52
$1-i$	Abnahmefaktor 3
96/7/1	Konditionen Annuitätenkredit *(Bsp.)*: Auszahlung/Zins/Anfangstilgung 198
ΔEV	Endvermögensdifferenz (= $EV_I - EV_U$) 398f
A	(äquivalente) Annuität 187ff,403
A^+	Aktie Long 367
A^-	Aktie Short 367
a.H.	auf Hundert 9
a_0	Investitionsauszahlung 399
Abb.	Abbildung
AG	Aktiengesellschaft, Amtsgericht
AGB	Allgemeine Geschäftsbedingungen
AIBD	Association of International Bond Dealers 60
a_n	nachschüssiger Rentenbarwertfaktor
a_n'	vorschüssiger Rentenbarwertfaktor 108f
äqu.	äquivalent
a_t	Invest.-auszahlung Ende Periode t 399
A_t	Annuität am Ende der Periode t 173ff
Aufg.	Aufgabe
AV	Anfangsvermögen
a^x, e^x	Potenz 56
B&S	Black & Scholes 387
BB	Betriebs-Berater (Zeitschrift)
Bem.	Bemerkung
BGB	Bürgerliches Gesetzbuch
BGH	Bundesgerichtshof
BGHZ	Entscheidungen des Bundesgerichtshofes in Zivilsachen
Bsp.	Beispiel
BUND	Standard-Future 355
B&S	Black-Scholes 387
bzgl.	bezüglich
bzw.	beziehungsweise

c	Quotient zweier Raten 149,155 = $1+i_{dyn}$: Dynamikfaktor 155
C^+,C^-	Long Call, Short Call 367
C_0	(Emissions-) Kurs eines festverzinslichen Wertpapiers 307ff, Preis einer Anleihe 322ff
C_0	Kapitalwert einer Investition 398ff
$C_0(i)$	Kapitalwertfunktion 404ff, Kursfunktion 345
$C_0^N(i)$	Näherungspolynom für C_0 346
ca.	circa, ungefähr
CBOT	Chicago Board of Trade 354
C_n	Rücknahmekurs eines festverzinslichen Wertpapiers 308,328
c.p.	ceteris paribus
C_t	aktueller finanzmathematischer Kurs (Preis) eines Wertpapiers 313
C_t^*	aktueller Börsenkurs eines festverzinslichen Wertpapiers 317
d	Differenz zweier Raten 149
D	Duration 323
d.h.	das heißt
Def.	Definition
DM	Deutsche Mark
360TM	360-Tage-Methode 60,136,139f,213
e	Eulersche Zahl 57,88f
$\varepsilon_{u,v}$	Elastizität von u bzgl. v 327
$\in$	ist enthalten 57
€	Euro
eff.	effektiv
EG	Europäische Gemeinschaft (EU)
e_t	Einzahlung Ende der Periode t 399
etc.	et cetera (und so weiter)
EUREX	European Exchange Organisation 354
EV	Endvermögen
EV_I	Endvermögen bei Investition 397ff
EV_U	Endvermögen bei Unterlassung 397ff
evtl.	eventuell
Fa.	Firma
Fn.	Fußnote

G	Gewinn 356,360
G_{A^+}	Gewinn aus Basisgeschäft A^+ 368
	analog G_{A^-}, G_{C^+}, G_{C^-}, G_{P^+}, G_{P^-}
ggf.	gegebenenfalls
GL	Gegenleistung
GmbH	Gesellschaft mit beschränkter Haftung
G_t	Geldbetrag *(Wert)* im Zeitpunkt t 93
i	Prozentsatz 2, Zinssatz 18,52
i*	nomineller Zinssatz eines festverzinslichen Wertpapiers 307,311
i.a.	im allgemeinen
i.H.	im Hundert 9
$i_{äqu}$	äquivalenter Zinssatz 80
ICMA	International Capital Market Association 136f *(auch ISMA)*
i_d	Tageszinssatz
i_{dyn}	Steigerungsrate, Dynamikrate 155
i_{eff}	Effektivzinssatz 78f,90,225ff
i_H	Halbjahreszinssatz, Semesterzinssatz
i_{infl}	Inflationsrate 93,160
i_{kon}	konformer Zinssatz 78f
i_M	Monatszinssatz
incl.	inklusive (einschließlich)
i_{nom}	nomineller Zinssatz 76,199f
insg.	insgesamt
i_p	Periodenzinssatz 76f
i_Q	Quartalszinssatz
i_{rel}	relativer Zinssatz 76
i_s	stetiger Zinssatz 88ff
i_T	Tilgungssatz 193
i_V	vorschüssiger Zinssatz 46f
J.	Jahr
K	Grundwert, Bezugsgröße 2
K	Konvexität, Convexity 347
K^+,K^-	vermehrter, verminderter Wert 3f
K_0	(Anfangs-)Kapital 18, Barwert 21,58, Kreditsumme 175f
$K_{n,0}$	Realwert von K_n bezogen auf t = 0, 96,160
Kap.	Kapitel
KG	Kommanditgesellschaft
K_m	Kontostand, Restschuld 126ff,188
K_n	Endkapital, Endwert 20,23f,52f
kon.	konform
K_t	Zeitwert einer Zahlung(sreihe) 66ff,88f Restschuld am Ende der Periode t 175f
K_{t-1}	Restschuld zu Beginn d. Per. t 175f,178
l	Liter
L	Leistung
lfd. Nr.	laufende Nummer
LIFFE	London International Financial Futures Exchange 354
lim	Limes, Grenzwert 88f,121
log, ln	Logarithmus 57
M.	Monat
m.a.W.	mit anderen Worten
MD	modifizierte Duration 326
min	Minute
Mio.	Millionen (10^6)
Mon.	Monat
Mrd.	Milliarden (10^9)
MWSt.	Mehrwertsteuer
n	Laufzeit 18,52f, Terminzahl 103f, Restlaufzeit einer Anleihe 328
N(d)	Wert der Standard-Normal-Verteilungsfunktion 387
NJW	Neue Juristische Wochenschrift
nom.	nominell
o.a.	oben angeführt, oben angegeben
o.ä.	oder ähnlich(es)
oHG	offene Handelsgesellschaft
p	Prozentfuß 2f, Zinsfuß 18,52
p*	nomineller Zinsfuß eines festverzinslichen Wertpapiers 307
p*	synthetische Optionsprämie 370
P^+,P^-	Long Put, Short Put 367
p.a.	pro anno (pro Jahr)
PAngV	Preisangabenverordnung 139ff,255f
p_C	Call-Optionsprämie 359
p.d.	pro Tag
Per.	Periode
p.H.	pro Halbjahr
p.M.	pro Monat
p_P	Put-Optionsprämie 359
p.Q.	pro Quartal
q	Aufzinsungsfaktor (= 1 + i) 52
$\mathbb{Q}$	Menge der rationalen Zahlen
q_{infl}	$= 1+i_{infl}$ 93,160,163
q^{-n}	Abzinsungsfaktor 58,62
q^n	Aufzinsungsfaktor 58,62
q_{real}	$= q/q_{infl}$ 97,163
Qu.	Quartal

r	interner Zinssatz einer Investition 404ff, Marktzinssatz 382
r	konforme Ersatzrate 135, unterjährige Rate 42f,255, Monatsrate 284f
R	Rate(nhöhe) 101
$\mathbb{R}$	Menge der reellen Zahlen
R^*	äquivalente Ersatzrate, Kontoendstand 43f,139ff,255f,262,265
R_0	Barwert einer nachschüssigen Rente 108
R_n'	Barwert einer vorschüssigen Rente 108
R_0^∞	Barwert einer ewigen Rente 121ff
rel.	relativ
R_n	Gesamtwert einer Rente am Tag der letzten (n-ten) Rate 94f, Endwert einer nachsschüssigen Rente 108
R_n'	Endwert einer vorschüssigen Rente 108
R_t	Einzahlungsüberschuss ($= e_t - a_t$) zum Ende der Periode t 399
s	Skontosatz 84
s.	siehe
S	Stock Price 355
σ	Volatilität 382
Sem.	Semester, Halbjahr
s.o.	siehe oben
s.u.	siehe unten
s_n	nachschüssiger Rentenendwertfaktor
s_n'	vorschüssiger Rentenendwertfaktor 108
sog.	sogenannte
t	Laufzeit in Tagen, laufende Nummer einer Periode 173,322
t_k	Zeitpunkt der Zahlung Z_k 322
T	Laufzeit einer Investition 399, Restlaufzeit einer Option 382 Haltedauer einer Anleihe 339 Tilgungsrate bei Ratentilgung 186
Tab.	Tabelle
TDM	tausend DM
T€	tausend €
T_t	Tilgung am Ende der Periode t 173ff
TV	Tilgungsverrechnung 220ff
u.a.	unter anderem, und andere
usw.	und so weiter
v.H.	vom Hundert 9
vgl.	vergleiche
vs.	versus, gegen
W_T	Wertpapier-Zeitwert in T 339
WTB	Warenterminbörse
X	Basispreis, Exercise Price 355
X^*	synthetischer Erfüllungspreis 368f
Z	Prozentwert 2
Z	Zahlung
z.B.	zum Beispiel
ZE	Zeiteinheit
ZIP	Zeitschrift für Wirtschaftsrecht
Z_k	Zinszahlung im Zeitpunkt t_k 322
Z_n	Zinsen 18
Z_t	Zinsen am Ende der Periode t 173ff, Kupon-Zahlung Ende t 322,324,328
ZV	Zinsverrechnung

1 Voraussetzungen und Hilfsmittel

Aufgabe der Finanzmathematik ist es, quantitative Methoden bereitzustellen, die es ermöglichen, zwei oder mehr zu **verschiedenen Zeitpunkten** fällige *(oder wertgestellte)* Kapitalbeträge *(bzw. Zahlungen)* miteinander zu vergleichen oder zusammenzufassen.

Die für einen solchen Vergleich notwendige **zeitliche Überbrückung** der verschiedenen Zahlungstermine erfolgt mit Hilfe des **Zinses**, der – für finanzmathematische Zwecke ausreichend – als *Nutzungsentgelt* [1] für zeitweilige Kapitalüberlassung definiert werden kann.

Grundlegend für das Verständnis der verschiedenen Verzinsungsvorgänge und der daraus resultierenden verschiedenen finanzmathematischen Methoden sind die sichere Beherrschung der Potenz- und Logarithmenrechnung sowie die Fähigkeit, Terme umzuformen und Gleichungen *(insbesondere Bruchgleichungen)* zu lösen [2].

Von den notwendigen kaufmännisch-arithmetischen Rechenmethoden werden hier – weil sie für den Aufbau der Finanzmathematik grundlegend sind – die **Prozentrechnung** und die **lineare** *(einfache)* **Zinsrechnung** behandelt. Auf einen – in der Literatur gelegentlich üblichen – eigenen Abschnitt über Folgen und Reihen wird verzichtet, die entsprechenden Hilfsmittel werden dafür an Ort und Stelle eingeschoben.

1.1 Prozentrechnung

In kaum einem Bereich der Elementarmathematik wird so häufig gesündigt wie in der Prozentrechnung. Die nachstehenden Beispiele demonstrieren einige beliebte Varianten im Umgang mit den geliebten „Prozenten", die allenfalls noch zu ergänzen wären um das jüngste Untersuchungsergebnis eines bekannten Meinungsforschungsinstitutes, demzufolge 105% der Bevölkerung Probleme mit der Prozentrechnung haben ...

Aus der *Norderneyer Badezeitung:*

„Fuhr vor einigen Jahren noch jeder zehnte Autofahrer zu schnell, so ist es mittlerweile heute nur noch jeder fünfte. Doch auch fünf Prozent sind zu viele, und so wird weiterhin kontrolliert, und die Schnellfahrer haben zu zahlen." *(1.1.1)*

Rechnung

ARD, 21.8.: Heut abend ... Zu Gast: Giorgio Moroder

Auf die Anzahl der Oskars für seine Filmmusiken angesprochen , meinte Moroder, er habe 3 Oskars für bislang 12 Filme erhalten; das entspreche immerhin 30 Prozent. Daraufhin verbesserte Fuchsberger, das seien sogar 40 Prozent. Moroder gab sich zufrieden. *(1.1.2)*

„... die jährlichen Preissteigerungen in der Lebenshaltung *(gegenüber d. jeweiligen Vorjahr)* betrugen 3% in 2007, 4% in 2008, 3% in 2009 sowie 2% in 2010, zusammen also 12% in 4 Jahren ..." *(1.1.3)*
(siehe Bem. 1.1.20ii)

... *aus der Wahlberichterstattung:*

„Der Stimmenanteil der FDP stieg um 3 Prozent von 5% auf 8% der Wählerstimmen." *(1.1.4)*
(siehe Bem. 1.1.23)

Wir wollen versuchen, die **Grundidee der Prozentrechnung** und ihre möglichen Anwendungen soweit zu verdeutlichen, dass zumindest die Sinne geschärft werden, wenn es um den korrekten Umgang mit „den Prozenten" gehen soll:

---

[1] Je nach Zinstheorie sind andere Definitionen gebräuchlich, so z.B.: Zins := *(entgangener)* Investitions*ertrag* oder Zins := *Liquidationsverzichtsprämie*, vgl. etwa *Lutz, F. A.:* Zinstheorie. 2. Aufl., Tübingen, Zürich 1967.

[2] siehe z.B. [Tie3], Kap. 1.2 – Algebra-Brückenkurs.

Unter **Prozentrechnung** versteht man eine **Verhältnisrechnung**, bei der Teile einer Grundgröße zueinander ins Verhältnis gesetzt werden und dann dieses Verhältnis auf 100 als Vergleichseinheit bezogen wird. Dabei bedient man sich des **Prozentbegriffs**:

1 Prozent (**1%**) eines Grundwertes K bedeutet **ein Hundertstel** dieses Grundwertes, entsprechend versteht man unter p% von K das p-fache des einhundertsten Teils von K.

Beispiel 1.1.5:

i) $1\% = \frac{1}{100} = 0{,}01$; $\frac{1}{2}\% = 0{,}005$; $87\% = \frac{87}{100} = 0{,}87$; $100\% = \frac{100}{100} = 1$;

$918\% = 9{,}18$ usw.

ii) 1% von 320 ergeben $320 \cdot \frac{1}{100} = 3{,}20$; 7% von 200 sind $200 \cdot 0{,}07 = 14$;

100% von 65 sind $65 \cdot \frac{100}{100} = 65$; 8500% von 20 sind $20 \cdot \frac{8500}{100} = 20 \cdot 85 = 1.700$ usw.

Zusammenfassend definiert man:

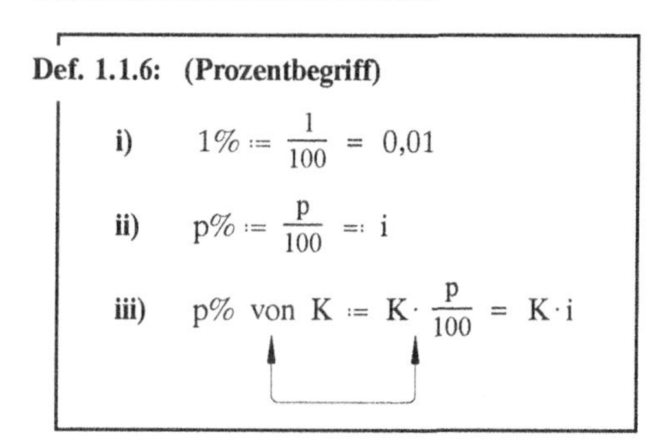

Def. 1.1.6: (Prozentbegriff)

i) $1\% := \frac{1}{100} = 0{,}01$

ii) $p\% := \frac{p}{100} =: i$

iii) $p\%$ von $K := K \cdot \frac{p}{100} = K \cdot i$

*(Der Doppelpfeil in iii) soll andeuten, dass bei der Bildung des Prozentwertes „p% **von** K" das Wort „von" durch das Multiplikationszeichen „ · " zu ersetzen ist.)*

Bemerkung 1.1.7:

i) Die Bezeichnung i für $\frac{p}{100}$ ist hier bereits im Vorgriff auf die Zinsrechnung gewählt.

ii) Statt p% schreibt man gelegentlich auch p v.H. (vom Hundert). Daneben gibt es im kaufmännischen Bereich allerdings auch andere Prozentbegriffe (% a.H.: auf Hundert bzw. % i.H.: im Hundert), vgl. die spätere Bemerkung 1.1.24).

iii) Neben dem „Prozent" (%) verwendet man auch den Begriff „Promille" (‰), wenn als Vergleichsgröße 1000 verwendet wird: $1‰ = \frac{1}{1000} = 0{,}001$; $5‰$ von $80 = 80 \cdot \frac{5}{1000} = \frac{400}{1000} = 0{,}4$.

Bezeichnet man den Wert „ p% von K " ($= p\% \cdot K = i \cdot K$) als **Prozentwert Z,** so folgt aus Def. 1.1.6 iii) die **grundlegende Beziehung**

$$Z = K \cdot i \qquad \text{bzw.} \qquad Z = K \cdot \frac{p}{100} \tag{1.1.8}$$

Dabei heißen:

K:	**Grundwert**, Grundgröße, Basiswert, Basisgröße, **Bezugsgröße**
p:	Prozent**fuß** *(= 100 · i)*
i $(= \frac{p}{100} = p\%)$:	Prozent**satz**
Z (=K · i):	Prozent**wert**

Bemerkung 1.1.9:

i) *Aus (1.1.8) wird durch Umformung deutlich, dass es sich bei der Prozentrechnung um eine Verhältnisrechnung mit Basis 100 handelt:*

$$\frac{Z}{K} = i = \frac{p}{100}, \quad \textit{d.h. es verhält sich } Z \textit{ zu } K \textit{ wie } p \textit{ zu } 100.$$

ii) *Zwischen p und i* $(= \frac{p}{100})$ *sollte deutlich unterschieden werden, um Missverständnisse zu vermeiden. So kann man etwa bei Vorliegen eines Prozentsatzes von z.B. 7% schreiben:* $p = 7$ *oder* $i = 7\% = 0{,}07$*.* ***Falsch*** *dagegen wäre die Gleichung* $p = 7\%$*, denn daraus ergäbe sich*

$$i = \frac{p}{100} = \frac{7\%}{100} = \frac{0{,}07}{100} = 0{,}0007.$$

Beispiel 1.1.10: *(Varianten zu (1.1.8) – durch Umformung aus (1.1.8) erhalten)*

i) Gegeben K, i; gesucht: Z, z.B.: Auf den Netto-Warenwert von 938,-- € werden 19% MWSt. erhoben. Wie hoch *(in €)* ist die Mehrwertsteuer *(= Z)* ?

$$\boxed{Z = K \cdot i} = 938 \cdot 0{,}19 = 178{,}22 \text{ € } (\textit{MWSt.}).$$

ii) Gegeben: Z, i; gesucht: K, z.B.: Bei einem Skontosatz von 3% ergibt sich ein Skonto-Betrag in Höhe von 22,50 €. Wie hoch war der ursprüngliche Rechnungsbetrag *(= K)*?

$$\boxed{K = \frac{Z}{i}} = \frac{22{,}50}{0{,}03} = 750{,}\text{-- €}.$$

iii) Gegeben: K, Z; gesucht: i, z.B.: 186 von 240 Klausurteilnehmern haben die Klausur bestanden. Wie hoch *(in %)* ist die sog. **Durchfallquote**, d.h. der **Anteil** der **nicht erfolgreichen** Klausurteilnehmer bezogen auf sämtliche Klausurteilnehmer ?

$$\boxed{i = \frac{Z}{K}} = \frac{54}{240} = 0{,}225 = 22{,}5\%.$$

Die Beispiele 1.1.10 i) und ii) zeigen, dass in vielen Anwendungsfällen der Grundwert K um den Prozentwert Z $(= K \cdot i)$ **vermehrt** *(z.B. MWSt., d.h. Bruttowert = Basiswert (K)* ***plus*** *MWSt. (Z))* oder **vermindert** *(z.B. Skonto, d.h. Zahlbetrag = Rechnungsbetrag (K)* ***minus*** *Skonto (Z))* werden muss, um einen gewünschten Endwert zu erhalten.

Bezeichnet man den **vermehrten Grundwert** mit $\mathbf{K^+}$ und den **verminderten Grundwert** mit $\mathbf{K^-}$, so folgt mit Hilfe der grundlegenden Beziehung (1.1.8) $Z = K \cdot i$:

$$K^+ := K + Z = K + K \cdot \frac{p}{100} = K + K \cdot i, \qquad \text{d.h.}$$

(1.1.11) $$\boxed{K^+ = K(1+i)}$$ *(vermehrter Wert)* (i: Zuwachsrate; 1+i: Zuwachsfaktor)

und analog $$K^- := K - Z = K - K \cdot i, \qquad \text{d.h.}$$

(1.1.12) $$\boxed{K^- = K(1-i)}$$ *(verminderter Wert)* (i: Abnahmerate; 1−i: Abnahmefaktor)

Bemerkung 1.1.13: *Man kann die beiden Beziehungen (1.1.11)und (1.1.12) zu einer einzigen Relation*

$$K^* = K \cdot (1 + i) \quad (1.1.14)$$

zusammenfassen: Ist i positiv, so stellt K^* einen vermehrten Wert dar, ist i negativ, so handelt es sich bei K^* um einen verminderten Wert.

Beispiel 1.1.15: *(siehe Beispiel 1.1.10)*

i) Der Netto-Warenwert von 938,-- € wird um die MWSt. *(in Höhe von 938 · 0,19)* zum Brutto-Warenwert K^+ **vermehrt**:

$$K^+ = 938 + 938 \cdot 0{,}19 = \overbrace{938 \cdot 1{,}19}^{= K(1+i)} = 1.116{,}22 \text{ €}.$$

ii) Der ursprüngliche Rechnungsbetrag von 750,-- € wird um den Skontobetrag *(in Höhe von 750 · 0,03)* zum Rechnungsendbetrag **vermindert**:

$$K^- = 750 - 750 \cdot 0{,}03 = \overbrace{750 \cdot 0{,}97}^{= K(1-i)} = 727{,}50 \text{ €}.$$

Die Grundbeziehungen (1.1.8), (1.1.11/12) bieten vorteilhafte Hilfe, wenn man von Z bzw. K^+ bzw. K^- *auf den Grundwert K schließen* muss *(i gegeben)* :

a) Z gegeben, Grundwert K gesucht $\underset{(1.1.8)}{\Rightarrow}$

$$K = \frac{Z}{i}$$

Beispiel: 19% MWSt. entsprechen 99,18 € ⇒ $K = \frac{99{,}18}{\mathbf{0{,}19}}$ = 522,-- € *(≙ 100%, d.h. Nettobetrag vor MWSt.).*

b) K^+ gegeben, Grundwert K gesucht ⇒

$$K = \frac{K^+}{\mathbf{1+i}}$$

Beispiel: Der Bruttobetrag *(incl. 19% MWSt.)* beträgt 542,64 €

⇒ $K = \frac{542{,}64}{\mathbf{1{,}19}}$ = 456,-- € *(Nettobetrag vor MWSt.)*

c) K^- gegeben, Grundwert K gesucht ⇒

$$K = \frac{K^-}{\mathbf{1-i}}$$

Beispiel: Nach Abzug von 18% Mengenrabatt beträgt der Zahlbetrag 420,66 €

⇒ $K = \frac{420{,}66}{\mathbf{0{,}82}}$ = 513,-- € *(Rechnungsbetrag vor Rabattabzug)*

Die Fälle a) - c) bestätigen die bekannte **Merkregel für den Rückschluss auf den Grundwert:**

Merkregel für den Rückschluss auf den Grundwert:

(1.1.16) Man erhält den Grundwert K, indem man den abgeleiteten Wert *(d.h. Z oder K^+ oder K^-)* durch den Prozentsatz *(d.h. i bzw. 1+ i bzw. 1− i)* dividiert, der ihm *(bezogen auf K)* entspricht, z.B.:

a) $Z = 19\%$ von K $\Rightarrow$ $K = \frac{Z}{19\%} = \frac{Z}{0{,}19}$

b) $K^+ = 119\%$ von K $\Rightarrow$ $K = \frac{K^+}{119\%} = \frac{K^+}{1{,}19}$

c) $K^- = 82\%$ von K $\Rightarrow$ $K = \frac{K^-}{82\%} = \frac{K^-}{0{,}82}$

Bemerkung 1.1.17: *Ein routinierter Anwender der Prozentrechnung sollte ausschließlich mit den Faktoren i (Anteil), 1 + i (Zuwachsfaktor) bzw. 1 − i (Abnahmefaktor) rechnen. Dabei ist freilich die Bezugnahme auf den* ***richtigen Grundwert*** *von entscheidender Bedeutung. Bei allen Problemen der Prozentrechnung sollte daher stets zunächst die korrekte Grundgröße (**Bezugsgröße**) ermittelt werden !*

Wie das folgende Beispiel zeigt, lassen sich die grundlegenden Beziehungen (1.1.11): $K^+ = K(1+i)$ und (1.1.12): $K^- = K(1-i)$ besonders **vorteilhaft** dann verwenden, wenn nacheinander **mehrere** prozentuale *(oder „relative")* Änderungen erfolgen:

Beispiel 1.1.18:

Nach Abzug von 17% Personalrabatt, Aufschlag von 19% MWSt. und anschließendem Abzug von 2% Skonto zahlt der Kunde 2.323,07 €. Wie hoch war der Warenwert K vor Berücksichtigung aller Zu- und Abschläge?

Offenbar muss für den − noch unbekannten − ursprünglichen Warenwert K gelten:

$$\Big[\big\{K \cdot (1-0{,}17)\big\}(1+0{,}19)\Big] \cdot (1-0{,}02) \overset{!}{=} 2.323{,}07 \quad ,$$

d.h. in verkürzter Form und − wegen des Assoziativgesetzes − ohne überflüssige Klammern:

$$K \cdot 0{,}83 \cdot 1{,}19 \cdot 0{,}98 = 2.323{,}07 \quad \Rightarrow \quad K = \frac{2.323{,}07}{0{,}83 \cdot 1{,}19 \cdot 0{,}98} = \mathbf{2.400,\text{--}\ €} \ .$$

Zwei Dinge sind an diesem Beispiel gut zu erkennen:

i) Wegen der Gültigkeit des Kommutativgesetzes ist die Anwendungs-Reihenfolge der Zuwachs-/Abnahmefaktoren unwesentlich für das Endresultat, d.h. der ursprüngliche Warenwert *(und daher auch der spätere Endwert)* ist **unabhängig** davon, in welcher **Reihenfolge** Rabatte, MWSt. oder auch sonstige Zu- oder Abschläge erfolgen. Es ändern sich lediglich die *absoluten* Werte der einzelnen Zu-/Abschläge, so dass im Einzelfall noch die korrekten Zu-/Abschlags*beträge*, z.B. der korrekte Umsatzsteuer*betrag* zu ermitteln sind.

ii) Saldiert man die Prozentsätze für die Abschläge *(17%, 2%)* nominell mit dem (MWSt.-) Zuschlag *(19%)*, so ergibt sich Null. Da sich aber jeder Prozentsatz auf einen **anderen Grundwert** bezieht, ist eine derartige **Addition/Subtraktion von Prozentsätzen prinzipiell unzulässig**. Dies ist am vorliegenden Beispiel schon daran zu erkennen, dass der Endwert *(2.323,07)* und der Anfangswert *(2.400,--)* deutlich differieren.

Prozentual *(„relativ")* vermehrte bzw. verminderte Werte treten besonders häufig im Zusammenhang mit **zeitlichen Änderungen** von *(ökonomischen)* Größen auf *(z.B. Preise, Umsätze, Gewinne, Löhne, Gehälter, Pensionszahlungen, ...)*. Auch hier empfiehlt sich die vorteilhafte Verwendung der Beziehungen (1.1.11) bzw. (1.1.12), vor allem dann, wenn es darum geht, durchschnittliche Zu-/Abnahmeraten über mehrere Zeiträume hinweg zu ermitteln:

Beispiel 1.1.19: Im Jahr 01 beträgt der Umsatz einer Unternehmung 2.500 T€. In den folgenden fünf Jahren ändert er sich – jeweils bezogen auf den Vorjahreswert – wie folgt:
02: +8% ; 03: −3% ; 04: +20% ; 05: +10% ; 06: +13% .

i) Wie hoch ist der Umsatz im Jahr 06 ?

ii) Wie hoch ist die Gesamtänderung (in %) des Umsatzes in 06 gegenüber 01 ?

iii) Um wieviel Prozent *pro Jahr* hat sich der Umsatz in den Jahren 02 – 06 *(bezogen auf das jeweilige Vorjahr) durchschnittlich* verändert? Gesucht ist also eine in allen 5 Jahren gleiche jährliche Zuwachsrate *(in % p.a., Basisjahr: 01)*, die eine prozentuale Gesamtänderung wie in ii) liefert.

zu i) Bezeichnen wir die Umsätze 01 bis 06 mit $U_{01}, U_{02}, ..., U_{06}$, so besteht zwischen diesen Werten die folgende Beziehung *(mehrfache Anwendung von (1.1.11), (1.1.12))*:

$$U_{02} = U_{01} \cdot (1+0{,}08) = U_{01} \cdot 1{,}08$$

$$U_{03} = U_{02} \cdot (1-0{,}03) = U_{02} \cdot 0{,}97 = \underbrace{U_{01} \cdot 1{,}08}_{U_{02}} \cdot 0{,}97$$

$$\vdots \qquad \cdots$$

$$U_{06} = U_{01} \cdot 1{,}08 \cdot 0{,}97 \cdot 1{,}20 \cdot 1{,}10 \cdot 1{,}13 = U_{01} \cdot 1{,}5626 = 2500 \cdot 1{,}5626 = \mathbf{3.906{,}50\ T€}$$

zu ii) Aus der letzten Zeile von i) folgt: $U_{06} = U_{01} \cdot 1{,}5626 = U_{01} \cdot (1+0{,}5626)$, d.h.: die relative Gesamtänderung *(hier: Zunahme)* beträgt: 0,5626 = **56,26%.**

zu iii) Die gesuchte durchschnittliche jährliche Zuwachsrate des Umsatzes *(bezogen auf den Umsatz des jeweiligen Vorjahres)* sei i . Dann gilt *(analog zu i))*:

$$U_{06} = U_{01} \cdot (1+i)(1+i)(1+i)(1+i)(1+i) = U_{01} \cdot (1+i)^5 .$$

Nach ii) gilt für U_{06}: $U_{06} = U_{01} \cdot 1{,}5626$, d.h. wir suchen den jährlichen Zuwachs i, der innerhalb von 5 Jahren einen Gesamtzuwachs von 56,26% ermöglicht.

Durch Einsetzen folgt: $U_{01} \cdot 1{,}5626 = U_{01} \cdot (1+i)^5$ bzw. $(1+i)^5 = 1{,}5626$

d.h. der durchschnittliche jährliche Zuwachs*faktor* 1+i, potenziert mit der Anzahl der Laufzeit-Jahre, muss den Gesamt-Zuwachs*faktor* 1,5626 ergeben.

Daraus folgt: $1+i = \sqrt[5]{1{,}5626} = 1{,}0934$, d.h. $i = 0{,}0934 =$ **9,34% pro Jahr**.

Bemerkung 1.1.20: (geometrisches Mittel)

i) Die Ermittlung des „durchschnittlichen" jährlichen Zuwachsfaktors 1+i in Teil iii) des letzten Beispiels entspricht exakt der Ermittlung des sog. „geometrischen Mittelwertes" x_g von n Zahlenwerten $x_1, x_2, ... x_n$: $x_g := \sqrt[n]{x_1 \cdot x_2 \cdot \ ... \ \cdot x_n}$.

Im obigen Beispiel entsprechen die x_k den Zuwachsfaktoren 1,08 ; 0,97 ; 1,20 ; 1,10 ; 1,13. Deren geometrisches Mittel x_g errechnet sich danach zu $x_g = \sqrt[5]{1{,}08 \cdot 0{,}97 \cdot 1{,}20 \cdot 1{,}10 \cdot 1{,}13} = 1{,}0934$, *wie gesehen. Auf analoge Weise benutzt man das geometrische Mittel, wenn es um die durchschnittliche jährliche Verzinsung eines Kapitalbetrages geht, der n Jahre lang zu wechselnden Zinssätzen angelegt wird (Beispiel: (ehemalige) Bundesschatzbriefe, siehe Aufgabe 2.1.23 v)).*

ii) Im letzten Beispiel 1.1.19 dürfen zur Ermittlung der Gesamtänderung die jährliche Zuwachsraten 8%, –3%, usw. ***nicht addiert*** *werden, da sie sich jeweils auf andere Grundwerte (Bezugsgrößen) beziehen: +8% (02) bezieht sich auf* U_{01}, *–3% (03) dagegen auf* U_{02} *usw. Würde man (fälschlicherweise) die Prozentsätze addieren, so ergäbe sich eine „Gesamtänderung" von +48% (richtig 56,26% !). Diesem Trugschluss ist offenbar der Verfasser des auf Seite 1 in (1.1.3) wiedergegebenen Zeitungsartikels erlegen: Die korrekte Preissteigerung in 4 Jahren beträgt 12,54% (denn:* $1{,}03 \cdot 1{,}04 \cdot 1{,}03 \cdot 1{,}02 = 1{,}1254$*).*

iii) Im Zusammenhang mit Teil iii) des Beispiels 1.1.19 beachte man, dass sich die durchschnittliche jährliche Zuwachsrate i (=9,34%) auf den jeweiligen ***Vor****jahreswert bezieht und* ***nicht*** *etwa auf den* ***Ausgangs****wert* U_{01} *! Man* ***hüte sich*** *also vor* ***„Durchschnittsbildungen"*** *der Art: 56,26% Zuwachs in 5 Jahren entsprechen 56,26 : 5 = 11,25% Zuwachs pro Jahr (richtig: 9,34% !).*

Gelegentlich empfiehlt sich *(insbesondere für komplexe Problemstellungen)* eine tabellarische Übersicht:

Beispiel 1.1.21:

i) Der *(durchschnittliche)* Benzinpreis lag im Jahr 03 um 26% höher als im Jahr 02 und um 17% höher als im Jahr 01. Um wieviel Prozent lag der Benzinpreis in 02 über *(bzw. unter)* dem Benzinpreis des Jahres 01?

Bezeichnet man die durchschnittlichen Benzinpreise mit p_{01}, p_{02}, p_{03}, so hat das Problem die folgende Struktur:

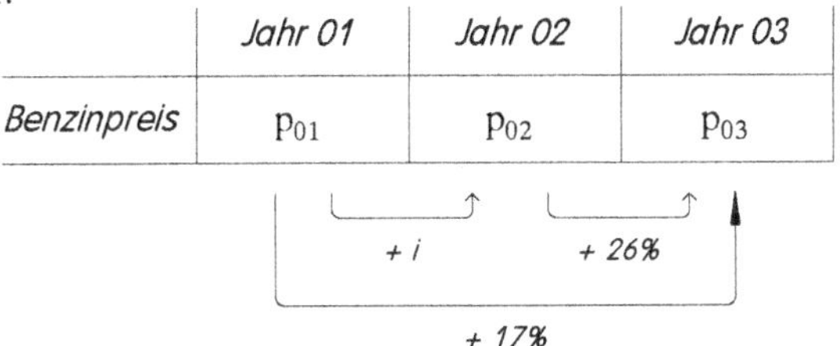

	Jahr 01	*Jahr 02*	*Jahr 03*
Benzinpreis	p_{01}	p_{02}	p_{03}

Besonders einfach wird der Lösungsweg, wenn man einen der Preise, etwa p_{01}, mit einem fiktiven Wert vorwählt, z.B. $p_{01} := 100$. Dann vereinfacht sich die Tabelle:

	Jahr 01	*Jahr 02*	*Jahr 03*
Benzinpreis	100	p_{02}	117

+ i   + 26%

+ 17%

Über $p_{02} \cdot 1{,}26 = 117$ folgt $p_{02} = \frac{117}{1{,}26} = 92{,}86$, d.h. man muss p_{01} *(=100)* um 7,14% mindern, um p_{02} zu erreichen: $100\,(1+i) = 92{,}86 \quad \Rightarrow \quad i = 0{,}9286 - 1 = -0{,}0714 = -7{,}14\%$.

(Auch eine rein rechnerische Lösung führt zum Ziel, ist aber weniger anschaulich:
Aus $p_{03} = p_{02} \cdot 1{,}26$ *und* $p_{03} = p_{01} \cdot 1{,}17$ *folgt durch Gleichsetzen:* $p_{02} \cdot 1{,}26 = p_{01} \cdot 1{,}17$
und daraus $p_{02} = p_{01} \cdot \frac{1{,}17}{1{,}26} = p_{01} \cdot 0{,}9286$. *Aus* $0{,}9286 = 1+i \;\Rightarrow\; i = -7{,}14\%$ *wie eben.)*

ii) Im Jahr 05 lagen die Exporterlöse eines Unternehmens um 8% über dem entsprechenden Wert von 04. In 05 hatte der Export einen wertmäßigen Anteil von 70% am Gesamtumsatz. Um wieviel Prozent hat sich der Inlandsumsatz in 05 gegenüber 04 verändert, wenn außerdem bekannt ist, dass der Gesamtumsatz in 05 gegenüber 04 um 6% zugenommen hat?

Auch jetzt wählt man zweckmäßigerweise einen der Werte *(mit 100)* fiktiv vor, hier bietet sich der Gesamtumsatz G_{05} im Jahr 05 an.

Dann lässt sich sofort folgende Matrix aufstellen:

	Jahr 04	*Jahr 05*
Inlandsumsatz	I_{04}	30
+		
Exportumsatz	E_{04} —*+8%*→	70
= Gesamtumsatz	G_{04}	100 ← *fiktiv vorgewählt*
	+6% (von G_{04} nach G_{05})	

Aus (1.1.16) folgt:

$$E_{04} = \frac{70}{1{,}08} = 64{,}815 \text{ sowie } G_{04} = \frac{100}{1{,}06} = 94{,}340 \quad \Rightarrow \quad I_{04} = G_{04} - E_{04} = 29{,}525.$$

Daraus folgt für die noch unbekannte Änderungsrate i des Inlandsumsatzes:

$$29{,}525 \cdot (1+i) = 30 \quad \Rightarrow \quad 1+i = 1{,}0161\,,$$

d.h. der Inlandsumsatz stieg in 05 um 1,61% gegenüber 04.

An den beiden Beispielen erkennen wir, dass man bei relativen *(d.h. prozentualen)* Änderungen unabhängig von der Richtung der Änderung *(„+" oder „–")* stets die Gleichung (1.1.14)

$$\boxed{K^* = K(1+i)}$$

verwenden kann, vor allem dann, wenn i noch unbekannt ist. Je nach Vorzeichen von i handelt es sich dann um eine Zunahme ($i > 0$) oder eine Abnahme ($i < 0$):

Beispiel: $K^* = K \cdot (1+i) = K \cdot 0{,}95 \Rightarrow i = -0{,}05\ (<0)$, *d.h.* ***Abnahme*** *von K um 5%*
$K^* = K \cdot (1+i) = K \cdot 1{,}08 \Rightarrow i = 0{,}08\ (>0)$, *d.h.* ***Zunahme*** *von K um 8%.*

Es folgt die **Zusammenfassung** (1.1.22) der wichtigsten Begriffe und Beziehungen der **Prozentrechnung**:

Anteile eines Grundwertes K		*Beispiele (mit 7%)*
(relativer) **Anteil** *(= Prozentsatz)*	$p\% = \frac{p}{100} = i$	$7\% = \frac{7}{100} = 0{,}07$
absoluter Anteil *(= Prozentwert)*	$Z = p\%$ von $K = K \cdot \frac{p}{100} = K \cdot i$	$Z = K \cdot 0{,}07$
Änderung eines Grundwertes K um p%		
(relative) **Änderungsrate** *(= Prozentsatz)* *(i > 0 :* ***Zuwachsrate*** *i < 0 :* ***Abnahmerate*** *oder* ***negative Zuwachsrate****)*	$p\% = \frac{p}{100} = i$	$7\% = \frac{7}{100} = 0{,}07$
absolute Änderung *(= Prozentwert Z)*	$Z = p\%$ von $K = K \cdot \frac{p}{100} = K \cdot i$	$Z = K \cdot 0{,}07$
vermehrter Wert $(K^+ = K + Z)$	$K^+ = K(1 + \frac{p}{100}) = K \cdot (1+i)$	$K^+ = K \cdot 1{,}07$
verminderter Wert $(K^- = K - Z)$	$K^- = K(1 - \frac{p}{100}) = K \cdot (1-i)$	$K^- = K \cdot 0{,}93$
Änderungsfaktor *(i > 0 :* ***Zuwachsfaktor*** *i < 0 :* ***Abnahmefaktor*** *oder* ***Zuwachsfaktor mit negativer Zuwachsrate****)*	$1+i = 1 + \frac{p}{100}$	$1{,}07 = 1 + \frac{7}{100}$ $0{,}93 = 1 - \frac{7}{100}$
		(1.1.22)

Bemerkung 1.1.23: *Ist die Grundgröße K selbst ein Prozentsatz (Beispiel: Wählerstimmenanteile), so benutzt man bei* ***absoluten*** *Änderungen dieser Prozentsätze den Begriff „Prozent****punkt****".*

Beispiel *(vgl. (1.1.4) auf Seite 1): Wenn der Wählerstimmenanteil einer Partei von 5% auf 8% zunimmt, so hat er um 3 Prozent****punkte*** *zugenommen (und nicht um 3 Prozent !). Diese 3 Prozentpunkte entsprechen im vorliegenden Fall einer Zunahme um 60%!*

Bemerkung 1.1.24: *Bei traditionellen kaufmännischen Rechnungen (insbesondere bei der Preiskalkulation) werden im Zusammenhang mit prozentualen Anteilen gelegentlich die Begriffe Prozent* ***v.H. (vom Hundert), a.H. (auf Hundert)*** *und* ***i.H. (im Hundert)*** *verwendet. Die Bedeutung dieser (entbehrlichen) Begriffe sei an einem Beispiel erklärt. Es mögen ein Betrag von 240,-- € sowie ein Prozentsatz von 20% vorgegeben sein:*

i) 20% ***(v.H.)*** *bedeutet: Der* ***gegebene*** *Betrag (240 €) ist der* ***Grundwert K****, d.h. K = 240,-- €. Damit gilt für den Prozentwert Z nach (1.1.8):* $\mathbf{Z} = K \cdot i = 240 \cdot 0{,}2 = \mathbf{48{,}\text{--}\ €}$.

ii) 20% ***(a.H.)*** *bedeutet: Der* ***gegebene*** *Betrag (240 €) ist der (um 20%)* ***vermehrte Wert*** K^+ *(z.B. Selbstkosten* ***plus*** *20% Gewinnzuschlag), d.h.* $K^+ = 240,-$ *€, nach (1.1.11) gilt:*

$$K = \frac{K^+}{1+i} = \frac{240}{1{,}2} = 200{,}\text{--}\ € \ ; \text{ d.h.:} \quad \mathbf{Z} = K \cdot i = 200 \cdot 0{,}2 = \mathbf{40{,}\text{--}\ €}.$$

Beispiel: *Der Bruttowarenwert einschließlich 19% MWSt. betrage 2.856,-- €. Dann ergibt sich der Nettowarenwert zu 2.856/1,19 = 2.400 €. Die Mehrwertsteusteuer selbst beträgt dann 19% von 2.400 €, d.h. MWSt. = 19%* ***a.H.*** *bezogen auf 2.856,--, d.h. 456,-- €.*

iii) 20% ***(i.H.)*** *bedeutet: Der* ***gegebene*** *Betrag (240 €) ist der (um 20%)* ***verminderte Wert*** K^- *(z.B. Rechnungsbetrag* ***minus*** *20% Rabatt), d.h.* $K^- = 240,--$ *€, nach (1.1.12) gilt:*

$$K = \frac{K^-}{1-i} = \frac{240}{0{,}8} = 300{,}\text{--}\ € \ ; \text{ d.h.:} \quad \mathbf{Z} = K \cdot i = 300 \cdot 0{,}2 = \mathbf{60{,}\text{--}\ €}.$$

Beispiel: *Nach Abzug von 40% Lohnsteuer verbleiben einem Arbeitnehmer noch 5.400 € („Nettolohn"). Dann ergibt sich der Bruttolohn zu 5.400/0,60 = 9.000,–€, d.h. die Lohnsteuer beträgt dann 40% von 9.000 €, d.h. Lohnsteuer = 40%* ***i.H.*** *des Nettolohns 5.400,–€, d.h. Lohnsteuer = 3.600 €.*

Aufgabe 1.1.25:

i) Steuerexperte Knüppel kauft in der Buchhandlung Rickermann das „Handbuch der legalen Steuergestaltung" zu € 136,50 *(incl. MWSt.)*. Während der Lektüre stellt er fest, dass ihm der Buchhändler fälschlicherweise 19% MWSt. berechnet hat *(richtig wären 7% gewesen)*. Daraufhin verlangt er vom Buchhändler die Richtigstellung des Versehens.

Welchen Betrag muss ihm der Buchhändler zurückgeben?

ii) Eine Firma steigerte ihren Umsatz des Jahres 02 in den folgenden drei Jahren um jeweils 11% *(gegenüber dem Vorjahr)*, musste im Folgejahr einen Umsatzrückgang von 8% hinnehmen, konnte anschließend den Umsatz zwei Jahre lang konstant halten und erreichte schließlich im nächsten Jahr wieder eine Umsatzsteigerung.

a) Um wieviel % pro Jahr hat sich der Umsatz in den Jahren 03 bis 08 durchschnittlich erhöht?

b) Wie hoch ist die gesamte prozentuale Umsatzsteigerung bis 08?

c) Welche Umsatzsteigerung muss die Firma im Jahr 09 erreichen, um in den Jahren 03 bis 09 auf eine durchschnittliche Umsatzsteigerung von 5% pro Jahr zu kommen?

d) Welche durchschnittliche Umsatzsteigerung pro Jahr führt zu einer Gesamtsteigerung von 44% in 7 Jahren?

iii) Aus dem Jahresbericht der Focke AG: „Der Preisdruck hat sich verschärft. Gemessen an den Durchschnittspreisen des Jahres 08 ergibt sich für 09 insgesamt ein Umsatzrückgang von 2,9% *(= 58 Mio. €)*. Im Einkauf glichen sich Verteuerungen und Verbilligungen im wesentlichen aus."

a) Wie hoch wäre der Gesamtumsatz im Jahr 09 ohne diese Preiseinbuße gewesen?

b) Wie hoch war der Gesamtumsatz b1) in 08 ? b2) in 09 ?

c) Um wieviel % lag der Umsatz im Jahr 08 über *(bzw. unter)* dem von 09?

iv) Bei der Wahl zum Stadtrat der Stadt Dornumersiel im Jahr 09 konnte die vom Landwirt Onno Ohmsen geführte Ostfriesenpartei *(OP)* endlich mit 8,3% der Wählerstimmen die gefürchtete 5-%-Hürde überspringen, nachdem es beim letzten Mal *(im Jahr 05)* nur zu 4,7% der Wählerstimmen gereicht hatte.

a) Um wieviel Prozent hat sich in 09 der Anteil der OP-Wählerstimmen gegenüber 05 erhöht?

b) Um wieviel Prozent *(bezogen auf das Jahr 09)* darf der Anteil der OP-Wählerstimmen bei der nächsten Wahl im Jahr 13 höchstens sinken, damit die Partei gerade noch die 5-%-Hürde erreichen kann?

v) Der Diskontsatz der Bundesbank lag im Jahr 08 im Mittel um 45% unter dem entsprechenden Mittelwert des Jahres 07 und um 10% unter dem entsprechenden Mittelwert des Jahres 06.

a) Man ermittle die prozentuale Veränderung des Diskontsatzmittelwertes in 07 gegenüber 06.

b) Man ermittle die durchschnittliche jährliche Veränderung *(in % p.a. gegenüber dem jeweiligen Vorjahr)* des Diskontsatzmittelwertes für die Jahre 07 – 08.

vi) Der Bruttoverkaufspreis eines Computers beträgt nach Abzug von 7% Rabatt, 3% Skonto und unter Berücksichtigung von 19% Mehrwertsteuer € 5.996,--. Man ermittle den Nettowarenwert ohne vorherige Berücksichtigung von MWSt, Rabatt und Skonto.

vii) Nach Abzug von 5% Mietminderung *(bezogen auf die Kaltmiete)* wegen undichter Fenster beträgt der monatlich zu überweisende Betrag € 593,-- *(incl. 80,-- € Nebenkosten)*.

a) Wie hoch war die im Mietvertrag ursprünglich vereinbarte Kaltmiete?

b) Die gesamten Nebenkosten einschl. Heizkosten betragen 80,-- €. Welcher Betrag würde sich für die Warmmiete ergeben, wenn die im Mietvertrag zunächst vereinbarte Kaltmiete um 20% und die Nebenkosten um 10% erhöht würden? Da die Fenster nach wie vor undicht sind, würde auch jetzt eine Mietminderung der Kaltmiete um 5% erfolgen.

viii) Der Preis für Benzin *(in €/l)* erhöhe sich ab sofort um 21,8%.

Hubers Auto verbraucht durchschnittlich 8 l Benzin pro 100 km. Um wieviel Prozent muss Huber seine bisherige durchschnittliche jährliche Fahrleistung *(in km/Jahr)* verringern *(oder vermehren)*, damit sich seine Ausgaben *(in €/Jahr)* für Benzin auch zukünftig nicht ändern?

Aufgabe 1.1.26:

i) Die Kundschaft eines Partnervermittlungsinstitutes hatte am 01.01.05 die folgende Struktur:

55% Männer; 43% Frauen; 2% sonstige.

Infolge vorausgegangener umfangreicher Werbeaktionen lag am 01.01.05 die Anzahl der Klienten des „schwachen" Geschlechts um 15% niedriger als ein Jahr zuvor, die Anzahl der Klienten des „starken" Geschlechts lag um 28% höher und die der sonstigen Klienten um 60% höher als ein Jahr zuvor.

a) Um wieviel Prozent insgesamt hatte sich der Kundenkreis des Instituts zum 01.01.05 *(gegenüber 01.01.04)* verändert?

b) Wie lautete die prozentuale Verteilung der Kundengruppen am 01.01.04?

ii) Der Schafbestand der Lüneburger Heide besteht aus schwarzen und weißen Schafen. Die Anzahl der schwarzen Schafe stieg im Jahr 10 gegenüber 09 um 10%, die Anzahl der weißen Schafe um 2%.

Im Jahr 10 betrug der Anteil der schwarzen Schafe 15% des Gesamtbestandes an Schafen.

Um wieviel Prozent stieg der Gesamtschafbestand in 10 gegenüber 09?

iii) Von den im Jahr 10 in Deutschland zugelassenen Kraftfahrzeugen waren 70% PKW, 25% LKW, 5% sonstige Kraftfahrzeuge. Im Jahr 10 stieg der PKW-Bestand gegenüber 09 um 10%, der LKW-Bestand um 6% und der Bestand der übrigen Fahrzeuge um 3%.

Um wieviel % ist der Fahrzeuggesamtbestand im Jahr 10 gegenüber 09 gestiegen ?

iv) Aus einem Bericht der Huber AG: „Der Auslandsumsatz *(Export)* stieg im Jahre 10 gegenüber dem Jahr 09 um 4,5%, der Inlandsumsatz um 1,9%. Der Exportanteil erreichte in 10 62,2% des Gesamtumsatzes.“

Um wieviel Prozent stieg der Gesamtumsatz der Huber AG im Jahr 10 gegenüber 09?

v) Die Gehälter für Betriebswirte mit Bachelor-Abschluss (BA) lagen in im Jahr 10 um 24% höher als in 05 und um 37% höher als in 02.

a) Um wieviel Prozent lagen die Gehälter für BA-Betriebswirte in 05 höher als in 02?

b) Um wieviel Prozent waren die Gehälter für BA-Betriebswirte in den Jahren 03–10 durchschnittlich gegenüber dem jeweiligen Vorjahr gestiegen?

vi) Die Huber AG produziert nur rote, gelbe und blaue Luftballons.

Im Jahr 03 wurden 20% weniger gelbe Luftballons als im Jahr 00 hergestellt. Die durchschnittliche jährliche Mehrproduktion von roten Luftballons in 01 bis 03 *(bezogen auf das jeweilige Vorjahr, Basisjahr also 00)* betrug + 2,2% p.a. In 00 wurden 300 Millionen und im Jahr 03 360 Millionen blaue Luftballons hergestellt. In 03 machten die roten und blauen Luftballons jeweils genau 30% der Gesamtproduktion aus.

a) Um wieviel Prozent hat sich die Produktion der roten Luftballons in 03 bezogen auf 00 verändert?

b) Um wieviel Prozent pro Jahr *(bezogen auf das jeweilige Vorjahr)* hat sich – ausgehend vom Basisjahr 00 – die Gesamtproduktion an Luftballons in 01 bis 03 durchschnittlich verändert?

vii) Die Maschinenbaufabrik Huber AG erzielte in 11 einen Auslandsumsatz, der um 30% über dem Auslandsumsatz 3 Jahre zuvor (08) lag.

Der Anteil des Inlandsumsatzes am Gesamtumsatz lag in 08 bei 59% und in 11 bei 37%.
Um wieviel Prozent sind

a) der Inlandsumsatz **b)** der Gesamtumsatz

von 08 *(= Basisjahr)* bis 11 *(incl.)* durchschnittlich pro Jahr gestiegen *(bzw. gefallen)*?

Aufgabe 1.1.27:

i) Anhand der nebenstehenden Graphik *(Daten z.T. geschätzt)* beantworte man die folgenden Fragen:

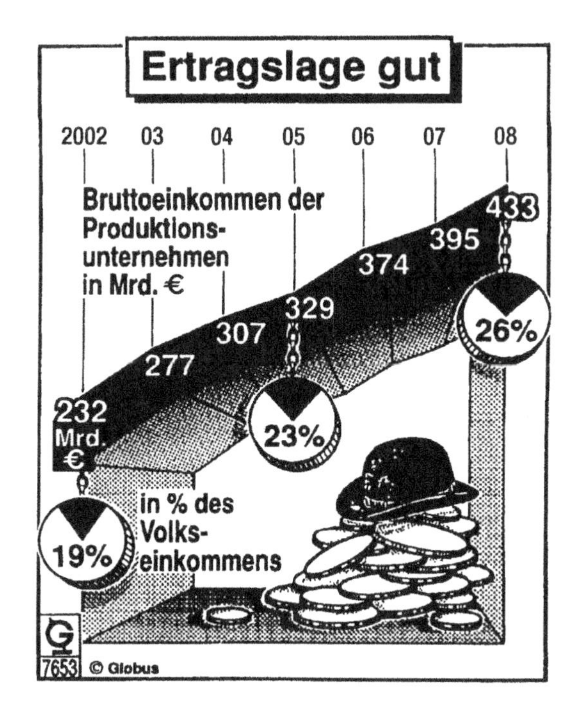

a) Wie hoch ist *(in % p.a., bezogen auf das jeweilige Vorjahr)* die durchschnittliche jährliche Zu-/Abnahme des Bruttoeinkommens der Produktionsunternehmen in den Jahren 04 bis 08? *(Basisjahr: 03)*

b) Um wieviel Prozent pro Jahr *(bezogen auf das jeweilige Vorjahr)* ist das Volkseinkommen in den Jahren 03 bis 08 durchschnittlich gestiegen? *(Basisjahr: 02)*

ii) Man beantworte anhand der untenstehenden statistischen Daten folgende Fragen: *(Bei Änderungswerten gebe man stets die Richtung der Änderung – d.h. Zu- oder Abnahme – an.)*

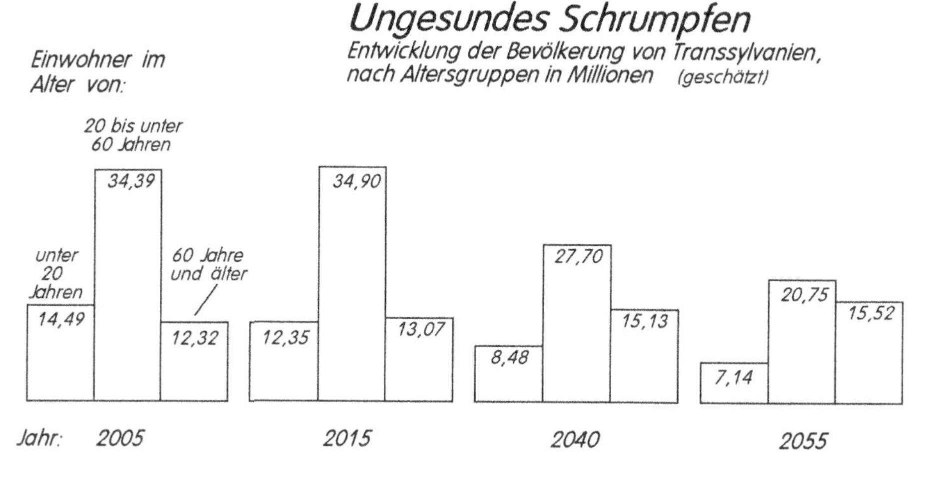

a) Um wieviel % wird sich die Gesamtbevölkerung im Jahre 2040 gegenüber 2005 verändert haben?

b) Wie hoch *(in %)* ist der Anteil der 20- bis unter 60-jährigen an der Gesamtbevölkerung im Jahr 2055?

c) Um wieviel Prozent pro Jahr *(bezogen auf das Vorjahr)* ändert sich durchschnittlich in den Jahren 2006 bis 2055 die Zahl der Einwohner unter 20 Jahren?

iii) Die Zahl der auf der Erde lebenden Menschen betrug zum 01.01.85 4,8 Milliarden *(Mrd.)*. Laut UNO-Bericht ist die Bevölkerungszahl bis zum 01.01.2000 auf 6,1 Mrd. Menschen angestiegen, von denen 80% in den Entwicklungsländern leben.

Die durchschnittliche *(diskrete)* Wachstumsrate der Bevölkerung in den Entwicklungsländern betrug im angegebenen Zeitraum 3% pro Jahr.

a) Man ermittle die durchschnittliche Wachstumsrate *(in % p.a.)* der Gesamtbevölkerung der Erde im angegebenen Zeitraum.

b) Wieviel Prozent der Gesamtbevölkerung lebte am 01.01.85 in Entwicklungsländern?

c) Um wieviel Prozent pro Jahr nahm die Bevölkerung in den *Nicht*entwicklungsländern im betrachteten Zeitraum durchschnittlich zu *(bzw. ab)*?

d) Es werde unterstellt, dass die o.a. durchschnittlichen Wachstumsraten der Bevölkerungen in den Nicht-Entwicklungsländern und in den Entwicklungsländern auch nach dem 01.01.2000 unverändert gültig sind. Wie groß wird die Weltbevölkerung am 01.01.2050 sein? Wieviel Prozent davon wird in den Entwicklungsländern leben?

iv) Man beantworte anhand der Außenhandelsstatistik Transsylvaniens folgende Fragen:

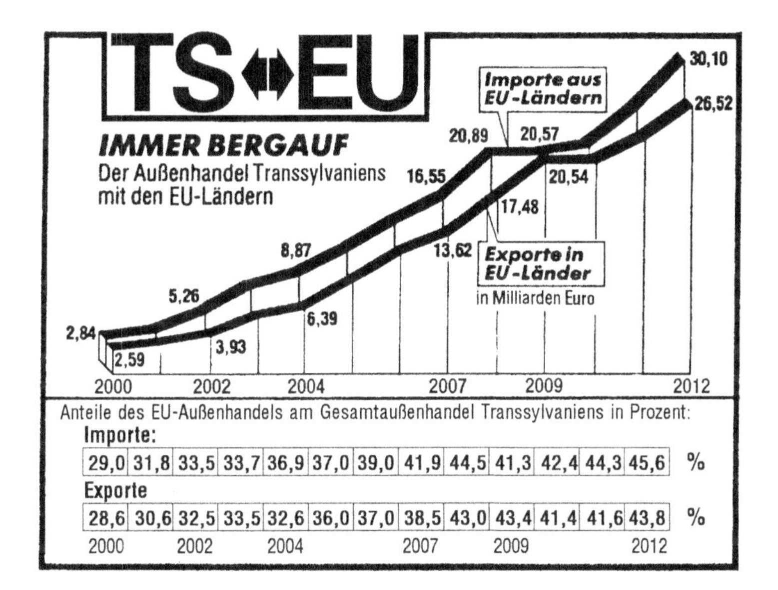

Anteile des EU-Außenhandels am Gesamtaußenhandel Transsylvaniens in Prozent:

	2000		2002		2004			2007		2009			2012	
Importe:	29,0	31,8	33,5	33,7	36,9	37,0	39,0	41,9	44,5	41,3	42,4	44,3	45,6	%
Exporte	28,6	30,6	32,5	33,5	32,6	36,0	37,0	38,5	43,0	43,4	41,4	41,6	43,8	%

a) Um wieviel Prozent veränderte sich der transsylvanische Import aus EU-Ländern 2008 gegenüber 2007? *(Zu-/Abnahme?)*

b) Um wieviel Prozent verminderte *(bzw. erhöhte)* sich der Gesamtimport Transsylvaniens *(d.h. Import aus EU- plus Nicht-EU-Ländern)* 2009 gegenüber 2008?

c) Man ermittle die durchschnittliche jährliche Zunahme *(bzw. Abnahme)* in Prozent p.a. des EU-Exportes Transsylvaniens seit 2002 *(Basisjahr)* bis 2012 einschließlich.

v) Die nachstehenden Schaubilder zeigen im Zeitablauf *(von links nach rechts)*:

die **Gesamteinnahmen** des Staates an Mineralölsteuer *(auf Benzin)*

die in **einem Liter Benzin** enthaltene Mineralölsteuer.

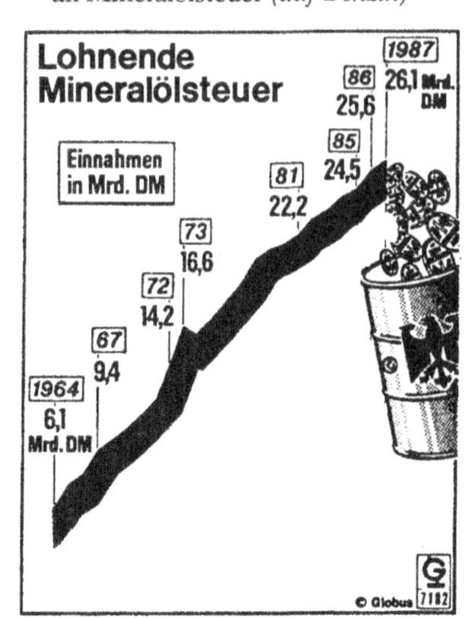

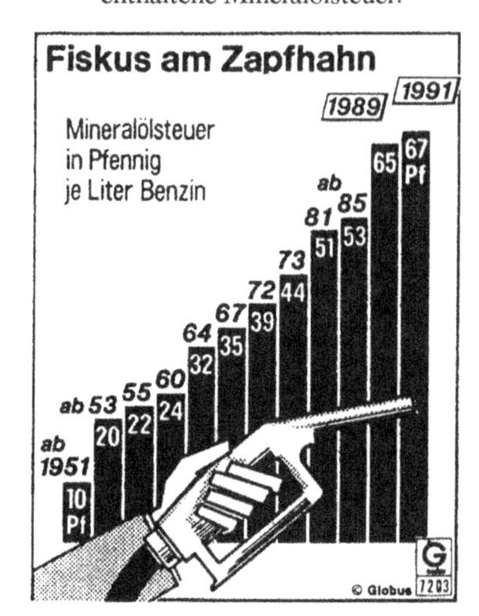

a) Um wieviel Prozent hat sich der mengenmäßige Benzinverbrauch in 1987 gegenüber 1967 insgesamt erhöht?

b) Es werde unterstellt, dass sich die Mineralölsteuereinnahmen in Zukunft prozentual pro Jahr so weiterentwickeln wie im Durchschnitt der Jahre seit 1964 bis 1987.

Wie hoch werden unter dieser Voraussetzung die Mineralölsteuereinnahmen *[in €]* im Jahr 2009 sein? *(1 € = 1,95583 DM)*

vi) Anhand der nebenstehenden Statistik beantworte man folgende Fragen:

a) Wie hoch ist der prozentuale Gesamtanstieg

a1) der Wohnungsmieten

a2) der Lebenshaltung *(ohne Miete)*

im Zeitraum 1993 – 1998? *(Basisjahr also 1992)*

b) Im Jahr 1992 gilt: 20% der gesamten Lebenshaltungskosten entfallen auf die Wohnungsmieten.

Man ermittle, um wieviel Prozent sich die gesamte Lebenshaltung *(also incl. Wohnungsmieten)* im Zeitraum 1993 – 1998 **durchschnittlich pro Jahr** verteuert hat. *(Basisjahr: 1992)*

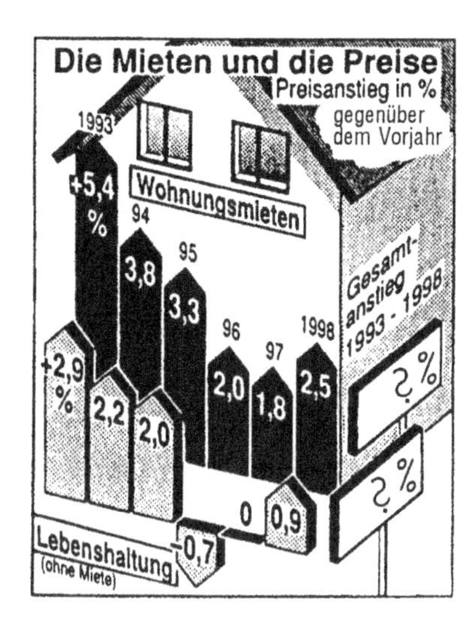

vii) Anhand der folgenden Wahlergebnisse beantworte man folgende Fragen:

Die Ergebnisse der Parlamentswahlen in Transsylvanien:

	2004	**2008**
Wahlberechtigte:	44.451.981	42.751.940
Abgegebene Stimmen:	25.234.955	28.098.872
Wahlbeteiligung:	56,8%	65,7%
Ungültige Stimmen:	393.649	251.763
Gültige Stimmen:	24.841.306	27.847.109
Davon entfielen auf:		
Sozialisten	9.294.916 - 37,4 %	11.370.045 - 40,8 %
Konservative	9.306.775 - 37,5 %	10.891.370 - 39,1 %
Vampire	2.104.590 - 8,5 %	2.816.758 - 10,1 %
Liberale	1.192.138 - 4,8 %	1.662.621 - 6,0 %
Grüne	2.024.801 - 8,2 %	893.683 - 3,2 %

a) Um wieviel % haben sich die Stimmen für die Liberalen in 2008 gegenüber 2004 verändert?

b) Um wieviel % hat sich der Stimmenanteil der Liberalen *(%, bezogen auf die Anzahl gültiger Stimmen)* 2008 gegenüber 2004 verändert?

c) Um wieviel % hat sich der Stimmenanteil der Liberalen *(%, bezogen auf die Anzahl der Wahlberechtigten)* 2008 gegenüber 2004 verändert?

viii) In der nebenstehenden Tabelle sind für die Jahre 2000 bis 2005 die Subventionsausgaben der EU (in Mrd. Euro) sowie deren Anteil (in %) an den Gesamtausgaben der EU aufgeführt.

Subventionsausgaben der EU...

Jahr	*Subventionen (in Mrd. Euro)*	*in % der Gesamt-Ausgaben*
2000	*76,8*	*22,7%*
2001	*100,3*	*29,4%*
2002	*101,7*	*27,1%*
2003	*113,6*	*29,9%*
2004	*128,3*	*30,7%*
2005	*140,5*	*31,7%*

a) Unterstellen wir, die Subventionen entwickeln sich prozentual wie im Durchschnitt der Jahre von 2000 bis 2005: Wie hoch (in Mrd. Euro) werden die Subventionsausgaben im Jahr 2018 sein?

b) Um wieviel Prozent pro Jahr *(bezogen auf das jeweilige Vorjahr)* haben sich die Gesamtausgaben der EU von 2001 *(d.h. Basisjahr 2000)* bis 2005 durchschnittlich verändert?

ix) Anhand des nebenstehenden Schaubildes beantworte man folgende Fragen:

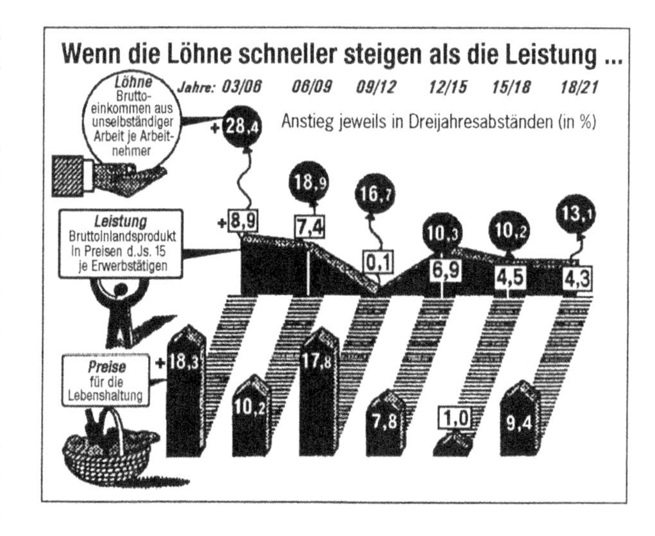

a) Um wieviel Prozent hat die Kaufkraft der Löhne eines Erwerbstätigen im Jahr 18 im Vergleich zu 15 zu- bzw. abgenommen?
(„Kaufkraft" = Lohnniveau dividiert durch Preisniveau, bezogen aufs Basisjahr)

b) Ermitteln Sie bitte die durchschnittliche jährliche Preissteigerungsrate *(in %p.a., bezogen auf das jeweilige Vorjahr)* in den Jahren zwischen 03 und 21.

Lesebeispiel: (jeweils Säule ganz links) Im Jahr 06

- lagen die Löhne um 28,4% über den Löhnen drei Jahre zuvor (d.h. 03)
- lag die Wirtschaftsleistung je Erwerbstätigen („Leistung") um 8,9 Prozent höher als 3 Jahre zuvor
- lagen die Preise um 18,3% höher als 3 Jahre zuvor

usw.

1.2 Lineare *(einfache)* Verzinsung

Wird ein **Kapital** für einen gewissen **Zeitraum** ausgeliehen *(oder angelegt)*, so werden als Nutzungsentgelt **Zinsen** erhoben *(vgl. Vorbemerkung S. 1)* [3].

Wenn beispielsweise für ein heute geliehenes Kapital von 100 € ein „Nutzungsentgelt" in Höhe von 10 € nach einem Jahr fällig ist, wenn m.a.W. nach einem Jahr ein Betrag von 110 € zur Rückzahlung fällig ist, so sagt man, das *(heute geliehene)* Kapital von 100 € sei – bei 10% p.a. Jahreszinsen – wertgleich *(oder: äquivalent)* zu 110 € *(zurückzuzahlen nach einem Jahr)*.

Die **Zeitpunkte**, zu denen die Zinsen **fällig** werden *(und mit dem Kapital zusammengefasst werden)*, heißen **Zinszuschlagtermine** *(oder: Zinsverrechnungstermine)*. Der **Zeitraum** zwischen zwei Zinszuschlagterminen heißt **Zinsperiode**. Üblich sind Zinsperioden von z.B.: 1 Jahr *(jährlicher Zinszuschlag)*; 1/2 Jahr *(halbjährlicher Zinszuschlag)*; 1/4 Jahr *(= 1 Quartal, vierteljährlicher Zinszuschlag)*; 1 Monat *(monatlicher Zinszuschlag)*; usw.

Werden die Zinsen am Ende der Kapitalüberlassungsfrist (bzw. der Zinsperiode) gezahlt, so spricht man von **nachschüssiger** (oder ***dekursiver***) **Verzinsung**, werden sie zu **Beginn** des Überlassungszeitraumes *(bzw. der Zinsperiode)* gezahlt, so spricht man von **vorschüssiger** (oder ***antizipativer***) Verzinsung.

Bemerkung 1.2.1: *Wir werden im folgenden - wenn nicht ausdrücklich anders vermerkt - stets die allgemein übliche* ***nachschüssige Verzinsung voraussetzen.*** *Zur vorschüssigen Verzinsung vgl. Kap. 1.2.4.*

Ein **zusätzlicher** *(außerordentlicher)* Zinszuschlagtermin ergibt sich am **Ende** der Kapitalüberlassungsfrist, sofern dieser Zeitpunkt nicht ohnehin mit einem Zinszuschlagtermin zusammenfällt.

Beispiel 1.2.2: Zinsperiode sei 1 Jahr, Zinszuschlagtermin jeweils der 01.01. (0.00 Uhr). Für ein Kapital, das vom 04.07. bis 13.11. eines Jahres ausgeliehen ist, werden die Zinsen *(neben dem Kapital)* zahlbar am 13.11., obwohl der „reguläre" Zinszuschlagtermin erst am folgenden 01.01. ist.

Prinzipiell unterscheidet man **zwei Grundformen der Verzinsung** *(Verzinsungsarten)*, nämlich **lineare** *(einfache)* **Verzinsung** und **exponentielle Verzinsung** *(Zinseszinsprinzip)*, siehe Abb. 1.2.3:

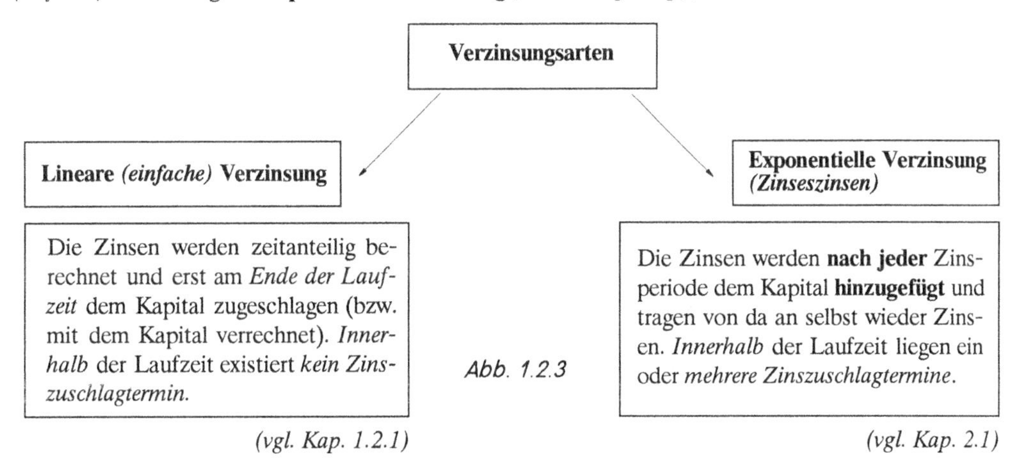

Abb. 1.2.3

Auch eine aus beiden Komponenten zusammengesetzte Mischform (die ***gemischte Verzinsung***, vgl. Kap. 2.4) ist üblich. Zunächst wollen wir uns mit der **linearen** (oder: *einfachen*) **Verzinsung** befassen:

---

[3] Je nach Zinstheorie sind andere Definitionen gebräuchlich, so z.B.: Zins := *(entgangener)* Investitions*ertrag* oder Zins := *Liquidationsverzichtsprämie*, vgl. etwa *Lutz, F. A.:* Zinstheorie. 2. Aufl., Tübingen, Zürich 1967.

1.2.1 Grundlagen der linearen Verzinsung

Bei der *(im kaufmännischen Verkehr üblichen)* **linearen Verzinsung** hat man es definitionsgemäß mit Kapitalüberlassungszeiträumen zu tun, **innerhalb** derer grundsätzlich **kein Zinszuschlagtermin** (oder: ***Zinsverrechnungstermin***) liegt.[4]

Die nachschüssigen Zinsen Z_n für die Überlassung des Kapitals K_0 für einen Zeitraum von n Zeiteinheiten (ZE) sind dabei **proportional** *(~)* zur Höhe K_0 des Kapitals und zur Laufzeit n :

(1.2.4) $$Z_n \sim K_0 \cdot n$$

Der fehlende **Proportionalitätsfaktor** wird durch den **Zinssatz i** *(von engl. „interest" = Zinsen)* geliefert, der definitionsgemäß das Nutzungsentgelt (die „Zinsen") für einen auf **eine Zeiteinheit** ausgeliehenen Betrag von **1,--** € angibt. Statt des Zinssatzes i benutzt man häufig auch den (zeitraumbezogenen) **Zinsfuß p**, der die pro Zeiteinheit fälligen Zinsen für ein Kapital von 100,-- € angibt. Es gilt somit:

(1.2.5) $$\mathbf{i = \frac{p}{100} = p\,\%}$$ [5]

Beispiel 1.2.6: i = 6% p.a. *(„pro anno")* bedeutet: Für jeweils 100,-- € ausgeliehenes Kapital werden pro Jahr 6,-- € an Zinsen erhoben. Statt i = 6% p.a. könnte man äquivalent schreiben: i = 0,06 oder p = 6 (p.a.).

Analog: i = 1,5% p.Q.: 1,5 Prozent Zinsen pro Quartal (i = 0,015 bzw. p = 1,5);
i = 0,5% p.M.: 0,5 Prozent Zinsen pro Monat (i = 0,005 bzw. p = 0,5) usw.

Bemerkung: *„6% p.a." bedeutet* ***nicht immer*** *zwingend dasselbe wie „0,5% p.M.", siehe Kap. 2.3.1!*

Mit i als Proportionalitätsfaktor ergibt sich aus (1.2.4) bei **linearer nachschüssiger Verzinsung** die grundlegende Beziehung

(1.2.7) $$Z_n = K_0 \cdot i \cdot n$$ ***(lineare Zinsen)***

Dabei bedeuten:
- Z_n : Zinsen, fällig am Ende der Kapitalüberlassungsfrist
- K_0 : (Anfangs-) Kapital
- i : (nachschüssiger) Zinssatz ($= \frac{p}{100} = p\%$), bezogen auf eine Zeiteinheit
- n : Kapitalüberlassungsfrist, Laufzeit (in Zeiteinheiten oder Zinsperioden)

Man beachte, dass sich **Zinssatz** i und **Laufzeit** n stets auf **dieselbe Zeiteinheit** beziehen !

Beispiel 1.2.7a: i) Ein Kapital von 500 € werde 2 Jahre zu i = 6% p.a. ausgeliehen, innerhalb der Laufzeit existiere kein Zinszuschlagtermin. Dann folgt mit (1.2.7): $Z_n = 500 \cdot 0{,}06 \cdot 2 = 60$ €.

ii) Gleiche Situation wie i), aber Laufzeit 7 Monate.

Falsch wäre: $Z_n = 500 \cdot 0{,}06 \cdot \mathbf{7}$, da sich Zinssatz und Laufzeit auf verschiedene Zeiteinheiten beziehen. Daher misst man die Laufzeit *(ebenso wie den Zinssatz)* in Jahren: 7 Monate gleich 7/12 Jahre. Aus (1.2.7) folgt: $Z_n = 500 \cdot 0{,}06 \cdot 7/12 = 17{,}50$ €.

Man hätte stattdessen auch den Zinssatz auf die Zeiteinheit 1 Monat beziehen können: 6% p.a. = 0,5% p.M. *(da linearer Zinsverlauf)*.

Damit lautet (1.2.7): $Z_n = 500 \cdot 0{,}005 \cdot 7 = 17{,}50$ €, wie eben.

[4] Die Zinszuschlagtermine sind in der Praxis i.a. durch die Geschäftsbedingungen der beteiligten Partner vorgegeben oder können ausgehandelt werden. In der Regel handelt es sich um Zeiträume bis zu maximal einem Jahr.

[5] Hinsichtlich der Unterscheidung von Zinssatz i und Zinsfuß p vgl. Bemerkung 1.1.9 ii).

Über die Festsetzung von Zinsen, über Verrechnungen von Zinsen oder über „gesetzliche" Höhe von Zinsen gibt es in Deutschland eine Reihe von gesetzlichen Vorschriften, auf die hier *(exemplarisch und ohne Nennung weiterer Einzelheiten)* verwiesen wird:

Bürgerliches Gesetzbuch (BGB):	Gesetzlicher Zinssatz (§ 246), Basiszinssatz (§ 247), Zinseszinsen- (§ 248), Verzugszinssatz (§ 288), Verbraucherdarlehen (§ 491ff), Verzugszinsen (§ 497), Fälligkeit der Zinsen (§ 608)
Handelsgesetzbuch (HGB):	Gesetzlicher Zinssatz (§ 352), Fälligkeitszinsen (§ 353)
Abgabenordnung (AO):	Verzinsung von Steuernachforderungen u. -erstattungen (§ 233a) Stundungszinsen (§ 234), Verzinsung von hinterzogenen Steuern (§ 235), Höhe und Berechnung der Zinsen (§ 238)

Jahresbruchteile werden *(häufig, aber nicht immer – näheres ist in den Allgemeinen Geschäftsbedingungen im Einzelfall geregelt)* unter Kaufleuten vereinfachend wie folgt umgerechnet: [6]

- 1 Monat = 30 Zinstage
- 1 Jahr = 12 Monate zu je 30 Zinstagen = 360 Zinstage *(„30E/360"-Zählmethode)*
- Falls Zinszuschlag Ende („Ultimo") Februar, so wird mit 28 bzw. 29 Tagen im Februar gerechnet.
- Bei der Ermittlung einer Kapitalüberlassungsfrist *(Gesamtlaufzeit)* wird der 1. Tag nicht gezählt, der letzte Tag dagegen voll mitgezählt.
- Ein Zinssatz i bezieht sich bei *fehlender* Zeitangabe stets auf 1 Jahr.

Bemerkung 1.2.8: *Außer der erwähnten 30E/360-Methode werden folgende Zählmethoden verwendet: „actual/360" oder „act/360": Tage kalendergenau, Jahreslänge 360 Tage; „act/365": Tage kalendergenau, Jahreslänge 365 Tage; „act/act": Tage und Jahre kalendergenau.*

Seit dem 01.09.2000 gilt in Deutschland für die Effektivzinsermittlung bei Verbraucherkrediten (geregelt in der Preisangabenverordnung (PAngV)) folgende Zählung:

1 Jahr = 365 Tage = 52 Wochen = 12 gleichlange Monate zu je 365/12 = 30,41$\overline{6}$ Tagen (standardisierte Berechnungsmethode)

Beispiel 1.2.9:

Ein Kapital von 2.000,-- € wird vom 13.01. bis zum 27.06. *(desselben Jahres)* ausgeliehen, Zinssatz: i = 0,08 = 8% p.a.

Laufzeit: $n = 17 + 4 \cdot 30 + 27 = 164$ Tage $= \frac{164}{360}$ Jahre. Aus (1.2.7) folgt:

$Z_n = 2.000 \cdot 0{,}08 \cdot \frac{164}{360} = 72{,}89$ € Zinsen, fällig *(zusammen mit dem Kapital)* am 27.06.

Bemerkung 1.2.10: *Wird die Laufzeit in **Tagen** gemessen (t Tage), so wird auch die folgende zu (1.2.7) äquivalente Zinsformel (mit $i = \frac{p}{100}$ p.a.) verwendet:*

$$Z_n = K_0 \cdot \frac{p}{100} \cdot \frac{t}{360} = K_0 \cdot i \cdot n \qquad (1.2.11)$$

*Bei der Anwendung von (1.2.11) beachte man, dass sich dabei Zinsfuß p bzw. Zinssatz i zwingend auf **1 Jahr** beziehen müssen, während (1.2.7): $Z_n = K_0 \cdot i \cdot n$ für beliebige Zeiteinheiten gültig ist.*

---

[6] Für die Ermittlung des *effektiven Jahreszinses eines Verbraucherkredits* hat die Europäische Union zwischenzeitlich Richtlinien für die Länge der anzuwendenden Zinsperioden erlassen. Danach werden für das Jahr 365 Tage, im Fall von Schaltjahren 366 Tage oder einheitlich 365,25 Tage/Jahr zugrunde gelegt. Auch möglich sind 52 Wochen oder 12 gleichlange Monate zu je 365/12 = 30,41$\overline{6}$ Tagen *(Richtl. 98/7/EG v. 16.02.98)*, siehe Bem. 1.2.8.

Am Ende der Kapitalüberlassungsfrist wird neben den Zinsen Z_n auch das ausgeliehene Anfangskapital K_0 fällig, so dass wir als **Endkapital** K_n die **Summe** aus **Anfangskapital** K_0 und entstandenen **Zinsen** Z_n erhalten:

$K_n = K_0 + Z_n = K_0 + K_0 \cdot i \cdot n$, d.h. es gilt *($K_0$ ausklammern!)* die grundlegende

Endwertformel bei linearer Verzinsung:

(1.2.12) $$\mathbf{K_n = K_0 \cdot (1 + i \cdot n)}$$

K_n : (End-) Kapital am Ende der Kapitalüberlassungsfrist, Endwert
K_0 : Anfangskapital, Anfangswert, Barwert
i : (nachschüssiger, linearer) Zinssatz (pro ZE)
n : Kapitalüberlassungsfrist, Laufzeit (in ZE)

Dabei ist sorgfältig zu beachten:

In (1.2.12) müssen sich i und n stets auf **dieselbe Zeiteinheit / Zinsperiode** beziehen !

***Bemerkung 1.2.13:** („Aufzinsung")*

i) (vgl. Bem. 1.2.10) Bezieht sich i auf 1 Jahr, und wird die Laufzeit t in Tagen gemessen (wobei t Tage $= \frac{t}{360}$ Jahre!), so erhält man (mit $i = \frac{p}{100}$) den „aufgezinsten" Wert K_n :

(1.2.14) $$K_n = K_0 (1 + in) = K_0 \left(1 + \frac{p}{100} \cdot \frac{t}{360}\right)$$

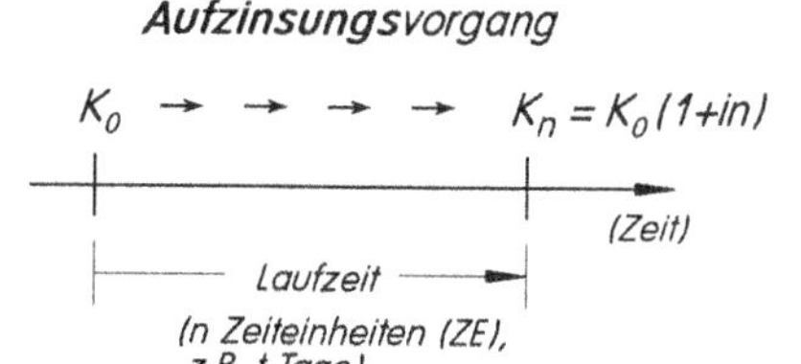

*ii) Die Ermittlung des Endwertes K_n heißt **Aufzinsen** von K_0.*

Beispiel 1.2.15:

i) Ein Anfangskapital von 10.000,-- € wird bei einem Quartalszinssatz von 4% p.Q für 9 Monate *(ohne zwischenzeitliche Zinsverrechnung)* angelegt. Dann lautet das aufgezinste Endkapital K_n nach (1.2.12), da n = 3 Quartale:

$$K_n = 10.000 (1 + 0{,}04 \cdot 3) = 11.200{,}\text{-- } € .$$

ii) 1.500,-- € werden vom 19.04. bis zum 06.09. zu 9% p.a. *(linear)* ausgeliehen. Dann beträgt das aufgezinste Endkapital

$$K_n = 1.500\left(1 + 0{,}09 \cdot \frac{137}{360}\right) = 1.551{,}38\ €.$$

Die Zinsformel (1.2.12): $K_n = K_0 \cdot (1 + i \cdot n)$ für lineare Verzinsung enthält vier Variable:

(1) K_n *(Endwert)* (2) K_0 *(Anfangswert)* (3) i *(Zinssatz pro ZE)* (4) n *(Laufzeit in ZE)*

und gestattet daher die Bestimmung jeder dieser Größen, wenn nur die drei übrigen gegeben sind:

(1) Endwert K_n (= (1.2.12)): $K_n = K_0(1 + i \cdot n)$, vgl. Bsp. 1.2.15 *(**aufzinsen** von K_0).*

(2) Anfangswert K_0 *(abzinsen von K_n)* **:**

Beispiel: Welchen Betrag K_0 muss ein Sparer am 05.02. zu 3% p.a. anlegen, damit er *(bei linearer Verzinsung)* am Jahresende über 10.000,-- € verfügen kann?

Nach (1.2.12) muss gelten: $10.000 = K_0(1 + 0{,}03 \cdot \frac{325}{360})$

Umformung liefert für den Anfangswert K_0: $\mathbf{K_0} = \frac{10.000}{1{,}027083} = \mathbf{9.736{,}31\ €}$

Die *allgemeine* Umformung von (1.2.12) liefert:

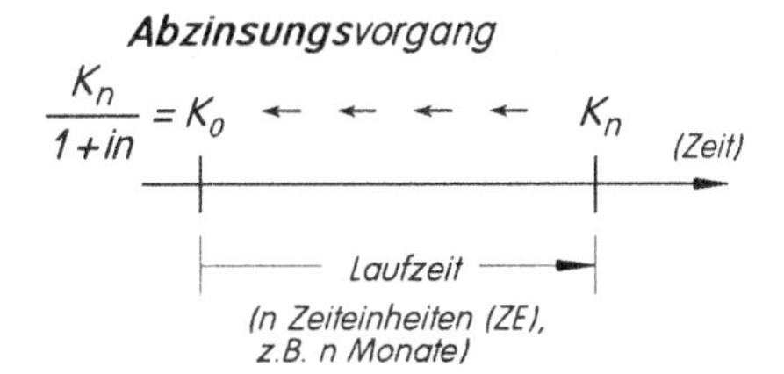

(1.2.16) $$K_0 = \frac{K_n}{1 + i \cdot n}$$

K_0 wird auch **Barwert** [7] zu K_n genannt, der rechnerische Prozess heißt **Abzinsung** von K_n.

Bemerkung: *Man beachte: Der (heutige)* ***Barwert*** *K_0 einer nach n Zeiteinheiten fälligen späteren Zahlung K_n ist derjenige Betrag K_0, den man* ***heute*** *zum (nachschüssigen) Zinssatz i (in % pro Zeiteinheit) anlegen müsste, um später (d.h. nach n ZE) K_n als aufgezinsten Endwert zu erhalten (strenggenommen müsste man stets noch zusätzlich angeben, nach welcher Verzinsungsmethode – linear oder exponentiell – K_n aus K_0 zu ermitteln ist).*

Anfänger neigen gelegentlich dazu, den Barwert K_0 einer späteren Zahlung K_n bei linearer Verzinsung (fälschlicherweise) dadurch zu ermitteln, dass sie vom Endwert K_n die (auf diesen Endwert entfallenden) Zinsen abziehen: $K_0 = K_n -$ Zinsen auf $K_n = K_n - K_n in = K_n(1 - in)$. Dies Verfahren läuft auf vorschüssige Verzinsung hinaus (vgl. Kap. 1.2.4) und wird außer bei der Wechseldiskontierung kaum angewendet.

(3) Zinssatz i :

Beispiel:

Am 07.03. nimmt die Huber GmbH einen Kredit in Höhe von 72.000,-- € auf, der am 22.09. (incl. Kreditzinsen) mit 78.825,-- € zurückgezahlt werden muss. Wie hoch ist der *(auf ein Jahr bezogene)* Kreditzinssatz *(„Effektivzinssatz" bei linearer Verzinsung)*?

Nach (1) bzw. (1.2.12) muss gelten:

$$78.825 = 72.000 \cdot (1 + i \cdot \frac{195}{360})$$

$$\Rightarrow \quad 1{,}094792 = 1 + i \cdot 0{,}541667$$

$$\Rightarrow \quad \mathbf{i} = \frac{0{,}094792}{0{,}541667} = 0{,}1750 = \mathbf{17{,}50\%\ p.a.}$$

Die *allgemeine* Umformung der Zinsformel $K_n = K_0(1+in)$ nach i ergibt:

(1.2.17) $$i = \left(\frac{K_n}{K_0} - 1\right) \cdot \frac{1}{n}$$

---

[7] Man beachte, dass dem so definierten Barwert K_0 keine eigenständige ökonomische Bedeutung zukommt. Der (finanzmathematische) Barwert K_0 ist nur durch den Umweg über den Endwert K_n ökonomisch erklärbar.

(4) Laufzeit n :

Beispiel:

Wie lange muss ein Kapital von 10.000,-- € zu 16% p.a. (linear) angelegt werden, damit sich ein Endkapital von 11.000,-- € ergibt?

Nach (1) bzw. (1.2.12) muss gelten:

$$10.000 \cdot (1+0{,}16 \cdot n) = 11.000$$

$$\Rightarrow \quad 1 + 0{,}16 \cdot n = 1{,}10 \quad \Rightarrow \quad 0{,}16 \cdot n = 0{,}10$$

$$\Rightarrow \quad n = \frac{0{,}10}{0{,}16} = \mathbf{0{,}625\ Jahre} = 0{,}625 \cdot 360 \text{ Tage} = \mathbf{225\ Tage}$$

Die *allgemeine* Umformung der Zinsformel $K_n = K_0(1+in)$ nach n ergibt:

$$n = \left(\frac{K_n}{K_0} - 1\right) \cdot \frac{1}{i} \qquad (1.2.18)$$

Auch für die Gesamtheit **mehrerer Zahlungen** K_{01}, K_{02}, ... lässt sich ein **Summen-Endwert** K_n mit linearer Verzinsung eindeutig ermitteln, sofern das gemeinsame Laufzeitende am Tag der letzten vorkommenden Zahlung *(oder später)* liegt.

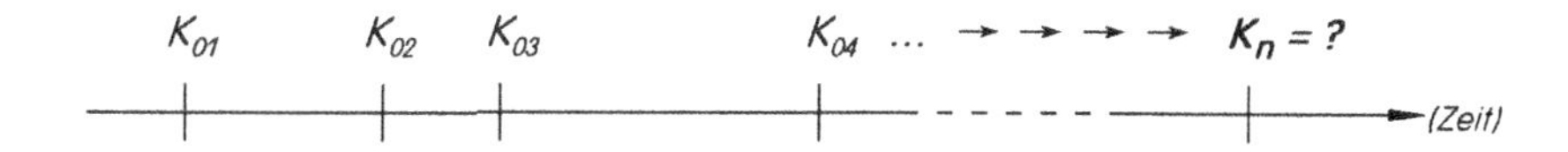

Beispiel 1.2.19: Auf ein Konto (6% p.a. linear) werden 500,-- € am 31.03. und 1.000,-- € am 31.08. eingezahlt. Am 30.09. werden 700,-- € abgehoben.

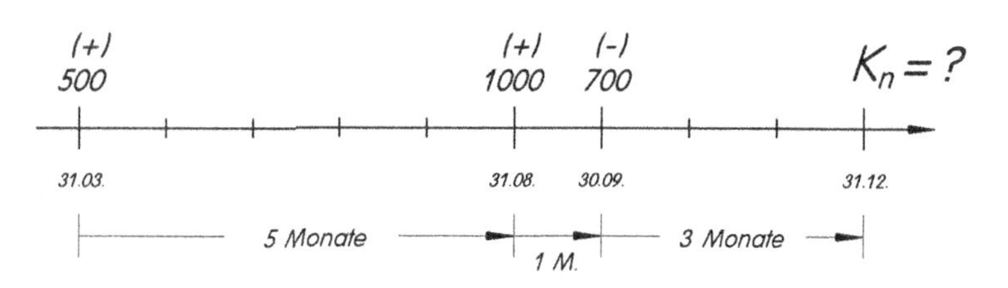

(Ein (+) bedeutet Einzahlung, ein (–) bedeutet Abhebung).

Gesucht ist der Kontostand K_n am 31.12..

Bei Anwendung der im traditionellen kaufmännischen Verkehr *(bei linearer Verzinsung)* üblichen **Kontostaffelmethode** wird im Prinzip wie folgt gerechnet *(eine tabellarische Darstellung erfolgt weiter unten)*:

Die erste Zahlung (500,-- €) trägt bis zum 31.08. Zinsen Z_1 in Höhe von

$$Z_1 = 500 \cdot 0{,}06 \cdot \frac{5}{12} = 12{,}50 \text{ €}, \quad \text{vgl. (1.2.7)}$$

(Dieser Zinsbetrag wird auf einem separaten Konto gesammelt und erst am Ende der Laufzeit fällig !)

Der neue Kapitalbetrag am 31.08. ist 1.500,-- €, er trägt bis zum 30.09. Zinsen Z_2 in Höhe von

$$Z_2 = 1500 \cdot 0{,}06 \cdot \frac{1}{12} = 7{,}50 \text{ €}$$

(ebenfalls erst fällig am Laufzeitende).

Nach der Abhebung ergibt sich ein zu verzinsender Kapitalbetrag von 800,-- €, auf ihn entfallen in den restlichen 3 Monaten Zinsen Z_3 in Höhe von

$$Z_3 = 800 \cdot 0{,}06 \cdot \frac{3}{12} = 12{,}00 \text{ €}.$$

Somit ergibt sich insgesamt zum Stichtag 31.12. ein Endwert *(= Kontostand)* K_n in Höhe von

$$\mathbf{K_n} = \underbrace{800}_{= 500 + 1000 - 700} + Z_1 + Z_2 + Z_3 = \mathbf{832,\text{-- €}}$$

Die nachstehende Tabelle 1.2.19a verdeutlicht in einer Kontostaffelrechnung die Entwicklung des Kontostandes sowie *(bei Zinsentstehung am Monatsende von 0,5% p.M. auf den zu Monatsbeginn vorhandenen Kontostand)* die Sammlung und Verrechnung der Zinsen zum Schlusstermin 31.12.:

Monat	**Kontostand (€)** *(zu Monatsbeginn)*	**Monatszinsen** (0,5% p.M.) *(separat gesammelt)*	*kumuliert und zum Laufzeitende verrechnet*	**Zahlung** *(Ende d. M.)*	**Kontostand (€)** *(zum Monatsende)*
03	0	(0)		+500	500
04	500	(2,50)			500
05	500	(2,50)			500
06	500	(2,50)			500
07	500	(2,50)			500
08	500	(2,50)		+1.000	1.500
09	1.500	(7,50)		− 700	800
10	800	(4,00)			800
11	800	(4,00)			800
12	800	(4,00)	32,00		**832**

Tab. 1.2.19a *(Kontostaffel bei linearer Verzinsung)*

Denselben End-Kontostand (= 832€) hätte man indes mit wesentlich weniger Mühe ermitteln können: Zinst man nämlich **jede Einzelzahlung getrennt** mit (1.2.12) **auf** und bildet erst zum Schluss den **Saldo**, so lautet die Rechnung:

$$\mathbf{K_n} = 500(1+0{,}06 \cdot \tfrac{9}{12}) + 1000(1+0{,}06 \cdot \tfrac{4}{12}) - 700(1+0{,}06 \cdot \tfrac{3}{12}) = 522{,}50 + 1020{,}00 - 710{,}50 = \mathbf{832 \text{ €}}$$

Das im letzten Beispiel zum Ausdruck kommende Prinzip gilt allgemein für beliebige Zahlungsreihen:

Satz 1.2.20: (Endwert einer Zahlungsreihe bei linearer Verzinsung)

Der **Endwert** K_n einer **Zahlungsreihe** *(d.h. einer Gesamtheit von unterschiedlichen und zu unterschiedlichen Zeitpunkten fälligen Zahlungen/Kapitalbeträgen)* darf durch **getrenntes lineares Aufzinsen** zum gemeinsamen Stichtag und **Saldierung am Laufzeitende** ermittelt werden.

Voraussetzung dabei ist, dass das Laufzeitende *(der Stichtag)* am Tag der letzten vorkommenden Zahlung *(oder später)* liegt.

Der **Beweis** wird für zwei Anfangskapitalbeträge K_{01}, K_{02} geführt *(und kann auf analoge Weise auf beliebig viele Zahlungen ausgedehnt werden)*:

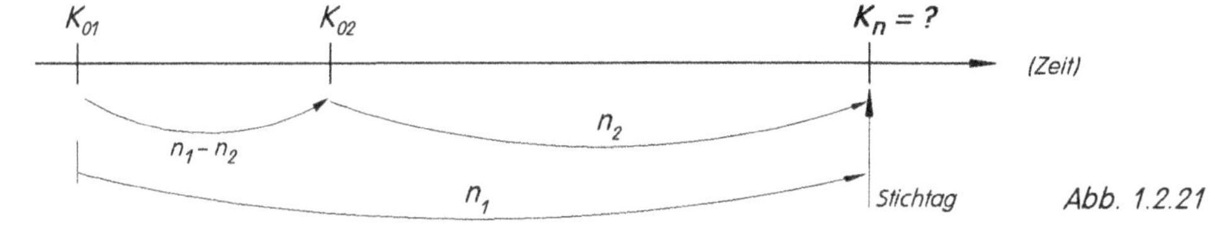

Abb. 1.2.21

(a) **Endwert K_n bei getrennter Aufzinsung:**

K_{01} muss n_1 Zeiteinheiten, K_{02} muss n_2 Zeiteinheiten aufgezinst werden, mithin lautet der Konto-Endstand K_n:

$$K_n = K_{01}(1+i \cdot n_1) + K_{02}(1 + i \cdot n_2).$$

(b) **Endwert nach der** *(umständlichen, aber korrekten)* **Kontostaffel-Methode:**

Nominalkapital: $K_{01} + K_{02}$

Zinsen: K_{01} trägt für $n_1 - n_2$ ZE Zinsen $\Rightarrow$ $Z_1 = K_{01} \cdot i \cdot (n_1 - n_2)$

$K_{01} + K_{02}$ tragen für n_2 ZE Zinsen $\Rightarrow$ $Z_2 = (K_{01} + K_{02}) \cdot i \cdot n_2$

Das Endkapital K_n am Stichtag setzt sich zusammen aus dem Nominalkapital plus den separat gesammelten *(und erst am Ende der Laufzeit zu verrechnenden)* Zinsbeträgen Z_1 und Z_2, d.h.

$$\begin{aligned}
K_n &= K_{01} + K_{02} + Z_1 + Z_2 \\
&= K_{01} + K_{02} + K_{01} \cdot i \cdot (n_1 - n_2) + (K_{01} + K_{02}) \cdot i \cdot n_2 \qquad \textit{(umformen!)} \\
&= K_{01} + K_{02} + K_{01} \cdot i \cdot n_1 - K_{01} \cdot i \cdot n_2 + K_{01} \cdot i \cdot n_2 + K_{02} \cdot i \cdot n_2 \\
&= K_{01} + K_{01} \cdot i \cdot n_1 \quad + \quad K_{02} + K_{02} \cdot i \cdot n_2 \\
&= K_{01}(1+i \cdot n_1) + K_{02}(1+i \cdot n_2), \quad \text{also exakt das Ergebnis nach (a).}
\end{aligned}$$

Der mit der *(umständlichen, aber korrekten)* Kontostaffel-Methode (b) ermittelte Konto-Endstand K_n ist somit identisch mit dem **Saldo** der jeweils **getrennt** bis zum Stichtag **aufgezinsten** Zahlungen nach (a), genau das aber sollte gezeigt werden.

Getrenntes Aufzinsen der Einzelzahlungen einer Zahlungsreihe führt nicht nur zum gleichen Kontoendstand, sondern ist – wie in Beispiel 1.2.19 gesehen – sowohl übersichtlicher als auch rechentechnisch einfacher zu handhaben als die tabellarische Staffelmethode. Insbesondere ist es dadurch auf einfache Weise möglich, eine nachträgliche Änderung einzelner Zahlungen oder Zahlungstermine in den Endwert K_n einfließen zu lassen, ohne erneut die komplette Zahlungsreihe aufzinsen zu müssen.

Bemerkung 1.2.22:

i) Das in Satz 1.2.20 zum Ausdruck kommende Prinzip wird sich im Zusammenhang mit dem Äquivalenzbegriff bei der Ermittlung von Effektivzinssätzen als hilfreich erweisen, siehe Satz 1.2.34.

ii) ***Getrenntes*** *lineares Aufzinsen der verschiedenen Zahlungen einer Zahlungsreihe kann man* ***realisieren****, indem man (zumindest fiktiv) jede Zahlung auf ein* ***eigenes Konto*** *legt und am gemeinsamen Stichtag die aufgelösten Konten (incl. Zinsen) saldiert.*

Bei stets gleichem Zinssatz leuchtet es unmittelbar ein, dass es für die Höhe des Endwerts nicht darauf ankommen darf, ob die Kapitalbeträge auf einem oder auf mehreren Konten liegen.

iii) Wie sich im nächsten Kapitel 1.2.2 herausstellen wird, gibt es bei linearer Verzinsung für den Vorgang des ***Abzinsens*** *keine mit Satz 1.2.20 vergleichbare Regel. Dies ist der Grund für die einschränkende Voraussetzung für den Stichtag in Satz 1.2.20 im Fall linearer Verzinsung.*

Aufgabe 1.2.23:

i) Eine am 18. Mai in Rechnung gestellte Warenlieferung wurde am 2. Dezember mit 4.768,-- € einschl. 8% p.a. Zinsen bezahlt.

Man ermittle den Rechnungsbetrag und die Zinsen.

ii) Ein Schuldner überweist seinem Gläubiger am 05.12. Verzugszinsen in Höhe von € 821,37 für einen seit dem 18.04. desselben Jahres ausstehenden Rechnungsbetrag in Höhe von 10.600 €.

Welchem nachschüssigen *(effektiven)* Jahreszinssatz entspricht diese Zinszahlung?

iii) Bei der fälligen Überprüfung der Steuermoral von Unternehmer Xaver Huber stößt der Beamte der Steuerfahndung auf folgende Zahlungseingänge eines Huberschen Sonderkontos:

74.720 €	am 20.03.
161.600 €	am 06.04.
41.600 €	Datum unleserlich
150.400 €	am 05.06.

Wann wurden die 41.600,-- € gezahlt, wenn das Konto nach dem Zinszuschlag am 30.06. ein Gesamtguthaben *(incl. Zinsen von 4,5% p.a.)* von 431.680,-- € aufwies?

iv) Hubers Girokonto wird vierteljährlich abgerechnet, Zinssätze: 0,5% p.a. für Guthaben, 15% p.a. für Überziehungen. Am Ende des letzten Vierteljahres wurden Huber 23,21 € Guthabenzinsen sowie 696,30 € Schuldzinsen in Rechnung gestellt.

Wie hoch war der durchschnittliche Kontostand im letzten Vierteljahr? Erklärung?

v) Ein Bankhaus berechnet für einen kurzfristigen Kredit *(Kreditsumme = Auszahlungsbetrag = 42.000,-- €, Laufzeit: 23.02. - 16.07.)* 9% p.a. Zinsen sowie 0,25% Provision *(bezogen auf die Kreditsumme)*.

Welcher nachschüssige Jahreszinssatz liegt diesem Kredit zugrunde, wenn die Zinsen *(sowie die reine Kapitalrückzahlung (Tilgung) von 42.000,-- €)* am Ende der Laufzeit, die Provision sowie außerdem 50,-- € Bearbeitungsgebühren dagegen zu Beginn der Laufzeit fällig *(und auch bezahlt)* werden?

vi) Ein Kapital in Höhe von € 22.000,-- ist vom 03.01. bis zum 29.12. angelegt. Zinszuschlag erfolgt am 29.12.

Zunächst beträgt der Zinssatz 8% p.a. Mit Wirkung vom 19.05. steigt er auf 10% p.a. und mit Wirkung vom 02.09. fällt er auf 4% p.a.

a) Wie hoch ist das Kapital am Ende der Laufzeit?

b) Welches Anfangskapital hätte man *(anstelle der 22.000,-- €)* am 03.01. anlegen müssen, um auf ein Endkapital von genau 100.000,-- € zu kommen?

vii) Huber leiht sich am 15.03. 9.000,-- € und zahlt am 11.11. 10.000,-- € zurück. Zu welchem Effektivzinssatz erhielt er den Kredit?

1.2.2 Das Äquivalenzprinzip der Finanzmathematik *(bei linearer Verzinsung)*

Die Möglichkeit, Geld für einen gewissen Zeitraum anzulegen/aufzunehmen und zum späteren Zeitpunkt incl. Zinsen zurückzuerhalten bzw. zurückzuzahlen, liefert gleichzeitig die Möglichkeit der **zeitlichen Transformation von Zahlungen** in eine beliebige „Zukunft" *(aufzinsen)* oder „Vergangenheit" *(abzinsen)*, vgl. Abb. 1.2.25:

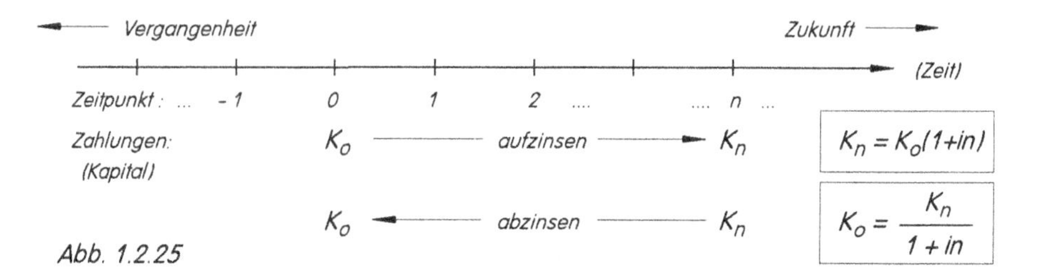

Abb. 1.2.25

Damit ergibt sich gleichzeitig die Möglichkeit, **Zahlungen**, die **zu verschiedenen Terminen** fällig sind, miteinander zu **vergleichen** oder zu **saldieren** *(d.h. zu addieren oder zu subtrahieren)*. In diesem Zusammenhang leistet der Begriff der **Äquivalenz** wertvolle Hilfe:

Definition 1.2.26: **(Äquivalenz zweier Zahlungen** *(lineare Verzinsung)***)**

Die Zahlungen/Kapitalbeträge K_0 *(fällig im Zeitpunkt 0)* und K_n *(fällig im Zeitpunkt n, d.h. n ZE später)* heißen – bei **linearer Verzinsung** *(zum Zinssatz i pro ZE)* – **äquivalent**, wenn zwischen ihnen die Beziehung

(1.2.27) $$K_n = K_0(1 + i \cdot n)$$ besteht.

Beispiel 1.2.28:

In diesem Sinne sind 100,-- € *(= K_0)* heute und 110,-- € *(= K_n)* in einem Jahr bei $i = 10\%$ p.a. und linearer Verzinsung äquivalent, denn $100 \cdot (1 + 0{,}10 \cdot 1) = 110$.

Dass eine Zahlung „100 € heute" und eine andere Zahlung „110 €, fällig in einem Jahr", auch nach unserem Alltagsverständnis bei 10% p.a. gleichwertig *(äquivalent)* sind, sieht man wie folgt:

(a) Angenommen, ich verfüge heute über 100 €. Dann kann ich heute auf diese Summe verzichten, indem ich sie zu 10% p.a. für 1 Jahr verleihe. Dann verfüge nach diesem einen Jahr über 110 €. Aus *„100 heute"* kann ich somit *„110 in einem Jahr"* machen.

(b) Ist umgekehrt der Zufluss von 110 € in einem Jahr gesichert, so kann ich auf diese zukünftige Zahlung verzichten und mir dafür heute 100 € verschaffen: Ich nehme heute zu 10% p.a. einen Kredit von 100 € auf *(verfüge also heute über 100 €)*. Die gesicherte Rückzahlung von 110 € nutze ich, um davon nach 1 Jahr das Kapital *(=100)* sowie die Zinsen *(=10)* zurückzuzahlen. Aus *„110 in einem Jahr"* kann ich somit *„100 heute"* machen.

Somit kann ich je nach Belieben **„heute 100"** transformieren in **„110 in einem Jahr"** *(und umgekehrt):* Beide Zahlungen sind *(bei i = 10% p.a.)* wertgleich, eben **äquivalent**. Ein Kreditgeschäft „nimm heute 100, zahle nach einem Jahr 110 zurück" ist also bei i = 10% p.a. „fair" im Sinne des Äquivalenzbegriffes.

Bemerkung 1.2.29: *Die vollständige Äquivalenz in beiden Zeitrichtungen erfordert strenggenommen die* ***Gleichheit von Soll- und Haben-Zinssatz****. Diese Prämisse ist (zumindest näherungsweise) immer dann* ***erfüllt****, wenn sich alle Zahlungsvorgänge auf einem (möglicherweise fiktiven) Kreditkonto (z.B. Kontokorrentkonto) ereignen:*

- *Jede Kapital**aufnahme bewirkt** Sollzinsen i in entsprechender Höhe;*
- *Jede Kapital**anlage** vermindert den Schuldenstand und **vermeidet** Sollzinsen i, oder – gleichbedeutend – erwirtschaftet Habenzinsen derselben Höhe i.*

*Vergleicht man dagegen nur die **Endwerte** von Zahlungen, ist die angesprochene **Prämisse entbehrlich.***

Mit Hilfe der Zinsformel $K_n = K_0(1+in)$ und Def. 1.2.26 lässt sich für zwei beliebige Beträge *(z.B. Kredit K_0/Kreditrückzahlung K_n; Wertpapierkauf K_0/Wertpapierverkauf K_n; Barzahlungspreis K_0/Zielzahlungspreis K_n; allgemein: „Leistung" K_0 /„Gegenleistung" K_n oder „Zahlungsweise A / Zahlungsweise B")* feststellen, ob sie – bei linearer Verzinsung – äquivalent sind oder nicht bzw. welche Größe *(K_0 oder K_n oder n oder i)* man in welcher Weise ändern muss, damit Äquivalenz eintritt.

In der Praxis allerdings hat man es meist mit Zahlungsvorgängen zu tun, bei denen die „Leistung" und/oder die „Gegenleistung" aus mehreren Zahlungen *(„Zahlungsreihe")* besteht.

Beispiele:

Leistung		Gegenleistung
• Investition *(z.B. Neubau eines Bürogebäudes: mehrere Auszahlungen in der Errichtungs- und Betriebsphase)*	→	Rückflüsse *(Mieten, Erträge, Steuern, evtl. Verkauf)* über mehrere Jahre
• Kreditaufnahme	→	mehrere Rückzahlungsraten
• Sparplan *(mehrere Einzahlungen)*	→	Rückzahlung oder mehrere Rückzahlungen *(Rentensparen)*

Um feststellen zu können, ob in solchen Fällen „faire Bedingungen" vorliegen, d.h. ob **Äquivalenz von Leistung(en) und Gegenleistunge(en)** gegeben ist *(bzw. bei welchem Zins i Äquivalenz gegeben wäre – „Effektivzins")*, muss die Äquivalenz von Zahlungs**reihen** definiert sein. Es stellt sich hier im Gegensatz zu Def. 1.2.26 die *Frage, welcher Termin als Vergleichsstichtag* herangezogen werden soll:

Beispiel 1.2.30:

Ein Kredit in Höhe von 200,-- € *(„Leistung")* soll durch zwei Zahlungen (100,-- € nach 6 Monaten, 115,-- € nach weiteren 6 Monaten: *(„Gegenleistung")* zurückgezahlt werden. Es wird lineare Verzinsung zu 10% p.a. unterstellt. Liegt Äquivalenz zwischen Leistung (L) und Gegenleistung (GL) vor ?

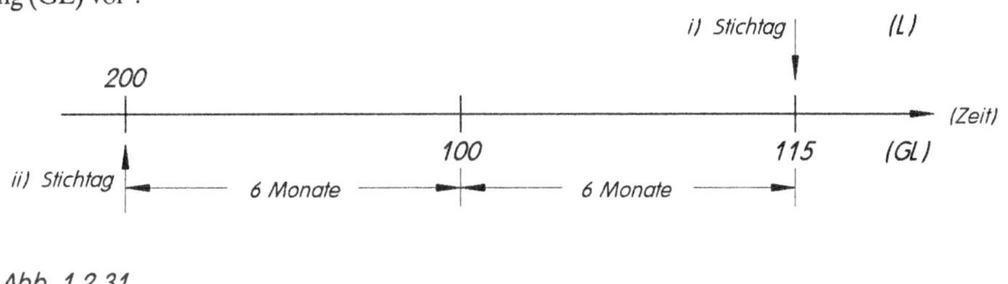

Abb. 1.2.31

i) Wählt man als Stichtag den Tag der **letzten** vorkommenden Zahlung *(= 115)*, vgl. Abb. 1.2.31, so ergeben sich *(bei getrenntem Aufzinsen von Leistung und Gegenleistung, vgl. Satz 1.2.20)*:

- die aufgezinste Leistung zu $200 \cdot (1 + 0{,}10 \cdot 1) = 220{,}\text{--}$ €
- die aufgezinste und saldierte Gegenleistung zu
  $100 \cdot (1 + 0{,}10 \cdot 0{,}5) + 115 = 105 + 115 = 220{,}\text{--}$ €

d.h. offenbar wachsen Leistung und Gegenleistung bei 10% p.a. jeweils auf denselben Endwert an, wir sprechen in Analogie zu Def. 1.2.26 von **Äquivalenz** zwischen L und GL.

Dasselbe Ergebnis erzielt man *(vgl. Satz 1.2.20)*, wenn man alle Beträge auf einem einzigen *(Kredit-)* Konto staffelmäßig wie in Beispiel 1.2.19 abrechnet:

Halbj.	**Kontostand** (€) *(zu Halbjahres-beginn)*	**Halbj.zinsen** (5% p.H.) *(separat gesammelt)*	*kumuliert und zum Laufzeit-ende verrechnet*	**Zahlung** *(Ende d. Hj.)*	**Kontostand** (€) *(zum Halbj.-ende)*
01	200	(10,00)		−100	100
02	100	(5,00)	15,00	−115	**0**

Das Kreditkonto „geht genau auf", am Ende der Laufzeit ist der Kontostand *(=Schuldenstand)* genau Null, Leistung und Gegenleistung heben sich genau auf, Leistung und Gegenleistungen sind **äquivalent**.

ii) Wählt man dagegen als Stichtag den Tag der **ersten** Zahlung *(= 200)*, vgl. Abb. 1.2.31, so ergeben sich

- die Leistung zu 200,-- €
- die abgezinsten und saldierten Gegenleistungen zu

$$\frac{100}{1 + 0{,}10 \cdot 0{,}5} + \frac{115}{1 + 0{,}10} = \frac{100}{1{,}05} + \frac{115}{1{,}10} = 95{,}24 + 104{,}55 = 199{,}79 \quad (\neq 200\,!)$$

Dieselben Zahlungen sind also jetzt **nicht mehr äquivalent** !

Bemerkung: *Man könnte in ii) nach demjenigen linearen Zinssatz i fragen (=„Effektivzins"), der die Gleichung L = GL (abgezinst) wahr macht. Dazu löst man die entsprechende Äquivalenzgleichung*

$$200 = \frac{100}{1 + i \cdot 0{,}5} + \frac{115}{1 + i}$$

bzgl. i, Ergebnis: $i = i_{eff} = 9{,}85\%$ *p.a.* $(\neq 10\%$ *p.a. !!)*

Das letzte Beispiel zeigt, dass die **Äquivalenz von Zahlungsreihen** bei **linearer Verzinsung abhängig** von der **Wahl des Bezugsstichtags** ist.

Bemerkung 1.2.32:

Selbst die auf den ersten Blick so selbstverständliche Äquivalenz von „100 heute" und „110 in einem Jahr" (vgl. Bsp. 1.2.28) bei 10% p.a. ist nicht mehr gegeben, wenn als Stichtag z.B. 1 Jahr nach der letzten Zahlung gewählt wird:

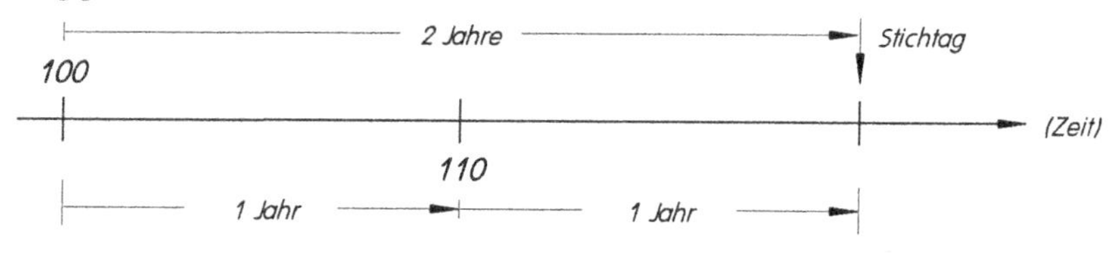

Die 100,-- € wachsen bei 10% p.a. linear in 2 Jahren auf 120,-- € an, die 110,-- € wachsen in einem Jahr um 11,-- € auf 121,-- € an. Ebensowenig erweisen sich die beiden Zahlungen als äquivalent, wenn man etwa die zeitliche Mitte als Stichtag wählt:

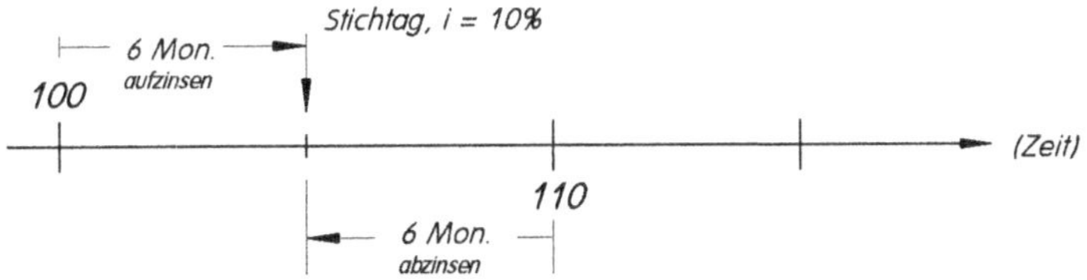

Stichtag, i = 10%
6 Mon. aufzinsen
100
(Zeit)
110
6 Mon. abzinsen

100,-- € 6 Monate ***aufzinsen*** $\rightarrow$ $100(1 + 0{,}1 \cdot \frac{6}{12}) = 105{,}\text{--}$

110,-- € 6 Monate ***abzinsen*** $\rightarrow$ $\frac{110}{1 + 0{,}1 \cdot \frac{6}{12}} = 104{,}76 \quad (\neq 105{,}\text{-- !})$

Zwei Zahlungen sind also beim gleichen Zinssatz sowohl äquivalent als auch nicht äquivalent – im ***Widerspruch zu jeder Logik.*** *Allerdings sind dabei die Wertunterschiede eher geringfügig.*

Die im letzten Beispiel zutage getretene **Widersprüchlichkeiten bei linearer Verzinsung** lassen sich prinzipiell nicht vermeiden *(es sei denn, man verzichtet vollständig auf die lineare Verzinsung, vgl. Kap. 5.4).* Daher empfiehlt es sich, eine Vereinbarung darüber zu treffen, welcher Stichtag bei linearer Verzinsung gewählt werden soll. Da die finanzmathematischen Vorgänge besonders anschaulich werden, wenn nur Aufzinsungen stattfinden, wollen wir **vereinbaren:**

Konvention 1.2.33: (Stichtag bei linearer Verzinsung)

Werden **Zahlungsreihen** mit Hilfe der **linearen Verzinsung** saldiert oder **verglichen**, soll als gemeinsamer **Bewertungsstichtag** der **Tag der letzten vorkommenden Zahlung** gewählt werden (*oder es muss ausdrücklich ein anderer Stichtag vereinbart sein.*).

Der Äquivalenzbegriff *(vgl. Def 1.2.26)* lässt sich damit bei linearer Verzinsung auf Zahlungs**reihen** erweitern:

Definition 1.2.34: Zwei Zahlungs**reihen** A, B („Leistung"/ „Gegenleistung") heißen bei **linearer Verzinsung** zum Zinssatz i **äquivalent**, wenn sie – aufgezinst auf den Tag der letzten vorkommenden Zahlung – denselben „Kontostand" *(d.h. denselben Wert)* ergeben.

Damit sind wir in der Lage, das finanzmathematische **Äquivalenzprinzip** *(für lineare Verzinsung)* zusammenfassend zu definieren:

Satz 1.2.35: (Äquivalenzprinzip der Finanzmathematik *(bei linearer Verzinsung)***)**

Zwei Zahlungsreihen *(Leistung/Gegenleistung* bzw. *Zahlungsreihe A/Zahlungsreihe B)* dürfen **nur dann**

- verglichen (im Sinne der Äquivalenz)
- addiert } „saldiert"
- subtrahiert }

werden, wenn sämtliche vorkommenden Zahlungen **zuvor** auf **einen und denselben Stichtag** transformiert wurden. Der verwendete *(lineare Jahres-)* Zinssatz heißt **Kalkulationszinssatz** *(bzw. – bei Übereinstimmung von Leistung und Gegenleistung – Effektivzinssatz, siehe Definition 1.2.39).*

Bei Verwendung der **linearen Verzinsung** erfolgt – nach Konvention 1.2.33 – dieser zeitliche Transformationsprozess durch **Aufzinsen** sämtlicher Zahlungen mit Hilfe der Zinsformel (1.2.12):

$$K_n = K_0(1 + i \cdot n)$$

auf den Fälligkeitstag der **letzten** vorkommenden Zahlung.

Dabei können alle Einzelzahlungen **getrennt** aufgezinst und anschließend zusammengefasst werden *(vgl. Satz 1.2.20).*

Bemerkung 1.2.36: *Da es (nach Satz 1.2.20) für die Höhe des Kontoendstands unerheblich ist, ob die Zahlungen staffelmäßig verrechnet oder getrennt aufgezinst werden, kann man eine einfache und nachvollziehbare* ***Interpretation*** *für die (korrekte) Anwendung* ***des Äquivalenzprinzips*** *formulieren:*

Gegeben seien zwei Zahlungsreihen A, B (Leistung/ Gegenleistung).

Alle Zahlungen von A werden auf ein – linear mit i verzinsliches – Konto A gelegt und der Kontostand am Stichtag ermittelt.

Ebenso werden alle Zahlungen von B auf ein anderes – ebenfalls linear mit i verzinsliches – Konto B gelegt und der Kontostand am selben Stichtag ermittelt.

Dann werden die an diesem gemeinsamen Stichtag resultierenden Kontoendstände A und B miteinander verglichen (oder – wie z.B. im Fall der Restschuldermittlung bei Schuldentilgung – saldiert).

Beispiel 1.2.37: Ein Kredit in Höhe von 21.000 € wird am 01.03. aufgenommen und durch zwei Zahlungen zu je 12.000 € am 03.08. und 30.11. desselben Jahres vollständig zurückgezahlt.

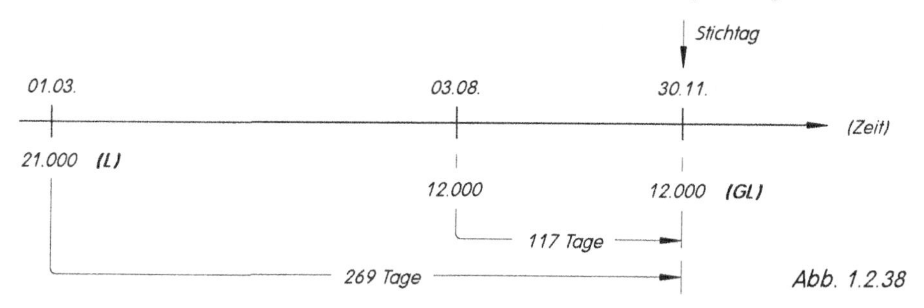

Abb. 1.2.38

Nach Konvention 1.2.33 wird als gemeinsamer Bewertungsstichtag der Tag der letzten Zahlung gewählt, d.h. der 30.11.

i) Gegeben sei ein Kalkulationszins (≙ Kreditzins) von 15% p.a. Ist Leistung und Gegenleistung „fair“ vereinbart, d.h. besteht Äquivalenz von Leistung und Gegenleistung?

Die aufgezinste Leistung beträgt *(vgl. Abb. 1.2.38)*:

$$\mathbf{L} = 21.000(1 + 0{,}15 \cdot \frac{269}{360}) = \mathbf{23.353{,}75\ €.}$$

Die aufgezinste Gegenleistung beträgt

$$\mathbf{GL} = 12.000(1 + 0{,}15 \cdot \frac{117}{360}) + 12.000 = \mathbf{24.585{,}\text{--}\ €.}$$

Also sind – bei i = 15% p.a. linear – Kredit und Kreditrückzahlung **nicht** äquivalent, vielmehr ist die Rückzahlung **am Stichtag** um 1.231,25 € höher als der Kredit.

Es können sich **zwei Fragen anschließen**:

ii) Wie hoch müsste die **Kreditsumme** K_0 *(anstelle von 21.000)* sein, damit L und GL bei 15% p.a. *(linear)* **äquivalent** sind?

iii) Bei welchem *(linearen)* Jahreszinssatz i *(=* i_{eff} *: Effektivzinssatz)* sind Leistung (L) und Gegenleistung (GL) äquivalent?

zu ii) *(Äquivalenz von L und GL)*:

Es muss dann am Stichtag gelten: L = GL , d.h. *(vgl. Abb. 1.2.38 mit* K_0 *statt 21.000):*

$$K_0(1 + 0{,}15 \cdot \frac{269}{360}) \stackrel{!}{=} 12.000(1 + 0{,}15 \cdot \frac{117}{360}) + 12.000 = 24.585$$

$$\Rightarrow \mathbf{K_0} = \frac{24.585}{1 + 0{,}15 \cdot \frac{269}{360}} = \mathbf{22.107{,}16\ €}$$

(„faire" Kreditsumme bei i = 15% p.a.) .

Bemerkung: *Hätte man zur Ermittlung von* K_0 *die beiden Rückzahlungsraten getrennt abgezinst (wie es nicht selten in der Praxis geschieht), lautet das Ergebnis:*

$$K_0 = \frac{12.000}{1 + 0{,}15 \cdot \frac{152}{360}} + \frac{12.000}{1 + 0{,}15 \cdot \frac{269}{360}} = 22.075{,}82\ €$$

also – wie erwartet – ein vom vorhergehenden abweichendes Resultat. Dies beweist einmal mehr, dass es bei ***linearer Verzinsung zwingend geboten*** *ist, eine Vereinbarung über den* ***Vergleichsstichtag*** *vorab zu treffen. Gerade weil die beiden eben demonstrierten Lösungswege zur Ermittlung der „fairen" Kreditsumme in sich schlüssig sind, beweisen die unterschiedlichen Resultate, dass an der linearen Verzinsungsmethode generell etwas nicht stimmt, vgl. auch Kap. 5.4.*

zu iii) *(Effektivzinssatz)*:

Wir wollen untersuchen, welcher *(lineare)* Kalkulationszinssatz i die ursprünglichen Kreditzahlungen/-rückzahlungen *(vgl. Abb. 1.2.38)* äquivalent macht. Dieser Kalkulationszinssatz heißt „Effektivzins" oder „effektiver Jahreszinssatz" des zugrundeliegenden Kreditgeschäftes:

Definition 1.2.39: (Effektivzinssatz)

Derjenige *(nachschüssige)* Jahreszinssatz i, für den **zwei** *(gegebene)* **Zahlungsreihen** A,B *(Leistung/Gegenleistung)* **äquivalent** werden, heißt **Effektivzinssatz** (i_{eff}) des zugrundeliegenden Vorgangs. [8]

Bemerkung: *Definition 1.2.39 gilt analog für die Äquivalenz von Zahlungsreihen bei Anwendung der Zinseszinsmethode, siehe den späteren Satz 2.2.18 iv).*

(Fortsetzung von Beispiel 1.2.37 iii))

Die Äquivalenzgleichung zur Ermittlung von i_{eff} lautet *(vgl. Abb. 1.2.38):*

$$21.000(1 + i \cdot \frac{269}{360}) \stackrel{!}{=} 12.000(1 + i \cdot \frac{117}{360}) + 12.000$$

mit der Lösung $i = i_{eff}$ = **25,44% p.a.**

---

[8] Je nach Methode zur Ermittlung der Äquivalenz *(lineare, exponentielle Verzinsung ...)* kann es unterschiedliche Effektivzinssätze für denselben Vorgang geben, vgl. Kap. 5.3 bzw. 5.4. Unabhängig davon kann es aus mathematischen Gründen mehrere Effektivzinssätze für denselben Vorgang geben, dann nämlich, wenn die zur Ermittlung von i_{eff} zu lösende Äquivalenzgleichung L = GL mehrere Lösungen aufweist, vgl. Kap. 5.1.2 oder Kap. 9.3.

Die folgenden Beispiele demonstrieren einige typische **Anwendungen** für das **Äquivalenzprinzip bei linearer Verzinsung**. Als **Vergleichsstichtag** wird nach Konvention 1.2.33 grundsätzlich der **Tag der letzen Zahlung** gewählt und alle vorkommenden Zahlungen linear auf diesen Termin aufgezinst. **Zwischenzeitlich** existiert – wie stets bei linearer Verzinsung – **kein Zinsverrechnungstermin!**

Beispiel 1.2.40: *(typische Anwendungen für das Äquivalenzprinzip bei linearer Verzinsung)*

Der Käufer einer Ware könnte heute den Kaufpreis *(11.600 €)* zahlen oder aber Ratenzahlung *(Anzahlung heute: 5.000 €, 4.000 € nach 3 Monaten sowie 3.000 € nach weiteren 3 Monaten)* in Anspruch nehmen.

i) Für welche Alternative sollte er sich entscheiden, wenn er alle Zahlungen zu **a)** 10% p.a. **b)** 20% p.a. *(jeweils linear)* finanzieren müsste?

ii) Bei welchem *(linearen)* Kalkulationszinssatz sind Barzahlung und Ratenzahlung äquivalente Alternativen? *(Gesucht ist also der Effektivzins bei Ratenzahlung gegenüber Barzahlung)*.

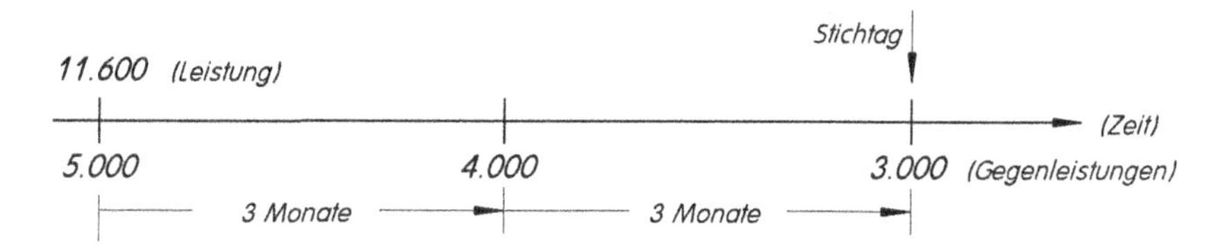

Auch hier handelt es sich um die Grundstruktur „Leistung – Gegenleistung“: Für den Fall nämlich, dass der Käufer Ratenzahlung in Anspruch nimmt, erhält er vom Verkäufer einen „Kredit“ in Höhe des Barverkaufspreises 11.600,-- €.

Die beiden Zahlungsreihen werden verglichen, indem sie getrennt auf den Stichtag *(vgl. Konvention 1.2.33)* aufgezinst und dann verglichen werden:

zu i) a): $i = 10\%$ p.a. *(linear)*

$$L = 11.600(1 + 0{,}1 \cdot \frac{6}{12}) = 12.180{,}\text{--}\ €$$

$$GL = 5.000(1 + 0{,}1 \cdot \frac{6}{12}) + 4.000(1 + 0{,}1 \cdot \frac{3}{12}) + 3.000 = 12.350{,}\text{--}\ €$$

Somit stellt die Gegenleistung bei 10% p.a. den *(um 170 €)* höheren Endwert dar. Da der Käufer alles zu 10% p.a. *(linear)* fremdfinanziert, müsste er bei Ratenzahlung einen um 170 € höheren Betrag zum Stichtag zurückzahlen – also wird er sich für Barzahlung entscheiden.

Analog verläuft die Argumentation, wenn der Käufer zu Beginn über ausreichende Eigenmittel verfügte, die er zu 10% p.a. *(linear)* anlegen könnte: Entscheidet er sich für Barzahlung, könnte er die im jeweiligen Zeitpunkt „ersparten“ Raten zu 10% p.a. anlegen und am Stichtag über 12.350 € verfügen. Entscheidet er sich dagegen für Ratenzahlung, kann er die nicht verausgabten 11.600 € zu 10% p.a. anlegen mit einem um 170 € geringeren Kontoendstand von 12.180 €. Also auch hier: Barzahlung *(bei 10% p.a. linear)* günstiger für den Käufer.

Bemerkung: *Im letzten Beispiel wurde wieder von der Möglichkeit Gebrauch gemacht, Leistung und Gegenleistung separat und auf getrennten Konten zu betrachten und aufzuzinsen, vgl. Satz 1.2.20 bzw. Bem. 1.2.22. Man überzeugt sich erneut davon, dass auch eine Kontostaffelrechnung dasselbe Resultat liefert:*

Der Fall „Fremdfinanzierung" verläuft wie eben, da für beide Zahlungsweisen nur soviel Kapital aufgenommen wird, wie benötigt.

Für den Fall „Eigenkapital" gilt: Angenommen, der Käufer verfüge heute über 11.600,-- € (mit der Möglichkeit der Anlage zu 10% p.a. linear).

Zahlt er ***bar****, so ist sein Kapitalsaldo Null, sowohl jetzt, als auch am Stichtag.*

Nimmt er dagegen ***Ratenzahlung*** *in Anspruch, so leistet er heute eine Anzahlung von 5.000,-- € und kann die verbleibenden 6.600,-- € zu 10% anlegen.*

Nach Ablauf von 3 Monaten sind $6.600 \cdot 0{,}1 \cdot \frac{3}{12} = 165$*,-- € an Zinsen entstanden, die aber – da lineare Verzinsung – erst am Stichtag verrechnet werden. Nach den ersten drei Monaten wird die zweite Rate (4.000,-- €) fällig, der Kapitalsaldo (= 2.600,-- €) trägt in den restlichen drei Monaten Zinsen in Höhe von* $2.600 \cdot 0{,}1 \cdot \frac{3}{12} = 65$*,-- €. Zusammen ergibt sich so am Stichtag ein Guthaben von 2.600 + 165 + 65 = 2.830,-- €. Davon wird die dritte Rate (3.000,-- €) abgezogen, so dass ein „Verlust" von 170,-- € bei Ratenzahlung gegenüber Barzahlung resultiert – wie wir es auch bei getrennter Anlage zuvor erhalten haben.*

b) Bei i = 20% p.a. ergeben sich für Barzahlung: $L = 11.600(1 + 0{,}2 \cdot \frac{1}{2}) = 12.760$,-- € und für Ratenzahlung:

$$GL = 5.000(1 + 0{,}2 \cdot \frac{1}{2}) + 4.000(1 + 0{,}2 \cdot \frac{1}{4}) + 3.000 = 12.700\text{,-- €},$$

d.h. jetzt ergibt sich bei Barzahlung der höhere Endschuldenstand *(bzw. der geringere Vermögenssaldo)*, so dass nunmehr Ratenzahlung für den Käufer bei 20% p.a. die günstigere Alternative darstellt.

zu ii) Bei welchem Kalkulationszins sind Barzahlung und Ratenzahlung äquivalente Alternativen?

Gesucht ist jetzt der Effektivzins $i = i_{eff}$ *(im Sinne von Def. 1.2.39)*. Zur Ermittlung von i_{eff} muss die Äquivalenzgleichung bzgl. i gelöst werden:

$L = GL$ bedeutet hier: $11.600(1 + i \cdot \frac{1}{2}) = 5.000(1 + i \cdot \frac{1}{2}) + 4.000(1 + i \cdot \frac{1}{4}) + 3.000$

mit der Lösung: $i = \mathbf{i_{eff}} = \frac{400}{2300} = 0{,}173913 \approx$ **17,39% p.a.**

(Die Probe ergibt – bis auf Rundungsungenauigkeiten – für beide Zahlungsweisen Endwerte von ca. 12.608,70 €).

Beispiel 1.2.41: (Lieferantenkredit – siehe auch das spätere Kap. 2.3.2)

Für die Bezahlung einer Warenlieferung gelten folgende Zahlungsbedingungen: „3% Skontoabzug *(„Barzahlungsrabatt")* bei Zahlung innerhalb von 10 Tagen, andernfalls Zahlung des vollen Rechnungsbetrages innerhalb von 30 Tagen".

Unterstellen wir vereinfachend einen Rechnungsbetrag von 100,-- €, so lassen sich die Verhältnisse wie folgt am Zahlungsstrahl verdeutlichen [9]:

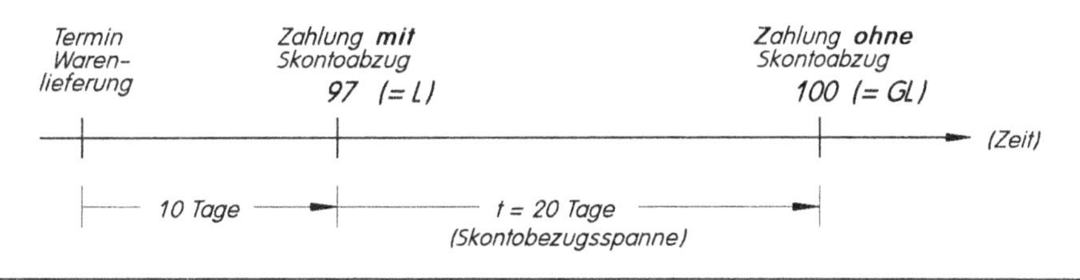

[9] Wir gehen stillschweigend davon aus, dass der Kunde – getreu dem ökonomischen Prinzip – jeweils zum spätestmöglichen Termin zahlt.

Auch hier haben wir es mit einer einfachen Struktur von Leistung und Gegenleistung zu tun: Nimmt der Kunde das Angebot „Zahlung unter Skontoabzug zum früheren Termin" **nicht** wahr, so gewährt ihm der Lieferant der Ware gewissermaßen einen „Kredit" *(in Höhe des um das Skonto verminderten Rechnungsbetrages, hier: 97,-- €)*, den der Kunde 20 Tage später *(= Skonto-Bezugsspanne)* in Höhe von 100,-- € zurückzahlen muss.

i) Angenommen, der Kunde zahle zum früheren Termin und würde die frühere Zahlung von 97,-- € fremdfinanzieren *(zu 18% p.a. linear für die Dauer der Skontobezugsspanne 20 Tage)*.

Dann belaufen sich seine Kredit-Schulden nach 20 Tagen auf $97(1 + 0{,}18 \cdot \frac{20}{360}) = 97{,}97$ €.

Diesen Betrag müsste er jetzt seiner Kreditbank zurückgeben. Hätte er dagegen den „Lieferantenkredit" in Anspruch genommen und zum späteren Zeitpunkt gezahlt, so wären 100 € fällig gewesen, also deutlich mehr als bei Barzahlung und Fremdfinanzierung zu 18% p.a. linear.

ii) Wie hoch ist der lineare Fremdkapitalzinssatz p.a., der Barzahlung und Zielzahlung äquivalent macht *(„Kosten" des Lieferantenkredits, Effektivzins des Lieferantenkredits)*?

Gesucht ist also derjenige *(lineare)* Jahreszins i , bei dem 97,-- € in 20 Tagen auf 100,-- € anwachsen, d.h. die Lösung i (= i_{eff}) der Äquivalenzgleichung

$$97(1 + i \cdot \frac{20}{360}) = 100 \qquad \text{mit der Lösung}$$

$$i = i_{eff} = (\frac{100}{97} - 1) \cdot \frac{360}{20} = 0{,}5567 = \mathbf{55{,}67\%\ p.a.}$$

Der Kunde sollte also in diesem Beispiel immer dann Barzahlung zum früheren Termin unter Skontoabzug vornehmen, wenn sein Fremdkapital- oder Anlagezinssatz unter 55,67% p.a. *(linear)* liegt.

Bemerkung 1.2.42: ***(Lieferantenkredit – Verallgemeinerung** – bei linearer Verzinsung, vgl. Bsp. 1.2.41)*

Bezeichnet man mit s den Skontosatz, mit t die Skontobezugsspanne, so gilt (bei 100,-- € (bzw. R) Rechnungsbetrag ohne Skontoabzug):

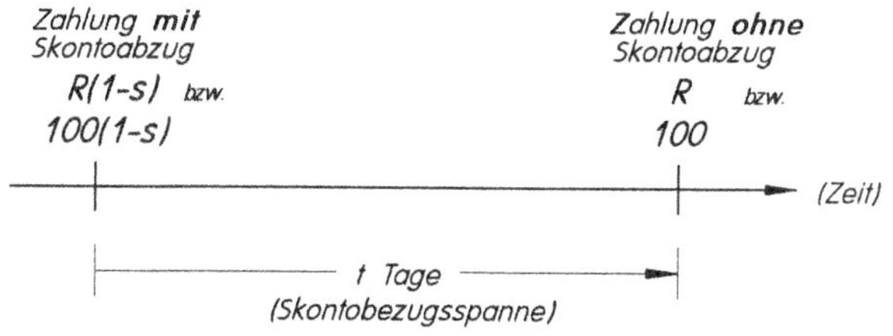

d.h. für i (= i_{eff}) muss gelten:

$$100(1-s)\cdot(1 + i\cdot\frac{t}{360}) = 100 \qquad \text{bzw.} \qquad R(1-s)\cdot(1 + i\cdot\frac{t}{360}) = R$$

$$\Rightarrow \quad i\cdot\frac{t}{360} = \frac{1}{1-s} - 1 = \frac{s}{1-s} \qquad \text{d.h.} \qquad \boxed{i_{eff} = \frac{s}{1-s}\cdot\frac{360}{t}}$$

s: Skontosatz
t: Skontobezugsspanne

(Effektivzins** (linear) **des Lieferantenkredits)

***Beispiel** (s.o.):* $s = 3\%;\ t = 20$ Tage $\Rightarrow i_{eff} = \frac{0{,}03}{1-0{,}03}\cdot\frac{360}{20} = 0{,}5567 = 55{,}67\%$ *p.a. s.o.*

Bemerkung: *Die häufig anzutreffende Praxis, von 3% (Skontosatz für 20 Tage) linear aufs Jahr hochzurechnen, d.h.*

$$3\%\cdot\frac{360}{20} = 3\%\cdot 18 = 54\%\ p.a.$$

ist nach dem Vorhergehenden zwar falsch, aber als Näherungsmethode gut zu gebrauchen.

Beispiel 1.2.43:

Der Schuldner S. muss an seinen Gläubiger G. am 17.02. und am 17.05. jeweils 50.000,-- € zahlen. S. will lieber am 08.03./08.06./08.09. drei gleichhohe Raten zahlen, G. ist einverstanden bei einem Kalkulationszins von 10% p.a. linear.

Wie hoch sind diese drei Raten R jeweils?

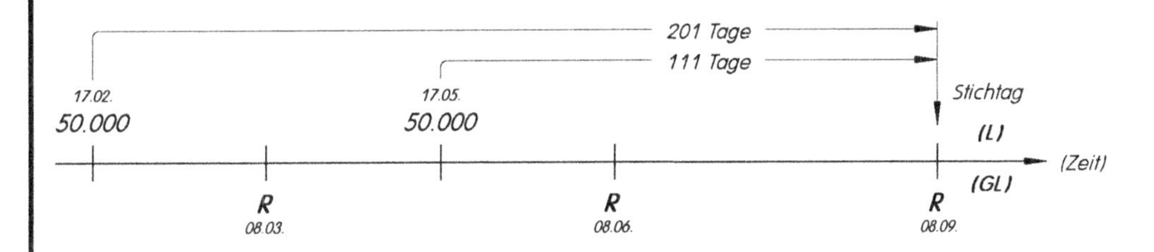

Leistung und Gegenleistung müssen bei 10% p.a. *(linear)* am Stichtag 08.09. *(vgl. Konvention 1.2.33)* äquivalent sein, d.h. die Äquivalenzgleichung L = GL muss wahr werden:

$$50.000(1 + 0{,}1 \cdot \frac{201}{360}) + 50.000(1 + 0{,}1 \cdot \frac{111}{360}) \stackrel{!}{=} R(1 + 0{,}1 \cdot \frac{180}{360}) + R\,(1 + 0{,}1 \cdot \frac{90}{360}) + R\,.$$

Daraus ergibt sich für R *(ausklammern!)*:

$$\mathbf{R} = \frac{104.333{,}33}{3{,}075} = \mathbf{33.929{,}54\ €} \text{ (pro Rate)}$$

(Barwert-Vergleich: R = 33.928,76 €)

Erneut wird deutlich, welche Vereinfachung die Möglichkeit des getrennten Aufzinsens bietet.

Aufgabe 1.2.44:

i) Bei welchem Zinssatz p.a. sind die Beträge 4.850,-- €, fällig am 15.03., und 5.130,-- €, fällig am 20.11., bei linearer Verzinsung äquivalent?

ii) Wann müsste eine Zahlung in Höhe von 20.000,-- € fällig sein, damit sie äquivalent ist zu einer am 05.05.01 fälligen Zahlung in Höhe von

a) 19.500,-- € **b)** 21.000,-- € ? *(Endwertvergleich! Lineare Zinsen, i = 12% p.a.)*

Aufgabe 1.2.45:

Das Steuerberatungsbüro Huber erwirbt einen Minicomputer zu folgenden Konditionen:

1. Rate fällig bei Lieferung am 04.05.08:	€ 50.000,--
2. Rate am 03.08.08:	€ 30.000,--
3. Rate am 03.12.08:	€ 23.700,--

i) Zu welchem Termin kann die nominelle Gesamtschuld in Höhe von € 103.700,-- ohne Zinsvor- bzw. Nachteile bezahlt werden bei

(a) i = 11,5% p.a. **(b)** i = 66,75% p.a.?

ii) Huber will nur eine einzige Zahlung in Höhe von 102.000,-- € leisten. Wann ist diese Zahlung fällig? (i = 10% p.a.)

iii) Huber will seine Gesamtschuld an seinem Geburtstag (01.09.08) begleichen. Wieviel muss er – bei 10% p.a. – dann zahlen?

iv) Huber will anstelle der zunächst vereinbarten Zahlweise am 10.06.08 € 80.000,-- und den Rest am 31.12.08 zahlen. Wieviel muss er dann – bei 10% p.a. – noch zahlen?

v) Huber will 3 gleichhohe Raten R am 01.06./01.08./01.10.08 zahlen. Man ermittle die Ratenhöhe bei 10% p.a.

vi) Huber zahlt – mit Einwilligung des Verkäufers – 40.000 € am 01.06.08 und 70.000 € am Jahresende 08. Bei welchem Effektivzins sind diese Zahlungen äquivalent zu den ursprünglichen drei Raten ?

Hinweis: *Lineare Verzinsung; Stichtag (wie immer, wenn nicht ausdrücklich anders gefordert) Tag der letzten Leistung)*

Aufgabe 1.2.46:

Huber hat am 01.02.06 und am 27.08.06 jeweils eine Rate in Höhe von 40.000,-- € zu zahlen. *(Kalkulationszinssatz: 4% p.a. – lineare Verzinsung)*

i) Huber begleicht die ganze Schuld mit einer einmaligen Zahlung am 15.01.06. Wieviel zahlt er,

a) wenn als Stichtag der Tag der letzten Rate (27.08.06) gewählt wird?

b) wenn als Stichtag der Tag der Einmalzahlung (15.01.06) gewählt wird und die beiden Raten getrennt abgezinst werden?

c) wenn als Stichtag wiederum der 15.01. gewählt wird, aber die beiden Raten zunächst auf den 27.08. aufgezinst und dann gemeinsam abgezinst werden?

d) wenn zunächst der „mittlere Zahlungstermin" *(= zeitliche Mitte zwischen den beiden betragsgleichen Raten, siehe auch Kap. 1.2.3)* der beiden Raten ermittelt wird und dann der nominelle Gesamtbetrag der beiden Raten (= 80.000) vom mittleren Zahlungstermin auf den Stichtag 15.01. abgezinst wird?

e) wenn die 80.000,-- € vom mittleren Zahlungstermin (vgl. d)) zunächst auf den Tag der letzten Leistung (27.08.06) aufgezinst und dann auf den Stichtag 15.01.06 abgezinst werden?

ii) Huber zahlt in drei nominell gleichhohen Raten am 01.02.06, am 27.08.06 und am 01.10.06. Wie hoch sind die Raten (Stichtag: 01.10.06)?

Aufgabe 1.2.47:

Moser erwirbt im Sporthaus Huber eine vollelektronische Trimm-Dich-Anlage. Er könnte den fälligen Kaufpreis in Höhe von 29.995,-- € am 1. März bezahlen oder aber in vier „bequemen Teilraten" zu je 8.995,-- € am 1. März, 1. Juni, 1. September und 1. Dezember desselben Jahres.

Mit welchem Effektivzins rechnet das Sporthaus Huber bei dieser Art Kreditgewährung ? *(bei linearen Zinsen, Stichtag = Tag der letzten vorkommenden Zahlung)*

Aufgabe 1.2.48:

Huber muss eine Warenlieferung bezahlen. Zahlt er innerhalb von 10 Tagen, so kann er 2% Skonto abziehen, andernfalls ist der Betrag innerhalb von 60 Tagen in voller Höhe zu zahlen. Es wird jährlicher Zinszuschlag bei unterjährig linearer Verzinsung unterstellt.

i) Überzieht Huber sein Konto zwecks Skontoerzielung, so berechnet die Bank 15% p.a. Überziehungszinsen. Sollte Huber die Skontogewährung in Anspruch nehmen?

ii) Welchem linearen nachschüssigen **(a)** Jahreszinssatz **(b)** Quartalszinssatz entspricht das Angebot der Lieferfirma?

iii) Man beantworte die Frage ii), wenn die Zahlungsbedingungen lauten: 3% Skonto bei Zahlung innerhalb 14 Tagen, 30 Tage netto.

Aufgabe 1.2.49:

Das Bankhaus Huber berechnet für einen Kredit in Höhe von € 45.000,-- (Laufzeit: 18.02. bis 04.07.09) 8% p.a. Zinsen sowie 0,25% Provision *(bezogen auf die Kreditsumme)*.

Welcher lineare Zinssatz *(„Effektivzinssatz“)* liegt diesem Kredit zugrunde, wenn darüber hinaus € 100,-- Kontoführungs- und Bearbeitungsgebühren in Rechnung gestellt werden und

i) Provisionen und Bearbeitungsgebühren zusammen mit dem Kapital und den Zinsen *(d.h. am Ende der Laufzeit)* fällig sind ?

ii) Provisionen und Bearbeitungsgebühren zu Beginn *(Kapital und Zinsen dagegen – wie immer – am Ende)* der Laufzeit fällig sind?

Aufgabe 1.2.50:

Huber muss am 15.02.10 eine Rechnung von 10.000,-- € begleichen. Er hat drei Zahlungsmöglichkeiten zur Auswahl *(linearer Kalkulationszinssatz in allen Fällen: 4% p.a.)*:

A: Barzahlung mit 3% Skonto

B: Anzahlung 5.000,-- € und den Restbetrag (5.000,--) am 15.07.10 zuzüglich Überziehungszinsen in Höhe von 8% p.a.

C: Vier nominell gleichhohe Raten am 15.02.10, 15.04.10, 15.07.10 und 15.10.10, deren Gesamtwert *(bewertet mit dem Kalkulationszinssatz = 4% p.a.)* zum Stichtag 15.07.10 10.300,-- € beträgt *(hier wird ausnahmsweise und bewusst von der Konvention 1.2.33 abgewichen!)*.

i) Wie hoch sind die Raten bei der Zahlungsweise C ?

ii) Vergleichen Sie die Zahlungsweisen am 15.07.10.

iii) Bei welcher veränderten Anzahlung im Modus B wären die Zahlungsweisen B und C am 15.07.10 äquivalent ?

Hinweis: *Abweichung von der Stichtags-Konvention 1.2.33 (d.h. in dieser Aufgabenstellung hier gilt ausnahmsweise: Stichtag ≠ Tag der letzten Leistung)!*

Aufgabe 1.2.51:

Huber kann eine Schuld vereinbarungsgemäß entweder in zwei Raten zu je 5.000,-- €, fällig am 20.02. und 10.05., oder durch eine Einmalzahlung in Höhe von 11.000,-- € begleichen.

i) Wann wäre die Einmalzahlung *(bei 20% p.a. linear)* fällig?

ii) Bei welchem *(linearen)* Jahreszins sind beide Zahlungsweisen äquivalent, wenn die 11.000,-- € am 02.12. zu zahlen sind?

iii) Wie müssten sich die beiden 5.000-€-Raten ändern, wenn die Schuld mit einer Einmalzahlung in Höhe von 12.000,-- € *(statt 11.000,-- €)* am Jahresende *(bei i = 10% p.a. linear)* zurückzahlbar wäre?

Aufgabe 1.2.52:

Am 07.01.10 wird Huber vom Amtsgericht Schlumpfhausen dazu verurteilt, seiner Ex-Gattin jeweils am 07.02.10 und 07.05.10 einen Betrag von 50.000,-- € auszuzahlen. Huber möchte stattdessen lieber drei gleiche Raten in Höhe von jeweils 35.000,-- € am 01.04.10/ 15.10.10/ 27.12.10 zahlen.

i) Welcher *(lineare)* Effektivzins liegt seinem Angebot zugrunde?

ii) Welche Zahlungsweise dürfte Frau Huber bevorzugen, wenn sie stets eine Kapitalanlage zu 10% p.a. *(linear)* realisieren kann?

1.2.3 Terminrechnung – mittlerer Zahlungstermin / Zeitzentrum

Für viele Anwendungen wichtig ist der Fall, dass eine aus mehreren Zahlungen (K_1, K_2, ..., K_m) bestehende Zahlungsreihe durch eine einzige äquivalente Zahlung K ersetzt werden soll *(Beispiele sind Endwert oder Barwert von Zahlungsreihen)*.

Gibt man als äquivalente **Einmalzahlung** K die **nominelle Summe der Einzelzahlungen** der Zahlungsreihe vor, d.h.: $K := K_1 + K_2 + ... + K_m$, so bleibt – bei vorgegebenen Fälligkeitsterminen der K_i – lediglich der Fälligkeitstermin der Gesamtzahlung noch offen. Dieser Termin heißt „mittlerer Zahlungstermin" oder „Zeitzentrum" der Zahlungsreihe *(**Beispiel:** 12 Monatsraten zu je 1.000,-- € sollen durch eine Einmalzahlung von 12.000 € äquivalent ersetzt werden. Wann müssen – bei linearer Verzinsung mit dem gegebenen Kalkulationszinssatz i – die 12.000,-- € gezahlt werden?)*

Definition 1.2.53: Gegeben sei eine Zahlungsreihe, bestehend aus m Einzelzahlungen K_1, K_2, ..., K_m zu definierten Fälligkeitsterminen, sowie ein *(linearer)* Jahreszinssatz i.

Unter dem **mittleren Zahlungstermin** *(oder: dem **Zeitzentrum**)* dieser Zahlungsreihe versteht man denjenigen **Fälligkeitstermin**, zu dem man die **nominelle Summe** K ($=K_1 + K_2 + ... + K_m$) aller Einzelzahlungen auf **äquivalente** Weise zahlen könnte.

Bemerkung: *Auf analoge Weise definiert man den „mittleren Zahlungstermin" bzw. das „Zeitzentrum" für andere Verzinsungsmethoden (wie etwa die Zinseszinsmethode, siehe etwa Bem. 2.2.22): Die Zahlung der nominellen Gesamtsumme einer Zahlungsreihe im Zeitzentrum dieser Zahlungsreihe bewirkt definitionsgemäß die Äquivalenz von Zahlungsreihe und Einmalzahlung.*

Wir wollen zur Beantwortung der Frage nach dem mittleren Zahlungstermin **entgegen** der Konvention 1.2.33 **zunächst** einen Stichtag annehmen, der **später** liegt als die letzte vorkommende Zahlung K_m. Dann ergibt sich – bei definierten Einzelzahlungen und definiertem Stichtag – folgende Zahlungsstruktur *(vgl. Abb. 1.2.54)*:

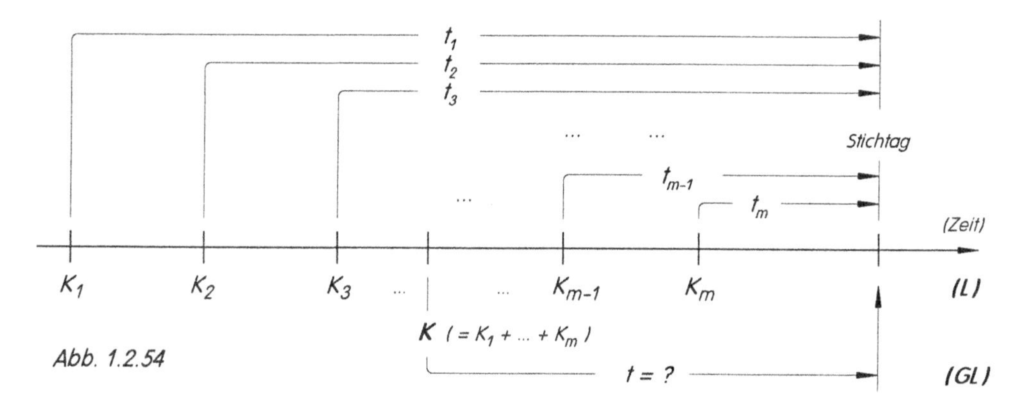

Abb. 1.2.54

Alle in Abb. 1.2.54 auftretenden Größen K_i, t_i seien bekannt bis auf die *(noch zu bestimmende)* Laufzeit t der Einmalzahlung K ($= K_1 + ... + K_m$). (Dabei unterstellen wir, dass sich die Laufzeiten t_1, t_2,... auf dieselbe Zeiteinheit *(z.B. 1 Jahr)* bezieht wie der Kalkulationszinssatz i).

Nach dem Äquivalenzprinzip *(bei linearer Verzinsung)* muss t so gewählt werden, dass die aufgezinsten K_1, K_2, ..., K_m eine Summe bilden, die mit der aufgezinsten Einmalzahlung K ($= K_1 + ... + K_m$) übereinstimmt:

$$K_1(1+i\cdot t_1) + K_2(1+i\cdot t_2) + \ldots + K_m(1+i\cdot t_m) = \underbrace{(K_1+K_2+\ldots+K_m)}_{=K}\cdot(1+i\cdot t)$$

Nach Umformung erhält man über

$$\underbrace{(K_1+K_2+\ldots+K_m)}_{=K} + i\cdot(K_1t_1+K_2t_2+\ldots+K_mt_m) = \underbrace{(K_1+K_2+\ldots+K_m)}_{=K} + i\cdot t\cdot(K_1+\ldots+K_m)$$

für t das *(vom Zinssatz i unabhängige)* Resultat

(1.2.55)
$$t = \frac{K_1t_1 + K_2t_2 + \ldots + K_mt_m}{K_1 + K_2 + \ldots + K_m}$$

Dabei bedeutet – vgl. Abb. 1.2.54 – **t** die **Zeitspanne** vom **mittleren Zahlungstermin** – d.h. dem Fälligkeitstermin der Einmalzahlung K *(=* $K_1 + \ldots + K_m$*)* – **bis zum gewählten Stichtag**. Da der mittlere Zahlungstermin **zinsunabhängig** ist *(vgl. (1.2.55))*, kann man $t_1, \ldots, t_m$ und t in beliebigen Zeiteinheiten messen *(Tage, Monate, Quartale, Jahre, ...)*.

Beispiel 1.2.56: Auf ein Konto *(i = 12% p.a. linear)* werden am 30.03. € 500,--, am 31.05. € 200,-- und am 31.10. € 300,-- eingezahlt.

An welchem Tag *(= mittlerer Zahlungstermin)* könnte man stattdessen auf äquivalente Weise die Summe *(= 1.000,-- €)* zahlen?

Wählt man z.B. als Stichtag den 31.12., so ergibt sich folgende Zahlungs-/Zeitstruktur *(Abb. 1.2.57)*:

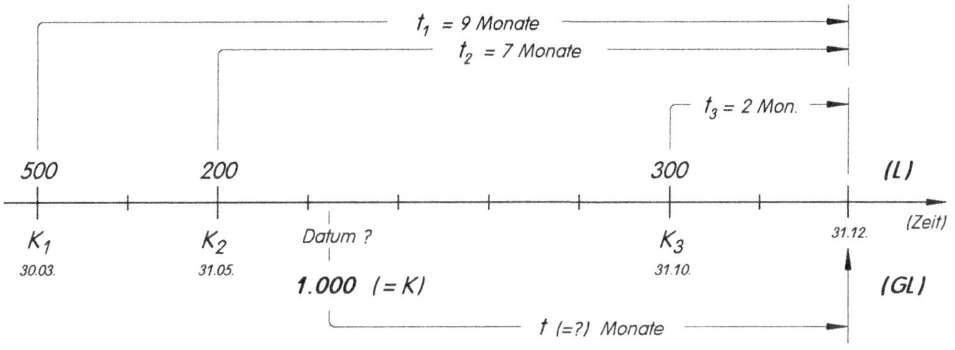

Abb. 1.2.57

Man könnte die gesuchte Zeitspanne t wieder über die Äquivalenzgleichung „L = GL" ermitteln oder die Daten direkt in Formel (1.2.55) einsetzen. Es folgt:

$$t = \frac{500\cdot 9 + 200\cdot 7 + 300\cdot 2}{1.000} = 6{,}5 \text{ Monate},$$

d.h. K *(=1.000)* ist 6,5 Monate vor dem gewählten Stichtag *(31.12.)* fällig, mithin am **15.06.**

Bemerkung: *Hätte man alle Laufzeiten in Tagen gemessen, so lautete (1.2.55):*

$$t = \frac{500\cdot 270 + 200\cdot 210 + 300\cdot 60}{1.000} = 195 \text{ Tage (vor dem 31.12.)},$$

also wieder 15.06. als mittlerer Zahlungstermin.

Man kann nun offenbar den Stichtag *(hier: 31.12.)* beliebig anders wählen, solange keine Abzinsungen vorgenommen werden müssen, äußerstenfalls darf somit der Stichtag am Tag der letzten Einzelzahlung K_m (d.h. mit $t_m = 0$) liegen *(vgl. Konvention (1.2.33))*.

Wählen wir daher in unserem Beispiel den Tag der letzten Zahlung *(31.10.)* als Stichtag, so ist gegenüber der soeben durchgeführten Rechnung jede Laufzeit der drei gegebenen Einzelzahlungen um 2 Monate zu kürzen *(7, 5, 0 Monate statt 9, 7, 2 Monate, vgl. Abb. 1.2.57)*, so dass wir mit (1.2.55) erhalten:

$$t = \frac{500 \cdot 7 + 200 \cdot 5 + 300 \cdot 0}{1.000} = 4{,}5 \text{ Monate,}$$

d.h. der mittlere Zahlungstermin liegt jetzt 4,5 Monate *vor* dem *(neuen)* Stichtag *(jetzt: 31.10.)*, somit ergibt sich erneut der 15.06. als Stichtag.

In diesem besonderen Fall führt also die Verletzung der Stichtags-Konvention (1.2.33) *(Stichtag = Tag der letzten Zahlung)* **nicht** zu abweichenden Ergebnissen, sofern der Stichtag entweder am Tag der letzten Zahlung *oder später* liegt.

Zusammenfassend erhalten wir:

Satz 1.2.58: (mittlerer Zahlungstermin / Zeitzentrum bei linearer Verzinsung)

Gegeben sei eine Zahlungsreihe, bestehend aus den Einzelzahlungen $K_1, K_2, ..., K_m$, die zu genau definierten Zeitpunkten fällig sind, vgl. Abb. 1.2.54.

Dann kann man sämtliche Zahlungen **äquivalent** *(d.h. ohne Zinsvor- oder -nachteile)* ersetzen durch die einmalige Zahlung $K (= K_1 + ... + K_m)$ des nominellen Gesamtbetrages.

Der Fälligkeitstag **(Zeitzentrum der Zahlungsreihe / mittlerer Zahlungstermin)** dieser Einmalzahlung K liegt – lineare Verzinsung vorausgesetzt – t Zeiteinheiten vor einem zu wählenden Stichtag *(= Tag der letzten Einzelzahlung oder später)*. Für t gilt dann (1.2.55), d.h.

(1.2.59)
$$t = \frac{K_1 t_1 + K_2 t_2 + ... + K_m t_m}{K_1 + K_2 + ... + K_m}$$

t: Zeitspanne von K bis zum Stichtag

$t_1, ..., t_m$: Zeitspannen von $K_1, ..., K_m$ bis zum Stichtag

Die im mittleren Zahlungstermin/Zeitzentrum geleistete **Einmalzahlung** $K(= K_1 + ... + K_m)$ führt zu **jedem Stichtag** (der *nicht früher* liegt als K_m) zum **gleichen Endwert** (oder: Kontostand) wie die **einzelnen Zahlungen** insgesamt.

Bemerkung: *Es ist bemerkenswert, dass – anders als bei exponentieller Verzinsung, siehe die spätere Bemerkungen 2.2.22 und 3.4.3 – bei linearer Verzinsung das Zeitzentrum* ***nicht*** *vom verwendeten Kalkulationszinssatz abhängt.*

Den zuletzt angesprochenen Sachverhalt macht man sich zunutze, um den **Endwert** oder **End-Kontostand** *(bei linearer Verzinsung)* **vieler Einzelzahlungen** zu ermitteln:

- Zunächst ersetzt man sämtliche Einzelzahlungen durch ihre *(nominelle)* Summe im mittleren Zahlungstermin;
- Dann zinst man lediglich diese Summe auf bis zum gewünschten Stichtag *(der allerdings nicht vor Fälligkeit der spätesten Einzelzahlung K_m liegen sollte)*.

Beispiel 1.2.60: Wir knüpfen an Beispiel 1.2.56 an und suchen den Kontoendstand K^* zum 31.12. der drei gegebenen Zahlungen, vgl. Abb. 1.2.57.

Da – wie vorher ermittelt – der mittlere Zahlungstermin am 15.06. liegt, braucht man jetzt nur die Summe (= 1.000,-- €) der drei Einzelzahlungen bis zum 31.12. mit i = 12% p.a. aufzuzinsen:

Der Endwert K^* lautet: $\mathbf{K^*} = 1.000(1 + 0{,}12 \cdot \frac{6{,}5}{12}) = \mathbf{1.065,\text{--}\ €}$.

Bemerkung: *Selbstverständlich ergibt sich dasselbe Resultat bei Einzelaufzinsung der drei Einzelzahlungen und anschließende Saldenbildung:*

$$K^* = 500(1+0{,}12 \cdot \frac{9}{12}) + 200(1+0{,}12 \cdot \frac{7}{12}) + 300(1+0{,}12 \cdot \frac{2}{12}) = 545 + 214 + 306 = 1.065\ €.$$

Der mittlere Zahlungstermin *(bei linearer Verzinsung)* lässt sich immer dann besonders leicht angeben, wenn sämtliche Einzelzahlungen $K_1, ..., K_m$ „punktsymmetrisch" um einen einzigen Zeitpunkt *(dies ist gerade der mittlere Zahlungstermin bzw. das Zeitzentrum der Zahlungsreihe!)* liegen.

So kann man etwa 2 **gleiche** Zahlungen zu je 100,-- € äquivalent ersetzen durch eine Einmalzahlung in Höhe von 200,-- €, die genau in der **zeitlichen Mitte** zwischen den Einzelzahlungen liegt:

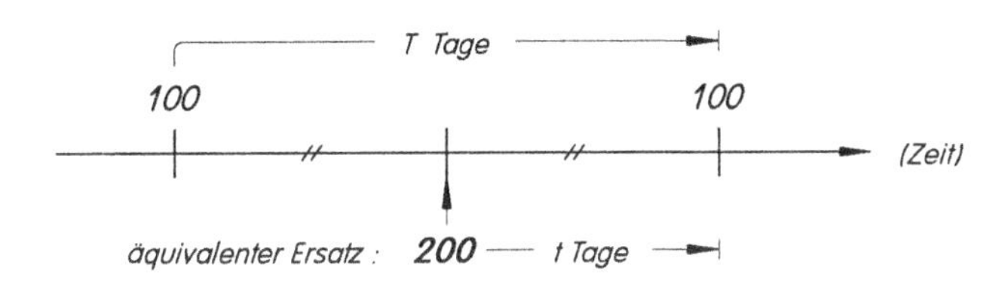

Beweis: Wenn zwischen den beiden 100-€-Zahlungen T Tage liegen, so muss – bei Stichtag auf dem Termin der zweiten Einzelzahlung – für t nach (1.2.59) gelten:

$$t = \frac{100 \cdot T + 100 \cdot 0}{200} = \frac{T}{2}\,, \qquad \text{wie behauptet.}$$

(Dies ist – bei linearer Verzinsung – auch anschaulich klar: Bei Gesamtzahlung von 200 € im Zeitzentrum werden die ersten 100 € um dieselbe Zeitspanne zu spät gezahlt wie die zweiten 100 € zu früh gezahlt werden, Zinsverlust und Zinsgewinn gleichen sich genau aus, Einzelzahlungen und Gesamtzahlung im mittleren Zahlungstermin/Zeitzentrum führen stets zu identischen späteren Kontoständen.)

Ganz analog erkennt man den mittleren Zahlungstermin unmittelbar in den folgenden „symmetrischen" Fällen *(der mittlere Zahlungstermin ist jeweils durch einen Pfeil markiert)*:

i)

100 100 100 100 100 (Zeit)

äquivalenter Ersatz : **500**

ii)

500 200 200 500 (Zeit)

äquivalenter Ersatz : **1.400**

Abb. 1.2.61

iii) 12 „nachschüssige" Monatsraten zu je 10 €:

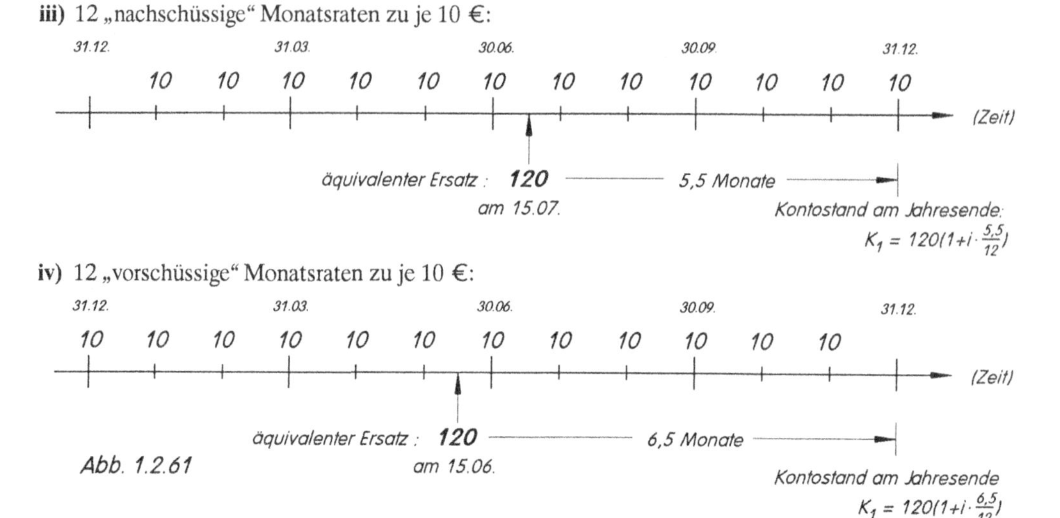

Abb. 1.2.61

Bemerkung: *Einfach zu merkende Faustregel für den mittleren Zahlungstermin bei linearer Verzinsung: Links vom mittleren Zahlungstermin (innerhalb derselben Zinsperiode) liegen – nach Anzahl, Höhe und zeitlichem Abstand – dieselben Zahlungen wie rechts davon.*

Einfaches Modell für die Ermittlung des mittleren Zahlungstermins/Zeitzentrums *(bei lin. Verzinsung)*:

Man denke sich die Zeitachse als *(gewichtslosen)* Waagebalken, die Zahlungen als entsprechend ihrer Höhe gewichtete Massestücke *(„Gewichte")*.

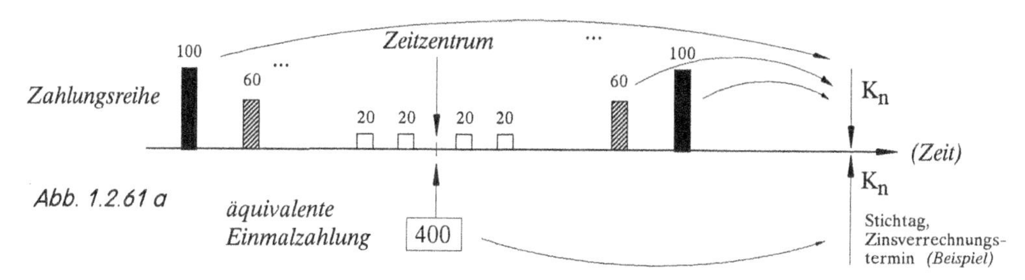

Abb. 1.2.61 a

Dann liegt der mittlere Zahlungstermin/das Zeitzentrum für die nominelle Summe aller Zahlungen *(bei linearer Verzinsung)* im Gleichgewichtspunkt dieser Balkenwaage: Eine Unterstützung des Balkens im mittleren Zahlungstermin hält die Waage im Gleichgewicht, da links wie rechts je zwei gleichhohe Zahlungen *(Gewichte)* denselben Abstand vom Unterstützungspunkt *(= mittlerer Zahlungstermin)* besitzen, siehe auch die Abbildungen oben und auf der vorhergehenden Seite.

(Sollte es keinen auf Anhieb erkennbaren „Gleichgewichtspunkt" geben, muss der mittlere Zahlungstermin mit Hilfe von (1.2.59) ermittelt werden.)

Der auf den Stichtag *(siehe Abb. 1.2.61a)* aufgezinste Wert K_n der gesamten Zahlungsreihe kann jetzt dadurch ermittelt werden, dass *(anstelle des mühevollen separaten Aufzinsens sämtlicher Einzelzahlungen)* lediglich die im Zeitzentrum gezahlte **nominelle Gesamtsumme** *(= 400 im Beispiel)* **einmalig** entsprechend aufgezinst wird – der Kontostand K_n ist in beiden Fällen stets identisch!

Bemerkung: *Man beachte, dass die eben geschilderte einfache Methode zur Bestimmung des mittleren Zahlungstermines nur bei linearer Verzinsung (bei beliebigem Zinssatz) funktioniert. Bei Anwendung der exponentiellen Verzinsung (Zinseszinsmethode) hängt der mittlere Zahlungstermin hingegen von der Höhe des verwendeten Zinssatzes ab und liegt keineswegs „symmetrisch" zu den Zahlungen!*

Insbesondere bei der Effektivzinsermittlung von Ratenkrediten nach der 360-Tage-Methode *(vgl. Kap. 5.3 und insbesondere Kap. 5.3.3.4)* lässt sich häufig der mittlere Zahlungstermin verwenden, um den Endwert von unterjährigen, linear verzinslichen Raten zum Jahresende zu ermitteln:

Beispiel 1.2.62:

i) Jemand zahlt 12 Monatsraten zu je 10 T€ auf ein Konto *(i = 12% p.a.)* ein, erste Rate am Ende des ersten Monats *(man spricht von „nachschüssigen“ Monatsraten)*, vgl. Abb. 1.2.61 iii). Dann erhält man unmittelbar den Kontostand K^* am Jahresende, indem man alle Einzelraten äquivalent ersetzt durch ihre Summe *(= 120 T€)* im mittleren Zahlungstermin (= 15.07.) und dann lediglich diese Ersatzzahlung bis zum Jahresende linear aufzinst:

$$K^* = 120(1 + 0{,}12 \cdot \frac{5{,}5}{12}) = 126{,}6 \text{ T€}.$$ *(Probe durch Einzelaufzinsung...)*

ii) Liegt jede Einzelzahlung einen Monat früher *(man spricht von „vorschüssigen“ Monatsraten)*, vgl. Abb. 1.2.61 iv), so liegt das Zeitzentrum am 15.06., d.h. der Endwert aller aufgezinsten Einzelzahlungen ergibt sich durch lineares Aufzinsen der Summenzahlung 120 T€ um 6,5 Monate *(bis zum 31.12.)*:

$$K^* = 120(1 + 0{,}12 \cdot \frac{6{,}5}{12}) = 127{,}8 \text{ T€}.$$ *(Probe durch Einzelaufzinsung...)*

Bemerkung 1.2.63: *Man kann die beiden Fälle des letzten Beispiels durch einen – analog herzuleitenden – formelmäßigen Ausdruck erfassen.*

Die Zinsperiode (z.B. 1 Jahr) sei in m gleichlange Intervalle aufgeteilt (z.B. m = 12 Monate), in ***jedem*** *Intervall liege* ***genau eine*** *Zahlung der Höhe r.*

i) Wenn es sich um m ***nachschüssige*** *Raten r handelt (vgl. Abb. 1.2.61 iii), Beispiel 1.2.62 i)), so erhält man (bei linearer Verzinsung) den Kontoendstand R^* am Jahresende zu*

$$R^* = m \cdot r(1 + i \cdot \frac{m-1}{2m}) \tag{1.2.64}$$

*(**Beispiel:** m = 12, r = 10, i = 12% p.a., vgl. Abb. 1.2.61 iii)*

$$\Rightarrow \quad R^* = 120(1 + 0{,}12 \cdot \frac{11}{24}) = 126{,}6$$ *, vgl. Bsp. 1.2.62 i))*

ii) Wenn es sich um m ***vorschüssige*** *Raten r handelt (vgl. Abb. 1.2.61 iv), Beispiel 1.2.62 ii)), so lautet (bei linearer Verzinsung) der Kontoendstand R^* am Jahresende:*

$$R^* = m \cdot r(1 + i \cdot \frac{m+1}{2m}) \tag{1.2.65}$$

*(**Beispiel:** m = 12, r = 10, i = 12% p.a., vgl. Abb. 1.2.61 iv)*

$$\Rightarrow \quad R^* = 120(1 + 0{,}12 \cdot \frac{13}{24}) = 127{,}8$$ *, vgl. Bsp. 1.2.62 ii))*

iii) Wenn die Raten unregelmäßig liegen, muss der Kontoendstand R^* entweder über lineare Einzelaufzinsung oder durch lineare Aufzinsung der äquivalenten Einmalzahlung $m \cdot r$ vom (vorher zu ermittelnden) mittleren Zahlungstermin bis zum Jahresende berechnet werden:

Beispiel 1.2.66:

i) Gegeben: 4 Quartalsraten zu je 5.000,-- €, zahlbar Ende März/Ende Juni/Ende September/Ende Dezember; lineare Zinsen 10% p.a.; Kontostand R^* am Jahresende?

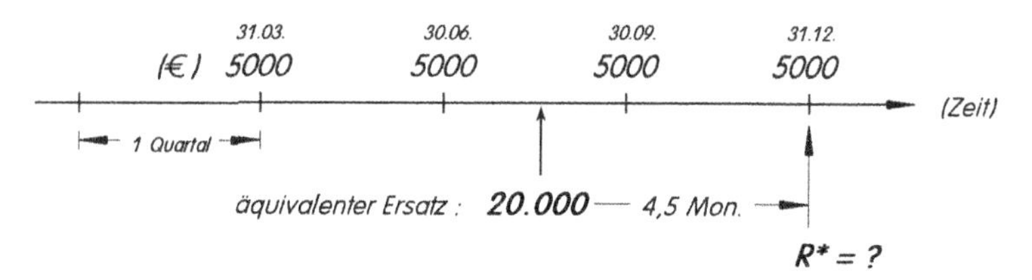

Nach Abbildung ergibt sich R^* zu: $R^* = 20.000(1 + 0{,}1 \cdot \frac{4{,}5}{12}) =$ **20.750,-- €**

(auch Beziehung (1.2.64) anwendbar mit: $r = 5.000;\ m = 4;\ i = 0{,}10$:

$\Rightarrow \quad R^* = 4 \cdot 5.000(1 + 0{,}1 \cdot \frac{3}{8}) = 20.750$ *€.)*

ii) Gegeben 6 Raten zu je 2.000,-- € zahlbar jeweils Ende Januar/März/Mai/Juli/September/November. Kontostand R^* am Jahresende bei 8% p.a. lineare Zinsen?

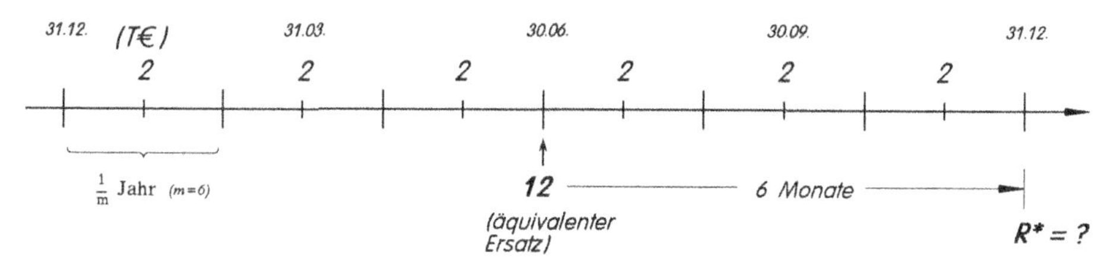

Gemäß Abbildung lautet der gesuchte Kontoendstand R^*:

$$\mathbf{R^*} = 12.000(1 + 0{,}08 \cdot \frac{6}{12}) = \mathbf{12.480,\text{-- €}}.$$

(In diesem Fall ist keine der Formeln (1.2.64)/(1.2.65) anwendbar, da – bezogen auf das 2-Monats-Intervall – weder eine regelmäßige vor- noch nachschüssige Zahlungsweise vorliegt).

Aufgabe 1.2.67:

i) Huber schuldet dem Moser noch drei Geldbeträge, die wie folgt fällig sind:

€ 5.000,-- am 18.03.10; € 8.000,-- am 09.05.10; € 7.000,-- am 16.09.10.

Huber möchte die nominelle Gesamtschuld (= 20.000,-- €) auf einmal bezahlen. Zu welchem Termin kann er das ohne Zinsvor-/-nachteile bewerkstelligen? (i = 10% p.a. linear)

*(**Hinweis:** Als Vergleichsstichtag wähle man den 16.09.10)*

ii) Huber muss im laufenden Kalenderjahr folgende Zahlungen an seinen Gläubiger Moser leisten:

5.500,-- € am 09.01.	7.500,-- € am 16.03.	4.000,-- € am 18.04.
8.100,-- € am 04.09.	10.000,-- € am 01.10.	9.200,-- € am 20.12.

An welchem Tag kann Huber stattdessen die nominelle Gesamtsumme (= 44.300,-- €) zahlen, ohne dass sich Zinsvor- oder -nachteile ergeben? (i = 8,75% p.a. linear)

iii) Huber zahlt 12 Monatsraten zu je 1.350,-- €, Fälligkeit am 01.01./ 01.02./ .../ 01.12. Zinssatz: i = 8,125% p.a. linear.

a) An welchem Tag könnte er stattdessen (ohne Zinsvor- oder -nachteile) die Gesamtsumme (= 16.200,-- €) auf einmal zahlen?

b) Wie ändert sich der mittlere Zahlungstermin, wenn die Raten statt zu Monatsbeginn jeweils erst am Monatsende (= 31.01 ...) fällig sind?

iv) Man ermittle jeweils den Kontostand am Jahresende *(31.12.)*, wenn folgende Raten von jeweils 1.000,-- € auf ein Sparkonto *(8% p.a. linear)* eingezahlt werden:

a) 12 Monatsraten, erste Rate am 31.01.;

b) 12 Monatsraten, erste Rate am 31.12. des Vorjahres;

c) 4 Quartalsraten, erste Rate am 31.03. usw.;

d) 6 Raten im 2-Monatsabstand, erste Rate am 31.01., 2. Rate am 31.03. usw.

Aufgabe 1.2.68:

i) Computerhändler Huber kauft einen Posten Farbmonitore, der vereinbarte Listenpreis beträgt 70.000,-- €, zahlbar am 19.01.

Er könnte auch auf folgende Weise bezahlen: Anzahlung am 19.01.: 20% des Listenpreises, außerdem, beginnend zwei Monate später *(d.h. am 19.03.)*, 10 Monatsraten zu je 6.000,-- €.

Welchem *(linearen)* Effektivzinssatz – bezogen auf die Alternative „Barzahlung" – entspricht diese Ratenzahlungsvereinbarung?

ii) Huber kann seine PKW-Haftpflichtversicherungsprämie auf drei verschiedene Arten bezahlen:

A: Gesamtprämie in einem Betrag sofort;
B: 2 Halbjahresprämien *(jeweils die halbe Gesamtprämie plus 3%)*, erste Rate sofort;
C: 4 Quartalsprämien *(jeweils ein Viertel der Gesamtprämie plus 5%)*, erste Rate sofort.

a) Welche Zahlungsweise sollte Huber realisieren, wenn er alle Beträge zu 15% p.a. *(linear)* fremdfinanzieren kann? *(Stichtag = Tag der letzten vorkommenden Leistung)*

b) Wie hoch ist jeweils der *(lineare)* Effektivzins der Alternativen B und C bezogen auf den Barzahlungsfall A?

c) Wie hoch *(in % der Prämie)* müsste im Fall C der Quartalsratenzuschlag gewählt werden, damit sich derselbe *(lineare)* Effektivzins wie bei Halbjahresraten (= B) ergibt *(jedesmal bezogen auf den Barzahlungsfall A)*?

*(**Hinweis:** Die Rechnungen gestalten sich angenehmer, wenn man für die Gesamtprämie einen fiktiven Betrag, z.B. 1.000,-- €, unterstellt.)*

iii) Huber soll von seinem Geschäftspartner Knarzel vereinbarungsgemäß die folgenden Zahlungen erhalten:

10.000,-- € am 07.03. 20.000,-- € am 19.06. 50.000,-- € am 11.11.

a) Zu welchem Termin könnte Knarzel die nominelle Summe *(= 80.000,-- €)* bei i = 12,5% p.a. *(linear)* äquivalent zahlen?

b) Knarzel bietet an, anstelle der 3 oben angegebenen Beträge zwei Raten in Höhe von jeweils 39.600,-- € am 10.04. bzw. 10.12. zu zahlen. Bei welchem *(linearen)* Effektivzinssatz wäre dieses Angebot äquivalent zu den ursprünglichen Zahlungsvereinbarungen?

1.2.4 Vorschüssige Verzinsung, Wechseldiskontrechnung

Bei der *(selten gebräuchlichen)* linearen **vorschüssigen Verzinsung** werden die **Zinsen** Z_n linear vom **Endkapital** K_n berechnet und **zu Beginn** der Kapitalüberlassungsfrist *(bzw. Zinsperiode)* gezahlt. Der Barwert K_0 ergibt sich also aus der Differenz Endwert minus Zinsen. Bezeichnen wir den vorschüssigen Zinssatz mit i_V, so gilt:

$$K_0 = K_n - Z_n = K_n - K_n \cdot i_V \cdot n , \qquad \text{d.h.:}$$

(1.2.69)
$$\boxed{K_0 = K_n(1 - i_V \cdot n)}$$

Beispiel 1.2.70: Werden 1.000,-- € zu $i_V = 20\%$ p.a. linear für ein Jahr angelegt *(n = 1)*, so werden die vorschüssigen Zinsen $Z_1 = 1.000 \cdot 0{,}2 = 200$,-- € zu Beginn gezahlt, der Barwert K_0 beträgt somit 800,-- €. Der äquivalente lineare nachschüssige Jahreszinssatz i ergibt sich aus folgender Überlegung:

Bei welchem linearen nachschüssigen Jahreszins i liefern 800,-- € in einem Jahr 200,-- € Zinsen?
Aus $800 \cdot i \cdot 1 = 200 \Rightarrow i = 0{,}25 = 25\%$ p.a. nachschüssig *(≙ 20% p.a. vorschüssig)*.

Allgemein kann **zu jedem vorschüssigen** linearen Zinssatz i_V der **äquivalente nachschüssige** lineare Zinssatz i berechnet werden:

Der sich aus vorschüsssiger Verzinsung ergebende Barwert *(vgl. (1.2.69))* muss, zum äquivalenten nachschüssigen Zinssatz i angelegt, am Ende der Laufzeit äquivalente Zinsen in Höhe von $Z_n = K_n \cdot i_V \cdot n$ erbringen:

$$K_0 \cdot i \cdot n \overset{!}{=} K_n \cdot i_V \cdot n\,; \quad \text{nach (1.2.69) gilt:} \quad K_n = \frac{K_0}{1 - i_V \cdot n} \quad .$$

Einsetzen liefert: $K_0 \cdot i \cdot n = \dfrac{K_0 \cdot i_V \cdot n}{1 - i_V \cdot n}$ und somit:

(1.2.71)
$$\boxed{i = \frac{i_V}{1 - i_V \cdot n}} \qquad (i_V \cdot n \neq 1)$$

Beträgt insbesondere die Laufzeit 1 Jahr, so gilt (bei Jahreszinsen i, i_V):

(1.2.72)
$$\boxed{i = \frac{i_V}{1 - i_V}} \qquad (i_V \neq 1)$$

Beispiel: Ein vorschüssiger Jahreszins $i_V = 20\%$ ist äquivalent zum nachschüssigen Jahreszins

$$i = \frac{0{,}2}{0{,}8} = 25\% \text{ p.a.}$$

Analog: $i_V = 10\%$ p.a. $\Rightarrow$ $i = \dfrac{0{,}10}{0{,}90} = 11{,}11\%$ p.a. nachschüssig, usw.

Obwohl es in der Praxis immer wieder Beispiele für die vorschüssige Verrechnung von Zinsen gibt *(z.B. „abgezinster Sparbrief", Wechseldiskontierung (s.u.))*, ist ein vorschüssiger Zins nicht brauchbar als *(natürliches)* Entgelt für die *(entgangene)* Nutzung von Kapital *(vgl. Fn.1)*. Einerseits erkennt man dies daran, dass ein vorschüssiger Zinsvorgang im Prinzip einem äquivalenten nachschüssigem Zinsvorgang entspricht, vgl. etwa Beispiel 1.2.70. Andererseits zeigt das folgende Beispiel die Unvereinbarkeit vorschüssiger Zinsen mit dem Wesen des Zinses als *(entgangener)* Ertrag, der durch anderweitige Nutzung *(z.B. Investition)* des Kapitals erzielbar wäre:

Beispiel 1.2.73:

Ein Kapital von 100,-- € werde für ein Jahr zu 100% p.a. ausgeliehen *(oder investiert)*.

Während es *(zumindest prinzipiell)* vorstellbar ist, dass 100,-- € bei **nachschüssiger** Verzinsung zu 100% nach einem Jahr auf 200,-- € anwachsen *(etwa durch eine geglückte, wenn auch risikoreiche Investition / Spekulation)*, führt die Annahme einer 100%igen **vorschüssigen** Verzinsung zwangsläufig in eine Sackgasse: Wenn ich mir für ein Jahr 100,-- € zu 100% p.a. vorschüssig leihe, so betragen die Fremdkapitalzinsen genau 100,-- €, sind aber **vor**schüssig fällig, d.h. im Zeitpunkt der Kreditaufnahme. Damit beträgt der mir zur Verfügung stehende Kreditbetrag 0 €, de facto habe ich somit überhaupt keinen Kredit erhalten, muss aber nach einem Jahr das „ausgeliehene" Kapital von 100,-- € zurückzahlen – ein offenbar unsinniger und widersprüchlicher Vorgang *(bereits erkennbar in (1.2.72): $i_V \neq 1$!)*

Dieses Extrembeispiel zeigt, dass **nur nachschüssige** *(und auch „stetige", vgl. Kap. 2.3.4)* **Verzinsungsvorgänge** einen **ökonomisch sinnvollen Hintergrund** besitzen. Mit einer Ausnahme – Wechseldiskontierung, s.u. – werden wir zukünftig ausschließlich nachschüssige Verzinsungsvorgänge betrachten. Die einzige wesentliche Ausnahme zur nachschüssigen Verzinsung wird durch die **Wechseldiskontierung** geliefert, bei der nach (1.2.69) verfahren wird:

Beispiel 1.2.74: Ein Wechsel[10] über 8.000,-- € (= **Wechselsumme**, fällig am **Ende** der Laufzeit) wird 2 Monate **vor** Fälligkeit bei einer Bank zum Diskontieren eingereicht. Bei einem **Diskontsatz** von 9% p.a. (entspricht einem linearen **vor**schüsssigen Zinssatz!) erhält der Einreicher *(ohne Berücksichtigung von Provisionen oder Spesen)* eine Gutschrift (= **Wechselbarwert**) in Höhe von:

$$K_0 = 8.000(1 - 0{,}09 \cdot \frac{2}{12}) = 7.880{,}\text{-- €} .$$

Es wurden somit die Zinsen in Höhe von $8.000 \cdot 0{,}09 \cdot \frac{1}{6} = 120{,}\text{-- €}$ von der Wechselsumme *(Endwert!)* abgezogen.

Der äquivalente *(„effektive")* lineare nachschüssige Zinssatz i berechnet sich nach (1.2.71) zu

$$i = \frac{0{,}09}{1 - 0{,}09 \cdot \frac{1}{6}} = 0{,}0914 = 9{,}14\% \text{ p.a.}$$

Aufgabe 1.2.75:

i) Huber kann sein Kapital in Höhe von 10.000,-- € für neun Monate anlegen. Die Verzinsung erfolgt entweder

a) zu 11% p.a. *(und **nachschüssiger** linearer Verzinsung)* oder
b) zu 10% p.a. *(und **vorschüssiger** linearer Verzinsung)*.

(In beiden Fällen sollen die 10.000,-- € in voller Höhe angelegt werden!)

Man ermittle für beide Alternativen den Endwert nach neun Monaten und gebe daraufhin eine Anlageempfehlung für Huber.

---

[10] Näheres zum Wechseldiskontgeschäft siehe [Nic] 22 ff.

ii) Huber legt am 07.02.10 einen Betrag in Höhe von 12.000,-- € auf einem Bankkonto an.

Die Bank kennt Hubers Vorliebe für ausgefallene Zinsvereinbarungen und bietet daher folgende *(lineare)* Verzinsungsmodalitäten an:

* Zinssatz bis incl. 22.06.10: 8% p.a.;
* Zinssatz ab 23.06.10 bis zum Jahresende: 10% p.a.;
* Am 01.10.10 zahlt die Bank außerdem einen Treue-Sonder-Bonus in Höhe von 250,-- € auf Hubers Konto.

a) Man ermittle den Kontostand zum Jahresende *(vorher **kein** Zinszuschlagtermin!)*

b) Welchen einheitlichen **b1)** nachschüssigen **b2)** vorschüssigen Jahreszinssatz hätte ihm eine andere Bank bieten müssen, um – ausgehend vom gleichen Anfangskapital – ebenfalls den unter a) ermittelten Kontostand zum Jahresende erreichen zu können?

Aufgabe 1.2.76:

i) Ein Bankkredit in Höhe von € 248.000,-- wird bei Fälligkeit durch einen Wechsel abgelöst. Dieser Wechsel ist nach weiteren drei Monaten fällig, Diskontsatz 5% p.a.

Man ermittle den Betrag des Wechsels *(Wechselsumme)*.

ii) Eine Bank berechnet beim Diskontieren von Wechseln 8% p.a.

a) Welche effektive *(lineare)* Verzinsung ergibt sich, wenn der Wechsel 4 Monate vor Fälligkeit eingereicht und diskontiert wird?

b) Welchen Diskontsatz muss die Bank ansetzen, um auf einen *(linearen)* Effektivzinssatz von 9% p.a. zu kommen?

iii) Kaufmann Alois Huber – zweimal vorbestraft wegen betrügerischen Bankrotts – ist in finanziellen Dingen pingelig geworden.

Als ihm ein Schuldner für eine am 17.08.10 fällige Schuld in Höhe von € 10.000,-- am gleichen Tage einen Wechsel über € 10.150,--, fällig am 03.11.10 übertragen will, wird er stutzig.

a) Reicht dieser Wechsel zur Abdeckung der Schuld? *(Diskontsatz 8% p.a.)*

b) Bei welchem Diskontsatz entspricht der Wert des Wechsels am 17.08.10 genau der Schuldsumme?

iv) Der Druckereibesitzer Urban Unsinn nimmt am 12.02.10 einen kurzfristigen Kredit in Höhe von € 25.000,-- auf, den er am 31.08.10 incl. 8,5% p.a. Zinsen zurückzahlen muss. Wegen eines Druckerstreiks kann er am 31.08. nicht zahlen und akzeptiert daher einen am selben Tag ausgestellten Wechsel in Höhe von € 27.000,-- *(Diskontsatz: 8% p.a.)*.

An welchem Tag *(aufrunden!)* ist der Wechsel fällig?
(durchgehend lineare Verzinsung, d.h. kein Zinszuschlag am Jahresende!)

Aufgabe 1.2.77:

i) Huber hat an Ohmsen eine Forderung in Höhe von € 18.000,--, fällig am 15.08. Als Anzahlung erhält Huber am 20.06. von Ohmsen zwei 3-Monats-Wechsel über je € 9.000,--. Ein Wechsel ist am 10.06., der andere am 18.06. ausgestellt.

Am 01.08. reicht Huber mit Ohmsens Einverständnis beide Wechsel seiner Bank ein, die diese mit 8% p.a. diskontiert.

Wie groß ist am Fälligkeitstag der Forderung (15.08.) die Restforderung Hubers an Ohmsen (linearer Kalkulationszinssatz: i = 7% p.a.)?

ii) Huber hat am 01.02. und am 27.08. jeweils eine Rate in Höhe von 40.000,-- € zu zahlen. *(Diskontsatz: 9,5% p.a.)*

Huber begleicht die Schuld mit zwei Wechseln.

a) Der erste Wechsel ist ein Dreimonatswechsel, ausgestellt am 01.02., für den die Bank sofort 40.000,-- € auszahlt. Wechselsumme?

b) Der zweite Wechsel hat die Wechselsumme 40.500,-- €. Dieser Wechsel wird zum 27.08. auf 40.000,-- € diskontiert. Wann ist er fällig? *(aufrunden!)*

iii) Die Emil Häberle oHG schuldet der Alois Knorz AG folgende Beträge: € 5.700,--, fällig am 07.02. sowie € 4.300,--, fällig am 18.04.

Am 02.05. leistet Fa. Häberle eine Anzahlung in Höhe von 5.000,-- € und bittet darum, am 28.05. (Ausstellungstag) einen 3-Monats-Wechsel zu ziehen, um die Restschuld auszugleichen.

Am 01.07. reicht die Knorz AG ihrer Bank den Wechsel zur Diskontierung ein. Welcher Betrag wird ihr (ohne Berücksichtigung von Steuern, Provisionen) gutgeschrieben?

(linearer Verzugszinssatz: 13% p.a., Diskontsatz: 11% p.a., Stichtag: 28.05.)

iv) Huber muss bis zum 15.05. eine Schuld von 35.000,-- € begleichen. Als Anzahlung übergibt Huber am 18.02. einen Wechsel über 8.000,-- €, der am 18.04. fällig ist und vorher vereinbarungsgemäß nicht diskontiert wird. An diesem Fälligkeitsdatum zahlt Huber mit einem zweiten Wechsel über 20.000,-- €, für den der Empfänger am 15.05. von der Bank 19.852,22 € erhält.

Die Restschuld wird von Huber vereinbarungsgemäß mit einem 3-Monats-Wechsel, ausgestellt und übergeben am 15.05., beglichen.

(linearer Kalkulationszinssatz: 6,5% p.a.; Diskontsatz: 7% p.a.)

a) Wann ist der zweite Wechsel fällig?

b) Wie hoch ist die Restschuld am 15.05.?

c) Welche Wechselsumme hat der dritte Wechsel?

Aufgabe 1.2.78:

Bluntsch schuldet dem Knorz noch die folgenden Beträge:

8.700,-- €, fällig am 12.03. sowie 12.900,-- €, fällig am 21.11.

Bluntsch leistet am 01.06. zunächst eine Anzahlung mit einem 3-Monats-Wechsel, Wechselsumme 11.000,-- €, Ausstellungsdatum 03.04. *(dieser Wechsel wird vereinbarungsgemäß nicht vorzeitig diskontiert)*.

Am 15.06. begleicht Bluntsch vorzeitig seine Schuld, indem er einen am gleiche Tage ausgestellten Wechsel *(Wechselsumme 10.600,-- €)* akzeptiert *(dieser Wechsel wird vereinbarungsgemäß ebenfalls nicht vor Fälligkeit diskontiert)*.

i) Welche Laufzeit muss dieser zweite Wechsel haben, damit sich – bezogen auf den Stichtag 21.11. – Leistungen und Gegenleistungen insgesamt genau ausgleichen?

ii) Man ermittle die Wechsellaufzeit des zweiten Wechsels, wenn jeder Wechsel unmittelbar bei Übergabe *(d.h. am 01.06. bzw. 15.06.)* diskontiert wird.

(Diskontsatz: 12% p.a., linearer Kalkulationszinssatz: 10% p.a.)

Aufgabe 1.2.79:

Knörzer schuldet dem Glunz die folgenden Beträge:

2.500,-- €	fällig am	19.04.
7.500,-- €	fällig am	11.05.
3.800,-- €	fällig am	01.08.

Als Anzahlung hat Knörzer dem Glunz die folgenden Wechsel übergeben:

3.000,-- €	fällig am	27.04.
5.000,-- €	fällig am	19.05.

Über die *nominelle* Restschuldsumme (= 5.800,-- €) wird ein weiterer Wechsel am 19.04. ausgestellt.

Glunz und Knörzer einigen sich darauf, dass keiner der drei Wechsel vor Fälligkeit diskontiert wird.

Wann ist der *(am 19.04. ausgestellte)* Wechsel fällig?

(Diskontsatz: 12,5% p.a.; Überziehungszinssatz *(linearer Kalkulationszinssatz)* 9,5% p.a.).

(Die angegebene Lösung ergibt sich, wenn man die Beträge bzw. Wechselsummen aufzinst – etwa bis zum 01.08.).

2 Zinseszinsrechnung (exponentielle Verzinsung)

Kennzeichen der *(im letzten Kapitel behandelten)* **linearen** Verzinsung ist es, dass **innerhalb** der betrachteten Verzinsungsspanne **keinerlei Zinsverrechnungen** vorgenommen werden. Vereinbart man lineare Verzinsung, so werden erst am Ende des Betrachtungszeitraums (vgl. Konvention 1.2.33) das Kapital und die entstandenen Zinsen zusammengefasst bzw. verrechnet.

Ein anderes Prinzip liegt der **Zinseszinsrechnung** *(oder exponentiellen Verzinsung)* zugrunde:

Innerhalb der Kapitalüberlassungsfrist existieren **ein** oder **mehrere Zinsverrechnungs**- oder **Zinszuschlagtermine**, in denen die bis dahin entstandenen Zinsen dem Kapital hinzugefügt *(Zinszuschlag, Zinsverrechnung)* werden und mit ihm zusammen das weiterhin zu verzinsende Kapital bilden. Dies Verfahren – nach § 248 Absatz 2 BGB für die Institutionen des Bank- und Kreditwesens ausdrücklich zugelassen – besitzt **Grundlagencharakter** für Planungen und Bewertungen in den Bereichen Investition, Finanzierung, Versicherungswesen sowie für kredittheoretische Ansätze der Volkswirtschaftslehre.

Sind sowohl Anfangs- als auch Endzeitpunkt des betrachteten Zeitintervalls Zinszuschlagtermine, so spricht man von **reiner Zinseszinsrechnung**, andernfalls von **gemischter Zinseszinsrechnung**. Wir werden zunächst die reine Zinseszinsrechnung behandeln und die gemischte Zinseszinsrechnung – eine Kombination aus einfacher und Zinseszinsrechnung – in einem späteren Abschnitt *(Kapitel 2.3.3)* darstellen.

2.1 Grundlagen der Zinseszinsrechnung *(Reine Zinseszinsrechnung)*

Wir betrachten ein im Zeitpunkt t = 0 *(nach Voraussetzung Beginn einer Zinsperiode)* vorhandenes Kapital K_0 und fragen, wie sich K_0 im Zeitablauf entwickelt, wenn **nach** [1] jeder Zinsperiode *(z.B. nach jedem Monat oder jedem Jahr)* ein Zinszuschlag *(oder: eine Zinsverrechnung)* in Höhe von $i = p\%$ des zu Beginn der vorausgegangenen Zinsperiode vorhandenen Kapitals erfolgt. Gesucht ist das **Endkapital** $\mathbf{K_n}$, das sich aus K_0 nach insgesamt n Zinsperioden ergibt, siehe Abb. 2.1.1:

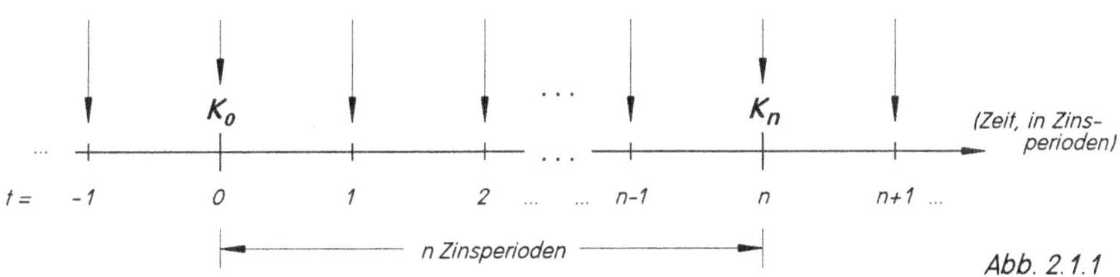

Abb. 2.1.1

Die Entwicklung des Kapitals erfolgt sukzessive mit Hilfe der linearen Zinsrechnung, wobei die Teil-Laufzeit jeweils eine volle Zinsperiode bis zum nächsten Zinsverrechnungstermin beträgt (d.h. n = 1). Am Ende der 1. Zinsperiode beträgt das Endkapital K_1 nach (1.2.12): $K_1 = K_0(1+i)$.

Da nun K_1 das zu verzinsende Kapital ist, gilt für das sich nach einer weiteren Zinsperiode ergebende Kapital K_2 zum Ende der 2. Zinsperiode:

[1] Es wird *ausschließlich nachschüssiger* Zinszuschlag unterstellt. Jeder vorschüssige Verzinsungsprozess (vorschüssiger Periodenzins i_v) kann i.a. durch die Ermittlung des äquivalenten nachschüssigen Periodenzinssatzes gemäß (1.2.72) auf einen nachschüssigen Zinsvorgang zurückgeführt werden.

$$K_2 = K_1(1+i) = \underbrace{(K_0(1+i))}_{=K_1}(1+i) = K_0(1+i)^2.$$

Analog erhält man am Ende der dritten Zinsperiode den Wert für K_3:

$$K_3 = K_2(1+i) = \underbrace{(K_0(1+i)^2)}_{=K_2}(1+i) = K_0(1+i)^3, \quad \text{usw.}$$

Allgemein erhält man somit am Ende der n-ten Zinsperiode seit der Wertstellung von K_0:

(2.1.2) $$K_n = K_0(1+i)^n.$$

Führt man für den Aufzinsungsfaktor „1 + i" die übliche Abkürzung „q" ein, so ergeben sich aus (2.1.2) wegen $i = \frac{p}{100}$ drei äquivalente Schreibweisen der grundlegenden

Zinseszinsformel (exponentielle Verzinsung)

(2.1.3) $$K_n = K_0 \cdot q^n \quad \text{bzw.} \quad K_n = K_0(1+i)^n \quad \text{bzw.} \quad K_n = K_0(1+\frac{p}{100})^n$$

mit: K_0: Anfangskapital *(Wertstellung zu Beginn der ersten Zinsperiode)*
K_n: Endkapital *(nach n Zinsperioden)*
$i = p\,\% = \frac{p}{100}$: Periodenzinssatz, Periodenzinsrate *(p: Periodenzinsfuß)*
$q = 1 + i = 1 + \frac{p}{100}$: Periodenzinsfaktor, **Aufzinsungsfaktor** [2]
n : zeitlicher Abstand *(in Zinsperioden)* zwischen K_0 und K_n.

Beispiel 2.1.4:

i) Ein Anfangskapital von 200.000,-- € *(= K_0)* wächst bei 10% p.a. und jährlicher Zinsverrechnung in 9 Jahren zu folgendem Endkapital K_n an:

$$K_n = 200.000 \cdot 1{,}10^9 = 471.589{,}54\ €\ ^3.$$

Die entsprechende **Kontostaffel** lautet *(mit identischem Kontoendstand)*:

Jahr	Kontostand zu Jahresbeginn	Zinsen (10% p.a.) Ende des Jahres	Kontostand zum Ende des Jahres
1	200.000,--	20.000,--	220.000,--
2	220.000,--	22.000,--	242.000,--
3	242.000,--	24.200,--	266.200,--
4	266.200,--	26.620,--	292.820,--
5	292.820,--	29.828,--	322.102,--
6	322.102,--	32.210,20	354.312,20
7	354.312,20	35.431,22	389.743,42
8	389.743,42	38.974,34	428.717,76
9	428.717,76	42.871,78	**471.589,54** *(=200.000 · 1,10⁹)*
10	**471.589,54**		

[2] Man beachte die Analogien zu den entsprechenden Begriffen in der Prozentrechnung, vgl. (1.1.22).

[3] Die Rechnungen erfolgen mit einem elektronischen Taschenrechner. Die Endresultate werden sinnvoll gerundet *(hier z.B. auf zwei Nachkommastellen)*.

ii) Dasselbe Anfangskapital von 200.000,-- € wächst bei vierteljährlicher Zinsverrechnung von 2,5% p.Q. in 9 Jahren *(= 36 Zinsperioden)* an auf

$$K_n = 200.000 \cdot 1{,}025^{36} = 486.507{,}06\ €.$$

*(**Zum Vergleich:** In beiden Fällen hätte **lineare** Verzinsung mit i = 10% p.a. (≙ 2,5% p.m. bei linearer Verzinsung) in 9 Jahren zu einem Endwert von (nur)*

$$200.000(1 + 0{,}10 \cdot 9) = 200.000(1 + 0{,}025 \cdot 36) = 380.000\ € \qquad \textit{geführt.}$$

In Abb. 2.1.5 sind *(bei vorgegebenem Anfangskapital K_0 sowie unverändertem Periodenzinssatz i)* die Endwerte K_n in Abhängigkeit von der Laufzeit n für lineare sowie für Zinseszinsen dargestellt.

Bei linearer Verzinsung entwickelt sich K_n **linear** mit der Laufzeit n, während K_n bei **Zinses-Zinsen exponentiell** wächst und für großes n zu schnell anwachsenden Endwerten führt, vgl. das folgende Beispiel 2.1.6.

Wendet man die Zinseszinsformel *(zunächst formal)* auf gebrochene Laufzeiten an *(vgl. Kap. 2.3.1)*, so zeigt sich *(vgl. Abb. 2.1.5)*, dass nur innerhalb der ersten Zinsperiode das Endkapital K_n bei linearer Verzinsung höher ausfällt als bei *(formaler)* Anwendung der Zinseszinsformel.

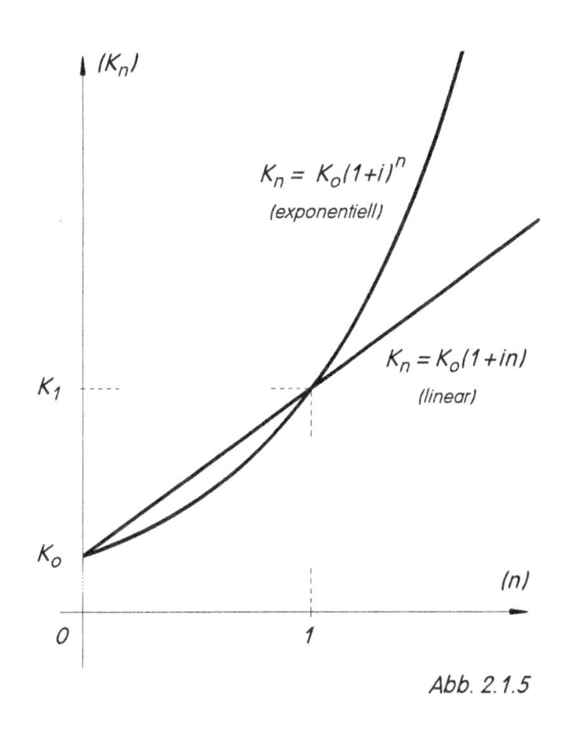

Abb. 2.1.5

Beispiel 2.1.6:

Wie eben schon angedeutet, kann bei Zinseszinsvorgängen der Endwert K_n sehr schnell anwachsen auf Beträge, die sich dem menschlichen Vorstellungsvermögen entziehen (und als unrealistisch gelten müssen):

i) Der berühmte Cent, vor 2000 Jahren zu 4% p.a. Zinseszinsen angelegt, besitzt heute einen *(rechnerischen* [4]*)* Endwert K_n in Höhe von

(2.1.7) $$K_n = 0{,}01 \cdot 1{,}04^{2000} \approx 1{,}1659 \cdot 10^{32}\ €.$$

(d.h. einen 33-stelligen €-Betrag)

Um eine Vorstellung von diesem Betrag zu erhalten, rechnen wir ihn in Gold *(zu 30.000 €/kg)* um und benutzen als Einheit „1 goldene Erdkugel".

---

[4] Banküblliche Gepflogenheiten wie Nichtberücksichtigung von Zinsen unterhalb eines Cent o.ä. bleiben hier außer Betracht.

Mit den Daten: Erdradius: $r = 6.370$ km, Kugelvolumen: $V = \frac{4}{3}\pi \cdot r^3$,
Dichte von Gold: $\rho = 19{,}3$ kg/dm³ $\pi \approx 3{,}14159$

erhalten wir als Masse m_E einer goldenen Erdkugel:

$$m_E = \frac{4}{3}\pi \cdot (6{,}37 \cdot 10^7)^3 \cdot 19{,}3 \approx 2{,}0896 \cdot 10^{25} \text{ kg}$$

und daraus nach Multiplikation mit dem Goldpreis den **Wert W_E einer goldenen Erdkugel:**

$$W_E = 6{,}2688 \cdot 10^{29} \quad €.$$

Dividieren wir den Endwert K_n (2.1.7) unseres Cent durch den Wert einer goldenen Erdkugel, so erhalten wir 186, d.h. der eine Cent stellt – bei 4% p.a. Zinseszinsen – nach 2000 Jahren einen Endwert dar, der dem Gegenwert von 186 goldenen Erdkugeln entspricht.

(Wie empfindlich K_n auf die Höhe des Zinssatzes reagiert, zeigen folgende – auf gleiche Weise ermittelte – Vergleichswerte:

Bei 4,5% p.a. ist K_n äquivalent zu rd. 2,7 Millionen goldenen Erdkugeln, und bei 5% p.a. sind es bereits 38 Milliarden goldene Erdkugeln.

Andererseits wächst bei 1% p.a. der Cent nur auf einen Gegenwert von ca. 146 kg Goldes, und bei 0,5% p.a. (siehe allg. Zinsniveau in den Jahren 2013ff. oder als Kreditzinssatz gewisser langfristiger staatlicher Darlehen durchaus vorkommend) erhält nach 2000 Jahren der Cent-Anleger-Erbe nur noch einen bescheidenen Mini-Goldbarren von ca. 7,17g (d.h. ca. 215 €) als äquivalenten Endwert.)

ii) Noch atemberaubender als die in i) veranschaulichte Zunahme des Endwerts K_n kann exponentielles Wachstum werden, wenn man sich im Zeitablauf die **Geschwindigkeit** *(z.B. in €/Jahr)* des Wertzuwachses vergegenwärtigt *(die Grundidee des folgenden Beispiels stammt aus Altrogge [Alt1] 63 ff)*:

Während *(vgl. (2.1.3))*

(2.1.8) $$K(t) = K_0 \cdot (1 + i)^t$$ *(i: Jahreszinssatz; t: Laufzeit in Jahren)*

den **Endwert** K(t) des aufgezinsten Anfangskapitals nach t Zinsperioden darstellt, beschreibt die **erste Ableitung K'(t)** *(näherungsweise)* die Änderung von K(t), wenn t um eine Zeiteinheit zunimmt, d.h. die **Wachstumsgeschwindigkeit** *(in €/Jahr)* **des Endwertes** K(t) [5].

Es gilt *(siehe Ableitungsregeln der Differentialrechnung)* [6]:

(2.1.9) $$K'(t) = K_0 \cdot \ln(1 + i) \cdot (1 + i)^t = \ln(1 + i) \cdot K(t)$$

Für Zinssätze zwischen 3% und 4% p.a. sei wieder der berühmte Cent, angelegt vor 2000 Jahren betrachtet.

Um eine *(etwas drastische)* Vorstellung von der Wachstums**geschwindigkeit** K'(t) des aufgezinsten Kapitals zu erhalten, stellen wir uns vor, das nach (2.1.8) ermittelte Endkapital K(t) sei in Form eines Stapels von 500-€-Scheinen gegeben. Wenn wir annehmen, jeder Schein sei ca. 0,1 mm dick, so machen 5.000,-- € eine Geldstapelhöhe von ca. 1 mm aus.

Wie hoch müsste der jährliche Kapitalzuwachs K'(t) ausfallen, damit dieser Stapel mit Lichtgeschwindigkeit *(≈ 300.000 km/sec)* anwächst?

---

5 siehe etwa [Tie3] Kap. 6.1.2.

6 siehe etwa [Tie3] Kap. 5.2.5 (11).

Dazu rechnen wir die in einem Jahr vom Licht zurückgelegte Strecke s aus:

$$s = 300.000 \frac{\text{km}}{\text{sec}} \cdot 365 \frac{\text{Tage}}{\text{Jahr}} \cdot 24 \frac{\text{h}}{\text{Tag}} \cdot 60 \frac{\text{min}}{\text{h}} \cdot 60 \frac{\text{sec}}{\text{min}} = 9{,}46 \cdot 10^{12} \frac{\text{km}}{\text{Jahr}}$$

d.h. *(wegen $1\ km = 10^6\ mm$)*:

$$s = 9{,}46 \cdot 10^{18} \frac{\text{mm}}{\text{Jahr}} .$$

Diese Strecke s , dargestellt als Höhe eines Geldstapels aus 500,-- €-Scheinen, repräsentiert somit einen Wert von $9{,}46 \cdot 10^{18}\ \text{mm} \cdot 5.000 \frac{€}{\text{mm}} = 4{,}73 \cdot 10^{22}$ €, anders ausgedrückt:

Ein Lichtstrahl durchfährt in einem Jahr einen 500-€-Stapel im Gegenwert von $4{,}73 \cdot 10^{22}$ €, oder:

> Wenn ein Geldstapel aus 500-€-Scheinen mit Lichtgeschwindigkeit wächst, so nimmt der Wert des Stapels pro Jahr um **$4{,}73 \cdot 10^{22}$ € zu.**

Wir können nun danach fragen, mit welchem **Bruchteil der Lichtgeschwindigkeit** der **Endwert** K(t) des Cent nach 2000 Jahren **zunimmt:**

Aus dem jährlichen Kapitalzuwachs (2.1.9) folgt etwa für $i = 3\%$ p.a.

$$K'(2000) = 0{,}01 \cdot \ln 1{,}03 \cdot (1{,}03)^{2000} = 1{,}40 \cdot 10^{22} \frac{€}{\text{Jahr}},$$

d.h. der *(aus einem vor 2000 Jahren angelegten Cent resultierende)* Geldstapel wächst *(bei 3% p.a.)* mit knapp 0,3-facher Lichtgeschwindigkeit, also immerhin noch mit einer Geschwindigkeit von ca. 88.600 km/sec. Dieser Vergleichswert nimmt mit steigendem Anlagezins dramatisch zu: Bei 3,1% p.a. wächst der 500-€-Stapel nach 2000 Jahren mit etwas mehr als doppelter Lichtgeschwindigkeit, bei 3,5% p.a. mit 5525-facher Lichtgeschwindigkeit und bei 4% p.a. mit einer Geschwindigkeit, die fast 100 Millionen mal so groß ist wie die des Lichtes. Und bereits bei 2,22% p.a. wächst unser 500-€-Stapel mit mehr als Stadt-Geschwindigkeit *(50 km/h)*.

Andererseits wächst bei 1% p.a. der Stapel nach 2000 Jahren „nur noch" um ca. 8,7 mm pro Jahr und bei 0,5% p.a. um kaum noch messbare 0,0002 mm/Jahr *(d.h. um ca. 1,07 €/Jahr)*.

iii) Wählt man *(anstelle von 2000 Jahren)* realistische, wenn auch relativ lange Anlagezeiträume, z.B. 50 Jahre, so ergibt sich folgendes Bild *(der Anlagebetrag K_0 betrage jetzt abweichend vom vorhergehenden 1,-- € !)*, vgl. Tab. 2.1.10 *(bzw. Abb. 2.1.11)*:

Tab. 2.1.10	Anlagebetrag: 1,-- € ; Laufzeit: 50 Jahre	
Zinssatz i *(p.a.)*	Endwert K(50)	Wachstumsgeschwindigkeit K'(50) d. Endwerts
0,5 %	1,28 €	0,006 €/Jahr
1 %	1,64 €	0,016 €/Jahr
3 %	4,38 €	0,13 €/Jahr
4 %	7,11 €	0,28 €/Jahr
5 %	11,47 €	0,56 €/Jahr
10 %	117,39 €	11,19 €/Jahr
15 %	1.083,66 €	115,45 €/Jahr
20 %	9.100,44 €	1.659,21 €/Jahr

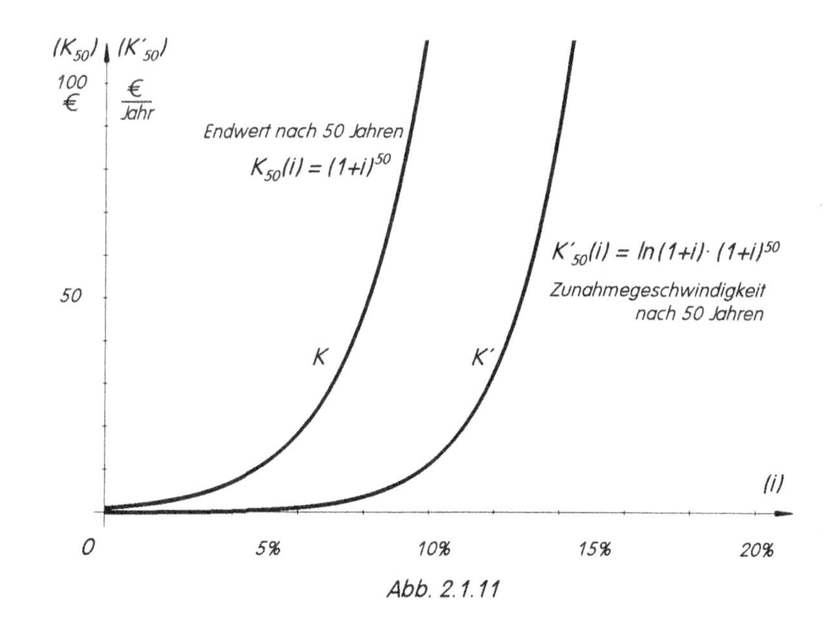

Abb. 2.1.11

Die vorangegangenen *(bewusst ausführlichen)* Überlegungen zum exponentiellen Wachstum nach dem Zinseszinsprinzip zeigen:

- Die tatsächliche *(oder auch nur fiktive)* Entwicklung von (Kapital-) Beständen bei „ungebremstem" exponentiellem Wachstum nach dem Gesetz $K_n = K_0(1 + i)^n$ führt bei langen Zeiträumen selbst bei maßvollen Zinssätzen *(wie 3% oder 4% p.a.)* zu absurden und dem menschlichen Verständnis nicht mehr zugänglichen Endwerten bzw. Kapitalwachstumsgeschwindigkeiten.
- Nur bei vergleichsweise kurzen Laufzeiten oder sehr kleinen Zinssätzen kann ein derartiges exponentielles Wachstum als mit der Realität vereinbar angesehen werden.

Die exponentielle Form der Zinseszinsformel sowie die Ausführungen des letzten Beispiels verdeutlichen, dass zum erfolgreichen Umgang mit exponentieller Verzinsung die **Potenzrechnung** und die **Logarithmenrechnung** als rechentechnische Grundlagen unverzichtbar sind. Zur Erinnerung werden nachfolgend die wesentlichen Grundtatsachen kompakt zusammengefasst [7]:

Satz 2.1.12: (Potenzgesetze)

Unter Beachtung der Definitionen

Def. (1) $a^n := \underbrace{a \cdot a \cdot a \cdot \ldots \cdot a}_{n \text{ Faktoren}} \quad (n \in \mathbb{N}) \; ; \quad a^1 := a \; ;$

Def. (2) $a^{-n} := \frac{1}{a^n} \; ; \quad a^0 := 1 \; ;$

Def. (3) $a^{\frac{1}{n}} := \sqrt[n]{a} \qquad (n \in \mathbb{N}) \; ;$

Def. (4) $a^{\frac{m}{n}} := \sqrt[n]{a^m} = \left(\sqrt[n]{a}\right)^m \qquad (n \in \mathbb{N} \; ; \; m \in \mathbb{Z})$

gilt für Potenzen mit **positiver Basis** $(a, b > 0)$ und beliebigen **reellen Exponenten** $(x, y \in \mathbb{R})$:

[7] Nähere Ausführungen findet man z.B. in [Tie3] Kap. 1.2 – Algebra-Brückenkurs

Potenzgesetze:

(P1) $a^x \cdot a^y = a^{x+y}$

(P2) $\frac{a^x}{a^y} = a^{x-y}$

(P3) $(a^x)^y = a^{xy} = (a^y)^x$

(P4) $(ab)^x = a^x b^x$

(P5) $(\frac{a}{b})^x = \frac{a^x}{b^x}$

Vereinbarungen:

$ab^n := a(b^n)$

$-a^n := -(a^n)$

$a^{b^c} := a^{(b^c)}$

Satz 2.1.13: (Logarithmengesetze)

Def. (1) $a^u = x \Leftrightarrow u = \log_a x$, $a \in \mathbb{R}^+ \setminus \{1\}$; $x \in \mathbb{R}^+$; $u \in \mathbb{R}$

Def. (2) $\log_{10} x =: \lg x$ *(dekadischer Logarithmus)*
$\log_e x =: \ln x$ *(natürlicher Logarithmus, e = Euler'sche Zahl ≈ 2,7182818...)*

Für alle x, y > 0, a > 0 (≠1) gilt:

(L1) $\log_a (x \cdot y) = \log_a x + \log_a y$

(L2) $\log_a (\frac{x}{y}) = \log_a x - \log_a y$

(L3) $\log_a (x^r) = r \cdot \log_a x$ $(r \in \mathbb{R})$

Vereinbarung:
$\log_a x^r := \log_a (x^r)$
$(\neq (\log x)^r\ !)$

Insbesondere gilt *(wegen Def. (1))*:

$\log_a a^u = u$, $a^{\log_a x} = x$ d.h. $\lg 10^u = u$, $10^{\lg x} = x$ sowie $\ln e^u = u$, $e^{\ln x} = x$.

Außerdem gilt:

$$\log_a x = \frac{\ln x}{\ln a} = \frac{\lg x}{\lg a}$$

Beispiele: $\ln e = 1$; $\lg 10 = 1$; $\ln 1 = 0$; $\lg 1 = 0$

Je nachdem, welche der vier Variablen i *(bzw. q)*, n , K_0 , K_n in der Zinseszinsformel (2.1.3) *(bei gleichzeitiger Kenntnis der übrigen drei Variablen)* gesucht ist, unterscheidet man die **vier grundständigen Problemtypen** *(bei **reiner** Zinseszinsrechnung und Verzinsung eines **Einzel**betrages K_0)*:

Problemtyp 1: Endwert K_n gesucht

Man erhält K_n durch **Aufzinsen** des Anfangskapitals K_0 mit dem **Aufzinsungsfaktor q^n** gemäß der Standard-Zinseszinsformel (2.1.3)

(2.1.3) $$K_n = K_0 \cdot q^n \qquad (q = 1 + i)$$

(vgl. Beispiele 2.1.4/2.1.6)

Problemtyp 2: Anfangskapital K_0 gesucht,

das bei einem Periodenzinssatz i nach n Zinsperioden zum Endwert K_n führt. Aus (2.1.3) folgt durch Umformung:

(2.1.14) $$K_0 = K_n \cdot \frac{1}{q^n} \quad \text{bzw.} \quad K_0 = K_n \cdot q^{-n}$$

Man sagt, der Anfangswert K_0 *(auch **Barwert** oder Gegenwartswert)* des *(später fälligen)* Kapitals K_n ergebe sich durch **Abzinsen** *(oder Diskontieren)* **des Endwerts** K_n mit dem **Abzinsungsfaktor** $\frac{1}{q^n}$ (bzw. q^{-n}).[8]

Beispiel 2.1.15:

Mit welchem heute zahlbaren Betrag kann man eine in 8 Jahren fällige Schuld in Höhe von 50.000 € ablösen, wenn vierteljährlicher Zinszuschlag und i = 3% p.Q. unterstellt werden?

Nach (2.1.3) gilt:

$$K_n = 50.000 = K_0 \cdot 1{,}03^{32} \Rightarrow K_0 = 50.000 \cdot 1{,}03^{-32} = 19.416{,}85 \text{ €}.$$

Würde man umgekehrt den ermittelten Barwert von 19.416,85 € wiederum zu 3% p.Q. Zinseszinsen anlegen, resultierte nach 8 Jahren ein Endwert von 50.000,-- €.

Das Beispiel zeigt, dass der **Barwert** eines zukünftig fälligen Betrages desto **kleiner** ist, je **höher** der **Zinssatz** und je **später** der Betrag fällig ist.

So ergäbe sich etwa für i = 5% p.Q. und bei einer Laufzeit von 50 Jahren im vorliegenden Fall ein Barwert von: $50.000 \cdot 1{,}05^{-200} = 2{,}89$ € ! *(d.h. – etwas salopp ausgedrückt – : Bei 5% p.Q. Zinseszinsen sind 50.000,-- €, die in 50 Jahren gezahlt werden, heute nur 2,89 € wert.)*

---

[8] Aufzinsungsfaktoren q^n sowie Abzinsungsfaktoren q^{-n} liegen tabelliert vor, vgl. z.B. [Däu]. Allerdings lassen sich mit den derzeit verfügbaren elektronischen Taschenrechnern sämtliche Formeln der Finanzmathematik übersichtlicher, schneller und genauer als mit Tabellen berechnen.

Bemerkung 2.1.16:

*i) Wie schon im Zusammenhang mit der linearen Verzinsung erläutert (vgl. etwa Abb. 1.2.25), liefert das Zinseszinsgesetz (2.1.3) die Möglichkeit, Zahlungen in die **Zukunft zu transformieren** („**aufzinsen**") oder spätere Zahlungen in die **Vergangenheit zu transformieren** („**abzinsen**"), vgl. Abb. 2.1.17:*

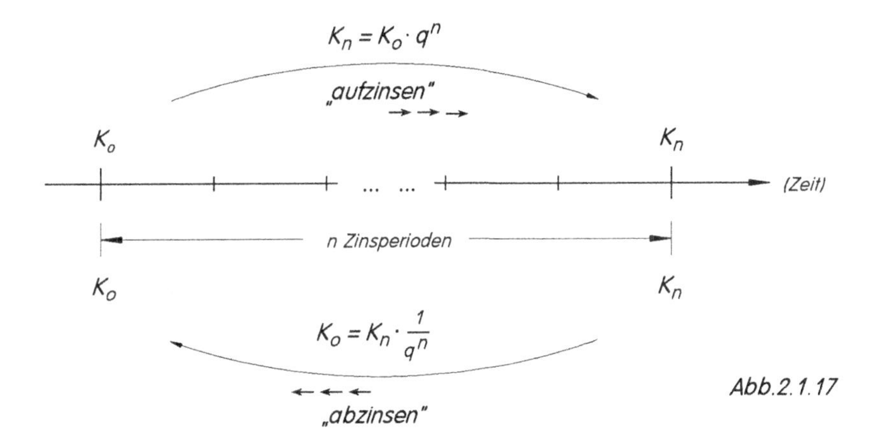

Abb.2.1.17

ii) Während dem (aus K_0 gewonnenen) aufgezinsten Endwert K_n eine reale eigenständige Bedeutung zukommt (etwa: Anlage von K_0 auf einem Konto und abwarten ...), lässt sich der (abgezinste) Barwert K_0 nicht direkt, sondern nur durch einen Umweg über den später erzielbaren Endwert K_n deuten, vgl. auch Kap. 1.2.1, Fn. 7.

Problemtyp 3: Periodenzinssatz i gesucht,

der ein Anfangskapital K_0 in n Zinsperioden zu einem Endkapital K_n anwachsen lässt. Aus (2.1.3) folgt durch Umformung:

$$(2.1.18) \qquad K_n = K_0 \cdot q^n \quad \Leftrightarrow \quad q^n = \frac{K_n}{K_0} \quad \Leftrightarrow^{9} \quad \boxed{q = \left(\frac{K_n}{K_0}\right)^{\frac{1}{n}} = \sqrt[n]{\frac{K_n}{K_0}}}$$

Aus dem Zahlenwert von q ergibt sich wegen $1+i = q$ sofort der gesuchte Zinssatz: $i = q - 1$.

Beispiel 2.1.19: Der Kontostand eines Festgeldkontos beträgt am 01.01.05, 0^{00} Uhr, 40.000,-- €. Die Konditionen sehen monatlichen Zinszuschlag vor. Mit welchem gleichbleibenden Monatszins i wird die Festgeldanlage verzinst, wenn sich am 01.01.08, 0^{00} Uhr, ein Kontostand von 50.000,-- € ergibt ? – Nach (2.1.3) gilt:

$$50.000 = 40.000 \cdot q^{36} \quad \Rightarrow \quad q = 1{,}25^{\frac{1}{36}} = 1{,}006218 \quad \Rightarrow \quad i \approx 0{,}62\% \text{ p.M.}$$

[9] Aus ökonomischen Gründen kommt nur die positive Lösung dieser Gleichung in Betracht. Zur Lösungstechnik *(auch im folgenden)* siehe etwa [Tie3] Kap. 1.2 Algebra-Brückenkurs

Problemtyp 4: Laufzeit n *(in Zinsperioden)* gesucht,

in der bei einem Periodenzinssatz von p % ein Anfangskapital K_0 zum Endkapital K_n anwächst. Aus (2.1.3) folgt durch Umformung:

$$K_n = K_0 \cdot q^n \Leftrightarrow q^n = \frac{K_n}{K_0} \Leftrightarrow \textit{(log, Basis beliebig)}\quad n \cdot \log q = \log \frac{K_n}{K_0} \Leftrightarrow$$

(2.1.20)
$$n = \frac{\log \frac{K_n}{K_0}}{\log q} = \frac{\log K_n - \log K_0}{\log q}$$

Beispiel 2.1.21: Innerhalb welcher Zeitspanne wächst bei 6% p.H. *(pro Halbjahr)* Zinseszinsen ein Kapital von 10.000,-- € auf 18.000,-- € an ? – Aus (2.1.3) folgt:

$$K_n = 18.000 = 10.000 \cdot 1{,}06^n \quad \text{(n = Anzahl der Halbjahre)}$$

$$\Leftrightarrow 1{,}06^n = 1{,}8 \quad \Leftrightarrow \quad n = \frac{\ln 1{,}8}{\ln 1{,}06} \approx 10{,}09 \text{ Halbjahre.}$$

Der nicht-ganzzahlige Wert von n deutet an, dass der Endwert 18.000,-- € zwischen dem 10. und 11. Zinszuschlagtermin erreicht wird, sofern ein „außerordentlicher" Zinszuschlagtermin eingeschoben wird. Der genaue Zeitpunkt dieses außerordentlichen Termins könnte z.B. mit Hilfe der gemischten Zinseszinsrechnung[10] ermittelt werden, vgl. Kap. 2.3.3. In diesem Fall ergibt sich der gesuchte Zeitpunkt durch die Überlegung, wieviele Tage *(= t)* das sich nach 10 Halbjahren angesammelte Kapital K_{10} *(= $10.000 \cdot 1{,}06^{10} = 17.908{,}48$ €)* noch zusätzlich **linear** angelegt werden muss, damit es auf 18.000,-- € anwächst:

$$17.908{,}48\left(1 + 0{,}06 \cdot \frac{t}{180}\right) \stackrel{!}{=} 18.000 \quad \Rightarrow \quad t = 15{,}33 \approx 16 \text{ Tage}$$

Bemerkung 2.1.22:

i) Kennzeichen finanzmathematischer Planungen ist die (nahezu ausschließliche) Verwendung der Zinseszinsmethode. Lediglich bei einfachen kaufmännischen Zinsberechnungen (charakteristisch: kurze Laufzeiten, i.a. kürzer als ein Jahr) sowie für die Wechseldiskontierung wird die lineare Zinsrechnung verwendet. Eine Kombination aus Zinseszinsrechnung und linearer Verzinsung („gemischte Verzinsung", vgl. Kap. 2.3.3) wurde früher im Zusammenhang mit der Effektivzinsermittlung von Verbraucher-Krediten nach der bis 31.08.2000 in Deutschland vorgeschriebenen „360-Tage-Methode" angewendet, vgl. Kap. 4.3 bzw. Kap. 5.3.1.1. Zur Zinstage-Ermittlung siehe auch Bem. 1.2.8.

*Die **folgenden** finanzmathematischen Berechnungen benutzen – wenn nicht ausdrücklich anders bemerkt – stets die **Zinseszinsmethode**.*

[10] Eine andere Methode zur Überbrückung unterjähriger Laufzeiten ist die internationale ICMA-Methode *(früher: ISMA- oder AIBD-Methode)*, vgl. Kap. 3.8.2 bzw. Kap. 4.3 bzw. Kap. 5.3.

ii) *Um nicht jedes Mal zu umständlichen Erklärungen greifen zu müssen, wollen wir zur Vereinfachung des Sprachgebrauchs* ***Datumsangaben*** *für Zahlungstermine und/oder Zinsverrechnungstermine (abweichend von der kaufmännischen Zählweise) im folgenden Sinne verstanden wissen:*

- *31.12./31.03. usw. bedeuten Jahresende, Quartalsende usw.* ***24.00*** *Uhr.*
- *01.01./01.04. usw. bedeuten Jahresanfang, Quartalsanfang usw.* ***0.00*** *Uhr.*

So bezeichnen etwa „31.12.08“ und „01.01.09“ ***denselben Zeitpunkt*** *(allenfalls durch die berühmte „logische Sekunde“ getrennt).*

iii) *Für praktische Anwendungsfälle (Kredite, Finanzanlagen, Investitionen, ...) sind beliebige Zahlungszeitpunkte und Zinsperioden üblich, die unabhängig von festen Kalenderzeiträumen sind („relative Zeitrechnung“, „relative Zinszeiträume“ usw.).*

So kann ein Zinsjahr (bei Kapitalanlage am 16.03.) durchaus vom 17.03., 0.00 Uhr, bis zum 16.03., 24.00 Uhr, des Folgejahres dauern. Andere Anlageformen wiederum (z.B. Sparbuch) benötigen aus banküblichen oder fiskalischen Gepflogenheiten heraus Kalenderzeiträume (01.01. – 31.12.: Kalenderjahr; 01.07. – 30.09.: Kalenderquartal etc.).

Um nicht jedes Mal umständliche Zeit-Formulierungen verwenden zu müssen, sind im folgenden kalendermäßige Zeiträume für Fälligkeiten, Zinsperioden etc. auch dann vorgegeben, wenn das Problem beliebig zeitlich verschiebbar ist.

Aufgabe 2.1.23:

i) Ein Kapital von 10.000,-- € wird 2 Jahre lang mit 6%, danach 5 Jahre mit 7% und anschließend noch 3 Jahre mit 4% p.a. verzinst.

a) Auf welchen Betrag ist es angewachsen?
b) Zu welchem durchschnittlichen jährlichen Zinssatz war das Kapital angelegt?

ii) Innerhalb welcher Zeitspanne verdreifacht sich ein Kapital bei 7,5% p.a. Zinseszinsen?

iii) Zu welchem Jahreszinssatz müsste man sein Kapital anlegen, um nach 9 Jahren über nominal denselben Betrag verfügen zu können wie am Ende einer vierjährigen Anlage zu 12% p.a.?

iv) Welchen einmaligen Betrag muss ein Schuldner am 01.01.06 zahlen, um eine Verbindlichkeit zu begleichen, die aus drei nominell gleichhohen Zahlungen von je 8.000,-- € besteht, von denen je eine am 31.12.08, 31.12.10 und 31.12.14 fällig ist? *(i = 7% p.a.)*

v) Die *(früheren)* Bundesschatzbriefe vom Typ B erzielen folgende Jahreszinsen, die jeweils am Jahresende dem Kapital zugeschlagen werden:

1. Jahr: 5,50% ; 2. Jahr: 7,50% ; 3. Jahr: 8,00% ; 4. Jahr: 8,25% ;
5. Jahr: 8,50% ; 6. Jahr: 9,00% ; 7. Jahr: 9,00% .

Man ermittle die durchschnittliche jährliche Verzinsung während der Gesamtlaufzeit *(= 7 Jahre)*.

2.2 Das Äquivalenzprinzip der Finanzmathematik (bei Zinseszinsen)

Die exponentielle Verzinsung *(Zinseszinsmethode)* liefert *(wie auch die lineare Verzinsung, vgl. Kap. 1.2.2)* eine Methode, mit der Zahlungen *(zum Zweck der Vergleichbarmachung oder der Zusammenfassung)* **zeitlich transformiert** werden können.

Um eine Zahlung K_0 – bezogen auf ihren Fälligkeits- bzw. Wertstellungstermin – in eine n Zinsperioden entfernte **Zukunft** *(bzw. **Vergangenheit**)* zu transferieren, muss man K_0 um n Zinsperioden **aufzinsen** *(bzw. **abzinsen**)*, d.h. mit dem entsprechenden **Aufzinsungsfaktor q^n** *(bzw. **Abzinsungsfaktor** q^{-n})* multiplizieren *(vgl. (2.1.3) und Abb. 2.2.1)*:

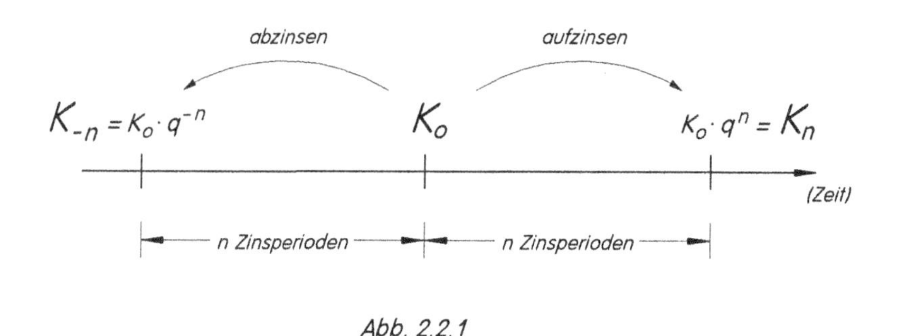

Abb. 2.2.1

Die so *(aus K_0 entstandenen)* auf- oder abgezinsten Werte K_n, K_{-n} nennt man **Zeitwerte** von K_0. In analoger Weise definiert man **Zeitwerte von Zahlungsreihen** als Summe von in denselben Zeitpunkt auf- oder abgezinsten Einzelzahlungen.

Der entscheidende **Vorteil** der **exponentiellen Verzinsung** gegenüber allen sonstigen Transformationsmethoden *(insbesondere der linearen Zinsrechnung)* besteht in der Tatsache, dass die mit der Zinseszinsformel (2.1.3) bzw. (2.1.14) ermittelten **Zeitwerte K_n unabhängig** davon sind, auf welchem **Wege** *(oder Umwege)* dieser Zeitwert per Auf-/Abzinsungsstufenfolge erreicht wird:

Satz 2.2.2 : (Umweg-Satz der exponentiellen Verzinsung)

Der unter Verwendung der Zinseszinsmethode ermittelte **Zeitwert** K_n *(im Zeitpunkt n)* einer Zahlung K_0 *(im Zeitpunkt 0)* hängt außer vom Zinssatz i **nur** von der **zeitlichen Differenz n** zwischen den Wertstellungsterminen von K_n und K_0 ab, **nicht** aber von der Anzahl, Art oder Reihenfolge möglicher Auf-/Abzinsungsschritte, mit denen der Endtermin n schließlich erreicht wird.

n = Zahl der Zinsperioden zwischen K_0 und K_n

- Falls K_n um n Zinsperioden *später* liegt als K_0: $K_n = K_0 \cdot q^n$;
- Falls K_n um n Zinsperioden *früher* liegt als K_0: $K_n = K_0 \cdot q^{-n}$, vgl. Abb. 2.2.1).

Der Beweis des „Umweg-Satzes" folgt direkt aus der Zinseszinsformel (2.1.3) und den Potenzgesetzen *(vgl. Satz 2.1.12)*: Sei etwa $n = n_1 + n_2 - n_3$ ein Zeitraum von n Zinsperioden, der aus drei Teilzeiträumen n_1, n_2, n_3 zusammengesetzt ist, vgl. Abb. 2.2.3:

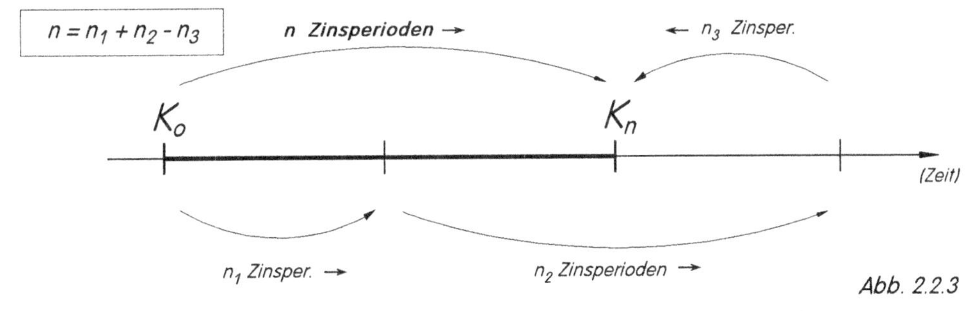

Abb. 2.2.3

Wenn jetzt K_0 zunächst n_1 Zinsperioden aufgezinst, danach um n_2 Zinsperioden aufgezinst und dann um n_3 Zinsperioden abgezinst wird, so ergibt sich nach (2.1.3) als Endwert K_n bei „Umweg"verzinsung:

$$K_n = \left((K_0 \cdot q^{n_1}) \cdot q^{n_2}\right) \frac{1}{q^{n_3}} = K_0 \cdot q^{n_1 + n_2 - n_3} \qquad \textit{(Potenzgesetze!)}$$

d.h. *(da $n_1 + n_2 - n_3 = n$)* genau das zu beweisende Resultat: $K_n = K_0 \cdot q^n$.

Beispiel 2.2.4: K_0 soll um 10 Jahre aufgezinst werden

Ohne Umweg erhält man: $K_{10} = \mathbf{K_0 \cdot q^{10}}$.

Mit verschiedenen Umwegen erhalten wir durch stufenweises Auf-/Abzinsen auf den Zielzeitpunkt n = 10 etwa *(Potenzgesetze !)*:

i) Umweg 1: Erst 8 Jahre abzinsen, dann 20 Jahre auf-, dann 2 Jahre abzinsen:

$$K_n = K_0 \cdot q^{-8} \cdot q^{20} \cdot q^{-2} = K_0 \cdot q^{-8+20-2} = \mathbf{K_0 \cdot q^{10}}, \text{ s.o.}$$

ii) Umweg 2: Erst 2 Jahre, dann 5 Jahre, dann 3 Jahre aufzinsen:

$$K_n = K_0 \cdot q^2 \cdot q^5 \cdot q^3 = K_0 \cdot q^{2+5+3} = \mathbf{K_0 \cdot q^{10}}, \text{ s.o. , usw.}$$

Man kann K_0 in beliebig vielen Stufen beliebig weit auf- und/oder abzinsen:

Der **Zeitwert** K_n für n = 10 bleibt – wegen der Gültigkeit der Zinseszinsformel (2.1.3) und der Potenzgesetze – stets $\mathbf{K_0 \cdot q^{10}}$.

Beispiel 2.2.5:

Der Umweg-Satz 2.2.2 ist für lineare Verzinsung **nicht** gültig, unter Verwendung der Daten von Beispiel 2.2.4 mit K_0 = 1.000,-- €, i = 10% p.a. erhält man vielmehr *(mit (1.2.12) und (1.2.16))*:

- **ohne Umweg:** $K_{10} = 1.000(1 + 0{,}1 \cdot 10) = \mathbf{2.000{,}\text{--}\ €}$.

- **Umweg 1:** erst 8 Jahre abzinsen, dann 20 Jahre aufzinsen, dann 2 Jahre abzinsen:

$$K_{10} = 1.000 \cdot \frac{1}{1 + 0{,}1 \cdot 8} \cdot (1 + 0{,}1 \cdot 20) \cdot \frac{1}{1 + 0{,}1 \cdot 2} = \mathbf{1.388{,}89\ €} .$$

- **Umweg 2:** erst 2 Jahre, dann 5 Jahre, dann 3 Jahre aufzinsen:

$$K_{10} = 1.000(1 + 0{,}1 \cdot 2)(1 + 0{,}1 \cdot 5)(1 + 0{,}1 \cdot 3) = \mathbf{2.340{,}\text{--}\ €} .$$

Je nach Verzinsungsfolge *(„Umweg")* ergibt sich ein anderer Zeitwert, sofern lineare Verzinsung stattfindet. Diese *(und andere)* Ungereimtheiten der linearen Verzinsung hatten wir bereits in Kap. 1.2.2 diskutiert, vgl. etwa Bemerkung 1.2.32.

In Analogie zu Def. 1.2.26 *(bei linearer Verzinsung)* lässt sich nunmehr der **Äquivalenzbegriff** für zwei zeitversetzte Kapitalbeträge K_0 und K_n auch bei exponentieller Verzinsung definieren:

Def. 2.2.6: (Äquivalenz zweier Zahlungen bei Zinseszinsen)

Zwei Zahlungen K_0 und K_n (K_0 fällig im Zeitpunkt 0, K_n fällig im Abstand von n Zinsperioden, bezogen auf den Zeitpunkt 0) heißen *(unter Anwendung der exponentiellen Verzinsung, d.h des Zinseszins-Prinzips, und dem Periodenzinssatz i)* **äquivalent**, wenn zwischen ihnen die Beziehung

(2.2.7) $$K_n = K_0(1+i)^n \quad (= K_0 \cdot q^n)$$ besteht.

Ist n positiv *(negativ)*, so liegt K_n zeitlich um n Zinsperioden später *(früher)* als K_0, *(Abb. 2.2.1)*.

Beispiel 2.2.8: Bei i = 10% p.a. sind 100,-- €, fällig am 01.01.05 und 121,-- €, fällig am 01.01.07, äquivalent, denn es gilt: $121 = 100 \cdot 1{,}1^2$. Man könnte etwa den Betrag von 121,-- € als Endwert des früher fälligen Betrages von 100,-- € oder – umgekehrt – 100,-- € als Barwert des später fälligen Betrages von 121,-- € interpretieren.

Anders als bei linearer Verzinsung *(vgl. Bem. 1.2.32)* bleibt die **Äquivalenz erhalten**, wenn man beide Beträge zu einem beliebigen **anderen Zeitpunkt** *(= Zinszuschlagtermin)* betrachtet. So haben etwa die 100,-- € am 01.01.09 einen Wert von $100 \cdot 1{,}1^4 = 146{,}41$ €, die 121,-- € wachsen ebenfalls auf 146,41 € ($= 121 \cdot 1{,}1^2 = (100 \cdot 1{,}1^2) \cdot 1{,}1^2 = 100 \cdot 1{,}1^4$) an.

! Die folgenden Ausführungen zum **Äquivalenzprinzip bei Zinseszinsen** unterscheiden sich *(außer in der Verzinsungsmethode und den daraus resultierenden „technischen" Erleichterungen)* nicht von den entsprechenden Prinzipien bei linearer Verzinsung (Kap. 1.2.2). Zur Erleichterung des Verständnisses wird daher dem Leser empfohlen, vor dem Studium der folgenden Absätze noch einmal das entsprechende Kap. 1.2.2 durchzugehen.

Nach Def. 2.2.6 stimmen die *(per exponentieller Auf-/Abzinsung gewonnenen)* Beträge zweier **äquivalenter** Zahlungen *(z.B.)* am **Fälligkeitstag** der später fälligen Zahlung **überein**. Zinst man nun diese identischen Beträge exponentiell gemeinsam auf oder ab, so erhält man *(Anwendung der Potenzgesetze!)* zwangsläufig **wiederum** identische Zeitwerte. Zusammen mit dem Umweg-Satz 2.2.2 folgt daraus **bei Anwendung der Zinseszins-Methode**:

Satz 2.2.9: Sind zwei zu unterschiedlichen Zeitpunkten fällige Zahlungen **äquivalent** bezüglich **eines** Zeitpunktes, so auch in Bezug auf **jeden anderen** Zeitpunkt.

Bemerkung 2.2.9a: *Satz 2.2.9 kann man – etwas salopp – in folgende **Merkregeln** kleiden:*
„Einmal äquivalent – immer äquivalent" und „Einmal nicht äquivalent – nie äquivalent"
(gilt für zwei Zahlungsreihen bei exponentieller Verzinsung zum konstanten Zinssatz).

Um die Äquivalenz zweier Zahlungen überprüfen zu können, genügt es, beide Zahlungen auf **irgendeinen beliebigen Stichtag** auf-/ abzuzinsen und die so erhaltenen Zeitwerte zu vergleichen. Die Äquivalenz der beiden Zahlungen hängt dabei **nicht** vom gewählten Bezugstermin ab. Daraus folgt umgekehrt, dass zwei Kapitalbeträge, deren Zeitwerte bzgl. **eines** Termins **differieren**, auch zu **jedem anderen** Termin **unterschiedliche** Zeitwerte aufweisen.

Beispiel 2.2.10:

i) Aus Beispiel 2.2.8 wissen wir, dass die Beträge K = 100,-- €, fällig am 01.01.05, und K^* = 121,-- €, fällig am 01.01.07, bei 10% p.a. äquivalent sind. Beziehen wir beide Beträge z.B. auf den 01.01.20, so folgt mit i = 10% p.a.: $K_{20} = 100 \cdot 1{,}1^{15} = 121 \cdot 1{,}1^{13} = K^*_{20}$.

Die Äquivalenz beider Beträge bleibt erhalten, wie in Satz 2.2.9 postuliert.

ii) Sind die beiden Beträge K = 2.000,-- €, fällig am 01.01.2009, und K^* = 90.453,-- €, fällig am 01.01.2051, bei i = 10% p.a. äquivalent?

Wählt man als Stichtag z.B. den 01.01.08, so folgt:

$$K_{08} = 2.000 \cdot 1{,}1^{-1} = 1.818{,}18 \text{ € und } K^*_{08} = 90.453 \cdot 1{,}1^{-43} = 1.501{,}54 \text{ €},$$

also sind K und K^* **nicht** äquivalent, vielmehr repräsentiert K den höheren Wert.

Benutzt man dagegen einen Zinssatz von 9% p.a., so folgt:

$$K_{08} = 2.000 \cdot 1{,}09^{-1} = 1.834{,}86 \text{ € und } K^*_{08} = 90.453 \cdot 1{,}09^{-43} = 2.223{,}74 \text{ €},$$

so dass nun K^* höherwertig ist.

Bei 9,50% p.a. sind K und K^* äquivalent *(jeweils 1.826,48 € am Stichtag 01.01.08)*.

Bemerkung 2.2.11:

*i) Zwei **nicht** äquivalente Zahlungen K_t und K_t^* (= Werte am gemeinsamen Stichtag) haben zu **jedem** Zeitpunkt dasselbe **Wertverhältnis**, denn es gilt stets:*

$$\frac{K_t}{K_t^*} = \frac{K_t \cdot q^n}{K_t^* \cdot q^n} \quad .$$

*ii) Bezeichnet man die **Differenz** $K_0 - K_0^*$ zweier **nicht** äquivalenter Zahlungen am gemeinsamen Stichtag t = 0 mit D_0, so ergibt sich die entsprechende Differenz D_t zu irgendeinem **anderen** Bezugstermin t durch entsprechendes Auf-/Abzinsen von D_0 mit q^t:*

$$\boldsymbol{D_t} = K_t - K_t^* = K_0 \cdot q^t - K_0^* \cdot q^t = (K_0 - K_0^*) \cdot q^t = \boldsymbol{D_0 \cdot q^t} \quad .$$

***Beispiel:** Zwischen 1.500 € und 1.000 €, fällig am 01.01.06, besteht die Differenz D_0 = 500 €. Nach 12 Zinsjahren (i = 8% p.a.) lauten die Zeitwerte:*

$$1.500 \cdot 1{,}08^{12} = 3.777{,}26 \text{ €} \qquad \text{bzw.} \qquad 1.000 \cdot 1{,}08^{12} = 2.518{,}17 \text{ €} \; .$$

*Die Differenz beträgt somit **1.259,09 €**. Dasselbe Ergebnis liefert die Aufzinsung der ursprünglichen Differenz: $D_{12} = 500 \cdot 1{,}08^{12} = \mathbf{1.259{,}09}$ **€**.*

Mit Hilfe des Äquivalenzbegriffes ist es möglich, **mehrere** Zahlungen, die zu unterschiedlichen Zeitpunkten fällig sind, zu einem **einzigen Betrag zusammenzufassen.** Voraussetzung für jede Zusammenfassung *(Addition, Subtraktion)* von Zahlungen ist deren **Vergleichbarkeit**, die **nur** durch vorheriges Auf-/Abzinsen auf einen **gemeinsamen Bezugszeitpunkt** hergestellt werden kann, vgl. Satz 1.2.35. Auch für exponentielle Verzinsung / Zinseszinsen gilt daher:

Satz 2.2.12: Zwei *(oder mehr)* zu unterschiedlichen Zeitpunkten fällige Zahlungen dürfen **nur dann** zu einem *(zeitbezogenen)* **Gesamtwert** *(additiv und/oder subtraktiv)* zusammengefasst werden, wenn sie zuvor auf einen **gemeinsamen Bezugstermin** auf-/abgezinst wurden.

Beispiel 2.2.13: Es sei die „Summe" der Beträge 1.000,-- € *(01.01.06)* und 2.000,-- € *(01.01.09)* gesucht, i = 8% p.a.. Diese Frage hat nur Sinn, wenn für die Summenbildung ein Bezugstermin gebildet wird, z.B. der 01.01.11. Der entsprechende Gesamtwert K_{11} lautet:

$$K_{11} = 1.000 \cdot q^5 + 2.000 \cdot q^2 = 1.000 \cdot 1{,}08^5 + 2.000 \cdot 1{,}08^2 = 3.802{,}13 \text{ €}.$$

Soll der Gesamtwert K_{05} zum 01.01.05 gebildet werden, so braucht man lediglich den bekannten Gesamtwert K_{11} um 6 Jahre abzuzinsen:

$$K_{05} = K_{11} \cdot q^{-6} = (1.000q^5 + 2.000q^2) \cdot q^{-6} = 1.000 \cdot q^{-1} + 2.000 \cdot q^{-4} = 2.395{,}99 \text{ €}.$$

Man erhält also dieselbe Summe, als hätte man erneut die beiden Einzelzahlungen auf den 01.01.05 abgezinst und anschließend addiert.

Das im letzten Beispiel angesprochene Prinzip gilt für die Saldierung beliebiger Zahlungsreihen und ist besonders wichtig für die Rentenrechnung. Mit dem Umweg-Satz 2.2.2 folgt:

Satz 2.2.14: Ist eine **Zahlungsreihe** *(insbesondere eine Rente)* in **einem** Zeitpunkt zu einem **Gesamtwert** K zusammengefasst worden, so erhält man **jeden anderen Zeitwert** derselben Zahlungsreihe *(Rente)* durch **einmaliges** Auf-/Abzinsen des bereits ermittelten Gesamtwertes K.

Bemerkung 2.2.15: *Nach Satz 2.2.14 genügt die* ***einmalige*** *Ermittlung eines die Zahlungsreihe repräsentierenden Gesamtwertes. Für weitere Zeitwerte derselben Zahlungsreihe entfällt dann das erneute umständliche Auf-/Abzinsen sämtlicher Einzelzahlungen.*

Bemerkung 2.2.16: *Die erstmalige Zusammenfassung einer Zahlungsreihe zu einem Gesamtwert K_t in einem Zeitpunkt t erfolgt am einfachsten dadurch, dass jeder Betrag* ***einzeln*** *und unabhängig von den übrigen Zahlungen bis zum Stichtag auf-/abgezinst wird und erst zum* ***Schluss*** *die* ***Saldobildung*** *zum Gesamtwert erfolgt, vgl. Abb. 2.2.17a (sowie die Analogie zu linearen Verzinsung, Satz 1.2.20):*

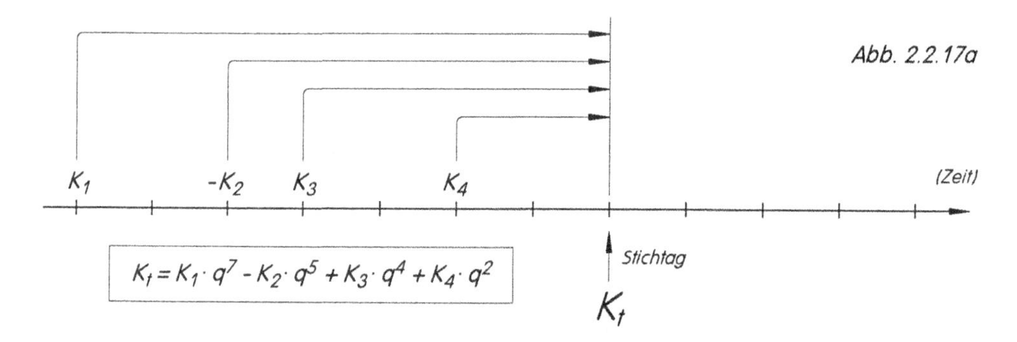

Umständlicher und vor allem bei vielen Einzelzahlungen erheblich unübersichtlicher – wenn auch nach Satz 2.2.2 korrekt – ist die sogenannte „Kontostaffel-Methode", die darin besteht, den jeweiligen Kontostand stets zunächst bis zum Wertstellungstermin der zeitlich folgenden Zahlung aufzuzinsen, den neuen Zwischensaldo durch Addition/ Subtraktion der fälligen Zahlung zu bilden, diesen wiederum bis zum nächsten Fälligkeitstermin aufzuzinsen usw.. In unserem Beispiel (Abb. 2.2.17a) führt dies zu folgendem Term: $K_t = (((K_1 \cdot q^2 - K_2) \cdot q + K_3) \cdot q^2 + K_4) \cdot q^2$. *Ausmultiplizieren bestätigt die Übereinstimmung beider Resultate.*

Soll nun der Wert der eben betrachteten Zahlungsreihe zu irgendeinem ***anderen*** *Zeitpunkt ermittelt werden, so genügt es nach dem Umweg-Satz 2.2.2, den bereits ermittelten Zeitwert* K_t ***einmalig*** *entsprechend auf- oder abzuzinsen, siehe die folgende Abb. 2.2.17b:*

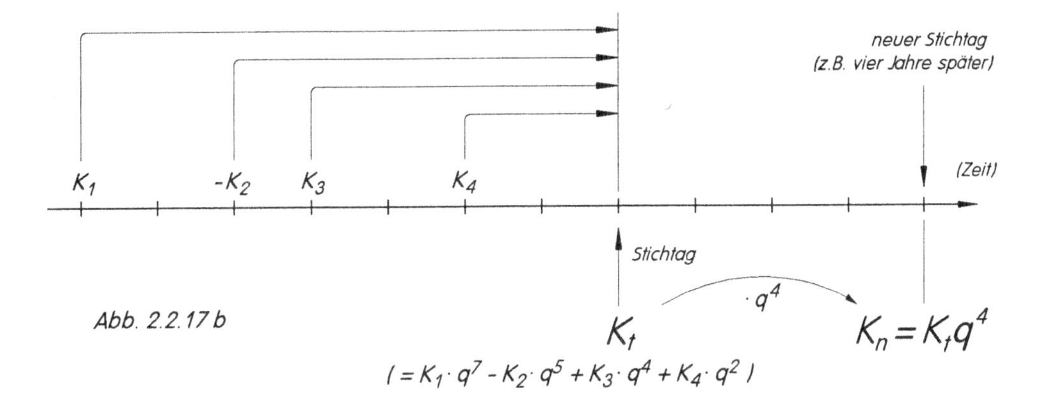

Abb. 2.2.17 b

Nach dem Umweg-Satz 2.2.2 bedeutet $K_t \cdot q^4$ *dasselbe, als hätte man jede Einzelzahlung um 4 Zinsperioden länger aufgezinst.*

Besonders bedeutsam für finanzpraktische Planungen ist die Frage, **unter welchen Bedingungen** eine Zahlung *(oder Zahlungsreihe)* zu einer anderen Zahlung *(oder Zahlungsreihe)* **äquivalent** ist.

So besteht etwa jede Finanzierung aus zeitlich transformierten Zahlungen *(heute Kredit, später Rückzahlungen usw.)*. Es ist daher das Problem zu lösen, in welcher Weise eine Kapital**leistung** *(z.B. Kreditsumme)* durch Kapital**gegenleistungen** *(z.B. Rückzahlungsraten)* in **äquivalenter** Höhe kompensiert werden können.

Ein anderes Beispiel etwa betrifft die Frage, unter welchen Bedingungen die **Ratenzahlungen** für den Kauf eines Wirtschaftsgutes **äquivalent** sind zum **Barverkaufspreis** *(Vergleich unterschiedlicher Zahlungsbedingungen)*. Die Lösung solcher Probleme erfolgt auch jetzt – analog zu Satz 1.2.35 – nach dem finanzmathematischen Äquivalenzprinzip. Benutzt man für die zeitliche Transformation der vorkommenden Zahlungen die *(reine)* Zinseszinsmethode (2.1.3), so erhält man den grundlegenden

Satz 2.2.18: (Äquivalenzprinzip der Finanzmathematik)

Zwei Zahlungsreihen *(Leistung / Gegenleistung* bzw. *Zahlungsreihe A / Zahlungsreihe B)* dürfen **nur dann**

- verglichen *(im Sinne der Äquivalenz)*
- addiert } *(„saldiert")*
- subtrahiert }

werden, wenn **zuvor** sämtliche vorkommenden Zahlungen *(mit Hilfe einer zuvor definierten oder vereinbarten Verzinsungsmethode/Kontoführungsmethode)* auf **einen und denselben Stichtag** auf- oder abgezinst wurden.

Der dabei verwendete Zinssatz heißt **Kalkulationszinssatz** oder *(im Falle der Äquivalenz)* **Effektivzinssatz** *(auch: Rendite (bei Wertpapieren) oder: Interner Zinssatz (bei Investitionen))*.

Bei Anwendung der *(reinen)* **Zinseszinsmethode**, siehe (2.1.3), gilt:

i) Der **Zeitwert K_t** *(zu einem gewählten Stichtag)* einer Zahlungs**reihe** $K_1, K_2, ..., K_x$ darf bei exponentieller Verzinsung ermittelt werden durch **getrenntes** Auf-/Abzinsen jeder Einzelzahlung *(zum gewählten Stichtag)* mit anschließender Saldobildung:

$$K_t = K_1 \cdot q^{n_1} + K_2 \cdot q^{n_2} + ... + K_x \cdot q^{n_x}$$

ii) Beim Auf-/Abzinsen einer Zahlung *(bzw. eines zuvor nach i) ermittelten Zeitwertes)* auf einen gewählten Stichtag dürfen **beliebige Verzinsungsstufen** oder **-umwege** gemacht werden:

$$K_t = K_0 \cdot q^t = K_0 \cdot q^{n_1} \cdot q^{n_2} \cdot ... \cdot q^{n_x} = K_0 \cdot q^{n_1 + n_2 + ... + n_x} \quad (\textit{sofern } t = n_1 + n_2 + ... + n_x)$$

iii) Sind Leistungen (L) und Gegenleistungen (GL) *(oder: Zahlungsreihe A und Zahlungsreihe B)* bezüglich **eines** Stichtages *(= Zinszuschlagtermin, Zinsverrechnungstermin)* **äquivalent**, so auch bezüglich eines **beliebigen anderen** Stichtages.

Die Äquivalenzgleichung L = GL ist daher für **jeden beliebig wählbaren Stichtag** *(sofern Zinsverrechnungstermin)* gleichermaßen geeignet, um festzustellen, ob oder unter welchen Bedingungen Leistung und Gegenleistung äquivalent sind.

(Somit ist bei Äquivalenzuntersuchungen „$L \overset{?}{=} GL$" mit Hilfe der (reinen) Zinseszinsrechnung der ***Stichtag beliebig*** *wählbar – im Gegenssatz zu linearer Verzinsung, vgl. Bem. 1.2.32.)*

iv) Derjenige nachschüssige Jahreszinssatz i, für den *(unter Beachtung der jeweils anzuwendenden Verzinsungs- und Kontoführungsmethode)* die Äquivalenzgleichung L = GL wahr wird, heißt **„effektiver Jahreszins"** *(Rendite, interner Zinssatz)* des zugrunde liegenden finanzwirtschaftlichen L/GL-Vorgangs *(z.B. Kredit, Investition, ...)*.[11]

In praktischen Anwendungsfällen wird man den **Bezugstermin** *(d.h. den Stichtag)* so wählen, dass die Rechnungen einfach sind oder gleichzeitig erwünschte Nebenresultate erhalten werden. *Eine für alle vorkommenden Fälle gültige Regelung existiert nicht !*

Das Äquivalenzprinzip

„Leistung = Gegenleistung"

führt stets auf eine mathematische Gleichung *(„Äquivalenzgleichung")* in mehreren Variablen. In der Regel ist der Wert einer dieser Variablen unbekannt *(z.B. die Höhe des Zinssatzes, die Laufzeit eines Betrages, die Anzahl der Raten einer Rente, die Höhe einer Rentenrate, ein Kapitalbetrag)* und muss durch Gleichungslösung ermittelt werden:

[11] Hierzu beachte man die Ausführungen in Fußnote 8 (Kap. 1, zu Def. 1.2.39).

Beispiel 2.2.19: Ein Schuldner muss am 01.01.06 und am 01.01.09 je 20.000,-- € zahlen. Er möchte stattdessen lieber vier nominell gleichhohe Zahlungen R am 01.01.07/08/10/13 leisten. Wie hoch ist jede der vier Raten *(exponentielle Verzinsung zu* $i = 9\%$*)*?

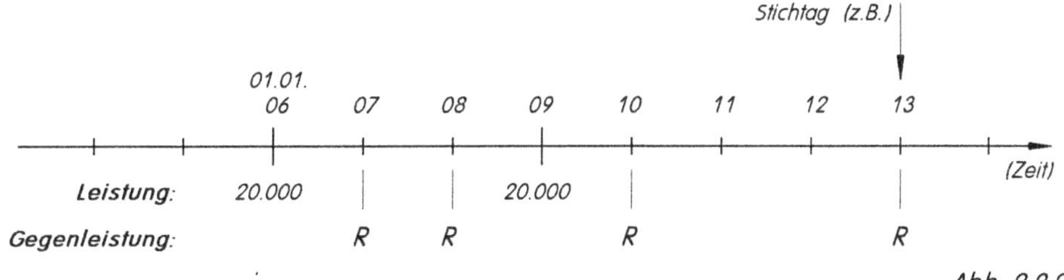

Abb. 2.2.20

Wählt man als Stichtag z.B. den 01.01.13 *(vgl. Abb. 2.2.20)*, so liefert das Äquivalenzprinzip die Äquivalenzgleichung

$$(*) \qquad \underbrace{20.000 \cdot q^7 + 20.000 \cdot q^4}_{\text{(aufgezinste Leistung)}} = \underbrace{R \cdot q^6 + R \cdot q^5 + R \cdot q^3 + R}_{\text{(aufgezinste Gegenleistung)}}$$

Klammert man R aus, so folgt durch Umformung *(mit* $q = 1,09$*)*:

$$R = \frac{20.000(q^7 + q^4)}{q^6 + q^5 + q^3 + 1} = 11.757,452 \text{ €}$$

i) Zur Kontrolle *(und zum Vergleich)* betrachten wir jetzt ein **Konto** *(Vergleichskonto oder Effektivkonto)*, das nur die Leistungen (+) und die Gegenleistungen (–) enthält und das mit dem o.a. Kalkulationszinssatz *(9% p.a.)* abgerechnet wird:

Jahr	Kontostand zu Jahresbeginn	Zinsen (9% p.a.) Ende des Jahres	Zahlung am Ende des Jahres	Kontostand zum Ende des Jahres
06	20.000,--	1.800,--	–11.757,45	10.042,55
07	10.042,55	903,83	–11.757,45	–811,07
08	–811,07	–73,--	20.000,--	19.115,93
09	19.115,93	1.720,43	–11.757,45	9.078,91
10	9.078,91	817,10		9.896,01
11	9.896,01	890,64		10.786,65
12	10.786,65	970,80	–11.757,45	**0,00**
13	**0**	*(Vergleichskonto zum Zahlungsstrahl Abb. 2.2.20)*		

Wie bei äquivalenten Zahlungsreihen nicht anders zu erwarten, heben sich am Ende Leistungen und Gegenleistungen *(bis auf eventuelle Rundungsfehler)* genau auf. Denselben Sachverhalt hatten wir bereits im Fall linearer Verzinsung feststellen können, siehe Beispiel 1.2.30 i).

Allgemein formuliert, lautet dies **Vergleichskonto-Prinzip**:

> Gegeben seien zwei Zahlungsreihen *(„Leistung" und „Gegenleistung")*. Wird ein Konto *(„Vergleichskonto" oder „Effektivkonto")*, das genau diese Leistungen (+) und Gegenleistungen (–) enthält, mit dem zur Äquivalenz führenden effektiven Zinssatz abgerechnet, so ergibt sich als **Endsaldo** *(bis auf evtl. Rundefehler)* stets **Null** *(m.a.W. das Vergleichskonto/Effektivkonto „geht stets auf")*.

ii) Wie in Satz 2.2.9 allgemein gezeigt, muss auch bei unserem Beispiel **jede andere Wahl des Stichtages dasselbe Resultat** *(d.h. dieselbe Ratenhöhe R)* ergeben. Dies soll noch einmal exemplarisch demonstriert werden durch Wahl des 01.01.06 *(=Tag der ersten Leistung)* als Stichtag. Mit q *(=1,09)* lautet dann die Äquivalenzgleichung *(alle Zahlungen außer der ersten müssen jetzt abgezinst werden)*:

$$\underbrace{20.000 + 20.000 \cdot q^{-3}}_{\text{(abgezinste Leistung)}} = \underbrace{R \cdot q^{-1} + R \cdot q^{-2} + R \cdot q^{-4} + Rq^{-7}}_{\text{(abgezinste Gegenleistung)}}$$

Multipliziert man nun diese Gleichung mit q^7, so ergibt sich genau die bereits oben erhaltene Äquivalenzgleichung (*) und somit dieselbe Ratenhöhe 11.757,45 €.

Bemerkung 2.2.21: *Die uneingeschränkte* ***Gültigkeit des Äquivalenzprinzips*** *bei exponentieller Verzinsung (Satz 2.2.18) beruht wesentlich auf der Tatsache, dass der Zeitwert einer Zahlungsreihe unabhängig von „Verzinsungsumwegen" ist (vgl. Satz 2.2.2). Dies wiederum gilt in voller Allgemeinheit nur unter folgenden (bisher stillschweigend vorausgesetzten)* ***Prämissen:***

i) Jeder verfügbare Kapitalbetrag wird – wenn erforderlich, beliebig lange – zum Kalkulationszinsfuß angelegt. Jeder zukünftig fällige Kapitalbetrag kann zu jedem früher gelegenen Zeitpunkt als Kredit in Höhe seines finanzmathematischen Barwertes aufgenommen werden. Dabei müssen ***Anlagezinssatz*** *(Habenzinssatz) und* ***Aufnahmezinssatz*** *(Sollzinssatz) stets identisch sein*[12]*. Werden nur aufgezinste Endwerte verwendet, ist diese Prämisse entbehrlich, siehe auch Bem. 1.2.29.*

ii) Die Höhe des verwendeten Auf-/Abzinsungs-Zinssatzes (Kalkulationszinssatzes) hängt ***nicht*** *von der Laufzeit oder Kapitalhöhe ab.*

iii) Auf-/Abzinsungsprozesse können ***beliebig weit*** *in Zukunft oder Vergangenheit erfolgen.*

iv) Auf-/Abzinsungsprozesse erfolgen mit Hilfe der (reinen) exponentiellen Verzinsung (reine Zinseszinsmethode) (vgl. dagegen Beispiel 2.2.5).

v) Stimmen dagegen (im Gegensatz zu Prämisse i)) Auf- und Abzinsungszinssätze ***nicht*** *überein, ist der Zeitwert K eines Betrages K_0 davon abhängig, auf welchem Wege der Bewertungsstichtag erreicht wurde.*

Beispiel: *Vorgegeben seien: $K_0 = 1.000,--$ €; $n = 10$ Jahre; $i_{auf} = 4\%$ p.a.; $i_{ab} = 10\%$ p.a. Dann ergeben sich für den aufgezinsten Zeitwert nach 10 Jahren je nach Umweg folgende Werte:*

ohne Umweg: $K_{10} = 1.000 \cdot 1{,}04^{10} = 1.480{,}24$ €

Umweg 1: $K_{10} = 1.000 \cdot 1{,}04^{15} \cdot 1{,}1^{-5} = 1.118{,}24$ €

Umweg 2: $K_{10} = 1.000 \cdot 1{,}04^{110} \cdot 1{,}1^{-100} = 5{,}42$ € (! ϟ?)

Bei real durchzuführenden Finanzierungen oder Investitionen ist daher vor (unkritischer) Anwendung des Äquivalenzprinzips zu prüfen, ob wechselnde Soll- und Habenzinssätze berücksichtigt werden müssen.

---

[12] Diese Prämisse kann als annähernd erfüllt gelten, wenn sich z.B. sämtliche Kapitalbewegungen auf einem Kontokorrentkonto ereignen und der Kontostand entweder stets positiv oder stets negativ ist, vgl. auch Bem. 1.2.29. Dasselbe gilt, wenn man alle Zahlungsbewegungen auf einem Kreditkonto/Tilgungsplan abwickelt, siehe Kap. 4.

Bemerkung 2.2.22: ***(Zeitzentrum einer Zahlungsreihe bei exponentieller Verzinsung)***

Analog zu Definition 1.2.53 lässt sich auch bei exponentieller Verzinsung das „Zeitzentrum" (oder: der mittlere Zahlungstermin) einer beliebigen Zeitreihe $K_1, K_2, ..., K_m$ definieren: Zahlt man nämlich die nominelle Summe $K := K_1 + K_2 + ... + K_m$ aller Einzelzahlungen in diesem „Zeitzentrum", so sind Zahlungsreihe und Einmalzahlung beim gegebenen Zinssatz äquivalent.

Die folgende Skizze (= Abb. 1.2.54) verdeutlicht den Sachverhalt: Am Stichtag gilt die Äquivalenzgleichung (jetzt bei Anwendung der exponentiellen Verzinsung):

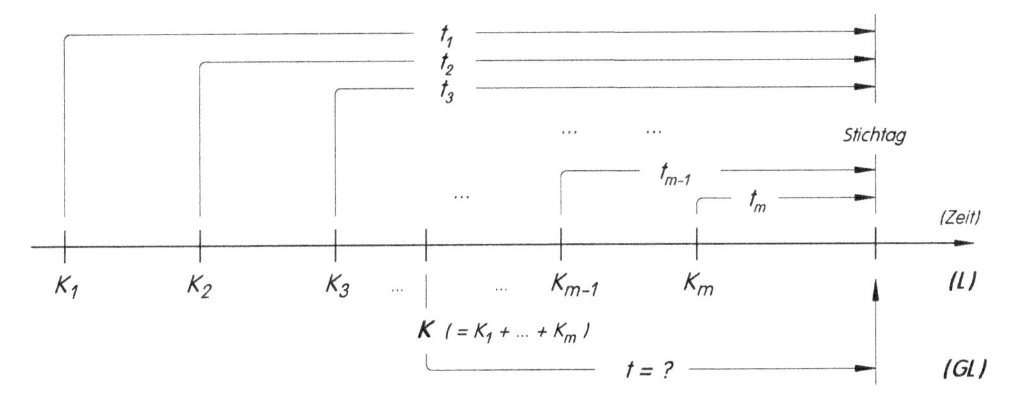

$$K_1 \cdot q^{t_1} + K_2 \cdot q^{t_2} + ... + K_m \cdot q^{t_m} = (K_1+K_2+...+K_m) \cdot q^t = K \cdot q^t \quad \Leftrightarrow$$

$$q^t = \frac{K_1q^{t_1} + K_2q^{t_2} + ... + K_mq^{t_m}}{K_1+K_2+ ... +K_m} \quad \Leftrightarrow \quad t = \frac{\ln (K_1q^{t_1}+K_2q^{t_2}+ ... +K_mq^{t_m}) - \ln (K_1+K_2+ ... +K_m)}{\ln q}$$

(t misst die Zeitspanne vom Zeitzentrum/mittleren Zahlungstermin bis zum (späteren) Stichtag.)

Beispiel 1: *Gegeben seien zwei gleich hohe Zahlungen K, zwischen denen genau n Zinsperioden liegen, siehe Skizze:*

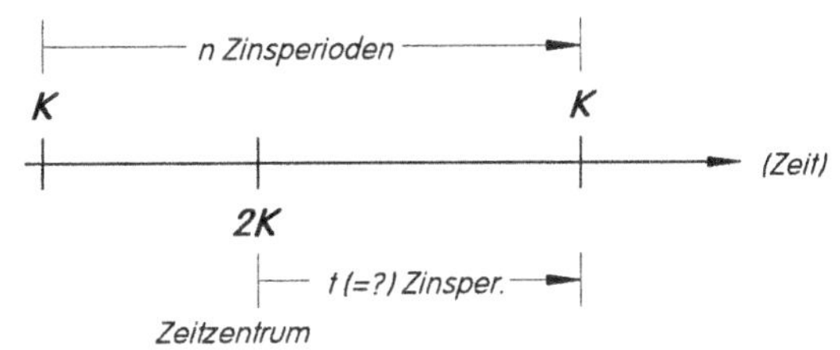

Die Frage nach dem ***Zeitzentrum*** *dieser beiden Zahlungen bedeutet: Wann muss die nominelle Summe (=2K) dieser beiden Beträge gezahlt werden, damit beide Zahlungsweisen (bei exponentieller Verzinsung) äquivalent sind?*

Gesucht ist also die Zeitspanne t (in Zinsperioden) zwischen Zeitzentrum und Fälligkeitstermin der letzten Zahlung, siehe Skizze. Mit dem Periodenzinssatz i und $q = 1+i$ lautet die Äquivalenzgleichung:

$$2K \cdot q^t = K \cdot q^n + K \quad \Leftrightarrow \quad 2q^t = q^n + 1 \qquad \text{d.h.} \qquad t = \frac{\ln 0{,}5(q^n+1)}{\ln q}$$

Liegen also etwa die beiden Zahlungen 10 Jahre auseinander, so folgt mit (z.B.) 8,57% p.a.

$$t = \frac{\ln 0{,}5(1{,}0857^{10}+1)}{\ln 1{,}0857} = 6{,}00 \;,$$ *d.h. das Zeitzentrum liegt 4 Jahre nach der ersten Zahlung.*

Beispiel 2: *Die Beträge 4000€, 3000€, 2000€ und 1000€ sollen wie aus folgender Skizze ersichtlich gezahlt werden. Zwischen je zwei benachbarten Zahlungen liege genau ein Jahr (= 1 Zinsperiode), Zinssatz i = 10% p.a., d.h. q = 1,10:*

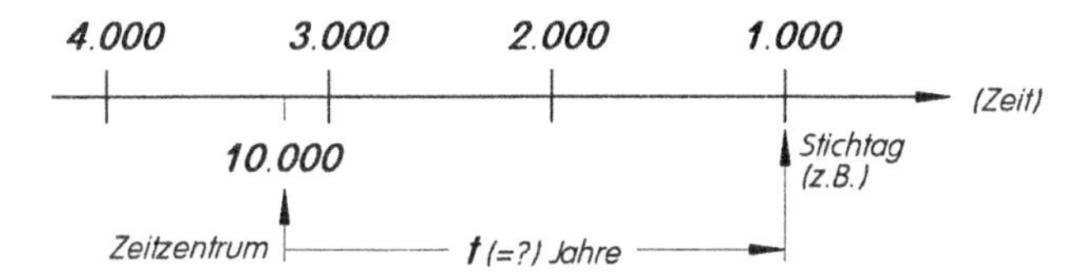

Wählt man als Stichtag etwa den Tag der letzten Zahlung, so lautet die Äquivalenzgleichung:

$$10.000q^t = 4.000q^3 + 3.000q^2 + 2.000q + 1.000$$ *d.h. für das Zeitzentrum gilt:*

$$t = \frac{\ln\,(0{,}4q^3+0{,}3q^2+0{,}2q+0{,}1)}{\ln q} = 2{,}0467 \text{ Jahre vor dem Stichtag.}$$

Aufgabe 2.2.23:

i) Zwei Kapitalbeträge sind vorgegeben: 10.000,-- €, fällig am 01.01.09, und 8.000,-- €, fällig am 01.01.06.

a) Welche Zahlung hat den höheren Wert bei **a1)** 8% p.a. **a2)** bei 7% p.a.?

b) Bei welchem Zinssatz haben beide Zahlungen denselben Wert?

ii) Zwei Zahlungsreihen A, B sind gegeben *(Zahlungszeitpunkte in Klammern, 1 ZE ≙ 1 Jahr)*
A: 1.000 *(t = 0)*; 2.000 *(t = 2)*; 5.000 *(t = 6)*
B: 1.500 *(t = 1)*; 1.000 *(t = 3)*; 3.000 *(t = 4)*; 2.000 *(t = 5)*

a) Welche Zahlungsreihe repräsentiert den höheren Wert bei **a1)** 10% p.a. **a2)** 20% p.a.?

b) Bei welchem (eff.) Zinssatz sind beide Zahlungsreihen äquivalent? *(Näherungsverfahren!)*[13]

iii) Man ermittle den Gesamtwert folgender Zahlungsreihe am Tag der letzten sowie am Tag der ersten Zahlung:

10.000 *(01.01.06)*; 30.000 *(01.01.08)*; 40.000 *(01.01.09)*; 50.000 *(01.01.12)*; 70.000 *(01.01.17)*.

Zinssätze: 7% p.a. bis zum 31.12.07, danach 10% p.a. bis zum 31.12.08, danach 8% p.a.

iv) Ein Arbeitnehmer soll am 31.12.15 eine Abfindung in Höhe von 100.000,-- € erhalten. Er möchte stattdessen drei nominell gleichhohe Beträge am 01.01.07, 01.01.09, 01.01.12 erhalten. Welchen Betrag kann er *(bei i = 6% p.a.)* jeweils erwarten?

v) Beim Verkauf eines Grundstücks gehen folgende Angebote ein:

I) 20.000,-- € sofort, 20.000,-- € nach 2 Jahren, 30.000,-- € nach weiteren 3 Jahren.
II) 18.000,-- € sofort, 15.000,-- € nach 1 Jahr, 40.000,-- € nach weiteren 5 Jahren.

a) Welches Angebot ist für den Verkäufer bei i = 8% p.a. am günstigsten?

b) Bei welchem effektiven Jahreszinssatz sind beide Angebote äquivalent? *(Näherungsverfahren, vgl. letzte Fußnote)*

vi) Ein Schuldner muss jeweils 10.000,-- € am 01.01.05, am 01.01.10 und am 01.01.15 zahlen. Zu welchem Termin könnte er stattdessen auf äquivalente Weise die nominelle Gesamtsumme *(d.h. 30.000,-- €)* auf einmal zahlen? *(i = 13,2% p.a.)*

---

[13] Vgl. Kap. 5.1. oder [Tie3] Kap. 2.4. bzw. Kap. 5.4.

Aufgabe 2.2.24:

Ein Investitionsvorhaben *(Kauf einer Maschine)* erfordere heute den Betrag von 100.000,-- €.

Die jährlichen Einzahlungsüberschüsse aus diesem Projekt werden wie folgt geschätzt:

Ende 1. Jahr: 10.000,-- €;
Ende 2. Jahr: 20.000,-- €;
Ende 3. Jahr: 30.000,-- €;
Ende 4. Jahr: 30.000,-- €;
Ende 5. Jahr: 15.000,-- €.

Am Ende des 5. Jahres kann die Maschine zu 20% des Anschaffungswertes veräußert werden.

i) Soll die Maschine gekauft werden, wenn alternative Investitionen eine Verzinsung von 8% p.a. garantieren?

ii) Die Maschine könnte stattdessen auch gemietet werden. Die Nutzung auf Mietbasis erfordert für 5 Jahre Mietzahlungen in Höhe von 20.000,-- €/Jahr *(jeweils fällig am Ende eines jeden Nutzungsjahres)*.

Soll die Maschine gekauft oder gemietet werden bei **a)** 8% p.a. **b)** 6% p.a. **c)** 4% p.a.?

Aufgabe 2.2.25:

i) Zwei Zahlungen sind wie folgt fällig: 20.000,-- € am 01.01.05 (0^{00} Uhr !) sowie 14.000,-- € am 31.12.01 (24^{00} Uhr !).

a) Welche Zahlung hat den höheren Wert? **a1)** 8% p.a. **a2)** 20% p.a..

b) Bei welchem Zinssatz haben beide Zahlungen denselben Wert?

ii) Welchen einmaligen Betrag muss Huber am 01.01.04 zahlen, um eine Schuld abzulösen, die aus drei nominell gleichhohen Zahlungen zu je 20.000 € besteht, von denen die erste am 01.01.05, die zweite am 01.01.08 und die letzte am 01.01.14 fällig ist? *(i = 10% p.a.)*

iii) Huber leiht sich von seinem Freund Moser 100.000,-- €. Als Gegenleistung möchte Moser nach einem Jahr 60.000,-- € und nach einem weiteren Jahr 70.000,-- €.

Welchem *(positiven)* effektivem Zinssatz entspricht dieser Kreditvorgang?

iv) Huber kann sich endlich ein Auto leisten! Den von ihm in die engere Wahl gezogene Porcedes GTXSL 4712i Turbo kann er wie folgt bezahlen: Anzahlung: 30.000,-- €, nach einem Jahr zweite Zahlung 20.000,-- €, Restzahlung 50.000,-- € nach weiteren 2 Jahren.

Wie hoch ist der Barverkaufspreis am Erwerbstag, wenn der Händler mit 18% p.a. kalkuliert?

v) Man ermittle den Gesamtwert der folgenden Zahlungsreihe am Tag der letzten Zahlung (d.h. am 31.12.10): *(in Klammern: Fälligkeitstermin der jeweiligen Zahlung)*

20.000,-- € *(01.01.00)*;
60.000,-- € *(31.12.02)*;
80.000,-- € *(01.01.03)*;
100.000,-- € *(01.01.06)*;
140.000,-- € *(31.12.10)*.

a) Zinssatz 9% p.a. durchgehend;

b) Zinssätze: 7% p.a. bis incl. 31.12.02, danach 10% p.a. bis incl. 31.12.04, danach 8% p.a.

Aufgabe 2.2.26:

i) Huber muss an das Finanzamt die folgenden Steuernachzahlungen leisten:

Am 01.01.04 € 50.000,--, am 01.01.07 € 70.000,--. Stattdessen vereinbart er mit dem Finanzamt als *(äquivalente)* Ersatzzahlungen: 4 gleichhohe Zahlungen (Raten) jeweils am 31.12.04/ 05/ 06/ 09.

Wie hoch ist jede der vier Raten? *(i = 8% p.a.)*

ii) Huber braucht einen Kredit. Welche Kreditsumme wird ihm seine Hausbank am 01.01.05 auszahlen, wenn er bereit ist, als Rückzahlung – beginnend am 01.01.08 – 5 Jahresraten zu je 50.000,-- € zu leisten? *(Die Bank rechnet mit einem Kreditzinssatz von 15% p.a.)*

iii) Huber könnte einen Kredit entweder bei der A-Bank oder bei der B-Bank aufnehmen. *(In beiden Fällen dieselbe Kreditsumme!)*

Die A-Bank verlangt als Rückzahlung: Nach einem Quartal: 100.000,-- €, nach einem weiteren Quartal 50.000,-- € und nach zwei weiteren Quartalen 180.000,-- €.

Die B-Bank verlangt als Rückzahlung nach einem Jahr 200.000,-- €, nach einem weiteren halben Jahr 80.000,-- € und nach drei weiteren Quartalen 90.000,-- €.

Huber rechnet stets mit einem Quartalszinssatz von 4% p.Q. *(und mit vierteljährlichen Zinseszinsen, die Zinsperiode beginne bei Kreditauszahlung)*.

Welches Kreditangebot sollte Huber annehmen?

iv) Huber nimmt einen Kredit bei der Moser-Bank in Höhe von 200.000,-- € auf und vereinbart die folgenden Rückzahlungen: Nach einem Jahr: 40.000,-- € und nach einem weiteren Jahr eine Schlusszahlung in Höhe von 240.000,-- €.

a) War Huber mit diesem Kredit gut beraten, wenn er bei der Shark-Kreditbank denselben Kredit *(200.000,-- €)* zu einem Zinssatz von 18% p.a. erhalten hätte?
Dabei unterstellen wir folgende Rückzahlungen an die Shark-Kreditbank: Nach einem Jahr 40.000 € *(wie bei der Moser-Bank)* und nach einem weiteren Jahr eine Schlusszahlung, die genau der noch vorhandenen Restschuld *(bei 18% p.a. Zinseszinsen)* entspricht.

b) Zu welchem Effektivzinssatz *(d.h. Jahreszinssatz, der zur Äquivalenz führt)* hat Huber den Kredit bei der Moser-Bank erhalten?

2.3 Unterjährige Verzinsung

2.3.1 Diskrete unterjährige Verzinsung

In der Praxis hat man es häufig mit Verzinsungsmodalitäten nach folgendem Muster zu tun:

Beispiel 2.3.1: Eine Bank gibt für die Verzinsung eines Kapitals einen *(nominellen)* Jahreszinssatz i an *(z.B. i = 6% p.a.)*. Der **Zinszuschlag** erfolge dabei allerdings **nicht jährlich**, sondern **unterjährig**, z.B. nach jedem Quartal und zwar zu einem zeitproportionalen Quartalszinssatz i_Q, der von der Bank – da das Jahr vier Quartale hat – als vierter Teil des Jahreszinssatzes angegeben wird:

$$i_Q = \frac{i}{4} \qquad \textit{(im Beispiel: } i_Q = 0{,}06:4 = 1{,}5\%\ p.Q.\textit{)}.$$

i) Bei durchgehend *linearer* Verzinsung führen 1,5% p.Q. wiederum auf einen tatsächlichen *(effektiven)* Jahreszins von $4 \cdot 1{,}5\% = 6\%$. Da im vorliegenden Fall aber die **Zinseszins**methode **innerhalb** des Jahres angewendet werden soll, wachsen z.B. 100,-- €, zu Beginn des Jahres angelegt, nach 4 Quartalen (= 1 Jahr) auf $100 \cdot 1{,}015^4 = 106{,}14$ € an, ergeben also am Jahresende einen um **effektiv** 6,14% p.a. höheren Wert *(und **nicht** etwa – wie man aus dem angekündigten **nominellen** Jahreszins schließen könnte – einen um 6% p.a. höheren Wert !)*

ii) Umgekehrt führt die Frage, welchen Quartalszinssatz i_Q die Bank anwenden müsste, um bei unveränderten Zinszuschlagterminen am Jahresende einen **effektiv** um 6% höheren Wert zu erhalten, auf die folgende **Äquivalenzbeziehung**:

$$100 \cdot (1 + i_Q)^4 = 106 \qquad \Rightarrow \qquad i_Q = 1{,}06^{0{,}25} - 1 = 1{,}46738\%\ p.Q.$$

Die Bank müsste also einen nominellen Jahreszins von $4 \cdot 1{,}46738 \approx 5{,}8695\%$ p.a. angeben, um bei vierteljährlichem Zinszuschlag zum zeitproportionalen Quartalszins i_Q (= 1,46738% p.Q.) eine effektive jährliche Verzinsung von 6% p.a. zu gewähren.

Das letzte Beispiel zeigt, dass **nominelle** und **effektive** Verzinsung bei unterjährigem Zinszuschlag **differieren** können. Wir wollen das Problem der unterjährigen Verzinsung verallgemeinern:

Das Jahr möge aus m *($m \in \mathbb{N}$)* gleichlangen unterjährigen Zinsperioden bestehen, d.h. eine Zinsverrechnung finde nach jeweils $\frac{1}{m}$ Jahr statt, vgl. Abb. 2.3.2:

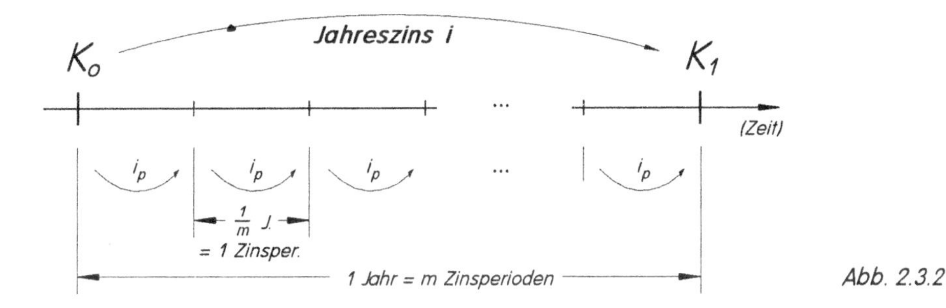

Abb. 2.3.2

Der tatsächlich **zur Anwendung** kommende unterjährige Periodenzinssatz sei i_p. Dann gilt für den **Endwert** eines Kapitals nach der Zinseszinsformel (2.1.3):

(2.3.3) $K_1 = K_0 \cdot (1 + i_p)^m$ nach **1 Jahr** *(= m Zinsperioden)*

(2.3.4) $K_t = K_0 \cdot (1 + i_p)^{m \cdot t}$ nach **t Jahren** *(= m · t Zinsperioden)*.

Beispiel 2.3.5: Es sei monatlicher Zinszuschlag gegeben, d.h. m = 12. Ein Kapital von 1.000,-- € wächst bei monatlichen Zinseszinsen von $i_p = 1\%$ p.M. an auf:

$K_1 = 1.000 \cdot (1 + 0{,}01)^{12} = 1.126{,}83$ € nach einem Jahr – und auf

$K_t = 1.000 \cdot 1{,}01^{105} = 2.842{,}79$ € nach $8\frac{3}{4}$ Jahren *(= 105 Monaten)*.

Je nachdem, in welcher Weise der tatsächlich angewendete unterjährige Zinssatz i_p in Relation zu seinem „entsprechenden" Jahreszinssatz i steht, unterscheidet man folgende Begriffe *(vgl. auch Beispiel 2.3.1)*:

Def. 2.3.6: (nomineller/relativer Zinssatz)

Das Zinsjahr bestehe aus m gleichlangen unterjährigen Zinsperioden, der **Zinszuschlag** erfolge nach **je $\frac{1}{m}$ Jahr** *($m \in \mathbb{N}$)*, vgl. Abb. 2.3.2.

Wird der angewendete **unterjährige Periodenzinssatz** i_p zeitproportional als **m-ter Teil** des (angekündigten) Jahreszinssatzes i ermittelt, d.h. gilt

$$i_p = \frac{i}{m} \quad \text{bzw.} \quad i = m \cdot i_p$$

so heißen

i: **nomineller Jahreszinssatz** (i_{nom})
i_p: **relativer unterjähriger Periodenzinssatz** (i_{rel})

Zwischen nominellem Jahreszinssatz i_{nom} und relativem unterjährigem Zinssatz i_{rel} bestehen also die definitorischen Beziehungen

(2.3.7) $$i_{rel} = \frac{i_{nom}}{m} \quad \text{bzw.} \quad i_{nom} = m \cdot i_{rel}$$.

Dabei liefert m-maliges Aufzinsen mit i_{rel} einen anderen Endwert als einmaliges Aufzinsen mit i_{nom}, d.h. i_{rel} und i_{nom} liefern *(bei gleicher Gesamt-Verzinsungsdauer)* **nicht**äquivalente Werte.

Nach (2.3.4) ergibt sich für den **Endwert** K_t eines Anfangskapitals K_0 nach t Jahren bei Vorliegen des **nominellen** Jahreszinssatzes i_{nom} und bei **m-maligem unterjährigen Zinszuschlag** zum **relativen** Periodenzins $i_{rel} = \frac{i_{nom}}{m}$:

(2.3.8) $$K_t = K_0 \cdot \left(1 + \frac{i_{nom}}{m}\right)^{m \cdot t}$$.

Beispiel 2.3.9: In den Bedingungen eines Kreditvertrages kann es *(sinngemäß)* heißen:

„Der Jahreszinssatz beträgt 18% p.a., die anteiligen Zinsen werden nach Ablauf eines jeden Quartals nach der zu Beginn des Quartals vorhandenen Schuld ermittelt und dem Kreditkonto belastet."

Auch wenn es diesem Text nicht wörtlich zu entnehmen ist: Gemeint ist, dass nach jedem Quartal der zu i_{nom} = 18% p.a. *relative* Quartalszins $i_{rel} = \frac{0{,}18}{4} = 4{,}5\%$ p.Q. zur Anwendung kommen soll. Eine Schuld von *(z.B.)* 100.000,-- € wächst somit – falls keine zwischenzeitlichen Tilgungen erfolgen – in einem Jahr an auf

$$K_1 = 100.000 \cdot 1{,}045^4 = 119.251{,}86 \text{ €} \qquad (d.h.\ i_{eff} = 19{,}25\%\ p.a.\ (!) > 18.00\%\ p.a.)$$

entsprechend in 5 Jahren auf

$$K_5 = 100.000 \cdot 1{,}045^{20} = 241.171{,}40 \text{ € usw.}$$

Hätte man stattdessen die Anfangsschuld (= 100.000) zum angekündigten *(nominellen)* Jahreszins 18% p.a. bei jährlichem Zinszuschlag verzinst, lauteten die entsprechenden – nunmehr deutlich geringeren – Endwerte:

$$K_1 = 100.000 \cdot 1{,}18 = 118.000{,}\text{-- € bzw.}$$
$$K_5 = 100.000 \cdot 1{,}18^5 = 228.775{,}78 \text{ €.}$$

An diesem Beispiel erkennt man erneut, dass eine **unterjährige Zinsverrechnung** zum **zeitproportionalen** *(relativen)* Zinssatz Widersprüchlichkeiten und **Inkonsistenz** der Endwerte hervorruft. Für eine logisch einwandfreie und widerspruchsfreie finanzmathematische Vorgehensweise ist daher die in Def. 2.3.6 beschriebene Methode der unterjährigen Linearisierung von Zinssätzen bei unterjährigem Zinszuschlag nicht geeignet.

Die Tatsache, dass dennoch diese *(zu Widersprüchlichkeiten führende)* Linearisierung im Finanzalltag gang und gäbe ist, beweist allenfalls ein gewisses Beharrungsvermögen des Geldgewerbes und den weitverbreiteten menschlichen Hang zum linearen, proportionalen Denken *(und zwar auch dann, wenn dies zu unsinnigen Resultaten führt)*.[14]

Eine konsistente, widerspruchsfreie Beziehung zwischen Jahreszinssatz i und unterjährigem Verrechnungszinssatz i_p muss aus gleichen Anfangswerten gleiche Endwerte K_t garantieren, unabhängig davon, in wieviele *(= m)* Teilperioden *(jeweils zum Zinssatz i_p)* das Zinsjahr unterteilt wird. Es muss daher bei Aufzinsung von K_0 um t Jahre *(= m · t Teilperioden)* gelten

- **einerseits** *(bei jährlicher Verzinsung zu i)*: $K_t = K_0(1+i)^t$
- **andererseits** *(bei m-maliger unterjähriger Verzinsung zu i_p)*: $K_t = K_0(1+i_p)^{m \cdot t}$, m.a.W.

$$K_0(1+i_p)^{m \cdot t} \overset{!}{=} K_0(1+i)^t \text{ , d.h.}$$

(2.3.10)
$$\boxed{(1+i_p)^m \overset{!}{=} 1+i} \text{ .}$$

[14] Vgl. Kap. 5.4 oder [Tiel] 62ff.

Wird auf diese Weise **Äquivalenz** zwischen **jährlicher** und m-maliger **unterjähriger Verzinsung** hergestellt, bezeichnet man Jahreszins i und unterjährigen Zins i_p mit eigenen Begriffen:

Definition 2.3.11: (effektiver/konformer Zinssatz)

Das Zinsjahr bestehe aus m gleichlangen unterjährigen Zinsperioden, der **Zinszuschlag** erfolge nach **je $\frac{1}{m}$ Jahr** *($m \in \mathbb{N}$)*, vgl. Abb. 2.3.2.

Wird der angewendete unterjährige Periodenzinssatz i_p aus dem entsprechenden Jahreszinssatz i so ermittelt, dass die Kapitalendwerte K_t unabhängig vom Verzinsungsvorgang äquivalent sind, d.h. zwischen i und i_p die Beziehung (2.3.10): $(1 + i_p)^m = 1 + i$ gilt, so heißen

i: **effektiver**[15] Jahreszinssatz (i_{eff})

i_p: **konformer** unterjähriger Zinssatz (i_{kon}).

Zwischen dem effektiven Jahreszins i_{eff} und dem *(zur Äquivalenz führenden)* konformen *(unterjährigen)* Zinssatz i_{kon} besteht also die **Äquivalenzbeziehung:**

(2.3.12)
$$(1 + i_{kon})^m = 1 + i_{eff}$$

Beispiel 2.3.13:

Die im Beispiel 2.3.1 behandelten Fälle lassen sich mit den Begriffsbildungen nominell/relativ (Def. 2.3.6) bzw. effektiv/konform (Def. 2.3.11) wie folgt beschreiben:

i) Gegeben sei der *nominelle* Jahreszinssatz $i_{nom} = 6\%$ p.a. Die Zinsverrechnung erfolge vierteljährlich zum *relativen* Quartalszinssatz $i_Q = i_{rel} = \frac{i_{nom}}{4} = 1{,}5\%$ p.Q.

Bei vierteljährlichem Zinszuschlag zu 1,5% p.Q. ergibt sich der *(zur Äquivalenz der Endwerte führende)* effektive Jahreszins nach (2.3.12) aus der Gleichung

$$1 + i_{eff} = 1{,}015^4 = 1{,}0614 \quad \text{d.h.} \quad i_{eff} = 6{,}14\% \text{ p.a.}$$

Somit ist der Quartalszins 1,5% p.Q. *konform* zum *effektiven* Jahreszins 6,14% p.a.
(und *relativ* zum *nominellen* Jahreszins 6,00% p.a.)

ii) Ist der *effektive* Jahreszins i_{eff} mit 6% p.a. vorgegeben, so liefert die Äquivalenzbeziehung (2.3.12) für den *konformen* Quartalszins i_{kon} (= i_Q):

$$(1 + i_{kon})^m = 1 + i_{eff} \quad \text{d.h.} \quad (1 + i_{kon})^4 = 1{,}06 \quad \text{und daraus}$$

$$i_{kon} = 1{,}06^{0,25} - 1 = \sqrt[4]{1{,}06} - 1 = 1{,}46738\% \text{ p.Q.}$$

Der sich daraus durch Multiplikation mit m *(= 4)* ergebende Jahreszins 5,8695% p.a. ist dann *(wegen (2.3.7))* der zu 1,46738% p.Q. *nominelle* Jahreszins, $i_Q = 1{,}46738\%$ p.Q. der dazu *relative* Quartalszinssatz.

---

[15] Vgl. auch Satz 2.2.18 iv).

Wir sind nun in der Lage, das **Zinseszinsgesetz** (2.1.3) auch für **gebrochene Exponenten** zu interpretieren *(vgl. Abb. 2.1.5: Dort hatten wir bereits im Vorgriff auf dieses Kapitel gehandelt und den Graph des Zinseszinsgesetzes für nicht-ganzzahlige Exponenten angegeben)*:

Beispiel 2.3.14:

Wir betrachten ein aus 365 Zinstagen bestehendes Zinsjahr, die Zinsverrechnung erfolge täglich *(d.h. die Zinsperiode beträgt einen Tag, m = 365)*.

Vorgegeben sei ein *(effektiver)* Jahreszins von 16% p.a., daraus errechnet sich der konforme Tageszins i_{kon} (nach (2.3.12))

(*) $$(1 + i_{kon})^{365} = 1{,}16 \quad \Rightarrow \quad 1 + i_{kon} = 1{,}16^{\frac{1}{365}}$$

d.h. $$i_{kon} = 0{,}0406713\% \text{ p.d.}$$

Ein Anfangskapital K_0 *(z.B. = 100,-- €)* wächst z.B. in 115 Tagen an auf

(**) $$K_{(115)} = 100 \cdot (1 + i_{kon})^{115} = 100 \cdot 1{,}000406713^{115} = 104{,}7873 \text{ €}.$$

Genausogut hätte man die „gewöhnliche" Zinseszinsformel (2.1.3) mit dem effektiven Jahreszins 16% und dem gebrochenen Exponenten $n = \frac{115}{365}$ verwenden können, denn aus (*), (**) folgt:

$$K_{(115)} = 100 \cdot (1 + i_{kon})^{115} = 100 \cdot (1{,}16^{\frac{1}{365}})^{115} = 100 \cdot 1{,}16^{\frac{115}{365}} \qquad (= 104{,}7873 \text{ € wie eben}).$$

Allgemein: Wird K_0 um t *(unterjährige)* Perioden aufgezinst *(wobei ein Jahr m solcher Perioden besitzt, in jeder Teilperiode werde der zum effektiven Jahreszins i_{eff} konforme Zins i_{kon} angewendet)*, so folgt für das Endkapital K_t wegen (2.3.12)

$$(1 + i_{kon})^m = 1 + i_{eff}, \quad \text{d.h.} \quad 1 + i_{kon} = (1 + i_{eff})^{\frac{1}{m}} \text{ sofort:}$$

(2.3.15) $$\boxed{K_t = K_0(1 + i_{kon})^t = K_0(1 + i_{eff})^{\frac{t}{m}}} \quad .$$

Damit ergibt sich für das **exponentielle Aufzinsen mit nicht-ganzzahligen Laufzeiten** folgende Interpretation aus der Beziehung (2.3.15):

> Wird das Kapital K_0 zum effektiven Jahreszins i *(= i_{eff})* sowie mit dem **„gebrochenen Exponenten"** $\frac{t}{m}$ *(wobei 1 Jahr = m Zinsperioden)* aufgezinst, so wird K_0 zum **konformen** unterperiodischen Zins i_{kon} für t Teilperioden aufgezinst.
>
> Anders *(und etwas salopp)* ausgedrückt: Auf- und Abzinsen mit **„gebrochenen"** Exponenten zu 1+i ist wie eine Verzinsung mit dem *(zu i)* **konformen** *(unterjährigen)* Zinssatz.
>
> Da man die unterjährigen Teilperioden beliebig klein machen kann, hat die Zinseszinsformel (2.1.3) auch für beliebige *(gebrochene)* Exponenten n ($\in \mathbb{Q}$) einen *(ökonomischen)* Sinn, siehe Beispiele 2.3.14 und 2.3.15b.

Beispiel 2.3.15b: Ein Kapital $K_0 = 200.000€$ soll bei $i_{eff} = 10\%$ p.a. 9 Monate konform aufgezinst werden.

Ergebnis: $K_t = K_0 \cdot 1{,}1^{0{,}75}$ *(= 214.819,90 €).*

Beweis: Der zu 10% p.a. konforme Monatszinsfaktor $1+i_m$ ergibt sich über:

$$(1+i_m)^{12} = 1{,}10$$

$$\text{zu } 1+i_m = 1{,}1^{\frac{1}{12}}.$$

9-monatiges Aufzinsen liefert: $K_t = K_0 \cdot (1+i_m)^9 = (1{,}1^{\frac{1}{12}})^9 = K_0 \cdot 1{,}1^{0{,}75}$, wie behauptet.

Bemerkung 2.3.16: *Die vorstehenden Definitionen gelten sinngemäß auch für Basiszinsperioden, die größer oder kleiner als ein Jahr sind.*

i) ***Beispiel:*** *Sei $i = 9\%$ p.H. ein Halbjahreszins, Zinszuschlag halbjährig. Dann erhält man den entsprechenden relativen Monatszinssatz zu $i_{rel} = \frac{9\%}{6} = 1{,}5\%$ p.M. (keine Äquivalenz zu 9% p.H. bei monatlichem Zinszuschlag zu 1,5% !)*

Den zu 9% p.H. konformen Monatszins i_{kon} (bei monatlichem Zinszuschlag) erhält man nach (2.3.12) durch

$$(1 + i_{kon})^6 = 1{,}09 \quad \Rightarrow \quad i_{kon} = \sqrt[6]{1{,}09} - 1 = 1{,}4467\% \text{ p.M.}$$

ii) ***Beispiel:*** *Bei $i = 8\%$ p.a. ergibt sich nach (2.3.12) ein äquivalenter[16] 3-Jahres-Zins $i_{äqu}$ (Zinsperiode: 3 Jahre) wie folgt:*

$$(1 + 0{,}08)^3 = 1{,}2597 = 1 + i_{äqu} \quad \Rightarrow \quad i_{äqu} = 25{,}97\% \text{ für 3 Jahre.}$$

Umgekehrt repräsentiert dann $i = 8\%$ p.a. den zu 25,97% p.3a. konformen Jahreszins. Der Endwert eines Kapitals K_0 nach drei Jahren ergibt sich somit entweder über einen dreimaligen Zinseszinsprozess zu 8% p.a. oder – äquivalent – durch einmalige Verzinsung zu 25,97% p.3a.

Aufgabe 2.3.17:

i) Man berechne den Endwert eines heute wertgestellten Kapitals von 100.000,-- € nach Ablauf von 20 Jahren. Der nominelle Jahreszins betrage 12% p.a. Folgende Verzinsungskonditionen sollen unterschieden werden *(unterjährig kommen relative Zinsen zur Anwendung)*:

a) jährlicher Zinszuschlag
b) halbjährlicher Zinszuschlag
c) vierteljährlicher Zinszuschlag
d) monatlicher Zinszuschlag
e) täglicher Zinszuschlag

Man ermittle weiterhin für jede Kondition den effektiven Jahreszins. *(1 Jahr = 360 Zinstage)*

ii) Man beantworte i), wenn der effektive Jahreszins mit 12% p.a. vorgegeben ist und unterjährig der konforme Zinssatz *(bitte jeweils angeben)* angewendet wird.

---

[16] Da der Begriff „effektiv" für **Jahres**zinssätze reserviert ist, verwenden wir hier statt dessen den vom Prinzip her gleichbedeutenden Begriff „äquivalenter" Zinssatz.

Aufgabe 2.3.18:

i) a) Wie hoch muss der konforme Monatszinssatz bei monatlicher Verzinsung sein, wenn ein wertgleicher effektiver Jahreszinssatz von 12% p.a. erreicht werden soll?

b) Welchem wertgleichen effektiven Jahreszinssatz entspricht bei monatlichem Zinszuschlag ein Monatszinssatz von 1% p.M.?

c) Auf welchen Betrag wachsen 100,-- € in einem Jahr an, wenn bei nominal i = 10% p.a. die entsprechenden relativen Zinsen stündlich gezahlt und weiterverzinst werden? *(**Hier:** 1 Jahr = 365 Tage!)*

ii) a) Der effektive Jahreszins einer Anlage betrage 8,5% p.a. Wie hoch ist der konforme Quartalszins?

b) Wie lautet der relative Halbjahreszins bei 8,5% p.a. nominell?

c) Welcher effektive Jahreszins ergibt sich, wenn nominell mit 9,72% p.a. gerechnet wird und monatlicher Zinszuschlag zum relativen Zinssatz erfolgt?

d) Eine Anlage wird zweimonatlich zu i_p = 3% p.2M. verzinst, Zinsverrechnung ebenfalls zweimonatlich.

d1) Wie lautet der nominelle 4-Jahres-Zinssatz?

d2) Wie lautet der äquivalente *(„effektive")* 2-Jahres-Zinssatz?

iii) Die Knorz-Kredit-GmbH verleiht Kapital zu nominell 24% p.a. Dabei erfolgt der Zinszuschlag allerdings nach jeweils 2 Monaten.

a) Knorz berechnet für die 2-monatige Zinsperiode den sog. „relativen" Zins, d.h. 1/6 des nominellen Jahreszinses. Welchem effektiven Jahreszins entspricht dies?

b) Welchen 2-Monats-Zins müsste Knorz anwenden, damit der Kunde effektiv 24% p.a. bezahlt? Welchen nominellen Jahreszins müsste Knorz in diesem Falle fordern?

Aufgabe 2.3.19:

i) Eine Bank gewährt folgende Festgeldkonditionen:

a)	Anlage für 30 Tage:	5,28% p.a.
b)	Anlage für 60 Tage:	5,33% p.a.
c)	Anlage für 90 Tage:	5,38% p.a.

*(Angegeben ist jeweils der **nominelle** Jahreszinssatz, unterjährig werden relative Zinsen berechnet.)*

Welche Geldanlage erbringt den höchsten effektiven Jahreszins? *(1 Jahr = 360 Zinstage)*

*(**Hinweis:** Die jeweils zu berücksichtigende (unterjährige) Zinsperiode ist durch die Anlagedauer definiert. Nach Ablauf jeder (unterjährigen) Zinsperiode werden die entstandenen Periodenzinsen dem Kapital hinzugefügt und das (nun erhöhte) Festgeldkapital zu identischen Konditionen „prolongiert", d.h. erneut angelegt usw.)*

ii) Die Sparkasse Sprockhövel verzinst 60-Tage-Festgelder derzeit mit 5,5% p.a. nominell. Nach jeweils 60 Tagen werden die Zinsen *(relativer 2-Monats-Zinssatz!)* dem Konto gutgeschrieben. wird das Festgeld „prolongiert", so ergeben sich stets weitere 2-Monats-Zinsperioden zum relativen 2-Monats-Zinssatz.

a) Huber legt 26.700,-- € auf diese Weise für 2,5 Jahre an. Endkapital?

b) Welchen effektiven Jahreszinssatz realisiert Huber?

c) Hätte Huber besser 30-Tage-Festgelder zu 5,48% p.a. nominell nehmen sollen? *(1 Jahr = 360 Zinstage)*

Aufgabe 2.3.20:

Die Moser GmbH ist mit der Qualität einer Warenlieferung der Huber AG nicht einverstanden. Daher zahlt sie den Kaufpreis in Höhe von 180.000,-- € zunächst auf ein notariell gesichertes Sperrkonto (Konditionen: 8% p.a. nominell, Zinszuschlag: nach jedem Quartal zum relativen Zinssatz).

i) Effektiver Jahreszins?

ii) Man ermittle den Kontostand nach 9 Monaten.

iii) Nach zwei weiteren Monaten *(d.h. nach insgesamt 11 Monaten)* einigen sich die Parteien: Der sich unter ii) ergebende Kapitalbetrag wird sogleich *ohne* weiteren Zinszuschlag an die Huber AG ausgezahlt.

Welchem relativen Verzugszinssatz pro Laufzeit-Monat *(insgesamt also 11 Monate!)* entspricht dieses Resultat? *(Die Zinsperiode soll jetzt 1 Jahr betragen, d.h. es ist jetzt mit unterjährig linearen Zinsen zu rechnen!)*

iv) Die kontoführende Bank hatte alternativ zu obiger Regelung die folgenden Konditionen angeboten: Monatlicher Zinszuschlag zum *(zu 8% p.a.)* konformen Zinssatz.

Um welchen Betrag wäre die Auszahlung nach 11 Zinseszins-Monaten an die Moser AG höher bzw. niedriger gewesen als bei der Vereinbarung unter iii)?

2.3.2 Zur Effektivverzinsung kurzfristiger Kredite (Exkurs)

Eine häufige Anwendung unterjähriger Zinsrechnung im betriebswirtschaftlichen Bereich wird durch die Frage nach der **Effektivverzinsung kurzfristiger Kredite** oder Finanzierungen *(z.B. Lieferantenkredite, siehe etwa Beispiel 1.2.41)* hervorgerufen.

Das folgende Beispiel stellt den Prototyp derartiger Probleme vor:

Beispiel 2.3.21:

Jemand verleiht *(oder investiert)* heute $K_0 = 100$ € und erhält als einmalige Gegenleistung *(Rückzahlung, Rückfluss)* nach t = 10 Tagen den Betrag von $K_t = 102$ €, d.h. einen um 2% höheren Betrag. Welcher jährlichen Effektivverzinsung entspricht dieser Kreditvorgang? *(siehe Abb. 2.3.22)*

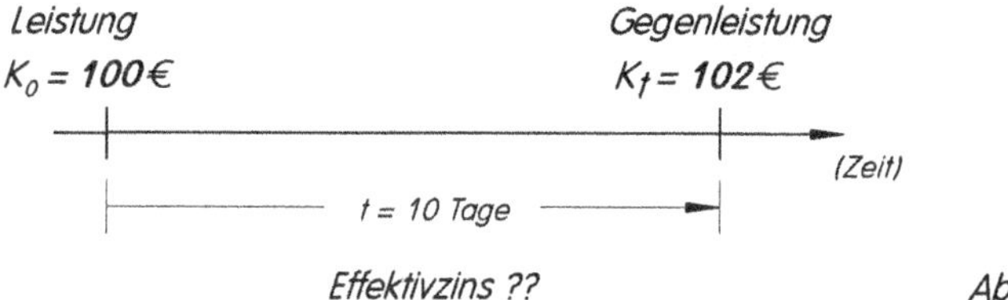

Abb. 2.3.22

Es zeigt sich, dass die Beantwortung dieser Frage entscheidend davon abhängt, welche unterjährigen Verzinsungsmodalitäten vorausgesetzt werden. Zur Vereinfachung nehmen wir an, dass die Kreditnahme *(100,-- €)* zu Beginn einer Zinsperiode stattfindet:

i) Die **Zinsperiode** sei **ein Jahr** *(= 360 Zinstage)*. Innerhalb der Zinsperiode werde mit linearer Verzinsung gerechnet. Da in 10 Tagen 2% Zinsen gezahlt wurden, entspricht dies – da unterjährig keine Zinsverrechnungstermine liegen – einem Jahreszins von $36 \cdot 2\% =$ **72% p.a.**

ii) Die **Zinsperiode** sei **ein Quartal** *(= 90 Zinstage)*, innerhalb des Quartals werde mit linearer Verzinsung gerechnet. 2% in 10 Tagen entsprechen dann *(linear)* 18% im Quartal. Nach einem Jahr ergibt sich effektiv nach (2.3.12):

$$1 + i_{eff} = 1{,}18^4 = 1{,}9388 \qquad \text{und somit} \qquad i_{eff} = \mathbf{93{,}88\%\ p.a.}$$

iii) Die **Zinsperiode** sei nunmehr identisch mit der Kreditlaufzeit, d.h. **Zinsperiode = 10 Zinstage**. Pro Jahr ergeben sich 360 : 10 = 36 Zinsperioden zu je 2%, nach (2.3.12) gilt:

$$1 + i_{eff} = 1{,}02^{36} = 2{,}0399 \qquad \Rightarrow \qquad i_{eff} = \mathbf{103{,}99\%\ p.a.}$$

Das Beispiel lässt sich **verallgemeinern**, vgl. Abb. 2.3.22: Für eine Kreditlaufzeit von t Tagen ergibt sich wegen $K_t = K_0(1 + i_t)$ der für diese Kreditlaufzeit geltende „t - Tage - Zinssatz" i_t:

(2.3.23) $$i_t = \frac{K_t}{K_0} - 1 \qquad \Rightarrow \qquad \text{Verzinsung pro Tag der Kreditlaufzeit} = \frac{i_t}{t}.$$

Weiterhin bestehe das Zinsjahr *(hier z.B. angenommen mit 360 Zinstagen)* aus m unterjährigen Zinsperioden *(diese Zinsperioden sollen allerdings nicht kürzer sein als die Kreditlaufzeit . Innerhalb der einzelnen Zinsperiode lineare Verzinsung!)*, so dass **jede einzelne** Zinsperiode aus 360/m Zinstagen besteht. Somit ergibt sich – wenn man die Tagesverzinsung linear auf eine unterjährige Zinsperiode hochrechnet – ein Periodenzinssatz i_p in Höhe von

(2.3.24) $$i_p = \frac{i_t}{t} \cdot \frac{360}{m} \qquad \text{mit:} \quad i_t = \frac{K_t}{K_0} - 1.$$

Zum Periodenzinssatz i_p gehört – bei m-maligem Zinszuschlag pro Jahr – der **effektive** Jahreszins i_{eff}, der sich aus (2.3.12) ergibt: $1 + i_{eff} = (1 + i_p)^m$, d.h. mit (2.3.24):

(2.3.25) $$\boxed{i_{eff} = \left(1 + \left(\frac{K_t}{K_0} - 1\right) \cdot \frac{360}{t \cdot m}\right)^m - 1}$$

(Effektivverzinsung kurzfristiger Kredite)
falls Kreditlaufzeit < Zinsperiode
(und falls Zinsjahr = 360 Zinstage)

mit
- K_0: Kreditsumme, aufgenommen in t = 0 *(„Leistung")*
- K_t: Rückzahlung nach t Tagen *(„Gegenleistung")*
- t: Kreditlaufzeit *(in Tagen)*
- m: Anzahl unterjähriger Zinsperioden pro Jahr, d.h. jede dieser Zinsperioden besteht aus $\frac{360}{m}$ Tagen *(mit $\frac{360}{m} \geq t$)*

Für den *(in der Praxis aus Vereinfachungsgründen häufig anzutreffenden)* Fall, dass die Zinsperiode mit der Kreditlaufzeit t übereinstimmt gilt:

$$t = \frac{360}{m} \qquad \Leftrightarrow \qquad m = \frac{360}{t}$$

und (2.3.25) vereinfacht sich zu:

(2.3.26) $$\boxed{i_{eff} = \left(\frac{K_t}{K_0}\right)^{\frac{360}{t}} - 1}$$

(Effektivverzinsung kurzfristiger Kredite)
falls Kreditlaufzeit = Zinsperiode
(und falls Zinsjahr = 360 Zinstage)

- K_0: Kreditsumme, aufgenommen in t = 0
- K_t: Rückzahlung nach t Tagen
- t: Kreditlaufzeit *(in Tagen)*

Als **Beispiel** diene erneut *(siehe Beispiel 1.2.41, dort für ausschließlich lineare Verzinsung)* der **Lieferantenkredit**, den wir an dieser Stelle mit den möglichen Verzinsungsvarianten behandeln wollen:

Beispiel 2.3.27: (Lieferantenkredit)

Die Zahlungsbedingungen für eine Warenlieferung lauten: *„Bei Zahlung des Rechnungsbetrages innerhalb von 10 Tagen nach Warenlieferung kann der Kunde 3% Skonto vom Rechnungsbetrag abziehen, andernfalls ist der volle Rechnungsbetrag 30 Tage nach Warenlieferung fällig."*

Hier handelt es sich um einen kurzfristigen Kredit, den der Lieferant dem Kunden für 30 − 10 = 20 Tage (= t) gewährt. Die Kreditsumme K_0 ist hier allerdings nicht der Rechnungsbetrag, sondern der um das Skonto verminderte Rechnungsbetrag. Der Rechnungsbetrag selbst entspricht dem am Ende der Kreditgewährungsfrist *(= Skontobezugsspanne)* zu leistenden Rückzahlungsbetrag K_t :

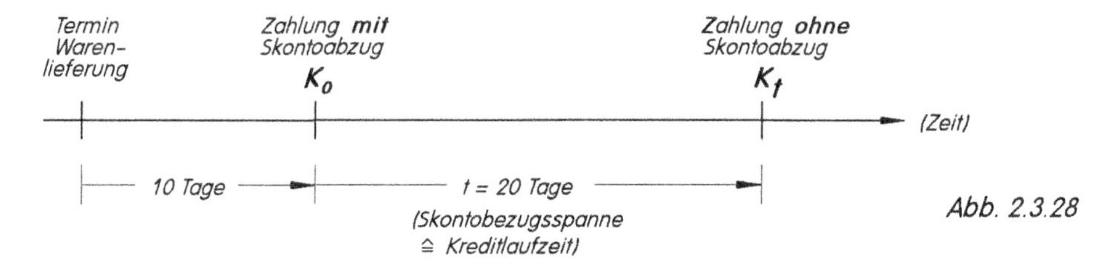

Abb. 2.3.28

Sei s der Skontosatz *(hier 3%)*, so folgt: $K = K_t \cdot (1-s)$, d.h. nach 2.3.23 lautet der *(lineare)* Zinssatz i_t für die Kreditlaufzeit *(= t Tage)*:

$$i_t = \frac{K_t}{K_0} - 1 = \frac{K_t}{K_t\,(1-s)} - 1 \qquad \Rightarrow$$

(2.3.29)
$$\boxed{i_t = \frac{s}{1-s}}$$

Bei s = 3% *(Skontosatz)* ergibt sich für die Skontobezugsspanne *(t = 20 Tage)* ein linearer Zins von: $i_t = 0{,}03 : (1-0{,}03) = 0{,}0309 = 3{,}09\%$ *(und nicht etwa 3%!)*.

Aus (2.3.25) ergibt sich dann mit $\frac{K_t}{K_0} - 1 = i_t = \frac{s}{1-s}$ die

Effektivverzinsung des Lieferantenkredits *(falls Zinsperiode > Skontobezugsspanne)*:

(2.3.30)
$$\boxed{i_{eff} = \left(1 + \frac{s}{1-s} \cdot \frac{360}{t \cdot m}\right)^m - 1}$$

s: Skontosatz
t: Skontobezugsspanne (in Tagen)
m: Anzahl der Zinsperioden pro Jahr
(1 Zinsjahr = 360 Zinstage)

Im Beispiel mit s = 0,03; t = 20 Tage; m = 4 *(d.h. Zinszuschlag nach jedem Quartal)* folgt:

$$\mathbf{i_{eff}} = 1{,}1392^4 - 1 = \mathbf{68{,}41\%\ p.a.}$$

Nimmt man die Skontobezugsspanne t als Zinsperiodenlänge an, so gilt $m = \frac{360}{t}$, und (2.3.30) vereinfacht sich zu

Effektivverzinsung des Lieferantenkredits
(falls Zinsperiode = Skontobezugsspanne)
s: Skontosatz
t: Skontobezugsspanne (in Tagen)
(1 Zinsjahr = 360 Zinstage)

(2.3.31)
$$\boxed{i_{eff} = \left(\frac{1}{1-s}\right)^{\frac{360}{t}} - 1}$$

Im Beispiel ergibt sich mit s = 3% = 0,03 und t = 20 Tage:

$\mathbf{i_{eff}} =$ **73,02% p.a.**, also etwa 5 Prozentpunkte höher als bei Quartalsverzinsung.

Aufgabe 2.3.32:

Eine Unternehmung nimmt kurzfristig 15.000,-- € auf und zahlt diesen Betrag incl. Zinsen und Gebühren nach 15 Tagen mit 15.300,-- € zurück. Welcher effektiven Verzinsung entspricht dies bei

i) jährlichem Zinszuschlag
ii) monatlichem Zinszuschlag
iii) Zinszuschlag alle 15 Tage? *(1 Jahr = 360 Zinstage, 30/360-Methode)*

Aufgabe 2.3.33:

i) In den Zahlungsbedingungen heißt es: *„Bei Zahlung innerhalb 12 Tagen 2% Skonto; bei Zahlung innerhalb von 20 Tagen netto Kasse".*

Man ermittle die Effektivverzinsung dieses Lieferantenkredits für die folgenden alternativen Verzinsungsfiktionen: *(1 Jahr = 360 Zinstage, 30/360-Methode)*

Zinszuschlag **a)** jährlich **b)** halbjährlich **c)** alle 2 Monate **d)** nach je 8 Tagen

ii) Wie lauten die Effektivverzinsungen bei folgender Skontoklausel: 10 Tage 3% Skonto, 30 Tage netto?

Zinszuschlagtermine *(1 Jahr = 360 Zinstage, 30/360-Methode)*:

a) jährlich **b)** nach jedem Quartal **c)** monatlich **d)** nach je 20 Tagen.

2.3.3 Gemischte Verzinsung

Fällt bei jährlich nachschüssigem Zinszuschlag der **Beginn** und/oder das **Ende** der Kapitalüberlassungsfrist **nicht** auf einen **Zinszuschlagtermin** (wie z.B. beim klassischen Sparbuch möglich), so erfolgen in der Bankenpraxis häufig Endwert- und Barwertermittlung mit Hilfe der sog. **gemischten Verzinsung:**

Dabei werden die unterjährigen Zeitintervalle zu Beginn (t_1) und am Ende (t_3) mit Hilfe der **linearen Verzinsung** überbrückt, vgl. Abb. 2.3.34:

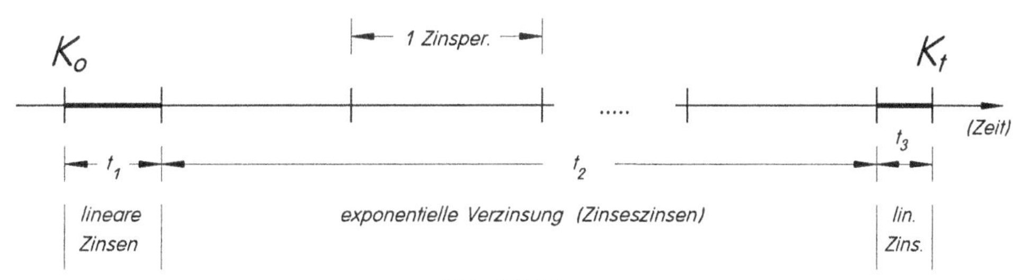

Abb. 2.3.34

Um den Endwert K_t zu erhalten, wird K_0 bis zum nächst folgenden Zinszuschlag **linear** aufgezinst, das vermehrte Kapital t_2 Jahre per **Zinseszins** aufgezinst und schließlich der am Ende noch vorhandene Jahresbruchteil t_3 wiederum mit **linearer** Aufzinsung überbrückt.

Damit lautet der **Endwert bei gemischter Verzinsung**:

(2.3.35)
$$K_t = K_0 \cdot (1 + i \cdot t_1) \cdot (1 + i)^{t_2} \cdot (1 + i \cdot t_3)$$

Beispiel 2.3.36: Ein Betrag von 1.000 € wird vom 31.07.05 bis zum 30.04.09 zu 8% p.a. angelegt. Die Zinsverrechnung findet zum 31.12. *(24⁰⁰ Uhr)* eines jeden Jahres statt. Am 31.05.09 ergibt sich als Endwert K_t bei Anwendung der gemischten Verzinsung:

$$K_t = 1.000 \cdot (1 + 0{,}08 \cdot \frac{5}{12}) \cdot (1 + 0{,}08)^3 \cdot (1 + 0{,}08 \cdot \frac{4}{12}) = 1.336{,}41 \text{ €}$$

Hätte man die Gesamtlaufzeit t = 3,75 Jahre direkt in die Zinseszinsformel eingesetzt, so hätte sich ergeben:

$$K_t = 1.000 \cdot 1{,}08^{3,75} = 1.334{,}56 \text{ €}.$$

Der Unterschied rührt daher, dass bei linearer Verzinsung innerhalb eines Jahres *(hier zu Beginn bzw. am Ende der Laufzeit)* stets ein höherer Wert erzielt wird als bei exponentieller Verzinsung mit $K_0(1 + i)^t$ *(siehe Abb. 2.1.5 im Zeitintervall* $0 < t < 1$ *)*.

Die **gemischte Verzinsung** besitzt sämtliche **Nachteile** der linearen Verzinsungsmethode *(siehe etwa Beispiel 2.2.5 oder Bem. 1.2.32)*. Das folgende Beispiel demonstriert die Inkonsistenz der gemischten Verzinsung und zeigt erneut, wie mit konformer unterjähriger Verzinsung sämtliche Widersprüchlichkeiten beseitigt werden können:

Beispiel 2.3.37: Zwei Zahlungen zu je 100.000,-- €, fällig im Abstand von 6 Monaten, sollen auf einen Stichtag aufgezinst werden, der ein Jahr nach der zweiten Zahlung liegt, vgl. Abb. 2.3.38:

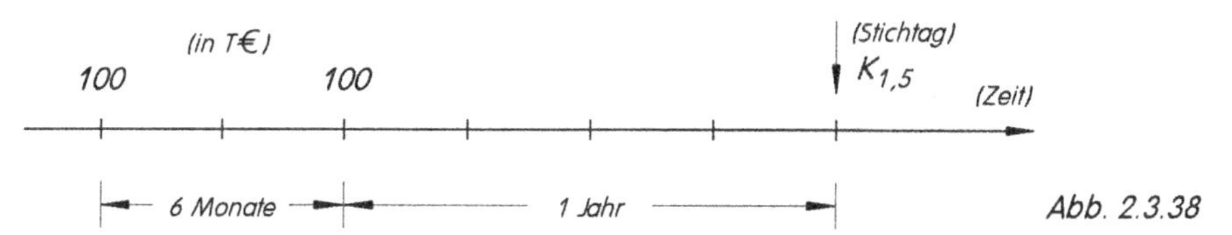

Abb. 2.3.38

Zinsperiode sei 1 Jahr, i = 12% p.a.

Gesucht ist der Endwert $K_{1,5}$ bei gemischter Verzinsung für drei *(von vielen möglichen)* Fällen:

(a) Die Zinsperiode beginnt „links", d.h. mit der ersten Rate: Endwert: K_a.

(b) Die Zinsperiode beginnt mit der zweiten Rate (d.h. endet „rechts"); Endwert: K_b.

(c) Die Zinsperiode liege genau in der Mitte des 1,5-Jahres-Zeitraumes; „links" und „rechts" liegen je 3 Monate. Endwert: K_c.

Abb. 2.3.39 a,b,c zeigen die jeweilige Positionierung der Zinsperiode:

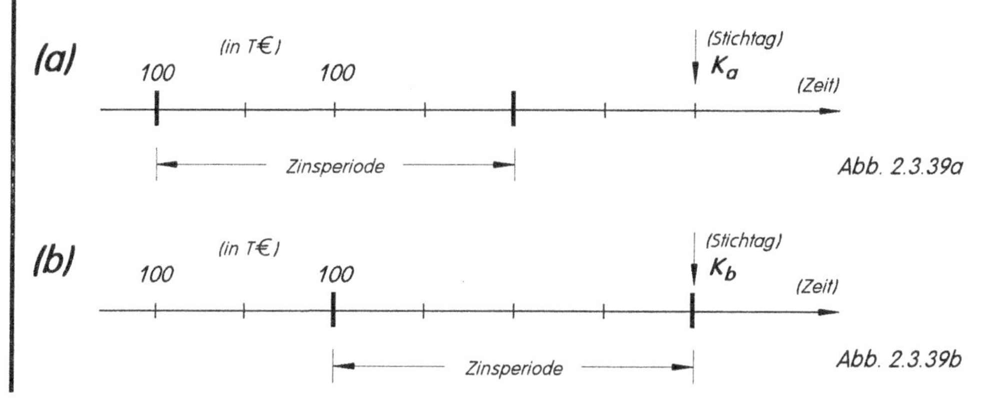

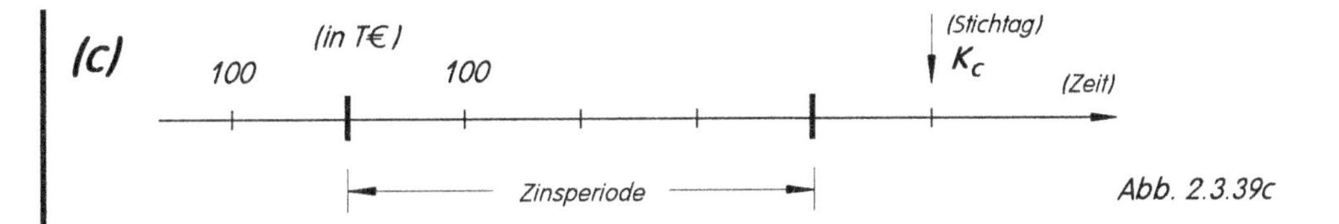

Abb. 2.3.39c

Bei **gemischter Verzinsung** ergeben sich nun folgende Endwerte *(i = 12% p.a.)*

(a) $K_a = 100.000 \cdot 1{,}12 \cdot 1{,}06 + 100.000 \cdot 1{,}06 \cdot 1{,}06 = \mathbf{231.080{,}\text{--}\ €}$

(b) $K_b = 100.000 \cdot 1{,}06 \cdot 1{,}12 + 100.000 \cdot 1{,}12 = \mathbf{230.720{,}\text{--}\ €}$

(c) $K_c = 100.000 \cdot 1{,}03 \cdot 1{,}12 \cdot 1{,}03 + 100.000 \cdot 1{,}09 \cdot 1{,}03 = \mathbf{231.090{,}80\ €}$

Wie nicht anders zu erwarten, liefert die gemischte Verzinsung *(wegen ihrer linearen Komponente)* jedesmal ein anderes Ergebnis.

Sämtliche Widersprüchlichkeiten der gemischten Verzinsung verschwinden, wenn wir eine unterjährige Verzinsung zum konformen Zinssatz vornehmen *(dabei kann man wahlweise konforme Tages-, Monats- oder Quartalszinsen nehmen, Voraussetzung ist lediglich, dass die Zahlungen und der Stichtag in das Periodenraster fallen – das Endresultat ist jedesmal dasselbe.)*

Verwendet man z.B. monatlichen Zinszuschlag zum *(zu 12% p.a.)* konformen Monatszins i_{kon}, so erhält man wegen (2.3.12)

$$(1 + i_{kon})^{12} = 1{,}12 \quad \text{d.h.} \quad 1 + i_{kon} = \sqrt[12]{1{,}12} = 1{,}12^{\frac{1}{12}}:$$

$$\text{(a) } \mathbf{K_a} = 100.000 \cdot 1{,}12 \cdot 1{,}12^{\frac{6}{12}} + 100.000 \cdot 1{,}12^{\frac{6}{12}} \cdot 1{,}12^{\frac{6}{12}} = 100.000 \cdot 1{,}12^{1{,}5} + 100.000 \cdot 1{,}12$$
$$= \mathbf{230.529{,}66\ €}\ ;$$

$$\text{(b) } \mathbf{K_b} = 100.000 \cdot 1{,}12^{\frac{6}{12}} \cdot 1{,}12 + 100.000 \cdot 1{,}12 = 100.000 \cdot 1{,}12^{1{,}5} + 100.000 \cdot 1{,}12 = \mathbf{K_a}\ ;$$

$$\text{(c) } \mathbf{K_c} = 100.000 \cdot 1{,}12^{\frac{3}{12}} \cdot 1{,}12 \cdot 1{,}12^{\frac{3}{12}} + 100.000 \cdot 1{,}12^{\frac{9}{12}} \cdot 1{,}12^{\frac{3}{12}}$$
$$= 100.000 \cdot 1{,}12^{1{,}5} + 100.000 \cdot 1{,}12 = \mathbf{K_a}\ ,$$

also in allen Fällen denselben Endwert.

Aufgabe 2.3.40:

Ein Kapital K_0 *(z.B. 100 €)* werde zum 01.01.05 *(0^{00} Uhr)* zu 8% p.a. angelegt. An welchem Tag *(= außerordentlicher Zinszuschlagtermin)* tritt Kapitalverdopplung ein, wenn

i) gemischte Verzinsung *(unterjährig wird also mit linearer Verzinsung gerechnet)* unterstellt wird und der *(jährlich nur einmal stattfindende)* Zinszuschlag jeweils

a) nur am 31.12. *(24^{00} Uhr)* **b)** nur am 30.06. *(24^{00} Uhr)* erfolgt? *(30/360-Methode)*

ii) unterjährig Tagesverzinsung *(Tageszinssatz relativ zu 8% p.a.)* unterstellt wird? *(30/360-Methode)*

Aufgabe 2.3.41:

Welches Kapital muss man am 24.03.05 *(24^{00})* auf einem Konto anlegen, um am 03.11.13 *(24^{00})* über 100.000,-- € verfügen zu können?

i) Zinszuschlag 31.12. *(24^{00})*, 30.06. *(24^{00})* zu 5% p.H.; gemischte Verzinsung.

ii) Zinszuschlag täglich zum konformen Zins *(zu 10% p.a. effektiv)*. *(30/360-Methode)*

2.3.4 Stetige Verzinsung

Nach (2.3.8) liefert ein **nomineller** Jahreszins i bei **jährlich m-maligem Zinszuschlag** zum **relativen** Zinssatz i/m nach **t Jahren** den Endwert K_t mit

$$(2.3.42) \qquad K_t = K_0 \cdot \left(1 + \frac{i}{m}\right)^{m \cdot t} \qquad ; (i = i_{nom}).$$

Lässt man nun die **Anzahl m** der unterjährigen Zinsperioden **immer größer** *(und damit die Länge jeder einzelnen unterjährigen Zinsperiode immer kleiner)* werden, so spricht man für den Grenzfall $m \to \infty$ von **stetiger Verzinsung, kontinuierlicher** oder **Augenblicksverzinsung.** *(Beispiele: organisches Wachstum, chemische Prozesse, radioaktiver Zerfall.)*

In immer kürzeren Zeitabständen werden die **relativen** Zinsen dem Kapital zugeschlagen und weiterverzinst. Die vorausgegangenen Beispiele *(vgl. Aufg. 2.3.17 i))* zeigen, dass der Endwert K_t desto größer wurde, je häufiger der unterjährige Zinszuschlag erfolgte, d.h. je größer m gewählt wurde.

Es stellt sich nun heraus, dass *(auch bei beliebig häufigem Zinszuschlag pro Jahr, d.h. $m \to \infty$)* der Endwert K_t einen maximalen Grenzbetrag **nicht** überschreiten kann.

Dazu bilden wir in (2.3.42) den **Grenzwert** („limes") von K_t für $m \to \infty$[17]. Unter der Voraussetzung

$$\lim_{x \to \infty} \left(1 + \frac{1}{x}\right)^x = e = 2{,}718\,281\,828\,459\ldots$$ *(„Eulersche Zahl")*[18] folgt aus (2.3.42):

$$K_t = K_0 \cdot \left(1 + \frac{i}{m}\right)^{m \cdot t} = K_0 \cdot \left(1 + \frac{1}{\frac{m}{i}}\right)^{\frac{m}{i} \cdot i \cdot t} . \qquad \textit{(Ziel: } m \to \infty)$$

Substitution $\frac{m}{i} := x$ liefert *(falls dann $m \to \infty$, so auch $x \to \infty$ (da $i = const.$ (>0)))*:

$$K_t = K_0 \cdot \left(1 + \frac{1}{x}\right)^{x \cdot i \cdot t} .$$

Bei **stetigem Zinszuschlag** $m \to \infty$ *(d.h. $x \to \infty$)* folgt unter Zuhilfenahme elementarer Regeln der Grenzwertbildung:

$$K_t = \lim_{x \to \infty} K_0 \cdot \left(1 + \frac{1}{x}\right)^{x \cdot i \cdot t} = K_0 \cdot \Big(\underbrace{\lim_{x \to \infty} \left(1 + \frac{1}{x}\right)^x}_{\to e}\Big)^{i \cdot t} = K_0 \cdot e^{i \cdot t},$$ d.h. es gilt schließlich

Satz 2.3.43: Ein Anfangskapital K_0 wächst bei **stetiger Verzinsung** *(„kontinuierlicher Zinszuschlag")* zum nominellen Jahreszinssatz i in t Jahren zum Endkapital K_t an mit:

$$(2.3.44) \qquad \boxed{K_t = K_0 \cdot e^{i \cdot t}}$$

---

17 siehe [Tie3] Kap. 4.1

18 siehe [Tie3] (4.2.10)

Bemerkung 2.3.45:

i) Im Fall kontinuierlichen Zinszuschlages nennt man den nominellen Jahreszins i auch ***stetigen Jahreszinssatz*** *oder* ***Zinsintensität*** *und schreibt dafür* i_s.

ii) Zur sprachlichen Unterscheidung der stetigen, kontinuierlichen Verzinsung von der „normalen" exponentiellen Verzinsung spricht man bei Anwendung der klassischen Zinseszinsformel von ***diskreter Verzinsung****, weil der Zinszuschlag zu diskreten, d.h. zeitlich getrennten Terminen erfolgt.*

iii) Satz 2.3.43 bzw. (2.3.44) gestatten eine ***ökonomische Interpretation*** *der* ***Euler-Zahl e:***
Für $K_0 = 1{,}\text{-- €}$, $t = 1$ *Jahr,* $i = 100\%$ *p.a. (=1) liefert (2.3.44):* $K_1 = 1 \cdot e^{1 \cdot 1} = e$, *m.a.W. der Wert e [€] ist identisch mit dem Endkapital* K_1*, das nach einem Jahr aus einem Anfangskapital von 1,-- € bei stetiger Verzinsung zum stetigen Zinssatz 100% p.a. entsteht.*

Die folgende ***Tabelle*** *zeigt für einige Werte von m den entsprechenden* ***Grenzprozess von diskreter zu stetiger Verzinsung*** *mit (2.3.42):*

m *(= Anzahl d. unterjährl. Zinsperioden)*	$K_1 = K_0(1+\frac{i}{m})^{mt} = (1+\frac{1}{m})^m$ ($K_0 = 1{,}\text{-- €}$; $i = 100\%$ p.a.; $t = 1$ Jahr)	
1 (Zinszuschlag jährlich zu 100%)	$K_1 = (1+1)^1 =$	2,-- €
2 (Zinszuschlag halbjährlich zu je 50%)	$K_1 = (1+\frac{1}{2})^2 =$	2,25 €
12 (Zinszuschl. monatl. zu je $\frac{100\%}{12} = \frac{1}{12}$)	$K_1 = (1+\frac{1}{12})^{12} =$	2,613 0 €
365 (Zinsz. tägl. zu je $\frac{100\%}{365} = \frac{1}{365}$)	$K_1 = (1+\frac{1}{365})^{365} =$	2,714 6 €
525.600 (Zinsz. minütl. zu je $\frac{1}{525.600}$)	$K_1 = (1+\frac{1}{525.600})^{525.600} =$	2,718 279 €
31.536.000 (Z.z. sekündl. z. je $\frac{1}{31.536.000}$)	$K_1 = (1+\frac{1}{31.536.000})^{31.536.000} =$	2,718 281 79
↓	↓	↓

$$m \to \infty \quad \Rightarrow K_1 = \lim_{m\to\infty} (1+\frac{1}{m})^m = e \ [€]$$

(= 2,718 281 828 459 0...)

Beispiel 2.3.46:

Gegeben seien ein Anfangskapital $K_0 = 1.000{,}\text{-- €}$ sowie ein *nomineller* Jahreszinssatz i = 12% p.a. . Für das Endkapital K_t nach 10 Jahren ergibt sich:

i) bei *jährlichem* Zinszuschlag (m = 1):

$$K_{10} = K_0 \cdot (1+i)^{10} = 1.000 \cdot 1{,}12^{10} = \mathit{3.105{,}85\ €}$$

ii) bei *monatlichem* Zinszuschlag (m = 12):

$$K_{10} = K_0 \cdot (1+\frac{i}{12})^{12 \cdot 10} = 1.000 \cdot 1{,}01^{120} = \mathit{3.300{,}39\ €}$$

iii) bei *kontinuierlichem (stetigem)* Zinszuschlag (m → ∞):

$$K_{10} = K_0 \cdot e^{i \cdot 10} = 1.000 \cdot e^{0{,}12 \cdot 10} = \mathit{3.320{,}12\ €}.$$

Durch Umformung von (2.3.44) kann jede der vier vorkommenden Variablen bei Kenntnis der drei übrigen bestimmt werden *(vgl. die entsprechenden vier Problemtypen bei diskreter Zinseszinsrechnung).* Es ergeben sich die **vier äquivalenten Gleichungen:**

(2.3.47)

i) $K_t = K_0 \cdot e^{i \cdot t}$ **(Endwertermittlung)**

ii) $K_0 = K_t \cdot e^{-i \cdot t}$ **(Barwertermittlung)**

iii) $i = \frac{1}{t} \cdot \ln \frac{K_t}{K_0}$ **(Zinsermittlung, i = stetiger Zinssatz, kontinuierliche Zinsrate)**

iv) $t = \frac{1}{i} \cdot \ln \frac{K_t}{K_0}$ **(Laufzeitermittlung).**

(stetiger Zinssatz i und Laufzeit t müssen sich dabei stets auf dieselbe Zeiteinheit, z.B. ein Jahr, einen Tag, eine Minute ... beziehen)

Bemerkung 2.3.48: *Handelt es sich um einen ökonomischen, biologischen oder physikalischen Prozess, der mit einer* ***Abnahme*** *des Anfangsbestandes verbunden ist (z.B. radioaktiver Zerfall, Korrosion, ...), so gilt (2.3.44) analog, jedoch mit* ***negativem*** *Zinssatz („Zerfallsrate"):*

(2.3.49)
$$K_t = K_0 \cdot e^{-i \cdot t}$$

Beispiel: *Ein Rohstofflager (Anfangsbestand 90.000 kg) nimmt durch Korrosion nominell um 5% p.a. ab. Unter der Annahme, dass sich der Korrosionsprozess stetig weiterentwickelt, sind nach Ablauf von 8 Monaten noch brauchbar:*

$$K_t = K_0 \cdot e^{-i \cdot t} = 90.000 \cdot e^{-0{,}05 \cdot \frac{8}{12}} = 87.049{,}45 \text{ kg.}$$

Zum gleichen Ergebnis gelangt man, wenn man den kontinuierlichen Zerfallsprozess als zeitlich umgekehrt ablaufenden kontinuierlichen Wachstumsprozess interpretiert und somit in der Barwertformel (2.3.47 ii)) K_0 *als zeitlich späteren,* K_n *als zeitlich früheren Bestand ansieht.*

Der zum nominellen, **stetigen** Jahreszinssatz $i = i_s$ **äquivalente diskrete effektive** Jahreszinssatz i_{eff} ergibt sich nach dem Äquivalenzprinzip aus der Forderung nach Gleichheit der Zeitwerte K_t:

$$K_0 \cdot (1 + i_{eff})^t = K_0 \cdot e^{i_s \cdot t}.$$

Daraus folgt die **Äquivalenzbeziehung** zwischen **effektivem** und **stetigem Aufzinsungsfaktor:**

(2.3.50)
$$1 + i_{eff} = e^{i_s}$$

und somit die beiden nach i_{eff} bzw i_s aufgelösten Beziehungen

(2.3.51) $i_{eff} = e^{i_s} - 1$ sowie $i_s = \ln(1 + i_{eff})$ (2.3.52).

Beispiel 2.3.53:

i) Zu $i_s = 10\%$ p.a. *(stetig, nominell)* gehört der diskrete, nachschüssige effektive Jahreszins $i_{eff} = e^{0,1} - 1 = 10{,}5171\%$ p.a.

Ein effektiver Jahreszins von 10% p.a. ist äquivalent einem stetigen, nominellen Zins von $i_s = \ln 1{,}1 = 0{,}095310 = 9{,}5310\%$ p.a.

ii) Werden 100,-- € diskret zu 10% p.a. (= i_{eff}) für 2 Jahre aufgezinst, so kann man entweder die diskrete Zinsformel (2.1.3) verwenden:

$$K_2 = 100 \cdot 1{,}1^2 = 121{,}\text{--}\ €$$

oder aber die stetige Zinsformel (2.3.44) mit dem entsprechenden äquivalenten stetigen Jahreszinssatz i_s = 9,5310% p.a. *(vgl. i))*: $K_2 = 100 \cdot e^{0{,}09531 \cdot 2} = 121{,}\text{--}\ €$.

Klar, dass wegen $e^{i_s} = 1{,}1$ die Endwerte – abgesehen von gelegentlichen Rundefehlern – stets identisch sein müssen.

Aus (2.3.50) folgt somit, dass es für die Endwerte/ Barwerte von Zahlungen unerheblich ist, ob man mit der „diskreten" Zinsformel $K_t = K_0(1 + i)^t$ oder aber mit der „stetigen" Zinsformel $K_t = K_0 \cdot e^{i_s \cdot t}$ rechnet, vorausgesetzt, es gilt $e^{i_s} = 1+i$.

Daher kann man jeden diskreten Vorgang auch mit der stetigen Zinsformel, jeden stetigen Vorgang auch mit der diskreten Zinsformel beschreiben: **Beide Formeln** sind – sofern $e^{i_s} = 1+i$ – **identisch**.

Handelt es sich beim zugrundeliegenden finanzmathematischen Vorgang um einen stetigen Prozess, so darf in beiden Formeln die Laufzeit t beliebige reelle Werte annehmen, handelt es sich dagegen um einen diskreten, diskontinuierlichen Prozess, kann die Laufzeit nur entsprechende ganzzahlige *(oder gebrochene – bei konformer unterjähriger Verzinsung)* Werte annehmen.

Außer bei real existierenden stetigen Prozessen in Naturwissenschaften und Ökonomie greift man allerdings auch bei diskreten nichtkontinuierlichen Wachstums- oder Zerfallsprozessen auf die Formeln (2.3.47) der **stetigen Verzinsung** zurück[19], da sie **mathematisch einfacher** zu handhaben sind *(vor allem im Zusammenhang mit dem Differential- und Integralkalkül)* als die entsprechenden diskreten Zinseszinsformeln. Voraussetzung dabei ist allerdings die vorherige Ermittlung des entsprechenden stetigen Zinssatzes gemäß (2.3.52).

Bemerkung 2.3.54: *Man beachte, dass sich der stetige, nominelle Zinssatz auch auf andere Bezugsperioden als ein Jahr beziehen kann. In diesem Fall muss auch die Laufzeit t in der entsprechenden Zeiteinheit gemessen werden.*

Beispiel: *Gegeben sei die Zinsintensität i_s = 0,1% pro Stunde. Bei einem Anfangskapital von 100 € ergibt sich nach 1 Jahr (=365 Tage) der Endwert K_1 mit:*

$$K_1 = 100 \cdot e^{0{,}001 \cdot 8.760} = 637.411{,}16\ € \qquad (1 \text{ Jahr} = 365 \text{ Tage} \cdot 24 \text{ h/Tag} = 8.760 \text{ h}).$$

Aufgabe 2.3.55:

i) Man ermittle den äquivalenten nominellen stetigen Jahreszinssatz bei folgenden Verzinsungsmodalitäten:

a) jährlicher Zinszuschlag mit 8,5% p.a.

b) monatlicher Zinszuschlag mit 0,8% p.M.

c) stetiger Zinszuschlag mit nominell $i_s = 10^{-8}$% pro Sekunde. *(1 Jahr = 365 Tage)*

---

19 so etwa im Zusammenhang mit der gesamtwirtschaftlichen Investitionsanalyse bei kontinuierlichen Zahlungsströmen, siehe auch [Tie3] Kap. 8.5.4

ii) Man ermittle den diskreten effektiven Jahreszinssatz bei Vorliegen eines nominellen, stetigen Zinssatzes von

a) 9% p.a. **b)** 2,5% p.Q. **c)** 0,00002% pro Minute *(1 Jahr = 365 Tage)*

iii) In welchem Zeitraum nimmt eine Bevölkerung um real 10% zu, wenn man von stetigem Bevölkerungswachstum von nominell 3% p.a. ausgeht?

iv) Welchen Wert muss die stetige jährliche Wachstumsrate einer Bevölkerung annehmen, damit eine Bevölkerungsverdoppelung alle 100 Jahre stattfindet? Wie lautet die entsprechende diskrete jährliche Wachstumsrate?

v) Der Holzbestand eines Waldes, der zum Ende des Jahres 02 mit 150.000 m^3 geschätzt wurde, betrug Ende 05 nur noch 130.000 m^3. Es wird angenommen, dass es sich um einen stetigen Abnahmeprozess *(„Waldsterben“)* handelt.

Man ermittle

a) die stetige und die diskrete jährliche Abnahmerate;

b) den Zeitpunkt, zu dem nur noch die Hälfte des Waldes *(bezogen auf den Bestand Ende des Jahres 02)* vorhanden ist.

Aufgabe 2.3.56:

i) Die Bevölkerung von Transsylvanien betrug zum Ende des Jahres 05 noch 65 Mio. Einwohner, Ende 08 waren es 60 Mio. Einwohner.

Unter der Annahme, dass die Bevölkerung stetig abnimmt, ermittle man den Zeitpunkt, zu dem noch genau ein Einwohner das Land Transsylvanien „bevölkert“.

ii) Die Kenntnisse eines Studenten bzw. einer Studentin nehmen im Verlauf des Studiums stetig zu. Der bekannte Psychologe Prof. Dr. Schlaumeyer errechnete jüngst eine durchschnittliche stetige Wachstumsrate von 25% pro Studiensemester.

Unter der Annahme, dass ein Student bzw. eine Studentin zu Beginn seines bzw. ihres Studiums 10 Kenntniseinheiten (KE) besitze, errechne man seinen bzw. ihren Kenntnisstand (in KE) nach Abschluss des 24. Semesters.

Aufgabe 2.3.57:

i) Die Bestände eines Metallwarenlagers nehmen wegen Korrosion stetig um *(nominell)* 8% p.a. ab. Nach welcher Zeit sind 40% des Bestandes vernichtet?

Wieviel Prozent des ursprünglichen Bestandes sind nach Ablauf von zwei Jahren noch brauchbar?

ii) Am 04. Mai 06 befanden sich im Aachener Raum pro m^3 Luft x radioaktive Jod 131-Atome.

An welchem Tag *(Datum !)* war die dadurch hervorgerufene Strahlungsintensität auf 1% *(bezogen auf den Wert am 04.05.06)* abgesunken, wenn die Halbwertzeit 8 Tage beträgt?

Hinweis: *Der radioaktive Zerfall verläuft nach dem Gesetz der stetigen Abzinsung.*

2.4 Inflation und Verzinsung

2.4.1 Inflation

Neben dem Äquivalenzprinzip *(siehe Satz 2.2.18)* ist häufig ein weiterer Aspekt zu berücksichtigen, wenn es um den Vergleich von Geldbeträgen oder Zahlungen geht, die zu verschiedenen Zeitpunkten fällig sind oder waren: Das Phänomen der **Inflation** d.h. die Änderung *(meist der Anstieg)* des allgemeinen Preisniveaus *(der Lebenshaltung)* im Zeitablauf *(bei Rückgang des allgemeinen Preisniveaus spricht man von **Deflation**)*.

Beispiel 2.4.1:

Wenn der Warenkorb des durchschnittlichen Konsumenten *(wir wollen ihn im folgenden „Standard-Warenkorb" nennen)*, der heute 100 € kostet, in einem Jahr 103 € kostet, so sagt man, die Inflationsrate *(oder: die allgemeine Preissteigerungsrate)* betrage 3% p.a.

Die **Inflationsrate** i_{infl} ist also definiert als derjenige Prozentsatz, der in einer Volkswirtschaft die Veränderung des allgemeinen Preisniveaus gegenüber dem jeweiligen Vorjahr angibt.[20] Die Inflationsraten der Vergangenheit ergeben sich aus den vom Statistischen Bundesamt herausgegebenen Daten zur allgemeinen Preisentwicklung *(etwa aus dem Preisindex der allgemeinen Lebenshaltung)*. Die folgende Tabelle enthält für einige Jahre die Preisentwicklung der allgemeinen Lebenshaltung in Deutschland:

Tabelle 2.4.2

Jahr	Preisindex Lebenshaltung	Veränderung gegen Vorjahr
		(i_{infl} in % p.a.)
2000	92,8	
2001	95,0	2,4 %
2002	96,0	1,1 %
2003	96,9	0,9 %
2004	98,6	1,8 %
2005	100,0	1,4 %
2006	101,9	1,9 %
2007	103,9	2,0 %
2008	107,3	3,3 %
2009	107,1	-0,2 %
2010	108,2	1,0 %

Beispiel: $103{,}9(1+i_{infl}) = 107{,}3$
$\Rightarrow\ i_{infl} \approx 0{,}033 = 3{,}3\%$
(2008 gegenüber 2007)

Wir können also sagen: Bei einer gegebenen Inflationsrate i_{infl} muss ein zu einem Zeitpunkt t gegebener Geldbetrag G_t *(entspricht dem Wert des zeitgleichen Standard-Warenkorbes)* um den Prozentsatz i_{infl} erhöht werden, um den **inflationsbereinigten Geldbetrag** G_{t+1} *(entspricht erneut dem Wert des Warenkorbes)* **nach einer Periode** zu erhalten: Man muss dann den Betrag G_{t+1} aufwenden, um dieselbe Lebenshaltung finanzieren zu können, wie man sie sich für den Betrag G_t ein Jahr zuvor hatte leisten können:

(2.4.3)
$$G_{t+1} = G_t \cdot (1 + i_{infl})$$

G_{t+1} nach einem Jahr hat somit denselben „Wert" *(dieselbe Kaufkraft)* wie G_t heute.

[20] Von der Inflationsrate zu unterscheiden ist die – verwandte – Geldentwertungsrate, die denjenigen Prozentsatz angibt, um den man den späteren Betrag *(im obigen Beispiel: 103€)* vermindern muss, um seinen wahren Wert *(im Beispiel: 100€)* – bezogen auf die Vorperiode – zu erhalten. Im Beispiel ergibt sich als Rate der Geldentwertung: $3/103 = 0{,}029126 \approx 2{,}91\%$ p.a.

Ist umgekehrt ein Betrag G_{t+1} in einem Jahr gegeben, so entspricht ihm – bezogen auf heute – der „Real-Wert" G_t in Höhe von *(Umstellung von 2.4.3)*

(2.4.4)
$$G_t = \frac{G_{t+1}}{1 + i_{infl}}$$

Kennt man – etwa in Form der Daten von Tabelle 2.4.2 – die Inflationsraten $i_{infl,1}$, $i_{infl,2}$, ... für mehrere aufeinander folgende Zeiträume, so lassen sich vergleichbare zukünftige Geldbeträge G_n oder zeitlich zurückliegende Real-Werte G_0 durch multiplikatives Hintereinanderschalten der einzelnen Inflationsfaktoren $1+i_{infl,k}$ ermitteln. Aus (2.4.3) und (2.4.4) folgt durch Mehrfachanwendung:

(2.4.5)
$$G_n = G_0 \cdot (1 + i_{infl,1}) \cdot (1 + i_{infl,2}) \cdot \ \ldots \ \cdot (1 + i_{infl,n})$$

(G_n = inflationsbereinigter Realwert eines zeitlich zurückliegenden Betrages G_0 auf der Preisniveau-Basis des späteren Betrages G_n)

bzw.

(2.4.6)
$$G_0 = \frac{G_n}{(1+i_{infl,1}) \cdot (1+i_{infl,2}) \cdot \ldots \cdot (1+i_{infl,n})}$$

(G_0 = inflationsbereinigter Realwert eines zukünftigen Betrages G_n auf der Preisniveau-Basis des früheren Betrages G_0)

Bemerkung 2.4.7: *Die Beziehungen (2.4.5) und (2.4.6) für den inflationsbereinigten Vergleich zeitverschiedener Zahlungen haben zwar dieselbe äußere Gestalt wie die Zinseszinsformel (2.1.3), dürfen aber keinesfalls im Sinne von „Kapitalwachstum" o.ä. missverstanden werden:*

Wenn bei einer Inflationsrate von (z.B.) 3% p.a. ein heutiger Standard-Warenkorb 100€ kostet, so benötigt man ein Jahr später 103€, um denselben Warenkorb finanzieren zu können. Dies bedeutet jedoch nicht, dass bei 3%p.a. Inflation ein heute gegebener Geldbetrag von 100€ in einem Jahr „automatisch" auf einen (dann auch verfügbaren) Geldbetrag in Höhe von 103€ angewachsen ist (wie es nur bei einer Verzinsung mit 3% p.a. der Fall wäre).

Über die tatsächliche Existenz von (im Beispiel) 103€ in einem Jahr sagt die Inflationsbereinigung nichts aus, sondern nur darüber, welcher (spätere oder frühere) Betrag bereitstehen müsste (oder hätte bereitstehen müssen), damit Kaufkraftgleichheit zwischen den zeitverschiedenen Beträgen besteht.

Beispiel 2.4.8: *(siehe **Tabelle 2.4.2**)*

i) Einem Geldbetrag *(z.B. Preis des Standard-Warenkorbs)* im Jahr 2001 in Höhe von 3.000,-- € entspricht im Jahr 2010 ein inflationsbereinigter Geldbetrag G_{2010} in Höhe von

$$G_{2010} = 3.000 \cdot 1{,}011 \cdot 1{,}009 \cdot 1{,}018 \cdot 1{,}014 \cdot 1{,}019 \cdot 1{,}020 \cdot 1{,}033 \cdot 0{,}998 \cdot 1{,}010$$
$$\approx 3.000 \cdot 1{,}140 = 3.420{,}\text{-- €},$$

d.h. das allgemeine Preisniveau *(z.B. der Preis des Standard-Warenkorbs)* ist im betreffenden Zeitraum um insgesamt ca. 14,0% gestiegen.

Daraus erhält man die **durchschnittliche jährliche Änderung** des allgemeinen Preisniveaus im betreffenden Zeitraum über das geometrische Mittel *(siehe Bem. 1.1.20)* der Änderungsfaktoren $1+i_{infl,k}$:

Sei etwa i_{infl} die gesuchte durchschnittliche Änderungsrate des allgemeinen Preisniveaus gegenüber dem jeweiligen Vorjahr. Definitionsgemäß besitzt i_{infl} in jedem der n Jahre des betreffenden Zeitraums denselben Wert *(im obigen Beispiel: n = 9 Jahre, Basisjahr 2001, erste Änderung in 2002, neunte Änderung in 2010).*

Dann muss *(Anfangs-Geldbetrag in 2001: G_{2001})* einerseits gelten *(s.o.)*:

$$G_{2010} = G_{2001} \cdot 1{,}140$$

und andererseits

$$G_{2010} = G_{2001} \cdot (1+i_{infl}) \cdot (1+i_{infl}) \cdot \ldots \cdot (1+i_{infl}) = G_{2001} \cdot (1+i_{infl})^9 .$$

Gleichsetzen der rechten Seiten ergibt schließlich die **durchschnittliche Inflationsrate** i_{infl} :

$$(1+i_{infl})^9 = 1{,}140 \qquad \text{d.h.} \qquad i_{infl} = \sqrt[9]{1{,}140} - 1 \approx 0{,}0147 = 1{,}47\% \text{ p.a.}$$

*($1+i_{infl} = 1{,}0147$: **geometrisches Mittel** der 9 Inflationsfaktoren, siehe Bem. 1.1.20)*

ii) Umgekehrt: Ein im Jahr 2009 verfügbarer Betrag G_{2009} in Höhe von *(z.B.)* 500.000,-- € stellt in Bezug auf das Preisniveau des Jahres 1995 den Realwert G_{2005} dar, der sich wie folgt ergibt:

$$G_{2005} = \frac{G_{2009}}{1{,}019 \cdot 1{,}020 \cdot 1{,}033 \cdot 0{,}998} = \frac{500.000}{1{,}071532} = 466.621{,}54 \text{ €} .$$

iii) Bei einer durchschnittlichen *(geschätzten)* Inflationsrate von i_{infl} *(=2% p.a.)* hat ein in n *(= 5)* Jahren fälliger Betrag in Höhe von G_n *(G_5 = 1.000,-- €)* heute den Realwert G_0 mit

$$G_0 = \frac{G_n}{(1+i_{infl})^n} = \frac{1.000}{1{,}02^5} = 905{,}73 \text{ €} ,$$

denn infolge der Preissteigerungen kann man heute für 905,37 € denselben Warenkorb kaufen wie in 5 Jahren für 1.000,-- €.

Zusammenfassend lässt sich *(unter Beachtung von Bemerkung 2.4.7)* festhalten:

- Inflationsraten lassen sich über veröffentlichte Preisindizes sowohl diskret von Jahr zu Jahr ermitteln als auch in Form von durchschnittlichen jährlichen Inflationsraten über längere Zeiträume hinweg *(siehe Beispiel 2.4.8 i))*.

- Frühere Beträge (G_0) lassen sich in inflationsbereinigte *(kaufkraftgleiche)* spätere Beträge (G_n) umrechnen, indem man den früheren Betrag G_0 mit dem durchschnittlichen Inflationsfaktor $1+i_{infl}$ „aufzinst“:

  (2.4.9) $$G_n = G_0 \cdot (1+i_{infl})^n$$ *(siehe Beispiel 2.4.8 i))* .

- Spätere Beträge (G_n) lassen sich in inflationsbereinigte *(kaufkraftgleiche)* frühere Beträge (G_0) umrechnen, indem man den späteren Betrag G_n mit dem durchschnittlichen Inflationsfaktor $1+i_{infl}$ „abzinst“:

  (2.4.10) $$G_0 = \frac{G_n}{(1+i_{infl})^n}$$ *(siehe Beispiel 2.4.8 ii) und iii))* .

2.4.2 Exponentielle Verzinsung unter Berücksichtigung von Preissteigerungen/Inflation

Offen ist bisher noch geblieben, wie sich ein zu verzinsendes Kapital K_0 im Zeitablauf nominal und real verändert, wenn einerseits mit dem Perioden-Zinssatz i zu verzinsen ist und andererseits eine Inflationsrate in Höhe von i_{infl} pro Periode zu berücksichtigen ist.

Beispiel 2.4.11:

Wir betrachten ein Kapital K_0 = 1.000,-- €, das heute zu einem Zinssatz von 10% p.a. für 5 Jahre angelegt wird. Im gleichen Zeitraum betrage die Inflationsrate 3% p.a.

Als nominelles verfügbares Endkapital K_5 ergibt sich: $K_5 = 1000 \cdot 1{,}10^5 = 1.610{,}51$ €.

Wegen der gleichzeitig stattfindenden Geldentwertung repräsentiert dieser spätere Endwert allerdings – bezogen auf den Tag der Kapitalanlage *(„heute")* – einen geringeren Realwert $K_{5,0}$, als seinem Nominalbetrag entspricht: Bewertet zu den Preisen von heute beträgt die Kaufkraft $K_{5,0}$ des Endwerts K_5 im Zeitpunkt seiner Fälligkeit lediglich *(siehe (2.4.6) oder (2.4.10))*

$$K_{5,0} = \frac{1.610{,}51}{1{,}03^5} = 1.389{,}24 \text{ €}$$

Der Kapitalanleger kann sich daher nach 5 Jahren von seinem Endwert 1.610,51 € nur Waren leisten, für die er fünf Jahre zuvor 1.389,24 € bezahlen musste, d.h. aus Kaufkraft-Sicht hat sich sein Kapital nicht um 610,51€, sondern nur um 389,24€ vermehrt.

Bemerkung 2.4.12:

Wir wollen die inflationsbereinigten Realwerte physisch verfügbarer Geldbeträge – wie schon im letzten Beispiel – mit einer doppelten Indizierung symbolisieren: In $K_{5,0}$ bedeutet der erste Index (=5) den Zeitpunkt, in dem der Geldbetrag physisch verfügbar ist (oder gezahlt wird). Der zweite Index (=0) deutet an, auf welchen Zeitpunkt dieser Geldbetrag kaufkraftmäßig bezogen wird.

So bedeutet etwa $K_{2035,2002}$ = 25.000,--€:
Ein im Jahr 2035 fälliger Betrag hat – bezogen auf das Preisniveau im Jahr 2002 – den Realwert (oder: die Kaufkraft) von 25.000,--€.

Analog bedeutet $K_{1950,2010}$ = 900.000,-- DM:
Ein im Jahr 1950 verfügbarer (oder gezahlter) Geldbetrag hatte von seiner Kaufkraft her gesehen denselben Real-Wert, wie ihn 900.000,-- DM (≙ 460.162,69€) im Jahr 2010 haben.

Beispiel 2.4.11 *(Fortsetzung)*:

Mit Hilfe von (2.4.6) oder (2.4.10) kann man von einem physisch vorhandenen Geldbetrag die entsprechende Kaufkraftparität zu jedem beliebigen anderen Zeitpunkt ermitteln, vorausgesetzt, die Inflationsraten sind bekannt oder können halbwegs zuverlässig abgeschätzt werden. Im obigen Beispiel *(K_0 = 1000; i = 10% p.a.; n = 5 Jahre; i_{infl} = 3% p.a.)* etwa gilt für einige Realwerte $K_{5,x}$ des nominellen Endwerts K_5 *($= 1000 \cdot 1{,}1^5 = 1.610{,}51$)*:

$$K_{5,0} = \frac{1.610{,}51}{1{,}03^5} = 1.389{,}24 \text{ €}; \qquad K_{5,4} = \frac{1.610{,}51}{1{,}03} = 1.563{,}60 \text{ €}$$

$$K_{5,-2} = \frac{1.610{,}51}{1{,}03^7} = 1.309{,}49 \text{ €}; \qquad K_{5,7} = 1.610{,}51 \cdot 1{,}03^2 = 1.708{,}59 \text{ €}$$

Abbildung 2.4.13 veranschaulicht anhand der Beispiel-Daten noch einmal dieZusammenhänge:

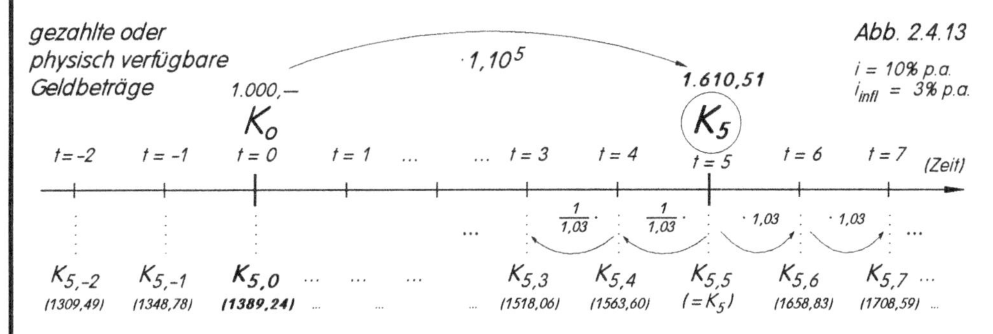

Kaufkraftparitäten (Realwerte) des Endwerts K_5, bezogen auf unterschiedliche Zeitpunkte

Für den Kapitalanleger ist nun besonders interessant zu wissen, mit welchem **Realzinssatz** i_{real} sich sein Anfangskapital K_0 verzinst hat, d.h. er wird die Kaufkraftparität $K_{n,0}$ des Endwerts K_n auf seinen Anlagezeitpunkt $t = 0$ beziehen *(siehe etwa den fettgedruckten Wert $K_{5,0}$ in Abb. 2.4.13)*.

Mit den Daten des Beispiels *(Kalkulationszinssatz: 10% p.a., Inflationsrate 3% p.a.)* erhalten wir für den auf $t = 0$ bezogenen Realwert $K_{5,0}$ des Endwerts K_5 erneut (s.o.)

$$K_{5,0} = \frac{1.610,51}{1,03^5} = 1.389,24 \qquad \text{mit} \qquad 1.610,51 = 1000 \cdot 1,10^5$$

d.h. $$K_{5,0} = \frac{1000 \cdot 1,10^5}{1,03^5} = 1000 \cdot \frac{1,10^5}{1,03^5} = 1000 \cdot \left(\frac{1,10}{1,03}\right)^5 = 1000 \cdot 1,067961^5 = 1.389,24$$

d.h. $1 + i_{real} = 1,067961$ und daher $i_{real} = 0,067961 \approx 6,80\%$ p.a.
(statt nominell 10,00% p.a.)

Am letzten Beispiel wurde deutlich, wie allgemein die **Realverzinsung einer Kapitalanlage** – bezogen auf das **Preisniveau des Anlagezeitpunktes** zu ermitteln ist:

Das Anfangskapital K_0 wird zunächst mit Hilfe des Kalkulationszinssatzes $i = i_{nom}$ für n Jahre „normal" aufgezinst und liefert so den *(nominellen)* Endwert K_n mit

$$K_n = K_0 \cdot (1 + i_{nom})^n \ .$$

Um den **Realwert** $K_{n,0}$ auf **Basis Anlagezeitpunkt** zu erhalten, muss der Endwert K_n mit Hilfe des Inflationsfaktors $1 + i_{infl}$ um dieselbe Zeitspanne „abgezinst" werden *(siehe (2.4.10))*, d.h. es gilt

(2.4.14) $$K_{n,0} = \frac{K_n}{(1+i_{infl})^n} = \frac{K_0(1+i_{nom})^n}{(1+i_{infl})^n} \quad \text{d.h.} \quad \boxed{K_{n,0} = K_0 \cdot \left(\frac{1+i_{nom}}{1+i_{infl}}\right)^n} \ .$$

Mit dem resultierenden „Real-Zinsfaktor" $1 + i_{real}$ muss also gelten: $K_0 \cdot (1 + i_{real})^n \stackrel{!}{=} K_{n,0}$, und daraus folgt die grundlegende Beziehung zwischen Kalkulationszinssatz i_{nom}, Inflationsrate i_{infl} und Realzinssatz i_{real} *(inflationsbereinigt auf Basis des Anlagezeitpunktes)*

(2.4.15) $$\boxed{1 + i_{real} = \frac{1+i_{nom}}{1+i_{infl}}} \quad \text{und daraus} \quad \boxed{i_{real} = \frac{1+i_{nom}}{1+i_{infl}} - 1 = \frac{i_{nom} - i_{infl}}{1 + i_{infl}}} \ .$$

Beispiel 2.4.16:

Bei nomineller Verzinsung zu 10% p.a. und der Inflationsrate von 3% p.a. ergibt sich nach (2.4.15) für eine Kapitalanlage die Realverzinsung i_{real} von

$$i_{real} = \frac{1{,}10}{1{,}03} - 1 = 0{,}067961 \approx 6{,}80\% \text{ p.a.} \quad (s.o.)$$

Stimmen Kalkulationszins und Inflationsrate überein, ergibt sich eine Realverzinsung von 0%, ist die Inflationsrate größer als die Nominalverzinsung, ergibt sich eine negative Realverzinsung,

z.B.

$$i_{nom} = 4\% \text{ p.a.}, i_{infl} = 6\% \quad \Rightarrow \quad i_{real} = \frac{1{,}04}{1{,}06} - 1 = 0{,}981132 - 1 = -0{,}018868 \approx -1{,}89\% \text{p.a.}$$

Bemerkung 2.4.17:

i) Gelegentlich wird die Realverzinsung vereinfachend als Differenz von Kalkulationszinssatz und Inflationsrate angegeben, d.h. $i_{real} = i_{nom} - i_{infl}$.

Diese Beziehung ist falsch, wie allgemein an der letzten Formel in (2.4.15) erkennbar. Unsere Beispielwerte (siehe letztes Beispiel) führen denn auch bei i_{nom} = *10% und* i_{infl} = *3% zu* i_{real} = *6,80% (und nicht etwa auf die Differenz 7%).*

Lediglich für die Grenzfälle i_{infl} = *0% und* $i_{infl} = i_{nom}$ *sind Näherungswert* $i_{real} = i_{nom} - i_{infl}$ *und exakter Wert (2.4.15) identisch. Im übrigen stimmt der prozentuale Fehler des Näherungswertes exakt mit der Inflationsrate überein (siehe auch Aufgabe 2.4.22).*

ii) Wir werden – im Zusammenhang mit der Rentenrechnung – erneut auf das Problem der Preissteigerungen zurückkommen, siehe Kap. 3.9.2.2.

Aufgabe 2.4.18:

Alfons Huber wird in 35 Jahren *(ab heute gerechnet)* von seiner Versicherungsgesellschaft einen Betrag von 800.000 € erhalten.

Welchem Realwert – auf Basis des heutigen Preisniveaus – entspricht dieser zukünftige Betrag,

i) wenn die Inflationsrate konstant mit 1,9% p.a. geschätzt wird?

ii) wenn die Inflationsrate aus Vergangenheitsdaten wie folgt hochgerechnet werden soll?

Preisindex heute: 122,5
Preisindex vor 13 Jahren: 87,2

Annahme: Die jährliche prozentuale Änderung des Preisindex gegenüber dem jeweiligen Vorjahr ist zukünftig identisch mit dem entsprechenden Durchschnitt der letzten 13 Jahre.

Aufgabe 2.4.19:

Ein Kapital von € 100.000,-- werde zu 7% p.a. angelegt, die Preissteigerungsrate betrage 4% p.a.

Über welchen Betrag verfügt der Anleger

i) nach einem Jahr **a)** nominell
b) real – bezogen auf den Anlagetermin?

ii) nach 9 Jahren **a)** nominell
b) real – bezogen auf den Anlagetermin?

iii) Welche Realverzinsung *(% p.a.)* erzielt der Anleger?

Aufgabe 2.4.20:

Huber will für sein Alter vorsorgen und rechtzeitig genügend Kapital ansparen, damit er folgendes Ziel erreichen kann:

Am 31.12.09 und am 31.12.16 will er jeweils einen Betrag abheben, der einem inflationsbereinigten Realwert von je 500.000 € *(bezogen auf das Preisniveau Ende 2002)* entspricht. Es wird eine stets konstante durchschnittliche Inflationsrate von 2,3% p.a. angenommen.

Huber will Kapital ansparen und rechnet mit einem Anlagezins von 6% p.a.

i) Wie hoch müssen seine beiden *(betragsmäßig gleichhohen)* Ansparraten *(am 01.01.2003 und am 01.01.2004)* sein, damit er genau sein Ziel erreicht?

***ii)** Angenommen, er spare unter i) jeweils 350.000 € an: Wie hoch darf die *(stets konstante)* durchschnittliche Inflationsrate jetzt höchstens sein, damit er sein Ziel erreichen kann?

Aufgabe 2.4.21:

Huber legt zum 31.12.04 einen Betrag von 100.000 € für 11 Jahre an, Zinssatz 7% p.a.

Die Zinsen werden jährlich *(zum Jahresende)* ausgeschüttet und unterliegen einer 31,65%igen Kapitalertragsteuer *(30% Zinsabschlag plus 5,5% Solidaritätszuschlag auf die 30%)*, die unmittelbar von den Zinsen einbehalten und an das Finanzamt überwiesen wird. Die verbleibenden Zinsen erhöhen das Kapital und werden im nächsten Jahr mitverzinst usw.

i) Ermitteln Sie Hubers Kontostand am Ende der Kapitalanlagefrist.

ii) Wie hoch ist der inflationsbereinigte *(bezogen auf den Anlagezeitpunkt)* Realwert seines End-Kontostands, wenn die Inflationsrate in der betreffenden Zeitspanne 2,9% p.a. beträgt?

iii) Mit welcher *(effektiven)* Realverzinsung *(% p.a.)* rentiert sich seine Geldanlage

- **a)** ohne Berücksichtigung von Steuern und Inflation?
- **b)** mit Berücksichtigung von Steuern, aber ohne Inflation?
- **c)** mit Berücksichtigung von Inflation, aber ohne Steuern?
- **d)** mit Berücksichtigung von Steuern und Inflation?

Aufgabe 2.4.22:

Gegeben seien ein Kalkulationszinssatz i_{nom} sowie eine Inflationsrate i_{infl}. Als Näherungswert für die resultierende Realverzinsung i_{real} werde *(siehe Bemerkung 2.4.17)* die Differenz zwischen Zinssatz und Inflationsrate verwendet, d.h.

$$i_{real} \approx i_{nom} - i_{infl} \quad .$$

Zeigen Sie:

Der prozentuale Fehler dieses Näherungswertes *(bezogen auf den wahren Wert (2.4.15) von i_{real})* stimmt stets genau mit der Inflationsrate i_{infl} überein.

3 Rentenrechnung

3.1 Vorbemerkungen

Wie aus Satz 2.2.14 bis Satz 2.2.18 *(Äquivalenzprinzip)* hervorgeht, kann man mit Hilfe der Zinseszinsrechnung auch **mehrere Zahlungen** zu einem **Gesamtwert** zusammenfassen, indem man jede Zahlung **einzeln** bis zum gewählten Bezugszeitpunkt auf-/abzinst und dann die so ermittelten Werte saldiert.

Für praktische Anwendungen bedeutsam sowie rechnerisch besonders einfach ist der Fall dann, wenn es sich um **gleichhohe** Zahlungen in **gleichen** Zeitabständen handelt:

Definition 3.1.1: Unter einer n-maligen **Rente** versteht man eine **Zahlungsreihe**, die aus n **gleichhohen** Zahlungen (**Raten**) der Höhe R besteht, die in **gleichen Zeitabständen** aufeinander folgen.

Bemerkung 3.1.2:

*i) Die Anzahl der Rentenraten heißt **Terminzahl** der Rente.*

*ii) Die Zeitspanne zwischen zwei Ratenterminen heißt **Rentenperiode** (oder: **Ratenperiode**).*

Um die Grundideen der Rentenrechnung transparent zu machen, wollen wir zunächst **voraussetzen** *(siehe Abb. 3.1.4)*, dass die

(3.1.3) vorläufige Prämisse: **Rentenperiode = Zinsperiode**

erfüllt ist. Wir wollen also *zunächst* nur solche Renten betrachten, bei denen jede Rate zu einem Zinszuschlagtermin fällig ist und der zeitliche Abstand zweier Ratentermine genau einer Zinsperiode entspricht. *(Später werden wir uns ausführlich mit den (realitätsnäheren) Fällen beschäftigen, in diese Voraussetzung nicht gilt, siehe Kapitel 3.8).*

Abb. 3.1.4 veranschaulicht den Sachverhalt am Zahlenstrahl:

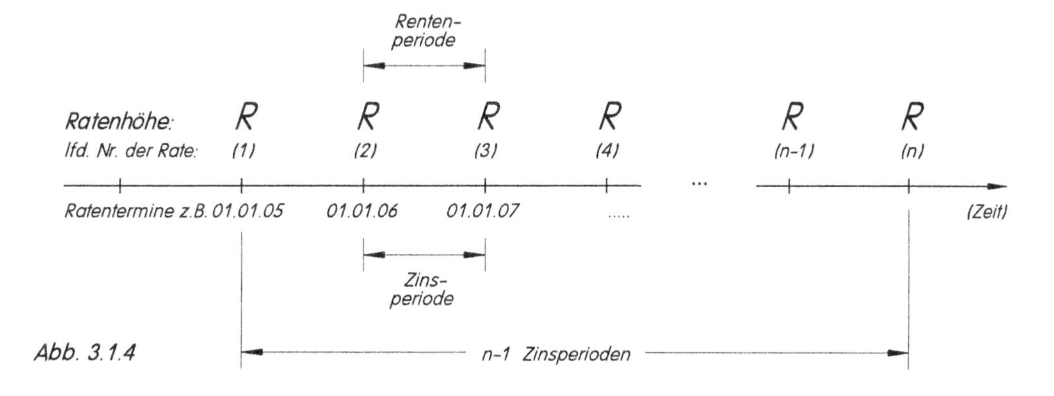

Abb. 3.1.4

***Bemerkung 3.1.5:** Man beachte, dass bei **n Ratenterminen** zwischen der 1. **Rate** und der **letzten Rate** genau **n – 1 Zinsperioden** liegen, vgl. Abb. 3.1.4 !*

Renten *(als „Leistungen" bzw. „Gegenleistungen")* treten in nahezu allen praktisch vorkommenden finanziellen Vorgängen auf *(z.B. als Zinszahlungen auf festverzinsliche Wertpapiere, Mietzahlungen, Lohn- und Gehaltszahlungen, Versicherungsprämien, Darlehensrückzahlungen u.v.a.m.)*.

Auch werden Renten gerne als *(fiktive)* Rechengrößen genommen, etwa wenn es darum geht, später zufließende Einzelzahlungen zu veranschaulichen. Während etwa ein in 20 Jahren zufließender Betrag von 800.000,-- € *(z.B. Ablaufleistung einer Lebensversicherung)* wegen seiner zeitlichen Ferne nicht ganz einfach vorstellbar ist, erscheint eine *(bei 4% p.a. äquivalente)* heute einsetzende 20 Jahre lang fließende Rente zu je ca. 2.200,-- €/Monat weitaus anschaulicher.

Prinzipiell bedeutet der finanzmathematische Umgang mit Renten nichts anderes als das *(ggf. mühesame)* sukzessive Auf-/Abzinsen der einzelnen Raten unter Berücksichtigung des Äquivalenzprinzips (Satz 2.2.18).

Es wird sich allerdings herausstellen, dass sich der Rechenaufwand für das Auf-/Abzinsen von Renten *(wegen der zeit-/wertsymmetrischen Anordnung der Raten)* beträchtlich reduzieren lässt.

Die folgenden Kapitel stellen das **Instrumentarium für die finanzmathematische Behandlung von Renten** bereit und demonstrieren ihre vielfältigen Anwendungsmöglichkeiten.

3.2 Gesamtwert (Zeitwert) einer Rente zu beliebigen Bewertungsstichtagen

Sämtliche Problemlösungen in der Rentenrechnung basieren auf der Kenntnis des **Rentengesamtwertes**, bezogen auf einen Bewertungsstichtag.

Es zeigt sich, dass die Überlegungen und Rechnungen besonders übersichtlich und einfach werden, wenn man **zunächst** den **Gesamtwert R_n** einer n-maligen Rente bezogen auf den Tag der **letzten Ratenzahlung** ermittelt. Dazu werden die n Raten R **einzeln** auf den Stichtag aufgezinst und schließlich sämtliche Endwerte **addiert** *(vgl. Bemerkung 2.2.16)*.

Abb. 3.2.1 veranschaulicht diesen Vorgang *(beachten Sie beim Aufzinsen Bemerkung 3.1.5!)*:

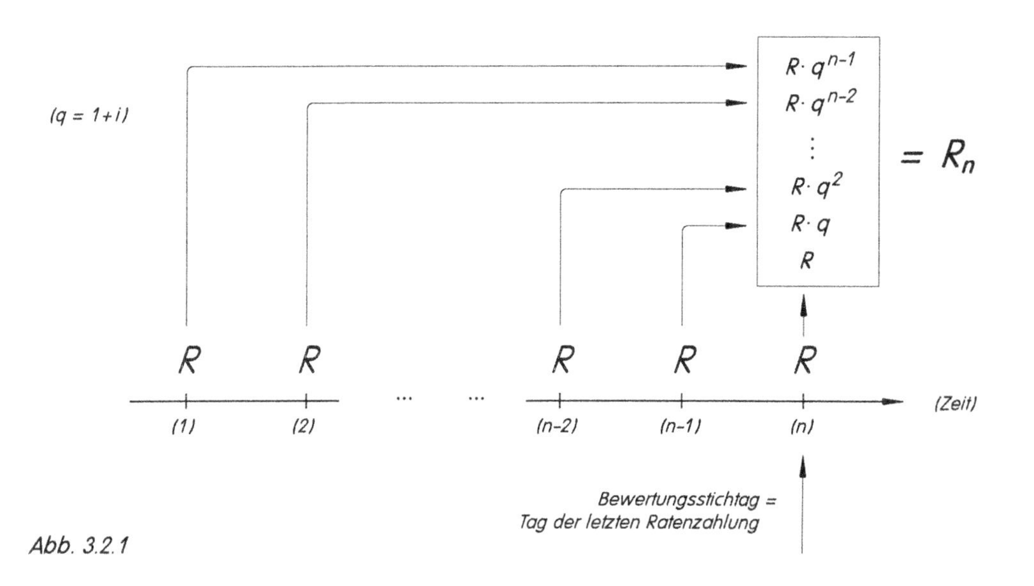

Abb. 3.2.1

Die so auf denselben Bewertungsstichtag aufgezinsten n Einzelraten dürfen *(nach Satz 2.2.18)* zu einem **Gesamtwert R_n** zusammengefasst werden.

Addition von unten nach oben *(vgl. Abb. 3.2.1)* liefert:

(3.2.2)
$$R_n = R + R \cdot q + R \cdot q^2 + \ldots + R \cdot q^{n-2} + R \cdot q^{n-1} = R \cdot \underbrace{(1 + q + q^2 + \ldots + q^{n-2} + q^{n-1})}_{=: s_n} \quad .$$

Der Klammerausdruck *(= s_n)* stellt eine *„endliche geometrische Reihe aus n Summanden (Gliedern) mit dem Anfangsglied 1 und dem Faktor q"* dar, deren Wert sich *(für jedes beliebige n)* durch einen geschlossenen Formelausdruck *(Summenformel)* beschreiben lässt.

Zur Herleitung dieser Summenformel multiplizieren wir die geometrische Reihe

(*) $$s_n = 1 + q + q^2 + \ldots + q^{n-2} + q^{n-1}$$

mit dem Faktor q *($q \neq 1$)* und erhalten

(**) $$q \cdot s_n = q + q^2 + q^3 + \ldots + q^{n-1} + q^n$$

Ziehen wir von der letzten Gleichung (**) die vorletzte Gleichung (*) ab, so erhalten wir

$$q \cdot s_n - s_n = q + q^2 + q^3 + \ldots + q^{n-1} + \mathbf{q^n} - \mathbf{1} - q - q^2 - \ldots - q^{n-2} - q^{n-1}$$

d.h. $s_n \cdot (q-1) = q^n - 1$ und daher *(nach Division durch $q-1$ $(\neq 0)$)*:

(3.2.3) $$s_n = 1 + q + q^2 + \ldots + q^{n-1} = \frac{q^n - 1}{q - 1}, \quad q \neq 1.$$ *(Summenformel der endlichen geometrischen Reihe)*

Aus (3.2.2) und (3.2.3) folgt somit der **für die Rentenrechnung zentrale**

Satz 3.2.4: *(**„Rentenformel"**)* – Der aufgezinste **Gesamtwert R_n** einer aus n Raten der Höhe R bestehenden Rente beträgt **am Tag der letzten Ratenzahlung:**

(3.2.5) $$R_n = R \cdot \frac{q^n - 1}{q - 1} \quad , \quad q = 1 + i \qquad (q \neq 1).$$

Bemerkung 3.2.6:

*i) Die Rentenformel (3.2.5) ist nur dann ohne weiteres anwendbar, wenn folgende **Prämissen** erfüllt sind:*
- *(a) exponentielle Verzinsung (mit $q \neq 1$)*
- *(b) zwischen erster und n-ter Rate haben Zinssatz und Ratenhöhe einen konstanten Wert.*
- *(c) Rentenperiode = Zinsperiode*

Abweichungen von (a) haben wir in Kap. 1.2.3 betrachtet (Rentenaufzinsung linear mit Hilfe des Zeitzentrums aller Raten). Abweichungen von (b) werden in Kap. 3.5, Abweichungen von (c) in Kap. 3.8 behandelt.

ii) Für $q = 1 + i = 1$, d.h. für einen Zinssatz $i = 0\%$ p.a., ist Satz 3.2.4 nicht anwendbar. In diesem Fall liefert (3.2.2) direkt:

$$R_n = R + R + \ldots + R = n \cdot R \, .$$

iii) Im Term $\frac{q^n - 1}{q - 1}$ *der Rentenformel (3.2.5) bedeutet der Exponent* ***n*** *die* ***Zahl der*** *in der Rente vorkommenden* ***Raten*** *(Terminzahl). Gelegentlich wird dieser Exponent mit einer „Laufzeit" verwechselt, und die Verwunderung ist groß, dass zwischen dem Termin der ersten Rate und dem der letzten Rate (≙ Stichtag) „nur" n – 1 Zinsperioden liegen ...*

Dass in der Rentenformel (3.2.5) n als Exponent auftritt, hat ausschließlich innermathematische Gründe, die in der soeben hergeleiteten Summenformel $1 + q + q^2 + ... + q^{n-1} = \frac{q^n - 1}{q - 1}$ *liegen.*

Beispiel 3.2.7: Ein Sparer zahlt insgesamt 7-mal jeweils zum Jahresende € 50.000,-- auf ein Konto *(10% p.a.)* ein. Über welchen Betrag verfügt er – Zinszuschlag jeweils zum Jahresende – am Tag der 7. Einzahlung *(incl. dieser letzten Einzahlung)*?

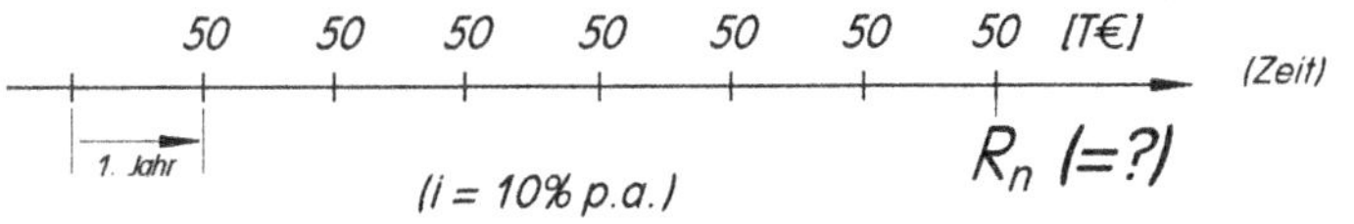

50 50 50 50 50 50 50 [T€] (Zeit)

1. Jahr (i = 10% p.a.) R_n (=?)

Abb. 3.2.7

Nach (3.2.5) erhält man, da der Bewertungsstichtag der Tag der letzten Einzahlung ist:

$$R_n = R_7 = 50.000 \cdot \frac{1,10^7 - 1}{0,10} = 474.358,55 \text{ €}$$ [1] .

Das folgende Vergleichskonto zeigt detailliert *(und etwas umständlich)* Zahlungen, Zinsverrechnung und Kapitalentwicklung desselben Rentenvorganges:

Jahr	Kontostand zu Jahresbeginn	Zinsen (10% p.a.) Ende des Jahres	Ratenzahlung am Ende des Jahres	Kontostand zum Ende des Jahres
01	0	0	50.000,00	50.000,00
02	50.000,00	5.000,00	50.000,00	105.000,00
03	105.000,00	10.500,00	50.000,00	165.500,00
04	165.500,00	16.550,00	50.000,00	232.050,00
05	232.050,00	23.205,00	50.000,00	305.255,00
06	305.255,00	30.525,50	50.000,00	385.780,50
07	385.780,50	38.578,05	50.000,00	**474.358,55** $\left(= 50.000 \cdot \frac{1,10^7 - 1}{0,10}\right)$
08	**474.358,55**	*(Vergleichskonto zum Zahlungsstrahl Abb. 3.2.7)*		

Ist der *(auf- oder abgezinste)* **Zeitwert** einer Rente *(=* ***äquivalenter Rentengesamtwert****)* zu einem **anderen Zeitpunkt** als dem letzten Ratentermin gesucht *(z.B. am Tag der ersten Rate oder 7 Jahre nach der letzten Rate usw.)*, so könnte man analog zum Vorgehen nach Abb. 3.2.1 jede einzelne Rate R auf den betreffenden Stichtag auf-/abzinsen und dann die Summe bilden. Sehr viel einfacher, übersichtlicher *(und nach dem „Umweg"-Satz (2.2.2) äquivalent)* ist folgende Methode *(vgl. Satz 2.2.14)*:

Satz 3.2.8: Man erhält den **Rentenzeitwert** zu **jedem beliebigen Stichtag**, indem man nach Satz 3.2.4 zunächst R_n ermittelt und dann diesen Renten-Endwert – ausgehend vom letzten Ratentermin – lediglich **einmal** entsprechend weit auf- oder abzinst.

[1] In der Rentenformel (3.2.5) treten insgesamt 4 Variable (R_n, R, n, q) auf. Dementsprechend gibt es *(neben dem im Anschluss behandelten Rentenzeitwertproblem)* vier Grundtypen von einfachen Rentenproblemen, je nachdem, welcher der vier Variablenwerte *(bei Kenntnis der drei übrigen)* bestimmt werden soll. Wir werden diese Grundprobleme in allgemeiner Form in Beispiel 3.4.1 behandeln.

Abbildung 3.2.9 veranschaulicht das Vorgehen schematisch:

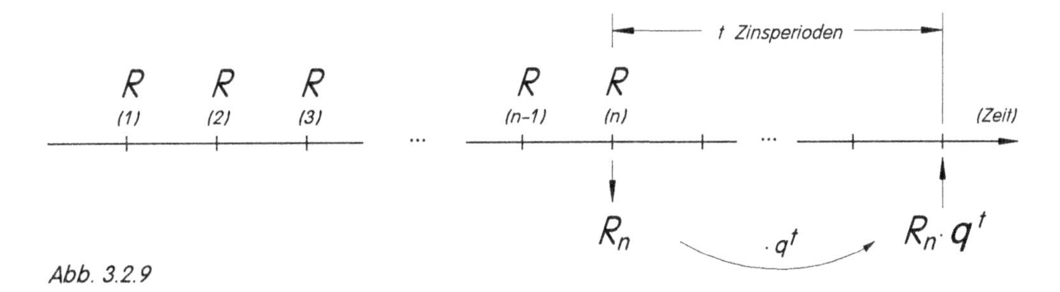

Abb. 3.2.9

Beispiel 3.2.10:

Jemand legt – beginnend am 01.01.06 – jährlich R *(= 10.000,-- €)* auf einem Konto *(i = 8% p.a.)* an. Insgesamt werden 6 Raten eingezahlt; vgl. Abb. 3.2.11.

i) Wie lautet der Kontostand am 01.01.15?

ii) Welchen Einmalbetrag hätte man anstelle der Rente **a)** am 01.01.04 und **b)** am 01.01.08 anlegen müssen, um über ein dem Rentenwert äquivalentes Kapital verfügen zu können?

Lösung:

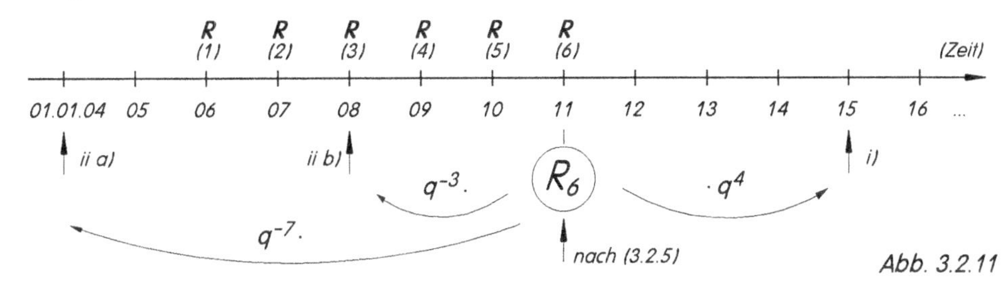

Abb. 3.2.11

Zunächst wird mit (3.2.5) der Rentengesamtwert R_n am ***Tag der letzten Rentenzahlung*** ermittelt:

$$R_n = R_6 = R \cdot \frac{q^6 - 1}{q - 1} = 10.000 \cdot \frac{1{,}08^6 - 1}{0{,}08} = 73.359{,}29 \text{ €}.$$

Durch einfaches Auf-/Abzinsen von R_n erhält man sukzessive:

i) $$K_{15} = R \cdot \frac{q^6 - 1}{q - 1} \cdot q^4 = R_6 \cdot q^4 = 99.804{,}50 \text{ €};$$

ii) a) $$K_{04} = R \cdot \frac{q^6 - 1}{q - 1} \cdot \frac{1}{q^7} = R_6 \cdot \frac{1}{q^7} = 42.804{,}44 \text{ €};$$

b) $$K_{08} = R \cdot \frac{q^6 - 1}{q - 1} \cdot \frac{1}{q^3} = R_6 \cdot \frac{1}{q^3} = 58.234{,}97 \text{ €}.$$

Sämtliche vier Rentengesamtwerte sind *(bei exponentieller Verzinsung zu 8% p.a.)* äquivalent!

3.3 Vor- und nachschüssige Renten

Mit Hilfe des letzten Ergebnisses *(Satz 3.2.8)* und unter Berücksichtigung der Prämissen von Bem. 3.2.6 i) lassen sich die Zeitwerte **beliebiger Renten** zu **beliebigen Zeitpunkten** mit Hilfe einer **einzigen Formel** (3.2.5) sowie einmaliger anschließender Auf-/Abzinsung bestimmen.

In nahezu allen einschlägigen Fachbüchern zum Thema „Finanzmathematik" werden demgegenüber mehrere Rentenformeln angegeben, die sich auf die Berechnung von sogenannten „nachschüssigen" bzw. „vorschüssigen" Renten beziehen. Wie sich gleich zeigen wird, sind diese Begriffsbildungen und zusätzlichen Rentenformeln **entbehrlich** *(es handelt sich lediglich um Spezialfälle von Satz 3.2.8)*! Wir wollen daher *(und um nach „draußen" hin kompatibel zu bleiben)* einen Blick auf diese sog. „vor- und nachschüssigen" Renten werfen:

Unter dem **Planungszeitpunkt** *(t = 0)* im Zusammenhang mit einer n-maligen Rente soll ein Zinszuschlagtermin verstanden werden, der **nicht später** liegt als der Termin der **ersten** Ratenzahlung. Es könnte sich zum Beispiel um den Vertragsabschlusszeitpunkt eines Darlehensvertrages handeln.

Je nachdem, in welcher zeitlichen Beziehung ein solcher Planungszeitpunkt zur Rentenreihe steht, unterscheidet man **nachschüssige** [2] und **vorschüssige** [3] Renten *(vgl. Abb. 3.3.2)*:

Def. 3.3.1: (nachschüssige, vorschüssige Rente)

i) Eine Rente, deren **erste** Rate **eine** Zinsperiode **nach** dem Planungszeitpunkt fällig ist, heißt **nachschüssige Rente**.

ii) Eine Rente, deren **erste** Rate genau **im** Planungszeitpunkt fällig ist, heißt **vorschüssige Rente**.

iii) Unter dem **Rentenzeitraum** einer n-maligen nach- oder vorschüssigen Rente versteht man eine **Zeitspanne** von genau **n Zinsperioden, beginnend** im **Planungszeitpunkt**.

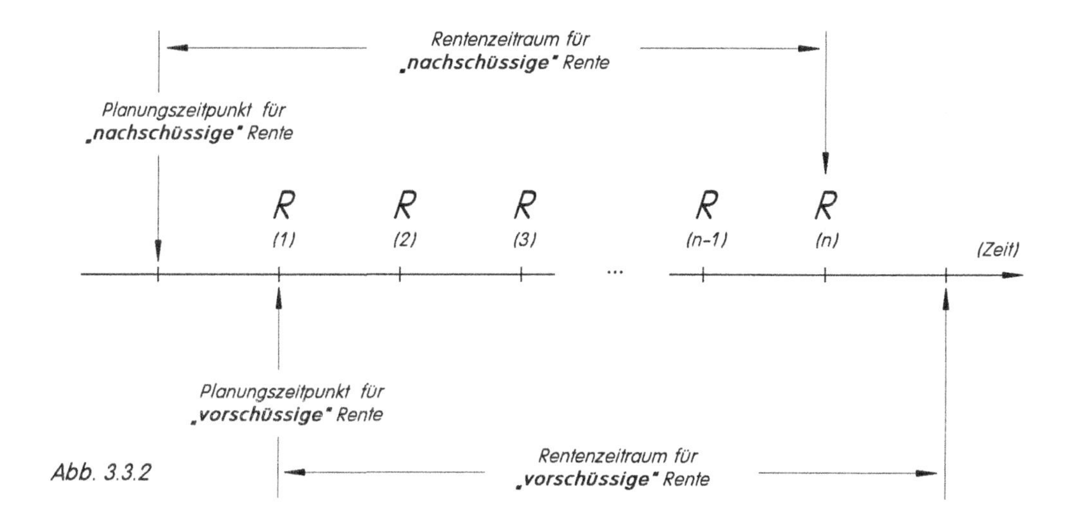

Abb. 3.3.2

---

[2] auch: Postnumerandorente

[3] auch: Pränumerandorente

Bemerkung 3.3.3:

*i) In Abb. 3.3.2 erkennt man, dass sich **jede** Rente **sowohl** als **vorschüssige**, wie **auch** als **nachschüssige** Rente auffassen lässt. Es genügt dafür, den Planungszeitpunkt und damit den Rentenzeitraum willkürlich um eine Zinsperiode nach rechts oder nach links zu verschieben.*

*Ein (auf- oder abgezinster) **Zeitwert** einer solchen Rente zu irgendeinem x-beliebigen Zeitpunkt ändert sich dadurch in keiner Weise: Sämtliche Zahlungen R bleiben nämlich in Höhe und Zahlungszeitpunkt unverändert, egal wo der „Planungszeitpunkt" liegt.*

ii) In der Praxis werden Renten gelegentlich in folgender Weise definiert:

***Beispiel:** a) Nachschüssige b) vorschüssige Rente, Jahresrate R, für die Jahre 2009 - 2014.*

*In diesem Fall wird durch die Begriffsverwendung deutlich gemacht, an welchen **Terminen** die einzelnen **Raten fällig** sind: Ist die Rente „nachschüssig" (Fall a)), so ist (im Beispiel) die erste Rate am 01.01.10 (=31.12.09)* [4] *fällig, ist sie „vorschüssig" (Fall b)), so muss die erste Rate am 01.01.09 gezahlt werden. Jetzt handelt es sich um zwei **verschiedene** Renten, bestehend jeweils aus 6 Raten, gegeneinander um eine Zinsperiode zeitlich verschoben.*

*iii) Häufig werden nachschüssige (bzw. vorschüssige) Renten dadurch definiert, dass ihre Raten am Ende (bzw. am Anfang) einer Periode fällig sind. Gegen diese Definition ist einzuwenden, dass grundsätzlich das **Ende** einer Periode **identisch** ist mit dem **Anfang** der **folgenden** Periode, z.B. 31.12.05 (24^{00} Uhr) = 01.01.06 (0^{00} Uhr).*

Für bestimmte **Zeitwerte** *(End-/Barwerte)* nach-/vorschüssiger Renten sind folgende *Begriffe üblich:*

Definition 3.3.4: (Endwerte, Barwerte von Renten)

i) Der **Endwert** einer nachschüssigen *(bzw. vorschüssigen)* Rente ist der **Rentenzeitwert** am **Ende** des **Rentenzeitraumes,** d.h. n Zinsperioden *nach* dem Planungszeitpunkt.

Dies bedeutet im einzelnen: **(a)** Der **End**wert einer **nach**schüssigen Rente ist der Zeitwert am Tag der **letzten** Ratenzahlung.

(b) Der **End**wert einer **vor**schüssigen Rente ist der Zeitwert eine Zinsperiode **nach** der **letzten** Ratenzahlung.

ii) Der **Barwert** einer nachschüssigen *(bzw. vorschüssigen)* Rente ist der **Rentenzeitwert** zu **Beginn** des **Rentenzeitraumes,** d.h. *im* Planungszeitpunkt.

Dies bedeutet im einzelnen: **(a)** Der **Bar**wert einer **nach**schüssigen Rente ist der Zeitwert eine Zinsperiode **vor** der **ersten** Ratenzahlung.

(siehe Abb. 3.3.2 und insb. Abb. 3.3.5). **(b)** Der **Bar**wert einer **vor**schüssigen Rente ist der Zeitwert am Tag der **ersten** Ratenzahlung.

***Bemerkung 3.3.4a:** Da man prinzipiell beliebig weit in die Zukunft aufzinsen (und beliebig weit in die Vergangenheit abzinsen) kann, decken die erwähnten Stichtage nur wenige Möglichkeiten (allerdings die beliebtesten!) unter beliebig vielen anderen denkbaren Bewertungsstichtagen von Renten ab.*

Aus Def. 3.3.4 wird deutlich, dass die verschiedenen End- und Barwerte lediglich erkennen lassen, in welchem **Bewertungsstichtag** der Rentenzeitwert berechnet werden soll. Abbildung 3.3.5 verdeutlicht graphisch die Zusammenhänge:

[4] Zur vereinbarten Interpretation von Datums-/Zeitangaben vgl. Bem. 2.1.22 ii).

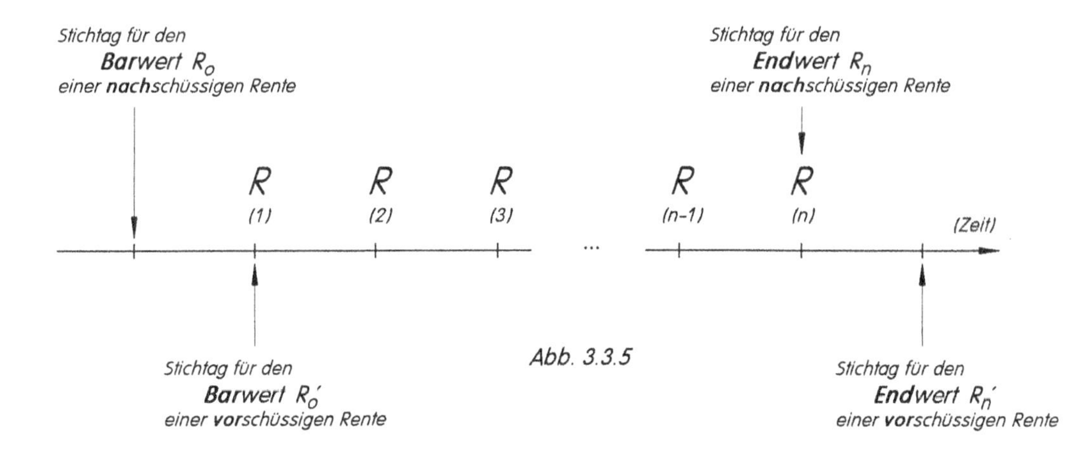

Abb. 3.3.5

Die vier Rentenzeitwerte für die vier verschiedenen besonderen Stichtage *(vgl. Abb. 3.3.5)* ergeben sich nach Satz 3.2.8 und Def. 3.3.4:

Satz 3.3.6: Gegeben sei eine n-malige *(vor-/nachschüssige)* Rente. Dann gilt:

i) **Endwert** R_n einer **nachschüssigen** Rente: $R_n = R \cdot \frac{q^n - 1}{q - 1} =: R \cdot s_n$

ii) **Barwert** R_0 einer **nachschüssigen** Rente: $R_0 = R \cdot \frac{q^n - 1}{q - 1} \cdot \frac{1}{q^n} =: R \cdot a_n$

iii) **Endwert** R_n' einer **vorschüssigen** Rente: $R_n' = R \cdot \frac{q^n - 1}{q - 1} \cdot q =: R \cdot s_n'$

iv) **Barwert** R_0' einer **vorschüssigen** Rente: $R_0' = R \cdot \frac{q^n - 1}{q - 1} \cdot \frac{1}{q^{n-1}} =: R \cdot a_n'$

Bemerkung 3.3.7: *Die in den Formeln i) bis iv) von Satz 3.3.6 auftretenden Faktoren*

i) $s_n := \frac{q^n - 1}{q - 1}$ *(**nach**schüssiger Renten**end**wertfaktor)*

ii) $a_n := \frac{q^n - 1}{q - 1} \cdot \frac{1}{q^n}$ *(**nach**schüssiger Renten**bar**wertfaktor)*

iii) $s_n' := \frac{q^n - 1}{q - 1} \cdot q$ *(**vor**schüssiger Renten**end**wertfaktor)*

iv) $a_n' := \frac{q^n - 1}{q - 1} \cdot \frac{1}{q^{n-1}}$ *(**vor**schüssiger Renten**bar**wertfaktor)*

sind für verschiedene q und n tabelliert[5]. *Gleichwohl ist die direkte Berechnung nach Satz 3.2.8 vor allem bei komplizierten Zusammenhängen übersichtlicher und lässt sich mit den derzeit verfügbaren elektronischen Taschenrechnern auch für beliebige Zinssätze und Terminzahlen ohne Interpolation schnell und problemlos bewältigen.*

[5] Vgl. etwa [Däu] 338 ff.

Da wir – wie aus Abb. 3.3.2 ersichtlich – grundsätzlich jede Rente sowohl als vorschüssig wie auch als nachschüssig auffassen können *(ohne dass sich ihr Gesamtwert zu irgendeinem vorgegebenen Stichtag ändert!)*, empfiehlt es sich aus Vereinfachungsgründen, **jede Rente** als **nachschüssige** Rente **aufzufassen**, ihren Wert R_n *(≙ Endwert einer nachschüssigen Rente)* am Tag der letzten Ratenzahlung nach (3.2.5) zu ermitteln und jeden anderen Rentenzeitwert durch entsprechendes Auf- und Abzinsen von R_n zu berechnen.

Verschiedene Rentenformeln sind daher entbehrlich !

Die Bezeichnungsweisen „End-/Barwert" einer „vor-/nachschüssigen" Rente definieren dann lediglich *(vgl. Abb. 3.3.5)* den **Bewertungsstichtag**, auf den die Rentenraten auf- oder abzuzinsen sind.

Somit **genügt** für die gesamte Rentenrechnung eine **einzige Formel**, nämlich:

(3.2.5):
$$R_n = R \cdot \frac{q^n - 1}{q - 1}$$

(Rentengesamtwert am Tag der n-ten und letzten Rate)

sowie ggf. anschließend die richtige zeitliche Transformation dieses Rentengesamtwertes mit Hilfe der zutreffenden Auf-/Abzinsungsfaktoren q^t *(d.h. die korrekte Anwendung des Äquivalenzprinzips (Satz 2.2.18))*.

Bemerkung 3.3.8: *Ein häufiges Missverständnis bei Anwendung der vor-/nachschüssigen Rentenformeln nach Satz 3.3.6 besteht darin, bei diesen vor-/nachschüssigen Renten schematisch an nur einen möglichen Bewertungsstichtag zu denken (wie er etwa durch die Begriffe „Endwert" und „Barwert" definiert ist, siehe Def. 3.3.4). Tatsächlich aber gilt (siehe Bem. 3.3.4a): Der in einer Problemstellung maßgebliche Bewertungsstichtag (d.h. der Zielzeitpunkt für alle auf- oder abzuzinsenden Beträge) ist willkürlich vorgebbar und beliebig wählbar, er entspricht allein der Zielvorgabe des Problemstellers bzw. Problemlösers und muss lediglich am Äquivalenzprinzip orientiert sein.*

Wir wollen diesen Sachverhalt im folgenden Kapitel, das im wesentlichen aus einem umfangreichen Beispiel zur praktischen Anwendung der Rentenrechnung besteht, demonstrieren.

3.4 Rentenrechnung und Äquivalenzprinzip – Beispiele und Aufgaben

Beispiel 3.4.1:

Gegeben ist eine in den Jahren 05 – 18 nachschüssig zahlbare Rente mit einer Jahresrate in Höhe von 24.000,-- €. Der Zinszuschlag erfolge jeweils am Jahresende mit i = 7% p.a.

i) Gesucht sind End- und Barwert dieser Rente.

ii) Mit welchem Einmalbetrag könnte die gesamte Rente am 01.01.10 äquivalent ersetzt werden?

iii) Die gegebene Rente soll äquivalent umgewandelt werden in eine 10-malige Rente, deren erste Jahresrate am 01.01.07 fällig ist. Wie hoch ist die Jahresrate?

iv) Die gegebene Rente soll äquivalent ersetzt werden durch eine Rente mit der Jahresrate 36.000,-- €/Jahr, deren 1. Rate am 01.01.08 fällig ist. Wieviele Raten muss diese neue Rente besitzen?

v) Welcher Jahreszinssatz muss zur Anwendung kommen, damit die gegebene Rente am 01.01.20 den Wert von 1 Mio. € besitzt?

Lösung: Um die Übersicht zu wahren, sollte in jedem Fall ***vor*** der Rechnung die graphische Veranschaulichung am Zahlenstrahl erfolgen, vgl. Abb. 3.4.2 *(Beträge in T€)*:

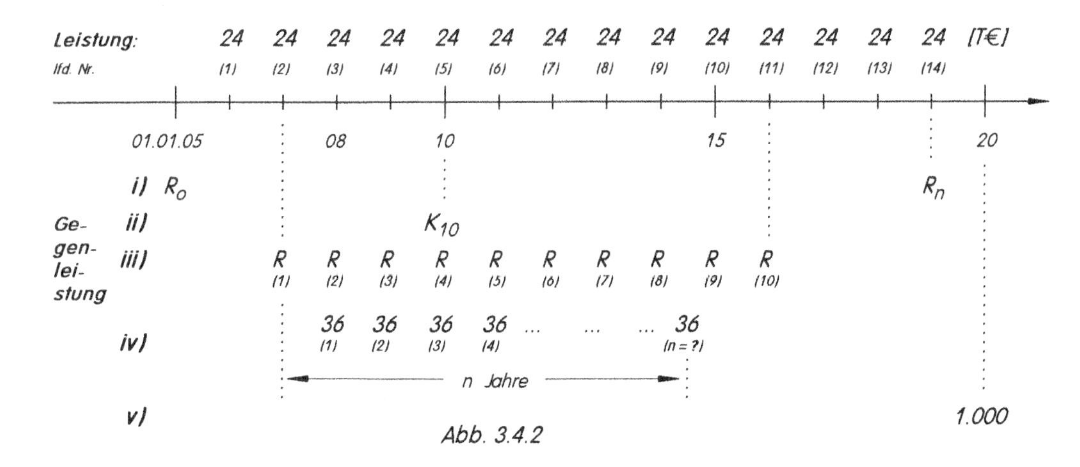

Abb. 3.4.2

zu i):

Da es sich um eine nachschüssige Rente handeln soll, ist die erste Rate am 01.01.06 (≙ 31.12.05) und die letzte Rate am 01.01.19 (≙ 31.12.18) fällig. Dann ist der *Endwert* R_n identisch mit dem Rentenwert am Tag der letzten Rate, der *Barwert* R_0 identisch mit dem Rentenwert ein Jahr vor der ersten Rate *(vgl. Abb. 3.2.5 bzw. 3.4.2)*. Es folgt:

$$R_n = R \cdot \frac{q^n - 1}{q - 1} = 24.000 \cdot \frac{1{,}07^{14} - 1}{0{,}07} = 541.211{,}71 \text{ €};$$

$$R_0 = R \cdot \frac{q^n - 1}{q - 1} \cdot \frac{1}{q^n} = 24.000 \cdot \frac{1{,}07^{14} - 1}{0{,}07} \cdot \frac{1}{1{,}07^{14}} = 209.891{,}23 \text{ €}.$$

zu ii)

Der *Rentenzeitwert* K_{10} am 01.01.10 ergibt sich durch Abzinsen von R_n um 9 Jahre:

$$K_{10} = R \cdot \frac{q^n - 1}{q - 1} \cdot \frac{1}{q^9} = 24.000 \cdot \frac{1{,}07^{14} - 1}{0{,}07} \cdot \frac{1}{1{,}07^9} = 294.383{,}31 \text{ €}.$$

zu iii)

Anwendung des Äquivalenzprinzips: Stichtag beliebig wählbar, z.B. Tag der letzen Ratenzahlung der *neuen* Rente, d.h. 01.01.16. Dann folgt aus „Leistung = Gegenleistung“:

$$24.000 \cdot \frac{1{,}07^{14} - 1}{0{,}07} \cdot \frac{1}{1{,}07^3} = R \cdot \frac{1{,}07^{10} - 1}{0{,}07} \quad \Rightarrow$$

$$R = 24.000 \cdot \frac{1{,}07^{14} - 1}{1{,}07^{10} - 1} \cdot \frac{1}{1{,}07^3} = 31.975{,}65 \text{ €}.$$

zu iv)

Jetzt ist die *Terminzahl n* der Rente *gesucht*. Auch hier ist der Bewertungsstichtag beliebig wählbar, die Rechnung wird allerdings besonders einfach, wenn *(vgl. Abb. 3.4.2)* als Stichtag der 01.01.07 *(d.h. ein Jahr vor der ersten Rate in Höhe von 36.000,-- €)* gewählt wird.

Nach dem Äquivalenzprinzip „Leistung = Gegenleistung" folgt:

$$24.000 \cdot \frac{1{,}07^{14}-1}{0{,}07} \cdot \frac{1}{1{,}07^{12}} \overset{!}{=} 36.000 \cdot \frac{1{,}07^{n}-1}{0{,}07} \cdot \frac{1}{1{,}07^{n}} .$$

Multiplikation mit $0{,}07 \cdot 1{,}07^n$ und anschließende Division durch 24.000 liefert

$$1{,}07^n \, \frac{1{,}07^{14}-1}{1{,}07^{12}} = 1{,}5 \cdot (1{,}07^n - 1) \quad \Rightarrow \quad 0{,}7009 \cdot 1{,}07^n = 1{,}5 \cdot 1{,}07^n - 1{,}5$$

$$\Rightarrow \quad 1{,}5 = 0{,}7991 \cdot 1{,}07^n \quad \Rightarrow \quad 1{,}07^n = \frac{1{,}5}{0{,}7991} = 1{,}8771 \quad \Rightarrow \quad n = \frac{\ln 1{,}8771}{\ln 1{,}07} \approx 9{,}31 .$$

Da die Terminzahl n = 9,31 keine natürliche Zahl ist, bedarf das Ergebnis einer Interpretation:

Offenbar sind 9 Raten zu je 36.000 € zu wenig und 10 Raten zu viel, um die Rente äquivalent zu ersetzen. In der Praxis geht man meistens so vor, dass man – bezogen auf unser Beispiel – 9 volle Raten zu je 36.000 € zahlt und, ein Jahr später, anstelle einer vollen 10. Rate nur eine verminderte „irreguläre" Schlussrate R*, die so zu bemessen ist, dass genau Äquivalenz erreicht wird.

Um R* zu ermitteln, bezieht man sowohl die Leistung, als auch die Gegenleistung (aber mit 10 *vollen* Raten) auf den Tag der *letzten* (= 10.) *Rate der Gegenleistung* (hier: 01.01.17):

Wert der Leistung am 01.01.17: $\quad 24.000 \cdot \frac{1{,}07^{14}-1}{0{,}07} \cdot \frac{1}{1{,}07^{2}} = 472.715{,}27$ € ;

Wert der Gegenleistung am 01.01.17: $\quad 36.000 \cdot \frac{1{,}07^{10}-1}{0{,}07} = 497.392{,}13$ €.
(bei 10 Raten)

Die Gegenleistung am 01.01.17 ist also um 24.676,86 € zu *hoch*, d.h. anstelle der vollen letzten Rate zu 36.000,-- € brauchen am 01.01.17 nur R* = 36.000 – 24.676,86 = 11.323,14 € als irreguläre 10. Rate gezahlt zu werden, so dass genau Äquivalenz von Leistung und Gegenleistung erreicht ist.

Wir werden im Zusammenhang mit Tilgungsplänen *(Kap. 4.2.5.1)* erneut das Problem gebrochener Terminzahlen aufgreifen.

zu v)

Jetzt ist der anzuwendende jährliche *Effektivzinssatz* i bzw. der effektive Zinsfaktor q *(= 1 + i)* gesucht. Der Stichtag kann wieder beliebig gewählt werden, z.B. 01.01.20. Dann folgt nach dem Äquivalenzprinzip

$$24.000 \cdot \frac{q^{14}-1}{q-1} \cdot q = 1.000.000 ,$$

d.h. eine Gleichung, deren Lösung nicht in einer geschlossenen Formel angebbar ist. In derartigen Fällen helfen iterative Näherungsverfahren weiter: Anwendung z.B. der „Regula falsi" *(vgl. Kapitel 5.1)* liefert auf zwei Nachkommastellen genau q = 1,1367, d.h. der Effektivzins beträgt i = 13,67% p.a. *(zur allgemeinen Ermittlung des Effektivzinssatzes vgl. Kap. 5.)*.

Bemerkung 3.4.3:

*Auch jetzt können wir – bei einer gegebenen n-maligen Rente der Höhe R – nach dem **Zeitzentrum** aller Raten fragen, d.h. nach dem Zeitpunkt, an dem auf äquivalente Weise sämtliche n Raten (d.h. die Summe $n \cdot R$) gezahlt werden können.*

Analog zum Vorgehen in Bem. 2.2.22 erhalten wir – wie aus der Skizze ablesbar –

(1) (2) (3) (n-1) (n)
R R R R R ... ... R R
(Zeit)
t (=??) Zinsperioden
$n \cdot R$ Zeitzentrum

die Äquivalenzgleichung: $nR \cdot q^t = R \cdot \dfrac{q^n - 1}{q - 1}$, *d.h.* $q^t = \dfrac{1}{n} \cdot \dfrac{q^n - 1}{q - 1}$ *und daher*

$$t = \frac{\ln\left(\frac{1}{n} \cdot \frac{q^n - 1}{q - 1}\right)}{\ln q}$$

(dabei bezeichnet t die Zeitspanne in Zinsperioden, die zwischen dem Zeitzentrum und dem Tag der letzten Ratenzahlung liegt)

Beispiel: *Gegeben sei eine 20-malige Rente der Höhe 24.000 €/Jahr. Wann könnte auf äquivalente Weise die nominelle Gesamtsumme (= 480.000 €) – bei 10% p.a. gezahlt werden?*

Nach dem Vorgehenden gilt: $t = \dfrac{\ln\left(\frac{1}{n} \cdot \frac{q^n - 1}{q - 1}\right)}{\ln q} = \dfrac{\ln\left(\frac{1}{20} \cdot \frac{1{,}1^{20} - 1}{0{,}1}\right)}{\ln 1{,}1} = 11{,}039 \approx 11$ *Jahre,*

d.h. das Zeitzentrum liegt ca. 11 Jahre vor der letzten (20.) Rate und somit um 1,5 Jahre früher als bei linearer Verzinsung (9,5 Jahre vor letzter Rate, ermittelt nach Satz 1.2.58 bzw. Abb. 1.2.61a).

Die folgende Skizze veranschaulicht das Ergebnis unseres Beispiels:

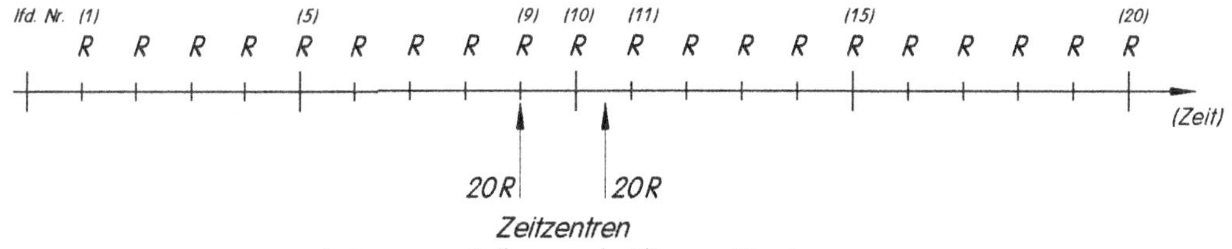

Aufgabe 3.4.4:

i) Huber will – beginnend am 01.01.05 – jährlich einen Betrag in Höhe von € 12.000,-- sparen *(insgesamt 10 Raten).*

Seine Hausbank offeriert ihm mehrere unterschiedliche Anlagealternativen *(die Zinsperiode betrage stets ein Jahr, die Verzinsung des angewachsenen Kapitals zum angegebenen Zinssatz ist auch nach Zahlung der letzten Sparrate weiterhin gewährlistet)*:

a) i=6% p.a., zusätzlich erhält er 4% jeder Sparrate ein Jahr nach der jeweiligen Ratenzahlung;
b) i=7% p.a., am Tag d. letzten Rate erhält er einen Bonus in Höhe von 20% der letzten Rate;
c) Zinsen: 7,5% p.a. *(keine weiteren Gegenleistungen)*.

Welche Anlagealternative ist für Huber am günstigsten, wenn er am 01.01.15 ein möglichst großes Endvermögen besitzen will?

ii) Huber zahlt, beginnend am 01.01.09 *(=31.12.08)*, pro Jahr € 12.000,-- auf ein Konto, insgesamt 20 Raten. Man fasse diese Raten als **a)** nachschüssig gezahlt **b)** vorschüssig gezahlt auf und bestimme jeweils Endwert und Barwert *(10% p.a.)*.

iii) Eine Schuld soll mit insgesamt 10 Raten in Höhe von jeweils 3.000,-- €/Jahr getilgt werden *(die 1. Rate soll – von heute an gerechnet – nach einem Jahr fließen)*. Wie hoch muss bei 6% p.a. der Einmal-Betrag sein, durch den die gesamte Schuld auf äquivalente Weise
a) heute **b)** am Tag der 3. Rate *(ohne vorherige Ratenzahlungen)* abgelöst werden kann?

iv) Zur Tilgung einer Schuld soll ein Schuldner zu Beginn der Jahre 00, 04 und 09 je € 10.000,-- zahlen. Stattdessen möchte er die Schuld lieber in 12 gleichen Jahresraten *(beginnend am 01.01.01)* zahlen.

Auf welchen Betrag lauten die einzelnen Raten? *(i = 7% p.a.)*

Aufgabe 3.4.5:

i) Ein Schuldner soll einen Kredit mit genau 10 Jahresraten zu je 20.000 € *(beginnend 01.01.07)* zurückzahlen, i = 9% p.a. Da er die hohen Jahresraten nicht aufbringen kann, willigt die Bank auf eine Jahresrate von 12.000,-- € ein, allerdings schon beginnend am 01.01.05. Wieviele Jahresraten muss der Schuldner nun zahlen?

ii) Die Bundesregierung beabsichtigt die Vergabe von zinslosen Aufbaukrediten für die Gründung von Unternehmungen zur Entwicklung moderner Technologien. Die Kreditmodalitäten seien an einem Standardbeispiel erläutert:

Die geförderte Unternehmung erhält 5 Jahre lang *(jeweils am 01.01.)* jährlich je 100.000,-- € als Aufbaukredit. Die Rückzahlung des Aufbaukredits erfolgt in 10 gleichhohen Raten zu je 50.000,-- €/Jahr, von denen die erste Rate genau 4 Jahre nach Erhalt der letzten Kreditrate fällig ist. Nach Zahlung der letzten Rate ist der Kredit vollständig getilgt, Zinsforderungen werden nicht erhoben.

Welcher Betrag wird der geförderten Unternehmung zusätzlich als Zinsgeschenk am Tag der ersten Aufbaukreditrate gewährt, wenn ein Kreditzinssatz von 9% p.a. unterstellt wird, den der Staat *(anstelle des Kreditnehmers)* trägt?

iii) Huber und Moser vergleichen ihre finanziellen Zukunftsaussichten. Folgende Daten legen sie dabei zugrunde:

Huber ist Beamter, er hat noch 35 Berufsjahre sowie 15 Ruhestandsjahre vor sich.

Moser ist Angestellter, auch bei ihm werden noch 35 Berufsjahre plus 15 Rentnerjahre unterstellt.

Moser verdient jährlich 2.500,-- € mehr als Huber, muss aber – im Gegensatz zum Beamten Huber – jährlich 4.200,-- € Rentenversicherungsbeiträge abführen *(während der 35 Berufsjahre)*.

Die Höhe von Pensions-/Altersrente ist bei beiden gleich. Einziger Unterschied: Beamter Huber muss jährlich 7.000,-- € an Steuern abführen *(während der 15 Pensionsjahre)*, Mosers Rente bleibt steuerfrei.

Vereinfachend wird unterstellt, dass alle Zahlungen jeweils am Jahresende fällig sind.

Welchen Ausgleichsbetrag müsste Beamter Huber zu Beginn des ersten Berufsjahres dem Angestellten Moser *(oder umgekehrt)* übergeben, damit beide Arbeitnehmer wertmäßig gleichgestellt sind? *(Als Kalkulationszinssatz wird 6% p.a. zugrunde gelegt.)*

Aufgabe 3.4.6:

i) Huber muss seiner Ex-Gattin 15 Jahresraten zu je € 40.000,-- *(beginnend 01.01.02)* zahlen *(Zinssatz: 8% p.a.)*.

a) Über welchen Betrag aus diesen Zahlungen verfügt seine Ex-Gattin ein Jahr nach der letzten Ratenzahlung, wenn sie alle Beträge verzinslich (8% p.a.) angelegt hat?

b) Mit welchem Einmalbetrag könnte Huber alle Raten am 01.01.02 auf einmal ablösen?

c) Huber will statt der vereinbarten Raten lieber drei nominell gleichhohe Beträge am 31.12.02, 01.01.06 und 31.12.20 zahlen.

Wie hoch sind diese drei Zahlungen jeweils?

d) Huber möchte anstelle der vereinbarten 15 Raten lieber 25 Raten zahlen, erste Rate am 01.01.04.

Wie groß ist die Ratenhöhe einer derartigen äquivalenten 25-maligen Rente?

ii) Witwe Huber unterstützt ihren fleißigen Neffen Alois in jeder Hinsicht – insbesondere finanziert sie sein Wirtschaftsstudium an der Universität Entenhausen: Alois erhält – beginnend mit dem 1. Semester am 01.10.02 – jeweils zu Monatsbeginn einen Betrag von € 850,-- ausgezahlt. *(Witwe Huber rechnet mit monatlichen Zinseszinsen von 0,5% p.M.)*

a) Witwe Huber erwartet zunächst eine Gesamtstudiendauer von 8 Semestern *(entspricht 48 Monatsraten)*.

Welche Summe müsste Witwe Huber am 01.10.02 zur Gesamtfinanzierung des Studiums bereitstellen?

b) Witwe Huber zahlt zum 01.10.02 einen Betrag in Höhe von € 50.000,-- auf ihr „Alois-Studien-Konto" *(0,5% p.M.)* ein.

Wieviele Semester könnte Alois damit studieren?

iii) Häberle muss am 31.12.05 € 20.000,-- und am 31.12.09 € 50.000,-- an seinen Gläubiger zahlen *(10% p.a.)*. Er erwägt, seine Schuld äquivalent umzuwandeln:

a) Umwandlung in 10-malige Rente, beginnend 01.01.04. Ratenhöhe?

b) Umwandlung in Rente mit R = 5.000,-- €/Jahr, beginnend 01.01.07. Anzahl der Raten? *(dasselbe mit 6.000,-- €/Jahr !)*.

c) Umwandlung in zwei nominell gleichhohe Beträge zu den ursprünglich vereinbarten Terminen. Höhe dieser Beträge?

d) Umwandlung in eine Rente zu 7.000,-- €/ Jahr, beginnend 01.01.03.
Nachdem 4 Zahlungen geleistet wurden, soll die Restschuld in einem Betrag am 01.01.13 gezahlt werden. Restschuldbetrag zu diesem Termin?

Aufgabe 3.4.7:

i) Die Reibach oHG verkauft eines ihrer Betriebsgrundstücke. Folgende Angebote gehen ein:

a) € 400.000,-- sofort, Rest in 10 nachschüssigen Jahresraten zu je € 160.000,--.
b) € 1,8 Mio nach einem Jahr.
c) € 100.000,-- sofort, danach alle 2 Jahre € 200.000,-- (14 mal), danach – beginnend 2 Jahre später – jährlich € 100.000,-- (29 mal).

Welches Angebot ist für die Verkäuferin bei 6,5% p.a. am günstigsten?

ii) Für die bahnbrechende Entwicklung eines elektronisch gesteuerten hydraulischen Drehmomentwandlers mit pneumatisch schließenden Ventilen soll der Mechatronik-Ingenieur Robert Riecher in den nächsten 20 Jahren jeweils am 31.12. € 50.000,-- *(beginnend im Jahr 08)* erhalten. R.R. möchte dagegen lieber zwei gleichhohe Zahlungen am 01.01.10 und 01.01.15 erhalten. *(i = 6,5% p.a.)*

Welche Zahlungen kann er zu diesen Terminen erwarten?

iii) Erbtante Amanda will ihr Vermögen schon zu Lebzeiten an ihren Neffen Amadeus verschenken und verspricht, ihm jeweils zum 01.01.12, 01.01.14 und 01.01.18 € 100.000,-- zu übertragen.

Amadeus liebt keine sprunghaften Verhältnisse und möchte daher stattdessen lieber eine 30-malige Jahresrente, Zahlungsbeginn 31.12.10, haben. Tante Amanda willigt ein.

Welche Jahresraten wird Amadeus erhalten? *(i = 5% p.a.)*

iv) Sieglinde Sauerbier zahlt *(beginnend 01.01.10)* 22 Jahresraten zu je 18.000 € zu i = 7,5% p.a. ein, um anschließend eine Rente von 25 Jahresraten *(die 1. Rate soll genau 3 Jahre nach der letzten 18.000-€-Rate fließen)* beziehen zu können *(bei unverändertem Zinssatz)*.

Berechnen Sie die Höhe von Sieglindes Jahresrente.

v) Der bekannte Schönheitschirurg Prof. Dr. Hackeberg liftete einige Körperpartien des Hollywood-Filmstars Anita Rundthal infolge eines bedauerlichen Versehens in die falsche Richtung. Der fällige Schadensersatzprozess endete mit einer Schadensersatzverpflichtung für Hackeberg in Höhe von 1 Mio. €, zahlbar am 01.01.05.

a) Hackeberg will lieber 20 feste Jahresraten zahlen, erste Rate am 01.01.08. Welche Ratenhöhe ergibt sich bei i = 6% p.a.?

b) Wieviele Raten muss er zahlen, wenn er bereit ist, stattdessen – beginnend 31.12.06 – jährlich 100.000,-- € zu zahlen? *(i = 6% p.a.)*

vi) Frau Huber muss ihrem Ex-Gatten 16-mal 20.000,-- €/ Jahr zahlen, erste Zahlung heute.

a) Mit welchem einmaligen Betrag könnte sie diese Verpflichtung bei 8% p.a. heute ablösen?

b) Kurz bevor sie die 6. Rate zahlen will, gewinnt sie im Aachener Spielcasino eine größere Summe und möchte nun am Tag der 6. Ratenzahlung ihre Restschuld auf einmal abtragen.

Welcher Betrag ist dazu erforderlich? *(8% p.a.)*

Aufgabe 3.4.8:

i) Ein Immobilienmakler bietet heute ein Mietshaus zum Kauf für 1.200.000,-- € an. Die jährlichen Mieteinnahmen betragen 150.000,-- €. Für Instandhaltung, Steuern etc. können pauschal 30.000,-- €/Jahr angesetzt werden. Nach 20 Nutzungsjahren besitzt das Haus einen Wiederverkaufswert von 75% des heutigen Kaufpreises.

Lohnt sich dieses Mietobjekt als Kapitalanlage, wenn sich alternative Investitionen mit 9,5% p.a. verzinsen? *(Alle regelmäßigen – im Zeitablauf unveränderten – jährlichen Zahlungen werden als „nachschüssig" aufgefasst. Beginn des Zinsjahres: „heute".)*

ii) Hubers Erbtante Amalie zeigt sich großzügig: Am 31.12.00/ 31.12.02/ 31.12.07 soll er jeweils 30.000,-- € als Geschenk erhalten.

a) Huber hätte lieber eine 15-malige Jahresrente, beginnend am 01.01.00. Welche Beträge kann er erwarten? *(8% p.a.)*

b) Die Tante geht zunächst nicht auf Hubers Vorschlag (vgl. i)) ein. Nachdem sie bereits die erste Schenkungszahlung gemacht hat, willigt sie ein, die beiden Restschenkungen in eine 12-malige Rente – beginnend 01.01.02 – umzuwandeln. Wie lautet die Ratenhöhe? *(8% p.a.)*

iii) Briefmarkensammler Huber ersteigert auf einer Auktion die „Blaue Mauritius" für 650.000€ plus 15% Auktionsgebühr. Er versichert die Marke zu einer Jahresprämie von 10.000 €/Jahr *(die Prämie für das erste Versicherungsjahr ist fällig am Tage des Erwerbs der Marke)*. Nach genau 8 Jahren veräußert er die Marke an den Dorfapotheker Dr. Xaver Obermoser, der dafür insgesamt 1,2 Mio. € zu zahlen bereit ist. Davon soll Huber die erste Hälfte am Tage des Erwerbs, die restlichen 0,6 Mio. € zwei Jahre später erhalten.

a) Man untersuche, ob Huber mit diesem Geschäft gut beraten war, wenn er sein Geld alternativ zu 5% p.a. hätte anlegen können.

b) Man stelle die Bedingungsgleichung auf, die Huber lösen müsste, um die effektive Verzinsung seiner Vermögensanlage zu erhalten.

iv) Witwe Huber verkauft ihr Haus, um ins Altenheim zu ziehen. Der Käufer zahlt vereinbarungsgemäß – beginnend 01.01.06 – jährlich 24.000,-- € für 25 Jahre. Im Februar des Jahres 10 kommen ihr Bedenken. Sie möchte keine weiteren Ratenzahlungen mehr, sondern den äquivalenten Gegenwert aller jetzt noch ausstehenden Zahlungen lieber auf einmal am 01.01.13 erhalten. Der Käufer willigt ein.

Welchen Betrag kann Witwe Huber zum 01.01.13 erwarten *(7% p.a.)*?

v) Rocco Huber investiert in eine Spielhalle zunächst 10.000,-- €, nach einem Jahr nochmals 20.000,-- €. Am Ende des vierten Jahres wird wegen wiederholter Überschreitung der Sperrstunde eine Ordnungsstrafe von 5.000,-- € fällig.

Aus dem Betrieb der Spielhalle resultieren folgende Einzahlungsüberschüsse:

Ende Jahr 1: 2.000€, Ende Jahr 2: 4.000€, danach jährlich *(am Jahresende)* 5.000€ *(8 mal)*. Am Ende des 10. Jahres seit der Erstinvestition verkauft Huber seinen Anteil für 8.000€.

War die Investition für Huber lohnend, wenn er sein Kapital zu 6% p.a. hätte anlegen können?

Aufgabe 3.4.9:

i) Huber will am 01.01.30 einen Kontostand von 1 Mio. € realisieren. Jährlich spart er – beginnend mit dem 01.01.01 – 33.021,-- € auf einem mit 10% p.a. verzinsten Konto. Wieviele Raten muss er ansparen, um zum 01.01.30 sein Ziel zu erreichen?

ii) Huber kann zur Zeit über 60.000,-- € verfügen. Er könnte 50.000,-- € *(nicht mehr und nicht weniger)* für genau 5 Jahre mit einer Rendite von 10% p.a. anlegen. Außerdem will er *(„heute")* ein Auto *(Kaufpreis 40.000,-- €)* kaufen. Kalkulationszins: 6% p.a.

Der Autohändler bietet drei mögliche Zahlungsweisen an:
A: Barzahlung von 40.000 €;
B: Anzahlung 10.000 €, dann – *beginnend nach einem Jahr* – 4 Jahresraten zu je 9.000 €;
C: Anzahlung 10.000 €, nach vier Jahren 38.000 €.

a) Welche Zahlungsweise wird Huber ohne Berücksichtigung seiner Geldanlagemöglichkeit bevorzugen?

***b)** Ist unter Berücksichtigung der Geldanlagemöglichkeit Zahlungsweise A oder Zahlungsweise C für Huber günstiger? Dazu ermittle man für jede Zahlungsweise *(A und C)* die Höhe von Hubers Endvermögen nach 5 Jahren und vergleiche. Dieser Vergleich soll für die beiden folgenden unterschiedlichen Annahmen getrennt erfolgen:

b1) Es wird unterstellt, dass eine Geldaufnahme zum Kalkulationszinsfuß für Huber erstmalig nach 4 Jahren möglich ist.

b2) Es wird unterstellt, dass Huber von Anfang an beliebige Beträge zum Kalkulationszinsfuß aufnehmen kann.

iii) Huber will zum 01.01.20 einen Betrag von € 500.000,-- auf seinem *(zunächst leeren)* Konto *(10% p.a.)* haben, um sich denn eine Segelyacht kaufen zu können.

Dazu zahlt er – beginnend am 01.01.05 – jährlich 22.350,-- € auf dieses Konto ein.

a) Wieviele Raten muss er einzahlen, um sein Ziel zu erreichen?

b) Abweichend von a) will er nur 10 Raten zu je 16.000,-- €/Jahr *(wiederum ab 01.01.05)* einzahlen und dafür – beginnend ab 01.01.20 – eine 20-malige Rente in Höhe von 24.000,-- €/Jahr erhalten.

Bei welcher Verzinsung seines Kontos ist dies möglich? *(nur Äquivalenzgleichung angeben, keine Lösung !)*

iv) Der in fossiler Form vorhandene Welt-Energievorrat betrug zu Beginn des Jahres 05 noch 7200 Energie-Einheiten (EE).

Der Weltjahresverbrauch an fossiler Energie betrug 12 EE im Jahr 05 und vergrößert sich einer Expertenschätzung zufolge jährlich um 4% gegenüber dem Vorjahreswert.

a) Unter der Annahme, dass die o.a. Daten im Zeitablauf unverändert gültig bleiben, ermittle man den Zeitpunkt *(Jahreszahl)*, in dem die fossilen Energiereserven der Erde erschöpft sein werden.

b) Welchen Wert müsste die durchschnittliche jährliche Zunahme des Energieverbrauchs annehmen, damit der Vorrat noch 150 Jahre *(bezogen auf den 01.01.05)* ausreicht?

v) Aus einer Investition fließen dem Investor jährlich 36.000€ zu, erstmalig zum 01.01.09, insgesamt 30 Rückflussraten.

a) Man ermittle *(bei exponentieller Verzinsung zu 10% p.a.)* das Zeitzentrum sämtlicher Raten *(Datum!)* und gebe eine ökonomische Interpretation.

b) Man ermittle das Zeitzentrum *(Datum!)*, wenn die Rückflussraten 120.000€/Jahr betragen bei einer Verzinsung von 8,78% p.a. *(exp. Verzinsung)* und vergleiche den erhaltenen Wert mit dem entsprechenden Zeitzentrum bei durchgehend linearer Verzinsung zu 8,78% p.a.

Bemerkung 3.4.10: *Gelegentlich nützlich ist die folgende Äquivalenzbeziehung:*

Eine Rente, bestehend aus n Jahresraten der Höhe R, soll durch eine Einmalzahlung K_0 am Tag der 1. Rate äquivalent ersetzt werden. Dann gilt (mit $q = 1+i$ = Jahreszinsfaktor):

(3.4.11) $$\boxed{K_0 \cdot q^{n-1} - R = (K_0 - R) \cdot q^n}\ .$$

(1) (2) (n)
R R R ... R R (L)
K_0 (GL)

Beweis: *Für den (beliebig wählbaren) Stichtag „Tag der n-ten Rate" (siehe Abb.) ergibt sich die folgende Äquivalenzgleichung:*

$$R \cdot \frac{q^n - 1}{q - 1} = K_0 q^{n-1} \quad \Leftrightarrow \quad Rq^n - R = K_0 q^{n-1}(q-1) = K_0 q^n - K_0 q^{n-1} \quad \Leftrightarrow$$

$$K_0 q^{n-1} - R = K_0 q^n - R q^n \quad \Leftrightarrow \quad K_0 \cdot q^{n-1} - R = (K_0 - R) \cdot q^n \ ,$$ *wie behauptet.*

3.5 Zusammengesetzte Zahlungsreihen und wechselnder Zinssatz

Bei wechselnder Ratenhöhe und/oder Zinshöhe innerhalb des Betrachtungszeitraumes müssen Rentenformel bzw. Zinseszinsformel mehrfach angewendet werden:

i) Wird ein **einzelner** Kapitalbetrag K über **mehrere zinsverschiedene** Zinszeiträume hinweg auf-/abgezinst *(siehe etwa Abb. 3.5.1)*, so erhält man den entsprechenden Zeitwert K_t , indem man K **sukzessive** von Zinszeitraum zu Zinszeitraum auf-/abzinst.

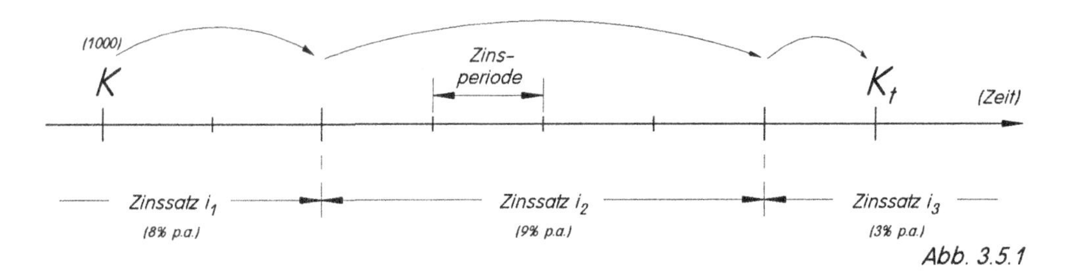

Abb. 3.5.1

Im Beispiel *(Abb. 3.5.1)* gilt mit K = 1.000,-- €; i_1 = 0,08; i_2 = 0,09; i_3 = 0,03:

$$K_t = K(1 + i_1)^2 \cdot (1 + i_2)^4 \cdot (1 + i_3) = 1.000 \cdot 1{,}08^2 \cdot 1{,}09^4 \cdot 1{,}03 = 1.695{,}86 \text{ €}.$$

ii) Ändert sich innerhalb des Rentenzeitraumes einer Rente der Zinssatz und/oder die Ratenhöhe, so gilt die Rentenformel (3.2.5) nicht mehr für sämtliche Raten *(siehe Bem. 3.2.6 i))*. Daher muss man die gegebenen Renten in zwei oder mehrere **Teilrenten zerlegen**, deren Raten

a) die **gleiche Höhe** aufweisen und außerdem

b) innerhalb von Zeiträumen **gleichen Zinssatzes** liegen *(vgl. Abb. 3.5.2)*:

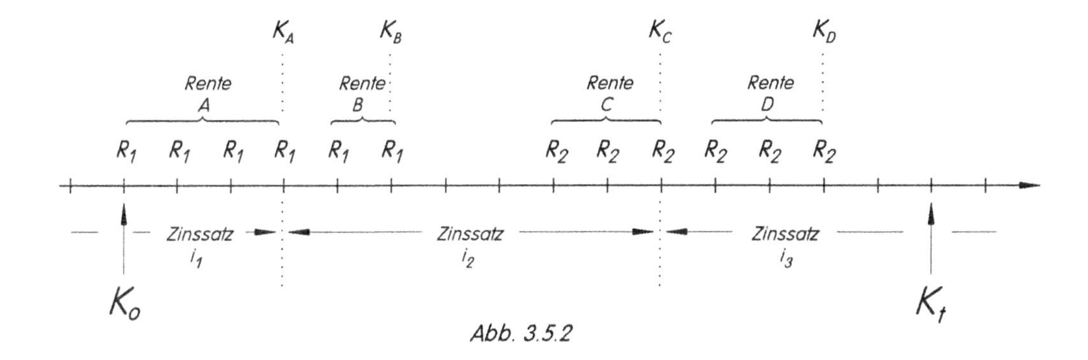

Abb. 3.5.2

Der Renten*gesamt*wert K_t zu einem vorgewählten Stichtag *(wie z.B. in Abb. 3.5.2)* ergibt sich als Saldo der einzelnen auf-/abgezinsten Teilrenten. Im Beispiel *(vgl. Abb. 3.5.2)* erhalten wir mit R_1 = 2.000,-- €/Jahr; R_2 = 5.000,-- €/Jahr; i_1 = 7% p.a.; i_2 = 9% p.a.; i_3 = 5% p.a.:

$$K_t = \underbrace{R_1 \cdot \frac{1{,}07^4 - 1}{0{,}07}}_{= K_A} \cdot 1{,}09^7 \cdot 1{,}05^5 + \underbrace{R_1 \cdot \frac{1{,}09^2 - 1}{0{,}09}}_{= K_B} \cdot 1{,}09^5 \cdot 1{,}05^5 +$$

$$+ \underbrace{R_2 \cdot \frac{1{,}09^3 - 1}{0{,}09}}_{= K_C} \cdot 1{,}05^5 \quad + \underbrace{R_2 \cdot \frac{1{,}05^3 - 1}{0{,}05}}_{= K_D} \cdot 1{,}05^2 = \mathbf{67.222{,}98\ €}.$$

Zum Vergleich *(und zur Kontrolle)* werden Kapital- und Zinsentwicklung im folgenden Vergleichskonto detailliert abgebildet. Dabei legen wir die erste Ratenzahlung *(willkürlich)* an das Ende von Jahr 01. Damit liegt der Stichtag für den Rentengesamtwert K_t am Ende von Jahr 16 *(=Beginn von Jahr 17)*:

Jahr	Kontostand zu Jahresbeginn	Zins p.a.	Guthabenzinsen Ende des Jahres	Ratenzahlung Ende d. Jahres	Kontostand zum Ende des Jahres
01	0	7%	0	2.000,00	2.000,00
02	2.000,00	7%	140,00	2.000,00	4.140,00
03	4.140,00	7%	289,80	2.000,00	6.429,80
04	6.429,80	7%	450,09	2.000,00	8.879,89
05	8.879,89	9%	799,19	2.000,00	11.679,08
06	11.679,08	9%	1.051,12	2.000,00	14.730,19
07	14.730,19	9%	1.325,72	–	16.055,91
08	16.055,91	9%	1.445,03	–	17.500,94
09	17.500,94	9%	1.575,08	5.000,00	24.076,03
10	24.076,03	9%	2.166,84	5.000,00	31.242,87
11	31.242,87	9%	2,811,86	5.000,00	39.054,73
12	39.054,73	5%	1.952,74	5.000,00	46.007,46
13	46.007,46	5%	2.300,37	5.000,00	53.307,84
14	53.307,84	5%	2.665,39	5.000,00	60.973,23
15	60.973,23	5%	3.048,66	–	64.021,89
16	64.021,89	5%	3.201,09	–	**67.222,98** *(s.o.)*
17	**67.222,98**				

(Vergleichskonto zum Zahlungsstrahl Abb. 3.5.2)

Den *Gesamt*wert K_0 derselben Zahlungsreihe am Tag der *ersten* Ratenzahlung erhält man durch sukzessives Abzinsen von K_t:

$$K_0 = K_t \cdot \frac{1}{1{,}05^5} \cdot \frac{1}{1{,}09^7} \cdot \frac{1}{1{,}07^3} = 23.519{,}85\ €.$$

Bemerkung 3.5.3: *Man darf diejenigen Raten, die genau an der* ***Nahtstelle*** *zinsverschiedener Zeiträume liegen, wahlweise zur linken oder rechten Teilrente zählen, ohne dass sich der Rentengesamtwert K_t (oder K_0) ändert:*

In beiden Fällen nämlich bleiben zwischen erster und letzter Rate einer jeden Teilrente die Ratenhöhe und der Zinssatz unverändert, mithin lässt sich für jede Teilrente die elementare Rentenformel (3.2.5) anwenden, siehe auch Bem. 3.2.6 i). Zwar ändern sich die aufgezinsten Ergebnisterme der ***einzelnen*** *Teilrenten, die* ***Summe*** *aller auf- oder abgezinsten Teilrenten am Stichtag aber bleibt* ***unverändert.***

Aufgabe 3.5.4:

i) Man berechne den Wert der folgenden Zahlungsreihe am Tag der ersten Zahlung sowie 4 Jahre nach der letzten Zahlung:

12 Raten zu je 6.000€/Jahr, beginnend 01.01.00; anschließend 10 Raten zu 8.000€/Jahr, beginnend 31.12.15.

Verzinsung: bis 31.12.11: 7% p.a.; danach bis 31.12.26: 6% p.a.; danach: 7% p.a.

ii) Man ermittle den äquivalenten Gesamtwert der folgenden Zahlungsreihe

a) 2 Jahre vor der ersten Zahlung und **b)** am Tag der letzten Zahlung:

4 Freijahre *(d.h. ohne Zahlungen, Zinssatz 5% p.a.)*, beginnend im Folgejahr: 6 vorschüssige Raten zu je 8.000,-- €/Jahr (6%), anschließend 3 Freijahre (7%), beginnend im Folgejahr: eine vorschüssige Zahlung zu 12.000,-- € (8%), beginnend im Folgejahr: 5 nachschüssige Zahlungen zu je 9.000,-- €/Jahr (6%).

iii) Huber zahlte – beginnend 01.01.10 – 8 Jahresraten zu je 10.000,-- €/Jahr auf ein Konto ein. Beginnend 01.01.20 zahlte er weitere 5 Raten zu je 12.000,-- €/Jahr ein und – beginnend 01.01.26 – weitere 3 Raten zu je 15.000,-- €/Jahr.

Der Zinssatz beträgt 3% p.a. bis 31.12.14, danach 7% p.a. bis zum 31.12.19, danach 9% p.a. bis 31.12.26, danach 10% p.a.

a) Man ermittle den Gesamtwert aller Zahlungen 2 Jahre nach der letzten Zahlung.

b) Welchen Einmalbetrag hätte Huber am Tag der ersten Zahlung leisten müssen, um damit sämtliche Zahlungen äquivalent ersetzen zu können?

iv) Die Huber AG will am 01.01.06 von der Moser GmbH ein Aktienpaket erwerben. Der Wert dieses Aktienpakets wird von einem Sachverständigen mit 800.000 € zum 01.01.06 beziffert.

Die Huber AG bezweifelt, dass der Wert des Aktienpaketes tatsächlich 800.000 € beträgt. Vielmehr bietet sie der Moser GmbH als Gegenleistung für die Überlassung des Aktienpaketes folgende Zahlungen an:

7 Raten zu je 70.000 €/Jahr, beginnend 01.01.06, sowie danach
8 Raten zu je 90.000 €/Jahr, beginnend 01.01.16.

Dabei wird unterstellt, dass bis zum Jahresende 09 ein Kalkulationszinssatz von 10% p.a. und danach von 14% p.a. gilt.

Wie hoch ist nach Auffassung der Huber AG der Wert des Aktienpaketes am 01.01.06?

v) Witwe Bolte will ihr Häuschen verkaufen. Drei Interessenten melden sich und geben jeweils ein Zahlungsangebot ab:

Angebot I: Anzahlung 60.000€, nach drei Jahren 1. Zahlung einer 20-maligen Rente von zunächst 20.000€/Jahr *(12 mal)*, anschließend 16.000€/Jahr *(8 mal)*.

Angebot II: Nach einem Jahr 80.000€, nach weiteren zwei Jahren 100.000€, nach weiteren drei Jahren 100.000€.

Angebot III: Anzahlung 50.000€, nach 2 Jahren erste Zahlung einer Leibrente in Höhe von 15.000€/Jahr. *(Witwe Bolte ist genau 24 Jahre alt und hat nach Auskunft des statistischen Landesamtes noch eine Restlebenserwartung von 51,5 Jahren. In die Berechnung gehen nur volle Raten ein, die sie – statistisch gesehen – noch erwarten kann.)*

Welches Angebot ist für Frau Bolte am günstigsten? *(8% p.a.)*

3.6 Ewige Renten

Eine Rente wird als **ewige Rente** bezeichnet, wenn die Anzahl n der Ratenzahlungen nicht begrenzt ist, n also beliebig groß wird *(Beispiel: Ewige Rente aus einem Stiftungsfonds.)*

Der „Endwert" einer ewigen Rente ist nach dem Vorhergehenden nicht definiert, da es keine „letzte" Rate gibt. Es zeigt sich aber, dass die gesamte Rente zu Beginn der Rentenperiode trotz „unendlich vieler" zukünftiger Raten einen definierten **endlichen Barwert** besitzt, sofern ein positiver Kalkulationszinssatz anwendbar ist.

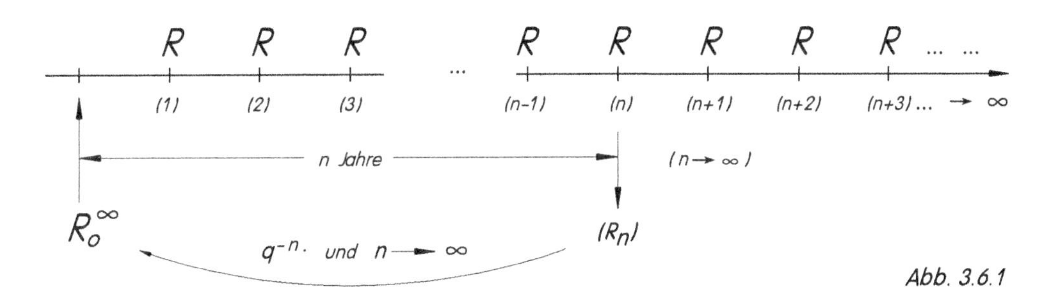

Abb. 3.6.1

Wählen wir als Bewertungsstichtag ein Jahr **vor** der **ersten** Rate *(vgl. Abb. 3.6.1)*, so erhalten wir nach Satz 3.2.8 **für die ersten n Raten** den Barwert

(3.6.2) $$R_0 = R \cdot \frac{q^n - 1}{q - 1} \cdot \frac{1}{q^n} \quad \text{oder etwas umgeformt} \quad R_0 = R \cdot \frac{1 - q^{-n}}{q - 1}$$

Der im Zähler von (3.6.2) stehende Term q^{-n} nimmt *(bei positivem Zinssatz i, d.h. falls $q = 1 + i > 1$ gilt)* für wachsendes n *($n \to \infty$)* immer mehr *ab* und nähert sich schließlich beliebig dem Wert 0. [6]

Beispiel: Für i = 10% etwa gilt:

$q^{-10} = 1{,}1^{-10} = 0{,}39$; $q^{-20} = 0{,}15$; $q^{-100} = 0{,}000\,07$; $q^{-1000} = 0{,}00...04$ *(42 Nullen)* usw.,

d.h. $\lim\limits_{n \to \infty} 1{,}1^{-n} = 0.$

Damit erhalten wir aus (3.6.2) für *beliebig wachsendes n* den **Barwert R_0^∞** einer **ewigen Rente** ***(Stichtag ist ein Jahr vor der ersten Ratenzahlung)*** durch Grenzwertbildung:

$$R_0 = \lim_{n \to \infty} R_0 = \lim_{n \to \infty} R \cdot \frac{1 - q^{-n}}{q - 1} = \frac{R}{q - 1}, \quad \text{d.h.} \quad \textit{(wegen } q = 1 + i\textit{)}$$

(3.6.3) $$\boxed{\mathbf{R_0^\infty = \frac{R}{i}}}$$

R_0^∞ = Gesamtwert einer **ewigen Rente** mit der Ratenhöhe R eine Zinsperiode vor Fälligkeit der 1. Rate

R R R → ∞

R_0^∞

[6] Vgl. etwa [Tie3] Formel (4.2.11) b).

Bemerkung 3.6.4a:

Nach Satz 3.2.8 erhält man den Gesamtwert einer ewigen Rente zu jedem ***anderen Stichtag****, indem man den mit (3.6.3) ermittelten Wert R_0^∞ lediglich einmalig entsprechend auf- oder abzinst. So ergibt sich beispielsweise der Gesamtwert einer ewigen Rente* ***am*** *Tag der 1. Zahlung aus (3.6.3) durch Aufzinsen um eine Zinsperiode:*

R R R → ∞ ; $R_0'^{\infty}$

$$\Rightarrow \quad R_0'^{\infty} = R_0^\infty \cdot q = \frac{R \cdot q}{q-1} = R \cdot \frac{q}{i} \quad usw.$$

Beispiel 3.6.4b: Gegeben sei eine ewige Rente von 40.000 €/Jahr, erste Rate am 01.01.07. Dann beträgt – bei 8% p.a. – der äquivalente Barwert R_0^∞ dieser ewigen Rente am 01.01.06:

$$R_0^\infty = \frac{R}{i} = \frac{40.000}{0,08} = 500.000 \text{ €}.$$

Dann beträgt der äquivalente Gesamtwert dieser ewigen Rente z.B.

am 01.01.09: $R_t^\infty = R_0^\infty \cdot 1{,}08^3 = 629.856{,}00$ €

am 01.01.00: $R_t^\infty = R_0^\infty \cdot \frac{1}{1{,}08^6} = 315.084{,}81$ € usw.

Aus (3.6.3) folgt durch Umstellung

(3.6.4) $$R_0^\infty \cdot i = R$$.

Auf der linken Seite stehen gerade die Zinsen $R_0^\infty \cdot i$, die der Gesamtwert R_0^∞ in einer Zinsperiode erwirtschaftet. Daher gilt der prägnante Sachverhalt

Satz 3.6.5: **(ewige Rente**, *i = const.*)

Bei einer ewigen Rente mit der Zeitstruktur

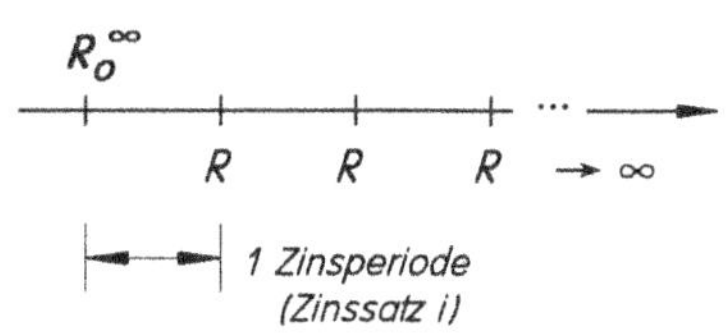

ist die **Ratenhöhe R** der **ewigen Rente** identisch mit den *(ewig zahlbaren)* Periodenzinsen $R_0^\infty \cdot i$ auf den Rentenbarwert R_0^∞:

(3.6.6) $$R = R_0^\infty \cdot i$$

Bemerkung 3.6.7:

i) Etwas salopp ausgedrückt, bedeutet der Inhalt von Satz 3.6.5: Jeder Kapitalbetrag K_0 ist äquivalent zu seinen unendlich oft („ewig“) fließenden Periodenzinsen $K_0 \cdot i$ (beginnend eine Zinsperiode nach Wertstellung von K_0).

Wir wollen diesen Sachverhalt verdeutlichen in einem Vergleichskonto mit den Daten von Beispiel 3.6.4b: Fasst man den Rentenbarwert (=500.000 €) als Leistung, die jährlichen Ausschüttungen/ Abhebungen (=40.000 €/Jahr) als Gegenleistungen, so resultiert folgende Kontostaffel (8% p.a.):

Jahr	*Kontostand zu Jahresbeginn*	*Zinsen (8% p.a.) Ende des Jahres*	*Abhebung am Ende des Jahres*	*Kontostand zum Ende des Jahres*
06	500.000,--	40.000,--	40.000,--	500.000,--
07	500.000,--	40.000,--	40.000,--	500.000,--
08	500.000,--	40.000,--	40.000,--	500.000,--
09	...	...	...	...
⋮				usw.

(Vergleichskonto zu Beispiel 3.6.4b)

Erneut wird deutlich: Bei Ausschüttung/Abhebung einer ewigen Rente in Höhe der Zinsen auf den äquivalenten Rentenbarwert bleibt dieser Barwert (als Kapital/Kontostand) auf „ewig" erhalten.

ii) *Schon bei relativ kurzen Laufzeiten unterscheiden sich endlicher Rentenbarwert R_0 und Barwert R_0^{∞} einer ewigen Rente nicht wesentlich voneinander, wie das folgende* ***Beispiel*** *zeigt:*

Eine 50malige Rente zu 150.000 €/Jahr hat bei 15% p.a. den Barwert (Stichtag: ein Jahr vor der 1. Rate) von (vgl. Satz 3.3.6 ii)):

$$R_0 = 150.000 \cdot \frac{1{,}15^{50} - 1}{0{,}15} \cdot \frac{1}{1{,}15^{50}} = 984.897{,}\text{-- €}.$$

Am gleichen Stichtag beträgt der Wert von „unendlich" vielen Raten zu je 150.000,-- €/Jahr jedoch nur (vgl. (3.6.3)):

$$R_0^{\infty} = \frac{150.000}{0{,}15} = 1.000.000{,}\text{-- €} .$$

Der Unterschied der Barwerte beträgt nur ca. 1,5% ! Somit bewirken die über den Ablauf von 50 Jahren hinaus noch zu erwartenden (immerhin „unendlich vielen"!) Jahresraten zu je 150.000 €/Jahr lediglich eine Erhöhung des Barwertes R_0 um ca. 15.000 €, d.h. 1,5%. Daran erkennt man erneut, dass Zahlungen, die erst nach mehreren Jahrzehnten fließen, heute praktisch wertlos sind – jedenfalls bei einem mittleren bis hohen Zinsniveau. Dies ist die Umkehrung der „Explosivkraft" exponentiellen Wachstums, vgl. Beispiel 2.1.6.

Beispiel 3.6.8: Aus einem Kapitalbetrag von 100.000,-- € fließen – bei i = 5% p.a. – jährlich auf ewige Zeiten die Kapitalzinsen 5.000,-- €/Jahr, beginnend ein Jahr später. Umgekehrt ist eine ewige Rente in Höhe von 20.000 €/Jahr, die in einem Jahr einsetzt, heute $\frac{20.000}{0{,}05} = 400.000$€ wert, denn 20.000 sind gerade 5% von 400.000 usw.

Beispiel 3.6.9:

i) Eine Stiftung schüttet jährlich *(auf ewige Zeiten)* 160.000,-- € aus, erste Ausschüttung am 01.01.07. Welches Stiftungskapital muss dafür *(bei i = 8% p.a.)* am 01.01.07 vorhanden sein?

ii) Ein Kapital von 2 Mio. € wird am 01.01.06 angelegt *(i = 6% p.a.)*, um daraus ab 01.01.12 eine ewige Rente ausschütten zu können. Wie lautet die Jahresrate dieser ewigen Rente?

iii) Wie hoch ist der Ertragswert *(= abgezinster Wert sämtlicher zukünftiger Gewinne)* einer Unternehmung zum 01.01.05, wenn der „ewig" erzielbare Gewinn *(„nachhaltig erzielbarer Jahresertrag")* auf 4,2 Mio. €/Jahr geschätzt wird *(erste Gewinnfeststellung 01.01.06; i = 0,075)*?

Lösung:

zu i) Stichtag ist der Tag der ersten Ratenzahlung, so dass R_0^{∞} noch ein Jahr aufgezinst werden muss $\Rightarrow$ $R_0'^{\,\infty} = R_0^{\infty} \cdot q = \frac{160.000 \cdot 1{,}08}{0{,}08} = 2{,}16$ Mio. €.

zu ii)

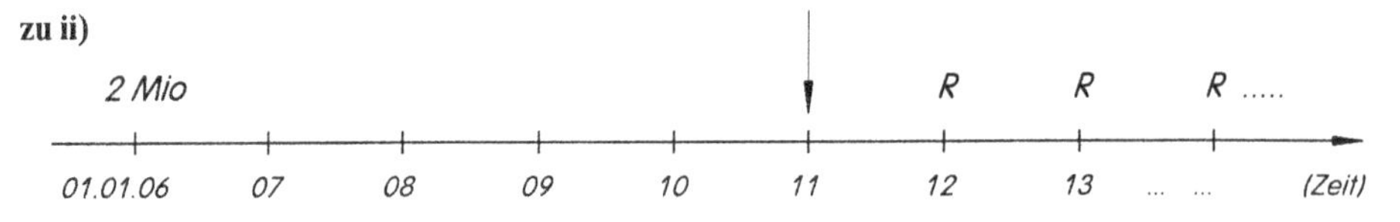

Um (3.6.3) anwenden zu können, bezieht man das Stiftungskapital auf den 01.01.11:

$\Rightarrow \qquad R_0^{\infty} = 2\text{ Mio} \cdot 1{,}06^5 = 2.676.451{,}16 \text{ €}.$

Die Zinsen (= 6% p.a.) auf diesen Betrag bilden *(nach Satz 3.6.5)* die Rentenraten, d.h.:

$$R = R_0^{\infty} \cdot 0{,}06 = 160.587{,}07 \text{ €/Jahr}.$$

zu iii) Es liegt eine ewige Rente mit Bewertungsstichtag ein Jahr vor der ersten Gewinnerzielung *(= Ratenzahlung)* vor, so dass (3.6.3) unmittelbar anwendbar ist:

$\Rightarrow \qquad \text{Ertragswert } \textit{(am 01.01.05)} = \dfrac{4{,}2 \text{ Mio.}}{0{,}075} = 56 \text{ Mio. €}.$

Aufgabe 3.6.10:

i) Welche „ewig" fließende Rente kann man (bei 10% p.a.) ab 01.01.10 ausschütten, wenn das dafür zur Verfügung stehende Kapital am 01.01.06 einen Wert von 2,5 Mio. € hat?

ii) Wie groß ist am 01.01.05 der äquivalente Wert einer am 01.01.12 einsetzenden ewigen Rente von 700.000,-- €/Jahr (8% p.a.)?

Aufgabe 3.6.11:

i) Huber muss für die Übernahme von Firmenanteilen folgende Abfindungen zahlen:

100.000,-- € am 01.01.07, 350.000,-- € am 01.01.10 sowie anschließend eine 6-malige Rente von 20.000,-- €/Jahr, erste Rate am 01.01.13.

Er möchte seine Verpflichtungen gerne äquivalent umwandeln und erwägt folgende Variante:

Anstelle der o.a. Abfindungszahlungen möchte Huber am 01.01.09 einen Betrag von 200.000,-- € und am 01.01.11 einen Betrag von 100.000,-- € geben und danach eine jährlich zahlbare ewige Rente *(1. Rate am 01.01.15)*.

Wie hoch müsste die Rate dieser ewigen Rente sein? *(8% p.a.)*

ii) Huber soll vertragsgemäß von seiner Versicherung folgende Leistungen erhalten:

100.000,-- € am 01.01.00; 200.000,-- € am 01.01.05 sowie eine 10-malige Rente in Höhe von 50.000,-- €/Jahr, erste Rate am 01.01.09.

Es wird stets mit einem Zinssatz von 7% p.a. gerechnet.

Nachdem er den ersten Betrag *(100.000 € am 01.01.00)* erhalten hat, beschließt er, die noch ausstehenden Zahlungen in eine ewige Rente umwandeln zu lassen, erste Rate am 01.01.10.

Wie hoch ist die Rate dieser ewigen Rente?

iii) Am 01.01.05/06/09 müsste Huber seinen Geschäftspartner Moser jeweils 150.000 € zahlen. Er will stattdessen *(auf äquivalente Weise)* eine Rente zahlen. *(10% p.a.)*

a) Die Ratenhöhe sei 30.000 €/Jahr, erste Rate am 01.01.07. Wieviele Raten sind zu zahlen?

b) Welche ewige Rente, beginnend am 01.01.11, wäre zu zahlen?

iv) Huber erhält von seinem Geschäftspartner Moser – beginnend 01.01.09 – zu Beginn eines jeden Quartals je 8.000,-- €, letzte Rate am 01.01.15.

a) Huber will stattdessen lieber Quartalsraten zu je 16.000,-- €, beginnend 01.01.13. Wieviele Raten kann er erwarten?

b) Huber – von seinen zukünftigen Erben liebevoll überredet – ist schließlich der Meinung, dass eine ewige Rente das Beste sei: Wie hoch ist die Quartals-Rate – beginnend 01.01.10 – dieser äquivalenten ewigen Rente? *(Es wird mit vierteljährlichen Zinseszinsen von 2% p.Q. gerechnet!)*

Aufgabe 3.6.12:

i) Hubers Unternehmung erwirtschaftet „auf ewige Zeiten" einen jährlichen Gewinn von 50 Mio. €/Jahr, erstmalig zum Ende des Jahres 08.

Alleininhaber Huber kassiert die ersten drei Jahresgewinne (zum 31.12.08/09/10). Im Verlauf des Jahres 11 verkauft er seine Unternehmung an Moser.

Der Käufer Moser ist ab 01.07.11 alleiniger Eigentümer der Unternehmung *(erst von diesem Zeitpunkt an erhält er die sämtlichen noch ausstehenden Gewinne)* und zahlt am 31.12.11 eine erste Kaufpreisrate in Höhe von 150 Mio. €.

Den Restkaufpreis, der sich nach dem finanzmathematischen Äquivalenzprinzip ergibt, bezahlt er am 31.12. 14. Der Kalkulationszinssatz wird mit 8% p.a. angesetzt.

Welchen Betrag muss er zu diesem Zeitpunkt entrichten?

***ii)** Huber verfügt zum 01.01.08 über einen Betrag von 1.000.000,-- €, die er in Form einer Stiftung (= ewige Rente) jährlich an begabte Nachwuchsfinanzmathematiker ausschütten will. Die erste Rate soll am 01.01.11 ausgezahlt werden.

Bis zum 31.12.13 beträgt der Zinssatz 6% p.a., danach stets 10% p.a.

Wie hoch ist die jährliche Ausschüttung, wenn – unabhängig von der Zinshöhe – stets die gleiche Summe pro Jahr ausgeschüttet werden soll?

iii) Die Komponistenwitwe Clara Huber verkauft zum 01.01.01 ihren historischen Flügel, auf dem schon der berühmte Robert Huber gespielt hat, an das Aachener Couven-Museum. Als Gegenleistung erwartet sie 2 Beträge zu je 15.000,-- € am 01.01.02 und 01.01.04 sowie eine ewige Rente in Höhe von 3.600,-- €/Jahr – beginnend 01.01.06.

a) Wieviel war der Flügel am 01.01.01 – *aus Sicht der Clara H.* – wert? *(i = 12% p.a.)*

b) Das Museum schätzt den Wert des Flügels zum 01.01.01 auf 50.000,-- €. Welchem Effektivzinssatz entsprechen nunmehr die eingangs angegebenen Gegenleistungen an Clara H.?

iv) Huber überlegt, ob er seine Heizungsanlage modernisieren soll. Er müsste dann zum 01.01.03 einen Betrag in Höhe von 15.000,-- € und zum 01.01.04 in Höhe von 20.000,-- € zahlen. Anderenseits spart er durch eine moderne Heizungsanlage erheblich an Heizkosten.

a) Huber schätzt, dass er pro Jahr *(erstmals zum 01.01.04)* 2.500,-- € an Heizkosten spart. Wie lange muss die neue Heizungsanlage mindestens genutzt werden, damit sich die Modernisierung für Huber lohnt? *(i = 8% p.a.)*

b) Angenommen, Huber könnte die neue Heizungsanlage auf „ewig" nutzen: Wie hoch müssten die jährlich eingesparten Energieausgaben *(erstmals zum 01.01.04)* dann mindestens sein? *(Es wird ein Kalkulationszinssatz von 8% p.a. angesetzt.)*

3.7 Kapitalaufbau/Kapitalabbau durch laufende Zuflüsse/Entnahmen

Mit Hilfe des in den letzten Abschnitten entwickelten Instrumentariums, insbesondere mit Satz 3.2.8 und der Anwendung des Äquivalenzprinzips lassen sich nahezu alle Probleme der Finanzmathematik lösen. Für *zwei besonders häufig vorkommende Anwendungen* nehmen die anzuwendenden Formelbeziehungen eine leicht zu merkende und charakteristische Gestalt an, so dass sie gesondert behandelt werden sollen.

i) Kapitalaufbau durch laufende Zuflüsse

Gegeben sei auf einem Konto im Zeitpunkt t = 0 ein **Anfangskapital** K_0. Beginnend **nach einem Jahr** werden n Rentenraten der Höhe R **hinzu**gezahlt *(vgl. Abb. 3.7.1)*:

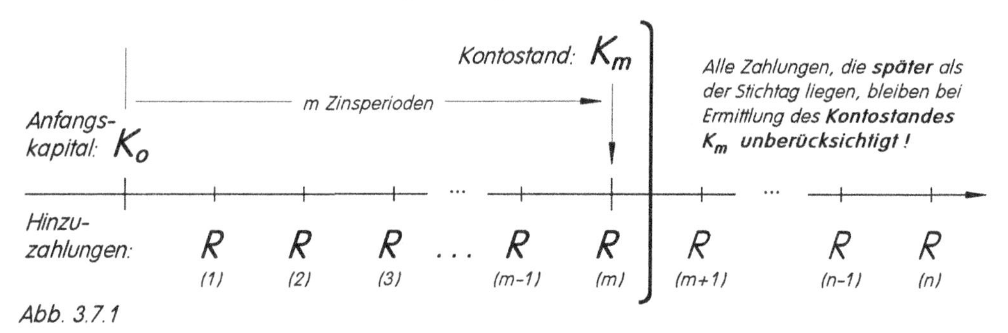

Abb. 3.7.1

Gesucht ist der **Kontostand** K_m des Kontos unmittelbar nach Einzahlung der m-ten Rate, d.h. in t = m (≤ n) *(vgl. Pfeil ↓ in Abb. 3.7.1)*. Im Unterschied zu den bisherigen Betrachtungen gehen nun **nicht** mehr **sämtliche** n Raten in die Betrachtung ein, sondern lediglich die **ersten m Raten**, denn:

(3.7.2) Bei Ermittlung eines **Kontostandes** dürfen *(im Gegensatz zum äquivalenten Gesamtwert)* **zukünftige** Zahlungen *(zukünftig: bezogen auf den Stichtag)* **nicht** eingerechnet werden !

Aus Abb. 3.7.1 liest man ab: Der Kontostand K_m am Tag der m-ten Rate setzt sich zusammen

i) aus dem aufgezinsten Anfangskapital: $K_0 \cdot q^m$ und zusätzlich

ii) aus der auf den Tag der letzten *(m-ten)* Rate bezogenen m-maligen Rente $R \cdot \frac{q^m - 1}{q - 1}$,

so dass wir erhalten:

Satz 3.7.3 („Sparkassenformel" für Kapitalaufbau):

Wird zu einem Anfangskapital K_0 eine n-malige Rente – beginnend **nach einer** Zinsperiode – **hinzugezahlt**, so ergibt sich als **Kontostand** K_m am Tage der m-ten Rate (m ≤ n):

(3.7.4) $$K_m = K_0 \cdot q^m + R \cdot \frac{q^m - 1}{q - 1} \quad .$$

Bemerkung 3.7.5: *Man beachte, dass in (3.7.4) – bedingt durch die besondere Struktur der Zahlungsreihe, vgl. Abb. 3.7.1 – die Variable **m zweierlei Bedeutung** besitzt:*

a) ***m** gibt die **Anzahl** der **Aufzinsungsperioden** des **Anfangskapitals** K_0 (in $K_0 \cdot q^m$) an;*

b) ***m** gibt die **Anzahl** der **Raten** an (in $R \cdot \frac{q^m - 1}{q - 1}$).*

Beispiel 3.7.6: Auf einem Sparkonto *(10% p.a.)* befindet sich am 01.01.16 ein Guthaben von 25.000 €. Der Kontoinhaber zahlt jährlich am 01.01. – beginnend 01.01.17 – 6.000,-- € hinzu, insgesamt 20 Raten. Wie lautet der Kontostand am 01.01.22?

Lösung: Insgesamt werden bis zum 01.01.22 *(incl.)* 6 Raten gezahlt. Die späteren 14 Zahlungen beeinflussen den Kontostand am 01.01.22 nicht! Da eine Zahlungsstruktur nach Satz 3.7.3 vorliegt, folgt für den Kontostand am 01.01.22:

$$K_6 = 25.000 \cdot 1{,}10^6 + 6.000 \cdot \frac{1{,}10^6 - 1}{0{,}10} = \mathbf{90.582{,}69\ €}.$$

Das entsprechende Vergleichskonto *(aus Sicht des Sparers)* lautet:

Jahr	Kontostand zu Jahresbeginn	Zinsen (10% p.a.) Ende des Jahres	Einzahlung am Ende des Jahres	Kontostand zum Ende des Jahres
16	**25.000,00**	2.500,00	**6.000,00**	33.500,00
17	33.500,00	3.350,00	**6.000,00**	42.850,00
18	42.850,00	4.285,00	**6.000,00**	53.135,00
19	53.135,00	5.313,50	**6.000,00**	64.448,50
20	64.448,50	6.444,85	**6.000,00**	76.893,35
21	76.893,35	7.689,34	**6.000,00**	**90.582,69**
22	**90.582,69**	*(Vergleichskonto für Kapitalaufbau, Beispiel 3.7.6)*		

Wie nicht anders zu erwarten, besteht Übereinstimmung mit dem zuvor finanzmathematisch errechneten Kontostand.

ii) Kapitalabbau durch laufende Entnahmen / Abhebungen

Es handelt sich in diesem Fall um eine identische Struktur der Zahlungsreihe wie in Abb. 3.7.1:

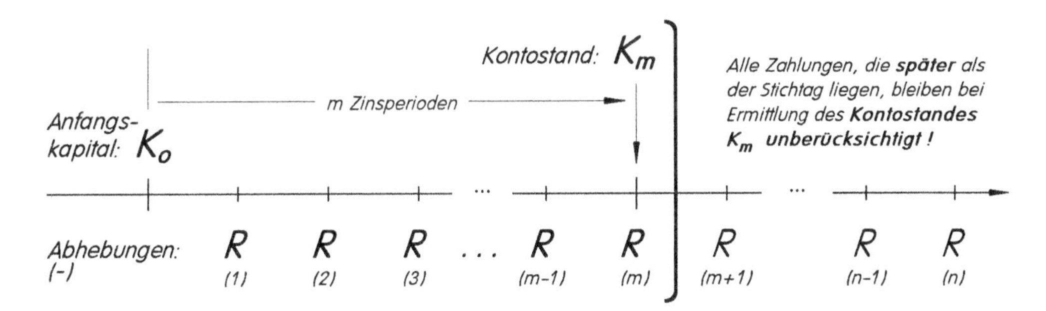

Im Unterschied zum Kapitalaufbau werden nun allerdings die Raten vom Guthaben K_0 **abgehoben**, **vermindern** also den aufgezinsten Guthabenstand $K_0 \cdot q^m$ um die aufgezinsten Raten, so dass wir erhalten *(vgl. Bem. 2.2.16)*:

Satz 3.7.7 („Sparkassenformel" für Kapitalabbau):

Wird von einem Anfangskapital K_0 eine n-malige Rente – beginnend **nach einer** Zinsperiode – **abgehoben** *(Abb. 3.7.1)*, so ergibt sich als **Kontostand** K_m am Tage der m-ten Abhebung ($m \leq n$):

(3.7.8)
$$K_m = K_0 \cdot q^m - R \cdot \frac{q^m - 1}{q - 1} .$$

Beispiel 3.7.9: Am 01.01.01 beträgt das Guthaben auf einem Konto *(10% p.a.)* 400.000,-- €. Beginnend 01.01.02 werden jährlich 60.000,-- € abgehoben.

i) Wie lautet der Kontostand nach der 5. Abhebung?

ii) Wieviele Raten zu je 60.000,-- € können abgehoben werden, bis das Konto erschöpft ist?

Lösung:

zu i) Nach (3.7.8) gilt – da die Zahlungsstruktur der Vorraussetzung nach Abb. 3.7.1 entspricht:

$$K_5 = 400.000 \cdot 1{,}10^5 - 60.000 \cdot \frac{1{,}10^5 - 1}{0{,}10} = 277.898,\text{--}\ €.$$

zu ii) Ist das Konto am Tage der n-ten Abhebung (= letzte Rate) erschöpft, so muss gelten: $K_n = 0$ *(m = n)*. Setzt man diese Beziehung in (3.7.8) ein, so erhält man die sogenannte **Kapitalverzehrsformel**

(3.7.10)
$$0 = K_0 \cdot q^n - R \cdot \frac{q^n - 1}{q - 1} .$$

Im vorliegenden Beispiel *(n gesucht!)* gilt:

$$0 = 400.000 \cdot 1{,}10^n - 60.000 \cdot \frac{1{,}10^n - 1}{0{,}10} \quad \underset{\cdot 0{,}1}{\Leftrightarrow} \quad 0 = 40.000 \cdot 1{,}1^n - 60.000 \cdot (1{,}1^n - 1)$$

$$\Leftrightarrow \quad 2 \cdot 1{,}1^n = 6 \quad \Leftrightarrow \quad n = \ln 3 / \ln 1{,}1 \approx 11{,}53 \text{ Raten}$$ *(d.h. 11 Raten plus eine verminderte Schlussrate, siehe weiter unten)*

Man kann die Gleichung (3.7.10) auch in **allgemein** nach n auflösen: Multiplikation von (3.7.10) mit (q – 1) liefert:

$$0 = K_0(q-1) \cdot q^n - R \cdot q^n + R \quad \Leftrightarrow \quad q^n = \frac{R}{R - K_0(q-1)} \quad \text{, d.h.}$$

(3.7.11)
$$n = \frac{\ln \dfrac{R}{R - K_0(q-1)}}{\ln q} .$$

Setzt man die gegebenen Daten ein, so folgt: $n = \dfrac{\ln \dfrac{60.000}{60.000 - 40.000}}{\ln 1{,}10} \approx 11{,}53$, wie eben.

Wie in Beispiel 3.4.1 iv) ist die Terminzahl n keine natürliche Zahl. Daher werden im vorliegenden Fall 11 volle Raten abgehoben sowie nach einem weiteren Jahr eine verminderte irreguläre 13. Schlussrate der Höhe 32.314,32 € *(= $K_{11} \cdot 1{,}10$), vgl. Berechnung in Beispiel 3.4.1 iv))*. Danach ist das Konto erschöpft.

Das folgende Vergleichskonto bildet den beschriebenen Kapitalabbau-Vorgang detailliert nach:

Jahr	Kontostand zu Jahresbeginn	Zinsen (10% p.a.) Ende des Jahres	Abhebung (–) am Ende des Jahres	Kontostand zum Ende des Jahres	
01	**400.000,00**	40.000,00	**60.000,00**	380.000,00	
02	380.000,00	38.000,00	**60.000,00**	358.000,00	
03	358.000,00	35.800,00	**60.000,00**	333.800,00	
04	333.800,00	33.380,00	**60.000,00**	307.180,00	
05	307.180,00	30.718,00	**60.000,00**	**277.898,00**	$(= K_5)$
06	**277.898,00**	27.789,80	**60.000,00**	245.687,80	
07	245.687,80	24.568,78	**60.000,00**	210.256,58	
08	210.256,58	21.025,66	**60.000,00**	171.282,24	
09	171.282,24	17.128,22	**60.000,00**	128.410,46	
10	128.410,46	12.841,05	**60.000,00**	81.251,51	
11	81.251,51	8.125,15	**60.000,00**	29.376,66	$(= K_{11})$
12	29.376,66	2.937,67	**32.314,33**	**0,00**	
13	**0,00**				

(Vergleichskonto für Kapitalabbau, Beispiel 3.7.9)

Bei der Ermittlung von **„Kontoständen"** bei Kapitalaufbau/Kapitalabbau ist – wie gesehen – der betrachtete **Bewertungsstichtag wichtig**, denn für einen Kontostand im Zeitpunkt t = m sind nur solche Zahlungen *(Zuflüsse/Abhebungen)* relevant, die **bis zum Stichtag einschließlich geflossen** sind. Unter dieser Prämisse gilt auch für die Ermittlung von „Kontoständen" das grundlegende Äquivalenzprinzip *(Satz 2.2.18)*:

(3.7.12)

> Der **Kontostand** K_m *(vgl. Abb. 3.7.1)* kann **grundsätzlich** ermittelt werden durch **getrenntes Aufzinsen** von „Leistungen" und „Gegenleistungen" mit anschließender **Saldobildung** am Stichtag *(vgl. Äquivalenzprinzip Satz 2.2.18)*.
>
> Vereinfacht ausgedrückt gilt am Stichtag:
>
> **Kontostand = Leistung – Gegenleistung**
>
> *(wobei nur Leistungen/Gegenleistungen berücksichtigt werden, die bis zum Stichtag einschließlich geflossen sind!)*.

Dabei sind die sog. **„Sparkassenformeln"** (3.7.4)/(3.7.8) lediglich verwendbar für den *(häufig vorkommenden)* **Sonderfall**, bei dem die Leistung durch das Anfangskapital K_0 gegeben ist, während die Gegenleistungen *(bei Kapitalaufbau: „Zusatzleistungen")* aus den Raten einer Rente bestehen, die genau **eine** Zinsperiode nach Wertstellung von K_0 einsetzt, wie in Abb. 3.7.1 zu sehen.

Das folgende Beispiel zeigt die Bildung des „Kontostandes" in einem Nicht-Standardfall:

Beispiel 3.7.13:

Gesucht ist der Kontostand K_m am 01.01.06 bei Vorliegen folgender Zahlungsstruktur *(Einzahlungen (L) sind oberhalb, Auszahlungen (GL) sind unterhalb des Zahlungsstrahls aufgeführt)*:

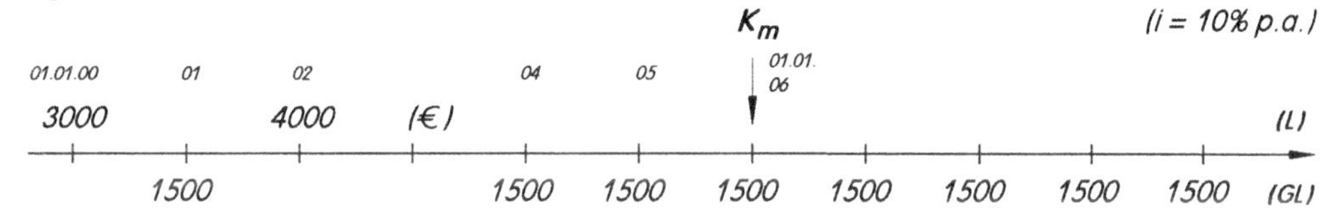

Nach dem Äquivalenzprinzips gilt für den **Kontostand** K_m zum 01.01.06 *(mit $q = 1{,}1$)*

$$K_m = 3.000 \cdot 1{,}1^6 + 4.000 \cdot 1{,}1^4 - 1.500 \cdot 1{,}1^5 - 1.500 \cdot \frac{1{,}1^3 - 1}{0{,}1} = \mathbf{3.790{,}32\ €.}$$

Die vier letzten Raten *(zu je 1.500 €)* gehen **nicht** in den Kontostand zum 01.01.06 ein!

Zur Kontrolle sei wieder die entsprechende Vergleichs-Kontostaffel abgebildet:

Jahr	Kontostand zu Jahresbeginn	Zinsen (10% p.a.) Ende des Jahres	Einz.(+)/Abh.(–) Ende des Jahres	Kontostand zum Ende des Jahres
00	3.000,00	300,00	-1.500,00	1.800,00
01	1.800,00	180,00	4.000,00	5.980,00
02	5.980,00	598,00	0,00	6.578,00
03	6.578,00	657,80	-1.500,00	5.735,80
04	5.735,80	573,58	-1.500,00	4.809,38
05	4.809,38	480,94	-1.500,00	**3.790,32**
06	**3.790,32**	*(Vergleichskonto zu Beispiel 7.1.13)*		

Aufgabe 3.7.14:

i) Ein Unternehmer setzt sich am 01.01.06 mit 250.000,-- € zu 8% p.a. angelegt zur Ruhe.

a) Welche gleichbleibende nachschüssige Rate kann er ab 08 jährlich davon 16 Jahre lang abheben, so dass dann das Kapital aufgebraucht ist?

b) Welchen Betrag hat er am 01.01.12 noch auf seinem Konto, wenn er ab 06 jährlich vorschüssig 30.000,-- € abgehoben hat?

ii) Zimmermann zahlt – beginnend 01.01.05 – 7 Jahresraten zu je 12.000,-- € auf ein Konto ein. Beginnend 01.01.15 zahlt er weitere 6 Raten zu je 18.000,-- € und – beginnend 01.01.22 – weitere 6 Raten zu je 24.000,-- €/Jahr ein.

Der Zinssatz beträgt 7% p.a. bis zum 31.12.08, danach 9% p.a. bis zum 31.12.16, danach bis zum 31.12.24 10% p.a., danach 5% p.a.

a) Man ermittle den Kontostand am 01.01.29.

b) Man ermittle den Kontostand am 01.01.12.

c) Durch welchen Einmalbetrag am 01.01.05 könnte man sämtliche Raten äquivalent ersetzen?

iii) Tennisprofi Boris Huber hat in den letzten Jahren – beginnend 01.01.05 – aus seinen Werbeeinnahmen jährlich 1.000.000,-- € auf sein Konto bei der Bank of Bahamas ein – gezahlt, letzte Rate 01.01.08. Die Verzinsung erfolgt mit 10% p.a.

Mangels durchschlagender sportlicher Erfolge tritt er mit Wirkung vom 01.01.09 in den Ruhestand und will nun die Früchte seiner vergangenen Anstrengungen genießen.

a) Wieviele Jahresraten zu je 600.000,-- €/Jahr kann er – beginnend 31.12.09 – abheben, bis sein Konto erschöpft ist?

b) Welchen Jahresbetrag – beginnend 31.12.09 – darf er höchstens abheben, damit er insgesamt 60 Jahresraten von seinem Konto abheben kann?

c) Die Bank of Bahamas bietet ihm eine äquivalente „ewige" Rente, beginnend 01.01.10. Wie hoch ist die Jahresrate dieser ewigen Rente?

iv) Gegeben sei eine vorschüssige Rente zu je 50.000 €/Jahr in den Jahren 00 – 08, i = 8% p.a.

a) Man ermittle Endwert und Barwert dieser Rente.

b) Welche jährlich nachschüssige Rente könnte in den Jahren 10 – 20 daraus bezogen werden?

v) Wie groß muss ein Kapital am 01.01.09 sein, damit – ab 1. Quartal 10 – genau 17 nachschüssige Raten zu je 12.000,-- €/Quartal davon abgehoben werden können? *(i = 2% p.Q.)*

vi) Pietsch hat 1 Mio. € zum 01.01.05 auf einem Konto (7%) angelegt. Davon will er jährlich nachschüssig – beginnend 08 – 90.000,-- €/Jahr abheben.

a) Er beabsichtigt, das Verfahren zunächst 20 Jahre lang durchzuführen. Welchen Betrag weist sein Konto am 01.01.14 auf?

b) Wieviele Raten kann er abheben, bis sein Konto leer ist?

c) Man beantworte Frage b), wenn er stets 80.000,-- €/Jahr abhebt.

Aufgabe 3.7.15:

Huber spart für die Zeit nach seiner Pensionierung. Jährlich zum 31.12. überweist er 8.000,-- € auf sein Anlagekonto, erstmalig am 31.12.08, letzte Sparrate am 31.12.19.

Am 01.09.20 wird er pensioniert. Er will dann die Früchte seiner Sparanstrengungen genießen und – beginnend am 01.01.21 – jährlich 12.000,-- € abheben (6,5% p.a.).

i) Über welchen Kontostand verfügt er am 01.01.28?

ii) Wieviele Raten kann er abheben, bis sein Konto erschöpft ist?

iii) Welchen Jahresbetrag *(anstelle von € 12.000,--)* könnte er insgesamt 25-mal abheben, so dass dann das Konto leer ist?

iv) Welche jährlichen Ansparraten *(anstelle von 8.000,-- €)* hätte er zuvor leisten müssen, um genau 16 Jahresraten zu je 12.000,-- €/Jahr abheben zu können?

Aufgabe 3.7.16:

Huber hat sich im Rahmen eines Sparplans verpflichtet, auf ein Konto der Moser-Bank *(das vierteljährlich mit 1,5% p.Q. abgerechnet wird)* beginnend zum 01.01.00 vierteljährliche Raten zu je 5.000,-- €/Quartal einzuzahlen, letzte Rate am 01.01.03.

i) Wie hoch ist der äquivalente Gesamtwert von Hubers Zahlungen am 01.01.00?

ii) Man ermittle Hubers Kontostand zum 01.01.00.

iii) Man beantworte Frage i), wenn der Zinssatz zunächst 1,5% p.Q. beträgt und mit Wirkungen vom 01.10.01 auf 2% p.Q. steigt.

iv) Huber vereinbart mit der Moser-Kredit-Bank, alle ursprünglich vereinbarten Raten in äquivalenter Weise durch eine 10-malige Rente *(Quartalsraten, erste Rate am 01.07.01)* zu ersetzen. Ratenhöhe? *(1,5% p.Q.)*

v) Alles wie iv) mit folgendem Unterschied: Ratenhöhe der Ersatzrate ist vereinbart mit 6.000,-- €/Quartal. Wie viele dieser Raten sind zu zahlen?

vi) Welche „ewige" Quartalsrente – 1. Rate am 01.01.04 – ist äquivalent zu Hubers ursprünglicher Rente? *(1,5% p.Q.)* Gesucht ist die Ratenhöhe dieser ewigen Rente.

*vii) Huber will *(wie bei vi))* sämtliche ursprünglich vereinbarten Raten äquivalent ersetzen durch eine ewige Vierteljahres-Rente, erste Quartalsrate am 01.01.04. Unterschied: Der Zinssatz betrage zunächst wieder 1,5% p.Q. und steige mit Wirkung vom 01.07.04 auf 2% p.Q.

Wie hoch muss die Rate R dieser äquivalenten ewigen Rente gewählt werden *(dabei soll die Ratenhöhe R sich **nicht** zwischenzeitlich ändern!)*

3.8 Auseinanderfallen von Ratentermin und Zinszuschlagtermin

Die bisherigen Überlegungen zur Rentenrechnung gingen von der Prämisse „Rentenperiode gleich Zinsperiode" aus, vgl. (3.1.3) und Bem. 3.2.6i). In der Praxis stimmen jedoch häufig die **Längen von Renten- und Zinsperiode nicht überein**. Wir wollen in den folgenden beiden Unterkapiteln 3.8.1/3.8.2 zunächst nur die beiden wichtigsten Fälle betrachten *(wobei stets vorausgesetzt wird, dass die Rentenperiode ein ganzzahliges Vielfaches der Zinsperiode (oder umgekehrt) ist)*:

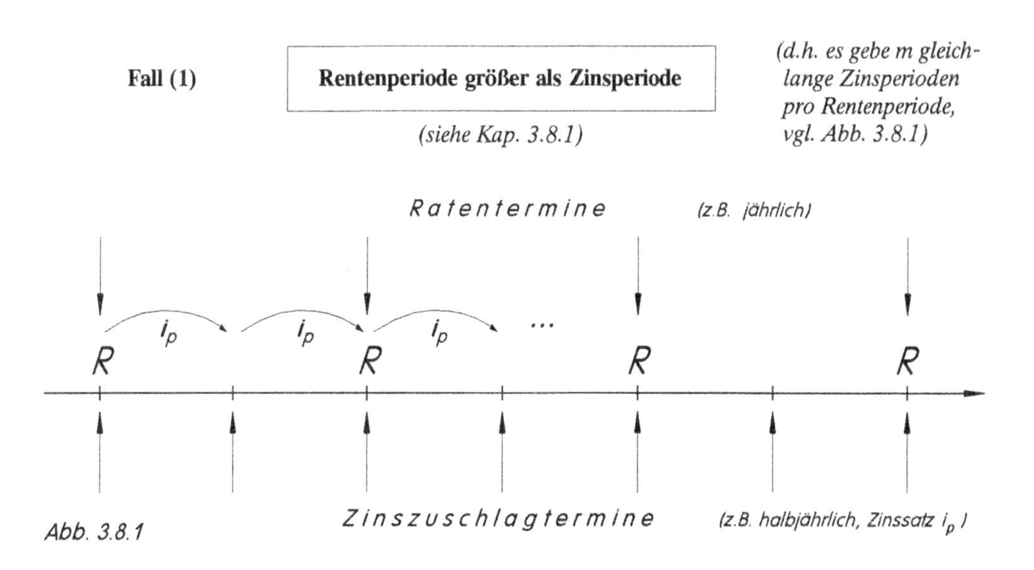

Abb. 3.8.1

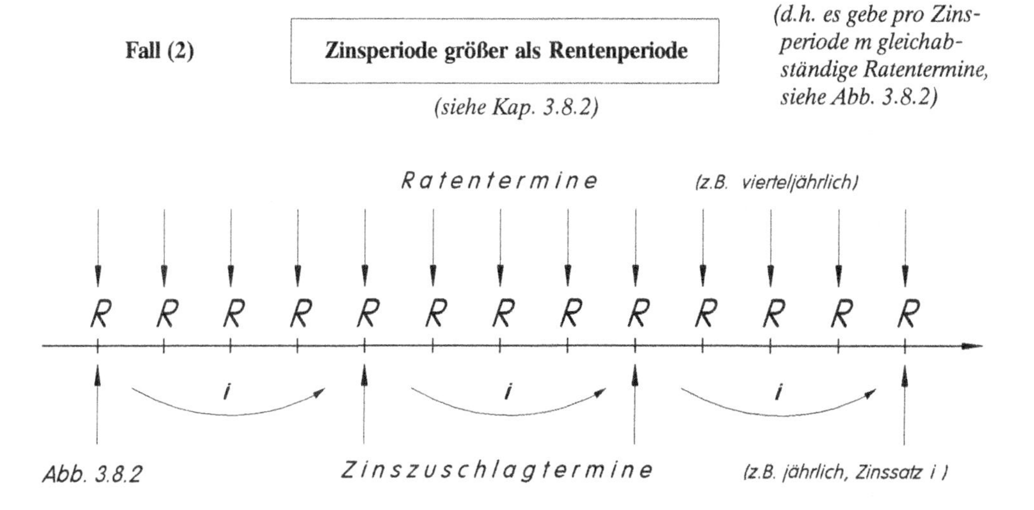

Abb. 3.8.2

Ziel der folgenden Überlegungen ist es, in beiden Fällen den Rentengesamtwert mit Hilfe der bekannten kompakten Rentenendwertformel (3.2.5)

$$R_n = R \cdot \frac{q^n - 1}{q - 1}$$

(und deren Erweiterungen sowie mit zusätzlichen Auf-/Abzinsungsvorgängen) ermitteln zu können. Wie sich in Kap. 3.2 bei der Herleitung dieser Formel ergab, gilt die Rentenformel (3.2.5) allerdings nur unter der *(jetzt gerade **nicht** erfüllten)* Prämisse der Übereinstimmung von Renten- und Zinsperiode.

Wir werden daher im folgenden die Zinsperiodenlänge so verändern, dass – unter Wahrung der Äquivalenz – wieder „Zinsperiode = Rentenperiode" gilt und somit die Rentenformel (3.2.5) anwendbar wird.

3.8.1 Rentenperiode größer als Zinsperiode

Zwischen je zwei Raten liegen m gleichlange Zinsperioden *(Periodenzinssatz i_p)*, vgl. Abb. 3.8.1. Wir wollen das Grundprinzip an einem kleinen Beispiel erläutern:

Beispiel: Gesucht sei der Wert R_3 einer 3-maligen Rente der Höhe R am Tag ihrer letzten Rate, siehe Abb. Zwischen je 2 Raten liegen *(m =)* 4 Zinsperioden, Periodenzinssatz i_p.

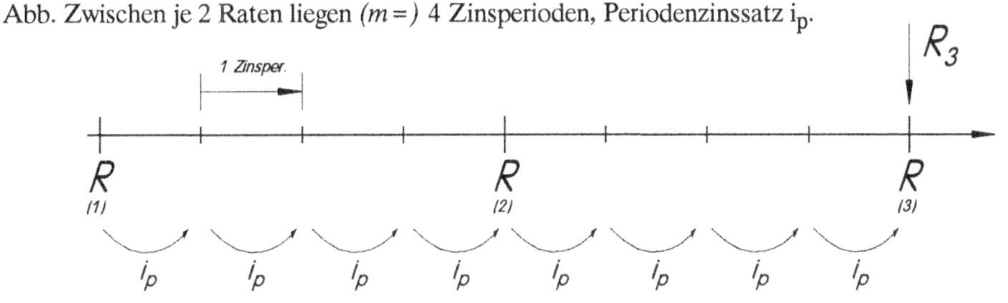

Elementares Aufzinsen liefert: $R_3 = R \cdot (1+i_p)^8 + R \cdot (1+i_p)^4 + R$.

Substituiert man nun: $(1+i_p)^4 = q$, so lautet der Rentenendwert:

$R_3 = Rq^2+Rq+R = R \cdot (q^2+q+1)$, d.h. wegen (3.2.3): $R_3 = R \cdot \frac{q^3 - 1}{q - 1}$

Dabei ist q *($= (1+i_p)^4$)* der Effektivzinsfaktor für die 4 Teilperioden, die zwischen je zwei Raten liegen, siehe auch Def. 2.3.11 und Formel (2.3.12).

Ganz analog verläuft die Überlegung im **allgemeinen Fall**, in dem zwischen je 2 Raten m Zinsperioden *(jeweils mit dem Periodenzinssatz i_p)* liegen:

Man fasst nämlich dann die **Rentenperiode** als vergrößerte **neue Zinsperiode** auf und ermittelt den zugehörigen **effektiven Zinssatz i_r pro Rentenperiode** nach (2.3.10) über die Äquivalenzbeziehung

(3.8.3) $$(1 + i_p)^m = 1 + i_r \quad (=: q_r).$$

Damit hat man wieder „Zinsperiode = Rentenperiode". Der Gesamtwert einer n-maligen Rente **am Tag der letzten Ratenzahlung** ergibt sich dann nach (3.2.5) zu

(3.8.4) $$\boxed{R_n = R \cdot \frac{q_r^n - 1}{q_r - 1}}$$ bzw. wegen (3.8.3): $$\boxed{R_n = R \cdot \frac{(1+i_p)^{m \cdot n} - 1}{(1+i_p)^m - 1}},$$

wobei man anschließend lediglich beachten muss, dass die zu q_r passende neue *(lange)* Zinsperiode m-mal so lang wie die ursprüngliche *(kurze)* Zinsperiode ist.

(3.8.4) lässt sich direkt anhand von Abb. 3.8.1 mit Hilfe von Satz 2.2.18 *(Äquivalenzprinzip)* beweisen. Dazu muss lediglich beachtet werden, dass die erste Rate bis zum Stichtag *(= Tag der letzten Rate)* $m \cdot (n-1)$ Zinsperioden aufzuzinsen ist, die 2. Rate um $m \cdot (n-2)$ Zinsperioden usw. Dann folgt für den Rentenendwert R_n:

$$R_n = R \cdot q^{m(n-1)} + R \cdot q^{m(n-2)} + \ldots + R \cdot q^m + R \qquad \text{(mit } q := 1 + i_p\text{)}.$$

Ausklammern von R sowie die Substitution $q^m =: q_r$ liefert:

$$R_n = R(q_r^{n-1} + q_r^{n-2} + \ldots + q_r + 1) = R \cdot \frac{q_r^n - 1}{q_r - 1} \qquad \text{(wegen (3.2.3))}.$$

Dies genau ist die Aussage von (3.8.4).

Beispiel 3.8.5: Gegeben ist eine 8-malige Rente, Ratenhöhe 15.000,-- €/Jahr, zahlbar jeweils am 01.01., erstmalig am 01.01.06. Die Zinsen werden vierteljährlich *(relativ)* bei nominell 8% p.a. zugeschlagen, d.h. es muss mit $i_Q = 2\%$ p.Q. gerechnet werden.

i) Gesucht ist der Rentengesamtwert am Tag der letzten Ratenzahlung.

ii) Durch welchen Betrag – zahlbar zum 01.10.06 – kann die gesamte Rente äquivalent ersetzt werden?

Lösung: *(siehe Abb. 3.8.6)*

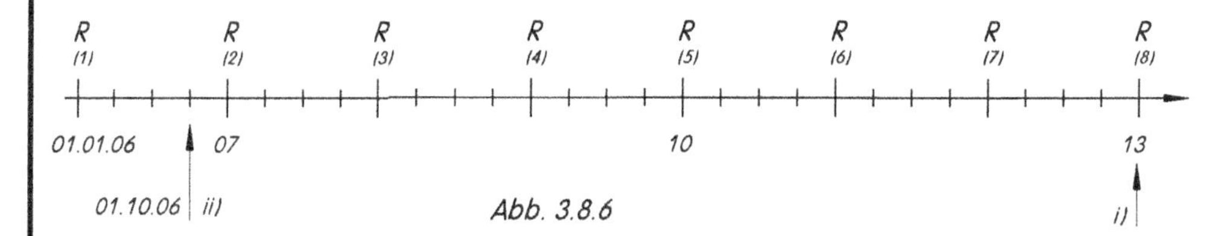

Abb. 3.8.6

zu i) Neue Zinsperiode = Rentenperiode = 1 Jahr. Der zugehörige Effektivzinsfaktor $q_r = 1 + i_r$ beträgt nach (3.8.3):

$$q_r = 1 + i_r = (1 + 0{,}02)^4 = 1{,}08243216$$

($i_p = 0{,}02$ ist der tatsächlich pro Vierteljahr angewendete Zinssatz!)

$$\Rightarrow \quad R_8 = 15.000 \cdot \frac{1{,}08243..^8 - 1}{0{,}08243..} = 15.000 \cdot \frac{(1{,}02^4)^8 - 1}{1{,}02^4 - 1} = 160.957{,}92 \text{ €}.$$

Zur Kontrolle folgt das mit 8,243216% p.a. abgerechnete Vergleichskonto:

Jahr	Kontostand zu Jahresbeginn	Zinsen (8,243..%) Ende des Jahres	Rate (+) am Ende des Jahres	Kontostand zum Ende des Jahres
05	0,00	0,00	15.000,00	15.000,00
06	15.000,00	1.236,48	15.000,00	31.236,48
07	31.236,48	2.574,89	15.000,00	48.811,37
08	48.811,37	4.023,63	15.000,00	67.835,00
09	67.835,00	5.591,79	15.000,00	88.426,79
10	88.426,79	7.289,21	15.000,00	110.716,00
11	110.716,00	9.126,56	15.000,00	134.842,56
12	134.842,56	11.115,36	15.000,00	**160.957,92**
13	**160.957,92**			

(Vergleichskonto für Beispiel 3.8.5 i))

zu ii) Der unter i) ermittelte Endwert R_8 muss 6 Jahre + 1 Quartal = 25 Quartale *(mit i = 2% p.Q.)* abgezinst werden:

$$\Rightarrow \qquad R_0 = R_8 \cdot \frac{1}{1{,}02^{25}} = 98.108{,}82 \text{ €}.$$

Bemerkung 3.8.7: *Zur Ermittlung der Rentenformel (3.8.4) wurde die gegebene Zinsperiode (Zins: i_p) an die m-mal so große Rentenperiode angepasst durch Anwendung des zu i_p effektiven Zinssatzes i_{eff}:*

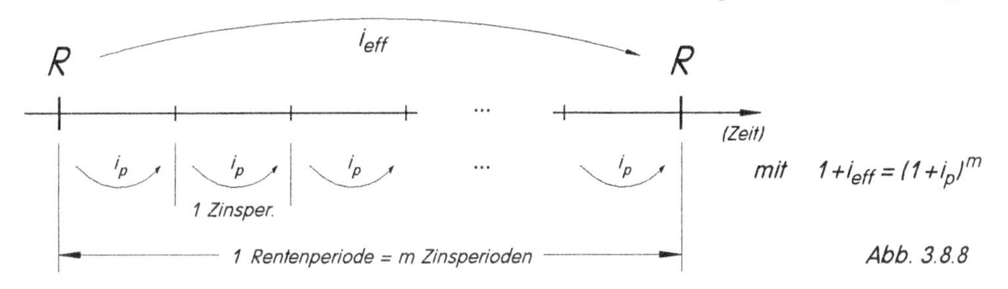

Abb. 3.8.8

Dasselbe Resultat erzielt man durch Ermittlung einer sog. „konformen Ersatzrate" r , m-mal zu zahlen in jeder Rentenperiode, und zwar jeweils zum Ende einer jeden Zinsperiode:

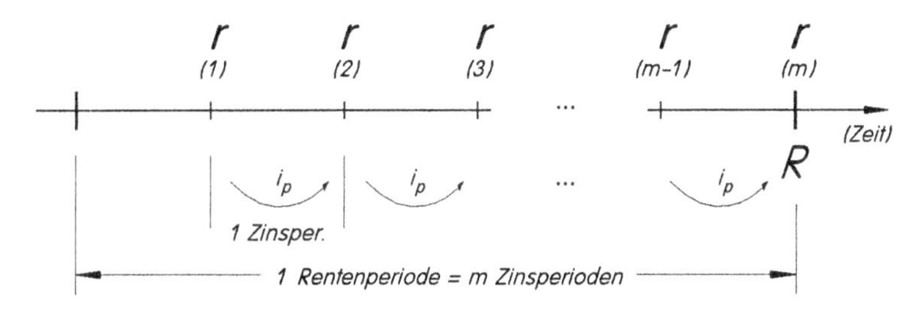

Abb. 3.8.9

Die m Ersatzraten r pro Rentenperiode müssen dabei so gewählt werden, dass sie zu der tatsächlich gezahlten Rate R äquivalent sind, wobei R mit der letzten der m Ersatzraten zeitlich zusammenfällt, vgl. Abb. 3.8.9. Daher muss – mit $q := 1 + i_p$ – gelten:

$$r \cdot \frac{q^m - 1}{q - 1} = R \quad , \quad \text{d.h.} \tag{3.8.10}$$

$$\boxed{r = R \cdot \frac{q - 1}{q^m - 1}} \qquad (r = \text{konforme Ersatzrate}) \; . \tag{3.8.11}$$

Jetzt kann man – da die neue Rentenperiode (Rate: r) nun mit der Zinsperiode (Zinssatz: i_p) übereinstimmt – normale Rentenrechnung betreiben, wobei lediglich zu beachten ist, dass eine „alte" Rate R mit (3.8.11) äquivalent ersetzt wurde durch m Ersatzraten r gemäß Abb. 3.8.9.

Für den Rentenendwert R_n am Tag der n-ten Rate R (≙ Tag der $n \cdot m$-ten Ersatzrate r) gilt nun mit (3.2.5), (3.8.11) sowie $q := 1 + i_p$:

$$R_n = r \cdot \frac{q^{n \cdot m} - 1}{q - 1} = R \cdot \frac{q - 1}{q^m - 1} \cdot \frac{q^{n \cdot m} - 1}{q - 1}$$

d.h. $$\boxed{R_n = R \cdot \frac{q^{n \cdot m} - 1}{q^m - 1}} \quad , \quad \text{identisch mit (3.8.4), da } q = 1 + i_p \, .$$

3.8.2 Zinsperiode größer als Rentenperiode

Innerhalb einer Zinsperiode *(Periodenzinssatz: i)* liegen m Raten der Höhe R, vgl. Abb. 3.8.2/3.8.12:

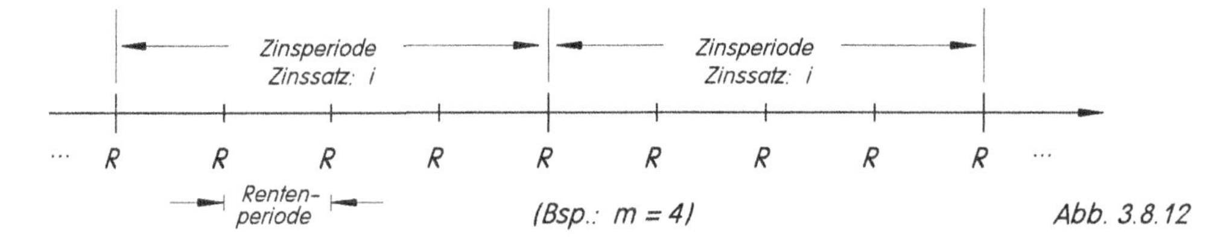

Abb. 3.8.12

Wir betrachten *(zunächst)* nur den Fall, dass die Zinsperiode in m gleichlange Rentenperioden aufgeteilt ist und in *jedem* Ratenintervall *genau eine Rate* liegt *(und zwar entweder zu Beginn oder zum Ende der Rentenperiode)*.

Jetzt ist die Anpassung von Zins- und Rentenperiode schwieriger als in Kap. 3.8.1, da unklar ist, in welcher Weise die unterjährigen Raten per Aufzinsung auf das Zinsperiodenende transformiert werden können bzw. müssen.

So gibt es denn auch in der Praxis **mehrere prinzipiell unterschiedliche Auffassungen** [7] darüber, auf welche Weise hier Verzinsung unterjährig durchzuführen sei:

- Bei der international besonders häufig anzutreffenden **„ICMA-Methode"** *(siehe Kap. 3.8.2.1)* ist die Zinsperiode identisch mit dem Zeitintervall zwischen zwei Zahlungen, entsprechend oft erfolgt der Zinszuschlag. Der anzuwendende Periodenzinssatz i_p ist *konform* zum Jahreszinssatz i.
- Bei der **„US-Methode"** *(siehe Kap. 3.8.2.2)* erfolgt der Zinszuschlag *(ebenso wie bei der ICMA-Methode)* mit jeder Zahlung. Allerdings ist hier dafür anzuwendende Periodenzinssatz i_p *relativ* zum Jahreszinssatz.
- Bei der in Deutschland noch häufig anzutreffenden **„360-Tage-Methode"** *(360TM, siehe auch Kap. 3.8.2.3)* beträgt die Zinsperiode stets ein Jahr. Unterjährige Zahlungen werden mit Hilfe der *linearen Verzinsung* auf- oder abgezinst *(Sparbuch-Modell)*.

Bemerkung 3.8.12a: *Für die Berechnung des Effektivzinssatzes von Verbraucherkrediten schreibt die aktuelle Preisangabenverordnung (PAngV) ab 01.09.2000 die ICMA-Methode vor, während vor diesem Zeitpunkt die 360-Tage-Methode anzuwenden war.*

3.8.2.1 ICMA-Methode [8] („internationale Methode")

Die Zinsperiode *(Zinssatz: i)* wird auf äquivalente Weise verkleinert und an die Rentenperiode angepasst. Der Zinssatz i_p der neuen verkleinerten Zinsperiode *(= Rentenperiode)* wird *konform* aus i ermittelt nach (2.3.10):

(3.8.13) $$(1 + i_p)^m = 1 + i \; .$$

Jetzt kann man „gewöhnliche" Rentenrechnung mit R und i_p betreiben, da die Gleichheit von Zins- und Rentenperiode gewährleistet ist.

---

[7] Wir werden später *(vgl. Kap. 4.3 bzw. Kap. 5.3)* weitere Kontoführungsvarianten und insbesondere Mischformen der drei jetzt behandelten Methoden kennenlernen.

[8] ICMA: **I**nternational **C**apital **M**arket **A**ssociation. Die ICMA-Methode ist identisch mit der früheren ISMA-Methode (ISMA: **I**nternational **S**ecurities **M**arket **A**ssociation).

Beispiel 3.8.14 ***(ICMA-Methode)*:**

Gegeben sei eine 11-malige Rente, Ratenhöhe R *(= 1.000,-- €/Quartal)*, erste Rate zum 01.01.01 *(d.h. letzte Rate zum 01.07.03, vgl. Abb. 3.8.14)*:

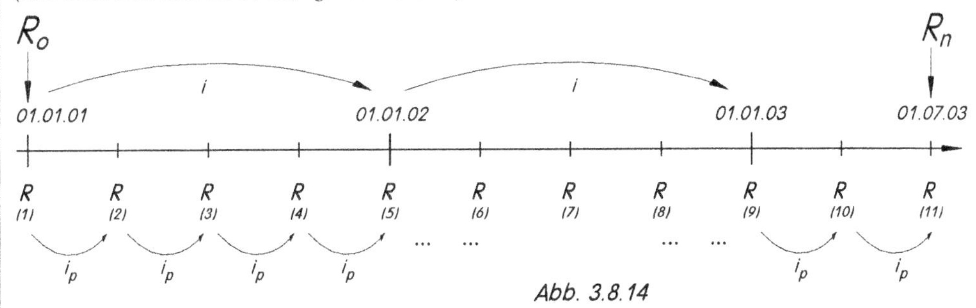

Abb. 3.8.14

Der *(eff.)* Jahreszins i sei mit 12% p.a. vorgegeben.

Gesucht sei der Wert der Rente am Tag der letzten (R_n) sowie am Tag der ersten Rate (R_0) mit Hilfe der *(eben erläuterten)* „internationalen" Methode *(diese beiden Wertstellungstage sind willkürliche Vorgaben bzw. Forderungen des Problemstellers, siehe auch Bem. 3.3.8!)*.

Der zu i_{eff} = 12% p.a. konforme Quartalszins i_p ergibt sich mit m = 4 wegen (3.8.13) zu

$$(1 + i_p)^4 = 1{,}12\,, \quad \text{d.h.} \quad q := 1 + i_p = 1{,}12^{0,25} \approx 1{,}028737$$

und somit der Rentenendwert R_n zu

$$R_n = 1.000 \cdot \frac{q^{11} - 1}{q - 1} = 1.000 \cdot \frac{1{,}12^{2,75} - 1}{1{,}12^{0,25} - 1} = 12.724{,}97\ €.$$

Zur Kontrolle wird das ICMA-Vergleichskonto mit 2,8737345% p.Q. *(konform zu 12% p.a.)* durchgerechnet:

Quart.	Kontostand zu Quart.beginn	Zinsen (2,873..%) Ende des Quart.	Rate (+) am Ende des Quart.	Kontostand zum Ende d. Quartals
01	0,00	0,00	1.000,00	1.000,00
02	1.000,00	28,74	1.000,00	2.028,74
03	2.028,74	58,30	1.000,00	3.087,04
04	3.087,04	88,71	1.000,00	4.175,75
05	4.175,75	120,00	1.000,00	5.295,75
06	5.295,75	152,19	1.000,00	6.447,94
07	6.447,94	185,30	1.000,00	7.633,23
08	7.633,23	219,36	1.000,00	8.852,59
09	8.852,59	254,40	1.000,00	10.106,99
10	10.106,99	290,45	1.000,00	11.397,44
11	11.397,44	327,53	1.000,00	**12.724,97**
12	**12.724,97**	*(Vergleichskonto zu Beispiel 3.8.14 – ICMA-Methode)*		

Durch Abzinsen um 10 Quartale ergibt sich R_0 zu

$$R_0 = R_n \cdot \frac{1}{1{,}12^{2,5}} = 9.585{,}43\ €.$$

Diese Methode lässt sich prinzipiell für beliebig viele Raten in beliebig kleinen *(auch wechselnden)* Abständen anwenden, da notfalls mit konformen Tageszinsen gerechnet werden kann. Stets werden die Ergebnisse unabhängig von der gewählten Zinsperiodenlänge sein – die ICMA-Methode ist in sich konsistent.

3.8.2.2 „US-Methode“

Ebenso wie bei der ICMA-Methode erfolgt der Zinszuschlag sofort mit jeder Ratenzahlung. Ein Unterschied besteht allerdings in der Höhe des anzuwendenden unterjährigen Periodenzinssatzes i_p, der in diesem Fall *relativ* zum Jahreszinssatz i ist.

Besteht das Jahr aus m unterjährigen Rentenperioden *(= Zinsperioden)*, so ist der Periodenzinssatz i_p bei der US-Methode demnach gegeben durch

$$i_p = \frac{i}{m} .$$

Beispiel 3.8.15 *(US-Methode)*:

Wir betrachten denselben Zahlungsstrahl wie im vorangegangenen Beispiel. Beim unterstellten Jahreszinssatz von 12% p.a. ist nunmehr der anzuwendende Quartalszinssatz 12%:4 = 3% p.Q., so sich am Tag der 11. Rate folgender Rentenendwert R_n ergibt:

$$R_n = 1.000 \cdot \frac{q^{11}-1}{q-1} = 1.000 \cdot \frac{1{,}03^{11}-1}{0{,}03} = 12.807{,}80 \text{ €}.$$

(Der US-Endwert ist – da stärker aufgezinst – höher als der ICMA-Endwert.)

Das US-Vergleichskonto hat dieselbe Struktur wie das ICMA-Konto, lediglich der Quartalszinszins beträgt nunmehr 3% p.Q. *(statt 2,8737345% p.Q.)*:

Quart.	Kontostand zu Quart.beginn	Zinsen (3% p.Q.) Ende des Quart.	Rate (+) am Ende des Quart.	Kontostand zum Ende d. Quartals
01	0,00	0,00	1.000,00	1.000,00
02	1.000,00	30,00	1.000,00	2.030,00
03	2.030,00	60,90	1.000,00	3.090,90
04	3.090,90	92,73	1.000,00	4.183,63
05	4.183,63	125,51	1.000,00	5.309,14
06	5.309,14	159,27	1.000,00	6.468,41
07	6.468,41	194,05	1.000,00	7.662,46
08	7.662,46	229,87	1.000,00	8.892,34
09	8.892,34	266,77	1.000,00	10.159,11
10	10.159,11	304,77	1.000,00	11.463,88
11	11.463,88	343,92	1.000,00	**12.807,80**
12	**12.807,80**			

(Vergleichskonto zu Beispiel 3.8.15 – US-Methode)

Durch Abzinsen um 10 Quartale ergibt sich der Barwert R_0 *(siehe Abb. 3.8.14)* zu

$$R_0 = R_n \cdot \frac{1}{1{,}03^{10}} = 9.530{,}20 \text{ €} .$$

(Der US-Barwert ist – da stärker abgezinst – geringer als der ICMA-Barwert.)

Auch die US-Methode lässt sich prinzipiell für beliebig viele Raten in beliebig kleinen *(auch wechselnden)* Abständen anwenden. Allerdings führt dabei die Verwendung des *relativen* unterjährigen Zinssatzes zu verzerrten Werten, die Effektivverzinsung weicht desto mehr vom *(nominellen)* Jahreszins ab, je kleiner die Zinsperioden gewählt werden müssen.

3.8.2.3 „360-Tage-Methode" *(360TM – Sparbuchmethode)*

Erneut besteht die Grundidee darin, **Rentenperiode** und **Zinsperiode** in **Übereinstimmung** zu bringen.

Während die ICMA-Methode *(Kap. 3.8.2.1)* und die US-Methode *(Kap. 3.8.2.2)* zwischen je zwei Raten Zinseszinsen ansetzen, basiert die 360-Tage-Methode auf der Fiktion, dass **innerhalb** der vorgegebenen Zinsperiode **keine weiteren Zinsverrechnungstermine** liegen dürfen, so dass die **innerhalb** jeder Zinsperiode liegenden Raten nunmehr mit Hilfe der **linearen Verzinsung** auf den nächsterreichbaren Zinsverrechnungstermin **aufgezinst** werden müssen.

Dies Verfahren wird zunächst unabhängig für jede Zinsperiode durchgeführt, so dass sich am Ende nur noch *(durch lineare Aufzinsung gewonnene)* sog. **Ersatzraten R*** in den Zinszuschlagterminen befinden und somit wiederum Übereinstimmung von Renten-/Zahlungsperiode und Zinsperiode besteht.

Eine **Besonderheit**[9] gilt lediglich für die in der letzten[10] Zinsperiode fälligen Zahlungen, wenn die **letzte Zahlung nicht auf einen Zinszuschlagtermin fällt**:

- Soll ein **Barwert** K_0 der gesamten Zahlungsreihe ermittelt werden *(d.h. liegt der Bewertungsstichtag „links")*, so zinst man die innerperiodischen **Zahlungen** der **letzten Zinsperiode** zunächst **linear auf den Tag der letzten Rate auf** *(vgl. auch unsere Konvention 1.2.33)*. Der erhaltene Wert wird dann linear auf den unmittelbar vorhergehenden Zinsverrechnungstermin abgezinst und von dort mit Hilfe der Zinseszinsrechnung weiter abgezinst bis zum gewünschten Barwert-Stichtag. *(Denkbar wäre auch das separate Abzinsen der Zahlungen der letzten Zinsperiode gewesen – allerdings mit abweichendem Resultat ...)*

  Abb. 3.8.16 zeigt schematisch das **Prinzip** der **360-Tage-Methode** für **Barwertermittlung:**

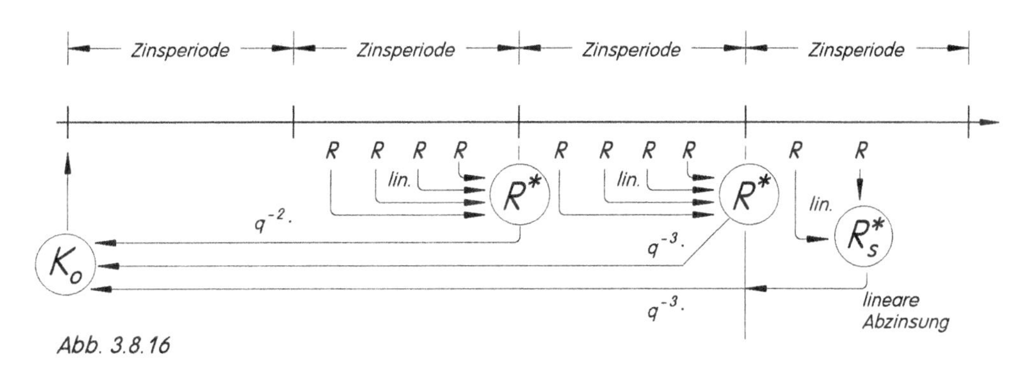

Abb. 3.8.16

- Soll der **Endwert** K_n der gesamten Zahlungsreihe ermittelt werden, *(d.h. liegt der Bewertungsstichtag „rechts", also am Tag der letzten Zahlung ≠ Zinszuschlagtermin)*, so zinst man die Zahlungen der letzten Zinsperiode *(und ebenso das zu Beginn der letzten Periode vorhandene angesammelte Kapital K_S)* linear auf diesen Stichtag auf.

---

[9] Diese – leider notwendige – Besonderheit hat ihre Ursache in der sattsam bekannten Inkonsistenz der linearen Verzinsung.

[10] Bei der 360-Tage-Methode beginnt die erste Zinsperiode definitionsgemäß mit der ersten vorkommenden Zahlung. Denkbar ist ebensogut der Fall, dass die letzte Zinsperiode endet mit der letzten vorkommenden Zahlung, vgl. Kontoführungsmethode nach Braess/Fangmeyer, Kap. 4.3 bzw. 5.3.

Abb. 3.8.17 zeigt wiederum schematisch das Vorgehen **der 360-Tage-Methode** für **Endwertermittlung:**

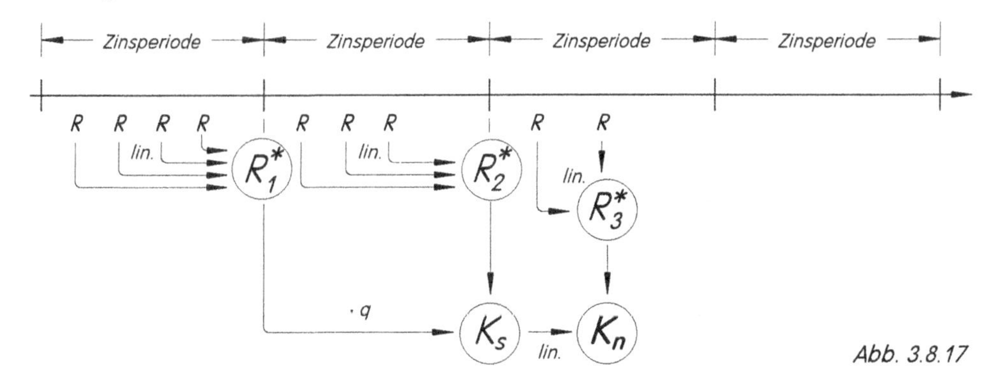

Abb. 3.8.17

Beispiel 3.8.18: Gegeben sei die folgende Zahlungsreihe *(untere Abbildung)*:

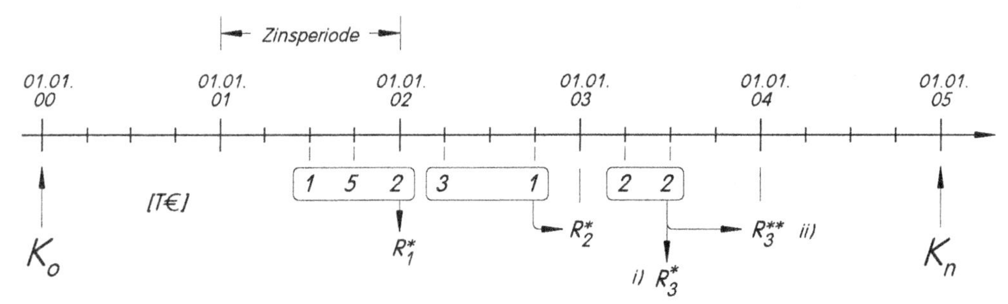

Zinsperiode: 1 Jahr *(i = 12% p.a.)*; unterstellt wird die Anwendung der 360-Tage-Methode, d.h. innerhalb des Jahres lineare Zinsen, es darf keine Zinsverrechnung erfolgen; Zahlungen in T€.

Gesucht: **i)** Barwert K_0 **ii)** Endwert K_n *(siehe Abb.)*

zu i): Zunächst werden mit linearer Verzinsung die Ersatzraten R_1^*, R_2^*, R_3^* ermittelt:

$$R_1^* = 1.000(1 + 0{,}12 \cdot \frac{1}{2}) + 5.000(1 + 0{,}12 \cdot \frac{1}{4}) + 2.000 = 8.210,\text{--}$$

$$R_2^* = 3.000(1 + 0{,}12 \cdot \frac{3}{4}) + 1.000(1 + 0{,}12 \cdot \frac{1}{4}) = 4.300,\text{--}$$

$$R_3^* = 2.000(1 + 0{,}12 \cdot \frac{1}{4}) + 2.000 = 4.060,\text{--}$$

$$\Rightarrow \quad K_0 = R_1^* \cdot \frac{1}{1{,}12^2} + R_2^* \cdot \frac{1}{1{,}12^3} + R_3^* \cdot \frac{1}{1 + 0{,}12 \cdot \frac{1}{2}} \cdot \frac{1}{1{,}12^3} = \mathbf{12.331{,}87\ €} \ .$$

zu ii): R_1^*, R_2^* wird wie eben ermittelt. Anstelle von R_3^* muss jetzt R_3^{**} ermittelt werden, da der Stichtag in einer späteren Zinsperiode liegt als die letzte Zahlung:

$$R_3^{**} = 2.000(1 + 0{,}12 \cdot \frac{3}{4}) + 2.000(1 + 0{,}12 \cdot \frac{1}{2}) = 4.300,\text{--}$$

$$\Rightarrow \quad K_n = 8.210 \cdot 1{,}12^3 + 4.300 \cdot 1{,}12^2 + 4.300 \cdot 1{,}12 = \mathbf{21.744{,}38\ €} \ .$$

Bemerkung: *Zinst man jetzt K_n auf den 01.01.00 ab, so erhält man 12.338,34 , also – wie zu erwarten – ein von K_0 verschiedenes Ergebnis. Ursache: Inkonsistenz der linearen Verzinsung.*

Besonders wichtig *(und häufig vorkommend)* ist der Fall, dass **innerperiodig gleiche Raten** R in **gleichen Zeitabständen** vorliegen. Jetzt liefert für jede Zinsperiode die lineare Aufzinsung der unterperiodischen Raten **dieselbe Ersatzrate R*** am Periodenende. Mit diesen Ersatzraten R^* kann man dann „normale" Rentenrechnung durchführen. *(Über die – evtl. unregelmäßigen – Zahlungen innerhalb der letzten Periode gilt das eben Gesagte analog.)*

Beispiel: Zinsperiode = 1 Jahr, Ratenperiode = 1 Quartal, siehe nachfolgende Abb. 3.8.19/3.8.20:

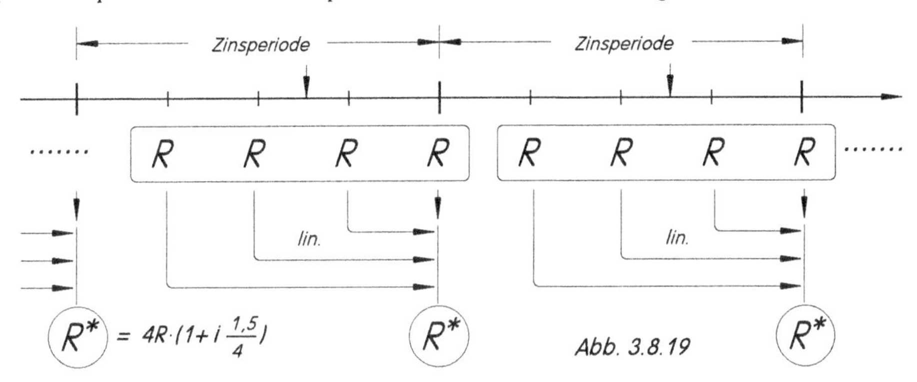

Abb. 3.8.19

Bei der Berechnung von R^* unterscheidet man „nachschüssige innerperiodische Zahlungen" *(wenn die erste Rate R der ersten Zinsperiode, wie in Abb. 3.8.19, am Ende der ersten Teilperiode fällig ist)* und „vorschüssige innerperiodische Zahlungen" *(wenn die erste Rate der ersten Zinsperiode zu Beginn dieser Zinsperiode fällig ist, wie etwa in Abb. 3.8.20)*.

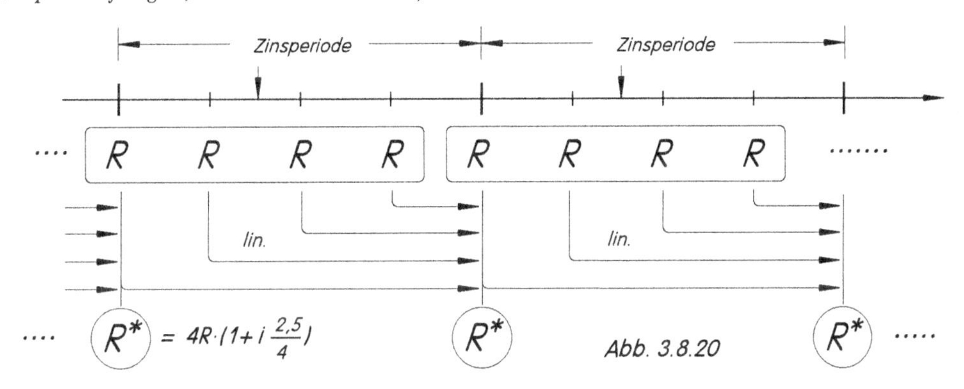

Abb. 3.8.20

Bei insgesamt m innerperiodischen Raten R erhalten wir nach linearer Aufzinsung und Summenbildung für die **äquivalente Ersatzrate R*** *(siehe Kap. 1.2.3 und dort insbesondere Bem. 1.2.63)*:

Satz 3.8.21: Die Zinsperiode *(Zinssatz i)* sei in m gleichlange Intervalle aufgeteilt, in jedem Intervall liege genau eine Rate R, innerhalb der Zinsperiode sollen keine Zinsverrechnungstermine liegen. Dann ergibt sich für die **äquivalente Ersatzrate R*** am **Ende** der Zinsperiode *(bei linearer Verzinsung innerhalb der Zinsperiode, Periodenzinssatz i)*

i) bei m **nachschüssigen** innerperiodischen Raten der Höhe R

(3.8.22) $$R^* = m \cdot R \cdot \left(1 + i \cdot \frac{m-1}{2m}\right)$$ *(vgl. (1.2.64) sowie Abb. 3.8.19),*

ii) bei m **vorschüssigen** innerperiodischen Raten der Höhe R

(3.8.23) $$R^* = m \cdot R \cdot \left(1 + i \cdot \frac{m+1}{2m}\right)$$ *(vgl. (1.2.65) sowie Abb. 3.8.20).*

Bemerkung 3.8.24:

i) Die Ermittlung der Ersatzrate R erfolgt am einfachsten mit der Methode des* ***mittleren Zahlungstermins****, vgl. Kap. 1.2.3, Bsp. 1.2.62, Bem. 1.2.63, zumal dann, wenn die Raten nicht so gleichmäßig liegen wie in Abb. 3.8.19/20 und somit Satz 3.8.21 nicht anwendbar ist.*

ii) Man kann Satz 3.8.21 durch Verwendung des mittleren Zahlungstermins beweisen: Da dieser bei linearer Verzinsung stets genau in der Mitte zwischen erster und m-ter Rate liegt, muss die äquivalente Gesamtzahlung $m \cdot R$ *bei nachschüssigen Raten noch* $\frac{m-1}{2} \cdot \frac{1}{m}$ $\left(= \frac{m-1}{2m}\right)$ *Zinsperioden linear aufgezinst werden, bei vorschüssigen Raten um* $\frac{1}{m}$ *Zinsperiode länger, d.h.* $\frac{m+1}{2m}$ *Zinsperioden. Genau dies liefert unter Verwendung der linearen Zinsformel Satz 3.8.21.*

Beispiel 3.8.25: Ein Sparer zahlt **i)** zum Ende **ii)** zum Anfang eines jeden Monats *(beginnend im Januar 2005)* 500,-- € auf ein Konto ein, i = 12% p.a., Zinszuschlag jeweils am Jahresende, innerhalb des Jahres lineare Verzinsung. Man ermittle den Kontostand zum Ende des Jahres 2007.

Lösung:

i) Es handelt sich um *nach*schüssige unterjährige Raten. Daher lautet die *(nachschüssige)* Ersatzrate R^* nach (3.8.22)

$$R^* = 12 \cdot 500 \cdot (1 + \frac{11}{24} \cdot 0{,}12) = 6.330{,}00 \text{ €/ Jahr} \quad \textit{(erstmalig zum 31.12.05).}$$

Insgesamt gibt es drei Ersatzraten, deren Gesamtwert am 31.12.07 lautet:

$$K_{07} = R^* \cdot \frac{q^3 - 1}{q - 1} = 6.330{,}00 \cdot \frac{1{,}12^3 - 1}{0{,}12} = \mathbf{21.359{,}95\ €};$$

ii) Die Ersatzrate R^* lautet nach (3.8.23), da *vor*schüssige unterjährige Raten vorliegen:

$$R^* = 12 \cdot 500 \cdot (1 + \frac{13}{24} \cdot 0{,}12) = 6.390{,}00 \text{ €/ Jahr} \quad \textit{(erstmalig zum 31.12.05),}$$

$$\text{d.h.} \quad K_{07} = 6.390{,}00 \cdot \frac{1{,}12^3 - 1}{0{,}12} = \mathbf{21.562{,}42\ €}.$$

Für diesen Fall *(36 vorschüssige Monatsraten)* sei das entsprechende Vergleichskonto angefügt:

Jahr	Mon.	**Kontostand (€)** *(zu Monatsbeginn)*	**Monatszinsen** (1% p.M.) *(separat gesammelt)*	*kumuliert und zum Jahresende verrechnet*	**Zahlung** *(Ende d. M.)*	**Kontostand (€)** *(zum Monatsende)*
2005	01	**500**	(5,00)		**500**	1.000
	02	1.000	(10,00)		**500**	1.500
	03	1.500	(15,00)		**500**	2.000
	04	2.000	(20,00)		**500**	2.500
	05	2.500	(25,00)		**500**	3.000
	⋮	⋮	⋮		⋮	⋮
	10	5.000	(50,00)		**500**	5.500
	11	5.500	(55,00)		**500**	6.000
	12	6.000	(60,00)	390,00	**500**	6.890
2006	01	6.890	(68,90)		**500**	7.390
	02	7.390	(73,90)		**500**	7.890
	03	7.890				

(Fortsetzung siehe Folgeseite)

(Fortsetzung) Jahr Mon.	**Kontostand** (€) *(zu Monatsbeginn)*	**Monatszinsen** (1% p.M.) *(separat gesammelt)*	*kumuliert und zum Jahresende verrechnet*	**Zahlung** *(Ende d. M.)*	**Kontostand** (€) *(zum Monatsende)*
2006 03	7.890,00	(78,90)		**500**	8.390,00
04	8.390,00	(83,90)		**500**	8.890,00
05	8.890,00	(88,90)		**500**	9.390,00
⋮	⋮	⋮		⋮	⋮
10	11.390,00	(113,90)		**500**	11.890,00
11	11.890,00	(118,90)		**500**	12.390,00
12	12.390,00	(123,90)	1.156,80	**500**	14.046,80
2007 01	14.046,80	(140,47)		**500**	14.546,80
02	14.546,80	(145,47)		**500**	15.046,80
03	15.046,80	(150,47)		**500**	15.546,80
04	15.546,80	(155,47)		**500**	16.046,80
⋮	⋮	⋮		⋮	⋮
10	18.546,80	(185,47)		**500**	19.046,80
11	19.046,80	(190,47)		**500**	19.546,80
12	19.546,80	(195,47)	2.015,62	**500**	**21.562,42**
2008 01	**21.562,42**	*(Vergleichskonto zu Beispiel 3.8.25 ii) – 360-Tage-Methode)*			

Aufgabe 3.8.26:

i) Ein Sparer zahlt am Ende eines jeden Vierteljahres, beginnend im Jahr 07, 1.200,-- € auf sein Sparkonto (i = 4,5% p.a.). *(Der Zinszuschlag erfolgt am Jahresende, innerhalb des Jahres werden lineare Zinsen berechnet.)*

Man ermittle den Wert des Guthabens nach Ablauf von 20 Jahren.

ii) Siedenbiedel zahlt am Ende eines jeden ungeraden Monats (d.h. Ende Jan., Ende März, Ende Mai, Ende Juli, Ende September, Ende November) – beginnend im Jahr 06 – jeweils 2.000,-- € auf sein Sparkonto (i = 4,5% p.a.) ein. *(Der Zinszuschlag erfolgt am Jahresende, innerhalb des Jahres werden lineare Zinsen berechnet.)*

Wie groß ist Siedenbiedels Guthaben am 01.01.28?

iii) Grap verkauft auf Anraten seiner Ehefrau sein Wohnmobil. Drei Kaufpreisangebote gehen ein:

Moser: Anzahlung 6.000,-- €, nach 3 Jahren erste Zahlung einer insgesamt 20-maligen Rente, die sich zusammensetzt aus zunächst 12 Raten zu je 2.000,- €/Jahr und anschließend 8 Raten zu je 1.600,-- €/Jahr.

Obermoser: nach einem Jahr 8.000,-- €, nach weiteren 2 Jahren 10.000,-- €, nach weiteren 3 Jahren € 10.000,--.

Untermoser: Anzahlung 5.000,-- €, nach 3 Jahren erste Rate einer insgesamt 16 Raten umfassenden Rente von je 3.500,-- €/2 Jahre. *(Der zeitliche Abstand zwischen zwei Ratenzahlungen beträgt also 2 Jahre.)*

Es erfolgt jährlicher Zinszuschlag zu 8% p.a. Welches Angebot ist für Grap am günstigsten?

iv) Zimmermann zahlt ein Jahr lang monatlich 50,-- € auf sein Sparkonto *(6,5% p.a.)*. Über welchen Betrag verfügt er am Jahresende, wenn die Zahlungen

a) jeweils am ersten Tag eines Monats *(d.h. „vorschüssig")*

b) jeweils am letzten Tage eines Monats *(d.h. „nachschüssig")*

erfolgten und innerhalb des Jahres *kein* Zinszuschlag erfolgte? *(Innerhalb des Jahres muss also mit linearen Zinsen gerechnet werden!)*

c) Über welche Beträge kann Zimmermann nach Ablauf von insgesamt 5 Jahren verfügen, wenn er das Verfahren nach a) bzw. b) auch in den folgenden vier Jahren weiterführt? *(Dabei erfolgt der Zinszuschlag jeweils nach Ablauf eines vollen Jahres.)*

v) Eine Rente, bestehend aus 52 Quartalsraten zu je 3.000,-- € beginne mit der 1. Rate am 01.04.00. Der Zinszuschlag erfolge jährlich mit 8% p.a. *(Zinsjahr = Kalenderjahr)*.

a) Man ermittle die jährliche Ersatzrate *(bei unterjährig linearer Verzinsung)* mit Hilfe des mittleren Zahlungstermins.

b) Man ermittle den Barwert der Rente am 01.01.00.

***c)** Die Rente soll umgewandelt werden in eine Barauszahlung von 50.000,-- € am 01.01.05 und eine ewige Zweimonatsrente, beginnend 01.03.05. *(jährl. Zinszuschlag 8% p.a., innerhalb des Jahres lineare Verzinsung, Zinsjahr = Kalenderjahr)*

Man ermittle die Rate dieser ewigen Rente.

Aufgabe 3.8.27:

***i)** Pietsch soll von seinem Schuldner Weigand – beginnend 01.01.05 – 9 Raten zu je 15.000,--€/Jahr erhalten *(Rente 1)*.

Er möchte stattdessen lieber 16 Halbjahresraten, beginnend 01.01.10 *(Rente 2)*. Mit welcher Ratenhöhe kann er bei Rente 2 rechnen?

Dabei beachte man: Zinsperiode ist das Kalenderquartal, nomineller Jahreszins: 12% p.a. *(d.h. der tatsächlich anzuwendende Quartalszinssatz ist der zu 12% p.a. relative unterjährige Zinssatz).*

***ii)** Call will seinen Oldtimer Marke Trabant 525 GTX verkaufen. Zwei Liebhaber geben jeweils ein Angebot ab:

Balzer: Anzahlung 10.000,-- €, danach – beginnend mit der ersten Rate nach genau einem Jahr – 60 Monatsraten zu je 500,-- €/Monat.

Weßling: Anzahlung 18.000,-- €, danach – beginnend mit der 1. Rate nach genau einem halben Jahr – 16 Quartalsraten zu je 1.000,-- €/Quartal.

Welches der beiden Angebote ist für Call günstiger?

Dabei berücksichtige man: Zinsperiode ist ein halbes Jahr, beginnend mit dem Zeitpunkt der Anzahlung. Zinssatz *(nom.)*: 10% p.a. Der Semesterzinssatz ist relativ zum Jahreszinssatz.

Bemerkung: *Innerhalb der jeweiligen Zinsperioden soll hier stets mit linearer Verzinsung gerechnet werden!*

iii) Bestmann braucht einen neuen Motor-Rasenmäher. Er kann das Modell seiner Wahl *(ein „Ratzekahl GTI")* entweder kaufen oder mieten. Für die veranschlagte Lebensdauer des Rasenmähers *(10 Jahre)* ergeben sich folgende Daten:

Kauf: Kaufpreis 1.250,-- €, nach 10 Jahren Schrottwert 0,-- €. Für Inspektionen/ Reparaturen muss Bestmann jährlich nachschüssig 100,-- €/Jahr aufbringen.

Miete: Halbjährliche Mietgebühr: 150,-- € *(jeweils zu Beginn des betreffenden Halbjahres zahlbar)*. Inspektionen/Reparaturen sind in der Mietgebühr enthalten und verursachen daher keine zusätzlichen Ausgaben.

Sollte Bestmann kaufen oder mieten, wenn er sein Geld alternativ zu 7,5% p.a. anlegen könnte?

***a)** unterjährig lineare Zinsen *(360-Tage-Methode)* **b)** ICMA-Methode **c)** US-Methode

iv) Karen Müller-Oestreich erwägt, ihr Traumauto zunächst zu leasen und nach zwei Jahren zu kaufen. Die Leasing-Konditionen sehen vor:

Anzahlung *(Leasing-Sonderzahlung)*	€ 15.000,--
monatliche Leasingrate *(beginnend einen Monat nach Anzahlung)*	€ 320,--
Laufzeit: 24 Monate	
Restkaufpreis *(zahlbar am Ende der Laufzeit)*	€ 15.000,--

(Die nominelle Summe aller Zahlungen beträgt somit 37.680,-- €)

Alternativ zum Leasing könnte Müller-Oestreich denselben PKW für einen *(sofort fälligen)* Listenpreis von 37.400,-- € abzüglich 10% Nachlass kaufen.

Soll sie kaufen oder leasen, wenn sie mit einem Zins von 10% p.a. rechnet?

***a)** unterjährig lineare Zinsen *(360-Tage-Methode)* **b)** ICMA-Methode **c)** US-Methode.

Aufgabe 3.8.28:

i) Das Studium der Betriebswirtschaft am Fachbereich Wirtschaftswissenschaften der Fachhochschule Aachen dauert durchschnittlich 4 Jahre. Es wird angenommen, dass eine „durchschnittliche" Studentin während dieser Zeit monatlich 1.320,-- € benötigt.

Gesucht ist derjenige Betrag, der zu Beginn ihres Studiums auf einem Konto bereitstehen müsste, damit sie aus dieser Summe – bei 6% p.a. – ihr Studium genau finanzieren kann.

Weiterhin werden folgende Bedingungen unterstellt:

- Der Beginn des Studiums fällt mit einem Zinszuschlagtermin zusammen;
- Die monatlichen Beträge (1.320,-- €) fließen jeweils zu Monatsbeginn.

***a)** unterjährig lineare Zinsen *(360-Tage-Methode)* **b)** ICMA-Methode **c)** US-Methode.

***ii)** Weigand benötigt einen Personal-Computer (PC) mit temperaturgesteuertem Zufalls-Text-Generator. Beim Modell seiner Wahl bestehen die Möglichkeiten Kauf oder Miete.

Konditionen bei **Kauf:** Kaufpreisbarzahlung 10.000,-- € im Zeitpunkt t = 0. Für Wartung und Reparatur – beginnend im Zeitpunkt des Kaufs – pro Quartal vorschüssig 200,-- €.
Nach Ablauf von 5 Nutzungsjahren *(und 20 Quartalsraten)* kann der PC einen Restwerterlös von 2.000,-- € erzielen.

Konditionen bei **Miete:** Keine Anschaffungsauszahlung bei Nutzungsbeginn in t = 0. Die Mietzahlungen betragen 250,-- €/Monat *(erste Rate einen Monat nach Nutzungsbeginn)* über eine Laufzeit von ebenfalls 5 Jahren. Wartung und Reparaturen sind im Mietpreis enthalten. Nach 5 Jahren fällt der PC an die Lieferfirma zurück.

Welche Alternative ist für Weigand günstiger?

Dabei beachte man: Zinssatz 10% p.a., Zinszuschlag nach jedem Jahr, unterjährig werden lineare Zinsen angesetzt *(360-Tage-Methode)*.

iii) Laetsch will sich ein Cabrio mit Wegwerfsperre und eingebautem Parkplatz zulegen. Die Händlerin verlangt entweder Barzahlung *(in Höhe von 26.000,-- €)* oder Ratenzahlung zu folgenden Konditionen:

Anzahlung: 5.000,-- € sowie danach monatliche Raten *(beginnend einen Monat nach Anzahlung)* 627,30 €/Monat, insgesamt 36 Raten.

a) Laetsch kann bei seiner Hausbank einen Kredit zu effektiv 6% p.a. erhalten. Soll er bar bezahlen oder Ratenzahlung in Anspruch nehmen?

***b)** Bei welchem Zinssatz p.a. sind Ratenzahlung und Barzahlung für Laetsch äquivalent? *(Der Inhalt von Kap. 5.1.2 wird hier vorausgesetzt.)*

Man beantworte beide Fragen *1) unter Verwendung der 360-Tage-Methode;
2) unter Verwendung der ICMA-Methode;
3) unter Verwendung der US-Methode.

iv) Guntermann benötigt ein neues Telefon mit halbautomatischer Stimmbandkontrollfunktion und integriertem GPS-Satelliten-Ortungssystem. Er könnte das von ihm favorisierte Gerät vom Typ „Amadeus TX" entweder bar kaufen *(600,-- € im Vertragszeitpunkt)* oder aber mieten *(Miete 11,50 €/Monat, erste Rate 1 Monat nach Vertragszeitpunkt fällig)*.

a) Wie lange müsste Guntermann das Gerät mindestens nutzen, um sicherzustellen, dass „Kauf" besser ist als „Miete"? *(6% p.a.)*

***b)** Es werde unterstellt, dass Guntermann seinen „Amadeus" auf „ewig" nutzt. Bei welchem Zinssatz sind beide Alternativen *(d.h. Kauf und Miete)* äquivalent?

Man beantworte beide Fragen jeweils unter verwendung der
*1) 360-Tage-Methode 2) ICMA-Methode 3) US-Methode.
(für Frage b) wird der Inhalt von Kap. 5.1.2 hier vorausgesetzt.)

v) Ex-Studentin Aloisia Huber hat zum 01.01.07 noch 18.000,-- € BaföG-Schulden. Sie kann ihre Schuld alternativ auf zwei Arten abtragen:

A: Reguläre Tilgung: monatliche Rückzahlungen 150,-- € *(beginnend 31.01.07)* insgesamt 120 Raten *(10 Jahre)*

B: Vorzeitige Tilgung: Gesamttilgung zum 01.01.07 mit einem Rabatt von 38%.

Aloisia rechnet stets mit 12% p.a. Welche Möglichkeit sollte sie wählen, um – unter Berücksichtigung der Verzinsung – möglichst wenig zurückzuzahlen?

***a)** 360-Tage-Methode **b)** ICMA-Methode **c)** US-Methode.

vi) Call will sein Traumauto, einen Bentley CSi 007, leasen. Der Autohändler Theo Rost unterbreitet ihm zwei alternative Leasing-Angebote:

Angebot 1: Call zahlt bei Vertragsschluss eine Anzahlung *(„Mietsonderzahlung")* in Höhe von € 5.900,--. Weiterhin zahlt Call – beginnend einen Monat nach Vertragsabschluss – 36 Monatsraten zu je 99,99 €. Nach Ablauf der 36 Monate seit Vertragsabschluss fällt das Auto an den Händler zurück.

Angebot 2: Keine Sonderzahlung, dafür 36 Monatsraten zu je 299,99 €, sonst alles wie bei 1.

Angenommen, Call finanziere alle Zahlungen fremd zu 18% p.a. *(= Calls Kalkulationszinssatz)*.

Welches Leasing-Angebot ist für ihn am günstigsten?

Man beantworte diese Frage ***a)** nach der 360-Tage-Methode **b)** nach der ICMA-Methode.

Aufgabe 3.8.29:

i) Janz verkauft seine Sammlung wertvoller Kuckucksuhren. Die Interessenten R. Ubel und Z. Aster geben je ein Angebot ab:

R. Ubel: Anzahlung 19.000,-- € (heute). Dann – beginnend mit der ersten Rate nach genau 7 Monaten – 18 Monatsraten zu je 1.500,-- €.

Z. Aster: Eine Rate nach 2 Monaten zu 15.000,-- €, eine weitere Rate nach weiteren 3 Monaten zu 15.000,-- € und eine Schlussrate zu 15.000,-- € nach weiteren 7 Monaten.

Welches Angebot ist für Janz günstiger? *(Kalkulationszins: 9% p.a., Zinsperiode: 1 Jahr, beginnend im Verkaufszeitpunkt)*. Man beantworte diese Frage jeweils bei Anwendung der

***a)** 360-Tage-Methode **b)** ICMA-Methode .

ii) Frings ist der Meinung, eine Schuld auf zwei alternative Arten an Timme zahlen zu können *(10% p.a. – sämtliche Zahlungen im gleichen Kalenderjahr)*:

Entweder (A):	500,-- € zum 01.01.	sowie	500,-- € zum 01.07.
oder (B):	400,-- € zum 01.04.	sowie	888,-- € zum 01.10.

Timme behauptet *(zu Recht!)*, die beiden Alternativen seien nicht äquivalent, der höhere Wert sei korrekt. Frings erklärt sich *(nach kurzer Rechnung)* einverstanden und will nun die geringerwertige Zahlungsreihe mit einer Ausgleichszahlung K zum 01.01. so aufbessern, dass dann beide Zahlungsreihen äquivalent sind.

Wie hoch ist *(bei 10% p.a.)* die Ausgleichszahlung K, und welche der beiden Zahlungsreihen *(A oder B)* muss durch diese Ausgleichszahlung aufgebessert *(d.h. erhöht)* werden?

Man beantworte diese Frage, wenn

a) nur mit linearen Zinsen gerechnet werden darf;

b) nur mit vierteljährlichen Zinseszinsen zum konformen Quartalszins gerechnet werden darf.

iii) Moser kauft einen Mailserver mit ATM-Network-Performance. Der (heutige) Barzahlungspreis beträgt 17.000 €.

Moser könnte den Server auch wie folgt bezahlen:

Anzahlung *(heute)*: 3.000 €, Rest in drei gleichhohen Quartalsraten zu je 5.000 €/Quartal, erste Rate ein Quartal nach der Anzahlung.

a) Es wird mit linearen Zinsen gerechnet. In welchem Zahlenintervall muss Mosers Kalkulationszinssatz *(in % p.a.)* liegen, damit für ihn Ratenzahlung vorteilhafter als Barzahlung ist?

b) Abweichend von a) gilt: Mosers Kalkulationszinssatz beträgt stets 15% p.a. Dabei rechnet er weiterhin mit einer Zinsperiode von einem Monat *(beginnend heute)*, der anzuwendende Monatszinssatz ist dabei *konform* zu seinem Jahres-Kalkulationszinssatz.

Soll er lieber bar zahlen, oder ist Ratenzahlung die günstigere Alternative?

c) Alles wie b), nur ist der Monatszinssatz *relativ* zum kalkulatorischen Jahreszinssatz. Wie lautet jetzt die vorteilhaftere Zahlungsweise?

iv) Die Studentin Tanja R. Huber erhält von ihren Eltern vereinbarungsgemäß während ihres Studiums Unterhaltszahlungen in Höhe von 1.600,-- €/Monat, erste Rate am 01.01.05, letzte Rate am 01.01.2009. Sie will aber aus persönlichen Gründen die kompletten Unterhaltszahlungen äquivalent umwandeln, und zwar in eine Einmalzahlung am 01.01.05 plus zwei weitere Raten zu je 10.000 € am 01.07.07 und 01.04.08.

Wie hoch ist die Einmalzahlung am 01.01.05?
((nom.) Zins: 12% p.a., Zinsperiode = Kalendermonat zum relativen Monatszins)

v) Der Autohändler Wolfgang K. Rossteuscher bietet Ihnen das neueste Modell der „Nuckelpinne 2.0 GTXLi" zu Sonder-Finanzierungs-Konditionen an: Anstelle des Barpreises in Höhe von 36.290,-- € zahlen Sie nur 13.293,25 € an, leisten monatlich 198,-- € *(erste Rate nach einem Monat, letzte Rate nach drei Jahren)* und müssen zusätzlich zur letzten Monatsrate noch eine Schlusszahlung in Höhe von 18.309,90 € leisten.

In einer großformatigen Anzeige verspricht Rossteuscher: „Effektivzinssatz 3,99% p.a."

Hat Rossteuscher Recht? *(Kontoführung nach ICMA-Methode, d.h. monatliche Zinseszinsen zum konformen Monatszinssatz)*

vi) Moser muss zu *(ihm zunächst noch unbekannten)* Zeitpunkten des Jahres 2009 zwei Zahlungen zu je 50.000,-- € *(Abstand zwischen den Zahlungen: 1 Monat)* leisten, die – bei 12% p.a. und linearer Verzinsung innerhalb des Kalenderjahres – zum Ende des Jahres 2011 einen Gesamtwert von 134.848,-- € repräsentieren sollen.

Wann *(Datum!)* muss Moser diese beiden Zahlungen leisten? *(30/360-Methode)*

vii) Moser will 10 Jahre lang einen festen monatlichen Betrag ansparen, um danach auf „ewige Zeiten" eine monatliche Rente in Höhe von 2.400,-- €/Monat zu erhalten.

***a)** Wie hoch müssen seine Ansparraten sein?

(Zinsperiode: 1 Jahr, beginnend heute; Zinssatz 8% p.a., innerhalb des Jahres lineare Verzinsung; erste Ansparrate nach einem Monat, letzte Ansparrate nach 10 Jahren; erste Rückzahlungsrate einen Monat nach Ablauf der ersten 10 Jahre)

b) Wie lautet das Ergebnis zu a), wenn die Zinsperiode 1 Monat beträgt und der Monatszinssatz konform zu 8% p.a. ist?

3.9 Renten mit veränderlichen Raten

Sind die *(in gleichen zeitlichen Abständen fälligen, z.B. jährlichen)* Raten R_1, R_2, ... einer Zahlungsreihe **nicht** untereinander gleich, lässt sich zur Ermittlung ihres Gesamtwertes *(z.B. Zeitwert, Endwert, Barwert)* die Standard-Rentenformel (3.2.5) zunächst nicht verwenden, vielmehr müssen dann in der Regel die einzelnen Zahlungen R_1, R_2, ... auf den gewählten Stichtag **einzeln** auf- oder abgezinst werden.

Verändern sich die Raten jedoch nach bestimmten mathematischen Gesetzmäßigkeiten, so lässt sich in einigen Fällen auch für den auf-/abgezinsten Gesamtwert einer derartigen Zahlungsreihe eine passende und kompakte mathematische Berechnungsvorschrift *(„Formel")* finden und anwenden.

Wir wollen im folgenden zwei solcher Fälle betrachten:

(1) In Kap. 3.9.1 behandeln wir die sog. **arithmetisch veränderliche** *(steigende oder fallende)* **Rente** mit dem typischen Kennzeichen: Jede Rate geht aus der vorangegangenen Rate hervor durch **Addition** der stets **gleichen Konstanten d** *(d = Differenz aufeinander folgender Raten = const.)*.

Beispiele für ***arithmetisch*** *veränderliche Renten:*

100; 105; 110; 115; 120; 125; ... (d = 5)
30000; 28000; 26000; 24000; ... (d = –2000)

(2) In Kap. 3.9.2 behandeln wir die sog. **geometrisch veränderliche** *(steigende oder fallende)* **Rente** mit dem typischen Kennzeichen: Jede Rate geht aus der vorangegangenen Rate hervor durch **Multiplikation** mit der stets **gleichen** *(positiven)* **Konstanten c** *(c = Quotient aufeinander folgender Raten = const.)*.

Beispiele für ***geometrisch*** *veränderliche Renten:*

1000; 1100; 1210; 1331; 1464,1 ... (c = 1,1)
16; 8; 4; 2; 1; 0,5; 0,25; 0,125; ... (c = 0,5)

Bemerkung: *Die Bezeichnungen „arithmetisch" bzw. „geometrisch" für Renten des eben beschriebenen Typs sind nahe liegend, da die aufeinander folgenden Raten in Fall (1) eine arithmetische und in Fall (2) eine geometrische Folge bilden.*

Wir wollen versuchen, in den beiden folgenden Abschnitten für arithmetisch und geometrisch veränderliche Renten Formel-Beziehungen zu entwickeln, die eine einfache Gesamtwert-Ermittlung dieser Renten gestatten.

Dabei wollen wir – wenn nicht im Einzelfall ausdrücklich anders vereinbart – zunächst **alle Raten als im Jahresabstand gezahlt** unterstellen.

3.9.1 Arithmetisch veränderliche Renten

Wie schon einleitend ausgeführt, versteht man unter einer **arithmetisch veränderlichen Rente** eine Zahlungsreihe $R_1, R_2, ..., R_n$, für deren Elemente R_t gilt:

(3.9.1) $$R_t = R_{t-1} + d \quad \text{oder} \quad R_t - R_{t-1} = d \qquad (t = 2, ..., n; \quad d = const.)$$

in Worten: Bei einer arithmetisch veränderlichen Rente ergibt sich jede weitere Rate R_t aus der vorhergehenden Rate R_{t-1} durch **Addition** der Konstanten d.

oder: Die **Differenz** $d = R_t - R_{t-1}$ zweier aufeinander folgender Zahlungen einer arithmetisch veränderlichen Rente ist **konstant**, die Zahlungen R_1, R_1+d, R_1+2d, ... bilden eine **arithmetische Folge**.

Die **Zahlungsstruktur einer arithmetisch veränderlichen Rente** lautet also *(mit $R_1 = R$)*:

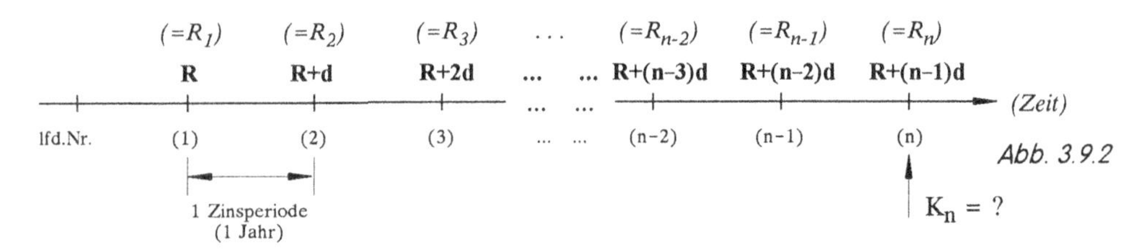

Abb. 3.9.2

Beispiel 3.9.3: $R = R_1 = 32.000€$, $d = -2.400€/\text{Jahr}$, $n = 5$

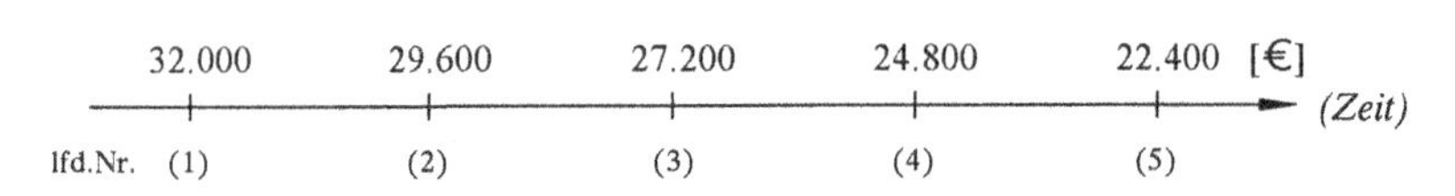

Es könnte sich dabei etwa um die Zahlungen *(„Annuitäten")* handeln, die ein Schuldner jährlich zurückzuzahlen hätte, wenn er einen 5-Jahres-Kredit in Höhe von 100.000 € zu 12% p.a. aufnimmt und jährlich neben den Zinsen *(auf die noch bestehende Restschuld)* zusätzlich ein Fünftel der Schuldsumme *(= 20.000 €)* als Schuldentilgung zahlt *(sog. „Ratentilgung", siehe etwa das analoge Beispiel 4.2.10)*.

Die 1. Rückzahlungsrate ergibt sich dann mit $0{,}12 \cdot 100.000 + 20.000 = 32.000$, die 2. Rate mit $0{,}12 \cdot 80.000 + 20.000 = 29.600$ usw. siehe Zahlungsstrahl. Jede Folgerate ergibt sich aus der vorhergehenden Rate durch Addition von -2.400 *(2.400 = 12% von 20.000 = Zinsersparnis durch Restschuldverminderung von jährlich 20.000)*. Nach Zahlung der 5. Rate ist der Kredit vollständig zurückgezahlt.

Wir wollen – bei gegebenem Periodenzinsfaktor q *(= 1 + i)* – den **Endwert K_n** der **arithmetisch veränderlichen** Rente zunächst **am Tag der n-ten** *(und letzten)* **Rate** ermitteln, siehe Abb. 3.9.2. Wir suchen somit einen kompakten Ausdruck für die aufgezinste Summe K_n der n einzelnen Raten R_t *(analog zum Vorgehen in Kap. 3.2, insb. Abb. 3.2.1)*. Per Einzelaufzinsung der n Raten $R_1, R_2, ..., R_n$ erhalten wir

(3.9.4) $$K_n = R_1 \cdot q^{n-1} + R_2 \cdot q^{n-2} + R_3 \cdot q^{n-3} + ... + R_{n-2} \cdot q^2 + R_{n-1} \cdot q + R_n$$

wobei gilt: $R_1 = R$ sowie $R_t = R + (t-1) \cdot d$ *($t = 1, 2, ..., n$)*.

Wir erkennen daran *(und ebenso aus Abb. 3.9.2)*, dass sich eine arithmetisch veränderliche Rente in zwei Teilrenten I und II splitten lässt: Nach der letzten Formel (3.9.4) enthält nämlich jede Rate R_t einerseits die erste Rate „R" sowie additiv den Term „$(t-1) \cdot d$".

Wir können daher anstelle eines einzigen Zahlungsstrahls *(Abb. 3.9.2)* genauso gut zwei Zahlungsstrahlen mit den Einzelrenten I und II aufstellen, deren Endwerte $K_n(I)$ und $K_n(II)$ getrennt ermitteln und schließlich zum Gesamt-Endwert $K_n = K_n(I) + K_n(II)$ saldieren *(siehe Abb. 3.9.5)*:

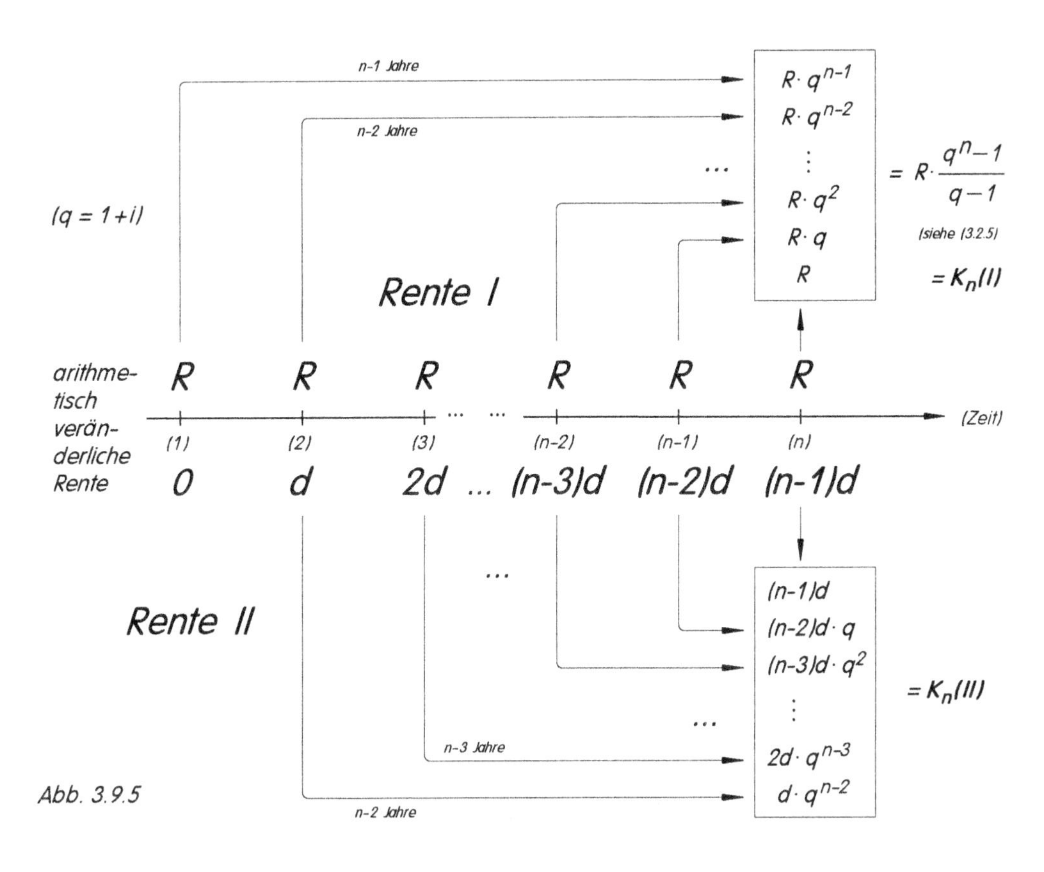

Abb. 3.9.5

Rente I ist eine gewöhnliche Rente mit konstanter Ratenhöhe R, ihr Gesamtwert am Tag der n-ten letzten Rate lautet *(siehe (3.2.5))*:

(3.9.6) $$K_n(I) = R \cdot \frac{q^n - 1}{q - 1} \quad , \quad (q \neq 1) \quad .$$

Der Endwert $K_n(II)$ der zweiten Teil-Rente II ergibt sich nach Abb. 3.9.5 *(siehe unterer Kasten, von unten nach oben addiert)*:

(3.9.7) $$\begin{aligned} K_n(II) &= d \cdot q^{n-2} + 2d \cdot q^{n-3} + 3d \cdot q^{n-4} + \ldots + (n-3)d \cdot q^2 + (n-2)d \cdot q + (n-1)d \\ &= d \cdot \underbrace{\left(q^{n-2} + 2 \cdot q^{n-3} + 3 \cdot q^{n-4} + \ldots + (n-3) \cdot q^2 + (n-2) \cdot q + (n-1)\right)}_{=:\, S} = d \cdot S. \end{aligned}$$

Um den jetzt noch fehlenden kompakten Wert des Klammerausdrucks *(wir haben ihn mit „S" bezeichnet)* zu ermitteln, multiplizieren wir die damit definierte Bestimmungs-Gleichung

(3.9.8) $$S = q^{n-2} + 2 \cdot q^{n-3} + 3 \cdot q^{n-4} + \ldots + (n-3) \cdot q^2 + (n-2) \cdot q + (n-1)$$

mit „q" *(Resultat: $q \cdot S = q^{n-1} + 2 \cdot q^{n-2} \ldots$)* und schreiben die Ausgangsgleichung (3.9.8) – etwas versetzt – darunter:

(3.9.9) $$\begin{aligned} q \cdot S &= q^{n-1} + 2 \cdot q^{n-2} + 3 \cdot q^{n-3} + \ldots + (n-3) \cdot q^3 + (n-2) \cdot q^2 + (n-1) \cdot q \\ S &= \qquad\quad q^{n-2} + 2 \cdot q^{n-3} + \ldots \qquad \ldots \qquad + (n-3) \cdot q^2 + (n-2) \cdot q + (n-1) \end{aligned}$$

Subtrahieren wir jetzt in (3.9.9) gliedweise die untere von der oberen Gleichung, so lassen sich die genau untereinander stehenden Terme beider Gleichungen zusammenfassen mit dem Resultat:

$$q \cdot S - S = \underbrace{q^{n-1} + q^{n-2} + q^{n-3} + \ldots + q^3 + q^2 + q + 1}_{} - n \ ,$$

$$= \frac{q^n - 1}{q - 1} \qquad \textit{(siehe (3.2.3); } q \neq 1\textit{)}$$

d.h. wir erhalten

$$S \cdot (q-1) = \frac{q^n - 1}{q - 1} - n \qquad \text{und daher} \qquad S = \frac{1}{q-1} \cdot \left(\frac{q^n - 1}{q - 1} - n\right) .$$

Einsetzen in (3.9.7) liefert den Rentenendwert $K_n(II)$ der zweiten Teilrente:

$$K_n(II) = d \cdot S = \frac{d}{q-1} \cdot \left(\frac{q^n - 1}{q - 1} - n\right).$$

Damit ergibt sich *(immer unter der Voraussetzung: $q \neq 1$)* zusammen mit (3.9.6) am Tag der n-ten *(und letzten)* Rate für den **Endwert** K_n *(= $K_n(I) + K_n(II)$)* der **arithmetisch veränderlichen Rente**

(3.9.10)
$$\boxed{K_n = R \cdot \frac{q^n - 1}{q - 1} + \frac{d}{q-1} \cdot \left(\frac{q^n - 1}{q - 1} - n\right)}$$

bzw. – in anderer Zusammenfassung –

(3.9.11)
$$\boxed{K_n = \left(R + \frac{d}{q-1}\right) \cdot \frac{q^n - 1}{q - 1} - \frac{n \cdot d}{q - 1}}$$

K_n = (aufgezinster) Wert der arithmetisch veränderlichen Rente am Tag der letzten (n-ten) Rate
R = erste Rate
d = Differenz zweier aufeinander folgender Raten
n = Anzahl der (Jahres-) Raten
q ($\neq 1$) = (Jahres-) Zinsfaktor ($1+i$)

Zinst man die eben erhaltenen Endwerte auf einen anderen, für die konkrete Problemlösung ggf. besser geeigneten Stichtag auf oder ab, erhält man den Gesamtwert *(„Zeitwert")* der arithmetisch veränderlichen Rente zu jedem beliebigen anderen Stichtag *(siehe Satz 3.2.8)*.

Bemerkung 3.9.12: ***(Fall $q = 1$)***

Die Endwertformeln (3.9.10) und (3.9.11) sind für $q = 1$ (d.h. $i = 0\%$ p.a.) nicht anwendbar. Für diesen Fall sind alle Zinsfaktoren q^n gleich Eins, man erhält daher den Endwert K_n (und ebenso den Barwert K_0 oder jeden beliebigen anderen Zeitwert K_t) durch nominelle Addition sämtlicher n Ratenzahlungen. Aus Abb. 3.9.2 bzw. Abb. 3.9.5 liest man für $q = 1$ ab:

$$K_n = R + R+d + R+2d + \ldots + R+(n-1)d = nR + d(1+2+\ldots+(n-1)) \ \textit{und daher}^{11}$$

(3.9.12)
$$\boxed{K_n = n \cdot R + \frac{n(n-1)}{2} \cdot d} \qquad (q = 1 \quad \text{bzw.} \quad i = 0\% \text{ p.a.})$$

[11] Die Summe $S = 1+2+3+\ldots+k$ der k ersten natürlichen Zahlen lautet: $S = k(k+1)/2$. Beweis: Schreibt man S einmal in der Form $S = 1+2+\ldots+(k-1)+k$ und zum anderen in der Form $S = k+(k-1)+\ldots+2+1$, so liefert beiderseitige gliedweise Addition: $2S = (k+1)+(k+1)+\ldots+(k+1) = k(k+1)$ und somit $S = k(k+1)/2$.

Beispiel 3.9.13:

Wir betrachten noch einmal die Zahlungsreihe von Beispiel 3.9.3 *(„Ratentilgung“)* mit den Daten:
1. Rate: R = 32000; d = −2400 €/Jahr; n = 5 Jahresraten; i = 12% p.a., d.h. q = 1,12:

32.000 29.600 27.200 24.800 22.400 [€] *(Zeit)*
lfd.Nr. (1) (2) (3) (4) (5)
K_0 = ? K_n = ?

Am Tag der letzten Rate ergibt sich nach (3.9.11) *(oder (3.9.10))* der Endwert K_n zu

$$K_n = \left(32000 + \frac{-2400}{0{,}12}\right) \cdot \frac{1{,}12^5 - 1}{0{,}12} - \frac{5 \cdot (-2400)}{0{,}12} = 176.234{,}17 \text{ €}.$$

Zinst man diesen Wert bis 1 Jahr vor der ersten Rate ab, so lautet der entsprechende Barwert K_0:

$$K_0 = K_n \cdot 1{,}12^{-5} = 100.000,$$ die Rente ist also äquivalent zur Kreditsumme 100.000 €.

(Im Fall i=0% p.a. liefert (3.9.12): $K_n = K_0 = 5 \cdot 32000 + 10 \cdot (-2400) = 136.000$ *€)*

Beispiel 3.9.14:

Für die Altersversorgung von Lothar C. Huber steht zum 01.01.09 ein Anfangskapital in Höhe von K_0 [€] auf einem Konto zur Verfügung, das Konto wird mit 6% p.a. verzinst. Beginnend mit der ersten Rate *(Höhe: R)* am 01.01.12 sollen Huber daraus n Jahresraten zufließen, wobei jede Folgerate um einen konstanten festen Betrag von der vorhergehenden Rate abweichen soll.

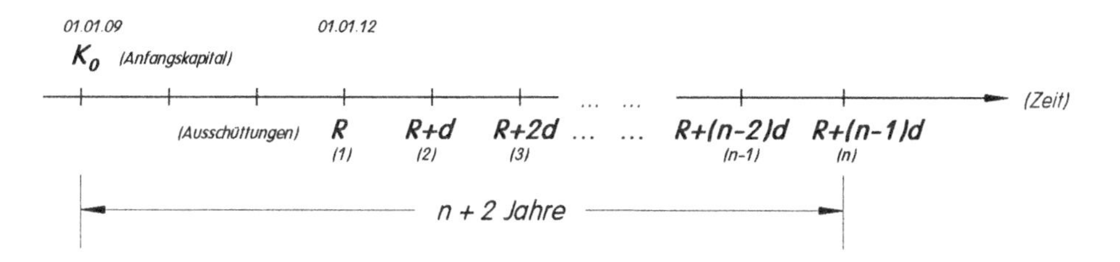

i) Wie hoch muss das Anfangskapital K_0 ausfallen, damit Huber genau 30 Raten kassieren kann, wobei die 1. Rate mit 60.000€ vorgegeben ist und jede Folgerate um 2000€ ansteigen soll?

Lösung: *Da die erste Rate 3 Jahre nach Wertstellung von K_0 erfolgt, ergibt sich ein zeitlicher Abstand von 32 Jahren zwischen K_n und K_0, d.h. $K_0 = K_n \cdot 1{,}06^{-32}$.*

Somit folgt aus (3.9.11):

$$K_0 = \left\{\left(60.000 + \frac{2000}{0{,}06}\right) \cdot \frac{1{,}06^{30} - 1}{0{,}06} - \frac{30 \cdot 2000}{0{,}06}\right\} \cdot \frac{1}{1{,}06^{32}} = 988.436{,}67 \text{ €}$$

ii) Angenommen, es stehen 500.000€ als Anfangskapital zur Verfügung, die erste Rate *(=R)* betrage 80.000€. Um welchen gleichbleibenden Betrag müssen sich die Folgeraten jährlich verändern, damit genau 20 *(positive)* Raten aus dem Kapital an Huber fließen können?

Lösung: *Jetzt liegen zwischen K_0 und letzter Rate 22 Jahre, d.h. K_n ist zu ersetzen durch $K_0 q^{22}$. Da jetzt „d" gesucht ist, eignet sich zur Umformung besser Formel (3.9.11). Es folgt:*

$$\frac{d}{0{,}06}\cdot\left(\frac{1{,}06^{20}-1}{0{,}06}-20\right) = K_n - R\cdot\frac{q^n-1}{q-1} = 500.000\cdot 1{,}06^{22} - 80.000\cdot\frac{1{,}06^{20}-1}{0{,}06}$$

die gesuchte Differenz d lautet daher: $d = -4078{,}78$ €/Jahr.

Dies bedeutet, dass die Ausschüttungs-Raten für Huber von Jahr zu Jahr um den festen Betrag von 4.078,78€ sinken *müssen, die 20. und letzte Rate hat schließlich nur noch den Betrag* $80.000 - 19\cdot d = 2.503{,}20$€.

iii) Wie hoch müsste in ii) die erste Rate $(=R)$ gewählt werden, damit Huber Jahr für Jahr einen um 5.000€ höheren Betrag als zuvor erhalten kann?

Lösung: *Auch jetzt eignet sich zur Umformung besser Formel (3.9.11), ansonsten gilt das unter ii) Gesagte. Für die erste Rate (=R) ergibt sich daher:*

$$R = \left(500.000\cdot 1{,}06^{22} - \frac{5000}{0{,}06}\cdot\left(\frac{1{,}06^{20}-1}{0{,}06}-20\right)\right)\cdot\frac{0{,}06}{1{,}06^{20}-1} = 10.954{,}55\text{ €}.$$

Bemerkung 3.9.15 – „Ewige arithmetisch veränderliche Rente":

Es zeigt sich, dass auch arithmetisch veränderliche Renten „ewig" fließen können und dennoch einen endlichen Barwert besitzen (zum Standard-Fall der ewigen Rente siehe Kap. 3.6). Zur Herleitung dieses Barwertes K_0^∞ ermitteln wir den Renten-Gesamtwert K_0 einer endlichen *arithmetisch veränderlichen Rente ein Jahr vor der ersten Rate:*

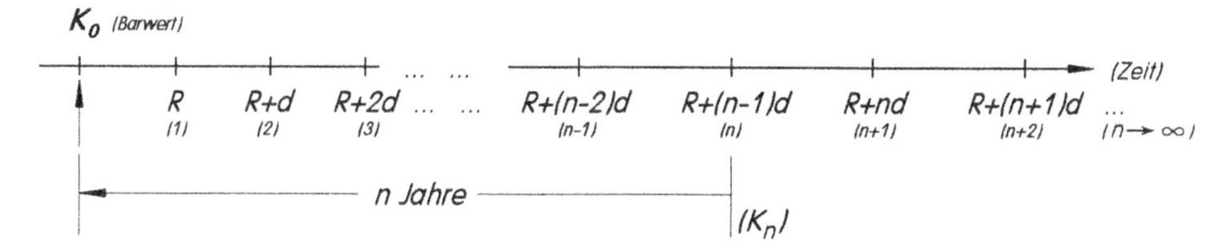

Zinst man in (3.9.11) den Endwert K_n für n Jahre ab, so ergibt sich für den Barwert 1 Jahr vor der ersten Renten-Rate:

$$K_0 = K_n\cdot\frac{1}{q^n} = \left(R+\frac{d}{q-1}\right)\cdot\frac{q^n-1}{q-1}\cdot\frac{1}{q^n} - \frac{n\cdot d}{q-1}\cdot\frac{1}{q^n} = \left(R+\frac{d}{q-1}\right)\cdot\frac{1-q^{-n}}{q-1} - \frac{d}{q-1}\cdot\frac{n}{q^n}\quad.$$

Lässt man jetzt die Anzahl n der Raten über alle Grenzen wachsen ($n\to\infty$), so streben in der letzten Gleichung (wegen $q > 1$) die Terme q^{-n} und $\frac{n}{q^n}$ gegen Null[12], und wir erhalten als Barwert K_0^∞ der ewigen arithmetisch veränderlichen Rente

$$K_0^\infty = \lim_{n\to\infty} K_0 = \lim_{n\to\infty}\left(R+\frac{d}{q-1}\right)\cdot\frac{1-q^{-n}}{q-1} - \frac{d}{q-1}\cdot\frac{n}{q^n} = \left(R+\frac{d}{q-1}\right)\cdot\frac{1}{q-1}$$

d.h.

(3.9.16)

$$K_0^\infty = \frac{R}{q-1} + \frac{d}{(q-1)^2}$$

K_0^∞: *Barwert der ewigen arithmetisch veränderlichen Rente eine Zinsperiode vor der 1. Rate*

R: *erste Rate*

d: *Differenz zweier aufeinander folgender Raten*

q: *Perioden-Zinsfaktor (=1+i)*

12 siehe z.B. [Tie3], Formel (4.2.11) b) sowie Bemerkung 5.3.6 ii)

Beispiel:

i) Erste Rate: 10.000€; jährliche Steigerung 1.000€; i = 10% p.a.

$$\Rightarrow \qquad K_0^{\infty} = \frac{10.000}{0,1} + \frac{1000}{(0,1)^2} = 100.000 + 100.000 = 200.000€$$

(d.h. von einem Startkapital in Höhe von 200.000€ kann man – bei 10% p.a. und beginnend nach einem Jahr – beliebig lange eine jährlich um 1.000€ zunehmende Rente (1. Rate: 10.000€) beziehen.)

ii) Alles wie in i), nur soll jetzt die – mit 10.000€ beginnende – Rate jährlich um 1.000€ ***ab****nehmen:*

$$\Rightarrow \qquad K_0^{\infty} = \frac{10.000}{0,1} + \frac{-1000}{(0,1)^2} = 100.000 - 100.000 = 0 \ (!)$$

Dieses auf den ersten Blick etwas merkwürdige Resultat besagt: Von einem leeren(!) Konto (10% p.a.) kann man in äquivalenter Weise – beginnend mit 10.000€ nach einem Jahr – beliebig viele Raten „abheben", die allerdings von Jahr zu Jahr um 1.000€ sinken. Erklärung: Da bereits die 12. Rate negativ wird, bestehen von da an die „Abhebungen" aus Einzahlungen aufs Konto, und zwar jährlich um 1.000€ zunehmend. Im Grenzfall $n \to \infty$ heben sich Abhebungen und Einzahlungen – wegen der Berücksichtigung von 10% p.a. Zinsen – genau auf.

3.9.2 Geometrisch veränderliche Renten

3.9.2.1 Grundlagen

Wie schon in der Einleitung des Kap. 3.9 ausgeführt, versteht man unter einer **geometrisch veränderlichen Rente** eine Zahlungsreihe $R_1, R_2, ..., R_n$, für deren Elemente R_t gilt:

(3.9.17) $\boxed{R_t = R_{t-1} \cdot c}$ oder $\boxed{\frac{R_t}{R_{t-1}} = c}$ $(t = 2, ..., n; \quad c = const. \ (>0))$

in Worten: Bei einer geometrisch veränderlichen Rente ergibt sich jede weitere Rate R_t aus der vorhergehenden Rate R_{t-1} durch **Multiplikation** mit der Konstanten c *(>0)*, die Zahlungen R_1, $R_1 \cdot c$, $R_1 \cdot c^2$, ... bilden eine **geometrische Folge**.

oder: Der **Quotient** $c = \frac{R_t}{R_{t-1}}$ zweier aufeinander folgender Zahlungen einer geometrisch veränderlichen Rente ist konstant *($c = 1+i_{dyn}$ wird auch als* ***„Dynamik-Faktor"*** *bezeichnet).*

Beispiele: *$c = 1,03 \Rightarrow$ Rate erhöht sich jährlich um $i_{dyn} = 3\%$; $c = 2 \Rightarrow$ Rate verdoppelt sich jährlich; $c = 0,85 \Rightarrow$ Rate sinkt jährlich um 15% ($i_{dyn} = -15\%$ p.a.) usw.*

Die **Zahlungsstruktur einer geometrisch veränderlichen Rente** lautet also *(mit $R_1 = R$)*:

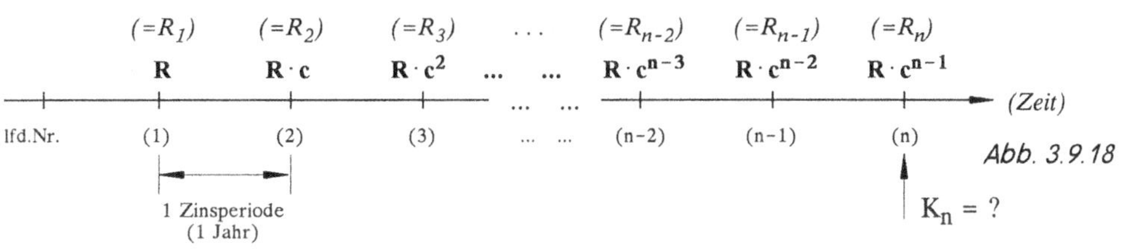

	$(=R_1)$	$(=R_2)$	$(=R_3)$	...	$(=R_{n-2})$	$(=R_{n-1})$	$(=R_n)$	
	R	$\mathbf{R \cdot c}$	$\mathbf{R \cdot c^2}$	... ...	$\mathbf{R \cdot c^{n-3}}$	$\mathbf{R \cdot c^{n-2}}$	$\mathbf{R \cdot c^{n-1}}$	(Zeit)
lfd.Nr.	(1)	(2)	(3)	... ...	(n-2)	(n-1)	(n)	
	← 1 Zinsperiode (1 Jahr) →						$K_n = ?$	

Abb. 3.9.18

Beispiel 3.9.19: $R = R_1 = 10.000€$, $i_{dyn} = 10\%$ p.a., d.h. $c = 1{,}10$, $n = 5$

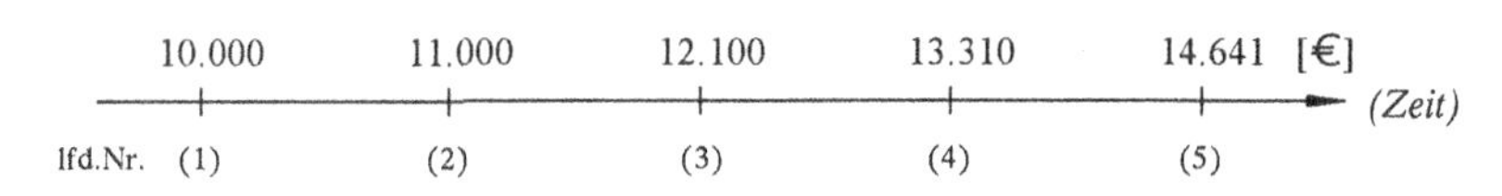

Es könnte sich dabei etwa um Abfindungs-Zahlungen für die Übernahme eines Unternehmens handeln: Der Käufer zahlt dem bisherigen Eigentümer eine von Jahr zu Jahr um 10% „dynamisch" steigende Abfindung, beginnend mit einer ersten Rate in Höhe von 10.000 €. Die jährliche Steigerung könnte einen Ausgleich für eine in gleicher Höhe erwartete Steigerung der allgemeinen Lebenshaltungskosten *(Preisindex)* darstellen *(„wertgesicherte Rente")*.

Wir wollen jetzt – bei gegebenem Periodenzinsfaktor q *(= 1 + i)* – den **Endwert** K_n der **geometrisch veränderlichen Rente** *(zunächst)* am Tag der n-ten *(und letzten)* Rate ermitteln, siehe Abb. 3.9.18. Wir suchen somit einen kompakten Ausdruck für die aufgezinste Summe K_n der n einzelnen Raten R_t *(analog zum Vorgehen in Kap. 3.2, insb. Abb. 3.2.1 oder dem Vorgehen im (letzten) Kap. 3.9.1)*.
Per Einzelaufzinsung der n Raten $R_1, R_2, ..., R_n$ erhalten wir

(3.9.20) $$K_n = R_1 \cdot q^{n-1} + R_2 \cdot q^{n-2} + R_3 \cdot q^{n-3} + ... + R_{n-2} \cdot q^2 + R_{n-1} \cdot q + R_n$$

wobei gilt: $R_1 = R$ sowie $R_t = R \cdot c^{t-1}$ *($t = 1, 2, ..., n;$ $c = 1 + i_{dyn} > 0$)*.

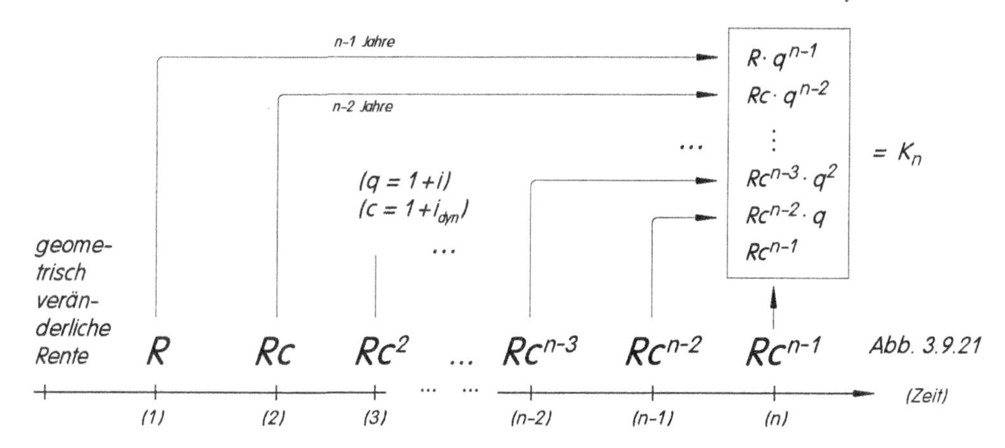

Der gesuchte Endwert K_n am Tag der n-ten *(und letzten)* Rate lässt sich nach Abb. 3.9.21 berechnen:

(3.9.22) $$K_n = R \cdot q^{n-1} + Rc \cdot q^{n-2} + Rc^2 \cdot q^{n-3} + ... + Rc^{n-3} \cdot q^2 + Rc^{n-2} \cdot q + Rc^{n-1} \quad .$$

Ausklammern von Rc^{n-1} in (3.9.22) liefert

(3.9.23) $$K_n = Rc^{n-1} \cdot \underbrace{\left(\frac{q^{n-1}}{c^{n-1}} + \frac{q^{n-2}}{c^{n-2}} + \frac{q^{n-3}}{c^{n-3}} + ... + \frac{q^2}{c^2} + \frac{q}{c} + 1 \right)}_{= \text{ geometrische Reihe mit dem Faktor } \frac{q}{c} =: q= \text{ (siehe (3.2.3))}} = Rc^{n-1} \cdot \frac{q=^n - 1}{q= - 1}$$

$$= Rc^{n-1} \cdot \frac{\left(\frac{q}{c}\right)^n - 1}{\frac{q}{c} - 1} = Rc^{n-1} \cdot \frac{\frac{q^n - c^n}{c^n}}{\frac{q - c}{c}} = R \cdot \frac{q^n - c^n}{q - c} \quad , \quad (q \neq c) \; .$$

Damit ergibt sich *(unter der Voraussetzung: $q \neq c$)* für den **Endwert** K_n der **geometrisch veränderlichen Rente** am Tag der n-ten *(und letzten)* Rate:

(3.9.24) $$K_n = Rc^{n-1} \cdot \frac{\left(\frac{q}{c}\right)^n - 1}{\frac{q}{c} - 1} = R \cdot \frac{q^n - c^n}{q - c}$$

($q \neq c$)

K_n = *(aufgezinster) Wert der geometrisch veränderlichen Rente am Tag der letzten (n-ten) Rate*
R = *erste Rate*
c = $1 + i_{dyn}$, *Quotient zweier aufeinander folgender Raten ($c \neq q$)*
n = *Anzahl der (Jahres-) Raten*
q = *(Jahres-) Zinsfaktor*

Bemerkung 3.9.25: *Der Fall **$q = c$** (d.h. Zinssatz = Steigerungsrate) führt mit (3.9.22) unmittelbar auf:*

(3.9.26) $$K_n = Rq^{n-1} + Rq^{n-1} + Rq^{n-1} + \ldots + Rq^{n-1} + Rq^{n-1} = n \cdot Rq^{n-1} \quad (= n \cdot Rc^{n-1})$$

Auch jetzt gilt: Zinst man den Endwert K_n auf einen anderen, für die Problemlösung eher geeigneten Stichtag auf oder ab, erhält man den Gesamtwert *(„Zeitwert")* der geometrisch veränderlichen Rente zu jedem beliebigen anderen Stichtag *(siehe Satz 3.2.8)*. Insbesondere erhält man *(mit $q \neq c$)* für den

Barwert K_0 der geometrisch veränderlichen Rente:
(Stichtag: 1 Zinsperiode vor der 1. Rate)

$$K_0 = R \cdot \frac{q^n - c^n}{q - c} \cdot \frac{1}{q^n}$$

c = *Steigerungsfaktor*
R = *erste von n Raten*
q = *Zinsfaktor ($\neq c$)*

Beispiel 3.9.27:

Huber zahlt – erste Rate in Höhe von 20.000 € am 01.01.05 – insgesamt 10 Jahresraten auf ein Anlagekonto *(10% p.a.)* ein. Jede Folgerate wird *(zum Ausgleich von Preissteigerungen oder wegen zukünftig höherem Sparvermögen)* gegenüber der vorangegangenen Rate um 5% ($= i_{dyn}$) erhöht.

i) Über welchen Betrag verfügt Huber am Tag seiner letzten Zahlung?

Lösung: *Hier können wir unmittelbar (3.9.24) verwenden mit dem Resultat*

$$K_n = R \cdot \frac{q^n - c^n}{q - c} = 20.000 \cdot \frac{1{,}1^{10} - 1{,}05^{10}}{1{,}1 - 1{,}05} = 385.939{,}13 \text{ €}$$

ii) Mit welchen beiden gleichhohen Beträgen zum 01.01.09 und 01.01.12 hätte er denselben Kontostand wie unter i) realisiert?

Lösung: *Bezeichnen wir die beiden gesuchten Beträge mit B, so muss nach dem Äquivalenzprinzip (Stichtag z.B. 01.01.14, d.h. Tag der letzten Spar-Rate wie unter i)) gelten:*

$$B \cdot 1{,}1^5 + B \cdot 1{,}1^2 = 20.000 \cdot \frac{1{,}1^{10} - 1{,}05^{10}}{1{,}1 - 1{,}05} = 385.939{,}13 \quad \textit{d.h.}$$

$$B = \frac{385.939{,}13}{1{,}1^5 + 1{,}1^2} = 136.833{,}10 \text{ €} \quad \textit{(pro Betrag)}$$

iii) Wie hoch müsste Huber die erste Rate wählen, um am Tag seiner 10. Ratenzahlung über genau eine Mio € verfügen zu können?

Lösung: *Jetzt können wir wieder unmittelbar (3.9.24) – d.h. Stichtag = Tag der letzten Rate – verwenden:*

$$1.000.000 = K_n = R \cdot \frac{1{,}1^{10} - 1{,}05^{10}}{1{,}1 - 1{,}05} \quad \textit{und daher} \quad R = 51.821{,}64 \text{ € } \textit{(1. Rate)}$$

Bemerkung 3.9.28:

Die Frage nach dem anzuwendenden Zinssatz i , dem „Dynamik-Faktor" c (= $1+i_{dyn}$) oder der Laufzeit bzw. der Anzahl n der Raten einer geometrisch veränderlichen Rente führt in der Regel auf Gleichungen, die nicht mehr elementar lösbar sind und daher zu ihrer Lösung eines iterativen Näherungsverfahrens bedürfen. Wir werden in Kap. 5.1.2 mit der Regula falsi ein derartiges (und recht wirksames) Lösungsverfahren kennenlernen.

Gleiches gilt für arithmetisch veränderliche Renten, wenn der Zinssatz i oder die Zahl n der Raten gesucht sind.

Aufgabe 3.9.29:

i) Grap spart intensiv, um sich endlich ein zweites Wohnmobil für familiäre Notfälle leisten zu können. Er will dazu 15 Jahresraten ansparen, Zinssatz 6% p.a., erste Rate 2.400 €. Über welchen Konto-Endstand am Tag der letzten Einzahlung verfügt er, wenn jede Folgerate von Jahr zu Jahr um jeweils 240 € gegenüber der Vorjahresrate ansteigt? Höhe der letzten Rate?

ii) Grap will denselben End-Kontostand wie unter i) erreichen, allerdings sollen die auf die erste Rate R folgenden Raten um jeweils 3% gegenüber der Vorjahresrate ansteigen. Wie hoch muss er die erste Rate R wählen, damit er – bei sonst gleichen Daten wie unter i) – sein Ziel erreicht?

iii) Frings erhält von seiner Lebensversicherung zum 01.01.07 sowie zum 01.01.10 jeweils eine Ausschüttung in Höhe von 400.000 €. Aus diesen beiden Beträgen will er *(Zinssatz 5,5% p.a.)* eine 20-malige jährliche Rente beziehen, die erste Rate in Höhe von 48.000 € soll zum 01.01.15 abgehoben werden.

Um **a)** welchen festen Betrag
***b)** welchen festen Prozentsatz *(iterative Gleichungslösung notwendig, siehe Kap. 5.1.2 !)*

müssen sich die Folgeraten von Jahr zu Jahr gegenüber der Vorjahresrate ändern, damit die beiden Ausschüttungsbeträge genau für die Finanzierung der Rente ausreichen?

iv) Eine Rente *(n Raten im Jahresabstand)* habe folgende Struktur:

R	2R	3R	...	(n-1)R	nR (K_n)
(1)	(2)	(3)	...	(n-1)	(n)

Zeigen Sie: Der aufgezinste *(Jahres-Zinsfaktor: q)* Gesamtwert K_n aller Raten am Tag der letzten Rate hat den Wert

$$K_n = \frac{R}{q-1}\left(\frac{q^{n+1}-1}{q-1} - n - 1\right). \qquad \textit{(Tipp: (3.9.11) verwenden!)}$$

Bemerkung 3.9.30 – „Ewige geometrisch veränderliche Rente":

Auch geometrisch veränderliche Renten können einen endlichen Barwert K_0^∞ besitzen, wenn die Raten „unendlich oft" fließen. Zur Ermittlung von K_0^∞ verfahren wir analog zum Vorgehen bei arithmetisch veränderlichen Renten (siehe Beispiel 3.9.15):

Wir berechnen zunächst durch gewöhnliches Abzinsen des Endwertes K_n (siehe (3.9.24)) um n Jahre den Barwert K_0 einer endlichen *geometrisch veränderlichen Rente und lassen dann in K_0 die Zahl n der Raten über alle Grenzen wachsen. Aus (3.9.24) folgt so für K_0:*

$$(3.9.30) \qquad K_0 = K_n \cdot \frac{1}{q^n} = R \cdot \frac{q^n - c^n}{q-c} \cdot \frac{1}{q^n} = \frac{R}{q-c} \cdot \left(1 - \left(\frac{c}{q}\right)^n\right) \quad \text{mit } q = 1+i;\ c = 1+i_{dyn}$$

Lässt man nun die Anzahl n der Raten über alle Grenzen wachsen, bildet also den Grenzwert[13] *des letzten Terms in (3.9.30) für* $n \to \infty$, *muss man je nach Größe des Quotienten* $\frac{c}{q}$ *eine Fallunterscheidung für die ewige Rente machen:*

- *Falls gilt:* $c < q$, *d.h.* $\frac{c}{q} < 1$, *so strebt für* $n \to \infty$ *der Term* $\left(\frac{c}{q}\right)^n$ *gegen Null, wir erhalten*

  $$\lim_{n \to \infty} K_0 = \frac{R}{q-c} = \frac{R}{i - i_{dyn}} \quad \textit{(wobei gilt: } i > i_{dyn}\textit{)}$$

- *Falls gilt:* $c > q$, *d.h.* $\frac{c}{q} > 1$, *so strebt für* $n \to \infty$ *der Term* $\left(\frac{c}{q}\right)^n$ *ebenfalls gegen* ∞, *d.h. ein Grenzwert für* K_0 *existiert nicht, der Fall* $c > q$ *(d.h.* $i_{dyn} > i$*) scheidet somit für ewige Renten aus.*

- *Falls gilt:* $c = q$, *so ist (3.9.30) nicht anwendbar, wir müssen vielmehr (3.9.26) verwenden: Aus* $K_n = n \cdot Rq^{n-1}$ *erhalten wir den Barwert* K_0 *durch Abzinsen (d.h. Multiplikation mit* $\frac{1}{q^n}$*)*

  zu: $K_0 = n \cdot Rq^{n-1} \cdot \frac{1}{q^n} = \frac{R}{q} \cdot n$, *der für* $n \to \infty$ *über alle Grenzen strebt.*

  Daher scheidet auch der Fall $c = q$ *(d.h.* $i_{dyn} = i$*) für ewige Renten aus.*

Es gibt also nur im ersten Fall, d.h. für $c < q$ *(d.h.* $i_{dyn} < i$*) einen endlichen* ***Barwert*** *für die* ***ewige geometrisch veränderliche Rente****, sein Wert lautet*

(3.9.31)
$$K_0^\infty = \frac{R}{q-c} = \frac{R}{i - i_{dyn}}$$
$(q > c \quad \text{bzw.} \quad i > i_{dyn})$

K_0^∞:	*Barwert der ewigen geometrisch veränderlichen Rente eine Zinsperiode vor der 1. Rate*
R:	*erste Rate*
c:	*Quotient zweier aufeinander folgender Raten* ($c = 1 + i_{dyn}$)
q:	*Perioden-Zinsfaktor* ($= 1 + i$)

Beispiel:

i) Erste Rate: 24.000€; jährliche Steigerung um $i_{dyn} = 6\%$, *d.h.* $c = 1{,}06$; $i = 10\%$ *p.a.*

$$\Rightarrow \quad K_0^\infty = \frac{24.000}{1{,}1 - 1{,}06} = 600.000€,$$

d.h. von einem Startkapital in Höhe von 600.000€ kann man – beginnend nach einem Jahr und bei 10% p.a. – beliebig lange eine jährlich um 6% steigende Rente (1. Rate: 24.000€) beziehen.

ii) Alles wie in i), nur soll jetzt die – mit 24.000€ beginnende – Rate jährlich um 6%€ ***ab****nehmen, d.h. es gilt* $c = 0{,}94$:

$$\Rightarrow \quad K_0^\infty = \frac{24.000}{1{,}1 - 0{,}94} = 150.000€,$$

d.h. jetzt benötigt man lediglich ein Startkapital in Höhe von 150.000€, um – beginnend nach einem Jahr und bei 10% p.a. – „unendlich oft" eine jährlich um 6% abnehmende (allerdings stets positive!) Rente (1. Rate: 24.000€) beziehen zu können.

3.9.2.2 Geometrisch steigende Renten – Kompensation von Preissteigerungen

Geometrisch steigende Renten werden insbesondere dann verwendet, wenn es darum geht, zukünftige **Preissteigerungen** vorwegzunehmen bzw. aufzufangen: So könnte man etwa daran denken, bei einem Sparvertrag oder einem Lebensversicherungsvertrag von vorneherein eine jährliche Steigerung der Sparraten/Prämien um die voraussichtliche Preissteigerungsrate *(d.h. Dynamik-Rate gleich Inflationsrate)* zu vereinbaren, damit in jedem Jahr die Höhe der Einzahlung/Prämie den gleichen „Realwert", etwa bezogen auf den Startzeitpunkt des Vertrages, darstellt.

---

[13] siehe etwa [Tie3], Kap. 4.2, (4.2.11)

In Kap. 2.4 *(insbesondere Kap. 2.4.2)* haben wir bereits die Grundzüge der Behandlung zukünftiger *(oder auch vergangener)* Zahlungen unter Berücksichtigung von Verzinsung und **Inflation** behandelt und insbesondere festgestellt *(siehe (2.4.9) und (2.4.10) bzw. (2.4.14))*:

> Der *(auf den Bezugspunkt t = 0 inflationsbereinigte)* **Realwert** $K_{n,0}$ eines *(späteren)* Kapitals K_n, das n Jahre nach t = 0 fällig/vorhanden ist, ergibt sich unter Berücksichtigung der durchschnittlichen jährlichen Inflationsrate i_{infl} *(Inflationsfaktor* $q_{infl} = 1 + i_{infl}$*)* zu
>
> (3.9.32) $$K_{n,0} = \frac{K_n}{(1+i_{infl})^n} = \frac{K_n}{q_{infl}^n}$$

Beispiel 3.9.33:

Bei durchschnittlich 3% p.a. Preissteigerung hat ein Kapital in Höhe von 500.000 €, zahlbar Ende 22, bezogen auf den Zeitpunkt Ende 09 einen Realwert $K_{22,09}$ in Höhe von

$$K_{22,09} = \frac{K_{22}}{1{,}03^{13}} = \frac{500.000}{1{,}03^{13}} = 340.475{,}67\,€ \quad ,$$

d.h. in 22 kann man für dann 500.000 € nur einen Warenkorb kaufen wie in 09 für 340.475,67 €.

Wird nun das Endkapital K_n *(im letzten Beispiel: 500.000€)* durch Ansparen einer *(z.B. geometrisch steigenden)* Rente erzielt, verfährt man analog:

Beispiel 3.9.34:

Ein Anleger zahlt die erste Rate *(= 30.000€)* einer jährlich um 5% steigenden Rente am 01.01.10. Insgesamt werden 13 Raten eingezahlt *(die letzte Rate ist also am 01.01.22 fällig)*, Zinssatz 7% p.a.

Gesucht ist – bei durchschnittlich 2% p.a. Preissteigerung – der Realwert des sich am Tag der letzten Einzahlung ergebenden Renten-Endwertes bezogen auf den Tag der 1. Einzahlung *(01.01.10)*.

Mit dem Dynamik-Faktor c = 1,05 und dem Zinsfaktor q = 1,07 lautet der verfügbare Kontostand K_n am Tag der letzten Rate nach (3.9.24)

$$K_n = R \cdot \frac{q^n - c^n}{q - c} = 30.000 \cdot \frac{1{,}07^{13} - 1{,}05^{13}}{1{,}07 - 1{,}05} = 786.293{,}79\,€ \qquad \textit{(Nominalwert 01.01.22).}$$

Dieser Betrag muss noch inflationsbereinigt werden bzgl. des 01.01.10 *(liegt 12 (!) Jahre vor dem Endwert-Termin 01.01.22)*, d.h. nach (3.9.32) gilt

$$K_{n,1} = \frac{K_n}{1{,}02^{12}} = \frac{786.293{,}79}{1{,}02^{12}} = 619.987{,}28\,€. \qquad \textit{(Realwert bzgl. 01.01.10).}$$

Zum Vergleich: Eine 13malige Rente mit der *konstanten* Ratenhöhe 30.000 €/Jahr führt auf einen Endkontostand von K_n = 604.219,29 €, was inflationsbereinigt 476.422,78 € entspricht.

Es liegt also nahe, die Inflation bzw. Geldentwertung bei Ratenzahlungen dadurch zu kompensieren, dass man eine jede Renten-Rate gegenüber der vorhergehenden Rate um einen festen Prozentsatz i_{dyn}, etwa die mittlere Preissteigerungsrate i_{infl} *(Inflationsrate)*, erhöht *(„dynamische Rente" mit Inflationsausgleich)*. Auf diese Weise kann man später entweder über ein angemessenes inflationsbereinigtes Realkapital verfügen oder auch nur der Erwartung Rechnung tragen, dass man in späteren Jahren leistungsfähiger in Bezug auf die Sparratenhöhe ist als zu früheren Zeiten.

Wenn aber die Höhe einer Renten-Rate Jahr für Jahr um denselben Prozentsatz steigt, handelt es sich um den eben behandelten klassischen Fall der geometrisch steigenden *(„dynamischen")* Rente.

Beispiel 3.9.35:

Huber spart – beginnend mit einer ersten Rate in Höhe von 20.000 € am 01.01.05 – insgesamt 9 Raten an, Kalkulationszinssatz 8% p.a. Die Folgeraten steigen jährlich um 2% *(= durchschnittliche Inflationsrate)* gegenüber der Vorjahresrate.

Huber möchte gerne wissen, über welches Realkapital – bezogen auf den Tag der ersten Sparrate – er am Tag der letzten Sparrate verfügt.

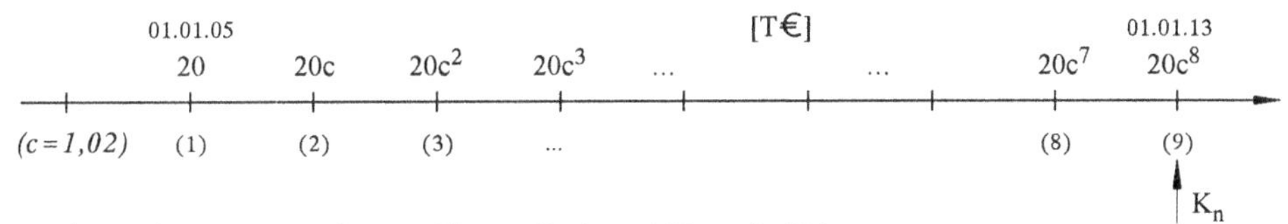

Mit (3.9.24) erhalten wir für den Konto-Endstand K_{13} $(=K_n)$:

$$K_n = K_{13} = R \cdot \frac{q^n - c^n}{q - c} = 20.000 \cdot \frac{1{,}08^9 - 1{,}02^9}{1{,}08 - 1{,}02} = 267.970{,}69\,€.$$

Mit (3.9.32) resultiert daraus der *(auf den 01.01.05 bezogene)* Realwert $K_{n,1} = K_{13,05}$ zu

$$K_{13,05} = K_n \cdot \frac{1}{1{,}02^8} = 228.710{,}40\,€$$

(zum Vergleich: Rentenendwert R_n ohne „Dynamik": $R_n = 20.000 \cdot \frac{1{,}08^9 - 1}{0{,}08} = 249.751{,}16€$, inflationsbereinigt auf den 01.01.05: 213.160,21€.

Bemerkung 3.9.36:

Gelegentlich lässt man – aus formalen Gründen – eine geometrisch veränderliche Rente, Dynamikfaktor c $(= 1+i_{dyn})$, statt mit „R" mit „R · c" beginnen. Alle bisherigen Formeln lassen sich auch dann komplett weiter verwenden, wenn man statt „R" nunmehr „R · c" setzt.

Abschließend soll die Vielzahl der möglichen Beziehungen und Sonderfälle bei geometrisch veränderlichen Renten mit/ohne Inflationsausgleich sowie unter *Berücksichtigung der letzten Bemerkung 3.9.36* übersichtlich und zusammenfassend dargestellt werden:

3.9.2.3 Zusammenfassung *(geometrisch veränderliche Renten)*

Voraussetzungen: Alle Raten werden jährlich gezahlt, Zinsperiode = Rentenperiode = 1 Jahr

Zinsfaktor	$q = 1+i$	jeweils p.a.
Dynamik-Faktor	$c = 1+i_{dyn}$	
Inflations-Faktor	$q_{infl} = 1+i_{infl}$	

Zahlungsstruktur der geometrisch veränderlichen Rente: **Fall a)** $R_1 = R$ **Fall b)** $R_1 = R \cdot c$

Fall a) R, $R \cdot c$, $R \cdot c^2$ ... ... $R \cdot c^{n-3}$, $R \cdot c^{n-2}$, $R \cdot c^{n-1}$

Fall b) $R \cdot c$, $R \cdot c^2$, $R \cdot c^3$ ... ... $R \cdot c^{n-2}$, $R \cdot c^{n-1}$, $R \cdot c^n$

(1) (2) (3) ... ... (n−2) (n−1) (n) *(Zeit)*

K_0 *iii)* K_0' *ii)* K_n *i)*

Abb. 3.9.37

Mit (3.9.24) folgen daraus die **Gesamtwerte** der **geometrisch veränderlichen Rente**, bestehend aus n Raten, zu den verschiedenen Stichtagen i), ii), iii) *(siehe Abb. 3.9.37)* für $\mathbf{q \neq c}$ *(d.h. $i \neq i_{dyn}$)*:

Fall a) $R_1 = R$

i) Endwert K_n am Tag der *letzten Rate*

$$K_n = Rc^{n-1} \cdot \frac{\left(\frac{q}{c}\right)^n - 1}{\frac{q}{c} - 1} = R \cdot \frac{q^n - c^n}{q - c} \qquad (3.9.38) \underset{=}{} (3.9.24)$$

ii) Barwert K_0' am Tag der *ersten Rate* $(= K_n / q^{n-1})$

$$K_0' = R\,\frac{c^{n-1}}{q^{n-1}} \cdot \frac{\left(\frac{q}{c}\right)^n - 1}{\frac{q}{c} - 1} = \frac{R}{q^{n-1}} \cdot \frac{q^n - c^n}{q - c} \qquad (3.9.39)$$

Mit der Abkürzung $q_= := \frac{q}{c}$ folgt

$$K_0' = R \cdot \frac{q_=^n - 1}{q_= - 1} \cdot \frac{1}{q_=^{n-1}} \qquad (3.9.40)$$

iii) Barwert K_0 *ein Jahr vor der ersten Rate* $(= K_n / q^n)$

$$K_0 = R\,\frac{c^{n-1}}{q^n} \cdot \frac{\left(\frac{q}{c}\right)^n - 1}{\frac{q}{c} - 1} = \frac{R}{q^n} \cdot \frac{q^n - c^n}{q - c} \qquad (3.9.41)$$

Mit der Abkürzung $q_= := \frac{q}{c}$ folgt

$$K_0 = \frac{R}{c} \cdot \frac{q_=^n - 1}{q_= - 1} \cdot \frac{1}{q_=^n} \qquad (3.9.42)$$

Fall b) $R_1 = Rc$ *(s. Bem. 3.9.36)*

i) Endwert K_n am Tag der *letzten Rate*

$$K_n = Rc^n \cdot \frac{\left(\frac{q}{c}\right)^n - 1}{\frac{q}{c} - 1} = Rc \cdot \frac{q^n - c^n}{q - c}$$

ii) Barwert K_0' am Tag der *ersten Rate* $(= K_n / q^{n-1})$

$$K_0' = Rc\,\frac{c^{n-1}}{q^{n-1}} \cdot \frac{\left(\frac{q}{c}\right)^n - 1}{\frac{q}{c} - 1} = \frac{Rc}{q^{n-1}} \cdot \frac{q^n - c^n}{q - c}$$

Mit der Abkürzung $q_= := \frac{q}{c}$ folgt

$$K_0' = Rc \cdot \frac{q_=^n - 1}{q_= - 1} \cdot \frac{1}{q_=^{n-1}}$$

iii) Barwert K_0 *ein Jahr vor der ersten Rate* $(= K_n / q^n)$

$$K_0 = R\,\frac{c^n}{q^n} \cdot \frac{\left(\frac{q}{c}\right)^n - 1}{\frac{q}{c} - 1} = \frac{Rc}{q^n} \cdot \frac{q^n - c^n}{q - c}$$

Mit der Abkürzung $q_= := \frac{q}{c}$ folgt

$$K_0 = R \cdot \frac{q_=^n - 1}{q_= - 1} \cdot \frac{1}{q_=^n}$$

Wie in (3.9.31) schon dargelegt, existiert für $\mathbf{q > c}$ auch der Barwert K_0^∞ der **ewigen geometrisch veränderlichen Rente**. Für den Stichtag iii) gilt

$$K_0^\infty = \frac{R}{q - c} \qquad (3.9.43) \qquad K_0^\infty = \frac{Rc}{q - c}$$

SONDERFÄLLE: $c = q$ *(d.h. Dynamikfaktor $1 + i_{dyn}$ = Zinsfaktor $1 + i$, siehe Bemerkung 3.9.25)*

Fall a)		Nr.	Fall b)	
i)	$K_n = n \cdot Rq^{n-1}$	(3.9.44)	i)	$K_n = n \cdot Rq^n$
ii)	$K_0' = n \cdot R$	(3.9.45)	ii)	$K_0' = n \cdot Rq$
iii)	$K_0 = n \cdot R \cdot \frac{1}{q}$	(3.9.46)	iii)	$K_0 = n \cdot R$

Werden die Endwerte K_n **inflationsbereinigt** *(mit Hilfe von (3.9.32))*, so ergeben sich aus den Rentenendwerten die nachfolgenden Realwerte *(dabei haben wir als Bezugstermin für die Inflationsbereinigung zum einen den Tag der ersten Rate sowie andererseits ein Jahr vor der ersten Rate gewählt.)*

Die Grundidee für die Realwertermittlung ergibt sich aus (3.9.32):

(3.9.47) = (3.9.32) $$K_{n,0} = \frac{K_n}{(1+i_{infl})^n} = \frac{K_n}{q_{infl}^n}$$ *(sofern der Bezugstermin für die Inflationsbereinigung n Jahre vor der Fälligkeit von K_n liegt)*

Dann ergibt sich aus den obigen Beziehungen (3.9.38) bzw. (3.9.44) für die beiden Fälle a) und b):

Fall a) $R_1 = R$ ***Fall b)*** $R_1 = Rc$

(1) Inflationsbereinigter Realwert $K_{n,1}$ des Rentenendwerts K_n, bezogen auf den Tag der *ersten Rate:*

$$K_{n,1} = R \cdot \frac{c^{n-1}}{q_{infl}^{n-1}} \cdot \frac{\left(\frac{q}{c}\right)^n - 1}{\frac{q}{c} - 1} \quad (q \neq c) \qquad (3.9.48) \qquad K_{n,1} = R \cdot \frac{c^{n}}{q_{infl}^{n-1}} \cdot \frac{\left(\frac{q}{c}\right)^n - 1}{\frac{q}{c} - 1} \quad (q \neq c)$$

Im Kompensationsfall $c = q_{infl}$ *(d.h. Dynamikfaktor = Inflationsfaktor)* lässt sich in der letzten Formel zunächst der erste Bruch kürzen.

Verwendet man weiterhin für $\frac{q}{c} = \frac{q}{q_{infl}}$ die Abkürzung q_{real} *(siehe (2.4.15))*, so ergeben sich prägnante Beziehungen:

$$K_{n,1} = R \cdot \frac{q_{real}^n - 1}{q_{real} - 1} \quad (q_{infl} = c) \qquad (3.9.49) \qquad K_{n,1} = Rc \cdot \frac{q_{real}^n - 1}{q_{real} - 1} \quad (q_{infl} = c)$$

dh. der reale Rentenendwert $K_{n,1}$ der geometrisch veränderlichen Rente mit „Dynamikrate = Inflationsrate" ist identisch mit dem nominellen Rentenendwert der „normalen" Rente (Ratenhöhe = R = 1. Rate der dyn. Rente), allerdings aufgezinst mit dem realen Zinsfaktor q_{real}.

Stimmen *zusätzlich* Kalkulationszinssatz i und Inflationsrate i_{infl} $(= i_{dyn})$ überein, so ergibt sich $q_{real} = 1$, so dass die beiden letzten Formeln nicht anwendbar sind. Vielmehr resultiert aus (3.9.44) unmittelbar durch inflationsbereinigende „Abzinsung" mit $q_{infl}^{n-1} = q^{n-1}$:

$$K_{n,1} = n \cdot R \quad (q_{infl} = c = q) \qquad (3.9.50) \qquad K_{n,1} = n \cdot Rc \quad (q_{infl} = c = q)$$

(2) Die inflationsbereinigten Realwerte $K_{n,0}$ der Rentenendwerte K_n, bezogen auf *1 Jahr vor der ersten Rate* ergeben sich unmittelbar aus den letzten Formeln (3.9.48) - (3.9.50), indem man lediglich 1 Jahr länger mit dem Inflationsfaktor „abzinst". So ergibt sich beispielsweise für den Kompensationsfall *(d.h. Dynamikrate = Inflationsrate)* aus (3.9.49)

$$K_{n,0} = \frac{R}{c} \cdot \frac{q_{real}^n - 1}{q_{real} - 1} \quad (q_{infl} = c) \qquad (3.9.51) \qquad K_{n,0} = R \cdot \frac{q_{real}^n - 1}{q_{real} - 1} \quad (q_{infl} = c)$$

Beispiel 3.9.52:

Eine Rente soll dynamisch angespart werden, erste Rate zum 01.01.07. Jede Rate soll so gewählt werden, dass ihr inflationsbereinigter Realwert – bezogen auf den 01.01.06 *(d.h. 1 Jahr vor der ersten Rate)* – einem Realwert in Höhe von 50.000 € entspricht, durchschnittliche Inflationsrate 3,5% p.a. Der Kalkulationszinssatz beträgt 9% p.a.

i) Über welchen inflationsbereinigten Realwert – bezogen auf den 01.01.06 – verfügt der Sparer am Tag der 20. und letzten Ratenzahlung?

Lösung: *Die erste Rate beträgt* $50.000 \cdot 1{,}035 = 51.750€$ *(⇒ Realwert = 50.000!), jede weitere Rate ergibt sich durch Multiplikation der vorhergehenden Rate mit* $c = 1{,}035$.

Da der Bezugstermin für die Realwertermittlung ein Jahr vor der ersten Rate liegt, können wir Beziehung (3.9.51b) mit R = 50.000 (oder (3.9.51a) mit R = 51.750) anwenden:

Mit $q_{real} = 1{,}09/1{,}035 = 1{,}053140097$ *erhalten wir aus (3.9.51 a/b)*

$$K_{n,0} = R \cdot \frac{q_{real}^n - 1}{q_{real} - 1} = 50.000 \cdot \frac{1{,}053..^{20} - 1}{0{,}053...} = 1.709.241{,}96\,€ \quad \textit{(Realwert)}.$$

Ausführlich: *Der nominale Rentenendwert* K_n *ergibt sich nach (3.9.24) zu*

$$K_n = 51.750 \cdot \frac{1{,}09^{20} - 1{,}035^{20}}{1{,}09 - 1{,}035} = 3.401.030{,}61\,€ \quad \textit{(Nominalwert)}.$$

Es schließt sich nun die Inflationsbereinigung an: K_n *muss mit dem Inflationsfaktor 1,035 um 20 Jahre „abgezinst" (diskontiert) werden:*

$$K_{n,0} = 3.401.030{,}61 \cdot 1{,}035^{-20} = 1.709.241{,}96\,€ = \textit{Realwert (s.o.)}$$

ii) Wie hoch müsste die erste Rate ausfallen, damit sich nach 15 Einzahlungen ein inflationsbereinigter Realwert *(in Bezug auf den Tag der ersten Rate)* in Höhe von 1 Mio € ergibt?

Der Dynamikfaktor soll mit der erwarteten durchschnittlichen Inflationsrate *(2,7% p.a.)* übereinstimmen.

Lösung: *Mit (3.9.49a) haben wir* $1.000.000 = K_{n,1} = R \cdot \frac{q_{real}^n - 1}{q_{real} - 1}$

Weiterhin gilt: $q_{real} = 1{,}09/1{,}027 = 1{,}06134372$

$$\Rightarrow \quad 1.000.000 = R \cdot \frac{1{,}061..^{15} - 1}{0{,}061..} \quad \Rightarrow \quad \mathbf{R = 42.524{,}94€.}$$

Ausführlich: *Nominaler Rentenendwert* K_n *nach (3.9.24):*

$$K_n = R \cdot \frac{1{,}09^{15} - 1{,}027^{15}}{1{,}09 - 1{,}027} = R \cdot 34{,}14620921$$

Dieser Wert muss noch 14 Jahre (da Bezugstermin = Tag der 1. Rate) mit der Inflationsrate 2,7% p.a. „abgezinst" werden, um den Realwert „1 Mio" zu liefern:

$$R \cdot 34{,}14620921 \cdot 1{,}027^{-14} = 1.000.000$$

$$\Rightarrow \quad R = 42.524.94€ \quad \textit{(s.o.)}$$

3.9.3 Unterjährig zahlbare veränderliche Renten

Da Renten häufig nicht jährlich, sondern in kürzeren Zeitabständen gezahlt werden *(z.B. monatlich oder vierteljährlich)*, erhebt sich die Frage, wie man in solchen Fällen mit Raten-Steigerungen umgeht.

Wir wollen die **beiden wichtigsten** *(und typischen)* **Fälle** *(A und B)* exemplarisch behandeln:

(A) Die unterjährig gezahlten Raten r seien *innerhalb eines jeden Jahres konstant*, erhöhen sich aber in jedem *Folgejahr* durch Multiplikation mit dem Dynamik-Faktor c $(= 1+i_{dyn})$:

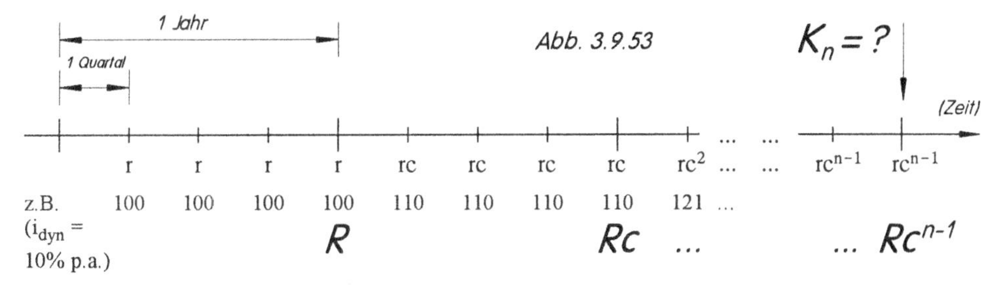

Allgemein wollen wir im vorliegenden Fall A von folgenden *Voraussetzungen* ausgehen:

Das Jahr sei in m Teilperioden aufgeteilt, am Ende jeder Teilperiode wird eine unterjährige Zahlung fällig *(m gleiche nachschüssige Raten pro Jahr, siehe Abb. 3.9.53, dort mit m = 4 (Quartale/Jahr))*. Die Raten des ersten Jahres werden mit „r" bezeichnet.

Jahreszinssatz i, $q = 1+i$
Jahres-Dynamikrate i_{dyn}, $c = 1+i_{dyn}$

Um den Endwert K_n am Tag des n-ten *(und letzten)* Jahres ermitteln zu können, fassen wir zunächst die m Raten des ersten Jahres per unterjährlicher Aufzinsung zu einer nachschüssigen Einmal-Rate R *(„Jahres-Ersatz-Rate")* zusammen, siehe Abb. 3.9.53. Dann muss im Folgejahr – da jede einzelne unterjährige Rate mit c multipliziert wird – auch die resultierende nachschüssige Einmalrate mit c multipliziert werden, es ergibt sich Rc usw.

Offen ist noch, welche unterjährige Verzinsungsmethode anzuwenden ist. Wir wollen hier exemplarisch nur

(A1) die ICMA-Methode *(siehe Kap. 3.8.2.1)*
(A2) die 360-Tage-Methode *(siehe Kap. 3.8.2.3)* behandeln:

(A1) ICMA-Methode: Der für eine unterjährige Periode gültige konforme Zinssatz werde mit i_m bezeichnet, konformer Zinsfaktor somit $q_m = 1+i_m$. Dann gilt bei m Perioden pro Jahr *(siehe z.B. (2.3.12))*

(3.9.54) $$q_m^m = q \qquad \text{bzw.} \qquad q_m = q^{\frac{1}{m}} ,$$

und wir erhalten für den Wert R der m unterjährigen Raten r am Jahresende *(siehe 3.2.5)*:

(3.9.55) $$R = r \cdot \frac{q_m^m - 1}{q_m - 1} = r \cdot \frac{q-1}{q^{\frac{1}{m}} - 1}$$

Wird nun im Folgejahr jede einzelne Rate r mit c multipliziert, so folgt aus (3.9.55) sofort dasselbe auch für R, als Endwert dieser m Raten *(je $r \cdot c$)* am Jahresende resultiert Rc, usw.

Wir erhalten somit aus den unterjährigen Raten die Jahres-Ersatz-Raten R, Rc, Rc^2,..., die übereinstimmen mit den Raten einer geometrisch veränderlichen Rente, siehe Abb. 3.9.18. Damit lassen sich sämtliche Ergebnisse von Kap. 3.9.2 auch auf die soeben beschriebene Art unterjährlich gezahlter Renten mit veränderlichen Raten anwenden.

So erhalten wir jetzt beispielsweise für die zentrale Endwertformel (3.9.38) bzw. (3.9.24)

(3.9.56) $$K_n = R \cdot \frac{q^n - c^n}{q - c} = r \cdot \frac{q - 1}{q^{\frac{1}{m}} - 1} \cdot \frac{q^n - c^n}{q - c}$$ usw.

Beispiel *(siehe Abb. 3.9.53)*:

Raten vierteljährlich nachschüssig zahlbar, d.h. $m = 4$
Ratenhöhe der 4 Raten des ersten Jahres: $r = 10.000$ € pro Quartalsrate
Dynamik-Satz: 10% p.a. $\Rightarrow$ $c = 1{,}1$; Erhöhung erst nach jedem vollen Jahr
Zinssatz: 7% p.a. $\Rightarrow$ $q = 1{,}07$ $\Rightarrow$ $q_m = q_Q = 1{,}07^{0{,}25}$ *(d.h. $i_Q = 2{,}4113689\%$ p.Q.)*
Insgesamt soll die Rente 20 Jahre lang fließen.
Gesucht: Endwert am Tag der letzten Rate sowie Barwert zu Beginn des ersten Jahres.

Damit lautet die Jahres-Ersatzrate R des ersten Jahres nach (3.9.55):

$$R = r \cdot \frac{q_m^m - 1}{q_m - 1} = r \cdot \frac{q - 1}{q^{\frac{1}{m}} - 1} = 10.000 \cdot \frac{0{,}07}{1{,}07^{0{,}25} - 1} = 41.035{,}20\text{ €}$$

und wir erhalten über (3.9.56) und (3.9.41)

$$K_n = 41.035{,}20 \cdot \frac{1{,}07^{20} - 1{,}10^{20}}{1{,}07 - 1{,}10} = 3.909.034{,}34\text{ €}$$ *(Endwert am Tag der letzten Rate)*

$$K_0 = K_n/1{,}07^{20} = 1.010.168{,}76\text{ €}$$ *(Barwert zu Beginn des ersten Jahres)*.

(A2) 360-Tage-Methode: Jetzt müssen die m unterjährigen Raten eines jeden Jahres *linear* aufs Jahresende aufgezinst werden, um die jeweilige Jahres-Ersatz-Rate $R, Rc, Rc^2, \ldots$ zu bilden.

Für die Ersatz-Rate R der m Raten r des ersten Jahres ergibt sich mit Hilfe des mittleren Zahlungstermins oder mit (1.2.64)

(3.9.57) $$R = m \cdot r \cdot (1 + i \cdot \frac{m-1}{2m})$$

Erhöht sich im Folgejahr jede Einzelrate r auf rc, so erhöht sich wegen (3.9.57) auch R auf Rc. Dasselbe gilt für alle Folgeraten, so dass wir auch jetzt die klassische geometrisch veränderliche Rente erhalten und sämtliche Ergebnisse von Kap. 3.9.2 anwenden können, wenn wir anstelle von R den Term (3.9.57) einsetzen. Die Endwertformel (3.9.56) hat jetzt die Gestalt

(3.9.58) $$K_n = R \cdot \frac{q^n - c^n}{q - c} = m \cdot r \cdot (1 + i \cdot \frac{m-1}{2m}) \cdot \frac{q^n - c^n}{q - c}$$

Beispiel: Wir übernehmen komplett die Daten des letzten Beispiels, benutzen aber unterjährig die 360-Tage-Methode. Nach (3.9.57) lautet die erste Ersatzrate R:

$$R = 4 \cdot 10.000 \cdot (1 + 0{,}07 \cdot \frac{3}{8}) = 41.050{,}\text{-- €},$$ so dass wir mit (3.9.58) erhalten:

$$K_n = 41.050 \cdot \frac{1{,}07^{20} - 1{,}10^{20}}{1{,}07 - 1{,}10} = 3.910.444{,}19\text{ €}$$ *(Endwert am Tag der letzten Rate)*

$$K_0 = K_n/1{,}07^{20} = 1.010.533{,}09\text{ €}$$ *(Barwert zu Beginn des ersten Jahres)*.

(B) Im zweiten Fall (B) – bei sonst gleichen Voraussetzungen wie unter (A), d.h. m äquidistante nachschüssige Raten pro Jahr – erhöhen sich bereits die m unterjährigen Zahlungen von Rate zu Rate um einen konstanten Faktor c_m. Weiterhin betrachten wir nur den Fall unterjähriger exponentieller Verzinsung mit dem konformen unterjährigen Zinssatz i_m *(ICMA-Methode)*.

Wenn c_m explizit vorgegeben ist, handelt es sich um eine geometrisch veränderliche Rente, lediglich Dynamik-Faktor c_m und Zinsfaktor q_m beziehen sich auf kürzere Perioden als ein Jahr.

Sind dagegen jahresbezogene Dynamik-Faktoren c und Zinsfaktoren q vorgegeben, ermittelt man die jeweils konformen unterjährigen Faktoren c_m und q_m gemäß (2.3.12)

(3.9.59) $$c_m^m = c \quad \Leftrightarrow \quad c_m = c^{\frac{1}{m}} \qquad \text{sowie} \qquad q_m^m = q \quad \Leftrightarrow \quad q_m = q^{\frac{1}{m}}$$

In jedem Fall ergibt sich eine Zahlungsstruktur sinngemäß wie in folgender Abb. 3.9.60:

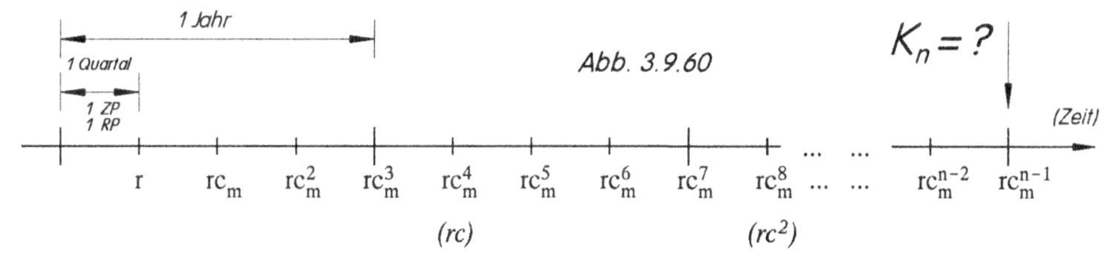

Wir können *(bei einer Laufzeit (= Ratenanzahl) von m · n unterjährigen Perioden)* die Standard-Formelbeziehungen anwenden, z.B. (3.9.38) = (3.9.24)

(3.9.61) $$K_{mn} = r \cdot \frac{q_m^{mn} - c_m^{mn}}{q_m - c_m}$$, wobei q durch q_m und c durch c_m ersetzt wurde.

n bezeichnet in (3.9.61) die Anzahl der Jahre *(n darf auch eine nicht-ganze Zahl sein, muss allerdings ein Vielfaches von m sein)*, m die Zahl der Raten pro Jahr *(z.B. n = 3,25 Jahre, m = 4 Quartale pro Jahr ⇒ m · n = 3,25 · 4 = 13 Quartale und somit 13 Quartals-Raten)*

Bei Verwendung der *jahresbezogenen* Faktoren q und c folgt daraus wegen (3.9.59)

(3.9.62) $$K_n = r \cdot \frac{q^n - c^n}{q^{\frac{1}{m}} - c^{\frac{1}{m}}}$$ *(n = Anzahl der Jahre, n = ganzzahliges Vielfaches von m, d.h. m · n muss ganzzahlig sein)*

Beispiel: Gesucht sind Endwert *(am Tag der letzen Rate)*, Barwert *(am Tag der ersten Rate)* sowie Höhe der letzten Rate einer monatlich dynamisch wachsenden Rente, die erste Rate in Höhe von 5.000,-- € sei fällig Ende Januar 06, die letzte Rate Ende März 13.

Jahres-Dynamik-Faktor: 4% p.a. *(die einzelnen Raten steigen monatlich konform zu 4% p.a.)*

Zinssatz: 6% p.a., unterjährig exponentielle Verzinsung zum konformen Monatszinssatz.

Lösung: *Es sind 12 nachschüssige Raten p.a. fällig, d.h. m = 12. Die Zeit zwischen 01.01.06 und 31.03.13 beträgt 7 Jahre und 3 Monate, d.h. 7,25 Jahre, die Anzahl m · n der Monatsraten beträgt daher 7,25 · 12 = 87. Nach (3.9.62) (ebenso mit (3.9.61)) sowie aus Abb. 3.9.60 folgt*

$$K_n = r \cdot \frac{q^n - c^n}{q^{\frac{1}{m}} - c^{\frac{1}{m}}} = 5000 \cdot \frac{1{,}06^{7{,}25} - 1{,}04^{7{,}25}}{1{,}06^{\frac{1}{12}} - 1{,}04^{\frac{1}{12}}} = 617.376\,€ \qquad \textit{(Endwert am 31.03.13)}$$

$$K_0 = K_n / 1{,}06^{\frac{86}{12}} = 406.622\,€ \qquad \textit{(Barwert am 31.01.06)}$$

$$r_{87} = r \cdot c_m^{86} = 5000 \cdot 1{,}04^{\frac{86}{12}} = 6.622{,}81\,€ \qquad \textit{(letzte Rate, fällig am 31.03.13)}$$

Aufgabe 3.9.63:

Wesslinger benötigt zur Durchsetzung seiner bahnbrechenden Gründungs-Idee *(E-Coaching per Internet)* dringend einen Kredit, Kreditsumme K_0 *(gleich Auszahlungssumme)*. Seine Kreditbank ist einverstanden, verlangt allerdings einen Kreditzins in Höhe von 13% p.a. und fordert die Gesamt-Rückzahlung des Kredits in 10 Jahren.

i) Laut Geschäftsplan kann Wesslinger – beginnend ein Jahr nach Kreditaufnahme – einen Betrag von 70.000 € zurückzahlen sowie in den 9 Folgejahren jeweils Raten, die gegenüber der jeweiligen Vorjahresrate um 5.000 € geringer werden.

Wie hoch ist die Kreditsumme, die Wesslinger von seiner Bank erhalten wird?

ii) Alternativ zu i): Wesslinger könnte nach einem Jahr 40.000 € zurückzahlen sowie in den 9 Folgejahren jeweils Raten, die gegenüber der Vorjahresrate um 6.000 € höher ausfallen.

a) Wie hoch ist jetzt die Kreditsumme, die Wesslinger von seiner Bank erhalten wird?

b) Wie müssten die *(jährlich gleichen)* Steigerungsbeträge der einzelnen Folge-Raten ausfallen, damit sich dieselbe Kreditsumme ergibt wie unter i)?

c) Angenommen, er könnte *(abweichend vom Vorhergehenden)* in den 9 Folgejahren einen von Jahr zu Jahr um 10% höheren Betrag als im Vorjahr zurückzahlen:

c1) Wie hoch ist jetzt die Kreditsumme, die Wesslinger von seiner Bank erhalten wird?

c2) Mit welcher ersten Rückzahlungsrate *(statt 40.000)* müsste er beginnen, wenn die Bank nun eine jährliche Steigerung der Folgeraten von 7% p.a. fordert, dafür aber bereit ist, ihm einen Kredit von 1 Mio € einzuräumen?

***Aufgabe 3.9.64:**

Pietschling hat im Spielcasino *(am einarmigen Banditen)* einen Betrag von 250.000 € gewonnen, und möchte daraus „für immer und ewig" eine Rente – erste Rate sofort – beziehen. Dabei soll diese erste Rate 10.000 € betragen und dann jährlich um 1.000 € steigen.

Jetzt sucht er eine Bank, die ihm den dazu passenden Anlage-Zinssatz *(welchen?)* bietet.

Aufgabe 3.9.65:

Gegeben ist eine 10-malige Rente mit der Ratenhöhe R (in €/Jahr). Verzinsung: 9% p.a., Preissteigerungsrate 5% p.a., Bewertungsstichtag: Tag der letzten Ratenzahlung.

Man ermittle den

i) nominellen Rentenendwert, wenn gilt: R = 10.000,-- €/Jahr;

ii) realen Rentenendwert *(inflationsbereinigt bezogen auf 1 Jahr vor der 1. Rate)*, wenn gilt: R = 10.000,-- €/Jahr;

iii) nominellen Renten-Endwert, wenn die erste Rate 10.000 · 1,05 = 10.500,-- € beträgt und jede Folgerate das 1,05-fache der vorhergehenden Rate beträgt *(d.h. die Raten steigen – wie auch die Preise – in Höhe der Preissteigerungsrate (= 5% p.a.)*;

iv) realen Rentenendwert *(inflationsbereinigt bezogen auf 1 Jahr vor der 1. Rate)*, wenn die Raten – wie unter iii) beschrieben – gezahlt werden.

v) Zu i) und iii) ermittle man die jeweiligen Rentenbarwerte, bezogen auf 1 Jahr vor der 1. Rate.

Aufgabe 3.9.66:

Ulrike Schmickler-Hirzebruch *(USH)* legt jährlich – beginnend am 01.01.01 – 20.000,-- € auf ihr Konto, insgesamt 8 Raten. *(i = 6% p.a., Preissteigerungsrate 4,5% p.a.)*

i) Welchem Realwert *(inflationsbereinigt bezogen auf den 01.01.01)* entspricht am Tag der 8. Rate ihr Guthaben?

ii) Welche nominell gleichhohen Beträge müsste sie jährlich sparen, damit ihr Guthaben am Tag der 8. Rate einem Realwert *(inflationsbereinigt bezogen auf den 01.01.01)* von € 160.000,-- entspricht?

iii) a) Über welchen Betrag verfügt USH am Tag der 8. Rate, wenn sie zum Inflationsausgleich jede Folgerate um 4,5% der vorhergehenden Rate erhöht? *(1. Rate = 20.000€)*

b) Welchem Realwert *(inflationsbereinigt bezogen auf den 01.01.01)* entspricht diese Summe?

c) Mit welcher Einmalzahlung am 01.01.01 hätte sie die Rente äquivalent ersetzen können?

Aufgabe 3.9.67:

Zur Sicherung seiner Altersrente zahlt Weigand – *beginnend am 01.01.00* – 20 jährliche Raten *(Höhe jeweils R €/Jahr)* auf ein Konto *(i = 8% p.a.)* ein.

3 Jahre nach der letzten Einzahlung *(also am 01.01.22)* soll die erste von insgesamt 12 Abhebungen im Jahresabstand erfolgen, so dass danach das Konto erschöpft ist.

i) Wie hoch muss Weigands Sparrate R sein, damit jede seiner Abhebungen 24.000€ beträgt?

ii) Wie hoch muss Weigands Sparrate R sein, damit jede seiner Abhebungen einen Wert besitzt, der dem Betrag von € 24.000,-- am 01.01.00 *(dem Fälligkeitstermin der ersten Sparrate)* entspricht? Dabei wird eine stets konstante Preissteigerungsrate in Höhe von 5% p.a. unterstellt.

iii) Abweichend vom Vorhergehenden will Weigand – beginnend 01.01.24 – beliebig lange eine Rente von seinen Ersparnissen beziehen können. Dabei soll die erste Abhebung 10.000 € betragen und dann jährlich um immer denselben Prozentsatz gegenüber dem Vorjahr steigen.

a) Wie groß ist dieser „Dynamik“ -Prozentsatz *(auf „ewig“)*, wenn Weigands erste Ansparrate 12.000 € *(=R)* beträgt?

b) Mit welcher Rate R müsste er ansparen, um – bei einer ersten Abhebung am 01.01.24 von 18.000 € – auf „ewig“ jährlich eine um 3% höhere Rate als im Vorjahr abheben zu können?

Aufgabe 3.9.68:

Nachdem Buchkremer in der Vergangenheit mehrfach empfindliche Fehlinvestitionen in Aktien der Silberbach AG vorgenommen hatte, sucht er nunmehr finanzielle Solidität beim Rentensparen. Sein Anlageberater stellt ihm zwei Alternativen *(Anlagezinssatz jeweils 6,5% p.a.)* vor:

Alternative 1: Falls Buchkremer Preisniveau-Stabilität *(d.h. Inflationsrate = Null)* erwarte, komme eine 17malige Rente, Ratenhöhe 12.000 €/Jahr, erste Rate zum 01.01.09 in Frage.

Alternative 2: Falls Buchkremer dagegen mit Inflation rechne *(Inflationsrate = i_{infl} (p.a.))*, sei eine *(ebenfalls 17malige)* steigende Rente, beginnend ebenfalls mit 12.000 € zum 01.01.09, anzuraten, um am Ende auch über einen angemessenen Realwert der Ersparnisse verfügen zu können. Als jährliche Steigerung der Folgeraten werde 5% p.a. vorgeschlagen.

i) Wie hoch muss die Inflationsrate i_{infl} bei Alternative 2 sein, damit der inflationsbereinigte Realwert *(bezogen auf den Tag der ersten Rate)* des am Tag der letzten Sparrate verfügbaren End-Kontostandes denselben Wert besitzt wie der verfügbare End-Kontostand bei Alternative 1?

ii) Buchkremer – für eigenwillige, wenn auch nicht selten zutreffende Prognosen bekannt – erwartet eine mittlere Inflationsrate von 2,3% p.a. und entscheidet sich schließlich für die 3. Alternative:

Beginnend mit der ersten Rate von ebenfalls 12.000 € zum 01.01.09 sollen seine *(insgesamt ebenfalls 17)* Sparraten in den Folgejahren um jeweils denselben konstanten Betrag von der Vorjahresrate abweichen.

Wie muss der jährliche Änderungsbetrag der Raten ausfallen, damit der inflationsbereinigte Realwert *(bezogen auf den Tag der ersten Rate)* des am Tag der letzten Sparrate verfügbaren End-Kontostandes denselben Wert besitzt wie der verfügbare End-Kontostand bei Alternative 1?

Aufgabe 3.9.69:

Mischke möchte sein überschüssiges Kapital gerne in 20 Jahresraten zu je 50.000 €/Jahr anlegen, Zinssatz 6,9% p.a. Mit dem geplanten End-Kontostand K_n am Tag der letzten Einzahlung will er eine mehrjährige Weltreise antreten.

Nachdem er die erste Rate eingezahlt hat, macht ihn ein Kollege darauf aufmerksam, dass infolge von Inflation/Geldentwertung *(Inflationsrate 2,5% p.a.)* der Rentenendwert weit weniger wert sein wird als es dem dann verfügbaren Geldbetrag K_n entspricht.

Daraufhin beschließt Mischke, seine noch folgenden 19 Sparraten regelmäßig um denselben Prozentsatz gegenüber der Vorjahresrate zu erhöhen.

i) Angenommen, er erhöhe die Folgeraten jeweils genau um die Inflationsrate: Wie hoch ist der inflationsbereinigte Realwert seines End-Kontostandes, bezogen auf den Tag der 1. Rate?

***ii)** Angenommen, Mischke möchte einen End-Kontostand realisieren, der inflationsbereinigt *(bzgl. Tag der 1. Rate)* mit dem ursprünglich geplanten End-Kontostand K_n *(ohne Berücksichtigung der Inflation)* übereinstimmt: Wie hoch muss er dann den jährlichen Steigerungs-Prozentsatz *(„Dynamik-Satz“)* seiner Anspar-Raten wählen? *(Iterative Gleichungslösung erforderlich!)*

Aufgabe 3.9.70:

Mit welchem Einmalbetrag am 01.01.09 lässt sich die folgende Rente äquivalent ersetzen:

Jährlich 12 nachschüssige Monatsraten, beginnend 31.01.09 mit 100 €. Jede weitere Monatsrate steigt um 0,5% gegenüber der vorhergehenden Rate. Zinssatz: 7,5% p.a., monatliche Zinseszinsen zum konformen Monatszinssatz. Die letzte Monatsrate erfolgt am 30.09.20.

Aufgabe 3.9.71:

Lebensversicherungs-Gesellschaften werben gelegentlich mit traumhaften Renditen! Nach entsprechender Beratung durch seinen Makler Huber kauft Roland R. Kaefer eine kapitalbildende Lebensversicherung bei der Gesellschaft Asse&Kuranz AG. Der Vertrag wird wie folgt abgewickelt:

Kaefer zahlt im Jahr 01 vier nachschüssige Quartalsraten zu je 24.125,-- €.

In den nächsten neun Folgejahren werden ebenfalls je vier nachschüssige Quartalsraten gezahlt, die von Jahr zu Jahr um 5% gegenüber dem Vorjahreswert ansteigen *(innerhalb eines Jahres bleiben die vier Raten unverändert)*.

Am Ende des 10. Jahres *(d.h. zeitgleich mit der letzten Quartalsrate)*, zahlt die Asse&Kuranz AG als äquivalente Ablaufleistung einen Betrag in Höhe von 1.266.000,-- € an Kaefer aus.

Kaefer freut sich zunächst über die hübsche Summe und ist nun natürlich daran interessiert, die resultierende Kapital-Rendite aus dem Gesamt-Engagement zu erfahren. Als er einen befreundeten Finanzmathematiker deswegen befragt, kann Kaefer das Ergebnis zunächst kaum glauben! Machen Sie daher für Kaefer einige Kontrollrechnungen:

i) Angenommen, Kaefer hätte sein Kapital alternativ zu 5% p.a. anlegen können. Um welchen Betrag hätte sein Kapital-Endwert über/unter der Ablaufleistung gelegen

a) bei unterjährig linearer Verzinsung?

b) bei unterjährig exponentieller Verzinsung zum konformen Zinssatz?

ii) Als er empört die Asse&Kuranz AG vom Ergebnis in Kenntnis setzt, wird ihm entgegengehalten, die Versicherungsprämien enthielten einen nennenswerten Anteil für die Abdeckung des zwischenzeitlichen Sterbe-Risikos.

Daraufhin erkundigt sich Kaefer nach den üblichen Prämien für eine Risiko-Lebensversicherung und erhält folgende Information: Eine passende entsprechende Risiko-Lebensversicherung für 10 Jahre hätte im ersten Jahr 3.140 € *(d.h. vier gleiche nachschüssige Quartalsraten zu je 785€)* an Prämien gekostet. In den 9 Folgejahren hätten auch diese Raten um 5% p.a. angehoben werden müssen *(jeweils vier gleiche nachschüssige Quartalsraten pro Jahr)*.

Daraufhin bereinigt Kaefer seine ursprünglichen Prämienzahlungen um den enthaltenen Betrag der Risiko-Lebensversicherung. Beantworten Sie nunmehr unter Berücksichtigung der reduzierten Prämien die Fragen nach i)! Der Zinssatz für die Alternativ-Anlage beträgt jetzt 6% p.a.

***iii)** Ermitteln Sie Kaefers Effektivverzinsung nach der ICMA-Methode unter Berücksichtigung der ersparten Risiko-Lebensversicherungsprämien *(iterative Gleichungslösung erforderlich!)*

Aufgabe 3.9.72:

Bestmann will sich endlich zur Ruhe setzen und sorgenfrei sein Leben genießen. Da der letzte Aktien-Crash seine Nerven und seine Finanzen arg strapaziert hat, verkauft er bei nächster Gelegenheit seinen gesamten restlichen Aktienbestand und legt den Erlös *(750.000€)* zum 01.01.02 bei der Aachener&Hamburger Schifffahrtskasse *(7% p.a., unterjährig exponentielle Verzinsung zum konformen Zinssatz – ICMA-Methode)* an.

Mit Kassen-Filialleiter Huber wird folgender Rentenplan erarbeitet:

Bestmann erhält – weil er auch für seine Nachkommen ein für alle Mal vorsorgen will – eine ewige monatliche Rente, erste Rate am 31.01.02 in Höhe von R [€]. Der Rentenplan sieht weiterhin vor, dass jede weitere Monatsrate gegenüber der vorhergehenden Monatsrate um einen im Zeitablauf festen Prozentsatz zunimmt.

i) **a)** Angenommen, der monatliche Steigerungssatz betrage 0,1% p.m.: Wie hoch ist die erste Rate für Bestmann? Mit welcher Monatsrate kann er Ende des Jahres 2015 rechnen?

b) Man beantworte die Fragen von a), wenn der Steigerungssatz 0,6% p.m. beträgt.

ii) Angenommen, seine erste Rate soll 1.200 € betragen: Um wieviel Prozent erhöhen sich jetzt die Raten monatlich? Welche Monatsrate erhalten seine Nachkommen Ende des Jahres 2100?

4 Tilgungsrechnung

4.1 Grundlagen, Tilgungsplan, Vergleichskonto

Die Tilgungsrechnung beschäftigt sich mit allen Vorgängen und Problemen, die bei der **Verzinsung** und **Rückzahlung** *(Tilgung* [1]*)* einer Schuld *(z.B. Kredit, Darlehen, Hypothek, Anleihe, Wertpapier, ...)* auftreten.

Bei sämtlichen Schuldentilgungsvorgängen stehen sich **Leistungen** (= Zahlungen) des Kreditgebers *(Gläubigers)* und **Gegenleistungen** (= Zahlungen) des Kreditnehmers *(Schuldners)* gegenüber, so dass das finanzmathematische Instrumentarium *(Zinsrechnung, Rentenkalkül, Äquivalenzprinzip)* ohne Einschränkungen angewendet werden kann.

Sieht man von einigen speziellen noch zu erläuternden Begriffsbildungen ab, so lässt sich jeder Tilgungsvorgang auffassen als ein mit Hilfe des **Äquivalenzprinzips** *(„Leistung minus Gegenleistung gleich Restschuld/Kontostand")* zu behandelnder finanzmathematischer Vorgang *(„Finanzinvestition")*.

Die charakteristische **Besonderheit der Tilgungsrechnung** ist darin zu sehen, dass – anders als sonst in der Finanzmathematik – die **Gegenleistungen** *(= Zahlungen, Annuitäten)* des Darlehensschuldners Periode für Periode **zerlegt** werden in den

- **Zinsanteil**, d.h. die am Ende jeder Periode entstandenen und fälligen Zinsen auf die zu Beginn der Periode noch vorhandene Restschuld, sowie – als Differenzgröße – den
- **Tilgungsanteil** *(Differenz von Annuität und fälligen Zinsen)*:
  - Ist die Gegenleistung *(Annuität, Zahlung)* **größer** als die fälligen Zinsen, so ist die Tilgung die am Periodenende **über die fälligen Zinsen hinausgehende** Rückzahlungssumme, die allein zur **Minderung** der bisherigen Restschuld beiträgt.
  - Ist die Gegenleistung *(Annuität, Zahlung)* **kleiner** als als die fälligen Zinsen, so ergibt sich eine **negative** Tilgung, die Restschuld **erhöht** sich entsprechend.

  Die nominelle Summe aller im Zeitablauf gezahlten Tilgungen *(Tilgungsraten, Tilgungsquoten)* ergibt genau die ursprüngliche Kreditsumme.

Die **Annuität** [2] setzt sich additiv zusammen aus den *(entstandenen)* **Zinsen** plus der **Tilgung.**

Bezeichnet man mit Z_t, T_t bzw. A_t jeweils **Z**insanteil, **T**ilgungsanteil bzw. **A**nnuität *(fällig Ende der Periode t)*, so gilt für jede Periode die grundlegende definitorische Beziehung:

(4.1.1) $$Z_t + T_t = A_t \qquad (t = 1, 2, 3, ...)$$

Dabei ist allein die **Annuität A_t** *(=Zahlung)* die aus Sicht der Finanzmathematik entscheidenende **Zahlungs**größe, denn **nur Zahlungen** beeinflussen Kontostand oder Restschuld und führen zukünftig zu Zinsanfall oder Zinsvermeidung.

[1] von lat. „delere" (zerstören, auslöschen)

[2] und zwar auch dann, wenn die Zinsperiode oder Zahlungsperiode kein Jahr ist. Weiterhin beachte man, dass auch negative Tilgungen und Annuitäten denkbar sind, siehe Bemerkung 4.1.8. Statt von „Annuität" spricht man gelegentlich auch von „Kapitaldienst".

Beispiel 4.1.1: Ein Kredit *(Kreditsumme 100.000,-- €)* soll – bei 10% p.a. Zinsen – durch jährliche Raten *(Annuitäten)* von 12.000,-- € zurückgezahlt werden.

Die Zahlungsstruktur wird am Zeitstrahl deutlich:

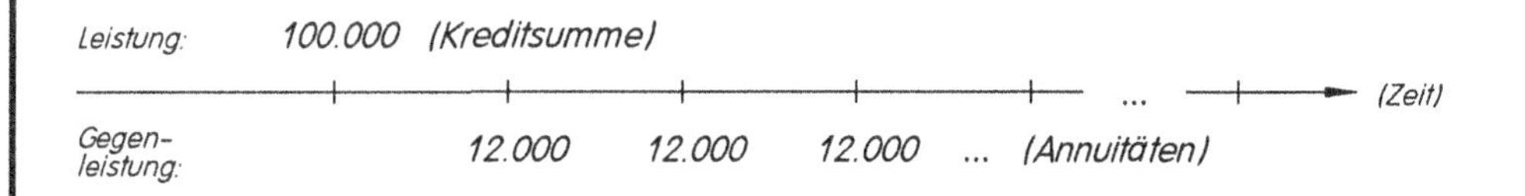

Die jeweilige Restschuld K_1, K_2, K_3, ... *(nach 1, 2, 3, ... Jahren)* lässt sich mit Hilfe des finanzmathematischen Kalküls nach dem Prinzip (3.7.12)

Restschuld *(=Kontostand)* = aufgezinste Leistung – aufgezinste Gegenleistung

bestimmen. So ergibt sich etwa die Restschuld K_3 nach Ablauf von 3 Jahren zu

$$K_3 = 100.000 \cdot 1{,}1^3 - 12.000 \cdot \frac{1{,}1^3 - 1}{0{,}1} = \mathbf{93.380{,}\text{--}\ €} \qquad \text{usw.}$$

Demgegenüber listet die Tilgungsrechnung Periode für Periode auf einem **Konto** Restschuld, Zinsen, Tilgung, Annuität tabellarisch auf *(„**Tilgungsplan**", „Kontostaffel")*.

Im Unterschied zu den bisher betrachteten Kontostaffeln *(siehe etwa die Kontoabrechnungen in Beispiel 3.8.14)* enthält ein Tilgungsplan neben Zinsen und Zahlungen *(Annuitäten)* nun auch den reinen Tilgungsanteil [3] *(rechnerisch der Saldo Annuität minus entstandene Zinsen)*.

Für unser obiges **Beispiel** lautet ein derartiger **Tilgungsplan** für die ersten drei Jahre:

Jahr t	**Restschuld K_{t-1}** *(zu Beginn d.J.)*	**Zinsen Z_t** *(10%)* *(zum Ende d.J.)*	**Tilgung T_t** *(zum Ende d.J.)*	**Annuität A_t** *(zum Ende d.J.)*
1	**100.000** (= K_0)	10.000	2.000	**12.000**
2	98.000 (= K_1)	9.800	2.200	**12.000**
3	95.800 (= K_2)	9.580	2.420	**12.000**
4	**93.380** (= K_3)	...	...	...
⋮	...			*(Zahlungen!)*

Der Tilgungsplan liefert – wie nicht anders zu erwarten – zu Beginn des vierten Jahres *(= Ende des dritten Jahres)* exakt dieselbe Restschuld K_3 *(= 93.380 €)* wie zuvor bei Anwendung des finanzmathematischen Formelapparates.

Wir wollen nun die Begriffsbildungen und Darstellungsvarianten der Tilgungsrechnung/Tilgungspläne bei den unterschiedlichsten Kreditformen genauer betrachten.

[3] Ein wichtiger ökonomischer Grund für die Aufteilung der Annuität in Zins- und Tilgungsanteil besteht in der steuerlich relevanten Tatsache, dass Zinsen aufwands-/ertragswirksam sind, reine Tilgungsleistungen dagegen nicht.

Bemerkung 4.1.2:

*i) Wir wollen zunächst **vereinbaren**, dass alle Zahlungen (d.h. Leistungen, Gegenleistungen, Annuitäten) zu Zinszuschlagterminen erfolgen und sogleich verrechnet werden. Abweichungen von dieser Vereinbarung treten vor allem dann auf, wenn unterjährig mit linearen Zinsen gerechnet wird, vgl. etwa Kap. 4.3.*

*ii) Wie bisher wird mit **nachschüssigen Zinsen** gerechnet, d.h. die **Zinshöhe** Z_t **am Ende** einer Zinsperiode richtet sich nach der **Restschuld** K_{t-1} **zu Beginn** dieser Zinsperiode:*

$$Z_t = K_{t-1} \cdot i \qquad (4.1.3)$$

iii) Außer Zinsen und Tilgung könnte die Annuität weitere Bestandteile (wie ein Aufgeld oder Provisions-/Gebührenanteile) enthalten. Solche zusätzlichen Bestandteile werden hier (zunächst) nicht betrachtet.

iv) Man beachte, dass nur positive Tilgungsleistungen die zu Beginn der Periode vorhandene Restschuld mindern, vgl. auch unten (4.1.5b).

Für die jeweilige Darlehensschuld vereinbaren wir folgende **Bezeichnungen:**

K_0: **Kreditsumme**, zinspflichtige[4] Leistung des Kreditgebers im Zeitpunkt t = 0, d.h. zu Beginn der ersten Periode

K_t: **Restschuld** am Ende der Periode t *(unmittelbar nach Verrechnung der gezahlten Annuität A_t).* K_t stellt somit die zu Beginn der Folgeperiode t+1 noch vorhandene *(und zu verzinsende)* Restforderung des Gläubigers dar, m.a.W.

K_{t-1} = Restschuld zu *Beginn* der Periode t *(= Restschuld am Ende der Periode t−1)*
K_t = Restschuld am *Ende* der Periode t *(= Restschuld zu Beginn der Periode t+1)*

Nach dem finanzmathematischen Äquivalenzprinzip ergibt sich die Restschuld K_t am Ende der Periode t aus der entsprechenden Restschuld K_{t-1} *(zu Beginn dieser Periode)* durch Aufzinsen und Saldieren mit der am Ende von Periode t gezahlten Annuität A_t, vgl. Abb. 4.1.4:

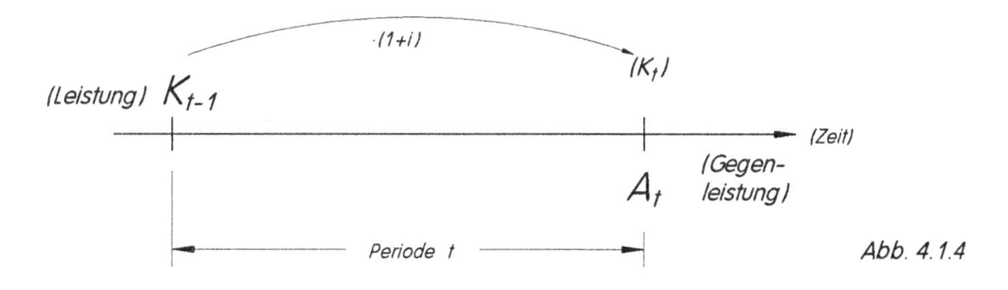

Abb. 4.1.4

Daraus folgt unmittelbar:

$$K_t = K_{t-1} \cdot (1 + i) - A_t \quad , \qquad (4.1.5a)$$

(d.h.: Neue Restschuld = aufgezinste alte Restschuld minus Annuität/Zahlung)

[4] Gelangt – etwa wegen eines einbehaltenen Disagios, vgl. Kap. 4.2.5.3 – nicht die volle Kreditsumme K_0 zur Auszahlung, so wird dennoch K_0 als zu verzinsendes und zu tilgendes Schuldkapital aufgefasst. Lediglich bei Ermittlung des Effektivzinssatzes *(vgl. Kap. 5.2)* wird auf die tatsächlich geflossenen Zahlungen zurückgegriffen.

Umformung unter Beachtung von (4.1.3) bzw. (4.1.1) liefert für die Restschuld K_t am Periodenende:

$$K_t = K_{t-1}(1+i) - A_t = K_{t-1} + \underbrace{K_{t-1} \cdot i}_{Z_t} - A_t = K_{t-1} - \underbrace{(A_t - Z_t)}_{T_t} , \quad \text{d.h.}$$

(4.1.5b)
$$\boxed{K_t = K_{t-1} - T_t} \; .$$

Aus der letzten Gleichung geht hervor, dass nur *positive* Tilgungen die Restschuld mindern, mithin muss – bei vollständiger Tilgung – ebensoviel getilgt sein, wie an Restschuld insgesamt vorhanden war; anders ausgedrückt:

Die nominelle Summe aller Tilgungen liefert stets die ursprüngliche Kreditsumme K_0 *(d.h. die Restschuld zu Beginn der ersten Periode)*:

(4.1.6)
$$\boxed{T_1 + T_2 + \ldots + T_n = K_0} \; .$$

Diese Beziehung (4.1.6) ist insbesondere für Kontrollrechnungen nützlich.

Beispiel 4.1.7: Vorgegeben seien folgende Kreditbedingungen *(lt. Kreditvertrag)*:

Kreditsumme: $K_0 = 100.000,\text{-- €}$; $\quad i = 10\%$ p.a.

Außer den jährlich anfallenden Zinsen sollen zusätzlich jeweils 20.000,-- €/Jahr als Tilgung gezahlt werden.

Mit den vereinbarten Bezeichnungen gilt am Ende von Jahr 1:

$$Z_1 = K_0 \cdot i = 10.000,\text{-- €} \qquad \text{sowie} \qquad T_1 = 20.000,\text{-- €} , \qquad \text{d.h.}$$

$$A_1 = Z_1 + T_1 = 30.000,\text{-- €}.$$

Somit beträgt die Restschuld K_1 am Ende der ersten Periode

$$K_1 = K_0 - T_1 = 100.000 - 20.000 = 80.000,\text{-- €}$$

$$\textit{(oder: } K_1 = K_0 \cdot q - A_1 = 100.000 \cdot 1{,}1 - 30.000 = 80.000,\text{-- €).}$$

Entsprechend folgt am Ende des zweiten Jahres:

$$Z_2 = K_1 \cdot i = 8.000,\text{-- €} \qquad \text{sowie} \qquad T_2 = 20.000,\text{-- €} , \qquad \text{d.h.}$$

$$A_2 = Z_2 + T_2 = 28.000,\text{-- €}.$$

Damit ergibt sich die Restschuld K_2 am Ende des 2. Jahres zu

$$K_2 = K_1 - T_2 = 60.000,\text{-- €} \quad \text{usw.}$$

Bemerkung 4.1.8:

*Ebenso wie **positive Tilgungsbeträge** die Restschuld **mindern**, wirken **negative Tilgungsbeträge restschulderhöhend**.*

*Negative Tilgungen treten rechnerisch immer dann auf, wenn die Annuität geringer ist als die fälligen Zinsen oder wenn dem Schuldner erneut Kreditmittel zufließen. Im letzten Fall – Mittelzufluss für den Schuldner – ergeben sich rechnerisch im Tilgungsplan auch **negative Annuitäten**, vgl. Bsp. 4.2.3.*

Ein Darlehensvorgang, bei dem die Leistung des Gläubigers in der Zahlung eines Kreditbetrages K_0 *(im Zeitpunkt t = 0)* besteht, lässt sich allgemein am Zeitstrahl wie folgt darstellen *(Abb. 4.1.9)*:

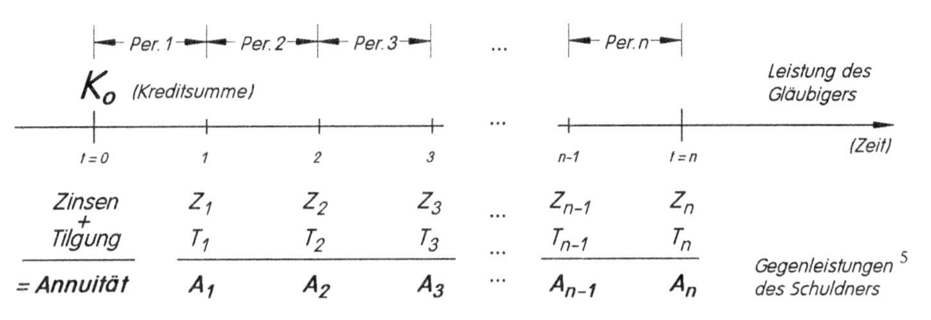

Abb. 4.1.9

Nur die Kreditsumme K_0 sowie die Annuitäten $A_1, A_2, ..., A_n$ repräsentieren die im Zusammenhang mit dem Kredit- und Tilgungsvorgang geflossenen Zahlungen. Eine zahlungsstromorientierte finanzmathematische Betrachtung unter Verwendung des Äquivalenzprinzips führt daher stets zum gleichen Resultat wie die Verwendung von Tilgungsplänen oder Kontostaffelrechnungen mit der detaillierten Auflistung aller Zins-/Tilgungsvorgänge *(siehe auch das Eingangs-Beispiel 4.1.1)*.

So hätte sich die Restschuld K_2 *(im letzten Beispiel 4.1.7)* bei Kenntnis der beiden Annuitäten A_1 = 30.000; A_2 = 28.000 auch direkt über die Äquivalenzmethode (3.7.12) ergeben:

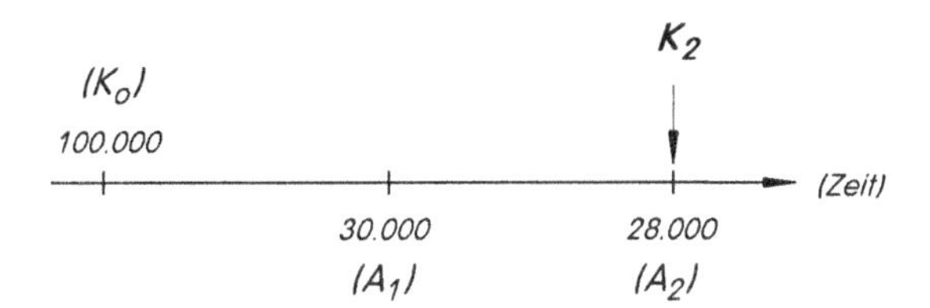

$\Rightarrow$ K_2 = *(aufgezinste)* Leistung — *(aufgezinste)* Gegenleistung (i = 10% p.a.)

$= 100.000 \cdot 1{,}1^2 - 30.000 \cdot 1{,}1 - 28.000 = 121.000 - 33.000 - 28.000 = 60.000$ €, s.o.

Wie schon im Eingangs-Beispiel 4.1.1 ansatzweise demonstriert, benutzt man zur Verdeutlichung des gesamten Ablaufs eines Kreditvorgangs *(mit allen Zahlungsvorgängen, der Ermittlung von Zins- und Tilgungsbelastungen sowie der Restschuldentwicklung im Zeitablauf)* eine **Kontostaffelrechnung**, auch **Tilgungsplan** genannt.

Wir wollen *(analog zu Beispiel 4.1.1)* mit den Daten von Beispiel 4.1.7 einen kompletten Tilgungsplan *(siehe Tabelle 4.1.10)* aufstellen:

Kreditsumme: K_0 = *100.000,-- €,*
Zinssatz: i = *10% p.a.,*
Tilgungen: T_t = *20.000,-- €/Jahr.*

[5] Ein wichtiger ökonomischer Grund für die Aufteilung der Annuität in Zins- und Tilgungsanteil besteht in der steuerlich relevanten Tatsache, dass Zinsen aufwands-/ertragswirksam sind, reine Tilgungsleistungen dagegen nicht.

(1)	(2)	(3)	(4)	(5)	(6)
Periode **t**	**Restschuld K_{t-1}** *(Beginn t)*	**(entstandene) Zinsen Z_t** *(Ende t)*	**Tilgung T_t** *(Ende t)*	**Annuität A_t (= Zahlung)** *(Ende t)*	**Restschuld K_t** *(Ende t)*
(1)	(2)	(3) = (2) · 0,10	(4)	(5) = (3) + (4)	(6) = (2) − (4)
1	100.000 (= K_0)	10.000	20.000	30.000	80.000 (= K_1)
2	80.000 (= K_1)	8.000	20.000	28.000	60.000 (= K_2)
3	60.000 (= K_2)	6.000	20.000	26.000	40.000 (= K_3)
4	40.000 (= K_3)	4.000	20.000	24.000	20.000 (= K_4)
5	20.000 (= K_4)	2.000	20.000	22.000	0 (= K_5)
6	0 (= K_5)	(Z_t +	T_t =	A_t)	

Tab. 4.1.10 *(Tilgungsplan zu Beispiel 4.1.7)*

Spalte (6) ist entbehrlich, da sämtliche Restschuldbeträge in Spalte (2) erneut aufgeführt werden.

Tabelle 4.1.10 zeigt, dass sich die **Leistung** *(= Zahlung)* A_1 *(= 30.000,-- €)* am Ende des ersten Jahres zusammensetzt aus den fälligen **Zinsen** Z_1 *(= 10% von 100.000 = 10.000,-- €)* plus der darüber hinausgehenden **Tilgungsleistung** T_1 *(= 20.000,-- €)*. Da nur die Tilgung T_1 die vorhandene Restschuld K_0 *(= 100.000,-- €)* mindert, ergibt sich als Schuldrest K_1 am Ende des ersten Jahres *(d.h. als Restschuld K_1 zu Beginn des zweiten Jahres)*: $K_1 = 100.000 - 20.000 = 80.000$,-- €, vgl. erste Zahlenreihe des Tilgungsplans. Alle weiteren Zeilen des Tilgungsplans entstehen nach analogem Muster. [6]

Zur Kontrolle für die korrekte Abwicklung eines Tilgungsplans ist es sinnvoll, die folgenden Relationen auf ihre „Wahrheit" hin zu überprüfen:

(1) $A_t = Z_t + T_t$ *(d.h. für alle t muss gelten: Annuität = Zins plus Tilgung)*

(2) $\sum_t T_t$ = Kreditsumme

(3) $K_t = K_{t-1} - T_t$ *(d.h. für alle t muss gelten: Restschuld Ende Periode t = vorherige Restschuld minus Tilgung Ende Per. t)*

Um einen Tilgungsplan aufstellen zu können müssen in jeder Periode *(außer Kreditsumme, Zinssatz und Kontoführungsmethode [7])* entweder der Tilgungsbetrag oder die Annuität bekannt *(oder vereinbart)* sein.

Während für die Höhe der entstehenden Zinsen die jeweils zu Periodenbeginn vorhandene Restschuld und der vereinbarte/anzuwendende Zinssatz maßgeblich ist, können für die Höhe der **Tilgungsraten** bzw. der **Annuitäten** unterschiedliche **Vereinbarungen** getroffen werden, wie in den nachfolgenden Kapiteln exemplarisch demonstriert wird.

---

[6] Wie schon angedeutet, ist die in Tab. 4.1.10 aufgeführte letzte Spalte (6) entbehrlich, da die jeweiligen Restschuldbeträge – um eine Zeile nach unten verschoben – in der Spalte (2) erneut erscheinen *(die Restschuld zum Ende der Periode t ist identisch mit der Restschuld zu Beginn der Folgeperiode t+1)*. Wir werden daher im folgenden meist auf Spalte (6) verzichten.

[7] Bis auf weiteres verwenden wir – vgl. Bem. 4.1.2. i) – als Kontoführungsmethode jährliche Zins- und Tilgungsverrechnung (bei jährlicher Zahlung der Annuität).

Bei alledem beachte man, dass Tilgungsplan/Kontostaffel einerseits und zahlungsstromorientierter Zahlungsstrahl andererseits nur zwei Seiten derselben *(finanzmathematischen)* Medaille sind:

- Jeder in einer Kontostaffel oder in einem Tilgungsplan abgebildete Investitions- oder Finanzierungsvorgang kann durch Betrachtung der Zahlungen/Annuitäten zahlungsorientiert aufgefasst und mit den klassischen Methoden der Finanzmathematik bewertet werden.

- Umgekehrt lässt sich jeder Vorgang, der mit *(Zahlungs-)* Leistungen und *(Zahlungs-)* Gegenleistungen zu tun hat, als Kreditvorgang deuten und vollständig in einem Tilgungsplan oder einer Kontostaffelrechnung abbilden und abrechnen.

Beide Betrachtungsweisen führen – unter sonst gleichen Voraussetzungen wie Zinshöhe, Verzinsungsmethode, Zahlungshöhe etc. – stets zu gleichen Laufzeiten, Restschuldbeträgen, Kontoständen usw.

Die **finanzmathematische Methode** hat dabei den Vorzug der kompakten Darstellung mit den Möglichkeiten, mathematische Werkzeuge für Analyse, Simulation und Optimierung anwenden zu können.

Die Darstellung in einem **Tilgungsplan** bietet demgegenüber die auch für Nichtmathematiker leichtere Nachvollziehbarkeit und Übersichtlichkeit im Hinblick auf tatsächliche gegenwärtige und zukünftige Zahlungen, Restschuldentwicklungen, Laufzeiten usw.

Ein Beispiel soll die genannten Aussagen erläutern:

Beispiel 4.1.11: Ein Kredit in Höhe von 100.000 € (= K_0) soll durch zwei Zahlungen zu je 60.000,-- €/Jahr *(erste Zahlung ein Jahr nach Kreditauszahlung)* vollständig zurückgeführt werden.

i) Die **finanzmathematische** Darstellung am Zahlungsstrahl lautet:

100 (=K_0) [T€] (Leistung)

(Zeit)

60 60 (Gegenleistung)

Sucht man z.B. denjenigen Jahreszins i, für den Leistung und Gegenleistung äquivalent sind *(also den Effektivzins i_{eff} dieses Kredits)*, so muss man die Äquivalenzgleichung

$$100q^2 = 60q + 60 \qquad (mit:\ q = 1 + i_{eff})$$

lösen. Ergebnis *(quadratische Gleichung)*:

$$q^2 - 0{,}60q - 0{,}60 = 0 \quad \Rightarrow \quad q_{1,2} = 0{,}30 \pm \sqrt{0{,}30^2 + 0{,}60} = 0{,}30 \pm 0{,}8307,$$

d.h. die *(positive)* Lösung lautet $q = 1{,}1306624 \approx 1{,}1307$ und somit $i_{eff} \approx 13{,}07\%$ p.a.

Für die korrekte Ermittlung von i_{eff} ist allein die finanzmathematische Darstellung sinnvoll, da nur sie die Anwendung eines mathematisch korrekten Lösungsverfahrens ermöglicht *(zur allgemeinen Effektivzinsermittlung vgl. Kap. 5.1)*. Moderne Tabellenkalkulationsprogramme bieten mit sog. „Solvern“ allerdings die Möglichkeit, auch in Tabellen nach Lösungswerten zu suchen.

ii) Bildet man den Finanzierungsvorgang in einem **Tilgungsplan** ab, so ergibt sich sofort das **Problem**, in welcher Weise die Annuität in Zins und Tilgung aufzuteilen ist:

t	K_{t-1}	Z_t	T_t	A_t
1	100.000	?	?	60.000
2	?	?	?	60.000
3	0			

Versuchte man es etwa mit i = 10% p.a., so lautet der Tilgungsplan:

t	K_{t-1}	Z_t	T_t	A_t
1	100.000	10.000	50.000	60.000
2	50.000	?	50.000	60.000
3	0		$\Sigma = K_0$	

Die sich in der ersten Zeile „automatisch" bei i = 10% ergebende Tilgung von 50.000 € führt zwangsläufig in der zweiten Zeile zu einer Tilgung von ebenfalls 50.000. Dann aber müsste man *(um die Bedingung „Zins + Tilgung = Annuität" zu erfüllen)* im zweiten Jahr mit 20% *(statt 10%)* Zinsen auf die Restschuld rechnen. Statt eines einzigen *(Effektiv-)*Zinses hätte man in jedem Jahr einen anderen Zins.

Wenden wir dagegen auch in der zweiten Zeile einen Zins von 10% an, so ergäben sich 5.000,-- € an Zinsen, mithin eine Überzahlung des Kredites *(60.000,-- € statt 55.000,-- €)*, d.h. der Tilgungsplan „ginge nicht auf".

In der Praxis versucht man daher, den Tilgungsplan probeweise mit anderen Zinssätzen so lange „durchzurechnen", bis das Konto genau „aufgeht", d.h. bis sich die Restschuld „Null" am Ende des zweiten Jahres ergibt [8].

Rechnen wir mit dem zuvor finanzmathematisch korrekt ermittelten Effektivzinssatz i_{eff} = 13,06624% p.a. *(mit erhöhter Genauigkeit angegeben, um Rundungsfehler zu eliminieren)*, so ergibt sich folgender Tilgungsplan, der den Kredit genau auf Null zurückführt:

t	K_{t-1}	Z_t	T_t	A_t
1	100.000,--	13.066,24	46.933,76	60.000,--
2	53.066,24	6.933,76	53.066,24	60.000,--
3	0		$(\Sigma = K_0)$	

Dies Beispiel verdeutlicht einen allgemeingültigen Sachverhalt *(siehe auch Bsp. 2.2.19 i)*:

Satz 4.1.12: (Vergleichskonto, Effektivkonto)

Ein **Tilgungsplan** *(auch: Vergleichskonto, Effektivkonto)*, das sämtliche **tatsächlich geflossenen** Zahlungen *(d.h. Leistungen und Gegenleistungen)* berücksichtigt, **geht** bei Anwendung des **Effektivzinssatzes** sowie der dabei benutzten **Kontoführungsmethode genau auf** *(d.h. nach Zahlung der letzten Leistung/Gegenleistung/Restschuld weist das **Konto** einen Bestand von **Null** auf)*.

Man benutzt dieses Ergebnis u.a. dazu, um die Richtigkeit eines zuvor berechneten Effektivzinssatzes zu überprüfen bzw. zu demonstrieren, siehe Kap. 5.1.1.

Aufgabe 4.1.13: Ein Kredit in Höhe von 200.000,-- € soll durch zwei jeweils im Jahresabstand folgende Zahlungen äquivalent ersetzt *(d.h. verzinst und getilgt)* werden, vgl. Zahlungsstrahl:

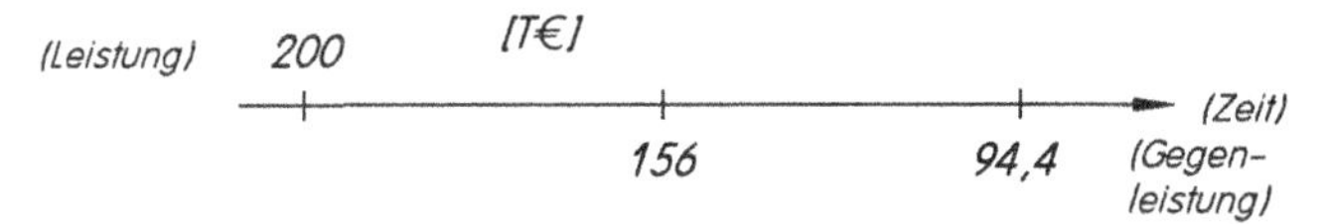

Man ermittle den zur Äquivalenz führenden *(Effektiv-)* Zinssatz und stelle mit diesem Zinssatz einen entsprechenden Tilgungsplan auf.

[8] Moderne Tabellenkalkulationsprogramme ermöglichen dieses Probierverfahren entweder recht schnell „per Hand" oder aber mit eingebauten Lösungsprogrammen. Näheres zur Effektivzinsermittlung folgt in Kap. 5.1.

4.2 Tilgungsarten

Je nach Höhe und/oder zeitlicher Verteilung von Tilgungsraten oder Annuitäten unterscheidet man verschiedene **Tilgungsarten** bzw. **Schuldtypen**:

(1) Allgemeine Tilgungsschuld, vgl. Kap. 4.2.1

(2) Gesamtfällige Schuld *ohne* vollständige Zinsansammlung, vgl. Kap. 4.2.2

(3) Gesamtfällige Schuld *mit* vollständiger Zinsansammlung, vgl. Kap. 4.2.3

(4) Ratentilgung *(Ratenschuld)*, vgl. Kap. 4.2.4

(5) Annuitätentilgung *(Annuitätenschuld)*, vgl. Kap. 4.2.5

Die Darstellung dieser klassischen Tilgungsarten erfolgt **zunächst** unter folgenden **Prämissen:**

- Sämtliche Zahlungen *(Leistungen, Gegenleistungen)* erfolgen an Zinsverrechnungsterminen (und zwar in aller Regel im Jahresrhythmus, d.h. zunächst keine unterjährigen Zahlungen);
- Sämtliche Leistungen/Gegenleistungen werden unmittelbar bei Zahlung wertgestellt, d.h. angerechnet auf Kontostand bzw. Restschuld *(„sofortige Zins- und Tilgungsverrechnung")*.

Abweichungen von diesen Prämissen werden in Kap. 4.3/4.4 bzw. Kap. 5.3 behandelt.

4.2.1 Allgemeine Tilgungsschuld

Bei dieser Kreditform erfolgen Leistungen (L) und Gegenleistungen (GL) in unregelmäßiger Weise und müssen entsprechend vereinbart werden. Es muss lediglich sichergestellt sein, dass Leistungen und Gegenleistungen im finanzmathematischen Sinne äquivalent sind oder – gleichbedeutend –, dass

- die nominelle Summe aller Tilgungsbeträge gleich der nominellen Kreditsumme ist,
- die *(jährlich nachschüssig fälligen)* Zinsen von der jeweiligen Restschuld berechnet werden.

Die sich so ergebenden *(i.a. völlig unregelmäßigen)* Annuitäten A_t stellen die Gegenleistung des Schuldners für die Hingabe des Kredites dar *(Abb. 4.2.1)*:

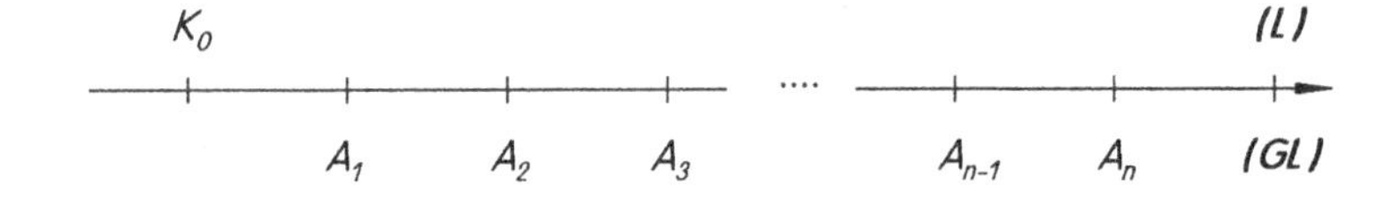

Abb. 4.2.1

Beispiel 4.2.2:

Ein Kredit von 100.000,-- € *(in t = 0)* soll bei i = 10% p.a. durch folgende *Tilgungs*raten getilgt werden:

20.000,-- € in t = 3; 30.000,-- € in t = 4; 50.000,-- € in t = 6 *(insg. nom 100.000 €)*
An jedem Jahresende sollen die entstandenen Zinsen voll bezahlt werden.

Gesucht ist: **i)** der Tilgungsplan
ii) die Barwertsumme aller Annuitäten in t = 0 *(d.h. im Zeitpunkt der Kreditaufnahme)*.

Lösung:

zu **i)** Die durch die Kreditbedingungen a priori feststehenden Daten sind **fett** gedruckt:

(1)	(2)	(3)	(4)	(5)
Periode t	Restschuld K_{t-1} *(Beginn t)*	Zinsen Z_t *(Ende t)*	Tilgung T_t *(Ende t)*	Annuität A_t *(Ende t)*
1	**100.000** (= K_0)	10.000	**0**	10.000
2	100.000	10.000	**0**	10.000
3	100.000	10.000	**20.000**	30.000
4	80.000	8.000	**30.000**	38.000
5	50.000	5.000	**0**	5.000
6	50.000	5.000	**50.000**	55.000
7	0		$\sum = K_0$	*(Allgemeine Tilgungsschuld)*

In diesem Beispiel sind die beiden ersten Jahre „tilgungsfrei", d.h. es werden keine Tilgungsleistungen erbracht *(wohl aber die entstandenen Zinsen, s.o.)*, die Restschuld zu Beginn des 3. Jahres entspricht daher der ursprünglichen Darlehensschuld. *(Werden zu Beginn der Kreditlaufzeit tilgungsfreie Zeiten vereinbart, in denen – wie hier – nur die fälligen Zinsen gezahlt werden, so spricht man auch von **Tilgungsstreckung**, vgl. Bsp. 4.2.58.)*

zu **ii)** Die Barwertsumme B_0 aller Annuitäten in t = 0 lautet:

$$B_0 = \frac{10.000}{1,1} + \frac{10.000}{1,1^2} + \frac{30.000}{1,1^3} + \frac{38.000}{1,1^4} + \frac{5.000}{1,1^5} + \frac{55.000}{1,1^6} = 100.000 \qquad (= K_0),$$

d.h. B_0 ist *(in Übereinstimmung mit dem Äquivalenzprinzip)* identisch mit der Kreditsumme K_0.

Ebenso einfach lassen sich die Verhältnisse darstellen, wenn

- einzelne Annuitäten **Null** sind (d.h. weder Zinsen noch Tilgung gezahlt werden – man spricht von **„Zahlungsaufschub"**). In diesen Perioden erhöht sich die Restschuld um die in der betreffenden Periode entstandenen Zinsen *(es entsteht eine **negative Tilgung** in Höhe der fälligen Zinsen)*;
- innerhalb der Laufzeit ein zusätzlicher **Kredit aufgenommen** wird *(erkennbar an einem **negativen Tilgungsbetrag** in Verbindung mit einer entsprechenden negativen Annuität ≙ Kassenzufluss beim Schuldner)*.

Beispiel 4.2.3: Eine Unternehmung erhält zu Beginn von Periode 1 einen Kredit von 100.000,-- € und nach Ablauf von sechs Jahren einen weiteren Kredit von 200.000,-- €, i = 10% p.a. Die *Tilgungen* werden wie folgt vereinbart:

Ende Jahr 1:	20.000,-- €,	Ende Jahr 3:	60.000,-- €,
Ende Jahr 5:	10.000,-- €,	Ende Jahr 7:	80.000,-- €,
Ende Jahr 9:	130.000,-- € ,		

somit insgesamt 300.000,-- € an Tilgungen, korrespondierend zu den als Kredit erhaltenen Beträgen von insgesamt nominell 300.000,-- €.

Die Zinsen werden von der jeweiligen Restschuld nachschüssig berechnet und auch gezahlt. Lediglich am Ende des 4. und 6. Jahres sollen *(in diesem Beispiel)* keine Zinszahlungen erfolgen. Die zu Beginn des 10. Jahres noch bestehende Restschuld wird Ende des 10. Jahres vollständig getilgt.

Der folgende Tilgungsplan *(Tab. 4.2.4)* enthält die Leistungen im einzelnen. Dabei beachte man:

- Eine **negative Tilgungsrate** bedeutet **Schuldenzunahme** in gleicher Höhe, vgl. (4.1.5b)
- Eine **negative Annuität** bedeutet eine **Einzahlung zugunsten des Schuldners** *(= Leistung des Gläubigers)*.

Die a priori feststehenden Daten sind fett gedruckt:

Periode t	Restschuld K_{t-1} *(Beginn t)*	Zinsen Z_t *(Ende t)*	Tilgung T_t *(Ende t)*	Annuität A_t *(Ende t)*
1	**100.000** $(=K_0)$	10.000	**20.000**	30.000
2	80.000	8.000	**0**	8.000
3	80.000	8.000	**60.000**	68.000
4	20.000	2.000	- 2.000	**0**
5	22.000	2.200	**10.000**	12.200
6	12.000	1.200	- 201.200	**- 200.000**
7	213.200	21.320	**80.000**	101.320
8	133.200	13.320	**0**	13.320
9	133.200	13.320	**130.000**	143.320
10	3.200	320	3.200	3.520
11	**0**	*(Allgemeine Tilgungsschuld)*	$(\sum = K_0)$	

Tab. 4.2.4

Auch hier stellt man durch Nachrechnen fest, dass das **Äquivalenzprinzip eingehalten** ist: Die *(auf t = 0 diskontierten)* Summen von positiven und negativen Zahlungen *(d.h. Leistungen und Gegenleistungen)* stimmen überein:

$$B_0 = \frac{30.000}{1,1} + \frac{8.000}{1,1^2} + \frac{68.000}{1,1^3} + \frac{12.200}{1,1^5} - \frac{200.000}{1,1^6} + \frac{101.320}{1,1^7} + \frac{13.320}{1,1^8} + \frac{143.320}{1,1^9} + \frac{3.520}{1,1^{10}}$$

$$= 100.000,\text{-- } € \qquad (= K_0) \;,$$

d.h. der Barwert B_0 *(zu Beginn der ersten Periode)* **aller** *(positiven und negativen)* Annuitäten ist identisch mit der zu diesem Zeitpunkt erhaltenen Kreditsumme K_0 *(Äquivalenzprinzip !)*.

Ebenso erhält man nach dem Prinzip „Kontostand = aufgezinste Leistung minus aufgezinste Gegenleistung", vgl. (3.7.12), jede im Tilgungsplan ausgewiesene Restschuld durch Aufzinsen und Saldieren von Kreditsumme und bis dahin geflossener Annuitäten. Beispielsweise ergibt sich die zu Beginn der 6. Periode ausgewiesene Restschuld K_5 (= 12.000) wie folgt:

$$K_5 = 100.000 \cdot 1,1^5 - 30.000 \cdot 1,1^4 - 8.000 \cdot 1,1^3 - 68.000 \cdot 1,1^2 - 12.200 = 12.000 \text{ €}.$$

Aufgabe 4.2.4: Ein Kredit *(K_0 = 350.000,-- €)* soll mit 10% p.a. verzinst werden. Folgende Tilgungen werden vereinbart:

Ende Jahr 1:	70.000,-- €	Ende Jahr 4:	63.000,-- €
Ende Jahr 6:	224.500,-- €	Ende Jahr 7:	Resttilgung.

Am Ende des 3. und 5. Jahres erfolgen keinerlei Zahlungen des Schuldners, vielmehr erfolgt Ende des 5. Jahres eine Neuverschuldung um 175.000,-- €. In allen anderen Jahren *(außer 3. und 5. Jahr)* werden neben den vereinbarten Tilgungen zusätzlich die fälligen Zinsen bezahlt.

Man stelle einen Tilgungsplan auf.

4.2.2 Gesamtfällige Schuld ohne Zinsansammlung

Bei dieser Tilgungsart erfolgt die **gesamte Tilgung** von K_0 in **einer einzigen Zahlung** (= K_0) am Ende der Laufzeit *(„gesamtfällige Tilgung“)*. Während der Laufzeit werden **nur** die jeweils **fälligen Zinsen gezahlt** *(„ohne Zinsansammlung“)*, jedoch keine Tilgungsbeträge geleistet. Als typisches und wichtiges **Beispiel** für diese Tilgungsform gilt die **endfällige Kupon-Anleihe**, siehe S. 307f.

Beispiel 4.2.5: Kreditsumme: K_0 = 100.000,-- €; i = 8% p.a., Laufzeit 7 Jahre.
In den ersten Perioden werden nur die Zinsen gezahlt, d.h. die ersten 6 Annuitäten betragen jeweils 8.000,-- €, die letzte Annuität erhöht sich um die Gesamttilgung: A_7 = 8.000 + 100.000 = 108.000,-- €. Der entsprechende Tilgungsplan lautet:

Periode t	Restschuld K_{t-1} *(Beginn t)*	Zinsen Z_t *(Ende t)*	Tilgung T_t *(Ende t)*	Annuität A_t *(Ende t)*
1	**100.000**	8.000	**0**	8.000
2	100.000	8.000	**0**	8.000
3	100.000	8.000	**0**	8.000
4	100.000	8.000	**0**	8.000
5	100.000	8.000	**0**	8.000
6	100.000	8.000	**0**	8.000
7	100.000	8.000	**100.000**	108.000
8	0		$\sum = K_0$	

Beispiel 4.2.6: Ein bekanntes Beispiel für eine gesamtfällige Schuld ohne Zinsansammlung ist – allerdings bei wechselnder Zinshöhe – durch den *(früheren)* **Bundesschatzbrief** vom **Typ A** gegeben. Bei einer Laufzeit von 6 Jahren könnten die Zinssätze z.B. wie folgt vorgegeben sein:

1. Jahr: 2,50% 2. Jahr: 3,00% 3. Jahr: 3,50%
4. Jahr: 3,75% 5. Jahr: 4,50% 6. Jahr: 4,75%

Der entsprechende Zinsbetrag wird jährlich ausgezahlt, das Kapital K_0 in einem Betrag am Ende der Laufzeit getilgt. Damit ergibt sich *(etwa für K_0 = 1.000,-- €)* folgender Tilgungsplan:

(1)	(2)	(3)	(4)	(5)
Periode t	Restschuld K_{t-1} *(Beginn t)*	Zinsen Z_t *(Ende t)*	Tilgung T_t *(Ende t)*	Annuität A_t *(Ende t)*
1	1.000 (= K_0)	*(2,50%)* 25,--	0	25,--
2	1.000	*(3,00%)* 30,--	0	30,--
3	1.000	*(3,50%)* 35,--	0	35,--
4	1.000	*(3,75%)* 37,50	0	37,50
5	1.000	*(4,50%)* 45,--	0	45,--
6	1.000	*(4,75%)* 47,50	1.000	1.047,50
7	0		$\sum = K_0$	

Zur Effektivzinsermittlung siehe Kap. 5.2.1, Bem. 5.2.4a ii).

4.2.3 Gesamtfällige Schuld mit vollständiger Zinsansammlung

Bei diesem Schuldtyp werden am **Ende der Laufzeit** neben dem **Gesamtkapital** K_0 *(Tilgung in einem Betrag)* die **angesammelten (Zinses-)Zinsen** fällig; vorher erfolgen weder Zins- noch Tilgungszahlungen, d.h. sämtliche Annuitäten *(mit Ausnahme der letzten)* sind Null.
Typisches **Beispiel**: **Nullkupon-Anleihe, Zerobond**, siehe S. 307 f.

Beispiel 4.2.7: Kreditsumme: K_0 = 100.000,-- €, Laufzeit 5 Jahre; i = 10% p.a.
Nach dem Zinseszinsprinzip besteht in diesem Fall die *(einzige)* Gegenleistung A_5 des Schuldners am Laufzeitende genau aus der aufgezinsten Kreditsumme: $A_n = K_0 \cdot q^n$, d.h. $A_5 = 100.000 \cdot 1{,}1^5$ = 161.051,-- €. Der entsprechende Tilgungsplan lautet:

Periode t	Restschuld K_{t-1} *(Beginn t)*	Zinsen Z_t *(Ende t)*	Tilgung T_t *(Ende t)*	Annuität A_t *(Ende t)*
1	100.000 (= K_0)	10.000	- 10.000	0
2	110.000	11.000	- 11.000	0
3	121.000	12.100	- 12.100	0
4	133.100	13.310	- 13.310	0
5	146.410	14.641	146.410	161.051
6	0		$\sum = K_0$	

An diesem Beispiel erkennt man *(erneut)*, dass Tilgungen auch **negativ** werden können: In den ersten 4 Jahren gilt nämlich (wegen $A_t = 0$ und $A_t = Z_t + T_t$): $T_t = -Z_t < 0$. Daher findet (wegen $K_t = K_{t-1} - T_t$) in den ersten 4 Jahren eine Restschuld**erhöhung** statt.

Beispiel 4.2.8: Beim *(früheren)* **Bundesschatzbrief** vom **Typ B** entwickelt sich der Zinssatz analog zum Typ A *(vgl. Beispiel 4.2.6)*, wobei ein siebtes Laufzeitjahr *(mit 5,00% p.a. als Beispiel)* hinzutritt, an dessen Ende das Kapital und die vollständig angesammelten (Zinses-)Zinsen in einem Betrag gezahlt werden. Bei K_0 = 1.000,-- € ergibt sich folgender Tilgungsplan:

Periode t	Restschuld K_{t-1} *(Beginn t)*	Zinsen Z_t *(Ende t)*	Tilgung T_t *(Ende t)*	Annuität A_t *(Ende t)*
1	**1.000,--** (= K_0)	25,00 (2,50 %)	- 25,00	0
2	1.025,--	30,75 (3,00 %)	- 30,75	0
3	1.055,75	36,95 (3,50 %)	- 36,95	0
4	1.092,70	40,98 (3,75 %)	- 40,98	0
5	1.133,68	51,02 (4,50 %)	- 51,02	0
6	1.184,70	56,27 (4,75 %)	- 56,27	0
7	1.240,97	62,05 (5,00 %)	1.240,97	**1.303,02**
8	0		$\sum = K_0$	

Aus 1.000,-- € sind so *(ohne Zwischenzahlungen)* in 7 Jahren 1.303,02 € geworden. Dies entspricht einer in allen 7 Jahren gleichen effektiven Verzinsung i_{eff} von 3,8536% p.a.
(berechnet aus „L = GL“: $1000(1 + i_{eff})^7 = 1303{,}02$*).*

4.2.4 Ratentilgung (Ratenschuld)

Bei diesem Kredittyp erfolgt die **Tilgung** am Ende jeder Periode in **gleich hohen Tilgungsraten** $T_1 = T_2 = ... = T_n =: T$. Bei einer Laufzeit von n Jahren vermindert sich somit die Kreditsumme K_0 jährlich um diesen gleichbleibenden Tilgungsbetrag T mit

(4.2.9)
$$T = \frac{K_0}{n} \; .$$

Da wegen fortschreitender Tilgung im Zeitablauf die Zinszahlungen abnehmen, müssen bei unveränderten Tilgungsraten auch die **Annuitäten abnehmen**: Die jährlich fällige Gesamtleistung *(„Kapitaldienst")* des Schuldners nimmt im Zeitablauf ab.

Beispiel 4.2.10: Ein Kredit von 100.000,-- € soll bei einem Kreditzinssatz von 8% p.a. in 20 Jahren bei jährlich gleichhohen Tilgungsraten zurückgezahlt werden. Die jährliche Tilgungsrate beträgt:

$$T = \frac{100.000 \text{ €}}{20 \text{ Jahre}} = 5.000,\text{-- €/Jahr.}$$

Damit ergibt sich der folgende **Tilgungsplan:**

Periode t	Restschuld K_{t-1} *(Beginn t)*	Zinsen Z_t *(Ende t)*	Tilgung T_t *(Ende t)*	Annuität A_t *(Ende t)*
1	**100.000** (= K_0)	8.000	**5.000**	13.000
2	95.000	7.600	**5.000**	12.600
3	90.000	7.200	**5.000**	12.200
⋮	⋮	⋮	⋮	⋮
19	10.000	800	**5.000**	5.800
20	5.000	400	**5.000**	5.400
21	**0**		100.000 (= K_0)	

Zur Effektivzinsberechnung von Ratenschulden vgl. Kap. 5.2.1.

Der bei Ratentilgung auftretende Nachteil für den Kreditschuldner, dass in der Anlaufphase des Kredites die Annuitäten *(und damit der Mittelabfluss)* am höchsten sind, wird bei der sogenannten „Annuitätentilgung" vermieden:

4.2.5 Annuitätentilgung (Annuitätenschuld, Annuitätenkredit)

Kennzeichen dieser Tilgungsart ist die im Zeitablauf **unveränderte Höhe A der Annuität** während der Laufzeit *(Abb. 4.2.11)*:

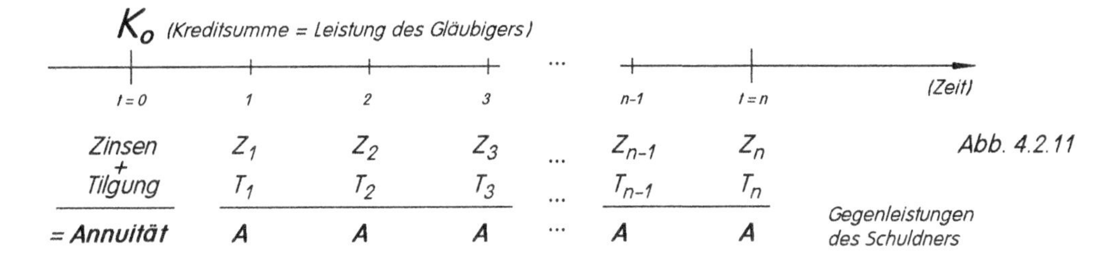

Abb. 4.2.11

Durch die im Zeitablauf fortschreitende Tilgung des Kredites werden auch die späteren Zinszahlungen immer geringer. Der an Zinsen gegenüber dem Vorjahr eingesparte Betrag wird bei Annuitätentilgung jeweils zur Erhöhung der Tilgung des laufenden Jahres verwendet, so dass die jährliche **Summe** A aus **Zinsen** und **Tilgung konstant** bleibt. Man nennt daher diese Tilgungsform auch „Tilgung durch *(um die ersparten Zinsen)* wachsende Tilgungsraten“ oder kurz **„Tilgung plus ersparte Zinsen“**.

Die Annuitätenschuld (oder: der *Annuitätenkredit*) gehört zu den wichtigsten Kreditformen des Geldmarktes und hat daher unterschiedliche Varianten ausgeprägt, von denen die wichtigsten in den nachfolgenden Unterkapiteln dargestellt werden.

4.2.5.1 Annuitätenkredit - Standardfall

Der Standardfall des Annutitätenkredits liegt vor, wenn unter der **Voraussetzung:**

Zinsperiode = Zahlungsperiode

eine **Zahlungsstruktur wie in Abb. 4.2.11** vorliegt, d.h.:

- Leistung *(des Gläubigers)*: die Kreditsumme K_0
- Gegenleistung *(des Schuldners)*: gleichhohe Annuitäten A, beginnend eine Periode nach Kreditauszahlung.

Beispiel 4.2.12: Ein Kredit von 100.000,-- € soll bei i = 10% p.a. durch jährlich gleiche Annuitäten von 12.000,-- €/Jahr zurückgezahlt werden. Tab. 4.2.13 zeigt die ersten Zeilen des Tilgungsplans:

Periode t	Restschuld K_{t-1} *(Beginn t)*	Zinsen Z_t *(Ende t)*	Tilgung T_t *(Ende t)*	Annuität A_t *(Ende t)*
1	**100.000** (= K_0)	10.000	2.000	**12.000**
2	98.000	9.800	2.200	**12.000**
3	95.800	9.580	2.420	**12.000**
4	93.380	...	...	...
⋮	...			

Tab. 4.2.13

Am Zahlungsstrahl Abb. 4.2.11 erkennt man, dass es sich bei der Annuitätentilgung um **denselben Vorgang** handelt, wie im Fall des **Kapitalabbaus** durch regelmäßige und gleich hohe Abhebungsraten *(vgl. Satz 3.7.7)*:

Dem Guthaben K_0 entspricht hier die Kreditsumme K_0 *(≙ „Guthaben" des Gläubigers beim Schuldner)*, den Abhebungen R entsprechen hier die Annuitäten A *(≙ Rückzahlungen des Schuldners, diese wirken wie „Abhebungen" des Gläubigers beim Schuldner)*, dem Restguthaben K_m entspricht hier die Restschuld K_m des Schuldners *(≙ „Restguthaben" des Gläubigers beim Schuldner)*.

Daher lässt sich der Schuldentilgungsvorgang im Fall der **Annuitätentilgung** (im Standardfall) **vollständig** beschreiben durch die **Sparkassenformel für Kapitalabbau** (vgl. Satz 3.7.7):

Satz 4.2.14: Eine Darlehensschuld *(Kreditsumme)* K_0 werde – beginnend eine Zinsperiode nach Auszahlung – mit einer **konstanten Annuität** zurückgezahlt *(wobei bis zur vollständigen Tilgung der Schuld n Annuitäten notwendig seien)*. Dann ergibt sich die **Restschuld K_m** unmittelbar nach Zahlung der m- ten (m ≤ n) Annuität *(vgl. Abb. 4.2.15)*

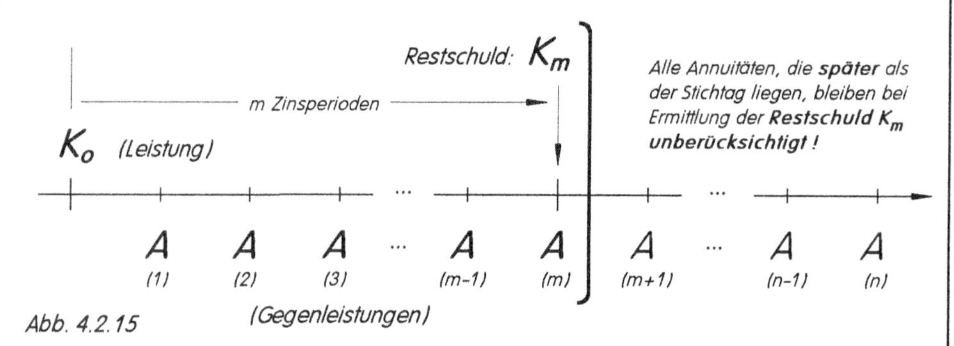

Abb. 4.2.15

durch die aufgezinste Leistung *(= $K_0 \cdot q^m$)* abzüglich der aufgezinsten **bis dahin** gezahlten Gegenleistung *(= $A \cdot (q^m - 1)/(q - 1)$)*:

(4.2.16) $$K_m = K_0 \cdot q^m - A \cdot \frac{q^m - 1}{q - 1} \qquad (m \leq n) .$$

Bemerkung 4.2.17: *Die Restschuldformel (4.2.16) ist **nur dann** anwendbar, wenn Leistung und Gegenleistungen die aus Abb. 4.2.15 ersichtliche **zeitliche Struktur** aufweisen.*

Beispiel 4.2.18: Die Kreditsumme betrage 100.000 €; i = 10% p.a.; A = 11.000 €/Jahr.

Dann ergibt sich z.B. die **Restschuld K_9** nach Zahlung der 9. Annuität zu

$$K_9 = 100.000 \cdot 1{,}1^9 - 11.000 \cdot \frac{1{,}1^9 - 1}{0{,}1} = \mathbf{86.420{,}52\ €.}$$

Damit erhält man als **Tilgung T_{10}** im 10. Jahr *(wegen $A = Z_{10} + T_{10} = 11.000$)*:

$$T_{10} = 11.000 - 86.420{,}52 \cdot 0{,}10 = \mathbf{2.357{,}95\ €} \text{ usw.}$$

Ein für die Annuitätentilgung besonders wichtiger Fall ergibt sich aus (4.2.16) dann, wenn das Darlehen **vollständig getilgt** ist, d.h. wenn nach der letzten *(n-ten)* Annuität die **Restschuld Null** ist *(vgl. auch die analoge „Kapitalverzehrsformel" (3.7.10))*:

Satz 4.2.19: (Schuldentilgungsformel für Annuitätentilgung – Standardfall)

Zwischen Kreditsumme K_0, Periodenzinsfaktor q, Gesamtzahl n von Annuitäten der konstanten Höhe A *(d.h. Gesamtlaufzeit n des Kredites)* besteht bei **vollständiger Schuldentilgung** ($K_n = 0$) die Beziehung

(4.2.20) $$0 = K_0 \cdot q^n - A \cdot \frac{q^n - 1}{q - 1}$$ *(Bem. 4.2.17 gilt entsprechend !)* .

Mit Hilfe von (4.2.16) bzw. (4.2.20) lassen sich sämtliche Probleme im Zusammenhang mit der Annuitätentilgung *(im Standardfall – vgl. Satz 4.2.14)* lösen:

Beispiel 4.2.21: (Ermittlung der **Annuität** – Standardfall)

Ein Kredit von 100.000,-- € soll bei i = 10% p.a. mit 15 gleichhohen Annuitäten zurückgezahlt werden. Annuitätenhöhe?

Da nach n (= 15) Annuitäten die Schuld vollständig getilgt ist ($K_n = 0$), folgt aus (4.2.16) bzw. (4.2.20):

$$K_0 \cdot q^n = A \cdot \frac{q^n - 1}{q - 1} \quad \text{bzw.}$$

(4.2.22) $$A = K_0 \cdot \frac{q^n(q-1)}{q^n - 1} = 13.147{,}38 \text{ €/Jahr.}$$

Bemerkung 4.2.23: *Der in (4.2.22) auftretende Faktor* $\frac{q^n(q-1)}{q^n-1}$ *heißt „Annuitätenfaktor" oder auch „Kapitalwiedergewinnungsfaktor" und ist für verschiedene p und n tabelliert, siehe etwa [Däu]. Allerdings gilt auch hier die Aussage von Bem. 3.3.7 unverändert.*

Beispiel 4.2.24: (Ermittlung der **Laufzeit** – Standardfall)

Ein Kredit von 100.000,-- € soll bei i = 10% p.a. mit Annuitäten von 11.000,-- €/ Jahr zurückgezahlt werden. Gesucht ist die Anzahl der Annuitäten *(bzw. die Laufzeit)* bis zur vollständigen Tilgung.

Lösung: Nach (4.2.20) folgt durch Auflösen nach der gesuchten Variablen n:

$$0 = K_0 \cdot (q-1) \cdot q^n - A \cdot q^n + A \quad \Leftrightarrow \quad q^n \cdot (A - K_0 \cdot (q-1)) = A \quad \Leftrightarrow$$

(4.2.25) $$n = \frac{\log \frac{A}{A - K_0(q-1)}}{\log q} = 25{,}16.$$

Es müssen 25 volle Annuitäten sowie eine verminderte „irreguläre" 26. Annuität geleistet werden, vgl. Beispiel 3.4.1 iv) bzw. das folgende Beispiel 4.2.28.

Bemerkung 4.2.26: *Der in (4.2.25) auftretende Term $A - K_0(q-1)$ entspricht wegen $K_0(q-1) = K_0 \cdot i = Z_1$ genau der Tilgung T_1 des ersten Jahres, so dass man statt (4.2.25) auch kurz schreiben kann:*

$$(4.2.27) \qquad n = \frac{\log \frac{A}{T_1}}{\log q}$$

Wegen $A = K_0 \cdot (i + i_T)$ *sowie* $T_1 = K_0 \cdot i_T$ *(i_T = Tilgungssatz) folgt daraus:*

$$n = \frac{\log \frac{i+i_T}{i_T}}{\log(1+i)}$$

Die Terminzahl/Laufzeit n eines Annuitätenkredits ist somit ***nicht*** *von der Höhe K_0 der Kreditsumme abhängig, sondern ausschließlich vom Zinssatz i und dem anfänglichen Tilgungssatz i_T.*

Das folgende Beispiel klärt das Problem von nicht-ganzzahligen Terminzahlen:

Beispiel 4.2.28: (Tilgungsplan, nicht-ganzzahlige Terminzahl)

Ein Kredit von 100.000 € soll bei i = 10% p.a. mit Annuitäten von 30.000 €/Jahr zurückgezahlt werden. Nach (4.2.25) ergibt sich die nicht-ganzzahlige Terminzahl n = 4,25. Tilgungsplan:

	Periode t	Restschuld K_{t-1} *(Beginn t)*	Zinsen Z_t *(Ende t)*	Tilgung T_t *(Ende t)*	Annuität A_t *(Ende t)*
	1	100.000	10.000	20.000	30.000
	2	80.000	8.000	22.000	30.000
	3	58.000	5.800	24.200	30.000
Tab.	4	33.800	3.380	26.620	30.000
4.2.28	5	7.180	?	?	?

Zu Beginn des 5. Jahres beträgt die Restschuld noch 7.180 € (= K_4). Man sieht unmittelbar, dass am Ende des 5. Jahres **keine** volle Annuität (= 30.000 €) mehr zu leisten ist, um diese Restschuld vollständig zu tilgen *(bereits erkennbar an der „gebrochenen" Terminzahl 4,25)*. In der Praxis gibt es **verschiedene äquivalente Modelle**, um **nicht-ganzzahlige Terminzahlen** zu erfassen. Bezogen auf das vorliegende Beispiel lauten sie:

i) Die am Ende der 4. Periode noch bestehende Restforderung in Höhe von 7.180,-- € wird zusammen mit der letzten vollen Annuität gezahlt: Dann lautet die 4. *(= letzte)* Annuität:

$$A_4 = 30.000 + 7.180 = 37.180,\text{-- €}.$$

ii) Die am Ende der 4. Periode noch bestehende Restschuld K_4 = 7.180,-- € wird mit Hilfe einer in t = 1 *(d.h. zusammen mit der ersten Annuität)* fälligen Sonderzahlung S_1 vorab geleistet. Dazu muss K_4 um 3 Perioden *(auf t = 1)* abgezinst werden:

$$S_1 = K_4 \cdot q^{-3} = 5.394,44 \text{ €}.$$

Außer dieser Sonderzahlung genügen nun genau 4 volle Annuitäten zur Schuldentilgung.

iii) Wie ii), aber die Sonderzahlung wird in t = 0 geleistet, vermindert also die Kreditsumme um $K_4 \cdot q^{-4}$ = 4.904,04 €. Mit K_0 = 95.095,96 €, i = 10% und A = 30.000,-- €/Jahr sind genau 4 Annuitäten zur Schuldentilgung erforderlich.

iv) In den **meisten Fällen** wird die zu Beginn des 5. Jahres noch bestehende Restschuld K_4 bis zum nächsten Zinszuschlagtermin weiterverzinst und dann incl. Zinsen als „irreguläre" Abschlussannuität A_5 zurückgezahlt. Im obigen Beispiel gilt:

$$A_5 = \underbrace{K_4 \cdot i}_{\text{Zinsen}} + \underbrace{K_4}_{\text{Tilgung}} = 718 + 7.180 = 7.898,\text{-- €}.$$

Bei dieser – im folgenden auch hier stillschweigend praktizierten – Methode lauten die beiden **letzten Zeilen des Tilgungsplanes** *(siehe Tab. 4.2.28)*:

Periode t	Restschuld K_{t-1} *(Beginn t)*	Zinsen Z_t *(Ende t)*	Tilgung T_t *(Ende t)*	Annuität A_t *(Ende t)*
...	...	...	...	...
4	33.800	3.380	26.620	30.000
5	7.180	718	7.180	7.898
6	0			

Abschließend *(was das Kapitel über den Standard-Annuitätenkredit angeht)* soll der Kreditvorgang des Eingangs-Beispiels 4.1.1 komplett in einem Tilgungsplan abgebildet werden:

Beispiel 4.2.29: (Standard-Annuitätenkredit, Tilgungsplan über **Gesamtlaufzeit)**

Kreditsumme: $K_0 = 100.000$ €.
Zinssatz: $i = 10\%$ p.a.
Annuität: $A = 12.000$ €/Jahr.

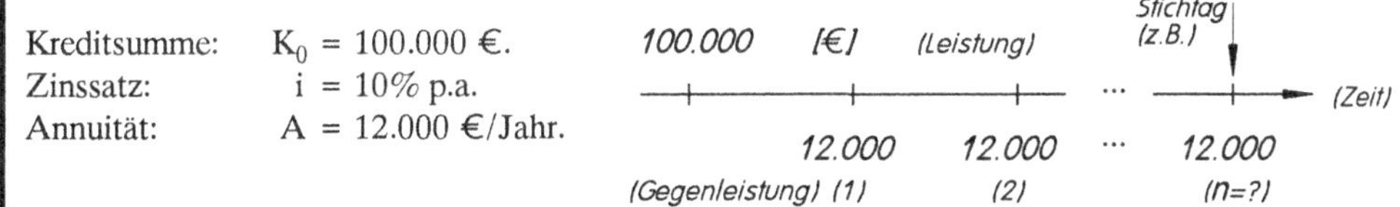

Aus diesen Daten ergibt sich für die Gesamtlaufzeit n (≙ Zahl der Annuitäten) die Äquivalenzgleichung

$$0 = 100 \cdot 1{,}1^n - 12 \cdot \frac{1{,}1^n - 1}{0{,}1} \qquad \textit{(siehe etwa Satz 4.2.19)}$$

mit der Lösung: $$n = \frac{\ln 6}{\ln 1{,}1} = 18{,}7992 \qquad \textit{(Raten bzw. Jahre).}$$

Die „krumme" Laufzeit signalisiert, dass 18 volle und eine verminderte 19. Annuität zu leisten sind. Damit ergibt sich folgender Tilgungsplan für das **Kreditkonto** *(alle Zahlungen sind **fett** gedruckt)*:

Jahr t	Restschuld K_{t-1} *(Beginn t)*	Zinsen Z_t *(Ende t)*	Tilgung T_t *(Ende t)*	Annuität A_t *(Ende t)*
1	**100.000,00**	10.000,00	2.000,00	**12.000,00**
2	98.000,00	9.800,00	2.200,00	**12.000,00**
3	95.800,00	9.580,00	2.420,00	**12.000,00**
4	93.380,00	9.338,00	2.662,00	**12.000,00**
5	90.718,00	9.071,80	2.928,20	**12.000,00**
6	87.789,80	8.778,98	3.221,02	**12.000,00**
7	84.568,78	8.456,88	3.543,12	**12.000,00**
8	81.025,66	8.102,57	3.897,43	**12.000,00**
9	77.128,22	7.712,82	4.287,18	**12.000,00**
10	72.841,05	7.284,10	4.715,90	**12.000,00**
11	68.125,15	6.812,52	5.187,48	**12.000,00**
12	62.937,67	6.293,77	5.706,23	**12.000,00**
13	57.231,43	5.723,14	6.276,86	**12.000,00**
14	50.954,58	5.095,46	6.904,54	**12.000,00**
15	44.050,03	4.405,00	7.595,00	**12.000,00**
16	36.455,04	3.645,50	8.354,50	**12.000,00**
17	28.100,54	2.810,05	9.189,95	**12.000,00**
18	18.910,59	1.891,06	10.108,94	**12.000,00**
19	*8.801,65*	880,17	*8.801,65*	**9.681,82**
20	**0,00**			

(Gesamt-Tilgungsplan Standard-Annuitätenkredit)

Aufgabe 4.2.30:

Ein Kredit in Höhe von 500.000,-- € ist innerhalb von 5 Jahren vollständig *(incl. Zinsen)* zurückzuzahlen, i = 8% p.a.

Man stelle für jede der folgenden Kreditkonditionen einen Tilgungsplan auf:

i) Tilgung in einem Betrag am Ende des 5. Jahres; Zinszahlungen jährlich;

ii) Rückzahlung incl. angesammelter Zinsen in einem Betrag am Ende des 5. Jahres *(vorher erfolgen also keinerlei Rückzahlungen !)*;

iii) Ratentilgung;

iv) Annuitätentilgung;

v) Tilgungsvereinbarungen: Ende des ersten Jahres werden nur die Zinsen gezahlt; Ende des zweiten Jahres erfolgen überhaupt keine Zahlungen; Ende des dritten und vierten Jahres: jeweils Tilgung 200.000,-- € *(plus Zinszahlung)*; Ende des 5. Jahres: Zinsen plus Resttilgung.

Aufgabe 4.2.31:

Ein Kredit von 150.000 € soll mit 10 gleichhohen Jahresraten *(Annuitäten)*, Kreditzinssatz 9% p.a., verzinst und getilgt werden. Die erste Annuität wird ein Jahr nach Kreditaufnahme fällig.
Man ermittle *(ohne Tilgungsplan)*

i) die Annuität

ii) die Tilgung zum Ende des letzten Jahres

iii) die Restschuld nach 5 Jahren

iv) die Tilgung Ende des 8. Jahres

v) die Gesamtlaufzeit, wenn die Annuität vorgegeben ist mit
a) 14.000 €/Jahr **b)** 13.600 €/Jahr **c)** 13.000 €/Jahr ?

vi) Nach welcher Zeit sind – bei einer Annuität von 13.750,-- €/Jahr – 40% der Schuld getilgt? Wieviel Prozent der entsprechenden Gesamtlaufzeit sind dann verstrichen?

Aufgabe 4.2.32:

Huber nimmt einen Kredit in Höhe von 200.000,-- € auf. Beginnend nach einem Jahr sollen für Zinsen und Tilgung insgesamt 15.000,-- €/Jahr aufgebracht werden *(Annuitätentilgung)*.

i) Wie hoch ist die Gesamtlaufzeit des Kredits bei
a) i = 5% p.a. **b)** i = 7,4% p.a. **c)** i = 8% p.a. ?

ii) Nach wieviel Prozent der Gesamtlaufzeit ist in den drei verschiedenen Fällen a),b),c) jeweils ein Viertel der Schuld getilgt?

Aufgabe 4.2.33:

Ein Kredit (100.000,– €) soll durch gleiche Annuitäten (11.000,– €/Jahr) bei i = 10% p.a. zurückgezahlt werden, die erste Annuität fließt ein Jahr nach Kreditaufnahme.

Welche Ausgleichszahlung müsste der Kreditnehmer zusätzlich zur ersten Annuität leisten, damit sich die zunächst *(d.h. ohne Ausgleichszahlung)* errechnete Gesamtlaufzeit des Kredits auf die nächst kleinere ganzzahlige Jahresanzahl vermindert?

Aufgabe 4.2.34:

Alois Huber hat aus einem Lotteriegewinn 20 Jahresraten zu je 120.000,-- € zu erwarten, erste Rate zum 01.01.01.

i) Wie hoch könnte *(bei i = 14,5% p.a. Kreditzins)* die Kreditsumme eines Annuitätenkredits sein, den er am 01.01.00 aufnimmt und mit den Raten des Lotteriegewinns zurückzahlt?

ii) Man beantworte Frage i), wenn aus der Lotterie 50 Jahresraten zu erwarten sind, die zur Kreditrückzahlung verwendet werden.

iii) Man beantworte Frage i), wenn die erste der 20 Gewinnraten am 01.01.05 erfolgt und die Verzinsung und vollständige Tilgung des am 01.01.00 aufgenommenen Kredits ausschließlich mit diesen 20 Raten erfolgen soll.

Aufgabe 4.2.35:

i) Gegeben ist die letzte Zeile eines Tilgungsplans für einen Standard-Annuitätenkredit (Annuität in den ersten 19 Jahren: 15.000,-- €/Jahr):

Periode *t*	Restschuld K_{t-1} *(Beginn t)*	Zinsen Z_t *(Ende t)*	Tilgung T_t *(Ende t)*	Annuität A_t *(Ende t)*
...	...	...	...	15.000,--
20	10.328,51	774,64	10.328,51	11.103,15

Wie hoch war die ursprüngliche Kreditsumme zu Beginn der Laufzeit?

ii) Gegeben ist folgende Zeile eines Tilgungsplans *(Annuitätenkredit)*:

Periode *t*	Restschuld K_{t-1} *(Beginn t)*	Zinsen Z_t *(Ende t)*	Tilgung T_t *(Ende t)*	Annuität A_t *(Ende t)*
.....	492.000,--	41.820,--	.....	60.000,--

a) Wie hoch war die Restschuld zwei Perioden zuvor?

b) Wie lautet die letzte Zeile des Tilgungsplanes?

4.2.5.2 Annuitätenkredit - Ergänzungen

Insbesondere im praxisrelevanten Bereich der Hypothekarkredite ist es üblich, die **Konditionen** eines **Annuitätenkredits** nicht in absoluten, sondern relativen *(„prozentualen")* Größen *(bezogen auf eine beliebige Kreditsumme K_0)* anzugeben.

Dazu gibt man neben dem **Zinssatz** i *(z.B. 9% p.a.)* den auf die Kreditsumme K_0 bezogenen **Tilgungssatz** i_T *(z.B. 2%)* des **ersten Jahres** an, so dass sich daraus sofort die Annuität A als Prozentwert $i + i_T$ der ursprünglichen Darlehensschuld K_0 *(hier: 11% von K_0)* ergibt:

$$A = K_0 \cdot (i + i_T) \quad .$$

Im Kreditvertrag heißt es dazu sinngemäß:

„Das Darlehen ist mit jährlich 9% zu verzinsen. Die Tilgung beträgt 2% jährlich des Darlehensbetrages zuzüglich der durch fortschreitende Tilgung ersparten Zinsen."

Die Formulierung *„Tilgung 2% ... zuzüglich ersparte Zinsen"* soll andeuten, dass es sich hier um einen **Annuitätenkredit** handelt, bei dem im **ersten** Jahr 2% von K_0 getilgt wird und in den Folgejahren die (durch bereits erfolgte Tilgungen) verminderten („ersparten") **Zinsen** derart durch **erhöhte Tilgungen kompensiert** werden, daß ihre **Summe** (d.h. die **Annuität**) stets **konstant** bleibt.

Die Angabe dieser **Prozentannuitäten** erlaubt es, Annuitätenkredite mit beliebigen Kreditsummen im Tilgungsplan darzustellen:

Beispiel 4.2.36: Ein Annuitätenkredit mit einer Kreditsumme von 200.000,-- € soll mit 9% p.a. verzinst und mit 2% p.a. *(zuzüglich ersparter Zinsen)* getilgt werden ($i = 0{,}09$; $i_T = 0{,}02$).

Wegen $A = (i + i_T) \cdot K_0 = 0{,}11 \cdot K_0$ gilt: $A = 0{,}11 \cdot 200.000 = 22.000$ €/Jahr.

Zur Laufzeitermittlung könnte man die Äquivalenzgleichung (4.2.20) bzgl. „n" lösen:

$$0 = 200.000 \cdot 1{,}09^n - 22.000 \cdot \frac{1{,}09^n - 1}{0{,}09} .$$

Dividiert man diese Gleichung durch 2.000, so erhält man:

$$(4.2.37) \qquad 0 = 100 \cdot 1{,}09^n - 11 \cdot \frac{1{,}09^n - 1}{0{,}09} .$$

An diesem Beispiel erkennt man, dass es zur Laufzeitermittlung bei Prozentannuitäten genügt, mit einer **fiktiven Kreditsumme** $K_0 = 100$ zu rechnen. In diesem Fall ergibt sich die Annuität sofort durch Addition der Prozentfüße p und p_T *(hier: 9 + 2)*.

Noch einfacher *(und allgemeiner)* wird Gleichung (4.2.37), wenn man $K_0 = 1$ wählt und mit den Variablen i, i_T und q *(= 1 + i)* arbeitet *(q ≠ 1)* :

$$0 = q^n - (i + i_T) \cdot \frac{q^n - 1}{q - 1} \quad \Leftrightarrow \quad 0 = q^n \cdot \overbrace{(q-1)}^{=i} - (i + i_T)q^n + i + i_T$$

$$0 = q^n \cdot (i - i - i_T) + i + i_T \quad \Leftrightarrow \quad q^n = \frac{i + i_T}{i_T} \qquad \text{d.h.}$$

$$(4.2.38) \qquad \boxed{n = \frac{\ln \frac{i + i_T}{i_T}}{\ln q}} \quad \text{oder} \quad \boxed{n = \frac{\ln \left(1 + \frac{i}{i_T}\right)}{\ln (1+i)}} \text{, analog zu (4.2.27).}$$

Im letzten Beispiel folgt mit $i = 0{,}09$; $i_T = 0{,}02$: $n = \frac{\ln 5{,}5}{\ln 1{,}09} = 19{,}78 \approx 20$ Jahre.

Somit beträgt für **jeden** Annuitätenkredit mit $i = 9\%$ p.a. und einer Anfangstilgung von $i_T = 2\%$ p.a. die Laufzeit 19,78 Jahre *(d.h. 19 volle Annuitäten plus eine Schlussannuität Ende des 20. Jahres)*.

Für die Kreditsumme *(Beispiel)* 200.000 lauten die drei ersten Zeilen des Tilgungsplans *(Tab. 4.2.39)*:

Periode t	Restschuld K_{t-1} *(Beginn t)*	Zinsen Z_t *(Ende t)*	Tilgung T_t *(Ende t)*	Annuität A_t *(Ende t)*
1	200.000	18.000,--	4.000,--	22.000
2	196.000	17.640,--	4.360,--	22.000
3	191.640	17.247,60	4.752,40	22.000
...	...	...	...	...

Tab. 4.2.39

Um die letzten beiden Zeilen des Tilgungsplans direkt angeben zu können, ermitteln wir mit (4.2.16) die Restschuld K_{18} zu Beginn des 19. Laufzeitjahres:

$$K_{18} = 200.000 \cdot 1{,}09^{18} - 22.000 \cdot \frac{1{,}09^{18} - 1}{0{,}09} = 34.794{,}65.$$

Damit lautet der Rest des Tilgungsplans *(Tab. 4.2.40)*:

Periode t	Restschuld K_{t-1} *(Beginn t)*	Zinsen Z_t *(Ende t)*	Tilgung T_t *(Ende t)*	Annuität A_t *(Ende t)*
...	....	...	...	...
19	34.794,65	3.131,52	18.868,48	22.000,--
20	15.926,17	1.433,35	15.926,17	**17.359,52**
21	0			

Tab 4.2.40

Man erkennt: Durch die Angabe der Prozentannuitäten erhält man zwar „glatte" Annuitäten, dafür handelt man sich aber eine „krumme" Laufzeit ein.

Anstelle der „irregulären" 20. Annuität hätte man – wie es oft in der Praxis vorkommt – auch die erste Annuität so abwandeln können, dass auch die 20. Annuität dem regulären Wert 22.000,-- € entspricht. Um die Mehrzahlung von 4.640,48 *(= 22.000 – 17.359,52, vgl. Tab. 4.2.40)* am Ende des 20. Jahres durch eine entsprechende Minderzahlung am Ende des ersten Jahres ausgleichen zu können, muss der Mehrbetrag um 19 Jahre abgezinst werden *(→ 902,53)* und vermindert so die erste Annuität entsprechend auf 21.097,47 €.

Damit lauten die drei ersten sowie die beiden letzten Zeilen des Tilgungsplans *(Tab. 4.2.41)*:

Periode t	Restschuld K_{t-1} *(Beginn t)*	Zinsen Z_t *(Ende t)*	Tilgung T_t *(Ende t)*	Annuität A_t *(Ende t)*
1	200.000,--	18.000,--	3.097,47	**21.097,47**
2	196.902,53	17.721,23	4.278,77	22.000,--
3	192.623,75	17.336,14	4.663,86	22.000,--
...	...	...	...	...

(Nebenrechnung: $K_{18} = 196.902,53 \cdot 1,09^{17} - 22.000 \cdot \frac{1,09^{17}-1}{0,09} = 38.700,45$)

Periode t	Restschuld K_{t-1} *(Beginn t)*	Zinsen Z_t *(Ende t)*	Tilgung T_t *(Ende t)*	Annuität A_t *(Ende t)*
...	...	...	...	...
19	38.700,45	3.483,04	18.516,96	22.000,--
20	20.183,49	1.816,51	20.183,49	22.000,--
21	0			

Tab. 4.2.41

Beispiel 4.2.42: (Restschuldentwicklung im Zeitablauf – Standard-Annuitätenkredit)

Aus (4.2.20) bzw. (4.2.25) bzw. (4.2.38) folgt, dass die Laufzeit n eines Standard-Annuitätenkredits *(z.B. Kreditsumme K_0 = 100.000 €)* mit dem *(nom.)* Zinssatz i = 12% p.a. und der Anfangstilgung i_T = 1% *(Annuität somit A = 13.000,-- €/Jahr)* den Wert 22,63 annimmt *(d.h. 22 volle Annuitäten und eine irreguläre Schlussrate)*.

Fragt man nun etwa nach dem Zeitpunkt, in dem z.B. 60% des Darlehens getilgt sind, so liefert die Restschuldformel (4.2.16):

$$40.000 = 100.000 \cdot 1,12^m - 13.000 \cdot \frac{1,12^m - 1}{0,12} \quad \text{mit der Lösung:}$$

$$m = \frac{\log 8,2}{\log 1,12} = 18,57 ,$$

d.h. 60% der Gesamtschuld sind erst nach rund 82% der Gesamtlaufzeit getilgt.

Da bei Annuitätenschulden die Tilgung anfangs nur relativ langsam einsetzt, ergibt sich allgemein als typischer **zeitlicher Verlauf der Restschuld** eines **Annuitätendarlehens** die in Abb. 4.2.42 wiedergegebene graphische Darstellung *(hier für das Beispiel $K_0 = 100$ T€, $i = 0{,}12$ und $i_T = 0{,}01$)*:

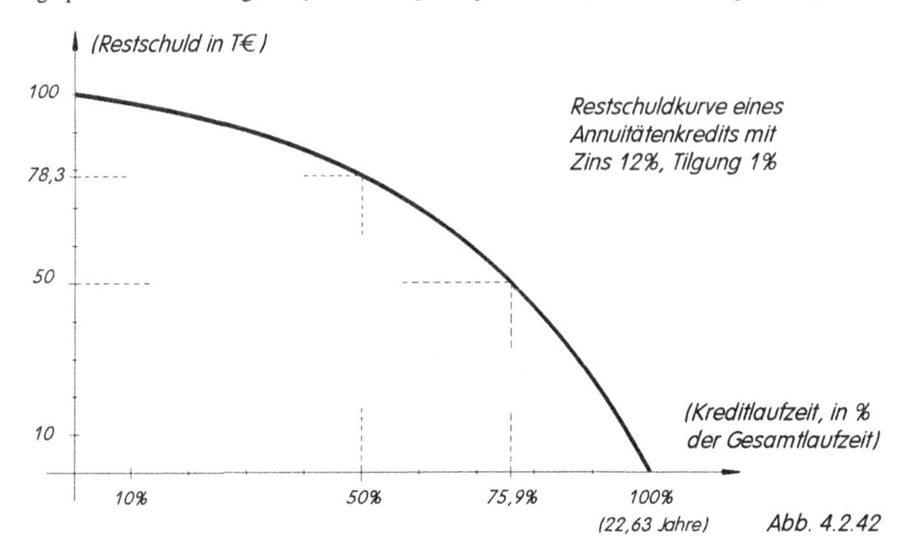

Abb. 4.2.42

Abb. 4.2.42 demonstriert am Beispiel der vorgegebenen Kreditkonditionen, dass nach Ablauf von 50% der Gesamtlaufzeit erst 21,7% der Schuld getilgt sind. Andererseits tritt eine 50%ige Kredittilgung erst nach 75,9% der Gesamtlaufzeit ein.

Zur Ermittlung einer allgemeinen Beziehung zwischen Laufzeit und Restschuld ***(allgemeine Restschuldfunktion)*** für beliebige Kombinationen von Zinssatz i und Tilgungssatz i_T gehen wir wie folgt vor:

Gegeben sei ein **Annuitätenkredit** *(Zinsperiode = Zahlperiode = 1 Jahr)* [9] mit folgenden Merkmalen:

- K_0: Kreditsumme
- i: Zinssatz *(pro Periode)*
- i_T: Tilgungssatz *(zuzüglich ersparte Zinsen)*
- A: konstante Annuität mit $A = K_0 \cdot (i + i_T)$
- n: Gesamtlaufzeit *(in Perioden)* bis zur vollständigen Tilgung
- m: Teillaufzeit *(in Perioden, $0 \leq m \leq n$)*
- K_m: Restschuld nach m Perioden

Zusätzlich definieren wir für unsere Zwecke:

k: Restschuldverhältnis $\frac{K_m}{K_0}$ nach m Perioden *(d.h. Restschuld in Prozent der Kreditsumme)*

t: Laufzeitverhältnis $\frac{m}{n}$ nach m Perioden *(d.h. Teillaufzeit in Prozent der Gesamtlaufzeit)*

Die gesuchte allgemeine **Restschuldfunktion** k: $k = f(t)$ gibt defininitionsgemäß zu jedem Laufzeitverhältnis t *(% der Gesamtlaufzeit)* das zugeordnete Restschuldverhältnis k *(% der Kreditsumme)* an.

Zunächst ergibt sich nach (4.2.16) für die Restschuld K_m: *(nach m ($\leq$ n) Perioden Teillaufzeit)*

$$K_m = K_0 \cdot q^m - A \cdot \frac{q^m - 1}{q - 1}$$

Wegen $A = K_0(i + i_T)$ liefert Division durch K_0:

$$\frac{K_m}{K_0} = k = q^m - (i + i_T) \cdot \frac{q^m - 1}{q - 1}$$

Auflösen dieser Gleichung nach m liefert *(mit $q - 1 = i$)*:

$$m = \frac{\ln\left(\frac{i}{i_T}(1-k) + 1\right)}{\ln(1+i)}$$

[9] Die nachfolgenden Überlegungen gelten analog für kürzere Zins-/Zahlperioden. Dabei sind lediglich Zins- und Tilgungssatz, Laufzeiten sowie Annuitäten auf die jeweils geltende Periode zu beziehen.

Für die Gesamtlaufzeit n gilt nun nach (4.2.38): $n = \dfrac{\ln\left(1+\frac{i}{i_T}\right)}{\ln(1+i)}$

Die seitenweise Division der beiden letzten Gleichungen liefert wegen $\frac{m}{n} = t$ *(s.o.)*

$$t = \frac{m}{n} = \frac{\ln\left(\frac{i}{i_T}(1-k)+1\right)}{\ln(1+i)} \cdot \frac{\ln(1+i)}{\ln\left(1+\frac{i}{i_T}\right)} \quad \text{d.h.} \quad \boxed{t = t(k) = \frac{\ln\left(\frac{i}{i_T}(1-k)+1\right)}{\ln\left(1+\frac{i}{i_T}\right)}} \quad (*)$$

Löst man die Gleichung (∗) nach k auf *(Logarithmensätze (2.1.13) beachten!)*, so folgt schließlich die Darstellung k = k(t) der gewünschten Beziehung zwischen Laufzeitanteil t und Restschuldanteil k:

(4.2.43) $$\boxed{k = k(t) = 1 - \frac{i_T}{i}\left(\left(1+\frac{i}{i_T}\right)^t - 1\right)}$$

Restschuldverlaufs-Funktion eines Annuitätenkredits *(0 ≤ t ≤ 1)*

k: Restschuldanteil
t: Laufzeitanteil
i: Zinssatz
i_T: Tilgungssatz

Beispiel: *Gesucht ist der Restschuldanteil k eines Annuitätenkredits nach der Hälfte der Gesamtlaufzeit, d.h. t = 0,5. Kredit-Konditionen: Zinssatz: i = 12% p.a.; Anfangstilgung:* $i_T = 1\%$ *p.a.*

Mit (4.2.43) folgt: $k = 1 - \frac{0{,}01}{0{,}12}\left(\left(1+\frac{0{,}12}{0{,}01}\right)^{0{,}5} - 1\right) = 0{,}783 = 78{,}3\%$, *d.h.*

nach 50% der Gesamtlaufzeit beträgt die Restschuld noch 78,3% der Kreditsumme, siehe Abb. 4.2.42

Die folgende Abbildung 4.2.44 zeigt exemplarisch die **Restschuldverläufe k(t)** für Annuitätenkredite mit identischer Kreditsumme *(=100)* und Annuität *(=13)*, aber unterschiedlichem Verhältnis von Zinssatz i zu Tilgungssatz i_T *(stets aber gilt:* $i + i_T = 0{,}13$ *!)*:

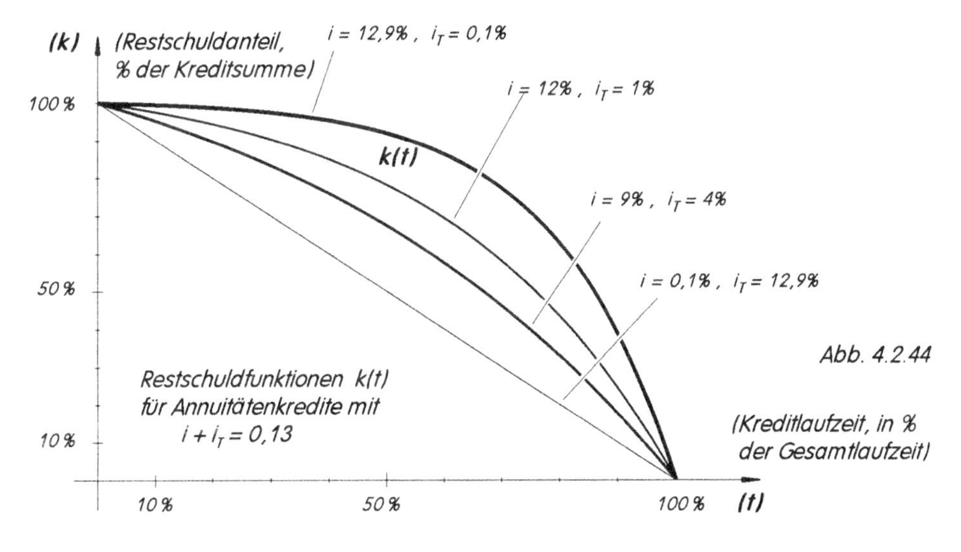

Abb. 4.2.44

Man sieht: Die „Restschuldkurven" *(Abb. 4.2.44)* sind desto stärker nach „rechts oben" gekrümmt, je größer im ersten Jahr der Zinsanteil im Vergleich zum Tilgungsanteil ist. Die Restschuldkurve ist linear für i = 0% p.a. oder wenn es sich um Ratentilgung handelt.

4.2.5.3 Exkurs: Annuitätenkredite mit Disagio

Häufig wird – vor allem bei Hypothekarkrediten – neben dem Kreditzins noch eine *(einmalige)* **Kreditgebühr** (***Disagio, Damnum, Abgeld***) zu Beginn der Kreditlaufzeit vom Schuldner verlangt

Dieses Disagio wird üblicherweise in Prozent von der Darlehensschuld *(d.h. der Kreditsumme K_0)* angegeben und mit der Kreditsumme K_0 zu Beginn der Laufzeit verrechnet.

So bewirkt etwa im Beispiel 4.2.36 *(K_0 = 200.000,-- €)* ein Disagio von z.B. 7%, dass der Kreditnehmer eine **Auszahlung** von nur 93% der Kreditsumme, d.h. 186.000,-- € erhält. Gleichwohl hat sich damit die zu verzinsende und zu tilgende Darlehensschuld nicht vermindert, sie beträgt nach wie vor 200.000,-- € *(= K_0)*.

Durch Vereinbarung eines Disagios ändert sich daher am Tilgungsplan des Kreditkontos *(siehe Tab. 4.2.39/40 oder 4.2.41)* keine einzige Zeile! Erst bei Betrachtung der Effektivverzinsung spielt die Höhe des Disagios eine wesentliche Rolle *(im Sinne einer Verteuerung des Kredits)*, siehe etwa Kap. 5.2.

Bemerkung 4.2.45: ***(Basis-Konditionen eines Annuitätenkredits – Kurzform)***

*Häufig werden die Basis-Konditionen eines Annuitätenkredits in **Kurzform** angegeben, z.B.*

96/7/1.

Übersetzung: *Auszahlung: 96% (d.h. Disagio 4%); Zinssatz: 7% p.a.; Anfangstilgung: 1% p.a., d.h. die Annuität beträgt 8% der ursprünglichen Kreditsumme) K_0.*

Wird ein Kredit nur unter Einhaltung eines Disagios vergeben, so muss die Kreditsumme K_0 so hoch gewählt werden, dass nach Abzug des Disagios die gewünschte Summe ausgezahlt wird:

Beispiel 4.2.46: Ein Annuitätenkredit mit den Konditionen 96/8/1 soll zu einer realen Mittelbereitstellung *(nach Einbehalten des Disagios)* von 240.000,-- € führen. Dann muss die Kreditsumme K_0 wie folgt gewählt werden *(die Auszahlung 240.000,-- € entspricht also der um 4% verminderten Kreditsumme – vgl. (1.1.16c))*:

$$K_0 = \frac{240.000}{0,96} = 250.000,\text{--}\ €.$$

Eine weitere Möglichkeit, den Auszahlungsverlust auszugleichen, besteht darin, ein sog. „Tilgungsstreckungsdarlehen" dazwischenzuschalten, vgl. Beispiel 4.2.66.

Bemerkung 4.2.47:

*Wie wir noch im Zusammenhang mit der Effektivzinsberechnung (vgl. etwa Kap. 5.3) sehen werden, ist für den „Erfolg" einer Investition oder eines Kredits allein der **reale** Zahlungsstrom von Bedeutung, d.h. Höhe und Zeitpunkte der **tatsächlich geflossenen Zahlungen.***

Durch die in der Praxis übliche Konditionenvielfalt (durch Vereinbarung unterschiedlicher Auszahlungen und nom. Zinshöhe) wird diese Relevanz der realen Zahlungen häufig verschleiert.

Es zeigt sich nämlich, dass zwei Kredite, die auf den ersten Blick völlig verschieden sind (unterschiedliche Kreditsummen, unterschiedliches Disagio, unterschiedlicher nomineller Zinssatz) in Wirklichkeit exakt dieselbe Zahlungsreihe besitzen und somit identische „Erträge" (bzw. „Kosten") verursachen können.

*Betrachten wir dazu etwa einen Annuitätenkredit mit der folgenden **realen Zahlungs**struktur:*

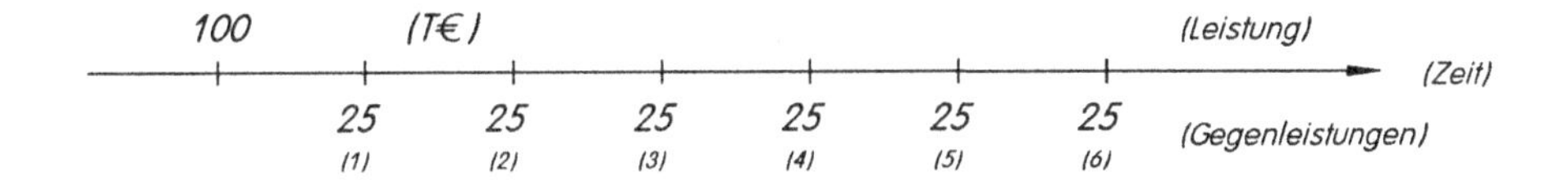

Weitere Zahlungen seien mit diesem Kredit nicht verbunden, d.h. mit Zahlung der sechsten Annuität ist der Kredit vollständig getilgt.

*Bei der „Leistung" in Höhe von 100.000 € handelt es sich also um die tatsächliche Kredit**auszahlung** (d.h. um die bereits um ein eventuelles Disagio **gekürzte** Kreditsumme). Da sich der Kreditzinssatz i (= i_{nom}) aber auf die volle (und noch nicht bekannte) Kreditsumme K_0 bezieht, muss die folgende Äquivalenzgleichung erfüllt sein (mit $q := 1 + i_{nom}$):*

$$(*) \qquad K_0 \cdot q^6 - 25.000 \cdot \frac{q^6 - 1}{q - 1} = 0 \quad , \qquad (q = 1 + i_{nom} \neq 1) \,,$$

(denn die sechs Annuitäten und die ungekürzte Kreditsumme K_0 müssen bei Anwendung des nominellen Kreditzinssatzes äquivalent sein).

Diese Gleichung aber enthält zwei voneinander unabhängige Variable, nämlich die (noch nicht bekannte) Kreditsumme K_0 und den (noch nicht festgelegten) Kreditzinssatz i_{nom} (bzw. $q = 1 + i_{nom}$).

Wählt man daher eine der beiden Variablen (K_0 oder q) vor, so lässt sich die andere über die Äquivalenzgleichung (*) ermitteln.

***Beispiel:** Bei einem (willkürlich vorgegebenen) Kreditzins i_{nom} = 10% p.a. ergibt sich über (*) die Kreditsumme K_0 zu*

$$K_0 = 25.000 \cdot \frac{1{,}1^6 - 1}{0{,}1} \cdot \frac{1}{1{,}1^6} = 108.881{,}52.$$

Da 100.000 € ausgezahlt wurden, beträgt der Auszahlungsprozentsatz 91,84%. Da weiterhin die Annuität (= 25.000 €) einem Prozentsatz von 22,96% der Kreditsumme K_0 entspricht, muss die Anfangstilgung (wegen i_{nom} = 10%) 12,96% p.a. (zuzüglich ersparter Zinsen) betragen. Die Kreditkonditionen lauten daher (nach der in Bem. 4.2.45 vereinbarten Kurzform):

91,84% / 10% / 12,96%

und führen bei einer (nom.) Kreditsumme von 108.881,52 € zum o.a. Zahlungsstrahl.

Dieselben Überlegungen führen (wenn man i_{nom} entsprechend vorgibt), z.B. zu den Konditionen:

Auszahlung (%)	*(nom.) Kreditzins (%)*	*Anfangstilgung (%)*	*Kreditsumme (€)*
78,81	5,00	14,70	126.892,30
86,53	8,00	13,63	115.571,99
89,17	9,00	13,29	112.147,96
91,84	10,00	12,96	108.881,52
97,29	12,00	12,32	102.785,18
100,00	?	?	100.000,00

Jeder dieser Kredite besitzt dieselbe Zahlungsreihe, es handelt sich in allen Fällen um einen und denselben Kredit (mit einem und demselben Effektivzins).

Gibt man umgekehrt die gewünschte Auszahlung (und somit das gewünschte Disagio) vor, so ergeben sich (zunächst) rechentechnische Schwierigkeiten. Man könnte etwa eine 100%ige Auszahlung (d.h. K_0 = 100.000,-- €) vorgeben (vgl. die letzte Zeile der Tabelle) und nach dem dazugehörigen Kreditzins i_{nom} (= i_{eff}!) fragen. Die entsprechende Äquivalenzgleichung (*) lautet dann – da Auszahlung = Kreditsumme:

$$(**) \qquad 100.000 \cdot q^6 - 25.000 \cdot \frac{q^6 - 1}{q - 1} = 0, \qquad (q \neq 1)$$

und müsste bzgl. q gelöst werden. Da dies „klassisch" nicht möglich ist, verwendet man meist ein iteratives Näherungsverfahren, vgl. Kap. 5.1. Der Vollständigkeit halber sei der resultierende Kreditzinssatz bereits hier genannt: i_{nom} = 12,98% p.a., so dass die äquivalenten Konditionen bei der ***Variante ohne Disagio*** *lauten:*

Auszahlung:	*100%*
Kreditzins:	*12,98% p.a.* (= i_{nom} = i_{eff})
Tilgung:	*12,02% p.a. (zuzüglich ersparte Zinsen)*
Kreditsumme:	*100.000,-- €.*

Als wichtigstes Ergebnis (insbesondere für die Erfolgsbeurteilung von Kreditgebern bzw. Kostenbeurteilung von Kreditnehmern) bleibt festzuhalten:

(4.2.48) *Zu einem* ***realen Kreditzahlungsstrom*** *(bestehend aus sämtlichen in Höhe und Fälligkeitszeitpunkten determinierten Zahlungen) existieren* ***beliebig viele*** *verschiedene äquivalente* ***Kreditkonditionen***[10] *(mit notwendigerweise identischem Effektivzins).*

Aufgabe 4.2.49:

i) Ein Annuitätenkredit besitze den folgenden (realen) Zahlungsstrahl:

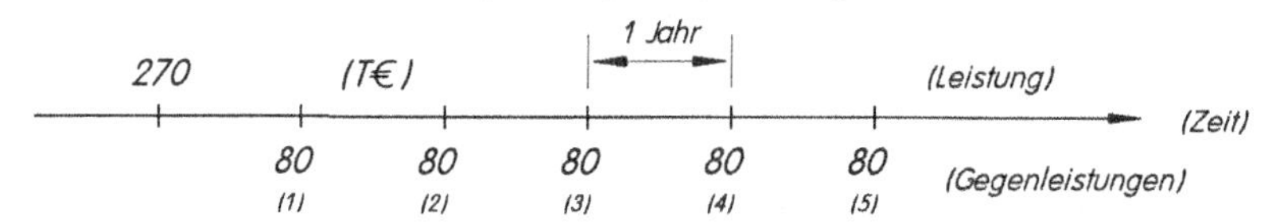

Weitere Zahlungen fließen nicht.

Man ermittle jeweils zu den beiden vorgegebenen *(nom.)* Kreditzinssätzen die passenden weiteren *(äquivalenten)* Konditionen *(Auszahlung, anfängl. Tilgungssatz sowie Kreditsumme)*:

a) Kreditzinssatz *(nom.)*: 12% p.a. **b)** Kreditzinssatz *(nom.)*: 18% p.a.

und interpretiere das Ergebnis.

ii) Gegeben ist ein Annuitätenkredit mit der Kreditsumme 100.000,-- € und den Konditionen *(bezogen auf die Kreditsumme)*:

Auszahlung:	96%
Kreditzinssatz *(nom.)*:	12% p.a.
Tilgung:	1% *(zuzüglich ersparte Zinsen)*.

Man ermittle für **a)** i_{nom} = 14% p.a. **b)** i_{nom} = 10% p.a.

äquivalente Konditionen *(Kreditsumme, Auszahlung, Tilgung)*, die jeweils denselben Zahlungsstrom *(über die Gesamtlaufzeit)* besitzen wie der ursprüngliche Kredit.

[10] Welche dieser Konditionen dann schließlich vertragsmäßig realisiert werden, könnte etwa durch steuerliche Gesichtspunkte oder gesetzliche Vorgaben bestimmt werden.

Bemerkung 4.2.50:

Häufig wird der vereinbarte Kreditzinssatz i nicht über die Gesamtlaufzeit, sondern lediglich über eine ***geringere Zeitspanne*** *(z.B. 1 Jahr, 5 Jahre oder 10 Jahre =* ***Zinsbindungsfrist) festgeschrieben****.*

Eine entsprechende Kreditkondition könnte dann etwa lauten: „94/10/2 – Zinsfestschreibung 5 Jahre (oder: Konditionen fest für 5 Jahre).“ Dabei bezieht sich das vereinbarte Disagio (hier: 6%) auf die Zinsbindungsfrist (hier: 5 Jahre), ist also mit Ablauf dieser Frist „verbraucht“.

Nach Ablauf der Zinsbindungsfrist kann der Kredit i.a. zu neuen Bedingungen (evtl. geänderter Zinssatz, evtl. neuerliches Disagio (!) – bezogen auf die neue Kreditsumme = alte Restschuldsumme) fortgesetzt werden. Da das Ausmaß derartiger späterer Zinsänderungen a priori nicht bekannt ist, beschränkt man sich zunächst – insbesondere bei der Effektivzinsermittlung, siehe Beispiel 5.2.10 –, auf die vorgegebene Zinsbindungsfrist, wobei die sich am Ende der Zinsbindungsfrist ergebende ***Restschuld*** *wie eine* ***(zusätzliche) Tilgungszahlung*** *behandelt wird.*

Für die genannten Konditionen 94/10/2 – 5 Jahre fest – lautet daher der ***Tilgungsplan*** *für die ersten fünf Jahre (bei einer Kreditsumme K_0 = 100.000,-- €, siehe auch Beispiel 4.2.29):*

Periode t	Restschuld K_{t-1} (Beginn t)	Zinsen Z_t (Ende t)	Tilgung T_t (Ende t)	Annuität A_t (Ende t)	
1	100.000	10.000,--	2.000,--	12.000,--	
2	98.000	9.800,--	2.200,--	12.000,--	
3	95.800	9.580,--	2.420,--	12.000,--	
4	93.380	9.338,--	2.662,--	12.000,--	
5	90.718	9.071,80	2.928,20	12.000,--	
			+87.789,80	+87.789,80	(Restschuld)
6	0				

Der für die Anwendung des Äquivalenzprinzips (z.B. für die Effektivzinsermittlung, siehe etwa Bsp. 5.2.10) relevante ***Zahlungsstrom*** *lässt sich dann wie folgt am Zeitstrahl darstellen:*

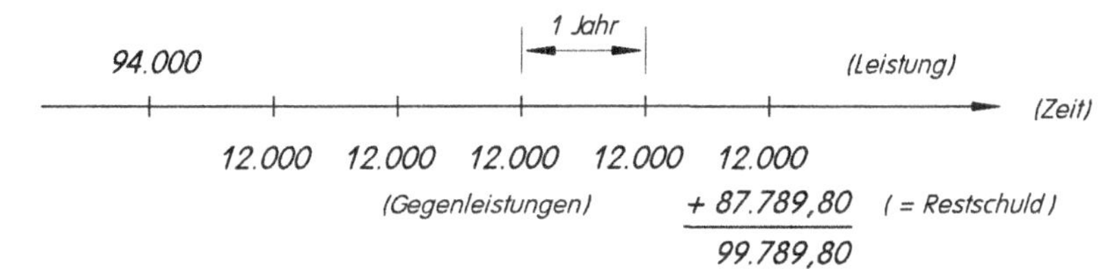

Wenn die Kreditbank nach Ablauf der ersten 5 Jahre einen Anschlusskredit gewährt, Konditionen (z.B.) „97/8/1 – Zinsfestschreibung 10 Jahre“, so ist folgendes gemeint: Neue Kreditsumme = alte Restschuld = 87.789,80 €. Das darauf entfallende Disagio von 3% (=2.633,69 €) muss vom Kreditnehmer geleistet werden, d.h. er erhält eine Kreditauszahlung in Höhe von 85.156,11 €. Die Annuitäten in den nächsten 10 Jahren betragen 8%+1% der neuen Kreditsumme, d.h. 7.901,08 € pro Jahr.

Aufgabe 4.2.51:

Für eine Tilgungshypothek in Höhe von € 150.000,-- werden 7% p.a. Zinsen und 1% Tilgung *(zuzüglich ersparter Zinsen)* vereinbart bei jährlich gleich hohen Annuitäten.

i) Nach welcher Zeit ist die Hypothek getilgt?

ii) Man ermittle die Restschuld nach Ablauf von 10 Jahren.

iii) Vom Beginn des 11. Jahres an erhöht sich der Zinssatz auf 8,5% p.a. Wie lautet bei gleicher Annuität die 11. Zeile des Tilgungsplans?

iv) Wie lang ist die Restlaufzeit zu neuen Bedingungen?

Aufgabe 4.2.52:

Norbert Nashorn nimmt zwecks Betriebserweiterung bei der Bank ein Darlehen auf und verpflichtet sich, zur Verzinsung und Tilgung der Darlehenssumme von 500.000,-- € jährlich 60.000,-- € zu zahlen (i = 7,5% p.a.).

i) Nach welcher Zeit ist die Schuld getilgt?

ii) Geben Sie die beiden ersten und die beiden letzten Zeilen des Tilgungsplans an.

iii) Nach 10 Jahren *(d.h. 10 Annuitäten)* soll durch eine Veränderung der Annuität die Restlaufzeit auf 20 Jahre gestreckt werden bei 7,6% p.a. Zinsen. Wie hoch ist während dieser Restlaufzeit der *(anfängliche)* prozentuale Tilgungsanteil?

Aufgabe 4.2.53:

Der Kleinstadtinspektor Gernot Gläntzer hat sich ein Fertighaus gekauft und dafür eine Hypothek in Höhe von 150.000,-- € aufgenommen.

Die Hypothekenbank verlangt eine Verzinsung von 9% und eine Tilgung von 1% *(zuzüglich ersparter Zinsen)*.

i) Man ermittle den Betrag, den Gläntzer jährlich zu zahlen hat.

ii) Nach welcher Zeit ist die Hypothekenschuld getilgt?

iii) Geben Sie die beiden ersten und die beiden letzten Zeilen des Tilgungsplans an.

iv) Man löse die Aufgabenteile i) – iii) für den Fall, dass die Bank ein Disagio in Höhe von 6% der Kreditsumme fordert.

v) Wie ändert sich in ii) die Tilgungszeit, wenn – bei gleicher Annuität – die Verzinsung 12% p.a. *(statt 9% p.a.)* beträgt ?

Aufgabe 4.2.54:

Butz schließt mit seiner Kreditbank einen Kreditvertrag zu folgenden Konditionen ab:

Kreditsumme: 100.000,-- €; Auszahlung: 94%; Zinsen: 6% p.a.; Tilgung: 0,5% p.a. zuzüglich ersparte Zinsen.

i) Man gebe die drei letzten Zeilen des Tilgungsplanes an.

ii) Man ermittle die Gesamtlaufzeit des Kredites, wenn Butz am Tag der 4. Annuitätszahlung einen zusätzlichen Sondertilgungsbetrag in Höhe von 10.000,-- € leistet, die ursprüngliche Annuität aber unverändert bleibt.

Aufgabe 4.2.55:

Huber benötigt unbedingt Barmittel in Höhe von 120.000,-- €. Seine Bank offeriert ihm einen Annuitätenkredit zu folgenden Konditionen:

Auszahlung: 96%; Zinsen *(nom.)*: 9,5% p.a.; Tilgung: 1,5% p.a. *(zuzüglich ersparte Zinsen)*.

i) Wie hoch ist die Kreditsumme?

ii) Man ermittle die Laufzeit bis zur vollständigen Tilgung, wenn im ersten Jahr von Huber weder Zins- noch Tilgungsleistungen erfolgen.

iii) Wie lautet unter Berücksichtigung von ii) die letzte Zeile des Tilgungsplans?

Aufgabe 4.2.56:

Huber will eine Villa kaufen, Barkaufpreis 750.000,-- €. Seine Hausbank will ihm diese Summe über einen Annuitätenkredit zur Verfügung stellen.

Konditionen: Auszahlung: 96%; Zinsen: 7% p.a. *(nom.)*; Laufzeit bis zur vollständigen Tilgung: genau 30 Jahre *(bzw. Raten)*.
(Zahlung und Verrechnung der Annuität: jährlich (erste Rate ein Jahr nach Vertragsabschluss))

i) Kurz bevor Huber den entsprechenden Kreditvertrag abschließen kann, erhöht die Bank aus Risikoerwägungen heraus den Kreditzins für Huber auf 12% p.a. *(nom.)*.

Auf welchen Betrag müsste Huber nun den Preis für die Villa herunterhandeln, damit sich für ihn weder Laufzeit noch Annuitätenhöhe des entsprechenden Kredits ändern *(bezogen auf Laufzeit und Annuität vor der Zinserhöhung)*?

ii) Wie ändert sich das Ergebnis von i), wenn die Kreditauszahlung 100% beträgt?

Aufgabe 4.2.57:

Gegeben sei ein Annuitätenkredit mit folgenden Konditionen:
Auszahlung: 92%; Zins *(nom.)*: 9% p.a.; Tilgung: 1% p.a. *(zuzüglich ersparte Zinsen)*.

Die Kreditsumme betrage 200.000,-- €. Wie lauten die beiden letzten Zeilen des Tilgungsplans, wenn zusätzlich zur 5. regulären Annuität ein Sondertilgungsbetrag in Höhe von 10% der ursprünglichen Kreditsumme geleistet wird? *(Die übrigen Annuitäten sollen unverändert bleiben!)*

4.2.5.4 Exkurs: Tilgungsstreckung, Zahlungsaufschub, Tilgungsstreckungsdarlehen, Stückelung

Der Gestaltungsvielfalt bei Krediten sind in der Praxis kaum Grenzen gesetzt. Neben den erwähnten begrifflichen Besonderheiten gibt es eine Reihe von weiteren inhaltlichen Varianten bei der Rückzahlung von (Annuitäten-) Krediten[11] wie etwa

- Tilgungsstreckung *(siehe Beispiel 4.2.58)*,
- Zahlungsaufschub *(siehe Beispiel 4.2.62)*,
- Tilgungsstreckungsdarlehen *(siehe Beispiel 4.2.66)*,
- Tilgung mit Stückelung *(siehe Beispiel 4.2.76)*.

Wir wollen im folgenden diese Besonderheiten[12] an einigen ausgewählten Beispielen aufzeigen:
(Bei der Behandlung der Effektivverzinsung in Kap. 5 werden wir derartige Kreditfformen erneut aufgreifen und näher beleuchten.)

[11] Für Kredite mit Ratentilgung gibt es entsprechende analoge Varianten, die wegen der einfachen Struktur des Ratenkredits hier nicht gesondert behandelt werden.

[12] Neben den oben aufgeführten Besonderheiten gibt es noch eine Reihe weiterer Spezialitäten bei der Typisierung und/oder Tilgung von Krediten, Anleihen, Schuldverschreibungen etc., deren Behandlung den Rahmen dieses einführenden Bandes überschreitet. Näheres siehe etwa in [Bod1], [Kru3], [Rah].

Beispiel 4.2.58: (Tilgungsstreckung)

Man spricht von Tilgungsstreckung in solchen Perioden der Kreditlaufzeit, in denen der Kreditnehmer **nur** die anfallenden **Zinsen**, aber **keine Tilgungsbeträge** leistet ($T_t = 0$). Meistens werden tilgungsfreie Jahre zu Beginn der Kreditlaufzeit vereinbart, um den Liquiditätsabfluss beim Kreditnehmer zu verringern.

Ein Kredit mit den Konditionen 96/10/1, für den in den beiden ersten Jahren Tilgungsstreckung vereinbart ist, kann – bei einer Kreditsumme K_0 = 100.000,-- € – wie folgt im Tilgungsplan dargestellt werden:

Periode t	Restschuld K_{t-1} *(Beginn t)*	Zinsen Z_t *(Ende t)*	Tilgung T_t *(Ende t)*	Annuität A_t *(Ende t)*
1	100.000	10.000	0	10.000
2	100.000	10.000	0	10.000
3	100.000	10.000	1.000	11.000
4	99.000	9.900	1.100	11.000
5	97.900	usw.		

Tab. 4.2.59

Man sieht, dass sich in den beiden ersten Jahren die Restschuld nicht ändert, da genau alle fälligen Zinsen bezahlt werden. Vom dritten Jahr an haben wir es mit einem Standard-Annuitätenkredit mit 10% Zins und 1% Anfangstilgung zu tun, der *(von diesem Zeitpunkt an)* noch eine Restlaufzeit n besitzt, die sich über die Äquivalenzgleichung

$$100 \cdot 1{,}1^n - 11 \cdot \frac{1{,}1^n - 1}{0{,}1} = 0 \qquad (4.2.60)$$

oder durch die Laufzeitformel (4.2.38) ermitteln lässt:

$$n = \frac{\log \frac{i + i_T}{i_T}}{\log q} = \frac{\log 11}{\log 1{,}10} = 25{,}16 \approx 26 \text{ Jahre.}$$

Die Gesamtlaufzeit erhöht sich um die beiden tilgungsfreien Jahre auf 27,16 ≈ 28 Jahre. Die Restschuld K_{26} zu Beginn des 27. Jahres errechnet sich aus *(vgl. Tilgungsplan 4.2.59)*

$$K_{26} = 100.000 \cdot 1{,}1^{24} - 11.000 \cdot \frac{1{,}1^{24} - 1}{0{,}1} = 11.502{,}67 \text{ €},$$

so dass die beiden letzten Zeilen des Tilgungsplans lauten:

Periode t	Restschuld K_{t-1} *(Beginn t)*	Zinsen Z_t *(Ende t)*	Tilgung T_t *(Ende t)*	Annuität A_t *(Ende t)*
...	...	...	...	...
27	11.502,67 (= K_{26})	1.150,27	9.849,73	11.000,--
28	1.652,94	165,29	1.652,94	1.818,23
29	0			

Tab. 4.2.61

Zu unterscheiden von der reinen Tilgungsstreckung sind das „Tilgungsstreckungsdarlehen" *(siehe Beispiel 4.2.66)* und der „Zahlungsaufschub" *(siehe Beispiel 4.2.62)*.

Beispiel 4.2.62: (Zahlungsaufschub – aufgeschobene Annuitäten)

Im Unterschied zur Tilgungsstreckung *(vgl. Bsp. 4.2.58)*, bei der nur die anfallenden Zinsen gezahlt werden, spricht man von **Zahlungsaufschub** in solchen Perioden, in den überhaupt **keine Zahlungen** vom Kreditnehmer geleistet werden ($A_t = 0$).

Selbstverständlich erhöhen in derartigen Freijahren die auflaufenden Zinsen die Darlehensschuld, so dass der zu tilgende Restbetrag anwächst.

Wir stellen den Sachverhalt für unseren Standard-Annuitätenkredit 96/10/1, $K_0 = 100.000$ € und 2 zahlungsfreien Jahren im Tilgungsplan dar:

Periode t	Restschuld K_{t-1} *(Beginn t)*	Zinsen Z_t *(Ende t)*	Tilgung T_t *(Ende t)*	Annuität A_t *(Ende t)*
1	100.000	10.000	– 10.000	0
2	110.000	11.000	– 11.000	0
3	121.000	12.100	?	?

Tab. 4.2.63

Wegen $Z_t + T_t = A_t$ muss – wie früher schon gesehen – im Fall $A_t = 0$ die Tilgung in den beiden ersten *(Frei-)* Jahren negativ sein, die Restschuld erhöht sich entsprechend.

Es fragt sich, mit welcher Annuität im ersten „regulären" Tilgungsjahr *(im Beispiel: 3. Jahr)* der Kredit zu bedienen ist.

Im obigen Beispiel – vgl. Tab. 4.2.63 – erkennt man, dass die ursprüngliche Annuität *(10% + 1% von K_0 (= 100.000,-- €), also 11.000,-- €/ Jahr)* noch nicht einmal ausreicht, um die Zinsen *(12.100 €)* auf die durch die zahlungsfreien Jahre angewachsene Restschuld zu zahlen.

Es kommt also nur eine Annuität in Frage, die höher als 12.100,-- € ist. Will man die Grundstruktur *($i = 10\%$; $i_T = 1\%$)* des ursprünglichen Annuitätenkredits erhalten, so betrachtet man die erste Zeile nach den Freijahren *(im Beispiel also die dritte Zeile)* als Anfangszeile eines Kredits mit der Kreditsumme 121.000,-- € und einer Annuität in Höhe von 13.310 €/Jahr *(= 10% + 1%) von 121.000,-- €)*.[13]

Damit lauten die ersten vier Zeilen des Kredits:

Periode t	Restschuld K_{t-1} *(Beginn t)*	Zinsen Z_t *(Ende t)*	Tilgung T_t *(Ende t)*	Annuität A_t *(Ende t)*
1	100.000	10.000	– 10.000	0
2	110.000	11.000	– 11.000	0
3	121.000 (= K_2)	12.100 (10% von K_2)	1.210 (1% von K_2)	13.310 (11% von K_2)
4	119.790 usw.	11.979	1.331	13.310

Tab. 4.2.64

[13] Wenn nicht ausdrücklich anders vereinbart, wollen wir im Fall von Zahlungsaufschub die Summe aus ursprünglichem Zins- und Tilgungssatz $i + i_T$ zur Ermittlung der ersten regulären Annuität verwenden.

Die Restlaufzeit n des *(nach den Freijahren einsetzenden)* „regulären" Annuitätenkredits richtet sich jetzt ausschließlich nach der Struktur $i = 10\%$; $i_T = 1\%$, wie man sofort erkennt, wenn man die Äquivalenzgleichung – ausgehend von der 3. Zeile des Tilgungsplans 4.2.64:

$$121.000 \cdot 1{,}1^n - 13.310 \cdot \frac{1{,}1^n - 1}{0{,}1} = 0$$

durch 1210 dividiert: Es folgt

$$100 \cdot 1{,}1^n - 11 \cdot \frac{1{,}1^n - 1}{0{,}1} = 0,$$

also dieselbe Äquivalenzgleichung (4.2.60) wie bei der ursprünglichen Kreditsumme 100.000 €.

Dies zeigt noch einmal, dass die *(Rest-)*Laufzeit des Annuitätenkredits nicht von der Kredithöhe, sondern nur von der Höhe i, i_T von Zins und Tilgung im ersten *(regulären)* Kreditjahr abhängt.

Auch hier ergibt sich durch Auflösen der obigen Gleichung nach n *(bzw. Anwendung von (4.2.41))* eine Restlaufzeit von 25,16 (≈ 26) Jahren. In Analogie zu Tab. 4.2.61 ergibt sich jetzt der Schlussteil des Tilgungsplans

(allerdings mit $K_{26} = 121.000 \cdot 1{,}1^{24} - 13.310 \cdot \frac{1{,}1^{24} - 1}{0{,}1} = 13.918{,}24 \quad (= 11.502{,}67 \cdot 1{,}1^2)$):

Periode t	Restschuld K_{t-1} *(Beginn t)*	Zinsen Z_t *(Ende t)*	Tilgung T_t *(Ende t)*	Annuität A_t *(Ende t)*
...	...	...	...	...
27	13.918,24	1.391,82	11.918,18	13.310,--
28	2.000,06	200,01	2.000,06	2.200,07
29	0			

Tab. 4.2.65

Beispiel 4.2.66: (Tilgungsstreckungsdarlehen)

Zur Finanzierung der Liquiditätslücke bei Einbehaltung eines Disagios *(Damnums)* verwendet man häufig *(meist in Kombination mit Tilgungsstreckung/Zahlungsaufschub für den Hauptkredit)* ein sog. **Tilgungsstreckungsdarlehen.**

Aus der Fülle der möglichen Varianten betrachten wir – als Standardbeispiel – wieder den Annuitätenkredit mit den Konditionen 96/10/1 und einer Kreditsumme von 100.000 € sowie eines zweijährigen Tilgungsstreckungsdarlehens zu einem Zins von 12% p.a.

Durch Einbehaltung des Disagios *(= 4.000,-- €)* erhält der Darlehensnehmer nur 96.000,-- € ausgezahlt. Die Kreditbank gewähre nun ein sog. Tilgungsstreckungsdarlehen genau in Höhe des Disagios *(= 4.000,-- €)*, um die entstandene Finanzierungslücke auszugleichen.

Dieses *(voll ausgezahlte)* Tilgungsstreckungsdarlehen soll in 2 gleichen Annuitäten A* bei einem Zins von 12% p.a. in den beiden ersten Jahren zurückgezahlt werden. Aus (4.2.20) folgt durch Auflösung nach der Annuität:

$$A^* = 4.000 \cdot 1{,}12^2 \cdot \frac{0{,}12}{1{,}12^2 - 1} = 2.366{,}79 \text{ €/Jahr} .$$

Gleichzeitig räumt die Bank für diese beiden ersten Jahre einen Zahlungsaufschub für den Hauptkredit ein, so dass nach Abzahlung des Tilgungsstreckungsdarlehens die aufgelaufene erhöhte Restschuld *(= 121.000,-- €)* wie in Tab. 4.2.64 mit jährlich 13.310,-- € zu bedienen ist.

Die Darstellung dieser zwei Kredite müsste eigentlich in 2 Tilgungsplänen erfolgen *(von denen der Tilgungsplan für den Hauptkredit identisch mit Tab. 4.2.64 ist)*. Wir wollen abkürzend einen *kombinierten Tilgungsplan* für beide Kredite verwenden:

Periode t	Restschuld K_{t-1} *(Beginn t)*	Zinsen Z_t *(Ende t)*	Tilgung T_t *(Ende t)*	Annuität A_t *(Ende t)*	
1	4.000,--	480,--	1.886,79	2.366,79	*Tilgungs-streckungs-darl.*
2	2.113,21	253,58	2.113,21	2.366,79	
3	121.000,--	12.100,--	1.210,--	13.310,--	*Haupt-darlehen (während Tilgungs-streckungs-darlehen zahlungsfrei)*
4	119.790,--	11.979,--	1.331,--	13.310,--	
⋮	⋮	⋮	⋮	⋮	

Tab. 4.2.67

Hätte man – zum Vergleich – einen erhöhten Kreditbetrag *(104.166,67 = 100.000 : 0,96)* zugrundegelegt *(der nach Abzug von 4% Disagio genau eine Auszahlung von 100.000,-- € bewirkt)*, so lautete in den 2 ersten Jahren der Tilgungsplan bei *gleichem Mittelabfluss* des Schuldners wie in Tab. 4.2.67 wie folgt:

Periode t	Restschuld K_{t-1} *(Beginn t)*	Zinsen Z_t *(Ende t)*	Tilgung T_t *(Ende t)*	Annuität A_t *(Ende t)*
1	104.166,67	10.416,67	-8.049,87	2.366,79
2	112.216,54	11.221,65	-8.854,86	2.366,79
3	121.071,40			

Tab. 4.2.68

d.h. die zu Beginn des 3. Jahres aufgelaufene Restschuld ist *(etwas)* höher als bei Gewährung des Tilgungsstreckungsdarlehens *(Grund: Das Tilgungsstreckungsdarlehen besitzt zwar einen höheren Sollzinssatz als das Hauptdarlehen, wurde dafür aber ohne Damnum ausgezahlt)*. Zum Effektivzins von Tilgungsstreckungsdarlehen vgl. Bsp. 5.2.13. In Kap. 5.3.3.2 werden wir auch unterjährige Zahlungen im Zusammenhang mit Tilgungsstreckungsdarlehen behandeln.

Aufgabe 4.2.69:

Huber leiht sich von der Kreissparkasse Entenhausen 220.000 €. Die erste Rückzahlungsrate erfolgt nach 4 Jahren in Höhe von 40.000 € *(vorher erfolgen keinerlei Zahlungen von Huber!)*.

Huber zahlt seinen Kredit weiterhin mit jährlich gleichbleibenden Annuitäten in Höhe von 40.000 €/Jahr *(Zinsen incl. Tilgung)* zurück. Die Bank fordert eine Verzinsung von 12% p.a.

i) Nach welcher Zeit – seit dem Tag der Kreditaufnahme – ist der Kredit vollständig getilgt?

ii) Man stelle die ersten 6 und die letzten 2 Zeilen des Tilgungsplans auf.

iii) Wie ändert sich die Abzahlungszeit, wenn Huber in den ersten drei Jahren *(jeweils am Jahresende)* nur die angefallenen Zinsen zahlt *(3 tilgungsfreie Jahre)* und erst dann *(d.h. erstmalig am Ende des vierten Jahres)* wie unter i) mit konstanten Annuitäten von je 40.000 €/Jahr den Kredit *(incl. Zinsen)* zurückzahlt?

Aufgabe 4.2.70:

Die Keksfabrik Krümel KG erhält von der Huber-Kredit-Bank einen Kredit über 200.000 €.

Konditionen: Disagio: 7% *(d.h. die Krümel KG erhält nur 186.000,-- € in bar);*
Zinsen: 9% p.a. *(nominell)*
Tilgung: 3% p.a. *(zuzüglich durch fortschreitende Tilgung ersparte Zinsen).*

In den ersten beiden Jahren ist die Krümel KG von jeglicher Zahlungsleistung befreit *(selbstverständlich erhöhen aber die fälligen Zinsen jeweils die Restschuld!)*

Am Ende des dritten Jahres seit Kreditaufnahme wird die erste reguläre Annuität *(9% Zinsen plus 3% Tilgung auf die zu Jahresbeginn vorhandene Restschuld)* geleistet.

i) Nach welcher Zeit – *seit Kreditaufnahme* – ist der Kredit vollständig getilgt?

ii) Man stelle die ersten vier sowie die letzten beiden Zeilen des Tilgungsplans auf.

iii) Wie hoch müsste eine einmalige Sondertilgungsleistung sein, die die Krümel KG am Tag der ersten regulären Annuität zusätzlich zu leisten hätte, damit die unter i) ermittelte *Gesamt*laufzeit des Kredites *genau* 18 Jahre beträgt? *Alle übrigen Konditionen bleiben unverändert!*

iv) Wie müsste sich der Tilgungsprozentsatz ändern, damit die Gesamtlaufzeit genau 30 Jahre beträgt? *Alle übrigen Konditionen bleiben unverändert!*

Aufgabe 4.2.71:

Für eine Hypothek über 300.000,-- € werde eine Annuitätentilgung zu folgenden Bedingungen vereinbart: Auszahlung: 98%; Zinssatz: 7,5% p.a.; Tilgung: 2% p.a.

Wie ist die Laufzeit der Hypothek, wenn für das 2. Jahr alle Zahlungen ausgesetzt werden, die ursprüngliche Annuität aber für die folgenden Jahre unverändert bleibt?

Aufgabe 4.2.72:

Huber kann einen Kredit *(Kreditsumme 1.200.000,-- €)* erhalten. Auszahlung: 95%; Kreditzins: 10% p.a. (nominell).

i) Man ermittle die beiden letzten Zeilen des Tilgungsplans, wenn im ersten Jahr Zahlungsaufschub vereinbart ist *(d.h. es erfolgt keinerlei Zahlung von Huber!)* und danach die jährlichen *Tilgungsbeträge* stets 40.000,-- € betragen.

ii) Man ermittle die beiden letzten Zeilen des Tilgungsplans, wenn in den ersten 3 Jahren Tilgungsstreckung vereinbart ist *(d.h. nur die Zinsen gezahlt werden)* und danach Annuitätentilgung mit einem Tilgungssatz von 3% p.a. *(zuzüglich ersparte Zinsen)* erfolgt.

Aufgabe 4.2.73:

Das Autohaus Huber & Co. KG benötigt finanzielle Mittel in Höhe von 517.000,-- € zur Erweiterung des Teilelagers. Die Hausbank will die Mittel zur Verfügung stellen.

Konditionen: Disagio: 6% der Kreditsumme; Zinsen: 8% p.a.; Tilgung: 2% p.a. *(zuzüglich ersparter Zinsen).*

i) Wie hoch muss die Kreditsumme sein, damit die Huber KG über die gewünschte Summe von 517.000,-- € verfügen kann?

ii) Die Bank gewährt 4 tilgungsfreie Jahre, in denen die Annuität nur aus den Zinsen besteht. Nach welcher Zeit – bezogen auf die Kreditaufnahme – ist der Kredit vollständig getilgt?

iii) Man gebe die ersten sechs und die beiden letzten Zeilen des Tilgungsplans an.

Aufgabe 4.2.74:

Gegeben ist ein Annuitätenkredit *(Kreditsumme 800.000,-- €)*. Als Disagio werden 5% einbehalten, der *(nominelle)* Kreditzins beträgt 9% p.a.

In Höhe des einbehaltenen Disagios wird dem Schuldner ein Tilgungsstreckungsdarlehen zu 11% p.a. für die drei ersten Jahre eingeräumt. In diesen drei Jahren bleibt der Hauptkredit zahlungsfrei, nur das Tilgungsstreckungsdarlehen muss während dieser Zeit vollständig *(in Form einer entsprechenden Annuitätentilgung)* zurückgeführt werden.

Danach erfolgt die normale Tilgung des Hauptkredits mit einer Annuität von 13% auf die Restschuld zu Beginn des vierten Jahres.

Man ermittle den vollständigen Tilgungsplan.

Aufgabe 4.2.75:

Zur Finanzierung einer Produktionsanlage für Halbleiterplatinen erhält die Hubtel AG einen Annuitätenkredit *(Kreditsumme 1,1 Mio. €)* zu den Konditionen 92/8/2.

Das von der Kreditsumme einbehaltene Disagio wird für die ersten 4 Jahre als Tilgungsstreckungsdarlehen gewährt *(annuitätische Rückzahlung in 4 Jahren bei einer Verzinsung von 9,5% p.a.)*.

Während der Laufzeit des Tilgungsstreckungsdarlehens werden alle Rückzahlungen für den Hauptkredit ausgesetzt. Danach wird der *(um die Kreditzinsen angewachsene)* Hauptkredit annuitätisch getilgt, und zwar

i) mit dem vereinbarten Zinssatz (8%) und einer 10%igen Annuität von der Anfangsschuld;

ii) mit dem vereinbarten Zinssatz (8%) und einer 10%igen Annuität von der zu Beginn des 5. Jahres aufgelaufenen Restschuld.

In beiden Fällen gebe man die ersten 6 und die beiden letzten Zeilen des Tilgungsplans an.

Beispiel 4.2.76: (Tilgung gestückelter Anleihen)

Insbesondere große Anleihen oder Schuldverschreibungen werden häufig in **Stücke mit runden Teilbeträgen** *(z.B. 100 €, 500 €, 1.000 €, 5.000 € oder 10.000 €)* aufgeteilt. Soll eine derartige Anleihe in einer ganzzahligen Laufzeit (z.B. in 6 Jahren) annuitätisch getilgt werden, gibt es Anwendungsprobleme, da i.a. die rechnerische Annuität kein „glatter" Wert ist.

An einem Beispiel sollen die Probleme aufgezeigt werden: Vorgegeben sei eine Anleihe mit einem Darlehens-Gesamtbetrag *(Emissionsbetrag)* von 5 Mio. €, die in 5.000 Stücken zu je 1.000 € aufgeteilt sind. Die Anleihe soll in gleichen Annuitäten bei einer Verzinsung von 10 % p.a. in 6 Jahren vollständig zurückgezahlt werden:

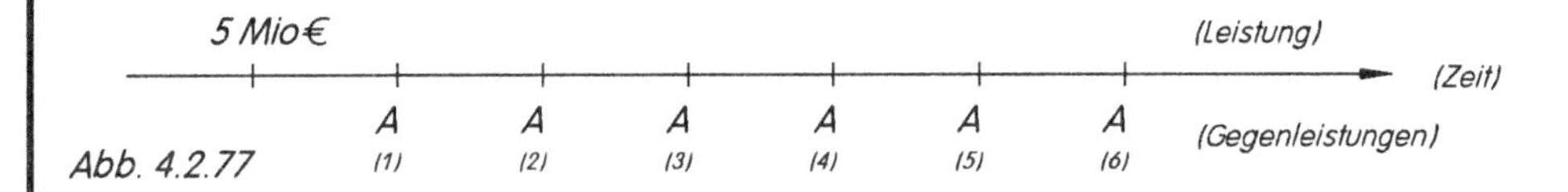

Abb. 4.2.77

Die „normale" *(d.h. ungerundete)* Annuität A erhält man aus der Äquivalenzgleichung (4.2.20)

$$5.000.000 \cdot 1{,}1^6 = A \cdot \frac{1{,}1^6 - 1}{0{,}1}$$

mit

$$A = 5.000.000 \cdot 1{,}1^6 \cdot \frac{0{,}1}{1{,}1^6 - 1} = 1.148.036{,}90 \text{ €/Jahr.}$$

Ohne die Stückelung sähe daher der Tilgungsplan wie folgt aus:

Periode t	Restschuld K_{t-1} *(Beginn t)*	Zinsen Z_t *(Ende t)*	Tilgung T_t *(Ende t)*	Annuität A_t *(Ende t)*
1	5.000.000,--	500.000,--	648.036,90	1.148.036,90
2	4.351.963,10	435.196,31	712.840,59	1.148.036,90
3	3.639.122,51	363.912,25	784.124,65	1.148.036,90
4	2.854.997,86	285.499,79	862.537,12	1.148.036,90
5	1.992.460,74	199.246,07	948.790,83	1.148.036,90
6	1.043.669,91	104.366,99	1.043.669,91	1.148.036,90
7	0			

Tab. 4.2.78

Bei der vorliegenden Stückelung in 1.000 €-Stücke lässt sich dieser Tilgungsplan allerdings nicht realisieren, da ein Anleihestück (zu 1.000 €) entweder nur ganz oder gar nicht getilgt werden kann.

Von der „regulären" Tilgung des ersten Jahres (= 648.036,90 €, vgl. Tab. 4.2.78) lässt sich *(unter der Annahme, dass stets **abgerundet** wird)* höchstens ein Betrag von 648.000,-- € tilgen *(d.h. allgemein: der größte unter 648.036,90 € liegende und durch 1.000 ohne Rest teilbare Wert)*.

Damit ergibt sich im ersten Jahr gegenüber dem „Normalfall" (Tab. 4.2.78) eine verminderte Tilgung von 36,90 €. Um diesen Betrag ist die Restschuld zu **Beginn** des folgenden zweiten Jahres höher als im Normalfall. Dies bedeutet, dass am **Ende** des 2. Jahres eine *(gegenüber dem Normalfall)* um 36,90 € plus 10% Zinsen *(= 3,69 €)* höhere Restschuld entstanden ist, die – sofern die Stückelung es erlaubt – zusätzlich abzutragen ist, damit sich wieder „normale" Verhältnisse einstellen.

Indem man auf diese Weise in jedem Jahr die „normale" Annuität A als Maßstab nimmt sowie eventuelle *(aufgezinste)* Tilgungsrückstände zusätzlich tilgt, lässt sich auch mit Stückelung ein dem Normalfall (Tab. 4.2.78) ähnlicher Tilgungsplan aufstellen, vgl. die folgende Tab. 4.2.79:

Annuitätische Tilgung unter Berücksichtigung gestückelter Werte

Beispiel: Kreditsumme: 5 Mio. €, i = 10% p.a. *(q = 1,1)*; Laufzeit: 6 Jahre
Norm-Annuität: A_{norm} = 1.148.036,90 €, Stückelung: 1.000 €/Stück

Per. t	Restschuld zu Beginn K_{t-1}	Zinsen Z_t	vorläufige Tilgung $A_{norm} - Z_t + q \cdot R_{t-1}$	Tilgung T_t	Annuität A_t	Tilgungs-rückstand R_t	aufgezinster Tilgungsrückstand d. Vorper. $q \cdot R_{t-1}$
(1)	(2)	(3)	(4) := A_{norm} + (8)-(3)	(5)	(6) := (3)+(5)	(7):=(4)-(5)	(8)
1	5.000.000	500.000	648.036,90	648.000	1.148.000	36,90	---
2	4.352.000	435.200	712.877,49	712.000	1.147.200	877,49	40,59
3	3.640.000	364.000	785.002,15	785.000	1.149.000	2,15	995,24
4	2.855.000	285.500	862.539,26	862.000	1.147.500	539,26	2,36
5	1.993.000	199.300	949.330,09	949.000	1.148.300	330,09	593,19
6	1.044.000	104.400	1.044.000,00	1.044.000	1.148.400	---	363,10
7	0						

Tab. 4.2.79

Der Unterschied zwischen der *(unter Berücksichtigung der Stückelung)* resultierenden Annuität *(Spalte (6))* und der Norm-Annuität *(ohne Stückelung)* beträgt weniger als der Wert eines Stückes *(d.h. im Beispiel: weniger als 1.000 €)*.

Aufgabe 4.2.80:

a) Eine Anleihe von 100 Mio. € wird in 20.000 Stücken zu 5.000,-- € ausgegeben und soll in gleichen Annuitäten bei einer Verzinsung von 8% p.a. in 10 Jahren zurückgezahlt sein.

i) Man gebe den „ungestückelten" Tilgungsplan an.

ii) Man stelle den Tilgungsplan unter Beachtung der Stückelung auf.

b) Eine Anleihe von 50 Mio. € wird in 50.000 Stücken zu 1.000,-- € ausgegeben und soll in gleichen Annuitäten bei einer Verzinsung von 7% p.a. in 5 Jahren zurückgezahlt sein.

i) Man gebe den „ungestückelten" Tilgungsplan an.

ii) Man stelle den Tilgungsplan unter Beachtung der Stückelung auf.

Bemerkung 4.2.81: *In der Praxis kann es vorkommen, dass Kreditkonditionen (auch: Auszahlungspläne, Versicherungspläne...) verschiedener Kreditgeber „verglichen" werden, indem die* ***nominellen*** *Summen der* ***insgesamt*** *zu zahlenden* ***Zinsen*** *(oder* ***Annuitäten****) miteinander verglichen werden und daraus ein Vorteilhaftigkeitskriterium abgeleitet wird. Ein* ***Beispiel*** *soll den Sachverhalt klären:*

Ein Kredit von 100.000,-- € (i = 10% p.a.) soll in 2 Jahren zurückgezahlt werden. Folgende Kreditkonditionen sollen miteinander ***verglichen*** *werden:*

i) Rückzahlung incl. angesammelter Zinsen in einem Betrag am Ende des 2. Jahres.

ii) Rückzahlung durch Ratentilgung.

Die ***Tilgungspläne*** *lauten:*

i)

Periode t	Restschuld K_{t-1} *(Beginn t)*	Zinsen Z_t *(Ende t)*	Tilgung T_t *(Ende t)*	Annuität A_t *(Ende t)*
1	*100.000*	*10.000*	*- 10.000*	*0*
2	*110.000*	*11.000*	*110.000*	*121.000*
		21.000	*100.000*	***121.000***

ii)

Periode t	Restschuld K_{t-1} *(Beginn t)*	Zinsen Z_t *(Ende t)*	Tilgung T_t *(Ende t)*	Annuität A_t *(Ende t)*
1	*100.000*	*10.000*	*50.000*	*60.000*
2	*50.000*	*5.000*	*50.000*	*55.000*
		15.000	*100.000*	***115.000***

Die ***nominelle Summe*** *der insgesamt gezahlten Zinsen (Annuitäten) beträgt im Fall i) 21.000,-- € (121.000,-- €), im Fall ii) 15.000,-- € (115.000,-- €).*

Daraus wird häufig der „Schluss" gezogen, die Ratentilgung ii) sei vorzuziehen (wegen 6.000,-- € „Einsparung"). Man mache sich jedoch klar, dass eine derartige Schlussfolgerung auf einem ***Trugschluss*** *beruht, da die Addition von Beträgen, die zu unterschiedlichen Zeitpunkten fällig sind, nach dem Äquivalenzprinzip* ***unzulässig*** *ist:*

Erst ***nach*** *Auf-/Abzinsen der Annuitäten auf denselben Stichtag sind die Leistungen vergleichbar (im vorliegenden Fall sind sie identisch!). Am obigen Beispiel erkennt man dies sofort: Die im Fall ii) vorzeitig geleisteten 60.000,-- € liefern in einem weiteren Jahr die „fehlenden" 6.000,-- € an Zinsen (wegen i = 10% p.a.).*

Etwas anderes könnte sich lediglich dann ergeben, wenn die im Fall i) gegenüber ii) „eingesparte" erste Annuität zu einem von 10% p.a. verschiedenen Zinssatz finanziert werden müsste (oder angelegt werden könnte).

4.3 Tilgungsrechnung bei unterjährigen Zahlungen

Die Art und Weise der **Verrechnung von unterjährig geleisteten „Annuitäten"** *(d.h. Gegenleistungen in Form von Zahlungen)* auf fällige Zinsen und/oder Tilgung bereitet immer dann Schwierigkeiten, wenn a priori nicht klar ist, nach welcher **Kontoführungsmethode** *(siehe etwa Kap. 3.8)* der Tilgungsplan abzurechnen ist *(z.B. unterjährig linear, konform, Mischformen ... ?)*.

In der Praxis gibt es mehrere Kontoführungsmodelle, die – insbesondere im Zusammenhang mit der Effektivzinsermittlung von Investitionen/Krediten *(siehe Kap. 5.3)* – von Bedeutung sind. Wir wollen am Beispiel einer Kredittilgung mit unterjährlichen Rückzahlungsraten vier der wichtigsten Kontoführungsmethoden[14] kennzeichnen:

(1): – Kontoführung nach der 360-Tage-Methode – *Kap. 4.3.1*
(2): – Kontoführung nach der Methode von Braess *(oder: Braess/Fangmeyer)* – *Kap. 4.3.2*
(3): – Kontoführung nach der US-Methode – *Kap. 4.3.3*
(4): – Kontoführung nach der ICMA-Methode[15]. – *Kap. 4.3.4*

Als gemeinsames **Demonstrationsbeispiel** wählen wir

Beispiel 4.3.1: Ein Kredit in Höhe von 100.000 € *(Auszahlung: 100%)* soll mit 8% p.a. verzinst werden. Als Gegenleistung werden vereinbart: Vierteljährliche „Annuitäten" zu je 3.000 €/Quartal, erste Zahlung ein Quartal nach Kreditauszahlung, insgesamt 10 Quartalsraten. Gesucht ist die Restschuld K_n *(oder der „Kontostand" des Kredit-Kontos)* am Ende der 2,5-jährigen Laufzeit. *(Dieser Kontostand kann als dann fällige Abschlusszahlung aufgefasst werden.)*

Der zugehörige Zahlungsstrahl hat somit folgendes Aussehen *(Abb. 4.3.2)*:

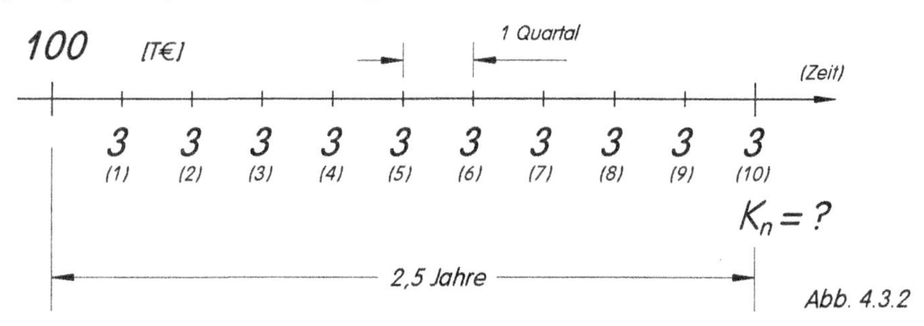

Abb. 4.3.2

Die vier genannten Kontoführungsmethoden **unterscheiden** sich im wesentlichen darin,

> **i)** **ob** und **mit welchem** unterjährig anzuwendenden Zinssatz **innerhalb** eines Jahres eine Zinsverrechnung *(Unterjährige Zinseszinsen? Unterjährig lineare Zinsen? Mischformen?)* stattfindet und/oder
>
> **ii)** wie ein **„angebrochenes" Jahr** zu behandeln ist.

---

14 Auf die Darstellung der sog. Moosmüller-Methode wird hier verzichtet, da diese wegen der Prämisse fester Zahlungsstrukturen für die allgemeine Erörterung zu wenig flexibel ist. Näheres vgl. [Kru2].

15 ICMA-Methode: International Capital Market Association, identisch mit der bisherigen ISMA-Methode (ISMA: International Securities Market Association), seit 09/2000 in Deutschland verbindlich vorgeschrieben für die Ermittlung des Effektivzinssatzes von Verbraucherkrediten, siehe Preisangabenverordnung (PAngV 2000).

4.3.1 Kontoführungsmethode 1 (360-Tage-Methode)

Die 360-Tage-Methode zeichnet sich durch folgende Besonderheiten aus:

i) Unterjährig entstehende *(lineare !)* Zinsen werden nicht sogleich zum nächsten Zahlungstermin verrechnet, sondern auf einem separaten *(Zins-)* Konto gesammelt und erst am Ende des Zinsjahres auf dem Kreditkonto *(in einem einzigen kumulierten Betrag)* gebucht ***(Sparbuch-Modell)***.

ii) Ein eventuell vorhandener **Jahresbruchteil** *(im obigen Beispiel: $\frac{1}{2}$ Jahr)* liegt stets am **Ende der Laufzeit,** d.h. das erste Zinsjahr beginnt mit der Kreditauszahlung.

Der hinsichtlich der 360-Tage-Methode strukturierte Zahlungsstrahl in unserem Bsp. 4.3.1 hat somit die folgende Form *(Abb. 4.3.3)* :

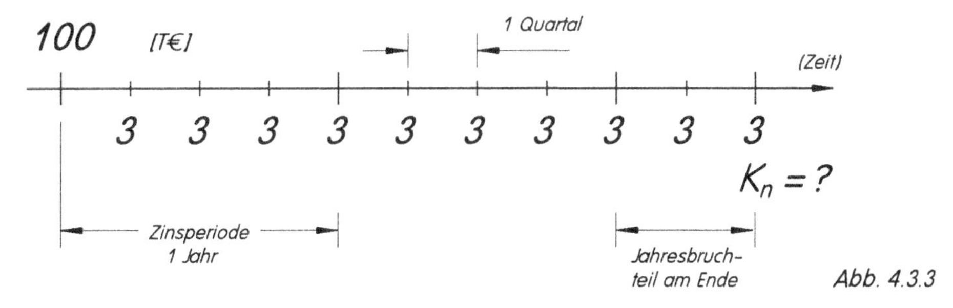

Abb. 4.3.3

Daraus ergibt sich der untenstehende Tilgungsplan *(Tab. 4.3.4)*. Dabei werden die unterjährig entstehenden Zinsen von der jeweiligen Restschuld zu Quartalsbeginn **linear** aus 8% p.a., d.h. mit 2% p.Q. ermittelt und in einer eigenen Spalte separat gesammelt. Da diese Zinsen erst am Jahresende auf dem Kreditkonto gebucht werden, wirken die **Quartalsleistungen** *(3.000,-- €/Quartal)* in den ersten Quartalen eines jeden Jahres in **voller Höhe** als **Tilgungsleistungen**:

Kontoführung nach der **360-Tage**-Methode:
Kreditsumme: 100.000,-- €; Zinssatz: 8% p.a.; 10 Raten zu 3.000,-- €/Quartal

Periode: Jahr	Qu.	**Restschuld** *(Beginn Per.)*	**Periodenzinsen** (2% p.Q.) *(separat gesammelt)*	*kumuliert und zum Jahresende verrechnet*	**Tilgung** *(Ende Per.)*	**Zahlung** *(Ende Per.)*
1	1	**100.000,00**	(2.000,00)		3.000,00	**3.000,00**
	2	97.000,00	(1.940,00)		3.000,00	**3.000,00**
	3	94.000,00	(1.880,00)		3.000,00	**3.000,00**
	4	91.000,00	(1.820,00)	7.640,00	- 4.640,00	**3.000,00**
2	1	95.640,00	(1.912,80)		3.000,00	**3.000,00**
	2	92.640,00	(1.852,80)		3.000,00	**3.000,00**
	3	89.640,00	(1.792,80)		3.000,00	**3.000,00**
	4	86.640,00	(1.732,80)	7.291,20	- 4.291,20	**3.000,00**
3	1	90.931,20	(1.818,62)		3.000,00	**3.000,00**
	2	87.931,20	(1.758,62)	3.577,25	- 577,25	**3.000,00**
	3	**88.508,45**				

Tab. 4.3.4

Die Restschuld *(= 88.508,45 €)* am Ende der Laufzeit ergibt sich auch mit dem finanzmathematischen Instrumentarium *(vgl. Beispiel 3.8.18, Satz 3.8.21 sowie Bemerkung 3.8.24)* aus Abb. 4.3.3:

Für die beiden ersten Jahre erhält man die jeweils äquivalente Ersatzrate R* zu

$$R^* = 4 \cdot 3.000 \cdot (1 + 0{,}08 \cdot \frac{3}{8}) = 12.360{,}\text{-- €},$$

so dass sich K_n *(= Leistung minus Gegenleistung)* ergibt zu *(„gemischte" Verzinsung)*

$$K_n = 100.000 \cdot 1{,}08^2 \cdot 1{,}04 - 12.360 \cdot \frac{1{,}08^2 - 1}{0{,}08} \cdot 1{,}04 - 3.000 \cdot 1{,}02 - 3.000 = \mathbf{88.508{,}45\ €},$$

also identisch ist mit dem abschließenden Restschuldwert in der Kontostaffel.

4.3.2 Kontoführungsmethode 2 (Braess)

Die Kontoführungsmethode nach Braess zeichnet sich durch folgende Besonderheiten aus:

i) Unterjährig Ansatz von linearen Zinsen, Zinsverrechnung am Jahresende *(Sparbuch-Modell, in dieser Beziehung identisch mit der 360-Tage-Methode)*.

ii) Ein eventuell vorhandener **Jahresbruchteil** *(im obigen Beispiel: $\frac{1}{2}$ Jahr)* liegt zu **Beginn** der Laufzeit, d.h. die danach folgende Restlaufzeit besteht aus einer ganzen Zahl von Jahren.

Bemerkung 4.3.5: *Besteht die Laufzeit von vorneherein aus einer ganzen Zahl von Jahren, so führen 360-Tage-Methode-Konto und Braess-Konto stets zu identischen Ergebnissen.*

Der Braess-strukturierte Zeitstrahl für unser Beispiel 4.3.1 hat demzufolge die Form Abb. 4.3.6:

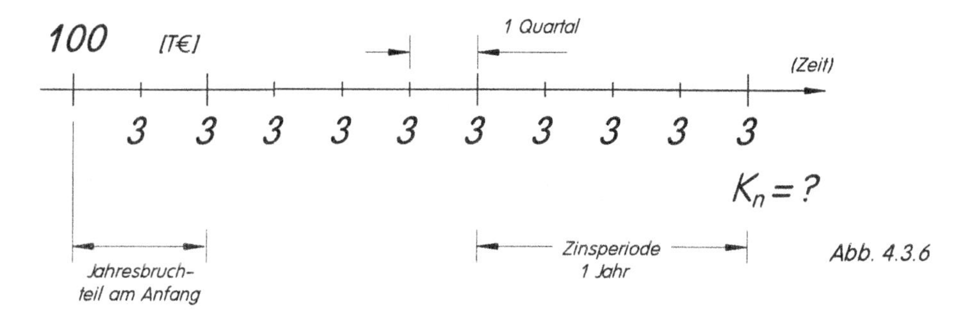

Abb. 4.3.6

Daraus ergibt sich *(mit 2% p.Q. linear)* folgender Tilgungsplan (Tab. 4.3.7), wobei dieselben Vorbemerkungen wie zu Tab. 4.3.4 *(360-Tage-Methode)* gültig sind:

Kontoführung nach **Braess**-Methode:
Kreditsumme: 100.000,-- €; Zinssatz: 8% p.a.; 10 Raten zu 3.000,-- €/Quartal

Periode: Jahr	Qu.	Restschuld *(Beginn Per.)*	Periodenzinsen (2% p.Q.) *(separat gesammelt)*	*kumuliert und zum Jahres-ende verrechnet*	Tilgung *(Ende Per.)*	Zahlung *(Ende Per.)*
1	3	**100.000,00**	(2.000,00)		3.000,00	**3.000,00**
	4	97.000,00	(1.940,00)	3.940,00	- 940,00	**3.000,00**
2	1	97.940,00	(1.958,80)		3.000,00	**3.000,00**
	2	94.940,00	(1.898,80)		3.000,00	**3.000,00**
	3	91.940,00	(1.838,80)		3.000,00	**3.000,00**
	4	88.940,00	(1.778,80)	7.475,20	- 4.475,20	**3.000,00**
3	1	93.415,20	(1.868,30)		3.000,00	**3.000,00**
	2	90.415,20	(1.808,30)		3.000,00	**3.000,00**
	3	87.415,20	(1.748,30)		3.000,00	**3.000,00**
	4	84.415,20	(1.688,30)	7.113,22	- 4.113,22	**3.000,00**
4	1	**88.528,42**				

Tab. 4.3.7

Der resultierende Kontoendstand (= 88.528,42 €) errechnet sich finanzmathematisch wie folgt:
(äquivalente Ersatzrate am Ende der beiden vollen Zinsjahre wie bei der 360-Tage-Methode:
$R^* = 12.360$ €/Jahr)

$$K_n = 100.000 \cdot 1{,}04 \cdot 1{,}08^2 - (3.000 \cdot 1{,}02 + 3.000) \cdot 1{,}08^2 - 12.360 \cdot \frac{1{,}08^2 - 1}{0{,}08} = \mathbf{88.528{,}42\ €},$$

also Übereinstimmung mit Tab. 4.3.7. Der im Vergleich zum 360-Tage-Methode-Konto etwas höhere Wert erklärt sich mit der um ein halbes Jahr vorgezogenen Zinsbelastung des Braess-Kontos.

4.3.3 Kontoführungsmethode 3 (US - Methode)

Die US-Kontoführungsmethode zeichnet sich durch folgende Besonderheiten aus:

i) Abweichend von der 360-Tage-Methode bzw. Braess wird jetzt zu **jedem Zahlungs**termin **gleichzeitig** ein **Zinsverrechnungs**termin *(im Extremfall – d.h. bei täglichen Zahlungen – somit täglicher Zinszuschlag)* eingeführt. Ein Jahr nach einer Zahlung erfolgt *(falls zwischenzeitlich keine weiteren Zahlungen geflossen sind)* eine Zinsverrechnung zum vorgegebenen Jahreszinssatz.

ii) Der anzuwendende unterjährige Zinssatz für die Aufzinsung von einem Zinsverrechnungstermin zum nächsten ist der dazu **zeitproportionale** *(relative)* Jahresbruchteilszinssatz *(in unserem Beispiel wird also mit 2% p.Q. (= 8% p.a. : 4) Zinseszinsen gerechnet)*. Bei fehlenden unterjährigen Zahlungen wird mit dem vorgegebenen Periodenzinssatz *(z.B. Jahreszinssatz)* „normal“ auf-/abgezinst.

Abb. 4.3.8 zeigt *(für unser Beispiel)* die Zahlungsstruktur der US-Methode:

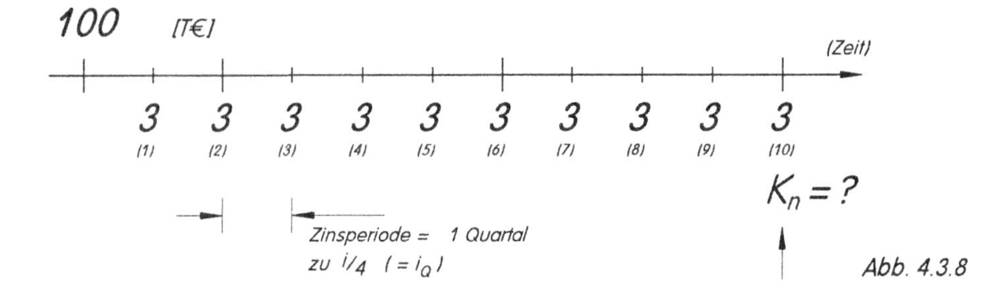

Abb. 4.3.8

Daraus ergibt sich *(mit i_Q = 2% p.Q. Zinseszinsen)* untenstehender Tilgungsplan *(Tab. 4.3.9)*. Durch den sofortigen Verrechnungsvorgang bei Zahlung einer Rate haben wir es jetzt mit einem Tilgungsplan nach klassischem, annuitätischen Muster, vgl. etwa Tab. 4.2.13, zu tun mit dem einzigen Unterschied, dass die Zinsperiode jetzt ein Quartal *(statt: ein Jahr)* ist:

Kontoführung nach der **US**-Methode:
Kreditsumme: 100.000,-- €; Zinssatz: 2% p.Q.; 10 Raten zu 3.000,-- €/Quartal

Periode: Jahr	Qu.	Restschuld *(Beginn Per.)*	Zinsen *(Ende Per.)*	Tilgung *(Ende Per.)*	Zahlung *(Ende Per.)*
1	1	**100.000,00**	2.000,00	1.000,00	**3.000,00**
	2	99.000,00	1.980,00	1.020,00	**3.000,00**
	3	97.980,00	1.959,60	1.040,40	**3.000,00**
	4	96.939,60	1.938,79	1.061,21	**3.000,00**
2	5	95.878,39	1.917,57	1.082,43	**3.000,00**
	6	94.795,96	1.895,92	1.104,08	**3.000,00**
	7	93.691,88	1.873,84	1.126,16	**3.000,00**
	8	92.565,72	1.851,31	1.148,69	**3.000,00**
3	9	91.417,03	1.828,34	1.171,66	**3.000,00**
	10	90.245,37	1.804,91	1.195,09	**3.000,00**
	11	**89.050,28**			

Tab. 4.3.9

Auch hier lässt sich der Kontoendstand nach 10 Raten sofort finanzmathematisch überprüfen. Wegen i_Q = 2% p.Q. Zinseszinsen folgt aus Abb. 4.3.8 unmittelbar:

$$K_n = 100.000 \cdot 1{,}02^{10} - 3.000 \cdot \frac{1{,}02^{10} - 1}{0{,}02} = \mathbf{89.050{,}28\ €}$$

in Übereinstimmung mit dem entsprechenden Tabellenwert. Man erkennt, dass der Restschuldbetrag bei Anwendung der US-Methode deutlich höher liegt als bei der 360-Tage- bzw. Braess-Methode. Ursache: Derselbe Jahresbruchteilzins *(2% p.Q.)* wird bei der US-Methode sofort verrechnet, bei den beiden anderen Methoden aber erst gesammelt und später verrechnet.

4.3.4 Kontoführungsmethode 4 (ICMA - Methode)

Die ICMA-Methode *(auch: „internationale Methode", früher „ISMA - Methode", seit 09/2000 auch in Deutschland zur Ermittlung des Effektivzinssatzes von Verbraucherkrediten verbindlich)* zeichnet sich durch folgende Besonderheiten aus:

i) Wie bei der US-Methode erfolgt der Zinszuschlag zu jedem Zahlungstermin, notfalls täglich.

ii) Abweichend von der US-Methode wird für den Zinszeitraum zwischen zwei aufeinander folgenden Zahlungen nicht der relative, sondern der zum Jahreszinssatz **konforme** unterjährige Zins *(siehe Definition 2.3.11)* angewendet.

Der im Beispiel 4.3.1 vorgegebene Jahreszins i = 8% p.a. führt zum konformen *(d.h. äquivalenten)* Quartalszins i_Q über die Äquivalenzgleichung

$(1 + i_Q)^4 = 1 + i = 1{,}08$, d.h. es gilt: $1 + i_Q = 1{,}08^{0,25} = 1{,}01942655$

(d.h. $i_Q = 1{,}942655\%$ p.Q. im Unterschied zu $i_Q = 2\%$ p.Q. bei der US-Methode).

Abb. 4.3.10 zeigt am Beispiel 4.3.1 die ICMA-Zahlungsstruktur, die mit der US-Zahlungsstruktur (Abb. 4.3.8) identisch ist *(es wird lediglich der konforme statt des relativen Zinssatzes angewendet)*:

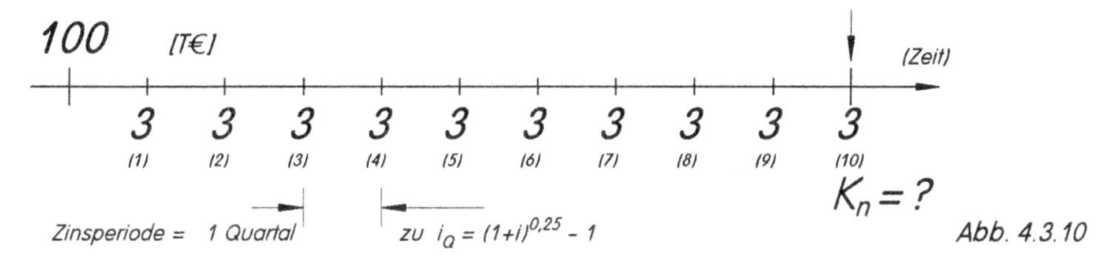

Abb. 4.3.10

Daraus folgt *(mit $1 + i_Q = 1{,}08^{0,25}$)* folgender *(Tab. 4.3.11)* Tilgungsplan, der dieselbe Struktur wie der Tilgungsplan nach US-Methode aufweist, durch den geringeren Quartalszins aber eine schnellere Tilgung und somit eine verringerte Restschuld aufweist:

Kontoführung nach der **ICMA**-Methode:
Kredit: 100.000,-- €; $i_Q = 1{,}9426552\%$ p.Q.; 10 Raten zu 3.000,-- €/Quartal

Periode: Jahr	Qu.	Restschuld *(Beginn Per.)*	Zinsen *(Ende Per.)*	Tilgung *(Ende Per.)*	Zahlung *(Ende Per.)*
1	1	**100.000,00**	1.942,65	1.057,35	**3.000,00**
	2	98.942,65	1.922,11	1.077,89	**3.000,00**
	3	97.864,77	1.901,17	1.098,83	**3.000,00**
	4	96.765,94	1.879,83	1.120,17	**3.000,00**
2	5	95.645,77	1.858,07	1.141,93	**3.000,00**
	6	94.503,84	1.835,88	1.164,12	**3.000,00**
	7	93.339,72	1.813,27	1.186,73	**3.000,00**
	8	92.152,99	1.790,21	1.209,79	**3.000,00**
3	9	90.943,20	1.766,71	1.233,29	**3.000,00**
	10	89.709,92	1.742,75	1.257,25	**3.000,00**
	11	**88.452,67**			

Tab. 4.3.11

Eine Überprüfung der Restschuld mit finanzmathematischen Methoden liefert (mit $1 + i_Q = 1{,}08^{0,25}$ bzw. $i_Q = 1{,}08^{0,25} - 1$):

$$K_n = 100.000 \cdot (1+i_Q)^{10} - 3.000 \cdot \frac{(1+i_Q)^{10} - 1}{i_Q} = 100.000 \cdot 1{,}08^{2,5} - 3.000 \cdot \frac{1{,}08^{2,5} - 1}{1{,}08^{0,25} - 1} = \mathbf{88.452{,}67},$$

wiederum in Übereinstimmung mit dem entsprechenden Tabellenwert.

Betrachtet man die vier hier vorgestellten Kontoführungsmethoden *zusammenfassend*, so stellt man fest, dass bei identischen Zahlungsströmen und identischem Jahreszins jedesmal eine unterschiedliche Restschuld zustande kommt. Umgekehrt muss sich – bei gleichen Zahlungsströmen und identischer Restschuld – jeweils ein unterschiedlicher Effektivzinssatz ergeben, je nachdem, welches Kontoführungsmodell zugrundegelegt wird. Diesen – logisch eigentlich unhaltbaren – Effekt werden wir im Zusammenhang mit der Effektivzinsermittlung in den Kap. 5.3.1/5.3.2 näher beleuchten[16].

Bei allen Kreditformen mit unterjährigen Leistungen kann nur dann ein zutreffender Tilgungsplan aufgestellt werden *(bzw. ein „korrekter" Effektivzins angegeben werden)*, wenn zuvor Einigkeit über die anzuwendende Kontoführungsmethode erzielt wurde.

Aufgabe 4.3.12:

i) Ein Kredit, Kreditsumme 99.634,08 €, soll mit Quartalsraten zu je 8.000,-- €/Q. *(1. Rate 1 Quartal nach Kreditaufnahme)* bei i = 18% p.a. zurückgezahlt werden. Nach 4,5 Jahren wird das Konto abgerechnet.

Man ermittle die noch bestehende Restschuld nach folgenden Kontoführungsmodellen:

a) 360-Tage-Methode **b)** Braess **c)** US **d)** ICMA .

ii) Man beantworte i) a) bis d) für eine Kreditsumme K_0 = 100.000,-- €, Quartalsraten zu 4.000,-- €/Quartal bei i = 16% p.a.

Aufgabe 4.3.13:

Ein Kredit, Kreditsumme 100.000,-- €, soll mit Quartalsraten zu je 10.000,-- €/Quartal *(1. Rate Ende 9. Quartal nach Kreditaufnahme)* bei i = 12% p.a. zurückgezahlt werden. In den ersten 2 Jahren ist Tilgungsstreckung vereinbart, d.h. in den ersten 8 Quartalen werden nur die entstehenden Zinsen gezahlt. Nach 4,5 Jahren wird das Konto abgerechnet.

Man ermittle die noch bestehende Restschuld nach folgenden Kontoführungsmodellen:

a) 360-Tage-Methode **b)** Braess **c)** US **d)** ICMA .

Aufgabe 4.3.14:

Ein Kredit, Kreditsumme 100.000,-- €, soll mit Quartalsraten zu je 12.000,-- €/Quartal *(1. Rate Ende des 9. Quartals nach Kreditaufnahme)* bei i = 10% p.a. zurückgezahlt werden. In den ersten 2 Jahren ist ein Zahlungsaufschub vereinbart, d.h. es erfolgt in den ersten 8 Quartalen keinerlei Zahlung. Nach 4,5 Jahren wird das Konto abgerechnet.

Man ermittle die noch bestehende Restschuld nach folgenden Kontoführungsmodellen:

a) 360-Tage-Methode **b)** Braess **c)** US **d)** ICMA .

[16] siehe auch [Tie1] 57ff.

Aufgabe 4.3.15:

Ein Kredit mit der Kreditsumme 100.000,-- € soll mit folgenden Gegenleistungen *(Zahlungen)* zurückgezahlt werden *(Verzinsung: 16% p.a.)*:

Ende 3. Quartal:	10.000,-- €	Ende 6. Quartal:	20.000,-- €
Ende 12. Quartal:	50.000,-- €	Ende 13. Quartal:	30.000,-- €
Ende 18. Quartal:	Restzahlung, so dass der Kredit vollständig getilgt ist.		

Man ermittle diese Restzahlung für die Kontoführungsmethoden

a) 360-Tage-Methode **b)** Braess **c)** US **d)** ICMA

Aufgabe 4.3.16:

Ein Kredit mit der Kreditsumme K_0 = 100.000 €, soll mit Monatsraten zu 2.000 €/Monat bei i = 12% p.a. zurückgezahlt werden *(die 1. Rate ist einen Monat nach Kreditaufnahme fällig)*.

i) Man ermittle die Restschuld nach 18 Monatsraten für die Kontoführungsmethoden

a) 360-Tage-Methode **b)** Braess **c)** US **d)** ICMA

ii) Man ermittle für die in i) aufgeführten Kontoführungsmethoden a), c) und d) die Gesamtlaufzeit bis zur vollständigen Tilgung.

Aufgabe 4.3.17:

Ein Kredit, Kreditsumme 100.000,-- €, soll mit monatlichen Raten bei i = 12% p.a. zurückgezahlt werden *(erste Rate 1 Monat nach Kreditaufnahme)*. Welche Monatsrate ist zu wählen, damit das Konto nach 18 Monaten ausgeglichen ist?

Man beantworte diese Frage für folgende Kontoführungsmodelle:

a) 360-Tage-Methode **b)** Braess **c)** US **d)** ICMA .

Aufgabe 4.3.18:

Ein Kredit soll mit 18 Monatsraten zu 6.000,-- €/Monat bei i = 12% p.a. zurückgezahlt werden *(erste Rate einen Monat nach Kreditaufnahme)*. Bei welcher Kreditsumme reichen die 18 Monatsraten gerade aus, um den Kredit vollständig *(incl. Zinsen)* zurückzuführen?

Man beantworte diese Frage für folgende Kontoführungsmodelle:

a) 360-Tage-Methode **b)** Braess **c)** US **d)** ICMA .

Aufgabe 4.3.19:

Ein Annuitätenkredit *(nom. Jahreszins: i_{nom}; Anfangstilgung: i_T (p.a.))* werde mit gleichen Monatsraten zurückgezahlt. Die Monatsrate betrage ein Zwölftel der Jahresleistung. Die Zins- und Tilgungsverrechnung erfolge ebenfalls monatlich, Monatszins relativ zu i_{nom}, d.h. US-Methode.

i) Zeigen Sie: Bei gegebener Gesamtlaufzeit n *(in Monaten)* ist die dazu passende Anfangstilgung i_T *(p.a.)* gegeben durch

$$i_T = \frac{i_{nom}}{\left(1 + \frac{i_{nom}}{12}\right)^n - 1}$$

(Tipp: Äquivalenzgleichung für die Gesamtlaufzeit n aufstellen und nach i_T umformen!)

ii) Huber will seinen Kredit *(Konditionen wie oben angegeben, Zinssatz 8% p.a. nominell)* in 15 Jahren vollständig getilgt haben. Wie hoch muss die Anfangstilgung *(p.a.)* sein?

iii) Entwickeln Sie eine Tabelle, die für i_{nom} von 6% bis 9% p.a. *(in 0,5%-Schritten)* und Gesamtlaufzeiten von 10 bis 30 Jahren *(in 5-Jahres-Schritten)* die jeweils dazu passende Anfangstilgung aufweist. *(Tipp: Teil i) verwenden! Wenn's zu langweilig wird: Tabellenkalkulation benutzen!)*

4.4 Nachschüssige Tilgungsverrechnung

In allen bisher behandelten Beispielen *(insbesondere im Zusammenhang mit Kredittilgung)*, war es **selbstverständlich**, dass jede *(innerperiodische)* Zahlung A **im Zeitpunkt ihrer Leistung** unmittelbar die jeweilige **Restschuld** *(bzw. den jeweiligen Kontostand)* **verändert** und damit ebenso die **Bemessungsgrundlage** für alle **zukünftig anfallenden Zinsen** *(in diesem Zusammenhang spricht man von* ***„sofortiger Tilgungsverrechnung"*** *einer Zahlung)*.

Je nachdem, welches Kontoführungsmodell vorliegt *(linear (z.B. 360-Tage-Methode) oder exponentiell (z.B. ICMA), vgl. Kap. 4.3)*, bedeutet diese **Sofortwirkung** von unterjährigen Zahlungen:

i) Bei linear-unterjähriger Verzinsung *(„Sparkonto-Modell")* mindert eine unterjährig geleistete Zahlung A sofort in voller Höhe die bestehende Restschuld *(denn die bis dahin aufgelaufenen Zinsen werden ja separat gesammelt und erst zum (späteren) Jahres- bzw. Zinsperiodenende der Restschuld zugebucht)*. Bei **linearer** Verzinsung *(nach dem Sparbuch-Modell)* wird somit eine **unterjährige Zahlung** A **unmittelbar in voller Höhe als Tilgung** (= Restschuldminderung) verwendet und senkt somit unmittelbar die Bemessungsgrundlage für die nunmehr zukünftig zu berechnenden Zinsen *(vgl. auch die Vorbemerkungen zu Tab. 4.3.4)*.

ii) Bei der **ICMA-Kontoführung** erfolgt jede **unterjährige Zahlung** prinzipiell zu einem *(notfalls noch einzuführenden)* Zinszuschlagtermin und wird **sofort** unter Anrechnung der bis dahin aufgelaufenen *(konformen)* Zinsen **tilgungswirksam** *(und damit für die Zukunft auch* ***zinswirksam****)* verrechnet *(vgl. etwa Tab. 4.3.11)*

Nun ist es in der Praxis häufig anzutreffen, dass Kreditinstitute, Bausparkassen etc. von der geschilderten *(finanzmathematisch korrekten)* „sofortigen Tilgungsverrechnung" abweichen. Dies kommt etwa dadurch zum Ausdruck, dass bei unterjährigen Rückzahlungen des Schuldners die Tilgungsverrechnung *(d.h. die restschuldmindernde Buchung)* nicht sofort bei Zahlung, sondern erst später vorgenommen wird *(z.B. Zahlung monatlich, Tilgungsverrechnung vierteljährlich oder jährlich usw.)*.

Diesen Vorgang bezeichnet man als **nachschüssige Tilgungsverrechnung**: Eine Zahlung wird nicht sogleich verrechnet, sondern erst zu einem späteren Zeitpunkt *(d.h. „nachschüssig")*.

Im Text eines Kreditvertrags könnte es – bezogen auf das bereits bekannte Beispiel 4.3.1 – etwa heißen:

(*) „... Die jährliche Leistungsrate *(Zinsen und Tilgung)* beträgt 12.000,-- €. Sie ist in Teilbeträgen von 3.000,-- € zum Ende eines jeden Quartals zu zahlen. Die Zinsen werden jeweils nach dem Stand des Kapitals am Schluss des vergangenen Jahres berechnet."

Im Klartext bedeutet diese *nachschüssige Tilgungsverrechnung: unterjährige* Rückzahlungen, die der Kreditnehmer leistet, werden *nicht sofort* bei Zahlung, sondern *erst später* (im obigen Beispiel am Jahresende) tilgungswirksam auf das Kreditkonto gebucht. Der Kreditnehmer muss somit zeitweilig eine höhere Summe verzinsen, als es seiner tatsächlichen Restschuld entspricht.

Beispiel 4.4.1: ***(nachschüssige Tilgungsverrechnung)***

Kreditsumme 100.000,-- €; i = 8% p.a.; Rückzahlungen: 3.000,-- €/Quartal.
Betrachtungshorizont: 1 Jahr. Es werde jährliche, d.h. nachschüssige Tilgungsverrechnung angewendet, d.h. der o.a. Text (*) des Kreditvertrages ist jetzt auch hier wirksam: „Die jährlichen Zinsen werden jeweils nach dem Stand des Kapitals am Schluss des vergangenen Jahres berechnet."

Gesucht ist die Restschuld nach einem Jahr.

Für den Kreditnehmer *(und auch für die Bank)* gilt folgender **realer Zahlungsstrahl** *(Abb.4.4.2)*

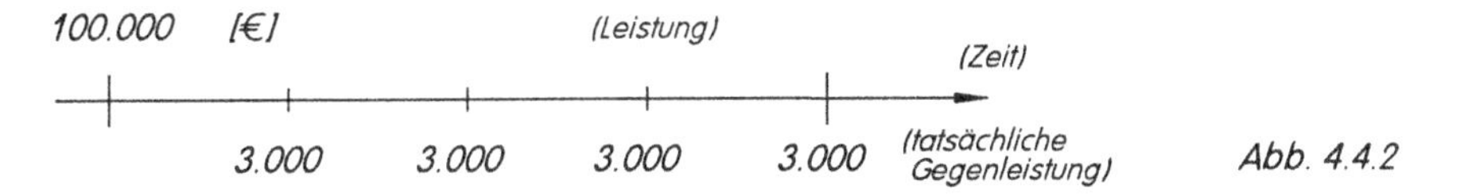

Für die Ermittlung der Restschuld tut aber die Bank so, als hätte der Schuldner seine vier Quartalsraten nicht bereits quatalsweise zu den vereinbarten Zeitpunkten im voraus entrichtet *(wie in Abb. 4.4.2)*, sondern erst *(in einem Betrag zu 12.000,-- €)* zum späterliegenden Verrechnungstermin *(am Jahresende)*. Die Bank tut also so, als hätte der Schuldner nach dem folgenden ***(fiktiven)*** **Zahlungsstrahl** geleistet *(Abb. 4.4.3)*:

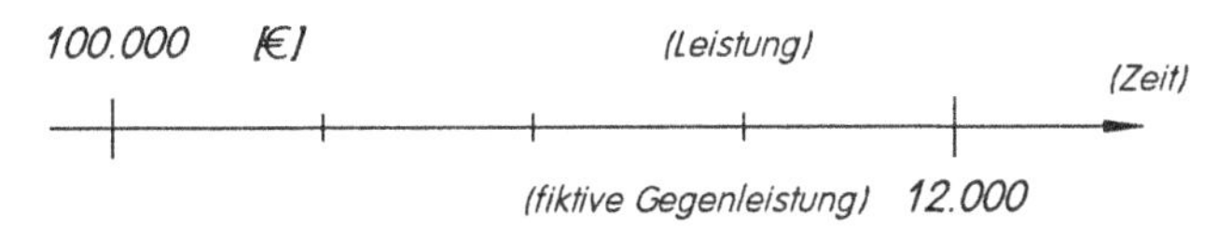

(nachschüssige Tilgungsverrechnung bei 3.000 €/Quartal)

Der Unterschied wird auch quantitativ sofort klar. So ergibt sich als **Restschuld nach einem Jahr**

i) bei realem Zahlungsstrahl *(nach Abb. 4.4.2 und 360-Tage-Methode-Kontoführung; zur Ersatzrate, vgl. Kap. 3.8.2)*:

$$K_1 = 100.000 \cdot 1{,}08 - 4 \cdot 3.000 \cdot (1 + 0{,}08 \cdot \frac{4{,}5}{12}) = \mathbf{95.640,\text{--}\ €}\ .$$

(bei ICMA-Kontoführung: $K_1 = 100.000 \cdot 1{,}08 - 3.000 \cdot \frac{1{,}08 - 1}{1{,}08^{0{,}25} - 1} = \mathbf{95.645{,}77\ €}$) ;

ii) bei nachschüssiger Tilgungsverrechnung Abb. 4.4.3:

$$K_1 = 100.000 \cdot 1{,}08 - 12.000 = \mathbf{96.000,\text{--}\ €},$$

also deutlich höher als bei korrektem Ansatz.

Es liegt auf der Hand, dass das Verfahren der nachschüssigen Tilgungsverrechnung für den Kreditnehmer eine **Verteuerung** des Kredits bedeutet, der sich in der Höhe des **Effektivzinssatzes** bemerkbar machen muss. In Kap. 5.3.2 werden wir näher auf diesen Effekt eingehen.

Bemerkung 4.4.4: *Die beschriebene Praxis nachschüssiger Tilgungsverrechnung wurde vom BGH in zwei nicht nur für die Fachwelt aufsehenerregenden Urteilen*[17] *im November 1988 gerügt.*

Überraschenderweise bezog sich aber die Unzulässigkeit der nachschüssigen Tilgungsverrechnungsklauseln nicht auf die Tatsache, dass der Kreditnehmer für bereits getilgte Beträge Zinsen zu zahlen hat, sondern allein darauf, dass diese Tatsache nicht hinreichend klar in den betreffenden Kreditverträgen zum Ausdruck kam: Die gerügten nachschüssigen Tilgungsverrechnungsklauseln verstießen gegen das in § 9 AGB-Gesetz verankerte ***„Transparenzgebot“****.*

Betroffen von den BGH-Urteilen waren Darlehensverträge, die nach dem 31.03.1977 (denn seither gilt das AGB-Gesetz) und vor dem 01.09.1985 (denn seitdem musste stets der Effektivzinssatz angegeben werden) abgeschlossen wurden.

[17] vgl. BGHZ 106, 42ff. = NJW 1989, 222ff.

Ein betroffener Kreditnehmer konnte somit eine rückwirkende Neuberechnung seines Kredits vor allem hinsichtlich der korrekten Restschuld bei Vertragsende verlangen.

Beispiel: *Wir betrachten folgenden Annuitätenkredit:*

Kreditsumme: 100.000,-- €; Auszahlung: 100%; (nom.) Zins: 10% p.a.; Tilgung: 2% p.a. (zuzüglich ersparte Zinsen)

Die sich rechnerisch ergebende Annuität von 12.000,-- €/Jahr wird in 4 nachschüssigen Quartalsraten zu je 3.000,-- €/Quartal geleistet.

Gesucht sei die vom Kreditnehmer noch zu erstattende Restschuld K_{15} nach 15 Laufzeitjahren.

*Nach der beanstandeten **nachschüssigen Tilgungsverrechnung** ergibt sich*

$$K_{15} = 100.000 \cdot 1{,}1^{15} - 12.000 \cdot \frac{1{,}1^{15}-1}{0{,}1} = \mathbf{36.455{,}04\,€}.$$

Bei einer Neuberechnung dieser Restschuld muss berücksichtigt werden, dass jede Rückzahlungsrate (= 3.000,-- €/Quartal) unmittelbar tilgungswirksam zu verrechnen ist.

Da der BGH aber offengelassen hatte, welches Kontomodell dabei zugrundezulegen ist (360-Tage-Methode; US-Methode; ICMA-Methode), streiten sich[18] die Beteiligten bis heute um „korrekte" Rückerstattungsansprüche für die Kreditnehmer.

*Legt man nämlich das **US-Modell** zugrunde (sofortige Tilgungsverrechnung, vierteljährlicher Zinsabschluss zum **relativen** Quartalszins (= 2,5% p.Q.)), so ergibt sich nach 15 Jahren die Restschuld des Kreditnehmers zu*

$$K_{15} = 100.000 \cdot 1{,}025^{60} - 3.000 \cdot \frac{1{,}025^{60}-1}{0{,}025} = \mathbf{32.004{,}20\,€}$$

(d.h. ein Erstattungsanspruch (gegenüber dem beanstandeten Wert) von rd. 4.451,-- €).

*Verwendet man dagegen das **360-Tage-Konto-Modell**, so lautet die entsprechende Restschuld:*

$$K_{15} = 100.000 \cdot 1{,}1^{15} - 12.000 \cdot \left(1 + 0{,}1 \cdot \frac{4{,}5}{12}\right) \cdot \frac{1{,}1^{15}-1}{0{,}1} = \mathbf{22.157{,}42\,€},$$

mit einem deutlich höheren Erstattungsanspruch von 14.298,-- € (= 36.455 - 22.157).

*Die **ICMA-Methode** schließlich liefert (mit dem konformen Quartalszinsfaktor $1 + i_Q = 1{,}1^{0{,}25}$) nach 15 Jahren (= 60 Quartalen) als Restschuld:*

$$K_{15} = 100.000 \cdot 1{,}1^{15} - 3.000 \cdot \frac{1{,}1^{15}-1}{1{,}1^{0{,}25}-1} = \mathbf{22.441{,}27\,€}$$

und führt zu einem ähnlich hohen Rückerstattungsanspruch (nämlich 14.014,-- € (= 36.455 - 22.441)) wie das 360-Tage-Konto-Modell.

Die teilweise drastischen Unterschiede der Rückerstattungsansprüche erklären, weshalb die Banken die US-Methode, die betroffenen Kreditnehmer dagegen die 360-Tage-Methode bzw. ICMA-Methode als „korrekt" ansehen.[19]

---

[18] Für die „Korrektheit" **jedes** der drei Kontoführungsmodelle gab es gerichtliche Entscheidungen, vgl. [Tie1] 52ff.

[19] Zu den finanzmathematischen Aspekten zur „richtigen" Verzinsungsfiktion bzw. Kontoführungsmethode siehe auch Kap. 5.4 oder [Tie1] 62ff.

Aufgabe 4.4.5:

Ein Annuitätenkredit *(Kreditsumme 400.000,-- €)* wird zu den Konditionen abgeschlossen:

Auszahlung: 97%; Zinsen: 11% p.a.; Tilgung: 1% p.a. *(zuzüglich ersparter Zinsen)*

Die jährliche Gegenleistung beträgt 48.000,-- €. Sie ist in Teilbeträgen von 4.000,-- € zum jeweiligen Monatsende zu zahlen, erstmalig einen Monat nach Kreditaufnahme. Die Zinsen werden jährlich jeweils nach dem Stand der Darlehensschuld zum Schluss des vergangenen Zinsjahres ermittelt und verrechnet, erstmalig ein Jahr nach Kreditaufnahme. Die sich nach 10 Jahren ergebende Restschuld ist in einem Betrage an den Kreditgeber zu zahlen.

Man ermittle diese Restschuld

i) nach den angegebenen Kreditbedingungen;

ii) nach einer Kontoführungsmethode, die die sofortige Tilgungsverrechnung der geleisteten Monatsraten berücksichtigt, und zwar

- **a)** nach der 360-Tage-Methode;
- **b)** nach der US-Methode;
- **c)** nach der ICMA-Methode.

iii) Man ermittle Gesamtlaufzeit/Ratenanzahl dieses Kredits nach den vier zuvor erwähnten Kontoführungs-Methoden:

- **a)** nach der 360-Tage-Methode;
- **b)** nach der US-Methode;
- **c)** nach der ICMA-Methode;
- **d)** nach den o.a. Kreditbedingungen *(nachschüssige Tilgungsverrechnung)*.

5 Die Ermittlung des Effektivzinssatzes in der Finanzmathematik

5.1 Grundlagen

5.1.1 Der Effektivzinsbegriff

Anlage- und Kreditgeschäfte *(z.B. Darlehen, Wertpapiergeschäfte, Investitionen, Finanzierungen ...)* sind dadurch gekennzeichnet, dass die **Leistungen** bzw. **Gegenleistungen** der beteiligten Partner in Form einer *(bisweilen auch nur prognostizierten)* **Zahlungsreihe** gegeben sind.

Um einen Vergleich unterschiedlicher Anlage-, Investitions- oder Kreditalternativen durchführen zu können, ist es üblich, den sog. **Effektivzinssatz** [1] *(bei Investitionen: den „**internen Zinssatz**", s. Def. 9.3.4; bei Wertpapieren: die „**Rendite**", s. Def. 6.1.5)* einer Zahlungsreihe als *(allgemein akzeptiertes oder auch vorgeschriebenes)* **Vergleichskriterium** heranzuziehen:

Definition 5.1.1: (Effektivzinssatz einer Zahlungsreihe)

Unter dem **Effektivzinssatz** einer Zahlungsreihe versteht man denjenigen [2] *(im Zeitablauf konstanten)* **nachschüssigen Jahreszinssatz**, bei dessen Anwendung Leistungen und Gegenleistungen finanzmathematisch **äquivalent** [3] sind.

Gleichbedeutend zu Def. 5.1.1 sind nach dem Äquivalenzprinzip *(Satz 2.2.18)* folgende **Interpretationen** des **Effektivzinsbegriffes:**

(5.1.2) Legt man sämtliche **Leistungen** *(Einzahlungen)* zum Effektivzinssatz an, so erhält man am Laufzeitende **denselben Kontostand**, wie er sich durch die *(zum Effektivzinssatz getätigte)* separate Anlage aller **Gegenleistungen** *(Auszahlungen)* ergibt

kurz:

Bei der Verzinsung zum Effektivzinssatz ist der **Endwert** ***(Barwert, Zeitwert)*** [4] **aller Leistungen** *(Einzahlungen)* identisch mit dem **Endwert** ***(Barwert, Zeitwert)*** **aller Gegenleistungen** *(Auszahlungen)*.

---

[1] Vgl. hierzu die schon früher diskutierten Passagen in Def. 1.2.39 bzw. Satz 2.2.18 iv).

[2] Wir unterstellen für den Moment, dass ein Effektivzinssatz existiert und eindeutig ist. Später werden wir auch solche *(in der Praxis vergleichsweise selten vorkommenden)* Fälle kennenlernen, in denen eine Zahlungsreihe keinen oder mehrere Effektivzinssätze besitzt, siehe etwa Kap. 9.3.

[3] etwa im Sinne von Satz 2.2.18. Wir werden weiterhin sehen, dass zur Angabe des Effektivzinses außerdem die Angabe der angewendeten finanzmathematischen Methode gehört, vgl. (5.1.7), Bsp. 5.1.8 sowie Kap. 5.3.

[4] Dabei beachte man Bem. 2.1.16 ii) sowie – bei linearer Verzinsung – die Stichtags-Konvention 1.2.33.

Wegen der Gleichwertigkeit von finanzmathematischem Auf-/Abzinsungskalkül und Kontodarstellung *(siehe Kap. 4.1 und insbesondere Satz 4.1.12)* kann man weiterhin sagen *(siehe auch Bsp. 2.2.19)*:

(5.1.3) Ein **Vergleichskonto** oder **Effektivkonto** *(Tilgungsplan)* mit den **realen** Ein-/Auszahlungen, verzinst mit dem **Effektivzinssatz** und abgerechnet mit den entsprechenden **Kontoführungsvorschriften** führt am Laufzeitende stets zu einem **Restschuldsaldo** *(Kontoendstand)* von **Null**

kurz:

Ein mit dem Effektivzinssatz bewertetes **Vergleichskonto** „geht auf".

Bemerkung 5.1.4: *Aus Def. 5.1.1 erkennt man, dass sich die Effektivzinsberechnung von den bisherigen Problemstellungen der Finanzmathematik lediglich darin unterscheidet, dass nunmehr der zur Her stellung der Äquivalenz erforderliche Zinssatz i_{eff} (bzw. Zinsfaktor q ($:= 1 + i_{eff}$)) zu ermitteln ist.*

Beispiel 5.1.5: Gesucht ist der Effektivzinssatz i_{eff} eines Kredits mit einer Kreditsumme von 11.000 € und einer Auszahlung von 10.368 € *(d.h. Disagio = 632€)*, der mit insgesamt zwei *(jeweils im Jahresabstand folgenden)* gleichen Annuitäten vollständig zurückgeführt wird. Der nominelle Kreditzinssatz beträgt 20% p.a., somit ergeben sich nach (4.2.22) die beiden Annuitäten zu je 7.200 €:

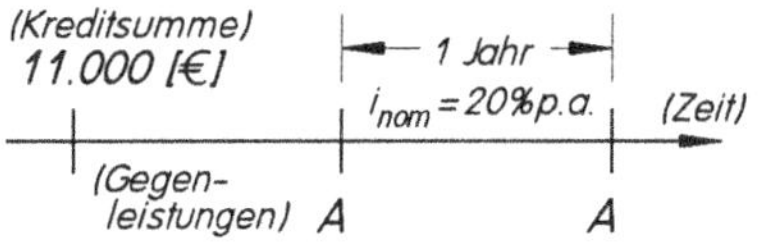

(Kreditsumme) 11.000 [€] — 1 Jahr — i_{nom} = 20% p.a. (Zeit) (Gegenleistungen) A A

$$\underset{(4.2.22)}{\Rightarrow} \quad A = 11.000 \cdot 1{,}2^2 \cdot \frac{0{,}2}{1{,}2^2 - 1} = 7.200\,€/J.$$

Der Effektivzinssatz i_{eff} macht die *tatsächlichen* Leistungen und Gegenleistungen äquivalent, d.h. jetzt kommt es auf die *Auszahlung* des Kredits *(=10.368€)* an, während die Gegenleistungen unverändert bleiben. Somit muss i_{eff} aus folgendem „realen" Zahlungsstrahl ermittelt werden:

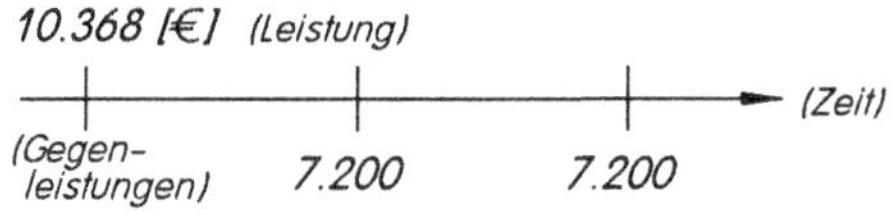

10.368 [€] (Leistung) (Zeit) (Gegenleistungen) 7.200 7.200

Da keine unterjährigen Zahlungen vorliegen, spielt die Wahl der Kontoführungsmethode *(vgl. Kap. 4.3)* keine Rolle, es wird „normal" mit jährlichen Zinseszinsen gerechnet.

Somit ergibt sich der Effektivzinsfaktor q ($:= 1 + i_{eff}$) aus der Äquivalenzgleichung

$$10368 \cdot q^2 = 7200 \cdot q + 7200 \,.$$

Diese quadratische Gleichung hat die positive[5] Lösung q = 1,2500, d.h. der zugrundeliegende Kredit besitzt einen Effektivzinssatz von 25% p.a.

Tab. 5.1.6 zeigt das mit 20% p.a. abgerechnete **Kreditkonto** *(hier wird die Kreditsumme 11.000 sowie i_{nom} berücksichtigt)* sowie das mit 25% p.a. abgerechnete **Vergleichskonto** *(hier wird die Auszahlung 10.368 sowie i_{eff} berücksichtigt)*. Beide Konten gehen erwartungsgemäß glatt auf:

t	Restkapital *(Beginn t)*	*(nom.)* Zins *(20% p.a.)*	Tilgung *(Ende t)*	Annuität *(Ende t)*
1	**11.000**	2.200	5.000	**7.200**
2	6.000	1.200	6.000	**7.200**
3	**0**		***(Kreditkonto)***	

Tab. 5.1.6

t	Restkapital *(Beginn t)*	*(eff.)* Zins *(25% p.a.)*	Tilgung *(Ende t)*	Annuität *(Ende t)*
1	**10.368**	2.592	4.608	**7.200**
2	5.760	1.440	5.760	**7.200**
3	**0**		***(Vergleichskonto)***	

[5] Die zweite Lösung ist negativ und somit hier ohne ökonomische Bedeutung.

Etwas verwickelter wird die Interpretation des Effektivzinssatzes, wenn *unterjährige Zahlungen* auftreten *(siehe Kap. 4.3)*:

(5.1.7)

Enthält eine Investition *(oder ein Kredit)* **unterjährige Zahlungen**, so ist bei der Angabe eines effektiven Jahreszinses stets zusätzlich anzugeben, mit welcher **Kontoführungsmethode** *(z.B. 360-Tage-Methode, Braess, US, ICMA ...)* dieser – zur Äquivalenz von Leistung und Gegenleistung führende – **Effektivzinssatz ermittelt** wurde.

Ein Beispiel soll die *Notwendigkeit zur Angabe des Kontoführungsmodells* belegen:

Beispiel 5.1.8: Gesucht ist der effektive Jahreszins i_{eff} eines Kredits mit einer Kreditauszahlung von 100.000,-- €, der mit zwei Raten zu je 70.000,-- € *(zu zahlen jeweils im Abstand von 9 Monaten)* vollständig zurückgeführt ist:

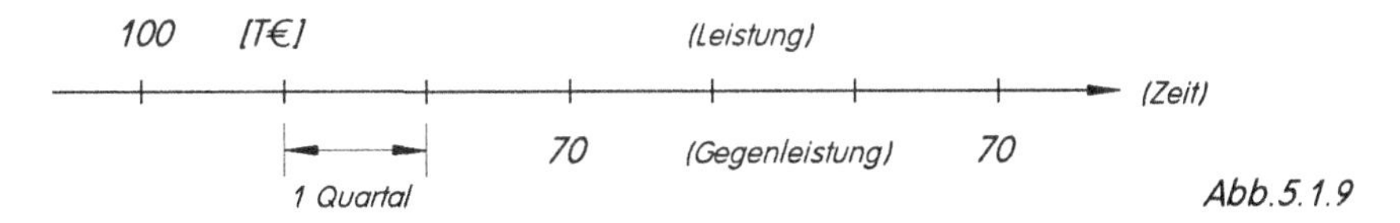

Abb.5.1.9

(Dieses – vergleichsweise einfache – Beispiel wurde gewählt, um die rechnerische Ermittlung von i_{eff} noch ohne Näherungsverfahren bewerkstelligen zu können.)

Wir betrachten jetzt *(unabhängig voneinander)* einige der vier in Kap. 4.3 erwähnten Kontoführungsmethoden zur Ermittlung des Effektivzinssatzes:

(1) Kontoführung zur i_{eff} - Bestimmung nach der 360-Tage-Methode: *(siehe Kap. 4.3.1)*

(nach dieser Methode musste bis 08/2000 gemäß PAngV von 1985 der Effektivzins von Verbraucherkrediten ermittelt werden)

Prinzip: Zinszuschlag jährlich, erstmalig ein Jahr nach Kreditaufnahme. Unterjährig lineare Zinsen *(zum relativen Zinssatz)*.

Strukturierter Zahlungsstrahl *(nach 360-Tage-Methode)*:

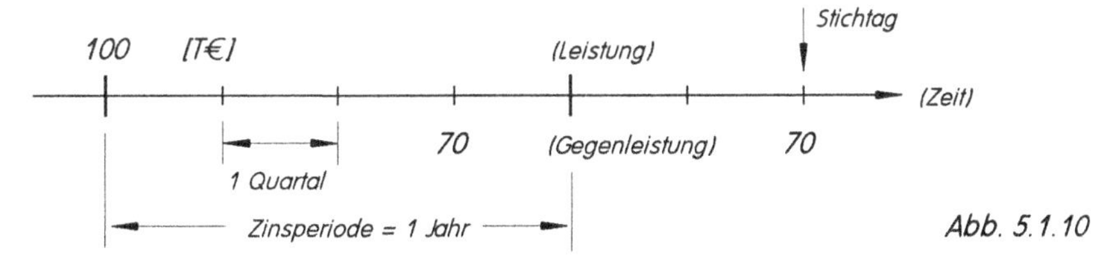

Abb. 5.1.10

Die entsprechende Äquivalenzgleichung (mit $i := i_{eff}$) lautet daher:

(5.1.11)
$$100 \cdot (1+i) \cdot (1+i \cdot 0{,}5) = 70 \cdot (1+i \cdot 0{,}25) \cdot (1+i \cdot 0{,}5) + 70 \quad \Leftrightarrow$$
$$100 \cdot (1+1{,}5i+0{,}5i^2) = 70 \cdot (1+0{,}75i+0{,}125i^2) + 70 \quad \Leftrightarrow$$
$$41{,}25i^2 + 97{,}5i - 40 = 0$$

mit der *(einzigen)* positiven Lösung: $i = i_{eff} =$ **35,649% p.a.** *(nach 360TM)*.

Das mit diesem Effektivzins bewertete **360-Tage-Methode-Vergleichskonto** *(relativer Quartalszins:* $i_Q = 0{,}25 \cdot i_{eff} = 8{,}91225\%$ *p.Q.)* führt nach 6 Quartalen genau zum Kontoendstand Null:

Periode: Jahr	Qu.	Restschuld *(Beginn Per.)*	Quartalszinsen (8,91225% p.Q.) *(separat gesammelt)*	*kumuliert und zum Jahresende verrechnet*	Tilgung *(Ende Per.)*	Zahlung *(Ende Per.)*
1	1	**100.000,00**	(8.912,24)		0,00	
	2	100.000,00	(8.912,24)		0,00	
	3	100.000,00	(8.912,24)		70.000,00	**70.000,00**
	4	30.000,00	(2.673,68)	29.410,40	−29.410,40	
2	1	59.410,40	(5.294,80)		0,00	
	2	59.410,40	(5.294,80)	10.589,60	59.410,40	**70.000,00**
	3	**0,00**	*(360-Tage-Methode-Vergleichskonto)*			Tab. 5.1.12

Man beachte, dass in der letzten Zeile des Vergleichskontos Restschuld *(=59.410,40)* plus verrechnete Zinsen *(=10.589,60)* genau durch die Ratenzahlung *(=70.000,00)* ausgeglichen werden – das Vergleichskonto „geht auf".

Aufgabe 5.1.13: Man ermittle auf analoge Weise Effektivverzinsung und Vergleichskonto des Kredits aus Abb. 5.1.9 nach der Kontoführung nach Braess *(siehe Kapitel 4.3.2).*

(Kontoführungsprinzip nach Braess: Zinszuschlag jährlich, wobei – im Gegensatz zur 360-Tage-Methode – gebrochene Zinsjahre am Anfang liegen. Unterjährig lineare Zinsen (zum relativen Zinssatz).

(Hinweis: Der gesuchte Effektivzins lautet: $i_{eff} = 0{,}348111862 \approx 34{,}811\%$ *p.a.)*

(Fortsetzung von Beispiel 5.1.8)

(2) Kontoführung zur i_{eff} - Bestimmung nach der ICMA-Methode: *(siehe Kap. 4.3.4)*
(nach PAngV von 2000 ab 09/2000 verbindlich für die i_{eff}-Ermittlung bei Verbraucherkrediten)

Prinzip: Zinszuschlag bei jeder Zahlung, wobei zur Aufzinsung der zu i_{eff} *konforme* unterjährige Zinssatz $i_p = i_{kon}$ verwendet wird

(im Beispiel: i_{kon} *ist der zu* i_{eff} *konforme Dreivierteljahreszins, d.h.*
$1 + i_p = 1 + i_{kon} = (1 + i_{eff})^{0{,}75}$*).*

Strukturierter Zahlungsstrahl *(nach ICMA)*:

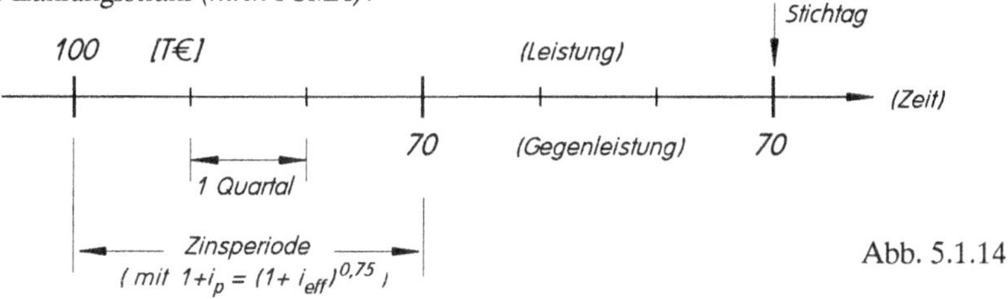

Abb. 5.1.14

Danach lautet die ICMA-Äquivalenzgleichung: $100q^2 = 70q+70$ *(mit $q=1+i_p$)* und besitzt die positive Lösung: $q = 1+i_p = 1{,}256917857$ *(„Dreivierteljahreszinsfaktor").* (∗)

Wegen $(1 + i_{eff})^{0{,}75} = 1 + i_{kon} = 1 + i_p$ lautet der effektive ICMA-Jahreszins:

$$i_{eff} = (1 + i_p)^{\frac{4}{3}} - 1 = 0{,}356466882 \approx \mathbf{35{,}6467\%\ p.a.}$$

Um eine optische Vergleichbarkeit mit der 360-Tage-Methode-Kontostaffel *(Tab. 5.1.12)* zu ermöglichen, soll das jetzt folgende ICMA-Vergleichskonto ebenfalls *vierteljährlich* abgerechnet werden – und zwar mit dem zum effektiven Jahreszins konformen Quartalszinssatz *(dies ist stets dann erlaubt, wenn mit dem konformen unterjährigen Zinssatz gerechnet wird – dann nämlich ist Äquivalenz unabhängig von der Zinsperiodenlänge gewährleistet, siehe Def. 2.3.11)*.

Der zu i_{eff} konforme Quartalszinssatz i_Q ergibt sich über $(1+i_Q)^4 = 1+i_{eff} = 1{,}356466882$ zu

$$i_Q = 1{,}356466882^{0,25} - 1 = 7{,}92009\% \text{ p.Q.}$$

Damit ergibt sich das folgende ICMA-**Vergleichskonto** *(Tab. 5.1.15)*:

Periode: Jahr	Qu.	Restschuld *(Beginn Per.)*	Zinsen *(7,92009% p.Q.)* *(Ende Per.)*	Tilgung *(Ende Per.)*	Zahlung *(Ende Per.)*
1	1	**100.000,00**	7.920,09	-7.920,09	
	2	107.920,09	8.547,37	-8.547,37	
	3	116.467,46	9.224,33	60.775,67	**70.000,00**
	4	55.691,79	4.410,84	-4.410,84	
2	1	60.102,63	4.760,18	-4.760,18	
	2	64.862,81	5.137,19	64.862,81	**70.000,00**
	3	**0,00**			

(ICMA-Vergleichskonto für i_Q = 7,92009% p.Q.) Tab. 5.1.15

Auch jetzt stellt man wieder fest, dass in der letzten Zeile des Vergleichskontos die noch bestehende Restschuld *(=64.862,81)* plus verrechnete Zinsen *(=5.137,19)* genau durch die Ratenzahlung *(=70.000,00)* kompensiert werden – das Vergleichskonto „geht auf".

Noch einfacher – und mit äquivalentem Resultat – ist eine Vergleichs-Kontostaffel *(siehe Tab. 5.1.16)*, die nur zwei 3/4-Jahres-Zinsperioden aufweist *(zu 25,6917857% p.$^3/_4$ a., siehe (*))*:

Periode: *(je 9 Mon.)*	Restschuld *(Beginn Per.)*	Zinsen *(Ende Per.)*	Tilgung *(Ende Per.)*	Zahlung *(Ende Per.)*
1	**100.000,00**	25.691,79	44.308,21	**70.000,00**
2	55.691,79	14.308,21	55.691,79	**70.000,00**
3	**0**			

(ICMA-Vergleichskonto für i_{kon} = 25,6917857% p. $\frac{3}{4}$a.) Tab. 5.1.16

Aufgabe 5.1.17: Man ermittle auf analoge Weise Effektivverzinsung und Vergleichskonto des Kredits aus Abb. 5.1.9 nach der US-Kontoführung *(siehe Kapitel 4.3.3)*.

(Prinzip der US-Kontoführung: Wie ICMA-Methode mit dem einzigen Unterschied, dass anstelle des konformen der relative unterjährige Zinssatz angewendet wird.

(Hinweis: Der gesuchte Effektivzins lautet: $i_{eff} = 0{,}3425571472 \approx 34{,}2557\%$ p.a.)

Jede der vier Kontoführungsmethoden *(360-Tage-Methode, Braess, US, ICMA)* führt – bei identischem Zahlungsstrom, d.h. bei einem und demselben Kredit – zu einem anderen „korrekten" Effektivzinssatz. Ohne Angabe der zur Ermittlung von i_{eff} angewendeten Kontoführungsmethode ist daher – bei unterjährigen Zahlungen – die Angabe eines Effektivzinssatzes nur bedingt aussagekräftig. In den Kapiteln 5.3 und 5.4 werden wir uns näher mit den Problemen bei unterjährigen Leistungen beschäftigen.

Unter Berücksichtigung der *(in Def. 5.1.7 genannten)* Besonderheiten bei unterjährigen Leistungen steht mit dem **Effektivzinssatz** [6] eine aussagekräftige **Maßzahl** zur Verfügung, die es ermöglicht, unterschiedliche Zahlungsströme über einen „Preis" **vergleichbar** zu machen.

Allerdings kann die rechentechnische Ermittlung des Effektivzinssatzes *(anfänglich)* schwierig sein:

5.1.2 Berechnungsverfahren für den Effektivzinssatz

Die bisher aufgetretenen *(siehe Beispiele 5.1.5 und 5.1.8)* Effektivzinsberechnungen führten auf Äquivalenzgleichungen höchstens zweiten Grades *(quadratische Gleichungen)*. Sobald mehr als zwei Zinsperioden überbrückt werden müssen, hat man es mit **Äquivalenzgleichungen höheren Grades** *(in der relevanten Variablen q (*$:= 1+i_{eff}$*))* zu tun, deren Lösung(en) nicht ohne weiteres gewonnen werden können.

Beispiel 5.1.22: Ein Kredit mit der Auszahlungssumme 100.000,-- € wird wie folgt zurückgezahlt: 60.000,-- € nach zwei Jahren, 80.000,-- € nach weiteren 3 Jahren *(vgl. Zahlungsstrahl Abb. 5.1.23)*:

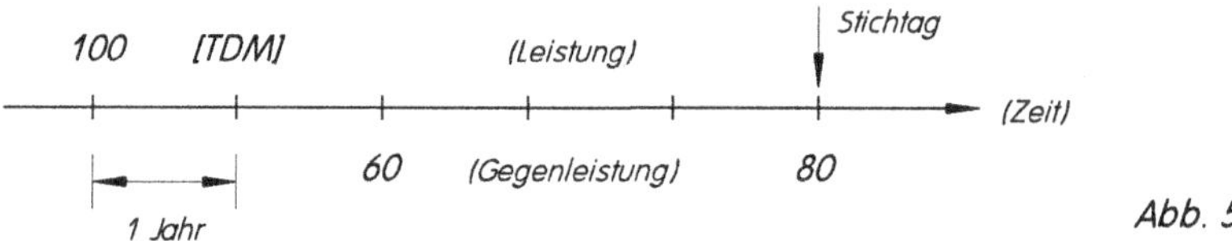

Abb. 5.1.23

Die entsprechende Äquivalenzgleichung *(Zinsperiode = 1 Jahr)* lautet:

(5.1.24) $$100 \cdot q^5 - 60 \cdot q^3 - 80 = 0 \quad , \qquad (q := 1 + i_{eff}) \ .$$

Diese Gleichung 5. Grades ist *(wie fast alle Äquivalenzgleichungen der Finanzmathematik)* **nicht geschlossen** *(d.h. durch Verwendung einer direkten Lösungs„formel")* **lösbar** [7], so dass sich die Anwendung eines **iterativen Näherungsverfahrens** zur Gleichungslösung empfiehlt.

Von den zahlreichen Näherungsverfahren zur Gleichungslösung wollen wir hier nur die sogenannte **Regula falsi** behandeln, die sich durch einfache Handhabung und hohe Wirksamkeit auszeichnet [8]. Zur Darstellung ersetzen wir die Variable q *(z.B. in Gleichung (5.1.24))* für den Moment durch die gebräuchlichere Variable „x". Dann lässt sich jede Äquivalenzgleichung prinzipiell in der Form f(q) = 0 bzw. jetzt

(5.1.25) $$\boxed{f(x) = 0} \qquad (\text{mit } x := q = 1 + i_{eff})$$

schreiben. Eine Zahl x *(bzw. q)*, die (5.1.25) zu einer wahren Aussage macht, ist **Lösung** der Äquivalenzgleichung und liefert unmittelbar den [9] Effektivzinssatz i_{eff} des zugrundeliegenden Geschäftes.

---

[6] Auch **interner Zinssatz** (bei Investitionen) oder **Rendite** (bei Wertpapiergeschäften) genannt.

[7] Näheres vgl. [Tie3] Kap. 2.4.

[8] Auch das **Newton-Verfahren** wird gelegentlich verwendet, erweist sich allerdings für die Zwecke der Finanzmathematik weniger geeignet, da der Formelapparat aufwendig ist und das Verfahren gelegentlich unstabil wird, vgl. [Tie3] Kap. 5.4.

[9] Es ist durchaus denkbar, dass eine Äquivalenzgleichung (5.1.25) mehrere Lösungen und somit mehrere Effektivzinssätze besitzt. Man kann zeigen, dass (fast) alle praktisch vorkommenden Kredite und normalen Investitionen genau einen Effektivzinssatz besitzen.

Die **Lösungen** einer jeden Gleichung $f(x) = 0$ lassen sich auffassen als die **Nullstellen** der Funktion: $f\colon y = f(x)$. Wir betrachten nun eine Funktion f, die im untersuchten Intervall stetig ist und dort genau eine Nullstelle $\overline{x}$ besitzt, vgl. Abb. 5.1.26 *(siehe auch [Tie3] Satz 4.6.7; Bem. 4.6.8).*

Nun ermittelt man *(etwa durch Probieren)* zwei Stellen (**Startwerte**) x_1, x_2 mit $f(x_1) \cdot f(x_2) < 0$ (d.h. solche Stellen x_1, x_2, in denen die entsprechenden **Funktionswerte** $f(x_1)$ und $f(x_2)$ **unterschiedliches Vorzeichen** besitzen). Dann muss *(da f stetig ist)* zwischen x_1 und x_2 die gesuchte Nullstelle $\overline{x}$ liegen, vgl. Abb. 5.1.27:

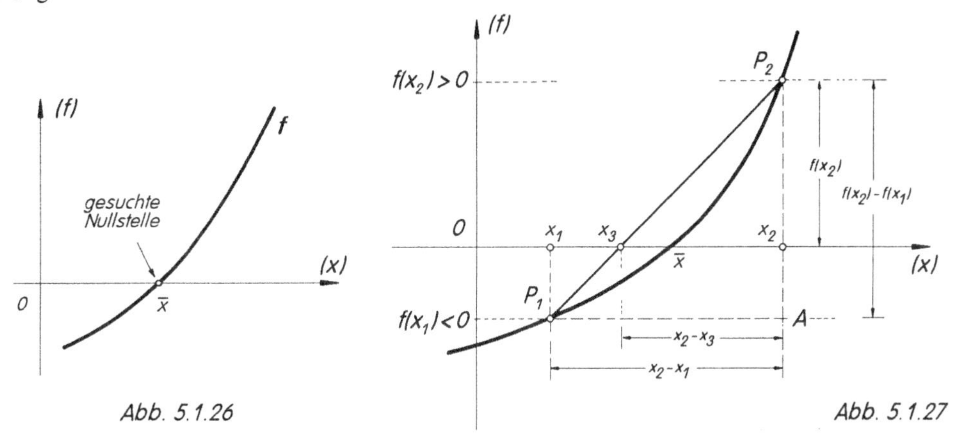

Abb. 5.1.26 Abb. 5.1.27

Als **erste Näherung** x_3 für die gesuchte Nullstelle $\overline{x}$ erhält man den **Schnittpunkt x_3 der Verbindungsgeraden** $\overline{P_1P_2}$ *(Sekante)* der ermittelten Kurvenpunkte $P_1(x_1, f(x_1))$ und $P_2(x_2, f(x_2))$ mit der Abszisse $x_3 \approx \overline{x}$, vgl. Abb. 5.1.27.

Zur **Berechnung** von x_3 aus den gegebenen Werten x_1, x_2, $f(x_1)$, $f(x_2)$ kann man mit Hilfe der 2-Punkte-Form einer Geraden *(siehe z.B. [Tie3] (2.3.30))* die Gleichung $y = mx+b$ der Sekante ermitteln und deren Nullstelle x_3 berechnen. Rechnerisch einfacher ist folgende Überlegung:

Die Steigung m der Sekante $\overline{P_1P_2}$ kann auf **zwei** Weisen ermittelt werden, vgl. Abb. 5.1.27:

i) im (kleinen) Steigungsdreieck (P_2, x_3, x_2): $m = \dfrac{f(x_2)}{x_2 - x_3}$;

ii) im (großen) Steigungsdreieck (P_2, P_1, A): $m = \dfrac{f(x_2) - f(x_1)}{x_2 - x_1}$.

Durch Gleichsetzen folgt: $\dfrac{f(x_2)}{x_2 - x_3} = \dfrac{f(x_2) - f(x_1)}{x_2 - x_1}$

und daraus durch Auflösen nach x_3 die **Näherungsformel (Iterationsvorschrift)** der **Regula falsi**:

(5.1.28) $$x_3 = x_2 - f(x_2) \cdot \frac{x_2 - x_1}{f(x_2) - f(x_1)}$$ bzw. äquivalent nach Umformung

(5.1.29) $$\boxed{x_3 = \frac{x_1 f(x_2) - x_2 f(x_1)}{f(x_2) - f(x_1)}}$$

Entsprechend lautet die Formel bei einer finanzmathematischen Äquivalenzgleichung:

$$\boxed{q_3 = \frac{q_1 f(q_2) - q_2 f(q_1)}{f(q_2) - f(q_1)}}$$

Diese erste Näherung x_3 lässt sich mit Hilfe **derselben Prozedur beliebig genau verbessern**. Dazu ermittelt man zu x_3 den Funktionswert $f(x_3)$ und führt (5.1.29) statt mit x_1, x_2 nunmehr mit x_1, x_3 oder x_2, x_3 aus, je nachdem, welche der beiden Funktionswertepaare $f(x_1)$, $f(x_3)$ oder $f(x_2)$, $f(x_3)$ verschiedene Vorzeichen besitzen. *(Im Fall der Abbildung 5.1.30 gilt: $f(x_2) \cdot f(x_3) < 0$.)*

Den so erhaltenen zweiten Näherungswert x_4 verbessert man wiederum auf dieselbe Weise usw.

Das Vorgehen wird deutlich an Abbildung 5.1.30: Die Folge der Sekanten-Nullstellen wird durch den mit Pfeilen markierten Streckenzug erzeugt und nähert sich schließlich beliebig genau der gesuchten Nullstelle $\bar{x}$. Da die Näherungsvorschrift (5.1.29) **wiederholt** mit den zuvor ermittelten Näherungswerten $x_3, x_4, \ldots$ durchlaufen wird, spricht man von einem **Iterationsverfahren**.

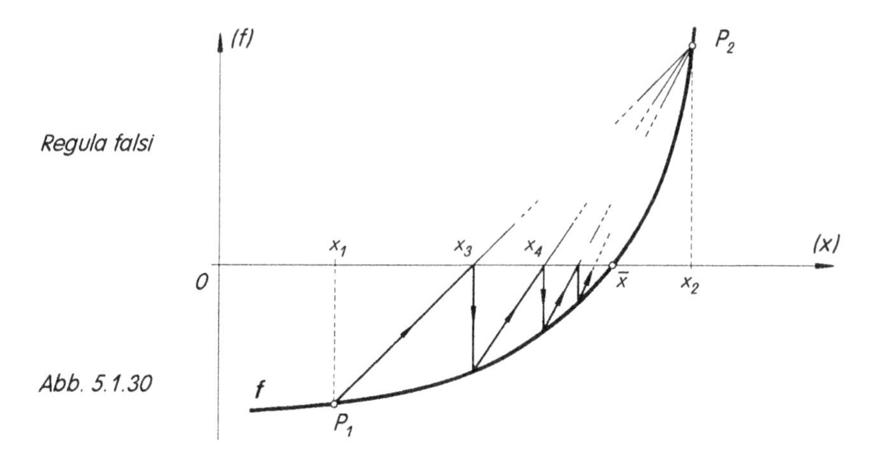

Abb. 5.1.30

Bemerkung 5.1.31: *i) In Abb. 5.1.30 erkennt man, dass das Verfahren desto* ***schneller*** *zum Ziel führt („konvergiert"), je* ***näher*** *die beiden Startwerte x_1, x_2 an den gesuchten Nullstelle $\bar{x}$ liegen.*

ii) Rundungs- oder sogar Rechenfehler während des Iterationsprozesses beeinträchtigen ***nicht*** *die Konvergenz des Verfahrens, solange $f(x_i) \cdot f(x_k) < 0$ gilt, lediglich die Konvergenzgeschwindigkeit könnte abnehmen.*

iii) Iterationsverfahren wie die Regula falsi eignen sich hervorragend für ***programmierbare elektronische Rechner****: Da stets derselbe Rechenweg durchlaufen wird, ist ein nur geringer Programmieraufwand erforderlich.*

Beispiel 5.1.32: Es soll die Lösung der Gleichung (5.1.24): $100x^5 - 60x^3 - 80 = 0$ mit Hilfe der Regula falsi ermittelt werden. Die Gleichung befindet sich bereits in der erforderlichen „Nullstellenform" $f(x) = 0$. Da es sich um die Äquivalenzgleichung eines finanzmathematischen Vorgangs handelt, ersetzen wir wieder x durch die Variable q ($:= 1 + i_{eff}$) und erhalten die zu lösende Gleichung

$$f(q) = 100q^5 - 60q^3 - 80 = 0.$$

Um zwei geeignete Startwerte q_1, q_2 ausfindig zu machen, legt man zweckmäßigerweise eine Wertetabelle an. Wir setzen *(in der Hoffnung, halbwegs richtig abgeschätzt zu haben)* nacheinander für q die Zahlen 1,04 *(d.h. 4% p.a.)*, 1,08 *(d.h. 8% p.a.)* und 1,12 *(d.h. 12% p.a.)* ein und erhalten *(auf 4 Dezimalen gerundet)*:

		(q_1)	(q_2)
q	1,04	1,08	1,12
f(q)	−25,8265	−8,6499	11,9385

Zwischen $q_1 = 1{,}08$ und $q_2 = 1{,}12$ muss *(wegen $f(q_1) \cdot f(q_2) < 0$)* eine Nullstelle $\bar{q}$ liegen. Mit Hilfe der Iterationsvorschrift (5.1.29) der Regula falsi erhalten wir:

$$q_3 = \frac{q_1 f(q_2) - q_2 f(q_1)}{f(q_2) - f(q_1)} = \frac{1{,}08 \cdot 11{,}9385 - 1{,}12 \cdot (-8{,}6499)}{11{,}9385 - (-8{,}6499)} = 1{,}0968 .$$

Den ersten Näherungswert *(sowie alle weiteren)* trägt man zweckmäßigerweise in die bereits angelegte Wertetabelle ein, die dann folgendes Aussehen erhält:

	(q_1)	(q_2)	(q_3)	(q_4)	
q	1,08	1,12	1,0968	1,0976	...
f(q)	-8,6499	11,9385	-0,4430	-0,0367	...

Da $f(q_3) < 0$, wird für die zweite Näherung q_1 durch q_3 ersetzt:

$$q_4 = \frac{q_3 f(q_2) - q_2 f(q_3)}{f(q_2) - f(q_3)} = \frac{1{,}0968 \cdot 11{,}9385 - 1{,}12 \cdot (-0{,}4430)}{11{,}9385 - (-0{,}4430)} = 1{,}0976 .$$

Analog ergeben sich die weiteren Näherungen:

$$q_5 = 1{,}0977 \; ; \; q_6 = 1{,}0977 \; ; q_7 = q_6 = q_8 = q_9 = ... = 1{,}0977 .$$

Nach 5 Schritten „steht" das Iterationsverfahren, weitere Iterationsschritte bringen in den ersten vier Dezimalen keine Veränderung, so dass als Lösung $\bar{q}$ der vorgegebenen Gleichung $100q^5 - 60q^3 - 80 = 0$ auf vier Dezimalen genau der Wert $\bar{q} = 1{,}0977$ betrachtet werden kann. (Wert auf 9 Dezimalen genau: $\bar{q} = 1{,}097672095$.)

Damit lautet der Effektivzins des Kredits aus Beispiel 5.1.22: i_{eff} = **9,7672 % p.a.**

Das entsprechende **Vergleichskonto** – bewertet mit diesem Effektivzins – führt *(notwendigerweise)* am Ende der Laufzeit zum Kontostand Null:

Periode t	Restschuld K_{t-1}	Zinsen Z_t 9,7672% p.a.	Tilgung T_t	Annuität A_t
1	**100.000,00**	9.767,21	– 9.767,21	**0,00**
2	109.767,21	10.721,19	49.278,81	**60.000,00**
3	60.488,40	5.908,03	– 5.908,03	**0,00**
4	66.396,43	6.485,08	– 6.485,08	**0,00**
5	72.881,51	7.118,49	72.881,51	**80.000,00**
6	**0,00**			

(Vergleichskonto zu Bsp. 5.1.22/5.1.32)

Aufgabe 5.1.33: Man ermittle den Effektivzins des Kredits von Beispiel 5.1.22, wenn

i) zuerst 80.000,-- € und später 60.000,-- € zurückgezahlt werden;

ii) beide Rückzahlungsraten 70.000,-- € betragen.

5.2 Effektivzinsermittlung bei jährlichen Leistungen

Wie wir im einführenden Kapitel 5.1 *(insbesondere in Beispiel 5.1.8)* gesehen haben, sind für die **Bestimmungen** eines **Effektivzinssatzes** für ein durch seine Zahlungsströme gekennzeichnetes Anlage-/ Finanzierungsgeschäft **zwei Aspekte** wesentlich, die den Vorgang der Effektivzinsbestimmung in zwei Phasen aufteilen:

(5.2.1)

PHASE 1

Zu **welchen Zeitpunkten** werden **welche Zahlungen** von **welcher Seite** geleistet?

*(Frage nach dem realen Zahlungsstrom, d.h. Auflistung – nach Zeitpunkt und Höhe – der tatsächlich geflossenen **Leistungen** und **Gegenleistungen**, Ermittlung des **realen Zahlungsstrahls**)*

(zugehöriger Tilgungsplan: „Kreditkonto") **– Phase 1 –**

(5.2.2)

PHASE 2

Welche **Verzinsungsmethode** muss/darf man auf die in (5.2.1) definierten Zahlungen anwenden um – über die Lösung der resultierenden **Äquivalenzgleichung** – den Effektivzinssatz zu erhalten?

*(Frage nach der **Verzinsungsmethode** bzw. **Verzinsungs„ideologie"** sowie der nach dieser Zinsfiktion anzuwendenden **Kontoführungsmethode**.)*

(zugehöriger Tilgungsplan: „Vergleichskonto" oder „Effektivkonto") **– Phase 2 –**

Bemerkung: *In Beispiel 5.1.8 haben wir lediglich die Kontoführungsbedingungen in Phase 2 (i_{eff}-Ermittlung) variiert – Phase 1 war bereits abgeschlossen, da sämtliche Zahlungen vorgegeben waren.*

In den zunächst behandelten **Standardfällen** *(bei jährlichen Leistungen)*, die durch die **Voraussetzungen**

- Zinsperiode = 1 Jahr
- sämtliche Zahlungen erfolgen ausschließlich zu Zinszuschlagterminen *(d.h. zu Jahresbeginn oder -ende)*

gekennzeichnet sind, führen *(gleiche Zahlungsreihen vorausgesetzt)* sämtliche Verzinsungsmethoden und Kontoführungsmodelle zu identischen Äquivalenzgleichungen und daher zu identischen, allein zahlungsstromindividuellen Effektivzinssätzen[10]. Für Standardkredite und -investitionen ist daher nur Phase 1 (5.2.1) bedeutsam, die in Phase 2 üblichen Verzinsungsmethoden führen zum gleichen Resultat.

Nachfolgend sollen die wichtigsten Standardfälle aus dem Bereich des Kredit- und Anlagengeschäftes exemplarisch vorgestellt werden.

5.2.1 Effektivzinsermittlung bei Standardkrediten *(jährliche Leistungen)*

Hier behandeln wir exemplarisch die in Kap. 4.2 diskutierten Kredit- und Tilgungsformen.

Beispiel 5.2.3: (Allgemeine Tilgungsschuld, vgl. Kap. 4.2.1, Beispiel 4.2.2)

Ein Kredit von 100.000 € werde zu 90% ausgezahlt und *(bei i_{nom} = 10% p.a.)* mit den aus Bsp. 4.2.2 ermittelten Gegenleistungen vollständig zurückgezahlt. Für den Kredit ergibt sich so folgender realer Zahlungsstrahl:

[10] Eine ausführliche Behandlung der Effektivzinsberechnungsmethoden im Fall unterjähriger Zahlungen folgt im nächsten Kapitel (Kap. 5.3).

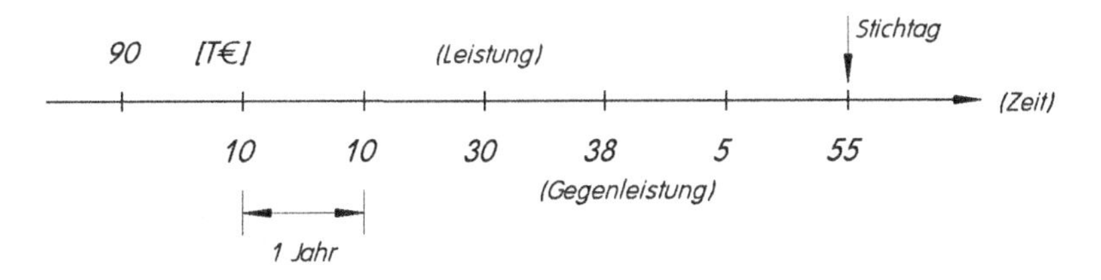

Äquivalenzgleichung *(Stichtag beliebig)*: $90q^6 = 10q^5 + 10q^4 + 30q^3 + 38q^2 + 5q + 55.$

(Man beachte, dass zur Anwendung der Regula falsi die Äquivalenzgleichung zuvor in Nullstellenform: $f(q) = 0$ gebracht werden muss!)

Mit den Startwerten $q_1 = 1{,}12$, $q_2 = 1{,}14$ liefert die Regula falsi bereits nach zwei Schritten den auf 2 Nachkommastellen exakten Wert: $i_{eff} = 12{,}97\%$ p.a. *(exakt: 12,9711308% p.a.)*.

Zur Kontrolle rechnen wir mit i_{eff} das **Vergleichskonto / Effektivkonto** durch:

Jahr t	Restschuld K_{t-1} *(Beginn t)*	(12,9711...%) Zinsen Z_t *(Ende t)*	Tilgung T_t *(Ende t)*	Annuität A_t *(Ende t)*
1	**90.000,00**	11.674,02	- 1.674,02	**10.000,00**
2	91.674,02	11.891,16	- 1.891,16	**10.000,00**
3	93.565,17	12.136,46	17.863,54	**30.000,00**
4	75.701,64	9.819,36	28.180,64	**38.000,00**
5	47.520,99	6.164,01	- 1.164,01	**5.000,00**
6	48.685,00	6.315,00	48.685,00	**55.000,00**
7	**0,00**			

(Vergleichskonto „Allgemeine Tilgungsschuld")

Beispiel 5.2.4: (Gesamtfällige Schuld ohne Zinsansammlung, vgl. Kap. 4.2.2, Beispiel 4.2.5/4.2.6)

Zur Illustration verwenden wir Beispiel 4.2.5:

Kreditsumme: $K_0 = 100.000$ €; Kreditzinssatz: $i = 8\%$ p.a., Laufzeit 7 Jahre;
In den ersten 6 Jahren werden nur die Zinsen *(= 8.000 €/Jahr)* gezahlt, im letzten Jahr der Laufzeit wird neben den Zinsen auch der gesamte Kredit fällig, Schlussannuität also 108.000 €.

Unterstellen wir wie im vorangegangenen Beispiel ein Disagio in Höhe von 10% der Kreditsumme, d.h. Auszahlung 90.000 €, so lautet der zur Ermittlung des Effektivzinssatzes relevante reale Zahlungsstrahl:

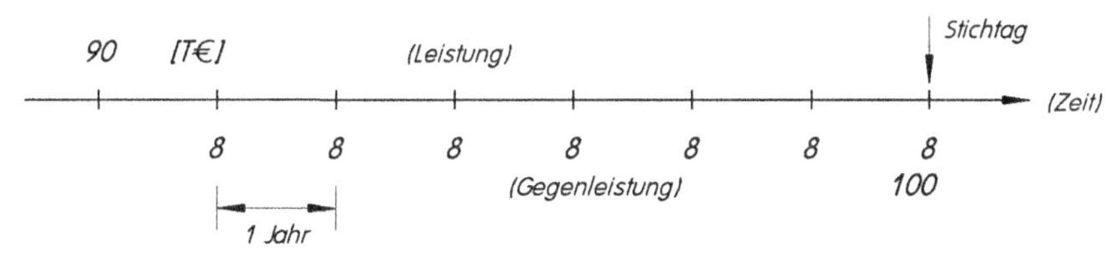

d.h. die Äquivalenzgleichung lautet: $0 = 90 \cdot q^7 - 8 \cdot \frac{q^7 - 1}{q - 1} - 100.$

Mit den Startwerten 1,09/1,11 erreicht man nach 2 Schritten den auf 2 Nachkommastellen exakten Wert: $i_{eff} = 10{,}06\%$ p.a. *(exakt auf 6 Dezimalen: 10,057977% p.a.)*

Auch hier folgt das mit i_{eff} abgewickelte **Vergleichskonto**, das stets auf den Kontoendstand Null führen muss *(Kontrolle für i_{eff} – von Rundefehlern abgesehen)*:

Jahr t	Restschuld K_{t-1} *(Beginn t)*	*(10,0579...%)* Zinsen Z_t *(Ende t)*	Tilgung T_t *(Ende t)*	Annuität A_t *(Ende t)*
1	**90.000,00**	9.052,18	−1.052,18	**8.000,00**
2	91.052,18	9.158,01	−1.158,01	**8.000,00**
3	92.210,19	9.274,48	−1.274,48	**8.000,00**
4	93.484,67	9.402,67	−1.402,67	**8.000,00**
5	94.887,33	9.543,75	−1.543,75	**8.000,00**
6	96.431,08	9.699,02	−1.699,02	**8.000,00**
7	98.130,10	9.869,90	98.130,10	**108.000,00**
8	**0,00**			

(Vergleichskonto/Effektivkonto)
„Gesamtfällige Schuld ohne Zinsammlung")

Bemerkung 5.2.4a:

i) In den beiden letzten Beispielen ergaben sich deutliche Abweichungen des Effektivzinssatzes vom Kreditzinssatz (12,97% vs. 10% sowie 10,06% vs. 8%). Dieser Effekt ist allein auf das vom Kreditgeber einbehaltene Disagio zurückzuführen. Bei einer Auszahlung von 100% hätten sich in beiden Fällen identische Nominal- und Effektivzinssätze ergeben.

ii) Im Fall von Beispiel 4.2.6 – Bundesschatzbrief vom Typ A – ergibt sich bei einer Auszahlung von 100% die Äquivalenzgleichung

$$0 = 1000 \cdot q^6 - 25 \cdot q^5 - 30 \cdot q^4 - 35 \cdot q^3 - 37{,}5 \cdot q^2 - 45 \cdot q - 1047{,}5$$

mit der Lösung (Regula falsi): $q = 1{,}036192819$, *d.h.* $i_{eff} = 0{,}03619 \approx 3{,}62\%$ *p.a.*

Beispiel 5.2.5: (Ratentilgung, vgl. Kap. 4.2.4)

Ein Ratenkredit, Kreditsumme 100.000,-- €, Auszahlung 90%, soll bei einer nominellen Verzinsung von 10% p.a. mit 5 gleichen Tilgungsraten *(zu je 20.000,-- €)* zurückgezahlt werden.

Das **Kreditkonto** *(Tilgungsplan)* zur Ermittlung der Annuitäten lautet dann:

Periode t	Restschuld K_{t-1}	Zinsen Z_t *(10%p.a.)*	Tilgung T_t	Annuität A_t
1	**100.000**	10.000	**20.000**	30.000
2	80.000	8.000	**20.000**	28.000
3	60.000	6.000	**20.000**	26.000
4	40.000	4.000	**20.000**	24.000
5	20.000	2.000	**20.000**	22.000
6	**0**			

(Kreditkonto)

d.h. der reale Zahlungsstrahl hat *(wegen des Damnums von 10% der Kreditsumme)* die Gestalt

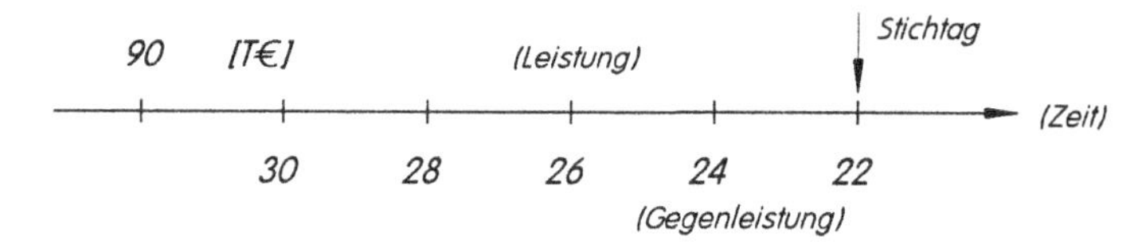

Die zugehörige Äquivalenzgleichung $90q^5 - 30q^4 - 28q^3 - 26q^2 - 24q - 22 = 0$ führt auf die Lösung: $i_{eff} = 14{,}5102\%$ p.a.

Rechnet man zur Kontrolle das **Vergleichskonto** *(mit den tatsächlichen Zahlungsströmen)* durch:

Periode t	Restschuld K_{t-1}	*(eff.)* Zinsen Z_t 14,5102% p.a.	Tilgung T_t	Annuität A_t
1	**90.000,00**	13.059,18	16.940,82	**30.000**
2	73.059,18	10.601,03	17.398,97	**28.000**
3	55.660,20	8.076,40	17.923,60	**26.000**
4	37.736,61	5.475,66	18.524,34	**24.000**
5	19.212,26	2.787,74	19.212,26	**22.000**
6	**0**			

(Vergleichskonto / Effektivkonto)

so erkennt man, dass die für Ratentilgungen typische Eigenschaft konstanter Tilgungsbeträge (T_t = const.) im Vergleichskonto verlorengegangen ist.

Für die wichtigste Standard-Kreditform, die **Annuitätentilgung**, werden wir mehrere Varianten behandeln. *Grundlage* der folgenden Beispiele ist der

(5.2.6)

Standard-Annuitätenkredit ***(Beispiel)***

Kreditsumme (nom.): **100.000,-- €** (= K_0)
Auszahlung: **94%**
Zins (nom.): **10% p.a.** (= i oder = i_{nom})
Tilgung: **2% p.a.** *(zuzügl. durch fortschreitende Tilgung ersparte Zinsen)*
(d.h.: Annuität = 12.000,-- €/Jahr (= A))
(*Zahlungen, Zins-* und *Tilgungsverrechnung* erfolgen *jährlich,* erstmalig ein Jahr nach Kreditauszahlung.)

Bemerkung 5.2.7: *Bei jährlicher Zahlung, Zins- und Tilgungsverrechnung (wie in (5.2.6)) führt eine Auszahlung von 100% für jede Laufzeit zum Effektivzins $i_{eff} = i_{nom}$, siehe auch Bemerkung 5.2.4a.*

Im folgenden sollen für unterschiedliche *Varianten des Standard-Annuitätenkredits (5.2.6)* die entsprechenden Äquivalenzbeziehungen für die Ermittlung des Effektivzinses angegeben und gelöst werden. Die Varianten beziehen sich dabei auf

- unterschiedliche Laufzeiten *(z.B. Zinsfestschreibung: 5 Jahre oder Gesamtlaufzeit Beispiele 5.2.8/5.2.10 – siehe auch Bem. 4.2.50)*
- Sonderkonditionen wie

  Tilgungsstreckung *(siehe Bsp. 4.2.58),*
  Zahlungsaufschub *(siehe Bsp. 4.2.62),*
  Tilgungsstreckungsdarlehen *(siehe Bsp. 4.2.66)* *(Beispiele 5.2.11/5.2.12/5.2.13)*
- vorzeitige Gesamttilgung und Disagiorückerstattung *(Beispiel 5.2.15)*
- Konstruktion unterschiedlicher Kreditkonditionen *(siehe auch Bem. 4.2.47)* bei gleichbleibendem Zahlungsstrom und Effektivzinssatz *(Beispiel 5.2.16)*

Beispiel 5.2.8: (Standard-Annuitätenkredit (5.2.6), Effektivzins über **Gesamtlaufzeit)**

Aus den Kreditkonditionen 94/10/2 von (5.2.6) ergibt sich für die Gesamtlaufzeit n (≙ Zahl der Annuitäten) die Äquivalenzgleichung *(siehe etwa Beispiel 4.2.29)*:

$$0 = 100 \cdot 1{,}1^n - 12 \cdot \frac{1{,}1^n - 1}{0{,}1} \qquad \text{mit der Lösung:} \qquad n = \frac{\ln \frac{12}{2}}{\ln 1{,}1} = 18{,}7992.$$

Es werden somit 18 volle Annuitäten sowie eine verminderte 19. Annuität gezahlt. Die beiden letzten Zeilen des Tilgungsplans lauten *(siehe Bsp. 4.2.29 mit dem komplett abgebildeten Kreditkonto)*:

Per. t	Restschuld K_{t-1}	Zinsen Z_t	Tilgung T_t	Annuität A_t
...	...	...	...	...
18	18.910,59	1.891,06	10.108,94	12.000,00
19	8.801,65	880,17	8.801,65	9.681,82
20	0			*(Kreditkonto)*

Damit ergibt sich folgender realer Zahlungsstrom, veranschaulicht am Zahlungsstrahl:

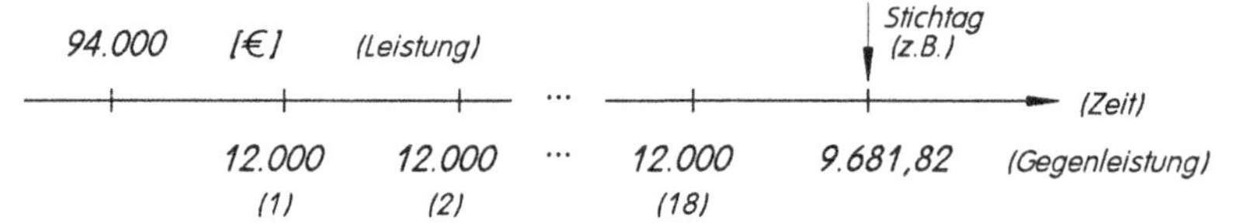

Die für die Ermittlung des Effektivzinssatzes i_{eff} maßgebliche Äquivalenzgleichung lautet somit *(mit $q := 1 + i_{eff}$)*:

$$0 = 94.000 \cdot q^{19} - 12.000 \cdot \frac{q^{18} - 1}{q - 1} \cdot q - 9.681{,}82 \quad , (q \neq 1).$$

Mit den Startwerten 10%/12% erhält man mit Hilfe der Regula falsi nacheinander für q: 1,1084; 1,1094; 1,1096; 1,1096; ... , so dass gilt: Der Effektivzinssatz des Standard-Annuitätenkredits über die Gesamtlaufzeit beträgt *(auf 2 Nachkommastellen genau)*: $i_{eff} = 10{,}96\%$ p.a.

Das **Effektivkonto / Vergleichskonto**, abgerechnet mit $i_{eff} = 10{,}9583062\%$ p.a. *(die tatsächlich geflossenen Zahlungen sind fettgedruckt)*, führt *(wie immer)* zum Kontoendstand Null:

Jahr t	Restschuld K_{t-1} *(Beginn t)*	Zinsen Z_t *(Ende t)*	Tilgung T_t *(Ende t)*	Annuität A_t *(Ende t)*
1	**94.000,00**	10.300,81	1.699,19	**12.000,00**
2	92.300,81	10.114,61	1.885,39	**12.000,00**
3	90.415,41	9.908,00	2.092,00	**12.000,00**
4	88.323,41	9.678,75	2.321,25	**12.000,00**
5	86.002,16	9.424,38	2.575,62	**12.000,00**
6	83.426,54	9.142,14	2.857,86	**12.000,00**
7	80.568,68	8.828,96	3.171,04	**12.000,00**
8	77.397,64	8.481,47	3.518,53	**12.000,00**
9	73.879,11	8.095,90	3.904,10	**12.000,00**
10	69.975,01	7.668,08	4.331,92	**12.000,00**
11	65.643,08	7.193,37	4.806,63	**12.000,00**
12	60.836,45	6.666,64	5.333,36	**12.000,00**
13	55.503,10	6.082,20	5.917,80	**12.000,00**
14	49.585,30	5.433,71	6.566,29	**12.000,00**
15	43.019,01	4.714,15	7.285,85	**12.000,00**
16	35.733,16	3.915,75	8.084,25	**12.000,00**
17	27.648,91	3.029,85	8.970,15	**12.000,00**
18	18.678,76	2.046,88	9.953,12	**12.000,00**
19	8.725,64	956,18	8.725,64	**9.681,82**
20	**0,00**	*(Effektivkonto*	*Standard-Annuitätenkredit*	*(5.2.6)*

Bemerkung 5.2.9: *Hätte man – anstelle des etwas umständlich zu ermittelnden Tilgungsplans –* ***formal*** *mit der* ***gebrochenen*** *Laufzeit/Annuitätenzahl n = 18,7992 gerechnet, d.h. folgenden (formalen) Zahlungsstrahl unterstellt:*

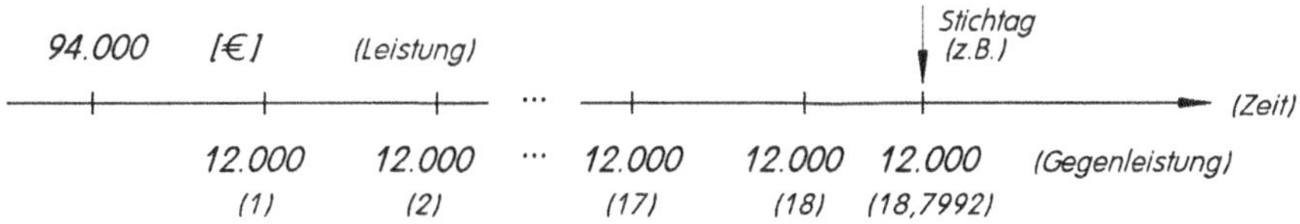

94.000 [€] (Leistung) ... Stichtag (z.B.) (Zeit)

12.000 (1) 12.000 (2) ... 12.000 (17) 12.000 (18) 12.000 (18,7992) (Gegenleistung)

so lautete die Äquivalenzgleichung: $$0 = 94.000 \cdot q^{18,7992} - 12.000 \cdot \frac{q^{18,7992} - 1}{q-1} ,$$

mit derselben Lösung i_{eff} = 10,96% p.a. (exakt: 10,9584968%, d.h. Abweichungen erst in der vierten Nachkommastelle !)

Das zuletzt beschriebene Verfahren (formale Verwendung gebrochener Laufzeiten/Terminzahlen) ist zwar vom mathematischen Standpunkt aus nicht vollkommen exakt, liefert aber (insbesondere bei längeren Laufzeiten) praktisch identische Effektivzinswerte.

Aus diesem Grund werden wir zukünftig ohne Kommentar bei längeren Laufzeiten zur Effektivzinsberechnung auch gebrochene Terminzahlen/Kreditlaufzeiten verwenden.

Häufig werden Annuitätenkredite nicht über die volle Laufzeit, sondern – aus Zinsänderungsrisiko-Gesichtspunkten heraus – über kurze Zeiträume mit festem Zins *(siehe Bem. 4.2.50)* abgeschlossen:

Beispiel 5.2.10: (Standard-Annuitätenkredit (5.2.6), i_{eff} für eine **5-jährige Zinsbindungsfrist)**

Zur Komplettierung des Zahlungsstroms fehlt noch die am Ende der Zinsbindungsfrist vorhandene *(und wie eine Gegenleistung zu behandelnde)* Restschuld K_5. Man erhält sie entweder aus dem Tilgungsplan *(vgl. Bem. 4.2.50)* oder direkt über

$$K_5 = 100.000 \cdot 1{,}1^5 - 12.000 \cdot \frac{1{,}1^5 - 1}{0{,}1} = 87.789{,}80 ,$$

so dass der vollständige reale Zahlungsstrahl lautet:

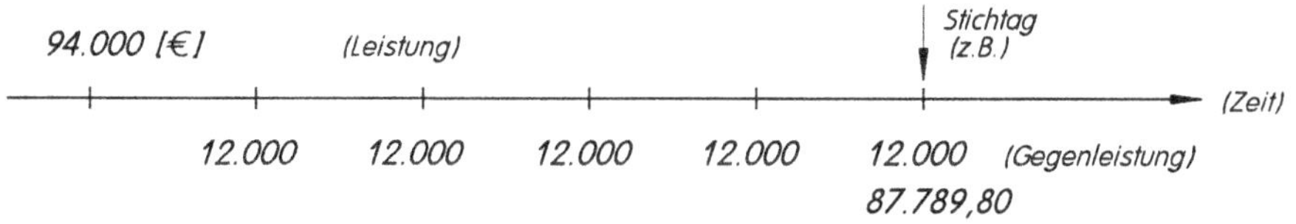

94.000 [€] (Leistung) Stichtag (z.B.) (Zeit)

12.000 12.000 12.000 12.000 12.000 (Gegenleistung)
87.789,80

Die Äquivalenzgleichung $(q \neq 1)$: $$0 = 94.000 \cdot q^5 - 12.000 \cdot \frac{q^5 - 1}{q - 1} - 87.789{,}80$$
führt auf einen Effektivzinssatz von 11,72% p.a.[11]

Das **Effektivkonto** – abgerechnet mit i_{eff} = 11,7202168% p.a. – führt von der Kreditauszahlung (= 94.000,-- €) zur schon bekannten Restschuld K_5 *(und nach deren Zahlung auf Null)*:

[11] Da sich dieser Effektivzins nicht auf die Gesamtlaufzeit *(bis zur vollständigen Tilgung)*, sondern nur auf die ersten fünf Jahre seiner Laufzeit bezieht, sprach man in der Vergangenheit hier vom „anfänglichen Effektivzinssatz", seit 2010 (gemäß PAngV) nur noch vom „Effektivzinssatz".

Jahr t	Restschuld K_{t-1} *(Beginn t)*	Zinsen Z_t *(Ende t)*	Tilgung T_t *(Ende t)*	Annuität A_t *(Ende t)*	
1	**94.000,00**	11.017,00	983,00	**12.000,00**	
2	93.017,00	10.901,79	1.098,21	**12.000,00**	
3	91.918,80	10.773,08	1.226,92	**12.000,00**	
4	90.691,88	10.629,29	1.370,71	**12.000,00**	
5	89.321,17	10.468,63	89.321,17	**99.789,80**	= 12.000,00 + 87.789,80
6	**0,00**				

(Vergleichskonto (5.2.6) bei Zinsbindung 5 Jahre)

Beispiel 5.2.11: (i_{eff} für einen **Standard-Annuitätenkredit** (5.2.6) mit **2 Jahren Tilgungsstreckung**)

Analog zu Beispiel 4.2.58 lauten die ersten vier Zeilen des **Kreditkontos**:

Jahr t	Restschuld K_{t-1} *(Beginn t)*	Zinsen Z_t *(Ende t)*	Tilgung T_t *(Ende t)*	Annuität A_t *(Ende t)*
1	100.000	10.000	0	10.000
2	100.000	10.000	0	10.000
3	100.000	10.000	2.000	12.000
4	98.000	9.800	2.200	12.000
	...	...	...	...

(Kreditkonto)

Von der dritten Zeile an ist das Kreditkonto identisch mit dem Kreditkonto ohne Tilgungsstrekkung *(siehe Beispiel 4.2.29)* und besitzt daher eine Gesamtlaufzeit wie in Bsp. 5.2.8, vermehrt um die beiden Tilgungsstreckungsjahre, d.h. 18,7992 + 2 Jahre *(vgl. Bem. 5.2.9)*.

Daher haben wir es mit folgendem **realen Zahlungsstrahl** zu tun *(man beachte, dass in den beiden ersten Jahren die Zinsen (je 10.000,-- €) tatsächlich **gezahlt** werden!)*:

94 [T€] (Leistung) — Stichtag (z.B.) — (Zeit)

10, 10, 12 (1), 12 (2), ..., 12 (18,7992) (Gegenleistung)

Somit lautet *(mit $q = 1 + i_{eff}$ ($\neq 1$))* die Äquivalenzgleichung *(es handelt sich hier um zwei Renten, die getrennt aufgezinst werden müssen, vgl. Kap. 3.5 !)* :

$$94 \cdot q^{20,7992} - 10 \cdot \frac{q^2 - 1}{q - 1} \cdot q^{18,7992} - 12 \cdot \frac{q^{18,7992} - 1}{q - 1} = 0$$

mit der Lösung: $i_{eff} = 10{,}8787383\%$.

Bei 2 Jahren Tilgungsstreckung *(während dieser Zeit werden nur die (nom.) Zinsen gezahlt)* hat somit der Standard-Annuitätenkredit (5.2.6) über die Gesamtlaufzeit eine effektive Verzinsung von 10,88% p.a.

Nachfolgend das **Effektivkonto** *(abgerechnet mit i_{eff} (= 10,878606% p.a.), vgl. Bem. 5.2.9):*

Jahr t	Restschuld K_{t-1} *(Beginn t)*	Zinsen Z_t *(Ende t)*	Tilgung T_t *(Ende t)*	Annuität A_t *(Ende t)*
1	**94.000,00**	10.225,89	- 225,89	**10.000,00**
2	94.225,89	10.250,46	- 250,46	**10.000,00**
3	94.476,35	10.277,71	1.722,29	**12.000,00**
4	92.754,06	10.090,35	1.909.65	**12.000,00**
...	...	...	...	...
20	18.697,84	2.034,06	9.965,94	**12.000,00**
21	8.731,91	949,91	8.731,91	**9.681,82**
22	**0,00**	*Vergleichskonto: Gesamtlaufzeit + 2 J. Tilgungsstreckung*		

Legt man – abweichend von der Gesamtlaufzeit – auch hier *(nach Ablauf des 2 jährigen Tilgungsstreckungszeitraums)* eine nur 5-jährige Zinsbindungspflicht zugrunde, so lautet der reale Zahlungsstrahl *(Restschuld: K_5 = 87,7898 wie in Beispiel 5.2.10)*:

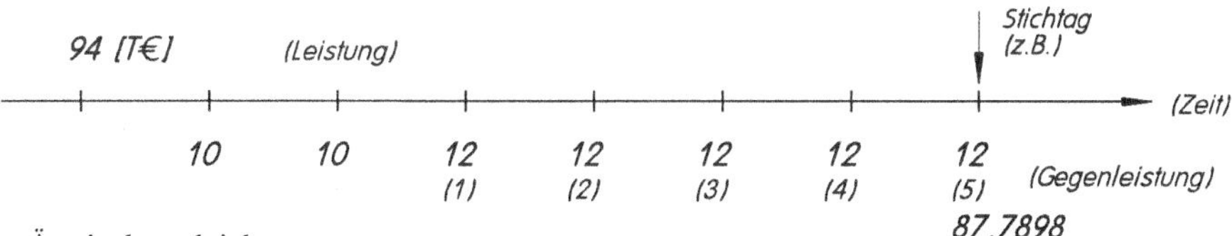

mit der Äquivalenzgleichung

$$0 = 94 \cdot q^7 - 10 \cdot \frac{q^2 - 1}{q - 1} \cdot q^5 - 12 \cdot \frac{q^5 - 1}{q - 1} - 87{,}7898$$

und dem daraus resultierenden **effektiven Jahreszins**: i_{eff} = **11,32% p.a.** *(7 Jahre).*

Es folgt wieder das **Vergleichskonto/Effektivkonto** *(abgerechnet mit i_{eff} = 11,3193267% p.a.):*

Jahr t	Restschuld K_{t-1} *(Beginn t)*	Zinsen Z_t *(Ende t)*	Tilgung T_t *(Ende t)*	Annuität A_t *(Ende t)*
1	**94.000,00**	10.640,17	- 640,17	**10.000,00**
2	94.640,17	10.712,63	- 712,63	**10.000,00**
3	95.352,80	10.793,29	1.206,71	**12.000,00**
4	94.146,09	10.656,70	1.343,30	**12.000,00**
5	92.802,79	10.504,65	1.495,35	**12.000,00**
6	91.307,45	10.335,39	1.664,61	**12.000,00**
7	89.642,83	10.146,97	89.642,83	**99.789,80**
8	**0,00**	*(Vergleichskonto: 2 J. Tilgungsstreckung + 5 Jahre)*		

Bemerkung: *Auch hier weist das Vergleichskonto (notwendigerweise) dieselben Annuitäten auf wie das Kreditkonto. Allerdings ist – analog zu Bsp. 5.2.5 – die* ***typische Form des Kreditkontos*** *(hier: 2 Jahre Tilgungsstreckung, d.h. $T_1 = T_2 = 0$)* ***im Vergleichskonto verloren gegangen,*** *da sich sowohl die erste Restschuld (Kreditsumme vs. Auszahlung) als auch die angewendeten Zinssätze (i_{nom} vs. i_{eff}) unterscheiden.*

Beispiel 5.2.12: (i_{eff} für einen **Standard-Annuitätenkredit** (5.2.6) mit **2 Jahren Zahlungsaufschub**)

Vereinbart man analog zu Bsp. 4.2.62 zwei zahlungsfreie Jahre zu Beginn der Laufzeit, so ist zu beachten, dass die Restschuld nach diesen 2 Jahren auf 121.000,-- € (= $100.000 \cdot 1{,}1^2$) angewachsen ist und sich die Konditionen (10%/2%) nunmehr auf diese erhöhte Restschuld beziehen:

Jahr t	Restschuld K_{t-1} *(Beginn t)*	Zinsen Z_t *(Ende t)*	Tilgung T_t *(Ende t)*	Annuität A_t *(Ende t)*
1	100.000	10.000	- 10.000	0
2	110.000	11.000	- 11.000	0
3	121.000	12.100	2.420	14.520
4	118.580	11.858	2.662	14.520
...	...	...	...	...

(Kreditkonto)

Die nach den beiden ersten zahlungsfreien Jahren noch verbleibende Restlaufzeit m errechnet sich aus den Daten der 3. Zeile zu

$$121.000 \cdot 1{,}1^m - 14.520 \cdot \frac{1{,}1^m - 1}{0{,}1} = 0 .$$

Dividiert man diese Gleichung durch 1210, so folgt: $$100 \cdot 1{,}1^m - 12 \cdot \frac{1{,}1^m - 1}{0{,}1} = 0 ,$$

d.h. dieselbe Gleichung wie im Normalfall *(Beispiel 5.2.8)*, mit der Lösung: m = 18,7992.

Damit lautet der reale Zahlungsstrahl für die Gesamtlaufzeit

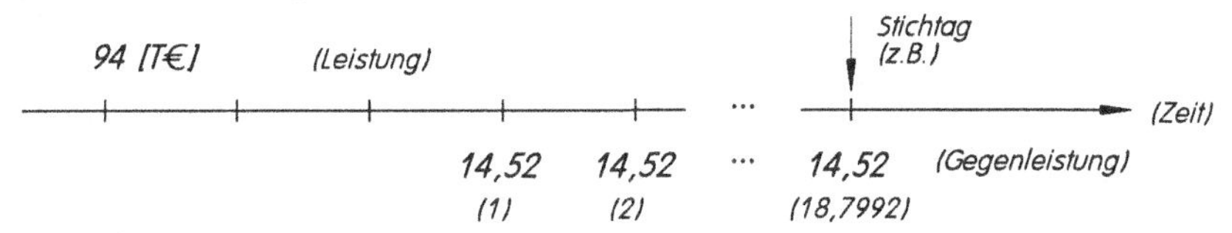

Die Äquivalenzgleichung für q *(= 1 + i_{eff})* $$94 \cdot q^{20,7992} - 14{,}52 \cdot \frac{q^{18,7992} - 1}{q - 1} = 0$$
besitzt die Lösung: i_{eff} = 10,75% p.a.

Vergleichskonto/Effektivkonto *(abgerechnet mit i_{eff} = 10,745798% p.a.):*

Jahr t	Restschuld K_{t-1} *(Beginn t)*	Zinsen Z_t *(Ende t)*	Tilgung T_t *(Ende t)*	Annuität A_t *(Ende t)*
1	**94.000,00**	10.101,05	- 10.101,05	**0,00**
2	104.101,05	11.186,49	- 11.186,49	**0,00**
3	115.287,54	12.388,57	2.131,43	**14.520,00**
4	113.156,10	12.159,53	2.360,47	**14.520,00**
...	...	...	...	...
20	22.662,96	2.435,32	12.084,68	**14.520,00**
21	10.578,28	1.136,72	10.578,28	**11.715,00**
22	**0,00**	*Vergleichskonto: Gesamtlaufz. + 2 J. Zahlungsaufschub)*		

Dabei ergeben sich die letzte Annuität (= 11.715 €) – ebenso wie die übrigen regulären Annuitäten ab Jahr 3 (= 14.520 €) – aus den entsprechenden Werten ***ohne*** *Zahlungsaufschub (= 9.681,82€ bzw. regulär 12.000€, siehe Beispiel 5.2.8) durch Aufzinsen mit $1{,}1^2$ (wegen Zahlungsaufschub um 2 Jahre zu je 10% p.a.).*

Bei **Zinsfestschreibung 7 Jahre** *(2 Jahre Zahlungsaufschub plus 5 Jahre)* erhalten wir (wegen K_7 = $121.000 \cdot 1{,}1^5 - 14.520 \cdot \frac{1{,}1^5 - 1}{0{,}1}$ = 106.225,66) folgenden realen Zahlungsstrahl:

94 [T€] (Leistung) Stichtag (z.B.) (Zeit)

14,52 (1) 14,52 (2) 14,52 (3) 14,52 (4) 14,52 (5) (Gegenleistung)
106,22566

Die daraus resultierende Äquivalenzgleichung für q: $94 \cdot q^7 - 14{,}52 \cdot \frac{q^5 - 1}{q - 1} - 106{,}22566 = 0$
führt zum Effektivzins: $i_{eff} = 11{,}14\%$ p.a.

Vergleichskonto / Effektivkonto *(abgerechnet mit $i_{eff} = 11{,}1415905\%$ p.a.)*:

Jahr t	Restschuld K_{t-1} *(Beginn t)*	Zinsen Z_t *(Ende t)*	Tilgung T_t *(Ende t)*	Annuität A_t *(Ende t)*
1	**94.000,00**	10.473,10	- 10.473,10	**0,00**
2	104.473,10	11.639,96	- 11.639,96	**0,00**
3	116.113,06	12.936,84	1.583.16	**14.520,00**
4	114.529,90	12.760,45	1.759,55	**14.520,00**
5	112.770,35	12.564,41	1.955,59	**14.520,00**
6	110.814,76	12.346,53	2.173,47	**14.520,00**
7	108.641,29	12.104,37	108.641,29	**120.745,66**
8	**0,00**			

(Vergleichskonto: 2 J. Zahlungsaufschub + 5 Jahre)

Beispiel 5.2.13: (Effektivzins für einen **Standard-Annuitätenkredit** (5.2.6) mit **2-jährigem Tilgungsstreckungsdarlehen** – siehe auch Beispiel 4.2.66)

In den beiden ersten Jahren bleibt der Hauptkredit zahlungsfrei, es ergibt sich somit zu Beginn des dritten Jahres die aus Beispiel 5.2.12 bekannte Restschuld von 121.000,-- €, die mit 18,7992 Annuitäten zu je 14.520,-- €/Jahr *(≙ 12% von 121.000)* ab dem dritten Jahr zurückgezahlt wird *(vgl. Bsp. 5.2.12)*.

In den beiden ersten Jahren wird dem Kreditnehmer in Höhe des Disagios *(= 6.000,-- €)* ein annuitätisch zu tilgendes Tilgungsstreckungsdarlehen *(mit: Auszahlung 100%, Verzinsung 12% p.a.)* eingeräumt. Die Annuität A dafür ergibt sich aus

$$6.000 \cdot 1{,}12^2 - A \cdot \frac{1{,}12^2 - 1}{0{,}12} = 0$$

zu 3.550,19 €/Jahr, so dass die ersten 4 Zeilen des Tilgungsplans lauten *(analog zu Tab. 4.2.67)*:

Jahr t	Restschuld K_{t-1} *(Beginn t)*	Zinsen Z_t *(Ende t)*	Tilgung T_t *(Ende t)*	Annuität A_t *(Ende t)*
1	6.000,00	720,00	2.830,19	3.550,19
2	3.169,81	380,38	3.169,81	3.550,19
3	121.000,00	12.100,00	2.420,00	14.520,00
4	118.580,00	11.858,00	2.662,00	14.520,00
...	...	...	...	...

(Kreditkonto – Rest des Tilgungsplans wie in Beispiel 5.2.12)

Damit lautet der reale Zahlungsstrahl *(unter Beachtung der Tatsache, dass durch das Tilgungsstreckungsdarlehen der Kreditnehmer insgesamt 100.000,-- € zu Laufzeitbeginn erhält)* für die Gesamtlaufzeit:

100 [T€] (Leistung) — Stichtag (z.B.) — (Zeit)

3,55019 3,55019 14,52 (1) 14,52 (2) ... 14,52 (18,7992) (Gegenleistung)

Die entsprechende Äquivalenzgleichung

$$100 \cdot q^{20,7992} - 3{,}55019 \cdot \frac{q^2 - 1}{q - 1} \cdot q^{18,7992} - 14{,}52 \cdot \frac{q^{18,7992} - 1}{q - 1} = 0$$

hat die Lösung: i_{eff} = 10,76% p.a. *(für den Gesamtkredit)* .

Vergleichskonto/Effektivkonto *(abgerechnet mit i_{eff} = 10,758704% p.a.):*

Jahr t	Restschuld K_{t-1} *(Beginn t)*	Zinsen Z_t *(Ende t)*	Tilgung T_t *(Ende t)*	Annuität A_t *(Ende t)*
1	**100.000,00**	10.758,70	−7.208,51	**3.550,19**
2	107.208,51	11.534,25	−7.984 06	**3.550,19**
3	115.192,57	12.393,23	2.126,77	**14.520,00**
4	113.065,80	12.164,41	2.355,59	**14.520,00**
...	...	...	...	...
20	22.659,21	2.437,84	12.082,16	**14.520,00**
21	10.577,05	1.137,95	10.577,05	**11.715,00**
22	**0,00**	*(Vergleichskonto: Gesamtlaufz., 2 J. Tilg.streck.darlehen)*		

Dabei ergeben sich die letzte Annuität (= 11.715 €) – ebenso wie die übrigen regulären Annuitäten ab Jahr 3 (=14.520 €) – aus den entsprechenden Werten ***ohne*** *Zahlungsaufschub (= 9.681,82 € bzw. regulär 12.000 €, siehe Beispiel 5.2.8) durch Aufzinsen mit $1,1^2$ (da 2 Jahre zu je 10% p.a. Zahlungsaufschub für den Hauptkredit).*

Analog erhält man bei **Festschreibung** der Konditionen auf **7** *(= 2 + 5)* **Jahre** über die Äquivalenzgleichung *(Restschuld wie in Bsp. 5.2.12)*

$$100 \cdot q^7 - 3{,}55019 \cdot \frac{q^2 - 1}{q - 1} \cdot q^5 - 14{,}52 \cdot \frac{q^5 - 1}{q - 1} - 106{,}22566$$ den Effektivzins: i_{eff} = 11,15% p.a.

Vergleichskonto/Effektivkonto *(abgerechnet mit i_{eff} = 11,1548983% p.a.):*

Jahr t	Restschuld K_{t-1} *(Beginn t)*	Zinsen Z_t *(Ende t)*	Tilgung T_t *(Ende t)*	Annuität A_t *(Ende t)*
1	**100.000,00**	11.154,90	- 7.604,71	**3.550,19**
2	107.604,71	12.003,20	- 8.453,01	**3.550,19**
3	116.057,71	12.946,12	1.573,88	**14.520,00**
4	114.483,83	12.770,56	1.749,44	**14.520,00**
5	112.734,39	12.575,41	1.944,59	**14.520,00**
6	110.789,80	12.358,49	2.161,51	**14.520,00**
7	108.628,29	12.117,37	108.628,29	**120.745,66**
8	**0,00**	*Vergleichskonto: 2 J. Tilg.streck.darlehen + 5 Jahre)*		

Bemerkung: *Tilgungsstreckungsdarlehen im Zusammenhang mit unterjährigen Rückzahlungen werden in Kap. 5.3.3.2 behandelt.*

Gelegentlich wird diskutiert *(so etwa in [Kbl] 184 ff)*, das Hauptdarlehen nach Ablauf der Tilgungsstreckungszeit mit der *ursprünglichen* Annuität *(im Beispiel: 12.000 €/Jahr)* abtragen zu lassen. Dies führt fast immer zu Problemen, insbesondere wenn – wie hier – die Restschuld des Hauptkredits zwischenzeitlich so stark angewachsen ist *(= 121.000)*, dass im Folgejahr noch nicht einmal die fälligen Zinsen *(10%, d.h. 12.100 €)* durch diese *(ursprüngliche)* Annuität abgedeckt werden.

In Kap. 5.3.3.2 werden wir Tilgungsstreckungsdarlehen bei unterjährigen Leistungen behandeln.

Die nachstehende **Übersicht** (Tab. 5.2.14) zeigt, dass ein und derselbe Annuitätenkredit je nach Laufzeit und/oder Sonderkonditionen recht unterschiedliche Effektivzinssätze aufweisen kann *(dieser Effekt verstärkt sich noch erheblich, wenn wir – siehe Kap. 5.3 – unterschiedliche Kontoführungsmodelle bei unterjährigen Leistungen betrachten):*

Annuitätenkredit 94/ 10/ 2	**Effektivzinssätze** (p.a.) bei Gesamtlaufzeit	5 *(bzw. 7)* Jahre Zinsbindungsfrist
Standard (Zahlungen, Zins- u. Tilgungsverrechnung jährlich)	10,96%	11,72% *(5 J.)* 11,37% *(7 J.)*
Standard + 2 Jahre Tilgungsstreckung	10,88%	11,32% *(7 J.)*
Standard + 2 Jahre Zahlungsaufschub	10,75%	11,14% *(7 J.)*
Standard + 2 jähr. Tilgungsstreckungsdarlehen (12%)	10,76%	11,15% *(7 J.)*

Tab. 5.2.14

5.2.2 Exkurs: Disagioerstattung

Wird ein mit einem **Disagio** ausgezahltes Darlehen **vorzeitig beendet** *(d.h.* ***vor*** *Ablauf der zunächst vereinbarten Laufzeit/Zinsbindungsfrist, etwa durch vorzeitige vollständige Tilgung)*, so kann – nach einem BGH-Urteil – der Darlehensnehmer eine **anteilige Erstattung des vereinbarten Disagios** verlangen.

Auch wenn nach einem späteren Urteil des BGH (XI ZR 158/97) zur Disagioerstattung die bei den Banken beliebte sog. „Zinssummenmethode" für zulässig erklärt wurde, wollen wir hier nur die – finanzmathematisch einzig korrekte – sog. **Effektivzinsmethode zur Disagioerstattung** betrachten. *(Bei der* ***Zinssummenmethode*** *werden die bis zur Kreditablösung (nominell) gezahlten Zinsen durch die (nominelle) Summe sämtlicher Zinsen geteilt, die während des gesamten Verrechnungszeitraums des Disagios angefallen wären. Nach diesem Verhältnis wird das Disagio anteilig für die Restlaufzeit des Darlehens erstattet. Da bei den – in der Praxis besonders häufig vorkommenden – Annuitätendarlehen in der Anfangsphase besonders hohe Zinsanteile anfallen, führt diese Methode zu vergleichsweise geringen Disagio-Rückerstattungen.)*

Grundidee der Effektivzinsmethode ist folgende Überlegung: Bei vorzeitiger Beendigung des Darlehens ist am Tag der Schlusstilgung ein solcher Betrag E an den Kreditnehmer zu erstatten, dass der damit resultierende Zahlungsstrom *(des tatsächlich abgewickelten Darlehens)* **denselben Effektivzins** aufweist wie das **ursprünglich vereinbarte Darlehen**. Das Verfahren soll am Beispiel 5.2.10 unseres Standard-Annuitätenkredits erläutert werden:

Beispiel 5.2.15: (Disagio-Erstattung nach der Effektivzinsmethode)

Der zunächst vereinbarte Kredit hatte eine Bindungsdauer von 5 Jahren und führte zu einem Effektivzins von 11,72% p.a., vgl. Beispiel 5.2.10. Es werde nun unterstellt, dass dieser Kredit *(K_0 = 100.000; i_{nom} = 10%; Tilgung 2%; Disagio: 6%)* bereits nach 2 Annuitäten durch Zahlung der Restschuld $K_2 = 100.000 \cdot 1{,}1^2 - 12.000 \cdot \frac{1{,}1^2 - 1}{0{,}1} = 95.800$ vollständig abgelöst wird. Dann besitzt der **tatsächlich** abgewickelte Kredit zunächst folgenden Zahlungsstrom:

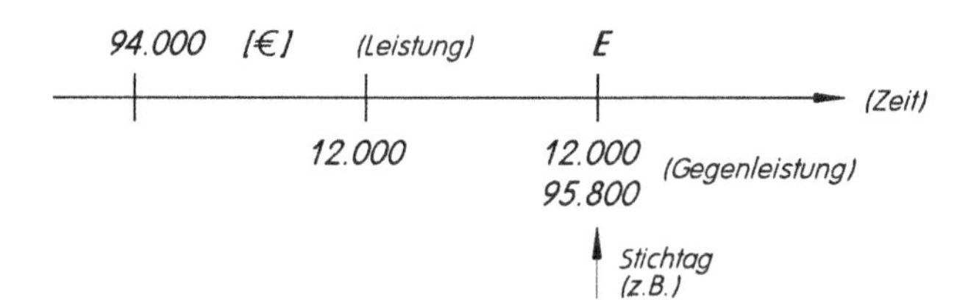

Die Graphik enthält bereits den Erstattungsbetrag E als noch unbekannte Zahlung für das nicht verbrauchte Disagio. E ist nun so zu ermitteln, dass bei Bewertung der Zahlungsreihe mit dem ursprünglich vereinbarten Effektivzins 11,72% p.a. Äquivalenz eintritt:

$$94.000 \cdot 1{,}1172^2 + E \overset{!}{=} 12.000 \cdot 1{,}1172 + 107.800 \quad .$$

Daraus ergibt sich der von der Bank zu leistende Disagio-Erstattungsbetrag E zu

$$\mathbf{E = 3.881{,}63\ €} \ ,$$

d.h. um diesen Betrag kann die Restschuldleistung des Kreditnehmers vermindert werden.

(Problem: Bei der Effektivzinsmethode wird unterstellt, dass über die restliche Laufzeit eine Wiederanlage-Rendite in Höhe des Effektivzinssatzes erzielt wird. Wir werden das Problem der Disagio-Rückerstattung noch einmal im Zusammenhang mit unterjährigen Leistungen in Kap. 5.3.3.3 aufgreifen).

5.2.3 Exkurs: - Unterschiedliche Kredit-Konditionen bei gleichem Zahlungsstrom

Bereits in Bemerkung 4.2.47 (bzw. 4.2.48) hatten wir gesehen, dass es zu jedem real gegebenen Kredit-Zahlungsstrom *(der allein[12] für die Höhe des Effektivzinssatzes verantwortlich ist)* beliebig viele verschiedene (nominelle) Kreditkonditionen gibt. Wir sind jetzt in der Lage, zu jedem Kredit, der mit einem Disagio vereinbart wurde, die äquivalente *(d.h. effektivzinsgleiche)* disagiofreie Kondition anzugeben *(und ebenso jede andere Kondition mit anderem Disagio)*. Als Beispiel wählen wir wieder den auf 5 Jahre festgeschriebenen Standard-Annuitätenkredit (5.2.6) aus Beispiel 5.2.10:

---

[12] Bei unterjährigen Leistungen spielt weiterhin die angewendete Kontoführungsmethode eine wesentliche Rolle für die Höhe des Effektivzinssatzes.

Beispiel 5.2.16: (äquivalente Kredite bei wechselndem Disagio)

Der in Beispiel 5.2.10 betrachtete Standard-Annuitätenkredit hatte *(bei einer Kreditsumme von 100.000 € und einer Zinsbindung von 5 Jahren)* die Konditionen:

- Auszahlung: 94%
- *(nom.)* Zinsen: 10% p.a.
- Anfangstilgung: 2% p.a.

und führte zu folgendem Zahlungsstrom:

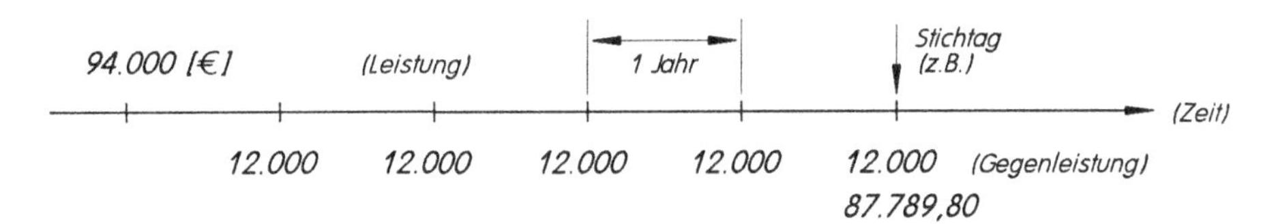

mit dem **Effektivzins 11,7202% p.a.**

i) Gesucht seien die Kreditkonditionen und die Kreditsumme für einen **äquivalenten disagiofreien** Kredit. Dieser Kredit muss somit denselben Zahlungsstrom wie oben abgebildet aufweisen, daher muss – bei 100% Auszahlung – die Kreditsumme 94.000,-- € betragen.

Da die Annuität (= 12.000,-- €) sowie die Restschuld nach 5 Jahren (= 87.789,80 €) vorgegeben sind, ist der nominelle Zins i_{nom} gesucht, so dass die Kreditsumme 94.000,-- € genau durch die vorgegebenen Annuitäten in 5 Jahren auf die vorgegebene Restschuld abnimmt, d.h. es muss gelten (mit $q := 1 + i_{nom}$)

$$94.000 \cdot q^5 - 12.000 \cdot \frac{q^5 - 1}{q - 1} = 87.789{,}80$$

Mit Hilfe der Regula falsi erhält man $q = 1{,}117202$, d.h.

$$i_{nom} \; (= i_{eff}\,!) = 11{,}7202\% \text{ p.a.}$$ [13]

Die Annuität (12.000) beträgt 12,7660% von der Kreditsumme (94.000), so dass nach Abzug des soeben ermittelten nominellen Zinssatzes für die Anfangstilgung ein Wert von 1,0457% verbleibt. Damit lauten die Konditionen der äquivalenten disagiofreien Kredit-Variante:

Kreditsumme:	94.000,-- €	
Auszahlung:	100%	
(nom.) Zinsen:	11,7202% p.a.	$(= i_{eff})$
Anfangstilgung:	1,0457% p.a.	
anfängl. Effektivzins:	11,7202% p.a.	*(für 5 Jahre)*

ii) Es sei nunmehr ein äquivalenter Kredit mit einer Auszahlung von 90% gesucht *(Damnum = 10%)*. Die ausgezahlten 94.000,-- € stellen somit 90% der Kreditsumme K_0 dar, d.h.

$$K_0 = \frac{94.000}{0{,}90} = 104.444{,}44 \text{ €}.$$

Dieser Betrag muss, verzinst mit dem noch nicht bekannten i_{nom}, bei Annuitäten von 12.000 €/Jahr in 5 Jahren auf eine Restschuld von 87.789,80 € führen:

[13] Bei 100% Auszahlung ist der Effektivzins immer dann gleich dem Nominalzins, wenn – wie hier – die tatsächliche Kontoführung mit der für die Ermittlung des Effektivzinssatzes verwendeten Kontoführung identisch ist.

Mit $q := 1 + i_{nom}$ muss also gelten:

$$104{,}\overline{4} \cdot q^5 - 12 \cdot \frac{q^5 - 1}{q - 1} = 87{,}7898.$$

Mit Hilfe der Regula falsi erhält man schließlich: $i_{nom} = 8{,}8151\%$ p.a.

Da die Annuität (= 12.000,-- €) insgesamt 11,4894% der Kreditsumme ausmacht, muss die Anfangstilgung den Wert $i_T = 2{,}6743\%$ p.a. besitzen. Somit erhalten wir für die **10%-Disagio-Variante** die Konditionen:

Kreditsumme:	104.444,44 €	
Auszahlung:	90%	
(nom.) Zinsen:	8,8151% p.a.	
Anfangstilgung:	2,6743% p.a.	
anfängl. Effektivzins:	11,7202% p.a.	*(5 Jahre)* .

Beispiel 5.2.16 verdeutlicht noch einmal, dass es zu einem vorgegebenem Zahlungsstrom *(definiert etwa durch Kreditbedarf und Rückzahlungswünsche eines Kreditnehmers)* beliebig viele äquivalente Kreditkonditionen gibt, die sich in der Höhe von Disagio und Nominalzins unterscheiden.

Aufgabe 5.2.17:

Huber erwirbt für 1.000,-- € Bahama-Schatzbriefe mit einer Laufzeit von 6 Jahren, danach Rückzahlung zum Nennwert. Folgende Verzinsung wird gewährt:

1. Jahr: 5,50%	3. Jahr: 8,00%	5. Jahr: 8,50%
2. Jahr: 7,50%	4. Jahr: 8,25%	6. Jahr: 9,00%

Die fälligen Zinsen werden Huber an jedem Zinszuschlagtermin ausgezahlt *(also **nicht** dem Kapital zugeschlagen)*.

Welche Rendite besitzen die Bahama-Schatzbriefe?

Aufgabe 5.2.18:

Huber leiht sich 100.000,-- €. Das Disagio beträgt 4%. Die Bank fordert 8% p.a. Zinsen, die Tilgung soll in 5 gleichen Tilgungsjahresraten, beginnend 1 Jahr nach Kreditaufnahme erfolgen.

i) Stellen Sie einen Tilgungsplan auf.

ii) Welche Effektivverzinsung hat dieser Kredit?

iii) Welche Effektivverzinsung hat der Kredit, wenn in den beiden ersten Jahren keinerlei Rückzahlungen erfolgen und die entstandene Restschuld in den nächsten drei Jahren durch gleiche Tilgungsraten *(d.h. wiederum Ratentilgung)* zurückgeführt wird?

Aufgabe 5.2.19:

Huber nimmt einen Hypothekarkredit auf. Konditionen: 93,5% Auszahlung, Zinssatz 6,5% p.a. *(nom.)*, Tilgung 1,5% p.a. zuzügl. ersparte Zinsen.

i) Wie hoch ist die Effektivverzinsung über die gesamte Laufzeit?

ii) Wie lautet der effektive Jahreszins, wenn die Konditionen für 5 Jahre festgeschrieben sind? *(Huber muss dann die noch bestehende Restschuld in einem Betrag zurückzahlen.)*

Bemerkung: *Die Effektivverzinsung bezieht sich jetzt lediglich auf 5 Jahre!*

Aufgabe 5.2.20:

Dipl.-Ing. Huber will sein patentiertes vollautomatisches Knoblauchpressenreinigungssystem am Markt durchsetzen. Dazu will ihm seine Sparkasse einen Kredit in Höhe von 200.000,-- € zur Verfügung stellen.

Konditionen: Disagio 5%, Zinssatz 8% p.a., Tilgung 1% p.a. *(zuzügl. ersparte Zinsen).*

Um Hubers Belastung in den ersten Jahren zu mindern, verzichtet die Sparkasse in den ersten drei Jahren auf Tilgungszahlungen und verlangt nur die jeweils *(nachschüssig)* fälligen Zinszahlungen *(„Tilgungsstreckung")*. Ab dem 4. Jahr setzen die planmäßigen Tilgungen ein.

i) Nach welcher Zeit *(bezogen auf die Kreditauszahlung)* ist der Kredit vollständig getilgt?
ii) Man gebe die ersten 5 und die letzten 2 Zeilen des Tilgungsplans an.
iii) Welche Effektivverzinsung liegt vor?

Aufgabe 5.2.21:

Huber will, ermutigt durch den allgemeinen Zinsrückgang, ein Haus bauen. Seine Bank bietet ihm zwei Kreditangebote i) und ii) mit unterschiedlichen Konditionen:

i) Zinsen *(nominell)* 6,25% p.a. Auszahlung: 98%
Tilgung: 1% p.a. *(zuzüglich ersparter Zinsen)* Laufzeit: 5 Jahre

ii) Zinsen *(nominell)* 4% p.a. Auszahlung: 90%
Tilgung: 2% p.a. *(zuzüglich ersparter Zinsen)* Laufzeit: 5 Jahre

Welcher Kredit hat den kleineren Effektivzinssatz, wenn unterstellt wird, dass die am Ende der Laufzeit noch vorhandene Restschuld dann in einem Betrag zur Rückzahlung fällig wird?

Aufgabe 5.2.22:

Huber leiht sich von seiner Hausbank 100.000,-- € *(= Kreditsumme)* zu folgenden Konditionen:

Auszahlung: 94%; Zins *(nom.)*: 9% p.a.; Tilgung: 2% p.a. *(zuzügl. ersparte Zinsen)*
Konditionen fest für 5 Jahre

Nach Ablauf der Zinsbindungsfrist *(= 5 Jahre)* bietet ihm seine Bank einen Anschlusskredit zu folgenden Konditionen:

Die noch bestehende Restschuld bildet die neue nominelle Kreditsumme. Darauf entfällt ein Disagio von 4%. Zinsen *(nominell)* 12% p.a., Tilgung 1% p.a. zuzügl. ersparte Zinsen. Diese Konditionen bleiben gültig bis zur vollständigen Tilgung des Kredites.

(Zins- und Tilgungsverrechnung erfolgen stets jährlich.)

i) Man ermittle die Gesamtlaufzeit beider Kredite.

ii) Man ermittle die beiden letzten Zeilen des Tilgungsplanes für den zweiten Kredit.

iii) Welche Effektivverzinsung ergibt sich bei gemeinsamer Betrachtung des aus den zwei Teilen bestehenden Gesamtkreditvorganges?

Aufgabe 5.2.23:

Alle Geschäfte, die die Huber-Bank tätigt, sollen eine Effektivverzinsung von 10% p.a. bringen.

Der Kunde Moser soll einen Annuitätenkredit zu den folgenden Konditionen erhalten: Zins *(nom.)* 8% p.a., Tilgung: 1% p.a. zuzügl. ersparte Zinsen, die Konditionen sind fest für 7 Jahre *(d.h. nach 7 Jahren ist die Restschuld in einem Betrage fällig.)*

Welches Disagio muss die Huber-Bank fordern?

Aufgabe 5.2.24:

Gegeben ist ein Annuitätenkredit mit einer Kreditsumme von 150.000,-- €. Die Auszahlung beträgt 92%, die jährlich zu zahlenden Annuitäten *(erstmalig ein Jahr nach Kreditaufnahme)* betragen 14.250,-- €/Jahr. Zins- und Tilgungsverrechnung erfolgen ebenfalls jährlich.

Nach Zahlung der 28. Rate ist der Kredit vollständig getilgt.

i) Mit welchem *nominellen* Jahreszins wurde dieser Kredit verzinst?

ii) Man ermittle den effektiven Jahreszins dieses Kredites.

Aufgabe 5.2.25:

Die Häberle AG nimmt ein Darlehen in Höhe von nominell 220.000,-- € auf. Kreditkonditionen: Auszahlung 92%; Zinsen *(nom.)*: 6% p.a. *(fest für die Gesamtlaufzeit)*; Tilgung: 1% p.a. *(zuzüglich ersparte Zinsen)*. Die Annuitäten sind jeweils am Jahresende fällig, Zins- und Tilgungsverrechnung erfolgen ebenfalls am Jahresende.

Man ermittle die Effektivverzinsung für diesen Kredit,

i) wenn die erste Annuität ein Jahr nach Kreditauszahlung fällig ist;

ii) wenn in den ersten 4 Jahren jeweils am Jahresende nur die Zinsen *(aber keine Tilgung)* gezahlt werden *(Tilgungsstreckung, 4 tilgungsfreie Jahre)*, die erste volle Annuität mithin am Ende des 5. Jahres nach Kreditauszahlung fällig ist;

iii) wenn in den ersten drei Jahren überhaupt keine Zahlungen geleistet werden *(3 annuitätenfreie Jahre)*. Die erste Annuität *(nunmehr bezogen auf die um die Zinseszinsen der drei ersten Jahre erhöhte Kreditanfangsschuld)* ist somit am Ende des 4. Jahres fällig.

iv) Man löse die Aufgabenteile i) – iii) für den Fall, dass – abweichend von den o.a. Konditionen – der Kredit 10 Jahre nach Auszahlung *(= Ende der Zinsbindungsfrist)* gekündigt wird und die dann noch vorhandene Restschuld in einem Betrage fällig wird.

Aufgabe 5.2.26:

Huber nimmt bei seiner Bank einen Kredit *(Kreditsumme: 150.000,-- €)* zum 01.01.00 auf *(Disagio: 7%; nom. Zinsen: 9% p.a.; Annuitätenkredit)*. Die Rückzahlung soll in 20 gleichen Annuitäten erfolgen, die erste Annuität ist ein Jahr nach Kreditaufnahme fällig.

Unmittelbar nach Zahlung der 13. Annuität nimmt Huber einen Zusatzkredit von 120.000,-- € *(= Kreditsumme)* auf, Disagio 5%. Die sich nunmehr ergebende Gesamtschuld soll – in Abänderung der bisherigen Vereinbarungen – in 10 weiteren gleichen Annuitäten *(beginnend nach einem Jahr)* abgezahlt werden.

Welcher Effektivzins liegt dem gesamten Kreditvorgang zugrunde?

Aufgabe 5.2.27:

Gegeben ist ein Annuitätenkredit mit einer Auszahlung von 93% und einem nominellen Jahreszins von 9% p.a. *(Annuitäten, Zins- und Tilgungsverrechnung jährlich)*.

Wie hoch muss der Tilgungssatz *(in% p.a.)* sein, damit sich – bei Vereinbarung einer 5-jährigen Festschreibung der Konditionen – ein Effektivzins von 11% p.a. ergibt?

Aufgabe 5.2.28:

Huber braucht dringend Barmittel in Höhe von 120.000,-- €. Von zwei Banken holt er Kreditkonditionen ein:

Bank A: bietet einen Annuitätenkredit zu 96% Auszahlung, 8% p.a. Zinsen *(nom.)* und 2% Tilgung *(zuzügl. ersparte Zinsen)* an. Konditionen fest über die Gesamtlaufzeit.

Bank B: bietet zu einem *(nom.)* Zins von 9% p.a. einen Ratenkredit über 12 Jahre an *(d.h. der Kredit ist nach 12 Jahren vollständig getilgt.)*. Hier erfolgt die Auszahlung zu 100%.

(Bei beiden Banken erfolgen Zahlungen, Zins- und Tilgungsverrechnungen jährlich, erstmals ein Jahr nach Kreditauszahlung.)

i) Man gebe für den Kredit von Bank A die beiden letzten Zeilen des Tilgungsplans an.

ii) Man ermittle den Effektivzins des Kredites der Bank B.

Aufgabe 5.2.29:

Huber leiht sich 200.000,-- € *(= Kreditsumme)*. Die Bank verlangt ein Disagio von 8%. Folgende Gegenleistungen werden vereinbart: 2 Jahre Tilgungsstreckung, danach *(mit einer Ausnahme, s.u.)* jährliche Tilgungen von 40.000,-- €/Jahr *(nur im letzten Jahr erfolgt eine evtl. abweichende Resttilgung)*. Die fälligen Zinsen (8% p.a.) werden in jedem Jahr bezahlt.

Einzige Ausnahme: Am Ende des 6. Jahres seit Kreditaufnahme werden überhaupt keine Zahlungen geleistet *(also weder Zinsen noch Tilgung)*.

i) Man gebe den Tilgungsplan an.

ii) Wie lautet der effektive Jahreszins dieses Kredits?

Aufgabe 5.2.30:

Kreditnehmer Huber benötigt einen Standard-(Annuitäten-)Kredit, bei dem er 350.000,-- € ausgezahlt bekommt. Die Konditionen sollen für 10 Jahre festgeschrieben werden. Jährlich kann er – erstmalig ein Jahr nach Kreditaufnahme – für Verzinsung und Tilgung 40.000,-- € aufbringen. Er vereinbart mit der Bank einen effektiven Jahreszins von 9,50% p.a. *(Zahlungen, Zins- und Tilgungsverrechnung jährlich)*.

i) Man ermittle Auszahlung, Nominalzins, Anfangstilgung und Tilgungsplan, wenn kein Disagio einbehalten wird. Wie hoch ist die Restschuld am Ende der Zinsbindungsfrist?

ii) Man beantworte i), wenn Huber aus steuerlichen Gründen ein Disagio von 8% mit der Kreditbank vereinbart.

iii) Man ermittle mit dem unter ii) wirksamen Effektivzins das Vergleichskonto.

Aufgabe 5.2.31:

Huber benötigt zum Bau eines Geschäftshauses Barmittel in Höhe von 1,5 Mio. €. Seine Bank bietet ihm folgenden Standard-Annuitätenkredit *(d.h. Zahlungen, Zins- u. Tilgungsverrechnung jährlich)*:

Auszahlung:	91%
(nom.) Verzinsung:	8% p.a.
Anfangstilgung:	1%
Zinsbindungsdauer:	10 Jahre.

i) Möglichkeit A: Die Bank legt die Kreditsumme derart fest, dass Huber die 1,5 Mio. € als Auszahlung erhält. Man ermittle den effektiven Jahreszins des Kredits sowie den Tilgungsplan.

ii) Möglichkeit B: Die Bank legt als Kreditsumme 1,5 Mio. € fest und gewährt zusätzlich in Höhe des Disagiobetrages ein Tilgungsstreckungsdarlehen *(Auszahlung: 100%, Verzinsung: 11% p.a.)*, das zunächst in drei gleichhohen Annuitäten vollständig zurückzuführen ist. Während dieser ersten drei Jahre bleibt der Hauptkredit zahlungsfrei. Auf die zu Beginn des 4. Jahres vorhandene *(durch Zinsansammlung erhöhte)* Restschuld werden sodann in den folgenden 7 Jahren die ursprünglich vereinbarten Konditionen *(d.h. nom. Verzinsung 8% p.a., Anfangstilgung 1%)* angewendet.

Man ermittle den Tilgungsplan und die Effektivverzinsung des *(aus zwei Teilen bestehenden)* Kredits.

iii) Mit welchem Zinssatz müsste die Bank das Tilgungsstreckungsdarlehen in ii) ausstatten, damit sich derselbe Effektivzinssatz ergibt wie in i)?

Aufgabe 5.2.32:

Huber hat mit seiner Hausbank einen Annuitätenkredit mit den Konditionen 90/7/1 *(10 Jahre fest)* abgeschlossen, Kreditsumme: 100.000,-- €, ausgezahlter Betrag: 90.000,-- € *(alle Zahlungen sowie Zins- und Tilgungsverrechnung erfolgen jährlich)*.

Nach 5 Jahren tilgt Huber die noch bestehende Restschuld vorzeitig und verlangt von der Bank eine Rückerstattung des nicht verbrauchten Disagios.

i) Welchen Betrag muss die Bank zu diesem Zeitpunkt erstatten, wenn sie mit der Effektivzinsmethode rechnet?

ii) Man beantworte Frage i), wenn die Konditionen mit 93/9/1 *(5 Jahre fest)* vereinbart worden wären *(Auszahlung also 93.000,-- €)* und der Kredit bereits nach 1 Jahr vorzeitig getilgt werden soll.

Bemerkung:

Zur Effektivverzinsung bei Zahlungsreihen mit veränderlichen Rentenraten siehe Aufgaben 3.9.64, 3.9.69, 3.9.71.

5.3 Effektivzinsermittlung bei unterjährigen Leistungen[14]

Bereits in Beispiel 5.1.8 hatten wir sehen können, dass der Effektivzinssatz eines und desselben Kredits *(bestehend aus unterjährigen Leistungen, vorgegeben durch seinen Zahlungsstrahl)* unterschiedliche Werte annehmen kann, je nachdem, welche Kontoführungsmethode *(z.B. 360-Tage-Methode, Braess, ICMA, US)* bei seiner Ermittlung angewendet wurde.

Bei der täglichen Kreditabwicklungspraxis kommt noch hinzu, dass die individuellen Kreditbedingungen von Bank zu Bank *(und Kunde zu Kunde)* variieren. Es kann daher vorkommen, dass sich die Kontoführung des Kreditkontos wesentlich von der Kontoführungsmethode unterscheidet, die zur Ermittlung des Effektivzinssatz angewendet wird *(oder aufgrund gesetzlicher Vorgaben angewendet werden muss)*.

5.3.1 2-Phasen-Plan zur Effektivzinsermittlung

Wie oben angedeutet, kann es bei Kreditabwicklungen mit unterjährigen[15] Leistungen leicht zu einer unübersichtlichen Vermengung unterschiedlicher Kontoführungsmethoden kommen.

Daher ist es dringend anzuraten, bei Krediten mit unterjährigen Leistungen den Prozess der **Effektivzinsermittlung** – wie schon in (5.2.1)/(5.2.2) gesehen – in **zwei** *(sauber voneinander zu trennende!)* **Phasen des Vorgehens** zu zerlegen:

Phase 1 dient zur Ermittlung des tatsächlichen Zahlungsstroms *(Aufstellung des Kreditkontos)*;
Phase 2 umfasst die Ermittlung des Effektivzinssatzes nach der vorgeschriebenen Kontoführungsmethode *(Aufstellung des mit i_{eff} bewerteten (verzinsten) Vergleichskontos/Effektivkontos)*.

Vor verallgemeinerten Überlegungen wollen wir anhand eines ausführlich gehaltenen Beispiels die Sinnfälligkeit des 2-Phasen-Plans demonstrieren:

Beispiel 5.3.1: Ein Kreditnehmer (KN) erhält von seiner Bank *(=Kreditgeber (KG))* einen Annuitätenkredit in Höhe von 100.000 €, nom. Zinssatz 10% p.a., anfänglicher Tilgungssatz 2% p.a., d.h. Annuität 12.000 €/Jahr, anfängliche Laufzeit zwei Jahre *(Basiskonditionen wie in (5.2.6))*.

Der Kreditgeber fordert vierteljährliche Rückzahlung der Annuität in vier gleichen Teilen zu je 3.000 €/Quartal, erste Rate ein Quartal nach Kreditaufnahme. Insgesamt werden daher 8 Quartalsraten fällig. Nach Ablauf der 2jährigen Laufzeit ist die noch bestehende Restschuld in einem Betrag vom KN an den KG zurückzuzahlen.

Weiterhin ist vom KN bei Kreditaufnahme ein Disagio *(oder eine „Bearbeitungsgebühr")* in Höhe von 6.000,-- € zusätzlich zu zahlen. Dieses Disagio mindert allerdings *nicht* die zu verzinsende und zu tilgende Kreditsumme von 100.000,-- €.

Zins- und Tilgungsverrechnung des Kreditkontos erfolgen vierteljährlich mit jeder Rückzahlungsrate. Für die vierteljährliche Zinsabrechnung nimmt die Kreditbank den zu 10% p.a. relativen Quartalszins, d.h. 2,5% p.Q. *(es handelt sich um ein Kreditbeispiel, das in analoger Form bereits aus Kap. 4.3.3 bekannt ist – Kontoführung nach der sog. US-Methode)*.

Gesucht ist der effektive Jahreszins dieses Kredits **a)** nach der 360-Tage-Methode
b) nach der ICMA-Methode.

---

[14] Außer der Kenntnis der formalen Effektivzinsermittlung *(Kap. 5.1/5.2.1)* wird der Inhalt von Kap. 4.3 *(Kontoführungsmethoden)*, Kap. 4.4 *(nachschüssige Tilgungsverrechnung)* sowie Kap. 3.8 *(Renten bei unterjährigen Raten)* vorausgesetzt.

[15] Wie früher schon bemerkt *(Kap. 5.2)*, führen sämtliche Kontoführungsmodelle zu identischen Effektivzinssätzen, wenn keine unterjährigen Leistungen auftreten.

Der effektive Jahreszins i_{eff} ist definitionsgemäß *(siehe Def. 5.1.1)* derjenige *(nachschüssige)* Jahreszinssatz, bei dessen Anwendung die Leistungen und Gegenleistungen unter Berücksichtigung der vorgeschriebenen Effektivzins-Kontoführungsmethode *(hier also entweder nach a) 360-Tage-Methode oder nach b) ICMA)* äquivalent sind.

Um die Äquivalenzgleichung „Leistung = Gegenleistung" *(bezogen auf einen gemeinsamen Stichtag)* aufstellen und die Effektivzinsberechnung durchführen zu können, müssen zuvor sämtliche Leistungen *(hier: Zahlungen der Kreditbank)* und Gegenleistungen *(hier: Zahlungen des KN)* nach Höhe und Fälligkeitszeitpunkt bekannt sein *(die dazu erforderlichen Ermittlungen bezeichnen wir als **Phase 1**)*:

Im Beispielsfall fehlt dazu noch die nach zwei Jahren lt. Kreditvertrag zurückzuzahlende Restschuld K_2 *(siehe den nachfolgenden Zahlungsstrahl analog zu Abb. 4.3.8)*:

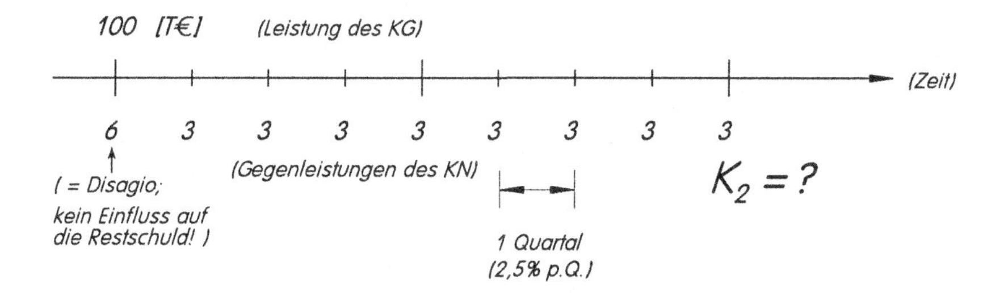

Diese fehlende Restschuld K_2 *(acht Quartale nach Kreditaufnahme)* wird unter Berücksichtigung der Kreditsumme 100.000 € ermittelt *(laut Kreditvertrag)* mit 2,5% p.Q. Kreditzinsen, Zins- und Tilgungsverrechnung nach jedem Quartal *(die **Kreditkontoführung** entspricht also der **US-Methode**)*.

Es folgt: $$K_2 = 100.000 \cdot 1{,}025^8 - 3.000 \cdot \frac{1{,}025^8 - 1}{0{,}025} = 95.631{,}94\textit{(204)}\ €.$$

Ebensogut hätte man die Restschuld durch Abwicklung des Kreditkontos nach den o.a. Kreditbedingungen erhalten *(siehe auch das analoge Beispiel 4.3.1, insb. Tab. 4.3.9)*:

Periode: Jahr	Qu.	**Restschuld** *(Beginn Per.)*	**Zinsen** *(Ende Per.)*	**Tilgung** *(Ende Per.)*	**Zahlung** *(Ende Per.)*
1	1	**100.000,00**	2.500,00	500,00	**3.000,00**
	2	99.500,00	2.487,50	512,50	**3.000,00**
	3	98.987,50	2.474,69	525,31	**3.000,00**
	4	98.462,19	2.461,55	538,45	**3.000,00**
2	5	97.923,74	2.448,09	551,91	**3.000,00**
	6	97.371,84	2.434,30	565,70	**3.000,00**
	7	96.806,13	2.420,15	579,85	**3.000,00**
	8	96.226,28	2.405,66	594,34	**3.000,00**
3	9	**95.631,94**	$= K_2$	*(Kreditkonto –*	*US-Methode)*

Erst nach Abschluss dieser Restschuldberechnung sind *sämtliche* Leistungen und Gegenleistungen nach Höhe und Zeitpunkt lückenlos bekannt und lassen sich *(z.B.)* am Zahlungsstrahl darstellen, **Phase 1** ist abgeschlossen *(siehe die folgende Abbildung 5.3.2)*:

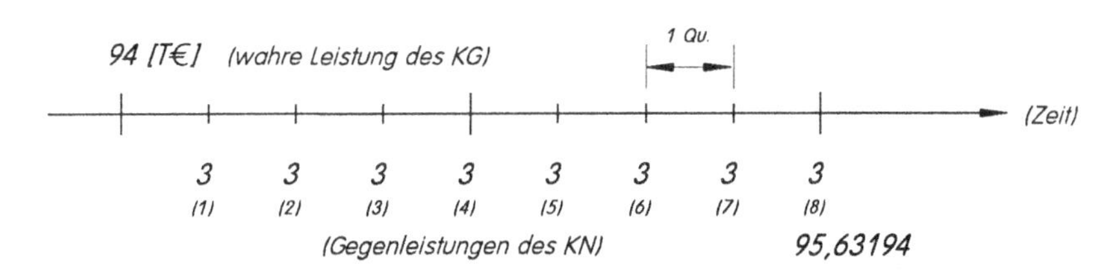

Abschluss ***Phase 1*** *:*
tatsächlicher Zahlungsstrahl

Abb. 5.3.2

Bemerkung: Wir haben hier die Kreditsumme (100.000) sofort mit dem Disagio (6.000) verrechnet, da beide Zahlungen zeitgleich erfolgen: per saldo hat der Kreditnehmer nur 94.000 erhalten.

In der sich an die Phase 1 anschließenden **Phase 2** *(aufbauend auf Phase 1)* wird danach gefragt: Wie und mit welchem effektivem Jahreszinssatz i_{eff} müssen die *(zuvor in Phase 1 ermittelten)* Leistungen (L) / Gegenleistungen (GL) des Kreditvorgangs *(siehe Abb. 5.3.2)* auf-/oder abgezinst werden, damit sich am gewählten Stichtag Äquivalenz einstellt?

Kurz:

In **Phase 2** der Effektivzinsermittlung geht es um die Beantwortung der Frage:
Bei welchem effektivem Jahreszinssatz $i = i_{eff}$ gilt: $L(i) = GL(i)$?

In unserem Beispiel sollen dazu zwei[16] unterschiedliche Methoden *(a) 360-Tage-Methode b) ICMA-Methode)* zur Ermittlung von i_{eff} angewendet werden.[17]

Es kann somit – wie in unserem Beispiel – durchaus vorkommen, dass das von der Bank geführte Kreditkonto *(in Phase 1)* mit einer anderen Kontoführungs-Methode abgerechnet wird als das Vergleichskonto *(in Phase 2)* zur Ermittlung des Effektivzinssatzes *(hier (Beispiel): Kreditkonto: US-Methode; Effektivzins-Konto (Vergleichskonto): 360-Tage- oder ICMA-Methode).*

Wir wollen nun *(in Phase 2)* die Effektivzinssätze des o.a. Kredits für die beiden Fälle

a) 360-Tage-Methode - Kontoführung
b) ICMA - Kontoführung

ermitteln:

a) Effektivzinsermittlung nach der 360-Tage-Methode *(Phase 2)* **für das Kreditbeispiel** *(Abb. 5.3.2)*

Bei der **360-Tage-Methode** *(siehe Kap. 4.3, Methode 1)* werden sämtliche unterjährigen Zahlungen **linear** mit dem *(noch zu ermittelnden)* Effektivzinssatz $i = i_{eff}$ $(= q - 1)$ auf das Jahresende aufgezinst, die entstandene **Jahres-Ersatzrate R*** *(siehe Kap. 3.8.2, insbesondere Satz 3.8.21i) und Bemerkung 3.8.24 i))* kann als Rate in der Standard-Rentenformel verwendet werden.

---

[16] Daneben gibt es (für vorgegebene Zahlungsreihen mit unterjährigen Leistungen, d.h. nach Abschluss von Phase 1) weitere Effektivzins-Ermittlungs-Verfahren, z.B. die US-Methode oder die Braess-Methode.

[17] Welche der verschiedenen Kontoführungsmethoden zur Ermittlung des Effektivzinssatzes in der Praxis schließlich angewendet wird, steht nicht unbedingt im Belieben des Anwenders, sondern richtet sich i.a. nach den Vorschriften des jeweiligen Gesetzgebers *(z.B. in Deutschland: 360-Tage-Methode bis 08/2000, ab 09/2000 ICMA-Methode für die Effektivzinsermittlung von Verbraucher-Krediten).*

Abb. 5.3.2a verdeutlicht den Zusammenhang am Zahlenstrahl:

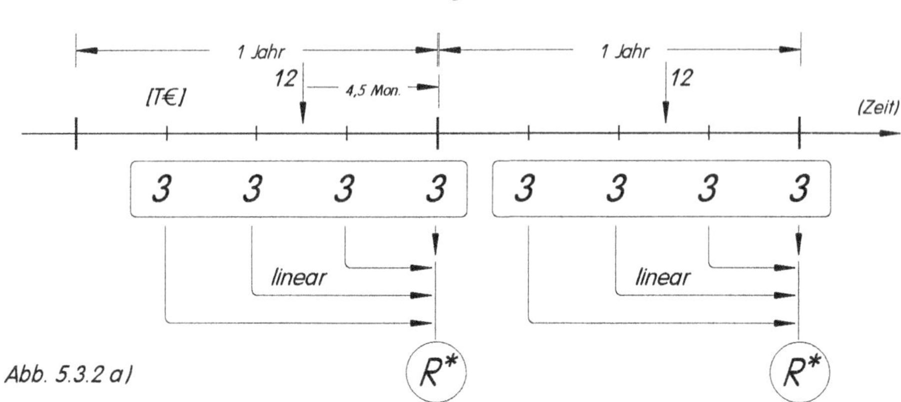

Abb. 5.3.2 a)

Danach erhält man bei jährlich vier geleisteten Quartalsraten zu je 3.000 €/Quartal jede Jahres-Ersatzrate R* entweder durch einzelnes, lineares Aufzinsen mit dem *(noch zu ermittelnden(!))* Effektivzins i_{eff} *(= q – 1)*, d.h.[18]

$$R^* = 3.000 \cdot (1+(q-1)\cdot\frac{9}{12}) + 3.000\cdot(1+(q-1)\cdot\frac{6}{12}) + 3.000\cdot(1+(q-1)\cdot\frac{3}{12}) + 3.000$$

oder *(äquivalent)* durch einmaliges Aufzinsen von 12.000 €, fiktiv geleistet im „mittleren Zahlungstermin" *(siehe Abb. 5.3.2 a)*, d.h. genau in der zeitlichen Mitte der 4 Quartalsraten mit dem *(identischen, aber wesentlich kompakter darstellbaren)* Resultat

$$R^* = 12.000\cdot(1 + (q-1)\cdot\frac{4,5}{12}) \quad .$$

Damit erhalten wir *(Stichtag z.B. Tag der letzten Rückzahlung)* aus Abb. 5.3.2 die 360-Tage-Methode- Äquivalenzgleichung *($q := 1 + i_{eff}$)*

$$0 = 94\cdot q^2 - 12\cdot(1+(q-1)\cdot\frac{4,5}{12})\cdot\frac{q^2-1}{q-1} - 95,63194$$

mit der positiven Lösung *(quadratische Gleichung(!) oder Regula falsi)*:

$$q = 1,142588474 \quad \Rightarrow \quad i_{eff} = 14,2588474\% \text{ p.a.}$$

Der **effektive Jahreszins** nach **der 360-Tage-Methode** des Kredits beträgt somit **14,26% p.a.**[19] *(Ende von Phase 2)*.

Zur Kontrolle wird ein **Vergleichskonto** mit dem *tatsächlichen* Zahlungsstrom *(Abb. 5.3.2)*, dem soeben ermittelten Effektivzinssatz und der dabei verwendeten Kontoführungsmethode *(hier: 360-Tage-Methode)* durchgerechnet. Falls i_{eff} richtig berechnet wurde, muss dies Effektivkonto einen Schluss-Saldo aufweisen, der mit der Restschuld auf dem Kreditkonto *(=95.631,94 €)* übereinstimmt *(und somit nach Zahlung dieser Restschuld das Konto den Saldo „Null" aufweist)*.

[18] Es empfiehlt sich hier, in der linearen Zinsformel $K_n = K_0(1 + in)$ anstelle von i den Term q – 1 *(= i)* zu verwenden, so dass in der Äquivalenzgleichung nur *ein* Variablenname *(nämlich q)* auftritt.

[19] Die in Text oder Tabellen angegebenen Werte sind häufig gerundet. Für ihre Ermittlung sowie Weiterverarbeitung wurde meistens mit 9 Nachkommastellen gerechnet.

Vergleichskonto *(360-Tage-Methode; lin. Quartalszins $i_Q = i_{eff}/4 = 3{,}564712\%$ p.Q.):*

Periode: Jahr	Qu.	Restschuld *(Beginn Per.)*	Periodenzinsen (3,5647..%p.Q.) *(separat gesammelt)*	*kumuliert und zum Jahresende verrechnet*	Tilgung *(Ende Per.)*	Zahlung *(Ende Per.)*
1	1	**94.000,00**	(3.350,83)		3.000,00	**3.000,00**
	2	91.000,00	(3.243,89)		3.000,00	**3.000,00**
	3	88.000,00	(3.136,95)		3.000,00	**3.000,00**
	4	85.000,00	(3.030,01)	12.761,67	−9.761,67	**3.000,00**
2	1	94.761,67	(3.377,98)		3.000,00	**3.000,00**
	2	91.761,67	(3.271,04)		3.000,00	**3.000,00**
	3	88.761,67	(3.164,10)		3.000,00	**3.000,00**
	4	85.761,67	(3.057,16)	12.870,27	−9.870,27	**3.000,00**
3	1	**95.631,94**	$= K_2$	*(360-Tage-Methode-Effektivkonto – geht genau auf)*		

b) **Effektivzinsermittlung nach der ICMA-Methode** *(Phase 2)* **für das Kreditbeispiel** *(Abb. 5.3.2)*
(seit 09/2000 in der PAngV für Verbraucherkredite vorgeschrieben)

Basis ist wieder der nach Abschluss von Phase 1 *(Kontoführung dort: US-Methode)* resultierende tatsächliche Zahlungsstrahl, siehe Abb. 5.3.2

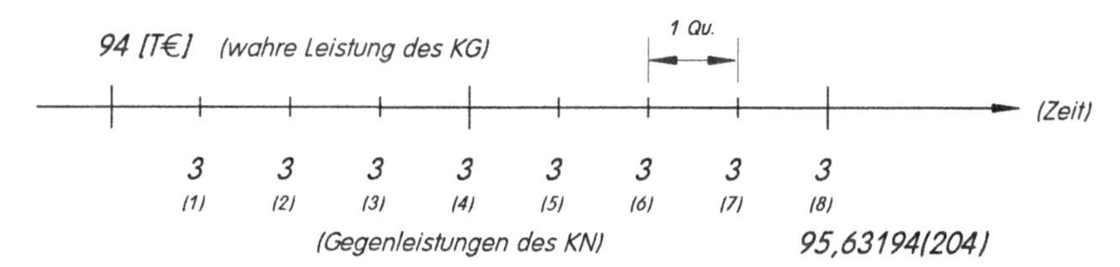

Für die Effektivzinsermittlung nach der ICMA-Methode muss *(siehe Kap. 4.3.4)* mit vierteljährlichen Zinsperioden *(=Rentenperioden!)* gerechnet werden, der anzuwendende Quartalszinssatz i_Q muss dabei *konform* zum gesuchten effektiven Jahreszinssatz i_{eff} sein, d.h. es muss gelten

$$(*) \qquad 1+i_{eff} = (1+i_Q)^4.$$

Mit dem Quartalszinsfaktor q *($=1+i_Q$)* ergibt sich folgende ICMA-Äquivalenzgleichung *(Stichtag wieder am Tag der letzten Zahlung)*

$$0 = 94 \cdot q^8 - 3 \cdot \frac{q^8-1}{q-1} - 95{,}63194(204) \quad .$$

Zur Lösung dieser Gleichung muss ein *(iteratives)* Näherungsverfahren, z.B. die Regula falsi, benutzt werden *(siehe Kap. 5.1.2, insb. Beispiel 5.1.32)*. Mit den Startwerten 1,03/1,04 liefert die Regula falsi den ersten Näherungswert $q \approx 1{,}03376$. Die iterierten Folgewerte für q sind 1,033839, 1,033841 und schließlich q = 1,033840808, so dass sich wegen (*) ergibt:

$$i_{eff} = q^4 - 1 = 0{,}142390763 = 14{,}2390763\% \text{ p.a.}$$

Der **effektive Jahreszins** nach **ICMA** des Kredits beträgt somit **14,24% p.a.**
(Ende von Phase 2)

Bemerkung: *Der Vergleich mit i_{eff} = 14,26% p.a. nach der 360-Tage-Methode zeigt, dass beide Kontoführungsmethoden trotz grundsätzlich unterschiedlichen Ansatzes nahezu dasselbe Resultat liefern. Dabei besitzt die ICMA-Methode allerdings systematisch bedingte Vorzüge hinsichtlich Einfachheit, Klarheit und logischer Konsistenz, siehe auch Kap. 5.4)*

Auch für das Effektivzins-Ergebnis der ICMA-Methode soll die Kontrolle durch die Abrechnung des entsprechenden **ICMA-Effektivkontos** erfolgen *(Zahlungen wieder wie in Abb.5.2.3)*:

Periode: Jahr	Qu.	Restschuld *(Beginn Per.)*	*(3,384..%p.Q.)* Zinsen *(Ende Per.)*	Tilgung *(Ende Per.)*	Zahlung *(Ende Per.)*
1	1	**94.000,00**	3.181,04	- 181,04	**3.000,00**
	2	94.181,04	3.187,16	- 187,16	**3.000,00**
	3	94.368,20	3.193,50	- 193,50	**3.000,00**
	4	94.561,69	3.200,04	- 200,04	**3.000,00**
2	5	94.761,74	3.206,81	- 206,81	**3.000,00**
	6	94.968,55	3.213,81	- 213,81	**3.000,00**
	7	95.182,36	3.221,05	- 221,05	**3.000,00**
	8	95.403,41	3.228,53	- 228,53	**3.000,00**
3	9	**95.631,94**	$= K_2$	*(ICMA-Effektivkonto – geht genau auf)*	

Auch im Effektivkonto/Vergleichskonto ergibt sich – wie zu erwarten – der Restschuldsaldo K_2 aus Phase 1. Das Effektivkonto „geht auf", i_{eff} wurde somit richtig berechnet.

An diesem Beispiel wurde deutlich, dass die Verhältnisse bei der Ermittlung des Effektivzinssatzes recht verwickelt sein können, sobald unterjährige Leistungen und *(gleichzeitig)* verschiedene Kontoführungsmethoden bei einem und demselben Kredit auftreten. Um die Übersicht zu behalten, lohnt sich die saubere Trennung der Vorgänge in die beiden beschriebenen Phasen der Datenermittlung *(Phase 1)* und Effektivzins-Berechnung *(Phase 2)*.

Bevor wir weitere Beispiele behandeln, sollen die Vorgänge des **2-Phasen-Plans** bei unterjährigen Leistungen noch einmal in allgemeiner Weise **zusammengefasst** werden:

Effektivzinsermittlung bei unterjährigen Leistungen – 2-Phasen-Plan *(Zusammenfassung)*

Bei Krediten mit unterjährigen Leistungen vollzieht sich die Effektivverzinsung in zwei *(sauber voneinander zu trennenden)* Phasen des Vorgehens:

(5.3.3a)

PHASE 1

Phase 1 zur Effektivzinsermittlung umfasst die Ermittlung sämtlicher **Zahlungen** *(Leistungen und Gegenleistungen des Finanzgeschäfts)* nach **Anzahl, Höhe** und **Fälligkeitszeitpunkten** *(Umsetzung der Vertragsbedingungen)*.

Am Ende von Phase 1 steht somit der komplette *(reale)* **Zahlungsstrahl**.
(zugehöriger Tilgungsplan: „Kreditkonto")

Im Verlauf von **Phase 1** müssen daher folgende Fragen quantitativ geklärt werden:

- Mit welchem *(nominellen)* Zinssatz bewertet die Gläubigerbank die *(nominelle oder reale)* Kreditsumme?
- Wie hoch ist die *(vom Kreditnehmer zu leistende)* Annuität? Wie wird die Annuität auf unterjährige Zahlungstermine aufgeteilt?
- Wie ermittelt die Bank die Höhe und den Fälligkeitstermin von zusätzlichen (Sonder-)Leistungen *(wie z.B. Disagio, Bearbeitungsgebühren, Sondertilgungsleistungen, durch Tilgungsstreckung und/ oder Zahlungsaufschub veränderte Annuitäten, ...)*?
- Wie wird die Gesamtlaufzeit des Darlehens ermittelt? Wie erhält man die am Ende einer *(vereinbarten)* Festschreibungsfrist noch bestehende Restschuld *(die bei der Effektivzinsermittlung wie eine – vom Kreditnehmer zu leistende – Schlusszahlung behandelt wird)*?

Der Phantasie der Vertragsparteien sind bei der Ausgestaltung der wechselseitigen Leistungen/Gegenleistungen im Prinzip keine Grenzen gesetzt *(„man kann rechnen wie man will")*, es muss lediglich Klarheit und Transparenz über die wechselseitigen Verpflichtungen herrschen *(siehe Bem. 4.4.4)*.

Stehen schließlich tatsächliche Höhe, Anzahl und Fälligkeitstermine sämtlicher mit dem Kredit zusammenhängender Zahlungen erst einmal genau fest, setzt **Phase 2** ein:

(5.3.3b)

Phase 2 zur Effektivzinsermittlung dient *(auf der Basis des in Phase 1 ermittelten Zahlungsstroms, wie immer er auch zustande gekommen sein mag)* der eigentlichen **Berechnung des effektiven Jahreszinssatzes:**

Unter Berücksichtigung der für die Effektivzinsermittlung vorgeschriebenen **Kontoführungsmethode** *(z.B. 360TM oder ICMA)* ist die Äquivalenzgleichung *(L = GL)* aufzustellen, deren Lösung den gesuchten Effektivzinssatz ergibt.

(zugehöriger Tilgungsplan: „Effektivkonto" oder „Vergleichskonto")

PHASE 2

Werden alle Leistungen jährlich erbracht, so spielen unterschiedliche Kontoführungsmodelle *(vgl. Kap. 4.3, Methoden 1 – 4)* keine Rolle, es ergibt sich für jede Methode derselbe Effektivzins.

Wie wir aber bereits in Beispiel 5.1.8 *(und insbesondere in Beispiel 5.3.1)* gesehen haben, liegen die Dinge bei **unterjährigen Leistungen** grundlegend anders: Bei einem und demselben Zahlungsstrom ergibt sich in Phase 2 für jede Kontoführungsmethode *(z.B. 360-Tage-Methode, Braess, US-Methode, ICMA)* ein anderer Effektivzinssatz. Daher ist zu jedem *(in Phase 2 ermittelten)* Effektivzinssatz anzugeben, nach welchem Kontoführungsmodell gerechnet wurde.

Insbesondere ist zu beachten, dass die zur Effektivzinsberechnung *(in Phase 2)* verwendete Kontoführungsmethode in **keinerlei Beziehung** stehen muss zu derjenigen Methode, die *(in Phase 1)* zur Ermittlung des Zahlungsstroms angewendet wurde:

So ist es durchaus möglich oder gar an der Tagesordnung *(wie in Beispiel 5.3.1 ausführlich dargestellt)*, dass die Kreditbedingungen vierteljährliche Raten und vierteljährliche (Zinses-)Zinsen zum relativen Quartalszins vorsehen *(dies entspricht der US-Methode in Phase 1)*, während etwa für die damit erhaltene Zahlungsreihe bei der Effektivzinsberechnung *(Phase 2)* die 360-Tage- oder ICMA-Methode vorgeschrieben ist:

(5.3.4)

> **Phase 1** und **Phase 2** sind hinsichtlich der angewendeten Kontoführungsmodelle **unabhängig** voneinander.
>
> Die tatsächlich durchgeführte *Kreditabwicklung* kann daher nach einem *anderen* Kontoführungsmodell ablaufen als die *Effektivzinsermittlung.*

Im folgenden Abschnitt *(Kap. 5.3.2)* wollen wir anhand unterschiedlichster Varianten in den beiden Phasen eines und desselben Kredites den 2-Phasen-Plan als übersichtliches und letzlich einfach zu handhabende *(auch in zunächst verwickelt aussehenden Fällen)* Methode zur Effektivzinsermittlung demonstrieren.

5.3.2 Die Berechnung von i_{eff}: Anwendungen des 2-Phasen-Plans – Variationen eines Basis-Kredits

Wie schon angedeutet, trägt der folgende Abschnitt **exemplarischen** Charakter:

Wir wollen anhand des schon mehrfach *(insbesondere im einführenden Beispiel 5.3.1)* verwendeten **Basis-Annuitätenkredites**

Kreditsumme 100.000 €
Zins: 10% p.a.
Rückzahlungen 3.000 €/ Quartal

die wichtigsten Variationsmöglichkeiten in Phase 1 *(Kreditkonto)* und Phase 2 *(i_{eff}-Ermittlung nach unterschiedlichen Kontoführungs-Vorschriften)* demonstrieren.

Bei folgenden **Varianten** des Basis-Kredits wird die Effektivzinsermittlung genauer betrachtet:

in **Phase 1:** zwei unterschiedliche Kredit-Auszahlungen – *100% und 94%,*
zwei unterschiedliche Kredit-Laufzeiten – *2 Jahre und Gesamtlaufzeit,*
fünf unterschiedliche Kreditkontoführungen, nämlich:
A: 360-Tage-, B: ICMA-, C: US-Methode – sofortige Tilgungsverrechnung (bei Zahlung)
D: ZV/TV jährlich, i = 10% p.a. } *nachschüssige Tilgungsverrechnung, siehe Kap. 4.4*
E: ZV/TV halbjährlich, i = 5% p.H. }

in **Phase 2:** die Ermittlung von i_{eff} erfolgt nach den drei bekanntesten Kontoführungs-Methoden
I: 360-Tage-Methode, II: ICMA-Methode, III: US-Methode.

360-Tage-Methode (nach der alten Preisangaben-Verordnung von 1985)
ICMA = internationale Methode (nach der neuen Preisangaben-Verordnung von 2000)
US = US-Methode
ZV = Zinsverrechnung; TV = Tilgungsverrechnung

Wir betrachten somit insgesamt 20 verschiedene Ausprägungen des Kreditkontos *(Phase 1)* und – da der Effektivzinssatz einer jeden Kreditvariante nach drei verschiedenen Kontoführungsmethoden *(Phase 2)* ermittelt wird – insgesamt 60 Effektivzinssätze[20] für einen und denselben Basiskredit.

[20] Wie schon in Fn 12 angemerkt, sprechen wir (seit 2010 gemäß Preisangabenverordnung) auch dann vom „effektiven Jahreszins", wenn der Kredit nicht über die komplette Laufzeit abgeschlossen wurde (früher: „anfänglicher effektiver Jahreszins").

Um einen gewissen Überblick zu behalten, werden die untersuchten **60 Fälle** des Basiskredits in Tabelle 5.3.5 nummeriert *(Zeilen-Nummern von 0 bis 9, Spalten-Nummern von 0 bis 5)* und wie folgt gekennzeichnet:

Phase 2 / *Tab. 5.3.5* / Phase 1		**Effektivzins-Fall Nr.**					
		falls Kreditauszahlung **100%** und i_{eff}-Kontoführung nach:			falls Kreditauszahlung **94%** und i_{eff}-Kontoführung nach:		
		I 360TM	*II* ICMA	*III* US	*I* 360TM	*II* ICMA	*III* US
Laufzeit **2 Jahre** + Kreditkontoführung nach:	360TM *A*	00	01	02	03	04	05
	ICMA *B*	10	11	12	13	14	15
	US *C*	20	21	22	23	24	25
	nachschüss. TV: ZV/TV jährl. *D*	30	31	32	33	34	35
	nachschüss. TV: ZV/TV halbj. *E*	40	**41**	42	43	44	45
Gesamtlaufzeit + Kreditkontoführung nach:	360TM *A*	50	51	52	53	54	55
	ICMA *B*	60	61	62	63	64	65
	US *C*	70	71	72	**73**	74	75
	nachschüss. TV: ZV/TV jährl. *D*	80	81	82	83	84	85
	nachschüss. TV: ZV/TV halbj. *E*	90	91	92	93	94	95

Lese-Beispiele:

i) *Fall „73“ bedeutet:*

Der Kredit wird über seine Gesamtlaufzeit betrachtet, Auszahlung 94% – d.h. Disagio 6% –, das Kreditkonto (Phase 1) wird nach der US-Methode abgerechnet (d.h. mit 2,5% p.Q. Zinseszinsen). Der Effektivzinssatz hingegen wird mit der „360-Tage-Methode“ (entspricht der alten PAngV 1985)

ii) *Fall „41“ bedeutet:*

Kreditlaufzeit 2 Jahre, Auszahlung 100%, das Kreditkonto wird halbjährlich (mit dem Zinssatz 5% p.H.) abgerechnet bei halbjährlicher (nachschüssiger) Tilgungsverrechnung: Obwohl der Schuldner vierteljährliche Raten zu je 3.000 €/Quartal leistet, werden zur Ermittlung der Restschuld K_2 am Laufzeitende Raten von 6.000 €/Halbjahr zugrunde gelegt.

Unabhängig davon wird in Phase 2 der Effektivzinssatz nach der internationalen ICMA-Methode ermittelt (entspricht der neuen PAngV 2000).

PHASE 1: Ermittlung der fehlenden zahlungsrelevanten Daten
(hier: fehlende Restschuld K_2 bzw. fehlende Gesamtlaufzeit/Terminzahl)

Fälle: **(a)** Laufzeit 2 Jahre *(Restschuld K_2 fehlt)*
(b) Gesamtlaufzeit/Terminzahl *(fehlt)*

A: Das Kreditkonto wird nach der 360-Tage-Methode abgewickelt, d.h. unterjährig lineare Zinsen *(10% p.a.)*

(gilt für die Fälle 00 bis 05 sowie 50 bis 55)

Der für die Abwicklung des Kreditkontos maßgebliche Zahlungsstrahl lautet:

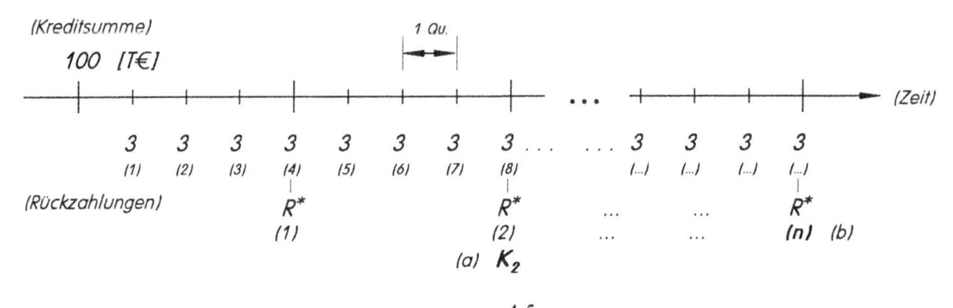

$$R^* = \text{Jahres-Ersatzrate} = 12 \cdot (1+0,1 \cdot \frac{4,5}{12}) = 12,45 \text{ T€} \quad \Rightarrow$$

(a) $$K_2 = 100 \cdot 1,1^2 - 12,45 \cdot \frac{1,1^2 - 1}{0,1} = 94,85500 \text{ T€}$$

(b) $$100 \cdot 1,1^n = 12,45 \cdot \frac{1,1^n - 1}{0,1} \Rightarrow ... \Rightarrow n = \frac{\ln (12,45/2,45)}{\ln 1,1} = 17,05623 \text{ Jahre} = 68,22493 \text{ Quartale.}$$

B: Das Kreditkonto wird nach der ICMA-Methode abgewickelt,
d.h. Zinsperiode = Zahlperiode = 1 Quartal *(vierteljährliche Zinseszinsen)*,
der Quartalszinssatz i_Q ist *konform* zu 10% p.a.,
d.h. $q = 1+i_Q = 1,10^{0,25} = 1,024113689$

(gilt für die Fälle 10 bis 15 sowie 60 bis 65)

Der für die Abwicklung des Kreditkontos maßgebliche Zahlungsstrahl lautet:

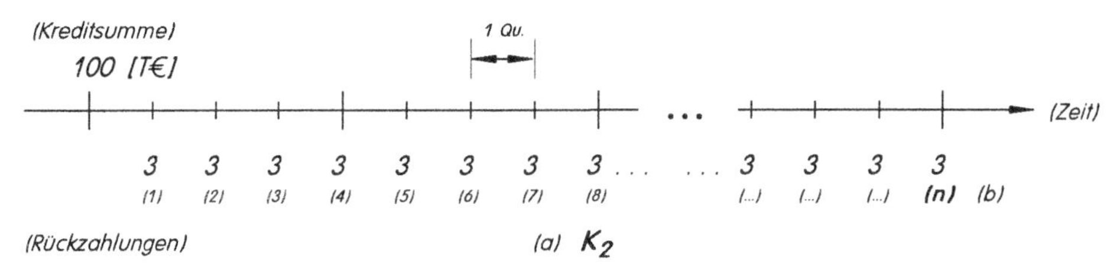

(a) $$K_2 = 100 \cdot 1,02411..^8 - 3 \cdot \frac{1,024..^8 - 1}{0,02411...} = 94,87376 \text{ T€}$$

(b) $$100 \cdot 1,02411..^n = 3 \cdot \frac{1,024..^n - 1}{0,02411...} \Rightarrow ... \Rightarrow n = \frac{\ln 5,09657...}{\ln 1,02411...} = 68,34812 \text{ Quart.} = 17,08703 \text{ Jahre.}$$

C: Das Kreditkonto wird nach der US-Methode abgewickelt,
d.h. Zinsperiode = Zahlperiode = 1 Quartal *(vierteljährliche Zinseszinsen)*,
der Quartalszinssatz i_Q ist *relativ* zu 10% p.a., d.h. $i_Q = 2{,}5\%$ p.Q.,
d.h. $q = 1+i_Q = 1{,}025$

(gilt für die Fälle 20 bis 25 sowie 70 bis 75)

Der für die Abwicklung des Kreditkontos maßgebliche Zahlungsstrahl ist identisch mit dem Zahlungsstrahl nach **B**, es muss lediglich mit $i_Q = 2{,}5\%$ p.Q. abgerechnet werden:

(a) $K_2 = 100 \cdot 1{,}025^8 - 3 \cdot \frac{1{,}025^8 - 1}{0{,}025} = 95{,}63194$ T€

(b) $100 \cdot 1{,}025^n = 3 \cdot \frac{1{,}025^n - 1}{0{,}025} \Rightarrow \ldots \Rightarrow n = \frac{\ln 6}{\ln 1{,}025} = 72{,}56257$ Quartale $= 18{,}14064$ Jahre.

D: Kreditkonto mit jährlicher Zins- und Tilgungsverrechnung *(i = 10% p.a.)*.

(gilt für die Fälle 30 bis 35 sowie 80 bis 85)

Der für die Abwicklung des Kreditkontos maßgebliche Zahlungsstrahl lautet:

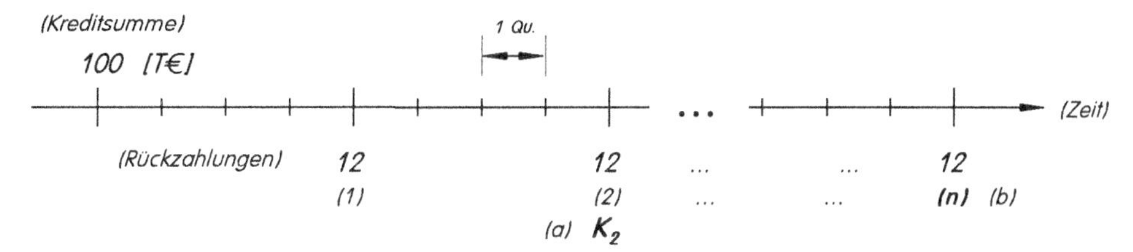

(a) $K_2 = 100 \cdot 1{,}1^2 - 12 \cdot \frac{1{,}1^2 - 1}{0{,}1} = 95{,}80000$ T€

(b) $100 \cdot 1{,}1^n = 12 \cdot \frac{1{,}1^n - 1}{0{,}1} \Rightarrow \ldots \Rightarrow n = \frac{\ln 6}{\ln 1{,}1} = 18{,}79925$ Jahre $= 75{,}19698$ Quartale.

E: Kreditkonto mit *halb*jährlicher Zins- und Tilgungsverrechnung *($i_H = 5\%$ p.H.)*

(gilt für die Fälle 40 bis 45 sowie 90 bis 95)

Der für die Abwicklung des Kreditkontos maßgebliche Zahlungsstrahl lautet:

(Kreditsumme)
100 [T€]
1 Qu.
(Zeit)
6 6 6 6 ... ... 6 6
(Rückzahlungen) (1) (2) (3) (4) ... ... (n−1) (n) (b)
(a) K_2

(a) $K_2 = 100 \cdot 1{,}05^4 - 6 \cdot \frac{1{,}05^4 - 1}{0{,}05} = 95{,}689875$ T€

(b) $100 \cdot 1{,}05^n = 6 \cdot \frac{1{,}05^n - 1}{0{,}05} \Rightarrow \ldots \Rightarrow n = \frac{\ln 6}{\ln 1{,}05} = 36{,}72378$ Halbjahre $= 73{,}44757$ Quartale $= 18{,}36189$ Jahre.

Nach **Abschluss** von **Phase 1** ergeben sich somit *(zusammengefasst)* folgende **Restschuldbeträge** K_2 und **Gesamtlaufzeiten n** *(Tab. 5.3.6)*:

PHASE 2 / *Tab. 5.3.6* / **PHASE 1**		**Restschuld bzw. Laufzeit** (aus Phase 1) **für Effektivzins-Ermittlungs-Methode**: falls Kreditauszahlung **100%** und i_{eff}-Kontoführung nach:			falls Kreditauszahlung **94%** und i_{eff}-Kontoführung nach:		
		360TM	ICMA	US	360TM	ICMA	US
(a) Laufzeit **2 Jahre** + Kreditkontoführung nach:	360TM K_2:	A: 94,85500 (T€) →	→	→	→	→	→
	ICMA K_2:	B: 94,87376 (T€) →	→	→	→	→	→
	US K_2:	C: 95,63194 (T€) →	→	→	→	→	→
	nachschüss. TV: ZV/TV jährlich	D: 95,80000 (T€) →	→	→	→	→	→
	nachschüss. TV: ZV/TV halbjährl	E: 95,68988 (T€) →	→	→	→	→	→
(b) **Gesamtlaufzeit** + Kreditkontoführung nach:	360TM n:	A: 17,05623 Jahre 68,22493 Quartale →	→	→	→	→	→
	ICMA n:	B: 17,08703 Jahre 68,34812 Quartale →	→	→	→	→	→
	US n:	C: 18,14064 Jahre 72,56257 Quartale →	→	→	→	→	→
	nachschüss. TV: ZV/TV jährlich	D: 18,79925 Jahre 75,19698 Quartale →	→	→	→	→	→
	nachschüss. TV: ZV/TV halbjährl	E: 18,36189 Jahre 73,44757 Quartale →	→	→	→	→	→

Die Pfeile „→" sollen andeuten, dass für eine bestimmte Kreditkontoführung die in Phase 1 ermittelte

- Restschuld K_2 bzw.
- Gesamtlaufzeit n

für *jede* Effektivzinsmethode gültig bleibt *(identische Werte für die gesamte jeweilige Zeile)*:

Es kann daher zu einem und demselben Zahlungsstrom bei unterjährigen Leistungen *(ermittelt in Phase 1)* mehrere Effektivzinssätze geben, je nachdem, welche Effektivzins-Berechnungs-Methode *(360-Tage-Methode, ICMA oder US)* angewendet wird *(oder angewendet werden muss)*.

Nachdem nun sämtliche zahlungsrelevanten Daten vorliegen, lässt sich der komplette reale Zahlungsstrahl für jede in Phase 1 betrachtete Variante angeben. Es folgt *(in Phase 2)* die aufgrund der tatsächlichen Zahlungsströme vorzunehmende Berechnung der Effektivzinssätze nach den drei erwähnten Kontoführungsmethoden I: 360-Tage-, II: ICMA- und III: US-Methode:

PHASE 2: Ermittlung der Effektivzinssätze nach den Kontoführungs-Verfahren

I: 360-Tage-Methode
II: ICMA-Methode
III: US-Methode

I: Wie schon in Beispiel 5.3.1 a) erläutert, werden bei der **360-Tage-Methode** *(siehe Kap. 4.3, Methode 1)* sämtliche unterjährigen Zahlungen **linear** mit dem *(noch zu ermittelnden)* Effektivzinssatz $i = i_{eff}$ *(= q – 1)* auf das Jahresende aufgezinst, die entstandene **Jahres-Ersatzrate R*** *(siehe Beispiel 5.3.1 a) sowie Kap. 3.8.2, insbesondere Satz 3.8.21i) und Bemerkung 3.8.24 i))* kann als Rate in der Standard-Rentenformel verwendet werden.

Nach Beispiel 5.3.1 a) lautet die Jahres-Ersatzrate R* *(sie entspricht dem linear mit i_{eff} (= q – 1) aufgezinsten*[21] *aufgezinsten Wert der vier Quartalsraten zum Jahresende)*:

$$R^* = 12.000 \cdot (1 + (q-1) \cdot \frac{4,5}{12}) \quad .$$

Damit ergibt sich aufgrund der in Phase 1 ermittelten zahlungsrelevanten Daten der folgende, für die Berechnung von i_{eff} mit Hilfe der 360-Tage-Methode geeignete reale Zahlungsstrahl:

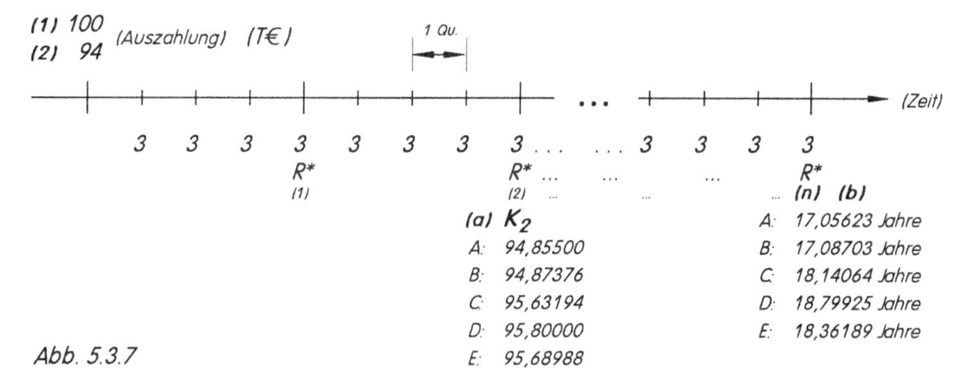

Abb. 5.3.7

Man sieht sehr schön, dass die verschiedenen Konditionen oder Kontoführungs-Methoden A – E in Phase 1 lediglich unterschiedliche Restschuldbeträge oder Gesamt-Laufzeiten bewirken *(siehe auch Tab. 5.3.6)*.

Anhand des Zahlungsstrahls *(Abb. 5.3.7)* lassen sich nun für die 20 Fälle *(00 bis 90 sowie 03 bis 93, siehe Tab. 5.3.5)* die **360-Tage-Methode-Äquivalenzgleichungen** für den Effektivzinsfaktor q *(= 1 + i_{eff})* aufstellen:

(a) Laufzeit 2 Jahre *(fünf Varianten für K_2 siehe Zahlungsstrahl)*:

(1) $$0 = 100 \cdot q^2 - 12 \cdot (1+(q-1) \cdot \frac{4,5}{12}) \cdot \frac{q^2-1}{q-1} - K_2$$ *(Fälle 00 – 40)*

(2) $$0 = 94 \cdot q^2 - 12 \cdot (1+(q-1) \cdot \frac{4,5}{12}) \cdot \frac{q^2-1}{q-1} - K_2$$ *(Fälle 03 – 43)*

Die entsprechenden 360-Tage-Methode-Effektivzinssätze – mit einem iterativen Näherungsverfahren *(Regula falsi)* erhalten – sind weiter unten in Tab. 5.3.11 aufgelistet.

[21] Es empfiehlt sich hier, in der linearen Zinsformel $K_n = K_0(1 + in)$ anstelle von i den Term q – 1 *(= i)* zu verwenden, so dass in der Äquivalenzgleichung nur *ein* Variablenname *(nämlich q)* auftritt.

(b) Gesamtlaufzeit *(fünf Varianten für n siehe Zahlungsstrahl Abb. 5.3.7)*

$$(1) \quad 0 = 100 \cdot q^n - 12 \cdot (1+(q-1) \cdot \frac{4{,}5}{12}) \cdot \frac{q^n - 1}{q - 1} \qquad \text{(Fälle 50 – 90)}$$

$$(2) \quad 0 = 94 \cdot q^n - 12 \cdot (1+(q-1) \cdot \frac{4{,}5}{12}) \cdot \frac{q^n - 1}{q - 1} \qquad \text{(Fälle 53 – 93)}$$

Die entsprechenden 360TM-Effektivzinssätze – mit einem iterativen Näherungsverfahren *(Regula falsi)* erhalten – sind weiter unten in Tab. 5.3.11 aufgelistet. Wie bereits erwähnt *(Bem. 5.2.9)*, dürfen dabei für „n" auch gebrochene Hochzahlen verwendet werden.

II: Basis für die Effektivzinsberechnung nach der **ICMA-Methode** ist wieder der nach Abschluss von Phase 1 resultierende Zahlungsstrahl. Da nunmehr die Zinsperiode mit der Zahlperiode *(= 1 Quartal)* übereinstimmt, ist es notwendig, die Gesamtlaufzeit in Quartalen *(= Anzahl der Quartalsraten)* anzugeben, siehe Abb. 5.3.8:

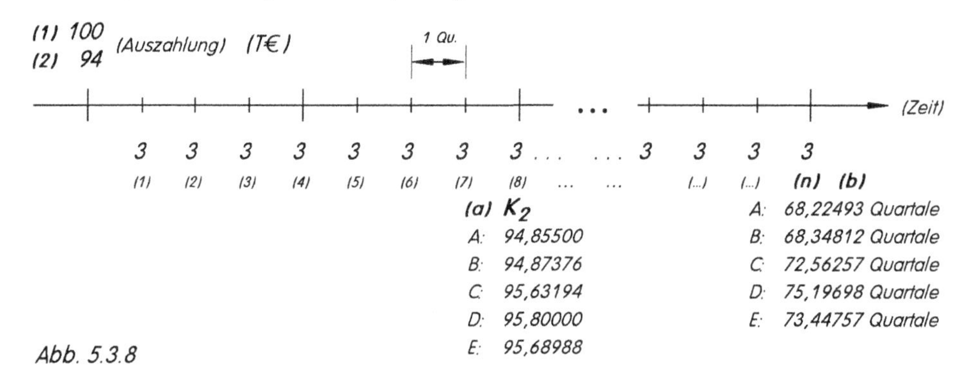

Abb. 5.3.8

Anhand des Zahlungsstrahls *(Abb. 5.3.8)* lassen sich nun für die 20 Fälle *(01 bis 91 sowie 04 bis 94, siehe Tab. 5.3.5)* die **ICMA-Äquivalenzgleichungen** für den Effektivzinsfaktor q $(:= 1 + i_{eff})$ aufstellen:

(a) Laufzeit 2 Jahre *(fünf Varianten für K_2 siehe Zahlungsstrahl Abb. 5.3.8)*, $q := 1 + i_Q$:

$$(1) \quad 0 = 100 \cdot q^8 - 3 \cdot \frac{q^8 - 1}{q - 1} - K_2 \qquad (\text{mit } i_{eff} = q^4 - 1) \qquad \text{(Fälle 01 – 41)}$$

$$(2) \quad 0 = 94 \cdot q^8 - 3 \cdot \frac{q^8 - 1}{q - 1} - K_2 \qquad (\text{mit } i_{eff} = q^4 - 1) \qquad \text{(Fälle 04 – 44)}$$

(b) Gesamtlaufzeit *(fünf Varianten für n siehe Zahlungsstrahl Abb. 5.3.8)*, $q := 1 + i_Q$:

$$(1) \quad 0 = 100 \cdot q^n - 3 \cdot \frac{q^n - 1}{q - 1} \qquad (\text{mit } i_{eff} = q^4 - 1) \qquad \text{(Fälle 51 – 91)}$$

$$(2) \quad 0 = 94 \cdot q^n - 3 \cdot \frac{q^n - 1}{q - 1} \qquad (\text{mit } i_{eff} = q^4 - 1) \qquad \text{(Fälle 54 – 94)}$$

Die resultierenden ICMA-Effektivzinssätze – mit dem iterativen Näherungsverfahren *Regula falsi* erhalten – sind nachfolgend in Tab. 5.3.11 aufgelistet[22]. Wie zuvor bereits erwähnt *(Bem. 5.2.9)*, dürfen dabei für „n" auch gebrochene Exponenten verwendet werden.

[22] Die im Text angegebenen numerischen Werte sind gerundet. Für ihre Ermittlung und Weiterverarbeitung wurde meistens mit 9 Nachkommastellen gerechnet.

III: Basis für die Effektivzinsberechnung nach der **US-Methode** ist wieder derselbe Zahlungsstrahl nach Abschluss von Phase 1 *(Abb. 5.3.8)*, wie er sich auch bei Anwendung der ICMA-Methode ergibt.

Erneut stimmen Zinsperiode und Zahlperiode *(= 1 Quartal)* überein, so dass sich bzgl. des „effektiven" Quartalszinsfaktors $q := 1+i_Q$ dieselben Äquivalenzgleichungen ergeben wie bei Anwendung der ICMA-Methode (II):

(a) Laufzeit 2 Jahre *(fünf Varianten für K_2 siehe Zahlungsstrahl Abb. 5.3.8)*, $q := 1 + i_Q$:

(1) $0 = 100 \cdot q^8 - 3 \cdot \frac{q^8 - 1}{q - 1} - K_2$ *(mit $i_{eff} = 4 \cdot i_Q$)* *(Fälle 02 – 42)*

(2) $0 = 94 \cdot q^8 - 3 \cdot \frac{q^8 - 1}{q - 1} - K_2$ *(mit $i_{eff} = 4 \cdot i_Q$)* *(Fälle 05 – 45)*

(b) Gesamtlaufzeit *(fünf Varianten für n siehe Zahlungsstrahl Abb. 5.3.8)*, $q := 1 + i_Q$:

(1) $0 = 100 \cdot q^n - 3 \cdot \frac{q^n - 1}{q - 1}$ *(mit $i_{eff} = 4 \cdot i_Q$)* *(Fälle 52 – 92)*

(2) $0 = 94 \cdot q^n - 3 \cdot \frac{q^n - 1}{q - 1}$ *(mit $i_{eff} = 4 \cdot i_Q$)* *(Fälle 55 – 95)*

Einziger Unterschied bei Anwendung der US-Methode im Vergleich zur ICMA-Methode in II: Der nach Anwendung des Iterationsverfahrens gewonnene äquivalente Quartalszinssatz i_Q wird jetzt *linear* auf den Jahreszinssatz i_{eff} hochgerechnet, d.h. $i_{eff} = 4 \cdot i_Q$.

Die entsprechenden *(notwendigerweise geringer als bei der ICMA-Methode ausfallenden)* Effektivzinssätze sind in Tab. 5.3.11 *(siehe unten)* aufgelistet.

Bemerkung 5.3.9: *Ganz allgemein ist festzustellen – und die unten in Tab. 5.3.11 aufgelisteten Daten bestätigen dies –, dass sich die Effektivzinssätze nach der 360-Tage-Methode und nach der ICMA-Methode (in Phase 2) nicht wesentlich voneinander unterscheiden, obwohl ihre Ermittlung auf recht unterschiedlichen Verzinsungsfiktionen beruhen.*

In Kapitel 5.4 werden wir noch andere Vergleichsmaßstäbe für die unterschiedlichen Kontoführungs-Methoden diskutieren.

Bemerkung 5.3.10: *Die aus der nachstehenden Tabelle 5.3.11 ablesbare Tatsache, dass es „für einen und denselben" Kredit eine Vielzahl unterschiedlicher Effektivzinssätze gibt, müsste Anlass genug sein, sich ein für allemal auf eine international einheitliche Methode für alle Kreditarten zu verständigen...*

Wir wollen im folgenden für drei Fälle *(Fall 02, Fall 54 und Fall 43, siehe Tabelle 5.3.11)* zur Kontrolle der Rechnungen die jeweiligen **Kreditkonten** *(Phase 1)* **und Vergleichskonten** *(Phase 2)* angeben. Wenn der Effektivzins richtig berechnet wurde, müssen Kreditkonto und Vergleichskonto zum gleichen Schluss-Saldo kommen.

Bemerkung: *Für die Fälle 23 und 24 sind Kreditkonten und Vergleichskonten bereits in Beispiel 5.3.1 hergeleitet.*

Effektivzinssätze *(Tabelle 5.3.11)* **:**

Basiskredit: Kreditsumme 100.000 €; Zins: 10% p.a.; Rückzahlungen: 3.000 €/Quartal
Varianten: Laufzeit: 2 Jahre oder Gesamtlaufzeit bis zur vollständigen Tilgung
Auszahlung: 100% oder 94%

Kontoführungsvarianten:

Phase1 *(Kreditkonto)*:
A: 360TM **B:** ICMA **C:** US **D:** ZV/TV: jährlich **E:** ZV*(5%p.H)*/TV: halbjährlich

Phase 2 *(Kontoführung für Effektivzinsermittlung)*:
I: 360TM **II:** ICMA **III:** US

PHASE 2 / Tab. 5.3.9 / PHASE 1		Effektivzins i_{eff} *(p.a.)* falls Kreditauszahlung **100%** und i_{eff}-Kontoführung nach:			falls Kreditauszahlung **94%** und i_{eff}-Kontoführung nach:		
		I 360TM	*II* ICMA	*III* US	*I* 360TM	*II* ICMA	*III* US
Laufzeit **2 Jahre** + Kreditkontoführung nach:	360TM *A*	10,0000%	9,9905%	(02) **9,6367%**	13,8545%	13,8358%	13,1709%
	ICMA *B*	10,0095%	10,0000%	9,6455%	13,8643%	13,8456%	13,1797%
	US *C*	10,3915%	10,3813%	10,0000%	(23) ***14,2588%***	(24) ***14,2391%***	13,5363%
	nachschüss. TV: ZV/TV jährl. *D*	10,4759%	10,4656%	10,0783%	14,3461%	14,3261%	13,6151%
	nachschüss. TV: ZV/TV halbj. *E*	10,4206%	10,4104%	10,0270%	(43) **14,2889%**	14,2691%	13,5635%
Gesamtlaufzeit + Kreditkontoführung nach:	360TM *A*	10,0000%	9,9877%	9,6341%	11,0824%	(54) **11,0668%**	10,6351%
	ICMA *B*	10,0123%	10,0000%	9,6455%	11,0939%	11,0783%	10,6457%
	US *C*	10,3942%	10,3813%	10,0000%	11,4514%	11,4352%	10,9752%
	nachschüss. TV: ZV/TV jährl. *D*	10,5994%	10,5862%	10,1902%	11,6429%	11,6264%	11,1513%
	nachschüss. TV: ZV/TV halbj. *E*	10,4658%	10,4528%	10,0664%	11,5183%	11,5020%	11,0367%

*Fälle (23) und (24) (**kursiv**): Kreditkonten/Vergleichskonten ausführlich, siehe Beispiel 5.3.1 a/b);*
Fälle (02), (54), (43) **(fett)**: *Kreditkonten/Vergleichskonten im **Folgetext** exemplarisch aufgeführt.*

Beispiel 5.3.12: (Kredit- und Vergleichskonto - Fall 02)

Bei Fall 02 handelt es sich um folgende **Kreditvariante:**

Kreditsumme 100.000 €, Auszahlung 100% *(kein Disagio)*, Laufzeit 2 Jahre, Rückzahlung in 8 Quartalsraten zu je 3.000 €/Quartal plus Restschuld K_2 *(nach 2 Jahren)*

Phase 1: Abwicklung des Kreditkontos nach der Methode A, d.h. 360TM-Methode. Unterjährig wird daher *linear* mit 10% p.a. *(und sofortiger Tilgungsverrechnung)* verzinst. Wie oben gezeigt, resultiert daraus nach zwei Jahren die Restschuld K_2 mit

$$K_2 = 100.000 \cdot 1{,}1^2 - 12.450 \cdot \frac{1{,}1^2 - 1}{0{,}1} = 94.855{,}00 \text{ €}.$$

Phase 2: Auf der Datenbasis von Phase 1 wird der Effektivzins nach Methode III, d.h. der US-Methode ermittelt. Die Zinsperiode ist somit ein Quartal *(gleich der Zahlperiode)*, der resultierende „effektive" Quartalszinssatz i_Q wird anschließend *linear* auf den *(effektiven)* Jahreszins hochgerechnet: $i_{eff} = 4 \cdot i_Q$.

360-Tage-Methode-Kreditkonto für Fall 02 *(Phase 1): unterjährig linearer Abrechnungszinssatz: i_Q = 2,5% p.Q. (360-Tage-Methode)*

Periode: Jahr	Qu.	Restschuld *(Beginn Per.)*	**Periodenzinsen** (2,5% p.Q.) *(separat gesammelt)*	*kumuliert und zum Jahresende verrechnet*	Tilgung *(Ende Per.)*	Zahlung *(Ende Per.)*
1	1	**100.000,00**	(2.500,00)		3.000,00	**3.000,00**
	2	97.000,00	(2.425,00)		3.000,00	**3.000,00**
	3	94.000,00	(2.350,00)		3.000,00	**3.000,00**
	4	91.000,00	(2.275,00)	9.550,00	-6.550,00	**3.000,00**
2	1	97.550,00	(2.438,75)		3.000,00	**3.000,00**
	2	94.550,00	(2.363,75)		3.000,00	**3.000,00**
	3	91.550,00	(2.288,75)		3.000,00	**3.000,00**
	4	88.550,00	(2.213,75)	9.305,00	-6.305,00	**3.000,00**
3	1	**94.855,00**	= K_2	*(360-Tage-Methode-**Kredit**konto für Fall 02)*		

Damit ergibt sich *(da Auszahlung 100%)* in Phase 2 die US-Äquivalenzgleichung für q *(= 1+i_Q)*:

$$0 = 100 \cdot q^8 - 3 \cdot \frac{q^8 - 1}{q - 1} - 94{,}855$$

mit der Lösung *(Regula falsi)*: $q = 1 + i_Q = 1{,}02409169$, d.h.

$i_Q = 2{,}409169\%$ p.Q. und daher: $i_{eff} = 4 \cdot i_Q =$ **9,636674% p.a.**

Damit wird in Phase 2 das US-Vergleichskonto durchgerechnet:

US-Vergleichskonto für Fall 02 *(Phase 2) Abrechnungszinssatz: i_Q = 2,409169% p.Q. (US)*

Periode: Jahr	Qu.	Restschuld *(Beginn Per.)*	Zinsen *(Ende Per.)*	Tilgung *(Ende Per.)*	Zahlung *(Ende Per.)*
1	1	**100.000,00**	2.409,17	590,83	**3.000,00**
	2	99.409,17	2.394,93	605,07	**3.000,00**
	3	98.804,10	2.380,36	619,64	**3.000,00**
	4	98.184,46	2.365,43	634,57	**3.000,00**
2	5	97.549,89	2.350,14	649,86	**3.000,00**
	6	96.900,03	2.334,49	665,51	**3.000,00**
	7	96.234,52	2.318,45	681,55	**3.000,00**
	8	95.552,97	2.302,03	697,97	**3.000,00**
3	9	**94.855,00**	= K_2	*(US-**Vergleichs**konto – geht genau auf!)*	

Beispiel 5.3.12: (Kredit- und Vergleichskonto - Fall 54)

Bei Fall 54 handelt es sich um folgende **Kreditvariante:**

Kreditsumme 100.000 €, Auszahlung 94% *(Disagio 6%)*, Gesamtlaufzeit *(=n)* bis zur vollständigen Tilgung, Rückzahlung in n Quartalsraten zu je 3.000 €/Quartal

Phase 1: Abwicklung des Kreditkontos nach der Methode A, d.h. 360-Tage-Methode. Unterjährig wird daher *linear* mit 10% p.a. *(und sofortiger Tilgungsverrechnung)* verzinst. Wie oben gezeigt, resultiert daraus die noch fehlende Gesamtlaufzeit n:

$$100 \cdot 1{,}1^n = 12{,}45 \cdot \frac{1{,}1^n - 1}{0{,}1} \Rightarrow \ldots \Rightarrow n = \frac{\ln(12{,}45/2{,}45)}{\ln 1{,}1} = 17{,}05623 \text{ Jahre} = 68{,}22493 \text{ Quartale.}$$

Phase 2: Auf der Datenbasis von Phase 1 wird der Effektivzins nach Methode II, d.h. der ICMA-Methode ermittelt. Die Zinsperiode ist somit ein Quartal *(gleich der Zahlperiode)*, der resultierende „effektive" Quartalszinssatz i_Q wird anschließend *exponentiell* auf den *(effektiven)* Jahreszins hochgerechnet: $1 + i_{eff} = (1+i_Q)^4$.

360-Tage-Methode-Kreditkonto für Fall 54 *(Phase 1): unterjährig linearer Abrechnungszinssatz: $i_Q = 2{,}5\%$ p.Q. (360-Tage-Methode)*

Periode: Jahr	Qu.	**Restschuld** *(Beginn Per.)*	**Periodenzinsen** (2,50 % p.Q.) *(separat gesammelt)*	*kumuliert und zum Jahresende verrechnet*	**Tilgung** *(Ende Per.)*	**Zahlung** *(Ende Per.)*
1	1	**100.000,00**	(2.500,00)		3.000,00	**3.000,00**
	2	97.000,00	(2.425,00)		3.000,00	**3.000,00**
	3	94.000,00	(2.350,00)		3.000,00	**3.000,00**
	4	91.000,00	(2.275,00)	9.550,00	-6.550,00	**3.000,00**
2	1	97.550,00	(2.438,75)		3.000,00	**3.000,00**
	2	94.550,00	(2.363,75)		3.000,00	**3.000,00**
	3	91.550,00	(2.288,75)		3.000,00	**3.000,00**
	4	88.550,00	(2.213,75)	9.305,00	-6.305,00	**3.000,00**
3	1	94.855,00	...	...	...	...
...	...	...	...	...	...	...
	3	16.157,42	(403,94)		3.000,00	**3.000,00**
	4	13.157,42	(328,94)	1.765,74	1.234,26	**3.000,00**
17	1	11.923,16	(298,08)		3.000,00	**3.000,00**
	2	8.923,16	(223,08)		3.000,00	**3.000,00**
	3	5.923,16	(148,08)		3.000,00	**3.000,00**
	4	2.923,16	(73,08)	742,32	2.257,68	**3.000,00**
18	1	665,48	(16,64)	16,64	665,48	**682,11**
	2	**0,00**				

*(360-Tage-Methode-**Kredit**konto für Fall 54 n = 68,22493 Quartale/Quartalsraten)*

Somit ergibt sich *(da Auszahlung 94%)* in Phase 2 die ICMA-Äquivalenzgleichung für q $(=1+i_Q)$:

$$0 = 94 \cdot q^{68{,}2249..} - 3 \cdot \frac{q^{68{,}22..} - 1}{q - 1}$$ mit der Lösung *(Regula falsi)*: $q = 1+i_Q = 1{,}0265877$, d.h.

$i_Q = 2{,}658771\%$ p.Q. und daher: $i_{eff} = (1+i_Q)^4 - 1 =$ **11,06679% p.a.**

Damit wird in Phase 2 das ICMA-Vergleichskonto durchgerechnet:

ICMA-Vergleichskonto für Fall 54 *(Phase 2) Abrechnungszinssatz:* $i_Q = 2{,}658771\%$ *p.Q. (ICMA)*

Periode: Jahr	Qu.	Restschuld *(Beginn Per.)*	Zinsen *2,658..% p.Q.*	Tilgung *(Ende Per.)*	Zahlung *(Ende Per.)*
1	1	**94.000,00**	2.499,25	500,75	**3.000,00**
	2	93.499,25	2.485,93	514,07	**3.000,00**
	3	92.985,18	2.472,27	527,73	**3.000,00**
	4	92.457,45	2.458,23	541,77	**3.000,00**
2	5	91.915,68	2.443,83	556,17	**3.000,00**
	6	91.359,51	2.429,04	570,96	**3.000,00**
	7	90.788,55	2.413,86	586,14	**3.000,00**
	8	90.202,41	2.398,28	601,72	**3.000,00**
3	9	89.600,69	...	...	...
...	...	...	...	...	...
	64	14.456,76	384,37	2.615,63	**3.000,00**
17	65	11.841,13	314,83	2.685,17	**3.000,00**
	66	9.155,96	243,44	2.756,56	**3.000,00**
	67	6.399,39	170,15	2.829,85	**3.000,00**
	68	3.569,54	94,91	2.905,09	**3.000,00**
18	69	664,44	17,67	664,44	**682,11**
	70	**0,00**	*(ICMA-**Vergleichs**konto – geht genau auf!)*		

Beispiel 5.3.12: (Kredit- und Vergleichskonto - Fall 43)

Bei Fall 43 handelt es sich um folgende **Kreditvariante:**

Kreditsumme 100.000 €, Auszahlung 94% *(Disagio 6%)*, Laufzeit 2 Jahre, Rückzahlung: 8 Quartalsraten zu je 3.000 €/Quartal plus Rückzahlung der Restschuld K_2 *(nach 2 Jahren)*

Phase 1: Abwicklung des Kreditkontos nach der Methode E, d.h. bei halbjährlicher Zins- und Tilgungsverrechnung.

Dabei wird mit halbjährlichen Zinseszinsen in Höhe von 5% p.H. gerechnet. Zins- und tilgungswirksam verrechnet werden Semesterbeträge von 6.000 €/Halbjahr *(obwohl 3.000 € pro Quartal geleistet wurden – nachschüssige Tilgungsverrechnung!)*.

Wie oben gezeigt wurde *(Phase 1, Methode E)*, ergibt sich somit die nach 2 Jahren noch bestehende Restschuld K_2 zu:

$$K_2 = 100.000 \cdot 1{,}05^4 - 6000 \cdot \frac{1{,}05^4 - 1}{0{,}05} = 95.689{,}88 \text{ €}$$

Phase 2: Auf der Datenbasis von Phase 1 wird der Effektivzins nach Methode I, d.h. der 360-Tage-Methode ermittelt. Unterjährig wird somit *linear* bei 10% p.a. verzinst, sämtliche Quartalsraten werden sofort tilgungswirksam verrechnet.

Kreditkonto für Fall 43 *(Phase 1) – halbjährliche Zinseszinsen 5% p.H., „Rate" = 6.000 € pro Halbjahr:*

Periode: Jahr	Sem.	Restschuld *(Beginn Per.)*	*5% p.H.* **Zinsen** *(Ende Per.)*	**Tilgung** *(Ende Per.)*	**Zahlung** *(Ende Per.)*
1	1	**100.000,00**	5.000,00	1.000,00	**6.000,00**
	2	99.000,00	4.950,00	1.050,00	**6.000,00**
2	1	97.950,00	4.897,50	1.102,50	**6.000,00**
	2	96.847,56	4.842,38	1.157,62	**6.000,00**
3	1	**95.689,88**	$= K_2$	*(**Kredit**konto für Fall 43)*	

Damit ergibt sich *(da Auszahlung 94%)* für den effektiven Jahreszinssatz i_{eff} *($q = 1+i_{eff}$)* die folgende 360-Tage-Methode-Äquivalenzgleichung:

$$0 = 94 \cdot q^2 - 12 \cdot (1+(q-1) \cdot \frac{4,5}{12}) \cdot \frac{q^2-1}{q-1} - 95,689875$$

mit der Lösung *(Regula falsi)*

$$i_{eff} = 14,2889346 \approx 14,29\% \text{ p.a.}$$

Damit wird in Phase 2 das 360-Tage-Methode-Vergleichskonto durchgerechnet, wobei zu beachten ist, dass vierteljährliche lineare Zinsen in Höhe von $i_{eff}/4$ = 3,57223365% p.Q. entstehen, die kumuliert und am Jahresende verrechnet werden.

Vergleichskonto für Fall 43 *(Abrechnungszinssatz 3,57223365% p.Q. linear)*

Periode: Jahr	Qu.	**Restschuld** *(Beginn Per.)*	**Periodenzinsen** (3,57...% p.Q.) *(separat gesammelt)*	*kumuliert und zum Jahresende verrechnet*	**Tilgung** *(Ende Per.)*	**Zahlung** *(Ende Per.)*
1	1	**94.000,00**	(3.357,90)		3.000,00	**3.000,00**
	2	91.000,00	(3.250,73)		3.000,00	**3.000,00**
	3	88.000,00	(3.143,57)		3.000,00	**3.000,00**
	4	85.000,00	(3.036,40)	12.788,60	-9.788,60	**3.000,00**
2	1	94.788,60	(3.386,07)		3.000,00	**3.000,00**
	2	91.788,60	(3.278,90)		3.000,00	**3.000,00**
	3	88.788,60	(3.171,74)		3.000,00	**3.000,00**
	4	85.788,60	(3.064,57)	12.901,28	-9.901,28	**3.000,00**
3	1	**95.689,88**	$= K_2$!	*(360-Tage-Methode-**Vergleichs**konto – geht genau auf!)*		

Aufgabe 5.3.13:

Gegeben ist ein Annuitätenkredit mit einer Kreditsumme von 100.000 €, Disagio 6%, Rückzahlungen 3.000 €/Quartal *(erste Rate 3 Monate nach Kreditaufnahme)* und einer Basisverzinsung von 10% p.a. Die Laufzeit betrage 5 Jahre, die sich dann ergebende Restschuld ist in einem Betrage zurückzuzahlen.

Die Kreditbank bietet fünf verschiedene Kredit-Varianten für den Kreditnehmer an:

Variante A: Das Kreditkonto wird nach der 360-Tage-Methode abgerechnet *(sofortige Tilgungsverrechnung)*

Variante B: Das Kreditkonto wird nach der ICMA-Methode abgerechnet *(sofortige Tilgungsverrechnung)*

Variante C: Das Kreditkonto wird nach der US-Methode abgerechnet *(sofortige Tilgungsverrechnung)*

Variante D: Das Kreditkonto wird wie folgt abgerechnet: Zins- und Tilgungsverrechnung erfolgen jährlich, i = 10% p.a. *(nachschüssige Tilgungsverrechnung)*

Variante E: Das Kreditkonto wird wie folgt abgerechnet: Zins- und Tilgungsverrechnung erfolgen halbjährlich, der anzuwendende Semesterzinssatz beträgt 5% p.H. *(nachschüssige Tilgungsverrechnung)*

Man ermittle für jede dieser Kontoführungsvarianten den Effektivzinssatz nach der
*I: 360-Tage-Methode II: ICMA-Methode III: US-Methode

***Aufgabe 5.3.14:**

Gegeben sei ein Annuitätenkredit *(Kreditsumme 550.000 €)* mit den Konditionen 94/10/2. Die sich rechnerisch ergebende Jahresannuität ist in 12 gleichen Teilen *(zu je 1/12 der Jahresleistung)* monatlich fällig, erste Rate einen Monat nach Kreditaufnahme.

Die Tilgungsverrechnung erfolgt dagegen vierteljährlich *(nachschüssige Tilgungsverrechnung)*.

Die Zinsverrechnung erfolgt halbjährlich in zwei Varianten:

a) Der Halbjahreszinssatz ist *relativ* zu 10% p.a. *(innerhalb des Semesters:*
b) Der Halbjahreszinssatz ist *konform* zu 10% p.a. *jeweils lineare Verzinsung!)*

Man ermittle für jede der Varianten a) und b) den Effektivzinssatz nach der

***I)** 360-Tage-Methode
II) ICMA-Methode,

wenn **1)** die Konditionen für 5 Jahre festgeschrieben sind;
2) die Konditionen für die Gesamtlaufzeit unverändert bleiben.

(Insgesamt gibt es also 8 Varianten und somit 8 (verschiedene) Effektivzinssätze!)

(Weitere Aufgaben zur Effektivzinsermittlung bei unterjährigen Leistungen am Schluss des Kapitels!)

5.3.3 Effektivverzinsung und unterjährige Zahlungen – ausgewählte Probleme

Den Abschluss des Kapitels 5.3 über unterjährige Leistungen und Effektivzinsermittlungen bilden einige Anschluss- und Sonderprobleme:

- Kann – bei Vorgabe von Effektivzins und Zahlungsstrom – ein beliebiges Disagio vereinbart werden? *(Kap. 5.3.3.1)*
- Wie sind die Gestaltungsdetails bei unterjährigen Zahlungen, wenn ein Tilgungsstreckungsdarlehen vereinbart wird? *(Kap. 5.3.3.2)*
- Wie wird – bei unterjährigen Zahlungen – die korrekte Disagio-Rückerstattung bei vorzeitiger Tilgung ermittelt? *(Kap. 5.3.3.3)*
- Effektivzinsermittlung bei Verbraucherkrediten (Ratenkreditgeschäft) *(Kap. 5.3.3.4)*
- Renditeermittlung für Sparangebote – Beispiel: Bonus-Sparen *(Kap. 5.3.3.5)*

5.3.3.1 Disagio-Varianten bei identischen Zahlungsströmen

Wie schon in Bem. 4.2.47 gezeigt, kann es zu **vorgegebenem Zahlungsstrom** und somit **vorgegebener Effektivzinserwartung** des Kreditgebers **mehrere** äquivalente Kredite geben, die sich nur in der Höhe des Disagios *(und dann auch in Höhe von nominellem Zins- und Tilgungssatz)* unterscheiden.

Dies gilt prinzipiell auch bei unterjährigen Raten, wie das folgende Beispiel belegt.

Beispiel 5.3.15: Ein Kreditnehmer benötigt für ein Investitionsprojekt eine Kreditauszahlung von 100.000 € für 2 Jahre.

Er will diesen Kredit in 8 Quartalsraten zu je 15.000 €/Quartal vollständig zurückzahlen, wobei die letzte Quartalsrate – wegen einer eventuellen Restschuldtilgung – auch eine davon abweichende Höhe aufweisen kann.

Die Kreditbank will dieses Vorhaben entsprechend finanzieren unter der *Voraussetzung*, dass das Geschäft einen *Effektivzinssatz von 10% p.a.* erbringt.

Gesucht sind **Kreditkonditionen** mit unterschiedlichen nominellen Konditionen *(Auszahlung, nom. Zins- und Tilgungssätze)*, die dem Kunden die Wahl etwa für die steuerlich günstigste Alternative offenlassen. Dabei sollen zwei Fälle unterschieden werden:

a) Der Effektivzinssatz wurde nach der 360-Tage-Methode ermittelt;
b) Der Effektivzinssatz wurde nach der ICMA-Methode ermittelt.

Die Kreditbank verzinst das Kreditkonto *(wie im Kreditvertrag vereinbart)* vierteljährlich zum relativen Quartalszins *(bezogen auf den jetzt noch nicht bekannten – jeweils vereinbarten – nominellen Jahreszinssatz)*, die Tilgungsverrechnung findet ebenfalls vierteljährlich statt *(dies Abrechnungsverfahren entspricht der Kontoführung nach US-Methode, siehe Kap. 4.3, Methode 3)*.

Lösung:

Abweichend von den vorangegangenen Beispielen muss jetzt zunächst das mit dem Effektivzinssatz 10% p.a. bewertete **Vergleichskonto** herangezogen werden:

Die noch fehlende Schlussrate R muss so bemessen sein, dass das mit i_{eff} durchgerechnete Vergleichskonto *(Leistung: 100.000 €, Gegenleistungen: 7 Quartalsraten zu je 15.000 € plus Schlussrate R, siehe Abb. 5.3.16)* genau „aufgeht".

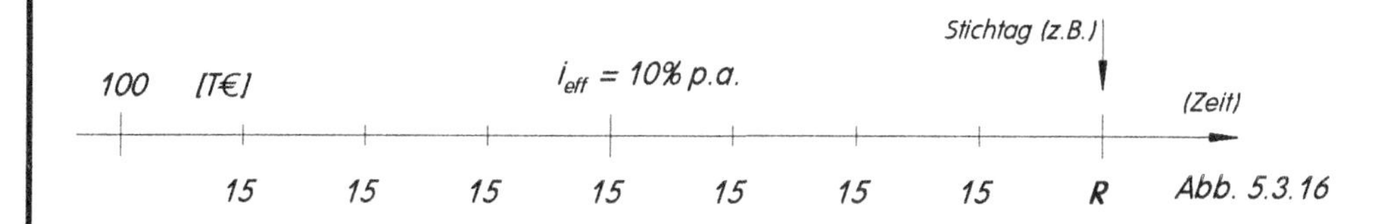

Abb. 5.3.16

Bei 10% p.a. muss somit genau Äquivalenz von Leistung und Gegenleistung bestehen. Aus der entsprechenden Äquivalenzgleichung lässt sich dann die gesuchte Schlussrate R bestimmen.

Allerdings hängen die Äquivalenzgleichung und somit der Wert von R davon ab, nach welcher Methode *(360TM oder ICMA)* der Effektivzinssatz zu ermitteln ist. Daher müssen wir eine entsprechende Fallunterscheidung *(Variante a): 360-Tage-Methode; Variante b): ICMA)* vornehmen.

Variante a) *(Der Effektivzinssatz 10% p.a. wurde nach der **360-Tage-Methode** ermittelt)*

Nach Abb. 5.3.16 muss daher folgende Äquivalenzgleichung für $i_{eff} = 10\%$ p.a. erfüllt sein:

$$100.000 \cdot 1{,}1^2 = 60.000 \cdot (1 + 0{,}1 \cdot \frac{4{,}5}{12}) \cdot 1{,}1 + 45.000 \cdot (1 + 0{,}1 \cdot \frac{6}{12}) + R$$

woraus folgt: **R = 5.275,-- €** *(letzte Quartalsrate)* .

Zur Kontrolle bilden wir die Vorgänge im entsprechenden 360TM-Vergleichskonto *(Phase 2)* ab:

Vergleichskonto: *(360-Tage-Methode – Phase 2(!), mit $i_Q = 10\%/4 = 2{,}50\%$ p.Q. (linear))*

Periode: Jahr	Qu.	Restschuld *(Beginn Per.)*	Quartalszinsen (2,50% p.Q.) *(separat gesammelt)*	*kumuliert und zum Jahresende verrechnet*	Tilgung *(Ende Per.)*	Zahlung *(Ende Per.)*
1	1	**100.000,00**	(2.500,00)		15.000,00	**15.000,00**
	2	85.000,00	(2.125,00)		15.000,00	**15.000,00**
	3	70.000,00	(1.750,00)		15.000,00	**15.000,00**
	4	55.000,00	(1.375,00)	7.750,00	7.250,00	**15.000,00**
2	1	47.750,00	(1.193,75)		15.000,00	**15.000,00**
	2	32.750,00	(818,75)		15.000,00	**15.000,00**
	3	17.750,00	(443,75)		15.000,00	**15.000,00**
	4	2.750,00	(68,75)	2.525,00	2.750,00	**5.275,00**
3	1	**0,00**				

*(360TM-**Vergleichskonto** für $i_{eff} = 10\%$ p.a.)* Tab. 5.3.17

Wie nicht anders zu erwarten, geht das Vergleichskonto genau auf.

Damit steht der reale Zahlungsstrom fest:

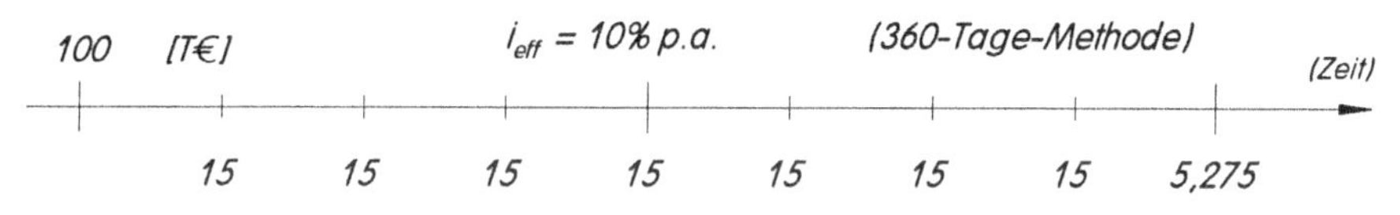

Abb. 5.3.18

Angenommen, der Kunde wünsche ein Disagio *(etwa aus steuerlichen Gründen)* von 4% der Kreditsumme K_0. Dann muss für diese Kreditsumme K_0 gelten *(die 100.000 € entsprechen der **Auszahlung** und machen daher nur 96% der Kreditsumme K_0 aus!)*:

$$K_0 = \frac{100.000}{0{,}96} = 104.166{,}67 \text{ €} .$$

Das **Kreditkonto** entspricht somit Abb. 5.3.18 mit der einzigen Ausnahme, dass anstelle der Auszahlung von 100.000€ nunmehr die Kreditsumme 104.166,67€ tritt.

Jetzt lässt sich der noch fehlende nominelle Kreditzinssatz i ermitteln: Dieser *(Jahres-)*Zinssatz muss so bemessen sein, dass das Kreditkonto bei Abrechnung nach den Kontoführungsregeln der Kreditbank *(US-Methode, siehe Problemformulierung)* einen Schluss-Saldo von „0" aufweist.

Auf dem Kreditkonto erfolgen *(US-Methode!)* Zins- und Tilgungsverrechnung bei jeder Zahlung (hier also *vierteljährlich*), der Abrechnungszinssatz i_Q ist *relativ* zum nominellen Jahreszins i:

Mit $i_Q = \frac{i}{4}$ d.h. $q = 1 + i_Q = 1 + \frac{i}{4}$ lautet die Äquivalenzgleichung bzgl. q *(siehe ob. Abb.)*:

(5.3.19) $$104.166{,}67 \cdot q^8 - 15.000 \cdot \frac{q^7 - 1}{q - 1} \cdot q - 5.275 = 0$$

Mit Hilfe eines iterativen Näherungsverfahrens *(z.B. Regula falsi)* erhält man: q = 1,01379165, d.h. i_Q = 1,379165% p.Q. und somit: **nomineller Kreditzins: i = 5,5167% p.a.** *(= $4 \cdot i_Q$)*.

Da die Annuität *(15.000 €/Quartal)* 14,40% der Kreditsumme *(104.166,67 €)* ausmacht, beträgt die Anfangstilgung: i_T = 14,4000% – 1,3792% = 13,0208% p.Q.

Zur Kontrolle folgt der Tilgungsplan für den tatsächlich abgewickelten Kredit *(Tab. 5.3.20)* :

Kreditkonto *(Phase 1)*: Disagio: 4%, i_{nom} = 5,516658% p.a.; i_{eff} + Zahlungen wie Tab. 5.3.17

Periode: Jahr	Qu.	Restschuld *(Beginn Per.)*	Zinsen *1,379..% p.Q.*	Tilgung *(Ende Per.)*	Zahlung *(Ende Per.)*
1	1	**104.166,67**	1.436,63	13.563,37	**15.000,00**
	2	90.603,30	1.249,57	13.750,43	**15.000,00**
	3	76.852,87	1.059,93	13.940,07	**15.000,00**
	4	62.912,79	867,67	14.132,33	**15.000,00**
2	5	48.780,46	672,76	14.327,24	**15.000,00**
	6	34.453,23	475,17	14.524,83	**15.000,00**
	7	19.928,39	274,85	14.725,15	**15.000,00**
	8	5.203,24	71,76	5.203,24	**5.275,00**
3	9	**0,00**	*(**Kredit**konto)*		

Vorgabe: i_{eff} = *10% p.a.* ***(360TM)***

Tab. 5.3.20

Der „offizielle" Kredit *(Kreditsumme: K_0 = 104.166,67 €, Disagio: 4%, Verzinsung: i = i_{nom} = 5,516658% p.a., Anfangstilgung 13,0208%)* weist somit genau die real geflossenen Zahlungen auf, die zum vorgegebenen 360-Tage-Methode-Effektivzins von 10,00% p.a. führen.

Variante b) *(Der vorgegebene Effektivzins 10% p.a. ist nach der **ICMA-Methode** zu ermitteln)*

Nach Abb. 5.3.16 muss daher die folgende ICMA-Äquivalenzgleichung zur Ermittlung des „effektiven" Quartalszinssatzes i_Q gelten: *(Quartalszins: $i_Q = \sqrt[4]{1,1} - 1$ = 2,411369% p.Q.)*

$$100.000 \cdot (1+i_Q)^8 = 15.000 \cdot \frac{(1+i_Q)^7 - 1}{i_Q} \cdot (1+i_Q) + R \quad \Rightarrow \quad \mathbf{R = 5.368,81\ €.}$$

(= letzte Quartalsrate)

Vergleichskonto *(ICMA – Phase 2 (!), mit i_Q = 2,411369% p.Q. = $1,1^{0,25}-1$, i_{eff} = 10% p.a.)*

Periode: Jahr	Qu.	Restschuld *(Beginn Per.)*	Zinsen *2,411..% p.Q.*	Tilgung *(Ende Per.)*	Zahlung *(Ende Per.)*
1	1	**100.000,00**	2.411,37	12.588,63	**15.000,00**
	2	87.411,37	2.107,81	12.892,19	**15.000,00**
	3	74.519,18	1.796,93	13.203,07	**15.000,00**
	4	61.316,11	1.478,56	13.521,44	**15.000,00**
2	5	47.794,67	1.152,51	13.847,49	**15.000,00**
	6	33.947,18	818,59	14.181,41	**15.000,00**
	7	19.765,77	476,63	14.523,37	**15.000,00**
	8	5.242,39	126,41	5.242,39	**5.368,81**
3	9	**0,00**	*(ICMA-**Vergleichs**konto für i_{eff}=10% p.a.)*		

Tab. 5.3.21

In Phase 1 *(Abwicklung des Kreditkontos bei der Bank – US-Methode)* muss *(mit* $q = 1 + \frac{i_{nom}}{4}$*)* für den *(nom.)* Quartalszinsfaktor q gelten *(bei ebenfalls 4% Disagio und analog zu (5.3.19))*:

(5.3.22) $104.166{,}67 \cdot q^8 - 15.000 \cdot \frac{q^7 - 1}{q - 1} \cdot q - 5.368{,}81 = 0$ mit der Lösung: q = 1,013990,

d.h. $i_Q = 1{,}3990\%$ p.Q. und daher **i = 5,5958% p.a. (nominell)** $(= 4 \cdot i_Q)$.

Daraus ergibt sich *(da 15.000 € = 14,4000% von 104.166,67 €)* ein anfänglicher Tilgungssatz von 13,0010% p.Q. *(bezogen auf die Kreditsumme 104.166,67 €)*.

Zur Kontrolle ist wieder der Tilgungsplan des Kreditkontos angegeben *(Phase 1 – Tab. 5.3.23)*:

Kreditkonto *(Phase 1)*: Disagio: 4%, i_{nom} = 5,595840% p.a.; i_{eff} + Zahlungen wie Tab. 5.3.21

Periode: Jahr	Qu.	Restschuld *(Beginn Per.)*	Zinsen *1,399..% p.Q.*	Tilgung *(Ende Per.)*	Zahlung *(Ende Per.)*
1	1	**104.166,67**	1.457,25	13.542,75	**15.000,00**
	2	90.623,92	1.267,79	13.732,21	**15.000,00**
	3	76.891,71	1.075,68	13.924,32	**15.000,00**
	4	62.967,39	880,89	14.119,11	**15.000,00**
2	5	48.848,28	683,37	14.316,63	**15.000,00**
	6	34.531,65	483,08	14.516,92	**15.000,00**
	7	20.014,73	280,00	14.720,00	**15.000,00**
	8	5.294,73	74,07	5.294,73	**5.368,81**
3	9	**0,00**	*(Kreditkonto)*		

Vorgabe: i_{eff} *= 10% p.a.* ***(ICMA)***

Tab. 5.3.23

Auf analoge Weise ergeben sich die nominellen Kreditkonditionen *(Auszahlung, nom. Kreditzins...)* für jeden anderen Disagiowunsch *(z.B. Disagio: 6,50% ⇒* i_{nom} *= 3,02261% p.a. (ICMA – 10% eff.) bzw.* i_{nom} *= 2,94254% p.a. (360-Tage-Methode – 10% eff.) usw.)*.

Interessant ist, dass die Kreditbank ihr Geld – bei genügend hohem Disagio – „verschenken" *(*i_{nom} *= 0%)* kann und dennoch einen Effektivzins von *(in unserem Bsp.)* 10% p.a. erreichen kann. In unserem Beispiel gelingt dies bei einem Disagio von 9,3947% (bzw. 9,3176%), wie die nachstehenden Tilgungspläne Tab. 5.3.24 *(ICMA)* bzw. Tab. 5.3.25 *(360TM)* beweisen:

Kreditkonto *(Phase 1)*: Disagio: 9,3947%, i_{nom} = 0% p.a.; i_{eff} + Zahlungen wie Tab. 5.3.21

Periode: Jahr	Qu.	Restschuld *(Beginn Per.)*	Zinsen *0,00% p.Q.*	Tilgung *(Ende Per.)*	Zahlung *(Ende Per.)*
1	1	**110.368,81**	0,00	15.000,00	**15.000,00**
	2	95.368,81	0,00	15.000,00	**15.000,00**
	3	80.368,81	0,00	15.000,00	**15.000,00**
	4	65.368,81	0,00	15.000,00	**15.000,00**
2	5	50.368,81	0,00	15.000,00	**15.000,00**
	6	35.368,81	0,00	15.000,00	**15.000,00**
	7	20.368,81	0,00	15.000,00	**15.000,00**
	8	5.368,81	0,00	5.368,81	***5.368,81***
3	9	**0,00**	*(Kreditkonto)*		

Vorgabe: i_{eff} *= 10% p.a.* ***(ICMA)***

Tab. 5.3.24

Kreditkonto *(Phase 1)*: Disagio: 9,3176%, i_{nom} = 0% p.a.; i_{eff} + Zahlungen wie Tab. 5.3.17

Periode: Jahr	Qu.	Restschuld *(Beginn Per.)*	Zinsen *0,00 % p.Q.*	Tilgung *(Ende Per.)*	Zahlung *(Ende Per.)*
1	1	**110.275,00**	0,00	15.000,00	**15.000,00**
	2	95.275,00	0,00	15.000,00	**15.000,00**
	3	80.275,00	0,00	15.000,00	**15.000,00**
	4	65.275,00	0,00	15.000,00	**15.000,00**
2	5	50.275,00	0,00	15.000,00	**15.000,00**
	6	35.275,00	0,00	15.000,00	**15.000,00**
	7	20.275,00	0,00	15.000,00	**15.000,00**
	8	5.275,00	0,00	5.275,00	***5.275,00***
3	9	**0,00**	*(Kreditkonto)*		

Vorgabe: i_{eff} = *10% p.a.* ***(360TM)***

Tab. 5.3.25

Bei noch höherem Disagio *(z.B. 10%)* kann die Kreditbank sogar nominelle Zins*gutschriften* leisten, ohne *(bei unverändertem Zahlungsstrom)* ihre Rendite von 10% zu gefährden. Dieser Effekt ist verständlich, da durch die *(durch das Disagio)* erhöhte Kreditsumme auch entsprechend hohe Tilgungen anfallen, die die „negativen" Zinsen überkompensieren.

Der folgende Tilgungsplan *(Tab. 5.3.26)* zeigt dies exemplarisch für den Zahlungsstrom aus Tabelle 5.3.21, der zu einem Effektivzins von 10,00% p.a. *(ICMA)* führt:

Kreditkonto *(Phase 1)*: Disag. 10%; i_{nom} = −0,159540% p.a.; i_{eff} + Zahlgn. wie Tab. 5.3.21

Periode: Jahr	Qu.	Restschuld *(Beginn Per.)*	Zinsen $i_{nom}/4$ *p.Q.*	Tilgung *(Ende Per.)*	Zahlung *(Ende Per.)*
1	1	**111.111,11**	- 177,27	15.177,27	**15.000,00**
	2	95.933,84	- 153,05	15.153,05	**15.000,00**
	3	80.780,79	- 128,88	15.128,88	**15.000,00**
	4	65.651,91	- 104,74	15.104,74	**15.000,00**
2	5	50.547,17	- 80,64	15.080,64	**15.000,00**
	6	35.466,53	- 56,58	15.056,58	**15.000,00**
	7	20.490,95	- 32,56	15.032,56	**15.000,00**
	8	5.377,38	- 8,58	5.337,38	**5.368,81**
3	9	**0,00**	*(Kreditkonto)*		

Vorgabe: i_{eff} = *10% p.a.* ***(ICMA)***

Tab. 5.3.26

Aus alledem ist erkennbar, dass auch bei unterjährigen Zahlungen zu jedem Zahlungsstrom beliebig viele verschiedene äquivalente *(d.h. mit identischem Effektivzinssatz behaftete)* Kreditkonditionen möglich sind *(siehe auch (4.2.48))*.

5.3.3.2 Tilgungsstreckungsdarlehen bei unterjährigen Leistungen

Bereits in den Beispielen 4.2.66 und 5.2.13 hatten wir uns mit Tilgungsstreckungsdarlehen *(allerdings bei jährlichen Leistungen)* befasst. Für die folgenden Überlegungen *(bei unterjährigen Leistungen)* legen wir wieder einen Annuitätenkredit mit den Basis-Konditionen 94/10/2 zugrunde:

- Der Hauptkredit – Kreditsumme $K_0 = 100.000$ € – kommt zu 94% zur Auszahlung, die fehlenden 6.000 € *(= Disagio)* werden als Tilgungsstreckungsdarlehen zu 12% p.a. gewährt, das in 2 Jahren annuitätisch zurückzuführen ist *(während dieser Zeit bleibt der Hauptkredit zahlungsfrei – insgesamt erhält somit der Kreditnehmer zu Beginn 100.000 € ausgezahlt)*.
- Die Rückzahlungen an die Bank *(Zinsen und Tilgung)* erfolgen gemäß Kreditvertrag vierteljährlich nach der US-Methode. Zinsperiode ist somit das Quartal, nominelle Zinssätze: 2,5% p.Q. für den Hauptkredit, 3% p.Q. für das Tilgungsstreckungsdarlehen. Der sich nach zwei Jahren ergebende *(durch den Zahlungsaufschub erhöhte)* Hauptkredit K_2 wird dann mit Quartalsraten $r_2 = K_2 \cdot (2{,}5\% + 0{,}5\%) = K_2 \cdot 0{,}03$ zurückgeführt.

Gesucht ist der effektive Jahreszins *(nach 360-Tage- sowie ICMA-Methode, d.h. nach „alter (1985)" und „neuer (2010)" Preisangabenverordnung (PAngV))* dieser Kreditkombination für eine Zinsfestschreibungsfrist von 7 Jahren *(= 2 Jahre Tilgungsstreckung plus 5 „reguläre" Jahre)*:

Zunächst muss der reale Zahlungsstrom lt. Kreditvertrag ermittelt werden *(Phase 1)*:

Die 8 Quartalsraten r_1 für das Tilgungsstreckungsdarlehen müssen die gewährten 6.000 € vollständig in 2 Jahren zurückführen, d.h. es muss gelten *(mit 3% p.Q. lt. Kreditvertrag)*:

$$6.000 \cdot 1{,}03^8 = r_1 \cdot \frac{1{,}03^8 - 1}{0{,}03}$$

d.h. die Quartalsrate in den beiden ersten Jahren lautet: $r_1 = 854{,}73(8334)$ €/Quartal.

Während der ersten 2 Jahre wächst der *(zahlungsfreie)* Hauptkredit an auf K_2 mit

$$K_2 = 100.000 \cdot 1{,}025^8 = 121.840{,}29 \text{ €}$$

und wird von da an mit einer Quartalsrate (r_2) von 2,5% + 0,5%, d.h. mit $r_2 = 3.655{,}21$ €/Qu. zurückgeführt. Die resultierende Restschuld nach 5 weiteren Jahren *(= 20 weiteren Quartalen mit dem Quartalszins $i_Q = 2{,}5\%$ p.Q.)* lautet:

$$K_7 = 121.840{,}29 \cdot 1.025^{20} - 3.655{,}21 \cdot \frac{1{,}025^{20} - 1}{0{,}025} = 106.278{,}45 \text{ €}.$$

Damit ergibt sich zum **Abschluss von Phase 1** der folgende *(reale)* **Zahlungsstrahl** *(Abb. 5.3.27 – Zahlenwerte gerundet)*:

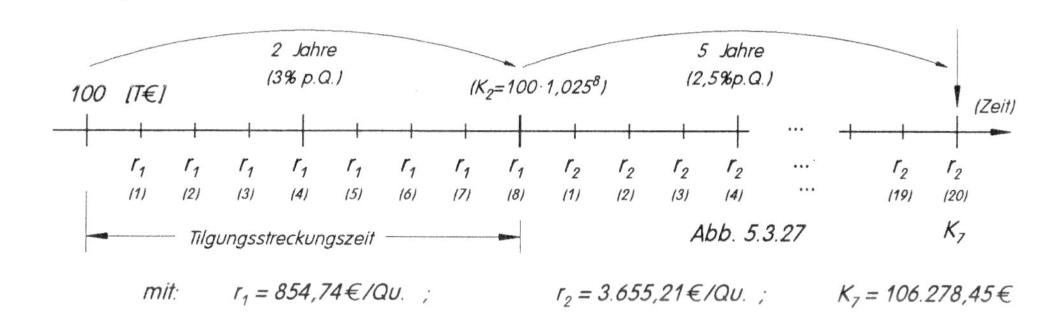

Abb. 5.3.27

Tabelle 5.3.28 zeigt das sich aufgrund der Kreditvertragsbedingungen ergebende **Kreditkonto**:

Periode: Jahr	Qu.	Restschuld *(Beginn Per.)*	Zinsen *(Ende Per.)*	Tilgung *(Ende Per.)*	Zahlung *(Ende Per.)*	
1	1	**6.000,00**	180,00	674,74	**854,74**	
	2	5.325,26	159,76	694,98	**854,74**	
	3	4.630,28	138,91	715,83	**854,74**	
	4	3.914,45	117,43	737,30	**854,74**	
2	5	3.177,15	95,31	759,42	**854,74**	
	6	2.417,72	72,53	782,21	**854,74**	*(3% p.Q.)*
	7	1.635,52	49,07	805,67	**854,74**	*Tilgungsstreckungs-*
	8	829,84	24,90	829,84	**854,74**	*Darlehen*
3	9	**121.840,29**	3.046,01	609,20	**3.655,21**	*Hauptkredit*
	10	121.231,09	3.030,78	624,43	**3.655,21**	*(2,5% p.Q.)*
	11	120.606,66	3.015,17	640,04	**3.655,21**	
	12	119.966,61	2.999,17	656,04	**3.655,21**	
4	13	119.310,57	2.982,76	672,44	**3.655,21**	
	14	118.638,13	2.965,95	689,26	**3.655.21**	
	15	117.948,87	2.948,72	706,49	**3.655,21**	
	16	117.242,38	2.931,06	724,15	**3.655,21**	
5	17	116.518,24	2.912,96	742,25	**3.655,21**	
	18	115.775,98	2.894,40	760,81	**3.655,21**	
	19	115.015,17	2.875,38	779,83	**3.655,21**	
	20	114.235,34	2.855,88	799,33	**3.655,21**	
6	21	113.436,02	2.835,90	819,31	**3.655,21**	
	22	112.616,71	2.815,42	839,79	**3.655,21**	
	23	111.776,92	2.794,42	860,79	**3.655,21**	
	24	110.916,13	2.772,90	882,31	**3.655,21**	
7	25	110.033,83	2.750,85	904,36	**3.655,21**	*Kreditkonto mit*
	26	109.129,47	2.728,24	926,97	**3.655,21**	*Tilgungsstreckungs-*
	27	108.202,49	2.705,06	950,15	**3.655,21**	*darlehen*
	28	107.252,35	2.681,31	973,90	**3.655,21**	*(Phase 1)*
8	29	**106.278,45**		*(**Kredit**konto)*		

Tab. 5.3.28

Die Effektivzinsermittlung *(Phase 2)* erfolgt nun nach **alternativen Kontoführungsbedingungen**

- **Variante a)** *(Ermittlung von i_{eff} nach der **360-Tage-Methode**)*

  Die Äquivalenzgleichung für q *($:= 1 + i_{eff}$)* ergibt sich aus Abb. 5.3.27 unter Beachtung der Notwendigkeit, für die beiden Zeiträume 2 Jahre/5 Jahre unterschiedliche Ersatzraten zu bilden *(und beide getrennt aufzuzinsen):*

$$0 = 100 \cdot q^7 - 4 \cdot 0{,}85474 \cdot (1 + (q-1) \cdot \frac{4{,}5}{12}) \cdot \frac{q^2 - 1}{q - 1} \cdot q^5 - 4 \cdot 3{,}65521 \cdot (1 + (q-1) \cdot \frac{4{,}5}{12}) \cdot \frac{q^5 - 1}{q - 1} - 106{,}27845.$$

  Mit Hilfe der Regula falsi folgt:

$$i_{eff} = \mathbf{11{,}5909\%\ p.a.} \quad \textit{(Effektivzins nach 360-Tage-Methode)}.$$

Tabelle 5.3.29 zeigt das entsprechende **360-Tage-Methode-Vergleichskonto**, das – bewertet mit dem Effektivzins – tatsächlich auf die schon zuvor rechnerisch ermittelte Restschuld K_7 führt:

Periode: Jahr	Qu.	**Restschuld** *(Beginn Per.)*	**Quartalszinsen** (2,897..% p.Q.) *(separat gesammelt)*	*kumuliert und zum Jahresende verrechnet*	**Tilgung** *(Ende Per.)*	**Zahlung** *(Ende Per.)*
1	1	**100.000,00**	(2.897,72)		854,74	**854,74**
	2	99.145,26	(2.872,95)		854,74	**854,74**
	3	98.290,52	(2.848,18)		854,74	**854,74**
	4	97.435,79	(2.823,41)	11.442,26	– 10.587,52	**854,74**
2	1	108.023,31	(3.130,21)		854,74	**854,74**
	2	107.168,57	(3.105,44)		854,74	**854,74**
	3	106.313,83	(3.080,67)		854,74	**854,74**
	4	105.459,09	(3.055,91)	12.372,23	– 11.517,49	**854,74**
3	1	116.976,58	(3.389,65)		3.655,21	**3.655,21**
	2	113.321,38	(3.283,73)		3.655,21	**3.655,21**
	3	109.666,17	(3.177,82)		3.655,21	**3.655,21**
	4	106.010,96	(3.071,90)	12.923,10	– 9.267,89	**3.655,21**
4	1	115.278,84	(3.340,45)		3.655,21	**3.655,21**
	2	111.623,64	(3.234,54)		3.655,21	**3.655.21**
	3	107.968,43	(3.128,62)		3.655,21	**3.655,21**
	4	104.313,22	(3.022,70)	12.726,31	– 9.071,10	**3.655,21**
5	1	113.384,32	(3.285,56)		3.655,21	**3.655,21**
	2	109.729,11	(3.179,64)		3.655,21	**3.655,21**
	3	106.073,91	(3.073,72)		3.655,21	**3.655,21**
	4	102.418,70	(2.967,80)	12.506,72	– 8.851,51	**3.655,21**
6	1	111.270,21	(3.224,30)		3.655,21	**3.655,21**
	2	107.615,00	(3.118,38)		3.655,21	**3.655,21**
	3	103.959,79	(3.012,46)		3.655,21	**3.655,21**
	4	100.304,58	(2.906,54)	12.261,68	– 8.606,47	**3.655,21**
7	1	108.911,05	(3.155,93)		3.655,21	**3.655,21**
	2	105.255,84	(3.050,02)		3.655,21	**3.655,21**
	3	101.600,63	(2.944,10)		3.655,21	**3.655,21**
	4	97.945,42	(2.838,18)	11.988,23	– 8.333,02	**3.655,21**
8	1	**106.278,44**	*(**Vergleichs**konto nach 360-Tage-Methode)*			

Tab. 5.3.29

Das mit i_{eff} bewertete Vergleichskonto führt auf dieselbe Restschuld wie das Kreditkonto.

- **Variante b)** *(Ermittlung von i_{eff} nach der **ICMA**-Methode)*

Mit $q := 1 + i_Q$ *(i_Q konform zu i_{eff})* ergibt sich aus Abb. 5.3.27 die Äquivalenzgleichung

$$0 = 100 \cdot q^{28} - 0{,}85474 \cdot \frac{q^8 - 1}{q - 1} \cdot q^{20} - 3{,}65521 \cdot \frac{q^{20} - 1}{q - 1} - 106{,}27845$$

mit der Lösung: $q = 1{,}027774$, d.h. $i_{eff} = q^4 - 1 =$ **11,5810% p.a.**

(Effektivzins nach ICMA).

Das entsprechende **ICMA-Vergleichskonto** *(Rückführung der Auszahlung (= 100.000 €) durch die tatsächlichen Leistungen (Zahlungen) auf die tatsächliche Restschuld unter Anwendung des ICMA-Effektivzinses)* zeigt Tab. 5.3.30:

Periode: Jahr	Qu.	**Restschuld** *(Beginn Per.)*	**Quartalszinsen** *(2,777...p.Q.)*	**Tilgung** *(Ende Per.)*	**Zahlung** *(Ende Per.)*
1	1	**100.000,00**	2.777,40	- 1.922,66	**854,74**
	2	101.922,66	2.830,80	- 1.976,06	**854,74**
	3	103.898,72	2.885,68	- 2.030,94	**854,74**
	4	105.929,66	2.942,09	- 2.087,35	**854,74**
2	5	108.017,00	3.000,06	- 2.145,32	**854,74**
	6	110.162,32	3.059,64	- 2.204,91	**854,74**
	7	112.367,23	3.120,88	- 2.266,14	**854,74**
	8	114.633,38	3.183,82	- 2.329,08	**854,74**
3	9	116.962,46	3.248,51	406,70	**3.655,21**
	10	116.555,76	3.237,22	417,99	**3.655,21**
	11	116.137,77	3.225,61	429,60	**3.655,21**
	12	115.708,16	3.213,67	441,53	**3.655,21**
4	13	115.266,63	3.201,41	453,80	**3.655,21**
	14	114.812,83	3.188,81	466,40	**3.655.21**
	15	114.346,43	3.175,85	479,36	**3.655,21**
	16	113.867,07	3.162,54	492,67	**3.655,21**
5	17	113.374,41	3.148,86	506,35	**3.655,21**
	18	112.868,05	3.134,79	520,42	**3.655,21**
	19	112.347,64	3.120,34	534,87	**3.655,21**
	20	111.812,77	3.105,48	549,73	**3.655,21**
6	21	111.263,04	3.090,22	564,99	**3.655,21**
	22	110.698,05	3.074,52	580,69	**3.655,21**
	23	110.117,36	3.058,40	596,81	**3.655,21**
	24	109.520,55	3.041,82	613,39	**3.655,21**
7	25	108.907,16	3.024,78	630,43	**3.655,21**
	26	108.276,73	3.007,27	647,93	**3.655,21**
	27	107.628,80	2.989,28	665,93	**3.655,21**
	28	106.962,87	2.970,78	684,43	**3.655,21**
8	29	**106.278,44**	*(**Vergleichs**konto nach ICMA)*		

Tab. 5.3.30

***Bemerkung** 5.3.31: Ein Tilgungsstreckungsdarlehen (wie eben beschrieben) hat für den Kreditnehmer insbesondere die beiden Funktionen*

- *Auszahlung der vollen Kreditsumme (d.h. ein Disagio wird ausgeglichen)*
- *deutlich verminderter Liquiditätsabfluss zu Laufzeitbeginn.*

Den ersten Effekt könnte man auch dadurch erreichen, dass die Kreditsumme K_0 so hoch gewählt wird, dass nach Abzug des Disagios (hier: 6%) die gewünschte Auszahlung (hier: 100.000) übrigbleibt, d.h. es müsste gelten:

$$K_0 = \frac{100.000}{0,94} = 106.382,98 €.$$

Wendet man auf diese Kreditsumme die Konditionen 94/10/2 (mit einer Quartalsleistung r: 3% von K_0, d.h. r = 3.191,49 €/Qu.) an, so erhält man wegen

$$K_7 = K_0 \cdot 1{,}025^{28} - r \cdot \frac{1{,}025^{28} - 1}{0{,}025} = 85.180{,}957$$

*in **Phase 1** folgenden Zahlungsstrahl (Abb. 5.3.32):*

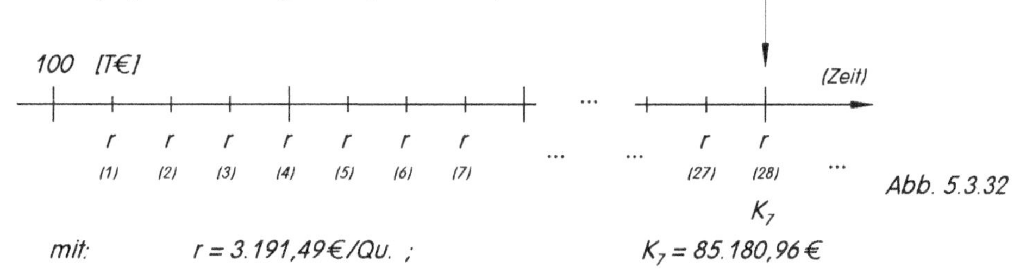

Abb. 5.3.32

Daraus ergeben sich folgende Äquivalenzgleichungen und Effektivzinssätze in Phase 2:

a) ***(360TM** mit $q := 1 + i_{eff}$):*

$$0 = 100 \cdot q^7 - 4 \cdot r(1 + (q-1) \cdot \frac{4{,}5}{12}) \cdot \frac{q^7 - 1}{q - 1} - K_7$$

$$\Rightarrow \quad i_{eff} = \mathbf{11{,}8584\%\ p.a.} \qquad \text{(Effektivzins nach 360TM)}$$

b) ***(ICMA** mit $q := 1 + i_Q = (1 + i_{eff})^{0,25}$):*

$$0 = 100 \cdot q^{28} - r \cdot \frac{q^{28} - 1}{q - 1} - K_7$$

$$\Rightarrow \quad i_{eff} = 1{,}028379^4 - 1 = \mathbf{11{,}8438\%\ p.a.} \quad \text{(Effektivzins nach ICMA)}$$

also in beiden Fällen höhere Effektivzinssätze als beim Tilgungsstreckungsdarlehen.

5.3.3.3 Disagio - Rückerstattung bei unterjährigen Leistungen *(Effektivzinsmethode)*

Auch bei unterjährigen Leistungen greift – bei vorzeitiger Beendigung eines mit Disagio versehenen Darlehens – das *(in den Vorbemerkungen zu Beispiel 5.2.15 schon behandelte)* Prinzip der anteiligen Disagio-Rückerstattung *(hier: nach der **Effektivzinsmethode**)*:

Die tatsächliche Restschuld K_t *(die sich aus dem Kreditkonto ergibt)* wird derjenigen Restschuld K_t^* gegenübergestellt, die sich mit Hilfe des Effektivzinssatzes und den tatsächlich geflossenen Leistungen im Vergleichskonto ergibt. Die Differenz E $(= K_t - K_t^*)$ entspricht genau der Disagio-Rückerstattung nach der Effektivzinsmethode: Die Kreditbank realisiert nunmehr auch in der verkürzten Laufzeit den ursprünglich vereinbarten Effektivzinssatz i_{eff}.

Als **Beispiel** verwenden wir einen Annuitätenkredit *(K_0 = 100.000)* mit den Konditionen 90/8/1. Die rechnerische Annuität *(= 9.000 €/Jahr)* soll in 12 gleiche Monatsraten *(zu je 750 €/Monat)* aufgeteilt werden. Das Kreditkonto wird *(gemäß Kreditvertrag)* abgerechnet mit monatlichen Zinseszinsen zum relativen Monatszins i_M *(= $\frac{8}{12}$ % = $0{,}6\overline{6}$% p.M. – entspricht der US-Kontoführung)*. Der Kredit wird auf 10 Jahre abgeschlossen, so dass der Kreditnehmer nach 10 Jahren *(= 120 Monaten)* eine Restschuld K_{10} in Höhe von

$$K_{10} = 100.000 \cdot 1{,}00\overline{6}^{120} - 750 \cdot \frac{1{,}00\overline{6}^{120} - 1}{0{,}00\overline{6}} = 84.754{,}50 \text{ €}$$

zu leisten hat. Damit ergibt sich der für die Effektivzinsberechnung maßgebliche Zahlungsstrahl *(Abb. 5.3.33)*:

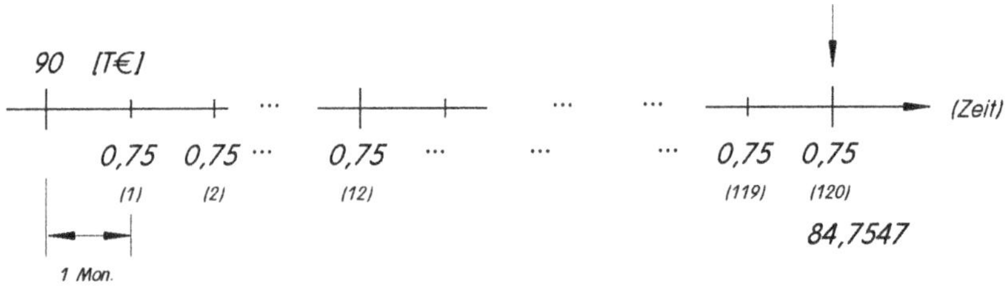

90 [T€]

0,75 0,75 … 0,75 … … … 0,75 0,75 (Zeit)

(1) (2) (12) (119) (120)

1 Mon. 84,7547

Abb. 5.3.33

Unterstellen wir die Effektivzinsberechnung nach der 360-TM, so lautet die Äquivalenzgleichung

$$0 = 90 \cdot q^{10} - 12 \cdot 0{,}75 \cdot (1 + (q-1) \cdot \frac{5{,}5}{12}) \cdot \frac{q^{10}-1}{q-1} - 84{,}7545$$

mit der Lösung: $q = 1{,}100988956$ d.h. $i_{eff} = 10{,}0988956\% \approx$ **10,10% p.a.**

Wird der Kredit nach Ablauf von (z.B.) nur 5 Jahren vorzeitig zurückgezahlt, so müsste der Kreditnehmer nach dem entsprechenden Stand des Kreditkontos als Restschuld zahlen:

$$K_5 = 100.000 \cdot 1{,}00\overline{6}^{60} - 750 \cdot \frac{1{,}00\overline{6}^{60} - 1}{0{,}00\overline{6}} = 93.876{,}93 \text{ €}.$$

Nach der Effektivzinsmethode *(360-Tage-Methode)* steht der Kreditbank aber nur zu:

$$K_5{}^* = 90.000 \cdot (1 + i_{eff})^5 - 9.000 \cdot (1 + i_{eff} \cdot \frac{5{,}5}{12}) \cdot \frac{(1 + i_{eff})^5 - 1}{i_{eff}}$$

(mit $i_{eff} = 10{,}0988956\%$ p.a., s.o.) d.h. $K_5{}^* = 87.996{,}19$ €.

Somit beträgt die **Disagioerstattung**: $E = K_5 - K_5{}^* =$ **5.880,74 €.**

Um diesen Betrag vermindert sich die im Kreditkonto ausgewiesene Restschuld K_5, d.h der Kreditnehmer braucht nur die „effektive" Restschuld $K_5{}^*$ zu leisten.

Die beschriebene Methode gilt für jeden vorzeitigen Abwicklungszeitpunkt, d.h. E ergibt sich stets aus der **Restschulddifferenz von Kreditkonto und Vergleichskonto.**

5.3.3.4 Effektivverzinsung von Ratenkrediten

Unter dem Begriff **Ratenkredit** wollen wir *(annuitätische)* Kredite mit **monatlichen** Rückzahlungen verstehen, wie sie als **Verbraucherkredite** zur Finanzierung von Möbeln, Haushaltsgeräten, Automobilen etc. in der Praxis häufig vorkommen.

Die Besonderheit derartiger Kredite besteht *nicht* in der Tatsache, dass gleichhohe Raten monatlich zu zahlen sind, sondern in der Art und Weise, wie – bei vorgewählter Ratenanzahl bzw. Laufzeit – die Höhe r der Monatsrate ermittelt wird *(d.h. Zahlungsstromermittlung in Phase 1)*.

Steht die Höhe der Monatsraten r erst einmal fest, so läuft die eigentliche Effektivzinsermittlung *(Phase 2)* – je nach Kontoführungsmethode *(360-Tage-Methode bzw. ICMA)* – im bisherigen Rahmen ab. Lediglich im Fall der Kontoführung nach 360-Tage-Methode ist *(bei Laufzeiten, die keine ganze Zahl von Jahren beträgt, wie z.B. 18 Monate, 47 Monate usw.)* der Bewertungsstichtag zunächst auf den Tag der letzten Monatsrate zu legen, vgl. Kap. 3.8.2.2.

Üblicherweise werden die Konditionen für Ratenkredite etwa in folgender Weise angegeben:

Beispiel 5.3.34: „Sparkassen-Kredit! Bequeme Rückzahlungsraten, keine Formalitäten, sofortige Auszahlung für *(fast)* jeden Zweck!

z.B.	Laufzeit:	30 Monate
	Zinsen:	0,65% p.M.
	Bearbeitungsgebühr:	2% *(der Kreditsumme)*“

Ohne nähere Erläuterung lässt sich mit diesen Daten wenig anfangen *(insbesondere führt der Versuch einer Hochrechnung des Monatszinses (0,65% p.M.) auf einen „(eff.) Jahreszins“ von $12 \cdot 0{,}65 = 7{,}8\%$ p.a. völlig in die Irre!)*

Vielmehr bedeuten im Klartext die Daten von Beispiel 5.3.34 das folgende *(dabei unterstellen wir eine Kreditsumme $K_0 = 100$, die auch zur Auszahlung kommt)*:

- $K_0 = 100$ € *(Beispiel-Kreditsumme)*
- Es sind – beginnend einen Monat nach Kreditaufnahme – 30 gleiche Monatsraten r zurückzuzahlen
- Jede dieser 30 Monatsraten r enthält:
  - $\frac{1}{30}$ der Kreditsumme als Tilgung *(„Ratentilgung“)*
  - $\frac{1}{30}$ der Bearbeitungsgebühr
  - 0,65% der **Kreditsumme** (!) *(als „Zinsen“)*

Somit errechnet sich die Monatsrate r unseres Beispiel-Kredits wie folgt:

$$r = \frac{1}{30} \cdot 100 + \frac{1}{30} \cdot 2 + 100 \cdot 0{,}0065 = 4{,}05 \text{ €/Monat.}$$

Bemerkung 5.3.34: *Die Bezeichnung „Zinsen 0,65% p.M.“ ist streng genommen irreführend, da sich Zinsen definitionsgemäß auf das jeweils noch geschuldete Kapital beziehen und nicht – wie beim vorliegenden Ratenkredit – auf die ursprüngliche Kreditsumme. Besser geeignet wäre z.B. der Begriff „Kreditkosten“ anstelle von „Zinsen“.*

Damit lautet der reale Zahlungsstrahl:

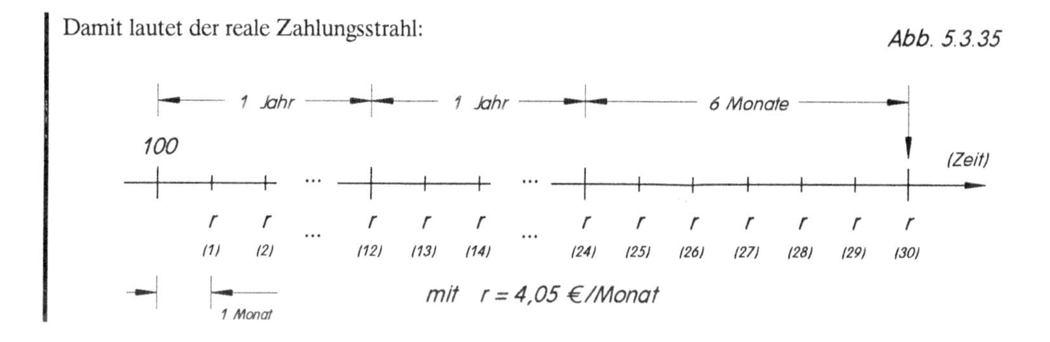

Die **Äquivalenzgleichung** nach der **360-Tage-Methode** *(„alte" PAngV bis 08/2000)* lautet *(siehe Kap. 3.8.2.2)*

(5.3.36)

$$0 = 100 \cdot q^2 \cdot (1+(q-1)\cdot\frac{6}{12}) - \underbrace{12\cdot r\cdot(1+(q-1)\cdot\frac{5{,}5}{12})}_{=48{,}60}\cdot\frac{q^2-1}{q-1}\cdot(1+(q-1)\cdot\frac{6}{12}) - \underbrace{6\cdot r\cdot(1+(q-1)\cdot\frac{2{,}5}{12})}_{=24{,}30}$$

mit der Lösung: $i_{eff} = q-1 =$ **16,9848% p.a.** *(Effektivzins nach 360TM).*

Bemerkung 5.3.37: *Die etwas monströse Äquivalenzgleichung (5.3.36) für Ratenkredite nach der 360-Tage-Methode kann – wie es in den entsprechenden offiziellen Ausführungsverordnungen zur „alten" PAngV, gültig bis 08/2000, geschah – verallgemeinert werden:*

Bezeichnen wir die Kreditsumme mit K_0 und die Monatsratenhöhe mit r, so ergibt sich der Zahlungsstrahl Abb. 5.3.38:

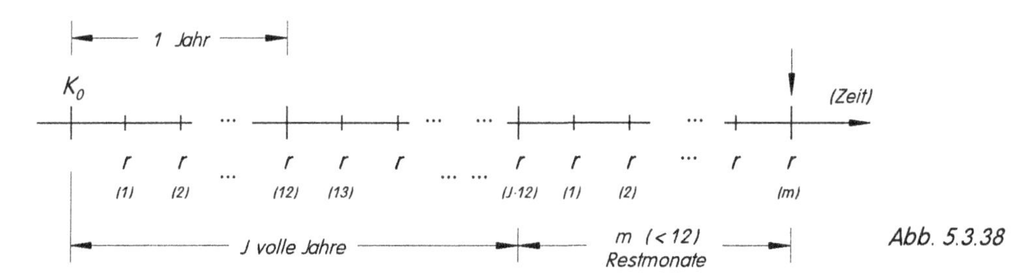

Abb. 5.3.38

Die Gesamtlaufzeit betrage J volle Jahre (≙ 12·J Raten) plus m (< 12) Restmonate (zusammen also $M := 12 \cdot J + m$ Monate (Raten)).

Dann lautet die mit dem (gesuchten) Effektivzinssatz bewertete Jahresersatzrate R für die ersten J Jahre jeweils:*

$$R^* = 12\cdot r\cdot(1+(q-1)\cdot\frac{5{,}5}{12})$$

und entsprechend für die letzten m Monate

$$R^{**} = m\cdot r\cdot(1+(q-1)\cdot\frac{m-1}{24}).$$

Somit lautet die auf den Tag der letzten Monatsrate bezogene Äquivalenzgleichung nach der PAngV von 1985 (gültig bis 08/2000):

(5.3.39)
$$0 = K_0\cdot q^J\cdot(1+(q-1)\cdot\frac{m}{12}) - \underbrace{12\cdot r\cdot(1+(q-1)\cdot\frac{5{,}5}{12})}_{=R^*}\cdot\frac{q^J-1}{q-1}\cdot(1+(q-1)\cdot\frac{m}{12}) - \underbrace{m\cdot r\cdot(1+(q-1)\cdot\frac{m-1}{24})}_{=R^{**}}.$$

(K_0, J, m, r sind dabei durch die Kreditkonditionen vorgegeben.)

Für die Monatsrate r ergibt sich mit den Bezeichnungen

M: Gesamtlaufzeit in Monaten (= 12 J + m)

b: Bearbeitungsgebührensatz (z.B. 0,02 = 2%) (bezogen auf K_0)

i_k: Kreditgebührensatz („Zinsen") (z.B. 0,0065 = 0,65% p.M.), bezogen auf die volle Kreditsumme K_0 :

$$r = \underbrace{\frac{K_0}{M}}_{\text{Tilgung p.M.}} + \underbrace{\frac{K_0 \cdot b}{M}}_{\substack{\text{Bearb.geb.}\\ \text{pro Monat}}} + \underbrace{K_0 \cdot i_k}_{\text{„Zinsen" p.M.}} .$$

Setzt man dies in (5.3.39) ein, so erhält man nach Division durch die Kreditsumme K_0 schließlich die bis 08/2000 gültige ***Äquivalenzgleichung*** *(nach der „alten" PAngV von 1985):*

$$(5.3.40) \qquad 0 = q^J \cdot (1 + (q-1) \cdot \tfrac{m}{12}) - \frac{1 + b + M \cdot i_k}{M} \cdot \Big[(12 + (q-1) \cdot 5{,}5) \cdot \frac{q^J - 1}{q-1} \cdot$$
$$\cdot (1 + (q-1) \cdot \tfrac{m}{12}) + m \cdot (1 + (q-1) \cdot \tfrac{m-1}{24}) \Big] .$$

Dabei bedeuten:

$q \ (:= 1 + i_{eff})$	:	*Effektivzinsfaktor*
J	:	*volle Laufzeitjahre*
m	:	*Restlaufzeit-Monate (< 12)*
b	:	*Bearbeitungsgebührensatz*
i_k	:	*monatl. Kreditgebührensatz („Zinsen"), bezogen auf Kreditsumme*
M	:	*Gesamtlaufzeit in Monaten (= 12 · J + m).*

Zum Vergleich betrachten wir für unser Beispiel *(vgl. Abb. 5.3.35)* die Effektivzinsberechnung nach der seit 09/2000 in Deutschland verbindlichen *(PAngV von 2000)* ICMA-Methode. Mit monatlichen Zinseszinsen i_m (und $q := 1 + i_m$) ergibt sich nach Abb. 5.3.35 *(alle Zahlungen bleiben unverändert, da sich die Kreditkonditionen nicht geändert haben)* die im Vergleich zu (5.3.36) geradezu musterhaft einfache und übersichtliche **„offizielle" Äquivalenzgleichung** *(nach der PAngV von 2000)*:

$$(5.3.41) \qquad 0 = 100 \cdot q^{30} - 4{,}05 \cdot \frac{q^{30} - 1}{q - 1} \qquad \text{mit der Lösung:} \quad q = 1{,}013055 ,$$

woraus wegen $1 + i_{eff} = q^{12}$ folgt: $i_{eff} =$ **16,8408% p.a.** *(Effektivzins nach ICMA).*

Bemerkung 5.3.42: *Die zu (5.3.40) korrespondierende allgemeine Äquivalenzgleichung nach der ICMA-Methode lautet (M = Gesamtzahl aller Raten):*

$$(5.3.43) \qquad 0 = q^M - \underbrace{\frac{1 + b + M \cdot i_k}{M}}_{= r, \text{ bezogen auf } K_0 = 1} \cdot \frac{q^M - 1}{q - 1} .$$

Ein Vergleich mit (5.3.40) zeigt die Überlegenheit der ICMA-Methode = (neue) PAngV-Methode.

Aufgabe 5.3.44: Hubers Traum ist der Maserati 007 GTX. Seine Hausbank will ihm einen Ratenkredit von 50.000,-- € gewähren.

Konditionen: Zinsen 0,9% pro Monat, bezogen auf die ursprüngliche Kreditsumme. Einmalige Bearbeitungsgebühr: 5% der Kreditsumme; Rückzahlung in 60 Monatsraten, beginnend einen Monat nach Kreditauszahlung. Bearbeitungsgebühr, Zinsen und Tilgung werden nominell summiert und in 60 gleiche Monatsraten aufgeteilt.

i) Man ermittle die Höhe der *(stets gleichen)* Monatsrate.

ii) Man ermittle den Effektivzinssatz dieses Ratenkredits nach der ICMA-Methode.

Aufgabe 5.3.45: Man ermittle die Effektivverzinsung *(a) ICMA, b) US)* folgender Ratenkredite:

i) Laufzeit: 24 Monate; Zinsen: 0,127% p.M. (vom Kreditbetrag!); Bearbeitungsgebühr: 2%.

ii) Laufzeit: 18 Monate; (nom.) Summe aller Zinsen: 1,824% der Kreditsumme *(auf 18 Monate linear zu verteilen!)*; Bearbeitungsgebühr: 2%.

iii) Laufzeit: 47 Monate; Zinsen: 0,43% p.M. (vom Kreditbetrag!), Bearbeitungsgebühr: 3%.

5.3.3.5 Anlageformen mit unterjährigen Leistungen - Beispiel Bonussparen

Die bisher betrachteten **Kreditformen** lassen sich **äquivalent** als **Anlageformen** auffassen, indem man den Kreditgeber als Investor auffaßt, der sein Kapital beim Kreditnehmer anlegt und über die Annuitäten Investitionsrückflüsse erhält.

Von diesem Standpunkt aus gesehen ist ein separates Kapitel über Geldanlagen im Grunde genommen entbehrlich, da es sich dabei lediglich um Kredite mit „vertauschten Rollen" handelt.

Wir wollen daher lediglich zur Illustration der vielfältigen Angebote von Banken und Sparkassen für potentielle Geldanleger ein typisches Angebot exemplarisch behandeln, das sog. „Bonus-Sparen" in einer standardisierten Form:

Konditionen beim **Bonus-Sparen** *(Beispiel):*

- Der Sparer zahlt - beginnend im Vertragszeitpunkt - 6 Jahre lang monatlich *(vorschüssig)* eine *(vereinbarte)* Sparrate r ein *(insgesamt somit 72 Raten).*
- Die Bank vergütet 5% p.a. Sparzinsen *(erster Zinszuschlagtermin: 1 Jahr nach Einzahlung der ersten Sparrate, dazwischen lineare Zinsen, d.h. 360-Tage-Methode-Kontoführung).*
- Das angesparte Kapital verbleibt *(incl. Zinsen)* noch ein weiteres Jahr auf dem Konto, der Sparer zahlt in diesem 7. Jahr keinerlei Sparraten, Zinsen *(wie bisher)* 5% p.a.
- Am Ende des 7. Jahres erhält der Sparer den Kontoendstand zurück und zusätzlich einen **Bonus** in Höhe von 14% auf die nominelle Summe seiner insgesamt gezahlten Sparraten *(d.h. 14% von $72 \cdot r$)*.

Gesucht ist die Effektivverzinsung *(nach 360-Tage- und nach ICMA-Methode)* für die Geldanlage beim Bonussparen.

Zur Vereinfachung der Überlegungen kann es ratsam sein, eine *(fiktive)* Sparratenhöhe r vorzugeben *(z.B. r = 100 €/Monat)*: Da alle mit dem Bonussparen verbundenen Leistungen *(die Sparrate, die Zinsen, der Bonus)* proportional zu r sind, ergibt sich für jede Ratenhöhe dieselbe Äquivalenzgleichung und somit derselbe Effektivzins.

Mit r als Monatsrate erhalten wir folgenden Zahlungsstrahl *(Phase 1)*, vgl. Abb. 5.3.46:

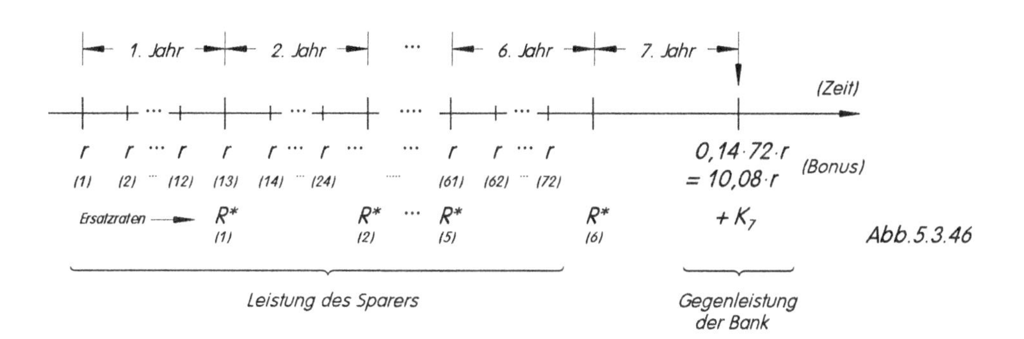

Bemerkung: ***Ohne*** *die Bonuszahlung ist der Effektivzins (nach der 360-Tage-Methode) identisch mit dem Sparzins (hier: 5% p.a.), da auch in Phase 1 eine Kontoführung nach der 360TM erfolgt.*

Zu beachten ist noch die Summe K_7 der aufgezinsten Sparraten. Die äquivalente Jahresersatzrate R* *(vgl. Satz 3.8.21)* lautet für jedes der ersten sechs Jahre:

$$R^* = 12 \cdot r \cdot (1 + 0{,}05 \cdot \frac{6{,}5}{12}) = 12{,}325 \cdot r,$$

so dass für den **Kontoendstand K_7** *(ohne Bonus)* am Ende des 7. Laufzeitjahres gilt:

$$K_7 = R^* \cdot \frac{q^6 - 1}{q - 1} \cdot q = 12{,}325 \cdot r \cdot \frac{1{,}05^6 - 1}{0{,}05} \cdot 1{,}05 = \mathbf{88{,}025254 \cdot r}.$$

Damit ist Phase 1 abgeschlossen, Leistungen und Gegenleistungen stehen fest *(in Abhängigkeit von der Höhe r der Sparrate)*.

a) Effektivzins nach der 360-Tage-Methode

Die Äquivalenzbeziehung lautet nach Abb. 5.3.46 unter Einbeziehung der ermittelten realen Leistungen:

$$0 = \underbrace{12 \cdot r \cdot (1 + (q-1) \cdot \frac{6{,}5}{12}) \cdot \frac{q^6 - 1}{q - 1} \cdot q}_{\text{Wert der eingezahlten Raten}} - \underbrace{(\overset{\text{Bonus}}{10{,}08 \cdot r} + \overset{\text{Konto-Endstand}}{88{,}025254 \cdot r})}_{\text{Gegenleistungen der Bank}} .$$

Man erkennt nach Division durch r *($\neq 0$)*, dass es nicht auf die Höhe der Sparrate ankommt:

$$0 = 12 \cdot (1 + (q-1) \cdot \frac{6{,}5}{12}) \cdot \frac{q^6 - 1}{q - 1} \cdot q - 98{,}105254.$$

Die Regula falsi liefert: $i_{eff} = q - 1 = \mathbf{7{,}7220\%}$ **p.a.** *(Effektivzins nach der 360TM).*

b) Effektivzins nach ICMA

Aus Abb. 5.3.46 erhält man mit dem konformen Monatszinsfaktor $q := 1 + i_M$ die Äquivalenzgleichung

$$0 = r \cdot \frac{q^{72} - 1}{q - 1} \cdot q^{13} - 98{,}105254 \cdot r.$$

Auch hier fällt r weg *(nach Division)*, die Lösung lautet:

$$i_{eff} = 1{,}006227^{12} - 1 = \mathbf{7{,}7335\%\ p.a.} \qquad \textit{(Effektivzins nach ICMA)} .$$

Eine *(aus Anbietersicht beliebte)* **Variante** des Bonus-Sparens besteht darin, dass der Sparer *(unabhängig von seinen monatlichen Sparraten)* zu Laufzeitbeginn eine einmalige Sondersparleistung R einzahlt, die – neben 5% p.a. Zinsen – zum Ende des 7. Jahres ebenfalls mit zusätzlich 14% Bonus versehen wird.

Bevor wir die Frage nach dem Effektivzins einer aus einer Kombination von Monatsraten und Sonderzahlung bestehenden Bonus-Spar-Anlage beantworten, wollen wir nach dem **Effektivzins** der **isoliert angelegten Sonderzahlung** R fragen. Der Zahlungsstrahl dafür lautet *(vgl. Abb. 5.3.47)*:

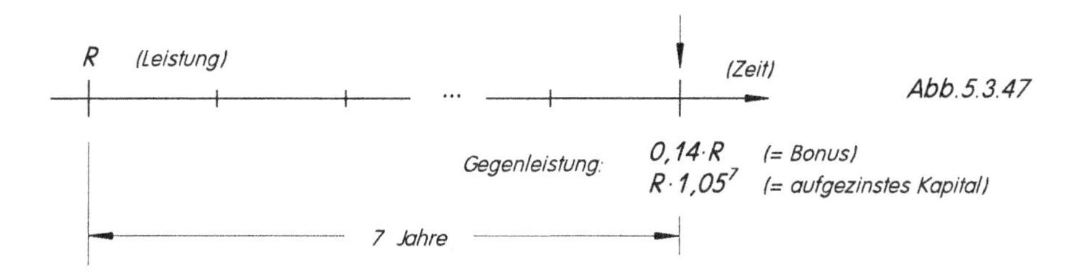

Daraus ergibt sich die *(für 360TM und ICMA identische)* Äquivalenzgleichung $(q := 1 + i_{eff})$

$$0 = R \cdot q^7 - R \cdot 1{,}05^7 - 0{,}14 \cdot R$$

d.h. *(nach Division durch R):*

$$q^7 = 1{,}05^7 + 0{,}14 \qquad \text{mit der Lösung} \qquad q = \sqrt[7]{1{,}05^7 + 0{,}14} = 1{,}064325,$$

d.h. i_{eff} = **6,4325% p.a.** *(Effektivzins der Sonderzahlung)* .

Da die Sonderzahlung – isoliert betrachtet – einen um mehr als einen Prozentpunkt geringeren Effektivzinssatz aufweist als das Standard-Bonussparen (s.o.), muss jede Kombination aus Monatszahlungen und einmaliger Sonderzahlung eine mehr oder weniger kleinere Rendite für den Anleger aufweisen als die reine Form des Bonussparens.

Als Beispiel wählen wir eine Monatsrate r = 1.000 €/Monat kombiniert mit einer einmaligen Sonderleistung von R = 20.000 € zu Beginn der Laufzeit.

Der Zahlungsstrahl lautet allgemein *(additive Überlagerung von Abb. 5.3.46 und 5.3.47)*:

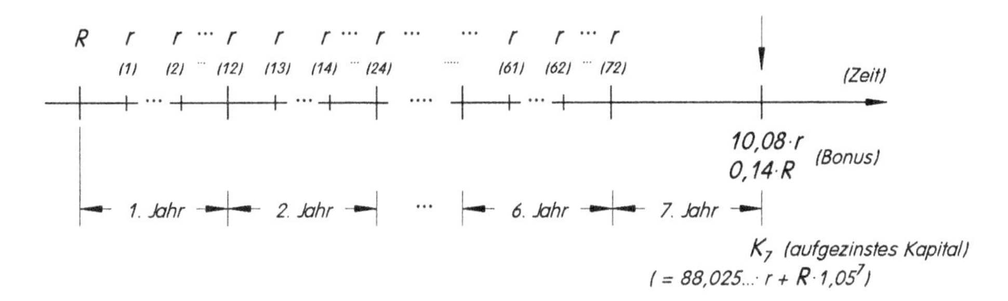

Damit ergeben sich folgende Äquivalenzgleichungen:

a) **(360-Tage-Methode)**

$$0 = 12 \cdot r \cdot (1 + (q-1) \cdot \frac{6{,}5}{12}) \cdot \frac{q^6 - 1}{q - 1} \cdot q + R \cdot q^7 - 98{,}105254 \cdot r - (0{,}14 + 1{,}05^7) \cdot R .$$

(jetzt ist die Höhe von r bzw. R wesentlich für die Höhe des Effektivzinssatzes!)

Für r = 1.000 €/Monat und R = 20.000 € etwa ergibt sich:

$$i_{eff} = q - 1 = \mathbf{7{,}2701\%\ p.a.}$$ *(Effektivzins nach 360TM).*

b) **(ICMA)** *(q := 1 + i_M = konformer Monatszinsfaktor)*

$$0 = r \cdot \frac{q^{72} - 1}{q - 1} \cdot q^{13} + R \cdot q^{84} - 98{,}105254 \cdot r - (0{,}14 + 1{,}05^7) \cdot R .$$

Für r = 1.000 und R = 20.000 etwa erhält man

$$i_{eff} = 1{,}005871^{12} - 1 = \mathbf{7{,}2766\%\ p.a.}$$ *(Effektivzins nach ICMA),*

also deutlich niedriger als bei reinem Bonussparen *(7,7220% bzw. 7,7335%).*

Aufgabe 5.3.48: Beim „Bonus-Sparen" zahlt ein Sparer 5 Jahre lang monatlich vorschüssig eine Sparrate von r €/Monat *(z.B. 100,-- €/Monat)* auf sein Sparkonto ein *(6% p.a. Sparzinsen, erster Zinszuschlagtermin ein Jahr nach erster Monatsrate).*

Im 6. Jahr werden vom Sparer keine Zahlungen geleistet. Am Ende des 6. Jahres erhält der Sparer

- seine durch Zins- und Zinseszins angewachsenen Sparbeiträge *(zwischen zwei Zinszuschlagterminen werden lineare Zinsen berechnet)* und zusätzlich
- einen „Bonus" in Höhe von 17% auf die Summe seiner nominell geleisteten Einzahlungen *(Beispiel: Bei r = 100,-- € / Monat hat er nominell 100 · 12 · 5 = 6.000,-- € gespart, der Bonus beträgt dann 1.020,-- €).*

i) Man ermittle die Effektivverzinsung beim Bonussparen nach

***a)** der 360-Tage-Methode **b)** der ICMA-Methode.

ii) Zahlt der Sparer zusätzlich zu seinen Sparraten zu Beginn des ersten Jahres eine Sonderzahlung R, so erhält er am Ende des 6. Jahres neben den auf die Sonderzahlung entfallenen Zinseszinsen *(6% p.a.)* ebenfalls einen 17%igen Bonus auf R.

Wie lautet die Effektivverzinsung *(*a) 360-Tage-Methode b) ICMA-Methode)*

1) für r = 500,-- €/Monat und einer einmaligen Sonderzahlung von 1.000,-- €?

2) für r = 80,-- €/Monat und einer einmaligen Sonderzahlung von 10.000,-- €?

3) wenn nur eine Sonderzahlung in Höhe von R Euro zu Beginn des 1. Jahres geleistet wird *(und keine Sparraten eingezahlt werden)*?

5.3.3.6 Übungsaufgaben zur Effektivzinsermittlung bei unterjährigen Leistungen

Aufgabe 5.3.49: Gegeben ist ein Annuitätenkredit *(Kreditsumme: 100.000,-- €)* mit den Konditionen 94/10/2. Die Annuitäten werden *(zu je einem Viertel der Jahresannuität)* vierteljährlich gezahlt *(mit sofortiger Tilgungsverrechnung)*, die Zinsverrechnung erfolgt jährlich *(d.h. innerhalb des Jahres lineare Verzinsung)*.

Die Konditionen sind für fünf Jahre festgeschrieben.

i) Man ermittle den effektiven Jahreszins dieses Kredits nach der

a) ICMA-Methode
***b)** 360-Tage-Methode
c) US-Methode.

ii) Man ermittle den effektiven Jahreszins des Kredits zu den oben genannten Konditionen, jedoch bei jährlicher Tilgungsverrechnung nach der

a) ICMA-Methode
***b)** 360-Tage-Methode
c) US-Methode.

Aufgabe 5.3.50: Huber nimmt bei seiner Hausbank einen Kredit in Höhe von 400.000,-- € auf. Als äquivalente Rückzahlungen werden vereinbart: 24 Monatsraten zu je 20.000,-- €/Monat, wobei die erste Monatsrate genau einen Monat nach Kreditaufnahme fällig ist. Außerdem werden von den 400.000,-- € zu Beginn 5% *(als Disagio)* von der Bank einbehalten, so dass sich der Auszahlungsbetrag entsprechend vermindert.

***i)** Wie lautet der Effektivzinssatz dieses Kredits, wenn die Effektivzins-Periode 1 Jahr beträgt und unterjährig mit linearen Zinsen gerechnet werden muss? *(360-Tage-Methode)*

ii) Wie lautet der Effektivzinssatz dieses Kredits, wenn die Effektivzins-Periode 1 Monat *(= 1 Ratenperiode)* beträgt und der Monatszinssatz

a) konform zum *(eff.)* Jahreszins ist? *(ICMA-Methode)*
b) relativ zum *(eff.)* Jahreszins ist? *(US-Methode)*

Aufgabe 5.3.51: Gegeben sei ein Annuitätenkredit mit den Konditionen 100/10/2, d.h. 100% Auszahlung, Zinsen *(nom.)*: 10% p.a., Anfangstilgung: 2% p.a. *(zuzüglich ersparte Zinsen)*.

Die Zinsperiode beträgt 1 Monat *(Monatszins = relativer Jahreszins)*, die Tilgungsverrechnung erfolgt sofort mit jeder Rückzahlungs-Rate. Die Annuitäten werden ebenfalls monatlich gezahlt, die Monats„annuität" beträgt ein Zwölftel der Jahresannuität.

Man ermittle den effektiven Jahreszins dieses Kredits, wenn die Konditionen für 5 Jahre fest vereinbart sind *(a) *360-Tage-Methode und b) ICMA-Methode)*.

Aufgabe 5.3.52: Bankhaus Huber & Co. offeriert seinen Kunden Kredite zu folgenden Konditionen: Auszahlung 92%; *(nom.)* Zins 6% p.a.; Tilgung 3% p.a. *(zuzüglich ersparte Zinsen)*.

Die sich daraus ergebende Annuität ist in 12 gleichen nachschüssigen Monatsraten zu zahlen *(d.h. also: Monatsrate = $\frac{1}{12}$ der Annuität)*, beginnend einen Monat nach Kreditaufnahme.

Die Tilgungsverrechnung erfolgt halbjährlich *(d.h. mit 1,5% p. $\frac{1}{2}$a. zuzüglich ersparte Zinsen)*.

Ebenfalls halbjährlich werden die Zinsen berechnet *(d.h. Zinsperiode = $\frac{1}{2}$ Jahr, angewendeter Zinssatz 3% p. $\frac{1}{2}$a.)*.

i) Man ermittle den Effektivzinssatz über die Gesamtlaufzeit *(*360-Tage-Methode und ICMA)*.

ii) Man ermittle den effektiven Zinssatz *(a) *360-Tage-Methode und b) ICMA)*, wenn die Konditionen für 5 Jahre fest bleiben *(die sich nach 5 Jahren ergebende Restschuld wird dabei als dann fällige Gegenleistung des Schuldners betrachtet)*.

Aufgabe 5.3.53: Huber leiht sich 300.000,-- €. Die Rückzahlung erfolgt vereinbarungsgemäß in 37 Quartalsraten zu je 18.000,-- €/Quartal. Die erste Rate ist genau 2 Jahre nach Kreditaufnahme fällig.

***i)** Wie lautet der Effektivzins dieses Kredits, wenn die Zinsperiode 1 Jahr beträgt und unterjährig mit linearen Zinsen gerechnet werden muss? *(360-Tage-Methode)*

ii) Wie lautet der Effektivzins dieses Kredits, wenn die Zinsperiode ein Quartal *(= Ratenperiode)* beträgt und der Quartalszins konform zum Jahreszins ist? *(ICMA-Methode)*

Aufgabe 5.3.54: Gegeben sei ein Annuitätenkredit mit folgenden Konditionen: Auszahlung 92%; Zins *(nom.)* 9% p.a.; Tilgung 3% p.a. *(zuzüglich ersparte Zinsen)*.

i) Die ersten beiden Jahre seien gegenleistungsfrei, d.h. es erfolgen keine Zahlungen. Man ermittle den effektiven Jahreszins *(Gesamtlaufzeit – a) *360-Tage-Methode und b) ICMA)* dieses Kredites, wenn die Annuitäten jährlich gezahlt werden und die Zins- und Tilgungsverrechnung ebenfalls jährlich erfolgt.

ii) Abweichend von i) sollen in den beiden ersten Jahren nur die Zinsen gezahlt werden. Außerdem sollen alle sich ergebenden Zahlungen *(d.h in den ersten beiden Jahren die Zinsen bzw. dann die sich ab dem 3. Jahr ergebenden Annuitäten)* in 12 gleichen Monatsraten *(zu jeweils ein Zwölftel des Jahreswertes)* erfolgen, beginnend einen Monat nach Kreditauszahlung. Die Verrechnung von Zinsen und Tilgung erfolgt dagegen – *wie unter i)* – jährlich.

Man ermittle für eine insgesamt 7-jährige Zinsbindungsfrist den effektiven Jahreszins dieses Kredits *(a) *360-Tage-Methode und b) ICMA)*.

Aufgabe 5.3.55: Gegeben ist ein Annuitätenkredit *(Kreditsumme: 100.000,-- €)* mit den Konditionen 94/10/2. Die Annuitäten werden *(zu je einem Viertel der Jahresannuität)* vierteljährlich gezahlt *(mit sofortiger Tilgungsverrechnung)*, die Zinsverrechnung erfolgt jährlich. Die Konditionen sind für zwei Jahre festgeschrieben.

i) Man ermittle den effektiven Jahreszins dieses Kredits, und zwar
a) nach der ICMA-Methode und ***b)** nach der 360-Tage-Methode.

***ii)** Man gebe für die zweijährige Laufzeit des Kredits den Tilgungsplan des Vergleichskontos *(nach der 360-Tage-Methode)* an. Dabei gehe man von einer „Kreditsumme" in Höhe der Auszahlung *(= 94.000)* aus, entwickle den Tilgungsplan mit dem unter i) ermittelten effektiven Jahreszinssatz *(= 13,85453% p.a.)* und beachte weiterhin, dass zusammen mit der letzten Quartalsrate auch noch die Restschuld K_2 = 94.855,--€ fällig ist *(wurde bereits in i)* ermittelt).

Aufgabe 5.3.56: Gegeben sei ein Annuitätenkredit mit den Konditionen 93/10/2, d.h. 93% Auszahlung, Zinsen 10% p.a. *(nom.)*, Anfangstilgung 2% p.a. *(zuzüglich ersparte Zinsen)*.

Die Kreditbedingungen sehen weiterhin vor:

- Zinsperiode ist das Quartal *(der Quartalszins soll relativ zum nominellen Jahreszins sein)*;
- Tilgungsverrechnung: vierteljährlich *(d.h. gleichzeitig mit der Zinsverrechnung)*;
- Die Jahresannuität ist in 12 gleichen Teilen monatlich zu leisten, d.h. Monats„annuität" gleich ein Zwölftel des Jahresannuität;
- Kreditsumme: 100.000,-- €.

i) Man ermittle für eine 10jährige Festschreibung der Konditionen den effektiven Jahreszins *(nach der ICMA-Methode)*.

ii) Man ermittle den Effektivzins über die Gesamtlaufzeit *(nach der ICMA-Methode)*.

iii) Man gebe für den Fall einer 1jährigen Festschreibung der Konditionen den Tilgungsplan des Vergleichskontos *(nach der ICMA-Methode)* an.

Dabei gehe man von einer „Kreditsumme" in Höhe der Auszahlung *(= 93.000 €)* aus und rechne den Tilgungsplan mit dem noch zu ermittelnden effektiven Jahreszinssatz durch und beachte weiterhin, dass zusammen mit der letzten Monatsrate auch noch die Restschuld K_1 fällig ist.

Aufgabe 5.3.57: Gegeben sei ein Annuitätenkredit mit den Konditionen 95/11/1, d.h. 95% Auszahlung, Zins 11% *(nom.)*, Anfangstilgung 1% p.a. *(zuzüglich ersparte Zinsen)*.

Die Kreditbedingungen sehen weiterhin vor:

- Zins- und Tilgungsverrechnung: jährlich
- Die Jahresannuität ist in 6 gleichen Teilen alle zwei Monate *(beginnend zwei Monate nach Kreditauszahlung)* zu leisten, d.h. die 2-Monatszahlung ist gleich einem Sechstel der sich aufgrund der o.a. Konditionen ergebenden Jahresannuität.

i) Man ermittle für eine 3jährige Festschreibung der Konditionen den effektiven Jahreszins *(nach a) *360-Tage-Methode und b) ICMA-Methode)*.

ii) Man ermittle den Effektivzins, wenn zunächst zwei Jahre Tilgungsstreckung vereinbart werden und danach die o.a. Konditionen für weitere 5 Jahre festgeschrieben sind.
*(a) *360-Tage- und b) ICMA-Methode)*

Aufgabe 5.3.58: Gegeben ist ein Annuitätenkredit *(Kreditsumme K_0 = 100.000 €)* mit folgenden Basis-Konditionen:

- 100% Auszahlung
- 10% p.a. (nom.) Zinsen
- 2% p.a. Anfangstilgung.

Gesucht sind die Effektivzinssätze nach *360-Tage-Methode und ICMA für die folgenden Kreditvereinbarungen und Kontoführungsmodelle *(in Phase 1)*:

i) Quartalsraten 3.000 €/Quartal, sofortige Tilgungsverrechnung, sofortige Zinsverrechnung
  a) zum relativen Quartalszinssatz
  b) zum konformen Quartalszins

Laufzeit: jeweils 10 Jahre.

ii) Monatsraten 1.000 €/Monat, Zins- und Tilgungsverrechnung halbjährlich *(relativer Zinssatz)*,
Laufzeit **a)** 1 Jahr
  b) Gesamtlaufzeit.

Im Fall a) gebe man das Vergleichskonto nach ICMA an.

iii) Halbjahresraten 6.000 €/Semester, Zins- und Tilgungsverrechnung jährlich,
Laufzeit: **a)** 2 Jahre
  b) Gesamtlaufzeit.

*Im Falle a) gebe man das Vergleichskonto nach der 360-Tage-Methode an.

Aufgabe 5.3.59: Man löse Aufgabe 5.3.58 i) – iii), wenn die Basis-Kreditkonditionen lauten:

- 93% Auszahlung
- 8% p.a. (nom.) Zinssatz
- 4% p.a. Anfangstilgung.

***Aufgabe 5.3.60:** Ein Kreditnehmer benötigt Barmittel in Höhe von 250.000,-- €. Er ist bereit und in der Lage, monatlich 3.000,-- € für eine beliebig lange Laufzeit zurückzuzahlen, erstmalig einen Monat nach Kreditaufnahme.

Mit der Kreditbank wird folgendes vereinbart:

- Der während der vereinbarten Zinsbindungsfrist von 10 Jahren gültige Effektivzins soll 9% p.a. *(in Phase 2 ermittelt nach der ICMA-Methode)* betragen.
- Das Kreditkonto *(Phase 1!)* wird monatlich abgerechnet mit dem zum nominellen Jahreszinssatz relativen Monatszins *(die Zins- und Tilgungsverrechnung erfolgt monatlich)*. Das Kreditkonto wird somit nach der US-Methode abgerechnet, der entsprechende nominelle Kredit-Jahreszinssatz ist allerdings nicht vorgegeben *(siehe Aufgabenteil ii))*.

i) Man ermittle die Restschuld K_{10}, die der Kreditnehmer nach 10 Jahren *(am Ende der Zinsbindungsfrist)* zurückzuzahlen hat.

ii) Man ermittle den nominellen Jahreszins der disagiofreien Kreditvariante.

iii) Der Kreditnehmer wünscht *(bei gleichem Zahlungsstrom und somit gleichem Effektivzinssatz)* ein Disagio in Höhe von 5% der Kreditsumme. Wie lauten jetzt Kreditsumme und nomineller Jahreszinssatz?

Aufgabe 5.3.61: Ein Annuitätenkredit besitzt die Basis-Kondition 96/8/1. Der Kreditnehmer beantragt eine Kreditsumme von 360.000 €, von denen 345.600 € zur Auszahlung kommen.

Der durch die Auszahlung von nur 96% der Kreditsumme fehlende Disagio-Betrag in Höhe von 14.400,-- € wird dem Kreditnehmer als anfängliches Tilgungsstreckungsdarlehen gewährt, dessen Laufzeit 3 Jahre betragen soll bei einer Verzinsung von 10% p.a.

Das Tilgungsstreckungsdarlehen ist in diesen ersten drei Jahren mit 6 Halbjahresraten annuitätisch in voller Höhe zurückzuführen. Die Zins- und Tilgungsverrechnung des Tilgungsstreckungsdarlehens erfolgt halbjährlich unter Anwendung des Halbjahreszinssatzes $i_H = 5\%$ p.H.

Während der Tilgungsstreckungszeit ruht der Hauptkredit *(die Restschuld erhöht sich zwischenzeitlich mit $i_H = 4\%$ p.H.)*.

Die erhöhte Restschuld ist nach vollständiger Rückführung des Tilgungsstreckungsdarlehens mit Halbjahresannuitäten von 4% + 0,5% = 4,5% p.H. *(bezogen auf die Restschuld zu Beginn des 4. Jahres)* zurückzuzahlen, Zinssatz wie zuvor 4% p.H.

i) Man ermittle für eine Laufzeit *(= Zinsbindungsfrist)* von 8 Jahren *(3 J. + 5 J.)* die Effektivzinssätze *(a) *360-Tage-Methode und b) ICMA)* des Kreditgeschäftes.

ii) Man ermittle die Effektivzinssätze, wenn der Kreditnehmer anstelle des Tilgungsstreckungsdarlehens eine erhöhte Kreditsumme beantragt und erhalten hätte, die nach Abzug des Disagios auf die gewünschte Auszahlung *(360.000,-- €)* geführt hätte.

Aufgabe 5.3.62: Ein Annuitätenkredit *(Kreditsumme: 400.000,-- €)* wird zu folgenden Konditionen vereinbart:

Auszahlung: 91%, *(nom.)* Zinssatz: 6% p.a., Anfangstilgung: 1% p.a.

Die Abrechnung des Kreditkontos erfolgt – bei Quartalsraten zu 7.000 €/Quartal – mit sofortiger Zins- und Tilgungsverrechnung *(Zinssatz: 1,5% p.Q.)*, die Zinsbindungsfrist beträgt 5 Jahre.

Nach 2 Jahren und 9 Monaten wird der Kredit vorzeitig durch Zahlung der dann noch vorhandenen Restschuld völlig getilgt.

Wie hoch ist die Disagio-Rückerstattung zu diesem Zeitpunkt *(nach der Effektivzinsmethode)*,

***i)** falls der ursprüngliche Effektivzins nach der 360-Tage-Methode

ii) falls der ursprüngliche Effektivzins nach der ICMA-Methode

ermittelt wurde?

Bemerkung:

Zur Effektivverzinsung bei Zahlungsreihen mit veränderlichen Rentenraten siehe Aufgaben 3.9.64, 3.9.69, 3.9.71.

5.4 Exkurs: Finanzmathematische Aspekte zur „richtigen" Verzinsungsmethode

An mehreren Stellen in den vorangegangenen Kapiteln[23] fiel auf, dass die **lineare** *(bzw. gemischte)* **Verzinsung** gewisse **Widersprüchlichkeiten** oder **Ungereimtheiten** bei der Untersuchung der Äquivalenz von Zahlungsreihen mit sich bringt. Betrachten wir etwa in Beispiel 5.1.8 die Effektivzinsermittlung einerseits nach der 360-Tage-Methode, andererseits nach der Methode von Braess:

Die Tatsache, dass selbst diese nahezu übereinstimmenden Methoden bei identischen Zahlungsströmen unterschiedliche Effektivzinssätze ergeben, legt den Verdacht nahe, dass es gerade die diesen Beispielen eigene lineare zeitproportionale Verzinsungs-Denkweise[24] sein könnte, die für die Unterschiede verantwortlich ist.

Nachfolgend werden zur Unterstützung dieser These[25] in loser Folge einige drastische und aussagekräftige Fälle demonstriert, die zeigen, dass der Ansatz linearer Verzinsung oder eines zeitproportionalen unterjährigen Zinssatzes unweigerlich zu Widersprüchen und Ungereimtheiten führt[26].

Gleichzeitig wird die Erkenntnis wachsen, dass der nichtlineare exponentielle Ansatz, wie er etwa in der ICMA-Methode realisiert wird, einerseits sämtliche Widersprüche auf einen Schlag beseitigt und außerdem eher leichter zu handhaben ist als die Verzinsung nach der traditionellen linearen kaufmännischen Denkweise[27].

Fall 1: Gegeben sei der folgende Zahlungsstrahl eines Kreditvorganges:

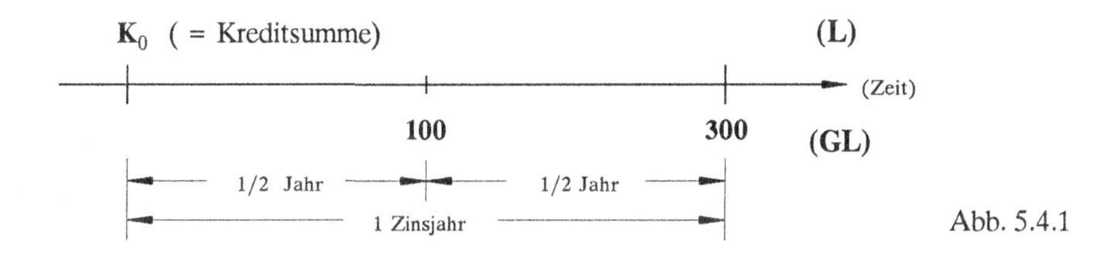

Abb. 5.4.1

Der Kredit soll mit einem Jahreszins von 12% p.a. abgerechnet werden, wobei unterjährig linear zum relativen Zinssatz gerechnet wird *(also z.B. 6% für das Halbjahr)*. Gesucht ist die zu den beiden Gegenleistungen *(GL)* 100 und 300 äquivalente Kreditsumme K_0 *(= Leistung (L))* zu Jahresbeginn, vgl. Abb. 5.4.1.

Die Kreditsumme K_0 kann nun auf zwei unterschiedliche, mit den angegebenen Zinsfiktionen aber verträgliche Arten ermittelt werden:

---

[23] So etwa in den Bemerkungen 1.2.30/1.2.32, den Beispielen 1.2.37 ii)/2.2.5 sowie 2.3.9/2.3.37 und insbesondere im Beispiel 5.1.8.

[24] Das lineare Denken – etwa in Form des Dreisatzdenkens – scheint allgemein auch bei nichtlinearen Vorgängen beliebt zu sein, etwa nach dem Muster: 1 kg Dünger pro m^2 Ackerfläche ergeben einen Ertrag von 10 kg/m^2. Wie groß ist der Ertrag bei einem Einsatz von 100 kg Dünger pro m^2 ... ?

[25] Auf eine formale und streng mathematische Beweisführung kann hier verzichtet werden. Näheres in [Sec1] 45ff oder [Sec2] 57ff.

[26] Vgl. [Tie1] 43ff.

[27] Hier ergibt sich eine entschiedene Gegenposition zur Auffassung von *Wimmer* [Wim] 956.

a) Man erhält K_0, indem man 100 € ein halbes Jahr und 300 € ein ganzes Jahr abzinst und dann die Summe der beiden abgezinsten Beträge bildet[28]:

$$K_0 = \frac{100}{1{,}06} + \frac{300}{1{,}12} = 362{,}20 \text{ €.}$$

b) K_0 ergibt sich ebensogut aus folgender Überlegung: Rechnet man das Kreditkonto zum Jahresende ab, so muss die um ein Jahr aufgezinste Kreditsumme K_0 *(d.h. $K_0 \cdot 1{,}12$)* übereinstimmen mit der Summe der um ein halbes Jahr aufgezinsten 100 € plus der am Jahresende fälligen Zahlung von 300 €:

$$K_0 \cdot 1{,}12 = 100 \cdot 1{,}06 + 300 \quad \Rightarrow \quad K_0 = \frac{100 \cdot 1{,}06 + 300}{1{,}12} = 362{,}50 \text{ €.}$$

Obwohl beide Denkansätze plausibel begründet und in sich stimmig sind, liefern sie unterschiedliche Resultate.

Etwas anderes hätte sich ergeben bei unterjährigen Zinseszinsen, etwa Ansatz von 6% p.1/2a. *(oder auch Ansatz des zu 12% p.a. konformen Halbjahreszinssatzes von 5,8301%)*:

a) Einzeln abzinsen: $K_0 = \frac{100}{1{,}06} + \frac{300}{1{,}06^2} = 361{,}34$ € .

b) Beide Gegenleistungen erst zum Jahresende aufzinsen, dann ihre Summe abzinsen:

$$K_0 = \frac{100 \cdot 1{,}06 + 300}{1{,}06^2} = \frac{100}{1{,}06} + \frac{300}{1{,}06^2} = 361{,}34 \text{ €} \quad ,$$

also identische Ergebnisse *(wie mit jedem anderen Halbjahreszinssatz auch)*.

Ergebnis 1:

> Bei linearer Verzinsung ergeben sich je nach Auf- oder Abzinsung für dieselben Gegenleistungen unterschiedliche „äquivalente" Kreditsummen.
>
> Bei Anwendung unterjähriger Zinseszinsen ist die Kreditsumme eindeutig bestimmt und unabhängig davon, ob auf- oder abgezinst wurde.

Fall 2: Eine Zahlung von 100,-- € heute ist bei 10% p.a. Zinsen äquivalent zu einer in einem Jahr fälligen Zahlung von 110,-- € :

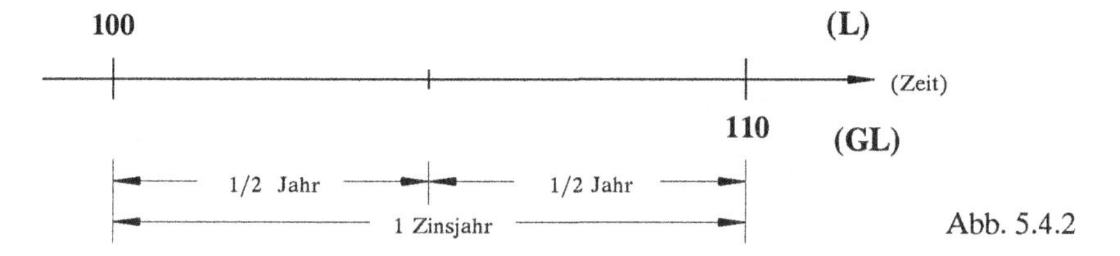

Abb. 5.4.2

Dies ergibt sich entweder daraus, dass 100 € bei 10% p.a. auf 110 € anwachsen *(Stichtag = Jahresende)* oder dass der mit 10% abgezinste Wert der späteren Zahlung 110 € gerade 100 € ergibt *(Stichtag = Jahresanfang)*.

---

[28] Diese Vorgehensweise entspricht dem Splitting des Kredits in zwei Teilkredite, deren erster äquivalent zu den 100 € und deren zweiter äquivalent zu den 300 € ist.

Wählen wir nun als Bewertungsstichtag für beide Zahlungen die Jahresmitte,

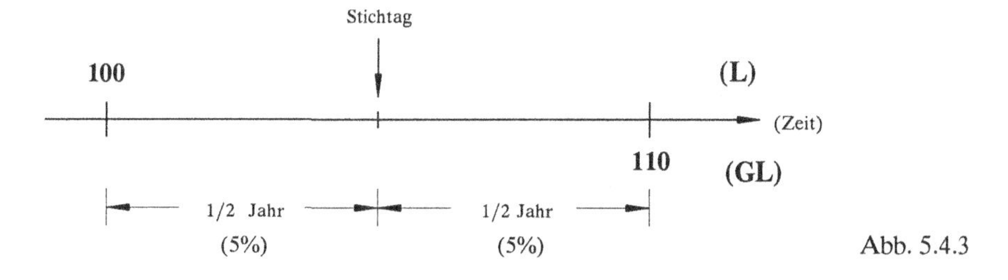

Abb. 5.4.3

und verwenden den zu 10% p.a. zeitproportionalen Halbjahreszinssatz 5%, so ergibt sich folgende Wertermittlung am Stichtag:

100 € ein halbes Jahr zu 5% aufgezinst liefert: $100 \cdot 1{,}05 = 105{,}\text{--}$ €.

110 € ein halbes Jahr mit 5% abgezinst liefert: $\frac{110}{1{,}05} = 104{,}76$ €.

m.a.W.: Zwei Zahlungen, die bezüglich eines Stichtages äquivalent sind, verlieren diese Äquivalenz, wenn *(bei linearer Verzinsung zum zeitproportionalen unterjährigen Zinssatz)* ein anderer Stichtag gewählt wird.

Hätte man stattdessen den zu 10% p.a. *konformen* Halbjahreszinssatz i_H gewählt, d.h. $i_H = 1{,}1^{0{,}5} - 1 = 4{,}8809\%$ p.H., so hätte sich wegen $1{,}1 = (1+i_H)^2$ ergeben:

100 € ein halbes Jahr aufgezinst: $100 \cdot (1+i_H)$

110 € ein halbes Jahr abgezinst: $\frac{110}{1+i_H} = \frac{100 \cdot (1+i_H)^2}{1+i_H} = 100 \cdot (1+i_H)$

also in beiden Fällen exakt derselbe Wert *(nämlich 104,8809 €)*.

Ergebnis 2:

> Bei linearer Verzinsung zum relativen Zinssatz hängt die Äquivalenz zweier Zahlungsreihen vom gewählten Bewertungsstichtag ab.
>
> Bei Verwendung des konformen Zinssatzes und Anwendung der Zinseszinsmethode bleiben zwei zu irgendeinem Stichtag als äquivalent festgestellte Zahlungsreihen auch für jeden anderen beliebig wählbaren Stichtag äquivalent.

Fall 3: Jemand leiht sich 100 € zu 12% p.a. und beabsichtigt, die Schuld nach einem Jahr durch Zahlung von 112 € vollständig zurückzuführen.

Nach Ablauf eines halben Jahres will er den Kredit vorzeitig ablösen, der Kreditgeber berechnet den halben Jahreszins *(= 6%)* und fordert 106 €.

Unmittelbar nach Übergabe dieser Summe leiht er sich das zurückgezahlte Kapital erneut aus, muss aber nun – bei ebenfalls 6% im zweiten Halbjahr – am Jahresende einen Betrag von $106 \cdot 1{,}06 = 112{,}38$ € zurückzahlen – und das bei gleichfalls einjähriger Nutzung des Kapitals von 100 €.

Hätte sich – bei 12% p.a. – der Kredit dagegen unterjährig mit dem konformen Halbjahres-Zinssatz i_H *(und unter Ansatz von Zinseszinsen)* verzinst, d.h. mit

$$1+i_H = 1{,}12^{0,5} = 1{,}0583, \qquad \text{d.h.} \qquad i_H = 5{,}83\% \text{ p.H.},$$

so hätte der Kreditnehmer zur Jahresmitte zunächst $100 \cdot 1{,}12^{0,5} = 105{,}83$ € zurückgezahlt bzw. bei erneuter Ausleihe dieses Betrages am Jahresende

$$105{,}83 \cdot 1{,}0583 = 112,\text{-- €},$$

d.h. unabhängig von einem zwischenzeitlichen Zinszuschlag genau 12% p.a. *(effektiv)* am Jahresende.

Ergebnis 3:

> Bei linearer Verzinsung zum relativen unterjährigen Zins hängt der aufgezinste Endwert eines Betrages davon ab, ob *(und wie oft)* in der Zwischenzeit die Zinsen wertgestellt wurden.
>
> Bei Anwendung unterjähriger Zinseszinsen zum konformen Zinssatz hat – unabhängig von der Zahl und dem zeitlichen Abstand zwischenzeitlicher Zinsbuchungen – das Endkapital stets denselben Wert.

Fall 4: Gegeben sei – bei durchgehend linearer Verzinsung, d.h. ohne zwischenzeitlichen Zinszuschlag[29] – ein Kredit mit folgender Zahlungsstruktur *(Abb. 5.4.4)*:

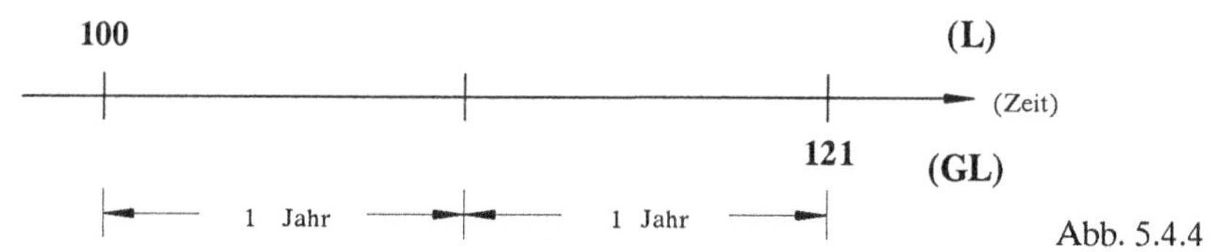

Abb. 5.4.4

Gesucht ist der Effektivzinssatz dieses Kredits bei Wahl unterschiedlicher Bewertungsstichtage:

a) Durchgehender Ansatz linearer Verzinsung:

a1) Stichtag am Tag der Gegenleistung, d.h. 2 Jahre nach Kreditaufnahme:

Aus $100 \cdot (1+i \cdot 2) = 121$ folgt: $i_{eff} = 10{,}50\%$ p.a.

a2) Stichtag: 1 Jahr nach Kreditaufnahme:

Aus $100 \cdot (1+i) = \frac{121}{1+i}$ folgt: $i_{eff} = 10{,}00\%$ p.a.

a3) Stichtag: 10 Jahre nach Kreditaufnahme:

Aus $100 \cdot (1+i \cdot 10) = 121 \cdot (1+i \cdot 8)$ folgt: $i_{eff} = 65{,}63\%$ p.a.

a4) Stichtag: 9,5 Jahre vor Kreditaufnahme:

Aus $\frac{100}{1+i \cdot 9{,}5} = \frac{121}{1+i \cdot 11{,}5}$ folgt: $i_{eff} = 42 = 4200\%$ p.a. (!)

---

[29] In diesem und dem folgenden Fall wird ausdrücklich von den Zinsvorschriften des § 608 BGB abgewichen, um die absurden Folgerungen aus dem linearen Verzinsungs-Denkansatz einmal auf recht drastische Weise demonstrieren zu können.

Durch Variation des Bewertungsstichtages kann für einen vorgegebenen Kredit also nahezu jeder beliebige Effektivzinssatz willkürlich erzeugt werden – der lineare Ansatz macht's möglich.

b) Wählt man dagegen die **Zinseszinsmethode** *(i = eff. Jahreszins)*, so folgt in den eben beschriebenen Fällen:

b1) Stichtag am Tag der Gegenleistung:

Aus $100 \cdot (1+i)^2 = 121$ folgt: $1+i = \sqrt{1{,}21} \Rightarrow i_{eff} = 10{,}00\%$ p.a.

b2) Stichtag: 1 Jahr nach Kreditaufnahme:

Aus $100 \cdot (1+i) = \dfrac{121}{1+i}$ folgt b1), d.h. $i_{eff} = 10{,}00\%$ p.a.

b3) Stichtag: 10 Jahre nach Kreditaufnahme:

Aus $100 \cdot (1+i)^{10} = 121 \cdot (1+i)^8$ folgt $100 \cdot (1+i)^2 = 121$, d.h. wie b1)

b4) Stichtag: 9,5 Jahre vor Kreditaufnahme:

Aus $\dfrac{100}{(1+i)^{9,5}} = \dfrac{121}{(1+i)^{11,5}}$ folgt durch Multiplikation mit $(1+i)^{11,5}$:

$100 \cdot (1+i)^2 = 121$, d.h. wieder b1) mit $i_{eff} = 10{,}00\%$ p.a.

Ergebnis 4:

> Bei linearer Verzinsung hängt die Höhe des Effektivzinssatzes eines Kredits entscheidend davon ab, welcher Stichtag für den Vergleich von Leistungen und Gegenleistungen gewählt wird.
>
> Verwendung der Zinseszinsmethode und des konformen unterjährigen Zinssatzes führt für jede Wahl des Bewertungsstichtages zum selben Effektivzinssatz.

Fall 5: Gegeben seien 100 €, die – bei 10% p.a. ohne Zinseszinseffekte, d.h. bei durchgehend linearer Verzinsung – um 1 Jahr aufgezinst werden sollen.

Wie hängt der aufgezinste Wert K_1 davon ab, ob „Umwege“ bei der Verzinsung gemacht werden ?

a) Durchgehender Ansatz linearer Verzinsung:

a1) ohne Umweg:

$K_1 = 100 \cdot 1{,}10 = 110{,}\text{--}$ €.

a2) Umweg: Erst 3 Jahre aufzinsen und dann 2 Jahre abzinsen *(per saldo also wieder 1 Jahr aufgezinst)*:

$$K_1 = 100 \cdot (1+0{,}1 \cdot 3) \cdot \frac{1}{1+0{,}1 \cdot 2} = 108{,}33 \text{ €}.$$

a3) Umweg: Erst 99 Jahre abzinsen, dann 200 Jahre aufzinsen, dann 100 Jahre abzinsen *(per saldo wieder 1 Jahr aufgezinst)*:

$$K_1 = 100 \cdot \frac{1}{1+0{,}1 \cdot 99} \cdot (1+0{,}1 \cdot 200) \cdot \frac{1}{1+0{,}1 \cdot 100} = 17{,}51 \text{ €}. \qquad (!!)$$

*(durch Aufzinsen mit 10% **verliert** ein Kapital ca. 82,5% seines Wertes !?).*

b) Verwendung der **Zinseszinsmethode** *(10% p.a.)* dagegen liefert

b1) ohne Umweg:

$$K_1 = 100 \cdot 1{,}10 = 110{,}\text{-- €},$$

b2) Umweg: Erst 3 Jahre auf-, dann 2 Jahre abzinsen:

$$K_1 = 100 \cdot 1{,}1^3 \cdot 1{,}1^{-2} = 100 \cdot 1{,}1^{3-2} = 100 \cdot 1{,}1 = 110{,}\text{-- €},$$

b3) Umweg: Erst 99 Jahre ab-, dann 200 Jahre auf-, dann 100 Jahre abzinsen:

$$K_1 = 100 \cdot 1{,}1^{-99} \cdot 1{,}1^{200} \cdot 1{,}1^{-100} = \textit{(Anwendung der Potenzgesetze)}$$

$$= 100 \cdot 1{,}1^{-99+200-100} = 100 \cdot 1{,}1^1 = 110{,}\text{-- €},$$

also in allen Fällen denselben – um ein Jahr aufgezinsten – Wert.

Ergebnis 5:

> Bei Verwendung der linearen Verzinsung hängt der Wert einer zeitlich transformierten *(d.h. auf- oder abgezinsten)* Zahlung davon ab, auf welchen Verzinsungsumwegen der vorgegebene Stichtag erreicht wird.
>
> Bei Anwendung der Zinseszinsmethode darf man beliebige und beliebig viele Verzinsungsumwege einschlagen, ohne dass sich der schließlich erreichte auf-/abgezinste Wert ändert.

Fall 6: Den Abschluss dieser Reihe von Ungereimtheiten bei linearer Verzinsung bildet die Betrachtung eines Ratenkredits und seiner staffelmäßigen Abrechnung mit Hilfe des 360-Tage-Methode-Effektivzinssatzes auf einem Vergleichs-Kreditkonto.

Kreditsumme: 1.000 € , Rückzahlung mit 12 Monatsraten zu je 120 €, erste Rate einen Monat nach Kreditaufnahme fällig, vgl. Abb. 5.4.5:

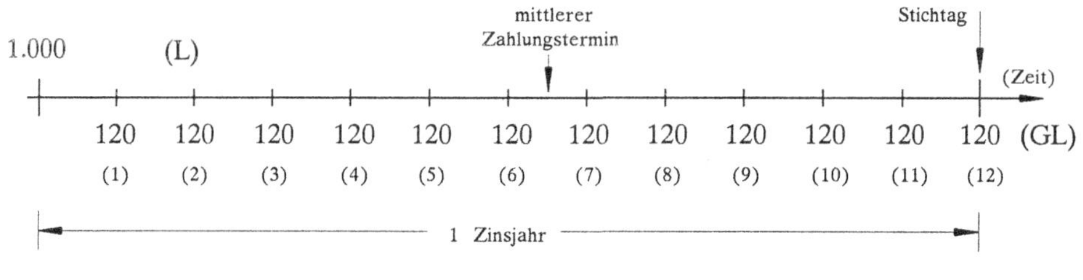

Abb. 5.4.5

Die Äquivalenzgleichung nach der 360-Tage-Methode berücksichtigt unterjährig lineare Verzinsung und Zinszuschlag am Jahresende, vgl. Abb. 5.4.5:

$$1.000 \cdot (1+i) = 1.440 \cdot (1+i \cdot \frac{5,5}{12}) \quad \Rightarrow \quad i = i_{eff} = 129,412\% \text{ p.a.}$$

Rechnet man mit diesem Effektivzins das Vergleichskonto staffelmäßig durch *(monatlich werden $i_{eff}/12 = 10,7843\%$ auf die jeweilige Restschuld angesetzt, separat gesammelt und am Jahresende dem Konto belastet; jede Rückzahlungsrate vermindert unmittelbar die Restschuld)*, so ergibt sich das folgende Vergleichskonto *(Tab. 5.4.6)*:

Monat	Restschuld zu Monatsbeginn	(10,7843% p.m.) Monatsszinsen separat gesammelt	kumulierte und zum Jahresende verrechnete Zinsen	Tilgung (Monatssende)	Zahlung (Monatssende)
1	**1.000,--**	(107,84)		120,--	**120,--**
2	880,--	(94,90)		120,--	**120,--**
3	760,--	(81,96)		120,--	**120,--**
4	640,--	(69,02)		120,--	**120,--**
5	520,--	(56,08)		120,--	**120,--**
6	400,--	(43,14)		120,--	**120,--**
7	280,--	(30,20)		120,--	**120,--**
8	160,--	(17,25)		120,--	**120,--**
9	40,--	(4,31)		120,--	**120,--**
10	- 80,--	(- 8,63)		120,--	**120,--**
11	- 200,--	(-21,57)		120,--	**120,--**
12	- 320,--	(-34,51)	440,--	- 320,--	**120,--**
13	**0** *(Konto ausgeglichen)*				

Tab. 5.4.6

Verblüffend ist die Tatsache, dass ab Ende des 9. Monats das Konto des Kreditnehmers einen *positiven* Saldo *(erkennbar am Minuszeichen vor der jeweiligen Restschuld)* aufweist, so dass dem Kreditnehmer mit Ende des 10. Monats Zins*gutschriften* auf das separate Zinssammelkonto gebucht werden. „Es ist sehr zu bezweifeln, dass ein Bankkunde das System der Berechnung des effektiven Jahreszinses versteht und nachvollziehen kann, wenn er für die letzten Monate Zinsgutschriften bekommt."[30]

Diese wesentlich auf dem linearen Verzinsungsvorgang beruhende Ungereimtheit verschwindet vollständig, wenn man die ICMA-Methode verwendet, d.h. unterjährig den zum gesuchten Effektivzins i_{eff} konformen Monatszins i_M verwendet:

Wegen $(1+i_M)^{12} = 1+i_{eff}$ ergibt sich aus Abb. 5.4.5 die Äquivalenzgleichung

$$1.000 \cdot (1+i_M)^{12} = 120 \cdot \frac{(1+i_M)^{12}-1}{i_M} ,$$

mit der *(etwa durch die Regula falsi gewonnenen)* Lösung: $i_M = 6,1104\%$ p.M., d.h.

$$i_{eff} = 1,061104^{12} - 1 = 103,7490\% \text{ p.a.}$$ *(eff. Zins nach ICMA-Methode)*.

[30] Vgl. [Alt1] 222.

Die entsprechende Vergleichskonto-Staffelrechnung *(Tab. 5.4.7)* zeigt, dass nicht nur die absurden Zinsgutschriften verschwunden sind, sondern – bei identischen Liquiditätsabflüssen – der Effektivzins *(mit 103,75% vs. 129,41% bei der 360-Tage-Methode)* auch noch erheblich niedriger ausgewiesen werden kann als bei Verwendung der 360-Tage-Methode:

Monat	Restschuld zu Monatsbeginn	Monats-zinsen (6,1104%)	Tilgung	Monats-zahlung
1	**1.000,--**	61,10	58,90	**120,--**
2	941,10	57,51	62,49	**120,--**
3	878,61	53,69	66,31	**120,--**
4	812,30	49,63	70,37	**120,--**
5	741,93	45,33	74,67	**120,--**
6	667,27	40,77	79,23	**120,--**
7	588,04	35,93	84,07	**120,--**
8	503,97	30,79	89,21	**120,--**
9	414,76	25,34	94,66	**120,--**
10	320,11	19,56	100,44	**120,--**
11	219,67	13,42	106,58	**120,--**
12	113,09	6,91	113,09	**120,--**
13	**0** *(Konto ausgeglichen)*			

Tab. 5.4.7

Ergebnis 6:

Bei Anwendung der – auf linearer Verzinsung beruhenden – 360-Tage-Methode zur Effektivzinsermittlung kann in der Vergleichskontostaffelrechnung der paradoxe Fall auftreten, dass das Kreditkonto in den letzten Phasen der Laufzeit rechnerisch einen positiven Kapitalbestand zugunsten des Kreditnehmers aufweist und ihm daher Zinsgutschriften zugebucht werden müssen.

Die Anwendung der ICMA-Methode vermeidet diese Ungereimtheit und kann außerdem rechnerisch den geringeren Effektivzinssatz aufweisen.

Zusammenfassung

Die angeführten Beispiele zeigen die prinzipiellen Schwächen und unsinnigen Folgeerscheinungen der linearen Verzinsung recht drastisch. Die Tatsache, dass trotz allem im Kreditwesen in vielen Fällen immer noch an der linearen Verzinsung festgehalten wird, liegt – außer an einem gewissen Beharrungsvermögen im traditionellen Geldgewerbe – vor allem darin begründet, dass der Hang zur Linearität weit verbreitet ist.

Das oft zitierte „lineare kaufmännische Denken"[31] ist zunächst einmal bei nichtlinearen Prozessen *(wie dem Verzinsungsvorgang)* als logisches Argument unbrauchbar, wie gesehen. Hinzu kommt, dass die

[31] So etwa [Wim] 956.

lineare Verzinsungsfiktion – wie sie z.B. in der 360-Tage-Methode zum Ausdruck kommt – noch nicht einmal eine Vereinfachung der Rechnungen mit sich bringt, im Gegenteil: Die zur Effektivzinsermittlung führenden Äquivalenzgleichungen sind häufig gerade durch die Vermischung von „linearen" und „exponentiellen" Anteilen derart unübersichtlich und monströs[32], dass im Vergleich dazu die entsprechenden, den konformen unterjährigen Zinssatz benutzenden, Äquivalenzgleichungen[33] geradezu musterhaft einfach und klar erscheinen.

So zeigt auch das letzte Beispiel *(vgl. Tab. 5.4.7)*, dass das mit dem konformen Monatszins durchgerechnete Vergleichskonto nicht nur klar und logisch aufgebaut ist, sondern eher noch einfacher nachzuvollziehen ist als das entsprechende 360-Tage-Methode-Konto *(vgl. Tab. 5.4.6)*.

Dass zwischen effektivem Jahreszins und konformem unterjährigen Zins ein nichtlinearer Zusammenhang besteht *(man also gelegentlich die Potenz-/Wurzelgesetze anwenden oder den entsprechenden Knopf des elektronischen Taschenrechners betätigen muss)*, dürfte in einem technologieorientierten Staatswesen und im Zeitalter des für jedermann verfügbaren Computers nicht als Zumutung empfunden werden.

Man mag sich darüber streiten, ob die nun endlich[34] auch im deutschen Kreditwesen *(zur Effektivzinsermittlung von Verbraucherkrediten)* anzuwendende internationale ICMA-Methode im allgemeingültigen Sinn „wahr" ist. Zumindest aber ist sie das einzige bekannte und bereits international erprobte Verfahren, das gleichzeitig plausibel, eindeutig und frei von inneren Widersprüchen ist.

Unabhängig davon werden allerdings noch eine Reihe von Streitfällen im Zusammenhang mit den Hypothekenurteilen des BGH *(vgl. Kap. 4.4 und insbesondere die Bem. 4.4.4)* die deutschen Gerichte beschäftigen. Das Urteil des AG Dortmund[35] lässt hoffen, dass die oft gehörte These *„iudex non calculat"* bald zur Kategorie der widerlegbaren Vorurteile zu zählen ist.

Aufgabe 5.4.8: Gegeben sind zwei Kreditgeschäfte K1 und K2, bestehend jeweils aus einer Leistung (L) von 100 (T€) und einer genau ein Jahr später fälligen Gegenleistung (GL) in Höhe von 110 (T€). Das Geschäft K2 findet ein halbes Jahr später statt als K1, vgl. Abb. 5.4.9:

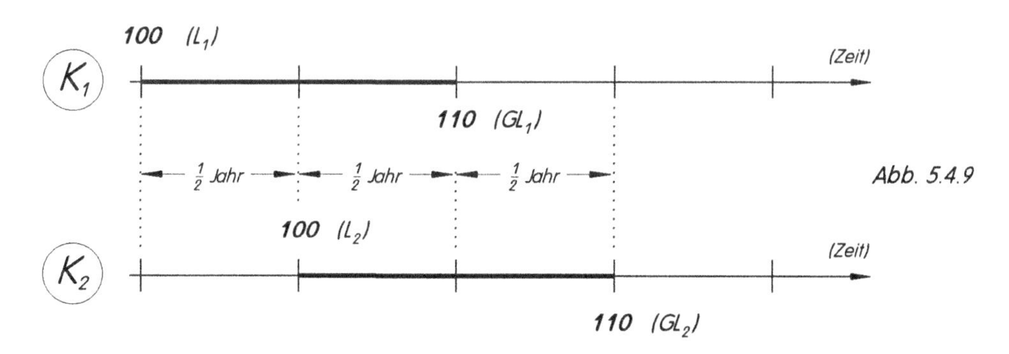

Abb. 5.4.9

Sowohl K1 wie K2 besitzen jeweils einen Effektivzins *(nach 360-Tage-Methode sowie ICMA)* von 10% p.a. *(denn $100(1 + i_{eff}) = 110$)*.

---

[32] Siehe etwa die Formeln (5.3.93) ff. bzw. die besonders effektvollen Beispiele in [Wag] 76 ff.

[33] Vgl. etwa [Wag] 122.

[34] Vgl. EU-Richtlinie 98/7/EG, umgesetzt in der Preisangabenverordnung (PAngV) von 2000

[35] AG Dortmund, Urteil v. 4.5.92, Az. 112 C 2495/92.

Werden die beiden Geschäfte miteinander kombiniert *(etwa aus der Sicht eines Investors, der beide Geschäfte tätigt)*, so ergibt sich für das resultierende Gesamtgeschäft K folgende Zahlungsreihe *(Abb. 5.4.10)*:

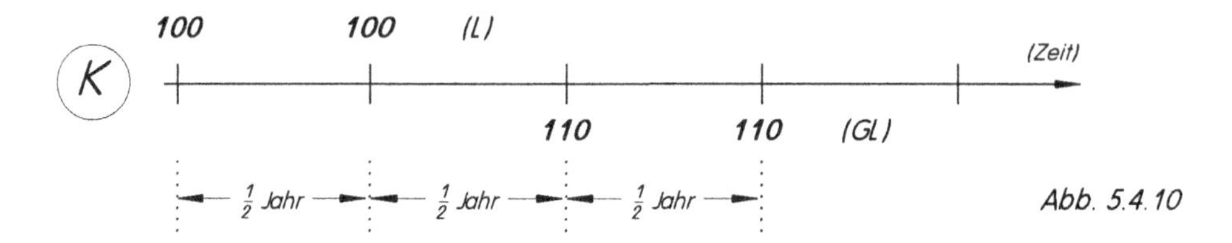

Abb. 5.4.10

i) Man ermittle nach der 360-Tage-Methode den Effektivzinssatz für das kombinierte Geschäft und untersuche, ob *(bei Anwendung der 360-Tage-Methode)* bzw. unter welchen Verzinsungs-Bedingungen zwei Geschäfte mit einer Rendite von jeweils 10% p.a. zu einem kombinierten *Gesamt*geschäft mit *ebenfalls* effektiv 10% p.a. führen.

ii) Man löse i) für den Fall der Effektivzinsberechnung nach der ICMA-Methode.

6 Einführung in die Finanzmathematik festverzinslicher Wertpapiere

6.1 Grundlagen der Kursrechnung und Renditeermittlung

Zu den wichtigsten Finanzinvestitionen gehört die Anlage von Zahlungsmitteln in *(i.a. börsennotierte)* **Wertpapieren**.

Der Erwerb eines Wertpapiers *(genauer: einer Wertpapierurkunde* [1]*)* begründet für den Investor *(der für das Wertpapier einen gewissen Preis (≙ Leistung) zahlen muss)* ein Forderungsrecht auf finanzielle Gegenleistungen, etwa in Form von definierten Zahlungen zu definierten Zeitpunkten.

Von der nahezu unerschöpflich großen Zahl unterschiedlicher Formen von Finanzanlagen in Wertpapieren/Wertrechten/Beteiligungsrechten/Optionsrechten... sollen in diesem Kapitel [2] ausschließlich *(klassische)* **gesamtfällige** [3] **festverzinsliche Wertpapiere** *(Anleihen (Bonds), Schuldverschreibungen, Obligationen, Pfandbriefe...)* behandelt werden.

Charakteristisch für diese Wertpapiergattung sind von der **Emission** *(Erstausgabe)* bis zur **Rücknahme** die folgenden *(vertraglich fixierten)* Leistungen und Gegenleistungen:

- Im Emissionszeitpunkt *(t = 0)* zahlt der Investor *(Erwerber)* pro 100 € **Nennwert** [4] *(oder Nominalwert)* einen **Preis** von C_0 €. C_0 heißt **Emissionskurs** des Wertpapiers und wird bei festverzinslichen Wertpapieren als v.H.-Satz des Nennwertes angegeben *(Prozentkurs)* [5].

  Beispiel: Bei einem Emissionskurs $C_0 = 98\%$ kostet ein Wertpapierstück von 100 € Nennwert 98 €. Entsprechend kosten 500 € Nominalwert 490 € usw.
  (übliche Stückelungen eines Wertpapiervolumens [€]: 100, 500, 1000, 5000, 10000)

- Als *(verbriefte)* **Gegenleistung** für die Darlehensgewährung gewährt die emittierende Unternehmung *(z.B. öffentliche Hand, Kreditinstitute, Bahn, Post, ...)* dem Investor und Wertpapiererwerber

  i) Zinsen
  ii) Rückzahlung *(Tilgung)*

  während der vorgegebenen Laufzeit von n Jahren.

  i) Die **Zinsen** *(auch: Kuponzahlung)* [6], ermittelt durch Anwendung des vorgegebenen **nominellen Jahreszinsfußes p*** auf den **Nennwert**, werden jährlich nachschüssig *(gelegentlich auch – zu gleichen Teilen – halb- oder vierteljährlich)* an den Investor und Wertpapierinhaber ausgezahlt. Pro Nennwert 100 € werden also am Jahresende p* € an Zinsen fällig, Kuponhöhe also p* €.

---

[1] Vgl. [Bes3] 682.

[2] Weiterführend werden wir uns dann in Kap. 8 – aufbauend auf den Ergebnissen dieses Kapitels – mit sog. Finanzinnovationen, nämlich „derivativen" Anlageformen wie Futures und Optionen beschäftigen.

[3] Vgl. Kap. 4.2.2. Gesamtfällige Anleihen werden auch als *Zinsanleihen* bezeichnet.

[4] Der Nennwert eines Wertpapiers ist der mit der Wertpapierurkunde verbriefte Darlehensbetrag, der als Bezugsgröße für Preis, Verzinsung und Tilgung dient. Es ist häufig sinnvoll, zunächst alle Betrachtungen für den Nennwert „100" durchzuführen.

[5] Bei Aktien erfolgt eine Stücknotiz, d.h. der Aktienkurs bezeichnet den (Stück-)Preis für eine Wertpapiereinheit im jeweils vorliegenden Nennwert. Bei Nennwert 100 sind Stückkurs und Prozentkurs identisch.

[6] Im Vor-Computer-Zeitalter wurde der Wertpapierurkunde häufig ein Zinsscheinbogen (oder *Kuponbogen*) beigelegt. Bei Zinsfälligkeit wurden dem Investor gegen Einreichung eines Zinskupons die entsprechenden Zinsen gutgeschrieben bzw. ausgezahlt.

Beispiel: $p^* = 8$ *(bzw. $i^* = 8\%$ p.a.)* bedeutet, dass für 100 € Nennwert zum Jahresende 8 € an Zinsen ausgezahlt werden, für 500 € Nennwert beträgt der Kupon 40 € usw.

Beispiel: Auch möglich: $p^* = 0$, d.h. der Erwerber erhält während der gesamten Laufzeit keinerlei Zinszahlungen, sondern erst am Ende der Laufzeit die Gesamttilgungsleistung zu einem *(deutlich)* über dem Emissionskurs liegenden Rücknahmekurs.

Derartige Anleihen heißen daher auch **Null-Kupon-Anleihen** oder **Zerobonds**. Unterschieden werden zwei Varianten, die sich allerdings in ihrer grundsätzlichen Struktur nicht unterscheiden und somit aus finanzmathematischer Sicht äquivalent sind:

a) Emissionskurs zum Nennwert 100%, bei Rücknahme am Ende der Laufzeit Tilgung 100% plus angesammelte Zinsen *(Zinssammler, siehe etwa die früheren Bundesschatzbriefe Typ B, Beispiel 4.2.8)* oder

b) Emission zu einem unter 100% liegenden Kurs, Rücknahme zum Nennwert *(abgezinster „echter" Zerobond)*.

ii) Bei den hier betrachteten **gesamtfälligen Wertpapieren** erfolgt die **Tilgung in einem Betrag C_n** am Ende des letzten *(n-ten)* Laufzeitjahres. C_n wird – wie C_0 – als v.H.-Satz des Nennwertes angegeben und heißt **Rücknahmekurs**.

Meist erfolgt die Rücknahme allerdings zum Nennwert *(zu pari, d.h. $C_n = 100\%$)*, nicht selten wird jedoch – etwa als Kaufanreiz – ein renditeerhöhender Rückzahlungskurs über 100% *(z.B. $C_n = 101{,}5\%$)* gewährt.

Da Emissionskurs *(Preis)* C_0, nomineller Zinsfuß *(Kupon)* p^* und Rücknahmekurs C_n in v.H.-Sätzen des Nennkapitals angegeben werden, können sie ebensogut als **Zahlungsbeträge** interpretiert werden, die sich auf einen **Nennwert von 100 €** des Wertpapiers beziehen.

Damit ergibt sich – bezogen auf je 100 € Nennwert – allgemein für **gesamtfällige festverzinsliche Wertpapiere** *(Kupon-Anleihen bzw. Null-Kupon-Anleihen)* die folgende zeitliche Struktur von Leistung und Gegenleistung *(Abb. 6.1.1a/b)*:

Kupon-Anleihe
Abb. 6.1.1a

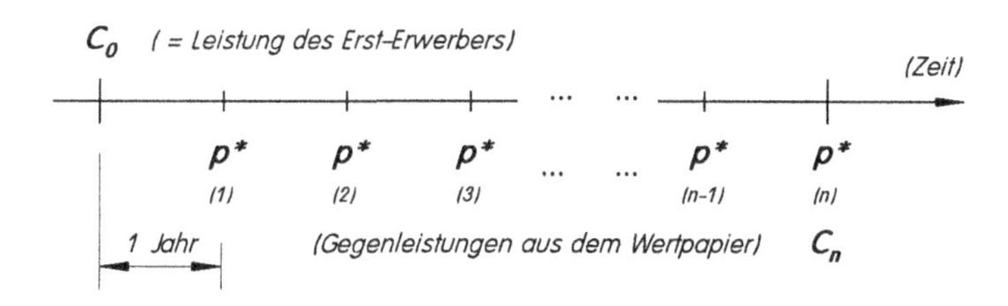

Null-Kupon-Anleihe
(Zerobond)
Abb. 6.1.1b

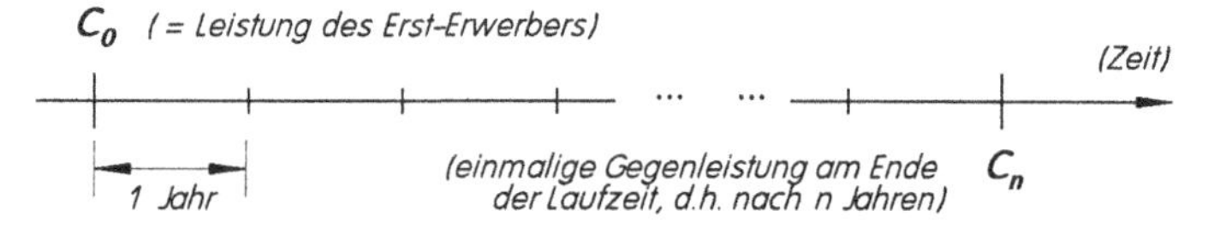

C_0: *Emissionskurs*
C_n: *Rücknahmekurs*
n: *Laufzeit (in Jahren)*
$i^* = \frac{p^*}{100}$: *nomineller Zinssatz*
p^*: *„Kupon"*

Beispiel 6.1.2: Eine Kupon-Anleihe wird mit folgender Ausstattung emittiert:

Emissionskurs:	$C_0 = 96\%$
Laufzeit:	$n = 7$ Jahre
Nominalzins *(Kupon)*:	$i^* = 8\%$ p.a.
Rückzahlungskurs am Ende der Laufzeit:	$C_n = 103\%$.

Damit ergibt sich *(je 100 € Nennwert)* folgende **Zahlungsreihe** *(Abb. 6.1.3)*:

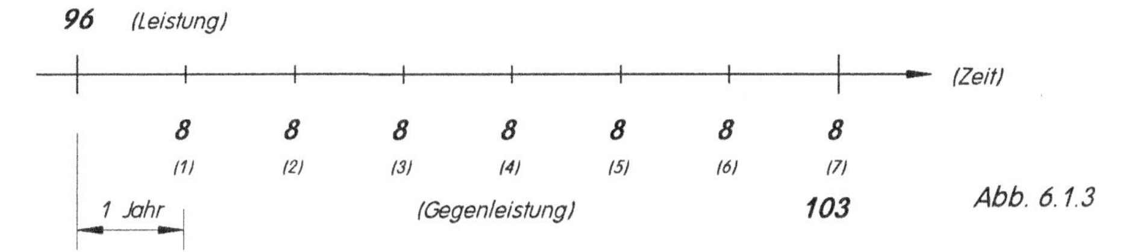

Abb. 6.1.3

An diesem *(einem Kreditvorgang analogen)* Beispiel wird deutlich, dass die Bewertung *(festverzinslicher)* Wertpapiere mit Hilfe der *üblichen finanzmathematischen Standard-Methoden (insbesondere des Äquivalenzprinzips)* erfolgen kann.

Ein entscheidender **Unterschied** zu sonstigen Kreditformen besteht in der für Wertpapiere charakteristischen Eigenschaft, an der **Börse** notiert und somit während ihrer Laufzeit gehandelt werden zu können.

Bemerkung 6.1.4:

i) Bei halbjährlichen Zinsauszahlungen werden nach jedem Halbjahr $\frac{p^*}{2}$, bei vierteljährlicher Zinsauszahlung nach jedem Quartal $\frac{p^*}{4}$ an Zinsen ausgezahlt.

*ii) Die nominellen **Zinsen** (p^* € pro 100 € Nennwert) bilden eine **Rente** (vgl. Abb. 6.1.1/6.1.3). Daher wird die Bezeichnung „Rentenpapiere" für derartige[7] Wertpapiere verständlich.*

Es stellt sich die Frage, ob – bei gegebener Ausstattung einer Anleihe – Leistung *(d.h. Preis (Kurs) des Wertpapiers)* und Gegenleistungen *(d.h. noch ausstehende nominelle Zinsen und Rückzahlungskurs)* in einem angemessenen Verhältnis zueinander stehen.

Als eines der wichtigsten „Messinstrumente" für die Vorteilhaftigkeit einer Wertpapieranlage benutzt man den üblichen finanzmathematischen **Renditebegriff** *(vgl. auch Satz 2.2.18 iv) oder Def. 5.1.1)*:

Definition 6.1.5: (Rendite von Wertpapieren)

Unter der **Rendite** *(oder dem **Effektivzinssatz**)* eines Wertpapiers versteht man denjenigen[8] *(im Zeitablauf unveränderten[9] nachschüssigen)* Jahreszinssatz i_{eff}, für den die **Leistung** des Erwerbers *(≙ Kaufpreis)* **äquivalent** zu den **Gegenleistungen** der emittierenden Unternehmung *(oder des Verkäufers)* wird.

---

[7] Unter *Rentenpapieren* oder *Rentenwerten* versteht man *jede* Art festverzinslicher Wertpapiere, auch wenn die Tilgung in Raten (Ratenanleihe) oder annuitätisch (Annuitätenanleihe) erfolgt.

[8] Folgen auf die (einmalige) Leistung des Wertpapierkäufers nur noch Gegenleistungen aus dem Wertpapier, so existiert genau ein positiver Effektivzins i_{eff}, sofern die nominelle Summe aller Gegenleistungen größer als der Ankaufspreis (≙ C_0) ist.

[9] Wir beschränken uns hier auf einheitliche konstante Zinssätze, deren Höhe nicht von der Anlagedauer abhängt *(„flache Zinsstruktur-Kurve", siehe z.B. [StB] 146)*. In Kap. 7 werden wir Risiko-Aspekte im Zusammenhang mit möglichen Zinsänderungen *(Parallelverschiebung der flachen Zinskurve)* ansprechen.

Wählt man als Stichtag[10] für die Äquivalenzgleichung den Zeitpunkt $t = 0$ des Wertpapiererwerbs *(Emissionszeitpunkt)*, so muss der Effektivzinsfaktor $q := 1 + i_{eff}$ nach Abb. 6.1.1 folgender **Äquivalenzgleichung** genügen

(6.1.6)
$$C_0 = p^* \cdot \frac{q^n - 1}{q - 1} \cdot \frac{1}{q^n} + C_n \cdot \frac{1}{q^n}$$

(C_0: Emissionskurs, Preis *(Leistung)* für den Erwerb eines Stückes von 100 € Nennwert;
p^*: Nominalzinsfuß, jährliche Zinszahlung Z *(Kupon, Gegenleistung)* pro 100€ Nennwert; erste Kuponzahlung ein Jahr nach Erwerb zu C_0, n-te Kuponzahlung bei Rücknahme;
C_n: Rücknahmekurs am Ende der Laufzeit von n Jahren; Rückzahlung pro 100 € Nennwert;
$q :=$ $1 + i_{eff}$: effektiver Jahreszinsfaktor;
i_{eff}: *(Emissions-)* Rendite des festverzinslichen Wertpapiers)

Beispiel 6.1.7: *(Fortsetzung von Beispiel 6.1.2)*

Für die in Beispiel 6.1.2 gewählte Wertpapierausstattung ergibt sich nach Abb. 6.1.3 folgende Äquivalenzgleichung:

(6.1.8)
$$96 = 8 \cdot \frac{q^7 - 1}{q - 1} \cdot \frac{1}{q^7} + 103 \frac{1}{q^7} .$$

Diese Gleichung ist elementar nicht nach q auflösbar, so dass zur Lösung ein iteratives Näherungsverfahren *(z.B. die Regula falsi, vgl. Kap. 5.1.2)* verwendet wird. Als Lösung ergibt sich eine Emissionsrendite i_{eff} in Höhe von: $i_{eff} = 9{,}12(28870)\%$ p.a.

Aus der Äquivalenzgleichung (6.1.6) liest man unmittelbar die bekannte finanzmathematische **Interpretation** für den *(Emissions-)* **Kurs** C_0 eines **Wertpapiers** ab:

(6.1.9) Der *(Emissions-)* **Kurs** C_0 eines Wertpapiers ist der mit Hilfe des **Effektivzinssatzes** abgezinste **Barwert** sämtlicher **zukünftiger** *(Gegen-)* **Leistungen** aus dem Wertpapier.

Anders ausgedrückt:

Legt der Investor seine Leistung *(d.h. den Wertpapierkaufpreis (≙ Kurs C_0))* zu i_{eff} an, so erhält er denselben Kontostand am Laufzeitende, den er erhielte bei Anlage sämtlicher Gegenleistungen zu i_{eff}. Ein entsprechender Tilgungsplan *(Vergleichskonto)* mit C_0 als Kreditsumme und p^* bzw. C_n als Annuitäten ginge bei Bewertung mit i_{eff} genau auf.

Aus (6.1.9) wird deutlich, dass über Variation von C_0 der Effektivzinssatz i_{eff} beliebig fein eingestellt werden kann. Dies ist deshalb wichtig, weil die nötigen Ausstattungsmerkmale (p^*, n, C_n) meist als „glatte" Zahlen vorgegeben werden, andererseits im Zeitpunkt des Wertpapierverkaufs die Marktzinsverhältnisse sich bereits geändert haben können:

Durch kurzfristige flexible Gestaltung des Emissionskurses C_0 kann – bei vorgegebener „Grobeinstellung" durch den Nominalzins i^* – der Effektivzins i_{eff} den gerade herrschenden Marktverhältnissen beliebig genau angepasst werden. Denn eine Plazierung des Wertpapiers am Finanzmarkt hat nur dann Aussicht auf Erfolg, wenn die mit dem Papier erzielbare Rendite i_{eff} den Marktgegebenheiten entspricht, d.h. wenn i_{eff} dieselbe Größenordnung besitzt wie andere vergleichbare Anlageformen.

---

[10] Nach Satz 2.2.18 iii) ist – bei reiner Zinseszinsrechnung – der Bezugszeitpunkt beliebig wählbar.

Beispiel 6.1.10:

Eine emittierende Unternehmung stattet ein festverzinsliches Wertpapier mit einem Kupon von 7,5% p.a. und einem Rücknahmekurs nach 12 Jahren von 101% aus. Im Zeitpunkt der Emission liegt das allgemeine Marktzinsniveau für derartige Wertpapiere bei 8% p.a., d.h. einem Erwerber soll bei Kauf dieses Wertpapieres ebenfalls eine Rendite von 8% p.a. garantiert werden *(vorausgesetzt, er hält das Papier bis zur Rücknahme)*.

Dann muss – nach (6.1.6) – die äquivalente Leistung C_0 *(= Kaufpreis)* des Erwerbers wie folgt gewählt werden:

$$C_0 = 7{,}5 \cdot \frac{1{,}08^{12}-1}{0{,}08} \cdot \frac{1}{1{,}08^{12}} + 101 \cdot \frac{1}{1{,}08^{12}} = 96{,}63\,\%.$$

(d.h. ein Preis von 96,63 € pro 100 € Nennwert bewirkt eine Emissionsrendite von 8% p.a.).

Denselben Effekt *(nämlich eine Emissionsrendite von 8% p.a.)* könnte man bei fixiertem Emissionskurs, z.B. C_0 = 98,5%, erzielen durch Anpassung des Rücknahmekurses C_n. Wegen

$$98{,}5 = 7{,}5 \cdot \frac{1{,}08^{12}-1}{0{,}08} \cdot \frac{1}{1{,}08^{12}} + C_n \cdot \frac{1}{1{,}08^{12}} \qquad \text{folgt:} \qquad C_n = 105{,}71\,\%.$$

Aus den beiden letzten Beispielen erkennt man die beiden **wesentlichen finanzmathematischen Fragestellungen** bei der Wertpapieremission:

- Ermittlung des **Emissionskurses** bei Vorgabe der Rendite *(d.h. bei gegebenem Marktzinsniveau)*
- Ermittlung der **Rendite** bei Vorgabe des *(Emissions-)*Kurses *(sowie aller übrigen Ausstattungsmerkmale)*.

Bemerkung 6.1.11: *Bei der Renditeabschätzung wird in der Praxis häufig mit **Näherungswerten** („Faustformeln") operiert.*

Eine der bekanntesten[11] Näherungsformeln für die Wertpapierrendite i_{eff} lautet:

(6.1.12)
$$i_{eff} \approx \frac{i^*}{C_0} + \frac{C_n - C_0}{n}$$
*(i^*, C_0 und C_n sind **dezimal** anzugeben)*

mit
- i^*: *nomineller Jahreszinssatz (Kupon, bezogen auf den Nennwert)*
- C_0: *Ankaufskurs, ggf. Emissionskurs*
- C_n: *(späterer) Verkaufskurs, ggf. Rücknahmekurs*
- n: *(Rest-) Laufzeit des Wertpapiers (in Jahren zwischen C_0- und C_n-Zeitpunkt)*

Interpretation:

Der erste Term $\frac{i^*}{C_0}$ von 6.1.12 liefert die (konstante) jährliche Verzinsung (in % p.a.), die durch den Nominalzins, bezogen auf den Ankaufskurs hervorgerufen wird.

Der zweite Term $\frac{C_n - C_0}{n}$ von 6.1.12 liefert die linear auf die Restlaufzeit des Papiers verteilte Kursdifferenz (in % p.a.).

---

[11] Weitere Näherungsformeln siehe etwa [Alt1] 127ff.

*So ergibt sich etwa im Fall von **Beispiel 6.1.7** (d.h. $C_0 = 96\%$; $i^* = 8\%$ p.a. (nom.); $n = 7$ Jahre; $C_n = 103\%$) näherungsweise als Rendite:*

$$i_{eff} \approx \frac{0{,}08}{0{,}96} + \frac{1{,}03 - 0{,}96}{7} = 0{,}0833 + 0{,}0100 = 0{,}0933 = 9{,}33\% \text{ p.a.},$$

d.h. gegenüber dem exakten Wert (= 9,12%) besitzt die Näherung einen Fehler von 0,21%-Punkten (d.h. von 2,3%). Ein derartiger (Zinseszinseffekte vernachlässigender) Näherungswert ist als Startwert etwa für die Regula falsi gut geeignet.

*Eine **weitere Näherungsformel** für die Rendite festverzinslicher Wertpapiere resultiert aus (6.1.12) in der Weise, dass der zweite Term $\frac{C_n - C_0}{n}$ nunmehr ebenfalls auf den Ankaufskurs C_0 bezogen wird:*

(6.1.12a)
$$i_{eff} \approx \frac{i^*}{C_0} + \frac{C_n - C_0}{n \cdot C_0}$$
*(i^*, C_0 und C_n sind **dezimal** anzugeben)*

*Bezogen wieder auf das obige **Beispiel 6.1.7** (d.h. $C_0 = 96\%$; $i^* = 8\%$ p.a.(nom.); $n = 7$ Jahre; $C_n = 103\%$) erhalten wir jetzt näherungsweise als Rendite:*

$$i_{eff} \approx \frac{0{,}08}{0{,}96} + \frac{1{,}03 - 0{,}96}{7 \cdot 0{,}96} = 0{,}0833... + 0{,}0104... \approx 0{,}0938 = 9{,}38\% \text{ p.a.},$$

d.h. gegenüber dem exakten Wert (= 9,12%) etwas weniger gute Näherung als bei Verwendung der Näherungsformel (6.1.12), aber ebenfalls als Startwert für die iterative Lösung der Äquivalenzgleichung (6.1.8) mit Hilfe der Regula falsi gut zu gebrauchen.

Aufgabe 6.1.13: Die Vampir AG benötigt dringend frisches Kapital. Sie will ein festverzinsliches Wertpapier *(Nominalwert 100)* emittieren, das dem Erwerber während der 10-jährigen Laufzeit eine Effektivverzinsung von 11% garantiert.

Emissionskurs: 97,5%, Rücknahmekurs: 101%.

Mit welchem nominellen Zinssatz muss die Vampir AG das Papier ausstatten?

Aufgabe 6.1.14: Dem Erwerber einer 6%igen Anleihe mit einer Laufzeit von 10 Jahren wird eine effektive Verzinsung von 9% p.a. zugesichert.

Wie hoch ist der Rücknahmekurs der Anleihe, wenn der Emissionskurs 99% beträgt?

Aufgabe 6.1.15: Man ermittle den Emissionskurs eines festverzinslichen Wertpapieres mit einer Laufzeit von 15 Jahren, einer nominellen Verzinsung von 8,75% und einem Rücknahmekurs (am Ende der Laufzeit) von 101,5%, wenn das Marktzinsniveau derzeit 4,8% p.a. beträgt *(d.h. ein Erwerber soll mit diesem Papier über die Laufzeit eine Rendite von 4,8% p.a. erzielen)*.

Aufgabe 6.1.16: Welche Rendite erzielt ein Wertpapierkäufer beim Kauf eines festverzinslichen Wertpapiers, das zu 96,57% emittiert wird, wenn folgende Ausstattung gegeben ist:

Laufzeit: 12 Jahre; nomineller Zins: 7,25%; Rücknahmekurs am Ende der Laufzeit: 105%

a) Näherungsformel (6.1.12) **b)** exakte Rechnung

Aufgabe 6.1.17: Huber will zum 01.01.05 einen Betrag von 120.000 € in voller Höhe in festverzinslichen Wertpapieren anlegen. Seine Wahl fällt auf eine Neu-Emission der Deutschen Bahn AG mit folgenden Konditionen:

Ausgabetag: 01.01.05, Ausgabekurs: 96%, Laufzeit: 11 Jahre.

i) a) Wieviele Stücke im Nennwert von je 50,-- € kann er erwerben?
b) Welchem Gesamt-Nennwert entspricht seine Wertpapieranlage?

ii) Welchen nominellen Zins wird die Deutsche Bahn gewähren, wenn das Papier am Ende der Laufzeit zum Nennwert zurückgenommen wird und dem Erwerber *(d.h. hier: Huber)* eine Rendite von 10,5% p.a. garantiert werden soll?

iii) Die Deutsche Bahn AG stattet nun *(abweichend von ii))* das Papier mit einem nom. Zins von 8,6% p.a. und einem Rücknahmekurs von 106% aus. Welche Rendite erzielt Huber über die Gesamtlaufzeit? **a)** Näherungsformel (6.12) **b)** exakte Rechnung

6.2 Kurs und Rendite bei ganzzahligen Restlaufzeiten

Wie schon in Beispiel 6.1.2 betont, werden festverzinsliche Wertpapiere täglich an der Börse notiert und gehandelt, sie können somit während ihrer Laufzeit beliebig erworben oder veräußert werden.

Es stellt sich daher die Frage, welcher **Kurs** C_t *(≙ Preis pro 100,-- € Nennwert)* sich einstellt, wenn bereits m (< n) Jahre seit der Emission vergangen sind *(bzw. welche **Rendite** sich für ein bereits seit m Jahren auf dem Markt befindliches Wertpapier beim Kauf zum vorgegebenen Kurs C_t ergibt)*.

Bei der Beantwortung dieser Fragen sollen **zwei Fälle** unterschieden werden, je nachdem, ob das Papier zu einem Zinstermin *(Fall 1 – laufendes Kapitel 6.2)* oder zwischen zwei Zinsterminen *(Fall 2 – siehe das folgende Kapitel 6.3)* gehandelt wird:

Fall 1) Seit der Emission seien **genau m Jahre** vergangen und m Kuponzahlungen geflossen, d.h. die **Rest**laufzeit t *(= n – m)* betrage eine ganze Zahl von Jahren, der Wertpapierkauf/-verkauf finde somit an einem Zinstermin statt, siehe Abb. 6.2.1:

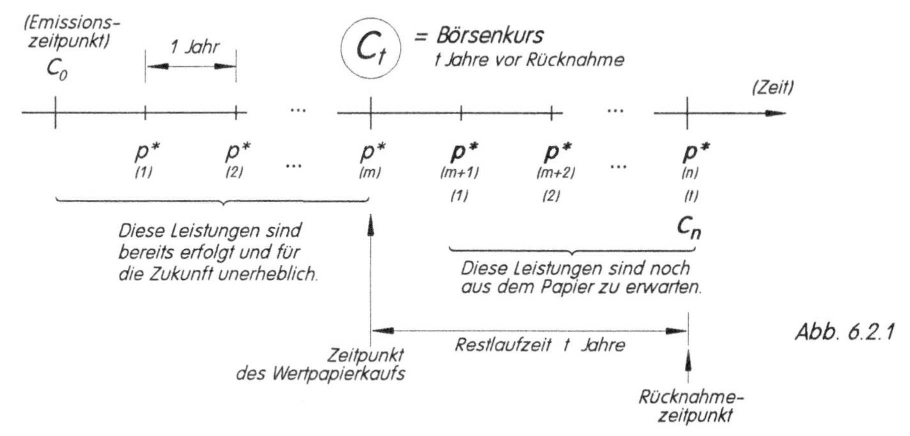

Abb. 6.2.1

C_0: Emissionskurs; C_n = Rücknahmekurs am Ende der Laufzeit;
C_t: Börsenkurs (Preis pro 100 € Nennwert) nach m Jahren (bei Restlaufzeit von t Jahren)
p^* = jährliche Zinszahlung (Kupon) pro 100 € Nennwert; n = Gesamtlaufzeit (m + t = n)

Abb. 6.2.1 zeigt die Situation im Zeitpunkt m *(d.h. unmittelbar nach der m-ten Zinszahlung, die noch dem Verkäufer zusteht)*:

Da für den Erwerber *(Käufer, Anleger)* nur die noch **zu erwartenden Leistungen** *(d.h. die noch ausstehenden t (= n – m) Kuponzahlungen zu je p* € sowie zusätzlich die am Laufzeitende fällige Rückzahlung* C_n*)* interessant sind, wird er im Zeitpunkt m nur einen solchen **Kurs** *(Preis)* C_t zu zahlen bereit sein, der – unter Berücksichtigung einer angemessenen Rendite bzw. dem gerade herrschenden Marktzinsniveau – **äquivalent** zu den noch **zu erwartenden Zahlungen** aus dem Wertpapier ist.

Somit gilt auch hier das bereits in (6.1.9) für den Emissionszeitpunkt formulierte Prinzip:

(6.2.2) Der **Preis** *(finanzmathematischer Kurs)* eines Wertpapiers ist *(in jedem Zeitpunkt*[12]*)* gegeben durch den *(mit Hilfe des Effektivzinssatzes/Marktzinssatzes ermittelten)* **Barwert aller** in der Restlaufzeit noch **ausstehenden Leistungen** aus dem Papier.

Aus Abb. 6.2.1 folgt daher für den Ankaufskurs C_t, wenn noch genau t Kuponzahlungen *(beginnend ein Jahr nach Kauf)* bis zur Rücknahme zu C_n ausstehen:

$$C_t = p^* \cdot \frac{q^t - 1}{q - 1} \cdot \frac{1}{q^t} + \frac{C_n}{q^t} \qquad (6.2.3)$$

(mit $q := 1 + i_{eff}$*)*.

Bemerkung 6.2.4:

i) Es handelt sich hier um eine zur Äquivalenzgleichung (6.1.6) nahezu identische Beziehung, in der lediglich statt der Gesamtlaufzeit n die Restlaufzeit t steht.

ii) Die in (6.2.3) auftretende Rendite i_{eff} *wird auch als* ***Umlaufrendite*** *(d.h. Rendite gleichartiger im Umlauf befindlicher Wertpapiere) bezeichnet.*

iii) Da Zahlungen, die erst zukünftig zu erwarten sind, heute desto weniger wert sind, je höher der Abzinsungsprozentsatz ist, folgt aus 6.2.2/6.2.3 der bekannte Effekt, demzufolge bei ***steigendem Marktzinsniveau*** *(*$\triangleq i_{eff}$*) die* ***Wertpapierkurse sinken*** *und umgekehrt (bisweilen reichen diesbezügliche Gerüchte oder „Zinsängste“ aus, um entsprechende Kursbewegungen zu provozieren).*

Beispiel 6.2.5: Eine Anleihe wird mit C_0 = 98,50% emittiert, *(nom.)* Verzinsung 7,80% p.a., Rücknahme nach 15 Jahren zum Nennwert.

Gesucht ist der Kurs unmittelbar nach der 5. Zinszahlung, wenn dem Erwerber eine dem dann herrschenden Marktzinsniveau entsprechende *(Umlauf-)*Rendite von 8,20% p.a. für die Restlaufzeit garantiert wird. Da in dieser Restlaufzeit *(t = 10)* noch 10 Zinszahlungen *(beginnend nach einem Jahr)* ausstehen, lautet nach 6.2.3 die Äquivalenzgleichung für den gesuchten Ankaufskurs:

$$C_t = 7{,}80 \cdot \frac{1{,}082^{10} - 1}{0{,}082} \cdot \frac{1}{1{,}082^{10}} + \frac{100}{1{,}082^{10}} = 97{,}34.$$

Zum Vergleich: Bei einem Marktzinsniveau von 12% p.a. ergibt sich ein Ankaufskurs von *(nur)* 76,27%, bei einem Marktzins von 5% p.a. dagegen ergibt sich eine Börsennotierung von 121,62%.

Also erneut die Bestätigung: steigendes Zinsniveau ⟷ fallende Kurse
fallendes Zinsniveau ⟷ steigende Kurse.

[12] Dies gilt in Deutschland für den offiziellen **Börsen**kurs nur bei Notierungen unmittelbar nach Zinszahlung, vgl. dagegen Fall 2 (Stückzinsen) in Kap. 6.3.

Die Renditeermittlung bei gegebenem Ankaufskurs erfolgt analog zum üblichen Verfahren *(vgl. etwa Beispiel 6.1.7)*:

Beispiel 6.2.6: Ein festverzinsliches Wertpapier wird mit C_0 = 96,50% emittiert, Verzinsung (nom.) 7% p.a., Rücknahme zu 102% nach 8 Jahren.

Unmittelbar nach Zahlung der 3. Zinsrate wird das Papier erstmalig verkauft, und zwar zu einem Kurs von 87,40%.

Gesucht sind **i)** Emissionsrendite
ii) realisierte Rendite des Verkäufers
iii) Umlaufrendite, d.h. Rendite des Käufers.

zu i): Gesucht ist die Rendite eines Ersterwerbers, der das Papier vom Emissionszeitpunkt bis zur Rücknahme hält. Der relevante Zahlungsstrahl lautet

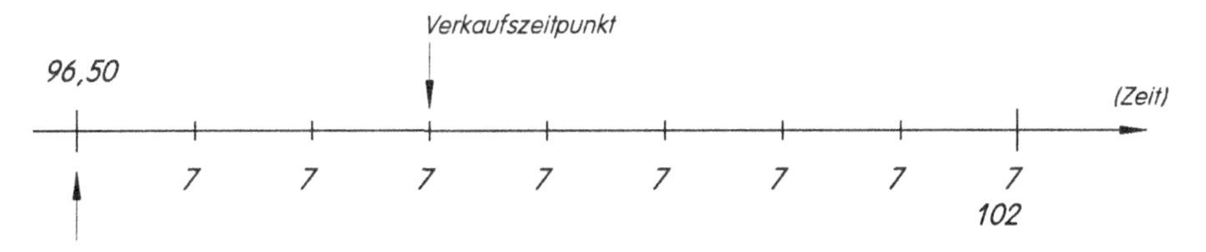

Daraus ergibt sich die Äquivalenzgleichung $96{,}5 = 7 \cdot \frac{q^8 - 1}{q - 1} \cdot \frac{1}{q^8} + \frac{102}{q^8}$

mit der Lösung: $i_{eff} = q - 1 = 7{,}7794\%$ p.a. *(Emissionsrendite)*.

zu ii): Für den Verkäufer ergibt sich unter Beachtung des erzielten Verkaufspreises 87,40 der folgende relevante Zahlungsstrahl:

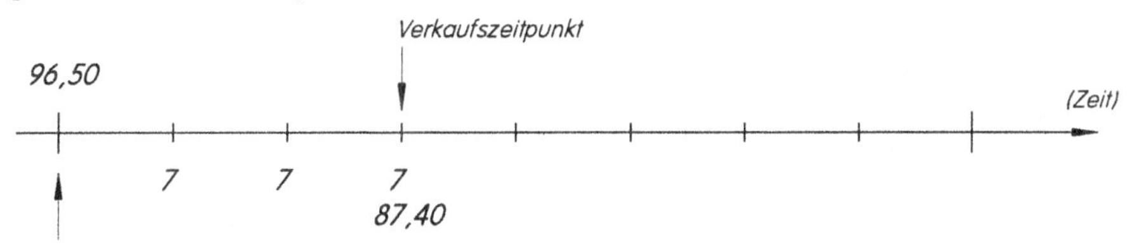

Aus $96{,}5 = 7 \cdot \frac{q^3 - 1}{q - 1} \cdot \frac{1}{q^3} + \frac{87{,}4}{q^3}$ folgt: $i_{eff} = 4{,}2401\%$ p.a. *(realisierte Rendite des Verkäufers)*.

zu iii): Für die Ermittlung der Umlaufrendite sind nur die Leistungen relevant, die ab dem Kaufzeitpunkt fließen:

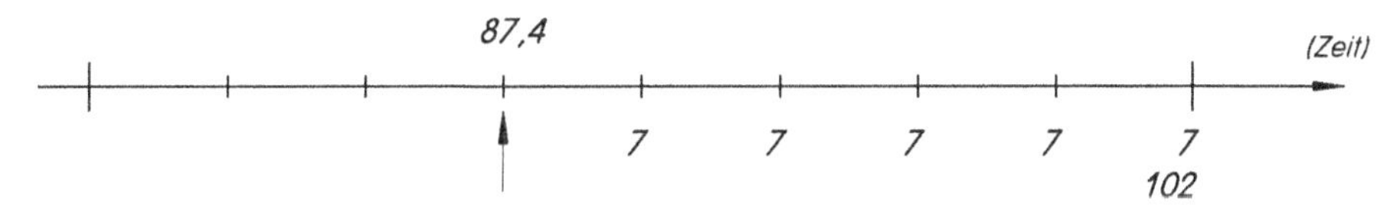

Aus $87{,}4 = 7 \cdot \frac{q^5 - 1}{q - 1} \cdot \frac{1}{q^5} + \frac{102}{q^5}$ folgt: $i_{eff} = 10{,}7071\%$ p.a. *(Umlaufrendite im Kaufzeitpunkt)*.

6.3 Kurs und Rendite zu beliebigen Zeitpunkten – Stückzinsen und Börsenkurs

Etwas anders gestaltet sich die Kursermittlung, wenn das Wertpapier **zwischen zwei Zinsterminen** notiert und gehandelt wird:

Fall 2) Kauft ein Anleger ein festverzinsliches Wertpapier *zwischen zwei Zinsterminen*, so erwirbt er damit auch die noch ausstehenden Zinskupons, d.h. er erhält die volle nächste Zinsrate p* *(vgl. den fettgedruckten Wert in Abb. 6.24)*, muss aber für den abgelaufenen Teil des Zinsjahres dem Verkäufer einen entsprechenden *(linear zu ermittelnden)* Zinsbruchteil, die sog. **Stückzinsen** erstatten.

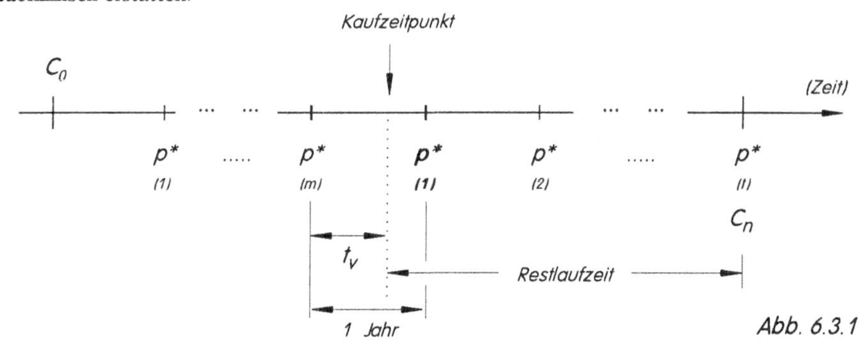

Abb. 6.3.1

Für den Jahresbruchteil t_V stehen dem Verkäufer anteilige Stückzinsen zu.

Beispiel 6.3.2: Ein festverzinsliches Wertpapier mit einem 8%-Koupon *(d.h. p* = 8,--€ pro 100€ Nennwert)* wird 3 Monate vor der letzten Zinsfälligkeit verkauft.

Dann gilt nach Abb. 6.3.1: t_V = 9 Monate *(d.h. 0,75 Jahre)*. Somit betragen die Stückzinsen $8 \cdot 0{,}75 = 6$,-- €, die dem Verkäufer im Kaufzeitpunkt zu erstatten sind.

Der sich im Kaufzeitpunkt einstellende **finanzmathematische Kurs** C_t *(Bruttokurs, „dirty price")* ist – wieder nach (6.2.2) – durch den *(mit dem Marktzins ermittelten)* Barwert aller zukünftigen Leistungen gegeben. Der **Börsenkurs** *(Nettokurs, „clean price)* hingegen ergibt sich aus diesem Kurs C_t durch Abzug der Stückzinsen:

(6.3.3)

Börsenkurs	=	finanzmathematischer Kurs *minus* Stückzinsen
(clean price)		*(dirty price)*

Anders ausgedrückt: An der Börse ist der effektive **Preis** *(= Bruttokurs, dirty price, finanzmathematischer Kurs)* für ein festverzinsliches Wertpapier gegeben durch den **Börsenkurs** *(Nettokurs, clean price)* **plus** den zu zahlenden **Stückzinsen**.

Diese Praxis verschleiert zwar einerseits den wahren Preis des Papiers im Kaufzeitpunkt, vermeidet aber andererseits die sich sonst zu den Zinsterminen ergebenden Kurssprünge *(vgl. Aufgabe 6.3.14)*.

Wir wollen das Vorgehen an einigen **Beispielen** verdeutlichen:

> Die unterjährige Verzinsung erfolgt hier mit der ICMA-Methode, d.h. unterjährige Zinseszinsen mit dem *(zum effektiven Jahreszinssatz)* **konformen** unterjährigen Zinssatz *(USA: Verwendung des* ***relativen*** *unterjährigen Zinssatzes)*.
>
> *(Die Stückzinsen hingegen werden – wie bisher – zeitproportional (linear) ermittelt!)*

Beispiel 6.3.4: Eine gesamtfällige 8%ige Anleihe, Jahreskupon, wird nach einer Gesamtlaufzeit von 7 Jahren zum Nennwert zurückgenommen.

Das Papier soll 2 Jahre und 9 Monate nach der Emission verkauft werden, die Umlaufrendite für vergleichbare Papiere beträgt zu diesem Zeitpunkt 10% p.a.

Gesucht sind im Verkaufszeitpunkt **i)** Bruttopreis **ii)** Stückzinsen **iii)** Börsenkurs des Papiers.

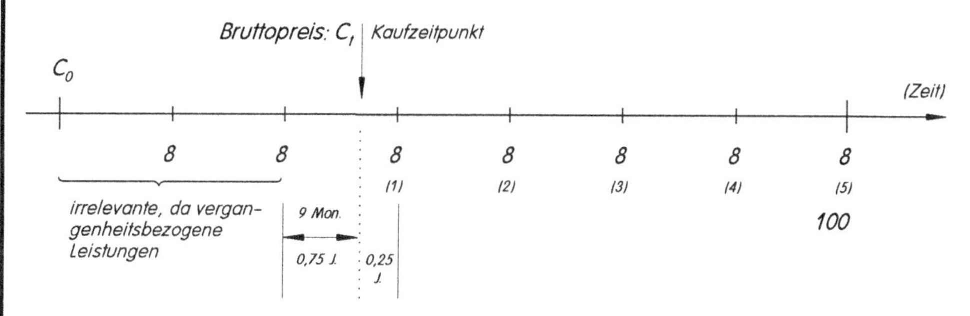

i) Bruttopreis C_t = Barwert *(10% p.a.)* aller noch ausstehenden Leistungen =

$$= \left(8 \cdot \frac{1{,}1^5 - 1}{0{,}1} + 100\right) \cdot \frac{1}{1{,}1^{4{,}25}} = 99{,}27\%.$$

ii) Stückzinsen müssen für 9 Monate gezahlt werden. Sie betragen daher pro 100 € Nennwert $8 \cdot 0{,}75 = 6$ €.

iii) Mit den Ergebnissen von i) und ii) lautet der börsennotierte Wert C_t^* im Kaufzeitpunkt:

$$C_t^* = 99{,}27 - 6 = 93{,}27\%.$$

Ein Wertpapierkäufer hat somit pro 100 € Nennwert einen Betrag von 93,27 € für das Wertpapier zu zahlen plus 6,-- € Stückzinsen, insgesamt also *(mit 99,27€)* per saldo denselben Preis, der ihm als Ertrag über das Papier in Form von Zinsen und Rücknahmewert *(bei 10% p.a. effektiv)* wieder zufließt, vgl. i).

Beispiel 6.3.5: Kaufmann Huber kauft 4 Monate nach einem Zinstermin ein gesamtfälliges festverzinsliches Wertpapier *(derzeitiger Börsenkurs 105,71%)*, das eine nominelle Verzinsung von 7,5% p.a. *(jährlicher Kupon)* aufweist und nach 2 Jahren und 8 Monaten mit einem Aufgeld von 3% *(auf den Nennwert)* zurückgenommen wird.

Gesucht ist Hubers Rendite.

Da außer dem Börsenwert noch Stückzinsen in Höhe von $7{,}50 \cdot \frac{4}{12} = 2{,}50$ zu zahlen sind, muss Huber insgesamt einen Preis von 108,21 für das Papier zahlen, d.h. Leistungen und Gegenleistungen stellen sich wie folgt dar:

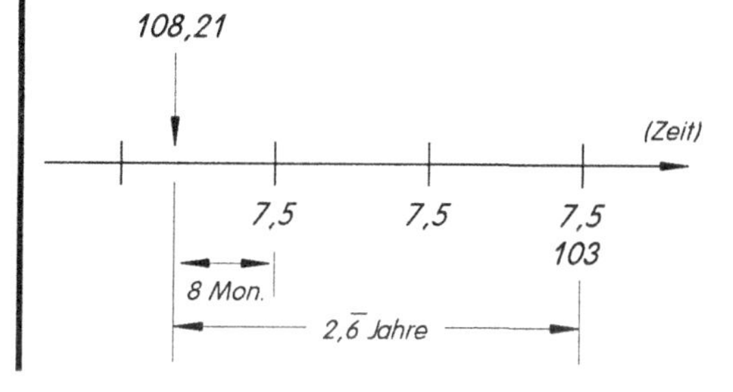

Daraus ergibt sich für q $(= 1 + i_{eff})$ die Äquivalenzgleichung:

$$108{,}21 = \left(7{,}5 \cdot \frac{q^3 - 1}{q - 1} + 103\right) \cdot \frac{1}{q^{2,\bar{6}}}$$

mit der Lösung: $i_{eff} = 6{,}1614\%$ p.a.

Abschließend wollen wir an zwei Beispielen klären, wie Kursermittlung und Renditeberechnung bei **halbjährlicher Zinszahlung** erfolgen, wobei auch hier Verkaufszeitpunkte zwischen zwei Zinsterminen angenommen werden *(unterjährig: ICMA-Methode)*.

Beispiel 6.3.6: Kerz kauft 72 Tage vor dem nächsten Zinstermin ein gesamtfälliges festverzinsliches Wertpapier, nomineller Zinssatz 6% p.a., wobei halbjährlich 3,-- € *(je 100€ Nennwert)* zur Auszahlung kommen. Insgesamt stehen noch 9 Halbjahreskupons aus. Zugleich mit der letzten Kuponzahlung wird das Papier zum Nennwert zurückgenommen. Die Umlaufrendite für vergleichbare Papiere beträgt im Kaufzeitpunkt 8,16% p.a.

Gesucht sind Bruttopreis, Stückzinsen und Börsennotierung im Kaufzeitpunkt.

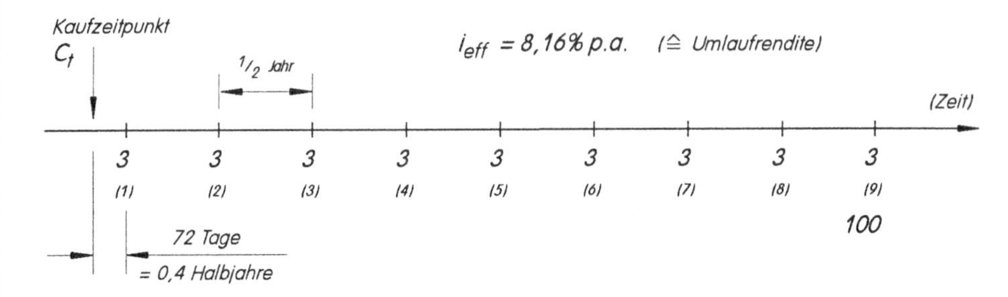

Aus i_{eff} = 8,16% p.a. ergibt sich der konforme Halbjahreszins i_p über $(1 + i_p)^2 = 1{,}0816$, d.h.

$$1 + i_p = \sqrt{1{,}0816} = 1{,}04.$$

Damit ergibt sich für den dirty price *(d.h. incl. Stückzinsen)* des Papiers nach (6.19):

$$C_t = 3 \cdot \frac{1{,}04^9 - 1}{0{,}04} \cdot \frac{1}{1{,}04^{8,4}} + \frac{100}{1{,}04^{8,4}} = 94{,}77\%.$$

Stückzinsen sind für 0,6 Halbjahre zu entrichten, betragen somit $3 \cdot 0{,}6 = 1{,}80$, so dass der Börsenkurs lautet:

$$C_t^* = C_t - 1{,}80 = 92{,}97\%.$$

Beispiel 6.3.7: Eine 9,4%ige Anleihe besitzt eine Restlaufzeit von 12,6 Jahren, die Rücknahme erfolgt zu 102%, pro Jahr existieren zwei Zinstermine. Im Kaufzeitpunkt wird die Anleihe zu einem Kurs *(clean price, d.h. ohne Stückzinsen)* von 92,40% notiert.

Gesucht ist die Rendite für einen Anleger.

Die erste *(von insgesamt 26)* Zinsraten *(zu je 4,70)* ist nach 0,1 Jahren = 0,2 Halbjahren fällig:

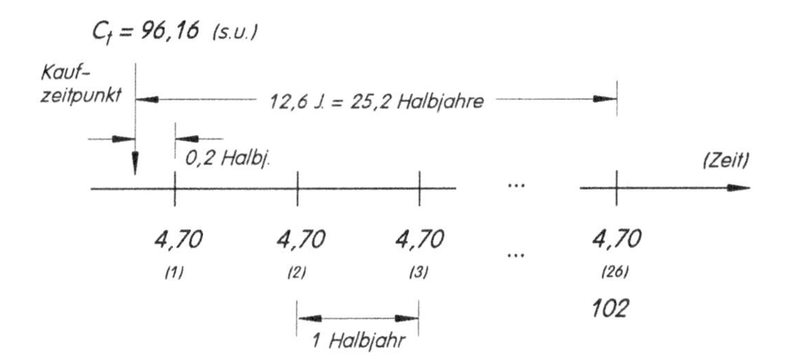

Die Stückzinsen für 0,8 Halbjahre ergeben sich zu $0{,}8 \cdot 4{,}7 = 3{,}76$, so dass der Bruttopreis C_t des Wertpapiers gegeben ist durch $92{,}40 + 3{,}76 = 96{,}16\%$.

Bezeichnet man mit $q := 1 + i_p$ den *(zu $1 + i_{eff}$ konformen)* Halbjahreszinsfaktor, so lautet die Äquivalenzgleichung

$$96{,}16 = 4{,}70 \cdot \frac{q^{26}-1}{q-1} \cdot \frac{1}{q^{25,2}} + \frac{102}{q^{25,2}} \quad \text{mit der Lösung:} \quad q = 1 + i_p = 1{,}052912,$$

d.h. $$i_{eff} = q^2 - 1 = 10{,}8623 \approx 10{,}86\% \text{ p.a.}$$

Aufgabe 6.3.8: Spekulant Uwe B. kauft ein festverzinsliches Wertpapier, das derzeit *(„heute")* zu 110,8% *(clean price)* notiert wird. Folgende Daten sind bekannt:

- Gesamtlaufzeit *(von Emission bis Rücknahme)*: 13 Jahre
- Restlaufzeit *(Kaufzeitpunkt („heute") bis Rücknahme)*: 5 Jahre
- Zinsausstattung *(nom.)* des Papiers: 6,75% p.a. *(erste Kuponzahlung für Uwe B. ein Jahr nach Ankaufszeitpunkt)*
- Rücknahmekurs: 101,3%.

Man ermittle Uwes Rendite **i)** nach der Näherungsformel (6.1.12) **ii)** exakt.

Aufgabe 6.3.9: Ein festverzinsliches Wertpapier mit Nennwert 100 €, Laufzeit 10 Jahre, Kupon 7% p.a. und Ausgabekurs 89% bringt dem Ersterwerber eine Rendite von 9,5% p.a.

i) Wie hoch ist der Rücknahmekurs *(Wiederanlageprämisse!)* ?

ii) Das Wertpapier wird unmittelbar nach der 3. Zinszahlung zu einem Kurswert verkauft, der dem Käufer eine Effektivverzinsung von 10% p.a. garantiert *(Rücknahmekurs wie unter i))*.

Zu welchem Kurswert wird das Papier verkauft?

iii) Huber hatte das Papier zum Emissionszeitpunkt gekauft. Die 10 Zinszahlungen hatte er jeweils unmittelbar nach Auszahlung in einem Ratensparvertrag zu 6,5% p.a. angelegt.

a) Über welches Kapitalvermögen verfügt er am Ende der Laufzeit?
b) Wie hoch ist jetzt seine Rendite aus der „kombinierten" Anlage?

iv) Wie hoch wäre Hubers Rendite gewesen, wenn er die 10 Zinszahlungen nicht angelegt, sondern unter seinem Kopfkissen versteckt hätte? *(Damit ist eine potentielle oder reale Wiederanlage der Kupon-Zahlungen nicht möglich. Rücknahmekurs ansetzen, wie unter i) ermittelt.)*

Aufgabe 6.3.10: Der Verlag Plattwurm AG benötigt frisches Kapital und will eine 7%ige Anleihe *(Zinsschuld)* ausgeben.

Die Rückzahlung soll nach 12 Jahren zu 102% erfolgen, den Gläubigern soll eine Effektivverzinsung von 7,5% p.a. garantiert werden.

i) Zu welchem Emissionskurs kommt die Anleihe auf den Markt?

ii) Wie hoch ist der Börsenkurs zwei Jahre vor der Rückzahlung *(Marktzinsniveau 7,5% p.a.)*

a) unmittelbar vor Zinszahlung
b) unmittelbar nach der Zinszahlung?

Aufgabe 6.3.11: Huber erwirbt ein festverzinsliches Wertpapier zum finanzmathematischen Kurs *(= Börsenkurs plus Stückzinsen)* von 91%. Die Restlaufzeit beträgt im Kaufzeitpunkt noch genau 11 Jahre, die erste Zinszahlung *(7,5% p.a. nominell)* fällt noch an Huber im Kaufzeitpunkt. Der Rücknahmekurs beträgt 102%.

i) Man ermittle die Rendite für den Käufer **a)** mit der Näherungsformel (6.1.12) **b)** exakt.

ii) Vor Fälligkeit der 5. Zinszahlung steigt das allgemeine Marktzinsniveau *(und damit der Effektivzins für Käufer dieses Papiers)* auf 15% p.a. Zu welchem Börsenkurs wird das Papier unmittelbar vor der 5. Zinszahlung notiert?

Aufgabe 6.3.12: Eine 6%ige Anleihe *(jährliche Zinszahlung)* wird 4,3 Jahre vor Rücknahme *(die zu 100% erfolgen wird)* an der Börse mit 110,25% notiert.

i) Man ermittle die Rendite des Papiers zum angegebenen Zeitpunkt.

ii) Wie lautet die Rendite bei halbjährlicher Zinszahlung?

Aufgabe 6.3.13: Ein gesamtfälliges festverzinsliches *(6,5% p.a. nominell)* Wertpapier wird 7,2 Jahre vor Rücknahme *(Rücknahmekurs: 105%)* über die Börse verkauft. Das allgemeine Marktzinsniveau für vergleichbare Papiere liegt bei 9,75% p.a.

i) Man ermittle Bruttokurs, Stückzinsen und Börsenkurs im Verkaufszeitpunkt.

ii) Man beantworte i), wenn die *(nom.)* Zinsen halbjährlich gezahlt werden.

Aufgabe 6.3.14: Ein gesamtfälliges, festverzinsliches Wertpapier *(12% p.a., Jahreskupon)* hat eine Restlaufzeit von 4 Jahren, erste Zinszahlung nach einem Jahr, Rücknahme zum Nennwert.

Man ermittle *(unter Berücksichtigung eines im Zeitablauf unveränderten Marktzinsniveaus von effektiv 10% p.a.)* die

a) finanzmathematischen Kurse **b)** Börsenkurse

für den betrachteten Zeitpunkt sowie nach jedem weiteren Monat des ersten und zweiten Restlaufjahres und vergleiche die beiden Kursfolgen hinsichtlich ihrer Werte und der „Stetigkeit" der Werte.

***Aufgabe 6.3.15:**

Am Markt gebe es nur 1-jährige Anleihen, Zahlungsreihe: *(= einjähriger Zero-Bond)*

(L) 100
(GL) 105

sowie 2-jährige Kupon-Anleihen, Zahlungsreihe: *(Sämtliche Leistungen/Gegenleistungen sind angegeben in % vom Nennwert. Der Nennwert sei beliebig wählbar.)*

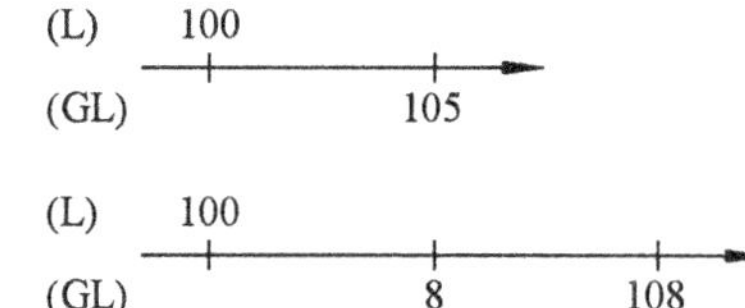

Es ist geplant, einen neuen zweijährigen Zero-Bond zu emittieren.

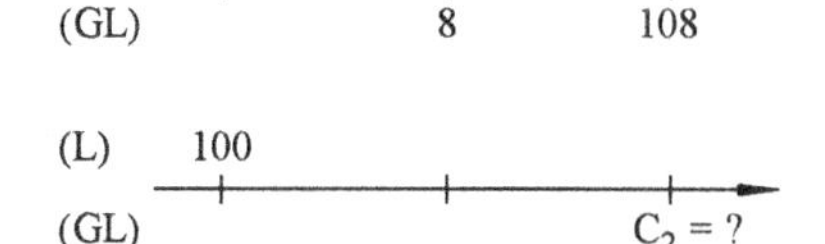

Mit welchem **i)** Effektivzins **ii)** Rücknahmekurs C_2 muss dieser 2-jährige Zero-Bond ausgestattet werden, damit sich Äquivalenz *(d.h. „Arbitragefreiheit", d.h. keine „Geldpumpe")* zwischen den drei Anleihen ergibt?

(Hinweis: Man zerlege die gegebene zweijährige Kupon-Anleihe in zwei Zero-Bonds und beachte, dass die Rendite des dabei auftretenden einjährigen Zerobond bereits bekannt ist.)

7 Exkurs: Aspekte der Risikoanalyse – das Duration-Konzept [1]

Festverzinsliche Wertpapiere *(Bonds, Anleihen, ... siehe Kapitel 6)* gehören zu den besonders wichtigen Finanzinstrumenten, und zwar insbesondere dann, wenn der Schuldner/Emittent hohe Bonität genießt. In diesem Fall dürften somit die zukünftigen Rückflüsse aus einem Bond nach Höhe und Zeitpunkt sicher sein *(d.h. das „Bonitätsrisiko" darf dann vernachlässigt werden).*

Doch auch jetzt bleibt ein gewisses Risiko für den Inhaber des Wertpapiers:

- Der aktuelle *(Wieder-)* Verkaufspreis *(Kurs)* des Papiers unterliegt stets Schwankungen, die sich nach dem jeweils herrschenden Marktzinssatz für vergleichbare Papiere richten: Steigt der Marktzinssatz, so sinkt der Kurs des Papiers *(denn Investoren erwarten eine höhere Rendite, geben sich also mit den fixierten (restlichen) Zahlungen aus dem Papier nur dann zufrieden, wenn der Preis „stimmt", d.h. entsprechend niedriger liegt).* Umgekehrt bewirken Marktzinssenkungen, dass der Preis für das Wertpapier steigt, denn die fixierten *(restlichen)* Rückzahlungen aus dem Papier werden nunmehr nicht mehr so stark abgezinst, liefern also einen höheren Barwert *(=Kurs)* als zuvor.

- Betrachtet man dagegen das *Endvermögen* eines Wertpapierinhabers aus den Zahlungen seines Papiers, so bewirken zwischenzeitliche Zinsveränderungen bei der Wiederanlage der fixierten jährlich fließenden *(restlichen)* Zinszahlungen *(Kupon-Zahlungen)* einen gegenläufigen Effekt zur Kursveränderung:

  Während eine Zinsteigerung zwar den Wert *(Kurs)* des Papiers mindert, bewirkt sie doch andererseits, dass die laufenden Kupon-Zahlungen zu einem höheren Zinssatz wiederangelegt werden können und somit auch einen höheren Endwert erwarten lassen. Umgekehrt bewirkt eine Zinssenkung einerseits eine Kurssteigerung, die laufenden Kuponzahlungen hingegen können nunmehr nur zu einem geringeren Zinssatz re-investiert werden, vermindern also den Endwert aus dem Papier.

- Eine wichtige Fragestellung betrifft daher das **Ausmaß der Kursänderung** *(Zinsempfindlichkeit, Sensitivität)* festverzinslicher Wertpapiere bei Zinssatzschwankungen: Wenn ich etwa schon vorher weiß, dass eine Zinserhöhung um einen Prozentpunkt den aktuellen Kurs meines Wertpapiers um 4% fallen lässt, kann ich anders agieren *(etwa am Optionsmarkt)*, als wenn ich mit einem Kursverlust von *(z.B.)* 7% rechnen muss.

- Welche Eigenschaften eines festverzinslichen Wertpapiers *(wie z.B. Laufzeit, Kuponhöhe)* bzw. welche externen Einflussfaktoren *(wie z.B. das herrschende Marktzinsniveau)* sind es, die die Kurs-Empfindlichkeit des Wertpapiers beeinflussen, und in welche Richtung beeinflussen diese Parameter ggf. den Wert des Papiers?

- Schließlich: Gibt es eventuell eine Zeitspanne/Laufzeit für ein festverzinsliches Wertpapier, die – wenn sie als Haltedauer für das Papier interpretiert wird – gerade die genannten unterschiedlichen Effekte aufwiegt/überkompensiert, zu diesem Zeitpunkt dem Wertpapierinhaber also mindestens dasselbe Endvermögen garantiert, als hätte keine Zinsschwankung stattgefunden? Kurz: Kann man ein festverzinsliches Wertpapier oder ein entsprechendes Wertpapier-Portefeuille gegen Zinsschwankungen *(egal in welcher Richtung)* „**immunisieren**"?

[1] Für einige Überlegungen dieses Kapitels sind Grundkenntnisse der Differentialrechnung notwendig, s. z.B. [Tie3]

7.1 Die Duration als Maß für die Zinsempfindlichkeit von Anleihen

Betrachten wir eine Anleihe, bestehend aus den zukünftigen *(Kupon-)* Zahlungen Z_k zu den Zeitpunkten t_k *(k = 1,...,n)*. Der Rücknahmekurs C_n im Zeitpunkt t_n sei dabei in der letzten Zahlung Z_n bereits enthalten *(Abb. 7.1.1)*:

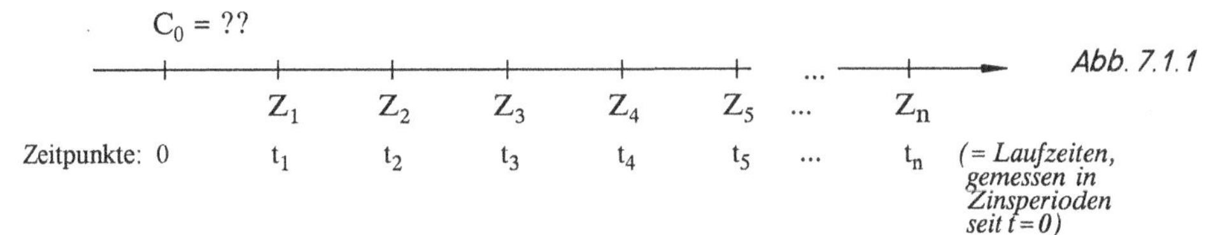

Abb. 7.1.1

Dann ergibt sich im Zeitpunkt t = 0 der finanzmathematische Wert *(Preis, dirty price, Bruttopreis)* C_0 der Anleihe durch Abzinsen sämtlicher Zahlungen Z_k mit dem im Zeitpunkt t=0 herrschenden Marktzinssatz i für vergleichbare Anlagen.

i) Ist i der **stetige** Periodenzinssatz, so ergibt sich nach (2.3.47)

(7.1.2) $$C_0 = Z_1 \cdot e^{-it_1} + Z_2 \cdot e^{-it_2} + \ldots + Z_n \cdot e^{-it_n} = \sum_{k=1}^{n} Z_k \cdot e^{-it_k}$$

ii) Ist i der **diskrete** exponentielle Periodenzinssatz, so gilt – da unterjährig mit dem konformen Zinssatz gerechnet wird – nach (2.3.15)

(7.1.3) $$C_0 = Z_1 \cdot (1+i)^{-t_1} + Z_2 \cdot (1+i)^{-t_2} + \ldots + Z_n \cdot (1+i)^{-t_n} = \sum_{k=1}^{n} Z_k \cdot (1+i)^{-t_k} = \sum_{k=1}^{n} Z_k \cdot q^{-t_k}$$

Bemerkung 7.1.4: *(7.1.2) und (7.1.3) führen zum gleichen Barwert C_0, wenn zwischen dem stetigen Zinssatz (wir bezeichnen ihn jetzt mit i_s) und dem diskreten Zinssatz i die Beziehung*

$$e^{i_s} = 1+i \qquad \textit{bzw.} \qquad i_s = \ln(1+i) \qquad \textit{besteht.}$$

Beispiel 7.1.5: Anleihe *(Nennwert 100€)* mit einer Restlaufzeit von 5 Jahren, Kupon 10 €, erstmals nach einem Jahr, Rücknahme am Ende der Restlaufzeit zu pari. Im Zeitpunkt t=0 herrsche ein Marktzinssatz von 8% p.a. *(stetig)*:

C_0 = ??

		10	10	10	10	110
Zeitpunkte:	0	1	2	3	4	5 *(Jahre seit t = 0)*

Dann ergibt sich als **Preis** *(bzw. **Kurs**)* des Papiers in t=0 *(siehe auch (6.1.6) mit e^i statt $q = 1+i$)*:

i) $$C_0 = \left(10 \cdot \frac{e^{0,08 \cdot 5} - 1}{e^{0,08} - 1} + 100\right) \cdot e^{-0,08 \cdot 5} = 106{,}615575 \approx 106{,}62\,€ \qquad (i_{eff} = 8\%\ p.a.\ \textit{stetig})$$

Beträgt der effektive Marktzinssatz 8% p.a. *(diskrete Zinsformel, s. Bem. 2.3.45 ii)*, so folgt aus *(6.1.6)*

ii) $$C_0 = \left(10 \cdot \frac{1{,}08^5 - 1}{0{,}08} + 100\right) \frac{1}{1{,}08^5} = 107{,}98542 \approx 107{,}99\,€ \qquad (i_{eff} = 8\%\ p.a.\ \textit{diskret})$$

(Bei 1,08 = e^i, d.h. stetiger Zinssatz i = 7,6961% p.a., bzw. i = $e^{0,08}$, d.h. diskreter Zinssatz i = 8,3287% p.a. führen beide Methoden zum gleichen Preis C_0.)

Bei der Frage nach der **Empfindlichkeit** des Kurses C_0 bei Zinssatzschwankungen[2] beschränken wir uns auf den Fall, dass unmittelbar nach Kauf der Anleihe der Marktzinssatz i *(= 8%)* um den *(kleinen)* Betrag di *(z.B. 0,1%-Punkte)* zunehmen möge, d.h. auf 8,1%. Gesucht ist also jetzt die resultierende Änderung des Anleihekurses C_0.

Bekanntlich[3] wird die Änderung einer Variablen *(hier: C_0)* bei Änderung der unabhängigen Variablen *(hier: i)* um eine *(kleine)* Einheit di durch die erste Ableitung $C_0'(i)$ *(den Differentialquotienten)* bzw. das Differential $dC_0 = C_0'(i) \cdot di$ gemessen.

In unserem Fall bedeutet dies *(wir benutzen zunächst die Beziehung (7.1.2) mit stetiger Verzinsung, Kettenregel beachten!)*:

$$\text{(7.1.6)} \qquad \frac{dC_0}{di} = \frac{d}{di}\sum_{k=1}^{n} Z_k \cdot e^{-it_k} = \sum_{k=1}^{n} Z_k \cdot e^{-it_k} \cdot (-t_k) = -\sum_{k=1}^{n} t_k \cdot Z_k \cdot e^{-it_k} .$$

Daraus folgt für die relative *(prozentuale)* Veränderung $\frac{dC_0}{C_0}$ des Anleihepreises in Abhängigkeit von der Zinssatzänderung di:

$$\text{(7.1.7)} \qquad \frac{dC_0}{C_0} = \frac{-\sum_{k=1}^{n} t_k \cdot Z_k \cdot e^{-it_k} \cdot di}{C_0} = -\underbrace{\frac{\sum_{k=1}^{n} t_k \cdot Z_k \cdot e^{-it_k}}{\sum_{k=1}^{n} Z_k \cdot e^{-it_k}}}_{=: \text{„Duration" } D} \cdot di \quad =: \; -D \cdot di .$$

Wir können somit zweierlei festhalten:

Definition 7.1.8: ***(Duration – bei Verwendung der stetigen Zinsformel)***

Unter der **Duration D** einer gegebenen Zahlungsreihe $Z_1, Z_2, ..., Z_n$ *(fällig – bezogen auf t=0 – zu den Zeitpunkten $t_1, t_2, ..., t_n$)* beim Marktzinsniveau i *(**stetiger Zinssatz**)* versteht man die Zahl D mit

$$\text{(7.1.9)} \qquad D = \frac{\sum_{k=1}^{n} t_k \cdot Z_k \cdot e^{-it_k}}{\sum_{k=1}^{n} Z_k \cdot e^{-it_k}}$$

Satz 7.1.10: ***(Sensitivität von Anleihen bzgl. Zinssatzschwankungen)***

Gegeben sei eine Zahlungsreihe *(z.B. Anleihe)* $Z_1, Z_2, ..., Z_n$ zu den Zeitpunkten $t_1, t_2, ..., t_n$ *(siehe Abb. 7.1.1)* und – bei flacher Zinskurve – ein stetiger Marktzinssatz i. Die Duration (7.1.9) der Zahlungsreihe sei D.

Unmittelbar nach Bewertung der Zahlungsreihe durch ihren Barwert C_0 *(d.h. im Zeitpunkt = 0+)* ändere sich der stetige Marktzinssatz i um di.

Dann ist die resultierende relative *(prozentuale)* Änderung $\frac{dC_0}{C_0}$ des Barwertes C_0 *(näherungsweise[4])* gegeben durch

$$\text{(7.1.11)} \qquad \frac{dC_0}{C_0} = -D \cdot di$$

---

2 Wir unterstellen weiterhin eine flache Zinsstrukturkurve, d.h. der Marktzinssatz sei für jede Laufzeit derselbe.

3 siehe z.B. [Tie3], Satz 6.1.22 und Satz 6.1.7

4 näherungsweise deshalb, weil die Ableitung eine **lineare** Approximation von C_0 darstellt, $C_0(i)$ aber eine nichtlineare Funktion ist, siehe Kap. 7.4 *(Convexity)*.

Beispiel 7.1.12: Wir betrachten die bereits in Beispiel 7.1.5 verwendete Anleihe, d.h.:

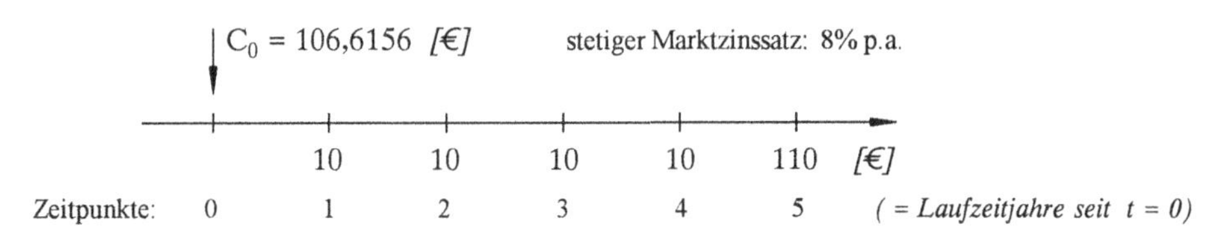

Wir ermitteln die Duration D nach Def. 7.1.8 tabellarisch *(mit Hilfe der stetigen Abzinsung)*:

Zeitpunkt t	Zahlung Z_t	Barwert $Z_t \cdot e^{-0,08t}$	Zeitpunkt × Barwert $t \cdot Z_t \cdot e^{-0,08t}$
1	10	9,2312	9,2312
2	10	8,5214	17,0429
3	10	7,8663	23,5988
4	10	7,2615	29,0460
5	110	73,7352	368,6760
Summe:		106,6156 $(=C_0)$	447,5949

Daraus ergibt sich die Duration D zu: $D = \frac{447,5949}{106,6156} = 4,1982.$

Damit können wir jetzt nach (7.1.11) die relative Änderung des Anleihepreises ermitteln, wenn sich *(unmittelbar nach t = 0)* der Marktzinssatz um einen kleinen Betrag di *(in %-Punkten)* ändert.

Als **Beispiel** nehmen wir di = 0,001, d.h. der stetige Marktzins wachse von 8% auf 8,1%.

Dann gilt wegen (7.1.11): $\frac{dC_0}{C_0} = -D \cdot di = -4,1982 \cdot 0,001 = -0,0041982,$

d.h. der Preis C_0 des Papiers müsste um 0,41982% von 106,6156 auf 106,1680 ≈ 106,17 € fallen.

Rechnen wir – zur Kontrolle – die Tabelle mit dem veränderten stetigen Marktzinssatz 8,1% p.a. erneut durch, so erhalten wir C_0 = 106,1690, also tatsächlich (≈) 106,17 €.

Bemerkung 7.1.13: ***(alternative Definition der Duration)***

In Satz 7.1.10 bzw. Formel (7.1.11) kommt zum Ausdruck, dass die Sensitivität $\frac{dC_0}{C_0}$ eines Wertpapiers gegenüber Zinsschwankungen mit Hilfe der Duration D gemessen werden kann $(= -D \cdot di)$.

*Häufig wird umgekehrt die Duration D über diese Eigenschaft **definiert**: Durch Auflösung von (7.1.11) nach D erhält man dann:*

$$(7.1.13) \qquad \boxed{D := -\frac{1}{C_0} \cdot \frac{dC_0}{di} = -\frac{C'_0(i)}{C_0}}$$

(Definition der Duration über die Zinsänderungs-Sensitivität)

Bemerkung 7.1.14: ***(Herkunft des Begriffes „Duration")***

Der Grundbedeutung des Wortes Duration (= Dauer oder Laufzeit) kann man entnehmen, dass der Durations-Begriff einen anderen Ursprung hat:

Dazu formen wir die Definitionsgleichung (7.1.9) äquivalent um:

$$\text{(7.1.15)} \qquad \text{Duration} = D = \frac{\sum_{k=1}^{n} t_k \cdot Z_k \cdot e^{-it_k}}{\sum_{k=1}^{n} Z_k \cdot e^{-it_k}} = \frac{\sum_{k=1}^{n} t_k \cdot Z_k \cdot e^{-it_k}}{C_0} = \sum_{k=1}^{n} t_k \cdot \left\{ \frac{Z_k \cdot e^{-it_k}}{C_0} \right\}$$

Der geklammerte Term lässt sich interpretieren:

Im Zähler steht der Barwert der k-ten Zahlung, im Nenner der Barwert (Kurs) der gesamten Zahlungsreihe, d.h. der geklammerte Bruch enthält den Barwert-Anteil der k-ten Zahlung am Gesamt-Barwert, alle Anteile zusammengenommen ergeben naturgemäß den Wert „1".

Man kann also die geklammerten Terme als „Gewichte" auffassen, mit denen die jeweiligen Laufzeiten bzw. Zeitpunkte t_k der Zahlungen Z_k multipliziert werden. Jeder zukünftige Zahlungszeitpunkt t_k (entspricht der Laufzeit seit $t = 0$) wird mit dem Barwertanteil gewichtet, den die zugehörige Zahlung zum Gesamtbarwert C_0 beiträgt.

Die Duration D ergibt sich dann formal als der gewogene Durchschnitt aller dieser Laufzeiten, stellt also so etwas dar wie die „durchschnittliche Bindungsdauer" des eingesetzten Kapitals bis zum vollständigen Rückfluss oder die „durchschnittliche gewichtete Fälligkeit" der Kapitalanlage. In diesem Sinne wurde die Duration bereits 1938 von F. Macaulay eingeführt[5].

In vielen Fällen[6] wird die Duration formal über die in der letzten Bemerkung beschriebene gewichtete durchschnittliche Bindungsdauer der Zahlungen eingeführt, und zwar unter Verwendung der **diskreten**[7] exponentiellen Verzinsung, d.h. unter Verwendung der klassischen Zinseszinsformel (2.1.3) bzw. (2.1.14).

Wir wollen hier zunächst denselben Weg beschreiten, um Unterschiede und Gemeinsamkeiten zum stetigen Verzinsungskalkül erkennen zu können.

Dazu benutzen wir die Def. 7.1.8 für die Duration in völlig analoger Form, mit dem einzigen Unterschied, dass nunmehr die diskrete Zinsformel zum Ansatz kommt:

Definition 7.1.16: ***(Duration – bei Verwendung der diskreten exponentiellen Zinseszinsformel)***

Unter der **Duration D** einer gegebenen Zahlungsreihe $Z_1, Z_2, ..., Z_n$ *(fällig – bezogen auf $t=0$ – zu den Zeitpunkten $t_1, t_2,..., t_n$* beim Marktzinsniveau i ***(diskreter Zinssatz)*** versteht man die Zahl D mit

$$\text{(7.1.17)} \qquad D = \frac{\sum_{k=1}^{n} t_k \cdot Z_k \cdot (1+i)^{-t_k}}{\sum_{k=1}^{n} Z_k \cdot (1+i)^{-t_k}} \qquad \textit{(Macaulay-Duration)}$$

(Def. 7.1.8 und Def. 7.1.16 unterscheiden sich also lediglich darin, dass in der letzteren anstelle der stetigen Abzinsungsfaktoren e^{-it} jetzt die diskreten Abzinsungsfaktoren $(1+i)^{-t}$ verwendet werden.)

---

[5] Macaulay, F.R.: Some Theoretical Problems Suggested by the Movements of Interest Rates, New York 1938

[6] siehe z.B. [Per] 196, [StB] 155ff, [USt] 82

[7] „diskrete" Verzinsung, weil der Zinszuschlag zu zeitlich getrennten Terminen erfolgt, siehe auch Bem. 2.3.45 ii).

Wir wollen wiederum versuchen, die Duration D zur Messung der relativen Änderung des Preises C_0 der Anleihe bei Änderung des Zinssatzes heranzuziehen. Dabei gehen wir völlig analog vor wie oben in (7.1.6) und (7.1.7) beschrieben:

Die Änderung der Variablen C_0 bei Änderung der unabhängigen Variablen i um eine *(kleine)* Einheit di wird wieder durch die erste Ableitung $C_0'(i)$ bzw. das Differential $dC_0 = C_0'(i) \cdot di$ gemessen.

In unserem Fall bedeutet dies *(wir benutzen jetzt die Beziehung (7.1.3) mit diskreter Verzinsung):*

$$\frac{dC_0}{di} = \frac{d}{di}\sum_{k=1}^{n} Z_k \cdot (1+i)^{-t_k} = \sum_{k=1}^{n} Z_k \cdot (-t_k) \cdot (1+i)^{-t_k-1} = -\sum_{k=1}^{n} t_k \cdot Z_k \cdot (1+i)^{-t_k} \cdot (1+i)^{-1} \quad \text{d.h.}$$

(7.1.18) $$\frac{dC_0}{di} = \frac{-1}{1+i} \cdot \sum_{k=1}^{n} t_k \cdot Z_k \cdot (1+i)^{-t_k}$$

Daraus folgt für die relative *(prozentuale)* Veränderung $\frac{dC_0}{C_0}$ des Anleihepreises in Abhängigkeit der Zinssatzänderung di :

(7.1.19) $$\frac{dC_0}{C_0} = \frac{\frac{-1}{1+i}\sum_{k=1}^{n} t_k \cdot Z_k \cdot (1+i)^{-t_k} \cdot di}{C_0} = \frac{-1}{1+i} \cdot \underbrace{\frac{\sum_{k=1}^{n} t_k \cdot Z_k \cdot (1+i)^{-t_k}}{\sum_{k=1}^{n} Z_k \cdot (1+i)^{-t_k}}}_{=\text{ Macaulay-Duration D nach Def. 7.1.16}} \cdot di = -\frac{D}{1+i} \cdot di$$

Unter Verwendung der klassischen Zinseszinsformel ist somit der in Satz 7.1.10 für die Abschätzung der Zinsempfindlichkeit des Anleihekurses C_0 zum Ausdruck kommende besonders einfache und elegante Zusammenhang

$$\frac{dC_0}{C_0} = -D \cdot di$$ *(D = Duration nach Def. 7.1.8, ermittelt mit **stetiger** Zinsformel, i = stetiger Marktzins)*

verloren gegangen „zugunsten“ des entsprechenden Zusammenhanges unter Verwendung diskreter exponentieller Verzinsung und der daraus resultierenden Macaulay-Duration D:

(7.1.20) $$\frac{dC_0}{C_0} = -\frac{D}{1+i} \cdot di$$ *(D = Macaulay-Duration nach Def. 7.1.16 mit **diskreter** Zinsformel, i = diskreter Marktzins)*

Um eine einheitliche Darstellung des Sachverhalts zu erreichen, bezeichnet man daher den in (7.1.20) auftretenden kompletten Term $\frac{D}{1+i}$ ebenfalls als „Duration“, und zwar genauer als **„modifizierte Duration“ MD**.

Im Fall der Anwendung der „normalen“ diskreten Zinsformel kann man also statt (7.1.20) schreiben:

(7.1.21) $$\boxed{\frac{dC_0}{C_0} = -MD \cdot di}$$ *(mit $MD = \frac{D}{1+i}$; D = Macaulay-Duration nach Def. 7.1.16)*

Die modifizierte Duration MD spielt also bei Verwendung der diskreten Zinsformel dieselbe Rolle wie die Duration D *(nach Def. 7.1.8)* bei Verwendung der stetigen Zinsformel *(und liefert bei entsprechender Anpassung der Zinssätze/Zinsformeln auch dieselben zahlenmäßigen Resultate)*.

Bemerkung 7.1.22: *Analog zu Bem 7.1.13 lässt sich auch jetzt aus der Folgerung (7.1.21) umgekehrt die **(modifizierte) Duration MD definieren:***

$$\boxed{MD := -\frac{1}{C_0} \cdot \frac{dC_0}{di} = -\frac{C_0'(i)}{C_0}} \qquad (7.1.22)$$

Beispiel 7.1.23: *(Fortsetzung von Beispiel 7.1.12)*

Unter Verwendung des diskreten Marktzinssatzes $i = 8\%$ p.a. ergibt sich folgende Situation:

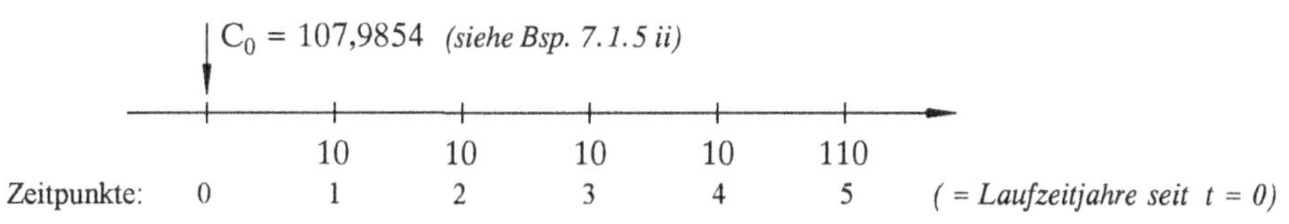

Wir ermitteln die Macaulay-Duration D nach Def. 7.1.16 tabellarisch:

Tab. 7.1.24

Zeitpunkt t	Zahlung Z_t	Barwert $Z_t \cdot 1{,}08^{-t}$	Zeitpunkt × Barwert $t \cdot Z_t \cdot 1{,}08^{-t}$
1	10	9,2593	9,2593
2	10	8,5734	17,1468
3	10	7,9383	23,8150
4	10	7,3503	29,4012
5	110	74,8641	374,3207
Summe:		107,9854 $(=C_0)$	453,9430

Macaulay-Duration:

$$\Rightarrow \quad D = \frac{453{,}9430}{107{,}9854} = 4{,}2037$$

Damit können wir nach (7.1.19/20) wiederum die relative Änderung dC_0/C_0 des Anleihepreises C_0 ermitteln, wenn sich *(unmittelbar nach t = 0)* der Marktzinssatz um den *(kleinen)* Betrag di ändert.

Als Beispiel nehmen wir $di = 0{,}001$, d.h. der diskrete Marktzins wachse um 0,1 %-Punkte von 8% auf 8,1%.

Dann gilt wegen (7.1.20/21): $\frac{dC_0}{C_0} = -MD \cdot di = -\frac{D}{1+i} \cdot di = -\frac{4{,}2037}{1{,}08} \cdot 0{,}001 = -0{,}0038923$,

d.h. der Preis C_0 des Papiers müsste um 0,38923% von 107,9854 auf 107,5651 (≈ 107,57 €) fallen.

Rechnen wir – zur Kontrolle – die Tabelle mit dem veränderten diskreten Marktzinssatz 8,1% p.a. erneut durch, so erhalten wir $C_0 = 107{,}5662$, also tatsächlich wieder (≈) 107,57 €.

Bemerkung 7.1.25: ***(Definition der Duration als Elastizitätswert)***

Fragt man bei der Untersuchung der Änderung dC_0 des Anleihewertes C_0 bei (kleinen) Marktzinsänderungen $d(1+i)$ nach den relativen (prozentualen) Veränderungen dC_0/C_0 bzw. $d(1+i)/(1+i)$ beider Variablen, so liefert der Elastizitätsbegriff eine passende Antwort:

*Unter der Elastizität[8] $\varepsilon_{C_0,q}$ des Anleihepreises C_0 in Bezug auf den Marktzinsfaktor $q\ (=1+i)$ versteht man den Quotienten der **relativen** (prozentualen) Veränderungen der **beiden** Variablen C_0 und q.*

Mit Hilfe der Differentialrechnung, der Formel (7.1.18) sowie der klassischen (diskreten) Verzinsungsformel erhält man (unter Beachtung von $dq = d(1+i) = di$):

$$\varepsilon_{C_0,q} = \frac{\frac{dC_0}{C_0}}{\frac{dq}{q}} = \frac{dC_0}{di} \cdot \frac{q}{C_0} = \frac{-1}{1+i} \cdot \sum_{k=1}^{n} t_k \cdot Z_k \cdot (1+i)^{-t_k} \cdot \frac{1+i}{\sum_{k=1}^{n} Z_k \cdot (1+i)^{-t_k}} = -\underbrace{\frac{\sum_{k=1}^{n} t_k \cdot Z_k \cdot (1+i)^{-t_k}}{\sum_{k=1}^{n} Z_k \cdot (1+i)^{-t_k}}}_{\substack{= \\ \text{Macaulay-Duration } D \\ \text{nach Def. 7.1.16}}}$$

8 zum Elastizitätsbegriff siehe z.B. [Tie3] Kap. 6.3.3

m.a.W. die Macaulay-Duration D beschreibt die prozentuale Änderung des Anleihewertes C_0 bei Änderung des Zinsfaktors um ein Prozent – eine Modifikation von D ist nicht notwendig:

(7.1.25) $\qquad \varepsilon_{C_0,q} = -D \qquad$ *(D = Macaulay-Duration)*

*Als **Beispiel** dienen die Daten vom letzten Beispiel 7.1.23:*

dq = di = 0,1%-Punkte stellen eine Zunahme des Zinsfaktors 1,08 um 0,092592% (= 0,1/1,08) dar.

Aus $\varepsilon_{C_0,q} = -D = -4{,}2037$ *folgt:*

$$\frac{dC_0}{C_0} = -4{,}2037 \cdot \frac{dq}{q} = -4{,}2037 \cdot 0{,}092592\% = -0{,}38923\%,$$

mithin dasselbe Resultat, wie wir es in Beispiel 7.1.23 mit Hilfe der modifizierten Duration MD ermittelt haben.

7.2 Die Duration von Standard-Anleihen – Berechnungsverfahren und Einflussgrößen

Wie im letzten Abschnitt gesehen, lässt sich mit Hilfe der Duration auf einfache Weise ein Maß für das Zinsänderungsrisiko eines Zahlungsstroms ermitteln. Wie wir noch sehen werden *(siehe Kap. 7.3)*, lässt darüber hinaus mit Hilfe des Durations-Konzepts für den Anleihen-Investor ein Anleihen-Portefeuille angeben, das – wenn Haltedauer und Duration übereinstimmen – gegenüber zwischenzeitlichen Marktzinsänderungen abgesichert *(immunisiert)* ist.

Es lohnt sich also, noch etwas genauer auf die Duration, vereinfachte Berechnungsverfahren für die Standardfälle und die Determinanten für den Wert der Duration bei Variation der übrigen Bestimmungsgrößen wie Kuponhöhe, Marktzinssatz *(Rendite über die Restlaufzeit)* und Restlaufzeit einzugehen.

Damit die Darstellungen übersichtlich bleiben, gelten folgende **Voraussetzungen**:

- Auf- und Abzinsungen erfolgen mit dem klassischen Zinseszinskalkül *(i: diskreter Jahreszins)*
- Die untersuchten Anleihen *(Bonds)* bestehen aus endfälligen Kupon-Anleihen, der erste Kupon, Höhe Z, ist ein Jahr nach dem Planungszeitpunkt *(=Kaufzeitpunkt)* t = 0 fällig, die Restlaufzeit der Anleihe beträgt n Jahre, am Ende der Restlaufzeit wird die Anleihe zum Rücknahmekurs C_n *(meist mit 100%, d.h. zu pari angenommen)* vollständig getilgt. Die untersuchten Anleihen haben also folgende zeitliche Zahlungsstruktur, bezogen auf einen Nominalwert von 100 €:

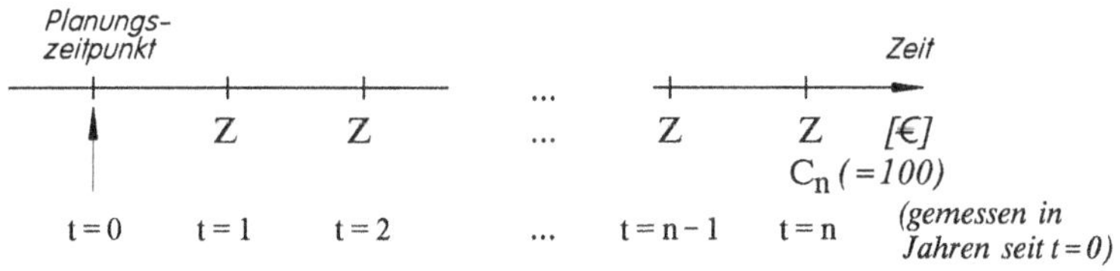

Planungszeitpunkt						Zeit
	Z	Z	...	Z	Z	[€]
					C_n (=100)
t=0	t=1	t=2	...	t=n−1	t=n	*(gemessen in Jahren seit t=0)*

Abb. 7.2.1

- Wir betrachten ausschließlich die Macaulay-Duration *(Def. 7.1.16)*.
- Wie schon in Kap. 7.1 vorausgesetzt, unterstellen wir weiterhin eine flache Zinskurve, die sich bei Zinsänderungen parallel verschiebt. Dabei werden nur solche Zinsänderungen betrachtet, die sich unmittelbar nach dem Planungszeitpunkt/Kaufzeitpunkt, d.h. in „t = 0^+" ereignen.

Um für unsere Anleihen nach Abb. 7.2.1 eine passende und bequeme Berechnungsvorschrift zu erhalten, betrachten wir zunächst die ursprüngliche Definition der Macaulay-Duration D in Def. 7.1.16. Es gilt:

(7.2.2) $$D = \frac{\sum_{k=1}^{n} t_k \cdot Z_k \cdot (1+i)^{-t_k}}{\sum_{k=1}^{n} Z_k \cdot (1+i)^{-t_k}}$$ *(Macaulay-Duration)*

Wegen $t_1 = 1,\ t_2 = 2, \ldots, t_n = n$ sowie $Z_1 = Z_2 = \ldots = Z$ *(wobei gilt: $Z_n = Z + C_n$)* lässt sich (7.2.2) wie folgt schreiben:

(7.2.3) $$D = \frac{\sum_{t=1}^{n} t \cdot Z \cdot (1+i)^{-t} + C_n \cdot (1+i)^{-n}}{\sum_{t=1}^{n} Z \cdot (1+i)^{-t} + C_n \cdot (1+i)^{-n}}$$

Im **Nenner** steht als Kurs-Funktion $C_0(i)$ der übliche **Anleihen-Barwert** *(siehe (6.1.6) mit $1+i=q$)*:

(7.2.4) $$\boxed{C_0 = (Z \cdot \frac{q^n - 1}{q-1} + C_n) \cdot \frac{1}{q^n}}$$ *(**Kurs-Funktion $C_0(q)$** bzw. **$C_0(i)$**)*

Der **Zähler** von (7.2.3) besteht – mit Ausnahme des letzten Summanden – aus dem Summen-Term

$$\sum_{t=1}^{n} t \cdot Z \cdot q^{-t} ,$$

dessen kompakte Berechnung mit den Ergebnissen aus Kap. 3.9.1 gelingt[9]:

Stellt man nämlich die dabei abzuzinsenden gewichteten Zahlungen $t \cdot Z$ auf dem Zahlenstrahl dar, so ergibt sich *(ohne Berücksichtigung des Rücknahmekurses C_0)*

							Zeit
		Z	2Z	3Z	...	(n–1)Z	nZ
t=	0	1	2	3	...	n–1	n

d.h. wir haben es mit einer **arithmetisch veränderlichen Rente** zu tun, bei der die Differenz zweier aufeinander folgender Zahlungen Z beträgt. Nach (3.9.11) beträgt der **Endwert** K_n einer solchen Reihe *(dabei müssen wir in (3.9.11) setzen: $R = Z$, $d = Z$)*:

(*) $$K_n = \left(Z + \frac{Z}{q-1}\right) \cdot \frac{q^n - 1}{q-1} - \frac{n \cdot Z}{q-1} \underset{(umformen\ldots)}{=} \frac{Z}{q-1}\left(\frac{q^{n+1}-1}{q-1} - n - 1\right).$$

Addiert man in (*) noch den gewichteten Rücknahmekurs $n \cdot C_n$ und zinst dann auf $t = 0$ ab, so erhält man *(nach Division durch C_0 und unter Berücksichtigung der Tatsache, dass sich der Abzinsungsfaktor q^{-n} herauskürzt)* schließlich die Macaulay-Duration zu

(7.2.5) $$D = \frac{\frac{Z}{q-1}\left(\frac{q^{n+1}-1}{q-1} - n - 1\right) + n \cdot C_n}{Z \cdot \frac{q^n - 1}{q-1} + C_n}$$

Z = Jahres-Kupon
$q = 1+i$: Marktzinsfaktor
n = Restlaufzeit in Jahren
C_n = Rücknahmekurs

---

[9] Äquivalent – allerdings nur mit Hilfe der Differentialrechnung durchführbar und dann etwas weniger aufwendig – ist die Berechnung über (7.1.22): $MD = -C_0'(i) / C_0(i)$ in Verbindung mit $D = MD \cdot (1+i)$. Dabei verwendet man für die Kursfunktion $C_0(i)$ die übliche Form (7.2.4).

bzw. nach einiger Umformung:

(7.2.6)
$$D = \frac{Z \cdot q \cdot \frac{q^n - 1}{q - 1} + n \cdot (iC_n - Z)}{Z \cdot (q^n - 1) + iC_n}$$

Z = Jahres-Kupon
q = 1+i: Marktzinsfaktor
n = Restlaufzeit in Jahren
C_n = Rücknahmekurs

D = Macaulay-Duration für endfällige Kupon-Anleihen

Bemerkung 7.2.7:

*Kupon Z sowie Rücknahmekurs C_n sind **entweder** a) nur in **Geld**einheiten **oder** b) nur **dezimal** einzusetzen. Mit den Daten von Beispiel 7.1.23 etwa ergibt sich:*

a) Bei Nominalwert 100€: Z = 10€; C_n = 100€; i = 8% = 0,08; n = 5 Jahre ⇒

$$D = \frac{10 \cdot 1{,}08 \cdot \frac{1{,}08^5 - 1}{0{,}08} + 5 \cdot (0{,}08 \cdot 100 - 10)}{10 \cdot (1{,}08^5 - 1) + 0{,}08 \cdot 100} = 4{,}2037 \qquad \textit{(siehe Beispiel 7.1.23)}$$

b) Falls mit dezimalen Werten gearbeitet wird: Z = 10% = 0,1; C_n = 100% = 1; i = 0,08; n = 5 J.:

$$D = \frac{0{,}1 \cdot 1{,}08 \cdot \frac{1{,}08^5 - 1}{0{,}08} + 5 \cdot (0{,}08 - 0{,}1)}{0{,}1 \cdot (1{,}08^5 - 1) + 0{,}08} = 4{,}2037 \quad \textit{wie eben.}$$

Die Berechnungsvorschrift (7.2.6) für die Macaulay-Duration D lässt sich *(mit etwas Aufwand...)* weiter vereinfachen zu

(7.2.8)
$$D = \frac{1+i}{i} - \frac{q \cdot C_n + n \cdot (Z - iC_n)}{Z \cdot (q^n - 1) + iC_n}$$

D = Macaulay-Duration für endfällige Kupon-Anleihen

C_n = Rücknahmekurs
Z = Jahres-Kupon
i = Marktzinssatz; q = 1+i
n = Restlaufzeit in Jahren

und nimmt im Falle der Rücknahme zu pari *(d.h. C_n = 1)* und *dezimaler* Schreibweise von Kurs und Kupon die besonders einfache Form (7.2.9) an:

(7.2.9)
$$D = \frac{1+i}{i} - \frac{q + n \cdot (Z - i)}{Z \cdot (q^n - 1) + i}$$

Macaulay-Duration (endfällige Kupon-Anleihen Rücknahme zu pari, alles dezimal angeben)

Mit den Daten von Bsp. 7.1.23/7.2.7 erhalten wir wieder die schon zuvor ermittelte Duration zu

$$D = \frac{1{,}08}{0{,}08} - \frac{1{,}08 + 5 \cdot (0{,}1 - 0{,}08)}{0{,}1 \cdot (1{,}08^5 - 1) + 0{,}08} = 13{,}5 - 9{,}29626 = 4{,}2037 \quad \textit{(wie eben!)}.$$

Aus (7.2.8) folgen die **Berechnungsvorschriften** für die Macaulay-Duration D für weitere **Standardfälle:**

i) Zero-Bonds: $Z = 0$. Aus (7.2.8) ergibt sich:

$$\mathbf{D} = \frac{1+i}{i} - \frac{q \cdot C_n - n \cdot i \cdot C_n}{iC_n} = \frac{1+i}{i} - \frac{q - n \cdot i}{i} = \frac{q - q + n \cdot i}{i} = \mathbf{n}$$

m.a.W.

(7.2.10)

> Die Duration von Zero-Bonds *(Nullkupon-Anleihen)* ist identisch mit ihrer *(Rest-)* Laufzeit:
>
> $$D_{zero} = n .$$
>
> Die Zero-Bond-Duration hängt also weder von der Höhe des Zinsniveaus noch von der Höhe der Rückzahlung ab.
>
> *(Dies leuchtet auch unmittelbar ein, wenn man die Duration – siehe Bem. 7.1.14 – als barwertgewichtete Laufzeit der Einzelzahlungen auffasst: Da es nur eine einzige (Rück-) Zahlung gibt, entfällt auf sie auch der gesamte Barwert, also ist die Duration gleich der Laufzeit dieser Zahlung und das ist gerade die gesamte (Rest-) Laufzeit des Zero-Bond.)*

Bemerkung: *Durch Grenzübergang $C_n \to \infty$ in der Durations-Formel (7.2.5) erkennt man, dass ein wachsender Rücknahmekurs die Kuponanleihe einem Zerobond immer ähnlicher macht, denn es gilt:*

$$\lim_{C_n \to \infty} D = n \qquad \text{(in (7.2.5) } C_n \text{ im Zähler wie im Nenner ausklammern!)}$$

Beispiel: *Rücknahmekurs 1000, Kupon 5, Marktzinssatz 6% p.a.; Laufzeit: 7 Jahre. Aus (7.2.8) ⇒ $D = 6{,}8698 \approx 6{,}9$ Jahre ≈ Gesamtlaufzeit (= 7 Jahre)*

ii) Annuitätische Bonds: $C_n = 0$, d.h. die Tilgung erfolgt – wie beim Annuitätenkredit *(Kap. 4.2.5)* – über die Annuitäten, der Rücknahmekurs ist Null.

Aus (7.2.8) ergibt sich: $$\mathbf{D} = \frac{1+i}{i} - \frac{n \cdot Z}{Z \cdot (q^n - 1)} = \mathbf{\frac{1+i}{i} - \frac{n}{q^n - 1}}, \qquad (q = 1+i) .$$

m.a.W.

(7.2.11)

> Die Duration von annuitätischen Anleihen ergibt sich zu
>
> $$D_{ann} = \frac{q}{q-1} - \frac{n}{q^n - 1} = \frac{1+i}{i} - \frac{n}{(1+i)^n - 1} .$$
>
> Die Duration der annuitätischen Anleihe hängt also nicht von der Höhe des Kupons ab, sondern nur von der *(Rest-)* Laufzeit der Anleihe sowie vom Marktzinsniveau.

Beispiel: Eine annuitätische Anleihe, Kupon 9%, hat eine Restlaufzeit von 12 Jahren, erster Kupon nach einem Jahr. Das Marktzinsniveau beträgt im Planungszeitpunkt 8% p.a.

$$\Rightarrow \qquad D = \frac{1{,}08}{0{,}08} - \frac{12}{1{,}08^{12}-1} = 13{,}5 - 7{,}9043 = 5{,}5957 \qquad \textit{(also deutlich weniger als 12 Jahre)}$$

iii) Verhalten der Duration für lange Anleihe-Laufzeiten *($n \to \infty$)*

Lassen wir in (7.2.8): $D = \frac{1+i}{i} - \frac{q \cdot C_n + n \cdot (Z - iC_n)}{Z \cdot (q^n - 1) + iC_n}$ die Laufzeit n über alle Grenzen anwachsen, so strebt der zweite Bruch gegen Null *(denn der Zähler wächst mit „n" nur linear, der Nenner hingegen mit „q^n"($q > 1$) exponentiell, d.h.der Nenner dominiert den Zähler immer mehr, der Bruch strebt gegen Null[10])*.

m.a.W.

> Für lange Laufzeiten *(ewige Anleihen)* gilt unabhängig von Kuponhöhe oder Rücknahmekurs:
>
> (7.2.12) $$D_\infty := \lim_{n \to \infty} D = \frac{1+i}{i} = \frac{q}{q-1}, \quad (q > 1).$$

Bemerkung: *Da in (7.2.12) der Rücknahmekurs nicht auftritt, gilt (7.2.12) ebenso für* ***annuitätische*** *Anleihen. Dies kann man auch direkt an (7.2.11) durch Grenzübergang $n \to \infty$ verifizieren.*

Beispiel: Nachfolgend sind die Durations verschiedener **ewiger Anleihen** *(Kupon z.B. 8€)* aufgelistet *(Kuponhöhe spielt keine Rolle, d.h. identische Ergebnisse bei 10€ oder 30€)*:

Marktzinsniveau i	Duration $\frac{1+i}{i} = \frac{q}{q-1}$	
50%	3 J.	*($i \to \infty$: $D \to 1$)*
20%	6 J.	
12,5%	9 J.	
10%	11 J.	
4%	26 J.	*($i \to 0$: $D \to \infty$)*

iv) Verhalten der Duration für sinkendes Marktzinsniveau *($i \to 0$)*

Die Darstellung (7.2.8) der Macaulay-Duration ist zur Bildung des Grenzwertes von D für $i \to 0$ *(bzw. $q \to 1$)* weniger gut geeignet. Am einfachsten gelingt die Grenzwertbildung mit (7.2.6):

$$D = \frac{Z \cdot q \cdot \frac{q^n - 1}{q - 1} + n \cdot (iC_n - Z)}{Z \cdot (q^n - 1) + iC_n} \quad .$$

[10] Der Beweis erfolgt am einfachsten durch Anwendung der Regel von L'Hôspital, siehe etwa [Tie3] 5-34.

Berücksichtigen wir nämlich, dass der im Zähler stehende Bruch $\frac{q^n - 1}{q - 1}$ dasselbe bedeutet wie die Summe $1 + q + q^2 + \ldots + q^{n-1}$ *(siehe Rentenrechnung (3.2.3))*, so erhalten wir:

$$D = \frac{Z \cdot q \cdot (1+q+q^2+\ldots+q^{n-1}) + n \cdot (iC_n - Z)}{Z \cdot (q^n - 1) + iC_n} = \frac{Z \cdot (q+q^2+q^3+\ldots+q^n) + n \cdot (q-1)C_n - nZ}{Z \cdot (q^n - 1) + (q-1) \cdot C_n}$$

Für $i \to 0$ bzw. $q \to 1$ erhalten wir den unbestimmten Ausdruck „$\frac{0}{0}$", so dass die Regel von L'Hôspital[11] zur Anwendung kommt:

Differenzieren wir Zähler und Nenner getrennt nach q, so erhalten wir

$$\lim_{q \to 1} D = \lim_{q \to 1} \frac{Z \cdot (1+2q+3q^2+\ldots+n \cdot q^n) + n \cdot C_n}{Z \cdot n \cdot q^{n-1} + C_n} = \frac{Z \cdot (1+2+3+\ldots+n) + n \cdot C_n}{Z \cdot n + C_n}$$

Für die im Zähler stehende Summe gilt[12]: $1+2+\ldots+n = \frac{n \cdot (n+1)}{2}$, so dass wir schließlich erhalten:

> Bei beliebig sinkendem Marktzinsniveau *($q \to 1$, $i \to 0$)* gilt schließlich für die Duration D_0 endfälliger Kuponanleihen:
>
> (7.2.13) $$D_0 := \lim_{\substack{i \to 0 \\ q \to 1}} D = \frac{0{,}5Z \cdot n(n+1) + nC_n}{Zn + C_n}$$

Bemerkung: *Für **annuitätische** Anleihen ($C_n = 0$) reduziert sich (7.2.13) auf: $D_{0,ann} = 0{,}5 \cdot (n+1)$.*

Beispiel 1:

Restlaufzeit 5 Jahre, Kupon 12%, Rücknahme zu pari:
Für $i \to 0$ erhalten wir im Grenzfall folgende Duration:

$$D_0 = \frac{0{,}5 \cdot 12 \cdot 5 \cdot 6 + 5 \cdot 100}{12 \cdot 5 + 100} = 4{,}25 \text{ Jahre.}$$

Beispiel 2:

Eine annuitätische Anleihe, Kupon 12%, habe ebenfalls eine Restlaufzeit von 5 Jahren, erster Kupon nach einem Jahr. Der Marktzins tendiere gegen Null. Dann lautet im Grenzfall die Duration

$$D_0 = 0{,}5\,(n+1) = 3 \text{ Jahre.}$$

(Anschaulich rührt der Unterschied daher, dass im Fall der endfälligen Kuponanleihe die hohe Schlusszahlung eine starke Laufzeitgewichtung und somit Vergrößerung der Duration bewirkt.)

---

[11] siehe letzte Fußnote

[12] siehe etwa die Fußnote zur Bemerkung 3.9.12

v) Duration bei pari-notierten Anleihen

Man spricht von *pari-notierten* Anleihen, wenn Kuponhöhe Z und Marktzinssatz i im Planungszeitpunkt übereinstimmen *(wir benutzen jetzt die dezimale Darstellung aller Zins- und Kurswerte)*.

Bei der Ermittlung der Duration endfälliger Anleihen wollen wir uns weiterhin auf den Fall der Rücknahme zu pari *(d.h. $C_n = 1$)* beschränken.

Wir benutzen die Durationsformel (7.2.9), bei der bereits $C_n = 1$ berücksichtigt wurde:

$$D = \frac{1+i}{i} - \frac{q + n\cdot(Z-i)}{Z\cdot(q^n-1)+i} \underset{(Z=i)}{=} \frac{1+i}{i} - \frac{q}{i\cdot(q^n-1)+i} = \frac{q}{q-1} - \frac{q}{(q-1)\cdot q^n} = \frac{q}{q-1}\left(1-q^{-n}\right)$$

Die Duration endfälliger Kuponanleihen, die zu pari notiert werden *(d.h. Z = i)*, ergibt sich *(falls die Rücknahme ebenfalls zu pari erfolgt)* zu

(7.2.14) $$D_p := D_{Z=i} = \frac{q}{q-1}\left(1-q^{-n}\right) = \frac{1+i}{i}\left(1-(1+i)^{-n}\right)$$

Bemerkung: *Eine gesonderte Betrachtung der zu pari notierten **annuitätischen** Anleihen ist wenig sinnvoll, da die Duration annuitätischer Anleihen unabhängig von der Kuponhöhe ist und sich daher stets wie in (7.2.11) errechnet.*

Beispiel: Endfällige Kuponanleihe, Kupon 8%, Restlaufzeit 5 Jahre, der erster Kupon wird fällig nach einem Jahr, Rücknahme zu pari, Marktzinsniveau im Planungszeitpunkt 8% p.a. Nach (7.2.14) ergibt sich für die Macaulay-Duration

$$D_p := D_{Z=i} = \frac{1{,}08}{0{,}08}\left(1-1{,}08^{-5}\right) = 4{,}3121 \text{ Jahre.}$$

Bei sehr langen Restlaufzeiten *($n \to \infty$)* ergibt sich aus (7.2.14) wieder der bekannte Grenzwert D_∞:

$$D_\infty = \frac{q}{q-1} = \frac{1{,}08}{0{,}08} = 13{,}5 \text{ Jahre}$$ *(siehe (7.2.12))*, der für jede positive Kuponhöhe gültig ist.

vi Duration bei zunehmender Kuponhöhe *($Z \to \infty$)*

Bei endfälligen Kuponanleihen ist – wie etwa aus (7.2.8) ersichtlich – die Duration wesentlich von der Kuponhöhe abhängig. Es fragt sich, ob ein Grenzwert für über alle Grenzen wachsende Kuponhöhen *($Z \to \infty$)* existiert. Wir verwenden (7.2.8) und bilden den Grenzwert, indem wir im Zähler wie im Nenner des zweiten Bruchs die Kuponhöhe Z ausklammern:

$$D = \frac{1+i}{i} - \frac{q\cdot C_n + n\cdot(Z-iC_n)}{Z\cdot(q^n-1)+iC_n} = \frac{1+i}{i} - \frac{Z\cdot\left(n - \frac{qC_n - niC_n}{Z}\right)}{Z\cdot\left(q^n-1+\frac{iC_n}{Z}\right)} \xrightarrow[Z\to\infty]{} \frac{1+i}{i} - \frac{n}{q^n-1}, \quad \text{d.h.}$$

(7.2.15) $$\lim_{Z\to\infty} D = \frac{1+i}{i} - \frac{n}{q^n-1}$$ *(Duration bei wachsendem Kupon ≙ (7.2.11))*

Bei wachsenden Kuponhöhen werden endfällige Kuponanleihen immer ähnlicher zu annuitätischen Anleihen, im Grenzfall überwiegen die Kupons den *(relativ immer kleiner werdenden)* Rücknahmekurs so stark, dass sich die Duration (7.2.11) einer annuitätischen Anleihe ergibt.

Aus den Beziehungen (7.2.6)/(7.2.8) zwischen den unterschiedlichen Einflussgrößen *(Kupon Z, Restlaufzeit n, Effektivzins i, Rücknahmekurs C_n)* auf die Höhe D der Duration einer endfälligen Kupon-Anleihe kann man auf das **Verhalten von D bei Variation einer einzelnen Einflussgröße** – c.p. – schließen.

Die zugrunde liegende Funktion $D = D(Z,i,n,C_n)$ hängt allerdings von vier unabhängigen Variablen ab und erscheint – siehe zugehörige Funktionsgleichungen (7.2.6) bzw. (7.2.8) – nicht ganz unkompliziert:

$$(*) \qquad D = \frac{Z \cdot q \cdot \frac{q^n - 1}{q - 1} + n \cdot (iC_n - Z)}{Z \cdot (q^n - 1) + iC_n} = \frac{1+i}{i} - \frac{q \cdot C_n + n \cdot (Z - iC_n)}{Z \cdot (q^n - 1) + iC_n}$$

D: Macaulay-Duration
Z: Kupon
q: Marktzinsfaktor, q = 1+i
n: Restlaufzeit der Anleihe
C_n: Rücknahmekurs

Daher wollen wir die Zusammenhänge im folgenden nicht formal-mathematisch analysieren, sondern mit Hilfe entsprechender Funktionsschaubilder – siehe Abb. 7.2.16 bis 7.2.21 – erläutern.

In allen Fällen werden wir einen Rücknahmekurs zu pari unterstellen, d.h. C_n = 100 € bzw. C_n = 1.

Die einzelnen Graphiken enthalten stets den **Zusammenhang zwischen D** *(der Duration)* **und einer ausgesuchten Variablen**, z.B. n, also D = D(n), siehe Abb. 7.2.16. Zusätzlich wird der Einfluss einer weiteren Variablen, z.B. Kuponhöhe Z, dargestellt, indem – im Beispiel – zu verschiedenen Wertvorgaben Z_k für Z jeweils eine eigene Kurve $D(n,Z_k)$ im gleichen Koordinatensystem gezeichnet wird. Lediglich die vierte Variable *(im Beispiel: Marktzinssatz i)* muss dann noch durch einen festen Wert vorgewählt werden.

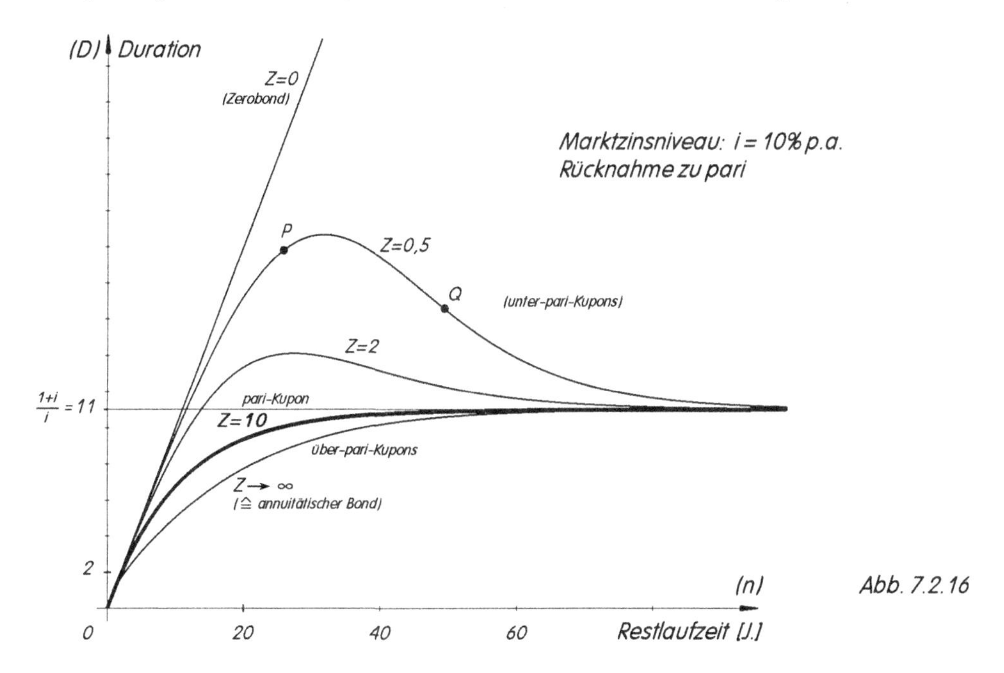

Abb. 7.2.16

Aus Abb. 7.2.16 wird dreierlei deutlich:

i) **Zu**nehmende **Kupon**höhe bewirkt c.p. **ab**nehmende **Duration** *(und umgekehrt)*.

ii) Bei nicht zu großen Laufzeiten gilt: Die **Duration wächst** *(sinkt)*, wenn die **Laufzeit wächst** *(sinkt)*.

iii) Für unter-pari-Kupons *(Z < i)* hat $D(n,Z_k)$ ein lokales Maximum und nimmt erst danach wieder ab, um sich dem Grenzwert (1+i)/i *(siehe (7.2.12))* zu nähern *(„**Laufzeiteffekt**")*. Dies bedeutet: Für Anleihen mit einem und demselben Kupon, z.B. Z = 0,5, kann bei kürzerer Laufzeit *(siehe Punkt P)* eine höhere Duration resultieren als bei längerer Laufzeit *(siehe Punkt Q)* – im Gegensatz zu ii).

Bei stark wachsendem Kupon *(Z → ∞)* verhält sich die Anleihe wie eine annuitätische Anleihe *(siehe (7.2.15))*, d.h. die in obiger Abb. 7.2.16 am weitesten unten liegende Kurve liefert gleichzeitig die *(kuponunabhängige)* Duration einer entsprechenden annuitätischen Anleihe.

In der nachfolgenden Abb. 7.2.17 ist D = D(n) ebenfalls in Abhängigkeit der Laufzeit n dargestellt, allerdings nun für verschiedene Werte i_k des Marktzinssatzes: D = D(n,i_k). Man erkennt auch hier den „Laufzeiteffekt" für $i_k > Z$ an den lokalen Extremstellen, die sich für wachsende Marktzinssätze in Richtung kleinerer Laufzeiten verschieben *(der „Buckel" verschwindet für i ≤ Z und für annuitätische Bonds)*.

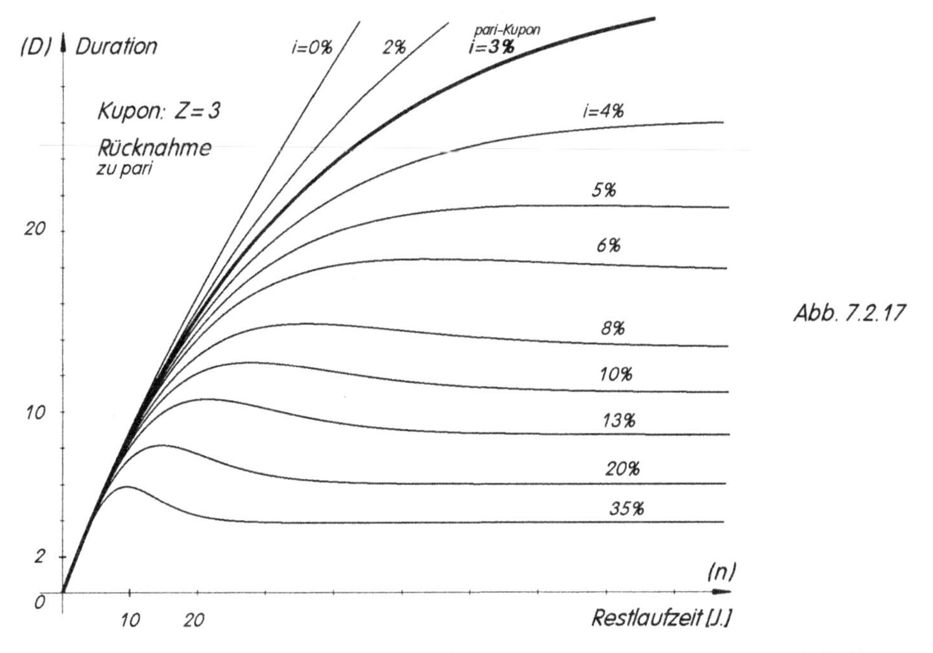

Abb. 7.2.17

Insbesondere erkennt man: Mit **steigendem** *(fallendem)* **Marktzins** nimmt die **Duration** c.p. **ab** *(zu)*!

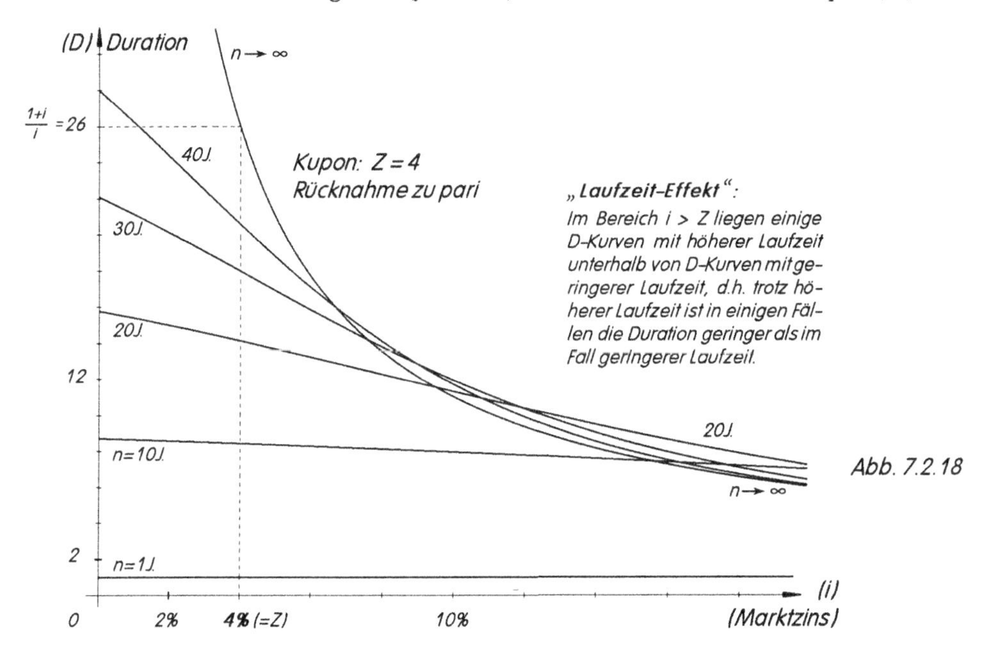

Abb. 7.2.18

Abb. 7.2.19 zeigt sehr schön, dass – wenn die Restlaufzeit n *(hier: 50 Jahre)* fest vorgegeben ist – steigende Marktzinsen und zunehmende Kuponhöhen c.p. stets mit fallender Duration einhergehen *(allerdings nichtlinear mit Ausnahme des Falles Z = 0 (Zerobond): D(Z = 0) = n = 50 Jahre)*:

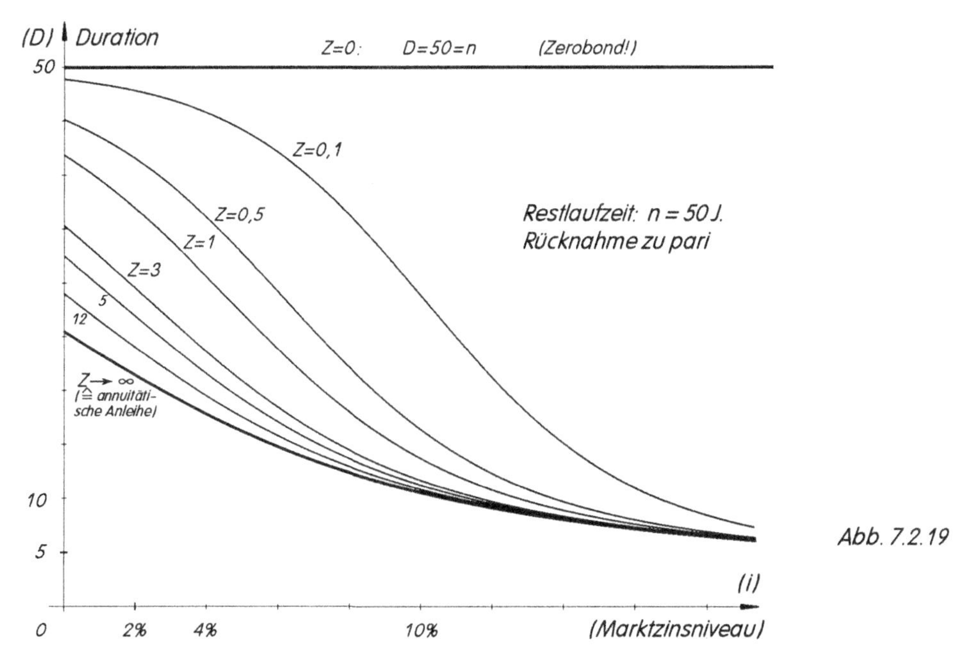

Abb. 7.2.19

Abb. 7.2.20 zeigt ebenfalls die Duration D in Abhängigkeit von Zinsniveau i und Kuponhöhe Z, allerdings jetzt mit Z als unabhängiger Variabler und i als Parameter. Für jede Kuponhöhe gilt: Die Duration-Kurve mit höherem i liegt tiefer als die mit geringerem i. Für Z = 0 *(Zerobond)* schneiden sich alle Kurven auf der Ordinatenachse im Punkt D(0) = 30 = n.

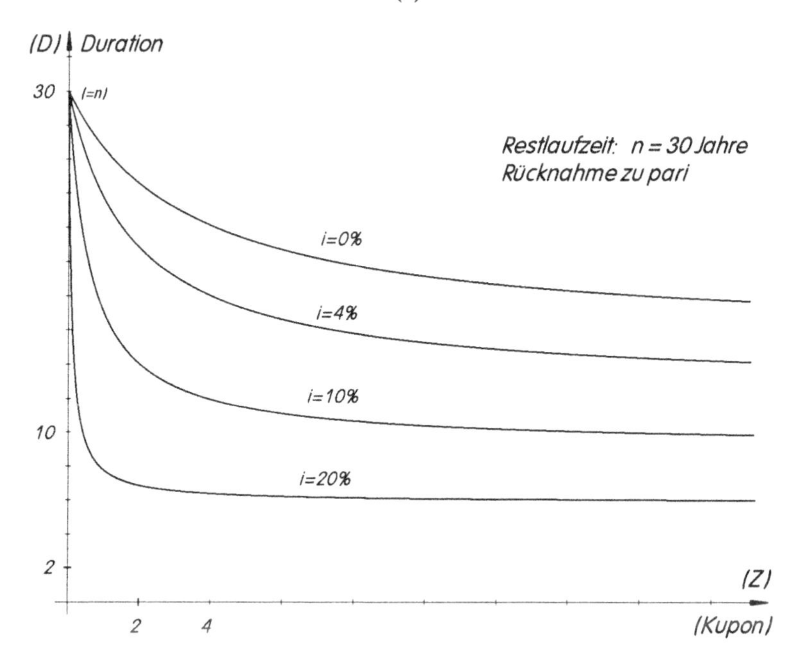

Abb. 7.2.20

Abb. 7.2.21 demonstriert wieder den schon bekannten „Laufzeiteffekt“:

Für kleine Kupons *(Z < i)* unterschneiden Langläufer-Duration-Kurven die Kurzläufer-Duration-Kurven, m.a.W. die Duration kann – im Gegensatz zum „Normalfall“ – bei langen Laufzeiten geringer sein als bei kürzeren Laufzeiten:

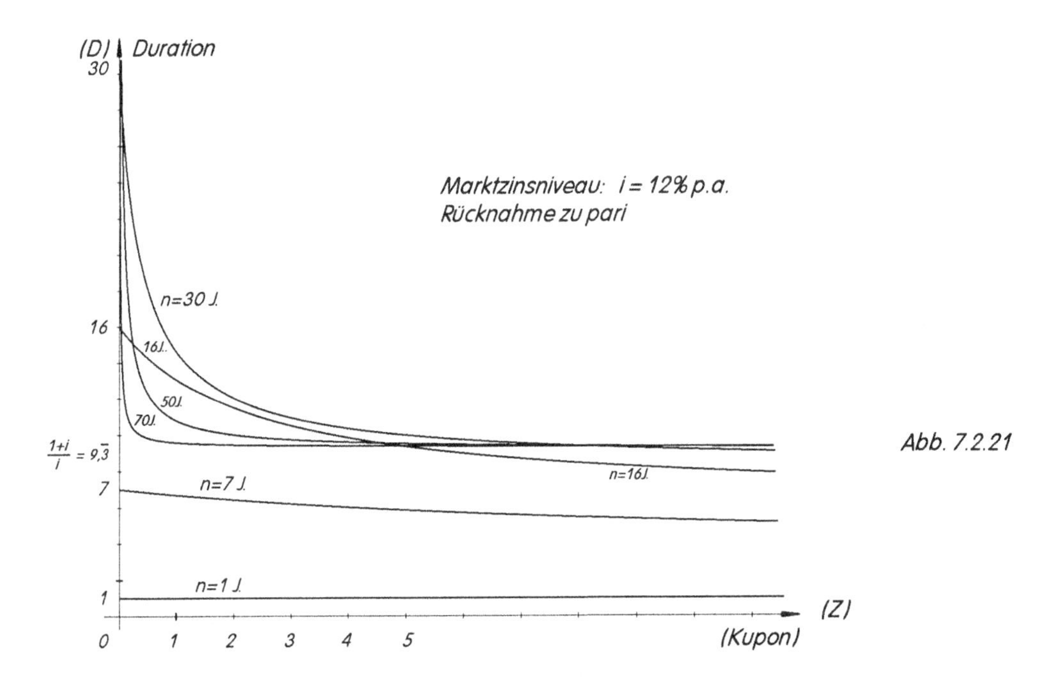

Abb. 7.2.21

Jede Durationskurve $D(Z,n_k)$ besitzt als Ordinatenschnittwert *(d.h. für Z = 0)* ihre eigene Laufzeit n_k:

$$D(0,n_k) = n_k$$

(denn für Z = 0 haben wir wieder einen Zerobond, dessen Duration stets gleich seiner Rest-Laufzeit ist).

Zusammenfassend können wir festhalten:

Die **Duration** einer endfälligen Kuponanleihe *(erster Kupon nach einem Jahr)*

- nimmt **zu,** wenn die **Restlaufzeit** c.p. **zu**nimmt; *(**aber**: Laufzeiteffekt beachten,*
- nimmt **ab,** wenn die **Restlaufzeit** c.p. **ab**nimmt; *siehe Abb. 7.2.16-18, 7.2.21)*

- nimmt **zu,** wenn die **Kupon**höhe c.p. **ab**nimmt;
- nimmt **ab,** wenn die **Kupon**höhe c.p. **zu**nimmt;

- nimmt **zu,** wenn das **Marktzins**niveau/der **Effektivzinssatz** über die Restlaufzeit c.p. **ab**nimmt;
- nimmt **ab,** wenn das **Marktzins**niveau/der **Effektivzinssatz** über die Restlaufzeit c.p. **zu**nimmt.

Tab. 7.2.22

7.3 Die immunisierende Eigenschaft der Duration

Veräußert der Besitzer einer Kuponanleihe während der Restlebensdauer *(z.B. T Jahre (T < n) nach dem Planungszeitpunkt t = 0)* der Anleihe das Papier, so ergibt sich als Preis im Zeitpunkt T der mit dem aktuellen Marktzinssatz gewichtete Barwert aller zukünftigen Leistungen *(Kuponzahlungen, Rücknahmewert)* aus dem Papier.

Damit ist aber das Gesamtvermögen des Investors aus seinem Engagement noch nicht beschrieben, denn die zuvor erhaltenen Kuponzahlungen Z, zwischenzeitlich verzinslich angelegt, gehören zusätzlich zum Zeitwert W_T seines Anleihe-Gesamtvermögens.

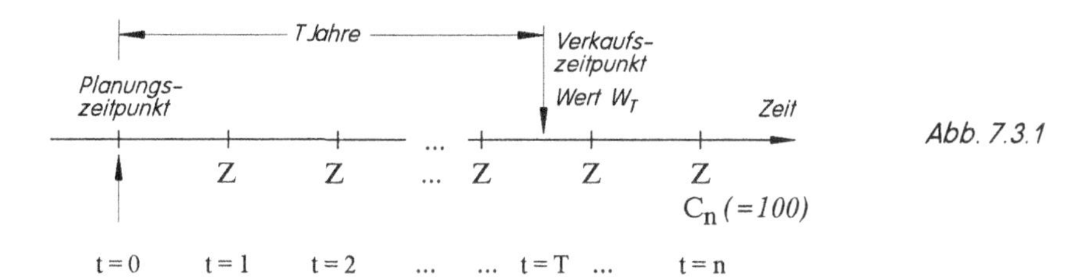

Abb. 7.3.1

Wir setzen hier voraus *(wie bisher auch bei der Betrachtung des Duration-Konzepts)*, dass eine Marktzinsänderung unmittelbar nach dem ursprünglichen Kauf des Papiers *(d.h. unmittelbar nach dem Planungszeitpunkt in $t = 0^+$)* eingetreten ist. Die zwischenzeitlich gezahlten Kupons wurden somit zum *(geänderten)* Marktzins i* angelegt, so dass zur Ermittlung des Gesamtwertes W_T insgesamt nur ein einziger *(wenn auch gegenüber der Ausgangssituation geänderter)* Zinssatz i* zur Anwendung kommt.

Für den Investor gibt es also im Vergleich zu seiner ursprünglichen Planung **zwei** denkbare **Fälle**:

i) Hat sich der Zinssatz in $t = 0^+$ **erhöht**, so konnten zwar die ersten Kuponzahlungen zu diesem höheren Zinssatz angelegt werden. Andererseits bewirkt dieser höhere Zinssatz zugleich, dass die im Zeitpunkt T noch ausstehenden Zahlungen stärker abgezinst und somit einen geringeren Beitrag liefern.

ii) Ist hingegen der Zinssatz in $t = 0^+$ **gesunken**, so konnten zwar die ersten Kupons nur zu einem geringeren Zinssatz angelegt werden, dafür erzielt der Investor in T für die noch ausstehenden Zahlungen einen höheren Preis, da weniger stark abgezinst werden muss als ohne Zinssatzänderung.

Es stellt sich daher die **Frage**, ob es für den Investor so etwas wie eine **optimale Haltedauer** T gibt, optimal in dem Sinne, dass unabhängig von Ausmaß und vor allem Richtung einer Zinssatzänderung das Gesamtergebnis W_T in T so ausfällt, als habe es überhaupt keine Zinssatzänderung gegeben.

Betrachten wir dazu ein Beispiel:

Beispiel 7.3.2: Eine Kupon-Anleihe habe folgende Zahlungsstruktur:

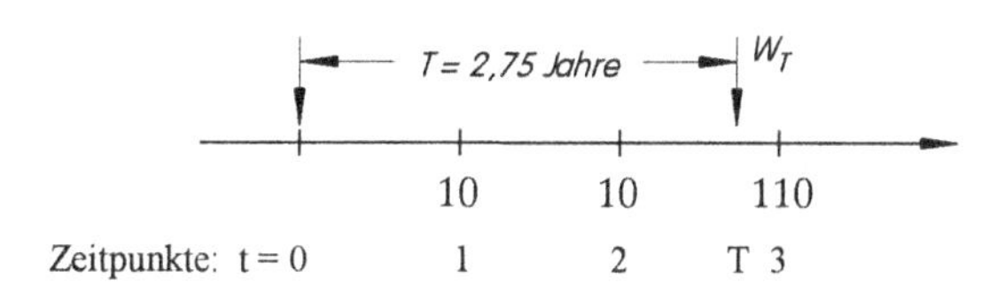

Der gesamte Zeitwert W_T der Anleihe im Zeitpunkt T ist jetzt eine Funktion $W_T(q)$ des Zinsfaktors q *(=1+i)* im betrachteten Zeitraum, wobei gilt *(am besten erst alles abzinsen und den erhaltenen Wert dann T Jahre aufzinsen – nach Umweg-Satz 2.2.14 erlaubt)*:

$$W_T(q) = (10q^{-1}+10q^{-2}+110q^{-3}) \cdot q^T$$
$$= 10 \cdot (q^{-1}+q^{-2}+11q^{-3}) \cdot q^{2,75}.$$

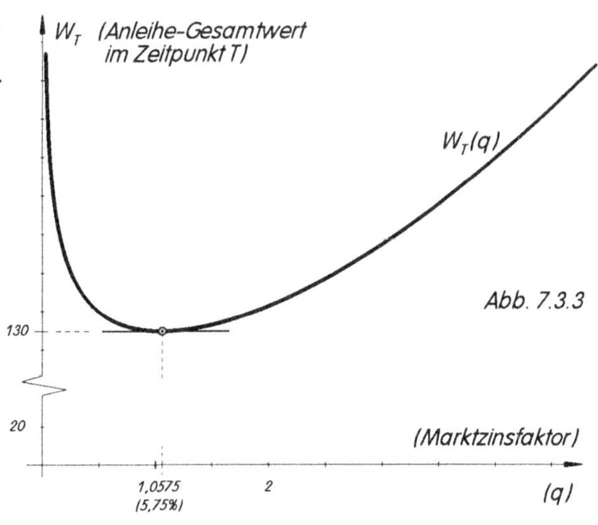

Abb. 7.3.3

Stellt man diese Funktion grafisch in einem Koordinatensystem dar, ergibt sich nebenstehendes Bild:

Der Zeitwert W_T hat bei Variation des Zinsfaktors q *(= 1 + i)* ein Minimum, im Beispiel an der Stelle

$$q = 1{,}0575,$$

m.a.W. für das Markt-Zinsniveau 5,75% p.a. ist der Gesamtwert W_T der Anleihe in t = T = 2,75 minimal.

Ist also umgekehrt der Zinssatz i mit 5,75% p.a. als ursprünglich geplanter und noch nicht geänderter Marktzins vorgegeben, so führt jeder andere Zinssatz bei Verkauf in T = 2,75 zu einem noch höheren Gesamtwert als geplant – dies ist die gesuchte „Immunisierung" des Anleihewertes gegen *(in $t = 0^+$ erfolgte)* Zinssatzschwankungen, sofern die Haltedauer 2,75 Jahre beträgt: Es kann bei Zinssatzschwankungen „nicht schlimmer" kommen als ursprünglich geplant – vorausgesetzt die Haltedauer T stimmt.

Wir können das Beispiel **verallgemeinern**:

Angenommen, die Struktur einer Zahlungsreihe *(z.B. Anleihe, Investition, ...)* sei wie folgt vorgegeben:

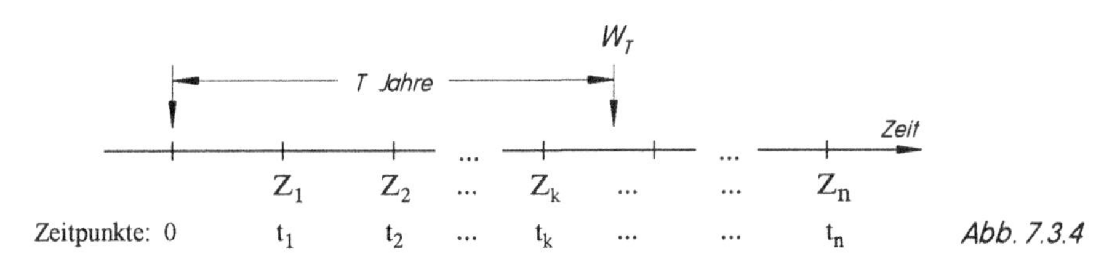

Abb. 7.3.4

Der Investor sieht sich im Planungszeitpunkt *(t = 0)* dem Marktzinssatz i gegenüber und plant mit eben diesem Zinssatz die Haltedauer T für sein Engagement, wobei er von sicheren Rückzahlungen Z_k ausgehen kann *(siehe Abb. 7.3.4)*.

A priori errechnet der Investor sein Gesamtvermögen W_T aus dieser Investition nach Ablauf seiner individuell geplanten Haltedauer T, d.h. im Zeitpunkt T, als *(auf- bzw. abgezinsten)* Zeitwert sämtlicher Zahlungen aus dem Papier. Nach Satz 2.2.14 ermittelt man W_T am besten dadurch, dass man zunächst alle Zahlungen Z_k auf t = 0 abzinst und dann gemeinsam auf den Stichtag t = T aufzinst $(\cdot\, q^T)$:

(7.3.5) $$W_T(q) = q^T \cdot \sum_{k=1}^{n} Z_k \cdot q^{-t_k} = q^T \cdot C_0$$ *(C_0 = Barwert aller Leistungen = Preis)*

Diese Funktion $W_T(q)$ besitzt – wie im letzten Beispiel gezeigt – ein Minimum an einer bestimmten Stelle q. **Idee**: Angenommen, dieses Minimum von W_T soll genau dann erreicht werden, wenn q mit dem **vorgegebenen** Zinsfaktor q *(= 1 + i)* übereinstimmt – welche **Bedingungen** müssen dazu erfüllt sein?

Um das Minimum von $W_T(q)$ zu ermitteln, wendet man die entsprechende notwendige[13] Extremalbedingung $W_T'(q) = 0$ der Differentialrechnung an *(beim Ableiten von (7.3.5) beachte man die Produktregel)*:[14]

$$\text{(7.3.6)} \qquad \frac{dW_T}{dq} = T \cdot q^{T-1} \cdot \sum_{k=1}^{n} Z_k \cdot q^{-t_k} + q^T \cdot \sum_{k=1}^{n} Z_k \cdot (-t_k) \cdot q^{-t_k - 1} \overset{!}{=} 0 \quad \Big| : q^{T-1}$$

$$T \cdot \sum_{k=1}^{n} Z_k \cdot q^{-t_k} = q \cdot \sum_{k=1}^{n} t_k \cdot Z_k \cdot q^{-t_k-1} = \sum_{k=1}^{n} t_k \cdot Z_k \cdot q^{-t_k} \quad \Leftrightarrow$$

$$\text{(7.3.7)} \qquad \Leftrightarrow \quad T = \frac{\sum\limits_{k=1}^{n} t_k \cdot Z_k \cdot q^{-t_k}}{\sum\limits_{k=1}^{n} Z_k \cdot q^{-t_k}} = D = \text{Macaulay-Duration (7.1.17)!}$$

Wir erhalten also das folgende *(überraschende?)* **Ergebnis**:

> Eine Anleihe besitze im Planungszeitpunkt $t = 0$ eine Zahlungsstruktur wie in Abb. 7.3.4. Der Marktzinsfaktor in $t = 0$ sei q *(=1+i)*. Der Investor plane für die Anleihe eine Haltedauer von T Jahren.
>
> Dann ist der *(mit dem ursprünglichen Marktzinsfaktor q ermittelte)* Zeitwert $W_T(q)$ der Anleihe kleiner als für jeden anderen Marktzins, wenn die Haltedauer T mit der *(ebenfalls mit dem Marktzinsfaktor q ermittelten)* Macaulay-Duration D der Anleihe übereinstimmt.
>
> *Anders ausgedrückt:*
>
> Angenommen, der Investor plane eine Haltedauer genau in Höhe der Duration: Dann führt jede Zinsschwankung *(in $t=0^+$)* zu einem höheren Gesamt-Zeitwert $W(q^*)$ des Papiers in $T = D$, als hätte keine Zinsveränderung stattgefunden – die ursprünglich geplante Rendite i ist daher die Mindest-Rendite, die der Inverstor im Zeitpunkt T realisieren kann.
>
> (7.3.8) Eine Haltedauer T in Höhe der Macaulay-Duration D führt also zur **Immunisierung** des Anleihewertes $W_T(q)$ gegenüber Zinssatz-Schwankungen *(in $t = 0^+$)*.

Diese **immunisierende Eigenschaft der Duration** lässt sich auch für ein **Portfolio** *(Gesamtbestand an Anleihewerten)* anwenden:

Da die Macauley-Duration jeder Anleihe als Summe von barwert-gewichteten Laufzeiten von Zerobonds *(=Duration von Zerobonds)* aufgefasst[15] werden kann, kann die Duration eines Portfolios ermittelt werden, indem man die Durations der einzelnen Anleihen entsprechend ihres individuellen Barwertanteils am Gesamtwert des Portfolios gewichtet und summiert, kurz:

---

[13] ohne Nachweis: Die hinreichende Minimalbedingung $W''(q) > 0$ ist in diesem Fall erfüllt!

[14] siehe z.B. [Tie3] Satz 5.2.30

[15] siehe Bem. 7.1.14 sowie Formeln (7.1.17)/(7.2.10) in Verbindung mit der Überlegung, dass jede Einzelzahlung Z_k einer Anleihe als Zerobond aufgefasst werden kann.

> Die **Duration** D_P **eines Wertpapier-Portfolios** ist die **Summe** der mit ihrem prozentualen Marktwert-**Anteil** a_k am Gesamtwert des Portfolios **gewichteten Durations** D_k *(k = 1,...,n)* der **einzelnen** Papiere:
>
> (7.3.9) $$D_P = a_1D_1 + a_2D_2 + \ldots + a_nD_n \qquad (mit \quad a_1+a_2+\ldots+a_n = 1)$$

Wir wollen diesen Sachverhalt für zwei beliebige Wertpapiere A_1 und A_2 allgemein **beweisen** *(für mehr als zwei Papiere verläuft der Beweis analog)*:

Anleihe A_1 besitze in den Zeitpunkten t_k die Zahlungen Z_{1k} *(k = 1, ... , n)*
Anleihe A_2 besitze in den Zeitpunkten t_k die Zahlungen Z_{2k} *(k = 1, ... , n)*

(dabei umfassen die Zeitpunkte t_k sämtliche vorkommenden Zahlungs-Zeitpunkte beider Anleihen, evtl. könnte zu einem oder zu mehreren Zeitpunkten t_k gelten: $Z_{ik} = 0, \quad i = 1, 2$).

Nach (7.1.17) gilt für die Durations D_1, D_2 der beiden Anleihen:

$$D_1 = \frac{\sum_{k=1}^{n} t_k \cdot Z_{1k} \cdot q^{-t_k}}{\sum_{k=1}^{n} Z_{1k} \cdot q^{-t_k}} \quad ; \qquad D_2 = \frac{\sum_{k=1}^{n} t_k \cdot Z_{2k} \cdot q^{-t_k}}{\sum_{k=1}^{n} Z_{2k} \cdot q^{-t_k}} \quad .$$

Nun kumuliert man die beiden Anleihen zu einem Wertpapier-Portfolio, dessen Zahlungen Z_k in jedem Zeitpunkt t_k aus der Summe $Z_{1k} + Z_{2k}$ der Zahlungen beider Anleihen besteht.

Dann ist nach (7.1.17) die Duration D dieses Portfolios gegeben durch

$$D = \frac{\sum_{k=1}^{n} t_k \cdot (Z_{1k} + Z_{2k}) \cdot q^{-t_k}}{\sum_{k=1}^{n} (Z_{1k} + Z_{2k}) \cdot q^{-t_k}} = \frac{\sum_{k=1}^{n} t_k \cdot Z_{1k} \cdot q^{-t_k} + \sum_{k=1}^{n} t_k \cdot Z_{2k} \cdot q^{-t_k}}{\underbrace{\sum_{k=1}^{n} Z_{1k} \cdot q^{-t_k}}_{= C_{01}} + \underbrace{\sum_{k=1}^{n} Z_{2k} \cdot q^{-t_k}}_{= C_{02}}}$$

Durch weiteres Umformen erhalten wir *(der Nenner C_0 bezeichnet den Gesamt-Barwert C_0 (=Marktwert in t=0) des Portfolios = Summe $C_{01} + C_{02}$ der Einzel-Barwerte der beiden Anleihen)*:

$$D = \frac{\sum_{k=1}^{n} t_k \cdot Z_{1k} \cdot q^{-t_k}}{C_{01} + C_{02}} + \frac{\sum_{k=1}^{n} t_k \cdot Z_{2k} \cdot q^{-t_k}}{C_{01} + C_{02}} = \frac{\sum_{k=1}^{n} t_k \cdot Z_{1k} \cdot q^{-t_k}}{C_{01} + C_{02}} \cdot \frac{C_{01}}{C_{01}} + \frac{\sum_{k=1}^{n} t_k \cdot Z_{2k} \cdot q^{-t_k}}{C_{01} + C_{02}} \cdot \frac{C_{02}}{C_{02}}$$

$$= \frac{\sum_{k=1}^{n} t_k \cdot Z_{1k} \cdot q^{-t_k}}{C_{01}} \cdot \frac{C_{01}}{C_{01} + C_{02}} + \frac{\sum_{k=1}^{n} t_k \cdot Z_{2k} \cdot q^{-t_k}}{C_{02}} \cdot \frac{C_{02}}{C_{01} + C_{02}} = D_1 \cdot a_1 + D_2 \cdot a_2 \ .$$

Da die jeweils zweiten Brüche genau den Barwertanteil a_j jeder Teil-Anleihe A_j am Gesamt-Barwert C_0 $(= C_{01} + C_{02})$ darstellen, ist der **Beweis** von (7.3.9) für zwei Anleihen **erbracht**.

Für **beliebig viele** *(z.B. m)* **Anleihen** lässt sich der Beweis auf analoge Weise durchführen, indem man aus den m Einzel-Anleihen eine *kumulierte Anleihe* bildet und dann deren Gesamt-Duration mit der demonstrierten Umformungs-Strategie aus den Einzel-Durations ermittelt.

Mit Hilfe von (7.3.9) lassen sich für einen Investor insbesondere **zwei Fragestellungen** beantworten:

i) Mit einer Investition in Höhe von C_0 *[€]* soll in t = 0 ein **Wertpapier-Portfolio aufgebaut** werden. Der Investor habe einen Planungshorizont von T Jahren. Also wird er – um gegen Zinssatzschwankungen geschützt zu sein – aus den am Markt vorhandenen Anleihen im Rahmen seines Budgets eine Auswahl so treffen, dass die Gesamt-Duration D_P des Portfolios genau seinem Planungshorizont T entspricht *(siehe Beispiele 7.3.10/7.3.11)*.

ii) Der Investor besitze bereits in t = 0 ein aus verschiedenen Wertpapieren bestehendes Portfolio. Wie lange soll er an diesem **Portfolio festhalten**, um gegen Zinssatzschwankungen geschützt zu sein? Dazu muss er nach dem Vorhergenden lediglich die Gesamt-Duration D_P seines Portfolios ermitteln und seinen Anlagehorizont T mit diesem Wert in Übereinstimmung bringen *(siehe Beispiel 7.3.12)*.

Beispiel 7.3.10:

Der Investor habe einen Planungshorizont von 5 Jahren *(= T)* und will 500.000€ für diesen Zeitraum in Wertpapieren anlegen. Der heutige Marktzinssatz betrage 7% p.a.

Zur Auswahl stehen zwei endfällige Kuponanleihen A_1, A_2, erster Kupon nach einem Jahr, Rücknahme zu pari, Nominalwert *(Nennwert)* pro Stück 100 €:

A_1: Kupon: 8% *(bezogen auf den Nennwert)*; Restlaufzeit: 4 Jahre
A_2: Kupon: 6% *(bezogen auf den Nennwert)*; Restlaufzeit 10 Jahre.

Wie soll der Investor sein Budget auf diese beiden Wertpapiere aufteilen, um gegen *(unmittelbar nach Kauf evtl. stattfindende)* Zinssatzschwankungen geschützt zu sein?

Idee: Die Gesamt-Duration D_P des Portfolios muss mit dem Planungshorizont T übereinstimmen, d.h. die beiden Papiere müssen in solchen Marktwertanteilen a_1, a_2 gekauft werden, dass die Summe der mit diesen Anteilen gewichteten Einzel-Durations D_1, D_2 gerade die gewünschte Gesamt-Duration $D_P = T = 5$ ergibt.

Die Einzel-Durations D_1, D_2 berechnen sich nach (7.2.9) zu: $D_1 = 3{,}5847$; $D_2 = 7{,}7093$.

Damit muss gelten: $a_1D_1 + a_2D_2 = D_P = 5$, d.h. $3{,}5847 \cdot a_1 + 7{,}7093 \cdot a_2 = 5$ *(mit $a_1 + a_2 = 1$)*

Setzt man $a_2 = 1 - a_1$ in diese Gleichung ein, so resultiert:

$a_1 = 0{,}6569$, d.h. 65,69% des Budgets *(≙ 328.450€)* entfallen auf Anleihe A_1;
$a_2 = 0{,}3431$, d.h. 34,31% des Budgets *(≙ 171.550€)* entfallen auf Anleihe A_2.

Die Preise je 100 € Nominalwert *(Kurse)* C_{01}, C_{02} der beiden Anleihen ergeben sich als Barwertsumme der noch ausstehenden Leistungen und betragen

$$C_{01} = (8 \cdot \frac{1{,}07^4 - 1}{0{,}07} + 100)\frac{1}{1{,}07^4} \approx 103{,}39\,€; \qquad C_{02} = (6 \cdot \frac{1{,}07^{10} - 1}{0{,}07} + 100)\frac{1}{1{,}07^{10}} \approx 92{,}98\,€.$$

Daher wird der Investor $328.450/C_{01} \approx 3177$ Stücke *(je 100€ Nennwert)* von Anleihe A_1 sowie $171.550/C_{02} \approx 1845$ Stücke *(je 100€ Nennwert)* von Anleihe A_2 kaufen.

Beispiel 7.3.11:

Wie Beispiel 7.3.10 mit folgendem Unterschied: Marktzinssatz 5% p.a.; Planungshorizont 6 Jahre.

Außerdem: Es stehen diesmal 3 Wertpapiere A_1, A_2, A_3 zur Auswahl mit folgender Ausstattung:

A_1: Kupon 10%, Restlaufzeit 2 Jahre ⇒ Duration $D_1 = 1{,}9129$
A_2: Kupon 8%, Restlaufzeit 6 Jahre ⇒ Duration $D_2 = 5{,}0689$
A_3: Kupon 7%, Restlaufzeit 12 Jahre ⇒ Duration $D_3 = 8{,}7968$.

Für die drei Anteilswerte a_1, a_2, a_3 *(mit $a_k \geq 0$)* bei Immunisierung muss nun offenbar gelten:

$$a_1D_1 + a_2D_2 + a_3D_3 = 6$$
$$a_1 + a_2 + a_3 = 1.$$

(Voraussetzung: Der Planungshorizont liegt zwischen größter und kleinster Duration)

Dieses *(lösbare)* lineare Gleichungssystem besitzt – da bei 3 Variablen nur 2 Gleichungen existieren – beliebig viele Lösungen, die man erhält, indem man für eine Variable, z.B. a_1, einen geeigneten Prozentwert vorgibt und damit das entstehende System löst *(dabei muss beachtet werden, dass negative Anteilswerte nicht möglich sind, d.h. es muss gelten: $a_k > 0$)*.

Gibt man z.B. vor: $a_1 = 0{,}2$ *(=20%)*, so folgt aus der zweiten Gleichung: $a_2 = 0{,}8 - a_3$. Setzt man diese beiden Informationen in die erste Gleichung ein, so erhält man insgesamt:

$a_1 = 0{,}2$ *(=20%, vorgewählt)*; $a_2 = 0{,}3809$ *(=38,09%)*; $a_3 = 0{,}4191$ *(=41,91%)*.

Gibt man stattdessen etwa vor: $a_1 = 30\%$, so folgt auf demselben Wege: $a_2 = 19{,}63\%$, $a_3 = 50{,}37\%$.

Der Investor kann durch geeignete Linearkombination der einzelnen Anleihen jede Duration erzeugen, die zwischen der kleinsten und größten Einzel-Duration liegt.

Beispiel 7.3.12:

Ein Investor sieht sich einem derzeitigen Marktzinsniveau von 6% p.a. gegenüber.

Er ist im Besitz von einer Nullkupon-Anleihe A_1 sowie zwei endfälligen Kuponanleihen A_2, A_3 mit folgenden Ausstattungen, siehe nachstehende Tabelle:

	A_1	A_2	A_3	
Typ	Zerobond	Kupon-Anleihe	Kupon-Anleihe	Σ
Kupon (Z)	-----	8%	5%	
Restlaufzeit (n)	10 Jahre	4 Jahre	9 Jahre	
Rücknahmekurs	100%	100%	100%	
vorhandener Nominalwert	20.000€	50.000€	30.000€	100.000€

Der Investor will die Haltedauer des Portfolios so abstimmen, dass sich Immunisierung gegenüber Zinssatzschwankungen ergibt. Er erreicht dies Ziel, indem er seinen Planungshorizont so wählt, das dieser mit der Gesamt-Duration D_P seines gegebenen Portfolios übereinstimmt.

Die Einzel-Durations der drei Wertpapiere ergeben sich nach (7.2.9) bzw. (7.2.10) zu:

$D_1 = 10$ *(=n)*; $D_2 = 3{,}5923$; $D_3 = 7{,}3993$.

Die Durations D_k müssen mit den entsprechenden Marktwertanteilen a_k gewichtet und aufsummiert werden, siehe (7.3.9).

Zur Ermittlung der a_k benötigt man die Kurse C_{0k} der einzelnen Papiere *(mit Hilfe des aktuellen Marktzinssatzes auf den Planungszeitpunkt t = 0 abgezinste zukünftige Zahlungen aus den Papieren)*:

$$C_{01} = 100 \cdot 1{,}06^{-10} \approx 55{,}84\% \quad \Rightarrow \quad \text{Marktwert } A_1 = 20.000 \cdot 0{,}5584 = 11.168\,€$$

$$C_{02} = (8 \cdot \frac{1{,}06^4 - 1}{0{,}06} + 100)\frac{1}{1{,}06^4} \approx 106{,}93\,€ \quad \Rightarrow \quad \text{Marktwert } A_2 = 50.000 \cdot 1{,}0693 = 53.465\,€$$

$$C_{03} = (5 \cdot \frac{1{,}06^9 - 1}{0{,}06} + 100)\frac{1}{1{,}06^9} \approx 93{,}20\,€ \quad \Rightarrow \quad \text{Marktwert } A_3 = 30.000 \cdot 0{,}9320 = 27.960\,€$$

Portfolio-Gesamtwert = 92.593 €

Daraus ergeben sich folgende Marktwertanteile: $a_1 = 0{,}1206$; $a_2 = 0{,}5774$; $a_3 = 0{,}3020$

und daraus die Portfolio-Duration: $D_P = 0{,}1206 \cdot 10 + 0{,}5774 \cdot 3{,}5923 + 0{,}3020 \cdot 7{,}3993 = \mathbf{5{,}5148}$.

Der Investor sollte also für sein Portfolio eine Haltedauer von ca. 5,5 Jahren vorsehen, um sich vor Zinssatzschwankungen *(in $t = 0+$)* zu schützen.

7.4 Duration und Convexity

Die Duration D bzw. die modifizierte Duration MD *(=D/(1+i), siehe (7.1.22))* kann – wie etwa in Beispiel 7.1.12 oder Beispiel 7.1.23 gesehen – als Maß für die Zinssensitivität des Anleihekurses verwendet werden. Nach (7.1.21)/(7.1.22) gilt

(7.4.1) $$\frac{dC_0}{C_0} = -\frac{D}{1+i} \cdot di = -MD \cdot di \qquad \text{bzw.} \qquad MD = -\frac{1}{C_0} \cdot \frac{dC_0}{di} = -\frac{C_0'(i)}{C_0}$$

(D = Macaulay-Duration nach Def. 7.1.16 mit diskreter Zinsformel,
i = diskreter Marktzins, MD = D/(1+i) = modifizierte Duration)

Daraus wird noch einmal deutlich, dass mit Hilfe der Duration der Kurs $C_0(i)$ **linear** approximiert wird und daher auch nur für kleine Zinssatzschwankungen di brauchbare Näherungswerte liefert.

Tatsächlich aber ist die Funktion $C_0(i)$ **nichtlinear**, wie die Funktionsgleichungen (7.1.3)/(7.2.4) zeigen:

(7.4.2) $$C_0(i) = \sum_{k=1}^{n} Z_k \cdot (1+i)^{-t_k} \qquad \text{bzw.} \qquad C_0(q) = (Z \cdot \frac{q^n - 1}{q-1} + C_n) \cdot \frac{1}{q^n} \quad , \quad (q = 1+i).$$

Abb. 7.4.3 verdeutlicht die Zusammenhänge in der Umgebung des Ausgangszinssatzes $i_0 = 8\%$ p.a.:

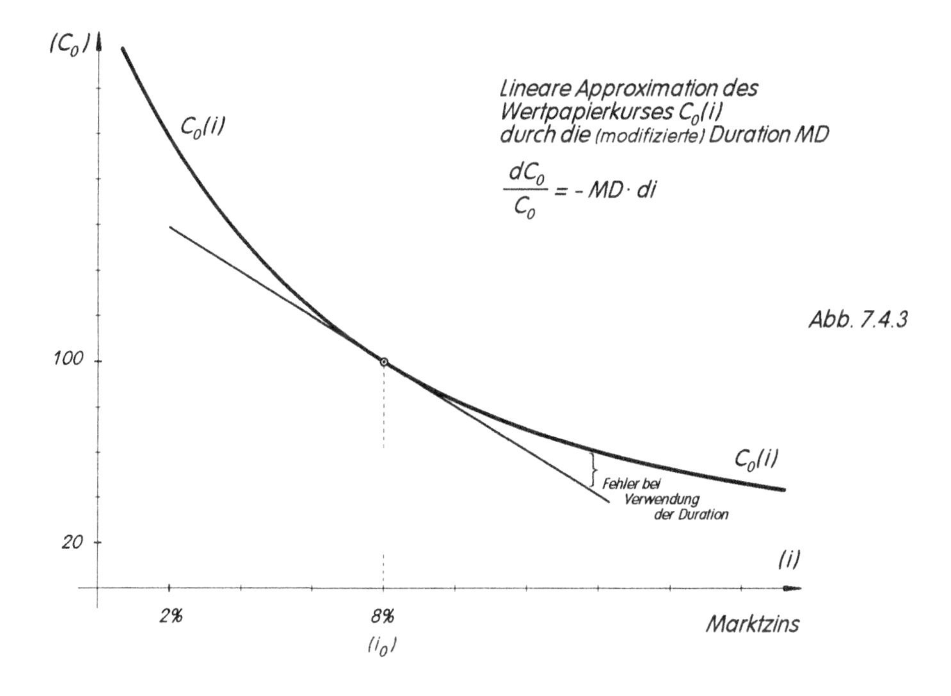

Beispiel 7.4.4: *(siehe auch Abb. 7.4.3)*

Gegeben sei eine endfällige Anleihe, Kupon 8%, erster Kupon nach einem Jahr, Restlaufzeit 20 Jahre, pari-Rücknahme. Der Marktzins i_0 betrage im Planungszeitpunkt 8% p.a.

Bei Schwankungen di von ca. ±1 %-Punkt stimmen die Funktion $C_0(i)$ und ihre Tangente auf den ersten Blick noch recht gut überein. Allerdings zeigen sich bei näherem Hinsehen auch jetzt schon deutliche Abweichungen, z.B. für di = 0,01:

Näherung: D = 10,6036 *(ermittelt mit (7.2.9))* ⇒ MD = 9,8181

$$\Rightarrow \quad \frac{dC_0}{C_0} = -9{,}8181 \cdot 0{,}01 \approx -0{,}0982 = -9{,}82\%.$$

Wegen $C_0(0{,}08) = 100 \Rightarrow C_0(0{,}09) \approx 100 - 9{,}82 = \mathbf{90{,}18\%}$.

Exakt: $C_0(0{,}09) = \mathbf{90{,}87\%}$, d.h. der absolute Fehler der Näherung beträgt ca. 0,8%.

Je größer die Zinssatzschwankungen werden, desto größer wird auch der Fehler der linearen Näherung für C(i) in der Umgebung des Ausgangszinssatzes i_0, siehe Abb. 7.4.3.

So liegt es nahe, zur **Verbesserung** der Approximation auch **nichtlineare** Näherungen, z.B. **quadratische** Approximationen zu verwenden.

Damit ist gemeint:

An der Stelle i_0 soll – als „Näherungs-Ersatz" für die Originalfunktion $C_0(i)$ – ein **quadratisches Näherungs-Polynom** $C_0^N(i)$ *(Funktion zweiten Grades)* erzeugt werden, das die Original-Funktion besonders gut approximiert.

Die Theorie derartiger Näherungs-Polynome ist seit langem bekannt *(Taylor'scher Satz*[16]*)* – daher soll hier ein elementarer Ansatz skizziert werden:

Während bei der linearen Approximation *(dies leistet die „Tangenten"-Funktion)* gefordert wird, dass an der betreffenden Stelle a) die Funktionswerte und b) die Steigungen *(= 1. Ableitungen)* von Original und Näherung übereinstimmen *(siehe Abb. 7.4.3)*, geht man bei der **quadratischen Approximation** noch einen Schritt weiter:

Ein quadratisches Polynom $C_0^N(i)$ stellt – in der Umgebung einer ausgewählten Stelle i_0 – eine **besonders gute Näherung** für die Original-Funktion $C_0(i)$ dar, wenn an der Stelle i_0 gilt:

$C_0^N(i_0) = C_0(i_0)$ *(d.h. die Funktionswerte von Näherung und Original müssen übereinstimmen)*

$C_0^{N\prime}(i_0) = C_0'(i_0)$ *(d.h. die 1. Ableitungen von Näherung und Original müssen übereinstimmen)*

$C_0^{N\prime\prime}(i_0) = C_0''(i_0)$ *(d.h. die 2. Ableitungen von Näherung und Original müssen übereinstimmen).*

$C_0^N(i)$ – als quadratisches Polynom in i – hat die allgemeine Form: $C_0^N(i) = a+bi+ci^2$. Da für uns die Stelle i_0 bedeutsam ist, verwenden wir zweckmäßigerweise anstelle von i die Differenz $i - i_0$, so dass *(mit Hilfe der noch zu bestimmenden Parameter a_0, a_1, a_2)* das Näherungspolynom $C_0^N(i)$ lautet:

$$C_0^N(i) = a_0 + a_1(i-i_0) + a_2(i-i_0)^2 \quad \Rightarrow \quad C_0^N(i_0) = a_0 \overset{!}{=} C_0(i_0)$$

$$C_0^{N\prime}(i) = a_1 + 2a_2(i-i_0) \quad \Rightarrow \quad C_0^{N\prime}(i_0) = a_1 \overset{!}{=} C_0'(i_0)$$

$$C_0^{N\prime\prime}(i) = 2a_2 \quad \Rightarrow \quad C_0^{N\prime\prime}(i_0) = 2a_2 \overset{!}{=} C_0''(i_0) \quad \Rightarrow \quad a_2 = \frac{1}{2}C_0''(i_0)$$

16 siehe etwa [Wal] 262ff

Damit lautet das Näherungspolynom $C_0^N(i)$ 2. Grades für C(i) in einer Umgebung von i_0:

$$C_0^N(i) = a_0 + a_1(i-i_0) + a_2(i-i_0)^2 = C_0(i_0) + C_0'(i_0)\cdot(i-i_0) + \frac{1}{2}C_0''(i_0)\cdot(i-i_0)^2$$

Daraus folgt für die Abweichung dC_0 der Näherung $C_0^N(i)$ vom Original $C_0(i_0)$ in einer Umgebung von i_0:

$$dC_0 = C_0^N(i) - C_0(i_0) = C_0'(i_0)\cdot(i-i_0) + \frac{1}{2}C_0''(i_0)\cdot(i-i_0)^2 \qquad \text{d.h. mit } i-i_0 =: di \ :$$

$$\frac{dC_0}{C_0} = \frac{C_0'(i_0)}{C_0(i_0)}\cdot(i-i_0) + \frac{1}{2}\frac{C_0''(i_0)}{C_0(i_0)}\cdot(i-i_0)^2 = \frac{C_0'(i_0)}{C_0(i_0)}\cdot di + \frac{1}{2}\frac{C_0''(i_0)}{C_0(i_0)}\cdot di^2$$

Der Term $\frac{C_0'(i_0)}{C_0(i_0)}$ ist identisch mit der negativen *(modifizierten)* Duration *(= – MD, siehe (7.1.22))*, den Term $\frac{C_0''(i_0)}{C_0(i_0)}$ nennt man auch „**Convexity**“[17] **K**:

Damit schreibt sich die relative Veränderung $\frac{dC_0}{C_0}$ des Anleihe-Kurswertes in zweiter Näherung:

(7.4.5) $$\frac{dC_0}{C_0} = -MD\cdot(i-i_0) + \frac{1}{2}K\cdot(i-i_0)^2 = -MD\cdot di + \frac{1}{2}K\cdot(di)^2 .$$

Zusammenfassend erhalten wir das Ergebnis:

Eine Anleihe habe die aus (7.4.2) bekannte zinssatzabhängige Kursfunktion C_0 mit

$$C_0(i) = \sum_{k=1}^{n} Z_k\cdot(1+i)^{-t_k} .$$

Für den geplanten Marktzinssatz i_0 seien *(modifizierte)* Duration MD und Convexity K wie üblich definiert:

(7.1.22) $$MD = -\frac{C_0'(i_0)}{C_0(i_0)}$$ *(modifizierte **Duration**)*

(7.4.6) $$K = \frac{C_0''(i_0)}{C_0(i_0)}$$ ***(Convexity)***

Dann ist bei einer Zinssatzänderung di – in quadratischer Näherung – die relative *(prozentuale)* Kursänderung dC_0/C_0 gegeben durch

(7.4.7) $$\boxed{\frac{dC_0}{C_0} = -MD\cdot di + \frac{1}{2}K\cdot(di)^2} .$$

[17] Der Name „Convexity“ oder „Konvexität“ rührt daher, dass bei Einbeziehung der zweiten Ableitung das Krümmungsverhalten *(hier: konvexe Krümmung)* der Funktion $C_0(i)$ berücksichtigt wird, siehe z.B. [Tie3] 330f.

Die Duration D bzw. MD lässt sich über Def. 7.1.16 sukzessive *(bzw. mit (7.2.8) kompakt)* ermitteln. Zur **Berechnung der Convexity K** *(siehe (7.4.6))* gehen wir entsprechend vor:

Nach (7.1.18) gilt für die erste Ableitung $C_0'(i)$: $\frac{dC_0}{di} = -\sum_{k=1}^{n} t_k \cdot Z_k \cdot (1+i)^{-t_k-1}$.

Daraus ergibt sich die zweite Ableitung $C_0''(i)$ zu:

$$(7.4.8) \qquad \frac{d^2C_0}{di^2} = -\sum_{k=1}^{n} t_k \cdot Z_k \cdot (-t_k-1) \cdot (1+i)^{-t_k-2} = \frac{1}{(1+i)^2} \cdot \sum_{k=1}^{n} t_k \cdot (t_k+1) \cdot Z_k \cdot (1+i)^{-t_k} .$$

Nach Division von (7.4.8) durch C_0 erhalten wir (7.4.6), d.h. es gilt für die Convexity K:

$$(7.4.9) \qquad \boxed{K = \frac{C_0''(i_0)}{C_0(i_0)} = \frac{\sum_{k=1}^{n} t_k \cdot (t_k+1) \cdot Z_k \cdot (1+i)^{-t_k}}{(1+i)^2 \cdot \sum_{k=1}^{n} Z_k \cdot (1+i)^{-t_k}}} \qquad \textit{(Convexity)} .$$

Die **konkrete Berechnung der Convexity K** soll für die Daten von Beispiel 7.4.4 erfolgen:
($n = 20$ Jahre, $Z_k = Z = 8$, $Z_n = 100 + Z = 108$, $i = 8\%$ d.h. $q = 1{,}08$)

$$(7.4.10) \qquad K = \frac{8 \cdot (1 \cdot 2 \cdot 1{,}08^{-1} + 2 \cdot 3 \cdot 1{,}08^{-2} + \ldots + 19 \cdot 20 \cdot 1{,}08^{-19}) + 20 \cdot 21 \cdot 108 \cdot 1{,}08^{-20}}{1{,}08^2 \cdot (8 \cdot 1{,}08^{-1} + 8 \cdot 1{,}08^{-2} + \ldots + 8 \cdot 1{,}08^{-19} + 108 \cdot 1{,}08^{-20})} = 146{,}1258$$

Anstelle der reichlich langweiligen sukzessiven Summenbildung in (7.4.10) lässt sich im Fall von endfälligen Kuponanleihen auch eine – allerdings kompliziert aussehende – **kompakte Formel** für die **Convexity** angeben[18] *(Z = Kupon (erster Kupon nach einem Jahr), n = Restlaufzeit, C_n = Rücknahmekurs, $q = 1+i$ = Marktzinsfaktor)*:

$$(7.4.11) \qquad K = \frac{\frac{2Z}{(q-1)^3} \cdot \left(1 - \frac{1}{q^n}\right) - \frac{2nZ}{(q-1)^2 \cdot q^{n+1}} + \frac{n(n+1)}{q^{n+2}} \cdot \left(C_n - \frac{Z}{q-1}\right)}{\left(Z \cdot \frac{q^n-1}{q-1} + C_n\right) \cdot \frac{1}{q^n}}$$

Beispiel 7.4.12: *(Fortsetzung von Beispiel 7.4.4, siehe auch Abb. 7.4.13)*

Die gegebene Kuponanleihe *($n = 20$ Jahre, $Z = 8$, $C_n = 100$, $i_0 = 8\%$ d.h. $q = 1+i_0 = 1{,}08$)* besitzt für den im Planungszeitpunkt geltenden Marktzinssatz $i_0 = 8\%$ p.a. folgende Kenngrößen *(bezogen auf einen Nominalwert von 100€)*:

- Kurs: $C_0 = \left(Z \cdot \frac{q^n-1}{q-1} + C_n\right) \cdot \frac{1}{q^n} = 100\,€$
- Duration: $D = 10{,}6036$ *(ermittelt mit (7.2.9))* $\Rightarrow$ $MD = D/1{,}08 = 9{,}8181$
- Convexity: $K = 146{,}1258$ *(ermittelt mit (7.4.11) bzw. (7.4.10))*

Dann gilt für die relative Kursänderung $\frac{dC_0}{C_0}$ bei Änderung des Marktzinses um di *(siehe 7.4.7)*:

$$\frac{dC_0}{C_0} = -MD \cdot di + \frac{1}{2} K \cdot (di)^2 = -9{,}8181 \cdot di + 73{,}0629 \cdot (di)^2 .$$

---

[18] Die Herleitung erfolgt am besten über die Definition $K = C_0'' / C_0$, indem man $C_0(q)$ – gegeben durch (7.2.4) – zweimal nach q ableitet und anschließend durch C_0 dividiert.

Wählen wir wieder als Zinssatzänderung di = 1%-Punkt = 0,01, so folgt:

$$\frac{dC_0}{C_0} = -0{,}098181 + 0{,}00730629 = -0{,}09087 = -9{,}087\%,$$

so dass sich über diese Näherung ein neuer Kurs von $100 \cdot (1 - 0{,}09087) \approx$ **90,91 €** ergibt.

Der exakte Kurs $C_0(1{,}09)$ bei Änderung des Zinssatzes von 8% auf 9% beträgt **90,87 €**.

Somit besitzt die zuletzt durchgeführte Näherung einen Fehler von 0,04% *(gegenüber 0,8% bei ausschließlicher Näherung durch die Duration, siehe Beispiel 7.4.4)*. Der prozentuale Fehler bei zusätzlicher Berücksichtigung der Convexity hat also *(in unserem Beispiel)* um etwa 95% abgenommen.

Die entsprechenden Werte bei di = − 0,01 *(d.h. Absinken des Marktzinsniveaus von 8% auf 7%)* lauten:

			relativer Fehler
Neuer Kurs bei ausschließlicher Verwendung der Duration:		**109,82**	*-0,70%*
Neuer Kurs bei Verwendung von Duration und Convexity:		**110,55**	*-0,04%*
Neuer Kurs *(exakt)*	$C_0(1{,}07)$ =	**110,59**	*(d.h. ähnliche Verbesserung wie eben)*

Abb. 7.4.13 zeigt die Verbesserung der Approximation durch die zusätzliche Berücksichtigung des Krümmungsverhaltens *(über die Convexity)* der Kurs-Funktion recht deutlich, und zwar insbesondere dann, wenn sich der Zinssatz merklich vom Ausgangs-Zinssatzes i_0 = 8% unterscheidet:

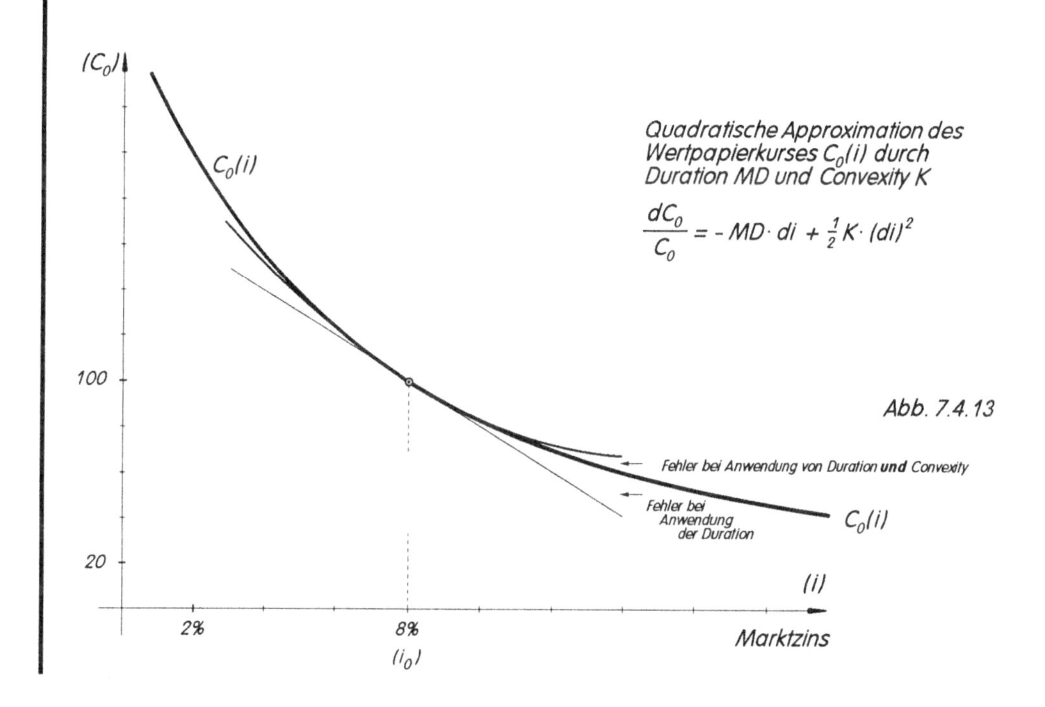

Abb. 7.4.13

Bemerkung 7.4.14:

Die Überlegungen im Zusammenhang mit Duration und Convexity lassen sich auf den Fall übertragen, in dem – wie es insbesondere in den USA üblich ist – die Kupons halbjährlich gezahlt werden. Dazu ist lediglich der passende Halbjahreszinssatz (konform (ICMA) oder relativ (US) zum Jahreszinssatz) bei halbjährlichen Zinseszinsen zu ermitteln und die Laufzeit entsprechend in Halbjahren zu zählen – sämtliche Formeln und Berechnungsvorschriften lassen sich damit unverändert übernehmen.

8 Exkurs: Derivative Finanzinstrumente – Futures und Optionen

Charakteristisch für die „klassische" finanzmathematische Behandlung zukünftiger Zahlungsströme *(vgl. Kap. 1 bis 6 sowie Kap. 9 dieser Einführung)* ist, dass sowohl Anzahl, Höhe als auch Fristigkeit der vorkommenden Zahlungen als sichere oder *(wie im Fall von Zinssätzen)* als im Zeitablauf *(oder zumindest in gewissen Zeitintervallen)* konstante Daten vorausgesetzt werden.

Schon im vorausgegangenen Kap. 7 *(Duration)* hatten wir uns demgegenüber mit der Frage beschäftigt, ob und auf welche Weise sich das **Risiko** zukünftiger Zins**änderungen** auswirken kann auf den Marktwert/Kurs/Vermögensendwert festverzinslicher Wertpapiere und wie diese Auswirkungen zu beurteilen, zu analysieren und möglicherweise zu eliminieren sind.

Auch in diesem Kapitel wollen wir zeigen, dass sich die Bewertung zukünftiger Zahlungen/Risiken und damit das finanzmathematische Instrumentarium keineswegs auf die Behandlung sicherer Zahlungsströme und im Zeitablauf konstante Zinssätze beschränkt, sondern gerade die **Unsicherheit zukünftiger Entwicklungen** die entscheidende Rolle spielen:

> So gibt es etwa im Bereich des Börsenterminhandels seit längerer Zeit eine große Anzahl von Varianten von **Termingeschäften** *(„derivative" Finanzinstrumente wie z.B. Optionen, Futures...)*, die zukünftige Erwartungen von Kurs- oder Preisentwicklungen berücksichtigen sollen, finanzielle Positionen im Zeitablauf absichern sollen oder auch nur schlicht zu Spekulationszwecken oder zur Erzielung eines „Free Lunch" *(d.h. eines risikolosen Arbitrage-Gewinns* [1]*)* benutzt werden können.

Allerdings wird das mit der Einbeziehung unsicherer Erwartungen/Zahlungsströme verbundene **mathematische Instrumentarium** wesentlich **komplexer** als bisher, so dass sich eine tiefgehende und strenge Behandlung im Rahmen dieser Einführung verbietet.

So soll denn auch der folgende Exkurs über derivative Finanzinstrumente *(Termingeschäfte/Futures/Optionen)* hauptsächlich dazu dienen, ein **Gefühl** dafür zu wecken, was auf dem Feld **moderner finanzmathematischer Verfahren** an **Möglichkeiten** steckt, um auch unsichere zukünftige Zahlungsströme in den Griff zu bekommen.

Die – insbesondere englischsprachige – Literatur über Optionen, Futures & Co. ist so umfangreich, dass für jeden Leser vielfältige Möglichkeiten vorhanden sind, sich **vertiefend** mit modernen Finanzinstrumenten und den dazu erforderlichen finanzmathematischen Methoden zu vertraut zu machen [2].

---

[1] Unter Arbitrage versteht man das Ausnutzen von Preisunterschieden desselben Gutes an verschiedenen Märkten *(z.B. Devisenmärkte)* zur Erzielung eines sofortigen risikolosen Gewinns.

[2] Als (weiterführende) Basisliteratur kommen z.B. in Frage [Ave], [Gün], [Hul1], [Hul2], [Jar], [Nef], [Pri], [StB], [StU], [Usz], [Wil1], [Wil2].

8.1 Termingeschäfte: Futures und Optionen – ein Überblick

Unter **derivativen Finanzinstrumenten** *(derivative securities)* oder **Derivaten** versteht man *(künstliche)* Finanz-Instrumente, die an andere Finanzprodukte gekoppelt sind, deren Wert somit vom Wert anderer sog. **Basiswerte** *(underlyings)* abhängt.

Aus der Vielfalt derivativer Finanz-Instrumente wollen wir hier einige Aspekte der wichtigsten börsengängigen Formen, nämlich **Futures** und **Optionen** betrachten.
Sowohl bei Futures[3] als auch bei Optionen handelt es sich um sog. **Termingeschäfte**, d.h. zwischen Vertragsabschluss und Vertragserfüllung liegt eine *(längere)* Zeitspanne *(im Gegensatz zu **Kassageschäften**)*. Grundsätzlich sind derartige Termingeschäfte auf beliebige standardmäßige „underlyings" denkbar *(z.B. Warentermingeschäfte, Devisentermingeschäfte, Edelmetalltermingeschäfte, Wertpapiertermingeschäfte, ...)*. Ebenso denkbar sind allerdings auch exotische Termingeschäfte, die bereits in die Nähe von Wettgeschäften zu rücken sind *(wie z.B. Geschäfte auf zukünftige Preise von Schlachtvieh oder die Schneemenge um Weihnachten in ausgesuchten Wintersportgebieten)*.

> Wir wollen uns in dieser Einführung ausschließlich mit **Wertpapier-Termingeschäften** *(Financial Futures, Interest Futures, Financial Options, Options on Stocks)* beschäftigen.

Futures: *(**Forwards**)* *(Financial)* **Futures** sind *(ebenso wie allgemeine **Forwards**)* **unbedingte** Termingeschäfte *(Fixgeschäfte)*: Beide Vertragsparteien *(Käufer bzw. Verkäufer eines Future)* gehen die unbedingte **Verpflichtung** ein, am *(zukünftigen)* Fälligkeitstag den zugrunde liegenden **Basiswert** *(etwa eine Aktie oder ein festverzinsliches Wertpapier)* zu kaufen *(abzunehmen)* bzw. zu verkaufen *(zu liefern)* und den im voraus bei Vertragsabschluss festgelegten Kaufpreis *(Basispreis, exercise price)* zu bezahlen bzw. den Verkaufspreis anzunehmen. Die Position des Käufers eines Futures wird als „long position", die des Verkäufers eines Future als „short position" bezeichnet.

Optionen: Demgegenüber erhält der **Käufer** einer *(financial)* **Option** das **Recht** *(nicht aber die Verpflichtung)*, den zugrunde liegenden **Basiswert** *(etwa ein Rentenpapier oder eine Aktie)* zum *(oder bis zum)* Fälligkeitstermin zum vorher fixierten Preis *(Basispreis, strike price, Ausübungspreis, exercise price)* zu **kaufen – „Long Call"** *(oder zu **verkaufen – „Long Put"**)*. Für dieses Recht hat der Käufer einen Preis, die sog. **Optionsprämie** *(den **Optionspreis**)* an der Verkäufer zu zahlen.

Entsprechend hat der **Verkäufer** *(Stillhalter)* der Option die **Verpflichtung**, im Fall der Ausübung der Option *(d.h. auf Verlangen des Käufers der Option)*, den zugrunde liegenden **Basiswert** *(etwa die Aktie)* zum vorher fixierten Ausübungspreis zu **liefern – „Short Call"** *(bzw. **anzukaufen – „Short Put"**)*. Für das Eingehen dieser Verpflichtung erhält er vom Käufer der Option als Gegenleistung die genannte Optionsprämie.

Während also der Käufer einer Option *(er befindet sich in der sog. „long-position")* das Wahlrecht besitzt, die Option auszuüben oder verfallen zu lassen, ist der Verkäufer der Option *(er befindet sich in der sog. „short-position")* nach Kontrakt-Abschluss ohne eigenen Gestaltungsspielraum, er ist vielmehr an die ausstehende Entscheidung des Options-Käufers gebunden.

---

[3] Futures haben sich aus dem ursprünglich „klassischen" Termingeschäft – Forward-Geschäft genannt – entwickelt. Während Forward-Geschäfte kaum börsenmäßig reglementiert sind und individuell zwischen den Vertragsparteien vereinbart sein können, handelt es sich bei Futures um fungible Forwards, d. h. standardisierte Termingeschäfte, die an Spezial-Börsen gehandelt werden, siehe etwa [Usz] 192ff, [Hull] 26ff.

Bemerkung 8.1.1:

Optionen, die nur zu einem fixierten zukünftigen Datum ausgeübt werden können, bezeichnet man als „europäische" Optionen. Können die Optionen hingegen zu beliebigen Zeitpunkten innerhalb des Fälligkeitszeitraums ausgeübt werden, spricht man von „amerikanischen" Optionen.

Wir wollen uns im Rahmen dieser Einführung ausschließlich auf europäische Optionen beschränken, die in Darstellung und Bewertung einfacher zu handhaben sind als amerikanische Optionen. Allerdings zeigt sich z.B. für einen amerikanischen Call, dass (falls die Underlying-Aktie während der Optionslaufzeit dividendenlos bleibt) seine vorzeitige Ausübung stets unvorteilhaft ist und sein Wert daher mit dem Wert einer europäischen Call-Option übereinstimmt, siehe etwa [Hul1] 302ff oder [Gün] 13f.

Nach dem Vorhergehenden gibt es für einen Investor in Futures *(oder Forwards)* **zwei** und in Optionen **vier Grundgeschäftsarten** *(wir beschränken uns hier auf Aktien oder Anleihen als underlyings)*:

Futures/Forwards: Terminkauf von Aktien *(„Aktie long")*
Terminverkauf von Aktien *(„Aktie short")*

Optionen: Kauf einer Kaufoption auf Aktien *(„Long Call")*
Verkauf einer Kaufoption auf Aktien *(„Short Call")*
Kauf einer Verkaufsoption auf Aktien *(„Long Put")*
Verkauf einer Verkaufsoption auf Aktien *(„Short Put")*

Bemerkung 8.1.2:

Trotz Erläuterung können diese Begriffe auf den ersten Blick verwirrend wirken. Einen derartigen Verwirrungseffekt hatte wohl auch Serge Demolière *im Sinn, als er das folgende Bonmot formulierte:*

> *„Welcher Laie wird wohl je verstehen, dass der Verkäufer einer Verkaufsoption bei Ausübung der Verkaufsoption durch den Käufer der Verkaufsoption der Käufer der vom Käufer der Verkaufsoption verkauften Wertpapiere ist?"*

Dem Leser wird anheim gestellt, sich diesen Satz genüsslich auf der Zunge zergehen zu lassen und sich selbst die Frage zu beantworten, inwieweit er diesbezüglich noch als Laie zu gelten hat oder nicht.

In allen betrachteten Fällen ist der Erfolg einer Termin-Transaktion im wesentlichen abhängig von der Kurs-/Preis-Entwicklung des zugrundeliegenden Basiswertes, in unserem Fall dem zukünftigen Kurs der zugrundeliegenden Aktie.

Um die Grundelemente von möglichen – auch kombinierten – Anlagestrategien verdeutlichen zu können, benötigen wir zunächst einen ersten Überblick über die wesentlichen Eigenschaften der o.a. sechs Grundgeschäfte *(siehe die folgenden Kap. 8.2 und Kap. 8.3)*. Wir werden dabei auf etwaige Transaktionskosten beim Abschluss der Kontrakte *nicht* eingehen, um die Grundideen der Termin-Instrumente nicht unnötig zu verwässern.

8.2 Forwards/Futures: Terminkauf und -verkauf

In einem Forward-Kontrakt *(und ebenso in einem Futures-Kontrakt)* wird vertraglich vereinbart, eine genau spezifizierte Menge eines definierten Basiswertes *(z.B. einer Aktie oder einer Devisenposition)* zu einem definierten Zeitpunkt und zu einem bei Vertragsabschluss festgelegten Preis zu kaufen *(Long Position)* zu verkaufen *(Short Position)*. Im Gegensatz zu Optionen ist das Eingehen eines derartigen Kontraktes – abgesehen von hier zu vernachlässigenden Transaktionskosten – für die Parteien kostenfrei.

Beispiel 8.2.1: (Forward)

Forward-Kontrakte beziehen sich häufig auf Devisen *(Devisentermingeschäfte)*. Angenommen, Kassakurs und Terminkurse *(Forward-Kurse)* für den Euro *(€)* seien – in Relation zum amerikanischen Dollar *($)* – wie folgt vorgegeben:

Kassakurs	1,0971 €/$
1-Monats-Terminkurs	1,0923 €/$
3-Monats-Terminkurs	1,0651 €/$
6-Monats-Terminkurs	1,0501 €/$.

Dann könnte etwa eine deutsche Unternehmung, die in 3 Monaten einen Betrag von 4 Millionen $ zahlen muss, ihr Wechselkursrisiko dadurch eliminieren, dass sie schon heute einen *(kostenlosen)* Forward-Kontrakt über den Kauf *(Long Forward)* von 4 Mio $ in 3 Monaten eingeht, wofür dann ebenfalls in 3 Monaten ein Betrag von 4.260.400 € *(= 1,0651 · 4.000.000)* zu bezahlen sind.

Ebenso wäre es etwa für eine französische Unternehmung möglich, über einen in 6 Monaten zu erwartenden Eingang von 1.000.000 $ schon heute einen *(kostenlosen)* Short-Forward-Kontrakt über den Verkauf von 1 Mio $ in einem halben Jahr für dann 1.050.100 € abzuschließen und so das Wechselkursrisiko abzudecken.

In beiden Fällen diente das Forward-Geschäft dazu, ein durch sichere zukünftige Zahlungsströme bereits vorhandenes *(Wechselkurs-)* Risiko abzusichern – man spricht in diesem Zusammenhang auch von einer „Hedging"-Strategie der betroffenen Unternehmungen.

Allerdings: Durch diese Art der Sicherungsstrategie ist keineswegs garantiert, dass das Endergebnis für die betroffene Unternehmung günstiger ausfällt als ohne Hedging! Wenn sich etwa im Fall der deutschen Unternehmung nach 3 Monaten ein aktueller Wechselkurs von 1,0400 €/$ eingestellt hätte, so beliefe sich – ohne Hedging – der zu zahlende Betrag auf 4.160.000 €, läge also um 100.400 € günstiger als bei Hedging.

Aber ebenso ist ein zukünftiger Wechselkurs in Höhe von 1,0900 €/$ denkbar, der zu Ausgaben von 4.360.000 € geführt hätte und somit gegenüber der Hedging-Strategie einen Verlust von 99.600 € bedeutet hätte. Man sieht, wie ein auf Spekulation bedachter Marktteilnehmer durch Eingehen eines *(bei Abschluss kostenlosen!)* Forward-Kontraktes je nach zukünftiger Entwicklung des Underlying sehr große Gewinne einfahren, aber auch beliebig hohe Verluste realisieren könnte.

Ebenso wie Forwards gehören **Futures** zu den **unbedingten Termingeschäften** *(Fixgeschäften)*, bei denen im Voraus per Futures-Kontrakt vereinbart wird, welcher Basiswert *(z.B. welche Währung (Devisen-Futures), welche Aktie/Anleihe (Zins-Futures), welcher Index (Aktienindex-Futures))* [4] zu welchem *(zukünftigen)* Zeitpunkt und zu welchem Preis *(Basispreis, Futurepreis, Lieferpreis)* gekauft oder verkauft werden soll.

Die wesentlichen **Unterschiede von Futures gegenüber Forwards** lassen sich wie folgt charakterisieren:

a) Futures-Kontrakte sind standardisiert;
(genau definierte Basiswerte, spezifizierte Kontraktvolumina (z.B. 250.000€ pro Kontrakt), definierte Preisermittlung usw.)

b) Futures-Kontrakte sind fungibel, werden an organisierten Börsen *(z.B. EUREX, LIFFE, CBOT[5])* gehandelt;

---

4 Ebenso möglich sind Warentermingeschäfte *(Commodity Futures)*, die sich auf den zukünftigen Kauf bzw. Verkauf realwirtschaftlicher Objekte *(wie etwa Weizen, Schlachtvieh oder Altpapier)* zu bereits heute vereinbarten Preisen beziehen. Handelsort in Deutschland ist die Warenterminbörse *(WTB)* in Hannover.

5 EUREX = **Euro**pean **Ex**change Organisation; LIFFE = **L**ondon **I**nternational **F**inancial **F**utures **E**xchange); CBOT = **C**hicago **B**oard **o**f **T**rade

c) Der Futures-Handel wird über eine zwischengeschaltete Clearingstelle abgesichert, Gewinne und Verluste der Kontraktparteien, die aus den allfälligen Veränderungen der Basiswert-Kurse entstehen, werden täglich abgerechnet, von den Kontraktparteien werden dazu *(zur Absicherung der Positionen)* Einschuss-/Nachschuss-Beträge *(notfalls täglich)* gefordert[6];

d) Anders als bei Forward-Kontrakten führen Futures-Kontrakte in den meisten Fällen nicht zu Lieferung oder Abnahme des zugrunde liegenden Basiswertes, sondern werden durch ein entsprechendes Gegengeschäft – über die Clearingstelle jederzeit möglich – vorzeitig „glattgestellt" *(„aus der Welt geschafft")*. Die Möglichkeit der problemlosen Glattstellung von Positionen hat wesentlich zur Attraktivität von Futures beigetragen und führte bereits kurzer Zeit nach ihrer Einführung zu hohen Handelsvolumina.

Beispiel 8.2.2: (Futures-Spezifikationen)

Als Beispiel sei der an der EUREX gehandelte Euro-BUND-Future betrachtet. Dabei handelt es sich um eine *(fiktive)* langfristige Schuldverschreibung des Bundes mit 8,5- bis 10,5-jähriger Laufzeit und einer nominellen Verzinsung von 6% p.a. *(6-Prozent-Koupon)*.

Weitere Kontraktstandards:

Kontraktgröße nominell 100.000 €; Lieferverpflichtungen aus Short-Positionen können durch Bundesanleihen mit ähnlichen Merkmalen erfüllt werden; Kurs-Notierung in Prozent vom Nominalwert mit zwei dezimalen Nachkommastellen, z.B. 92,64%; maximale Laufzeit 9 Monate sowie weitere Spezifikationen wie z.B. Handels- und Lieferzeitpunkte, Schlussabrechnungspreise, minimale Preisveränderung *(„Tick")*, Sicherheitsleistungen *(„Margins")*, siehe etwa [Ell] 84f.

Futures eignen sich – ebenso wie Forwards, siehe Beispiel 8.2.1 – zum Absichern *(hedgen)* von vorhandenen Positionen, zum Zweck der Spekulation oder zum Ausnutzen unterschiedlicher Preise desselben Gutes an verschiedenen Märkten *(Arbitrage)*[7]. Durch die Tatsache, dass die Clearingstelle einerseits die anonymen Handelspartner zusammenbringt *(„Matching")* und zum anderen die offenen Positionen ständig überwacht *(und notfalls eigenmächtig glattstellt, siehe etwa [Usz] 204)*, entfällt für die am Futuresmarkt teilnehmenden Händler – anders als bei Forward-Kontrakten – praktisch das Erfüllungsrisiko.

Das folgende Beispiel zeigt – auch graphisch – die Positionen und möglichen Konsequenzen beim fixen Termingeschäft:

Beispiel 8.2.3: (Kauf- und Verkaufspositionen in Aktien)

Wir betrachten ein idealisiertes Beispiel von Aktien-Terminkauf *(Long Position in Aktien)* und Aktien-Terminverkauf *(Short Position in Aktien)* zweier Händler, Mr. Long und Mr. Short.

Im Zeitpunkt des Kontraktabschlusses (t_0) notiere die Aktie zum Kurs $S_0 = 100$ (€).

Mr. Long verpflichtet sich im Zeitpunkt t_0, die Aktie im späteren Zeitpunkt t_1 zum Basispreis *(Exercise Price)* $X = 110$ zu kaufen *(d.h. die Aktie abzunehmen und den Kaufpreis 110 € zu bezahlen)*, während Mr. Short in t_0 einen Kontrakt eingeht, in dem er sich verpflichtet, in t_1 die Aktie zum Basispreis $X = 110$ zu verkaufen *(d.h. die Aktie zu liefern und den Verkaufspreis 110 € anzunehmen)*.

Je nachdem, welcher Aktienkurs S *(stock price)* sich im späteren Zeitpunkt t_1 der Ausübung einstellt, variiert das mögliche Ergebnis der Terminhändler, siehe Abb. 8.2.4:

---

[6] siehe etwa [Hull] 33ff, [Usz] 200ff

[7] Ein Preis-Ungleichgewicht für dasselbe Gut an verschiedenen Märkten führt per Arbitrage zu verstärkter Nachfrage am preiswerteren Markt und zu verstärktem Angebot am teureren Markt mit dem Effekt, dass der niedrigere Preis steigt und der höhere Preis sinkt – Arbitrage führt somit zu ihrer eigenen „Selbstvernichtung" und trägt dazu bei, dass es für ein Gut i.a. nur einen einzigen Preis gibt.

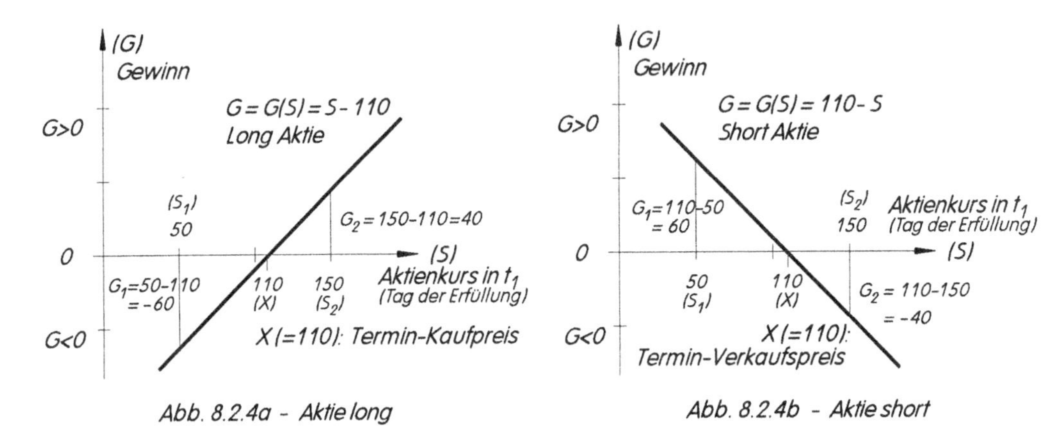

Abb. 8.2.4a - Aktie long

Abb. 8.2.4b - Aktie short

Wenn etwa am Ausübungstag t_1 die Aktie zu $S_1 = 50$ notiert, so folgt:

Mr. Long muss laut Kontrakt die Aktie zum Preis von 110€ kaufen, die am Kassamarkt zu 50€ zu haben ist, d.h. für Mr. Long stellt sich ein Verlust in Höhe von 60€ ein *(Abb. 8.2.4a)*.

Mr. Short dagegen kann in t_1 die Aktie zu 110€ verkaufen, die ihn am Markt nur 50€ gekostet hat, er verbucht somit einen Gewinn in Höhe von 60€ *(Abb. 8.2.4b)*.

Wenn dagegen am Ausübungstag t_1 die Aktie den Kurs 150 aufweist, ergibt sich folgendes Bild:

Mr. Long kann laut Kontrakt eine Aktie zum Preis von 110€ erwerben, die am Kassamarkt zu 150€ notiert. Mr. Long kann somit durch unmittelbar anschließenden Verkauf der Aktie zu 150€ am Kassamarkt einen Gewinn von 40€ erzielen *(Abb. 8.2.4a)*.

Mr. Short dagegen muss in t_1 die Aktie zu 110€ liefern, die ihn am Markt 150€ gekostet hat, er muss somit einen Verlust in Höhe von 40€ hinnehmen *(Abb. 8.2.4b)*.

Abbildung 8.2.5 zeigt den soeben exemplarisch behandelten Fall allgemein:

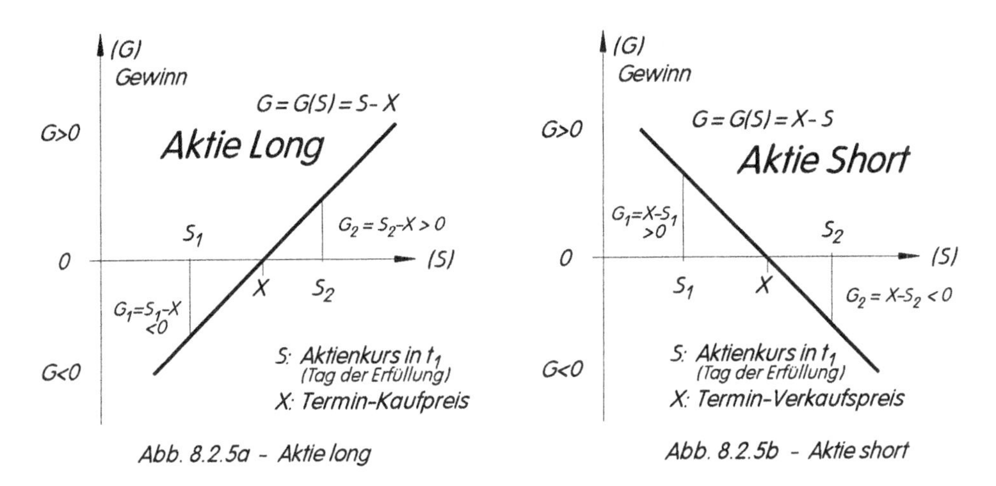

Abb. 8.2.5a - Aktie long

Abb. 8.2.5b - Aktie short

Jeder Aktienkurs S in t_1, der größer ist *(z.B. S_2)* als der vereinbarte Terminkurs X, führt in der Long Position zu einem Gewinn und in der Short Position zu einem Verlust. Ist der Kurs in t_1 hingegen kleiner *(z.B. S_1)* als der Ausübungskurs X, schließt die Long Position mit Verlust, die Short Position mit Gewinn.

Bemerkung 8.2.6:

Durch die vorangegangenen beiden „linken" Abbildungen 8.2.4a und 8.2.5a (Long Position in Aktien) wird zugleich die Situation eines Marktteilnehmers beschrieben, der im Zeitpunkt $t_0 = 0$ die Aktie zum abgezinsten Terminkurs (d.h. zu $X \cdot (1+i)^{-T}$ mit i als risikolosem diskreten Zinssatz bzw. zu $X \cdot e^{-rT}$ mit r als risikolosem stetigen Zinssatz, siehe (2.3.47) oder die spätere Bemerkung 8.8.8) kauft und in $t_1 = T$ zum dann aktuellen Kurs S verkauft.

Zur Veranschaulichung unterstellen wir vereinfachend, dass der Händler in $t_0 = 0$ über ein Barvermögen von 100€ verfügt, das er entweder zum Erwerb der Aktie (Kurs in t_0: 100€) oder alternativ (bei „Unterlassung" des Aktiengeschäfts) zum risikolosen Perioden-Zinssatz von 10%, bezogen auf die Periode zwischen Erwerb ($t_0 = 0$) und Erfüllung ($t_1 = T$), Periodendauer also T, anlegt[8].

Es ergeben sich somit im Verkaufszeitpunkt t_1 die folgenden alternativen Situationen:

i) Hat er das Aktiengeschäft unterlassen, so resultiert durch Anlage des Barvermögens zum risikolosen Zinssatz 10% ein sicheres Endvermögen in Höhe von 110 € ($\widehat{=}$X). Das alternative Aktiengeschäft muss sich also an diesem sicheren Endvermögenswert messen lassen.

ii) Erwirbt er dagegen für seine 100 € die Aktie in t_0, so hängt sein Endvermögen davon ab, welchen Kurs S die Aktie im Verkaufszeitpunkt t_1 besitzt: Falls $S > 110$ (= X), so erzielt er im Vergleich zur Unterlassensalternative einen Gewinn in Höhe von $S - X\,(>0)$, falls dagegen $S < 110$ (= X), muss er beim Verkauf der Aktie einen Verlust ($S - X < 0$) hinnehmen, in völliger Übereinstimmung mit Abb. 8.2.4a bzw. Abb. 8.2.5a.

Zum Vergleich folgt hier noch einmal Abb. 8.2.4a (Gewinn-/Verlust-Situationen einer Long Position in Aktien bei Terminkauf) sowie die eben diskutierte äquivalente Darstellung der Endvermögenswerte bei Unterlassung bzw. alternativ Kauf der Aktie in t_0 und Verkauf der Aktie in t_1, siehe Abb 8.2.7:

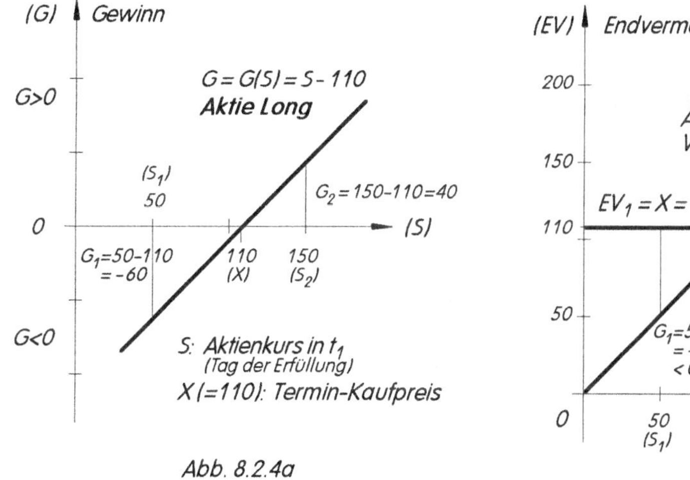

Abb. 8.2.4a

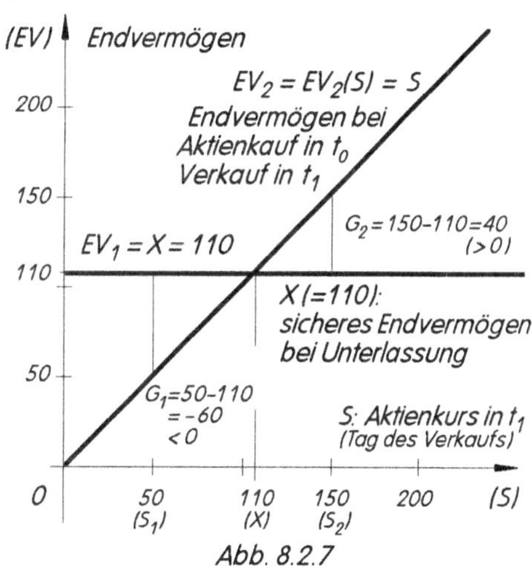

Abb. 8.2.7

Beide Darstellungen eignen sich gleichermaßen zur Analyse der unterschiedlichen Gewinnsituationen in Abhängigkeit des zukünftigen Aktienkurses S. Gelegentlich kann diese Analyse einfacher durchgeführt werden, wenn man – wie in Abb. 8.2.7 – alternative Endvermögenssituationen vergleicht.

---

[8] Man kann zeigen *(siehe etwa [Hul] 77f)*, dass der Forward-Preis X der Aktie korrekt, d.h. ohne Arbitrage-Möglichkeiten, gewählt ist, wenn der Ausübungspreis X *(hier: 110)* dem aufgezinsten Wert des Aktienkurses S_0 *(hier: 100)* im Zeitpunkt t_0 des Kontraktabschlusses entspricht. Wegen $100 \cdot 1{,}10 = 110$ ist diese Voraussetzung hier erfüllt.

Aufgabe 8.2.8:

Huber will heute die Moser-Aktie auf Termin *(per Forward-Kontrakt)* in 3 Monaten kaufen. Der Termin-Kaufpreis beträgt 129 €, der heutige Kurs der Moser-Aktie steht bei 120 €. Während der nächsten drei Monate fallen keine Dividenden an. Der 3-Monats-Marktzins beträgt 4,5% p.a. *(stetiger Zinssatz, siehe Bemerkung 8.8.8)*.

i) Wie könnte Huber aus dieser Konstellation einen risikolosen Gewinn realisieren? Wie hoch müsste der Termin-Kaufpreis angesetzt sein, damit kein „Free Lunch" möglich ist?

ii) Man beantworte die Fragen zu i), wenn der Terminkaufpreis 116 € beträgt.

Aufgabe 8.2.9:

Kartoffelbauer Huber hat sich heute per Vertrag verpflichtet, in 3 Monaten 100.000 kg Kartoffeln zu **ver**kaufen, als Preis wurde der in 3 Monaten herrschende Kartoffelpreis vereinbart.

Der heutige Kartoffelpreis beträgt 0,380 €/kg, der heutige 3-Monats-Futures-Preis für Kartoffeln beträgt 0,375 €/kg.

Bauer Huber möchte sich gegen fallende Kartoffelpreise absichern und agiert nun wie folgt *(short-hedging-Strategie)*:

Er verkauft 3-Monats-Futures-Kontrakte im Gesamtumfang von 100.000 kg Kartoffeln zum Futures-Preis von 0,375 €/kg. Nach drei Monaten will er dann diese Futures-Position durch ein entsprechendes Gegengeschäft glattstellen, wobei unterstellt werden kann, dass der Futures-Preis in drei Monaten *(d.h. im Zeitpunkt der Kontrakterfüllung, somit Restlaufzeit gleich Null)* identisch mit dem dann herrschenden Kartoffel-Kassapreis ist.

i) Angenommen, nach drei Monaten liegt der Kartoffelpreis bei 0,200 €/kg *(also starker Preisverfall)*: Welchen resultierenden Preis pro kg Kartoffeln realisiert Huber durch die Kombination aus Vertragserfüllung und Glattstellungsgeschäft?

ii) Angenommen, der Kartoffelpreis sei stark gestiegen und betrage nach drei Monaten 0,500 €/kg: Welchen resultierenden Preis pro kg Kartoffeln realisiert Huber jetzt?

iii) Beurteilen Sie jeweils die Vorteilhaftigkeit/Unvorteilhaftigkeit von Hubers Strategie!

8.3 Optionen: Basisformen

Ebenso wie Forwards und Futures gehören auch Optionen zu den **Termingeschäften**, allerdings mit dem entscheidenden Unterschied, dass Leistungen und Gegenleistungen bei Optionen **nicht zwangsläufig** ausgetauscht werden, sondern dem **Käufer** einer Option ein **Wahlrecht** zur Ausübung der Option eingeräumt wird: Nimmt er die Option wahr, so ist allerdings der **Verkäufer** *(Stillhalter)* der Option **verpflichtet**, den Basiswert *(underlying, z.B. eine Aktie)* zum vereinbarten Basispreis X zu liefern oder abzunehmen[9].

Wie in der Einleitung *(Kap. 8.1)* bereits ausgeführt, gibt es **zwei Basisformen** von Optionen:

1) Die **Kaufoption** ***(Call)***

   - gibt dem **Käufer** der Kaufoption *(er befindet sich in der **long-call-position**)* das **Recht**, den Basiswert *(z.B. eine Aktie)* am *(zukünftigen)* Fälligkeitstermin *(z.B. in drei Monaten)* zum vorher vereinbarten Preis X *(exercise price, strike price, Basispreis, Ausübungskurs, z.B. 100 €)* **zu kaufen**.

     Für dieses Recht, nämlich die Kaufoption ausüben zu können oder nicht, muss der Optionskäufer bei Vertragsabschluss einen **Preis** p_C *(call price, Optionspreis, Optionsprämie, z.B. 10 €)* bezahlen;

   - **verpflichtet** den **Verkäufer** *(Stillhalter)* der Kaufoption *(er befindet sich in der **short-call-position**)*, auf Verlangen des Optionskäufers den Basiswert am Fälligkeitstag zum Basispreis X zu **liefern**.

     Für diese Verpflichtung, eventuell auf Verlangen des Optionsinhabers den Basiswert liefern zu müssen, erhält der Stillhalter als Gegenleistung die Optionsprämie p_C.

2) Die **Verkaufsoption** ***(Put)***

   - gibt dem **Käufer** der Verkaufsoption *(er befindet sich in der **long-put-position**)* das **Recht**, den Basiswert *(z.B. eine Aktie)* am *(zukünftigen)* Fälligkeitstermin *(z.B. in drei Monaten)* zum vorher vereinbarten Preis X *(exercise price, strike price, Basispreis, Ausübungskurs, z.B. 100 €)* **zu verkaufen**.

     Für dieses Recht, die Verkaufsoption ausüben zu können oder nicht, muss der Optionskäufer bei Vertragsabschluss einen **Preis** p_P *(put price, Optionspreis, Optionsprämie, z.B. 10 €)* bezahlen;

   - **verpflichtet** den **Verkäufer** *(Stillhalter)* der Verkaufsoption *(er befindet sich in der sog. **short-put-position**)*, auf Verlangen des Optionskäufers den Basiswert *(z.B. die Aktie)* am Fälligkeitstag **abzunehmen** und den vereinbarten Basispreis X zu **zahlen**.

     Für diese Verpflichtung, eventuell auf Verlangen des Optionsinhabers den Basiswert abnehmen zu müssen, erhält der Stillhalter als Gegenleistung die Optionsprämie *(put price)* p_P.

Insgesamt gibt es somit bei Optionsgeschäften vier mögliche Basis-Positionen *(long call, short call, long put, short put)*, siehe nachfolgende Tabelle 8.3.1:

Tab. 8.3.1	**Call** *(Kaufoption)*	**Put** *(Verkaufsoption)*
Käufer *(long position)*	– hat **Recht**, zu kaufen – **zahlt** Call-Prämie p_C *(long call)*	– hat **Recht**, zu verkaufen – **zahlt** Put-Prämie p_P *(long put)*
Verkäufer *(short position)*	– hat **Pflicht**, zu liefern *(wenn Käufer es verlangt)* – **erhält** Call-Prämie p_C *(short call)*	– hat **Pflicht**, abzunehmen *(wenn Käufer es verlangt)* – **erhält** Put-Prämie p_P *(short put)*

[9] Wir betrachten – siehe Bem. 9.1.1 – zunächst europäische Optionen, d.h. Optionen, die nur zum Fälligkeitstermin ausgeübt werden können. Wie bisher wird von Transaktions- und sonstigen Zusatzkosten sowie einer Verzinsung der Optionsprämien abgesehen. Zum börslichen Optionshandel, z.B. an der EUREX, siehe etwa [StB] 498ff.

Beispiel 8.3.2: *(Long Call)*

Investor C. Long rechnet mit steigenden Kursen und kauft daher heute eine Call-Option *(d.h. eine Kaufoption)*, die ihn berechtigt, in 3 Monaten die Aktie[10] der Huber AG zum Basispreis X *(= 100)* € zu kaufen. Der aktuelle *(heutige)* Kurs der Huber-Aktie beträgt 96 €. Für das Kaufrecht bezahlt C. Long eine Optionsprämie[11] in Höhe von p_C *(= 20)* €.

Je nachdem, welcher Aktienkurs S *(stock price)* sich in drei Monaten *(dem Ausübungszeitpunkt)* ergibt, stellt sich die Situation für den Investor C. Long unterschiedlich dar:

Fall 1): Angenommen, C. Long hat Recht behalten, der Aktienkurs ist kräftig gestiegen und befindet sich bei 150 €. Long wird also sein Kaufrecht ausüben, d.h. er kauft die Aktie zum vereinbarten Basispreis von 100 €, verkauft dann die Aktie unmittelbar danach am Kassamarkt zu 150 €, realisiert also per Saldo – d.h. nach Abzug der gezahlten Optionsprämie – einen Gewinn G in Höhe von G = 150€ – 100€ – 20€ = 30€. Man sieht: Am Fälligkeitstag führt jeder Aktienkurs S mit S ≥ 120 *(„**Break-Even-Point**")* durch Ausüben der Kaufoption und anschließendem Verkauf der Aktie am Kassamarkt zu einem *(nicht-negativen)* Gesamtgewinn.

Fall 2): Angenommen, der Kurs ist – entgegen Longs Erwartungen – gesunken, z.B. auf 50 € am Fälligkeitstag: Jetzt wird C. Long *nicht* ausüben, sondern die Option verfallen lassen. Denn andernfalls – bei Ausübung der Option – würde er die Aktie für 100 € kaufen, die ihn am derzeitigen Kassamarkt nur 50 € kostet. Somit ist seine Optionsprämie von 20 € als Verlust zu buchen. Derselbe Sachverhalt stellt sich für jeden Aktienkurs S mit S ≤ 100 ein: Eine Ausübung *(d.h. Kauf zu 100 €)* ist für Long uninteressant. Durch Verfall der Kaufoption beträgt dann sein Gewinn stets: G = –20 €, d.h. er erleidet einen Verlust in Höhe der Optionsprämie p_C.

Fall 3): Wenn sich ein Kurs S mit 100€ < S < 120€ ergibt, z.B. S = 115, so erleidet Long ebenfalls einen Verlust, da der Gewinn *(kaufen zu 100, verkaufen zu S = 115 (>100, aber <120))* nicht die von ihm bezahlte Optionsprämie *(= 20)* abdeckt. In jedem Fall aber ist – bei Ausübung – sein Verlust geringer als 20 €, da er am Kassamarkt mehr als 100 € erzielt. Wenn er dagegen die Option verfallen lässt, beträgt sein Verlust genau 20 €. Daher wird C. Long auch jetzt ausüben.

Zusammenfassend ergibt sich aus dem Vorstehenden: C. Long wird den Call immer dann ausüben, wenn am Fälligkeitstag t_1 der aktuelle *Aktienkurs* S *größer* als der vereinbarte *Basispreis* X *(resultierender Gewinn = $S-X-p_C$)* ist und andernfalls die Option verfallen lassen *(Gewinn = $-p_C < 0$)*.

Die folgende Graphik *(Abb. 8.3.3)* veranschaulicht den Sachverhalt durch die Darstellung des Gewinns G in Abhängigkeit vom Aktienkurs S am Fälligkeitstag:

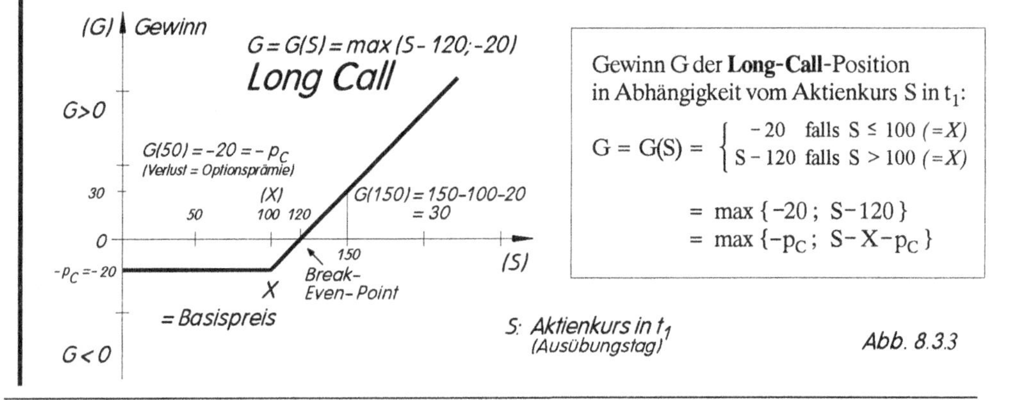

$$G = G(S) = \begin{cases} -20 & \text{falls } S \leq 100\ (=X) \\ S-120 & \text{falls } S > 100\ (=X) \end{cases}$$

$$= \max\{-20\,;\ S-120\}$$

$$= \max\{-p_C\,;\ S-X-p_C\}$$

Abb. 8.3.3

---

[10] Auf die Berücksichtigung börslich standardisierter Mindest-Kontraktgrößen wird hier verzichtet, um die Grundstrukturen der Basisgeschäfte besser verdeutlichen zu können.

[11] Wir wählen die Optionsprämien in den Beispielen häufig fiktiv so, dass sich einfache Zahlenwerte, leichte Rechnungen sowie anschauliche Graphiken ergeben. Zur Ermittlung „fairer" Optionspreise siehe Kap. 8.8.

Verallgemeinern wir das letzte Beispiel, so ergibt sich für die Long-Call-Position folgende Gewinnsituation am Ausübungstag t_1 in Abhängigkeit vom Aktienkurs S in t_1 *(Abb. 8.3.4)*:

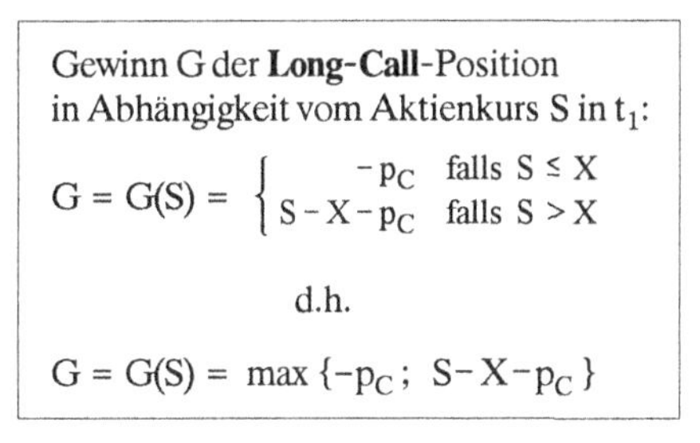

Gewinn G der **Long-Call**-Position in Abhängigkeit vom Aktienkurs S in t_1:

$$G = G(S) = \begin{cases} -p_C & \text{falls } S \le X \\ S - X - p_C & \text{falls } S > X \end{cases}$$

d.h.

$$G = G(S) = \max\{-p_C;\ S-X-p_C\}$$

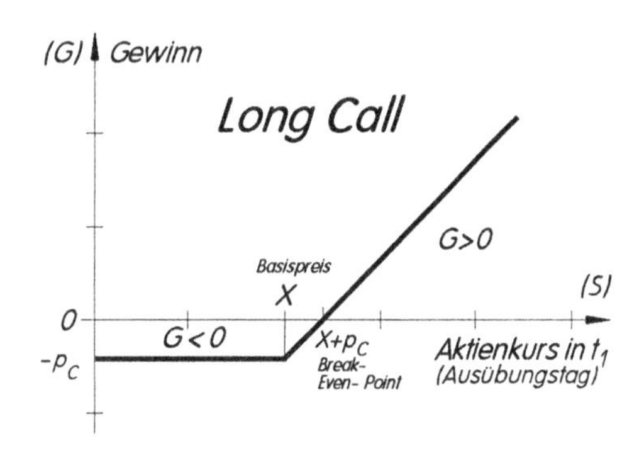

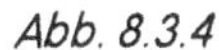
Abb. 8.3.4

Man sieht:

Während der Verlust der Long Call Position auf die Höhe der Optionsprämie p_C beschränkt bleibt, kann – wenn der Aktienkurs S nur genügend hoch gestiegen ist – ein beliebig hoher Gewinn eingefahren werden. Dabei kann der Investor – anders als beim direkten Aktienkauf – dieses Gewinnpotential bei genügend steigenden Kursen bereits mit einem Bruchteil des Aktienwertes *(nämlich der Optionsprämie p_C – man spricht von Hebelwirkung oder Leverage-Effekt)* realisieren, allerdings ist – auch hier anders als beim direkten Aktienkauf – auch der komplette Einsatz verloren, wenn der Aktienkurs nicht oder nur wenig ansteigt.

Beispiel 8.3.5: *(Short Call)*

Entgegengesetzt zum Long Call stellt sich die Position des *Verkäufers* einer *Kaufoption (Stillhalter, Short Call Position)* dar:

Er hat darauf zu warten, ob der Käufer des Call seine Kaufoption ausübt oder nicht. Wird sie ausgeübt *(wenn nämlich aktueller Kurs S > X (Basiskurs), siehe Bsp. 8.3.3 bzw. Abb. 8.3.4)*, so muss der Stillhalter zum Basispreis X einen Titel liefern, für den er am Markt soeben S *(>X)* bezahlt hat.

Dafür erhält er als Gegenleistung a) die Optionsprämie[12] sowie b) den Basispreis X. Damit ist im Fall der Ausübung der Call-Option der Gewinn des Stillhalters gegeben durch $X + p_C - S$ und kann daher – wenn der Aktienkurs S groß genug wird – praktisch beliebige negative Werte annehmen *(unbegrenztes Verlustpotential der short call position)*.

Wird hingegen die Kaufoption *(falls $S \le X$)* nicht ausgeübt, so verbleibt dem Stillhalter die Optionsprämie p_C.

Mit den Daten von Beispiel 8.3.3 *(Basiskurs X = 100€, Optionsprämie p_C = 20€)* ergibt sich:

Steigt der Kurs S in t_1 auf z.B. 150 €, so wird die Kaufoption zu X = 100 € ausgeübt, der Stillhalter liefert eine Aktie im Wert von 150 €, erhält dafür aber nur 120 €, sein Verlust beträgt daher 30 €.

Fällt der Kurs hingegen auf z.B. 50 €, so verfällt die Option, der Stillhalter realisiert einen Gewinn in Höhe der Optionsprämie p_C, d.h. 20 €.

Bei Kursen S mit 100€ < S < 120€ wird die Option ebenfalls ausgeübt, der Stillhalter realisiert einen reduzierten Gewinn in Höhe von $X + p_C - S$, d.h. bei z.B. S = 115 €: G(115) = 100+20−115 = 5 €.

Insgesamt ergibt sich für den Stillhalter einer Kaufoption *(Short-Call-Position)* das genaue Spiegelbild der Long-Call-Position: Was der eine gewinnt, verliert der andere und umgekehrt, siehe Abb. 8.3.6:

[12] Die Optionsprämie beinhaltet ggf. schon die auf sie entfallenen Anlagezinsen.

Gewinn G der **Short-Call**-Position in Abhängigkeit vom Aktienkurs S in t_1:

$$G = G(S) = \begin{cases} p_C & \text{falls } S \le X \\ X + p_C - S & \text{falls } S > X \end{cases}$$

d.h.

$$G = G(S) = \min\{p_C\,;\; X + p_C - S\}$$

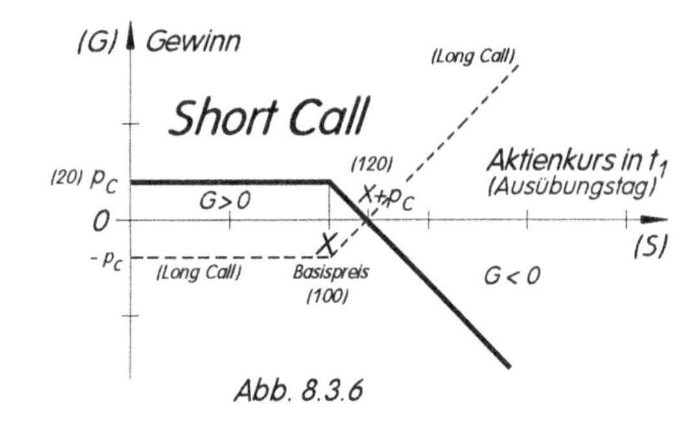

Abb. 8.3.6

Man sieht:

Während – bei fallenden oder stagnierenden Kursen – der Gewinn der Short-Call-Position *(am Fälligkeitstermin t_1)* auf die Höhe der Optionsprämie p_C beschränkt bleibt, ist – wenn der Aktienkurs S genügend hoch steigt – ein beliebig hoher Verlust[13] für den Stillhalter des Call möglich. Daher sollte ein Investor eine *(ungedeckte)* Short-Call-Position nur eingehen, wenn er an *(leicht)* fallende oder allenfalls stagnierende zukünftige Kurse glaubt[14], mithin nicht erwartet, dass der Call ausgeübt wird.

Betrachten wir nun die Situation bei Kauf *(„Long")* und Verkauf *(„Short")* einer **Verkaufsoption *(Put)***:

Beispiel 8.3.7: ***(Long Put)***

Investor P. Long rechnet *(anders als Investor C. Long, siehe Beispiel 8.3.2)* mit fallenden Kursen und kauft daher heute eine Put-Option *(d.h. eine Verkaufsoption)*, die ihn berechtigt, in 9 Monaten die Aktie der Moser AG zum Basispreis X (= 100) € zu **ver**kaufen. Der aktuelle *(heutige)* Kurs der Moser-Aktie beträgt 95 €. Für das Verkaufsrecht bezahlt P. Long eine Optionsprämie[15] in Höhe von $p_P (=20)$ €.

Je nachdem, welcher Aktienkurs S *(stock price)* sich in drei Monaten *(dem Ausübungszeitpunkt)* ergibt, stellt sich die Situation für den Investor P. Long unterschiedlich dar:

Fall 1): Angenommen, der Aktienkurs ist tatsächlich gefallen und steht am Ausübungstag bei 65 €. P. Long wird also sein Verkaufsrecht ausüben, d.h. er kauft am Kassamarkt die Aktie zum Spot-Preis von 65 € und verkauft sie sogleich zum vereinbarten Basispreis von 100 €, realisiert also per Saldo – d.h. nach Abzug der gezahlten Optionsprämie *(=20€)* – einen Gewinn G in Höhe von G = 100€ – 20€ – 65€ = 15€. Man sieht: Am Fälligkeitstag führt jeder Aktienkurs S mit S ≤ 80 € ***(Break-Even-Point)*** durch Ausüben der Verkaufsoption bei vorherigem Kauf der Aktie am Kassamarkt zu einem *(nicht-negativen)* Gesamtgewinn.

Fall 2): Angenommen, der Kurs ist – entgegen Longs Erwartungen – gestiegen, z.B. auf 125 € am Fälligkeitstag: Jetzt wird P. Long *nicht* ausüben, sondern die Option verfallen lassen. Denn andernfalls – bei Ausübung der Option – würde er eine Aktie für nur 100 € verkaufen, während er am derzeitigen Kassamarkt 125 € dafür erhalten würde *(oder: die er erst am Kassamarkt für 125 € erwerben müsste)*. Somit ist lediglich seine Optionsprämie von 20 € als Verlust zu buchen. Derselbe Sachverhalt stellt sich für jeden Aktienkurs S mit S ≥ 100 ein: Eine Ausübung *(d.h. Verkauf zu 100€)* ist für P. Long uninteressant. Durch Verfall der Verkaufsoption beträgt dann sein Gewinn stets: G = –20 €, d.h. er erleidet einen Verlust in Höhe der Put-Optionsprämie p_P.

---

[13] Wegen dieses hohen Verlustrisikos muss der Call-Stillhalter – sofern er die evtl. zu liefernden Aktien nicht im eigenen Bestand hat – Sicherheiten bei der Clearing-Stelle hinterlegen, siehe etwa [Usz] 151f.

[14] Weitere Möglichkeiten, von fallenden Kursen zu profitieren, ist z.B. das Eingehen einer Long-Put-Position (siehe später) oder die vorzeitige Glattstellung der Short-Call-Position durch das Eingehen einer identischen Long-Call-Position unter Ausnutzung der Optionspreis-Differenz, siehe [Usz] 64.

[15] Optionsprämien wurden in den Beispielen häufig fiktiv so gewählt, dass sich einfache Zahlenwerte, leichte Rechnungen sowie anschauliche Graphiken ergeben. Zur Ermittlung „fairer" Optionspreise siehe Kap. 8.8.

Fall 3): Wenn sich am Ausübungstag t_1 ein Kurs S mit 80 € < S < 100 € einstellt, z.B. S = 85, so erleidet P. Long ebenfalls einen *(gegenüber Fall 2 allerdings reduzierten)* Verlust, da sein Gewinn bei Ausübung des Put *(kaufen am Kassamarkt zu S = 85, verkaufen zu X = 100)* die von ihm bezahlte Optionsprämie *(= 20)* nur zu einem Teil abdeckt. In jedem Fall aber ist – bei Ausübung – sein Verlust geringer als die Optionsprämie 20 €, da er am Kassamarkt weniger als 100 € für eine Aktie bezahlt, die er zu 100 € verkaufen kann. erzielt. Lässt er dagegen die Option verfallen, beträgt sein Verlust genau 20 €. Daher wird P. Long auch jetzt ausüben.

Zusammenfassend ergibt sich aus dem Vorstehenden: P. Long wird den Put immer dann ausüben, wenn am Fälligkeitstag t_1 der aktuelle *Aktienkurs* S *kleiner* als der vereinbarte *Basispreis* X *(resultierender Gewinn* $= X - p_P - S)$ ist und andernfalls die Option verfallen lassen *(Gewinn* $= -p_P < 0)$.

Die folgende Graphik *(Abb. 8.3.8)* veranschaulicht den allgemeinen Sachverhalt durch die Darstellung des Gewinns G in Abhängigkeit vom Aktienkurs S am Fälligkeitstag:

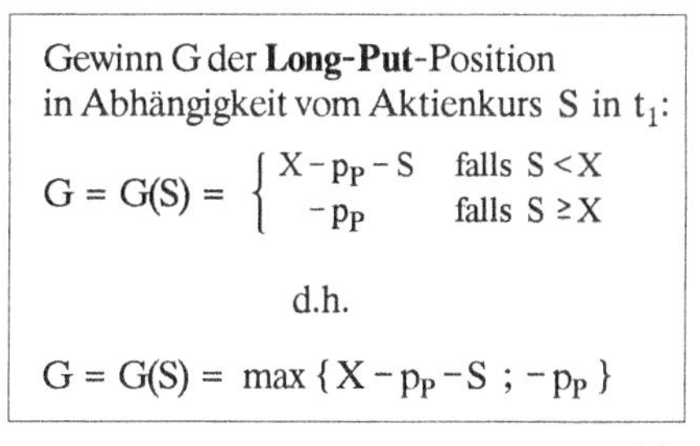

Gewinn G der **Long-Put**-Position in Abhängigkeit vom Aktienkurs S in t_1:

$$G = G(S) = \begin{cases} X - p_P - S & \text{falls } S < X \\ -p_P & \text{falls } S \geq X \end{cases}$$

d.h.

$$G = G(S) = \max\{X - p_P - S \; ; \; -p_P\}$$

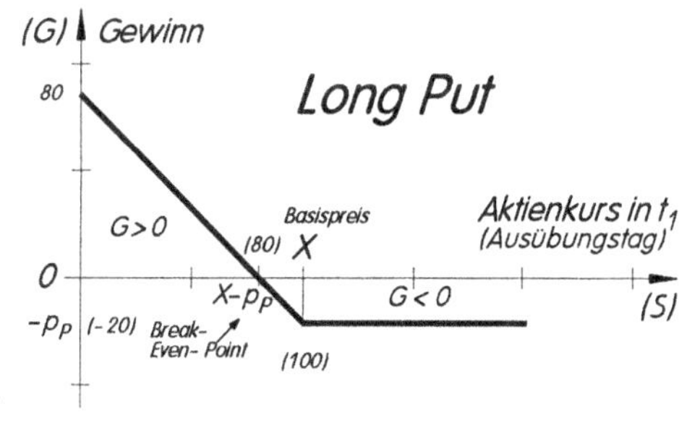

Abb. 8.3.8

Man sieht:

Der Inhaber einer Long-Put-Position *(d.h. Käufer einer Verkaufsoption)* hofft auf möglichst stark fallende Kurse:

Tritt dieser Fall ein, kann er sich entsprechend billig am Kassamarkt mit den Aktien eindecken, die er dann zum höheren Basispreis X verkaufen kann. Insbesondere kann ein Long Put auch dazu dienen, ein bestehendes Aktienportefeuille gegen Kursverluste abzusichern und/oder den Effekt auszunutzen, dass der durch einen Long Put erst später realisierte Aktiengewinn auch erst später oder überhaupt nicht *(Spekulationsfrist!)* versteuert werden muss.

Während der maximale Verlust beim Long-Put auf die Optionsprämie p_P beschränkt ist *(falls der Investor bei steigenden Kursen die Option verfallen lässt)*, sind die Gewinnmöglichkeiten höher, allerdings nicht unbegrenzt *(der Maximalgewinn stellt sich ein bei Wertlosigkeit der Aktie (S = 0) mit* $X - p_P$, *im obigen Beispiel: 80 €, siehe Abb. 8.3.8)*.

Beispiel 8.3.9: ***(Short Put)***

Die Position des **Ver**käufers *(Stillhalters)* einer Verkaufsoption *(Short-Put-Position)* ist wiederum entgegengesetzt zur Long-Put-Position: Der Stillhalter muss abwarten, ob der Käufer des Put seine Verkaufsoption ausübt oder nicht.

Wird sie ausgeübt *(wenn nämlich im Ausübungszeitpunkt gilt: aktueller Kurs S < X (Basiskurs), siehe Bsp. 8.3.7 bzw. Abb. 8.3.8)*, so muss der Stillhalter zum Basispreis X einen Titel *kaufen,* für den er am Kassamarkt nur S *(< X)* zu zahlen hätte bzw. die er am Kassamarkt nur zu S, d.h. mit Verlust wieder verkaufen kann.

Als Gegenleistung für die Hingabe des Ausübungspreises X erhält der Put-Stillhalter a) die Optionsprämie[16] sowie b) eine Aktie im Wert S *(= Spotpreis in t_1)*, für die er bei Verkauf am Kassamarkt den Betrag S erhält. Damit ist im Fall der Ausübung der Put-Option der Gewinn des Stillhalters gegeben durch $S + p_P - X$ und kann daher – wenn der Aktienkurs S klein genug wird *(Minimum: S = 0)* – stark negativ werden *(Minimum: p – X)*.

Wird hingegen die Verkaufsoption *(falls $S \geq X$)* nicht ausgeübt, so verbleibt dem Put-Stillhalter die Optionsprämie p_P.

Mit den Daten von Beispiel 8.3.7 *(Basiskurs X = 100€, Optionsprämie p_P = 20€)* ergibt sich:

Fällt der Kurs S in t_1 auf z.B. 70 €, so wird die Verkaufsoption zu X = 100 € ausgeübt, der Stillhalter muss die Aktie zum Preis von X = 100 € abnehmen, erzielt aber am Kassamarkt nur den aktuellen Kurs, nämlich 70 € dafür. Zusätzlich hat er die Optionsprämie *(20€)* erhalten, so dass sich für ihn per saldo ein „Gewinn" in Höhe von 70 + 20 – 100 = –10 €, d.h. also ein Verlust einstellt.

Steigt der Kurs hingegen auf z.B. 130 €, so verfällt die Option, der Stillhalter realisiert einen Gewinn in Höhe der Optionsprämie p_P, d.h. 20 €.

Bei Kursen S mit 80 € < S < 100 € wird die Option ebenfalls ausgeübt, der Stillhalter realisiert einen reduzierten Gewinn in Höhe von $S + p_P - X$, d.h. bei z.B. S = 95 €: G(95) = 95 + 20 – 100 = 15 €.

Das Gewinnprofil G(S) kann durch die nebenstehende Gewinnfunktion beschrieben werden.

Gewinn G der **Short-Put**-Position in Abhängigkeit vom Aktienkurs S in t_1:

$$G = G(S) = \begin{cases} S + p_P - X & \text{falls } S < X \\ p_P & \text{falls } S \geq X \end{cases}$$

d.h.

$$G = G(S) = \min\{S + p_P - X\ ;\ p_P\}$$

Graphisch ergibt sich für die Gewinnsituation des Stillhalters einer Verkaufsoption *(Short - Put - Position)* das Spiegelbild der Long-Put-Position: Was der eine gewinnt, verliert der andere und umgekehrt, siehe Abb. 8.3.8 im Vergleich mit Abb. 8.3.10:

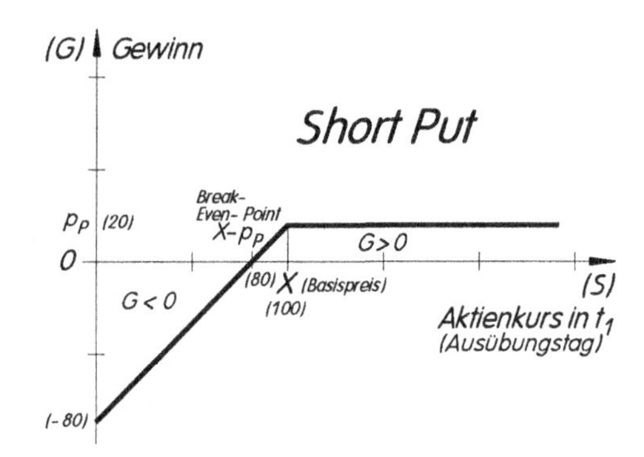

Abb. 8.3.10

Man sieht:

Der Verkäufer eines Put erwartet – bezogen auf den Basiskurs – leicht steigende/fallende oder stagnierende Kurse, damit er – bei Verfall der Option – in den Genuss der vollen oder – bei Ausübung der Option – in den Genuss der nur leicht reduzierten Optionsprämie p_P kommt. Dies ist stets der Fall, wenn am Ausübungstag der aktuelle Aktienkurs S über dem Basispreis X liegt oder nicht weniger als p_P unter dem Basispreis liegt.

16 Die Optionsprämie beinhaltet ggf. schon die auf sie entfallenen Anlagezinsen.

Bemerkung 8.3.11:

Für die Lage von Kassakurs S eines Wertpapiers im Verhältnis zum Basiskurs (Ausübungskurs) X haben sich Begriffe eingebürgert, die für den jeweiligen Optionsinhaber den Nutzen andeuten, den sie mit einer (sofortigen) Ausübung der Option erhalten:

i) ***„in the money"*** *(im Geld) heißt eine Option, deren (sofortige) Ausübung für den Optionskäufer mit einem Gewinn (im Vergleich zum Verfall der Option) verbunden ist. Nach dem Vorhergehenden ist also ein Call „in the money", wenn der Aktienkurs S* über *dem Basiskurs X liegt (siehe Abb. 8.3.4). Ein Put dagegen ist „in the money", wenn (vgl. Abb. 8.3.8) der Aktienkurs S* unter *dem Basiskurs X liegt.*

ii) ***„at the money"*** *(am Geld) heißt eine Option, wenn sich bei Ausübung weder Gewinn noch Verlust im Vergleich zum Verfall der Option ergibt, d.h. wenn Aktienkurs S und Basiskurs X übereinstimmen.*

iii) ***„out of the money"*** *(aus dem Geld) heißt eine Option, wenn sich bei Ausübung der Option ein Verlust (im Vergleich zum Verfall der Option) ergibt. Dies bedeutet: Ein Call ist „out of the money", wenn der Aktienkurs S kleiner ist als der Basiskurs X (Abb. 8.3.4). Ein Put hingegen ist „out of the money", wenn der Aktienkurs S größer als der Basiskurs X ist (Abb. 8.3.8).*

Aufgabe 8.3.12:

Huber kauft einen *(europäischen)* Put auf die Moser-Aktie *(derzeitiger Kurs 126€)*, Basispreis 120 €, Put-Prämie 9 €.

i) Skizzieren Sie die Gewinnfunktion G(S) am Fälligkeitstag der Option in Abhängigkeit vom Aktienkurs S. Bei welchen Kursen wird die Option ausgeübt? Break-Even-Point? Bei welchen Kursen macht Huber Gewinn/Verlust? Maximalgewinn *(Höhe und Kurs)*? Maximalverlust *(Höhe und Kurs)*?

ii) Beantworten Sie Frage i), wenn Huber eine Kaufoption verkauft *(Optionsprämie 12€, Basispreis 150€, derzeitiger Aktienkurs 141€)*.

Aufgabe 8.3.13:

Huber beschließt, auf die Moser-Aktie *(derzeitiger Kurs 210)* aus Kompensationserwägungen heraus sowohl einen Call als auch einen Put zu kaufen *(beide Optionen mit identischer Restlaufzeit)*.

Der Call *(Basispreis 225€)* kostet 15 €, der Put *(Basispreis 200€)* kostet 20 €.

Ermitteln Sie rechnerisch und graphisch die Gewinnfunktion Hubers am Verfalltag in Abhängigkeit vom dann aktuellen Kurs S der Moser-Aktie. Beurteilen Sie Hubers Strategie.

Aufgabe 8.3.14:

Gegeben sind die folgenden Euro-Kurse in US$:

Kassa-Kurs:	0,9200 $/€
Terminkurs 90 Tage:	0,9100 $/€
Terminkurs 180 Tage:	0,9000 $/€ .

Arbitrageur Huber sieht sich am Optionsmarkt um und entdeckt folgende Options-Gelegenheiten:

i) Kaufoption *(Call)* auf den Euro, Laufzeit 180 Tage, Basispreis 0,8750 $/€, Prämie: 0,02 $/€;

ii) Verkaufsoption *(Put)* auf den Euro, Laufzeit 90 Tage, Basispreis 0,9250 $/€, Prämie 0,01 $/€.

Wieso kann Arbitrageur Huber jetzt „frohlocken"? Zeigen Sie, wie Huber zu sicheren *(risikolosen)* Gewinnen kommen kann *(rechnerisch und graphisch)*.

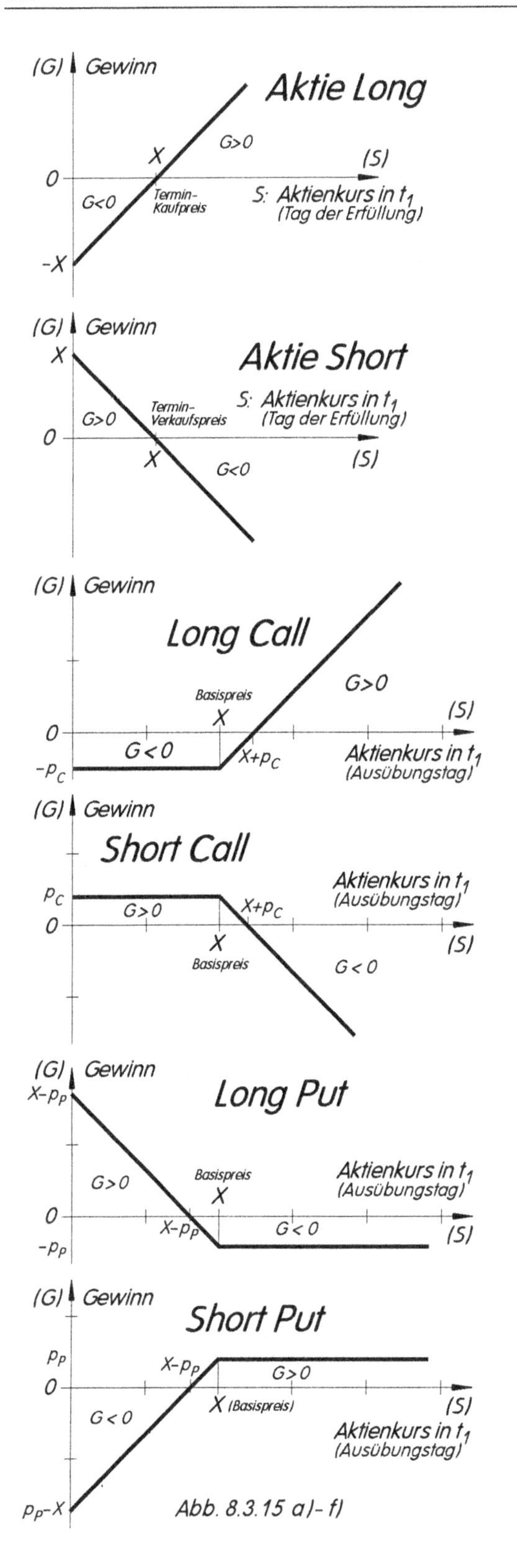

Abb. 8.3.15 a)- f)

Zusammenfassung

Basisformen von Termingeschäften
(Terminkauf-/verkauf und Optionen)

Aktie Long *(oder: Aktienposition)*
Gewinn: kann beliebig groß werden
Verlust: maximal in Höhe des Terminkaufpreises *(bzw. bei Aktienposition: Einstandspreis)*

Aktie Short *(Leerverkauf oder Aktienposition)*
Gewinn: max. in Höhe des Einstandspreises X *(bei Wertlosigkeit der Aktie)* *(„Leerverkauf": siehe Fn 18)*
Verlust: kann beliebig groß werden *(bei Leerverkauf und Glattstellung bei hohen Kursen)*

Long Call *(siehe Beispiel 8.3.2)*
(als Einzelinstrument geeignet, sofern mit starken Kurssteigerungen gerechnet wird)
Gewinn: kann beliebig groß werden
Verlust: höchstens in Höhe der Optionsprämie

Short Call *(siehe Beispiel 8.3.5)*
(als Einzelinstrument geeignet, sofern mit leichten Kursrückgängen gerechnet wird, allerdings hohes Verlustrisiko)
Gewinn: max. in Höhe der Optionsprämie
Verlust: kann beliebig groß werden

Long Put *(siehe Beispiel 8.3.7)*
(als Einzelinstrument geeignet, wenn mit stark fallenden Kursen gerechnet wird)
Gewinn: max. Basispreis minus Optionsprämie
Verlust: max. in Höhe der Optionsprämie

Short Put *(siehe Beispiel 8.3.9)*
(als Einzelinstrument geeignet, wenn mit leichten Kurssteigerungen gerechnet wird)
Gewinn: max. in Höhe der Optionsprämie
Verlust: kann – bei Wertlosigkeit der Aktie – den Basispreis *(minus erhaltene Optionsprämie)* erreichen.

Aufgabe 8.3.16:

Investor Alois Huber hat vor einiger Zeit 6000 Moser-Aktien gekauft, damaliger Kaufpreis 150 €. Heute steht der Kurs der Moser-Aktie bei 190 € pro Aktie.

Huber möchte seinen daraus resultierenden Buchgewinn *(240.000€)* nicht verlieren – andererseits erwartet er in den nächsten 2-3 Monaten noch weitere Kurssteigerungen der Moser-Aktie *(so dass ihm bei einem sofortigen Verkauf des Aktienpakets keinerlei weitere Gewinnchancen verblieben)*.

Am Markt werden folgende Optionen auf die Moser-Aktie gehandelt *(Laufzeit jeweils 3 Monate)*:

(a) Call: Basispreis 190 €, Optionsprämie 7 € pro Aktie;
(b) Put: Basispreis 190 €, Optionsprämie 5 € pro Aktie.

Wie könnte Huber – gegen Zahlung einer entsprechenden „Versicherungsprämie" – den größten Teil seines bisherigen Buchgewinns nach Ablauf von 3 Monaten sichern, ohne seine Gewinnchancen bei *(erwartet)* steigenden Kursen einzubüßen? *(Bitte diesmal mit den Gesamtsummen argumentieren!)*

8.4 Einfache Kombinationen aus Fixgeschäften und Optionen

Optionen und *(Termin-)* Fixgeschäfte *(Forwards, Futures)* spielen nicht nur für spekulative Zwecke oder für Arbitrageure eine Rolle, sondern eignen sich in besonderer Weise auch zur Risikobegrenzung und Absicherung von zukünftigen Positionen oder Wertpapier-Portefeuilles gegen zukünftige Schwankungen von Zinssätzen oder Kursen *(„Hedging", siehe etwa [StB] 536ff)*.

Dabei ist vielen Strategien gemeinsam, dass die dazu verwendeten Termin-Instrumente nicht aus einzelnen Basisgeschäften, sondern aus einer geeigneten **Kombination mehrerer Basisgeschäfte**[17] bestehen. Da sich eine auch nur halbwegs erschöpfende Behandlung der nahezu unbegrenzt vielfältigen Kombinationsstrategien im Rahmen dieser Einführung verbietet, beschränken wir uns auf einige klassische Beispiele für derartige kombinierte Termingeschäfte.

Während wir im laufenden Kapitel einige einfache Grundformen von kombinierten Geschäften betrachten, handeln die folgenden Kapitel von einigen bekannten kombinierten Optionsstrategien wie Spreads *(Kap. 8.5)*, Straddles *(Kap. 8.6)*, Strangles und Combinations *(Kap. 8.7)*.

Um die Grundkonstellationen kombinierter Geschäfte deutlich werden zu lassen, gehen wir von folgenden vereinfachenden **Voraussetzungen** aus:

- Fix-Termingeschäfte werden zum Erfüllungskurs X getätigt. Handelt es sich um eine bestehende Position in Aktien, so soll X der bereits aufgezinste frühere Einstandskurs bedeuten.
- Alle Geschäfte werden am gemeinsamen Fälligkeitstermin t_1 betrachtet. Der sich im Fälligkeitstermin t_1 einstellende Kurs der zugrunde liegenden Aktie wird *(wie bisher)* mit S bezeichnet.
- Optionen werden zum Basispreis X in t_1 ausgeübt, Optionsprämien: p_C *(call)* bzw. p_P *(put)*.
- Transaktionskosten, Verzinsung der Optionsprämie, Sicherheitsleistungen bleiben unberücksichtigt.
- Für die einzelnen Basisgeschäfte werden folgende Bezeichnungen verwendet:

(8.4.1)	1)	Aktie Long	*(Terminkauf Aktie, Aktienposition)*:	A^+
	2)	Aktie Short	*(Terminverkauf Aktie, Leerverkauf[18])*:	A^-
	3)	Long Call	*(Kauf einer Kaufoption)*:	C^+
	4)	Short Call	*(Verkauf einer Kaufoption)*:	C^-
	5)	Long Put	*(Kauf einer Verkaufsoption)*:	P^+
	6)	Short Put	*(Verkauf einer Verkaufsoption)*:	P^-

---

[17] siehe etwa [Usz] 146 ff, [Hul1] 319 ff, [Biz] 282 ff

[18] Unter **Leerverkauf** *(Shortselling)* versteht man den Verkauf eines Gutes *(z.B. einer Aktie)*, das man *(noch)* nicht besitzt, sondern sich zunächst *(gegen Gebühr)* ausleiht. Zum Ende des Ausleihzeitraums (Fälligkeitstermin) muss dann das zu liefernde Gut *(die Aktie)* zuvor am Kassamarkt zum aktuellen Kurs S beschafft werden.

Die **Gewinn-Funktionen $G_i = G_i(S)$** der sechs Basisgeschäfte (8.4.1) in Abhängigkeit vom Kassakurs S der Aktie am Fälligkeitstag t_1 im lauten im Einzelnen[19] *(siehe Abb. 8.2.5 sowie Abb. 8.3.4 – 8.3.10)*:

(8.4.2) Aktie Long: $G_{A^+} = S - X$

(8.4.3) Aktie Short: $G_{A^-} = X - S$

(8.4.4) Long Call: $G_{C^+} = \begin{cases} -p_C & \text{falls } S \le X \\ S - X - p_C & \text{falls } S > X \end{cases}$

(8.4.5) Short Call: $G_{C^-} = \begin{cases} p_C & \text{falls } S \le X \\ X - S + p_C & \text{falls } S > X \end{cases}$

(8.4.6) Long Put: $G_{P^+} = \begin{cases} X - S - p_P & \text{falls } S < X \\ -p_P & \text{falls } S \ge X \end{cases}$

(8.4.7) Short Put: $G_{P^-} = \begin{cases} S - X + p_P & \text{falls } S < X \\ p_P & \text{falls } S \ge X \end{cases}$

Von grundsätzlicher Bedeutung erweist sich, dass sich jedes der sechs Basisgeschäfte durch Kombination zweier anderer Basisgeschäfte künstlich *(„synthetisch“)* erzeugen lässt:

Beispiel 8.4.8: ***(synthetische Erzeugung einer Long Aktie aus einem Long Call und einem Short Put)***

Betrachten wir die Kombination aus einem Long Call C^+ *(Basispreis X, Optionsprämie p_C)* und einem Short Put P^- mit demselben Basispreis X *(Optionsprämie p_P)*. Am *(gemeinsamen)* Fälligkeitstag t_1 ergibt sich für den Investor eine Position, die durch Addition der beiden Gewinnfunktionen beschrieben werden kann, d.h. der resultierende Gewinn $G_{C^+ + P^-}$ ergibt sich als Summe $G_{C^+} + G_{P^-}$ der beiden Einzelgeschäfte *(jeweils in Abhängigkeit des aktuellen Aktienkurses S am Verfalltag)*.

Mit (8.4.2) und (8.4.7) folgt:

$$G_{C^+ + P^-} = G_{C^+} + G_{P^-} = \begin{cases} -p_C & \text{falls } S \le X \\ S - X - p_C & \text{falls } S > X \end{cases} + \begin{cases} S - X + p_P & \text{falls } S < X \\ p_P & \text{falls } S \ge X \end{cases}$$

$$= \begin{cases} S - X + p_P - p_C & \text{falls } S \le X \\ S - X + p_P - p_C & \text{falls } S > X \end{cases} = S - X + p_P - p_C = S - X^* = G_{A^+}$$

(mit $X^* = X - p_P + p_C$)
(siehe (8.4.2))

(8.4.9) $$\boxed{G_{C^+} + G_{P^-} = G_{A^+}}$$

m.a.W. die Kombination aus Long Call und Short Put ergibt *(bei gleichen Basispreisen X)* eine Long-Aktie-Position *(synthetischer Long Future)* mit einem Terminpreis X^* in Höhe von $X - p_P + p_C$.

Anhand eines fiktiven Zahlenbeispiels *(Basispreis: X = 400, Callpreis: p_C = 40, Putpreis p_P = 20)* soll die entsprechende graphische Begründung folgen. Da – wie gesehen – der **resultierende Gewinn** der kombinierten Position durch **Addition der Einzelgewinne** entsteht, ergibt sich graphisch der kombinierte Gesamtgewinn durch Addition der Ordinatenwerte der Einzelpositionen, siehe Abb. 8.4.10:

[19] Man überzeugt sich durch Grenzwertbildung an den Nahtstellen der abschnittsweise definierten Gewinnfunktionen leicht davon, dass sämtliche Gewinnfunktionen stetig sind. Dasselbe gilt dann auch für die additive Überlagerung verschiedener Gewinnfunktionen bei Kombination der Basisgeschäfte. Daher ist es unerheblich, auf welche Seite der Nahtstelle im Definitionsbereich das „< oder >“-Zeichen bzw. das „≤ oder ≥“-Zeichen steht, man kann – da keine Irrtümer zu befürchten sind – damit auch beliebig wechseln.

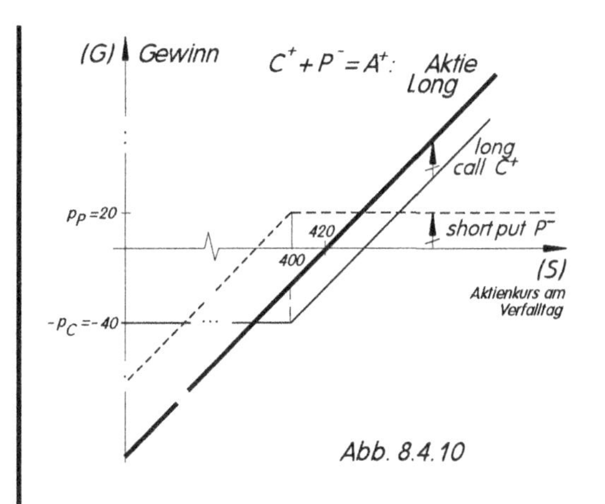

Abb. 8.4.10

$$G_{C^+} = \begin{cases} -40 & \text{falls } S \le 400 \\ S-440 & \text{falls } S > 400 \end{cases}$$

$$G_{P^-} = \begin{cases} S-380 & \text{falls } S < 400 \\ 20 & \text{falls } S \ge 400 \end{cases}$$

$$\Sigma: \quad G_{C^+ + P^-} = S - 420 = G_{A^+}$$

(Terminpreis: 420)

(Long Call + Short Put = Long Aktie)
(= synthetischer Long Future)

Synthetische Positionen können verschiedene **Vorteile** aufweisen, z.B.

i) Wenn es an der Terminbörse für eine bestimmte Aktie nur Optionen, aber keine Futures gehandelt werden, kann mit Hilfe zweier Optionen *(s.o.)* der Future „nachgebaut" werden.

ii) Im Vergleich zum direkten Eingehen einer Aktienposition ist das Eingehen einer synthetischen Long Futures Position mit erheblich geringerem Kapitaleinsatz verbunden *(außerdem gleicht der Put-Erlös den Call-Preis teilweise aus, siehe Beispiel: Auszahlungs-Saldo: 40 − 20 = 20)*.

Wir wollen nachfolgend die **übrigen Basisgeschäfte ebenfalls synthetisch nachbilden**, allerdings − wegen der leicht durchschaubaren Sachverhalte − in knapper Form, aber mit Herleitung der Gewinnfunktionen:

Synthetische Erzeugung eines Basisgeschäfts aus zwei anderen Basisgeschäften

Voraussetzungen: *Die jeweils kombinierten Geschäfte haben gleiche Restlaufzeiten.*
Es gelten die Bezeichnungen von (8.4.1), z.B. bedeutet
„G_{C^+}": Gewinn der Long Call Position am Ausübungstag/Verfalltag usw.

(1) Aktie Long *(Long Future)* = **Long Call + Short Put** *(Voraussetzung: Gleiche Basispreise X)*

$G_{C^+} + G_{P^-} = G_{A^+}$ *(Long Future mit Erfüllungspreis $X^* = X - p_P + p_C$)*

(siehe Beispiel 8.4.8 und Abb. 8.4.10)

(2) Aktie Short *(Short Future)* = **Short Call + Long Put** *(Voraussetzung: Gleiche Basispreise X)*

Beweis: Mit (8.4.5), (8.4.6) sowie (8.4.3) erhalten wir

$$G_{C^-} + G_{P^+} = \begin{cases} p_C & \text{falls } S \le X \\ X - S + p_C & \text{falls } S > X \end{cases} + \begin{cases} X - S - p_P & \text{falls } S < X \\ -p_P & \text{falls } S \ge X \end{cases}$$

$$= \begin{cases} X - S - p_P + p_C & \text{falls } S < X \\ X - S - p_P + p_C & \text{falls } S \ge X \end{cases}$$

$$= X - S - p_P + p_C = X^* - S = G_{A^-}$$

(Short Future mit Erfüllungspreis $X^* = X - p_P + p_C$)

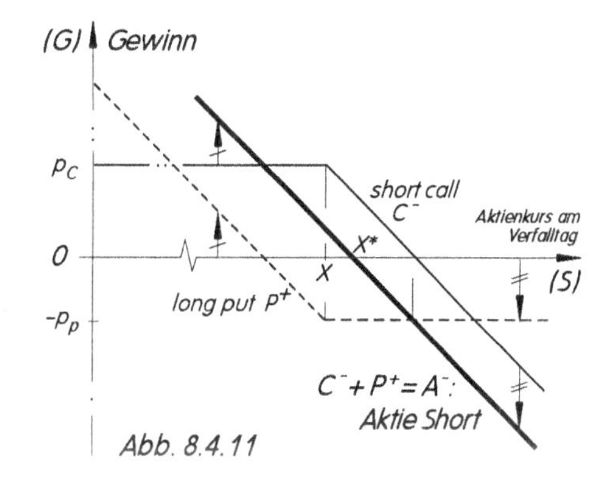

Abb. 8.4.11

Bemerkung: *Der eben dargestellte synthetische Short Future führt zur gleichen Position wie ein „normaler" Aktien-Leerverkauf (siehe Fn. 18), aber ohne dass zuvor die zugrundeliegende Aktie geliehen werden muss. Außerdem kann – ebenfalls im Gegensatz zum „realen" Leerverkauf – die synthetische Short Futures Position jederzeit durch ein entsprechendes Gegengeschäft glattgestellt werden*[20].

(3) Long Call = Long Put + Long Aktie

Beweis: Mit (8.4.6), (8.4.2) sowie (8.4.4) erhalten wir:

$$G_{P^+}+G_{A^+} = \begin{cases} X_1 - S - p_P & \text{falls } S < X_1 \\ -p_P & \text{falls } S \geq X_1 \end{cases} + S - X_2$$

$$= \begin{cases} X_1 - X_2 - p_P & \text{falls } S < X_1 \\ S - X_2 - p_P & \text{falls } S \geq X_1 \end{cases}$$

$$= \begin{cases} -p^* & \text{falls } S < X_1 \\ S - X_1 - p^* & \text{falls } S \geq X_1 \end{cases} \quad (\text{mit } p^* = X_2 - X_1 + p_P)$$

$$= G_{C^+} \quad (\text{mit: Basispreis: } X_1, \text{ Optionsprämie: } p^*)$$

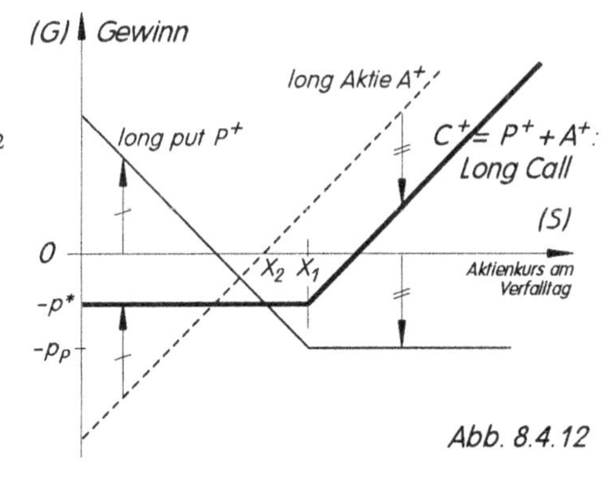

Abb. 8.4.12

(4) Short Call = Short Put + Short Aktie

Beweis: Mit (8.4.7), (8.4.3) und (8.4.5) folgt:

$$G_{P^-}+G_{A^-} = \begin{cases} S - X_1 + p_P & \text{falls } S < X_1 \\ p_P & \text{falls } S \geq X_1 \end{cases} - S + X_2$$

$$= \begin{cases} X_2 - X_1 + p_P & \text{falls } S < X_1 \\ X_2 - S + p_P & \text{falls } S \geq X_1 \end{cases}$$

$$= \begin{cases} p^* & \text{falls } S < X_1 \\ X_1 + p^* - S & \text{falls } S \geq X_1 \end{cases} \quad (\text{mit } p^* = X_2 - X_1 + p_P)$$

$$= G_{C^-} \quad (\text{Basispreis } X_1; \text{ Optionsprämie } p^*)$$

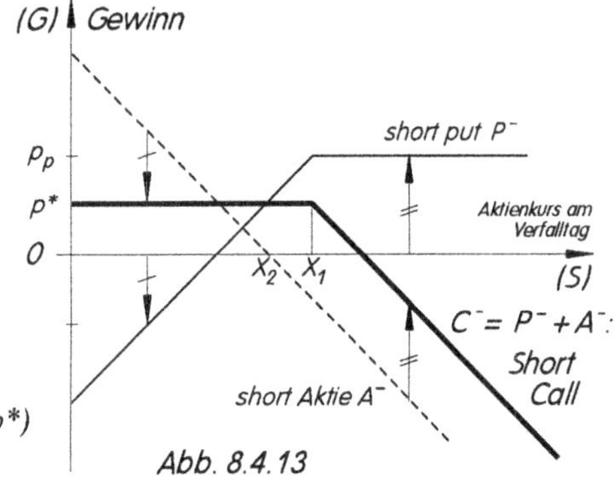

Abb. 8.4.13

(5) Long Put = Long Call + Short Aktie

Beweis: Mit (8.4.4), (8.4.3) und (8.4.6) gilt:

$$G_{C^+}+G_{A^-} = \begin{cases} -p_C & \text{falls } S \leq X_1 \\ S - X_1 - p_C & \text{falls } S > X_1 \end{cases} + X_2 - S$$

$$= \begin{cases} X_2 - S - p_C & \text{falls } S \leq X_1 \\ X_2 - X_1 - p_C & \text{falls } S > X_1 \end{cases}$$

$$= \begin{cases} X_1 - S - p^* & \text{falls } S \leq X_1 \\ -p^* & \text{falls } S > X_1 \end{cases} \quad (\text{mit } p^* = X_1 - X_2 + p_C)$$

$$= G_{P^+} \quad (\text{mit: Basispreis } X_1, \text{ Optionsprämie } p^*)$$

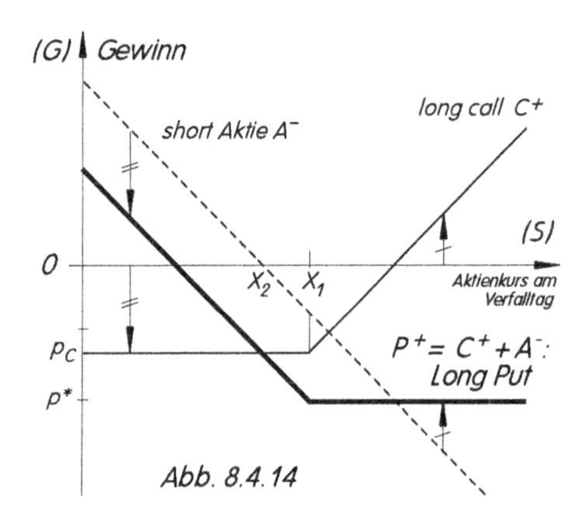

Abb. 8.4.14

20 siehe etwa [StB] 508f

(6) Short Put = Short Call + Long Aktie

Beweis: Mit (8.4.5), (8.4.2) und (8.4.7) gilt:

$$G_{C^-}+G_{A^+} = \begin{cases} p_C & \text{falls } S \le X_1 \\ X_1 - S + p_C & \text{falls } S > X_1 \end{cases} + S - X_2$$

$$= \begin{cases} S - X_2 + p_C & \text{falls } S \le X_1 \\ X_1 - X_2 + p_C & \text{falls } S > X_1 \end{cases}$$

$$= \begin{cases} S - X_1 + p^* & \text{falls } S \le X_1 \\ p^* & \text{falls } S > X_1 \end{cases}$$

(mit $p^* = X_1 - X_2 + p_C$)

$= G_{P^-}$ *(mit: Basispreis X_1, Optionsprämie p^*)*

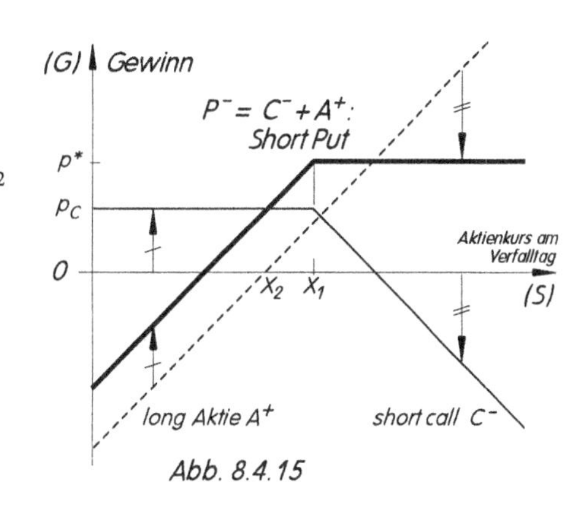

Abb. 8.4.15

Bemerkung 8.4.16:

Fordert man zusätzlich die Gleichheit aller Basiskurse, d.h. $X = X_1 = X_2$, so folgt aus (3) bis (6), dass die Optionsprämie p^* der resultierenden Option mit der Optionsprämie p_C bzw. p_P der zur Kombination verwendeten Option übereinstimmt. Dann lassen sich (wegen $G_{C^-} = -G_{C^+}$ usw.) sämtliche Positionen 2) bis 6) per „Arithmetik" aus einem beliebigen synthetischen Basisgeschäft, z.B. (6): $G_{C^-}+G_{A^+}=G_{P^-}$ herleiten. Beispiel: Aus (6) folgt: $-G_{C^+}+G_{A^+} = -G_{P^+} \Leftrightarrow G_{C^+} = G_{P^+} + G_{A^+} \triangleq$ (3) usw.[21]

Aufgabe 8.4.17:

Unter den Voraussetzungen der letzten Bemerkung *(Gleichheit aller Basiskurse, siehe Bem. 8.4.16)* leite man aus dem synthetischen Basisgeschäft (6), d.h.

Short Put = Short Call + Long Aktie

und seiner Gewinnfunktion $G_{P^-} = G_{C^-} + G_{A^+}$

per „Arithmetik" sämtliche anderen synthetischen Positionen (1) bis (5) her.

Aufgabe 8.4.18:

Huber möchte gerne einen Forward-Kontrakt zum Kauf der Moser-AG-Aktie in 6 Monaten zum Terminpreis *(Basispreis)* von 100 € abschließen. An der Börse werden allerdings keine Forwards/Futures, sondern lediglich Optionen auf die Moser-Aktie gehandelt, die Aktie steht derzeit bei 100 €.

Folgende 6-Monats-Optionen auf die Moser-Aktie sind handelbar:

Calls: Basispreis 95 €, Optionsprämie 7 €,
Basispreis 100 €, Optionsprämie 4 €,
Basispreis 105 €, Optionsprämie 2 €.

Puts: Basispreis 95 €, Optionsprämie 1 €,
Basispreis 100 €, Optionsprämie 3 €,
Basispreis 105 €, Optionsprämie 6 €.

i) Wie kann Huber durch Kombination dieser Optionen einen *„synthetischen"* Forward-Kontrakt konstruieren, der *genau* seinen o.a. Vorstellungen entspricht?

ii) Welche unterschiedlichen Forward-Kontrakte *(Gewinnfunktion?)* lassen sich aus jeweils zwei der o.a. Optionen synthetisieren? Welche kommen Hubers Vorstellungen am nächsten? Ermitteln Sie für jede Kombination die mit Kontraktabschluss einhergehenden Auszahlungen des Investors.

[21] siehe auch [Biz] 283ff

Um die Vielfalt kombinierter Strategien anzudeuten, die mit Hilfe von geeigneten Optionen realisiert werden können, erwähnen wir im folgenden einige *(z.T. als Paket an der EUREX handelbare)* Optionskombinationen *(Spreads, Straddles, Strangles/Combinations)*.

8.5 Spreads

Unter einem **Spread** versteht man eine Strategie, bei der zwei Optionen **gleichen Typs** *(d.h. z.B. zwei Calls oder zwei Puts) auf* **denselben Basiswert** *(z.B. dieselbe Aktie)*, aber mit unterschiedlichen Laufzeiten *(Time Spread)* oder unterschiedlichen Basispreisen *(Price Spread)*[22] eingebunden werden.

Beispiel 8.5.1: ***(Bull Price Spread** mit Calls)*

Ein *Bull Price Spread (mit Calls)* besteht aus dem **Kauf** einer **Call**-Option C^+ *(Basispreis X_1, z.B. X_1 = 100€, Optionsprämie p_1 = 25€)* und dem gleichzeitigen **Verkauf** einer **Call**-Option C^- mit einem **höheren Basispreis** X_2 *(z.B. X_2 = 150€ (>X_1), Callpreis p_2 = 15€)* und gleicher Restlaufzeit bis zum Verfalltag. Die mit dieser Kombination beabsichtigte Strategie setzt auf *(leicht)* steigende Kurse des zugrundeliegenden Basiswertes.

Bemerkung: *Da der Callpreis (Optionsprämie) mit sinkendem Basiskurs ansteigt – die Ausübung wird immer wahrscheinlicher – (und mit steigendem Basiskurs sinkt – die Ausübung wird immer weniger wahrscheinlich), ist im vorliegenden Fall die Optionsprämie p_2 (=15) für den verkauften Call C^+ (höherer Basispreis X_2=150)* ***geringer*** *als für den* ***gekauften*** *Call C^- (höherer Callpreis p_1 (=25), geringerer Basispreis X_1 (=100 < X_2)), d.h. für Calls gilt c.p.: $X_1 < X_2 \quad \Rightarrow \quad p_1 > p_2$.*

Abb. 8.5.2 zeigt die Gewinnsituation in Abhängigkeit vom aktuellen Aktienkurs S am Verfalltag.

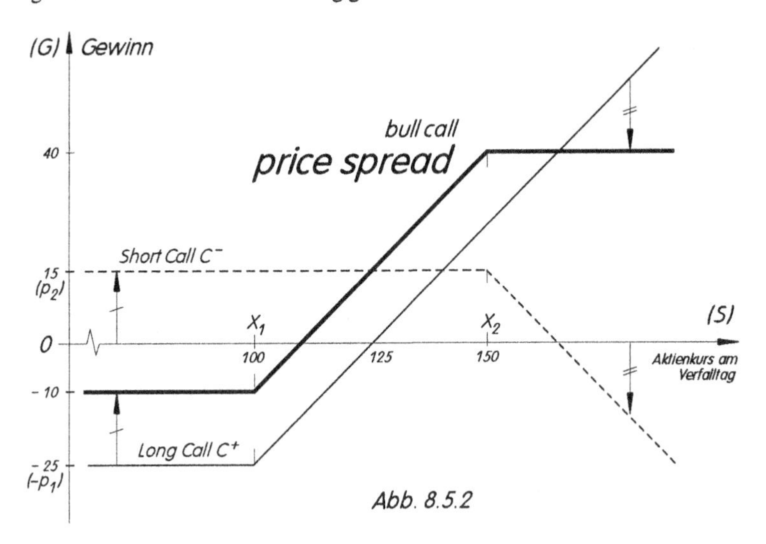

Abb. 8.5.2

Die für den Bull-Call-Price-Spread gültige Gewinnfunktion G = G(S) am Ausübungstag ergibt sich – wie bisher – durch Addition der Einzelfunktionswerte G_{C^+} und G_{C^-}.

Mit (8.4.4) und (8.4.5) erhalten wir mit p_1 = 25, X_1 = 100, p_2 = 15, X_2 = 150:

$$G_{C^+} = \begin{cases} -p_1 & \text{falls } S \le X_1 \\ S-X_1-p_1 & \text{falls } S > X_1 \end{cases} = \begin{cases} -25 & \text{falls } S \le 100 \\ S-125 & \text{falls } S > 100 \end{cases} \qquad \text{sowie}$$

[22] spread *(engl.)*: Spannweite *(hier: zwischen Preisen oder Restlaufzeiten)*

$$G_{C^-} = \begin{cases} p_2 & \text{falls } S \le X_2 \\ X_2 + p_2 - S & \text{falls } S > X_2 \end{cases} = \begin{cases} 15 & \text{falls } S \le 150 \\ 165 - S & \text{falls } S > 150 \end{cases} ,$$

d.h. es müssen jetzt drei Intervalle *(S≤100 ; 100<S≤150 ; S>150)* getrennt betrachtet werden, so dass sich als resultierende Gewinnfunktion G des Bull Call Price Spread ergibt *(siehe Abb 8.5.2)*:

$$(8.5.3) \qquad G = \begin{cases} -p_1 + p_2 & \text{falls } S \le X_1 \\ S - X_1 - p_1 + p_2 & \text{falls } X_1 < S \le X_2 \\ -X_1 + X_2 - p_1 + p_2 & \text{falls } S > X_2 \end{cases} = \begin{cases} -10 & \text{falls } S \le 100 \\ S - 110 & \text{falls } 100 < S \le 150 \\ 40 & \text{falls } S > 150 \end{cases}$$

Ein Bull Price Spread begrenzt Gewinnchancen **und** Verlustrisiko für den Investor. Dieser hofft auf einen Kursanstieg, der ihm einen *(jetzt auch limitierten)* Gewinn einbringt, hat sich andererseits ebenfalls versichert gegen einen *(unerwarteten)* Kurssturz.

Bemerkung 8.5.4: ***(Bull Put Price Spread)***

*Ein Bull Price Spread kann – statt mit zwei Calls – ebensogut mit zwei Puts erreicht werden. Dazu kauft der Investor einen Put P^+(Long Put, Basispreis X_1, Optionsprämie p_1) und **verkauft** einen Put P^- mit **höherem** Basispreis X_2 und gleicher Restlaufzeit (Short Put, Basispreis $X_2>X_1$, Basispreis p_2).*

Da c.p. die Wahrscheinlichkeit, dass ein Put ausgeübt wird, mit steigendem Basispreis immer größer wird, ist ein höherer Basispreis c.p. stets mit einer höheren Optionsprämie verbunden, d.h. in unserem Fall (Puts) gilt: $X_2>X_1 \Rightarrow p_2>p_1$. Die Gewinnfunktion G = G(S) Bull Put Price Spread lässt sich mit (8.4.6) und (8.4.7) analog zum letzten Beispiel herleiten, siehe (8.5.5) und Abb. 8.5.6:

$$(8.5.5) \qquad G = \begin{cases} X_1 - X_2 - p_1 + p_2 & \text{falls } S \le X_1 \\ S - X_2 - p_1 + p_2 & \text{falls } X_1 < S \le X_2 \\ -p_1 + p_2 & \text{falls } S > X_2 \end{cases}$$

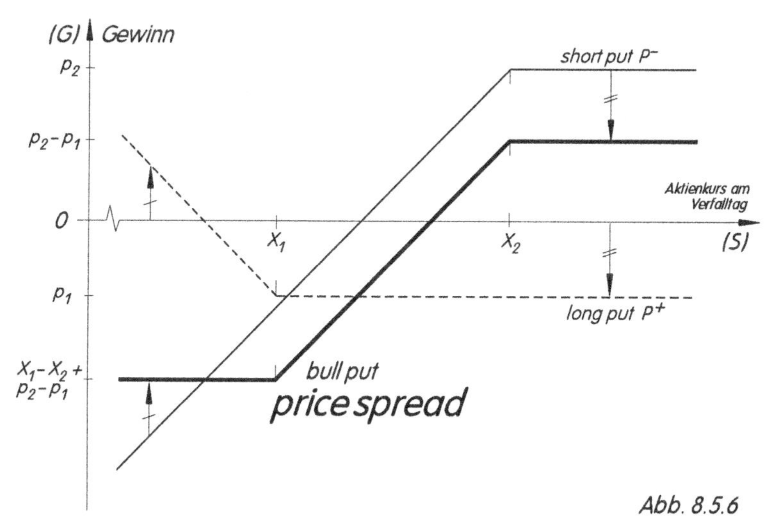

Abb. 8.5.6

Im Gegensatz zum Bull Call Price Spread ist beim Bull Put Price Spread die Anfangsauszahlung p_2-p_1 für den Investor positiv, somit besteht für ihn die Möglichkeit, diesen Saldo zinsbringend anzulegen.

Bemerkung 8.5.7: *Neben dem eben betrachteten Price Spread (mehrere Calls/Puts mit unterschiedlichen Basispreisen, auch „vertical spread" genannt) gibt es den **Time Spread** („horizontal spread"), bei denen die beteiligten Optionen unterschiedliche Restlaufzeiten besitzen, oder den **Diagonal Spread**, bei dem die Optionen sowohl unterschiedliche Basispreise als auch unterschiedliche Restlaufzeiten[23] besitzen.*

[23] siehe etwa [Usz] 174 ff

Während die Erwartung eines Bull-Spread-Investors auf *(leicht)* steigende Kurse gerichtet ist *(Investor ist „bullish")*, hat man es beim **Bear Price Spread** mit einem Investor zu tun, der auf *(leicht)* sinkende Kurse setzt, allerdings auch hier den Maximalverlust bei *(unerwartet)* steigenden Kursen begrenzen will.

Ähnlich wie beim Bull Price Spread hat man es jetzt entweder nur mit Calls *(Bear Call Price Spread)* oder nur mit Puts *(Bear Put Price Spread)* zu tun, bei denen unterschiedliche Basispreise *(bei gleichen Restlaufzeiten)* vorliegen.

Unterschied: Beim **Bull** Price Spread ist die **Short**-Position stets mit dem **höheren Basispreis** gekoppelt. Beim **Bear** Price Spread ist die **Short**-Position mit dem **geringeren Basispreis** gekoppelt.

Beispiel 8.5.8: ***(Bear Call Price Spread)***

Ein Investor verkauft einen Call C^- *(Short Call, Basispreis $X_1 = 200$, Preis $p_1 = 20$)* und kauft einen Call C^+ mit höherem Basispreis, aber geringerer Optionsprämie, siehe Bemerkung in Beispiel 8.5.1 *(Long Call, Basispreis $X_2 = 240$, Preis $p_2 = 12$)*.

Somit hat der Investor zu Beginn einen Zahlungsüberschuss in Höhe von $p_1 - p_2 = 8$.

Mit (8.4.4), (8.4.5) folgt durch Addition der Einzelgewinnfunktionen die resultierende Gewinnfunktion $G = G(S)$ des Bear Call Price Spread in Abhängigkeit vom Kurs S am Ausübungstag zu

$$(8.5.9) \qquad G = \begin{cases} p_1 - p_2 & \text{falls} \quad S \le X_1 \\ -S + X_1 + p_1 - p_2 & \text{falls} \quad X_1 < S \le X_2 \\ X_1 - X_2 + p_1 - p_2 & \text{falls} \quad S > X_2 \end{cases} = \begin{cases} 8 & \text{falls} \quad S \le 200 \\ 208 - S & \text{falls} \quad 200 < S \le 240 \\ -32 & \text{falls} \quad S > 240 \end{cases}$$

Abb. 8.5.10 zeigt graphisch den Gewinnverlauf des Bear Call Price Spread am Tag der Ausübung:

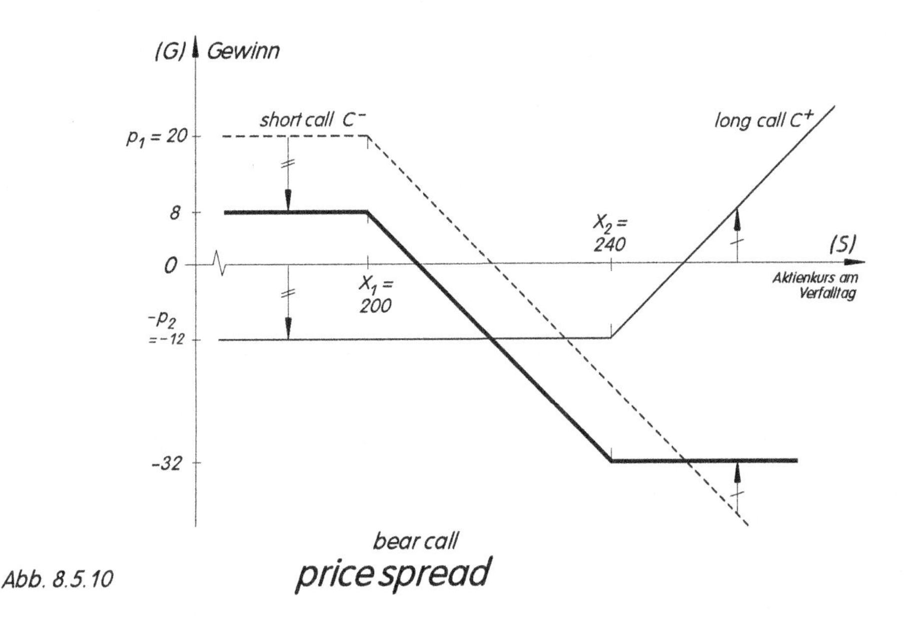

Abb. 8.5.10

Analog zum Bull Price Spread mit Puts lässt sich ein **Bear Price Spread mit Puts** erzeugen, wobei wieder die Short Position an den geringeren Basispreis gekoppelt ist. Als Beispiel nehmen wir die Daten

Short Put: Basispreis $X_1 = 90$, Optionsprämie $p_1 = 16$
Long Put: Basispreis $X_2 = 150$, Optionsprämie $p_2 = 30$ *(siehe Bem. 8.5.4).*

Damit lautet *(unter Berücksichtigung von (8.4.7), (8.4.6))* die aggregierte Gewinnfunktion G(S) des **Bear Put Price Spread** in Abhängigkeit vom aktuellen Aktienkurs S im Ausübungszeitpunkt:

$$(8.5.11) \qquad G = \begin{cases} X_2 - X_1 + p_1 - p_2 & \text{falls } S \le X_1 \\ -S + X_2 + p_1 - p_2 & \text{falls } X_1 < S \le X_2 \\ p_1 - p_2 & \text{falls } S > X_2 \end{cases} = \begin{cases} 46 & \text{falls } S \le 90 \\ 136 - S & \text{falls } 90 < S \le 150 \\ -14 & \text{falls } S > 150 \end{cases}$$

Abb. 8.5.12 zeigt graphisch den Gewinnverlauf des Bear Put Price Spread am Tag der Ausübung:

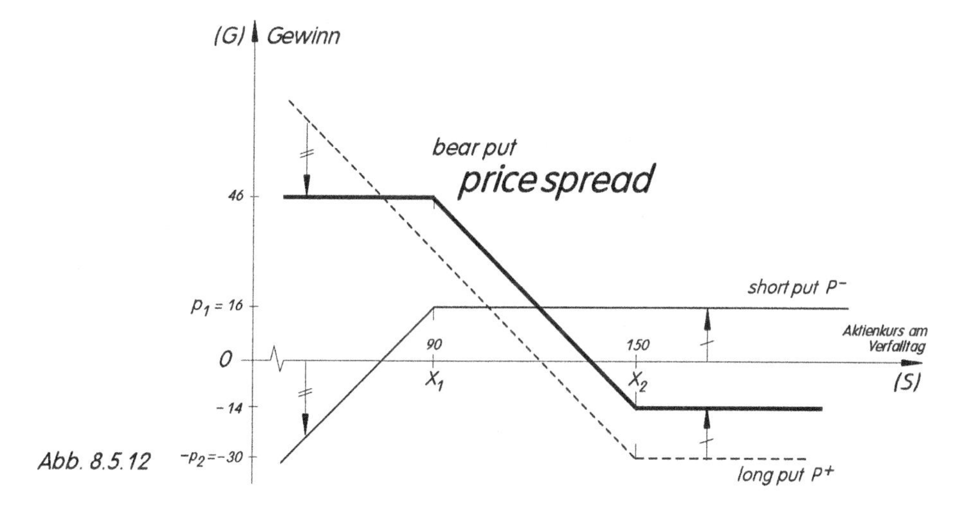

Abb. 8.5.12

Im Gegensatz zum Bear Call Price Spread beginnt die Investition beim Bear Put Price Spread mit einem Netto-Mittelabfluss in Höhe von $p_2 - p_1$ *(=14).*

Bemerkung 8.5.13:

Die oben aufgeführten Spreads bilden nur eine kleine Spread-Untermenge: Zu weiteren Spread-Strategien, z.B. Butterflies, Condors, Ratio-Spreads, Back-Spreads u.a. siehe auch Bemerkung 8.7.5 sowie [StB] 512 ff.

Aufgabe 8.5.14:

Huber erwartet für die Moser-Aktie in den nächsten 2 Monaten einen moderaten Kursanstieg und entschließt sich, eine Bull-Call-Price-Spread-Position einzunehmen. Der aktuelle Kurs der Moser-Aktie liegt bei 250 €.

Dazu kauft er einen at-the-money 60-Tage-Call *(Basispreis 250€, Optionsprämie 9€)* und verkauft zugleich einen in-the-money-Call gleicher Laufzeit zum höheren Basispreis 265 €, Optionsprämie 4 € *(Zinsen bleiben unberücksichtigt).*

i) Ermitteln Sie *(rechnerisch)* die Gewinnfunktion G(S) am Ausübungstag in Abhängigkeit vom dann aktuellen Aktienkurs S und skizzieren Sie den entsprechenden Graphen der Gewinnfunktion.

ii) Bei welchen Kursen am Fälligkeitstag operiert Huber mit Gewinn? Ermitteln Sie Kurse und Höhe des Maximal-Gewinns. Ermitteln Sie Kurse und Höhe des maximalen Verlustes.

iii) Wie ändert sich die Position Hubers *(„positiv" oder „negativ")*, wenn Zinsen berücksichtigt werden, z.B. 6% p.a.?

Aufgabe 8.5.15:

Die Huber-Aktie notiert zu 100 €. Moser erwartet mehr oder weniger starke Kursabnahmen und erwägt, eine Bear-Call-Price-Spread-Position einzunehmen, d.h. einen Call zu verkaufen und einen zweiten Call mit höherem Basispreis zu kaufen *(alle Calls mit gleicher Restlaufzeit)*.

Moser kann unter drei hier in Frage kommenden Strategien *(A, B oder C)* wählen:

Strategie A: Beide Calls sind out-of-the-money, und zwar im vorliegenden Fall: Moser verkauft einen Call mit Basispreis 106 *(Prämie 7€)* und kauft einen Call mit Basispreis 114 *(Prämie 5€)*.

Strategie B: Der verkaufte Call ist *(leicht)* in-the-money *(hier: Basispreis 96, Prämie 10€)*, der gekaufte Call ist out-of-the-money *(hier: Basispreis 104, Prämie 6€)*.

Strategie C: Beide Calls sind in-the-money, und zwar: Der verkaufte Call hat einen Basispreis von 89, Prämie 17 €, der gekaufte Call hat einen Basispreis von 97, Prämie 11 €.

Ermitteln Sie für jede Strategie am Ausübungstag

i) die Gewinnfunktion G(S) in Abhängigkeit vom Aktienkurs S;

ii) die Break-Even-Points, den maximalen Gewinn / maximalen Verlust sowie die zugehörigen Kursintervalle;

iii) Welche unterschiedlichen Erwartungshaltungen *(des Investors, hier: Mosers)* spiegeln die einzelnen Strategien wider?

8.6 Straddles

Zu den sog. **Volatilitäts-Strategien** gehören kombinierte Options-Strategien, die auf Kursschwankungs-Bewegungen im Markt abstellen *(und nicht vorrangig eine bestimmte Richtung – bullish oder bearish – erwarten)*.

Als Beispiele für Volatilitäts-Strategien betrachten wir die sog. **Straddle**-Strategie *(und im nächsten Kapitel die **Strangle-/Combination**-Strategien)*

In seiner einfachsten Form besteht ein **Straddle** aus dem **Kauf** *(„Long Straddle")* bzw. alternativ dem **Verkauf** *(„Short Straddle")* je eines Calls und eines Puts *(auf dasselbe underlying)* mit gleichem Basispreis X und gleicher Restlaufzeit bis zur Fälligkeit/Ausübung.

Beispiel 8.6.1: ***(Long Straddle)***

Durch gleichzeitigen Kauf eines Call C^+ *(Basispreis X = 100, Callpreis p_1 = 19)* und eines Put *(gleicher Basispreis X = 100, Putpreis p_2 = 11)* wird ein **Long Straddle** erzeugt.

Aus den Gewinnfunktionen (8.4.4), (8.4.6) der Einzel-Optionen erhalten wir durch Addition die Gewinnfunktion G = G(S) des Long-Straddle in Abhängigkeit vom aktuellen Aktienkurs S am Ausübungstag *(siehe (8.6.2) sowie Abb. 8.6.3)*:

$$(8.6.2) \quad G = \begin{cases} -p_1 + X - p_2 - S & (S \leq X) \\ S - X - p_1 + (-p_2) & (S > X) \end{cases} = \begin{cases} X - (p_1 + p_2) - S & (S \leq X) \\ S - X - (p_1 + p_2) & (S > X) \end{cases} = \begin{cases} 70 - S & \text{falls } S \leq 100 \\ S - 130 & \text{falls } S > 100 \end{cases}$$

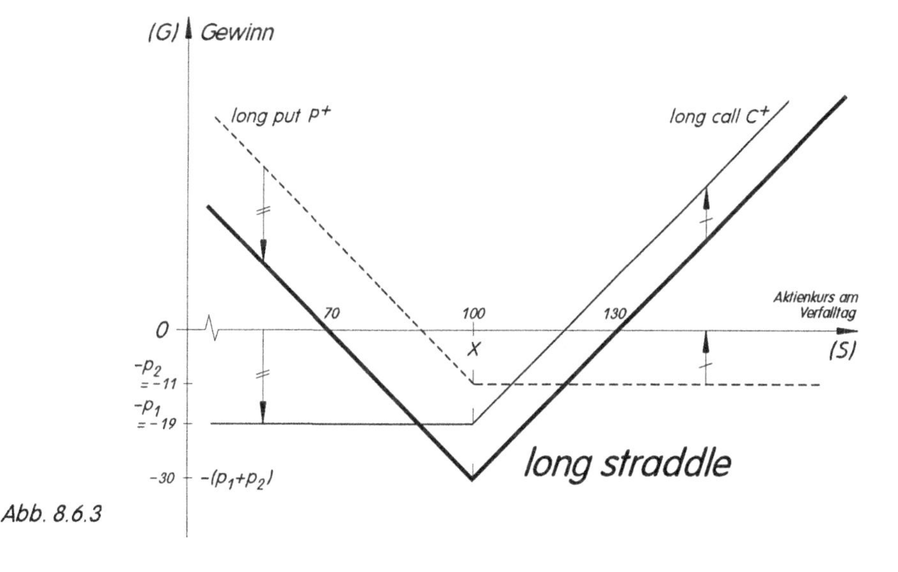

Abb. 8.6.3

Der **Long Straddle** bietet sich offenbar für Investoren an, die eine starke Kursbewegung erwarten und lediglich unsicher sind, in welche Richtung der Kurs ausschlagen wird. Zugleich begrenzen sie – für den Fall unerwarteter Kursstabilität – ihren maximalen Verlust auf die Summe $p_1 + p_2$ *(= 30)* der Optionsprämien. Den hohen Investitionskosten *($p_1 + p_2$)* steht die Aussicht auf praktisch unbegrenzt hohe Gewinne gegenüber.

Die Strategie des **Short Straddle** *(gleichzeitiger **Verkauf** von Call und Put mit gleichem strike price X)* ist entgegengesetzt: Der Investor antizipiert keine oder eine nur schwache Kursbewegung, riskiert allerdings – bei Fehleinschätzung – beliebig hohe Verluste.

Aufbau und Gewinnprofil G = G(S) eines Short Straddle *(bestehend aus einer short-put-position mit Put-Optionsprämie $p_1 = 10$ sowie einer short-call-position mit Call-Preis $p_2 = 20$, Basispreis einheitlich: X = 100)* ergeben sich wieder durch Addition der Einzel-Gewinnpositionen gemäß (8.4.5), (8.4.7), siehe (8.6.4) sowie Abb. 8.6.5 *(am Fälligkeitstag, in Abhängigkeit vom aktuellen Aktienkurs S)*:

(8.6.4) $$G = \begin{cases} S - X + p_1 + p_2 & \text{falls } S \le X \\ X + p_1 + p_2 - S & \text{falls } S > X \end{cases} = \begin{cases} S - 70 & \text{falls } S \le 100 \\ 130 - S & \text{falls } S > 100 \end{cases}$$

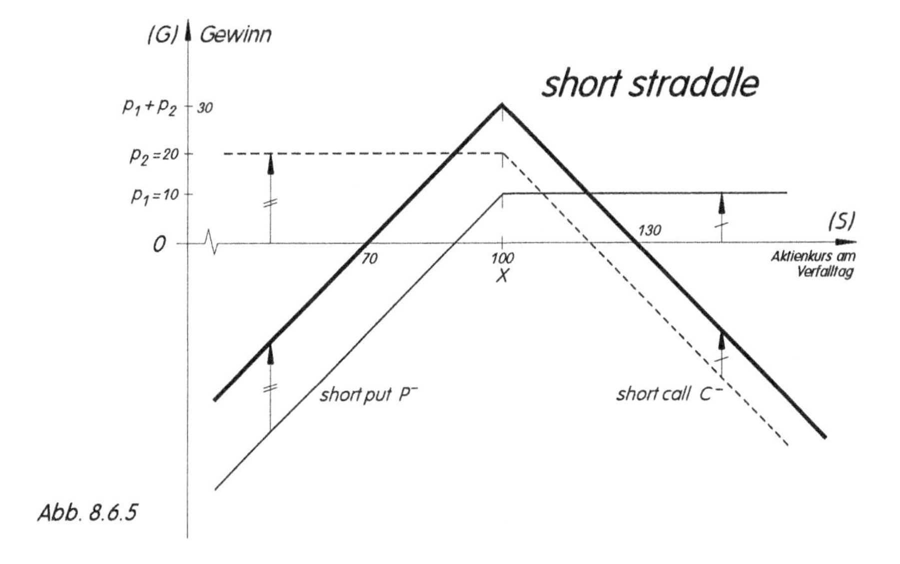

Abb. 8.6.5

Solange der aktuelle Kurs S des Underlying am Fälligkeitstag nur zwischen $X - (p_1 + p_2)$ und $X + (p_1 + p_2)$ schwankt *(im Beispiel: $60 < S < 140$)*, macht der Investor einen Gewinn, allerdings limitiert auf den maximalen Wert $p_1 + p_2$, dann nämlich, wenn Marktkurs und Basiskurs am Verfalltag übereinstimmen, siehe Abb. 8.6.5.

Dem *(erheblichen)* Risiko, bei unerwartet starker Kursschwankung praktisch beliebig hohe Verluste[24] einfahren zu können, steht ein vergleichsweise hoher Nettozufluss *(= Summe der Optionsprämien $p_1 + p_2$ (= 30))* bei Investitionsbeginn gegenüber.

Aufgabe 8.6.6:

Die Aktie der Moser AG notiere heute zu 600 €. Huber kauft einen 2-Monats-Call auf die Moser-Aktie *(Prämie 36€)* und einen 2-Monats-Put *(Prämie 30€)*. Beide Optionen sind genau in-the-money, haben also jeweils einen Basispreis von 600 €.

i) Welche Kurserwartungen hegt Huber? Wie nennt man seine Options-Strategie?

ii) Stellen Sie die Gewinnfunktion G(S) am Ausübungstag auf *(Skizze!)*. In welchen Kursintervallen operiert Huber mit Gewinn, max. Gewinn, max. Verlust? *(Zinsen bleiben unberücksichtigt)*

iii) Beantworten Sie i) und ii), wenn Huber die beiden Optionen *verkauft* hätte.

[24] zu Absicherungsmöglichkeiten siehe [Usz] 183f

8.7 Strangles/Combinations

Wie schon in der Einleitung zum letzten Kapitel angemerkt, gehören neben den Straddles auch die **Combinations** und **Strangles**[25] zu den Volatilitäts-Kombinationsstrategien.

Bei beiden Strategien werden entweder ein Call und ein Put *(mit unterschiedlichen Basispreisen, aber gleichen Restlaufzeiten)* **gekauft** *(**Long Combination** bzw. **Long Strangle**)* oder **verkauft** *(**Short Combination** bzw. **Short Strangle**)*.

Dabei spricht man von **Combination**, wenn bei Kontraktabschluss die Optionen **out-of-the-money** sind *(d.h. der aktuelle Kurs der zugrundeliegenden Aktie ist kleiner als der Basispreis des Call und größer als der Basispreis des Put, siehe Bemerkung 8.3.11)*.

Entsprechend spricht man von **Strangle**, wenn bei Kontraktabschluss die beiden Optionen **in-the-money** sind, d.h. wenn der aktuelle Kurs des Underlying größer ist als der Basispreis des Call und kleiner als der Basispreis des Put, siehe Bemerkung 8.3.11.

Ein Beispiel soll die Zusammenhänge verdeutlichen:

Beispiel 8.7.1:

Die Aktie der Gimmicks AG notiere zu 120. In dieser Situation beschließen die beiden Investoren C. Huber und S. Moser, mit Hilfe von Optionen auf diese Aktie eigene Anlagestrategien zu verfolgen:

C. Huber verkauft einen out-of-the-money-Call *(Basispreis 135)* zum Preis von 20 und einen out-of-the-money-Put *(Basispreis 100)* zum Preis von 10 *(C. Hubers Strategie ist somit eine „short combination")*.

Dagegen verkauft S. Moser zwei in-the-money-Optionen, und zwar einen Call *(Basispreis 100)* zum Preis von 40 und einen Put *(Basispreis 135)* zum Preis von 25 *(damit verfolgt S. Moser die Strategie des „short strangle")*.

Bemerkung: *Hier wird erneut deutlich, dass in-the-money-Optionen teurer sind als out-of-the-money-Optionen, da das Risiko der Ausübung bei ersteren erheblich höher liegt als bei letzteren.*

Beide Investoren beziehen also ausschließlich short-Positionen. Auf bewährte Weise konstruieren wir mit (8.4.5) und (8.4.7) die resultierende Gewinnfunktion G = G(S) in Abhängigkeit vom Aktienkurs am Fälligkeitstag:

C. Huber *(short combination)*: Short Put: $G_{P^-} = \begin{cases} S-90 & \text{falls } S<100 \\ 10 & \text{falls } S \geq 100 \end{cases}$

Short Call: $G_{C^-} = \begin{cases} 20 & \text{falls } S \leq 135 \\ 155-S & \text{falls } S > 135 \end{cases}$

Daraus folgt

$$G_{\text{short combin.}} = G(S) = G_{P^-} + G_{C^-} = \begin{cases} S-70 & \text{falls } S \leq 100 \\ 30 & \text{falls } 100 < S \leq 135 \\ 165-S & \text{falls } S > 135 \end{cases}$$

S. Moser *(short strangle)*: Short Put: $G_{P^-} = \begin{cases} S-110 & \text{falls } S<135 \\ 25 & \text{falls } S \geq 135 \end{cases}$

Short Call: $G_{C^-} = \begin{cases} 40 & \text{falls } S \leq 100 \\ 140-S & \text{falls } S > 100 \end{cases}$

Daraus folgt

$$G_{\text{short strangle}} = G(S) = G_{P^-} + G_{C^-} = \begin{cases} S-70 & \text{falls } S \leq 100 \\ 30 & \text{falls } 100 < S \leq 135 \\ 165-S & \text{falls } S > 135 \end{cases} = G_{\text{short combin.}}$$

[25] Zur gelegentlichen Begriffsüberlappung von Combinations und Strangles siehe [Usz] 189

Obwohl die einzelnen Komponenten unterschiedlich sind, führen *(im vorliegenden Beispiel)* Short Combination und Short Strangle zu identischen Gesamt-Gewinnfunktionen! Anhand der entsprechenden Graphiken wird dieser Sachverhalt besonders deutlich, siehe Abb. 8.7.2/8.7.3:

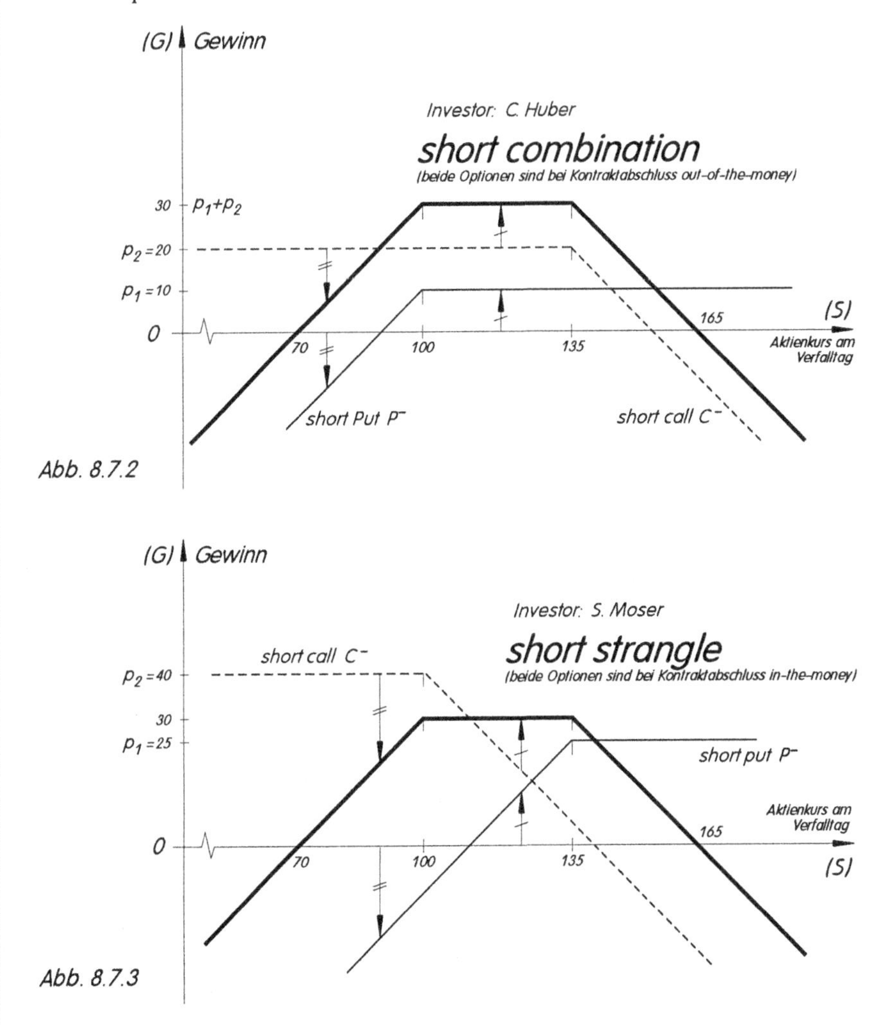

Ähnlich wie beim Short Straddle gilt: Die Investoren setzen auf relativ knappe Kursbewegungen, allerdings ist der dafür geeignete Bereich breiter als beim Short Straddle.

Überraschend ist *(wie eben schon bemerkt)*, dass sich in unserem Beispiel Short Combination und Short Strangle im Gewinn-Profil nicht unterscheiden. Allerdings ist die Short-Combination-Position insofern etwas vorteilhafter, als bei Eintritt der erwarteten Kursstabilität der Maximalgewinn bereits über die Optionsprämien realisiert wird und keinerlei Optionsausübung stattfindet. Der Short-Strangle-Investor hingegen sieht sich bei Kursstabilität beiden Optionsausübungen gegenüber, was zu weiteren Transaktionsaufwendungen führt. Als Vorteil der Short-Strangle-Strategie könnte man die Möglichkeit nennen, die – im Vergleich zur Short Combination – höheren Anfangseinnahmen aus den Optionsprämien zinsbringend bis zum Verfalltag anlegen zu können.

Eine weitere Volatilitäts-Strategie mit Combinations/Strangles – analog wie beim Straddle – ergibt sich, wenn man anstelle von Short Positionen ausschließlich Long Positionen einnimmt, siehe Aufgabe 8.7.4:

Aufgabe 8.7.4: *(Long Combination – Long Strangle)*

Die Aktie der Laetsch AG notiere bei Kontraktabschluss zu 120. Zwei Investoren – C. Lug und S. Mart – verfolgen leicht unterschiedliche Anlage-Strategien mit Options-Kombinationen:

- C. Lug kauft einen out-of-the-money-Call C^+ *(Basispreis 135; Optionsprämie 20)* sowie einen out- of-the-money-Put P^+ *(Basispreis 100; Optionsprämie 10)* – **Long Combination**.
- S. Mart hingegen kauft einen in-the-money-Call C^+ *(Basispreis 100; Optionsprämie 40)* sowie einen in-the-money-Put P^+ *(Basispreis 135; Optionsprämie 25)* – **Long Strangle**.

i) Man ermittle für beide Investoren die Gewinnfunktion G(S) am Ausübungstag in Abhängigkeit vom dann aktuellen Aktienkurs S. Man skizziere beide Gewinnprofile.

ii) Welche Risikoüberlegungen gelten für die Investoren?

iii) Welche der beiden Strategien *(Long Combination oder Long Strangle)* ist vorteilhafter?

***Bemerkung** 8.7.5:*

Die beschriebenen Options-Strategien wie Spreads, Straddles, Combinations oder Strangles bilden in ihren Grundformen einen wichtigen, allerdings keineswegs vollständigen Überblick über die Gesamtheit möglicher Kombinationen. Da gibt es zunächst vielerlei Untergruppen von Spreads, da gibt es weiterhin die Butterflies, Condors, Strips und Straps und die vielen anderen, durch immer phantasievollere Zusammensetzungen mehrerer Optionen generierten[26] *Kombinations-Strategien – wir müssen es mit diesen Hinweisen auf weiterführende Literatur im Rahmen einer Einführung bewenden lassen.*

8.8 Einführung in die Optionspreisbewertung

Während die „klassische" Finanzmathematik und Investitionsrechnung von sicheren zukünftigen Daten ausgeht, ist es das Kennzeichen von Termingeschäften *(wie Futures und Optionen)*, dass die für eine Investitionsentscheidung relevanten zukünftigen Daten prinzipiell ungewiss sind und somit auch die möglichen Ergebnisse eines Termingeschäfts risikobehaftet sind.

In den vorangegangenen Abschnitten wurde *(z.B. anhand der graphisch dargestellten Gewinnprofile)* deutlich, dass insbesondere die Höhe der jeweiligen Optionsprämie p_C bzw. p_P *(Preis eines Call, Preis eines Put)* wesentlich zum Erfolg oder Misserfolg einer *(letztlich risikobehafteten)* Options-Strategie beiträgt.

Es stellt sich somit die Frage, welcher **angemessene Preis** ***(Fair Value)*** denn für eine **Option** zu zahlen bzw. zu fordern ist, damit beide Parteien *(d.h. der Long-Position-Inhaber und der Short-Position-Inhaber)* sich in einem **fairen** Geschäft befinden und das Gefühl *(besser noch: die Gewissheit)* haben, dass alle wesentlichen Preisbestandteile *(wie etwa alternative Festzinsanlage-Möglichkeiten einschließlich der Zinshöhe, erwartete Kursschwankungen („Volatilität") der zugrunde liegenden Aktie, der Basiskurs, der aktuelle Kurs, die Restlaufzeit)* hinreichend korrekt im Optionspreis berücksichtigt wurden.

Wir können weiterhin davon ausgehen, dass es einen solchen theoretisch fairen Optionspreis geben muss, denn: Wenn Optionen zu unkorrekten *(„unfairen")* Preis gehandelt werden, sind sofort Arbitrageure zur Stelle, um durch risikolose Gewinnrealisierungen *(„free lunch")* dafür zu sorgen, dass sich das Preisgefälle *(d.h. Unterschied zwischen „Wert" und „Preis" einer Option)* in Richtung des „fairen" Options-Preises ausgleicht *(dazu kauft man bekanntlich das Gut am unterbewertenden Markt und veräußert am überbewertenden Markt – Ergebnis: Am (billigen) Kaufmarkt steigt der Preis wegen erhöhter Nachfrage, am (teuren) Verkaufsmarkt sinkt der Preis wegen erhöhten Angebots, Billiges wird somit teurer, Teures wird billiger, die Preise bewegen sich hin zu einem einheitlichen Gleichgewichtswert, dem „fairen" Preis).*

---

[26] siehe etwa [StB] 511ff oder [Usz] 159ff

Es zeigt sich nun, dass die in der Literatur[27] beschriebenen und auch in der Praxis angewendeten **Options-Bewertungsmodelle** ein umfangreiches und nicht immer einfach zu verstehendes mathematisches Instrumentarium zu ihrer Herleitung erfordern, jedenfalls weit mehr, als im Rahmen dieser Einführung darstellbar ist. Wir wollen daher im folgenden lediglich exemplarisch vorgehen und versuchen, einige Gedanken und Ergebnisse, die zur Ermittlung des Optionspreises wichtig sind, ansatzweise plausibel zu machen.

Als **Beispiel** betrachten wir die Ermittlung der Optionsprämie p_C *(Call-Preis)* für einen **europäischen**[28] **Call** *(Basispreis X, Restlaufzeit T bis zum Ausübungstermin)* auf eine *(während der Laufzeit „dividendengeschützte", d.h. dividendenlose)*[29] Aktie zu verschiedenen Zeitpunkten vor und bis hin zum Tag der Ausübung. Mit S werde der jeweils aktuelle Aktienkurs bezeichnet, der risikofreie Marktzinssatz für Aufnahme/Anlage von *(kurzfristigem)* Kapital sei r *(>0)*. Von Transaktionskosten werde wiederum abgesehen, um die Grundidee der Optionspreisermittlung nicht zu verschleiern.

Bezeichnungen:	p_C:	Optionsprämie für den Call, Callpreis, fällig bei Kontraktabschluss
	X:	Basispreis, Ausübungspreis *(exercise price)* am Tag der Fälligkeit
	S:	Kurs *(Preis)* der zugrundeliegenden Aktie *(stock price)*
(8.8.1)	T:	Restlaufzeit der Option *(vom Kontraktabschluss bis zur Ausübung)*
	r:	risikoloser Marktzinssatz für *(kurzfristiges)* Kapital, $r > 0$
	σ:	Volatilität, Schwankungsbreite, „Flatterhaftigkeit" der zugrundeliegenden Aktie

Der Preis p_C für einen Call besteht nun im Grundsatz aus **zwei** additiven **Komponenten:**

i) dem sog. **inneren Wert** des Call, der im wesentlichen ausdrückt, um wieviel der aktuelle Aktienkurs S im betrachteten Zeitpunkt **über** dem *(abgezinsten)* Basispreis X liegt *(liegt er darunter, ist der innere Wert Null, da – wenn es so bleibt – keine Ausübung stattfinden wird)*.

ii) dem sog. **Zeitwert** des Call, der dem Stillhalter als Gegenleistung für die **Risiken** dient, die er mit dieser Option eingeht – der Kurs könnte im **Zeit**ablauf steigen und er könnte Verluste machen, ohne dass ihm – bei gegenläufiger Kursentwicklung – entsprechende Gewinne zufließen.

Umgekehrt: Der Call-Käufer muss eine Gegenleistung entrichten für seine **Chance**, bei günstiger Kursentwicklung die Option mit Gewinn ausüben zu können. Ebenso muss er einen Beitrag zahlen für die mit der Option grundsätzlich verbundene **Versicherung**, bei im **Zeit**ablauf *ungünstiger* Kursentwicklung aus dem Geschäft aussteigen zu können – durch ersatzlosen Verfall der Option.

Sehen wir uns die beiden Preisbestandteile etwas genauer an:

Den **inneren Wert** kann man sich wie folgt entstanden denken:

Der Stillhalter *(Verkäufer des Call)* muss schon heute – bei Kontraktabschluss – dafür Sorge tragen, die zugrundeliegende Aktie am Fälligkeitstag liefern zu können. Um sicher zu gehen, muss er *(zumindest theoretisch)* schon heute die Aktie in sein Depot nehmen, dafür muss er den derzeit gültigen Kassa-Kurs S zahlen. Die Gegenleistung – den Basispreis X – erhält er jedoch erst am Fälligkeitstag der Option. Um diese Gegenleistung schon heute bewerten zu können, muss sie abgezinst werden. Bei einer Restlaufzeit T und dem Periodenzinssatz r ergibt sich so – mit Hilfe der in diesem Zusammenhang meist verwendeten **stetigen Zinsformel**, siehe (2.3.47) – die abgezinste Gegenleistung zu $X \cdot e^{-rT}$ *(zur Anwendung der stetigen Zinsformel siehe auch Bemerkung 8.8.8)*. Somit realisiert er bei Kontraktabschluss *(sofern $S > X \cdot e^{-rT}$)* rechnerisch einen „Verlust" in Höhe von $S - X \cdot e^{-rT}$ *(= **innerer Wert**)*, den er als Bestandteil der Optionsprämie dem Call-Käufer in Rechnung stellt.

---

[27] siehe etwa [Gün], [Hul2] 237ff, [Pri] 223ff, [Nef] 296ff

[28] Europäische Optionen können nur am Fälligkeitstag ausgeübt werden, amerikanische Optionen jederzeit, siehe Bem. 8.1.1. Die zunächst entwickelten Bewertungsmodelle für europäische Optionen konnten zwischenzeitlich so modifiziert werden, dass auch die Bewertung der – an der EUREX vorzugsweise gehandelten – amerikanischen Optionen möglich ist.

[29] Wird auf die zugrunde liegende Aktie während der Restlaufzeit der Option eine Dividende gezahlt, sinkt der Aktienkurs entsprechend. Auch die Einbeziehung dieses „externen" Effektes wurde inzwischen durch die Weiterentwicklung der Optionspreismodelle ermöglicht.

Bemerkung: *Auch aus der Sicht des Options**käufers** ergibt sich eine analoge Bewertung: Der Käufer des Call muss – um sicher zu gehen – schon heute für diejenigen liquiden Mittel sorgen, die ihn später in die Lage versetzen, bei Fälligkeit der Option den Call zum Basispreis X ausüben zu können. Also muss er heute den Barwert von X, nämlich* $X \cdot e^{-rT}$*, für die Restlaufzeit anlegen, muss also eine Auszahlung in dieser Höhe leisten. Andererseits „spart" er heute einen Betrag in Höhe von S ein, den er leisten müsste, wenn er die Aktie sofort ins Portefeuille nehmen würde – Gesamtwert des Kontraktes für ihn also (falls* $S > X \cdot e^{-rT}$*) ebenfalls* $S - X \cdot e^{-rT}$*.*

Somit gilt *(falls* $S > X \cdot e^{-rT}$*)* für den **inneren Wert** eines **Call**:

Innerer Wert eines Call = Aktienkurs minus Barwert des Basispreises = $S - X \cdot e^{-rT}$.

Da andererseits *(d.h. falls* $S \le X \cdot e^{-rT}$*)* eine Ausübung nachteilig ist und daher unterbleibt, beträgt in diesem Fall der innere Wert Null, so dass wir zusammenfassend *(siehe (8.8.2) sowie Abb. 8.8.3)* erhalten:

(8.8.2) $$\text{Innerer Wert eines Call} = \begin{cases} 0 & \text{falls } S \le X \cdot e^{-rT} \\ S - X \cdot e^{-rT} & \text{falls } S > X \cdot e^{-rT} \end{cases} = \max\{0\ ;\ S - X \cdot e^{-rT}\}$$

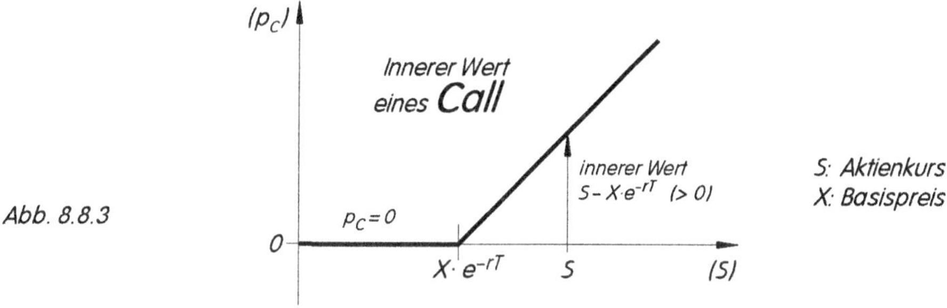

Abb. 8.8.3

Bemerkung 8.8.4: *Für den **inneren Wert** eines **Put** gilt (mit umgekehrten Vorzeichen und falls* $S < X \cdot e^{-rT}$*) analoges: Der Stillhalter des Put muss bei Kontraktabschluss einen Geldbetrag in Höhe des Barwertes von X bereithalten und anlegen, um später dann damit – bei Ausübung – die angediente Aktie bezahlen zu können, d.h. er erhält heute rechnerisch S und gibt dafür* $X \cdot e^{-rT}$ *hin):*

Innerer Wert eines Put = Barwert des Basispreises minus Aktienkurs $S = X \cdot e^{-rT} - S$.

Liegt der Aktienkurs dagegen oberhalb von $X \cdot e^{-rT}$*, wird – wenn es so bleibt – der Put nicht ausgeübt, sein (innerer) Wert ist somit Null.*

Zusammenfassend (siehe 8.8.5 und Abb. 8.8.6) erhalten wir:

(8.8.5) $$\text{Innerer Wert eines Put} = \begin{cases} X \cdot e^{-rT} - S & \text{falls } S < X \cdot e^{-rT} \\ 0 & \text{falls } S \ge X \cdot e^{-rT} \end{cases} = \max\{X \cdot e^{-rT} - S\ ;\ 0\}$$

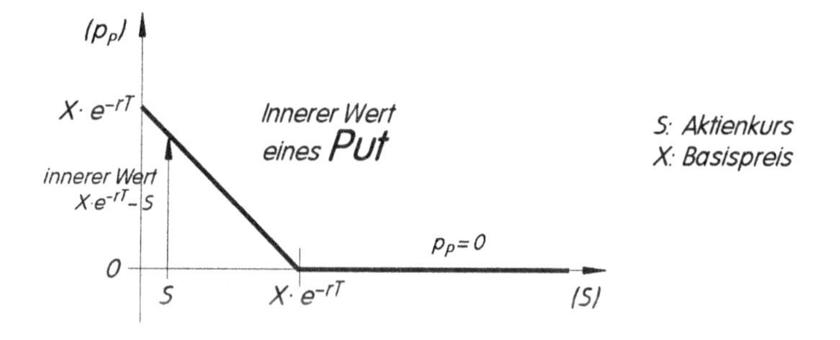

Abb. 8.8.6

Beispiel 8.8.7:

Eine Aktie notiere heute zu 200 *(= S)*. Ein Call auf diese Aktie wird abgeschlossen mit einer Laufzeit von 9 Monaten *(T = 0,75 Jahre)*, Basispreis 190 *(= X)*. Der risikolose Geldmarktzins betrage 6% p.a.

Abgezinster Wert des Basispreises, falls mit der stetigen Zinsformel (2.3.47) gerechnet wird:

(*) $X_0 = 190 \cdot e^{0,06 \cdot -0,75} = 190 \cdot 0,955997482 = 181,64$

$\Rightarrow$ Innerer Wert des Call: $200 - 181,64 =$ **18,36**

Auch die übliche Abzinsungs-Formel *(siehe 2.3.15)* ist anwendbar: $K_0 = K_n \cdot q^{-n} = K_n \cdot (1+i)^{-n}$
d.h. abgezinster Basiswert, falls mit der diskreten Zinseszinsformel (2.3.15) gerechnet wird:

(**) $X_0^* = 190 \cdot 1,06^{-0,75} = 190 \cdot 0,957239478 = 181,88$

d.h. innerer Wert des Call: $200 - 181,88 =$ **18,12**

Beide Abzinsungsformeln (*) und (**) führen immer dann zum gleichen Barwert, wenn die Zinssätze *(gemäß (2.3.51))* zuvor äquivalent umgeformt wurden:

(***) $q := 1+i = e^r$ bzw. $r = \ln(1+i)$ *(r: stetiger Zinssatz, i: diskreter Zinssatz)*,

im Beispiel *(r = 6% p.a (stetig), i = 6,1836547% p.a. = $e^{0,06} - 1$ (diskret))*:

$1+i = e^{0,06} = 1,061836547$, d.h. (*) $X_0 = 190 \cdot e^{0,06 \cdot -0,75} = 190 \cdot 0,955997482$

oder: (**) $X_0 = 190 \cdot 1,061836547^{-0,75} = 190 \cdot 0,955997482 =$ (*)

Bemerkung 8.8.8:

Falls nicht ausdrücklich anders vereinbart, werden wir in diesem Kapitel für Auf-/Abzinsungsvorgänge die (besonders einfach gebaute) stetige Zinsformel (2.3.47) verwenden. Der verwendete Jahreszinssatz r ist dann als stetiger Jahreszinssatz aufzufassen.

Wird der Jahreszinssatz als diskreter Zinssatz i vorgegeben, so muss er vor dem Ab-/Aufzinsen zunächst in r (= ln (1+i)) umgerechnet werden, ehe die stetige Zinsformel $K_T = K_0 \cdot e^{rT}$ (Aufzinsung von K_0) bzw. $K_0 = K_T \cdot e^{-rT}$ (Abzinsung von K_T) angewendet werden kann (siehe letztes Beispiel).

Wie schon oben bemerkt, ist der – zusätzlich zum inneren Wert anzusetzende – **Zeitwert** der Option die Gegenleistung des Käufers für seine **Chance**, dass die zugrunde liegende Aktie eine für ihn **positive Veränderung im Zeitablauf** bis zur Fälligkeit durchmacht *(incl. der „Versicherungsprämie" für den Fall ungünstiger Kursentwicklung)*.

Betrachten wir zunächst den Wert des Call **am Tag der Ausübung**: Da jetzt alle relevanten Daten bekannt sind und die Zukunft *(T = 0!)* keine Rolle mehr spielen kann, muss sich ein Zeitwert von Null ergeben, m.a.W. der Gesamtwert p_C des Call besteht am Fälligkeitstag ausschließlich aus seinem inneren Wert *(nach (8.8.2) ergibt sich: $p_C = \max\{0; S-X\}$, da T = 0)*, siehe Abb. 8.8.9:

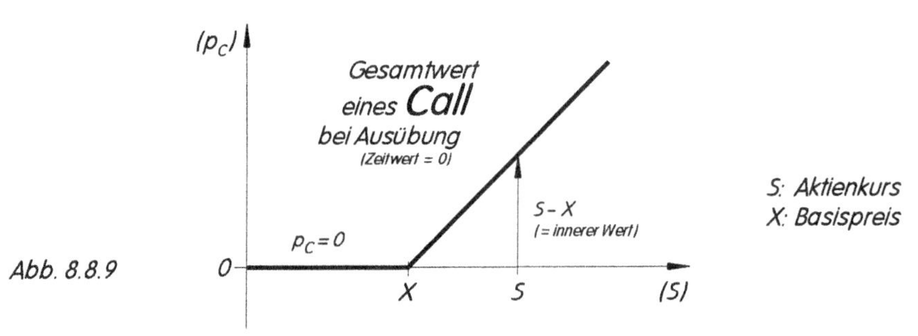

Abb. 8.8.9

Befinden wir uns dagegen **vor** dem **Verfalltag** *(T>0)*, so hat der Call neben dem inneren Wert noch zusätzlich einen *(nicht-negativen)* Zeitwert *(≙ Chance, Versicherungsprämie)*.

Die wahren Werte von p_C müssen somit *(bezogen auf den inneren Wert in Abb. 8.8.3)* oberhalb des Kurvenzuges für den inneren Wert liegen, also ***z.B.*** so, wie in der folgenden Graphik angedeutet *(siehe Abb. 8.8.10, dort p_C als Funktion $p_C(S)$ des aktuellen Aktienkurses S dargestellt (c.p.))*:

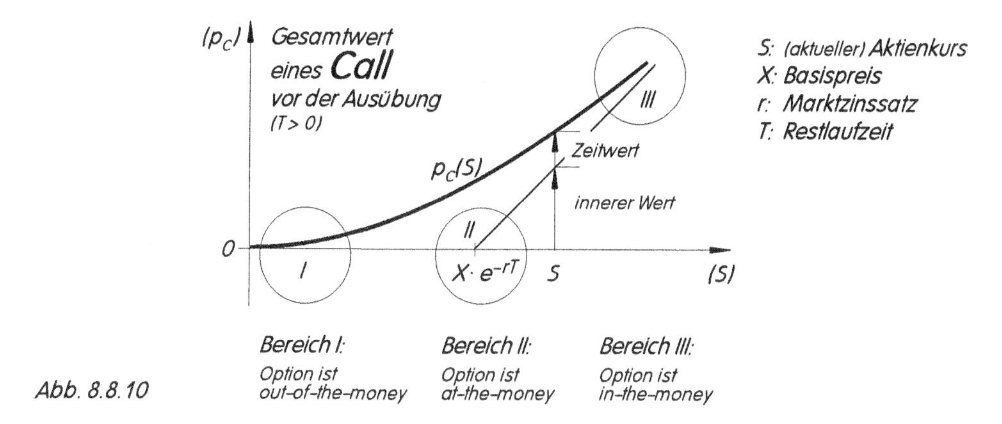

Abb. 8.8.10

Dass die Callwert-Kurve in Abb. 8.8.10 nicht völlig aus der Luft gegriffen ist, zeigen z.B. die folgenden Überlegungen für die drei markierten Bereichen I, II, III:

- Ist der Call *(deep)* out-of-the-money *(Bereich I)*, so ist – wie bereits oben *(Abb. 8.8.3)* gesehen – der innere Wert Null, die Callprämie p_C besteht somit ausschließlich aus ihrem Zeitwert. In diesem Bereich ist der Aktienkurs S so niedrig, dass in der Restlaufzeit T kaum noch mit ausreichender Kurserholung gerechnet werden kann, eine *(für den Call-Inhaber gewinnbringende)* Ausübung somit kaum stattfinden dürfte und somit der Wert eines solchen Call praktisch Null wird – siehe Kurvenverlauf in Abb. 8.8.10.
- Ist der Call hingegen *(deep)* in-the-money *(Bereich III)*, so ist der Aktienkurs S so hoch, dass schon vorher so gut wie sicher ist, dass die Option bei Fälligkeit ausgeübt wird – ein Zeitwert ist sozusagen überflüssig, die Optionsprämie besteht im wesentlichen nur noch aus dem inneren Wert – siehe Kurvenverlauf in Abb. 8.8.10.
- Im at-the-money-Bereich *(II)* ist zwar der innere Wert des Call nahe bei Null *(oder Null)*, dafür aber ist sein Zeitwert besonders hoch, da bereits geringe Kursänderungen in der verbleibenden Restlaufzeit genügen, um den Call ins Geld zu bringen und mit Gewinn ausüben zu können.

Bemerkung 8.8.11:

Man zeigt mit Hilfe von Arbitrageüberlegungen leicht, dass unser Callpreis p_C folgenden Unter- und Obergrenzen genügen muss, siehe auch z.B. [Gün] 12ff oder [Hull] 292ff:

- *Untergrenze:* $p_C \geq \max\{0 ; S - X \cdot e^{-rT}\}$ *(d.h. Untergrenze ist der innere Wert, Abb. 8.8.3)*
- *Obergrenze:* $p_C \leq S$ *(d.h. eine Kauf-Option auf eine Aktie kann niemals mehr wert sein als die Aktie selbst – klar, denn andernfalls kaufe ich die Aktie (kostet S) und verkaufe die Option (bringt $p_C > S$) $\Rightarrow$ „free lunch"!)*

Stellt man diese Grenzen graphisch dar, erhält man einen „Korridor" (Abb. 8.8.12), innerhalb dessen die Callpreise $p_C(S)$ angesiedelt sein müssen (möglicherweise so wie in Abb. 8.8.10):

(pC)
S
Werte-Korridor
für den Call-Wert pC
S-X · e^-rT
X · e^-rT
0
(S)

Abb. 8.8.12

Bemerkung 8.8.11: ***(Wirkungen der Einflussgrößen auf den Optionswert)***

Aus den letzten Überlegungen wurde erneut deutlich, dass der Wert p_C einer Kaufoption (Call) auf eine Aktie – außer vom Aktienkurs S – noch von weiteren (auch schon in (8.8.1) aufgelisteten) Größen, etwa r, T, X abhängt.

*Insgesamt gibt es für den dividendengeschützten europäischen Call fünf wesentliche **Einflussgrößen**, die sich auf die entsprechende **Optionsprämie** p_C auswirken:*

1) *der bei Kontraktabschluss aktuelle **Kurs** S der zugrunde liegenden Aktie;*
2) *der **Basispreis** X, zu dem am Tag der Ausübung die zugrunde liegende Aktie vom Call-Inhaber gekauft werden kann;*
3) *der risikofreie kurzfristige **Marktzinssatz** r (in % p.a. bei stetiger Verzinsung);*
4) *die **Restlaufzeit** T (in Jahren bzw. Jahresbruchteilen) vom Zeitpunkt des Kontraktabschlusses bis zum Fälligkeitstermin der Option;*
5) *das Ausmaß möglicher Kursschwankungen der Underlying-Aktie, die **Volatilität** σ – gemessen als Standardabweichung σ der zukünftigen Kursveränderung oder Aktienrendite, bezogen auf ein Jahr.*

Wir wollen – in aller Kürze, ausführliche Analysen siehe z.B. [Hull] 286ff, [StB] 336ff – den Einfluss dieser fünf Faktoren auf die Richtung der Optionsprämie p_C des Call (sowie p_P des Put) betrachten. Dazu überlegen wir, wie die Optionspreise reagieren werden, wenn wir – c.p. – die einzelnen Einflussgrößen getrennt verstärken, d.h. im zahlenmäßigen Niveau anheben:

zu 1) Je höher c.p. der aktuelle Aktienkurs S ausfällt, desto wahrscheinlicher wird die Call-Ausübung, desto wertvoller also der Call, m.a.W. eine Erhöhung des aktuellen Aktienkurses bewirkt eine Erhöhung des Call-Preises (und – mit analoger Argumentation – eine Absenkung der Put-Prämie p_P), siehe etwa auch Abb. 8.8.10.

zu 2) Je höher c.p. der Basispreis X des Call, desto weniger wahrscheinlich wird es, dass der Aktienkurs S am Tag der Ausübung größer als X ausfällt, d.h. desto wahrscheinlicher verfällt später die Option. Eine Anhebung des Basispreises bewirkt somit ein Absinken des Call-Preises p_C (und umgekehrt eine Erhöhung der Put-Prämie, da der Put desto eher zur Ausübung kommt, je weiter sich der Basispreis „rechts" vom Kurs S befindet).

zu 3) Eine Erhöhung des Marktzinses r bewirkt, dass der abgezinste Wert $X \cdot e^{-rT}$ des Basiswertes sinkt und sich daher c.p. der innere Wert und somit auch der Gesamtwert p_C des Call erhöht (beim Put dominiert der entgegengesetzte Effekt, d.h. eine Zinserhöhung verringert die Put-Prämie, allerdings etwas weniger stark als beim Call, da der Put-Stillhalter eine höhere Verzinsung der angelegten Optionsprämie realisieren kann).

zu 4) Je größer c.p. die Restlaufzeit T einer (dividendengeschützten) Option, desto größer ist auch die Chance der zugrunde liegenden Aktie, in für den Inhaber der Option vorteilhafte Bereiche vorzustoßen (beim Call: zu steigen, beim Put: zu fallen). Daher: Eine höhere Restlaufzeit bewirkt c.p. ein Ansteigen sowohl des Call-Preises als auch des Put-Preises.

zu 5) Je größer c.p. die Volatilität σ der zugrunde liegenden Aktie, desto wahrscheinlicher eine (vorteilhafte) Bewegung der Aktie, m.a.W. eine erhöhte Volatilität bedeutet sowohl einen erhöhten Call-Preis als auch einen erhöhten Putpreis.

Eine Zunahme ...	hat folgende Wirkungen ... (↑ ≙ Zunahme, ↓ ≙ Abnahme) Call-Preis p_C	Put-Preis p_P
... des Aktienkurses S	↑	↓
... des Basispreises X	↓	↑
... des Marktzinsniveaus r	↑	↓
... der Restlaufzeit T	↑	↑
... der Volatilität σ	↑	↑

Abb. 8.8.14 Zusammenfassung

Der wichtigste – und am schwierigsten einschätzbare – Einflussfaktor für den Zeitwert *(und damit für den Preis)* einer Option ist die **Volatilität** der zugrunde liegenden Aktie. Verschiedene **Options-Bewertungs-Modelle**[30] versuchen – auf unterschiedliche Thesen gestützt und unter Anwendung stochastischer Methoden – zukünftige Chancen und Risiken zutreffend einzuschätzen, um so einen fairen Optionspreis generieren zu können.

Eines der bedeutsamsten und derzeit in der Praxis besonders häufig angewendeten Verfahren ist das **Optionspreis-Modell** von **Black & Scholes**[31] *(„B&S-Modell")*. Dieses Modell wurde zunächst für die Bewertung eines – auch hier als Beispiel gewählten – dividendengeschützten europäischen Call aufgestellt und seither auf fast alle übrigen Optionstypen weiterentwickelt.

Wir wollen nachfolgend – ohne auf mathematische Details eingehen zu können – einige Ideen und Ergebnisse des B&S-Modells darstellen.

Ein entscheidendes Moment der B&S-Modell-Bildung besteht in der *(bereits auch schon früher vertretenen)* Annahme, dass es sich bei der Aktienkurs-Entwicklung um einen *kontinuierlichen Zufallsprozess* handelt, der dem einer geometrischen *Brown'schen Bewegung*[32] entspricht. Da die Mathematik derartiger Prozesse schon zuvor entwickelt worden war *(Wiener, Itô)* bzw. aus der Physik bekannt war *(Differentialgleichung der Wärmeleitung)*, gelang es Black und Scholes zu zeigen, dass der theoretisch faire Call-Preis unter den gegebenen Voraussetzungen im wesentlichen aus dem Term $S - X \cdot e^{-rT}$ *(innerer Wert des Call, siehe (8.8.2))* herzuleiten ist, wobei „nur" noch jeder der beiden Teilterme S und $X \cdot e^{-rT}$ mit einem Gewichtungsfaktor g_1 bzw. g_2 zu multiplizieren ist:

(8.8.15) $$p_C = S \cdot g_1 - X \cdot e^{-rT} \cdot g_2 \; .$$

Diese *(weiter unter genauer definierten)* Gewichtungsfaktoren g_1, g_2 berücksichtigen die noch fehlende statistische Schwankungskomponente – die **Volatilität** σ der Aktienkursrenditen[33] – im Rahmen des statistischen Modells der Brown'schen Bewegung. Sie benötigen zu ihrer Darstellung Werte der **Standard-Normalverteilung**:

Bezeichnet man mit N(d)[34] den Wert der *(kumulierten)* Verteilungsfunktion der Standard-Normalverteilung, so lässt sich N(d) darstellen als **Flächeninhalt** unter der normierten „Gauß schen Standard-Glockenkurve" f: f(z) *(Dichtefunktion f der Standard-Normalverteilung)* zwischen $-\infty$ und d, siehe Abb. 8.8.16.

Die korrekte mathematische Darstellung von N(d) erfolgt mit Hilfe des uneigentlichen Integrals

$$N(d) = \int_{-\infty}^{d} f(z)\, dz \; .$$

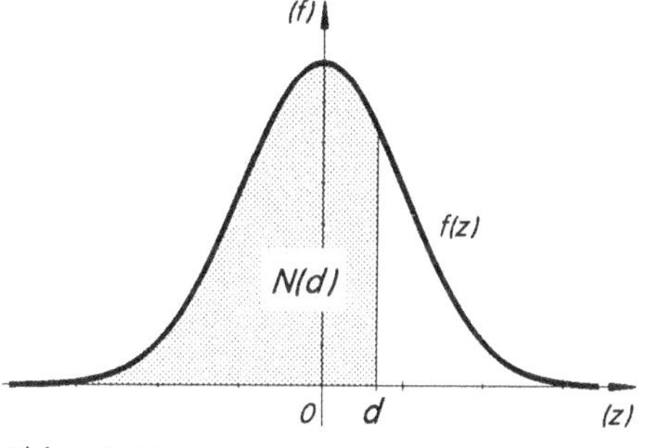

Abb. 8.8.16
Dichtefunktion f der Standard-Normalverteilung

---

30 siehe z.B. [Per] 322ff – z.B. die Modelle von Cox & Ross oder Black & Scholes

31 Black, F. und M. Scholes: The Pricing of Options and Corporate Liabilities, Journal of Political Economy 81, 637-659, 1973. Merton, R.C.: Theory of Rational Option Pricing, Bell Journal of Economics and Management Science 4, 141-183, 1973. Für Ihre Arbeiten auf dem Gebiet der Optionspreisbewertung erhielten Scholes und Merton im Jahr 1977 den Nobelpreis für Wirtschaft *(F. Black (+1995) lebte zu dieser Zeit nicht mehr)*.

32 Brownsche Molekularbewegung: regellose Zitterwegung von Gas-Molekülen, „sichtbare" Wärmebewegung

33 Wenn S_0 der Kurs im Zeitpunkt t_0 und S_1 der Kurs nach einer Zeiteinheit ist, so ergibt sich die Aktienkurs-Rendite R – bezogen auf eine Zeiteinheit – aus der Gleichung $S_1 = S_0 \cdot e^R$ zu: $R = \ln(S_1/S_0)$. Aus der Theorie der Brown'schen Molekularbewegung kann abgeleitet werden, dass diese Renditen normalverteilt sind – wir haben es also mit einer Log-Normalverteilung der Aktienkurs-Quotienten zu tun.

34 gelegentlich auch auch mit F(d) oder Φ(d) bezeichnet und „kumulierte Verteilung" genannt, siehe [Wei] 165f.

N(d) gibt die Wahrscheinlichkeit W dafür an, dass der Wert z der Zufallsvariablen Z kleiner oder gleich d ausfällt:

$$N(d) = W(z \leq d).$$

Einige Werte von N(d) sind in Tab. 8.8.19 angegeben.

Wir sind jetzt in der Lage, die **Black-Scholes-Formel** für den *(theoretisch)* **fairen Wert** p_C eines dividendengeschützten europäischen **Call** zu formulieren. Gleichung (8.8.15) ist dabei wie folgt zu modifizieren:

(8.8.17)

$$\boxed{p_C = S \cdot N(d_1) - X \cdot e^{-rt} \cdot N(d_2)}$$

mit $d_1 = \dfrac{\ln(S/X) + (r + 0{,}5\sigma^2) \cdot T}{\sigma\sqrt{T}}$; $d_2 = \dfrac{\ln(S/X) + (r - 0{,}5\sigma^2) \cdot T}{\sigma\sqrt{T}}$ $(= d_1 - \sigma\sqrt{T})$

wobei die beteiligten Variablen folgende Bedeutung haben:

- p_C: Optionsprämie für den Call, Callpreis, fällig bei Kontraktabschluss
- S: Kurs *(Preis)* der zugrundeliegenden Aktie *(stock price)*
- X: Basispreis, Ausübungspreis *(exercise price)* am Tag der Fälligkeit
- r: risikoloser Marktzinssatz für *(kurzfristiges)* Kapital, $r \geq 0$, p.a. *(stetig)*
- T: Restlaufzeit der Option *(vom Kontraktabschluss bis zur Ausübung)*, in Jahren *(1 Jahr = 365 Tage)*
- σ: erwartete Volatilität der zugrundeliegenden Aktienrenditen, in % p.a.
- $N(d_1)$, $N(d_2)$: Werte der *(kumulierten)* Standard-Normal-Verteilungsfunktion, siehe Tab. 8.8.19

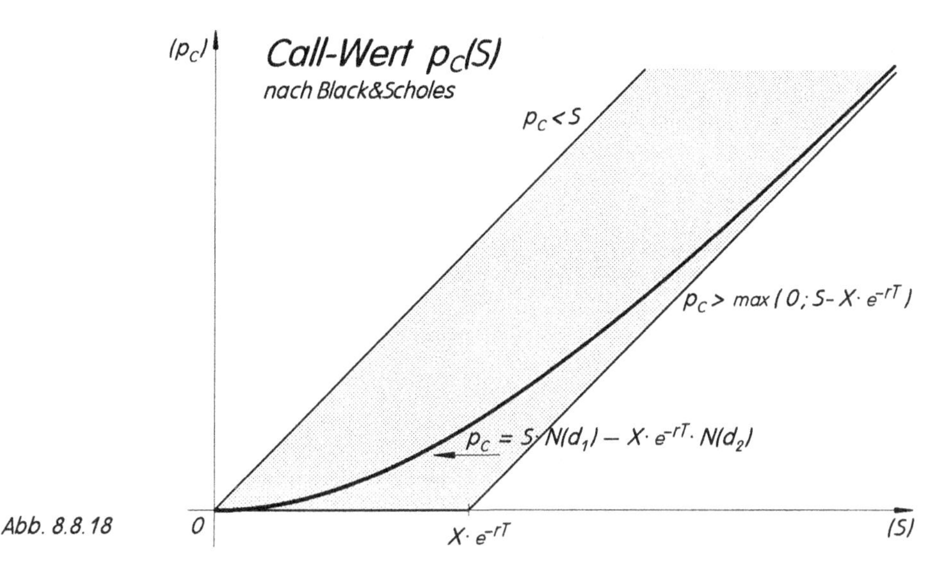

Abb. 8.8.18

Der durch die Black-Scholes-Formel implizierte Werteverlauf

$$p_C = p_C(S)$$

entspricht genau dem schon in Abb. 8.8.10 vermuteten Verlauf, siehe oben stehende Abb. 8.8.18.

Tab. 8.8.19: Auszug aus der Verteilungsfunktions-Tabelle N(d) der Standard-Normalverteilung:

d	0	1	2	3	4	5	6	7	8	9
...	...	...	...	...	...	...	...	...	...	...
-3,8	0,0001	0,0001	0,0001	0,0001	0,0001	0,0001	0,0001	0,0001	0,0001	0,0001
-3,7	0,0001	0,0001	0,0001	0,0001	0,0001	0,0001	0,0001	0,0001	0,0001	0,0001
-3,6	0,0002	0,0002	0,0001	0,0001	0,0001	0,0001	0,0001	0,0001	0,0001	0,0001
-3,5	0,0002	0,0002	0,0002	0,0002	0,0002	0,0002	0,0002	0,0002	0,0002	0,0002
-1,3	0,0968	0,0951	0,0934	0,0918	0,0901	0,0885	0,0869	0,0853	0,0838	0,0823
-1,2	0,1151	0,1131	0,1112	0,1093	0,1075	0,1056	0,1038	0,1020	0,1003	0,0985
-0,4	0,3446	0,3409	0,3372	0,3336	0,3300	0,3264	0,3228	0,3192	0,3156	0,3121
-0,0	0,5000	0,4960	0,4920	0,4880	0,4840	0,4801	0,4761	0,4721	0,4681	0,4641
0,0	0,5000	0,5040	0,5080	0,5120	0,5160	0,5199	0,5239	0,5279	0,5319	0,5359
0,1	0,5398	0,5438	0,5478	0,5517	0,5557	0,5596	0,5636	0,5675	0,5714	0,5753
0,2	0,5793	0,5832	0,5871	0,5910	0,5948	0,5987	0,6026	0,6064	0,6103	0,6141

Beispiel 8.8.20: *(Ermittlung des Fair Value eines dividendenlosen europäischen Call nach Black&Scholes)*

Berechnet werden soll der *(theoretisch faire)* Callpreis bei folgenden Daten *(bei Kontraktabschluss):*

Aktueller Aktienkurs:	S = 157 €	Restlaufzeit	T = 9 Monate
Basispreis:	X= 160 €	des Call:	*(= 0,75 Jahre)*
Marktzinssatz:	r = 5% p.a. *(stetig)*	Volatilität:	σ = 20% p.a. *(erwartet)*

Durch Einsetzen ergibt sich aus (8.8.17):

$$d_1 = \frac{\ln(S/X) + (r + 0{,}5\sigma^2) \cdot T}{\sigma\sqrt{T}} = \frac{\ln(157/160) + (0{,}05 + 0{,}5 \cdot 0{,}2^2) \cdot 0{,}75}{0{,}2\sqrt{0{,}75}} = 0{,}193828$$

$$d_2 = d_1 - \sigma\sqrt{T} = 0{,}193828 - 0{,}2\sqrt{0{,}75} = 0{,}020623$$

$\Rightarrow$ $N(d_1) = N(0{,}193828) = 0{,}5768$ *(lineare Interpolation mit den Daten aus Tab. 8.8.19)*

$N(d_2) = N(0{,}020623) = 0{,}5082$ " " " "

$\Rightarrow$ $p_C = 157 \cdot 0{,}5768 - 160 \cdot e^{-0{,}05 \cdot 0{,}75} \cdot 0{,}5082 = 12{,}2383 \approx$ **12,24 €** = Call-Optionsprämie.

Bemerkung 8.8.21:

*Die Black-Scholes-Formel (8.8.17) für den fairen Wert der Optionsprämie eines europäischen Call genügt den bekannten Eigenschaften (siehe Bem. 8.8.13) des Call-Preises, wie man sich anhand einiger **Eckwerte** in (8.8.17) überlegt:*

i) Wenn sichere zukünftige Daten vorausgesetzt werden, wird die Volatilität σ definitionsgemäß Null. Betrachten wir dazu einmal den Callwert (8.8.17) für den Fall $S > X \cdot e^{-rT}$:

Wegen $\lim\limits_{\sigma \to 0} d_1 = \lim\limits_{\sigma \to 0} d_2 = \infty$ *gilt:* $N(d_1) = N(d_2) = 1$,

(denn der Gesamt-Flächeninhalt unterhalb der Dichtefunktion Abb. 8.8.16 der Standard-Normalverteilung ist Eins), d.h. es gilt nach (8.8.17) für die Call-Prämie:

$$\lim_{\sigma \to 0} p_C = S \cdot 1 - X \cdot e^{-rT} \cdot 1 = S - X \cdot e^{-rT},$$

entspricht also – wie erwartet – genau dem inneren Wert für den Fall $S > X \cdot e^{-rT}$.

Falls $S < X \cdot e^{-rT}$, so folgt $\lim\limits_{\sigma \to 0} d_1 = \lim\limits_{\sigma \to 0} d_2 = -\infty$ *und daher:* $N(d_1) = N(d_2) = 0$.

Dies liefert in (8.8.17): $\lim\limits_{\sigma \to 0} p_C = S \cdot 0 - X \cdot e^{-rT} \cdot 0 = 0,$

d.h. – wie zu erwarten – erneut den inneren Wert, diesmal für den Fall $S < X \cdot e^{-rT}$.

ii) Wenn der Aktienkurs S sehr groß wird (im theoretischen Grenzfall: $S \rightarrow \infty$), so ist die Ausübung des Call sicher, d.h. die Option entspricht einem gewöhnlichen Terminkauf zum (Basis-)Preis X, heutiger abgezinster Kaufpreis $X \cdot e^{-rT}$, der Wert des Call beträgt dann also $S - X \cdot e^{-rT}$.

Lassen wir nun in der Black-Scholes-Formel (8.8.17) S sehr groß werden, so folgt:

$$\lim_{S \to \infty} d_1 = \lim_{S \to \infty} d_2 = \infty \qquad \text{und daraus:} \qquad N(d_1) = N(d_2) = 1,$$

so dass wir – wie bei i) – erhalten: $\lim_{S \to \infty} p_C = S \cdot 1 - X \cdot e^{-rT} \cdot 1 = S - X \cdot e^{-rT}$ *(= innerer Wert).*

iii) Wenn die Aktie wertlos wird, d.h. $S \rightarrow 0$, so müßte auch der Call wertlos werden.

Aus (8.8.17) folgt für $S \rightarrow 0$ (wegen $\lim_{S \to 0} \ln S = -\infty$): $\lim_{S \to 0} d_1 = \lim_{S \to 0} d_2 = -\infty$

d.h. $N(d_1) = N(d_2) = 0$ und somit (wie erwartet) $p_C = 0$.

Wenn der Preis p_C des dividendengeschützten europäischen Call bekannt ist, lässt sich der **Optionspreis** p_P eines entsprechenden **Put** leicht berechnen. Es gilt nämlich für europäische Optionen eine bemerkenswerte Beziehung zwischen den sechs Variablen p_C, p_P, S, X, r, T, die sog. **Put-Call-Parität**:

(8.8.22) $$\boxed{p_P + S = p_C + X \cdot e^{-rT}}$$ *(Put-Call-Parity, Bedeutung der Variablen wie in (8.8.17)),*

d.h. wenn der Zahlenwert p_C des Call erst einmal ermittelt ist *(siehe etwa Beispiel 8.8.20)*, lässt sich p_P leicht aus (8.8.22) ermitteln, da alle übrigen Variablen bekannte Werte haben:

Beispiel 8.8.23 *(Fortsetzung von Beispiel 8.8.20)*

Mit den Ausgangsdaten	Aktueller Aktienkurs:	S = 157 €
	Basispreis:	X = 160 €
	Marktzinssatz:	r = 5% p.a. *(stetig)*
	Restlaufzeit des Call:	T = 9 Monate *(= 0,75 Jahre)*
	Volatilität:	σ = 20% p.a. *(erwartet)*

hatte sich folgende Call-Optionsprämie ergeben: $p_C = 12{,}2383$ €.

Aus der Put-Call-Parität (8.8.22) ergibt sich damit für die Put-Optionsprämie p_P:

$$p_P = p_C - S + X \cdot e^{-rT} = 12{,}2383 - 157 + 160 \cdot e^{-0{,}05 \cdot 0{,}75} = 9{,}3494 \approx 9{,}35 \text{ €} \quad (= \textit{Putpreis})$$

Zum **Beweis** der **Put-Call-Parität** (8.8.22) betrachten wir zwei Investoren, genannt L *(wie „links")* und R *(wie „rechts")*, deren *heutiges* Anfangsvermögen AV_L bzw. AV_R übereinstimmt mit der linken bzw. rechten Seite der *(noch zu beweisenden)* Put-Call-Beziehung (8.8.22). Die beiden Investoren L und R verfügen daher über folgende *Anfangsvermögen*:

Investor L: $AV_L = p_P + S$

d.h. im „linken" Portefeuille befindet ein (long) Put auf eine Aktie, heutiger Wert p_P (Basispreis X, Restlaufzeit T) sowie eine Aktie desselben Basiswertes, heutiger Wert S (= aktueller Kassakurs); Investor L hat also bereits heute die Aktie im Bestand, die er evtl. später – bei einer Ausübung des Put – verkaufen wird.

Investor R: $AV_R = p_C + X \cdot e^{-rT}$

d.h. im „rechten" Portefeuille befindet sich ein (long) Call auf die Aktie, heutiger Wert p_C (Basispreis X, Restlaufzeit T) sowie ein Geldbetrag in Höhe von $X \cdot e^{-rT}$, der – heute zum risikolosen Marktzinssatz r angelegt – im späteren Zeitpunkt T (= Ausübungszeitpunkt) auf einen Endbetrag von genau X angewachsen sein wird; Investor R verfügt also bereits heute über die Geldmittel, die später evtl. nötig sind, um den Call auszuüben.

Jetzt betrachten wir den Zeitpunkt T der *(möglichen)* Ausübung der Optionen und fragen nach dem Endvermögen EV_L bzw. EV_R der beiden Investoren, das sich aufgrund des obigen Anfangsvermögens einstellt *(den aktuellen Aktienkurs im Zeitpunkt T wollen wir mit S_T bezeichnen)*. Dazu müssen wir wieder die Fälle $S_T > X$ und $S_T \leq X$ unterscheiden:

Investor L: (a) Angenommen, es gelte: $S_T > X$:

Dann verfällt der Put *(da L besser am Markt verkauft)*, übrig bleibt ihm die Aktie, die er nun am Kassamarkt zu S_T veräußert. Sein Endvermögen beträgt also

$EV_L = S_T \quad (>X)$.

(b) Angenommen, es gelte: $S_T \leq X$:

Jetzt übt L aus und kann die in seinem Besitz befindliche Aktie zum Preis von X verkaufen. Sein Endvermögen beträgt daher

$EV_L = X \quad (\geq S_T)$.

Investor R: (a) Angenommen, es gelte: $S_T > X$:

Nun wird der Call ausgeübt *(er kann die Aktie per Call billiger kaufen als am Kassamarkt)*, die Aktie wird also zu X gekauft *(dies entspricht genau dem aus dem Anfangs-Geldvermögen resultierenden Betrag)* und unmittelbar am Kassamarkt zu S_T *(>X)* verkauft. Sein Endvermögen beträgt daher

$EV_R = S_T \quad (>X)$.

(b) Angenommen, es gelte: $S_T \leq X$:

Jetzt verfällt der Call *(da die Aktie am Markt billiger zu haben ist)*, dem Investor verbleibt der aufgezinste Geldbetrag in Höhe von X:

$EV_R = X \quad (\geq S_T)$

Wir können feststellen: Am Fälligkeitstag der Optionen verfügen die beiden Investoren L und R über exakt dasselbe Endvermögen, egal, welcher Aktienkurs S_T sich schließlich eingestellt haben mag. Daher müssen – nach dem Äquivalenzprinzip der Finanzmathematik – auch die Anfangsvermögen AV_L und AV_R beider Investoren identisch[35] sein – und genau das wollten wir schließlich beweisen:

$$AV_L = AV_R \quad \Leftrightarrow \quad p_P + S = p_C + X \cdot e^{-rT} \quad (= \textbf{\textit{Put-Call-Parität}}\ (8.8.22)).$$

Aufgabe 8.8.24:

i) Man verifiziere die Black-Scholes-Formel für einen *(dividendengeschützen)* europäischen Put

$$p_P = X \cdot e^{-rT} \cdot N(-d_2) - S \cdot N(-d_1) \tag{8.8.24}$$

mit $$d_1 = \frac{\ln(S/X) + (r + 0{,}5\sigma^2) \cdot T}{\sigma\sqrt{T}}; \qquad d_2 = \frac{\ln(S/X) + (r - 0{,}5\sigma^2) \cdot T}{\sigma\sqrt{T}} \quad (= d_1 - \sigma\sqrt{T})$$

durch Kombination der Black-Scholes-Formel (8.8.17) *(für einen europäischen Call)* mit der Put-Call-Parität (8.8.22).

Hinweis: Wenn N(d) der Funktionswert der Verteilungsfunktion der Standard-Normalverteilung ist, so gilt bekanntlich: $N(-d) = 1 - N(d)$ *bzw.* $N(d) = 1 - N(-d)$.

[35] Da es sich um europäische Optionen handelt, kann eine vorzeitige Ausübung nicht stattfinden – die Gleichheit der Vermögenswerte ist also nach dem Äquivalenzsatz (Satz 2.2.18 iii: „Einmal äquivalent – immer äquivalent") zu jedem früheren Zeitpunkt gewährleistet.

ii) Analog zu den Überlegungen in Bemerkung 8.8.21 verifiziere man den in der nachstehenden Abb. 8.8.25 dargestellten typischen Werteverlauf $p_P = p_P(S)$ eines europäischen Put in Abhängigkeit vom jeweils aktuellen Aktienkurs S:

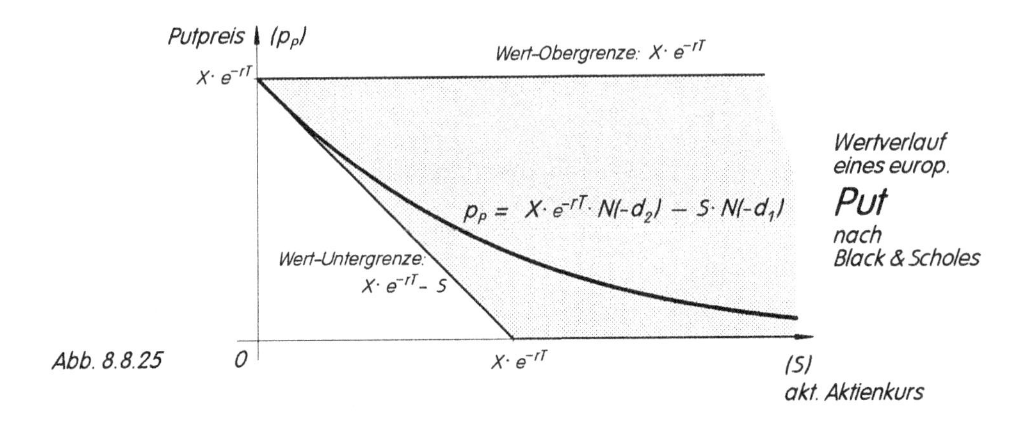

Abb. 8.8.25

Aufgabe 8.8.26:

Huber hat am Aktienmarkt Pech gehabt – die von ihm zu 33 € gekaufte Aktie der Gimmicks AG notiert heute nur noch zu 15 €. Daraufhin beschließt er, eine Verkaufsoption *(Put)* zu erwerben, die ihm gestattet, in einem Jahr seine Aktie zum Einkaufspreis *(33 €)* zu verkaufen *(damit hätte er offenbar seine Verluste kompensiert ...)*. Nach langem Suchen findet er in Moser einen passenden und zum Handel bereiten Optionsverkäufer.

Daten: *(risikoloser)* Marktzinssatz: 5% p.a.; Volatilität der Gimmicks-Aktie: 20% p.a.

i) Ermitteln Sie die Put-Prämie, die Huber für diese Option bezahlen muss und geben Sie daraufhin eine *(kritische)* Würdigung von Hubers Verlust-Kompensations-Strategie.

ii) Angenommen, die Gimmicks-Aktie werde als extrem „flatterhaft" eingestuft – erwartete Volatilität 85% p.a. Wie ändert sich die Put-Prämie und damit Hubers Situation?

Aufgabe 8.8.27:

Huber muss in drei Monaten eine größere Rechnung in US$ bezahlen. Um das Wechselkursrisiko abzusichern, gleichzeitig aber vom möglicherweise fallenden $-Kurs profitieren zu können, analysiert er zwei unterschiedliche Strategien S1 und S2:

S1: Terminkauf *(3 Monate)* von US$ zum Kurs von 1,21 €/$ und zusätzlich Kauf eines $-Put *(Restlaufzeit 3 Monate; Basispreis 1,20€; Optionsprämie 2 europ. Cent)*

S2: Kauf eines $-Call *(Restlaufzeit 3 Monate, Basispreis 1,20€, Call-Prämie 3 europ. Cent)*.

Huber erwartet, dass in 3 Monaten *(3 Monate ≙ 0,25 Jahre)* der $-Kurs *entweder* bei 1,10 €/$ *oder* bei 1,30 €/$ steht, *(andere Szenarien bleiben außer Betracht)*.

i) Welche Strategie ist für Huber – gemessen an seinen effektiven Kosten für den $ *(ohne Berücksichtigung von Zinsen)* – bei welchem Szenario günstiger?

ii) Beantworten Sie Frage i), wenn für die Optionsprämien der jeweilige Fair Value nach Black-Scholes zugrunde gelegt wird *($-Kurs bei Optionskauf 1,19€; Marktzinsniveau 6% p.a.; $-Volatilität 10% p.a.)* und außerdem Zinsen auf die Optionsprämien zu berücksichtigen sind.

Bemerkung 8.8.28:

Da Optionen – wie nahezu jedes Handelsgut – den Gesetzen von Angebot und Nachfrage unterliegen, weichen die tatsächlich geforderten/bezahlten Optionsprämien vom theoretischen Fair Value mehr oder weniger ab. Ein wesentlicher Grund dafür liegt in der Tatsache, dass die im theoretischen Bewertungsmodell (Black-Scholes) zugrunde gelegten Volatilitäten auf Vergangenheitsdaten (bzw. auf Schätzungen) basieren. Der aktuelle Markt hingegen könnte eine davon abweichende Volatilität unterstellen.

Daher geht man häufig auch so vor, aus einer vom Markt akzeptierten Optionsprämie, z.B. p_C, *mit Hilfe des Black-Scholes-Modells sozusagen „rückwärts" die dabei vom Markt zugrunde gelegte Volatilitäts-Kennzahl* σ *– man nennt* σ *dann die* ***„implizite Volatilität"*** *– zu ermitteln und auf Plausibilität hin abzuschätzen.*

Mathematisch handelt es sich dabei um die Bestimmung der Umkehrfunktion $\sigma = \sigma(p_C, S, X, r, T)$ *aus der Black-Scholes-Funktion* $p_C = p_C(S, X, r, T, \sigma)$, *siehe (8.8.17). Da sich (8.8.17) nicht mit Hilfe der klassischen Termumformungen nach* σ *auflösen lässt, verwendet man dazu die bekannten iterativen Methoden der Gleichungslösung wie z.B. die Regula falsi (siehe etwa Kap. 5.1.2), den Solver eines Tabellen-Kalkulations-Programms wie z.B. Excel oder mathematische Spezialsoftware wie etwa MATHLAB, MATHEMATICA oder MAPLE.*

Kennt man die implizite Volatilität, so kann man sich ein Urteil darüber bilden, ob bzw. inwieweit die entsprechende Schwankungstendenz begründet ist bzw. ob und inwieweit der Optionspreis ungerechtfertigt zu hoch oder zu niedrig angesetzt ist.

Aufgabe 8.8.29:

Der Preis einer 60-Tage-Kaufoption *(europ. Call)* auf die – zur Zeit mit 100 GE notierten – Aktie der Huber AG betrage 8,4564 GE, Basispreis ebenfalls 100 GE. Der risikofreie Marktszinssatz beträgt z.Zt. 5% p.a.

Die aufgrund von Fundamentalanalysen und Vergangenheitsdaten ermittelte Volatilität der Aktie beträgt 40% p.a.

i) Zeigen Sie, dass die o.a. Call-Prämie eine implizite Volatilität von 50% p.a. unterstellt.

ii) Ist der o.a. Callpreis zu hoch oder zu niedrig angesetzt?

iii) Ermitteln Sie die Callprämie auf der Basis einer Volatilität von 40% p.a.

Bemerkung 8.8.30:

Handelt es sich bei den betrachteten Optionen nicht um dividendenfreie europäische Optionen, sondern um europäische Optionen, die zwischenzeitlich eine Dividende abwerfen, so müssen die Black-Scholes-Formeln modifiziert bzw. erweitert werden, siehe z.B. [Hul2] 252 ff oder [Gün] 79ff. Analoges gilt für den Fall, dass das Underlying keine Aktie, sondern ein Index, eine Währung oder ein Future ist, siehe z.B. [Hul2] 267 ff. Zu weiteren Abweichungen von den Standard-Voraussetzungen siehe [Gün] 79ff.

Die Bewertung amerikanischer Optionen kann i.a. nicht *explizit über die Black-Scholes-Gleichung erfolgen, die entsprechende Bewertungs-Ungleichung erfordert zu ihrer Lösung vielmehr relativ aufwendige numerische Iterationsprozesse, siehe [Gün] 198ff.*

*Neben der rechnerischen Ermittlung der Optionsprämien interessiert den analysierenden Investor insbesondere auch, wie sich die Optionswerte verändern, wenn sich die beteiligten Variablen um eine Einheit ändern (**Sensitivitätsanalyse** – Kenn-Variable Delta, Omega, Theta, Vega, Rho). Auf diese verfeinerte Analyse können wir im Rahmen dieser Einführung nicht eingehen, die Literatur bietet hier umfangreiches Material, siehe z.B. [Hul2] 299 ff.*

9 Finanzmathematische Verfahren der Investitionsrechnung

9.1 Vorbemerkungen

Kennzeichen aller finanzmathematisch analysierbaren geschäftlichen Unternehmungen *(wie z.B. Kredite; Anlage-/Entnahmeprozeduren; Vergleich von Zahlungsmodalitäten etc.)* ist die Möglichkeit der Darstellung dieser Vorgänge in Form eines – aus Leistungen (L) und Gegenleistungen (GL) bestehenden – **Zahlungsstroms** bzw. Zahlungsstrahls *(vgl. Abb. 9.1.1)*:

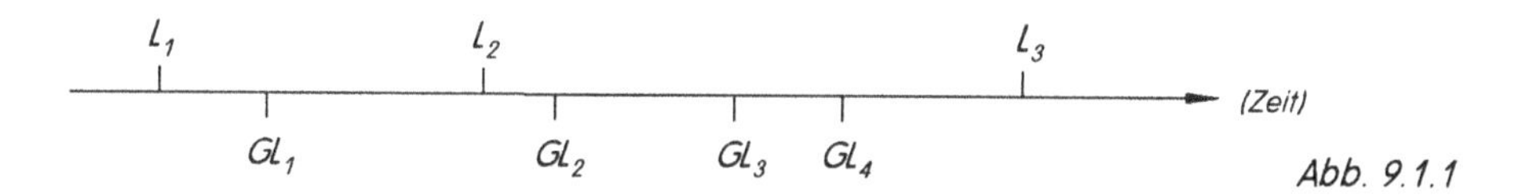

Abb. 9.1.1

Eine besonders wichtige und häufig anzutreffende Spielart von „Leistung vs. Gegenleistung" liegt bei *(betrieblichen)* **Investitionen** vor, d.h. der *(mittel- bis langfristigen)* **Anlage von Geldmitteln** in

- reale Objekte, z.B. Produktionsanlagen, Geschäftshäuser usw. *(Real- oder Produktionsinvestitionen)*;
- Finanzobjekte, z.B. Aktien, festverzinsliche Wertpapiere, Bankguthaben usw. *(Finanzinvestitionen)*;
- Forschungs-/ Entwicklungsprozesse, Aus-, Fort- und Weiterbildung, Service und Werbung usw. *(immaterielle Investitionen)*.

Unter der Voraussetzung, dass sich sämtliche mit einer Investition verbundenen Aus- und Einzahlungen angeben lassen, ist es somit möglich, die **Instrumente der Finanzmathematik** *(insbesondere das Äquivalenzprinzip, vgl. Satz 2.2.18)* zur **Beurteilung der Investition** *(aus finanzieller Sicht)* zu übertragen und anzuwenden.

Die hier betrachteten **finanzmathematischen Verfahren der Investitionsrechnung** werden – da sie per exponentieller Verzinsung die zeitliche Komponente der Zahlungsflüsse berücksichtigen – als **dynamische Verfahren der Investitionsrechnung** bezeichnet. In der Praxis häufig anzutreffen sind daneben auch einperiodische bzw. auf Durchschnittswerten basierende sog. „statische Investitions-Rechenverfahren" *(Kostenvergleichsrechnung, Gewinnvergleichsrechnung, Renditevergleichsrechnung, Amortisationsvergleichsrechnung)*, die hier – insbesondere wegen ihrer Unzulänglichkeiten – nicht näher betrachtet werden sollen [1].

Wir wollen daher in diesem Kapitel einige grundsätzliche Fragen klären, die sich bei der Beurteilung von Investitionen unter Verwendung finanzmathematischer Methoden ergeben, insbesondere unter Verwendung der grundlegenden Kenngröße **„Kapitalwert"** einer Investition sowie der daraus abgeleiteten Kenngröße **„interner Zinssatz"** *(Rendite, Effektivzinssatz)* einer Investition [2].

---

[1] Näheres siehe etwa [Blo] 156ff, [Kru1] 28ff.

[2] Vgl. u.a. [Alt1], [Blo], [Däu], [Gro2], [Hax], [Kru1].

Damit nicht zuviele *(unnötige)* Details die zugrundeliegenden Prinzipien verschleiern, gehen wir von den folgenden vereinfachenden **Prämissen** aus:

- Die betrachteten Investitionen lassen sich durch eine Zahlungsreihe abbilden, z.B.

(9.1.2) – 10.000; 5.000; 2.500; 5.000. (T€) *(Beispiel)*

Dabei bedeuten

negative Werte: Mittel**ab**fluss beim Investor, Auszahlungen bzw.
positive Werte: Mittel**zu**fluss beim Investor, Einzahlungen.

Alle Zahlungen einer Periode *(i.a.: 1 Periode = 1 Jahr)* werden so behandelt, als seien sie am Ende der betreffenden Periode geflossen. Die eben genannte Zahlungsreihe (9.1.2) müsste somit ausführlich wie folgt dargestellt werden, vgl. Abb. 9.1.3:

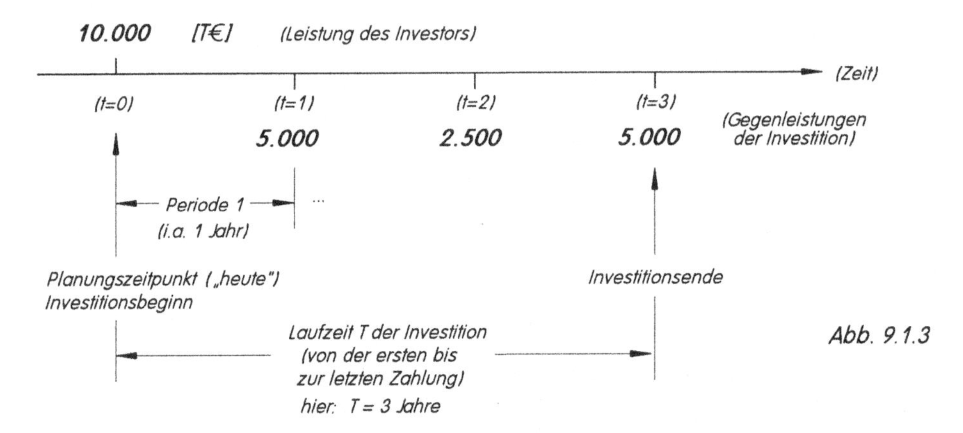

Abb. 9.1.3

Bemerkung: *Durch die Terminierung aller Zahlungen auf das Jahresende entfallen für die klassische finanzmathematische Investitionsrechnung die – durch unterjährige Zahlungen bzw. Verrechnungen verursachten – Probleme unterschiedlicher Kontoführungsmethoden.*

- Die im Zusammenhang mit der Investition anfallenden Ein- und Auszahlungen unterliegen der Bewertung durch den sog. **Kalkulationszinssatz i** des Investors. Dieser Kalkulationszinssatz könnte sich z.B. anlehnen an den zu zahlenden *(oder zu vermeidenden)* Fremdkapitalzins oder an die Rendite der „zweitbesten Alternative", die der Investor – im Falle der Unterlassung – wählen würde [3]. Wir wollen – in Analogie dazu – hier ganz allgemein unterstellen, dass Nicht-Investieren, also „Unterlassen" bedeutet, dass der Investor sein Kapital zum Kalkulationszins anlegt. Ebenso wird unterstellt, dass zwischenzeitliche Rückflüsse aus der Investition zum Kalkulationszins angelegt werden.

- (9.1.4)

  Wir betrachten weiterhin zunächst nur solche Investitionen, deren Zahlungsreihe
  - mit einer Auszahlung beginnen,
  - nur einen Vorzeichenwechsel aufweisen,
  - das Deckungskriterium erfüllen *(d.h. die nominelle Summe der Einzahlungen soll größer sein als die nominelle Summe der Auszahlungen)*.

  Derartige Investitionen heißen **Normalinvestitionen**.

[3] Für die Festlegung des Kalkulationszinses gibt es unterschiedliche Ansichten, vgl. etwa [Däu].

Normalinvestitionen sind z.B.

i) − 10.000; 5.000; 2.500; 5.000 *(siehe Abb. 9.1.3)*
ii) − 100; − 100; − 100; 400

Keine Normalinvestitionen sind z.B.

iii) − 200; 500; − 100 *(zwei Vorzeichenwechsel)*
iv) − 1.000; 400; 400 *(Deckungskriterium nicht erfüllt)*
v) + 1.000; − 500; − 300 *(Zahlungsreihe beginnt mit einer Einzahlung)*
vi) + 10.000; − 5.000; −2.500; − 5.000
(Zahlungsreihe beginnt mit einer Einzahlung; außerdem Deckungskriterium nicht erfüllt.) [4]

(Wir werden später auf Nicht-Normalinvestitionen zurückkommen.)

Bemerkung: *Zu den Prämissen in der Finanzmathematik vgl. auch Bem. 2.2.21*

9.2 Kapitalwert und äquivalente Annuität einer Investition

Bevor wir uns mit der Effektivverzinsung von Investitionen beschäftigen, ist es erforderlich oder zumindest sinnvoll, die wichtigste Kennzahl der finanzmathematischen *(„dynamischen")* Investitionsrechnung, den **Kapitalwert C_0** einer Investition zu behandeln.

Als **Beispiel** betrachten wir die in Abb. 9.1.3 dargestellte Investition mit der Zahlungsreihe

− 10.000; 5.000; 2.500; 5.000 (T€)

und fragen nach der **Vorteilhaftigkeit** dieser Investition bei einem Kalkulationszins von 10% p.a. *(„ja/nein-Entscheidung" oder „Einzelentscheidung")*.

Unterstellen wir zunächst, dass der Investor die Anfangsauszahlung aus **Eigenkapital** leisten kann, er also im Moment über ein „Vermögen" von 10.000 T€ verfügt. Dann bedeutet der Kalkulationszinsfuß 10% p.a., dass der Investor im Fall der **Unterlassung** diese 10.000 T€ zu 10% p.a. *(effektiv)* anlegen kann *(etwa in Wertpapieren oder zur (zusätzlichen) Tilgung eines schon bestehenden Kredits, der mit 10% p.a. Fremdkapitalzinsen belastet ist)* [5].

Betrachten wir jetzt das **Endvermögen** (EV), welches der Investor alternativ erreichen kann *(Stichtag: Tag des letzten Rückflusses)*:

i) Wird die Investition **durchgeführt**, so ergibt sich das Endvermögen EV_I (bei Investition) durch Kumulation der verzinslich angelegten Rückflüsse:

(9.2.1a) $$EV_I = 5.000 \cdot 1{,}1^2 + 2.500 \cdot 1{,}1 + 5.000 = 13.800 \text{ T€}.$$

---

[4] Diese Investition ist das Spiegelbild der Investition (9.1.2): Identische Zahlungen, aber jeweils entgegengesetztes Vorzeichen. Deutet man vi) aus Sicht der Investition, so erkennt man: Die Investition erhält eine **Ein**zahlung von 10.000 (zu ihrer Verwirklichung) und führt in den nächsten Jahren die drei folgenden Zahlungen an den Investor ab − wie die Abwicklung eines erhaltenen Kredits. Man sieht: Investition und Finanzierung unterscheiden sich nur im Vorzeichen aller Zahlungen, sie sind zwei Seiten derselben Medaille. Daher heißt vi) auch „Normal-Finanzierung".

[5] Anstelle von „Unterlassung" (im obigen Sinne) wird auch der Begriff „Opportunität" oder „Vergleichsinvestition" verwendet, vgl. etwa [Gro2] 28.

ii) Bei **Unterlassung**, d.h. Anlage der 10.000 T€ zum Kalkulationszinsfuß, hätte er dagegen als Endvermögen EV_U erhalten:

(9.2.1b) $$EV_U = 10.000 \cdot 1{,}1^3 = 13.310 \text{ T€}.$$

Entscheidend für die Vorteilhaftigkeit dieser Investition ist nun die Frage, bei welcher der beiden Alternativen *(Investieren oder Unterlassen)* der Investor das höhere Endvermögen realisieren kann, m.a.W. es kommt **nicht** auf die **absolute** Höhe des Endvermögens, sondern auf die **Endvermögensdifferenz** $\Delta EV := EV_I - EV_U$ an:

(9.2.2) $$\mathbf{\Delta EV} = EV_I - EV_U = 13.800 - 13.310 = \mathbf{490 \text{ T€}}.$$

Das Endvermögen bei Durchführung der Investition ist daher um 490 T€ höher als bei Unterlassung *(d.h. der Anlage der Investitionssumme zum Kalkulationszinsfuß)*. Die Investition erwirtschaftet über die Standardverzinsung 10% p.a. hinaus einen endwertigen Überschuss von 490 T€, somit ist die Investition – bei einem Kalkulationszinssatz von 10% p.a. – absolut gesehen lohnend.

(Bei einem Kalkulationszinssatz von 15% p.a. dagegen hätte sich bei Durchführung der Investition ein um 721,25 T€ ***geringeres*** *Endvermögen ergeben als bei Anlage zum Kalkulationszins – der Investor hätte besser unterlassen.)*

Im Fall einer **Fremdfinanzierung** der Investition verfügt der Investor zunächst über keine eigenen Mittel *(Anfangsvermögen: Null)*, kann die Investitionsauszahlung (= 10.000 T€) aber zum Kalkulationszinssatz (= 10% p.a.) fremdfinanzieren. Unterstellen wir zunächst gesamtfällige Tilgung am Ende der Investition, so muss der Investor bei **Durchführung** der Investition am Ende des dritten Jahres den Betrag

$$10.000 \cdot 1{,}1^3 = 13.310 \text{ T€}$$

an den Kreditgeber abführen. Die Rückflüsse aus der Investition haben zum gleichen Zeitpunkt den Wert: $5.000 \cdot 1{,}1^2 + 2.500 \cdot 1{,}1 + 5.000 = 13.800$ T€, so dass dem Investor ein Endvermögen bei Investition (EV_I) von 490 T€ verbleibt.

Unterlässt der Investor hingegen die Investition, so besitzt sein Endvermögen EV_U *(ebenso wie sein Anfangsvermögen)* den Wert Null. Also gilt auch bei Fremdfinanzierung *(und ebenso bei beliebiger Mischfinanzierung)*:

Die **Endvermögensdifferenz** ΔEV Investition vs. Unterlassung beträgt analog zu (9.2.2):

$$\mathbf{\Delta EV} := EV_I - EV_U = 490 - 0 = \mathbf{490 \text{ T€}}.$$

(9.2.3)

Für die Höhe der Endvermögensdifferenz $\Delta EV := EV_I - EV_U$ bei Investition vs. Unterlassung spielt – bei Vorliegen eines einheitlichen Kalkulationszinssatzes – die Form der Finanzierung keine Rolle.

Um den Nachteil unterschiedlicher Stichtage bei unterschiedlichen Investitionen zu vermeiden, zinst man *(bei jeder Investition)* die Endvermögensdifferenz ΔEV auf den Planungszeitpunkt t = 0 („heute“) ab und nennt den erhaltenen Wert **Kapitalwert** $\mathbf{C_0}$ der betreffenden Investition.

(In unserem Beispiel ergibt sich: $C_0 = 490 \cdot 1{,}1^{-3} = 368{,}14$ *T€.)*

Da *(nach dem Umweg-Satz 2.2.2 bzw. dem Äquivalenzprinzip: Satz 2.2.18 ii))* die abgezinste Endvermögensdifferenz identisch ist mit der Summe der einzeln abgezinsten *(und dem richtigen Vorzeichen versehenen)* Zahlungen der Investition, haben wir die folgende

Definition 9.2.4: (Kapitalwert einer Investition)

Gegeben sei eine Investition mit folgender Zahlungsreihe

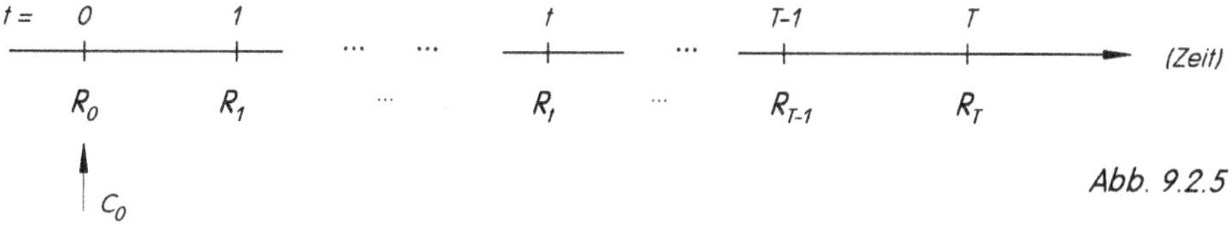

$t =$	0	1	...	t	...	$T-1$	T	(Zeit)
	R_0	R_1	...	R_t	...	R_{T-1}	R_T	

$\uparrow C_0$

Abb. 9.2.5

Dabei repräsentiert R_t ($:= e_t - a_t$) den **Rückfluß** im Zeitpunkt t, ermittelt als **Saldo der Einzahlungen** e_t und **Auszahlungen** a_t der Periode t. Weiterhin existiere für den Investor ein einheitlicher Kalkulationszinssatz i.

Unter dem **Kapitalwert C_0 der Investition** versteht man den auf den Planungszeitpunkt (t = 0) mit Hilfe des Kalkulationszinssatzes **abgezinsten** Wert sämtlicher Rückflüsse *(oder Zahlungen)* der Investition:

(9.2.6)
$$C_0 := R_0 + \frac{R_1}{1+i} + \frac{R_2}{(1+i)^2} + \ldots + \frac{R_T}{(1+i)^T}$$

bzw. (mit $q := 1 + i$ und $R_t := e_t - a_t$)

(9.2.7)
$$C_0 := \sum_{t=0}^{T} R_t \cdot q^{-t} = \sum_{t=0}^{T} e_t \cdot q^{-t} - \sum_{t=0}^{T} a_t \cdot q^{-t}$$

(d.h. Kapitalwert = Barwert aller Einzahlungen minus Barwert aller Auszahlungen)

Bemerkung 9.2.8: *Für den (häufig vorkommenden – vgl. Eingangsbeispiel Abb. 9.1.3) Fall, dass der „Rückfluss" im Zeitpunkt $t = 0$ allein aus der Investitionsauszahlung ($-a_0$) besteht, lässt sich (9.2.7) auch schreiben als*

(9.2.9)
$$C_0 := -a_0 + \sum_{t=1}^{T} R_t \cdot q^{-t}$$

Bemerkung 9.2.10: *Nach dem Vorangegangenen – insbesondere nach Def. 9.2.4 – ergeben sich die folgenden äquivalenten* ***Deutungen für den Kapitalwert*** *C_0 einer Investition:*

i) Der ***Kapitalwert*** *C_0 einer Investition entspricht der* ***abgezinsten Endvermögensdifferenz*** *$EV_I - EV_U$ (Endvermögen bei Investition abzüglich Endvermögen bei Unterlassung (Unterlassung ≙ Anlage zum Kalkulationszinssatz)):*

$$C_0 := (EV_I - EV_U) \cdot q^{-T}$$

Der ***Kapitalwert*** *C_0 eines Investitionsprojektes gibt somit den auf den Planungszeitpunkt $t = 0$* ***abgezinsten*** *Wert des Betrages an, um den das* ***Endvermögen bei Realisierung*** *der Investition größer (oder kleiner) sein wird als bei Wahl der* ***Unterlassensalternative****.*

ii) *C_0 misst den **barwertigen** Vermögensüberschuss (falls $C_0 > 0$) des Investors gegenüber der „üblichen" Verzinsung (repräsentiert durch den Kalkulationszins).*

*Ein **positiver Kapitalwert** misst daher den **Vorsprung** der Investition gegenüber der nächstbesten Alternative (= Anlage zum Kalkulationszinssatz). C_0 (>0) ist also diejenige Summe, die dem Investor (über die übliche Verzinsung aller Beträge hinaus) als zusätzliches Augenblicks-Vermögen zuwächst.*

*(Analog bedeutet ein **negativer Kapitalwert** eine „augenblickliche" Vermögens**minderung**, sofern sonst alle Zahlungen der üblichen Verzinsung unterliegen.)*

iii) *Ein Kapitalwert von **Null** deutet an, dass **Investieren** und **Unterlassen** finanzmathematisch **äquivalent** sind, d.h. der Investor erzielt mit der Investition dasselbe Endvermögen wie bei Anlage zum Kalkulationszins. Dieser Kalkulationszins entspricht dem Effektivzins der Investition (**interner Zins**, vgl. Def. 9.3.4).*

iv) *Aus **iii)** folgt insbesondere: Jede Geldanlage zum Kalkulationszinsfuß hat definitionsgemäß den Kapitalwert Null. Daher können mit Hilfe des Kapitalwerts auch Investitionen verglichen werden, die unterschiedlich hohe Investitionssummen und/oder unterschiedliche Laufzeiten aufweisen. Voraussetzung dafür ist lediglich, dass übersteigende Differenzbeträge in der Differenzlaufzeit zum Kalkulationszinssatz verzinst werden [6]: Der Kapitalwert solcher „Differenzinvestitionen" hat stets den Wert Null und trägt somit nichts zur Änderung der Vorteilhaftigkeit der Investition bei.*

v) *Aus **i)** bis **iv)** liest man das **Vorteilhaftigkeitskriterium** für **Einzelinvestitionen** unter Verwendung des Kapitalwertes C_0 ab (**Kapitalwertmethode**):*

- *Eine Investition ist (absolut) **vorteilhaft**, wenn ihr Kapitalwert **positiv** ist;*
- *Eine Investition ist (absolut) **unvorteilhaft**, wenn ihr Kapitalwert **negativ** ist;*
- *Investition und Unterlassung sind **äquivalent**, wenn der Kapitalwert **Null** ist.*

vi) *Beim Vergleich **mehrerer Investitionsprojekte** richtet sich die Vorteilhaftigkeitsreihenfolge nach der Höhe der (positiven!) Kapitalwerte:*

Investition 1 ist besser als Investition 2, sofern $C_{01} > C_{02} > 0.$

Die Forderung positiver Kapitalwerte soll verhindern, dass ein Investor das „beste" Projekt ohne Prüfung der absoluten Vorteilhaftigkeit wählt.

Besonders durchsichtig wird eine Investitionsrechnung, wenn man für die verzinsliche Abwicklung ein eigenes „Investitionskonto" eröffnet und die Investition wie ein zu verzinsendes und zu tilgendes Darlehnsgeschäft auffasst.

In diesem Tilgungsplan ist dann lediglich noch zusätzlich zu berücksichtigen, dass eventuell anfallende Jahresüberschüsse zum Kalkulationszinssatz angelegt *(bzw. – bei negativem Saldo – aufgenommen)* werden. Im Folgejahr fließen sie dann – verzinst – wieder dem Investitionskonto zu *(oder müssen von ihm abgebucht werden)*.

Am Beispiel unserer Investition (i = 10%) vgl. Abb. 9.1.3:

– 10.000; 5.000; 2.500; 5.000 (T€)

wollen wir einige **Varianten** von entsprechenden **Tilgungsplänen** diskutieren:

[6] Diese Voraussetzung ist nicht unumstritten. Erfolgversprechende realistischere (wenn auch kompliziertere) Prozeduren erreicht man mit sog. „vollständigen Finanzplänen", vgl. etwa [Gro1].

Variante 1: Alle Rückflüsse aus der Investition werden unmittelbar in voller Höhe zur Verzinsung und Tilgung der Investitionsauszahlung (≙ „Kreditsumme") verwendet, es ergeben sich keinerlei Zwischenanlagen oder -aufnahmen *(a priori gegebene Zahlungen sind fettgedruckt)*:

Jahr	Kontostand des Investitionskontos („Restschuld") *(Beginn J.)*	Zinsen *(Ende J.)*	Tilgung *(Ende J.)*	Annuität ≙ Investitionsrückfluß *(Ende J.)*
1	**10.000**	1.000	4.000	**5.000**
2	6.000	600	1.900	**2.500**
3	4.100	410	4.590	**5.000**
4	- **490**			

(Investitionskonto) Tab. 9.2.11

Man sieht erneut, wie die Investition zu einem endwertigen Überhang von 490 T€ *(**nach** Verzinsung!)* führt sowie zum Kapitalwert $C_0 = 490 \cdot 1{,}1^{-3} = 368{,}14$ T€.

Variante 2: Wir wollen gesamtfällige Tilgung der Investitionsauszahlung unterstellen. Dann führen die Investitionsrückflüsse zwischenzeitlich zu verzinslichen Anlagen, die nach je einem Jahr wieder zurückfließen. Dazu erweitern wir den Tilgungsplan um die entsprechenden Zwischenanlagespalten, während in den ersten fünf Spalten der Investitionskredit wie vorgesehen abgewickelt wird:

Jahr	**Restschuld** (Beginn J.)	**Zinsen** (Ende J.)	**Tilgung** (Ende J.)	**Zahlung** (Ende J.)	**Rückfluß aus:** Investition (Ende J.)	Zw.anl./aufn. d. **Vorperiode** (Ende J.)	**Saldo d. Jahres** (>0: Zw.anlage) (<0: Zw. aufn.)
1	**10.000**	1.000	- 1.000	0	**5.000**	0	5.000
2	11.000	1.100	- 1.100	0	**2.500**	5.500	8.000
3	12.100	1.210	12.100	13.310	**5.000**	8.800	**490**

Auch jetzt entsteht wieder der bekannte Vermögenszuwachs von 490 T€ nach Zinsen für den Investor. *(Investitionskonto)* Tab. 9.2.12

Variante 3: Wir unterstellen, dass diesmal der Investor den **bar**wertigen Vermögenszuwachs, d.h. den **Kapitalwert** $C_0 = 368{,}14$ T€ dem Investitionskonto zu Beginn entnimmt.

Die Investition muss nun eine um 368,14 T€ höhere Ausgabe verzinsen und tilgen. Unterstellen wir – wie in Variante 1 – maximale Tilgung durch die Rückflüsse, so erhalten wir den folgenden Tilgungsplan (i = 10% p.a.):

Jahr	Restschuld (Beginn d. J.)	Zinsen (Ende d. J.)	Tilgung (Ende d. J.)	Annuität (≙ Rückfluß Ende d. J.)
1	**10.368,14**	1.036,81	3.963,19	**5.000,00**
2	6.404,96	640,50	1.859,50	**2.500,00**
3	4.545,45	454,55	4.545,45	**5.000,00**
4	**0**			

(Investitionskonto) Tab. 9.2.13

Der Tilgungsplan „geht auf" *(Endkontostand = Null)*, d.h. die Rückflüsse reichen gerade aus, um sowohl die Investition (= 10.000 T€) als auch den Kapitalwert (= 368,14 T€) zu verzinsen und zu tilgen.

Der Investor könnte also zu Investitionsbeginn den **Kapitalwert C_0 entnehmen** *(etwa indem er diesen Betrag zusätzlich bei seiner Kreditbank aufnimmt)*, die Investition ist dann in der Lage, das Investitionskonto incl. C_0 alleine vollständig abzuwickeln.

Hier wird noch einmal deutlich, dass der Kapitalwert C_0 tatsächlich aufgefasst werden kann als **„Augenblicks-Vermögenszuwachs"**, sofern die Investition durchgeführt wird.

Variante 4: Der folgende Tilgungsplan zeigt, dass die Dauer des Investitionszeitraumes bzw. Tilgungszeitraumes keinen Einfluss auf die Höhe des Kapitalwerts hat, sofern voraussetzungsgemäß alle freien Mittel auf dem Konto angelegt und alle benötigten Mittel vom Konto aufgenommen werden können.

Wir unterstellen, dass der Investitionskredit (= 10.000 T€) nur wie folgt getilgt werden kann: $T_1 = 2.000$; $T_2 = 5.000$; $T_3 = T_4 = T_5 = 1.000$ (T€), vgl. die 4. Spalte des Tilgungsplans:

Jahr	**Restschuld** (Beginn J.)	**Zinsen** (Ende J.)	**Tilgung** (Ende J.)	**Zahlung** (Ende J.)	**Rückfluß aus:** Investition (Ende J.)	Zw.anl./aufn. d. **Vorperiode** (Ende J.)	**Saldo d. Jahres** (>0: Zw.anlage) (<0: Zw. aufn.)
1	**10.000**	1.000	**2.000**	3.000	**5.000**	–	2.000
2	8.000	800	**5.000**	5.800	**2.500**	2.200	– 1.100
3	3.000	300	**1.000**	1.300	**5.000**	– 1.210	2.490
4	2.000	200	**1.000**	1.200	–	2.739	1.539
5	1.000	100	**1.000**	1.100	–	1.692,90	**592,90**

(Investitionskonto) Tab. 9.2.14

Zinst man den Endkontostand (= 592,90 T€) um 5 Jahre auf $t = 0$ ab, so ergibt sich

$$592{,}90 \cdot 1{,}1^{-5} = 368{,}14 \text{ T€} = C_0 \text{ !}$$

Unabhängig von den Tilgungsprozeduren führt bei beliebiger Verlängerung durch Zwischenanlagen/ Zwischenaufnahmen *(Zw.anlage/Zw.aufn. – siehe Tilgungsplan)* die Investition stets auf einen und denselben Kapitalwert *(vorausgesetzt, der Kalkulationszinssatz bleibt unverändert)*.

Bemerkung 9.2.15: ***(Äquivalente Annuität einer Investition)***

Verrentet man (mit Hilfe des Kalkulationszinssatzes) den Kapitalwert C_0 einer Investition auf die Investitionsdauer T (Jahre), so erhält man statt des barwertigen Einmalbetrages C_0 eine äquivalente T-fache nachschüssige Rente, deren Rate A als ***äquivalente Annuität*** *der Investition bezeichnet wird.*

Bei Vermeidung unterschiedlicher Laufzeiten führt ein höherer Kapitalwert auch stets zur höheren Annuität, so dass es zur Beurteilung der absoluten Vorteilhaftigkeit einer ***Einzelinvestition*** *(ja/nein-Entscheidung) entbehrlich ist, allgemein auf diese sog.* ***Annuitätenmethode*** *einzugehen.*

Benutzt man hingegen die äquivalente Annuität als Kriterium, um die relative Vorteilhaftigkeit unter ***mehreren Investitionsalternativen*** *zu beurteilen, ist eine gewisse Vorsicht angebracht, wie das folgende Beispiel zeigt:*

Beispiel zur Annuitätenmethode:

Gegeben seien zwei Investitionen I_1, I_2 mit den folgenden Zahlungsreihen (i = 10% p.a.):

$$I_1: \; -10.000; \quad 5.000; \quad 2.500; \quad 5.000 \qquad [T€]$$
$$I_2: \; -20.000; \quad 10.000; \quad 6.000; \quad 3.000; \quad 6.000 \qquad [T€] \; .$$

Daraus ergeben sich die folgenden ***Kapitalwerte*** *(i = 10% p.a.)*

$$C_{0,1} = 368{,}14 \text{ T€} \qquad \text{bzw.} \qquad C_{0,2} = 401{,}61 \text{ T€},$$

d.h. nach dem Kapitalwertkriterium ist Investition I_2 vorzuziehen.

Die äquivalente Annuität A wird durch Verrentung des Kapitalwerts C_0 auf die Laufzeit T einer Investition ermittelt:

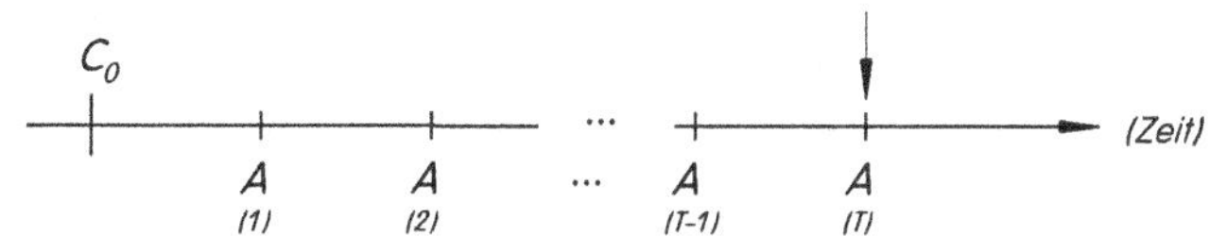

Nach dem Äquivalenzprinzip muss gelten: $\quad C_0 \cdot q^T = A \cdot \dfrac{q^T - 1}{q - 1} \quad$ *und daher*

(9.2.16)
$$A = C_0 \cdot q^T \cdot \frac{q-1}{q^T - 1}$$
(Äquivalente Annuität einer Investition) .

Legt man in unserem Beispiel die (unterschiedlichen) projektindividuellen Laufzeiten T=3 bzw. T=4 zugrunde, so erhalten wir für

Investition I_1: $\quad A_1 = 148{,}03$ *T€/Jahr* $\quad (T = 3)$

Investition I_2: $\quad A_2 = 126{,}70$ *T€/Jahr* $\quad (T = 4)$.

Eine Entscheidung aufgrund der Annuität für I_1 wäre – wie wir aufgrund des Kapitalwertkriteriums wissen – eine Fehlentscheidung, hervorgerufen durch die Tatsache, dass A_1 nur dreimal fließt, A_2 dagegen viermal.

Der scheinbare Widerspruch löst sich daher auf, wenn wir den Kapitalwert C_{01} der ersten Investition ebenfalls auf vier Jahre verrenten mit dem Ergebnis:

Investition I_1: $\quad A_1 = 116{,}14$ *T€/Jahr* $\quad (T = 4)$,

also besitzt I_1 neben dem geringeren Kapitalwert auch die geringere äquivalente Annuität, m.a.W. beide Kriterien liefern letzlich dieselbe Investitionsempfehlung.

Bemerkung 9.2.17: *Gelegentlich anzutreffen ist die* ***dynamische Amortisationszeit t**** *(pay-off-period) einer Investition. Darunter versteht man den Zeitraum bis zu dem Zeitpunkt, in dem erstmalig der Kapitalwert aller bis dahin geflossenen Zahlungen Null (oder positiv) wird, mithin das eingesetzte Kapital incl. Kalkulationszinsen über die Rückflüsse gerade wiedergewonnen werden kann.*

Für t gilt also erstmalig:* $\quad R_0 + \dfrac{R_1}{1+i} + \dfrac{R_2}{(1+i)^2} + \ldots + \dfrac{R_{t^*}}{(1+i)^{t^*}} \geq 0 \quad , \quad (t^* \leq T)$.

Wie das nebenstehende Beispiel einer Investition zeigt (Zahlungsreihe: -1000; 500; 100; 700; -500; i=10%), ergibt sich als Amortisationszeit knapp 3 Jahre (t =3, der Barwertsaldo wird mit +63,11 erstmals positiv). Da Zahlungen, die später als t* liegen, unberücksichtigt bleiben, führt hier eine Entscheidung nach Amortisationsgesichtspunkten in die Irre (Kapitalwert über die Gesamtlaufzeit ist negativ!).*

t	R_t	$R_t(1+i)^{-t}$	$\Sigma R_t(1+i)^{-t}$
0	-1000	-1000,00	-1000,00
1	500	454,55	-545,45
2	100	82,64	-462,81
3	700	525,92	**+ 63,11**
4	-500	-341,51	-278,40

9.3 Interner Zinssatz einer Investition – Vorteilhaftigkeitskriterien

In der Finanzmathematik versteht man *(vgl. Satz 2.2.18 iv) oder Def. 5.1.1)* unter dem Effektivzinssatz i_{eff} einer Zahlungsreihe denjenigen (Jahres-) Zinssatz i_{eff}, bei dessen Anwendung Leistungen (L) und Gegenleistungen (GL) äquivalent sind. Bezogen auf einen *(bei reiner Zinseszinsrechnung beliebig wählbaren - vgl. Satz 2.2.18 iii))* Stichtag lautet daher die vom Kalkulationszins i abhängige Äquivalenzgleichung *(deren Lösung i_{eff} liefert)*:

(9.3.1) $$L(i) = GL(i) \quad \text{oder} \quad L(i) - GL(i) = 0.$$

Dies Konzept lässt sich analog auf die Investitionsrechnung übertragen, da jede Investition sich durch ihre *(aus Leistungen (= Einzahlungen) und Gegenleistungen (= Auszahlungen) bestehende)* Zahlungsreihe darstellen lässt.

Beachtet man nun, dass der Kapitalwert C_0 einer Investition aus der (barwertigen) Differenz aller Einzahlungen (L) und Auszahlungen (GL) der Investition besteht *(vgl. Def. 9.2.4)*, d.h.

(9.3.2) $$C_0(i) := L(i) - GL(i),$$

so folgt unmittelbar, dass der **Effektivzins r einer Investition** *(= **interner Zinssatz**)* Lösung der Äquivalenzgleichung

(9.3.3) $$\boxed{C_0(i) = 0}$$

sein muss:

Definition 9.3.4: (interner Zinssatz r einer Investition)

Gegeben sei eine Investition durch ihre Zahlungsreihe (vgl. Def. 9.2.4):

R_0 ($t=0$), R_1 ($t=1$), R_2 ($t=2$), ..., R_{T-1} ($t=T-1$), R_T ($t=T$) (Zeit)

Derjenige Kalkulationszinssatz r, für den der **Kapitalwert** $C_0(r)$ der Investition **Null** wird, heißt **interner Zinssatz r** der Investition *(auch: **Effektivzinssatz** oder **Rendite** der Investition)*:

Der interne Zinssatz r ist Lösung der Äquivalenzgleichung $C_0(i) = 0$, d.h.

(9.3.5) $$C_0(i) = R_0 + \frac{R_1}{1+i} + \frac{R_2}{(1+i)^2} + \ldots + \frac{R_T}{(1+i)^T} = \sum_{t=0}^{T} R_t \cdot q^{-t} = 0.$$

Der **interne Zinssatz** r ist somit auch definiert als **Nullstelle** der **Kapitalwertfunktion** $\mathbf{C_0 = C_0(i)}$.

Zur Ermittlung des internen Zinssatzes von Investitionen sind daher dieselben Methoden *(z.B. Regula falsi als iterative Methode zur Gleichungslösung)* anwendbar, wie sie bereits in Kap. 5.1.2 beschrieben wurden.

Beispiel 9.3.6: Die Investition mit der Zahlungsreihe (vgl. Abb. 9.1.3)

– 10.000; 5.000; 2.500; 5.000 (T€)

hat die Kapitalwertfunktion (vgl. (9.3.5)):

$$C_0(i) = -10.000 + \frac{5.000}{1+i} + \frac{2.500}{(1+i)^2} + \frac{5.000}{(1+i)^3} .$$

Die graphische Darstellung der Funktion $C_0 = C_0(i)$ führt zu folgendem Funktionsschaubild:

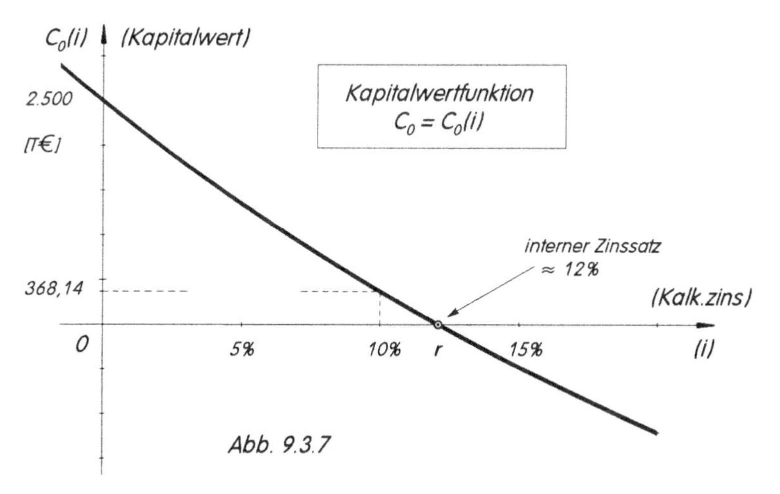

Abb. 9.3.7

Zur Ermittlung des internen Zinsfußes r wird die Nullstelle von $C_0(i)$ mit Hilfe eines Iterationsverfahrens *(z.B. mit der Regula falsi)* bestimmt.

Mit den Startwerten 10%/15% und Anwendung der Regula falsi (5.1.29) erhalten wir nacheinander die iterierten Werte 12,1851%; 12,0976%; 12,0949%; 12,0948%; ..., so dass – auf 4 Nachkommastellen genau – der interne Zinssatz r lautet

$$r = 12{,}0948\% \text{ p.a.}$$

Wie gesehen, wird zur Definition des internen Zinssatzes r einer Investition deren Kapitalwert C_0 benötigt. Zur **Interpretation des internen Zinssatzes** sowie zur **Vorteilhaftigkeitsaussage** mit Hilfe des internen Zinssatzes werden wir daher immer wieder den Kapitalwert C_0 *(d.h. den momentanen Vermögenszuwachs des Investors)* als Entscheidungskriterium heranziehen.

Wir betrachten zunächst den in der Praxis weitaus häufigsten Fall einer **Normalinvestition** *(d.h. die Zahlungsreihe beginnt mit einer Auszahlung, weist genau einen Zeichenwechsel auf und genügt dem Deckungskriterium, vgl. (9.1.4))*. Die Kapitalwertfunktion $C_0(i)$ derartiger Normalinvestitionen weist stets folgenden **typischen Verlauf**[7] *(siehe auch Abb. 9.3.7)* auf:

[7] Vgl. etwa [Hax] 16ff.

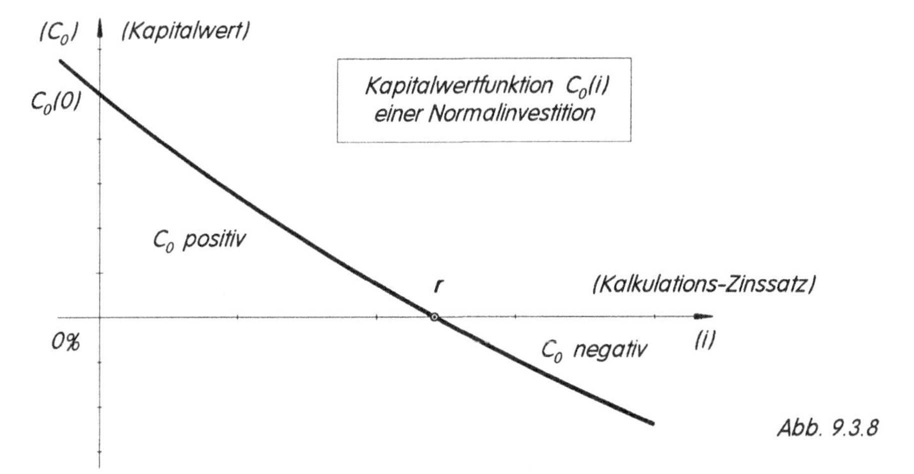

Abb. 9.3.8

Die Kapitalwertfunktion $C_0(i)$ einer **Normalinvestition** besitzt somit die folgenden **typischen Merkmale**:

(9.3.9)

Kennzeichen der Kapitalwertfunktion von Normalinvestitionen:

i) Für den Kalkulationszins 0% ist der Kapitalwert positiv: $C_0(0) > 0$.

ii) $C_0(i)$ besitzt genau eine Nullstelle r, d.h. der interne Zinssatz r einer Normalinvestition ist eindeutig bestimmt.

iii) Die Kapitalwertfunktion $C_0(i)$ ist *(beginnend bei $i = 0\%$)* im relevanten Bereich um die *(einzige)* Nullstelle herum **streng monoton fallend**.

Bemerkung 9.3.10: *Beginnt eine Normalinvestition mit einer Auszahlung (d.h. $R_0 = -a_0 < 0$) und folgen dann nur noch (positive) Einzahlungsüberschüsse (d.h. $R_1, R_2, ..., R_T > 0$), so lassen sich die genannten Merkmale (9.3.9) von Normalinvestition mit Hilfe der Differentialrechnung ohne weiteres beweisen:*

Da sich die Kapitalwertfunktion $C_0(i)$ nunmehr schreiben lässt als (vgl. Bem. 9.2.8)

$$(*) \qquad C_0(i) = -a_0 + \frac{R_1}{1+i} + \frac{R_2}{(1+i)^2} + \ldots + \frac{R_T}{(1+i)^T} \quad ,$$

so folgt für die erste Ableitung $C_0'(i)$:

$$(**) \qquad C_0'(i) = \frac{-R_1}{(1+i)^2} - \frac{2R_2}{(1+i)^3} - \ldots - \frac{T \cdot R_T}{(1+i)^{T+1}} \quad .$$

*Da alle $R_i > 0$, muss $C_0'(i)$ stets negativ (für $i > -1$) sein, mithin muss die Kapitalwertfunktion **$C_0(i)$ streng monoton fallend**[8] sein.*

Andererseits gilt: $C_0(0) > 0$ sowie $\lim_{i \to \infty} C_0(i) = -a_0 < 0$ (vgl. (*)).

Also muss $C_0(i)$ genau eine[9] Nullstelle $r\ (> 0)$ besitzen.

[8] Vgl. etwa [Tie3], Satz 6.2.2.

[9] Vgl. [Tie3], Satz 4.6.7.iii) im Zusammenhang mit der Monotonie von $C_0(i)$.

Aus der Tatsache, dass der interne Zinssatz r definitionsgemäß der Nullstelle r der Kapitalwertfunktion entspricht, ergeben sich im Zusammenhang mit der Interpretation des Kapitalwertes *(vgl. Bem. 9.2.10)* die folgenden

(9.3.11) Interpretationen des internen Zinssatzes einer Investition:

i) Gilt i = r, d.h. ist der **Kalkulationszinssatz** i des Investors **identisch** mit dem **internen Zinssatz** r der Investition, so sind Investition und Unterlassung *(im finanzmathematischen Sinne)* **äquivalent**, d.h. bei Durchführung der Investition erreicht der Investor dasselbe *(end- oder barwertige)* Endvermögen wie bei Unterlassung *(= Anlage seiner Mittel zum Kalkulationszinsfuß)*.

ii) Der interne Zinssatz r ist derjenige *(fiktive)* Fremdkapitalzinssatz, den das Investitionsprojekt gerade noch „verkraften" kann. Damit ist gemeint: Ein Fremdkapitalgeber, z.B. eine Investitions-Kreditbank, ja sogar die investierende Unternehmung selbst könnte als Gegenleistung für alle mit der Investition verbundenen Kredite einen Soll-Zinssatz r in Höhe des internen Zinssatzes verlangen. Die Investition könnte dann über die zu erwartenden Rückflüsse sämtliche erhaltenen Kredite vollständig mit r verzinsen und tilgen, ein entsprechendes Kreditkonto *(bzw. der Tilgungsplan)* ginge genau auf.

Beispiel 9.3.12: Unsere Standard-Normalinvestition *(Abb. 9.1.3)* mit der Zahlungsreihe – 10.000; 5.000; 2.500; 5.000 hat nach Bsp. 9.3.6 einen internen Zinssatz von 12,094831% p.a.. Verwenden wir die eingehenden Rückflüsse unmittelbar zur Verzinsung und – soweit darüber hinaus jeweils noch möglich – zur Tilgung des Investitionskredits *(Kreditsumme: 10.000 T€)*, so erhalten wir folgenden Tilgungsplan *(„Vergleichskonto")*:

Jahr (t)	Restschuld (Beginn t)	(12,094831% p.a.) Zinsen (Ende t)	Tilgung (Ende t)	Rückfluß Investition = Annuität (Ende t)
1	**10.000,00**	1.209,48	3.790,52	**5.000**
2	6.209,48	751,03	1.748,97	**2.500**
3	4.460,51	539,49	4.460,51	**5.000**
4	**0**	*(Investitions-Vergleichskonto)*		

Tab. 9.3.13

Man sieht erneut, dass ein Fremdkapitalzins in Höhe des internen Zinssatzes r das Kreditkonto genau verzinst und tilgt. Wäre der tatsächliche Fremdkapitalzins i *(bzw. die geforderte Eigenkapitalverzinsung)* geringer als r, so bliebe – nach Zins und Tilgung – noch etwas für den Investor übrig, nämlich der *(positive)* Kapitalwert *(als barwertige Endvermögensdifferenz)*. Die Kenntnis des internen Zinssatzes r versetzt den Investor in die Lage, seinen eigenen **Verhandlungsspielraum** für Kreditverhandlungen mit den Geldgebern zu kennen: Bis zur Höhe r des internen Zinssatzes lässt sich notfalls mit der Kreditbank „pokern". Erst wenn die geforderte Mindestverzinsung i den internen Zinssatz r übersteigt, erleidet der Investor einen Vermögensverlust, der nicht mehr durch die Investition aufgefangen werden kann.

Bemerkung 9.3.14: *Die in der Literatur*[10] *vielfach strapazierte „Wiederanlageprämisse" (sie besagt, die Ermittlung des internen Zinssatzes setze voraus, dass der Investor sein Kapital sowie alle Rückflüsse zum internen Zinssatz anlegen müsse) verliert unter der tilgungsplanorientierten Abwicklung der Investition einiges an der ihr zugeschriebenen Irrealität. Auf einem laufenden Konto (das mit r verzinst wird) wirkt eben jede Einzahlung wie eine Anlage zum internen Zins und jede Abhebung wie eine Kreditaufnahme zum internen Zinssatz.*

[10] Vgl. etwa [Gro2] 109ff. oder [Kru1] 85ff.

Aus dem Gesagten ergibt sich als **Entscheidungskriterium** für den Investor auf **Basis des internen Zinsfußes** bei **Normalinvestitionen** die sog. „Interne-Zinssatz-Methode“:

(9.3.15) Interne-Zinssatz-Methode für Einzelinvestitionen:

Gegeben sei eine Normalinvestition durch ihre Zahlungsreihe.

Dann ist die Investition *(finanzmathematisch)* **vorteilhaft**, wenn der **interne Zinssatz** r **größer** ist als der *(tatsächlich anzuwendende)* **Kalkulationszinssatz** i ist, vgl. Abb. 9.3.16:

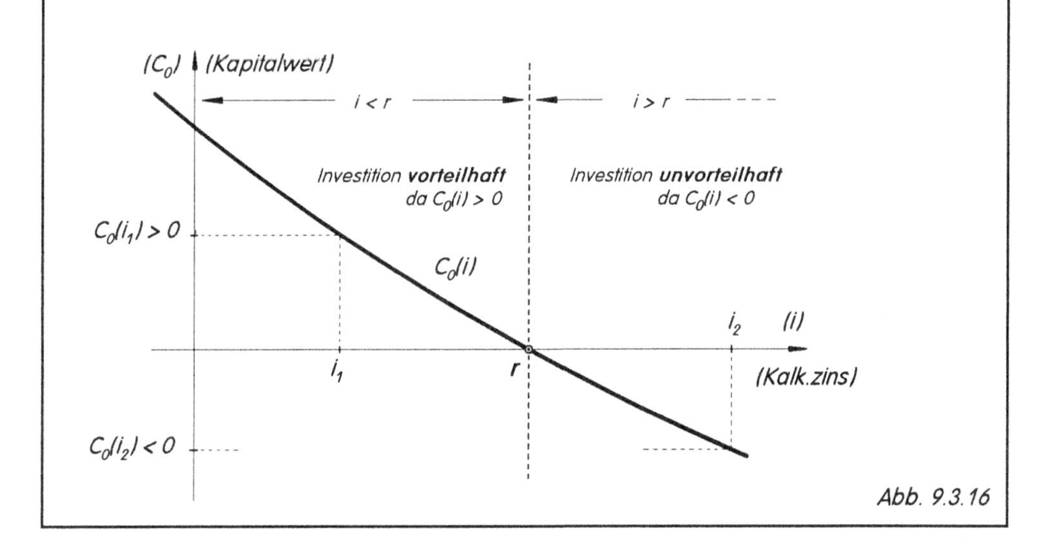

Abb. 9.3.16

Eine korrekte Entscheidung aufgrund des internen Zinssatzes beruht also eigentlich auf der Höhe der für alternative Kalkulationszinssätze $i_1, i_2, \ldots$ erzielbaren **Kapitalwerte!**

Etwas verwickelter werden die Zusammenhänge, wenn eine Investitionsentscheidung unter mehreren (Normal-) Investitions-Projekten gefällt werden soll und die jeweiligen internen Zinssätze $r_1, r_2, \ldots$ zur Entscheidungsfindung herangezogen werden sollen *(„interne-Zinssatz-Methode für **alternative** Investitionsprojekte“)*.

Beispiel 9.3.17: Zwei (Normal-) Investitionen I_1, I_2 seien durch folgende Zahlungsreihen gegeben:

I_1: − 100; 80; 60; 10 (T€);
I_2: − 100; 10; 70; 90 (T€).

Kalkulationszinssatz *(z.B. Fremdkapitalzinssatz)*: 10% p.a.

Die beiden Kapitalwertfunktionen $C_{0,1}(i)$, $C_{0,2}(i)$ lauten:

für I_1: $$C_{0,1} = -100 + \frac{80}{1+i} + \frac{60}{(1+i)^2} + \frac{10}{(1+i)^3} \quad ,$$

für I_2: $$C_{0,2} = -100 + \frac{10}{1+i} + \frac{70}{(1+i)^2} + \frac{90}{(1+i)^3} \quad ; \quad i > -1.$$

Die beiden internen Zinssätze *(erhalten etwa mit der Regula falsi)* lauten

für I_1: $r_1 = 31{,}44\%$ p.a. ,
für I_2: $r_2 = 24{,}41\%$ p.a.

Auf den ersten Blick scheint Investition I_1 *(wegen der weitaus höheren Rendite)* vorteilhafter als Investition I_2 zu sein.

Andererseits stellt man fest: Beim gegebenen Kalkulationszinssatz von 10% p.a. ergeben sich die folgenden Kapitalwerte:

für I_1: $C_{0,1}(0{,}10) = 29{,}827$ T€ ,
für I_2: $C_{0,2}(0{,}10) = 34{,}560$ T€ ,

also ein deutlicher Vorsprung für Investition I_2.

Der *(scheinbare)* **Widerspruch** zwischen den unterschiedlichen Vorteilhaftigkeitsreihenfolgen der Renditen und der Kapitalwerte löst sich auf, wenn wir die beiden Kapitalwertfunktionen graphisch darstellen (Abb. 9.3.18):

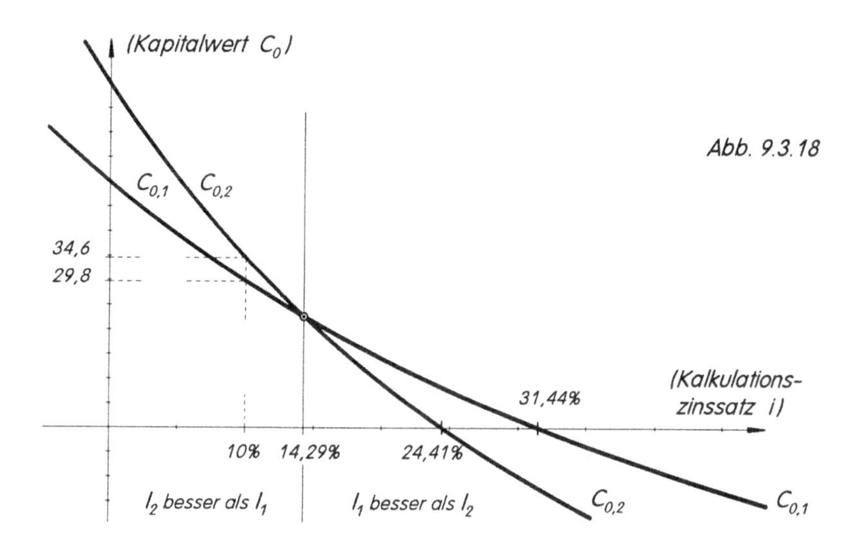

Abb. 9.3.18

Da sich die beiden Kapitalwertkurven *(im „kritischen" Zinssatz $i_{krit} = 14{,}2857\%$ p.a.)* schneiden, muss für alle Kalkulationszinssätze i, die links von i_{krit} liegen, Investition I_2 vorteilhafter sein, wohingegen rechts von i_{krit} die Vorteilhaftigkeitsreihenfolge für Investition I_1 spricht:

Entscheidend sind also auch hier nicht die internen Zinssätze *(oder Renditen)*, sondern die jeweils erzielbaren Kapitalwerte der Investitionen.

Was bei **Nicht-Normalinvestitionen** alles passieren kann, zeigen die folgenden Beispiele (1) bis (3):

(1) Es existiert **kein** *(positiver)* **interner Zinssatz**, der **Kapitalwert** C_0 ist stets **positiv** *(Abb.9.3.19a-d)*:

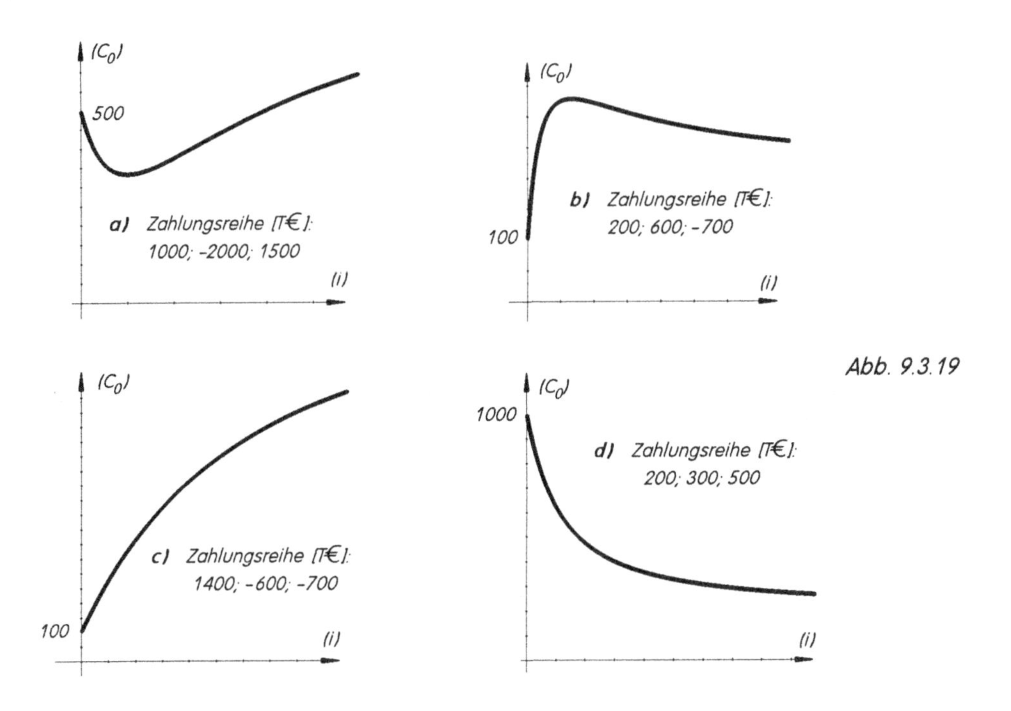

Abb. 9.3.19

(2) Es existiert **kein** *(positiver)* **interner Zinssatz**, der **Kapitalwert** C_0 ist stets **negativ** *(d.h. die betreffende Investition ist für jeden Kalkulationszinssatz unvorteilhaft, siehe Abb. 9.3.20 a) - d))*:

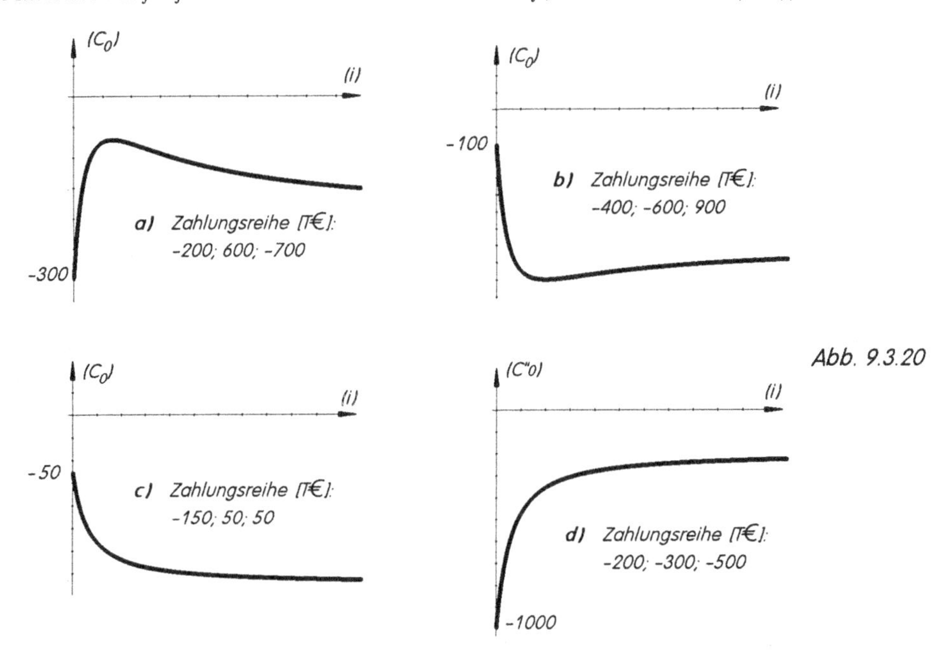

Abb. 9.3.20

(3) Die Kapitalwertfunktion $C_0(i)$ besitzt mehrere positive Nullstellen, d.h. es gibt **mehrere** positive **interne Zinssätze**.

In diesem Fall ist die betreffende Investition nur innerhalb solcher Zinssatz-Intervalle vorteilhaft, für die sich ein positiver Kapitalwert ergibt *(in solchen Intervallen verläuft die Kapitalwertkurve oberhalb der Abszisse, siehe Abb. 9.3.21 a) - d))*:

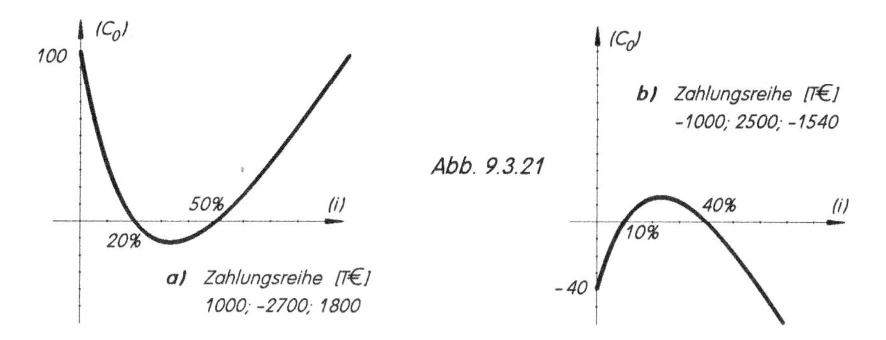

Investition a) ist absolut vorteilhaft für Kalkulationszinssätze zwischen 0% und 20% p.a. sowie für Zinssätze über 50% p.a. Investition b) hingegen ist nur für Kalkulationszinssätze zwischen 10% und 40% p.a. absolut vorteilhaft.

Beim **Alternativenvergleich** *(a) oder b))* betrachtet man am besten beide Kapitalwertfunktionen im gleichen Koordinatensystem *(Abb. 9.3.21 c))*:

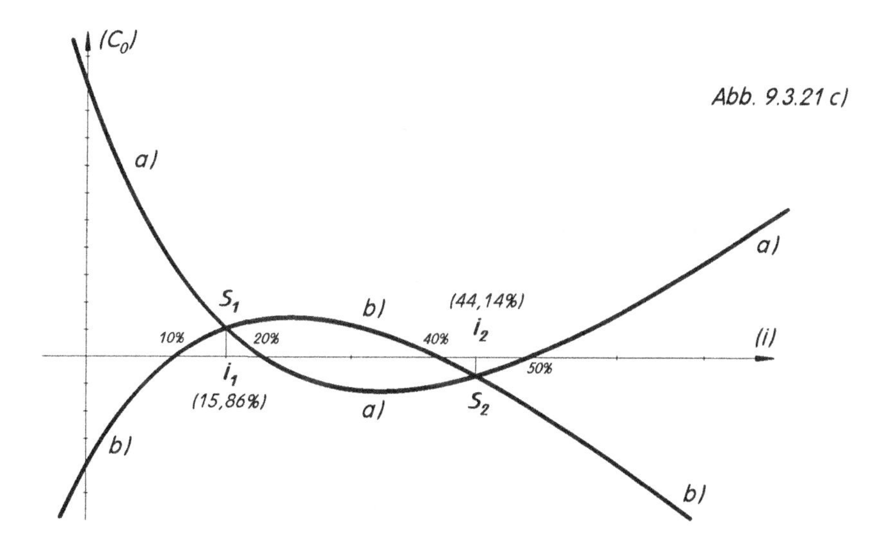

Für den Alternativenvergleich notwendig sind die Kalkulationszinssätze i_1, i_2 in den Schnittpunkten S_1, S_2 der beiden Kapitalwertfunktionen. Man erhält *(etwa durch Gleichsetzen von $C_{0,a}$ und $C_{0,b}$)*:

$$i_1 = 15{,}8579 \approx 15{,}86\% \text{ p.a.};$$
$$i_2 = 44{,}1421 \approx 44{,}14\% \text{ p.a.}$$

Daraus ergibt sich zusammen mit Abb. 9.3.21 c) folgende Vorteilhaftigkeitsreihenfolge in Abhängigkeit vom realisierbaren *(nichtnegativen)* Kalkulationszinssatz i:

für 0% ≤ i < 15,86%	ist Investition a) vorzuziehen;
für 15,86% < i < 40%	ist Investition b) vorzuziehen;
für 40% < i < 50%	sind beide Investitionen absolut unvorteilhaft, da die entsprechenden Kapitalwerte negativ sind. Dabei ist Investition b) zunächst *(d.h. für i < 44,14% p.a.)* weniger schlecht als a), für 44,14% < i < 50% p.a. ist es umgekehrt;
für i > 50%	ist wiederum Investition a) allein sowohl absolut vorteilhaft als auch relativ besser als b).

Schließlich zeigt Abb. 9.3.21 d), daß bei Nicht-Normalinvestitionen die Zahl möglicher *(positiver)* interner Zinssätze praktisch beliebig groß werden kann:

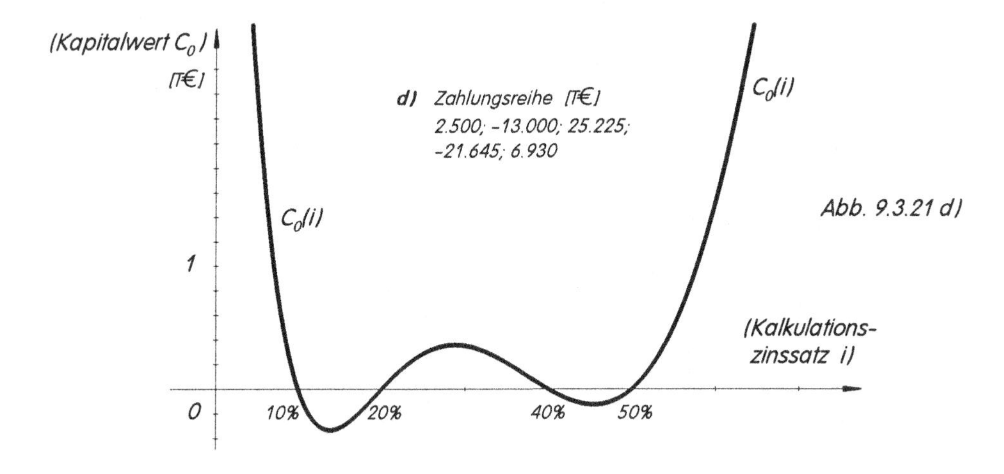

Abb. 9.3.21 d)

Die Investition ist **un**vorteilhaft für Kalkulationszinssätze zwischen 10% und 20% sowie zwischen 40% und 50%. Für alle übrigen *(positiven)* Kalkulationszinssätze ist die Investition absolut vorteilhaft. Auch hier wird deutlich, daß allein die Höhe der Kapitalwerte für die Vorteilhaftigkeit der Investitionen maßgeblich ist, nicht etwa die Höhe der „Rendite".

Aufgabe 9.3.22: Die Huber AG plant eine Anlageinvestition, wobei die folgenden beiden Alternativen möglich sind:

Alternative A: Investitionsauszahlung: 90.000 €, in den nächsten fünf Jahren werden folgende Einzahlungsüberschüsse erwartet:

24.000; 32.000; 39.000; 42.000; 50.000 (€).

Die entsprechende Zahlungsreihe bei **Alternative B** lautet:

– 134.400; 56.000; 50.000; 36.000; 34.000; 33.000 (€).

i) Der Kalkulationszinssatz betrage 10% p.a. Welche Alternative ist günstiger, wenn als Entscheidungskriterium die Höhe des Kapitalwertes herangezogen wird?

ii) Man ermittle jeweils die internen Zinssätze und gebe eine Investitionsempfehlung.

iii) Man beantworte i) und ii), wenn die Zahlungsreihen lauten:

A: – 100.000; 10.000; 20.000; 30.000; 40.000; 50.000 (€)
B: – 100.000; 40.000; 40.000; 30.000; 20.000; 10.000 (€)

und mit einem Kalkulationszins von 5% p.a. operiert wird?

Aufgabe 9.3.23: Student Pfiffig hat im Spielkasino 120.000 € gewonnen und ist nun auf der Suche nach einer lukrativen Kapitalanlage. Nach eingehender Markterkundung bieten sich ihm nur die folgenden *(einander ausschließenden)* Investitionsalternativen:

i) Beteiligung als stiller Gesellschafter mit 90.000 € an einer Unternehmung, die in Alaska Bananen anbaut. Die Rückzahlungsmodalitäten sehen Rückflüsse an den Investor in 6 Jahresraten zu je 19.000 € vor *(wobei die erste Rate nach einem Jahr fällig wird.)*;

ii) Darlehensgewährung in Höhe von 75.000 € an seine Ex-Geliebte Thea, die damit eine Frittenbude eröffnen will. Thea verspricht, in zwei Jahren 100.000 € zurückzuzahlen;

iii) Anlage auf sein Sparkonto zu einem langfristig *(„ewig")* gesicherten Zinssatz von 6% p.a.;

iv) Durchführung eines Investitionsprojektes *(Investitionsauszahlung in $t = 0$: 100.000 €)*, das in den folgenden 7 Jahren die nachstehenden Einzahlungsüberschüsse erwarten läßt:

t	1	2	3	4	5	6	7
$e_t - a_t$	20.000	25.000	30.000	30.000	25.000	20.000	10.000

v) Darlehen in Höhe von 60.000 € an den örtlichen Skatclub zwecks Ausrichtung der Skatweltmeisterschaften, vereinbarte Rückzahlung in vier gleichen Annuitäten *(i = 10% p.a.)* in den ersten vier Jahren *(erste Rückzahlung nach einem Jahr)*.

a) Man ermittle die interne Verzinsung jeder der fünf Alternativen

a1) nur unter Berücksichtigung des jeweils eingesetzten Kapitals;

a2) unter Berücksichtigung des gesamten Kapitals von 120.000 €, wobei nicht eingesetzte Beträge zum langfristig gesicherten Zinssatz für 7 Jahre fest angelegt werden *(vorzeitige Rückzahlung nicht möglich)*;

a3) unter Berücksichtigung des gesamten Kapitals von 120.000 €, wobei Pfiffig die nicht eingesetzten Beträge an einem sicheren Ort vergräbt und erst nach genau 7 Jahren wieder hervorholt:

- Welche Vorteilhaftigkeitsreihenfolge ergibt sich jeweils?
- Würden Sie Pfiffig raten, jeweils die Alternative mit dem höchsten internen Zinssatz durchzuführen? *(Begründung!)*

b) Als Kalkulationszinssatz möge nun der für Pfiffig langfristig gegebene Zinssatz gewählt werden. Wie dürfte Pfiffigs Entscheidung lauten, wenn er seinen Kapitalwert maximieren will?

Aufgabe 9.3.24: Infolge drastischer Rohölverknappung beschließt die Unternehmensleitung der Schnapsbrennerei Knülle KG, die dringend benötigten Rohstoffe in Form von *(vorhandenen)* Steinkohlereserven auf eigenem Grund und Boden zu fördern.

Zur Wahl stehen zwei unterschiedliche Förderanlagen mit folgenden Nettozahlungsreihen:

Anlage I:	−250;	50;	50;	50;	100;	100;	300	(T€)
Anlage II:	−300;	200;	100;	100;	100;	50;	50	(T€) .

Die Finanzierung soll ausschließlich mit Fremdkapital erfolgen.

i) Ermitteln Sie für die Verhandlung mit den Geldgebern die jeweils maximalen Kreditzinssätze, die die Projekte gerade noch „verkraften" können.

ii) Die Unternehmensleitung findet schließlich einen Geldgeber, der bereit ist, das geplante Projekt zu 8% p.a. zu finanzieren. Für welche Anlage sollte sich die Unternehmensleitung entscheiden?

Aufgabe 9.3.25: Theobald Tiger ist auf der Suche nach einer lohnenden Kapitalanlage, die mindestens eine Rendite von 8% p.a. erbringt.

Bei der Analyse von Maklerangeboten für Mietshäuser stellt er fest, daß bei sämtlichen Verkaufsofferten der Kaufpreis *(incl. aller Nebenkosten)* für irgendein Mietshaus identisch ist mit der zwölffachen Netto-Jahresmiete.

i) Entscheiden Sie durch Ermittlung der Rendite einer derartigen Kapitalanlage, ob Sie den Ansprüchen T.T.'s genügt. Gehen Sie bei Ihren Überlegungen davon aus, daß bei einem derartigen Objekt stets nominale Kapitalerhaltung gegeben ist *(d.h. T.T. ist jederzeit in der Lage, ein gekauftes Mietshaus genau zum Ankaufspreis wieder zu verkaufen)*.

ii) Ist eine Kapitalanlage der genannten Art für T.T. lohnend, wenn er nach 20 Jahren beim Wiederverkauf eines Mietshauses einen Erlös in Höhe von 90% des nominalen ursprünglichen Kaufpreises erzielt?

Aufgabe 9.3.26: Der Fußballnationalspieler Kunibert Klotzfuß könnte sein Kapital zu 10% p.a. anlegen. Da bietet sich ihm eine einmalige Gelegenheit:

Zu einem Kaufpreis von 4,5 Mio. € kann er Eigentümer einer herrlichen Villa werden, für deren Vermietung an den Verein zur Rettung des Hosenträgers er mit jährlichen Einzahlungsüberschüssen von 630.000 €/Jahr rechnen kann.

Nach 8 Jahren allerdings wird das Gebäude im Zuge des Baues einer durch das Grundstück führenden Autobahn abgerissen, die staatliche Enteignungsentschädigung wird dann 2,5 Mio. € betragen.

i) Ist das Projekt für K.K. lohnend?

ii) Kunibert will nur dann auf das Angebot eingehen, wenn ihm dadurch eine Verzinsung von 15% p.a. garantiert wird. Welchen Kaufpreis wird er daher höchstens akzeptieren?

iii) Der Verkäufer der Villa ist schließlich doch bereit, den Preis auf 3 Mio. € zu senken. Welche interne Verzinsung ergibt sich nun für K.K. bei Annahme des Angebotes, wenn die übrigen Verhältnisse so wie eingangs beschrieben bleiben?

Aufgabe 9.3.27: Die Großbäckerei Paul Popel GmbH & Co. KG erwägt den Kauf einer vollautomatischen Rosinenbrötchen-Backanlage.

Zur Wahl stehen zwei Anlagen *(Lebensdauer jeweils 4 Jahre)* mit folgenden Anschaffungsauszahlungen:

Anlage I: € 98.000 ; **Anlage II:** € 108.000 .

Die zurechenbaren Einzahlungen belaufen sich bei beiden Anlagen im ersten Jahr auf 75.000 € und steigern sich in jedem weiteren Jahr der Nutzung um 10% des Vorjahreswertes.

Für die mit dem Betrieb der Anlage verbundenen Auszahlungen ergeben sich außer der Anschaffungsauszahlung folgende Werte *(in €)*:

t	1	2	3	4
I: a_t:	68.000	42.000	28.000	45.000
II: a_t:	15.000	25.000	70.000	75.000

Für Anlage I kann nach vier Jahren ein Liquidationserlös in Höhe von 12.000 € erzielt werden, während Anlage II verschrottet werden muß.

i) Für welche Anlage sollte sich Paul Popel entscheiden, wenn der Kapitalwert als Entscheidungskriterium gilt und mit einem Kalkulationszinssatz von 15% p.a. gerechnet wird?

ii) Wie lautet die Entscheidung, wenn die äquivalente Annuität als Entscheidungskriterium gewählt wird?

iii) Ermitteln Sie die internen Zinssätze beider Investitionsalternativen.

a) Wie lautet die Entscheidung, wenn ausschließlich der interne Zinssatz als Entscheidungskriterium gewählt wird?

b) Sollte diese Entscheidung im Widerspruch zur Entscheidung nach i) stehen: Wie ist der Widerspruch zu erklären?

Aufgabe 9.3.28: Die miteinander konkurrierenden Produzenten Hubert Halbnagel und Hermann Hammer beabsichtigen beide, in den aussichtsreichen Markt für schmiedeeiserne Gartenzwerge einzusteigen.

Halbnagel erstellt aufgrund umfangreicher Analysen und Prognosen folgende Zahlungsreihe für seine geplante Investition *(in T€)*:

t	0	1	2	3	4
$e_t - a_t$	- 1.000	500	1.000	200	800

Halbnagel kann Geld zu 10% p.a. anlegen und aufnehmen.

Sein Konkurrent Hammer bekommt Wind von diesem Plan. Er will auf gar keinen Fall Halbnagel als Konkurrent auf diesem Markt. Daher geht er zu Halbnagel und bietet ihm vier *(nachschüssige)* Jahresraten zu je 300.000 €/Jahr für den Fall, daß er *(d.h. also Halbnagel)* seinen Plan fallen lasse und Hammer den Markt für schmiedeeiserne Gartenzwerge allein überlasse.

i) Wie entscheidet sich Halbnagel unter dem Ziel „Kapitalwertmaximierung“?

ii) Bei welchem Kalkulationszinssatz ist Halbnagel indifferent gegenüber den beiden Alternativen „Gartenzwergproduktion“ auf der einen und „Hammers Angebot“ auf der anderen Seite?

iii) Wie ändert sich Halbnagels Entscheidung *(Kalkulationszinssatz wie oben: 10% p.a.)*, wenn Hammers Angebot lautet: 1 Mio. € in bar?

Aufgabe 9.3.29: Ignaz Wrobel erwägt, in seiner Garage die vollautomatische Produktion von doppelseitig gespitzten Reißzwecken mit hydraulisch abgedrehtem Teller aufzunehmen *(Weltneuheit)*.

Zur Wahl stehen zwei Produktionsanlagen mit den deren Anschaffungsauszahlungen 120.000 € *(Typ I)* bzw. 130.000 € *(Typ II)*.

Die Lebensdauer beider Anlagen wird mit 4 Jahren veranschlagt.

Danach kann mit Liquidationserlösen in Höhe von 15% der Anschaffungsauszahlungen gerechnet werden.

An laufenden Einzahlungen rechnet Ignaz bei beiden Anlagen mit 40.000 € im 1. Jahr und einer Steigerung in den Folgejahren um 20% des jeweiligen Vorjahreswertes.

Die Höhe der sonstigen laufenden Auszahlungen ist in folgender Tabelle wiedergegeben *(in €)*:

	t	1	2	3	4
I:	a_t	35.000	20.000	11.000	6.000
II:	a_t	4.000	10.000	20.000	30.000

i) Ermitteln Sie für einen Kalkulationszinssatz i = 10% p.a. die Kapitalwerte der Investitionsalternativen. Wie lautet die Entscheidung?

ii) Welche jährlich gleiche Summe müßte ihm ein Konkurrent 4 Jahre lang mindestens zahlen, damit Ignaz die Investition unterläßt? *(i = 10% p.a.)*

iii) Ermitteln Sie die internen Zinssätze beider Investitionsalternativen und geben Sie an, inwiefern die erhaltenen Werte zutreffende Aussagen über die Vorteilhaftigkeit der Projekte ermöglichen.

Aufgabe 9.3.30: Huber will in 20 Jahren nach Madagaskar auswandern. Für den Zeitraum bis dahin sucht er nach einer günstigen Kapitalanlage. Ein Immobilienmakler unterbreitet ihm folgendes Angebot für den Kauf eines Mietshauses:

Kaufpreis 1,2 Mio. €;

jährliche *(nachschüssige)* Netto-Mieteinnahme 100.000 €.

Bei Kauf werden Maklercourtage von 3% des Kaufpreises *(zuzüglich 16% MwSt. auf die Courtage)* sowie Grunderwerbsteuer in Höhe von 3,5% des Kaufpreises fällig.

Sonstige Kosten *(Notar usw.)* entstehen bei Kauf in Höhe von 1% des Kaufpreises.

Nach 20 Jahren kann mit einem Verkaufserlös in Höhe von 95% des heutigen Kaufpreises gerechnet werden.

Wie hoch ist die Effektivverzinsung dieser Kapitalanlage?

Aufgabe 9.3.31: Die Assekurantorix-Versicherungs AG unterbreitet Caesar folgendes Lebensversicherungsangebot:

Caesar zahlt, beginnend heute, jährlich 3.000 € Prämie *(25 mal)*. Nach 12 Jahren erfolgt eine Gewinnausschüttung an Caesar in Höhe von 10.000 €, nach weiteren 4 Jahren in Höhe von 20.000 €, nach weiteren 4 Jahren in Höhe von 26.000 € und am Ende des 25. Versicherungsjahres in Höhe von 50.000 €.

i) Caesar betrachtet diese Lebensversicherung ausschließlich als Kapitalanlage. Wäre er mit dieser Anlage gut beraten, wenn er alternativ sein Geld zu 5% p.a. anlegen könnte?

ii) Wie hoch ist die Effektivverzinsung dieser Kapitalanlage?

Aufgabe 9.3.32: Münch schließt eine Lebensversicherung *(Versicherungssumme 100.000 €)* ab, Laufzeit 30 Jahre.

Er verpflichtet sich, zu Beginn eines jeden Versicherungsjahres eine Versicherungsprämie in Höhe von 3.500 € zu zahlen. Dafür erhält er *(neben dem Versicherungsschutz)* am Ende des 30. Jahres die Versicherungssumme sowie zusätzlich die kumulierten „Gewinnanteile" in Höhe von weiteren 100.000 € ausbezahlt.

i) Welche effektive Kapitalverzinsung liegt zugrunde?

ii) Welche Kapitalverzinsung ergibt sich, wenn sich Münch – beginnend am Ende des 3. Versicherungsjahres – Gewinnanteile in Höhe von 1,6% p.a. der Versicherungssumme ausbezahlen läßt *(letzte Ausschüttung am Ende des 30. Jahres)* und dadurch am Ende der Laufzeit lediglich die Versicherungssumme erhält?

iii) Welche effektive Kapitalverzinsung ergibt sich *(nach Steuern)*, wenn alle Prämien unmittelbar steuerlich absetzbar sind *(Münch unterliegt einem Grenzsteuersatz von 40%)* und die *(wie in Fall i) anzusetzenden)* Rückflüsse steuerfrei sind?

Aufgabe 9.3.33: Joepen schließt mit seiner Hausbank einen Ratensparvertrag ab. Er verpflichtet sich, 6 Jahresraten *(beginnend 01.01.00)* zu je 5.000 € einzuzahlen.

Als Gegenleistung vergütet die Bank 5% p.a. Zinsen *(des jeweiligen Kontostandes)* und zahlt darüber hinaus am Ende eines jeden Sparjahres – d.h. beginnend 31.12.00 – eine zusätzliche Sparprämie in Höhe von 400 € auf Joepens Sparkonto *(insgesamt also ebenfalls 6 Sparprämien)*. Erst am Tag der letzten Sparprämie kann Joepen über das angesammelte Kapital verfügen.

i) Über welchen Kontostand verfügt Joepen am 01.01.06?

ii) Mit welchem Effektivzinssatz hat sich Joepens Kapitaleinsatz verzinst?

iii) Man ermittle den Kapitalwert bei einem Kalkulationszins von 8% p.a. und interpretiere das Ergebnis.

Aufgabe 9.3.34: Agathe erwirbt 10 Platinbarren *(je 1 kg/Barren)* zum Preis von 30.000 €/kg. Nach drei Jahren verkauft sie zwei Barren für 32.000 €/kg, nach weiteren vier Jahren verkauft sie sechs Barren für 35.000 €/kg und den Rest nach einem weiteren Jahr zu 33.000 €/kg.

Welche Effektivverzinsung erreichte Agathe bei diesem Geschäft?

Aufgabe 9.3.35: Weinsammler R. Schuler ersteigert auf einer Auktion die letzte Flasche des berühmten Château d'Aix la Camelle, 1er Grand Cru Classé, Jahrgang 1875, für 50.000 € plus 15% Versteigerungsgebühr. Er versichert die Flasche zu einer Jahresprämie von 1.000 €/Jahr *(die Prämie für das erste Versicherungsjahr ist fällig am Tage des Erwerbs der Flasche)*.

Nach 6 Jahren veräußert er die Flasche an den Steuerfahnder M. Knüppel, der dafür 100.000 € zu zahlen bereit ist. Davon soll Schuler eine Hälfte am Tage des Erwerbs, die restlichen 50.000 € zwei Jahre später erhalten.

i) Welche effektive Verzinsung erzielte Schuler mit seiner Vermögensanlage?

ii) Man untersuche, ob Schuler mit diesem Geschäft gut beraten war, wenn er sein Geld alternativ zu 5% p.a. hätte anlegen können.

Aufgabe 9.3.36: Dagobert Duck beteiligt sich an einer Diamantengrube in Kanada.

Am 01.01.06/ 09/11 investiert er jeweils 90.000 €. Im Laufe des Jahres 12 werden die ersten Diamanten gefunden, so daß D.D. – beginnend 31.12.12 – jährlich Rückflüsse in Höhe von 55.000 €/Jahr erhält.

Nachdem 10 Raten ausgeschüttet sind, wird das Projekt beendet. Zur Rekultivierung des Geländes muß D.D. am 31.12.24 einen Betrag von 50.000 € zahlen.

i) Ist die Investition für D. D. lohnend, wenn er für sein Kapital 8% p.a. Zinsen erzielen kann?

ii) Welche Effektivverzinsung erbringt diese Investition?

iii) Man skizziere die Kapitalwertfunktion und untersuche, für welche Kalkulationszinssätze das Projekt für D.D. lohnend ist.

Aufgabe 9.3.37: Schulte-Zurhausen (S.-Z.) beteiligt sich an einer Bienenfarm auf Grönland. Trotz des langsam fortschreitenden Treibhauseffektes auf der Erde sind zur Klimatisierung der Bienenstöcke sowie zur Züchtung spezieller, zur Nahrungsaufnahme für die Bienen geeigneter Eisblumen zunächst hohe Investitionen erforderlich, nämlich:

am 01.01.08: 250.000 € sowie am 01.01.09: 350.000 €.

Die Gewinnausschüttungen aus dem Honigprojekt werden laut astrologischem Gutachten wie folgt eintreten:

Ende des Jahres:	13	14	15	16	17
Gewinn, bezogen auf insgesamt eingesetztes Nominalkapital	8%	0%	4%	6%	9%

Ende des Jahres 17 will S.-Z. aus dem Projekt ausscheiden; er erhält zu dann zu diesem Zeitpunkt sein volles nominelles Kapital *(600.000 €)* ausgezahlt.

Durch den Schaden, der durch die versehentliche Einschleppung einer Killerbiene verursacht wurde, muß S.-Z. am 01.01.20 noch 50.000 € nachzahlen.

Welche Rendite *(Effektivverzinsung)* erbrachte S.-Z.s Kapitalanlage?

Aufgabe 9.3.38: Reusch investiert in ein Ölförderungsprojekt. Am 01.01.00 zahlt er 120.000 € ein, die er nach genau 5 Jahren in nominell gleicher Höhe zurückerhält. Am Ende des ersten Jahres erhält er eine Gewinnausschüttung von 4% auf sein eingesetztes Kapital ausgezahlt.

Die entsprechenden Gewinnauszahlungen für die Folgejahre lauten:

Ende von Jahr	2	3	4	5
Gewinnauszahlung bezogen auf ursprünglich eingesetztes Kapital:	5%	7%	0%	12%

Welche Effektivverzinsung erzielt Reuschs Vermögensanlage?

Aufgabe 9.3.39: Willi Wacker erwirbt am 01.01.05 ein Grundstück. Als Gegenleistung verpflichtet er sich, jährlich – beginnend am 01.01.05 – 14.000 € *(insgesamt 10 mal)* an den Verkäufer zu zahlen. Darüberhinaus muß er eine Restzahlung in Höhe von 150.000 € am 01.01.15 leisten.

i) Man ermittle Willis „interne" Effektivzinsbelastung, wenn er den Grundstückswert mit 200.000 € zum 01.01.05 veranschlagt.

ii) Willi möge bereits die ersten drei Raten bezahlt haben. Er vereinbart nun mit dem Verkäufer, sämtliche jetzt noch ausstehenden Zahlungen in einem Betrag am 01.01.10 zu zahlen. *(Es erfolgen also keine weiteren Ratenzahlungen mehr!)*

Wie hoch ist dieser Betrag? *(i = 6% p.a.)*

Aufgabe 9.3.40: Buchkremer kauft 1.000 Aktien der Silberbach AG, Gesamtpreis 200.000 €.

Infolge günstiger wirtschaftlicher Entwicklung werden – beginnend ein Jahr nach dem Aktienkauf – an Buchkremer jährlich 8 € pro Aktie an Dividende ausgeschüttet *(insgesamt 5 mal)*.

Im 6. bis 8. Jahr sinkt die Dividende auf 5,50 € pro Aktie, im 9. bis 12. Jahr wird infolge mangelhafter Geschäftspolitik der Silberbach AG keine Dividende ausgeschüttet.

Am Ende des 12. Jahres nach seinem Aktienkauf kann Buchkremer das gesamte Aktienpaket zu einem Preis von 250.000 € verkaufen.

Man ermittle Buchkremers Rendite.

Aufgabe 9.3.41: Hoepner investiert in eine Telekommunikations-Gesellschaft. Seine Leistungen und die zu erwartenden Gegenleistungen gehen aus folgender Tabelle hervor:

Zeitpunkt	Diese Beträge muß Hoepner **leisten**	Diese Gegenleistungen kann Hoepner **erwarten**
31.12.04	200.000 €	---
31.12.05	---	50.000 €
31.12.06	---	70.000 €
31.12.07	100.000 €	---
31.12.08	---	100.000 €
31.12.09	---	30.000 €

sowie *(erste Zahlung am 31.12.11)* eine ewige Rente in Höhe von 25.000 €/Jahr.

(Rückflüsse werden auf das Investitionskonto (10% p.a.) gebucht)

i) Welche Rendite erzielt Hoepner mit dieser Investition?

ii) Hoepner rechnet stets mit einem Kalkulationszinsfuß von 10% p.a. Welchem äquivalenten Gewinn bzw. Verlust zum Investitionsbeginn *(31.12.04)* entspricht diese Investition?

iii) Man stelle den Investitionstilgungsplan *(i = 10% p.a.)* für die ersten 10 Jahre auf.

Lösungen der Übungsaufgaben

Die folgenden Lösungshinweise zu den Aufgaben des Buches enthalten vor allem die Endergebnisse der Aufgaben und sind daher nur für eine erste Erfolgskontrolle geeignet. **Ausführliche Lösungshinweise** zu **allen** im Buch aufgeführten Aufgaben und Problemstellungen (sowie eine Sammlung von **Testklausuren** mit Lösungen) befinden sich im separaten „**Übungsbuch zur angewandten Wirtschaftsmathematik**“, siehe Literaturverzeichnis [Tie2]. Ein ☺ an einer Lösung deutet auf den günstigsten Fall hin.

1 Voraussetzungen und Hilfsmittel

1.1.25: **i)** Erstattung = 13,76 €

ii) **a)** $U_{02} \cdot 1{,}11^3 \cdot 0{,}92 \cdot 1 \cdot 1 \overset{!}{=} U_{02} \cdot (1+i)^6 \Rightarrow i = \sqrt[6]{1{,}11^3 \cdot 0{,}92 \cdot 1 \cdot 1} \approx 3{,}90\%$ p.a.
b) Umsatzsteig. insg. 25,82% **c)** $i \approx 11{,}83\%$ in 09 **d)** $i \approx 0{,}0535 = 5{,}35\%$ p.a.

iii) **a)** $U_{09} = U_{08} = 2$ Mrd. € *(falls **ohne** Einbuße)* **b1)** siehe a) **b2)** $U_{09} = 1{,}942$ Mrd. €
c) $i = 0{,}0299 = 2{,}99\%$ *(in 08 mehr als in 09)*

iv) **a)** $i = 8{,}3/4{,}7 - 1 \approx 76{,}6\%$ **b)** $i = 5/8{,}3 - 1 \approx -39{,}76\%$ *(Abnahme!)*

v) **a)** Steigerung um 63,64% in 07 gegenüber 06 **b)** durchschnittl. **Ab**nahme um 5,13% p.a.

vi) Nettowarenwert = 5.585,47 €

vii) **a)** Kaltmiete = 540,- €/M. **b)** gezahlte Warmmiete = 703,60 €

viii) jährl. Fahrleistung muss um 17,90% verringert werden.

1.1.26: **i)** **a)** $i = 100/94{,}81 - 1 = 5{,}48\%$ **b)** $i_M = 45{,}32\%$, $i_F = 53{,}36\%$, $i_S = 1{,}32\%$ *(01.01.04)*

ii) $1+i = 100/96{,}\overline{96} = 1{,}03125$, d.h. $i = 3{,}125\%$.

iii) $i = 100/92{,}0756 - 1 \approx +8{,}61\%$ gegenüb. '09 **iv)** $i \approx +3{,}50\%$ *(G_{10} vs. G_{09})*

v) **a)** $i = 10{,}4839\%$ *(in 05 höher als in 02)* **b)** $i = 4{,}0136\%$ p.a. *(durchschn. jährl. Zunahme)*

vi) Gesamtproduktion in 00: 1.237,25 Mio. Stück
a) $i = 360/337{,}25 - 1 \approx 6{,}75\%$ *(Mehrproduktion Rot in 03 vs. 00)*
b) $i = \sqrt[3]{1200/1.237{,}25} - 1 \approx -0{,}0101 = -1{,}01\%$ p.a. *(Abnahme p.a.)*

vii) **a)** $59 \cdot (1+i)^3 = 31{,}3 \Rightarrow i = -19{,}05\%$ p.a. *(Abnahme)* **b)** $i = -5{,}42\%$ p.a. *(Abnahme)*

1.1.27: **i)** **a)** Zunahme $i = 9{,}35\%$ p.a. **b)** $i = \sqrt[6]{1{,}363892} - 1 = 5{,}31\%$ p.a. *(durchschnittl. Zunahme)*

ii) **a)** −16,16% **b)** 47,80% **c)** −1,41% p.a.

iii) **a)** $i = 1{,}6107\%$ p.a. **b)** 65,26% der Ges.bevölkerung lebte am 1.1.85 in Entw. ländern.
c) $1{,}6677 \cdot (1+i)^{15} = 1{,}22 \Rightarrow i = -0{,}020624 = -2{,}0624\%$ p.a. *(Abnahme)*
d) $21{,}3935/21{,}8239 \approx 98{,}03\%$ aller M. werden am 01.01.50 in Entw.ländern leben.

iv) **a)** +26,22% **b)** +6,11% **c)** +21,04% p.a. **v)** **a)** +83,36% **b)** 53,6 Mrd. €

vi) **a)** **a1)** Mieten steigen um ca. 20,28% **a2)** Lebenshaltg. *(ohne Mieten)* steigt um ca. 7,47%
b) $i = \sqrt[6]{1{,}100368} - 1 = 0{,}01607 \approx 1{,}61\%$ p.a. *(durchschnittl. jährl. Zunahme der GL)*

vii) **a)** +39,47% **b)** +25,00% **c)** +45,01%

viii) **a)** $140{,}5 \cdot 1{,}1284^{13} \approx 675{,}6$ Mrd. € **b)** $i = \sqrt[5]{1{,}310023} - 1 \approx +5{,}55\%$ p.a.

ix) **a)** +9,11% **b)** +3,41% p.a.

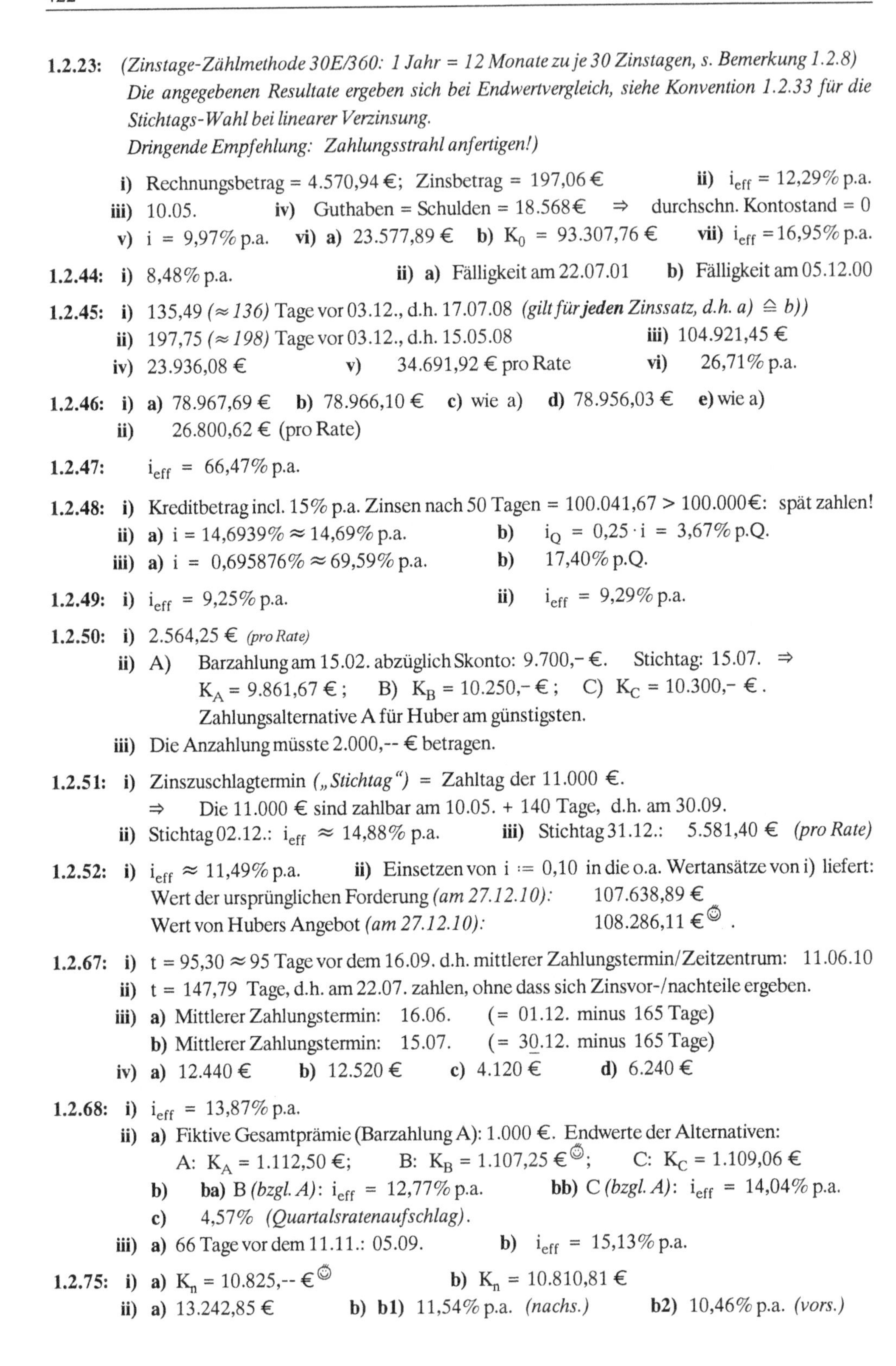

1.2.23: *(Zinstage-Zählmethode 30E/360: 1 Jahr = 12 Monate zu je 30 Zinstagen, s. Bemerkung 1.2.8)*
Die angegebenen Resultate ergeben sich bei Endwertvergleich, siehe Konvention 1.2.33 für die Stichtags-Wahl bei linearer Verzinsung.
Dringende Empfehlung: Zahlungsstrahl anfertigen!)

i) Rechnungsbetrag = 4.570,94 €; Zinsbetrag = 197,06 € **ii)** i_{eff} = 12,29% p.a.
iii) 10.05. **iv)** Guthaben = Schulden = 18.568€ ⇒ durchschn. Kontostand = 0
v) i = 9,97% p.a. **vi) a)** 23.577,89 € **b)** K_0 = 93.307,76 € **vii)** i_{eff} = 16,95% p.a.

1.2.44: **i)** 8,48% p.a. **ii) a)** Fälligkeit am 22.07.01 **b)** Fälligkeit am 05.12.00

1.2.45: **i)** 135,49 *(≈ 136)* Tage vor 03.12., d.h. 17.07.08 *(gilt für **jeden** Zinssatz, d.h. a) ≙ b))*
ii) 197,75 *(≈ 198)* Tage vor 03.12., d.h. 15.05.08 **iii)** 104.921,45 €
iv) 23.936,08 € **v)** 34.691,92 € pro Rate **vi)** 26,71% p.a.

1.2.46: **i) a)** 78.967,69 € **b)** 78.966,10 € **c)** wie a) **d)** 78.956,03 € **e)** wie a)
ii) 26.800,62 € (pro Rate)

1.2.47: i_{eff} = 66,47% p.a.

1.2.48: **i)** Kreditbetrag incl. 15% p.a. Zinsen nach 50 Tagen = 100.041,67 > 100.000€: spät zahlen!
ii) a) i = 14,6939% ≈ 14,69% p.a. **b)** $i_Q = 0,25 \cdot i$ = 3,67% p.Q.
iii) a) i = 0,695876% ≈ 69,59% p.a. **b)** 17,40% p.Q.

1.2.49: **i)** i_{eff} = 9,25% p.a. **ii)** i_{eff} = 9,29% p.a.

1.2.50: **i)** 2.564,25 € *(pro Rate)*
ii) A) Barzahlung am 15.02. abzüglich Skonto: 9.700,– €. Stichtag: 15.07. ⇒
K_A = 9.861,67 €; B) K_B = 10.250,– €; C) K_C = 10.300,– €.
Zahlungsalternative A für Huber am günstigsten.
iii) Die Anzahlung müsste 2.000,-- € betragen.

1.2.51: **i)** Zinszuschlagtermin *(„Stichtag")* = Zahltag der 11.000 €.
⇒ Die 11.000 € sind zahlbar am 10.05. + 140 Tage, d.h. am 30.09.
ii) Stichtag 02.12.: i_{eff} ≈ 14,88% p.a. **iii)** Stichtag 31.12.: 5.581,40 € *(pro Rate)*

1.2.52: **i)** i_{eff} ≈ 11,49% p.a. **ii)** Einsetzen von i := 0,10 in die o.a. Wertansätze von i) liefert:
Wert der ursprünglichen Forderung *(am 27.12.10)*: 107.638,89 €
Wert von Hubers Angebot *(am 27.12.10)*: 108.286,11 € ☺ .

1.2.67: **i)** t = 95,30 ≈ 95 Tage vor dem 16.09. d.h. mittlerer Zahlungstermin/Zeitzentrum: 11.06.10
ii) t = 147,79 Tage, d.h. am 22.07. zahlen, ohne dass sich Zinsvor-/nachteile ergeben.
iii) a) Mittlerer Zahlungstermin: 16.06. (= 01.12. minus 165 Tage)
b) Mittlerer Zahlungstermin: 15.07. (= 30.12. minus 165 Tage)
iv) a) 12.440 € **b)** 12.520 € **c)** 4.120 € **d)** 6.240 €

1.2.68: **i)** i_{eff} = 13,87% p.a.
ii) a) Fiktive Gesamtprämie (Barzahlung A): 1.000 €. Endwerte der Alternativen:
A: K_A = 1.112,50 €; B: K_B = 1.107,25 € ☺; C: K_C = 1.109,06 €
b) **ba)** B *(bzgl. A)*: i_{eff} = 12,77% p.a. **bb)** C *(bzgl. A)*: i_{eff} = 14,04% p.a.
c) 4,57% *(Quartalsratenaufschlag)*.
iii) a) 66 Tage vor dem 11.11.: 05.09. **b)** i_{eff} = 15,13% p.a.

1.2.75: **i) a)** K_n = 10.825,-- € ☺ **b)** K_n = 10.810,81 €
ii) a) 13.242,85 € **b) b1)** 11,54% p.a. *(nachs.)* **b2)** 10,46% p.a. *(vors.)*

1.2.76: **i)** 1.139,24 € **ii) a)** 8,22% p.a. **b)** 8,74% p.a.
iii) a) Wechselbarwert 9.978,58 €: Wechsel reicht nicht. **b)** 7,00% p.a.
iv) Kreditschuld am 31.08: 26.168,75 € ⇒ 138,54 (≈139) Tage nach 31.08., d.h. 19.01.11

1.2.77: **i)** Aufgezinster Wert d. Wechselbarwerte: 17.876,53 €, d.h. Restforderung Hubers 123,47 €
ii) a) 40.973,11 € *(Wechselsumme)* **b)** 46,78 ≈47 Tage nach dem 27.08., d.h. am 14.10.
iii) Restschuld am 28.05.: 5.243,64 € ⇒ W.summe 5.391,92 € ⇒ W.barwert 5.298,01 €
iv) a) Restlaufzeit 38 Tage nach 15.05., d.h. fällig 23.06. **b)** 7.108,78 € **c)** 7.235,40 €

1.2.78: **i)** 61,16 (≈ 62) Tage vor 21.11., d.h Verfalltag: 19.09., d.h. Laufzeit d. 2. Wechsels: 94 Tage
ii) Laufzeit des zweiten Wechsels jetzt 68,94 (≈ 69) Tage, d.h. Verfalltag 24.08.

1.2.79: 36,72 (≈ 37) Tage vor dem 01.08., d.h. der letzte Wechsel ist am 24.06. fällig.

2 Exponentielle Verzinsung (Zinseszinsrechnung)

2.1.23: **i) a)** 17.726,81 € **b)** $i_{eff} = \sqrt[10]{1{,}772681} - 1 = 0{,}0589 = 5{,}89\%$ p.a.
ii) ln 3 / ln 1,075 ≈ 15,19 Jahre **iii)** 5,17% p.a. **iv)** 16.585,74 € **v)** 7,96% p.a.

2.2.23: **i)** 1.1.09: **a1)** 10.000 / 10.077,70☺€ **a2)** 10.000☺/ 9.800,34€ **b)** 7,72% p.a.
ii) Stichtag z.B. Tag der letzten Leistung: K_A / K_B
a1) 9.699,76☺/ 9.576,77 € **a2)** 12.133,18 / 12.180,48☺ € **b)** 15,33% p.a.
iii) K_n = 301.894,74 € ⇒ K_0 = 129.510,58 € **iv)** Rate = 22.443,74 €
v) a) Barwerte 57.564,27☺/ 57.095,67 € **b)** i_{eff} = 6,40% p.a.
vi) ln (2,104642) / ln 1,132 = 6,00 Jahre vor dem 01.01.15, d.h. am 01.01.09.

2.2.24: **i)** Barwerte: Auszahlung: 100.000 / Einzahlungen: 96.092,31 €, also Invest. nicht lohnend
ii) a) 8% p.a.: mieten! **b)** 6% p.a.: mieten! **c)** 4% p.a.: kaufen!

2.2.25: **i) a)** Stichtag z.B. 01.01.05: **a1)** 17.635,97/20.000☺€ **a2)** 24.192☺/20.000€
b) $14.000 \cdot q^3 = 20.000$ ⟺ $q = 1{,}1262$, d.h. $i_{eff} = 12{,}62\%$ p.a.
ii) 39.552,95 € **iii)** i_{eff} = 18,88% p.a. **iv)** 77.380,70 €
v) a) 624.429,69 € **b)** 602.793,86 €

2.2.26: **i)** 32.915,34 €/Rate **ii)** 126.735,54 € **iii)** Barwerte: 296.246,41☺/297.418,81 €
iv) a) Schlusszahlungen an Shark/Moser: 231.280☺/240.000 € **b)** 20,00% p.a.

2.3.17: **i) a)** 964.629,31 € / 12,00% p.a. **b)** 1.028.571,80 € / 12,36% p.a.
c) 1.064.089,06 € / 12,55% p.a. **d)** 1.089.255,37 € / 12,68% p.a.
e) 1.101.874,25 € / 12,7474% p.a.
ii) Kapitalendwert und Effektivzins in allen Fällen identisch: 964.629,31 € / 12,00% p.a.

2.3.18: **i) a)** 0,9489% p.m. **b)** 12,6825% (≈ 12,68% p.a.) **c)** 110,517489 ≈110,52 €
ii) a) 2,0604% p.Q. **b)** 4,25% p.H. **c)** 10,1649% p.a. **d1)** 72% p.4a. **d2)** 42,5761% p.2a.
iii) a) i_{eff} = 26,5319% p.a. **b)** $i_{nom} = 6 \cdot 3{,}6502 \approx 21{,}90$ p.a.

2.3.19: **i) a)** 5,4097% p.a. **b)** 5,4498% p.a. **c)** 5,4895% p.a. *(= höchster Eff.zinssatz)*
ii) a) 30.616,44 € **b)** 5,6276% p.a.☺ **c)** 5,6198% p.a. *(nein!)*

2.3.20: **i)** 8,2432% p.a. **ii)** 191.017,44 € **iii)** i = 6,6772% p.a. ⇒ i_M = i/12 = 0,5564% p.m.
iv) $180.000 \cdot 1{,}08^{\frac{11}{12}} = 193.157{,}22$ € *(um 2.139,78 € höher als in iii) bzw. ii))*

2.3.32: **i)** $24 \cdot 2\% = 48{,}0000\%$ p.a. **ii)** $1{,}04^{12} - 1 = 60{,}1032\%$ p.a. **iii)** $1{,}02^{24} - 1 = 60{,}8437\%$ p.a.

2.3.33: **i)** **a)** $45 \cdot 2{,}0408 = 91{,}85\%$ p.a. **b)** $1{,}4592^2 - 1 \approx 112{,}9\%$ p.a.
c) $1{,}15306^6 - 1 \approx 135{,}0\%$ p.a. **d)** $1{,}020408^{45} - 1 \approx 148{,}2\%$ p.a.
ii) **a)** $18 \cdot 3{,}0928 \approx 55{,}67\%$ p.a. **b)** $1{,}139176^4 - 1 \approx 68{,}41\%$ p.a.
c) $1{,}046392^{12} - 1 \approx 72{,}32\%$ p.a. **d)** $1{,}030928^{18} - 1 \approx 73{,}03\%$ p.a.

2.3.40: **i)** **a)** 9 Jahre plus 2,24 (≈ 3) weitere Tage, d.h. am 03.01.14.
b) 6 Monate linear + 8 Jahre Zinseszins + t Tage linear: $t = 175{,}4 \approx 176$ T. $\Rightarrow$ 26.12.13
ii) $t = \ln 2 / \ln(1+0{,}08/360) = 3.119{,}51$ Tage = 8 J.+240 T., d.h. am 30.08.13

2.3.41: **i)** 43.147,06 € **ii)** 44.022,83 €.

2.3.55: **i)** **a)** 8,1580% p.a. **b)** 9,5618% p.a. **c)** 0,31536% p.a.
ii) **a)** 9,4174% p.a. **b)** 10,5171% p.a. **c)** 11,0844% p.a.
iii) $(\ln 1{,}1) / 0{,}03 = 3{,}177 \approx$ 3 Jahre und 65 Tage
iv) **a)** 0,6931% p.a. **b)** 0,6956% p.a.
v) **a1)** $-4{,}7700\%$ p.a. **a2)** $-4{,}6580\%$ p.a. **b)** 11,5314 Jahre, d.h. Mitte 17

2.3.56: **i)** 674,26 (≈ 675), d.h. im Jahr 680 **ii)** 4.034,29 KE

2.3.57: **i)** **a)** $\ln 0{,}6 / -0{,}08 = 6{,}3853$ Jahre **b)** $B_2 = 0{,}8521\, B_0$, d.h. 85,21% von B_0 brauchbar.
ii) $0{,}01 \cdot K_0 = K_0 \cdot e^{-0{,}086643 \cdot t} \iff t = 53{,}15$ Tage, d.h. am 26.06.06.

2.4.18: **i)** 413.993,52 € **ii)** 320.370,55 €

2.4.19: **i)** **a)** 107.000,-- € **b)** 102.884,62 € **ii)** **a)** 183.845,92 € **b)** 129.167,71 €
iii) $2{,}8846154\% \approx 2{,}88\%$ p.a.

2.4.20: **i)** 1. Abhebung 586.272,39 €, 2. Abhebung 687.430,63 € $\Rightarrow$ Ansparraten je 357.084,08 €
ii) Zu lösen: $q^{14} + 1{,}5036302 \cdot q^7 - 3{,}075682551 = 0 \Rightarrow i_{infl.} = q - 1 = 0{,}02096 \approx 2{,}1\%$ p.a.

2.4.21: **i)** 167.212,02 € **ii)** 122.095,14 € **iii)** **a)** 7% **b)** 4,7845% **c)** 3,9845% **d)** 1,8314% p.a.

3 Rentenrechnung und Äquivalenzprinzip

3.4.4: **i)** Endvermögen: **a)** 173.986,49 € **b)** 179.971,19 € **c)** 182.497,43 € ☺
ii) **a)** 687.299,99 € *(Endwert nachschüssig)* ; 102.162,76 € *(Barwert nachschüssig)*
b) 756.029,99 € *(Endwert vorschüssig)* ; 112.379,04 € *(Barwert vorschüssig)*
iii) **a)** 22.080,26 € **b)** 26.297,94 € **iv)** 2.904,34 € pro Rate *(12 Raten)*

3.4.5: **i)** $n = \ln 5{,}269873205 / \ln 1{,}09 = 19{,}2858$ *(Raten - d.h. 19 volle Raten und eine verminderte Schlussrate)*
ii) Zinsvorteil am Tag der ersten Kreditrate = 248.438,06 €.
iii) Barwert-Saldo *(zugunsten Hubers)* = 15.801,72 €, d.h. Ausgleichsbetrag 7.900,86 €

3.4.6: **i)** **a)** 1.172.971,32 € **b)** 369.769,48 € **c)** 195.369,45 € *(dreimal)* **d)** 37.410,72 €/J.
ii) **a)** 36.374,24 € **b)** $\ln 1{,}413736 / \ln 1{,}005 = 69{,}42 \approx 69$ Monate $\triangleq$ 11,5 Semester.
iii **a)** 6.621,17 €/Jahr **b1)** nicht lösbar *(Rate < Zinsen)* **b2)** $24{,}43 \approx 25$ Raten.
c) 32.174,83 € pro Rate *(zweimal)* **d)** Restschuld = 42.216,37 €

3.4.7: **i)** Barwerte: **a)** 1.550.212,84 € **b)** 1.690.140,85 € ☺ **c)** 1.542.353,16 €
ii) 361.223,33 € pro Zahlung **iii)** 15.655,09 €/Jahr **iv)** 97.258,91 €/J.
v) **a)** 97.960,57 €/Jahr. **b)** $\ln 2{,}747253 / \ln 1{,}06 \approx 17{,}34$ *(17 Raten plus Schlussrate)*
vi) **a)** 191.189,57 € **b)** 154.201,63 €

3.4.8: **i)** $E_0 = 1.204.027{,}18 > A_0 = 1.200.000$, also ist die Investition lohnend.
ii) **a)** 7.334,39 €/Jahr **b)** 5.735,73 €/Jahr
iii) Stichtag = Tag der Auktion: **a)** L: 815.363,73 €; GL: 774.451,57 €: nicht lohnend!
b) 4,38% p.a. *(Regula falsi)* **iv)** Stichtag 01.01.13: 311.474,95 €
v) L = 58.790,65 € ; GL = 67.241,69 € *(Endwerte)*, also lohnende Investition

3.4.9: **i)** ln 1,209997 / ln 1,1 = 1,99998 ≈ 2 Anspar-Raten.
ii) **a)** Wert der Zahlungen an den Autohändler (Stichtag: nach 4 Jahren)
(die eigenen Geldanlagemöglichkeiten bleiben unberücksichtigt):
A: 50.499,08 €☺; B: 51.996,31 €; C: 50.624,77 €
b1) A. EV_A = 26.764,51 €. C. EV_C = 40.245,50 €☺
b2) A. EV_A = 40.378,73 €☺ C. EV_C = 40.245,50 € *(EV = Endvermögen)*
iii) **a)** ln 1,94880898 / ln 1,1 = 7,000 Raten. **b)** $16.000 \cdot \frac{q^{10}-1}{q-1} \cdot q^{25} = 24.000 \cdot \frac{q^{20}-1}{q-1}$
iv) **a)** ln 25 / ln 1,04 = 82,07 (≈ 82) Jahre, d.h. im Jahr 87. **b)** 1,58% p.a.
v) **a)** 17,854 Jahre vor dem Stichtag 01.01.38, d.h. Zeitzentrum 26.02.2020.
b) 17,50 Jahre vor dem 01.01.38, d.h. Zeitzentrum 01.07.2020 *(bei expon. Verzinsung)*
Bei linearer Verzinsung: Zeitzentrum 14,5 Jahre vor 01.01.38, d.h. am 01.07.2023.

3.5.4: **i)** K_n = 450.758,03 € ⇒ K_0 = 72.942,83 €
ii) **b)** K_n = 172.805,60 € ⇒ **a)** K_0 = 62.407,91 €
iii) **a)** K_n = 466.105,28 € ⇒ **b)** K_0 = 117.819,04 €
iv) K_0 = 518.720,36 € .
v) Barwerte *(„heute")*: I: 220.523,55 €☺ II: 216.474,26 € III: 219.909.51 €

3.6.10: **i)** 332.750 €/Jahr *(auf „ewig")* **ii)** K_{05} = 5.513.984,24 €

3.6.11: **i)** 26.844,74 €/Jahr *(auf „ewig")* **ii)** 44.654,46 €/Jahr *(auf „ewig")*
iii) **a)** $1{,}1^n = -2{,}3493 \ldots (< 0\,!)$ ⇒ keine Lösung! *(Rate < Zinsen)* **b)** 62.619,15 €/Jahr
iv) **a)** $1{,}02^n = 1{,}366149$ ⇒ n = 15,755 *(d.h. 15 volle Raten plus eine verminderte Rate)*
b) 3.381,25 €/Quartal *(auf „ewig")*.

3.6.12: **i)** 661,35 Mio. € **ii)** 98.682,23 €/Jahr *(auf „ewig")*
iii) **a)** 43.135,10 € **b)** Äquivalenzgl. $50.000 \cdot q^4 = 15.000 \cdot q^3 + 15.000 \cdot q + \frac{3.600}{q-1}$; 9,87%
iv) **a)** $1{,}08^n = -13{,}77551$ (< 0): keine Lösung! **b)** R_{min} = 2.681,48 €/J. *(> 2.500 !)*

3.7.14: **i)** **a)** 32.944,06 €/Jahr *(16mal)* **b)** 129.034,48 €
ii) **a)** 927.873,99 € **b)** 116.705,69 € **c)** 136.346,26 € .
iii) **a)** ln 6,704660 / ln 1,1 ≈ 19,96 ≈ 20 Raten **b)** 512.192,18 €/Jahr
c) 510.510,-- €/Jahr *(auf „ewig")*.
iv) **a)** K_n = 674.328,12 € ; K_0 = 337.331,95 € $(= K_n \cdot 1{,}08^{-9})$ **b)** 102.014,01 €/J.
v) 158.441,77 € **vi)** **a)** 1.194.663,05 € **b)** ln 21,1914 / ln 1,07 = 45,132
c) $1{,}07^n = -13{,}91$ *(< 0)* ⇒ keine Lösung! Abhebungen decken nicht die Zinsen!

3.7.15: **i)** 109.065,34 € **ii)** $1{,}065^n = 4{,}044175$ ⟺ n = 22,188, d.h. 22 volle Raten plus Rest
iii) 11.392,61 €/Jahr **iv)** 6.747,75 €/Jahr

3.7.16: **i)** 59.537,53 € **ii)** 5.000,-- € (!) **iii)** 59.225,84 € **iv)** 6.954,84 €/Quartal
v) $1{,}015^n = 1{,}190968$ ⇔ n = 11,7383, d.h. 11 volle plus eine verminderte (Schluss-)Rate
vi) 1.116,54 €/Quartal *(ab 01.01.04 auf „ewig")* **vii)** 1.467,35 €/Quartal *(auf „ewig")*

3.8.26: **i)** 153.123,91 € **ii)** 445.442,45 €
iii) Barwerte: Moser: 22.052,36 € / Obermoser: 21.647,43 € / Untermoser: 22.816,28 €☺

iv) **a)** 621,125 € **b)** 617,875 € **ca)** 3.536,46 € **cb)** 3.517,96 €
v) **a)** 12.360,-- €/Jahr **b)** 97.690,67 € **c)** 1.206,96 € *(alle 2 Monate auf „ewig")*

3.8.27: **i)** 14.933,48 €/Halbjahr.
ii) **Ang. Balzer:** Ersatzrate (pro Halbj.): 3.087,50 €/Halbj. ⇒ K_0 *(„heute")* = 31.624,36 € ☺
Ang. Weßling: Ersatzrate (pro Halbj.): 2.075,00 €/Halbj. ⇒ K_0 *(„heute")* = 30.772,54 €
iii) Kosten-Endwerte nach 10 Jahren:
a) Kauf: 3.991,-- € ☺ ; Miete: 4.482,86 €
b) Kauf: 3.991,-- € ☺ ; Miete: 4.481,42 €
c) Kauf: 3.991,-- € ☺ ; Miete: 4.515,83 €
iv) Aufgezinste Auszahlungen *(Stichtag: 24 Monate nach Anzahlung):*
a) Leasing: 41.583,60 €; Kauf: 40.728,60 € ☺
b) Leasing: 41.577,24 €; Kauf: 40.728,60 € ☺
c) Leasing: 41.768,88 €; Kauf: 41.078,36 € ☺

3.8.28: **i)** Betrag zu Studienbeginn: **a)** 56.671,11 € **b)** 56.655,22 € **c)** 56.487,05 €
ii) K_5 *(K_0)* [€]: Kauf: 19.290,80 *(11.978,07)* Miete: 19.140,31 ☺ *(11.884,62 ☺)*
iii) **a)** Barwerte [€] d. Ratenzahlungen: **1)** 25.674,70 ☺ **2)** 25.668,88 ☺ **3)** 25.619,99 ☺
b) Effektivzinssätze: **1)** 4,8975% p.a. **2)** 4,8843% p.a. **3)** 4,7782% p.a.
iv) **a)** rechnerische Nutzungsdauer [Jahre]: **1)** 5,026 **2)** 5,028 **3)** 5,051
b) Zinssätze für Äquivalenz: **1)** 25,71% p.a. **2)** 25,59% p.a. **3)** 23,00% p.a.
v) Wert aller Rückzahlungen [€] nach 10 Jahren: **a)** A: 33.325,05 ☺; B: 34.661,27
b) A: 33.289,51 ☺; B: 34.661,27 **c)** A: 34.505,80 ☺; B: 36.832,32
vi) Wert aller Zahlungen *(bei 18% p.a.)* am Tag der letzten Rate:
a) 360-Tage-Methode: Angebot 1: 14.333,97 € ; Angebot 2: 13.921,18 € ☺ ;
b) ICMA: Angebot 1: 14.323,41 € ; Angebot 2: 13.889,49 € ☺

3.8.29: **i)** Barwerte [€] *(„heute")* der Angebotssummen 1 *(R. Ubel)* bzw. 2 *(Z. Aster)*:
a) 1) 43.186,88 € ☺ 2) 43.038,99 € *(falls alles einzeln abgezinst: 42.997,62 €)*
b) 1) 43.172,56 € ☺ 2) 43.018,51 €
ii) **a)** Endwerte Stichtag 01.10.: K_A = 1.050 €; K_B = 1.308 €. Barwert der Differenz = 240€ muss A am 01.01. erhalten *(falls Stichtag 01.01. und alles einzeln abgezinst: 240,10 €)*.
b) Barwerte 01.01.: $K_{0,A}$ = 976,73 €; $K_{0,B}$ = 1.217,32 € ⇒ 240,59 € an A zu zahlen.
iii) **a)** Bei 14,81% p.a. Äquivalenz von Raten- u. Barzahlung, bei i > 14,81% Ratenzahlung ☺
b) Endwerte [€]: Barzahlung: 18.878,71 €; Ratenzahlung 18.871,23 € ☺
c) Endwerte [€]: Barzahlung: 19.010,97 €; Ratenzahlung 18.931,65 € ☺
iv) 48.155,41 €
v) Leistung u. Gegenleistung bei 3,99% p.a. identisch *(Endwerte 40.809,54 €)*, i_{eff} stimmt.
vi) Erste Rate *(50.000,-)* fällig am 30.04.2009, zweite Rate *(50.000,-)* fällig am 31.05.2009.
vii) **a)** 2.070,88 €/Monat **b)** 2.070,88 €/Monat *(wie in a))*.

3.9.29: **i)** Kontoendstand 88.966,21 €; letzte (15.) Rate: 5.760 € **ii)** 1. Rate 3.182,70 €
iii) **a)** Änderungsbetrag 5.437,43 € p.a. **b)** Änderungsprozentsatz 7,3367% p.a.

3.9.63: **i)** K.summe 284.438,58 € **ii)** **a)** K.summe 331.527,89 € **b)** Zunahme 3.531,97 €/Jahr
c1) K.summe 314.551,59 € **c2)** 142.687,23 € *(1. Rückzahlungsrate)*

3.9.64: notwendiger Anlagezinssatz 9,1414% p.a.

3.9.65: **i)** 151.929,30 € **ii)** 93.271,41 € **iii)** 193.848,13 € **iv)** 119.005,93 €
v) zu i): 64.176,58 €; zu iii): 81.883,55 €

3.9.66: i) 145.458,82 € ii) 21.999,35 €/Jahr
iii) a) 228.996,62 € b) 168.273,23 € c) 152.295,83 €.

3.9.67: i) 3.388,48 €/J. ii) 12.576,02 €/J. iii) a) 6,6615% p.a. b) 5.782,33 €/J.

3.9.68: i) Inflationsrate 2,1835% p.a. ii) 808,06 €/Jahr *(jährl. Änderungsbetrag der Sparraten)*

3.9.69: i) 1.534.942,71 € *(Realwert)* ii) 5,8544% p.a. *(Steigerungs-Prozentsatz)*

3.9.70: 13.043,63 €

3.9.71: i) a) Endwert 1.525.101,07 €, d.h. 259.101,07 € *(20,5%)* mehr als die Ablaufleistung;
b) Endwert 1.524.815,82 €, d.h. 258.815,82 € *(20,4%)* mehr als die Ablaufleistung;
ii) a) Endwert 1.546.013,72 €, d.h. 280.013,72 € *(22,1%)* mehr als die Ablaufleistung;
b) Endwert 1.545.600,79 €, d.h. 279.600,79 € *(22,1%)* mehr als die Ablaufleistung;
iii) i_{eff} = 1,6696% p.a. ≈ 1,67% p.a. *(Traumrendite...)*

3.9.72: i) a) 1. Rate: 3.490,61 € ; letzte Rate Ende 2015: 4.124,70 €.
b) Steigerung 0,6% p.m., Zinssatz 0,57%, d.h. ewige Rente nicht möglich.
ii) Dynamikfaktor 0,4054% p.m., d.h. 1188. Monatsrate 146.183,57 €.

4 Tilgungsrechnung

Von den verlangten Tilgungsplänen wird zur Kontrolle nur die letzte Zeile angegeben, und zwar in der Reihenfolge: Periode t / Restschuld zu Beginn t / Zinsen Ende t / Tilgung Ende t / Annuität Ende t.

4.1.13: i_{eff} = 18% p.a.; 2/80.000/14.400/80.000/94.400

4.2.4: 7/220.000/22.000/220.000/242.000

4.2.30: i) 5/500.000/40.000/500.000/540.000
ii) 5/680.244,48/54.419,56/680.244,48/734.664,04
iii) 5/100.000/8.000/100.000/108.000
iv) 5/115.952,06/9.276,17/115.952,06/125.228,23
v) 5/140.000/11.200/140.000/151.200 [€]

4.2.31: i) 23.373,01€/Jahr ii) 21.443,18 € iii) 90.912,87 € iv) 18.048,25 €
v) a) ln 28 / ln 1,09 ≈ 38,67 Jahre b) ln 136 / ln 1,09 ≈ 57,01 Jahre
c) $1{,}09^n = -26 < 0$ *(↯)* ⇒ es gibt keine Schuldentilgung!
(denn die Annuität ist kleiner als die Zinsen des ersten Jahres)
vi) $1{,}09^m = 22{,}6$ ⟺ m = 36,18 Jahre *(Raten)*:
Nach 77,8% der Gesamtlaufzeit sind *(erst)* 40% des Kredits getilgt.

4.2.32: i) a) ln 3 / ln 1,05 ≈ 22,52 d.h. 22 volle Raten und eine verminderte 23. Rate
b) ≈ 60,48, d.h. 60 volle Raten und eine verminderte 61. Rate
c) $1{,}08^n = -15$ *(< 0)*: Gleichung hat keine Lösung, Tilgung nicht möglich, da: $A_t < Z_t$.
ii) a) ln 1,5 / ln 1,05 ≈ 8,31 Jahre, Gesamtlaufzeit: 22,52 Jahre, d.h. nach 36,9% der Gesamtlaufzeit sind 25% des Kredits getilgt.
b) Nach 68,8% der Gesamtlaufzeit sind *(erst)* 25% des Kredits getilgt.
c) Keine Tilgung möglich, siehe i) c).

4.2.33: Gesamtlaufzeit n *(ohne Ausgleichszahlung)* 25,1589 Jahre: Ausgleichszahlung 167,82 €

4.2.34: Kreditsummen: i) 772.416,14 € ii) 826.636,61 € iii) 449.396,20 €

4.2.35: i) 152.000 € ii) a) 524.198,86 € b) t+14 / 35.702,62 / 3.034,72 / 35.702,62 / 38.737,34

4.2.49: **i)** **a)** Kreditsumme 288.382,10€, d.h. Auszahlung 93,63% von K_0; Anfangstilgung 15,74%
b) Kreditsumme 250.173,68€, Auszahlung 107,93%; Anfangstilgung 13,98%
ii) Gesamtlaufzeit ln 13 / ln 1,12 ≈ 22,6328 J.
a) Kreditsumme 88.071,97€ / Auszahlung 109,00% / Anfangstilgung 0,7607%
b) Kreditsumme 114.964,74€ / Auszahlung 83,50% / Anfangstilgung 1,3078%

4.2.51: **i)** ln 8 / ln 1,07 = 30,73 ≈ 31 Jahre **ii)** 129.275,33 €
iii) 11 / 129.275,33 / 10.998,40 / 1.011,60 / 12.000 **iv)** ln 11,8624 / ln 1,085 = 30,318 ≈ 31 J.

4.2.52: **i)** $\ln 2,\overline{6} / \ln 1,075 = 13,562 \approx 14$ Jahre
ii) 1 / 500.000,00 / 37.500,00 / 22.500,00 / 60.000,00
2 / 477.500,00 / 35.812,50 / 24.187,50 / 60.000,00
.....
13 / 85.466,12 / 6.409,96 / 53.590,04 / 60.000,00
14 / 31.876,08 / 2.390,71 / 31.876,08 / 34.266,79
iii) K_{10} = 181.690,53€ ⇒ A = 17.958,18 €/Jahr ⇒ 0,02284 ≈ 2,28% *(Anfangstilgung)*.

4.2.53: **i)** 15.000,00 €/Jahr **ii)** ln 10 / ln 1,09 = 26,72 ≈ 27 Jahre
iii) 1 / 150.000,00 / 13.500,00 / 1.500,00 / 15.000,00
2 / 148.500,00 / 13.365,00 / 1.635,00 / 15.000,00
....
26 / 22.948,66 / 2.065,38 / 12.934,62 / 15.000,00
27 / 10.014,04 / 901,26 / 10.014,04 / 10.915,30
iv) keine Änderungen **v)** Kredit ist mit 15.000 €/Jahr nicht tilgbar *($\ln(-5) \notin \mathbb{R}$)*.

4.2.54: **i)** 43 / 12.024,73 / 721,48 / 5.778,52 / 6.500,00
44 / 6.246,21 / 374,77 / 6.125,23 / 6.500,00
45 120,98 / 7,26 / 120,98 / 128,24
ii) Restschuld K_4 nach vier Jahren *(unter Berücksichtigung der Sondertilgung)*: 87.812,69€
Gesamtlaufzeit: [ln (6.500/1.231,24)] / ln 1,06 + 4 = 32,55 ≈ 33 Jahre (Raten)

4.2.55: **i)** 125.000,00 € **ii)** $\ln 7,\overline{3} / \ln 1,095 + 1 = 22,95 \approx 23$ Jahre
iii) 23 / 13.145,79 / 1.248,85 / 13.145,79 / 14.394,64

4.2.56: **i)** Bei 96% Auszahlung: Kreditsumme 781.250€, Annuität *(7%)* 62.958,13 €/J. *(30 Raten)*
⇒ neue Kreditsumme: 507.139,30 · 0,96 = 486.853,73€
ii) Keine Änderung gegenüber i), d.h. neue Kreditsumme ebenfalls 486.853,73€

4.2.57: Gesamtlaufzeit: ln 4,10067 / ln 1,09 + 5 = 21,375 (≈ 22) Jahre *(Raten)*
21 / 24.830,12 / 2.234,71 / 17.765,29 / 20.000,00
22 / 7.064,83 / 635,83 / 7.064,83 / 7.700,66

4.2.69: **i)** [ln (40/2,91) / ln 1,12] + 3 = 23,125 ≈ 24 Jahre
ii)

1	220.000,00	26.400,00	−26.400,00	0,00
2	246.400,00	29.568,00	−29.568,00	0,00
3	275.968,00	33.166,16	−33.166,16	0,00
4	309.084,16	37.090,10	2.909,90	40.000,00
5	306.174,26	36.740,91	3.259,09	40.000,00
6	302.915,17	36.349,82	3.650,18	40.000,00
.	...	...	...	...
26	39.910,82	4.789,30	35.210,70	40.000,00
27	4.700,12	564,01	4.700,12	5.264,13
28	0,00			

iii) Gesamtlaufzeit [ln (40/13,6) / ln 1,12] + 3 = 12,519 ≈ 13 Jahre

4.2.70: **i)** $\ln 1{,}04 / \ln 1{,}09 + 2 = 18{,}086 \approx 18$ Jahre.

ii)

1	200.000,00	18.000,00	− 18.000,00	0,00
2	218.000,00	19.620,00	− 19.620,00	0,00
3	237.620,00	21.385,80	7.128,60	28.514,40
4	230.491,40	20.744,23	7.770,17	28.514,40
18	28.317,77	2.548,60	25.965,80	28.514,40
19	2.351,97	211,68	2.351,97	2.563,65

iii) 645,71 € **iv)** 0,8852% p.a. *(zuzüglich ersparte Zinsen)*

4.2.71: Gesamtlaufzeit: $[\ln(28.500/4.796{,}25) / \ln 1{,}075] + 2 = 26{,}6412 \approx 27$ Jahre

4.2.72: **i)** 33 / 80.000 / 8.000 / 40.000 / 48.000
34 / 40.000 / 4.000 / 40.000 / 44.000

ii) 192.900,00 / 19.290,06 / 136.709,94 / 156.000,00
56.190,66 / 5.619,07 / 56.190,66 / 61.809,73

4.2.73: **i)** 550.000,– € **ii)** $(\ln 5 / \ln 1{,}08) + 4 = 24{,}91 \approx 25$ Jahre

iii)

1	550.000,00	44.000,00	0,00	44.000,00
2	550.000,00	44.000,00	0,00	44.000,00
3	550.000,00	44.000,00	0,00	44.000,00
4	550.000,00	44.000,00	0,00	44.000,00
5	550.000,00	44.000,00	11.000,00	55.000,00
6	539.000,00	43.120,00	11.880,00	55.000,00
.	...	...	...	...
24	94.091,10	7.527,29	47.472,71	55.000,00
25	46.618,39	3.729,47	46.618,39	50.347,86
26	0,00			

4.2.74:

1	40.000,00	4.400,00	11.968,52	16.368,52
2	28.031,48	3.083,46	13.285,06	16.368,52
3	14.746,42	1.622,11	14.746,42	16.368,52
4	1.036.023,20	93.242,09	41.440,93	134.683,02
5	994.582,27	89.512,40	45.170,61	134.683,02
6	949.411,66	85.447,05	49.235,97	134.683,02
16	201.373,08	18.123,58	116.559,44	134.683,02
17	84.813,64	7.633,23	84.813,64	92.446,87
18	0,00			

4.2.75: **i)**

1	88.000,00	8.360,00	19.101,54	27.461,54
2	68.898,46	6.545,35	20.916,19	27.461,54
3	47.982,26	4.558,32	22.903,23	27.461,54
4	25.079,04	2.382,51	25.079,04	27.461,54
5	1.496.537,86	119.723,03	−9.723,03	110.000,00
6	1.506.260,88	120.500,87	−10.500,87	110.000,00
.	...	...	...	...

(Die Annuität 110.000 reicht noch nicht einmal aus, um die laufenden Zinsen zu begleichen. Daher nimmt die Restschuld von Jahr zu Jahr zu, es existiert somit keine „letzte" Zeile des Tilgungsplans!)

ii)

1	88.000,00	8.360,00	19.101,54	27.461,54
2	68.898,46	6.545,35	20.916,19	27.461,54
3	47.982,26	4.558,32	22.903,23	27.461,54
4	25.079,04	2.382,51	25.079,04	27.461,54
5	1.496.537,86	119.723,03	29.930,76	149.653,79
6	1.466.607,10	117.328,57	32.325,22	149.653,79
.	...	...	...	...
24	256.019,82	20.481,59	129.172,20	149.653,79
25	126.847,62	10.147,81	126.847,62	136.995,43
26	0,00			

4.2.80: **a) i)**

1	100.000.000,00	8.000.000,00	6.902.948,87	14.902.948,87
2	93.097.051,13	7.447.764,09	7.455.184,78	14.902.948,87
3	85.641.866,35	6.851.349,31	8.051.599,56	14.902.948,87
9	26.575.903,33	2.126.072,27	12.776.876,60	14.902.948,87
10	13.799.026,73	1.103.922,14	13.799.026,73	14.902.948,87
11	0,00			

ii) *siehe Übungsbuch*

b) i)

1	50.000.000,00	3.500.000,00	8.694.534,72	12.194.534,72
2	41.305.465,28	2.891.382,57	9.303.152,15	12.194.534,72
3	32.002.313,13	2.240.161,92	9.954.372,80	12.194.534,72
4	22.047.940,32	1.543.355,82	10.651.178,90	12.194.534,72
5	11.396.761,42	797.773,30	11.396.761,42	12.194.534,72
6	0,00			

ii) *siehe Übungsbuch*

4.3.12: **i)** **a)** 0,01 ≈ 0 € **b)** 675,93 € **c)** 5.199,08 € **d)** 387,93 €
ii) **a)** 94.587,06 € **b)** 94.846,46 € **c)** 100.000,00 € **d)** 94.475,49 €
(An den Ergebnissen von i) und ii) wird noch einmal in drastischer Weise der Einfluss der Kontoführung deutlich: Bei identischem Zahlungsstrom und identischem Nominalzinssatz ergeben sich je nach Kontoführung erhebliche Unterschiede in der Höhe der Restschuld.)

4.3.13: **a)** 18.733,44 € **b)** 18.441,27 € **c)** 19.752,84 € **d)** 18.778,81 €

4.3.14: **a)** 19.621,50 € **b)** 19.747,50 € **c)** 20.449,65 € **d)** 19.661,02 €

4.3.15: **a)** 47.698,91 € **b)** 48.017,10 € **c)** 49.204,75 € **d)** 47.763,62 €

4.3.16: **i)** **a)** 79.580,80 € **b)** 79.624,-- € **c)** 80.385,25 € **d)** 79.473,78 €
ii) **a)** 5,668 J. ≈ 5 Jahre 8 Mon. **c)** 69,66 Mon. ≈ 5,81 J. **d)** 68,1159 Mon. ≈ 5 J. 8 M.

4.3.17: **a)** 6.066,55 €/Monat **b)** 6.073,26 €/M. **c)** 6.098,20 €/M. **d)** 6.069,75 €/M.

4.3.18: **a)** 98.902,97 € **b)** 98.793,80 € **c)** 98.389,61 € **d)** 98.850,91 €

4.3.19: **i)** *s. Übungsbuch* **ii)** 0,034678247 ≈ 3,47% p.a. zuzügl. ersparte Zinsen **iii)** *s. Üb.buch*

4.4.5: **i)** 333.111,96 €
ii) **a)** 292.644,70 € **b)** 327.667,31 € **c)** 293.407,10 €
iii) **a)** 19,75 Jahre **b)** 272,32 Mon. ≈ 22,69 J. **c)** 237,70 Mon. ≈ 19,81 J. **d)** 23,81 J.

5.1.13: Äquiv.gl. $\Rightarrow i^2 + 1{,}95i - 0{,}8 = 0 \Rightarrow i = i_{eff} = 0{,}3481118623 \Rightarrow i_Q = 8{,}70279656\%$ p.Q.
letzte Zeile Kreditkonto: 6 / 47.405,59 / 22.594,41 / 47.405,59 / 70.000,00

5.1.17: Äquiv.gl. $\Rightarrow q^2 - 0{,}7q - 0{,}7 = 0 \Rightarrow q = 1{,}256917857 \Rightarrow i_{eff} = \frac{0{,}2569...}{0{,}75} = 0{,}342557 \approx 34{,}26\%$ p.a.
1 / 100.000,00 / 25.691,79 / 44.308,21 / 70.000
2 / 55.691,79 / 14.308,21 / 55.691,79 / 70.000

5.1.33: **i)** $100q^5 - 80q^3 - 60 = 0 \Rightarrow i_{eff} = 11{,}1944\% \approx 11{,}19\%$ p.a.
ii) $100q^5 - 70q^3 - 70 = 0 \Rightarrow i_{eff} = 10{,}4389\% \approx 10{,}44\%$ p.a.

5.2.17: $100q^6 = 5{,}5q^5 + 7{,}5q^4 + 8q^3 + 8{,}25q^2 + 8{,}5q + 109 \Rightarrow i_{eff} = 7{,}6618\%$ p.a.

5.2.18: **i)**

1	100.000,00	8.000,00	20.000,00	28.000,00
2	80.000,00	6.400,00	20.000,00	26.400,00
3	60.000,00	4.800,00	20.000,00	24.800,00
4	40.000,00	3.200,00	20.000,00	23.200,00
5	20.000,00	1.600,00	20.000,00	21.600,00
6	0,00			

ii) $96.000q^5 = 28.000q^4+26.400q^3+24.800q^2+23.200q+21.600 \Rightarrow i_{eff} \approx 9{,}64\%$ p.a.

iii) $0 = 96.000q^5-48.211{,}20q^2-45.100{,}80q-41.990{,}40 \Rightarrow i_{eff} = 9{,}1365\% \approx 9{,}14\%$ p.a.

5.2.19: **i)** 7,2124% ≈ 7,21% p.a. **ii)** 8,1855% ≈ 8,19% p.a.

5.2.20: **i)** 28,54983 + 3 ≈ 32 Jahre

ii)

1	200.000,00	16.000,00	0,00	16.000,00
2	200.000,00	16.000,00	0,00	16.000,00
3	200.000,00	16.000,00	0,00	16.000,00
4	200.000,00	16.000,00	2.000,00	18.000,00
5	198.000,00	15.840,00	2.160,00	18.000,00
	...	...	...	...
31	25.298,46	2.023,88	15.976,12	18.000,00
32	9.322,34	745,79	9.322,34	10.068,12
	0,00			

iii) $i_{eff} = 8{,}5281\% \approx 8{,}53\%$ p.a.

5.2.21: **i)** $i_{eff} = 6{,}7443\% \approx 6{,}74\%$ p.a. **ii)** $i_{eff} = 6{,}5042\% \approx 6{,}50\%$ p.a. ☺

5.2.22: **i)** Gesamtlaufzeit = 5 + ln 13 / ln 1,12 = 5 + 22,6328 ≈ 28 Jahre

ii)

Jahr t	Restschuld K_{t-1} *(Beginn t)*	Zinsen Z_t *(Ende t)*	Tilgung T_t *(Ende t)*	Annuität A_t *(Ende t)*
...	...	...	...	...
22	16.110,71	1.933,29	9.510,69	11.443,98
23	6.600,02	792,00	6.600,02	7.392,02

iii) $i_{eff} = 11{,}64\%$ p.a.

5.2.23: Auszahlung = 90,5528 ≈ 90,55%, d.h. Disagio = 9,45% der Kreditsumme

5.2.24: **i)** $i_{nom} = 8{,}5431\% \approx 8{,}54\%$ p.a. **ii)** $i_{eff} = 9{,}5159\% \approx 9{,}52\%$ p.a.

5.2.25: **i)** $i_{eff} = 6{,}7497\% \approx 6{,}75\%$ p.a. **ii)** $i_{eff} = 6{,}6839\% \approx 6{,}68\%$ p.a.

iii) $i_{eff} = 6{,}5954\% \approx 6{,}60\%$ p.a.

iv) i) 7,2050% ≈ 7,21% p.a. ii) 6,9379% ≈ 6,94% p.a. iii) 6,8538% ≈ 6,85% p.a.

5.2.26: $i_{eff} = 10{,}0373\% \approx 10{,}04\%$ p.a.

5.2.27: Annuität = 11,7158 ⇒ anfängl. Tilgungssatz 2,7158 ≈ 2,72% *(zuzügl. ersparte Zinsen)*

5.2.28: **i)**

20	21.384,34	1.710,75	10.789,25	12.500,00
21	10.595,09	847,61	10.595,09	11.442,69

ii) Auszahlung = 100%; Zahlungen/Zins-/Tilgungsverr. jährl. ⇒ $i_{eff} = i_{nom} = 9{,}00\%$ p.a. (!)

5.2.29: **i)**

1	200.000,00	16.000,00	0,00	16.000,00
2	200.000,00	16.000,00	0,00	16.000,00
3	200.000,00	16.000,00	40.000,00	56.000,00
4	160.000,00	12.800,00	40.000,00	52.800,00
5	120.000,00	9.600,00	40.000,00	49.600,00
6	80.000,00	6.400,00	-6.400,00	0,00
7	86.400,00	6.912,00	40.000,00	46.912,00
8	46.400,00	3.712,00	40.000,00	43.712,00
9	6.400,00	512,00	6.400,00	6.912,00

ii) $i_{eff} = 10{,}0133\% \approx 10{,}01\%$ p.a.

5.2.30: **i)** Auszahlung 350.000 €; $i_{eff} = i_{nom} = 9{,}50\%$ p.a.; Anfangstilgung 6.750,– € ≙ 1,9286%
Restschuld nach 10 Jahren: 244.968,04 €

Tilgungsplan:

1	350.000,00	33.250,00	6.750,00	40.000,00
2	343.250,00	32.608,75	7.391,25	40.000,00
3	335.858,75	31.906,58	8.093,42	40.000,00
4	327.765,33	31.137,71	8.862,29	40.000,00
5	318.903,04	30.295,79	9.704,21	40.000,00
6	309.198,83	29.373,89	10.626,11	40.000,00
7	298.572,71	28.364,41	11.635,59	40.000,00
8	286.937,12	27.259,03	12.740,97	40.000,00
9	274.196,15	26.048,63	13.951,37	40.000,00
10	260.244,78	24.723,25	15.276,75	40.000,00
11	244.968,04			

ii) Kreditsumme 380.434,78€; Auszahlung 350.000,– € $\Rightarrow$ $K_{10} = 244.968{,}04$ €
$\Rightarrow$ $i_{nom} = 8{,}0637\% \approx 8{,}06\%$ p.a. $\Rightarrow$ Anfangstilgung 9.322,96€ $\triangleq$ 2,4506 $\approx$ 2,45%.

Tilgungsplan:

1	380.434,78	30.677,04	9.322,96	40.000,00
2	371.111,82	29.925,27	10.074,73	40.000,00
3	361.037,09	29.112,87	10.887,13	40.000,00
4	350.149,96	28.234,97	11.765,03	40.000,00
5	338.384,93	27.286,27	12.713,73	40.000,00
6	325.671,20	26.261,08	13.738,92	40.000,00
7	311.932,28	25.153,22	14.846,78	40.000,00
8	297.085,50	23.956,02	16.043,98	40.000,00
9	281.041,52	22.662,29	17.337,71	40.000,00
10	263.703,81	21.264,23	18.735,77	40.000,00
11	244.968,04			

iii) Das Vergleichskonto ist in diesem Fall identisch mit dem Tilgungsplan nach i).

5.2.31: **i)** $i_{eff} = 9{,}502687\% \approx 9{,}50\%$ p.a.

Tilgungsplan:

1	1.648.351,65	131.868,13	16.483,52	148.351,65
2	1.631.868,13	130.549,45	17.802,20	148.351,65
3	1.614.065,93	129.125,27	19.226,37	148.351,65
4	1.594.839,56	127.587,16	20.764,48	148.351,65
5	1.574.075,08	125.926,01	22.425,64	148.351,65
6	1.551.649,43	124.131,95	24.219,69	148.351,65
7	1.527.429,74	122.194,38	26.157,27	148.351,65
8	1.501.272,47	120.101,80	28.249,85	148.351,65
9	1.473.022,62	117.841,81	30.509,84	148.351,65
10	1.442.512,78	115.401,02	32.950,63	148.351,65
11	1.409.562,16			

ii) Tilgungsplan:

1	135.000,00	14.850,00	40.393,76	55.243,76
2	94.606,24	10.406,69	44.837,08	55.243,76
3	49.769,16	5.474,61	49.769,16	55.243,76
4	1.889.568,00	151.165,44	18.895,68	170.061,12
5	1.870.672,32	149.653,79	20.407,33	170.061,12
6	1.850.264,99	148.021,20	22.039,92	170.061,12
7	1.828.225,06	146.258,01	23.803,11	170.061,12
8	1.804.421,95	144.353,76	25.707,36	170.061,12
9	1.778.714,59	142.297,17	27.763,95	170.061,12
10	1.750.950,63	140.076,05	29.985,07	170.061,12
11	1.720.965,56			

$i_{eff} = 9{,}255877\% \approx 9{,}26\%$ p.a.

iii) Kreditzinssatz für das Tilgungsstreckungsdarlehen: $i = 21{,}5624\% \approx 21{,}56\%$ p.a.

5.2.32: **i)** $i_{eff} = 8{,}6044651\%$ p.a. ; Erstattungsbetrag 88.480,05 €
ii) $i_{eff} = 10{,}9282347\%$ p.a. ; Erstattungsbetrag 93.163,26 €

5.3.13: Restschulden der Varianten *(Phase 1)*:
A: 85.042,51 € B: 85.097,05 € C: 87.227,67 € D: 87.789,80 € E: 87.422,11 €

Effektivzinssätze *(Phase 2)*:

I) 360-Tage-Methode:
A: $q = 1+i = 1{,}118269799 \Rightarrow i_{eff} \approx 11{,}83\%$ p.a.
B: $q = 1+i = 1{,}118369158 \Rightarrow i_{eff} \approx 11{,}84\%$ p.a.
C: $q = 1+i = 1{,}122219668 \Rightarrow i_{eff} \approx 12{,}22\%$ p.a.
D: $q = 1+i = 1{,}123225681 \Rightarrow i_{eff} \approx 12{,}32\%$ p.a.
E: $q = 1+i = 1{,}122568101 \Rightarrow i_{eff} \approx 12{,}26\%$ p.a.

II) ICMA-Methode:
A: $q = 1{,}028307024 \Rightarrow i_{eff} = q^4-1 \approx 11{,}81\%$ p.a.
B: $q = 1{,}028329820 \Rightarrow i_{eff} = q^4-1 \approx 11{,}82\%$ p.a.
C: $q = 1{,}029212091 \Rightarrow i_{eff} = q^4-1 \approx 12{,}21\%$ p.a.
D: $q = 1{,}029442221 \Rightarrow i_{eff} = q^4-1 \approx 12{,}31\%$ p.a.
E: $q = 1{,}029291814 \Rightarrow i_{eff} = q^4-1 \approx 12{,}24\%$ p.a.

III) US-Methode:
A: $q = 1{,}028307024 \Rightarrow i_{eff} = 4 \cdot i_Q \approx 11{,}32\%$ p.a.
B: $q = 1{,}028329820 \Rightarrow i_{eff} = 4 \cdot i_Q \approx 11{,}33\%$ p.a.
C: $q = 1{,}029212091 \Rightarrow i_{eff} = 4 \cdot i_Q \approx 11{,}68\%$ p.a.
D: $q = 1{,}029442221 \Rightarrow i_{eff} = 4 \cdot i_Q \approx 11{,}78\%$ p.a.
E: $q = 1{,}029291814 \Rightarrow i_{eff} = 4 \cdot i_Q \approx 11{,}72\%$ p.a.

5.3.14: Fiktive Kreditsumme 100.000 empfehlenswert, da kein Tilgungsplan erforderlich.
Restschuld (Fall 1): **a1)** 86.478,77€ **b1)** 85.086,14€
Gesamtlaufzeit (Fall 2): **a2)** $35{,}49611602 \approx 35{,}5$ Halbj. ≙ 17,74806 J. ≙ 212,9767 Mon.
b2) $34{,}16171806 \approx 34{,}2$ Halbj. ≙ 17,08086 J. ≙ 204,9703 Mon.

Effektivzinssätze *(Phase 2)*:

I) 360-Tage-Methode:
a1) $q = 1+i_{eff} = 1{,}122275998 \Rightarrow i_{eff} = 12{,}23\%$ p.a.
b1) $q = 1+i_{eff} = 1{,}119730155 \Rightarrow i_{eff} = 11{,}97\%$ p.a.
a2) $q = 1+i_{eff} = 1{,}114875209 \Rightarrow i_{eff} = 11{,}49\%$ p.a.
b2) $q = 1+i_{eff} = 1{,}112520715 \Rightarrow i_{eff} = 11{,}25\%$ p.a.

II) ICMA-Methode:
a1) $q = 1{,}00964743 \Rightarrow i_{eff} = q^{12}-1 \approx 12{,}21\%$ p.a.
b1) $q = 1{,}009456768 \Rightarrow i_{eff} = q^{12}-1 \approx 11{,}96\%$ p.a.
a2) $q = 1{,}009089788 \Rightarrow i_{eff} = q^{12}-1 \approx 11{,}47\%$ p.a.
b2) $q = 1{,}008912325 \Rightarrow i_{eff} = q^{12}-1 \approx 11{,}23\%$ p.a.

5.3.44: **i)** Monatsrate 1.325,– € **ii)** $q = 1{,}0166758 \Rightarrow i_{eff} = q^{12}-1 = 0{,}219523 \approx 21{,}95\%$ p.a.

5.3.45: **i)** **a)** $i_{eff} = 1{,}00397788^{12}-1 = 4{,}8793\% \approx 4{,}88\%$ p.a. *(ICMA)*
b) $i_{eff} = 12 \cdot i_M = 12 \cdot 0{,}00397788 = 0{,}047735 \approx 4{,}77\%$ p.a. *(US)*
ii) **a)** $i_{eff} = 1{,}003980465^{12}-1 = 0{,}048825 \approx 4{,}88\%$ p.a. *(ICMA)*
b) $i_{eff} = 12 \cdot i_M = 12 \cdot 0{,}003980465 = 0{,}047766 \approx 4{,}78\%$ p.a. *(US)*
iii) **a)** $i_{eff} = 1{,}009048^{12}-1 = 11{,}4144\% \approx 11{,}41\%$ p.a. *(ICMA)*
b) $i_{eff} = 12 \cdot i_M = 12 \cdot 0{,}009048 \approx 10{,}86\%$ p.a. *(US)*

5.3.48: **i)** **a)** $i_{eff} = 9{,}7514\% \approx 9{,}75\%$ p.a.
b) $i_{eff} = 1{,}007800^{12}-1 = 9{,}7724\% \approx 9{,}77\%$ p.a.

ii) **1a)** $i_{eff} = 9{,}6475\% \approx 9{,}65\%$ p.a. **1b)** $i_{eff} = 1{,}007719^{12} - 1 = 9{,}6668\% \approx 9{,}67\%$ p.a.
2a) $i_{eff} = 8{,}3690\% \approx 8{,}37\%$ p.a. **2b)** $i_{eff} = 1{,}006723^{12} - 1 = 8{,}3721\% \approx 8{,}37\%$ p.a.
3) $i_{eff} = 8{,}0186\% \approx 8{,}02\%$ p.a.

5.3.49: **i)** **a)** $q = 1{,}028307024 \Rightarrow i_{eff} = q^4 - 1 \approx 11{,}81\%$ p.a. *(ICMA)*
b) $q = 1{,}118269799 \Rightarrow i_{eff} \approx 11{,}83\%$ p.a. *(360TM)*
c) $i_{eff} = 4 \cdot 2{,}8307024 \approx 11{,}32\%$ p.a. *(US)*

ii) **a)** $q = 1{,}029442221 \Rightarrow i_{eff} = q^4 - 1 \approx 12{,}31\%$ p.a. *(ICMA)*
b) $q = 1{,}123225681 \Rightarrow i_{eff} \approx 12{,}32\%$ p.a. *(360TM)*
c) $i_{eff} = 4 \cdot 2{,}9442221 \approx 11{,}78\%$ p.a. *(US)*

5.3.50: **i)** $i_{eff} = 26{,}8466 \approx 26{,}85\%$ p.a. *(360TM)*
ii) $i_M = 1{,}95996\%$ p.M. $\Rightarrow$ **a)** $i_{eff} = 26{,}2289\%$ p.a. *(ICMA)* **b)** $i_{eff} = 23{,}5195\%$ p.a. *(US)*

5.3.51: **a)** $i_{eff} = 10{,}4828\% \approx 10{,}48\%$ p.a. *(360TM)*
b) $1 + i_{eff} = 1{,}008\overline{3}^{12} = 1{,}104713$, d.h. $i_{eff} = 10{,}4713\% \approx 10{,}47\%$ p.a. *(ICMA)*

5.3.52: **i)** **a)** $i_{eff} = 7{,}4603\%$ p.a. *(360TM)* **b)** $i_{eff} = 1{,}006009^{12} - 1 = 7{,}4540\%$ p.a. *(ICMA)*
ii) **a)** $i_{eff} = 8{,}4749\%$ p.a. *(360TM)* **b)** $i_{eff} = 1{,}00679737^{12} - 1 = 8{,}4688\%$ p.a. *(ICMA)*

5.3.53: **i)** $i_{eff} = 14{,}1549\% \approx 14{,}15\%$ p.a. *(360TM)*
ii) $i_{eff} = 1{,}0335888^4 - 1 = 0{,}141277 \approx 14{,}13\%$ p.a. *(ICMA)*

5.3.54: **i)** $i_{eff} = 10{,}0577\% \approx 10{,}06\%$ p.a. *(hier: 360TM $\triangleq$ ICMA)*
ii) **a)** $i_{eff} = 11{,}3750\% \approx 11{,}38\%$ p.a. *(360TM)*
b) $i_{eff} = 1{,}009008^{12} - 1 = 11{,}3621\% \approx 11{,}36\%$ p.a. *(ICMA)*

5.3.55: **i)** **a)** $i_{eff} = q^4 - 1 = 13{,}8358\%$ p.a. *(ICMA)*
b) $i_{eff} = 13{,}85453\%$ p.a. $\approx 13{,}85\%$ p.a. *(360TM)*

ii) Vergleichskonto:

Periode: Jahr	Qu.	Restschuld *(Beginn Qu.)*	Quartalszinsen (3,46363%p.Q.) *(separat gesammelt)*	*kumuliert und zum Jahresende verrechnet*	Zahlung *(= Tilgung !)*
1	1	94.000,00	(3.255,81)		3.000,00
	2	91.000,00	(3.151,91)		3.000,00
	3	88.000,00	(3.048,00)		3.000,00
	4	85.000,00	(2.944,09)	12.399,81	3.000,00
2	1	94.399,81	(3.269,66)		3.000,00
	2	91.399,81	(3.165,75)		3.000,00
	3	88.399,81	(3.061,84)		3.000,00
	4	85.399,81	(2.957,94)	12.455,19	3.000,00 + 94.855,00
		0,00			

5.3.56: **i)** $i_{eff} = q^{12} - 1 = 0{,}1195635 \approx 11{,}96\%$ p.a. *(ICMA)*
ii) $q = 1 + i_M = 1{,}00932795 \Rightarrow i_{eff} = q^{12} - 1 \approx 0{,}117860 \approx 11{,}79\%$ p.a.

iii) Vergleichskonto:

1	93.000,00	1.377,94	– 377,94	1.000,00	
2	93.377,94	1.383,54	– 383,54	1.000,00	
3	93.761,48	1.389,22	– 389,22	1.000,00	
...	...	...	...	...	
9	96.185,05	1.425,13	– 425,13	1.000,00	
10	96.610,18	1.431,43	– 431,43	1.000,00	
11	97.041,61	1.437,82	– 437,82	1.000,00	*($=K_1$)*
12	97.479,43	1.444,31	97.479,43	1.000,00 + 97.923,74	

5.3.57: **i)** **a)** $i_{eff} = 13{,}8696\% \approx 13{,}87\%$ p.a. *(360TM)*

b) $i_{eff} = q^6 - 1 = 1{,}021854^6 - 1 = 13{,}8503\% \approx 13{,}85\%$ p.a. *(ICMA)*

ii) **a)** $i_{eff} = 12{,}7618\% \approx 12{,}76\%$ p.a. *(360TM)*

b) $i_{eff} = q^6 - 1 = 1{,}020196^6 - 1 = 12{,}7459\% \approx 12{,}75\%$ p.a. *(ICMA)*

5.3.58: **i)** 360TM: **a)** $i_{eff} = 10{,}3925\% \approx 10{,}39\%$ p.a.

b) $i_{eff} = 10{,}0107\% \approx 10{,}01\%$ p.a.

ICMA: **a)** $i_{eff} = 1{,}025^4 - 1 = 10{,}3813\%$ p.a. $\approx 10{,}38\%$ p.a.

b) $i_{eff} = 10.00\%$ p.a. (!)

ii) 360TM: **a)** $i_{eff} = 10{,}5291\% \approx 10{,}53\%$ p.a.

b) $i_{eff} = 10{,}6070\% \approx 10{,}61\%$ p.a.

ICMA: **a)** $i_{eff} = q^{12} - 1 = 1{,}00836888^{12} - 1 = 10{,}5180\% \approx 10{,}52\%$ p.a.

b) $i_{eff} = q^{12} - 1 = 1{,}008426^{12} - 1 = 10{,}5928\% \approx 10{,}59\%$ p.a.

ICMA-Vergleichskonto zu a), durchgerechnet mit $i_M = 0{,}836888\%$ p.M.

1	100.000,00	836,89	163,11	1.000,00
2	99.836,89	835,52	164,48	1.000,00
3	99.672,41	834,15	165,85	1.000,00
4	99.506,56	832,76	167,24	1.000,00
5	99.339,32	831,36	168,64	1.000,00
6	99.170,67	829,95	170,05	1.000,00
7	99.000,62	828,52	171,48	1.000,00
8	98.829,15	827,09	172,91	1.000,00
9	98.656,24	825,64	174,36	1.000,00
10	98.481,88	824,18	175,82	1.000,00
11	98.306,06	822,71	177,29	1.000,00
12	98.128,77	821,23	178,77	1.000,00
13	97.950,00			

iii) 360TM: **a)** $i_{eff} = 10{,}312340\% \approx 10{,}31\%$ p.a.

360TM-Vergleichskonto zu a) *(durchgerechnet mit $i_{eff} = 10{,}312340\%$ p.a.)*:

Periode: Jahr	Sem.	Restschuld *(Beginn Sem.)*	Semesterzinsen *(separat gesammelt)*	Semesterzinsen *kumuliert und zum Jahresende verrechnet*	Tilgung *(Ende Sem.)*	Zahlung *(Ende Sem.)*
1	1	100.000,00	(5.156,17)		6.000,00	6.000,00
	2	94.000,00	(4.846,80)	10.002,97	- 4.002,97	6.000,00
2	1	98.002,97	(5.053,20)		6.000,00	6.000,00
	2	92.002,97	(4.743,83)	9.797,03	- 3.797,03	6.000,00
3	1	95.800,00				

b) $i_{eff} = 10{,}3928\% \approx 10{,}39\%$ p.a.

ICMA: **a)** $i_{eff} = q^2 - 1 = 1{,}050259^2 - 1 = 10{,}3045\% \approx 10{,}30\%$ p.a.

b) $i_{eff} = q^2 - 1 = 1{,}050632^2 - 1 = 10{,}3828\% \approx 10{,}38\%$ p.a.

5.3.59: **i)** 360TM: **a)** $i_{eff} = 9{,}7225\% \approx 9{,}72\%$ p.a.

b) $i_{eff} = 9{,}4840\% \approx 9{,}48\%$ p.a.

ICMA: **a)** $i_{eff} = 1{,}023440^4 - 1 = 9{,}7108\%$ p.a. $\approx 9{,}71\%$ p.a.

b) $i_{eff} = 1{,}022884^4 - 1 = 9{,}4727\%$ p.a. $\approx 9{,}47\%$ p.a.

ii) 360TM: **a)** $i_{eff} = 17{,}0514\% \approx 17{,}05\%$ p.a.

b) $i_{eff} = 9{,}886\% \approx 9{,}89\%$ p.a.

ICMA: **a)** $i_{eff} = q^{12}-1 = 1{,}013185^{12}-1 = 17{,}0211\% \approx 17{,}02\%$ p.a.

b) $i_{eff} = q^{12}-1 = 1{,}007876^{12}-1 = 9{,}8715\% \approx 9{,}87\%$ p.a.

ICMA-Vergleichskonto zu a), durchgerechnet mit $i_M = 1{,}318482\%$ p.M.

1	93.000,00	1.226,19	-226,19	1.000,00
2	93.226,19	1.229,17	-229,17	1.000,00
3	93.455,36	1.232,19	-232,19	1.000,00
4	93.687,55	1.235,25	-235,25	1.000,00
5	93.922,80	1.238,36	-238,36	1.000,00
6	94.161,16	1.241,50	-241,50	1.000,00
7	94.402,66	1.244,68	-244,68	1.000,00
8	94.647,34	1.247,91	-247,91	1.000,00
9	94.895,25	1.251,18	-251,18	1.000,00
10	95.146,42	1.254,49	-254,49	1.000,00
11	95.400,91	1.257,84	-257,84	1.000,00
12	95.658,76	1.261,24	-261,24	1.000,00
13	95.920,00			

iii) 360TM: **a)** $i_{eff} = 12{,}643603\% \approx 12{,}64\%$ p.a.

360TM-Vergleichskonto zu a) *(durchgerechnet mit i_{eff} = 12,643603% p.a.)*:

Periode: Jahr	Sem.	Restschuld *(Beginn Sem.)*	Semesterzinsen *(separat gesammelt)*	Semesterzinsen *kumuliert und zum Jahresende verrechnet*	Tilgung *(Ende Sem.)*	Zahlung *(Ende Sem.)*
1	1	93.000,00	(5.879,28)		6.000,00	6.000,00
	2	87.000,00	(5.499,97)	11.379,24	-5.379,24	6.000,00
2	1	92.379,24	(5.840,03)		6.000,00	6.000,00
	2	86.379,24	(5.460,72)	11.300,76	-5.300,76	6.000,00
3	1	91.680,00				

b) $i_{eff} = 9{,}6829\% \approx 9{,}68\%$ p.a.

ICMA: **a)** $i_{eff} = q^2-1 = 1{,}061278^2-1 = 12{,}6310\% \approx 12{,}63\%$ p.a.

b) $i_{eff} = q^2-1 = 1{,}047247^2-1 = 9{,}6726\% \approx 9{,}67\%$ p.a.

5.3.60: **i)** Restschuld nach 10 Jahren: $K_{10} = 22.684{,}93$ €.

ii) $i_{nom} = 12\cdot(1{,}09^{1/12}-1) = 0{,}086487876 \approx 8{,}65\%$ p.a.

iii) Kreditsumme 263.157,89 €

$q = 1+i_M = 1{,}006271706 \Rightarrow i_{nom} = 12\cdot i_M \approx 7{,}5260\%$ p.a.

5.3.61: **i)** **a)** $i_{eff} = 8{,}7997\% \approx 8{,}80\%$ p.a. *(360TM)*

b) $i_{eff} = q^2-1 = 1{,}043057^2-1 = 8{,}7969\% \approx 8{,}80\%$ p.a.

ii) **a)** $i_{eff} = 8{,}9297\% \approx 8{,}93\%$ p.a.

b) $i_{eff} = q^2-1 = 1{,}043672^2-1 = 8{,}9251\% \approx 8{,}93\%$ p.a.

5.3.62: Restschuld am Tag der vorzeitigen Rückgabe *(ohne Disagio-Erstattung)*: 388.136,74 €

i) Eff.zins (360TM) des ursprünglich vereinbarten Kredits: $i_{eff} = 8{,}5351\%$ p.a. $\Rightarrow$
Disagio-Erstattung nach Effektivzinsmethode (und 360TM): 17.465,66 €

ii) $i_{eff} = 8{,}5308\%$ p.a. (ICMA) $\Rightarrow$ Disagio-Erstattung 17.709,17 €

5.4.8: **i)** $75i^2 + 195i - 20 = 0$ mit der *(positiven)* Lösung: $i = i_{eff} = 9{,}8809\% \approx 9{,}88\%$ p.a.

ii) $i_{eff} = q^2-1 = 10{,}00\%$ p.a.

6.1.13: $i_{nom} = \frac{p^*}{100} = 10{,}5157\% \approx 10{,}52\%$ p.a.

6.1.14: Rücknahmekurs: $C_n = 143{,}2114\% \approx 143{,}21\%$

6.1.15: $C_0 = 92{,}06 + 50{,}24 = 142{,}30\%$

6.1.16: **a)** Näherungsformel: $i_{eff} \approx \frac{0{,}0725}{0{,}9657} + \frac{1{,}05 - 0{,}9657}{12} = 8{,}21\%$ p.a.

b) über Äquivalenzgleichung: $i_{eff} = 7{,}9684\% \approx 7{,}97\%$ p.a.

6.1.17: **i)** **a)** 2.500 Stücke **b)** Gesamtnennwert 125.000 €

ii) $i_{nom} = 9{,}8699\% \approx 9{,}87\%$ p.a.

iii) **a)** Näherungsformel: $i_{eff} \approx \frac{0{,}086}{0{,}96} + \frac{1{,}06 - 0{,}96}{11} = 0{,}0987 = 9{,}87\%$ p.a.

b) über Äquivalenzgleichung: $i_{eff} = 9{,}5347\% \approx 9{,}53\%$ p.a.

6.3.8: **i)** 4,19% p.a. **ii)** 4,52,56% ≈ 4,53% p.a.

6.3.9: **i)** $C_n = 111{,}6402\% \approx 111{,}64\%$.

ii) $C_m = 91{,}3679 \approx 91{,}37$ (€ pro 100 € Nennwert)

iii) **a)** Vermögen aus der Anlage = 206,1010 (€ pro 100€ Nennwert bei Kauf)

b) über Äquivalenzgleichung: $i_{eff} = 8{,}7600\%$ p.a

iv) $i_{eff} = 2{,}040899^{0,1} - 1 = 0{,}073945 \approx 7{,}39\%$ p.a.

6.3.10: **i)** $C_0 = 96{,}9721\% \approx 96{,}97\%$

ii) **a)** Börsenkurs = 107,8329% − 7% *(Stückzinsen)* = 100,8329% ≈ 107,83%.

b) Börsenkurs = 100,8329% ≈ 100,83% *(Stückzinsen fallen nicht an)*

6.3.11: **i)** **a)** Näherungsformel: $i_{eff} \approx \frac{0{,}075}{0{,}835} + \frac{1{,}02 - 0{,}835}{11} = 10{,}66\%$ p.a.

b) über Äquivalenzgleichung: $i_{eff} = 10{,}1669\% \approx 10{,}17\%$ p.a.

ii) Börsenkurs = 77,0487 − 7,50 ≈ 69,55%

6.3.12: **i)** $i_{eff} = 3{,}1562\% \approx 3{,}16\%$ p.a. **ii)** $i_{eff} = 3{,}2040\% \approx 3{,}20\%$ p.a.

6.3.13: **i)** Bruttokurs = finanzmathematischer Kurs = 91,4363%
Stückzinsen = 5,20%; Börsenkurs = 86,2363 ≈ 86,24%

ii) Bruttokurs = finanzmathematischer Kurs = 88,9918 ≈ 88,99%
Stückzinsen = 1,95%; Börsenkurs = 87,0418 ≈ 87,04%

6.3.14: *siehe „Übungsbuch zur Finanzmathematik“ Aufgabe 6.13 (≙ Aufg. 6.3.14 Lehrbuch)*

6.3.15: **i)** $i_{eff} = 0{,}081236 \approx 8{,}12\%$ p.a. **ii)** Rücknahmekurs: $C_2 = 116{,}91\%$

7 Aspekte der Risikoanalyse – das Duration-Konzept

Aufgaben (mit ausführlichen Lösungen) zu diesem Kapitel gibt es ausschließlich im „Übungsbuch zur Finanzmathematik“

8 Derivative Finanzinstrumente – Futures und Optionen

8.2.8: **i)** H. leiht sich heute 120€ (4,5% p.a.) und kauft damit eine Aktie am Kassamarkt.
Weiterhin geht er heute einen Forwardkontrakt short, Verkauf zu 129€ in 3 Monaten.
Nach 3 Monaten: +129 − 121,36 = +7,64€ „free lunch“.
Korrekter Terminpreis wäre 121,36€ in 3 Monaten.

ii) Leerverkauf zu 120 €, Anlage 3 Monate (4,5% p.a.). Forward-Kauf zu 116€.
Nach 3 Monaten: $+121{,}36 - 116 = +5{,}36$ = Arbitrage-Gewinn.
Korrekter Terminpreis wäre: $116 + 5{,}36 = 121{,}36$€, siehe i).

8.2.9: **i)** realisierter Kartoffelpreis nach 3 Monaten: 0,375 €/kg ☺
ii) realisierter Kartoffelpreis nach 3 Monaten: 0,375 €/kg ☹
iii) *siehe „Übungsbuch zur Finanzmathematik"*

8.3.12: **i)** Ausübung: $S < 120$; BEP: $S = 111$; Gewinn: $S < 111$; Verlust: $S > 111$
max. Gewinn für $S = 0$: 111€; max. Verlust: 9€ für $S > 120$
ii) Ausübung: $S > 150$; BEP: $S = 162$; Gewinn: $S < 162$; Verlust: $S > 162$
max. Gewinn für $S \le 150$: 12 €; max. Verlust: unbegrenzt.

8.3.13: Kombinations-Gewinnfunktion:
$$G = \begin{cases} 165 - S & \text{falls } S \le 200 \\ -35 & \text{falls } 200 < S \le 225 \\ S - 260 & \text{falls } S > 225 \end{cases}$$

8.3.14: **i)** Arbitragemöglichkeit 1: Kauf des Call, Verkauf eines Euro auf Termin *(180 Tage)*:
Gewinn: 0,005 $/€ (oder mehr)
ii) Arbitragemöglichkeit 2: Kauf des Put, Kauf eines Euro auf Termin *(90 Tage)*:
Gewinn: 0,005 $/€ (oder mehr).

8.3.16: Wegen vorgegebener Zielsetzung und den gegebenen Rahmenbedingungen: Kauf eines Put: Kauf von 6.000 Puts *(≙ 60 Kontrakte zu je 100 Puts)*, Gesamtkosten 30.000€ *(= maximaler Verlust)*

8.4.17: *siehe „Übungsbuch zur Finanzmathematik"*

8.4.18: *siehe „Übungsbuch zur Finanzmathematik"*

8.5.14: **i)**
$$G = \begin{cases} -5 & \text{falls } S \le 250 \\ S - 255 & \text{falls } 250 < S \le 265 \\ 10 & \text{falls } S > 265 \end{cases}$$
(resultierende Kombinations-Gewinnfunktion)

ii) Gewinn, wenn der Kurs S am Ausübungstag über 255 liegt. Max. Gewinn: 10€, falls der Kurs ≥ 265; max. Verlust: -5 €, falls Kurs ≤ 250.
iii) Position verschlechtert sich.

8.5.15: **i)** Nach LB (8.5.9) gilt für den Gewinn G(S) der Bear-Call-Price-Spread-Position:
$$G(S) = \begin{cases} p_1 - p_2 & \text{falls } S \le X_1 \\ -S + X_1 + p_1 - p_2 & \text{falls } X_1 < S \le X_2 \\ X_1 - X_2 + p_1 - p_2 & \text{falls } S > X_2 \end{cases}$$
(Aktienkurs bei Kontraktabschluss = 100;
S: Aktienkurs bei Fälligkeit;
X_1, X_2: Basispreise Short /Long Call;
p_1, p_2: Optionsprämien Short /Long Call)

Gewinnfunktionen in Abhängigkeit vom Aktienkurs S am Ausübungstag:

$$(A)\ G_A(S) = \begin{cases} 2 & \text{falls } S \le 106 \\ 108 - S & \text{falls } 106 < S \le 114 \\ -6 & \text{falls } S > 114 \end{cases} \qquad (B)\ G_B(S) = \begin{cases} 4 & \text{falls } S \le 96 \\ 100 - S & \text{falls } 96 < S \le 104 \\ -4 & \text{falls } S > 104 \end{cases}$$

$$(C)\ G_C(S) = \begin{cases} 6 & \text{falls } S \le 89 \\ 95 - S & \text{falls } 89 < S \le 97 \\ -2 & \text{falls } S > 97 \end{cases}$$

ii) Break-Even-Points: BEP_A: $S = 108$; BEP_B: $S = 100$; BEP_C: $S = 95$.

max. Gewinne: A: 2€, falls $S \le 106$€
B: 4€, falls $S \le 96$€
C: 6€, falls $S \le 89$€

max. Verluste: A: 6€, falls $S \ge 114$€
B: 4€, falls $S \ge 104$€
C: 2€, falls $S \ge 97$€

iii) *siehe „Übungsbuch zur Finanzmathematik"*

8.6.6: **i)** Long-Straddle-Strategie. Kurserwartung: Starke Kursausschläge, gleich welcher Richtung.

ii) $G_{LS} = \begin{cases} 534 - S & \text{für } S \leq 600 \\ S - 666 & \text{für } S > 600 \end{cases}$ Gewinnzonen: $S < 534$ oder $S > 666$

max. Gewinn: 534 *(fallende Kurse)*; beliebig hoch *(steigende Kurse)*; max. Verlust: −66

iii) $G_{SS} = \begin{cases} S - 534 & \text{für } S \leq 600 \\ 666 - S & \text{für } S > 600 \end{cases}$ Gewinnzone: $534 < S < 666$

max. Gewinn: 66 ; max. Verlust: −535 *(fallende Kurse)*; beliebig hoch *(steigende Kurse)*

8.7.4: **i)** Durch additive Überlagerung von Long Call C^+ und Long Put P^+ resultiert

$$G_{\text{long strangle}} = \begin{cases} 70 - S & \text{falls} \quad S \leq 100 \\ -30 & \text{falls} \quad 100 < S \leq 135 \\ S - 165 & \text{falls} \quad S > 135 \end{cases} = G_{\text{long combin.}} \; (!)$$

ii) *siehe „Übungsbuch zur Finanzmathematik"*

iii) Long Combination: eher ☺ ; Long Strangle: eher ☹

8.8.25: *siehe „Übungsbuch zur Finanzmathematik"*

8.8.26: **i)** Put-Prämie $P_P = 33 \cdot e^{-0,05} \cdot 0,9999 - 15 \cdot 0,9998 \approx 16,39$ ☹

ii) Putwert nach Black-Scholes: $P_P \approx 18,25$ ☹

8.8.27: **i)** **(a)** Kurs am Verfalltag: 1,10€/\$. Resultierender Dollarpreis bei beiden Strategien 1,13, d.h. beide Strategien äquivalent.

(b) Kurs am Verfalltag: 1,30€/\$. Resultierender Dollarpreis bei beiden Strategien 1,23, d.h. beide Strategien äquivalent.

ii) Falls Bewertungsstichtag = Fälligkeitstag der Optionen, ergeben sich folgende Fair Values:

$$p_C(T) = 0,0278 \cdot e^{0,06 \cdot 0,25} = 0,0282 \text{ €/\$}.$$
$$p_P(T) = 0,0200 \cdot e^{0,06 \cdot 0,25} = 0,0203 \text{ €/\$}.$$

(a) Kurs am Verfalltag: 1,1000 €/\$

Strategie S1: Der Termin-\$ kostet daher per saldo 1,1303 €/\$

Strategie S2: Dollarpreis per saldo 1,1282 €/\$ ☺

(b) Kurs am Verfalltag: 1,3000 €/\$

Strategie S1: Dollarpreis per saldo 1,2303 €/\$

Strategie S2: Dollarpreis per saldo 1,2282 €/\$ ☺

8.8.29: **i)** Ermittlung der Black-Scholes-Call-Prämie mit $\sigma = 0,5$ liefert

$p_C = 100 \cdot 0,55644 - 100e^{-0,05 \cdot (60/365)} \cdot 0,47577 = 8,4564$ GE wie Vorgabe.

ii) Callpreis ist zu hoch angesetzt.

iii) Analog zum Vorgehen in i) erhält man $\sigma = 40\%$ p.a.:

$p_C \approx 6,8563$ GE, also deutlich weniger als gefordert *(= 8,4564 GE)*.

9 Finanzmathematische Verfahren der Investitionsrechnung

9.3.22: **i)** Kapitalwerte: (A) 47.298,37 € ☺ ; (B) 28.591,60 €.

ii) Interne Zinssätze: (A) 26,5354% p.a. ☺ (B) 19,0424% p.a.

Kapitalwertkurven schneiden sich nicht, also auch jetzt (A) vorzuziehen.

iii) Kapitalwerte: (A) 25.663,93 € ☺ ; (B) 24.580,86€.

Interne Zinssätze: (A) 12,0058% p.a. (B) 15,5990% p.a. (☺ ??)

Kapitalwertkurven schneiden sich, bei 5% ist auch jetzt (A) vorzuziehen, obwohl der interne Zinssatz kleiner als bei (B) ist *(Grafik siehe Übungsbuch)*. „Kritischer" Zinssatz: 5,7392%.

9.3.23:

	Inv. i)	Inv. ii)	Inv. iii)	Inv. iv)	Inv. v)
a1) int. Zins	7,20%	15,47% ☺	6,00%	14,30%	10,00%
a2) int. Zins	6,71%	9,30%	6,00%	12,16% ☺	7,06%
a3) int. Zins	4,51%	5,71%	6,00%	11,00% ☺	2,83%
b) Kapitalwert (€)	3.429,16	13.999,64	0	29.500,46 ☺	5.588,39

9.3.24:

	i) max. Kreditzins = r	*ii)* Kapitalwert $C_0(0{,}08)$
Anlage I	25,00% p.a.	209,47 T€ ☺
Anlage II	33,51% p.a. ☺	189,34 T€

9.3.25: **i)** Rendite = interner Zinssatz der Investition = 8,33% p.a.
ii) Kapitalwert = 0,1353 · Netto-Jahresmiete > 0, also lohnend.
Interner Zinssatz = 8,1176% ≈ 8,12% p.a. > 8% p.a., also lohnend.

9.3.26: **i)** Kapitalwert = 27.271,96 € (> 0!), also lohnende Investition.
ii) max. Kaufpreis = 3,64426699 Mio€ ≈ 3,644 Mio€.
iii) Interner Zinssatz = 19,99% p.a.

9.3.27: **i)** Kapitalwerte: Anlage I: 18.177,33 € ☺; Anlage II: 15.489,41 €
ii) Äquivalente Annuitäten *(4 Jahre)*: A_I = 6.366,89 €/J. ☺ A_{II} = 5.425,40 €/J.
iii) Interne Zinssätze: Anlage I: 21,8587% p.a. Anlage II: 23,4812% p.a. ☺???
Scheinbarer Widerspruch – kritischer Zinssatz = 18,1275% p.a. > 15% p.a., also auch jetzt Anlage I vorteilhafter.

9.3.28: **i)** Kapitalwert Halbnagel: C_{0I} = 977,67 T€ ☺; Kapitalwert Hammer: C_{0II} = 950,96 T€, d.h. Hammer bietet zu wenig, um Halbnagel vom Investitionsplan abzubringen.
ii) Indifferenzzinssatz = Interner Zinssatz = 11,2105% ≈ 11,21% p.a.
iii) Wegen 1 Mio. € > 977,67 T€ sollte Halbnagel Hammers Angebot annehmen.

9.3.29: **i)** Kapitalwerte: Typ I: –1.896,73 € ☹; Typ II: 2.419,92 € ☺
ii) Äquivalente Rente/Annuität *(4 Jahre)*: A_I < 0 ☹; A_{II} = 763,41 €/J. ☺
iii) Interne Zinssätze: Typ I: 9,45% p.a. Typ II: 10,79% p.a. ☺ *(> 10%)*

9.3.30: i_{eff} = 0,074379943 = 7,4379943% ≈ 7,44% p.a.

9.3.31: **i)** Stichtag (z.B.) nach 25 Jahren:
Leistung *(Caesar)* = 150.340,36 € ☹; Gegenleistung *(Versicherung)* = 133.066,38 € ☺
ii) i_{eff} = 3,74% p.a.

9.3.32: **i)** i_{eff} = 3,88% p.a. **ii)** i_{eff} = 2,85% p.a. **iii)** i_{eff} = 6,68% p.a.

9.3.33: **i)** 38.430,81 € **ii)** i_{eff} = 7,12% p.a. **iii)** –745,62 € (< 0!)

9.3.34: i_{eff} = 1,97% p.a.

9.3.35: **i)** i_{eff} = 6,95% p.a. **ii)** Werte am Tag der letzten Zahlung:
Schulers Leistung = 92.827,75 €; Schulers Erlös = 105.125,– € ☺

9.3.36: Stichtag *(z.B.)* 01.01.25 und Endwertvergleich:
i) L = 1.011.095,36 € *(Investition)*; GL = 1.003.689,31 € *(also Investition nicht lohnend)*
ii) i_{eff} = 7,90% p.a. **iii)** Investition nur lohnend für Zinssätze < 7,90% p.a.

9.3.37: i_{eff} = 1,95% p.a.

9.3.38: i_{eff} = 5,49% p.a.

9.3.39: **i)** i_{eff} = 5,43% p.a. **ii)** 205.170,60 € *(am 01.01.10)*

9.3.40: i_{eff} = 4,22% p.a.

9.3.41: **i)** Rendite = i_{eff} = 12,9825% ≈ 12,98% p.a. **ii)** 56.221,77 €☺

iii) Investitionskonto (auch die Rückflüsse werden hier gebucht) für die ersten 10 Jahre:

05	200.000,00	20.000,00	30.000,00	50.000,00
06	170.000,00	17.000,00	53.000,00	70.000,00
07	117.000,00	11.700,00	-111.700,00	-100.000,00
08	228.700,00	22.870,00	77.130,00	100.000,00
09	151.570,00	15.157,00	14.843,00	30.000,00
10	136.727,00	13.672,70	-13.672,70	0,00
11	150.399,70	15.039,97	9.960,03	25.000,00
12	140.439,67	14.043,97	10.956,03	25.000,00
13	129.483,64	12.948,36	12.051,64	25.000,00
14	117.432,00	11.743,20	13.256,80	25.000,00
15	104.175,20	...	...	...

Amortisation der Investition erstmalig ca. Ende Jahr 20.

Literaturverzeichnis

[Ade] *Adelmeyer, M., Warmuth, E.*: Finanzmathematik für Einsteiger. 2. Aufl., Braunschweig, Wiesbaden 2005

[Alt1] *Altrogge, G.*: Investition. 4. Aufl., München, Wien 1996

[Alt2] *Altrogge, G.*: Finanzmathematik. München, Wien 1999

[Ave] *Avellaneda, M., Laurence, P.*: Quantitative Modelling of Derivative Securities. Boca Raton 2000

[Ayr] *Ayres, F.*: Mathematics of Finance. New York 1979

[Bes1] *Bestmann, U., Bieger, H., Tietze, J.*: Übungen zu Investition und Finanzierung. 5. Aufl., Aachen 1992

[Bes2] *Bestmann, U. (Hrsg.)*: Kompendium der Betriebswirtschaftslehre. 11. Aufl., München 2008

[Bes3] *Bestmann, U.*: Börsen- und Finanzlexikon. 6. Aufl., München 2013

[Bei] *Beike, R., Barckow, A.*: Risk-Management mit Finanzderivaten. 3. Aufl., München, Wien 2002

[Biz] *Bitz, M., Stark, G.*: Finanzdienstleistungen. 8. Aufl., München, Wien 2008

[Blo] *Blohm, H., Lüder, K.*: Investition. 10. Aufl., München 2012

[Bod1] *Bodie, Z., Kane, A., Marcus, A.J.*: Investments. 5. Aufl., New York 2001

[Bod2] *Bodie, Z., Merton, R.C.*: Finance. New Jersey 2000

[Bos1] *Bosch, K.*: Finanzmathematik. 7. Aufl., München, Wien 2007

[Bos2] *Bosch, K.*: Finanzmathematik für Banker. München, Wien 2001

[Bre] *Brealey, R.A., Myers, S.C.*: Principles of Corporate Finance. 6. Aufl., McGraw-Hill 2000

[Cap] *Caprano, E., Wimmer, K.*: Finanzmathematik. 7. Aufl., München 2013

[Cre] *Cremers, H.*: Mathematik für Wirtschaft und Finanzen I. Frankfurt a.M. 2002

[Däu] *Däumler, K. H., Grabe, J.*: Grundlagen der Investitions- und Wirtschaftlichkeitsrechnung. 13. Aufl., Herne, Berlin 2014

[Diw] *Diwald, H.*: Zinsfutures und Zinsoptionen. 2. Aufl., München, Basel 1999

[Ell] *Eller, R., Riechert, M.S.*: Geld verdienen mit kalkuliertem Risiko. 2. Aufl., München 2000

[Elt] *Elton, E.J., Gruber, M.J.*: Modern Portfolio Theory and Investment Analysis. 5. Aufl., New York 1995

[Fab] *Fabozzi, F.J. (Editor)*: The Handbook of Fixed Income Securities. 6. Aufl., New York 2001

[Gro1] *Grob, H. L.*: Investitionsrechnung mit vollständigen Finanzplänen. München 1989

[Gro2] *Grob, H. L.*: Einführung in die Investitionsrechnung. 3. Aufl., München 1999

[Gro3] *Grob, H. L., Everding, D.*: Finanzmathematik mit dem PC. Wiesbaden 1992

[Grd] *Grundmann, W.*: Finanz- und Versicherungsmathematik. Stuttgart, Leipzig 1996

[Gün] *Günther, M., Jüngel, A.*: Finanzderivate mit MATLAB. Braunschweig, Wiesbaden 2003

[Has] *Hass, O., Fickel, N.*: Finanzmathematik. 9. Aufl., München, Wien 2012

[Hau] *Haugen, R.A.*: Modern Investment Theory. 5. Aufl., New Jersey 2001

[Hax] *Hax, H.*: Investitionstheorie. 5. Aufl., Würzburg, Wien 1985

[Hul1] *Hull, J.C.*: Optionen, Futures und andere Derivate. 8. Aufl., München, Wien 2012

[Hul2] *Hull, J.C.*: Options, Futures, and Other Derivatives. 5. Aufl., London 2002

[Ihr] *Ihrig, H., Pflaumer, P.*: Finanzmathematik. 11. Aufl., München, Wien 2009

[Jar] *Jarrow, R., Turnbull, S.*: Derivative Securities. 2. Aufl., Cincinnati 2000

[KaL] *Kahle, E., Lohse, D.*: Grundkurs Finanzmathematik. 4. Aufl., München, Wien 1998

[Kbl] *Kobelt, H., Schulte, P.*: Finanzmathematik. 8. Aufl., Herne, Berlin 2006

[Kbr] *Kober, J., Knöll, H.-D., Rometsch, U.*: Finanzmathematische Effektivzinsberechnungsmethoden. Mannheim, Leipzig, Wien, Zürich 1992

[Köh] *Köhler, H.*: Finanzmathematik. 4. Aufl., München 1997

[Kru1] *Kruschwitz, L.*: Investitionsrechnung. 13. Aufl., München, Wien 2011

[Kru2] *Kruschwitz, L., Decker, R.*: Effektivrenditen bei beliebigen Zahlungsstrukturen. In: Zeitschrift für Betriebswirtschaft (ZfB) 1994, 619 ff.

[Kru3] *Kruschwitz, L.*: Finanzmathematik. 5. Aufl., München 2010

[Kru4] *Kruschwitz, L.*: Finanzierung und Investition. 6. Aufl., München, Wien 2009

[Loc] *Locarek, H.*: Finanzmathematik. 3. Aufl., München, Wien 1997

[Loh] *Lohmann, K.*: Finanzmathematische Wertpapieranalyse. 2. Aufl., Göttingen 1989

[Lud] *Luderer, B.*: Starthilfe Finanzmathematik. 3. Aufl., Wiesbaden 2011

[Nef] *Neftci, S.N.*: An Introduction to the Mathematics of Financial Derivatives. 2. Aufl., London 2000

[Nic] *Nicolas, M.*: Finanzmathematik. 2. Aufl., Berlin 1967

[Per] *Perridon, L., Steiner, M.*: Finanzwirtschaft der Unternehmung. 16. Aufl., München 2012

[Pfe] *Pfeifer, A.*: Praktische Finanzmathematik. 5. Aufl., Thun, Frankfurt a.M. 2009

[Pri] *Prisman, E.Z.*: Pricing Derivative Securities. London 2000

[Rah] *Rahmann, J.*: Praktikum der Finanzmathematik. 5. Aufl., Wiesbaden 1976

[Ren] *Renger, K.*: Finanzmathematik mit Excel. 3. Aufl., Wiesbaden 2012

[Sbe] *Schierenbeck, H., Rolfes, B.*: Effektivzinsrechnung in der Bankenpraxis. In: Zeitschrift für betriebswirtschaftliche Forschung (ZfbF) 1986, 766 ff

[Smi] *Schmidt, M.*: Derivative Finanzinstrumente. Stuttgart 1999

[Sec1] *Seckelmann, R.*: Zinsen in Wirtschaft und Recht. Frankfurt a.M. 1989

[Sec2] *Seckelmann, R.*: „Zins" und „Zinseszins" im Sinne der Sache In: Betriebs-Berater (BB) 1998, 57 ff

[Sey] *Seydel, R.*: Einführung in die numerische Berechnung von Finanz-Derivaten. Berlin, Heidelberg 2000

[StB] *Steiner, M., Bruns, C., Stöckl, S.*: Wertpapiermanagement. 10. Aufl., Stuttgart 2012

[StU] *Steiner, P., Uhlir, H.*: Wertpapieranalyse. 4. Aufl., Heidelberg 2001

[Tie1] *Tietze, J.*: Zur Effektivzinsermittlung von Annuitätenkrediten. In: Economia 1993, 43 ff.

[Tie2] *Tietze, J.*: Übungsbuch zur Finanzmathematik *(Aufgaben, Testklausuren und ausführliche Lösungen)*, 7. Aufl., Wiesbaden 2011

[Tie3] *Tietze, J.*: Einführung in die angewandte Wirtschaftsmathematik. 17. Aufl., Wiesbaden 2013

[Usz] *Uszczapowski, I.*: Optionen und Futures verstehen. 7. Aufl., München 2012

[Wag] *Wagner, E.*: Effektivzins von Krediten und Wertpapieren. Frankfurt a.M. 1988

[Wal] *Walter, W.*: Analysis 1. 3. Aufl., Berlin, Heidelberg, New York 1992

[Weh] *Wehrt, K.*: Die BGH-Urteile zur Tilgungsverrechnung – Nur die Spitze des Eisbergs! In: Betriebs-Berater (BB) 1991, 1645 ff.

[Wei] *Weigand, C.*: Statistik mit und ohne Zufall. 2. Aufl., Heidelberg 2009

[Wil1] *Wilmott, P., Dewynne, J., Howison, S.*: Option Pricing. Oxford 2000

[Wil2] *Wilmott, P., Howison, S., Dewynne, J.*: The Mathematics of Financial Derivatives. Cambridge 1999

[Wim] *Wimmer, K.*: Die aktuelle und zukünftige Effektivzinsangabeverpflichtung von Kreditinstituten In: Betriebs-Berater (BB) 1993, 950 ff.

[Zie] *Ziethen, R. E.*: Finanzmathematik. 3. unveränd. Aufl., München 2008

Sachwortverzeichnis

(siehe auch Verzeichnis der Abkürzungen und Variablennamen auf den Seiten X - XII)